W0262247

HANDBUCH DER GESAMTEN AUGENHEILKUNDE

BEGRÜNDET VON A. GRAEFE UND TH. SAEMISCH
FORTGEFÜHRT VON C. HESS

HERAUSGEGEBEN VON

TH. AXENFELD UND A. ELSCHNIG

DRITTE NEUBEARBEITETE AUFLAGE

BERLIN
VERLAG VON JULIUS SPRINGER
1924

DIE KRANKHEITEN DER AUGENLIDER

DRITTE AUFLAGE UNTER ZUGRUNDELEGUNG
DER J. v. MICHELSCHEN DARSTELLUNG

VON

L. SCHREIBER

PROFESSOR IN HEIDELBERG

MIT 139 ABBILDUNGEN

BERLIN

VERLAG VON JULIUS SPRINGER

1924

ISBN 978-3-642-90378-6   ISBN 978-3-642-92235-0 (eBook)
DOI 10.1007/978-3-642-92235-0

Vorwort.

Schon in der ersten im Jahre 1876 erschienenen Auflage dieses Handbuchs (Bd. IV Kap. IV) war es v. Michels Bestreben, die krankhaften Vorgänge der Haut der Lider von ausschließlich dermatologischem Standpunkte darzustellen und sich hierbei der in der Dermatologie gebräuchlichen Einteilung und Bezeichnungen zu bedienen. Dementsprechend suchte v. Michel die nur der Ophthalmologie eigentümlichen, nach seiner Meinung nichtssagenden Spezialbenennungen wie beispielsweise Hordeolum, Chalazion und insbesondere akute und chronische Blepharitis, die ihrer Entstehung und ihrem Wesen nach ganz verschiedene Krankheitstypen vorstellen können, auszumerzen und durch klare pathologisch-anatomische Begriffe zu ersetzen. Hierdurch erhoffte er, einen besseren Überblick und ein besseres Verständnis für die verschiedenen Krankheitsformen zu erreichen und der Ophthalmologie die therapeutischen Errungenschaften der Dermatologie leichter nutzbar zu machen[1]). — Den gleichen Standpunkt behielt v. Michel bei seiner Bearbeitung der zweiten, 1908 erschienenen Auflage dieses Buches bei. Zweifellos entspricht derselbe auch weitgehend dem in erster Linie wissenschaftlichen Charakter des ganzen Handbuchs. Deshalb war es mir bei der Bearbeitung der nunmehrigen dritten Auflage der »Krankheiten der Augenlider« klar, daß v. Michels Prinzip beibehalten werden müsse, trotzdem dasselbe noch immer — nach nahezu 50 Jahren — weder in wissenschaftlichen Abhandlungen noch in den Lehrbüchern der Augenheilkunde Eingang gefunden und obwohl dasselbe gerade deshalb in Hinsicht der praktischen Handhabung des Buches schwere Bedenken hat. Welche Schwierigkeit dieses Prinzip für denjenigen in sich schließt, der das Buch nicht fortlaufend gelesen hat, sondern dasselbe als rasch unterrichtendes Nachschlagebuch benutzen wollte, möge an einem Beispiel kurz dargetan werden: In der zweiten Auflage bespricht v. Michel auf S. 29 das »Hordeolum externum« unter »Acne der Lidhaut«. Das »Hordeolum internum« ist dagegen, ohne daß der Leser an irgendeiner Stelle des Buches dafür

---

[1]) Bei den Literaturangaben bezieht sich der Zusatz »nach v. Michel« auf diese erste Auflage.

einen Hinweis findet, auf S. 309 als »akute eiterige Entzündung der MEIBOMschen Drüsen« besprochen. Wer sich über »Blepharitis ciliaris« orientieren wollte, suchte diese Bezeichnung in dem Buche vergeblich; die Erkrankung ist in pathologisch-anatomischer Hinsicht eine perifollikuläre und follikuläre Entzündung der Haarbälge und wurde deshalb von v. MICHEL als »Perifolliculitis« und als »Folliculitis« aufge, führt. Das Buch setzte demnach teilweise gewisse Kenntnisse vorausdie mancher Leser sich erst durch seine Lektüre erwerben wollte. — Um nun das wissenschaftlich sicherlich anregende Prinzip v. MICHELS nicht preiszugeben, dabei aber »die Krankheiten der Augenlider« für alle auch unbedingt praktisch brauchbar darzustellen, wurde der dritten Auflage ein detailliertes Inhaltsverzeichnis sowie ein Sachregister beigegeben und auf die alte, allen geläufige Nomenklatur — neben der von v. MICHEL eingeführten — nicht verzichtet.

Große Schwierigkeit verursacht die »Gruppierung« der in ihrer Ätiologie meist völlig unklaren Hautkrankheiten. Die Dermatologen, die sich dieser Schwierigkeit besonders bewußt sind, haben größtenteils in ihren Lehrbüchern auf eine Systematik ganz verzichtet; sie reihen die verschiedenen Krankheitsbilder aneinander. Diesem Beispiel wollte ich nicht folgen, da meines Erachtens in der Gruppierung der Krankheiten eine wesentliche Aufgabe der Klinik und der pathologischen Anatomie zu erblicken ist. Von der in der zweiten Auflage gegebenen Einteilung v. MICHELS mußte mehrfach abgewichen werden. Auch die jetzige Gruppierung ist, wie ich wohl weiß, nicht ohne Zwang und anfechtbar, immerhin scheint sie mir die — nach dem heutigen Stande der dermatologischen Wissenschaft — berechtigste zu sein.

Die Abbildungen der zweiten Auflage wurden bis auf eine sämtlich in die vorliegende dritte Auflage übernommen, neu hinzugekommen sind 42 Abbildungen, die größtenteils Beobachtungen aus der Universitäts-Augenklinik zu Heidelberg betreffen. Die Abbildungen 31—33 35, 40, 41, 129, 130 und 134 verdanke ich der Deutschen Universitäts-Augenklinik zu Prag.

Heidelberg, Dezember 1923.

Ludwig Schreiber.

Inhaltsverzeichnis.

IX. Dermatomykosen der Lidhaut.

X. Protozoenkrankheiten der Lidhaut.

XI. Krankheiten der Anhangsgebilde der Lidhaut.

B. Krankheiten des Tarsus.

I. Krankheiten der drüsigen Tarsusgebilde, der Meibomschen und Krauseschen Drüsen.

II. Krankheiten der Bindegewebssubstanz des Tarsus.

C. Krankheiten der Muskeln und Nerven.

I. Motorische Störungen der Lidbewegungen.

Druckfehlerverzeichnis.

S. 23. Auf Zeile 27: »und Distichiasis« streichen.
S. 27.   „   „   2 von unten: (M. D. 1870).
S. 29.   „   „   7: . . . . 1907 (statt 1807).
S. 68.   „   „   19: . . . . Lintläppchen (statt Hautläppchen).
S. 77.   „   „   3 von unten: Lintläppchen (statt Hautläppchen).
S. 84.   „   „   2 lies: einer (statt seiner).
S. 93.   „   „   5 u. 10 von unten lies: Abb. 10 P und 11 P (statt 12).
S. 109. „   „   12: Abb. 14 (statt 5).
S. 145. „   „   6 von unten: setze »der« an den Anfang (anstatt Schluß) der Zeile.
S. 145. Letzte Zeile: enthaltender gichtischer Tophus.
S. 167. Abb. 39 ergänze: Vergr. 1 : 40.
S. 182. Auf Zeile 10: den (statt dem).
S. 186.   „   „   6: Eisen (statt Eien).
S. 258.   „   „   15 setze zu: Lidrändern (s. Abb. 75).
S. 280. In Abb. 86 setze rechts S (statt L).
S. 281.   „   „   87 rechts und links an den freien gestrichelten Linien: E.
S. 281. Auf Zeile 4 von unten: Abb. 87 G (statt E).
S. 302.   „   „   2 „   „   : Anfange (statt Anlange).
S. 309.   „   „   8: 1877 (statt 1871).
S. 336.   „   „   3 von unten: (s. Abb. 103 $W W_1 W_2 W_3$).
S. 369.   „   „   7 u. 8 von unten setze: indem die Anlage zur Pigmentbildung
                 fehlt (statt Entwicklung . . . . aufhört).
S. 386. Zu Literatur 1910 Contino: Graefes Archiv Band 76 (statt 57).
S. 387. Auf Zeile 4 von unten lies: geschieht (statt gesicheht).
S. 392.   „   „   3: dürfte auf eine (statt: dürfte eine).
S. 394.   „   „   20 lies: Gerstenkörner (statt Hagelkörner).
S. 405.   „   „   10 von unten setze: S. 419 u. f. und 421 u. f.
S. 412.   „   „   8   „   „   lies: ISCHREYT (1906).

Einleitung.

§ 1. Die Augenlider vereinigen, auf einen kleinen Raum zusammengedrängt, verschiedenartige anatomische Gebilde, nämlich Haut, Tarsus, Muskeln, Nerven und Schleimhaut (Bindehaut). Dieser anatomischen Zusammensetzung entsprechend sind die Krankheiten der Augenlider einzuteilen in: A. Krankheiten der Lidhaut, B. Krankheiten des Tarsus und C. Krankheiten der Muskeln und Nerven. Hinsichtlich der Krankheiten der Schleimhaut ist auf Bd. V Teil I dieses Handbuches (Krankheiten der Conjunctiva) zu verweisen. Im Teil D. werden die Stellungs-, Form-, Größen- und Lageveränderungen der Lidspalte und der Augenlider besprochen.

A. Krankheiten der Lidhaut.

§ 2. Die Lidhaut, eine Fortsetzung der Gesichtshaut, zeigt einen verschiedenen histologischen Bau an der Lidfläche und am Lidrande. Die Epidermis der Lidfläche ist dünn, die Papillen sind wenig entwickelt, die Haare fein, die Talg- und Schweißdrüsen klein. Die Cutis ist ebenfalls dünn und leicht dehnbar, die Subcutis reichlich entwickelt. Der Lidrand ist durch einen dazwischen gelegenen Hautteil, den Intermarginalteil oder Intermarginalsaum, in eine äußere und innere Lidkante geschieden. Die äußere Lidkante ist makroskopisch kenntlich an den hier eingepflanzten Haaren, den Cilien, deren Gesamtheit auch als Cilienboden bezeichnet wird; die innere Lidkante ist durch die Ausführungsgänge der MEIBOMschen Drüsen charakterisiert. Die äußere Lidkante zeigt im Gegensatze zur Lidfläche eine dickere Epidermis mit mächtigen Papillen, eine derbe bindegewebige Cutis, starke tief wurzelnde Haare, gering entwickelte Talgdrüsen und als besondere drüsige Bildungen die sogenannten modifizierten Schweiß- oder Knäueldrüsen (MOLLsche Drüsen). An der inneren Lidkante geht die äußere Haut in die Schleimhaut über.

Die Lidhaut wird von fast allen Erkrankungen befallen, die an der allgemeinen Hautdecke beobachtet werden. Dabei kann 1. die Lidhaut allein beteiligt sein und diese oder jene Hauterkrankung als eine der Lidhaut besonders eigentümliche erscheinen, 2. eine Hauterkrankung der benachbarten Gesichtsteile auf die Lidhaut sich fortpflanzen, oder 3. die Lidhauterkrankung die Teilerscheinung einer allgemeinen Hautaffektion bilden. Eine Darstellung der Krankheiten der Lidhaut sollte daher folgerichtig auf der Basis der dermatologischen Anschauungen in klinischer, anatomischer und ätiologischer Beziehung geschehen (bezüglich der praktischen Durchführbarkeit siehe »Vorwort«). Damit ist die Notwendigkeit verknüpft, für die verschiedenen Erkrankungen der Lidhaut die in der Dermatologie gebräuchlichen Krankheitsbezeichnungen zu wählen. Hierdurch dürfte auch die richtige Erkenntnis der Krankheiten der Lidhaut gefördert und dem allgemeinen Verständnis näher gebracht werden.

Bei der Einteilung der Krankheiten der Lidhaut wurde im wesentlichen der anatomisch-klinische Standpunkt eingenommen. Wenn einer strengen Durchführung dieses Prinzips manchmal erhebliche Schwierigkeiten entgegentreten, so ist zu beachten, daß eine methodische Einteilung der Hautkrankheiten, sei es auf der genannten, sei es auf ätiologischer Basis, zur Zeit noch nicht möglich ist (siehe »Vorwort«). Vom anatomisch-klinischen Gesichtspunkte aus sind die Krankheiten der Lidhaut zu unterscheiden in: Zirkulationsstörungen, Entzündungen, Hyper- und Parakeratosen, Hypertrophien, Atrophien und Degenerationen, Anomalien der Pigmentverteilung und des Pigmentgehaltes, Geschwülste, Dermatomykosen, Protozoenkrankheiten und Krankheiten der Anhangsgebilde der Lidhaut.

I. Zirkulationsstörungen der Lidhaut.

§ 3. Störungen des Blutkreislaufs der Lidhaut treten teils lokal, teils in Verbindung mit allgemeinen Störungen der Blutzirkulation in den gleichen Formen auf, wie an der übrigen Haut, d. h. als Blutungen, Hyperämien (aktive und passive), Ödeme und Erkrankungen der Blutgefäße. Störungen des Abflusses der Lymphe führen zu einer Stauung im Lymphgefäßsystem.

§ 4. Blutungen der Lidhaut erfolgen teils in die Cutis, teils in die Subcutis oder in beide Teile zugleich und erscheinen als ausgedehntere flächenhafte, sogenannte Sugillationen und als einzelne kleinere herdartige sogenannte Petechien.

Bei den Sugillationen ist die Lidhaut in verschiedener Ausdehnung blutig unterlaufen, zugleich geschwellt und gespannt. Die Größe solcher Blutungen kann in bedeutenden Grenzen schwanken. Bei einer mächtigen Blutung erscheint das betroffene Lid ähnlich einer großen Blutbeule, wobei die lockere Beschaffenheit des Unterhautzellgewebes die Verbreitung der Blutung sehr begünstigt. Ist das obere Lid beteiligt, so erscheint es herabgesunken und es kann nur wenig oder gar nicht gehoben werden.

In der Regel ist auch die Haut der den Lidern benachbarten Gesichtsteile sugilliert, in größerer oder geringerer Ausdehnung, wie auch umgekehrt eine Blutung von diesen Teilen sich auf die Lidhaut fortsetzen kann. Fast regelmäßig sind zugleich Blutungen unter die Bindehaut, besonders unter die Scleralbindehaut, vorhanden. Ist auch in das Zellgewebe der Augenhöhle eine Blutung größeren Umfangs erfolgt, so kommt es hierdurch unter Umständen zum Exophthalmus.

Im weiteren Verlaufe tritt allmählich eine Aufsaugung der Blutung mit der bekannten Verfärbung der Haut ins Grünliche und Gelbliche ein, gleichzeitig eine Verteilung, und zwar Senkung des Blutes. Nähere Ursachen einer Lidblutung sind direkte Durchtrennungen oder Zerreißungen der Lidgefäße bei Verletzungen oder operativen Eingriffen der Lidhaut oder deren Umgebung, ferner Einwirkung stumpfer Gewalt auf die Augengegend, womit noch bei gleichzeitiger Fraktur des Nasenbeins oder Thränenbeins oder bei Ruptur des Thränensackes ein Emphysem der Lidhaut verbunden sein kann. Fortgepflanzte Blutungen der Lidhaut finden sich bei Fissuren und Frakturen der Augenhöhlenknochen mit Bildung eines Hämatoms zwischen Knochen und Periost, bei Verletzungen des Zellgewebes der Augenhöhle, bei operativen Eingriffen an der Augenhöhle, den Augenmuskeln und der Bindehaut. Bei Schädelbrüchen ist das Auftreten einer Blutung der Lidhaut und gleichzeitig der Bindehaut im Sinne einer Fortsetzung der Schädelbasisfraktur in das Orbitaldach mit Zerreißung des hier anhaftenden Periosts zu beachten, und deswegen von besonderer Wichtigkeit, weil diese von allen Augensymptomen bei Schädelbruch am häufigsten ist. Nach LIEBRECHT (1905) war unter 100 Fällen von Schädelbrüchen eine Blutung in die Lider 34 mal vorhanden, und zwar einseitig 22 mal und doppelseitig 12 mal. In 10 Fällen bestand neben der Blutung in die Lider auch eine solche unter die Bindehaut. Die Blutung trat meist unmittelbar nach der Verletzung auf, doch entstand sie auch 6 mal erst nachträglich am 2. bezw. 3. Tage. Wird die Blutung erst so spät sichtbar, so hat der Bruch nur den hinteren Teil des Orbitaldaches getroffen. Ist die Blutung der Lider ungewöhnlich stark, so erscheint die Lidhaut blauschwarz verfärbt; solche Blutungen treten unmittelbar nach dem Unfall hervor. Der Weg, auf dem sich die Blutung nach vorn in die Lidhaut verbreitet, läuft hauptsächlich entlang der Innenfläche des Orbitaldaches und längs der oberen Fläche der M. levator palpebrae superioris und M. rectus superior. Unter die

Bindehaut gelangen die in den Bindegewebssepten des orbitalen Fettgewebes unterhalb dieser Muskeln sich ausbreitenden Blutungen dadurch, daß sie weiter vorn zwischen den Ansätzen der Muskeln durch die Spalten des Septum orbitale vordringen. Unter 34 Fällen von Schädelbruch mit Lidblutung starben 12.

Sehr häufig finden sich Blutungen der Lidhaut bei starker Quetschung der Brust- oder Unterleibshöhle oder beider Höhlen zugleich, und zwar als zahlreiche punkt- bis stecknadelkopfgroße dicht gestellte rote Fleckchen, vermischt mit flächenhaften Blutungen in der Haut der Lider und des Gesichts, das in solchem Falle gleichmäßig tiefdunkelrot und gedunsen erscheint. Zugleich sind in der Regel punktförmige und flächenhafte Blutungen in der Bindehaut, ferner in der Nasen- und der Mundschleimhaut, seltener einzelne kleine Netzhautblutungen vorhanden. Auch finden sich Blutungen der Gesichts-, Brust-, Schulter- und Armhaut.

Solche Quetschungen der Brust- und Unterleibshöhle, vorzugsweise aber die Rumpfkompression überhaupt, von welcher WIENECKE (1904) 28 Fälle zusammengestellt hat, erfolgen am häufigsten bei Eisenbahnunfällen durch die zusammenbrechenden Wände der Eisenbahnwagen, ferner durch das Hineingeraten zwischen die Puffer derselben oder durch Überfahrenwerden, wie dies in einer Beobachtung von WIENECKE (l. c.) der Fall war. Ein 5jähriger Knabe kam unter einen Straßenbahnwagen so zu liegen, daß Thorax und Abdomen gequetscht wurden, während der Kopf außerhalb der Schienen sich befand.

Manchmal entstehen auch Stauungsblutungen bei willkürlich angetriebener Bauchpresse mit starker Exspiration, wie sich dies in dem Falle von WAGENMANN (1900) dadurch ereignete, daß der Betreffende sich gegen den herabfahrenden Fahrstuhl stemmte und ihn aufzuhalten suchte.

Zur Erklärung der Blutungen nach Brustkompression wird angenommen, daß durch die Steigerung des intrathorakalen Druckes die großen Venen eine Kompression erfahren, indem eine Rückstauung des Blutes in den kleinsten Venen und Capillaren durch eine Stauungswelle erfolge, die eine dem Blutstrom entgegengesetzte Richtung einschlage. Dadurch bleibe der Zufluß des venösen Blutes zum rechten Vorhof aus, d. h. der Vorhof sei kollabiert. Infolge der gleichzeitigen Steigerung des intravenösen Druckes platzen die kleinen Venen, sofern ihnen kein genügender Gegendruck geleistet werde. Daß zunächst Kopf und Hals betroffen werden, liege in den Klappenverhältnissen des Gefäßgebietes der Vena jugularis. Die Vena jugularis interna besitze keine Klappen, die Vena jugularis externa nur einige insuffiziente.

Wenn weiterhin auch Brust, Schulter und Arm Blutungen aufweisen, so sei dies dadurch bedingt, daß die Klappen der Venae subclavia und axillaris im Augenblicke des überstarken Druckes insuffizient würden. SICK (1905) nimmt mit der Stauung und Rückschleuderung des Blutes in den klappenlosen Venen eine durch die Kompression verstärkte arterielle Blutwelle an. MILNER (1905) ist der Ansicht, daß eine aktive Rückschleuderung von venösem Blut in das nur ungenügend mit Klappen versehene Gebiet der Vena jugularis interna und anonyma durch einen als Abwehrbewegung zu deutenden reflektorischen Glottisschluß mit Anspannung der Bauchmuskulatur begünstigt werde. Die schwersten Erscheinungen seien daher immer dann zu beobachten, wenn während des Einwirkens der schädigenden Gewalt bewußte oder unbewußte Bewegungen gemacht würden, die neben der venösen noch eine arterielle Hyperämie und zunehmende CO_2-Intoxikation hervorriefen. Die dunkelblaue Verfärbung der Haut der betroffenen Teile beruhe auch größtenteils nicht auf Blutaustritt in die Gewebe, zumal beim Verschwinden der Blutungen das bekannte Farbenspiel fehle, vielmehr auf einer hochgradigen Verlangsamung des Blutstromes in den überdehnten Venen und Kapillaren der Haut.

Gelegentlich treten Blutungen der Lidhaut durch Bersten der Lidgefäße im höheren Lebensalter bei vorhandener Arteriosklerose auf, ferner bei Epilepsie, beim Erbrechen, heftigen Hustenanfällen, wie bei Emphysem und Keuchhusten, bei Entbindungen, beim Erdrosseln und beim atypischen Erhängen. Zugleich finden sich in der Regel Blutungen der Bindehaut.

Petechien erscheinen in Herdform, bald nur vereinzelt, bald in größerer Zahl zerstreut, wohl ausschließlich an der Haut der Lidfläche als punkt- oder linsenförmige, mehr oder weniger scharf abgegrenzte Blutungen von dunkelroter Farbe; sie finden sich als Ausdruck einer sogenannten hämorrhagischen Diathese zugleich mit solchen an anderen Stellen der Haut des Körpers oder an Schleimhäuten, wie insbesondere an der Bindehaut. Als dabei in Betracht kommende Erkrankungen sind der Skorbut, die Purpura, der Morbus maculosus und die BARLOWsche Krankheit zu nennen. Zugleich können auch Blutungen in die Augenhöhle und in die Netzhaut erfolgen. Auch schwere Infektionskrankheiten, wie Sepsis, gelbes Fieber u. a. m. können von Petechien begleitet sein.

Bei Hämophilie vermag schon eine unbedeutende Kontusion eine ausgedehnte, in Etappen fortschreitende Blutung herbeizuführen, wie von MICHEL dies bei einem hämophilen Kinde nach einem schwachen Stoße in der Gegend der Augenbraue beobachten konnte. Die Blutung verbreitete sich auf die Haut der Lider, der Stirn und selbst auf die Haut des behaarten Kopfes der betroffenen Seite.

Eine Behandlung ist nur bei massigen Blutungen angezeigt, und besteht in Anlegen eines Kompressionsverbandes. Hie und da ist auch eine Punktion sowie Aspiration des Blutes mit einer Spritze von gutem Erfolge.

§ 5. Die aktive oder arterielle Hyperämie der Lidhaut ist durch Rötung und Schwellung verschiedenen Grades gekennzeichnet. Die Farbe des betroffenen Lides ist ein lebhaftes helles Rot, die geschwellte Haut glänzend, gespannt und glatt, so daß die normalen Hautfalten mehr oder weniger ausgeglichen erscheinen. Die Lidhaut fühlt sich zugleich wärmer an und ist druckempfindlich. Bei Fingerdruck verschwindet die Röte. Spannung und Resistenz können derartig erhöht sein, daß das erkrankte Lid eine brettartige Härte darbietet. Je nach der Stärke und Ausdehnung der Schwellung zeigt sich die Lidspalte mehr oder weniger geschlossen. In der Regel ist das Oberlid von der Schwellung am stärksten befallen, hängt tief herunter, selbst über das Unterlid, und erscheint in eine geschwulstartige, unbewegliche oder nur in geringem Grade bewegliche Masse verwandelt.

Regelmäßig ist die Bindehaut in ganzer Ausdehnung oder teilweise beteiligt. Die Bindehautgefäße sind stärker gefüllt, die feineren Verzweigungen treten deutlicher hervor, und das Gewebe selbst ist geschwellt und serös durchfeuchtet, besonders über dem Augapfel, so daß die Bindehaut als stark durchfeuchteter rötlicher Wulst aus der Lidspalte heraustreten kann. Zugleich sondert dieselbe eine seröse oder serös-eitrige Flüssigkeit ab.

Je nach der veranlassenden Ursache kann die aktive Hyperämie sich auf eine Stelle oder eine Hälfte des Ober- oder Unterlides beschränken, oder beide Lider sind in mehr oder weniger gleichmäßiger Weise befallen. Die Ursachen der aktiven Hyperämie sind recht mannigfaltig. Hyperämisch geschwellt erscheint die Lidhaut bei Allgemeinerkrankungen, die mit einer Rötung der Gesichtshaut und der allgemeinen Hautdecke einhergehen, wie bei Masern, Scharlach und Pocken im Eruptionsstadium, und bei bestimmten Intoxikationen, so beispielsweise bei der Atropinvergiftung. Auch im Intermittensanfall kommt es zu einer Hyperämie der Lidhaut. Vor allem begleitet eine aktive Hyperämie Entzündungen, die sich an den Schutz- und Nebenorganen des Auges und deren Nachbarschaft oder am Auge selbst abspielen. Dabei ist der Grad der Schwellung und Rötung ein wertvolles Kennzeichen für die Beurteilung der Schwere der Erkrankung bzw. eines Infekts und die regionäre Begrenzung charakteristisch für den Ort der umschriebenen Entzündung. So findet sich eine gleichmäßig verbreitete Schwellung der Haut beider Lider bei der Orbitalphlegmone, bei der gonorrhoischen und diphtherischen Bindehautentzündung und bei der Panophthalmie. Eine regionäre Hyperämie und Schwellung, beschränkt auf die mediale Hälfte vorzugsweise des Unterlides, beobachtet man bei eitriger Entzündung des Thränensackes; Hyperämie und Schwellung der nasalen Hälfte des Oberlides tritt bei Empyem des Sinus frontalis auf. Bei Empyem der Kieferhöhle sowie bei Periostitis des Oberkiefers ist das Unterlid in ganzer Ausdehnung hyperämisch und geschwollen. Bei umschriebener Periostitis dieses oder jenes Augenhöhlenrandes oder bei einer Follikulitis und Perifollikulitis der MEIBOMschen Drüsen ist entsprechend der erkrankten Stelle eine hyperämische Schwellung der Lidhaut vorhanden. Beide Lider können auf der beteiligten Seite auch beim Mumps betroffen werden.

Verlauf und Behandlung hängen von dem Aufhören oder der Beseitigung der veranlassenden Ursachen ab. Rötung und Schwellung nehmen mit dem Zurückgehen der ursprünglichen Erkrankung mehr und mehr ab, die Lidhaut schilfert zunächst etwas, bald erhält sie aber wieder ihr normales Aussehen. Manchmal bleibt noch längere Zeit eine mäßige Schwellung oder eine gewisse Schlaffheit des Oberlides mit leichtem Herabhängen zurück.

Eine ausschließlich auf den Lidrand beschränkte Hyperämie mit Beteiligung der anstoßenden Tarsalbindehaut wird mit unkorrigierter Ametropie, insbesondere Hypermetropie in Zusammenhang gebracht. Nach v. MICHELs Meinung steht diese Hyperämie in Verbindung mit einer Seborrhoe (siehe Abschnitt: »Krankheiten der Talgdrüsen«).

§ 6. Die passive oder Stauungshyperämie ist gekennzeichnet durch eine mehr oder weniger ausgesprochene bläulich-rote Farbe der Lidhaut und eine durch die Behinderung des venösen Rückflusses bedingte ödematöse Schwellung. Der Fingerdruck hinterläßt für kurze Zeit eine Delle, und bei leichter Anspannung der Lidhaut durch Zug mit dem Finger werden ausgedehnte mehr oder weniger stark geschlängelte Venen durch die Haut hindurch sichtbar, die allerdings auch unter normalen Verhältnissen bei dünner Haut durchschimmern, aber nicht in so großer Anzahl und nicht so verbreitert, wie unter pathologischem Geschehen. Auch bei der passiven Hyperämie ist wie bei der aktiven das Oberlid vorzugsweise geschwellt, hängt mehr oder

weniger stark herab und kann gar nicht oder nur mit großer Mühe ein
wenig gehoben werden. Die passive Hyperämie erstreckt sich auch
auf die Bindehaut, die von ausgedehnten geschlängelten und blau-
oder schwarzroten Venen durchzogen und zugleich serös geschwellt
erscheint. Insbesondere kann die Schwellung der Scleralbindehaut so
bedeutend sein, daß sie als breiter bläulich-rötlicher Wulst die Lidspalte ausfüllt, aus derselben herausragt und zugleich noch als wulstige
Falte den Hornhautrand überlagert.

Die Ursachen der passiven Hyperämie sind teils allgemeine,
teils lokale. Eine venöse Stauung an den Lidern zugleich mit solcher
der Gesichtshaut und insbesondere auch der Haut der Extremitäten,
erscheint bei allen denjenigen Kreislaufsstörungen, die mit einer Er-
schwerung der Entleerung des Körpervenenblutes in das rechte Herz
verknüpft sind, wobei das bekannte bläulich-rötliche und gedunsene
Aussehen entsteht. In höchstem Grade bläulich verfärbt erscheint
die Haut der Augenlider bei der sogenannten Blausucht, die infolge
eines offenen Foramen ovale, eines persistierenden Ductus Botalli oder
bei einer Stenose der Pulmonalarterie sich einstellt. Dabei ist die Lidhaut von zahlreichen stark erweiterten, insbesondere venösen Blutgefäßen durchzogen und die durch die Gefäßwände durchschimmernde
Blutsäule besitzt einen stark bläulich- oder violett-roten Ton. Auch sei
hier erwähnt, daß die der Cholera asiatica eigentümliche Cyanose
besonders frühzeitig und hochgradig an den Augenlidern sich geltend
macht. Manchmal tritt auch plötzlich bei Herzfehlern eine beträchtliche Stauungsschwellung der Lider auf (CALAMY 1887).

Bei lokalen Ursachen kommt in der Regel nur eine Einseitigkeit der
venösen Stauung zum Ausdruck. Als solche sind Stromhindernisse im
Jugularvenengebiete und im Sinus cavernosus, wie Thrombenbildung,
anzuführen. KALT (1892) beobachtete bei einem Kinde mit geschwellten
Halsdrüsen, die einen Druck auf die Vena jugularis communis aus-
übten, entsprechend der erkrankten Seite eine venöse Hyperämie der
Lidhaut. Von seiten der Augenhöhle kommt eine Thrombose oder
Thrombophlebitis der venösen Gefäße in Betracht. Bei einer Druckwirkung innerhalb der Augenhöhle, wie durch Geschwülste, entsteht
leicht eine Stauung in den Venae palpebrales, da ihr Abfluß in den
anastomotischen Venenbogen geschieht, der, mit der Vena angularis
beginnend und mit der Vena temporalis endigend, den ganzen Augenhöhlenrand umgibt. Die Vena angularis steht aber durch einen bedeutenden Verbindungsast mit der Vena ophthalmica in Kommunikation. An den Augenlidern führt zu einer venösen Hyperämie ein
länger bestehender Krampf des Musculus orbicularis, insbesondere der

reflektorische im kindlichen Lebensalter, insofern, als auf die zahlreichen, den genannten Muskel durchbohrenden Venen ein mechanischer Druck ausgeübt und dadurch eine Stauung hervorgerufen wird.

Was den weiteren Verlauf betrifft, so kommt es mit dem Aufhören oder der Beseitigung der Ursache zu einem allmählichen Rückgang und Verschwinden der Stauungserscheinungen. Bei länger dauernder Stauung kann sich übrigens am Oberlid eine bleibende Elephantiasis ähnliche Verdickung einstellen, hauptsächlich hervorgerufen durch eine Erweiterung der Gewebsspalten. Zuweilen ist damit eine Vermehrung des Bindegewebes verbunden, die selbst eine teilweise Excision erfordern kann.

Die Behandlung, soweit eine solche überhaupt in Frage kommt, richtet sich nach der veranlassenden Ursache.

§ 7. Auch bei Störungen der Blutzusammensetzung kommt es zu einer Mitbeteiligung der Lidhaut, so bei Anämie, Chlorose und Hydrämie. Bei Anämie und Chlorose findet sich eine bläuliche Umränderung der Augenlider, die mit einer leichten ödematösen Schwellung verknüpft sein kann. Dabei ist nicht selten eine geringe ödematöse Schwellung an den Knöcheln der Beine zu beobachten. Die gleichen Erscheinungen treten übrigens bei sonst gesunden Personen gar nicht selten zu Beginn der Menses auf. —

Bei Hydrämien, wie im Gefolge von Kachexien oder von Schrumpfniere, zeigen beide Lider, besonders aber das Oberlid, als Frühsymptom eine mehr oder weniger hochgradige seröse Schwellung, gleichzeitig mit einem beginnenden Ödem der unteren Extremitäten. Die Haut der Lider erscheint gedunsen, gleich der Haut des Gesichtes, von bleicher Farbe und von mehr oder weniger durchsichtigem Aussehen, so daß man den Eindruck erhält, als ob eine klare Flüssigkeit in die Gewebsspalten subkutan eingespritzt worden wäre. Häufig zeigen die stark gedunsenen Lider eine Sack- oder Kissenform. Bei Druck mit den Fingerspitzen bleibt für längere Zeit eine Delle bestehen. Wird der Kopf nach rechts oder links längere Zeit geneigt, so entwickelt sich auf der entsprechenden Seite eine stärkere Schwellung der Lider. Ist dieselbe sehr hochgradig, so kann die Lidspalte gar nicht oder wenig geöffnet werden.

Mit der Lidschwellung verbindet sich eine seröse Schwellung der Bindehaut, vorzugsweise der Scleralbindehaut, und Absonderung von seröser oder serös-schleimiger Flüssigkeit.

§ 8. Auf eine Gefäßreizung ist das Auftreten von Erythemen der Lidhaut zurückzuführen; sie erscheinen in Form von umschriebenen roten Flecken oder Flächen — wobei zugleich die befallenen

Hautstellen sich wärmer anfühlen — auf der Haut der Lider, des Gesichts oder anderer Körperstellen, und sind durch ihr rasches Verschwinden gekennzeichnet. Die Erytheme entstehen teils lokal durch äußere Einwirkung, teils als Ausdruck einer besonderen Reizbarkeit der vasomotorischen Zentren. Als solche lokal wirkenden Gefäßreize kommen mechanische und chemische in Betracht, wie Druckverbände, heiße Umschläge, oder der Gebrauch von Verbandmaterial am Auge, das mit chemisch reizenden Substanzen, wie Sublimat, durchtränkt ist. Auch können unter besonderen Bedingungen bei bestimmten Berufsarten Erytheme auftreten, wie bei Feuerarbeitern und Schmieden durch die Einflüsse der strahlenden Wärme, bei Landarbeitern durch die Einwirkung der Sonne. Auch bei Arbeitern, die mit der Vanillebereitung beschäftigt sind, sollen Erytheme der Lider beobachtet werden (MORROU 1887), deren Ursache jedoch noch nicht geklärt ist.

Eine besondere Reizbarkeit der vasomotorischen Zentren, die wohl in einer Reihe von Fällen als eine kongenitale gelten kann, ist bei den Erythemen des kindlichen Lebensalters im Gefolge von fieberhaften Krankheiten (Erythema infantile) anzunehmen, so bei der akuten oder subakuten Meningitis, ferner bei den unter dem Einflusse von Tee, Kaffee, Alkohol sowie bei den im Beginn der Chloroform- und Amylnitrit-Einatmung entstehenden Erythemen.

Diese Erytheme verschwinden mit dem Aufhören der äußeren Schädlichkeit und bei Beseitigung der inneren Ursachen. Lokal empfiehlt sich der Gebrauch einer milden Fettsalbe oder das Aufstreuen von Amylum.

Eine gesteigerte Reizbarkeit des Gefäßsystems liegt auch der Urticaria factitia zugrunde. Die gleichen Erscheinungen, wie an der übrigen Haut, kennzeichnen die Erkrankung der Lidhaut. Durch geringe mechanische Einwirkungen, wie durch Druck oder durch Streichen, entstehen an der Haut der Augenlider flecken-, striemen- oder streifenartige purpurrote Erhebungen, die längere Zeit bleiben können. Manchmal wird zugleich das Auftreten von Blutungen am Oberlid beobachtet, die wieder rasch verschwinden. (FABRY 1900). FÜRSTNER (1900) hat in Fällen von spontan erhöhter und durch psychische Vorgänge gesteigerter vasomotorischer Erregbarkeit eine auffällige Rötung der Haut der Oberlider mit Beteiligung der Gesichtshaut bis zur Haargrenze beobachtet.

§ 9. Als klinischer Ausdruck von vasomotorischen Störungen erscheint ein anfallsweise und mehr oder weniger plötzlich einsetzendes Ödem der Lidhaut. Zu solchen Erkrankungen ist die vasomotorische Migräne zu rechnen, die von Rötung und Schwellung der Lid- und

Stirnhaut der befallenen Seite begleitet sein kann. Ein solches transitorisches Lidödem tritt plötzlich auf, nachdem eine Supraorbitalneuralgie vorausgegangen ist (DE SCHWEINITZ 1888, ROBINSON 1888). Bei einem von DOYNE (1887) beobachteten 15jährigen noch nicht menstruierten Mädchen stellte sich zugleich mit einem typischen Migräneanfall einmal im Monat ein Lidödem, verbunden mit einem Flimmerskotom, ein.

Als eine besondere — übrigens ziemlich seltene — charakteristische Krankheitsform ist das akute umschriebene angioneurotische Lidödem aufzufassen, auch allgemeines idiopathisches oder rezidivierendes Lidödem und QUINCKEsche Krankheit genannt. Die plötzlich schwellenden Lider zeigen ein blasses, selbst wachsgelbes, selten röteres Aussehen als die übrige Haut, sindh ärtlich und auf Druck wenig empfindlich. Fingerdruck bleibt nicht bestehen. Gegenüber der Urticaria, der das akute Ödem am nächsten steht, ist der Mangel eines Juckreizes hervorzu-

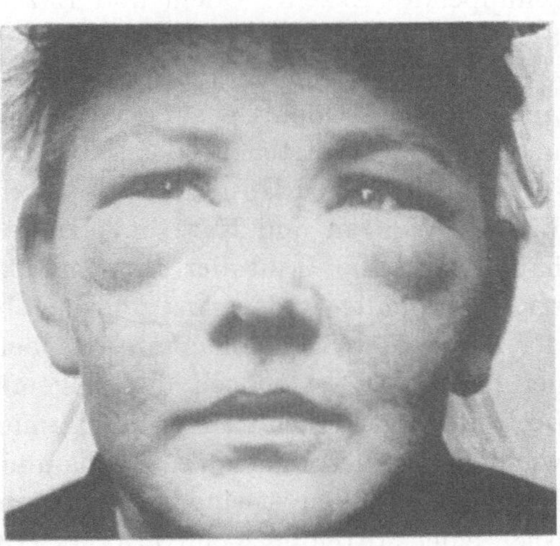

Abb. 1. Akutes umschriebenes Hautödem (QUINCKE). (Aus RIECKE, Lehrb. d. Haut- u. Geschlechtskrankheiten.)

heben. QUINCKE (1882) betont, daß die geschwellte Haut ein etwas verschiedenes Aussehen darbieten kann, je nachdem dabei eine mehr oder weniger starke Hyperämie vorhanden und die Cutis und das Unterhautzellgewebe in geringerer oder größerer Tiefe beteiligt ist. Der Grad der Schwellung ist vorzugsweise von der lockeren Beschaffenheit des subkutanen Gewebes abhängig, welches ausschließlich der Sitz der Schwellungen ist. Manchmal erscheint das geschwellte Lid wie blutunterlaufen, als ob es von einer stumpfen Gewalt betroffen worden wäre (ORMEROD 1886). Die Schwellung entwickelt sich sehr rasch und hält in der Regel nur kurze Zeit an, so daß sie schon nach wenigen Stunden verschwinden kann. In anderen Fällen erstreckt sich die Dauer auf 1—2 Tage. Die Anfälle können nach verschieden langer Zeit wiederkehren, so täglich oder nach einigen Tagen oder am häufigsten anscheinend in Zwischenräumen von 4—5 Wochen. Treten solche Attacken immer wieder auf, so bleibt ein gedunsenes Aussehen zurück, wie in einem von ANDRIEUX (1885) beobachteten Fall. Derselbe betrifft ein 17jähriges Mädchen, bei welchem sich vom 5.—12. Lebensjahre intermittierend allmonatlich ein Ödem der Lider und der oberen Gesichtshälfte von 2—4tägiger Dauer entwickelte, das noch nach 5 Jahren ein unverändertes Aussehen darbot. — Bei einer von mir beobachteten 34jährigen Krankenschwester, vgl. S. 14 »Ursache«) trat das Lidödem während seines einjährigen Bestehens dreimal bald einseitig, bald doppelseitig immer unter leichten entzündlichen Erscheinungen an der Lidhaut auf und hinterließ jedesmal ein geringes schuppendes Ekzem; Ödem und Ekzem waren nach 5 bis längstens 8 Tagen geschwunden.

Das akute Lidödem kann sowohl für sich allein auftreten — akutes umschriebenes Ödem — als auch mit einem solchen der Gesichtshaut und anderer Hautstellen oder selbst der Schleimhäute verknüpft sein — allgemeines idiopathisches Ödem. Gleich den Lidern sind Lippen, Wangen und Nase bevorzugte Stellen des Gesichts, weniger häufig wird die Haut der Extremitäten befallen. Schling- und Erstickungsanfälle werden ganz vereinzelt beobachtet, durch Anschwellung der Zunge, der Schleimhaut des Rachens und des Kehlkopfes hervorgerufen; meist ist jedoch das Allgemeinbefinden nicht nennenswert beeinträchtigt. Auch können noch andere Schleimhäute beteiligt sein, wie diejenige des Magendarmkanals und der Urethra (STÄHELIN 1903). In manchen Fällen ist eine fortschreitende Ausbreitung zu beobachten. Nach einer Mitteilung von STÄHELIN (1903) hatte sich bei einer 51jährigen Frau zuerst ein Ödem der Augenlider gezeigt, das, allmählich von hier weiter fortschreitend, die Haut des Gesichtes und des ganzen Körpers, sowie verschiedeneSchleimhäute (Mundhöhle, Rachen, Urethra) ergriff und tödlich endigte. Manchmal erscheint nicht bloß die Ausdehnung, sondern auch die lange Dauer der Erkrankung bemerkenswert. In einem von RIEHL (1888) beobachteten Falle trat plötzlich linksseitig eine akute starke Schwellung beider Lider auf, die sich in den nächsten 4 Jahren wiederholte. Nach 4 Jahren erkrankten auch rechterseits die Augenlider. Von da ab befiel das Ödem die Augenlider abwechselnd bald rechts, bald links. Später traten auch Ödeme in Pharynx und Larynx auf. Im Verlaufe hatten die Lider ihre Elastizität eingebüßt und eine beträchtliche Dehnung erfahren. Die Unterlider bildeten schlaff herabhängende Säcke, die Oberlider vorhangähnliche Falten.

Häufig ist auch die Scleralbindehaut so geschwellt, daß sie wie ein seröser Wulst aus der Lidspalte herausragt und selbst den Hornhautrand überlagert. Die Temperatur ist nur wenig erhöht und gleich den Ödemen ist die Temperatursteigerung nur von kurzer Dauer.

Die Erkrankung kann von einer Reihe von Störungen der Zirkulation und des Nervensystems begleitet sein. Als solche werden die BASEDOWsche Krankheit, die Neurasthenie, Psychosen, Ohrensausen, Polyurie, klonische und tonische Krämpfe sowie Tabes angeführt. So beobachtete KÜRBITZ (1906) in einem Falle von Tabes ein typisches akutes umschriebenes Ödem. Befallen waren Lippe, Wange, Augenlider, und zugleich bestand eine allgemeine Depression, Kopfschmerz, Pulsbeschleunigung, Appetitlosigkeit und Brechneigung. Manchmal war das Ödem mit den Erscheinungen einer Erythromelalgie (d. h. mit einer sehr schmerzhaften Schwellung, Rötung und starken Gefäßpulsation an den Zehen und Fingern) verknüpft.

Vorzugsweise ist das mittlere Lebensalter betroffen, doch bleibt auch das frühe Kindesalter nicht verschont. LOIMANN (1888) berichtet, daß ein 6jähriger Knabe nach Angabe der Eltern seit 3 Jahren in den frühen Morgenstunden fast täglich von Anschwellungen bald des einen, bald des anderen Augenlides befallen wurde. Plötzlich war auch eine Schwellung des Penis aufgetreten. Während einer Reihe von Infektionskrankheiten, Pneumonie, Masern und Varicellen zessierten die Anfälle $2^1/_2$ Jahre. Alsdann zeigten sich wieder jeden 3. oder 4. Tag, meistens an den Augenlidern, den Wangen und den Lippen umschriebene Ödeme, die nach wenigen Stunden verschwanden. Auch Schwellungen der Rachenschleimhaut traten auf.

Als Ursache des akuten umschriebenen Ödems wird eine vom Zentralnervensystem ausgehende Störung der vasomotorischen Funktionen angesehen, angioneurotisches Ödem. Bei einer solchen Angioneurose trete durch arterielle Hyperämie auf Grund von Reizung der Vasodilatatoren oder von Lähmung der Vasokonstriktoren Serum ins Gewebe; auch könnten die Kapillarwände durch Einwirkung auf die Kapillar-Endothelzellen für Blutserum durchlässig werden. Von näheren Ursachen wird die Heredität angegeben, sei es, daß die Krankheit bei mehreren Familiengliedern sich einstellt, sei es, daß neuropathische Belastung vorliegt. Beim weiblichen Geschlecht spielen die Menstruation, die Schwangerschaft und das Wochenbett eine Rolle; eine große Zahl von Frauen wird zur Zeit der Menses befallen. Auch Infektionen (Intermittens) und Vergiftungen mit Alkohol, Kohlenoxydgas, Morphium und gewissen Nahrungsmitteln kommen ätiologisch in Betracht. So wurden flüchtige Lidödeme bei Fischgenuß beobachtet. Daß ferner eine Autointoxikation zu berücksichtigen ist, dafür spricht das Vorkommen größerer Mengen von Indol, Skatol und Indikan in den nach Anfällen vermehrten Harnmengen. Für eine — vielleicht gar nicht kleine — Gruppe dieser Fälle ist gewiß eine durch Thyreo-

Parathyreoideaerkrankung bedingte Störung der inneren Sekretion von ätiologischer Bedeutung. So ergab die interne Untersuchung bei einem von mir beobachteten 27jähr. Mädchen, bei welchem seit $^3/_4$ Jahren etwa alle 3 Wochen ein doppelseitiges Lidödem — ohne Beziehung zur Menstruation — auftrat, eine geringe aber deutliche Struma sowie eine ziemlich sichere latente Tetanie (mechanische, wahrscheinlich auch elektrische Übererregbarkeit der Nerven); allerdings fehlten Spontankrämpfe und das Trousseau'sche Phänomen. Die Diagnose der Heidelberger medizin. Klinik lautete: sichere Thyreo-Parathyreoideaerkrankung. Auch in einem zweiten Falle meiner Beobachtung (vgl. S. 12, 34jähr. Krankenschwester) wurde von der medizin. Klinik die gleiche Erkrankuung festgestellt. Hier bestand wieder Struma und mechanische Übererregbarkeit der Armnerven, welche den Verdacht auf latente Tetanie erweckten. Es sind dies die einzigen Fälle von flüchtigem Lidödem, die ich genau intern und neurologisch untersuchen zu lassen Gelegenheit hatte. Flüchtige Ödeme wurden auch bei Influenza (GROENOUW 1904; SPRIGGS 1908, ELGOOD 1909), seltener bei Scharlach beobachtet; dieselben entwickelten sich hier plötzlich und verschwanden meist binnen weniger Tage. Ein endemisches Auftreten (140 Fälle), das mit großer Wahrscheinlichkeit auf einer Infektion oder Intoxikation beruhte, wurde von LÖWENHEIM (1903) beschrieben. Vorzugsweise waren Frauen in den mittleren Jahren erkrankt. Die meist akut auftretenden Schwellungen betrafen am häufigsten das Gesicht, besonders stark die Lider, ferner Mund- und Nasenschleimhaut, die Conjunctiven, aber auch andere Körpergegenden. Neben den Ödemen waren recht oft typische Urticaria, Magen- und Darmstörungen, vereinzelt bronchiale Affektionen, selten andere Hautkrankheiten zu beobachten. Fast nie fehlten irgendwelche Neuralgien. Das Fieber war durchaus intermittierend und stellte sich meist gegen Abend ein.

Anatomisch wurde in einem von STÄHELIN (1903) mitgeteilten Falle die klinische Diagnose eines allgemeinen idiopathischen Ödems durch die Sektion bestätigt, wobei die Untersuchung des Blutes eine Hydrämie ergab. Die inneren Organe waren normal.

Die Voraussage ist bei der großen Neigung zu Rezidiven und der hartnäckigen Dauer, wenigstens in einer Reihe von Fällen, eine nicht besonders günstige.

Differentialdiagnostisch kommen Urticaria und Ödeme bei Herz- und Nierenkrankheiten sowie bei Gicht in Betracht. Auch traumatische Ödeme, insbesondere infolge Insektenstichs, der unbemerkt im Schlafe erfolgt und dessen Stichkanal rasch unsichtbar wird, könnten gelegentlich mit dem in Rede stehenden Ödem verwechselt werden, zumal dieselben auch bei einseitigem Stich sich bekanntlich rasch doppelseitig verbreiten. Für die Diagnose des angioneurotischen Ödems sprechen die gewöhnlich normale Hautfarbe, die Härte, die Schmerzlosigkeit, das rasche Entstehen und Schwinden, die Rezidive und die wahllose Lokalisation. Gegenüber der Urticaria mangelt hier jeder Juckreiz, wie dies bereits oben erwähnt wurde; nichtsdestoweniger besteht zwischen diesen beiden eine nahe Verwandschaft.

Die Behandlung besteht in der äußerlichen Anwendung von milden Fettsalben, mit gleichzeitiger Berücksichtigung des Allgemeinzustandes, wobei Dampfbäder, Massage, Elektrizität, Chinin, Atropin und Salicylpräparate empfohlen werden. In dem oben erwähnten Falle (S. 12) mit nachfolgendem schuppenden Lidekzem war Naphthalan-Zinksalbe von prompter Wirkung (gegen das Ekzem), LÖWENHEIM (1903) rühmt den Gebrauch von Chlorcalcium. Bei Autointoxikation kommen Purgantien und den Darm desinfizierende Mittel in Betracht. In den beiden Fällen meiner Beobachtung von rezidivierendem Lidödem infolge Thyreo-Parathyreoideaerkrankung brachte eine systematische Arsenkur (Elarsontabletten, Dürkheimer Maxquelle) die Rezidive zum Schwinden.

§ 10. Von sonstigen Ödemen der Lider ist noch die blasse durchsichtige ödematöse Schwellung bei Trichinose (BUNTON 1909) zu erwähnen. Die Schwellung findet sich nach vorausgegangenem Brechdurchfalle gleichzeitig mit einem Ödem des Gesichtes im Verein mit Muskelschmerzen am Ende der ersten Woche. Dieser Zeitpunkt ist insofern von gewisser diagnostischer Bedeutung, als nach etwa 7 Tagen die Wanderung der Trichinenembryonen beginnt; das Lidödem wäre demnach im allgemeinen nach 7 Tagen zu erwarten. Die nähere Ursache des Ödems wird in vasomotorischen Störungen toxischer Art oder in einer Thrombose kleiner Venen gesucht, die durch Einwanderung von Trichinenembryonen bedingt sei. Ferner hat v. NIESSL (1902) häufig bei Paralytikern eine Cyanose des Gesichtes in Verbindung mit einem Ödem der Augenlider und einer mehr oder weniger stark ausgesprochenen Ptosis beobachtet; er legt diesen Erscheinungen, die möglicherweise auf einer Gefäßlähmung beruhen, einen semiotischen Wert bei.

§ 11. Lidarterien und Lidvenen können gleichzeitig oder einzeln eine gleichmäßige oder partielle Erweiterung erfahren. Die Lidarterien entstammen medial der Arteria nasofrontalis, lateral der Arteria lacrimalis und teilen sich entsprechend den beiden Ligamenta palpebralia in je eine Arteria palpebralis superior und inferior. Die Lidvenen schließen sich in ihrem Verlaufe nicht ganz genau den Arterien an und besitzen zwei Vereinigungspunkte am medialen und am lateralen Lidwinkel. Nasal vereinigen sich die Lidvenen meist nicht zu einem einzigen Stämmchen, sondern durchsetzen zu zweien oder dreien, die miteinander anastomosieren, das Septum orbitale. Die Vena frontalis erreicht die gemeinsame Mündungsstelle am medialen Augenwinkel. In die Vena angularis oder in die Vena facialis anterior münden die Venae palpebrales mediales. Die Venae palpebrales laterales stehen in Verbindung mit der Vena supraorbitalis entsprechend dem äußeren Lidwinkel, wohin auch Zweige der oberflächlichen Venae temporales und eine Anastomose von der V. temporalis media gelangen. Der Hauptabfluß erfolgt nach der Vena ophthalmica superior (vgl. Bd. I, Abt. 1, dieses Handb. II. Aufl., Fig. 68, S. 153).

Eine gleichmäßige Erweiterung der Lidarterien und Lidvenen zeigt sich beim Aneurysma arterio-venosum der Carotis interna und des Sinus cavernosus, womit die Erscheinungen eines sogenannten pulsierenden Exophthalmus verbunden sind.

Eine Erweiterung der Lidarterien mit gleichzeitiger sichtbarer Pulsation findet sich bei Aneurysmen in unmittelbarer Umgebung der Lider, so bei Aneurysmen der Arteria supraorbitalis oder von Ästen der Arteria temporalis. In einem Falle von FRATTINA (1871) nahm ein aneurysmatischer Sack von der Größe eines halben Hühnereies die Gegend der Augenbrauen und das Oberlid in der Nähe des äußeren Lidwinkels ein. Eine Pulsation in der ganzen Ausdehnung des Oberlides, am stärksten am äußeren Lidwinkel, begleitete ein von MONTGOMERY (1886) beobachtetes erbsengroßes Aneurysma, das nahe dem genannten Lidwinkel auf traumatischem Wege entstanden war.

Die Lidvenen erfahren bald doppel-, bald einseitig eine sichtbare bedeutende Erweiterung und Schlängelung bei Kompression durch Geschwülste in der Umgebung des Auges, mit gleichzeitiger Beteiligung der Venen der Bindehaut, der Augenbrauen und Temporalgegend. Auch bei länger bestehender BASEDOWscher Krankheit mit hochgradigem Exophthalmus kann sich an die anfänglich vorhandene Stauung eine bedeutende Erweiterung der Lidvenen anschließen. Eine einseitige Venenerweiterung und zwar rechterseits begleitete ein von EMANUEL (1899) beschriebenes Angioma arteriale racemosum des rechten Schläfenlappens, das von einer aus verdickten Meningen und mächtigen Venenkonvoluten bestehenden Schwarte umhüllt war. Dabei waren die Sinus transversi, petrosi und cavernosi erweitert, besonders der rechte Sinus transversus.

Phlebektasien entstehen in umschriebener Weise am Oberlid in der Form einer aus zahlreichen größeren und kleineren erweiterten

Venen zusammengesetzten Gefäßgeschwulst, womit sich eine beutel-
artige Dehnung der Lidhaut verbindet, das sogenannte Varicoble-
pharon. Am häufigsten entwickelt es sich beim weiblichen Geschlecht,
besonders im Gefolge von wiederholten Schwangerschaften. Zugleich
sind in der Regel starke Varicen an den unteren Extremitäten vorhanden.

Hier und da erscheint ausschließlich die medial gelegene Vena
angularis erweitert, was schon in einer frühen Lebenszeit der Fall
sein kann, bald ein-, bald doppelseitig, in manchen Fällen verbunden
mit einer Erweiterung der Vena supraorbitalis.

Soweit bei diesen Gefäßveränderungen eine Behandlung in Frage
kommt, ist es nur eine chirurgische, die bei den isoliert auftretenden
Varicen die gleiche ist wie bei Gefäßgeschwülsten.

§ 12. Als Folge einer Lymphstauung tritt das einfache oder
stabile Ödem der Lidhaut auf, wobei in der Regel Teile der Gesichtshaut mitbeteiligt sind. Das geschwellte Lid fühlt sich weich,
fast fluktuierend an, und die Schwellung kann durch äußeren Druck
verkleinert werden. Bei Punktion entleert sich eine seröse Flüssigkeit.
aus dem Unterhautzellgewebe.

Das Ödem kann beide Augenlidpaare oder nur eine Seite, und zwar
unter Umständen nur ein Lid derselben befallen. Bevorzugt ist in
letzterem Falle das Oberlid. Auch anfallsweise kann eine stärkere
Schwellung der Oberlider auftreten (DUNN 1892).

Die Ursachen sind zunächst regionäre, wobei am häufigsten Erkrankungen der Nasenhöhle, wie chronische Rhinitis oder pylypöse
Wucherungen und die damit in Verbindung stehenden wiederholten
Anfälle von erysipeloiden Entzündungen eine Rolle spielen. DUNN
(1892) ist geneigt, bei einem rhinitischen Lidödem eine reflektorisch-
vasomotorische Lähmung anzunehmen. — Ferner kann von entlegenen
Stellen aus eine Lymphstauung der Lider vermittelt werden. Nach
DEBAISIEUX (1893) fand sich im Anschluß an eine ausgedehnte Vereiterung der Lymphdrüsen des Halses mit Narbenbildung ein Ödem
aller Lider, besonders eine bedeutende Vergrößerung beider Lider
linkerseits. Zugleich war auch die Gesichtshaut bis in die Schläfengegend ödematös geschwellt. Einer privaten Mitteilung ELSCHNIGS.
(1923) verdanke ich die interessante Beobachtung, daß er mehrmals
in Fällen von adhärenten Knochennarben am Rande des Unterlides.
eine mächtige fast elephantiastische Schwellung desselben auftreten
sah, auch wenn die Narbenbildung nicht die ganze Circumferenz des.
Unterlides betraf (Behandlung siehe unten).

In einem von MOWAT (1896) als Lymphangiektasie der Lider bezeichneten Fall von spontaner langsam fortschreitender Schwellung beider Lider konnte durch Druck auf das eine Lid die Schwellung auf das andere übertragen werden. Ferner zeigte sich bei Druck auf die Lider die Haut hinter dem Ohre auf der erkrankten Seite ödematös.

Die Behandlung ist, abgesehen von der Berücksichtigung der Grundursache, bei hochgradiger dauernder Schwellung eine operative und besteht in der Excision einer querovalen Falte der Lidhaut. ELSCHNIG konnte in seinen erwähnten Fällen die Lymphstauung des Unterlides durch Excision der adhärenten Lidhautknochennarbe und Unterpflanzung mit entweder von der Seite her verschobenem oder frei implantierten Fettgewebe leicht beseitigen. Den Effekt dieser Operation erblickt er in einer »gewissermaßen subkutanen Drainage«.

Literatur zu §§ 1—12.

Von Hand- und Lehrbüchern wurden benutzt:

ASCHOFF: Pathologische Anatomie. Allgem. u. speziell. Teil. 5. Aufl. Jena: Gust. Fischer 1921. — BETTMANN: Einführung in die Dermatologie. Wiesbaden: J. F. Bergmann 1914. — FINGER: Die Hautkrankheiten. Leipzig u. Wien: F. Deuticke. — FRIEBOES: Grundriß der Histopathologie der Hautkrankheiten. Leipzig: F. C. W. Vogel 1921. — JARISCH: Die Hautkrankheiten. Nothnagels spez. Path. u. Therapie. Bd. 24. Wien: A. Hölder. — LESSER: Lehrbuch der Haut- und Geschlechtskrankheiten. Leipzig: F. C. W. Vogel. — MRAČEK: Handbuch der Hautkrankheiten. Wien: A. Hölder. — RIECKE: Lehrbuch der Haut- u. Geschlechtskrankheiten. Jena: Gust. Fischer 1920. — UNNA: Hautkrankheiten. Orths Lehrb. d. spez. path. Anat. 8. Lief. Berlin: A. Hirschwald, u. Histologischer Atlas der Pathologie der Haut. Hamburg u. Leipzig: L. Voss.

1871 FRATTINA: Aneurisma della regione palpebro-sopracigliare. Gazz. med. ital. No. 48, p. 384.

1874 CUNTZ: Ein Beitrag zur Pathologie der vasomotorischen Nerven. Arch. f. Heilk. Bd. 15, S. 63. — LUCAS: The value of palpebral and subconjunctival ecchymosis, as a symptom, anatomically and experimentally studied. Guy's Hosp. Rep. T. 19, p. 423. Ref. Michel-Nagels Jahresb. f. Ophth. Bd. 5, S. 289.

1882 QUINCKE, H.: Über akutes umschriebenes Hautödem. Monatsschr. f. Dermatol. Bd. 1, H. 6, S. 5.

1885 ANDRIEUX: Oedème primitif ou essentiel des paupières et d'une partie de la face. Journ. de méd. et de chirurg. pratiques. p. 459. Ref. Rev. gén. d'Opht. p. 569.

1886 MONTGOMERY, W. F.: Varix aneurysmaticus des Lides. Chicago med. Journ. and Examiner. Dez. Ref. Zentralbl. f. prakt. Augenheilk. S. 404. ORMEROD: Ecchymosis and oedema of the eyelids, without obvious cause. (Ophth. Soc. of the United Kingd.) Ophth. Review. p. 25.

1887 CALAMY, O. D.: Oedème péripalpébral d'origine cardiaque. Bull. clin. nat. opht. de l'hosp. des Quinze-Vingts. Bd. 5, p. 91. — DOYNE: Recurrent oedema

Anm. Eine Reihe von mikroskopischen Präparaten hat Herr Prof. Dr. HERZOG schon für die 2. Auflage dieses Buches dankenswerterweise zur Verfügung gestellt; dieselben wurden auch für die vorliegende Neubearbeitung verwertet. Mehrere Abbildungen sind seiner Arbeit: »Über die Pathologie der Cilien«, Zeitschr. f. Augenheilk., Bd. 11 und 12, entnommen.

of upper eyelids in a young woman who had not menstruated. Brit. med. Journ. T. 1, p. 1106. — Lassar, O.: Über stabiles Ödem. (Berliner med. Ges. 16. März.) Berl. klin. Wochenschr. Nr. 5. — Morrou: Blépharite vanilique. Arch. de Pharmacie. Janvier.

1888 Hewkley, F.: Fugitive Jodisme. Oedema of eyelids. Brit. med. Journ. p. 1160. — Loimann, G.: Akut umschriebenes Ödem der Haut. Wien. med. Presse. Nr. 21. — Riehl, G.: Über akutes umschriebenes Ödem der Haut. Ebd. Nr. 11. — Robinson, J.: Fugitive oedema of the eyelid. Brit. med. Journ. Bd. 1, p. 1006. — de Schweinitz, G. E.: Fugitive oedema of eyelids. Americ. Journ. of ophthalmol. p. 170.

1892 Dunn: A case of recurrent oedema of the upper eyelid as a symptom of nasal polypus. Americ. Journ. of ophthalmol. p. 134. — Kalt: Oedème des paupières consécutif à la compression simple des veines jugulaires. (Soc. de biol.) Ann. d'oculist. Bd. 108, p. 41.

1893 Debaisieux: Un cas remarquable d'oedème des paupières. Arch. d'ophtalmol. p. 392. — Ziem, C.: Beziehungen zwischen Augen- und Nasenkrankheiten. Monatsschr. f. Ohrenheilk. u. Laryngo-Rhinol. Nr. 8 u. 9.

1895 Fuchs: Über das akute rezidivierende Lidödem. v. Graefes Arch. f. Ophthalmol. Bd. 41, S. 264. — Phillips, S.: Cases of oedema of the upper eyelid during scarlet fever. Brit. med. Journ. T. I, p. 194. — Sidney, Th.: Cases of oedema of the upper lid during scarlet fever. Brit. med. Journ. 26. Jan.

1896 Carpenter: A case of mumps with oedema of the corresponding eye and side of the head simulating mastoid disease. Pediatrics. 15. Febr. — Mowat: Lymphangiectasis of the eyelids. (Ophth. Soc. of the Unit. Kingd.) Ophth. Review. p. 156.

1899 Braun: Über ausgedehnte Blutextravasate am Kopfe, Halse, Nacken und linken Arme infolge von Kompression des Unterleibes. Dtsch. Zeitschr. f. Chirurg. Bd. 51, H. 5 u. 6. — Critchett, Anderson: Solid oedema of the eyelids. (Ophth. Soc. of the Unit. Kingd.) Ophth. Review. p. 178. — Emanuel: Ein Fall von Angioma arteriale racemosum des Gehirns nebst Bemerkungen zur Frage von dem Bau und der Genese der Hirnsandbildungen. Dtsch. Zeitschr. f. Nervenheilk. Bd. 14, S. 288. — Perthes: Über ausgedehnte Blutextravasate am Kopfe infolge von Kompression des Thorax. Dtsch. Zeitschr. f. Chirurg. Bd. 50, H. 5 u. 6.

1900 Fabry: Über einen eigentümlichen Fall von Dermographismus (Urticaria factitia). Arch. f. Dermatol. u. Syphilis. Bd. 59, S. 111. — Fürstner, C.: Zur Kenntnis vasomotorischer Störungen. Mitt. a. d. Grenzgeb. d. Med. u. Chirurg Bd. 11, H. 1. — Wagenmann: Multiple Blutungen der äußeren Haut und Bindehaut, kombiniert mit einer Netzhautblutung nach schwerer Verletzung, Kompression des Körpers durch einenFahrstuhl. Graefes Arch. f. Ophthalmol. Bd. 51, S. 550.

1901 Trousseau: Oedeme arthritique des paupières. Arch. d'ophtalmol. Jan.-März.

1902 v. Niessl: Über Stauungserscheinungen im Gebiete der Gesichtsvenen bei der progressiven Paralyse. Berl. klin. Wochenschr. Nr. 35.

1903 Löwenheim: Über urticarielles Ödem. Berl. klin. Wochenschr. Nr. 46. — Niemann: Über Druckstauung (Perthes) oder Stauungsblutungen nach Rumpfkompression (Braun). Inaug.-Diss. Straßburg. — Stähelin: Ein Fall von allgemeinem idiopathischen Ödem mit tödlichem Ausgang. Zeitschr. f. klin. Med. Bd. 49, S. 461.

1904 Groenouw: Beziehungen der Allgemeinleiden und Organerkrankungen zu Veränderungen und Krankheiten des Sehorgans. Dieses Handb. 2. Teil, Bd. 11, 2. Abteil., S. 620. — Quincke und Grosz: Über einige seltene Lokalisationen des akuten umschriebenen Ödems. Dtsch. med. Wochenschr. Nr. 1. — Wienecke: Über Stauungsblutungen nach Rumpfkompression. Dtsch. Zeitschr. f. Chirurg. Bd. 75, H. 1.

1905 Armand et Sarvonat: La maladie de Quincke, oedème aiguë angioneurotique. Gaz. des hôp. No. 41. — Liebrecht: Schädelbruch und Auge. Arch. f.

Augenheilk. Bd. 55, S. 36. — MILNER: Die sogenannten Stauungsblutungen infolge Überdruckes im Rumpf und dessen verschiedene Ursachen. Dtsch. Zeitschr. f. Chirurg. Bd. 76, H. 2 u. 3. — MILNER: Nachtrag zu dem Aufsatz über die sogenannten Stauungsblutungen infolge Überdruckes im Rumpf und dessen verschiedene Ursachen. Dtsch. Zeitschr. f. Chirurg. Bd. 76, H. 4—6. — SICK: Über Stauungsblutungen durch Rumpfkompression (traumatische Stauungsblutung). Dtsch. Zeitschr. f. Chirurg. Bd. 77, H. 4—6.

1906 KÜRBITZ: Über einen Fall von akut umschriebenem Ödem bei Tabes dorsalis. Münch. med. Wochenschr. Nr. 36.

1908 SPRIGGS: An epidemie of influenza characterized by oedema of the eyelids. Brit. med. Journ. T. 2, p. 1744.

1909 BUNTON: Oedema of the eyelids with pyrexia-trichinosis. Brit. med. Journ. T. 1, p. 308. — ELGOOD: Oedema of the eyelids with pyrexia. Brit. med. Journ. T. 1, p. 88. — KUHN: Ein Fall von schwerem angioneurotischen Ödem. Berl. klin. Wochenschr. S. 419.

1911 STEINDORFF: Über Barlowsche Krankheit mit bes. Berücksichtigung der dabei beobachteten Augenerscheinungen. Zeitschr. f. Augenheilk. Bd. 25, S. 180.

1912 BRUNETIÈRE: Contribution à l'étiologie de l'oedeme aigu récidivant des paupières. Arch. d'ophtalmol. T. 32, p. 384. Clin. ophtalmol. p. 506. — JANNULIS: Hämatom des Augenlids nach Extraktion von Nasenpolypen. Wochenschr. f. Therap. u. Hygiene des Auges Bd. 16, S. 87. — SCHREIBER: L'oedème aigu circonscrit des paupières, manifestation de l'anaphylaxie. (Arch. de méd. des enfants. Avril 1911.) Rev. générale d'ophtalmol. p. 323. — WILSON: Oedema of the eyelids treated by buried strands of silk. (Brit. med. Journ. 6. Jan.) Ophthalmology T. 8, p. 392.

1913 PÉCHIN: Ecchimoses conjonctivales et palpébrales récidivantes au cours de l'anémie simple. (Soc. d'ophtalmol. de Paris.) Ann. d'oculist. T. 149, p. 289. Arch. d'ophtalmol. T. 33, p. 648. Clin. ophtalmol. p. 296. — VANDEGRIFT: Oedema of the lids. New York med. Journ. 18. Jan. T. 97, No. 3.

1914 SHIGEMATSU: Ein Fall von Exophthalmus durch Oedema acut. circumscript. palpebrae (Daiven). Japanisch. Nippon Gankagakkai zassi T. 18, No. 3, p. 303. Ref. im Zentralbl. f. d. ges. Ophthalmol.

1920 BLANK: Über Trichinose. Dtsch. Arch. f. klin. Med. Bd. 132, H. 3/4, S. 179—203.

II. Entzündungen der Lidhaut.

§ 13. Die Entzündungen bilden die häufigste Erkrankungsform der Lidhaut, wie dies auch für die übrige Haut gilt. UNNA (1894) bemerkt, daß »die Zahl derjenigen Affektionen der Haut, die zu den Entzündungen gerechnet worden sind, die entsprechende bei allen anderen Organen bei weitem übertrifft«. Die Entzündungen treten an der Lidhaut in gleicher Weise wie an anderen Hautstellen als **exsudative, proliferierende** und **granulierende,** bald **akut,** bald **chronisch,** auf und sind teils auf die Cutis beschränkt, teils befallen sie Cutis und Subcutis zu gleicher Zeit oder vorzugsweise die Subcutis.

1. Exsudative Entzündungen.

§ 14. Die **exsudativen Erkrankungsformen der Lidhaut** sind gleich denjenigen der übrigen Haut teils diffus entzündliche, teils herdförmige. Die Herderkrankungen können ein verschiedenes Aussehen darbieten und werden dementsprechend als Flecken, Knötchen, Knoten, Bläschen, Blasen und Pusteln bezeichnet. Borken und Krusten entstehen dann, wenn ein Exsudat auf die freie Hautoberfläche gelangt und vertrocknet. Durchtränkt ein Exsudat das Hautepithel, handelt es sich demnach um eine parenchymatöse Entzündung, so tritt eine Schwellung und eine Proliferation der Stachelzellenschicht (Akanthose) ein. Wird durch ein Exsudat das Epithel abgestoßen, so entsteht eine Erosion. Eine Anomalie der Verhornung des Hautepithels, die sogenannte Parakeratose, begleitet entzündliche Vorgänge in der Cutis nahe der Epithelgrenze. Wie bei allen exsudativen Hautentzündungen, so findet sich auch in der Cutis und Subcutis der Lider eine serös-entzündliche Durchtränkung mit Erweiterung der Blutgefäße und mit kleinzelliger Infiltration. Dabei besteht bei einer Reihe von exsudativen Entzündungen der Lidhaut eine Neigung zum Absterben des erkrankten Gewebes (sogenannte nekrotisierende Entzündung). Die Art und Weise, in der diese Vorgänge sich bei den einzelnen Entzündungsformen abspielen, bestimmt das klinische Einzelbild. Die exsudativen Lidhautentzündungen sind einzuteilen in a) symptomatische bei einer Reihe von allgemeinen Infektionskrankheiten und Intoxikationen — hämatogene, infektiöse und toxische Dermatitisformen —, b) durch einen örtlichen Infekt bedingte, c) neurotische und d) ekzematöse Dermatitiden.

a) Hämatogene, infektiöse und toxische Dermatitisformen.

§ 15. Als hämatogene Dermatitis infektiösen oder toxischen Ursprungs kommen in Betracht: Masern, Scharlach, Varicellen, Variola, Pemphigus, verschiedene toxische Erytheme, Urticaria und Pellagra.

Bei Masern, Scharlach, Varicellen und Variola (Impfpustel, s. S. 48) befallen die diesen Erkrankungen eigentümlichen Entzündungsformen der Haut besonders dann die Lider, wenn gleichzeitig die Gesichtshaut beteiligt ist.

Bei Masern finden sich auf der Lidhaut rundliche gelblich-bläulichrote Flecken von Erbsen- oder Linsengröße mit geringer papulöser Anschwellung; sie stehen getrennt und sind scharf, aber unregelmäßig begrenzt. Damit kann eine gleichmäßig ödematöse Schwellung der Lidhaut verknüpft sein, besonders bei gleichzeitiger mehr oder weniger starker katarrhalischer Entzündung der Bindehaut. Im Verlaufe blassen die Flecken ab und schuppen kleienartig.

Als Komplikation kann eine Gangrän der Lidhaut auftreten.

Bei Scharlach wird die Lidhaut seltener beteiligt. Anfänglich finden sich bei gleichzeitigem geringen Ödem dicht stehende ungefähr senfkorngroße intensiv rote Fleckchen oder Punkte, die von blassen Höfen umgeben sind und im Verlaufe zu einer gleichmäßigen scharlachfarbenen Röte zusammenfließen. Mit dem Verschwinden der Röte schuppt sich die Hornschicht ab. In schweren Fällen von Scharlach können kleine Blutungen in der Lidhaut auftreten.

Von Komplikationen gelangen Absceßbildung und Gangrän der Lidhaut zur Beobachtung.

Die Varicellen, Wasser- oder Windpocken, befallen meist in größerer Zahl mit Vorliebe die Lidhaut, an der sie mitunter früher zur Entwicklung gelangen als an der Haut des Gesichtes oder Rumpfes (COMBY 1884). Die Wasserpocken bilden auf stark gerötetem Grunde sich rasch erhebende rundliche oder spitze Bläschen (Spitzpocken) mit meist klarbleibendem, seltener etwas getrübtem, aber nicht eitrigem Inhalt; sie sitzen oberflächlich, zeigen keine Dellenbildung in ihrer Mitte und trocknen nach ein- bis zweitägigem Bestehen zu kleinen Krusten ein. Nach deren Abfall wird die Haut entweder wieder ganz normal, oder es bleibt eine oberflächliche, glatte, weiche und pigmentlose Narbe zurück. Im Verlaufe kann eine ausgedehnte Nekrose der Lidhaut als Komplikation auftreten. Seltener beobachtet man Varicellen am Lidrand zwischen den Wimpern, wo sie dann leicht mit Hordeola verwechselt werden können; die Varicellen bedingen jedoch weder stärkere Entzündung, noch nennenswerte Schmerzen.

Die Pocken oder Blattern (Variola, Variolois) führen häufig zu ausgedehnter Vernarbung der Lidhaut und sind daher, zumal außer der Lidhaut noch die Binde- und Hornhaut sowie der ganze Augapfel in Form einer metastatischen Entzündung erkranken können, als eine dem Auge äußerst gefährliche Infektionskrankheit anzusehen (Ätiologie s. S. 50 u. 51). Unter den Erscheinungen eines mehr oder weniger hochgradigen Ödems der Lidhaut entwickeln sich senfkorngroße, von einem Entzündungshof umgebene Papeln. Am dritten Tage ihres Auftretens verwandeln sie sich an ihrer Spitze zu durchscheinenden Bläschen, welche die Größe einer Erbse erreichen können. Alsdann flacht sich der Gipfel in der Regel ab, das Bläschen zeigt in der Mitte eine dellenförmige Einsenkung und einen meistens trüben Inhalt, der am 5. bis 6. Tage eitrig wird. Das Bläschen ist in eine Pustel übergegangen. Vom 10. Tage an trocknen die Pusteln ein, entweder direkt oder nach vorausgegangenem Platzen, und das Ödem der Lidhaut geht zurück. Nach 2—3 Wochen fallen die dicken Borken ab und es tritt Vernarbung ein. Anfänglich sind die Narben gewulstet, oft stark pigmentiert, später weiß und scharfkantig.

Die Blatternbläschen und -pusteln befallen mehr das Ober- als das Unterlid, sie finden sich in meist reihenweiser Anordnung vorzüglich am Lidrande, wobei der Sitz sowohl die äußere als die innere Lidkante und auch der intermarginale Saum sein kann (HIRSCHBERG 1879). Selten sind an der Lidfläche oder an den Lidwinkeln Efflorescenzen anzutreffen. Wegen der ständigen Benetzung des Lidrandes kommt es nicht zu einer Eintrocknung des Pockeninhaltes mit Borkenbildung, sondern zu einzelnen rundlichen Geschwüren, deren Grund einen weißlichgrauen Belag aufweist und ein diphtherieähnliches Aussehen darbieten kann. Die einzelnen Geschwürchen des Lidrandes können derartig ineinander übergehen, daß der ganze Lidrand in eine geschwürige Fläche umgewandelt wird. Zugleich fallen die Cilien aus.

Von seiten der Bindehaut kommt es gleichzeitig zu einer mehr oder weniger starken diffusen Schwellung und Rötung mit vermehrter Absonderung; auch auf der Scleralbindehaut können Blatternefflorescenzen entstehen. Die Heilung erfolgt mit Vernarbung des Lidrandes oder der Lidfläche oder beider Teile zugleich, je nach dem Sitze und der Ausdehnung der Blatternerkrankung, wobei auch die Mitbeteiligung der benachbarten Gesichtshaut in Betracht zu ziehen ist. Äußere und innere Lidkante sind durch die gleichzeitige Vernarbung des Intermarginalteils ineinander verschmolzen, und der Lidrand hat sein normales Aussehen eingebüßt. Nicht selten ist der Lidrand an verschiedenen Stellen narbig eingekerbt oder zeigt bald hier, bald dort papillenähnliche Granulationen. In der Regel kommt es zu einem dauernden Verlust der Cilien, oder die nachwachsenden Cilien zeigen Störungen der Ernährung und der Wachstumsrichtung (Alopecie, Trichiasis und Distichiasis). Erstreckt sich die Vernarbung auch auf die innere Lidkante und die anstoßende Bindehaut, so kann ein Verschluß der Ausführungsgänge der MEIBOMschen Drüsen auftreten; ferner kann die Bindehaut eine ausgedehnte papilläre Wucherung aufweisen. Bei noch über den Lidrand hinausgehender Vernarbung, d. h. bei einer solchen der Lidfläche und der benachbarten Gesichtshaut kommt es zu einer Auswärtsstellung der Lider, einem Narbenectropium. Hierbei ist nicht bloß der Narbenzug von seiten der Lider, sondern gewöhnlich in höherem Maße ein solcher von seiten der Gesichtshaut in Anschlag zu bringen. Vorzugsweise ist das untere Lid beteiligt, bald in der einen oder der anderen Hälfte, bald in seiner ganzen Ausdehnung.

Die Behandlung der Lidhautblattern hat lokal gleich derjenigen an anderen befallenen Gesichtsteilen eine möglichst geringe Narbenbildung und eine Abhaltung sekundärer Infekte anzustreben. Nach HERBAS Vorschrift ist bei gleichzeitiger Erkrankung der Gesichts- und

Lidhaut eine auf der Innenseite mit Unguentum diachylon bestrichene
Gesichtsmaske so aufzulegen, daß auch die Lider davon bedeckt werden.
Sollten letztere vorzugsweise beteiligt sein, so sind entsprechend der
Konfiguration der Lidgegend und ihrer Umgebung geschnittene, ovale
und in ihrer Mitte mit einem horizontalen Schlitz versehene ebenfalls
mit Unguentum diachylon bestrichene Läppchen aufzulegen und fest
anzudrücken bzw. durch einen Verband zu befestigen. Wenn die Krusten abgefallen sind und die erkrankten Stellen sich überhäuten, so ist
das Aufstreuen von Amylum zu empfehlen. Im übrigen hat eine regelmäßige sorgfältige Reinigung insbesondere der Lidränder und der Lidspalte am besten mit einem in Sublimatlösung (1 : 3000) getauchten
Glasstieltupfer zu erfolgen. Die durch Vernarbung hervorgerufenen
Folgezustände sind operativ zu beseitigen.

§ 16. Zu den toxischen Dermatitisformen sind wahrscheinlich
einzelne Gruppen des Pemphigus zu rechnen, dessen typische Efflo-
rescenzform die Blase ist[1]). Allerdings stellt die Bezeichnung:»Pemphigus«
keinen begrenzten klinischen, sondern einen Sammelbegriff dar, wobei
immerhin eine gewisse Übersichtlichkeit durch die Einteilung des Pemphigus nach seinem Auftreten in einen akuten und chronischen und
nach der Art seines Verlaufes in einen gut - und bösartigen gewonnen
werden kann. Die Lidhaut zeigt linsen- bis haselnußgroße Blasen, deren
Inhalt anfangs wasserhell ist, später aber sich trübt oder, wie beim
chronischen Pemphigus, von vornherein eine hellgelbliche Flüssigkeit
enthält. Die Blasen können auf unveränderter oder auf leicht geröteter
erythematöser Haut entstehen. Im Verlaufe läßt die Spannung nach
und reißt die Blasendecke ein, der Blaseninhalt fließt aus und der rote
nässende Blasengrund liegt frei zutage, wobei das aus ihm herauskom-
mende Sekret alsbald zu dünnen Krusten vertrocknet. In einem Zeitraum von 8 bis 10 Tagen vollzieht sich die Überhäutung.

Die verschiedenen an der Haut beobachteten Pemphigusarten
können auch an den Lidern auftreten; von den akuten Formen: der
Pemphigus acutus neonatorum[2]) oder contagiosus, der ohne

---

[1]) IGERSHEIMER (1918) hat wegen der häufiger positiven WASSERMANNschen Reaktion in Fällen von Pemphigus vulgaris und vegetans die, wie er selbst sagt,
»ziemlich vage Vermutung«, daß dieselben durch einen der SCHAUDINNschen Spirochaete pallida nahestehenden Mikroorganismus hervorgerufen sein könnten. (Ge-
naueres über die Ätiologie s. in den Lehrbüchern der Hautkrankheiten.)

[2]) Mit dem Pemphigus acutus neonatorum ist nicht zu verwechseln der Pemphigus syphiliticus neonatorum, bei dem linsen- bis kirschgroße Blasen sehr
charakteristischerweise in der Regel nur an den Handtellern und Fußsohlen
sowie an den Plantarflächen der Finger und Zehen beobachtet werden.
Derselbe tritt fast immer angeboren, sehr selten in der 1. bis 4. Woche auf — neben

jegliche Störung des Allgemeinbefindens verläuft und wahrscheinlich durch einen exogenen Infekt der Haut mit pyogenen Staphylokokken und Streptokokken hervorgerufen wird; ferner der Pemphigus acutus schlechthin, dessen Entstehung auf eine hämatogene toxische Ursache bezogen wird; letzterer ist vorzugsweise an den Lidrändern und den Lidwinkeln anzutreffen.

Der bösartige Pemphigus, der in der Regel schon nach wenigen Monaten, selbst Wochen tödlich verläuft, ist im Beginn der Erkrankung vom gutartigen nicht zu unterscheiden. Im allgemeinen ist der Verlauf bei jugendlichen Personen günstiger als bei älteren, obwohl es auch bei jüngeren Kranken nach kurzer Krankheitsdauer zum Exitus kommen kann. Der Pemphigus malignus wird gewöhnlich von einer Eruption von Blasen auf Schleimhäuten, so auch auf der Bindehaut, begleitet und kann auch unter dem Bilde des Pemphigus haemorrhagicus auftreten. Letztere Form konnte v. Michel an den Lidflächen und zugleich an der Gesichtshaut, wie an anderen Stellen des Körpers bei einem $2^1/_2$ jährigen Kinde beobachten, das plötzlich während der Untersuchung unter den Erscheinungen einer akuten Herzinsuffizienz starb. Taeufert (1891) hat bei einer anderen Form des Pemphigus acutus, nämlich beim sogenannten Pemphigus foliaceus, einen tödlichen Ausgang beobachtet. Dabei war fast die ganze Hautdecke erkrankt und mit der Gesichtshaut auch die Lidhaut. Beim Pemphigus foliaceus kommt es nicht zur Blasenbildung, sondern zum Einreißen der Epidermis und zur blätterigen Exfoliation, wodurch dünne Schuppen entstehen. — Auch der Pemphigus vegetans, der dadurch charakterisiert ist, daß der Blasengrund zur Wucherung neigt, gibt eine schlechte Prognose.

Beim Pemphigus chronicus handelt es sich im Gegensatz zum Pemphigus acutus um einen viele Monate oder selbst Jahre dauernden Verlauf, wobei schließlich eine Heilung eintreten kann. Daher wird auch diese Pemphigusform als gutartige bezeichnet. Der chronische Pemphigus wird ebenso wie der akute von Fieberbewegungen eingeleitet. Die Zahl der Blasen schwankt in bedeutenden Grenzen und in verschieden langen Zwischenräumen können sich Rezidive einstellen. Nicht selten verbindet sich mit dem chronischen Pemphigus ein solcher von

andern sicheren Zeichen congenitaler Syphilis. Im Inhalte der Blasen sind meist Spirochäten in großer Zahl nachweisbar. Die Kinder mit Pemph. syphil. gehen fast ausnahmslos früher oder später zugrunde. — Die Beteiligung der Lidhaut beim Pemphig. syphilit. ist ganz ungewöhnlich. Igersheimer (1918) sah bei einem elfmonatigen luetischen Kinde mit Pemphigusblasen an Hals, Stirn, Ohrmuscheln und sonst am Körper auch solche am Oberlid, während merkwürdigerweise Fußsohlen und Handteller frei waren (vgl. S. 144 dieses Buchs).

Schleimhäuten, im besonderen der Bindehaut. Die Schleimhautefflorescenzen können sogar dem Hautpemphigus vorausgehen oder es ist
gleichzeitig ein Schleimhaut- und Hautpemphigus in verschiedener Verbreitung ausgeprägt. Als typisches Beispiel sei ein von v. MICHEL beobachteter Fall angeführt, der dadurch ausgezeichnet war, daß nur die
Haut des Ober- und Unterlides und deren nächste Umgebung von
großen, teilweise ineinander übergehenden Pemphigusblasen bedeckt
war, während die Haut des übrigen Körpers frei erschien. Zugleich
fand sich aber ein ausgedehnter Bindehautpemphigus, und von anderen
Schleimhäuten zeigte nur die Schleimhaut einer Nasenmuschel eine
größere Blase. Auch bei anderen chronischen Pemphigusformen, wie
beim P. pruriginosus, der sich durch stark juckende Eruptionen
auszeichnet, erkrankt die Lidhaut. In einem von v. MICHEL untersuchten Falle eines chronischen pruriginösen Pemphigus bei einem 8jährigen
Knaben war nicht bloß Gesichts- und Lidhaut befallen, sondern es fanden sich auch Pemphigusblasen auf der Bindehaut und auf der Rachenschleimhaut.

Die anatomischen Veränderungen bestehen in einer akut einsetzenden Traussudation mit Ödem des Papillarkörpers und der Epidermis. Dabei kann die Blasenbildung innerhalb der Epidermisschichten oder zwischen der Epidermis und der Cutis erfolgen.

Die Behandlung hat sich lokal auf ein reichliches Aufstreuen von
Amylum oder auf das Aufstreichen von milden Fettsalben auf die erkrankten Hautstellen zu beschränken. Innerlich wird die Darreichung von
Arsen, Chinin und Salizylpräparaten empfohlen; ferner sollen systematische intravenöse Kochsalzinjektionen oder Injektionen von Blutserum
Gesunder in einzelnen Fällen sehr gute Wirkung gehabt haben. Außerdem
sind die Allgemeinerscheinungen und der Kräftezustand therapeutisch
zu berücksichtigen (s. Näheres in den Lehrbüchern der Hautkrankheiten).

§ 17. Eine Reihe von toxischen Dermatitisformen tritt an der
Lidhaut als exsudatives Erythem mit mehr oder weniger starker
Lidschwellung auf; sie nehmen auch häufig die Form von urticariellen
oder pemphigoiden Eruptionen an. Zu dieser Gruppe gehört als besondere Krankheitsform das Erythema exsudativum multiforme,
wenn dasselbe auch nur selten die Lidhaut (HEBRA, Atlas der Hautkrankheiten, 6. Lieferung, Taf. I; CHEVALLEREAU 1913) befällt. In dem
von HEBRA abgebildeten Falle haben von der Wange ausgehende Efflorescenzen sich nach den Lidern zu in gyröser Form ausgedehnt und
das ganze untere und obere Lid ergriffen. Daß die Lidhaut auch selbständig von Efflorescenzen befallen werden kann, sah ich an einem

31 jährigen Manne aus der Heidelberger Universitäts-Hautklinik. Hier setzte das Erythema exsud. mult. unter dem klinischen Bilde einer Sepsis akut mit hohem Fieber (39—40° C) ein, und es entwickelten sich Knötchen und die so charakteristischen irisähnlichen Papeln (daher die Bezeichnung Herpes iris) zunächst in typischer Weise an der Streckseite der Vorderarme, der Oberarme, am Handrücken und an den Schultern; ziemlich gleichzeitig traten rasch zerfallende Knoten an den Lippen und der Mundschleimhaut auf. Etwa 10 Tage nach Ausbruch der Krankheit entstand am rechten Oberlid eine erbsengroße rundliche knötchenförmige Efflorescenz sowie mehrere solcher an der Stirn. Nahe dem Lidrande war das Oberlid an einer Stelle exfoliiert und nässend. Am linken Oberlid war ein leichtes entzündliches Ödem vorhanden, das sich im wesentlichen auf den Lidrand beschränkte. Die Bindehaut war frei. — Das Erythema exsud. multif. tritt vorzugsweise im Frühjahr, seltener im Herbst auf und betrifft in der Regel das jugendliche Alter zwischen dem 10. und 25. Lebensjahr. Die Diagnose macht infolge der charakteristischen Irisform der Papeln an der Streckseite der Extremitäten keine Schwierigkeit. Die Prognose ist günstig. Die Behandlung besteht wegen der zweifellos vorhandenen ätiologischen Beziehungen des Erythems zur Polyarthritis acuta lediglich in innerlichen Salicylgaben.

Eines der häufigsten Erytheme ist die Urticaria, die deswegen eine ausführliche Beschreibung verdient, weil sie sich gern an der Lidhaut lokalisiert und mit einer auffälligen starken ödematösen Schwellung, besonders des Oberlides, einhergehen kann, so daß die Lidspalte durch die geschwellten Lider verschlossen wird. Verhältnismäßig selten kommt es auf der Lidhaut zu der für die Urticaria sonst charakteristischen Quaddelbildung mit heftigem Jucken, und in der Regel nur dann, wenn auch die benachbarte Gesichtshaut, insbesondere die Haut der Augenbrauengegend und die Stirnhaut wirkliche Quaddeln aufzuweisen haben. Nach kürzerer oder längerer Dauer verschwinden die erythematösen Schwellungen, können aber von neuem auftreten, wobei sie sich wieder durch eine gewisse Flüchtigkeit auszeichnen.

Als nähere toxische Ursachen werden das Diphtherietoxin, gewisse Ingesta [1]), bestimmte Medikamente, worunter Jod, Arsen, Chloral (1870), Antipyrin (SPITZ 1888), sowie Erkrankungen des Magen-Darmkanals und der weiblichen Genitalsphäre (autointoxikative oder reflek-

---

[1]) Ich beobachtete bei einem 1 1/2 jährigen Kinde mit ausgesprochener Idiosynkrasie gegen Hühnereiweiß nach Genuß einer minimalen Menge eines Hühnereis neben allgemeiner Quaddelbildung dichtgestellte große Quaddeln an den stark geschwollenen Lidern, die mit Abklingen der übrigen Intoxikationserscheinungen nach kaum 2 Stunden wieder verschwunden waren.

torische Entstehung) bezeichnet, wobei nicht zu verkennen ist, daß durch ein labiles und empfindliches Gefäßnervensystem eine gewisse Disposition geschaffen wird. Abgesehen von einer entsprechenden Allgemeinbehandlung empfiehlt sich lokal das Aufstreuen von Reispuder oder der Gebrauch von milden Fettsalben.

Ein Erythema exsudativum tritt als Hauterscheinung bei dem komplizierten Krankheitsbilde der Pellagra (Pella und agria = harte Haut) auf. Es verbreitet sich von der Wangenhaut auf die Lidhaut als scharf abgegrenzte Rötung und Schwellung. Bei einem stärkeren Grad der Erkrankung entstehen auch Bläschen nund Blasen. Nach Ablauf von einigen Wochen nehmen Rötung und Schwellung der Haut ab, die erkrankten Stellen erscheinen dunkel pigmentiert und schuppen. Der Beginn der Erkrankung fällt in die Monate April bis Juli und ist von Allgemeinerscheinungen, Fieber, Abgeschlagenheit usw. begleitet. Die Abschuppung dauert bis in den Winter hinein und im darauffolgenden Frühjahr wiederholen sich dieselben erythematösen Erscheinungen. Nach wiederholten Schüben wird die Haut dauernd verändert, sie wird verdickt, trocken und rissig oder atrophisch, glatt und glänzend. Zugleich bestehen Erytheme an anderen Hautstellen, sowie mehr oder weniger schwere Erscheinungen von seiten des Darmtractus, des Nervensystems und der Psyche. Nach mehrjähriger Dauer kann die Krankheit tödlich enden.

Die Pellagra ist endemisch verbreitet in Italien (Venetien, Lombardei, Emilia, Toskana), in Ungarn, Südtirol, in Südfrankreich, in Rumänien, Serbien, Bulgarien, in der Türkei, auf Korfu, auch in Mexiko, Brasilien, Argentinien. Besonders groß ist die Zahl der Erkrankungen in der Lombardei und in Venetien.

Die Entstehung der Pellagra wird von den meisten Beobachtern im Sinne einer chronischen und periodisch wiederkehrenden Intoxikation aufgefaßt, die durch den dauernden Genuß unreif gepflückten, naß aufbewahrten und verdorbenen schimmeligen Maismehls (Polenta) oder eines daraus bereiteten Branntweins verursacht werde (sogenannte Zeïstentheorie von Zea maïs). Dazu komme als äußere Ursache die Einwirkung des Sonnenlichts, wie dies einesteils aus dem Auftreten im Sommer und dem Verschwinden im Winter, anderenteils aus der Lokalisation an unbedeckten Hautstellen, wie Gesicht und Händen, hervorgehe. Immerhin erkranken auch Hautpartien, die nicht oder nur zufällig dem Sonnenlicht ausgesetzt sind. Hinsichtlich des näheren Verhaltens des Toxins werden verschiedene Annahmen gemacht. So soll in dem genossenen verdorbenen Mais eine spezifisch giftig wirkende Substanz gebildet werden, ein Extraktivstoff, das Pellagrozein. Von anderer Seite wird angenommen, daß nicht bloß der Genuß von verdorbenem Mais, sondern auch der krankhafte Zustand des Darmes des Maisessers in Betracht komme. Im Sinne einer Autointoxikation könnten durch das Bacterium coli in dem Maiskot Toxine gebildet oder im Mais enthaltene Vorstufen des Toxins in einem an sich kranken Darm in das eigentliche Gift übergeführt werden. Nach den experimentellen Untersuchungen von TIZZONI und PANICKI (1807) besitzt das von Pellagrakranken gewonnene Virus eine elektive Wirkung auf den Darm von Meerschweinchen und Kaninchen. Bei Meerschweinchen folgen auf die lokalen Erscheinungen allgemeine, die unter dem Bilde der Pellagra rasch zum Tode führen. Die spezifische Wirkung äußert sich aber nur dann, wenn die Nahrung des Tieres zum großen Teil aus Mais besteht. CENI und BESTA (1905) wollen dem Aspergillus niger eine bestimmte Rolle zuweisen. Gewisse sonst harmlose Schimmelpilzarten können auf bestimmten Nährböden toxisch werden. Einen solchen Nährboden bilde der verdorbene Mais. Somit handele es sich nicht um ein erst im Körper, sondern außerhalb desselben gebildetes und genossenes Gift. ZLATAROVIC (1900) spricht sich für einen chronischen Infekt aus. Der Krankheitserreger sei an den Boden gebunden, woraus sich auch erkläre, daß Landleute besonders gefährdet seien. Sogar eine direkte Übertragung sei möglich entweder durch Dejekte oder durch die erkrankte Haut. Prädisponierend für den Infekt seien allgemein schwächende Einflüsse, wie schlechte oder einförmige Ernährung, vorzugsweise Maiskost, oder Alkoholismus. SAMBON (1905) hat die Vermutung ausgesprochen, daß die Krankheit beim Feldbau vielleicht durch stechende Insekten übertragen werde.

Anatomisch bestehen nach den Untersuchungen von v. VERESS (1906) die Veränderungen der pellagrösen Haut nach Ablauf der akuten entzündlichen Erscheinungen in einer Hyper- und Parakeratose, Akanthose, Zunahme des Bindegewebes und Pigmentierung. Nach einigen Jahren zeigen sämtliche Hautschichten eine Atrophie, starke Pigmentierung und Hyperkeratose.

Die Behandlung ist eine allgemeine bzw. eine prophylaktische. Sorge für gute abwechslungsreiche Ernährung, vor allem Vermeiden von verdorbenem Maismehl.

Literatur zu §§ 13—17.

1870 M. D. (unbekannter Autor): Effects of chloral on the eyelids. Med. Times. T. 40, p. 405. Ref. Jahresber. über die Leistungen u. Fortschritte im Gebiete der Ophthalmol. S. 411.

1874 ADLER: Die während und nach der Variola auftretenden Augenkrankheiten. Vierteljahrsschr. f. Dermatol. u. Syphilis. S. 43. — LANDESBERG: Beitrag zur variolösen Ophthalmie. 44 S. Elberfeld.

1879 HIRSCHBERG, J.: Kasuistischer Jahresbericht für 1878. Arch. f. Augenheilk. Bd. 8, S. 166.

1883 HARLAN, H.: The ophthalmia of small-pox. Maryland med. Journ. Baltimore. T. 9, p. 345.

1884 COMBY, J.: Note sur l'exanthème de la varicelle. Progr. méd. p. 39. — THOURNEUX, E.: Des affections oculaires causées par la variole. Paris.

1886 OTTAVA, J.: A himlösök szembeteg-ségeinek gyógyitása (die Behandlung der Augenkrankheiten bei Blattern). Gyógyászat. No. 43.

1888 SPITZ, B.: Ein eigentümlicher Fall von Dermatitis, hervorgerufen durch eine Antipyrinbehandlung. Therap. Monatsh. Nr. 9.

1891 TAEUFERT: Über Pemphigus. Münch. med. Wochenschr. S. 589.

1894 DE BOURGON: Observation d'oedème palpébral unilatéral, symptôme primitif d'un érythème exsudatif multiforme généralisé. Ann. d'oculist. T. 112, p. 316. — UNNA: Hautkrankheiten. Orths Lehrb. d. spez. path. Anat. 8. Lief., S. 72 ff. Berlin: A. Hirschwald.

1900 JARISCH: Pemphigus. Nothnagels spez. Pathol. u. Therap. Bd. 28, S. 196. Wien: A. Hölder. — JARISCH: Urticaria. Die Hautkrankheiten. 1. Hälfte. S. 157. Nothnagels spez. Pathol. u. Threap. Bd. 28. Wien: A. Hölder. — UNNA: Erythema multiforme vesiculosum, Zoster, Varicellen, Variola. Atlas z. Pathologie der Haut. H. 4. Hamburg u. Leipzig: L. Voss. — ZLATAROVIC: Etwas über Pellagra. Jahrb. f. Psychiatr. u. Neurol. Bd. 19, S. 283. — BABES und LION: Die Pellagra. Nothnagels spez. Pathol. u. Therap. Bd. 24.

1904 GROENOUW: Erkrankungen der Atmungs-, Kreislauf-, Verdauungs-, Harn- und Geschlechtsorgane, der Haut und der Bewegungsorgane, Konstitutionsanomalien, erbliche Augenkrankheiten und Infektionskrankheiten. Dieses Handbuch Bd. 11, 1. Abt., S. 536 ff. Leipzig: W. Engelmann.

1905 CENI und BESTA: Die pathogenen Eigenschaften des Aspergillus niger mit Bezug auf die Genese der Pellagra. Zieglers Beitr. z. pathol. Anat. u. z. allg. Pathol. Bd. 37, H. 3. — v. NEUSSER: Über Pellagra. Wiener med. Presse. Bd. 46, S. 1953. — SAMBON: Remarks on the geographical distribution and etiology of pellagra. Brit. med. Journ. 11. Nov.

1906 v. VERESS: Über Pellagra mit besonderer Berücksichtigung der Verhältnisse in Ungarn. Arch. f. Dermatol. u. Syphilis. Bd. 81, S. 233.

1907 TIZZONI und PANICKI: Weitere experimentelle Untersuchungen über die Pellagra. Zentralbl. f. Bakteriol., Parasitenk. u. Infektionskrankh. Bd. 44, H. 3.

1909 ROLLESTON: Palpebral gangrene and other ocular complications of varicella. Med. Chronicle. January. — WICHERKIEWICZ: Augenentzündung infolge von Windblattern. (Polnisch.) Post. oculist. April. — WINTERSTEINER: Gangrän beider Lider nach Varicellen. Zeitschr. f. Augenheilk. Bd. 22, S. 268. Ophthalmol. Gesellschaft Wien.

1912 SALUS: Erythema exsudativum multiforme am Auge. Klin. Monatsbl. f. Augenheilk. L. Bd. 1, S. 30.

1913 CHEVALLEREAU: Lésions oculaires dans un cas d'érythème polymorphe. (Soc. d'ophtalmol. de Paris.) Ann. d'oculist. T. 150, p. 209. — Arch. d'ophtalmol. T. 33, p. 652. — Clin. d'ophtalmol. p. 468.

1918 IGERSHEIMER, J.: Syphilis und Auge. p. 173. Berlin: Julius Springer.

b) Örtliche durch Infekt bedingte Dermatitiden.

§ 18. Die Oberfläche der normalen Lidhaut verhält sich bakteriologisch wie die übrige Haut.

Regelmäßig und vorwiegend ist der wenig virulente weiße Staphylokokkus anzutreffen, seltener der gelbe, der verhältnismäßig häufig pyogen ist. Zu den konstanten Bewohnern der Lidränder gehören außerdem die Xerosebazillen, auch finden sich gelegentlich noch andere pathogene oder nichtpathogene Kokken und Bacillen. Kettenbildende Mikroorganismen wurden auf der normalen Lidhaut bisher nicht nachgewiesen (Axenfeld 1907). Die Mikroorganismen sind in den oberen Epithelschichten, in den Ausführungsgängen der Drüsen und an den Cilien nachzuweisen. Im Hinblick auf die regelmäßig vorhandene Bakterienflora der Lidhaut ist es erklärlich, daß die Entscheidung oft schwer zu treffen ist, inwieweit Bakterien, und ferner, welche Bakterien als spezifisch-pathogen anzusehen sind. Als Infektionserreger finden sich an der Lidhaut die gleichen Mikroorganismen, die auch an anderen Hautstellen diese oder jene bestimmte Erkrankung hervorrufen.

Der Infekt vollzieht sich teils durch Kontaktübertragung, teils durch Autoinokulation. Als durch exogenen Infekt bedingte Erkrankungen beobachtet man an der Lidhaut die Impetigo, verschiedene Acneformen, die furunkulösen Entzündungen, den Absceß und die subkutane Phlegmone, das Erysipel, die Impfpustel, den weichen Schanker, den Milzbrand- und Rotzinfekt und die Nekrose (Gangrän, Diphtherie).

§ 19. Die Impetigo tritt an der Lidfläche sowohl in der Form der Impetigo simplex wie der Impetigo contagiosa, selten primär, häufig dagegen fortgepflanzt von der Gesichtshaut auf und kann sich auf eine Seite beschränken oder mit der ganzen Gesichtsfläche alle Lider befallen.

Bei der Impetigo simplex entstehen in der Epidermis hirsekorngroße, oft von einem Lanugohaar durchbohrte Bläschen auf entzündlich geröteter Basis, an deren Kuppe meistens schon nach 12 bis 24 Stunden ein kleines Eiterpünktchen sich befindet. Der zentrale Teil wächst schnell bis Linsen- oder Erbsengröße und es resultieren alsdann pralle, mit Eiter gefüllte Pusteln, von einem meist schmalen rötlichen Saum umgeben. Nach kurzer Dauer platzt die dünne Blasendecke, die Pusteln sinken ein und vertrocknen zu einer gelben oder grünlichbraunen festhaftenden Borke. Nach einigen Tagen fallen die Borken ab und es bleibt ein bläulichroter, anfänglich vertiefter Fleck, aber keine Narbe zurück. Die regionären Drüsen, Präaurikular- und Submaxillardrüsen, sind entzündlich geschwellt.

Im weiteren Verlaufe können neue Pusteln auftreten, wodurch bei gleichzeitigem Vorhandensein von alten Eruptionen das klinische Bild der Erkrankung ein vielgestaltiges wird.

Als Erreger der Impetigo simplex wird der Staphylococcus pyogenes, aureus citreus und albus gefunden. Durch kleine, spontan oder durch Maceration oder Kratzen entstandene Epitheldefekte gelangt er in die Epidermis oder in die Ausführungsgänge der Lanugohaare, der Talg- oder Schleimdrüsen und vermehrt sich zwischen der Horn- und Stachelschicht. Entsprechend der Stelle des Infekts bildet sich alsdann ein umschriebenes linsenförmiges eitriges Exsudat, das halbkegelförmig die Hornschicht emporhebt und die Stachelschicht tief eindrückt. Stachelzellenschicht und Bindegewebe sind durch ein geringes Ödem etwas auseinandergedrängt. Der Papillarkörper ist kleinzellig infiltriert und die Kapillaren sind erweitert.

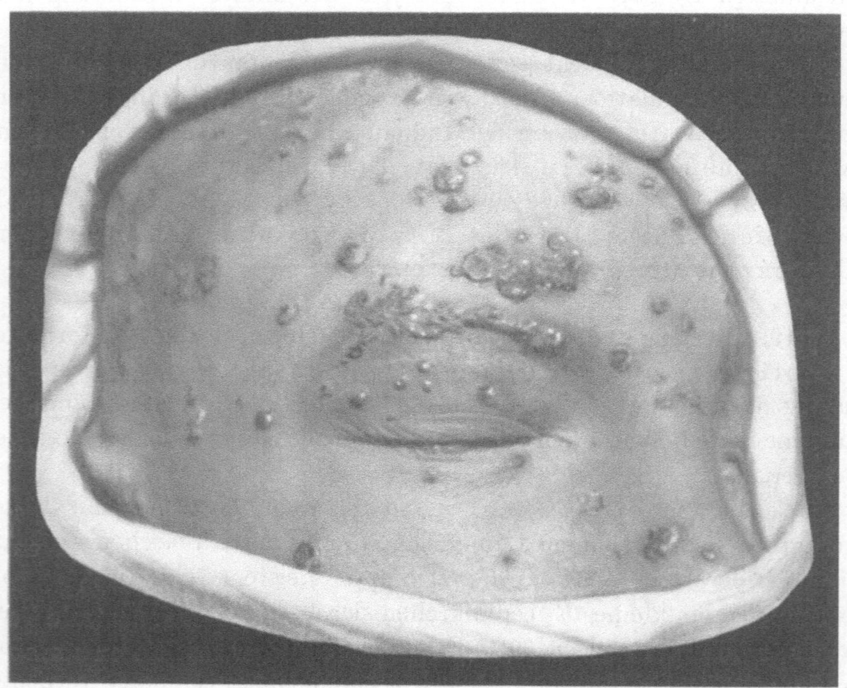

Abb. 2. Impetigo contagiosa capitis mit Beteiligung der Augenlider.
(Aus EHRMANN, »Differentialdiagnostischer Atlas«.)

Bei der Impetigo contagiosa (Impetigo vulgaris UNNA) finden sich oberflächliche, zerstreute und von einer zarten Decke überzogene Blasen von Stecknadelkopf- bis Linsengröße, die eine gewisse Ähnlichkeit mit Tautropfen darbieten. Dabei ist die Haut an der erkrankten Stelle nicht oder nur wenig gerötet. Die Blasen vergrößern sich peripherwärts durch Konfluenz bis zur Größe eines Talers und werden schwappend. Ihr Inhalt nebst Decke trocknet im weiteren Verlaufe zu honiggelben Krusten ein, die nach 8—14 Tagen abfallen und einen bläulichroten Fleck hinterlassen. Die Borken sitzen lose, werden häufig abgekratzt und durch solche von gelbgrüner oder gelbbrauner Farbe ersetzt.

Die Impetigo contagiosa befällt fast ausschließlich das Kindesalter und kommt als ansteckende Krankheit nicht selten in kleinen Endemien zur Beobachtung, so in Kindergärten und Schulen, oder auch bei Kindern derselben Familie, nicht selten auch bei Geimpften. Wenn Erwachsene befallen werden, so läßt sich meist eine Berührung mit Impetigo-Kindern nachweisen. Die Erkrankung ist autoinokulabel; daher werden neue Efflorescenzen durch verunreinigte Hände oder Kleidungsstücke hervorgerufen.

Als Erreger wurde von UNNA (1894) eine spezifische, den Staphylokokken nahestehende Kokkenart, der Impetigo vulgaris-Coccus, angesehen, der aus Impetigoefflorescenzen gezüchtet wurde. Impfungen mit demselben fielen positiv aus. Die Kokken wuchsen überall am Haarschafte entlang in den Follikeltrichter, und es entstand innerhalb des erweiterten Follikeltrichters ein Bläschen, das von einem Lanugohärchen durchbohrt war. Das Härchen war von Kokken wallartig umgeben. MATZENAUER und KREIBICH (beide 1905, zitiert nach MRAČEK, Handbuch) konnten die bei der Impetigo contagiosa gefundenen Kokken weder morphologisch noch kulturell von dem gewöhnlichen Staphylococcus aureus et albus unterscheiden. SABOURAUD (1900, zitiert nach JARISCH) beschuldigt als Erreger Streptokokken, ebenso BENDA (1907), der in den Bläschen und unter den Borken kulturell Streptokokken nachwies. — Nach unseren jetzigen Kenntnissen handelt es sich wohl um eine Streptokokkenart, die nur in der Epidermis wuchert, wie von LEWANDOWSKYS (1909) Versuche es wahrscheinlich machen, dem es bei Menschen gelang, durch intraepitheliale Impfung Impetigo contagiosa zu erzeugen.

Die Bildung der Bläschen erfolgt auch bei dieser Form der Impetigo innerhalb der Epidermis; ihre Basis wird aus gequollenen Stachelzellen gebildet, und ihr Inhalt zeigt zahlreiche Leukocyten. Die Papillen sind leicht ödematös, die Blutgefäße erweitert und ihre Umgebung kleinzellig infiltriert.

Diagnostisch sind als Impetigopusteln nur solche Pusteln zu betrachten, die primär und akut entstehen und von einem geringen Entzündungshof umgeben sind. Im Gegensatz zu den Ekzempusteln, bei denen zwischen den erkrankten Stellen die Haut diffus gerötet ist, erscheint sie bei den Impetigopusteln normal.

Die Voraussage ist bei den Impetigoformen eine günstige; die Heilung tritt im Verlaufe weniger Wochen spontan ein. Die Behandlung hat zunächst die Entfernung der Borken nach Erweichung derselben mit Borsalbe anzustreben. Frische Blasen sind zu eröffnen und mit Jodtinktur zu betupfen. Nach Entfernung aller Krusten sind weiße Präzipitatsalbe (2—5%) und später eventuell LASSARsche Paste oder ähnliche austrocknende Mittel angezeigt.

§ 20. Unter der Bezeichnung: Acne wird eine Reihe von Erkrankungen zusammengefaßt, die nur teilweise diesen Namen verdienen und die daher, wie die Acne mentagra, die Acne teleangiektodes und Acne rosacea, an anderer Stelle zu besprechen sind. Die hier in Betracht kommenden Acneformen sind die Acne vulgaris, die Acne varioliformis und die Acne necrotica.

Die typische Acne stellt eine akute eiterige Entzündung eines Haarfollikels mit vorwiegender Beteiligung der zugehörigen Talgdrüse dar. Sehr oft ist die Öffnung der Talgdrüse durch einen Comedo verstopft. Das Vorhandensein von solchen Comedonen (s. S. 311) ist demnach für die Entwicklung der Acne von großem Belang. Bei der Acne vulgaris entstehen härtliche, schmerzhafte und entzündlich gerötete knotenartige Infiltrate, die eine verschiedene Größe (Stecknadelkopf- bis Linsengröße und darüber) darbieten, je nachdem sie bald mehr, bald weniger in die Tiefe greifen. Sehr rasch entwickelt sich aus dem entzündeten Knoten eine Pustel, deren eitriger Inhalt sich entweder spontan entleert oder eintrocknet. Die Kruste fällt dann ab, die entzündliche Schwellung geht zurück und es tritt Heilung je nach der Ausdehnung der Erkrankung im Verlaufe von durchschnittlich 9—14 Tagen ein. Ein tödlicher Ausgang durch Thrombophlebitis der Orbita und der Gehirnsinus wurde von LESNIOWSKY (1895) mitgeteilt.

Die Acneknoten treten sehr häufig in der Nähe des Lidrandes und am Lidrande selbst auf und werden hier gewöhnlich als Gerstenkorn, Hordeolum, mit dem Zusatze externum (Hordeolum internum s. S. 392), bezeichnet. Sie entwickeln sich in der Einzahl oder gleichzeitig zu mehreren oder in hartnäckigen Fällen in mehr oder minder rasch aufeinanderfolgenden Schüben, die sich wochen-, ja monatelang hinziehen können. Meist ist nur ein Lid betroffen; oft entwickeln sich aber Hordeola an beiden Lidern eines oder sogar beider Augen. Gar nicht selten überträgt sich das Hordeolum durch Kontaktinfektion auf die entsprechende Stelle des gegenüberliegenden Augenlides. Zugleich können Acneknötchen an verschiedenen Stellen des Gesichts vorhanden sein.

Die Acneknoten treten in jedem Lebensalter auf, doch ist die Acne vulgaris vorzugsweise eine Krankheit der Pubertätsjahre, daher sie auch als Acne juvenilis bezeichnet wird. In der Regel findet sich zugleich eine Seborrhoea oleosa oder sicca, auch fehlen fast nie Comedonen sowohl an der Lid- als an der Gesichtshaut. Nicht selten entstehen Hordeola auf dem Boden einer ekzematösen Entzündung der Haut der Lidränder sowie bei den übrigen Formen der Blepharitis, indem die hierbei am Lidrande gebildeten Schuppen und Borken die Vermehrung der schon auf dem gesunden Lidrande vorhandenen Bakterien begünstigen und das Eindringen derselben in die Mündungen der Haarbalgdrüsen befördern. Ferner entwickeln sich Hordeola oft bei chronischen Katarrhen der Bindehaut und Erkrankungen der tränenableitenden Wege.

Das erste Symptom des Hordeolum ist ein entzündliches Ödem des betroffenen Lides, das fast stets von mehr oder minder lebhaften stechenden Schmerzen begleitet ist. In heftigen Fällen greift das Ödem auf die Conjunctiva bulbi über und bildet einen ausgesprochenen chemotischen Wall. Auch die Lider des anderen Auges können in Form eines Ödems beteiligt sein. Bei der Palpation findet man am geschwollenen und geröteten Lide eine infiltrierte Stelle stark vermehrter Resistenz, die sich durch Schmerzhaftigkeit schon bei leichter Berührung auszeichnet; dieselbe liegt nahe dem Lidrande entsprechend dem entzündeten Haarfollikel mit der zugehörigen Talgdrüse. In den folgenden Tagen nimmt die Infiltration zu und an der Kuppe der hier besonders stark geröteten Haut entwickelt sich ein kleiner eitergelber Abszeß, der früher oder später die Haut spontan perforiert. Nach Entleerung des Eiters gehen die entzündlichen Erscheinungen rasch zurück und die kleine Abszeßhöhle ist meist schon nach 1—2 Tagen geschlossen. Hier und da bleibt die Abscedierung des Hordeolum aus, und es tritt spontane Rückbildung ein.

Fast regelmäßig, besonders bei tieferem Sitze des Acneknotens ist die Präaurikularlymphdrüse der erkrankten Seite in verschiedenem Grade entzündlich geschwellt und schmerzhaft; selbst die Lymphdrüsen am gleichseitigen Unterkieferwinkel weisen nicht allzu selten Schwellung und Schmerzhaftigkeit auf.

Das Hordeolum ist ein Staphylokokkeninfekt einer Talgdrüse der Haarbälge der Cilien (d. h. einer ZEISSschen Drüse), wobei es sich meistens um den Staphylococcus aureus handelt. SABOURAUD (1900) ist der Ansicht, daß bei der Entstehung des Hordeolum ein Comedo mit einem Staphylokokkus infiziert werde, der sich von dem Staphylococcus pyogenes albus durch sein besseres Wachstum auf sauren Nährböden und durch den Geruch seiner Kulturen nach Buttersäure unterscheide (Staphylococcus albus butyricus SABOURAUD). UNNA (1896) läßt diese Entzündung durch kleinste Bacillen, »Acnebacillen«, entstehen,

die im Comedo eingeschlossen sind. Andere Beobachter, wie HERX-
HEIMER (1907), sind der Meinung, daß die Staphylokokken nur eine
sekundäre Rolle spielen und es sich primär um eine Autointoxikation
vom Darme handele. Von allgemeinen Ursachen werden Skrofulose,
Anämie, Chlorose, Menstruationsstörungen, Diabetes und eine hereditäre Disposition, die zur Zeit der Pubertät sich geltend mache, angeführt. Als lokale Ursachen sind, wie erwähnt, die Folliculitis und Perifolliculitis (Blepharitis ciliaris), die verschiedenen Formen der Conjunctivitis und Erkrankungen der Tränenwege anzusprechen.

Anatomisch bildet sich um die Kokkenanhäufung eine nekrotische Zone mit gleichzeitiger reaktiver Entzündung, wobei zugleich
das Haar ausgestoßen wird.

Die Diagnose der Acne der Lidhaut (Hordeolum externum) unterliegt keinen Schwierigkeiten, um so weniger wenn zugleich die Gesichtshaut miterkrankt ist.

Die Behandlung besteht in einer oberflächlichen Incision zum
Zweck der Entleerung des Eiters und in heißen Kamillenumschlägen.
Bei vorhandener Blepharitis sind die Lidränder mit 1% gelber Präzipitatsalbe oder mit Zinkichthyolsalbe zu bestreichen. Gleichzeitige Hauterkrankungen oder Krankheiten der Bindehaut und des Tränenschlauches sind entsprechend zu berücksichtigen. Für eine weitere Behandlung, insbesondere zur Verhütung von neuen Schüben, ist der Gebrauch
von Schwefelpräparaten angezeigt (Sulfur. präcip. 1,0, Adipis benzoin.
10,0 abends auf den Lidrand mit einem Glasstabe aufzustreichen). Auch
Resorcinsalben scheinen günstig zu wirken (Resorcin 10,0, Zinc. oxyd. 25,
Talc. ven. 25 und Paraffin. liquid. 100). In neuester Zeit wird die
v. WASSERMANNsche Histopinsalbe empfohlen (s. S. 353 und Literatur
S. 386). Zum innerlichen Gebrauch wird von v. ZEISSL (1906) Preß-
hefe (Cerolin, täglich 9 Pillen zu je 0,1) gerühmt, auch von anderen
Hefepräparaten, wie Levuretin und Zymin, wird günstiges berichtet.
Andere Beobachter legen Wert auf den Genuß frischer Bierhefe. In
hartnäckigen Fällen brachten mir mitunter Arsenkuren in den milden
Formen der Dürkheimer Maxquelle oder der Elarsontabletten anscheinend Erfolg. Für eine Allgemeinbehandlung kommen anämische Zustände, Magen-, Darmleiden in Verbindung mit Obstipation und Diabetes, besonders in Betracht.

Sehr seltene Acneformen der Lidhaut sind die Acne varioliform-
mis, auch Pustulosis acuta varioliformis genannt, und die Acne necrotica. Beide Formen stehen einander nahe und sind sogar vielleicht
identisch; sie befallen das kindliche Lebensalter. Gewöhnlich sind die
Acneknötchen zahlreich und finden sich sowohl auf der Haut der Ober-

und Unterlider, als auch zugleich in der Gegend der Augenbrauen und
der Haut der benachbarten Gesichtsteile; mitunter weisen die Lid- und
Wangenhaut je einen gesonderten Krankheitsherd ohne Übergang auf.
In der Regel wird nur eine Gesichtshälfte befallen.

Bei der Acne varioliformis entwickeln sich derbe Knötchen, die
in der Mitte meist ein Lanugohärchen tragen. Viele Knötchen neigen
zur Pustelbildung oder zeigen in ihrem Zentrum eine gelbliche Verfärbung und trocknen bald zu Borken ein. Sie hinterlassen kreisrunde,
scharfrandige und etwas eingesunkene Narben.

Als Krankheitserreger gilt der Staphylokokkus, der zahlreich sowohl frei im Gewebe als auch in den Lymphgefäßen angetroffen wird.
Nach UNNA handelt es sich um eine Mischinfektion mit einem kleinen
Bacillus und einem Diplokokkus. Als Ausgangspunkt der Erkrankung
ist die Haarbalgdrüse anzusehen, wobei es wie bei einem Hordeolum
anatomisch zu einer abgegrenzten nekrotisierenden Entzündung
kommt und eine direkte Rundzelleninfiltration sich sowohl gegen den
Papillarkörper als auch in den Follikelschichten ausbreitet. JULIUS-
BERG (1899) fand den Sitz der Pustel im Corium und die Epidermis
durch den Exsudatdruck abgeplattet. Die Efflorescenzen bildeten Hügel mit eingesunkenem Hochplateau, dessen Abhänge mit Epidermis
bedeckt waren. Die Decke des Hochplateaus zeigte 1—2 Reihen von
platten Zellen. Auf der Grenze zwischen Hochplateau und Hügel bestanden Erhebungen, die sich aus Leukocyten, Detritus und Fibrin
zusammensetzten. Eine gleiche Schicht bedeckte in dünner Lage auch
das Hochplateau und darunter befand sich eine solche, die aus Leukocyten bestand. Die zellige Infiltration nahm nach der Tiefe zu ab, doch
umschlossen noch Leukocytenansammlungen einzelne Haarbälge und
Schweißdrüsenknäuel, die im Bereich der stärksten Infiltration zerstört
schienen. Die elastischen Fasern waren an den Abhängen der Efflorescenzen gut erhalten, fehlten aber gänzlich im Bereiche des Hochplateaus.

Das klinische Bild der Acne necrotica gleicht demjenigen der
Acne varioliformis, nur mit dem Unterschiede, daß ein ausgesprochen
trockener und der Unterlage fest anhaftender Schorf gebildet wird.
Den Ausgangspunkt bildet in der Regel eine Haarbalgdrüse. Die Ätiologie der Acne necrotica ist noch unbekannt. Es wird ein Doppelinfekt
mit dem Seborrhoebacillus und dem Staphylococcus flavus angenommen, doch ist die Bedeutung dieser Mikroorganismen für die Entstehung
der Erkrankung noch ungewiß. AXENFELD (1903) fand in einem Falle,
in dem bei einem Kinde alle 4 Lider an Acne necrotica erkrankt waren,
eine Füllung des Haarbalgs mit einer zoogloeaartigen Kokkenmasse.
In nächster Umgebung waren Nekrose, demarkierende Entzündung,

Abstoßung des infizierten Gewebes und Geschwürsbildung ausgesprochen. Vereinzelt waren Schweißdrüsen der Ausgangspunkt der Erkrankung und erschienen mit Kokken angefüllt, in deren Umgebung sich die gleichen Veränderungen wie an den Haarbalgdrüsen zeigten.

Die lokale Behandlung der verschiedenen Acneformen ist die gleiche. Etwa vorhandene Comedonen, welche an der Fläche der Lidhaut häufig auftreten, sind mechanisch zu beseitigen (s. S. 312); die Krusten mit Öl aufzuweichen und zu entfernen. In manchen Fällen wird sich eine Bedeckung der erkrankten Stellen mit Sublimatvaseline (1 : 3000) auf Lintläppchen empfehlen.

§ 21. Für den Ophthalmologen von geringerem Interesse ist die Acne rosacea, da sie nur selten die Lidfläche befällt und dann nur von der Gesichtshaut fortgepflanzt ist. Die Acne rosacea lokalisiert sich ausschließlich im Gesicht, und zwar auf der Nase und ihrer Umgebung, Stirn und Wangen. Die von ihr ergriffenen Stellen zeigen eine Rötung bald in der Form einer aktiven, bald mehr in der einer passiven Hyperämie, die unter dem Einfluß von gefäßerregenden Momenten, wie Alkohol, niedere Temperaturen usw. eine Zunahme erfährt. Damit verbinden sich Seborrhoe und entzündliche Vorgänge in Form von ähnlichen follikulären und perifollikulären Eiterherden, wie sie für die Acne vulgaris charakteristisch sind. Zugleich entwickeln sich mäßig derbe Knötchen bis massige, hier und da gestielte Auswüchse, oder es tritt eine gleichmäßige Verdickung der Haut auf. An der Nase können diese Vorgänge einen besonders hohen Grad erreichen und die dadurch bedingte Entstellung wird als Pfundnase, Rhinophyma, bezeichnet.

Anatomisch erscheinen die Blut- und Lymphgefäße, besonders die Venen, erweitert, und liegt der Massenzunahme der Haut eine Hypertrophie des Bindegewebes und der Talgdrüsen zugrunde; letztere können das 10—15fache ihres normalen Volumens erreichen.

§ 22. Der Furunkel der Lidhaut erscheint im Vergleich zum Hordeolum als ein höherer Grad des pyogenen Infekts. Derselbe geht in der Regel von der Einmündungsstelle der Haarbälge bzw. von den Talgdrüsen (Talgdrüsen- oder Follikularfurunkel), seltener von Schweißdrüsen (Schweißdrüsenfurunkel) aus oder entwickelt sich unabhängig von Follikeln und Schweißdrüsen (Zellgewebsfurunkel).

Der Talgdrüsen- oder Follikularfurunkel beginnt entweder mit der Bildung einer oberflächlichen Impetigopustel oder eines stark roten kleinstecknadelkopfgroßen Knötchens, das in der Mitte von einem Lanugohärchen durchbohrt ist (einfache Folliculitis). Die erkrankte

Stelle fühlt sich hart an, ist bei Druck empfindlich und ihre Umgebung schwillt entzündlich an. In kurzer Zeit entsteht ein auf seiner Unterlage verschieblicher Knoten, dessen zentraler Teil sich kuppenförmig vorwölbt, anfänglich blaurot verfärbt ist und nach wenigen Tagen in der Mitte einen gelblichen Punkt aufweist. Der Knoten fluktuiert alsdann. Kommt es zu einem spontanen Durchbruch, so entleert sich aus der rundlichen Durchbruchsöffnung blutiger Eiter, und es wird an dieser Stelle ein gelblich-weißer, mehr oder weniger festsitzender Pfropf nekrotischen Gewebes sichtbar, der spontan ausgestoßen werden kann. Gleichzeitig entleert sich eine mäßige Menge Eiters, der den Pfropf umspült und allmählich beweglich gemacht hat. Dieser hat die Form eines Kegels, dessen Spitze verschieden tief in die Subcutis eingesenkt ist. Unmittelbar nach spontaner oder künstlicher Abstoßung des Pfropfes beginnt der knotenförmige und scharf begrenzte Gewebsverlust sich mit Granulationsgewebe auszufüllen und zu verheilen. Zugleich gehen Schwellung und Rötung zurück. Bei der Heilung bleibt eine rundliche, anfänglich noch etwas bläulich-rote, später blasse Narbe zurück.

Der Schweißdrüsen- sowie der Zellgewebsfurunkel beginnt, ohne daß eine Pustel oder ein Knötchen vorausgeht, mit einem tiefsitzenden schmerzhaften knotenartigen Infiltrat; die Haut darüber ist anfänglich verschieblich, alsdann mit ihm verlötet, geschwellt, zuerst blaß, später livid gerötet. Der zentrale Teil des Knotens wölbt sich kuppelartig vor und nach zentraler Verflüssigung bricht ein blutige und nekrotische Fetzen enthaltender Eiter durch, manchmal an mehreren Stellen zu gleicher Zeit. Die Heilung vollzieht sich in gleicher Weise wie beim Talgdrüsenfurunkel. Die Dauer dieser furunkulösen Entzündungen beträgt 2—3 Wochen.

Der Karbunkel[1]) ist im wesentlichen als ein Konglomerat einzelner Furunkel zu betrachten und besitzt die Neigung, der Fläche und der Tiefe nach fortzuschreiten. Zuerst entsteht ein blaurotes bretthartes, knotenartiges Infiltrat mit kuppenartiger Vorwölbung der zentralen Partie, hierauf treten mehrere Eiterpunkte auf, die etwa linsengroße Perforationen bilden können. Erfolgen die Perforationen in der Mehr-

---

[1]) Elschnig (Über Gangrän der Lidhaut, Klin. Monatsbl. f. Augenheilk.) machte 1893 den Vorschlag, die Bezeichnung »Karbunkel« ausschließlich für die Milzbrandinfektion zu reservieren, da Karbunkel — carbo, die Kohle — augenscheinlich mit dem alteingebürgerten Namen Anthrax — ἄνϑραξ, die Kohle — in Parallele stehe und die Milzbranderkrankungen von den Franzosen gleichfalls »maladies charbonneuses« genannt würden. — Zweifellos hat dieser Vorschlag große Berechtigung. Aus praktischen Gründen hielt ich es jedoch für zweckmäßig, an der oben angegebenen alten Definition festzuhalten, die in der deutschen Medizin, insbesondere in den neuesten Lehrbüchern der patholog. Anatomie, noch die allgemein gebräuchliche ist.

zahl, so erscheint die erkrankte Hautstelle siebartig durchlöchert. Im
weiteren Verlaufe werden die nekrotischen Gewebsstücke abgestoßen,
und es entsteht eine tiefe Absceßhöhle. In manchen Fällen schreitet
aber die Entzündung in das umliegende Gewebe fort und breitet sich
durch Entstehung neuer Furunkel in der Umgebung aus. Durch Vordringen in die Tiefe mit der damit verbundenen Abstoßung nekro-
tischer Gewebsteile können selbst die Muskelfasern des Orbicularis bloßgelegt werden. Bei eintretender Heilung granuliert die Wundfläche
und, je nach der Ausdehnung des Gewebsverlustes in Fläche und Tiefe,
kommt es zu einer stärkeren oder geringeren Vernarbung, die alsdann
durch mechanischen Zug eine Auswärtsstellung des betroffenen Lides,
ein Narbenectropium, herbeiführen kann. Eine so hochgradige Narbenbildung tritt beim solitären Furunkel nicht ein.

Die furunkulöse und karbunkulöse Entzündung der Lidhaut ist in
der Regel mit geringem oder stärkerem Fieber verbunden. Es stellen
sich stechende oder klopfende Schmerzen ein sowie ein Gefühl starker
Spannung in dem entzündeten Bezirke, zumal gleichzeitig mit der
Lidhaut auch die Gesichtshaut hochgradig geschwellt ist. Die Bindehaut sondert reichlich serös-eitrige Flüssigkeit ab und ist gleichfalls
geschwollen, besonders ist die Scleralbindehaut entsprechend dem Sitze
des Lidfurunkels hochgradig serös durchtränkt, so daß sie als ein durch-
sichtiger blaßroter oder blaßgelber Wulst aus der Lidspalte hervorragen
und selbst in ihr eingeklemmt sein kann. Regelmäßig ist eine schmerzhafte Schwellung der gleichseitigen Präaurikulardrüse vorhanden, ohne
daß es dabei zu einer Eiterung käme; auch die weiter entfernten Lymphdrüsen können anschwellen. Erfolgt eine regionäre Verbreitung der Infektion entlang der Blutbahn, so kann eine Thrombophlebitis der Orbi-
talvenen mit Absceßbildung in dem orbitalen Zellgewebe und, bei Beteiligung des Sinus cavernosus, ein tödlicher Ausgang durch eine eitrige
basale Meningitis entstehen. Auch liegt die Möglichkeit einer pyogenen
Allgemeininfektion vor.

An der Lidhaut ist, wie erwähnt, der Talgdrüsenfurunkel der weitaus häufigere, selten ist der Schweißdrüsen- und Zellgewebsfurunkel und
noch seltener der Karbunkel. Der Talgdrüsenfurunkel befällt gern die
Gegend des Lidrandes, besonders in der Nähe des äußeren Lidwinkels,
weniger häufig die Lidfläche, wobei es nach der Beobachtung von
AXENFELD (1907), die v. MICHEL bestätigt, vorkommen kann, daß beide
Augenlidpaare zugleich Sitz einer furunkulösen Entzündung werden.
Beim Befallensein der Lidfläche entsteht in der Regel eine nach Umfang und Tiefe hochgradige Entzündung. — Der Furunkel kann in
jedem Lebensalter auftreten, der Karbunkel ist besonders im mittleren

und höheren Lebensalter anzutreffen und bevorzugt die Gegend der Augenbrauen. Gleichzeitig mit der Lidhaut können noch andere Hautstellen furunkulös erkrankt sein. Eine Disposition zur furunkulösen Entzündung wird durch schon bestehende ekzematöse und insbesondere acnöse Entzündungen geschaffen. Störungen des Stoffwechsels, wie Diabetes, begünstigen die Entwicklung von Furunkeln, ebenso Marasmus, wie dies gar nicht selten bei schlecht oder unrichtig ernährten Kindern zu beobachten ist. Das Fortschreiten und die Virulenzsteigerung maligner Gesichtsfurunkel erklärt Rosenbach (1906) aus dem innigen Verwachsungsverhältnis der Gesichtsmuskeln mit der Cutis. Bei den mimischen Gesichtsbewegungen fände ein stetiges Hin- und Herschieben, ein Pressen und eine ständige Faltenbildung der Haut und der Subcutis statt, wodurch Infektionsmaterial aus dem Furunkel in das benachbarte Gewebe verschleppt werde. Die Virulenzsteigerung der Infektionskeime käme dadurch zustande, daß diese in immer neue noch intakte Gewebsteile gepreßt würden. — Für die Malignität der Gesichtsfurunkel kommt meines Erachtens auch der relative Mangel des subkutanen Fettgewebes am Kopfe in Betracht, das an anderen Körperstellen infolge seiner Inaktivität wahrscheinlich eine Verlangsamung der Lymphzirkulation bedingt und dadurch das Fortschreiten von Infektionen hemmt.

Als Krankheitserreger ist der Staphylococcus aureus zu betrachten. Der Lidfurunkel ist als eine umschriebene Staphylomykosis der Haut aufzufassen. Der Staphylococcus aureus wird als ein nicht seltener Bewohner der Hautoberfläche entweder durch Reiben in die Ausführungsgänge der Lidhautdrüsen mechanisch eingepreßt oder denselben in gleicher Weise von außen durch infizierte Hände, Taschentücher, Verbandstücke u. a. zugeführt; eine vorausgehende Epithelläsion begünstigt die Infektion. Die Talgdrüsen sind wegen ihres gerade verlaufenden Ausführungsganges leichter dem Infekt ausgesetzt als die Schweißdrüsen, deren gewundener Ausführungsgang das Eindringen von Mikroorganismen anscheinend erschwert. Die Bakterien wuchern entlang den Ausführungsgängen in die Tiefe und führen zu einer entzündlichen Exsudation sowie durch ihre Toxine zu einer Nekrose, die, wenn auch zunächst nur das Drüsengewebe und seine Umgebung betroffen wird, sich doch bald auf größere Flächen der Cutis und der Subcutis erstrecken kann. Demnach kommt es nach vorangegangener eitriger Infiltration zur Einschmelzung des Gewebes und zur Perforation der Epidermis, so daß sich der Furunkel im wesentlichen als eine mit zentraler Nekrose und demarkierender Eiterung einhergehende Entzündung der Cutis und Subcutis darstellt.

Mikroskopisch erscheint der Furunkel als eine mehr oder weniger kegelförmige kleinzellige Infiltration (s. Abb. 3) um einen zentral gelegenen nekrotischen Teil. Staphylokokkenanhäufungen finden sich im Ausführungsgange und im Körper der Drüse, sowie in ihrer Nachbarschaft, teils in zylindrischer Form, teils als rundliche Häufchen (s. Abb. 3 C).

AXENFELD (1907) fand bei einem Schweißdrüsenfurunkel den Ausführungsgang und die Wandungen der Drüse von einer Kokkenmasse wie ausgegossen. Der Kokkenzylinder griff weit über den natürlichen Drüsenschlauch hinaus. In der Umgebung der infizierten Drüse zeigten sich die ausgesprochenen Erscheinungen einer reaktiven Entzündung und Nekrose.

Die Diagnose der furunkulösen oder karbunkulösen Entzündung bedarf keiner eingehenderen Erörterung. Nur ist beim Karbunkel, besonders wenn derselbe zentral einen schwärzlichen nekrotischen Schorf aufweist, stets daran zu denken, daß eine Milzbrandinfektion vorliegen könne. Die Entscheidung geschieht durch den mikroskopischen und kulturellen Nachweis von Milzbrandbacillen (vgl. S. 53 Milzbrandkarbunkel).

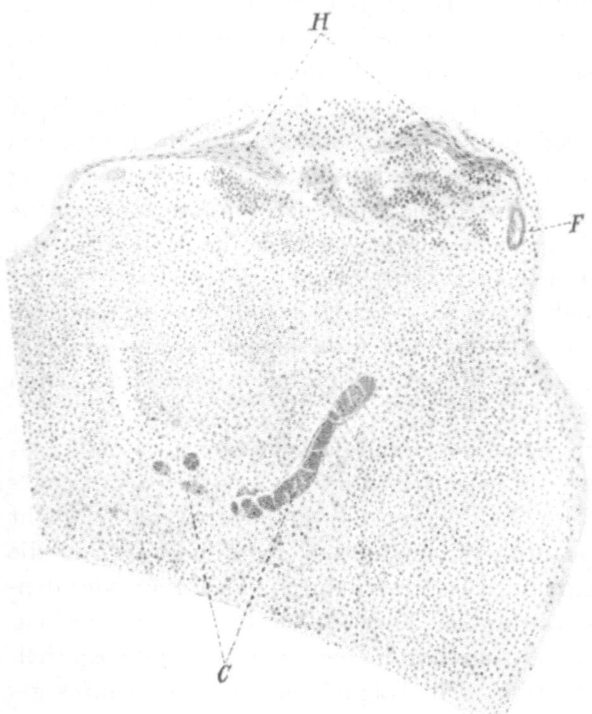

Abb. 3. Sagittaler Schnitt durch einen Lidfurunkel. Vergr. 1:50. *H* parakeratotische Hornschicht an der Trichtermündung eines Lanugofollikels; *F* seitlich begrenzter Lanugofollikel; *C* Kokkencylinder und Kokkenhaufen.

Die Voraussage ist beim solitären Furunkel eine günstige, während sie beim Karbunkel immerhin als zweifelhaft anzusehen ist. Die Höhe des Fiebers, Schüttelfröste und die rasche regionäre Ausbreitung der Erkrankung sind als ungünstige Zeichen zu erachten.

Die Behandlung besteht, so lange der Furunkel noch klein und nicht fluktuierend ist, in Einpinselung mit Jodtinktur oder Auflegen von UNNAS Karbol-Quecksilberpflastermull unter gleichzeitiger Anwendung von heißen Breiumschlägen bzw. Kamillenumschlägen in Verbindung mit dem Thermophor. Bei vorhandener Fluktuation ist nach vorausgegangener Desinfektion eine ausgiebige Incision unter örtlicher Betäubung mit Äthylchlorid vorzunehmen, hierauf Einstreuen von Dermatolpulver oder nach tiefer Incision Einlegen eines Stückchens Jodoformgaze und Anlegen eines hydropathischen Verbandes. Die Anwendung der BIERschen Saughyperämie dürfte an der Lidhaut kaum in Betracht kommen. ARNING (1905) empfiehlt, zur Eröffnung eines Furunkels möglichst frühzeitig mit einem hellrot glühenden spitzen Platinbrenner tief in das Zentrum des Knotens einzustoßen. Der schmerzhafte Furunkel verwandele sich alsdann in eine einfache, nicht schmerzende lochförmige Hautwunde, die langsam mit kleiner eingezogener Narbe heile. Sehr große Furunkel werden mit dem Glühplatin mehrfach punktiert. Innerlich wird bei häufigeren Rezidiven, wie bei der Acne, die Darreichung von Hefe empfohlen (v. ZEISSL [1906]). Die auf WRIGHTS Opsonintheorie beruhende Vakzinetherapie dürfte bei isolierter Lidfurunkulose nur ausnahmsweise in Betracht kommen. Bei Diabetikern ist eine entsprechende Diät anzuordnen.

§ 23. Der Absceß und die subkutane Phlegmone der Lidhaut entstehen durch einen pyogenen Infekt. Beim Absceß ist das erkrankte Lid geschwollen, die Haut gespannt und auf Druck schmerzhaft; ferner fühlt sich die Haut wärmer an und ist mehr oder weniger stark infiltriert. Bald fluktuiert die erkrankte Stelle, die Haut ist zentral stark verdünnt und erscheint infolge eiteriger Einschmelzung gelblich. Bricht der Eiter spontan durch oder wird er durch Incision entleert, so gehen die entzündlichen Erscheinungen zurück, die Absceßöffnung schließt sich und die Heilung erfolgt durch Narbenbildung. Schließt sich die Durchbruchstelle nicht und bleibt eine Fistel bestehen, so läßt das darauf schließen, daß in dem Granulationsgewebe um die Absceßstelle, in der sogenannten Absceßmembran, noch Eitererreger vorhanden sind. Eine Heilung tritt dann erst nach Beseitigung der Bakterien und der noch vorhandenen nekrotischen Gewebsteile ein. Beim Lidabsceß des Säuglings kann das erste Entwicklungsstadium durch das Aufschießen von kleinen, kaum stecknadelkopfgroßen und von einem schmalen roten Hof umgebenen Pusteln gekennzeichnet sein. Der Lidabsceß tritt beim Säugling primär zugleich mit Abscessen an anderen Hautstellen auf, im kindlichen Alter häufig gleichzeitig mit in der Regel multiplen Panaritien, und bei Erwachsenen in Verbindung mit eiternden Wunden entfernter Hautstellen. Manchmal

kommt während der Sommerzeit ein förmlich endemisches Auftreten
zur Beobachtung (GALLENGA 1907). Lidabscesse finden sich auch im
Anschluß an bestehende oder vorausgegangene gonorrhoische Erkrankungen der Bindehaut, wie bei der Bindehautgonorrhoe der Neugeborenen und Erwachsenen (ELSCHNIG 1893). Ferner entwickeln sich
dieselben bei furunkulöser und erysipelatöser Entzündung der Lid- oder
der benachbarten Gesichtshaut oder fortgepflanzt von tiefliegenden nach
außen drängenden Eiterherden, wie bei Orbitalabscessen, bei eitriger
Periostitis und Ostitis der Augenhöhlenränder und -wandungen, schließlich bei Abscessen der Gesichtsknochen, so bei Oberkiefererkrankung
infolge von primärer Periostitis der Zahnwurzel, und bei Empyemen
des Stirn- und Siebbeins. Dabei wird je nach dem Sitze und der Ausdehnung der primären Erkrankung nur ein Augenlid betroffen oder es
können beide Lider befallen werden. Erfolgt beispielsweise der Durchbruch eines Empyems von der Stirnhöhle aus in die Orbita, so erscheint
das gleichseitige Oberlid entzündlich teigig infiltriert und es entwickelt
sich ein Absceß am inneren oberen Augenhöhlenrand oder etwas nach
der Incisura supraorbitalis hin. Bei Durchbruch eines Siebbeinempyems
in die Augenhöhle erscheinen beide Augenlider gleich stark entzündlich geschwellt, am stärksten in der Gegend des inneren Lidwinkels.
Endlich werden auch metastatische Lidabscesse beobachtet, wie im
Gefolge von Influenza, Masern und Scharlach.

Als Krankheitserreger kommen vorzugsweise Staphylokokken
in Betracht, nach GALLENGA (1907) der Staphylococcus albus et aureus.
Nur in wenigen Fällen wurden Streptokokken und Pneumokokken
gefunden. Das Hineingelangen von Staphylokokken erfolgt bei den
Hautabscessen im Säuglingsalter nach den anatomischen Untersuchungen von LEWANDOWSKY (1907) zuerst in dem innerhalb der
Hornschicht verlaufenden Teil des Schweißdrüsenausführungsganges;
sie vermehren sich in dem intracornealen Teil desselben, bis sie ihn
ganz ausfüllen. Sehr häufig genügt ihre Anwesenheit in der Horn-
schichtspirale des Ganges, um einen Anstrom von Leukocyten zu er-
regen. Durch diesen wird die Hornschicht vom Rete Malpighi getrennt
und es entsteht eine intraepitheliale Pustel, deren Decke durch das
Stratum corneum und deren Boden durch die abgeplatteten Zellen
des Rete gebildet wird. Vom Zentrum der Decke hängt in die Pustel
hinein die kokkengefüllte Hornspirale des Schweißdrüsenausführungsganges, dessen unterer Teil, meist frei von Kokken, bis in die Mitte
des Pustelbodens hineinreicht. Diesem pustulösen Stadium folgt die
Bildung des subkutanen Abscesses. Entweder werden die den Pustel-
boden bildenden Epithelien eingeschmolzen und dringen die Kokken

in die Tiefe oder die Eiterung erfolgt in dem innerhalb der Cutis verlaufenden Abschnitte des Drüsenganges, der dadurch ausgedehnt und dessen Epithel ebenfalls eingeschmolzen wird.

Die Behandlung ist die bei Abscessen anderer Körperstellen übliche und besteht in Incision, Tamponade mit Jodoformgaze oder in Drainage und feuchtem Verband. Gleichzeitig ist diejenige Erkrankung zu berücksichtigen, die den Ausgangspunkt des Lidabscesses gebildet hat.

Die subkutane Phlegmone der Lidhaut findet sich in zwei Formen, nämlich als umschriebene und als flächenhaft fortschreitende Entzündung. Unter mehr oder weniger heftigen Fieberbewegungen entwickelt sich rasch eine schmerzhafte Schwellung und Rötung der Lidhaut, verbunden mit einem hochgradigen entzündlichen Ödem der Umgebung und einer Schwellung der regionären Lymphdrüsen. Die Phlegmone kann sich bald begrenzen; alsdann gehen die entzündlichen Erscheinungen unter Bildung eines Abscesses zurück. Bei der fortschreitenden Phlegmone dehnt sich aber die entzündliche Schwellung unter Fortdauer der Fiebererscheinungen über die Haut des Gesichtes und des Halses aus und es besteht die Gefahr eines tödlichen Ausganges durch Pyämie, der übrigens sowohl bei der umschriebenen (DEUTSCHMANN 1890) als bei der fortschreitenden Form beobachtet wurde.

Die Phlegmone befällt selten primär die Lidhaut, häufiger erscheint sie von der benachbarten Gesichtshaut fortgepflanzt.

Als Krankheitserreger kommen Staphylo- und vorwiegend Streptokokken in Betracht, die an oberflächlich verletzten Stellen der Lidhaut haften.

Die Behandlung schließt sich an diejenige des Lidabscesses an und ist im wesentlichen eine chirurgische.

§ 24. Beim Erysipel, auch Rose genannt, entstehen wenige Stunden nach einem den Infekt einleitenden Schüttelfrost auf der sich heiß anfühlenden Lidhaut rötliche Flecken mit gleichzeitiger Schwellung, verbunden mit Stechen, Brennen und schmerzhaftem Spannungsgefühl. Die rote fleckartige Schwellung erscheint scharf begrenzt und setzt sich gegen die noch gesunde Haut mit einem erhabenen, sicht- und fühlbaren Rande ab. Das Erysipel breitet sich meist rasch aus, indem in der Umgebung zunächst kleine rote Streifen und Fleckchen auftreten, die schnell größer werden und miteinander verschmelzen. Infolge des gleichzeitigen hochgradigen Ödems der Subcutis erscheint die Haut der Lider, besonders des Oberlides, stark gespannt und geschwellt, wodurch das Öffnen der Lidspalte äußerst erschwert oder selbst unmöglich wird. Die verschiedenen Erscheinungsformen des Erysipels zeigen sich auch an der Lidhaut. Häufig findet sich das **Erysipelas bullosum** oder **pustulosum** in der Form von mit gelblich durchscheinender Flüssigkeit gefüllten Blasen oder von eitrigen Pusteln. Auch das E. **phlegmonosum**, eine eitrige Entzündung des subkutanen Gewebes, und selbst das E. **necroticum** oder **gangraenosum** kann sich an den Augenlidern entwickeln, wobei die Lidhaut in eine eiternde Fläche bzw. in einen braunschwärzlichen Schorf verwandelt wird.

Als **Begleiterscheinung** findet sich eine seröse Schwellung der Bindehaut, die eine wässerige, mit Schleim- oder Eiterflocken vermischte Flüssigkeit absondert, wodurch die Lidränder miteinander verkleben.

Der **Verlauf** ist von fieberhaften Erscheinungen begleitet. Die Heilung beansprucht durchschnittlich 10—14 Tage. Mit dem Ablaufe der Erkrankung verschwinden Fieber, Rötung und Schwellung der Haut, die Epidermis schuppt sich ab und die Cilien fallen in der Regel aus. War das obere Lid erkrankt, so pflegt noch längere Zeit eine Schwellung zurückzubleiben, die bei rezidivierenden Erysipelen sich nicht mehr zurückbildet. Bei ausgedehnter Nekrose der Lidhaut kommt es zu starker Narbenbildung mit Ektropium des betreffenden Lides. — CARL (1884) beobachtete einen Lidabsceß bei gleichzeitigem Absceß der Haut der Schläfen- und Scheitelgegend in Verbindung mit einer Thrombo-Arteriitis und -Phlebitis nicht bloß der Gefäße der Stirnhaut, sondern auch der Augenhöhle und selbst der Netzhaut. In diesem Falle war ein sicht- und fühlbarer Verschluß der Supraorbital- und Frontalgefäße vorhanden, die in solide Stränge verwandelt waren; zugleich bestand Exophthalmus. Die Netzhautgefäße zeigten sich als glänzend weiße Stränge, die Sehnervenpapille war atrophisch; das Auge war erblindet. Das Liderysipel kann zu lebensgefährlichen Allgemeinerscheinungen führen und der Tod durch Metastasierung, Meningitis oder Herzschwäche erfolgen. Hinsichtlich anderer Komplikationen ist auf Bd. XI S. 571 dieses Handbuches zu verweisen.

Die Lidhaut wird selten primär befallen, wobei der Verlauf mitunter schwer sein kann (BIERMANN 1869). In der Regel ist die Liderkrankung eine sekundäre, indem ein Erysipel der befallenen Gesichtshaut sich auf die Lidhaut fortpflanzt. Zunächst kann nur ein Lid erkranken und im weiteren Verlaufe das Erysipel auf das gesunde Lid übergehen, gleichgültig ob das Erysipel primär oder sekundär aufgetreten ist.

Als **Krankheitserreger** ist der Streptokokkus zu betrachten. Die frühere Annahme eines besonderen Streptococcus erysipelatis ist hinfällig, nachdem seine Identität mit dem Streptococcus pyogenes bewiesen werden konnte. In vereinzelten Fällen hat man auch den Staphylococcus aureus, Pneumokokkus, Typhusbacillus und das Bacterium coli als die Erreger einer erysipelasähnlichen Hautentzündung angesprochen.

Als Eingangspforte für die pyogenen Streptokokken dienen kleine, oberflächliche Verletzungen, Operationswunden und Erkrankungen der Lidhaut, die von einer Lockerung oder einem Verlust der Epidermis begleitet sind. Auf die Lider fortgepflanzte Erysipele der Haut entstehen gern bei Rhagaden und Ekzemen am Naseneingange und an den Lippen. Wenn auch in den meisten Fällen von Erysipel dieser Infektionsmodus vorliegt, so ist doch die Möglichkeit einer lymphogenen Entstehung gegeben, d. h. das Erysipel tritt über einer in der Tiefe gelegenen durch Streptokokken hervorgerufenen Entzündung auf. Dies kann beispielsweise bei einer eitrigen Periostitis und Ostitis der knöchernen Wandungen der Augenhöhle oder der ihr benachbarten Knochenteile der Fall sein. Ein einmal überstandenes Erysipel verleiht keineswegs Immunität. Es bleibt vielmehr häufig eine große Neigung zu Rezidiven zurück, wenn die Vorbedingungen für den Infekt bestehen, d. h. die Lymphspalten der Cutis für das Eindringen von Streptokokken zugänglich sind (sogenanntes habituelles Erysipel). Das Oberlid bleibt in solchen Fällen dauernd verdickt; es erfährt oft eine bedeutende Gewebszunahme, so daß es mehr und mehr ein elephantiasisähnliches Aussehen erhält, stark herabhängt und kaum gehoben werden kann. Die Ursache hierfür ist in einer durch Verlegung der Lymphbahnen hervorgerufenen Lymphstauung zu suchen. Cuénod (1907) meint, daß bei einem solchen elephantiasisähnlichen Zustand der Lidhaut wohl noch Streptokokken im Gewebe nachgewiesen werden könnten.

Anatomie: Die Streptokokken verbreiten sich in den Lymphspalten der Cutis und bewirken hier eine gleichmäßige dichte kleinzellige Infiltration, verbunden mit einem hochgradigen Ödem der Subcutis. Die Infiltration kann sich nicht bloß auf das subcutane und intramuskuläre, sondern sogar auf das tarsale und subconjunctivale Bindegewebe fortpflanzen; auch die Umgebung der Liddrüsen ist kleinzellig infiltriert und in der Regel kommt es zur Bildung von kleinen Abscessen.

Hinsichtlich der Diagnose ist auf die typischen klinischen Erscheinungen des Erysipels zu verweisen, wie Fieber, diffuse begrenzte Rötung, Art und Weise des Fortschreitens. Vor Verwechslung mit phlegmonösen Lidentzündungen wird die Betrachtung des charakteristischen Randes schützen.

Die Prognose des Erysipels ist, wenn sonst gesunde Personen befallen werden, günstig. Nur bei Potatoren mit Delirium tremens muß man auf einen ungünstigen Ausgang gefaßt sein. STRÜMPELL (1920) erwähnt einen Fall von Gesichtserysipel mit tödlichem Ausgang infolge von Gangrän des Augenlides mit darauffolgender eitriger Entzündung des orbitalen Zellgewebes.

Eine besondere lokale Behandlung des Erysipels ist nutzlos, so daß in erster Linie der Allgemeinzustand zu berücksichtigen wäre. Die Heilwirkung von Injektionen mit Antistreptokokkenserum, das von mancher Seite warm empfohlen wird, ist durchaus fraglich. — Symptomatisch wären zur Milderung des Spannungsschmerzes die erkrankten Hautstellen mit einer milden Fettsalbe zu bedecken. Zur Vermeidung von Rezidiven ist die dem Infekt ausgesetzte Stelle aufzusuchen und eine entsprechende Behandlung einzuleiten.

§ 25. Vaccinola, Impfpustel. Im Verlaufe der Schutzpockenimpfung (der prophylaktischen Vaccination), sowie durch Übertragung des Giftes der Schutzpocken auf andere Personen entstehen nicht allzuselten auch an den Lidern Pusteln, auf deren Vorkommen HIRSCHBERG (1879) zuerst die Aufmerksamkeit gelenkt hat. Die Vaccinola, Impfpustel findet sich fast ausschließlich am Lidrande oder in seiner nächsten Umgebung. Der Intermarginalsaum bildet die geeignetste Stelle für die Haftung des Impfstoffes, da hier die Epitheldecke zart und durchfeuchtet ist und leicht defekt wird. An der Lidfläche kommt die Vaccinola mit gleichzeitigem Auftreten an anderen Körperstellen, bei der sogenannten generalisierten Vaccine, zur Beobachtung. Auf

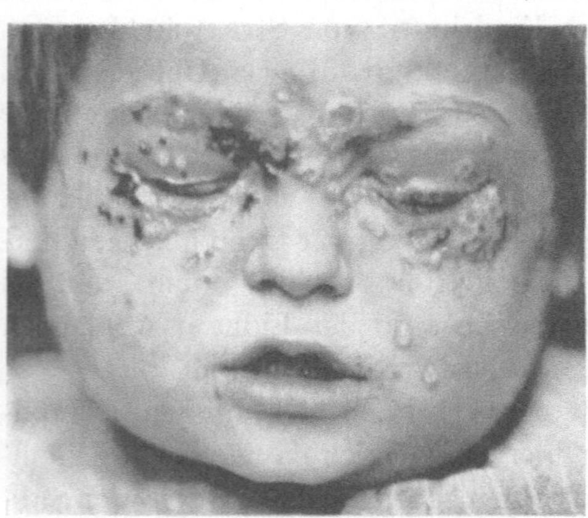

Abb. 4. Vaccine-Erkrankung der Lider bei einem 4 jähr. Mädchen. Das von Geburt schwächliche Kind wurde erst mit 4 Jahren geimpft. 10 Tage nach der Impfung entstand die Liderkrankung, die schon nach 4 Tagen obige Ausbreitung zeigte.

einer leicht geröteten und geschwellten Stelle des Lidrandes oder der Lidfläche zeigt sich eine Papel mit durchscheinender Spitze, die sich in der weiteren Form eines Bläschens ungefähr bis zu dem Umfang einer kleinen Erbse vergrößert. Das Bläschen ist perlmutterähnlich grau gefärbt mit einer dellenartigen zentralen Einziehung und entwickelt sich ungefähr am 8.—10. Tage unter Zunahme der entzündlichen Schwellung zu einer eitrigen Pustel, die aber nicht wie an anderen Hautstellen eintrocknet. Die Vaccinola erscheint vielmehr als ein flaches Geschwür des Lidrandes deswegen, weil der Lidrand beständig mit mehr oder weniger vermehrter und überfließender Bindehautflüssigkeit benetzt und dadurch, wie bei der Variola (s. S. 23), eine Vertrocknung unmöglich gemacht wird. zur Nedden (1906) meint, daß infolge der schon frühzeitig auftretenden Lidschwellung die Lidränder gegeneinander gepreßt und dadurch die in der Entwicklung begriffenen Bläschen frühzeitig zum Platzen gebracht würden. Der Grund eines solchen Impfgeschwüres ist mit einem pseudodiphtherischen Belag bedeckt, und nicht selten besteht die Neigung zur Vergrößerung, sei es durch Nekrose der die erkrankte Stelle umgebenden Haut, sei es, daß in der nächsten Nähe der primären Geschwüre sekundäre Infekte stattfinden. Gehen die Geschwüre ineinander über, so kann beispielsweise die ganze laterale Hälfte des Lidrandes in ein einziges Geschwür verwandelt werden. Doch können selbst mehrere Infekte im Anschluß an die primäre Impfpustel isoliert bestehen und der Lidrand erscheint alsdann von einer größeren Zahl von nebeneinandergereihten Impfpusteln besetzt. Sehr häufig kommt es zu einer Abklatsch-Vaccinola an korrespondierenden Stellen des Ober- und Unterlides, wobei wohl anzunehmen ist, daß die Übertragung beim Lidschluß erfolgt. An der erkrankten Stelle fallen die Cilien aus. Die nekrotisierende Tendenz einer Vaccinola zeigt sich in einem stärkeren Ödem der Lidhaut und der benachbarten Gesichtshaut, wie beispielsweise bei einem Sitze der Vaccinola am Unterlide die benachbarte Wangenhaut stark anschwellen kann. Die Präaurikulardrüse der erkrankten Seite ist regelmäßig geschwollen und auf Druck etwas empfindlich. Fieberbewegungen können bis zu 38,5° C. sich einstellen. Selten greift ein Geschwür des Lidrandes auf die Tarsalbindehaut über; häufiger erfolgt wohl auf dem Wege des Kontaktes ein Infekt der Scleralbindehaut an der der Lidpustel gegenüberliegenden Stelle, indem die Pustel bei der Lidbewegung auf der Oberfläche der Scleralbindehaut scheuert. Durch sekundäre Beteiligung der Hornhaut in Form von Geschwüren oder Keratitis disciformis mit Ausgang in schwerer Sehstörung und selbst Erblindung kann die Impfpustel tragische Bedeutung erlangen.

Im weiteren Verlaufe reinigen sich die Geschwüre, und nach 2—3 Wochen pflegt die Heilung beendet zu sein, wobei gewöhnlich eine nur oberflächliche Narbe zurückbleibt. Daß übrigens gelegentlich eine tiefere Vernarbung Platz greifen kann, beweist die Beobachtung eines dauernden Verlustes der Cilien (Schapringer 1890 und Vossius 1898).

Die Vaccinola tritt bald ein-, bald doppelseitig auf. Nach einer Zusammenstellung von SCHIRMER (1900) war von 34 in der Literatur bekannt gewordenen Beobachtungen und 4 eigenen einmal primär die Hornhaut, dreimal die Bindehaut befallen. Die übrigen Erkrankungen betrafen stets den intermarginalen Teil des Lidrandes.

Die Übertragung des Impfstoffes geschieht auf verschiedene Weise, einmal durch Autoinokulation, wie dies auch bei der generalisierten Vaccine der Fall ist. Die Kinder kratzen sich an den geimpften Stellen des Armes und reiben mit den infizierten Händen an den Augen oder an anderen Körperstellen. Die Haftung des Impfstoffes vollzieht sich um so leichter an Hautstellen, die maceriert oder von einer ekzematösen Erkrankung befallen sind, was besonders für den Lidrand zutrifft. Die Abklatsch-Impfpustel hat bereits oben Erwähnung gefunden. Nach PIHL (1900) waren unter 50 Fällen von Lidvaccine 8 durch Selbstinfekt entstanden. Gewöhnlich aber entwickelt sich eine Lidvaccine durch Übertragung des Impfstoffes von Geimpften auf andere durch verunreinigte Finger und bei gemeinschaftlichem Gebrauch von Handtüchern, Badewannen und ähnlichen Gegenständen. Bei Kindern vollzieht sich die Übertragung durch den Umgang mit geimpften Geschwistern, bei Müttern und Pflegerinnen durch die Wartung von geimpften Kindern, häufig durch ein Anlehnen mit der Gesichtsfläche und die dadurch vermittelte Berührung mit der geimpften Armstelle. Ärzte infizieren sich beim Impfgeschäft (CRITCHETT 1876, SÉNUT 1885 und EAGLETON 1899) unmittelbar oder durch Übertragung des Impfstoffes wahrscheinlich durch die verunreinigten Hände.

Die Erreger der natürlichen Pocken (Variola) sowie der Schutzpocken (Vaccinola) sind trotz der zahlreichen einschlägigen Arbeiten noch nicht sicher bekannt. — GUARNIERI fand in den Hautepithelien der Pocken- und Vaccinepusteln ein parasitäres Gebilde, Cytorrhyctes genannt, das er, ohne die Hülle vom Parasiten zu trennen, als einheitliches Körperchen auffaßte und welches er als den Erreger der Pocken ansprach. Diese sogenannte GUARNIERISchen Vaccinekörperchen sind am leichtesten in den charakteristischen Impfpusteln auffindbar, welche durch Verimpfung von Pockenpustelinhalt auf die Kaninchenhornhaut entstehen. v. PROWAZEK (1905) läßt die Hülle des Parasiten aber nicht vom Parasiten, sondern vom Kern der Wirtszelle stammen und benennt deswegen den Parasiten nicht mehr Cytorrhyctes, sondern »Initialkörper«. SIEGEL fand als Vaccineparasiten nicht nur in den geimpften Hautpartien, sondern auch im Blute schwärmend einen zu den Flagellaten gerechneten Cytorrhyctes. BONHOFF beschrieb bei Vaccine Spirochäten. MÜHLENS und HARTMANN (1906) ziehen die

Untersuchungsergebnisse SIEGELS und BONHOFFS in Zweifel. Die GUARNIERIschen Körperchen werden nicht als Parasiten, sondern als Produkte einer regressiven Metamorphose der Kernsubstanzen der Epithelien aufgefaßt, während MÜHLENS und HARTMANN die Initialkörper v. PROWAZEKs als Träger des Virus anzusprechen geneigt sind.

Anatomische Untersuchungen liegen von FRÖHLICH (1896) und SCHIRMER (1900) vor. Im ersteren Falle bestand zugleich ein Ekzem, so daß der Befund nicht einwandfrei verwertbar erscheint. SCHIRMER untersuchte den weißlichen Belag des Geschwürsgrundes einer Vaccinola und fand ein Gewirr von Fibrinfäden, untermischt mit Leukocyten und zahlreichen Bakterien, besonders Streptokokken. Etwas tiefer nahm die Fibrindurchtränkung ab, die Leukocyten wurden zahlreicher und bald fanden sich auch einzelne Epithelgruppen, die augenscheinlich der Stachelzellenschicht angehörten. Die Kerne waren gut färbbar. Zeichen einer allenfalls den Papillarkörper erreichenden Nekrose fehlten. Zahlreiche Streptokokken waren noch um die Haarbälge sichtbar, wodurch vielleicht das Ausfallen der Cilien erklärbar ist.

Differentialdiagnostisch könnten zunächst die pseudodiphtherischen Geschwüre am Lidrande, denen die Vaccinola in einem gewissen Stadium zuzurechnen ist, mit wirklich diphtherischen verwechselt werden. Die echte Diphtherie kommt aber höchst selten am Lidrande vor und befällt in der Regel gleichzeitig in charakteristischer Weise die Bindehaut. — Auch der Nachweis der GUARNIERIschen Körperchen kann zur Unterscheidung zwischen Vaccinola (bzw. Variola) und anderen pustulösen Affektionen, insbesondere auch Varicellen herangezogen werden. Ferner kommt noch der weiche und harte Schanker differentialdiagnostisch in Betracht. Der weiche Schanker ist äußerst selten an den Lidern anzutreffen, zeigt scharfe Ränder sowie einen speckigen Belag und hat die Neigung, in der Fläche und in der Tiefe fortzuschreiten. Beim harten Schanker erscheint der Grund speckig und graugelb, der Belag läßt sich nicht abwischen und insbesondere ist die Umgebung hart infiltriert. In zweifelhaften Fällen erkundige man sich nach dem Vorhandensein von geimpften Kindern in der Familie. Auch kann eine Abimpfung vorgenommen werden, doch liegt dabei die Möglichkeit vor, daß, wie dies in einem von STERATH (1900) mitgeteilten Falle eintrat, keine Impfpustel angeht. Der negative Ausfall dieser Impfung findet darin seine Erklärung, daß durch die Vaccinola der Lidhaut schon eine Immunität gegen den Impfstoff eingetreten war. In dem beobachteten Falle hatte eine Impfung in der Kindheit mit Erfolg stattgefunden, eine Revaccination war aber nicht vorgenommen worden.

Die Behandlung ist bei bereits vorhandener Impfpustel eine rein symptomatische und besteht in dem Bestreichen der erkrankten Stelle mit einer Bor- oder Sublimat-Vaselinsalbe und Auflegen eines damit bestrichenen Lintläppchens. Um so wichtiger ist die Prophylaxe: Anlegen von Verbänden auf die Impfstellen, um eine Berührung der Pusteln durch den Impfling zu verhüten. Regelmäßige sorgfältige Reinigung der Hände der mit dem Geimpften in Berührung kommenden Personen. Mit Ekzem behaftete Kinder dürfen grundsätzlich nicht geimpft werden.

§ 26. Der weiche Schanker, das Ulcus molle, ist eine seltene Erkrankung der Lidhaut. Nach einer Zusammenstellung von 66 Fällen von weichem Schanker waren die Augenlider 3mal befallen (EUDLITZ 1897). Als Infektstelle der Lidhaut erscheint der Lidrand oder der Lidwinkel und wohl ausschließlich die Übergangsstelle der Haut des Lidrandes in die Schleimhaut. Nach anfänglich starker Rötung zerfallen bald die oberen Cutislagen und die Oberhaut wird eitrig abgehoben (subepidermoidaler Absceß). Der Geschwürsgrund zeigt ein speckiges oder gelbliches Aussehen und sondert reichlich Eiter ab, während die Geschwürsränder stark gerötet, scharf ausgeschnitten und von weicher Beschaffenheit sind. Die erkrankte Stelle hat die Größe einer Linse und etwas darüber. Wie an anderen Körperstellen, so kommt es auch bei dem weichen Lidschanker zu einer regionären Lymphadenitis, wobei in erster Linie die Präaurikulardrüse entsprechend der erkrankten Seite schmerzhaft anschwillt.

Im weiteren Verlaufe kann das Lidrandgeschwür auf die anstoßende Bindehaut übergreifen. Nach 2—4 Wochen tritt eine Vernarbung ein, wobei die Narbe aber weich bleibt; sie zeigt sich in Fällen, in denen das Geschwür über den Lidrand auf die Bindehaut übergegriffen hat, als flache Einkerbung. Die Prognose ist also günstig.

Der Erreger des Ulcus molle ist der zuerst von DUCREY beschriebene und von KREFTING und UNNA bestätigte Streptobacillus, dessen Spezifität durch die Möglichkeit der Züchtung sowie der Erzeugung neuer Ulcera mollia mit den Kulturen sichergestellt ist. Zu bemerken ist, daß der Infekt stets ein lokaler bleibt und durch Impfung mit dem Eiter des Geschwürsgrundes auf jeder Hautstelle ein weicher Schanker, sogenannter Impfschanker, hervorgerufen werden kann, dessen Entwicklung schon innerhalb 12—24 Stunden stattfindet. Die Haftung des Virus am Lidrande setzt eine Oberhautläsion voraus.

In den von GALEZOWSKI (1872, nach v. MICHEL) und OLE BULL (1894) mitgeteilten Fällen handelte es sich um eine Autoinokulation wahrscheinlich mit verunreinigten Fingern, da zugleich ein weicher Schanker am Penis vorhanden war. HIRSCHLER (nach v. MICHEL) berichtet über einen Infekt bei einem Arzte, der dadurch entstand, daß bei der Behandlung eines weichen Schankers Flüssigkeit an das Auge gespritzt war.

Für die Behandlung empfiehlt sich das Aufstreuen von Jodoform; auch das Sozojodolnatrium wird in Anwendung gezogen.

§ 27. Der Milzbrandinfekt der Lidhaut lokalisiert sich auf der Lidfläche als Milzbrandkarbunkel und seltener als Milzbrandödem.

Der Milzbrandkarbunkel[1]) (Anthrax, Pustula maligna) entwickelt sich nach einer Inkubationszeit von 2—3 Tagen als ein kleiner roter Fleck, der stark juckt und brennt, sehr bald sich zu einer Papel erhebt und nach ungefähr 12—15 Stunden als ein blaurotes Bläschen mit blutig-seröser Flüssigkeit erscheint. Rasch entsteht aus dem Bläschen, besonders wenn es aufgekratzt wird, ein schmutzig oder schwärzlich aussehender eingesunkener Schorf, der sich vergrößern und die ganze Lidfläche einnehmen kann. Den Rand des Schorfes bildet ein wulstiges entzündliches Infiltrat, auf dem noch ein oder mehrere serös-blutige Bläschen — diese in kranzförmiger Anordnung — entstehen können. Die Haut in der Umgebung des erkrankten Lides und die Bindehaut sind mehr oder weniger ödematös. Die regionären Lymphdrüsen, die Präaurikulardrüse sowie die Submaxillardrüsen, sind entzündlich geschwellt, wie dies auch beim Milzbrandödem der Fall ist.

Im weiteren Verlaufe kommt es zu einer demarkierenden Eiterung mit Lösung des Schorfes, zu Granulationsbildung und Vernarbung der Lidhaut mit Auswärtsstellung des erkrankten Lides, einem Narbenectropium.

Das Milzbrandödem (Oedème charbonneux ou malin) ist durch eine teigig-weiche, durchscheinende, ödematöse Schwellung der Lidhaut gekennzeichnet, wobei besondere subjektive Empfindungen fehlen. Anfangs von blasser Farbe, wird das erkrankte Lid bald rot oder blaurot und es entwickeln sich Blasen und Bläschen, die platzen und mit Schorfbildung einhergehen. Die ödematöse Schwellung kann sich rasch über die Haut des Gesichtes, des Kopfes und des Halses verbreiten und in wenigen Tagen zum Tode führen (MAUVEZIN u. DEBRON, nach v. MICHEL). Häufig kommt es zu ausgedehnten Nekrosen der Lidhaut mit hochgradiger Vernarbung und Ectropium des erkrankten Lides.

---

[1]) Vgl. Anm. S. 39.

Fiebererscheinungen werden in ungefähr 25% der Fälle von Milzbrandinfekt der Haut beobachtet und pflegen nach wenigen Tagen zu verschwinden, dauern aber in schweren Fällen, d. h. bei allgemein gewordener Erkrankung bis zum Tode fort. 23—26% der Fälle von Hautmilzbrand führen zum Tode. Zu einer Allgemeininfektion kommt es wohl deswegen verhältnismäßig selten, weil durch den lymphatischen Apparat die weitere Verschleppung des Virus verhindert wird. In der weitaus größeren Zahl der Fälle wird nur ein Lid, das Oberlid, und zwar vorzugsweise beim Milzbrandödem befallen. Manchmal erkranken beide Lider einer Seite zugleich oder es pflanzt sich die Erkrankung von dem zuerst infizierten Lid auf das andere der gleichen Seite fort. Selten wird zuerst ein Lid der einen und dann das gleiche der anderen Seite ergriffen, wie in einem Falle von SCHIESS-GEMUSEUS (1871), in dem zuerst das linke und nach 2 Tagen das rechte Oberlid erkrankte.

Von okularen Komplikationen werden eine nekrotische Abstoßung der Hornhaut (HIMLY 1843 u. DROSTE 1835, nach v. MICHEL), Netzhautblutungen und eine doppelseitige Opticusatrophie (MANOLESCU 1911) erwähnt.

Die Häufigkeit des Vorkommens des Milzbrandinfekts an den verschiedenen Körperstellen veranschaulicht eine Zusammenstellung (1906) von 1077 Erkrankungen: Kopf und Gesicht waren in 490 und die oberen Extremitäten, insbesondere die Hand, in 370 Fällen befallen. Nach THIELMANNs (nach v. MICHEL) Übersicht wurde der Anthrax 57 mal im Nacken beobachtet, je einmal auf dem rechten Scheitelbein und auf der Glabella, 3 mal in der Augenbrauengegend, 2 mal auf dem oberen Lide, 7 mal auf den Wangen, einmal auf der Nase, 3 mal auf der Oberlippe, 5 mal auf dem Kinn und Unterlippe, 4 mal hinter den Ohren, 6 mal in der Gegend der Parotis, 15 mal an verschiedenen Stellen des Unterleibes, 10 mal in der Inguinalgegend, 23 mal auf den oberen, 29 mal auf den unteren Extremitäten, 35 mal auf den Nates und dem Os sacrum und 119 mal an verschiedenen Stellen.

Die Übertragung der Milzbrandbacillen geschieht an oberflächlich verletzten Stellen durch unmittelbare Berührung mit infizierten Händen. WILMS (1905) beobachtete bei einem Fleischer 6 Tage nach einem Kuhhornstoße gegen das Unterlid an diesem ein lokales Milzbrandödem, das auf die betreffende Gesichts- und Halshälfte übergriff. Auch eine Übertragung durch Mücken ist möglich, sei es, daß sie mit ihrem Biß die an ihnen haftenden Milzbrandbacillen verimpfen, sei es, daß der Biß einen Juckreiz hervorruft, der zum Kratzen veranlaßt, und hierbei durch infizierte Hände die Übertragung vermittelt wird (CARRON DU VILLARDS, nach v. MICHEL). Infiziert werden Personen, die mit Tieren oder mit von diesen stammendem Material zu tun haben, wie Hirten, Schäfer, Viehknechte, Tierärzte, Schlächter und Arbeiter, die in Gerbereien und ähnlichen Betrieben beschäftigt sind. So kann auch die Ansteckung durch Felle von milzbrandkranken Tieren erfolgen, und zwar durch bloße Berührung sowie beim Abhäuten eines milzbrandkranken Tieres (CARRON DU VILLARDS, SICHEL, LISFRANC, GROSZ, MAUVEZIN, RUETE, nach v. MICHEL).

Vorzugsweise erkrankt das männliche Geschlecht zwischen dem 30. und 40. Lebensjahre. Nach einer Zusammenstellung von MORAX (1907) sind Ober- und Unterlid in gleich häufiger Weise beteiligt. Bei 50 Beobachtungen von Lid-Anthrax war der Ausgang in 15 Fällen tödlich.

Differentialdiagnostisch ist eine Verwechselung des Anthrax mit einem Erysipel oder einem Karbunkel anderer Ätiologie zu berücksichtigen. Man denke stets daran, daß der Milzbrand eine charakteristische Erkrankung ganz bestimmter Berufsarten ist. Entscheidend ist der mikroskopische Nachweis von Milzbrandbacillen, das kulturelle Verfahren und die Verimpfung auf Mäuse. Wenn die Milzbrandbacillen schon in das Gewebe tiefer eingedrungen sind, werden sie zuweilen nicht mehr in der Pustel und im Schorf gefunden, sondern man sucht nach denselben am aussichtsreichsten in der Peripherie der erkrankten Stelle. Meistens sind die Bacillen nur in der ersten Woche nachweißbar. Bei tödlichem Ausgang wurden übrigens aus dem Blute außer Milzbrandbacillen verschiedene Eitererreger gezüchtet.

Prognostisch ist die Möglichkeit einer Allgemeininfektion zu berücksichtigen, wenn auch die Erkrankung verhältnismäßig häufig örtlich beschränkt bleibt.

Was die Behandlung betrifft, so sind vor allem solche Eingriffe zu vermeiden, welche eine Aufnahme der Bacillen in das Blut befördern könnten, wie Incisionen. Es genügen desinfizierende Umschläge oder desinfizierende Salbenverbände. WILMS (1905) berichtete über günstige Erfolge durch Seruminjektionen. In jüngster Zeit werden auch Salvarsaninjektionen empfohlen.

§ 28. Selten wird die Lidhaut Sitz eines primären Infekts (KRAJEWSKI 1871 und SCHEBY-BUCH 1878) mit Rotzbacillen. Der Rotz, Malleus oder Morve, kann akut und chronisch auftreten.

Die Haupterscheinungen des akuten Rotzes, der unter heftigen, selbst mit Delirien einhergehenden Fieberbewegungen einsetzt, bestehen bei gleichzeitig hochgradiger Schwellung und Rötung der Lidhaut in einem knotenartigen, karbunkelähnlichen Infiltrat oder einer mehr diffusen phlegmonösen Entzündung mit Absceßbildung. Die Knoten erweichen im Zentrum und es entsteht ein kraterförmiges Geschwür mit unterminierten Rändern und eitrig belegtem Grunde. Das Geschwür kann sich durch Abstoßung von nekrotischen Hautpartien mehr und mehr vergrößern. Fernerhin kommt es zu einer akuten, schmerzhaften Entzündung der regionären Lymphdrüsen, der Präaurikular- und Submaxillardrüsen. Gelangen die Rotzbacillen in die Blutbahn, so entstehen erythematöse oder roseolöse Hautexantheme mit Pustelbildung und furunkelähnlichen Geschwüren, Rhinitis und Entleerung von reichlichem blutig-rotzigen Schleim aus der Nase. Durch Infektion der Lungen, die sich als typische Pneumonie dokumentiert, oder des Darmes oder der Meningen führt der Rotz innerhalb weniger Wochen zum Tode.

Beim chronischen Rotz sind die Allgemeinerscheinungen weniger intensiv und die Hauterkrankung zeigt einen mehr regionären Charakter. Es entstehen größere Knoten oder wurmförmige Stränge, aus denen sich Geschwüre entwickeln, die einen sehr torpiden Verlauf und geringe Neigung zur Verheilung zeigen. Die Geschwüre vergrößern sich exzentrisch, in der Nachbarschaft finden sich neue Knoten, die durch Stränge (infiltrierte Lymphgefäße und Venen) untereinander verbunden sind. Durch die eitrige Einschmelzung der Knoten und Stränge entstehen unterminierte Geschwüre und fistulöse Gänge. Im weiteren Verlauf kann eine Heilung eintreten. Ein tödlicher Ausgang erfolgt durch Marasmus oder durch Übergang des chronischen Zustandes in einen akuten.

Der Rotz kann sich auf ein Lid beschränken, doch können auch beide Lider oder jederseits ein Lid befallen werden. So beobachtete Krajewski (1871) eine Ulceration auf dem rechten Unterlid und einen harten Knoten mit Abstoßung brandiger Gewebsteile auf dem linken Oberlid.

Die Übertragung findet durch den Maul- und Nasenschleim oder den Geschwürseiter rotzkranker Pferde statt. Daher werden fast ausnahmslos nur Personen befallen, die mit rotzkranken Pferden zu tun haben, wie Pferdewärter, Pferdehändler, Kavalleristen, Abdecker. In einem Falle von Krajewski (1871) war der Infekt bei einem Kinde dadurch entstanden, daß dasselbe mit Stroh, das rotzkranken Pferden gedient hatte, in Berührung gekommen war. Die Inkubationszeit beträgt meistens 3—5 Tage. Auch auf embolischem Wege können knötchenförmige Rotzinfiltrate und -geschwüre entstehen. Solche waren nach einer Beobachtung von Neisser (1892) am linken inneren Lidwinkel mit Übergreifen auf die Conjunctiva bulbi und an verschiedenen anderen Körperstellen vorhanden.

Differentialdiagnostisch wäre die Möglichkeit einer Verwechslung mit tuberkulösen oder syphilitischen Geschwüren, ferner mit Milzbrand, Erysipel und Aktinomykose in Rechnung zu stellen. Zu beachten ist der Beruf des Kranken. Wegen der wenig charakteristischen Form der Rotzbacillen wird die Diagnose in der Regel nur durch Kulturversuche und Impfexperimente (Verimpfung von Rotzmaterial in die Bauchhöhle eines männlichen Meerschweinchens, nachfolgende rotzige Hodenentzündung innerhalb einer Woche, bequemer Nachweis von Rotzbacillen in den Hoden, STRAUSscher Tierversuch) sichergestellt. TEDESCHI (1892) infizierte experimentell den Augapfel mit Rotzbacillen. Von hier setzte sich die Erkrankung auf die Bindehaut des Lides und noch auf das Lid selbst fort, wobei der Tarsus, die Liddrüsen und schließlich auch die Epitheldecke zerstört wurden.

Die Behandlung der Kranken, die vor allem zu isolieren sind, hat die Allgemeinerscheinungen zu berücksichtigen. Lokal kommt Ausschneiden der Rotzknoten und -geschwüre in Betracht. Andere Maßnahmen, wie Auskratzen mittels des scharfen Löffels, sind zu vermeiden, da sie geeignet sind, eine Verbreitung der Bacillen mechanisch zu begünstigen.

§ 29. Nekrose, Gangrän, Diphtherie. Die Nekrose (lokaler Gewebstod) oder der Brand tritt an der Lidhaut, wie an anderen Hautstellen, in zwei Formen auf, nämlich als trockener Brand (Necrosis sicca, Mumificatio) und als feuchter Brand (Necrosis humida). Die Bezeichnung: Gangrän ist nur bei dem feuchten stinkenden Brand anzuwenden, wo die lokale Gewebszersetzung unter dem Einfluß oder mindestens unter der Anwesenheit von Fäulnisbakterien erfolgt (1914).

Beim trockenen Brande zeigt sich die Lidfläche nach vorausgegangener starker Schwellung dunkelbraunrot oder schwärzlich verfärbt, zugleich trocken und hart dadurch, daß eine Wasserverdunstung von der Oberfläche nach der Tiefe zu erfolgt. Infolgedessen haftet der erkrankten Lidhaut eine bräunlich-schwarze lederartige Kruste an.

Beim feuchten Brande ist die Lidhaut anfänglich geschwellt und blaß oder bläulich verfärbt, später mehr schwarzrot. Bald erhebt sich die Epidermis in rötlich gefärbten Blasen, den sogenannten Brandblasen, und löst sich fetzenartig ab, wobei das so freigelegte Corium eine dunkelrote Färbung zeigt. Der erkrankte Lidhautteil wird alsdann in ein mißfarbiges schwärzliches Gewebe verwandelt, das mehr und mehr zerfällt und als eine von Gewebsfetzen bedeckte geschwürige Fläche erscheint (Abb. 5).

Im weiteren Verlaufe entwickelt sich um die brandig gewordene Lidfläche eine demarkierende Entzündung und die Grenze des toten und gesunden Gewebes wird durch eine scharfrandige entzündliche Linie in Form eines schmalen roten Saumes gekennzeichnet. Zwischen dem toten Gewebe und dem in der Grenze sich entwickelnden Granulationsgewebe (Granulationswall) befindet sich eine rinnen- oder grabenartige, mit Eiter angefüllte Vertiefung. Sobald durch die Granulationsschicht die Verbindungen allseitig gelöst sind, wird das tote Gewebe spontan abgestoßen. Die Heilung erfolgt mit mehr oder weniger ausgedehnter Vernarbung der Lidhaut, die ein Narbenectropium zur Folge haben kann. Von der Nekrose wird immer nur die Haut der Lidfläche betroffen, der Lidrand bleibt davon verschont, selbst dann, wenn

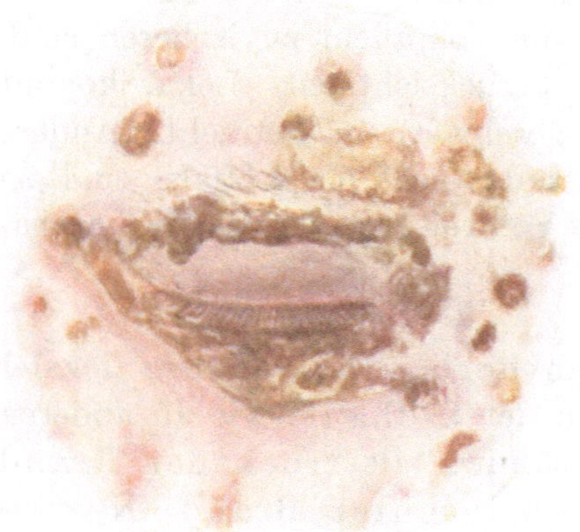

die Nekrose beide Lider befällt (s. Abb. 5) oder sich noch von der Lidhaut auf die benachbarte Gesichtshaut fortpflanzt. Dies dürfte wohl dadurch zu erklären sein, daß der Lidrand von allen Teilen des Lides am reichlichsten mit Blutgefäßen versehen ist, daher am besten ernährt wird (RÖMER 1899). In einigen Fällen besteht eine große Neigung der Lidnekrose zur Flächen- und Tiefenausdehnung. In einer derartigen Beobachtung RÖMERS (1899) war im Anschluß an Varicellen bei einem 8 monati-

Abb. 5. Ausgedehnte Nekrose am Ober- und Unterlid im Gefolge von Eczema impetiginosum. (Nat. Größe.)

gen Kinde die Haut des linken Oberlides vom Augenbrauenbogen bis 2 mm vom freien Lidrand entfernt und vom äußeren bis zum inneren Augenwinkel nekrotisch geworden. Nicht bloß das Unterhautzellgewebe und die Muskulatur war zerstört, sondern auch der Tarsus in eine schmierige Masse verwandelt und ein fötider Geruch über der brandigen Fläche vorhanden. Dazu gesellte sich noch eine diffuse Phlegmone der Kopfhaut, wobei die ganze Kopfschwarte eitrig infiltriert war. Trotz dieser schweren Erscheinungen trat Heilung mit derber Vernarbung und einem geringen Ectropium der lateralen Lidhälfte ein. VIX (1903) beobachtete bei einem 6 wöchigen Kinde eine Nekrose aller 4 Augenlider, dazu eine solche der rechten Thränensackgegend. Einen ähnlichen Fall teilt MARLOW (1901) mit. Bei einem 3 wöchigen schlecht genährten Kinde wurde zuerst das Oberlid, dann das Unterlid einer Seite nekrotisch, ferner die Haut der Augenbraue und die benachbarte Gesichtshaut. Im weiteren Verlaufe kann auch ein tödlicher Ausgang durch Septicopyämie erfolgen (VALUDE 1890).

Als Ursachen für die Lidnekrose kommen zunächst die auch an anderen Hautstellen zur Nekrose führenden Einwirkungen mechanischer Art wie Quetschungen, ausgedehnte Zerreißungen, chemische und thermische Einflüsse in Betracht. Von chemischen Einflüssen hebt v. MICHEL das die Lidhaut stark ätzende Gift der Kreuzspinne hervor, durch welches das Bild eines trockenen Brandes entsteht, eine Beobachtung, die auch anderweitig gemacht wurde; von thermischen Einwirkungen wären hohe Kältegrade zu erwähnen. PLAUT (1900) teilt eine Nekrose der Lidhaut mit, die nach Auflegen einer Eisblase

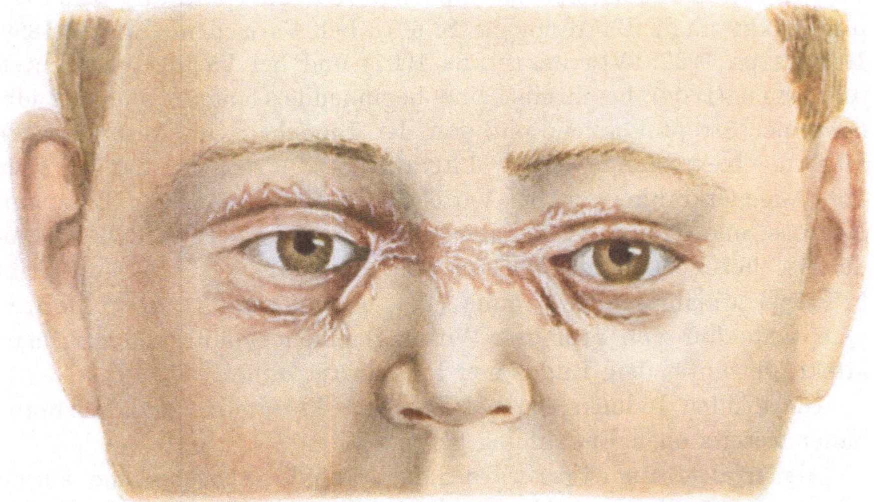

Abb. 6. Ausgedehnte Narbenbildung beider Augenlidpaare und des Nasenrückens nach Hautnekrose. (Natürliche Größe.)

auf die Augengegend eintrat und nahm an, daß dadurch der Boden für einen zur Nekrose führenden Infekt vorbereitet wurde. Bei einem Neugeborenen mit Blennorrhoe sah ich eine durch mehrtägige Anwendung von Eis, das direkt auf die Lider aufgelegt wurde, bedingte Lidnekrose neben porzellanartiger Hornhauttrübung. Durch dauernde Anwendung von heißen Umschlägen kamen die Veränderungen, die hier als ischämische aufzufassen waren, langsam zur Heilung, ohne daß die Hitze den blennorrhoischen Prozeß nachteilig beeinflußt hätte. Auch bei geringen Verletzungen der Lidhaut und ihrer Umgebung, bei Kratzwunden oder Insektenstichen (PES 1904) kann eine Nekrose auftreten. So sah v. MICHEL bei einem $2^1/_2$jährigen Knaben eine ausgedehnte Nekrose der Haut beider Augenlidpaare, der Tränensackgegend auf beiden Seiten und des Nasenrückens (s. Abb. 6), die im Anschlusse an eine kleine oberflächliche Verletzung der Haut des Nasenrückens durch Fall auf einen Stein entstanden war. Die Nekrose erstreckte sich tief in das Unterhautzellgewebe und in die Muskulatur. Die Wundflächen zeigten wenig Neigung zur Vernarbung, die schließlich unter Bildung von weißlichen leistenartigen Strängen erfolgte (s. Abb. 6).

Eine Lidnekrose kann sich ferner zu schon bestehenden Erkrankungen der Lidhaut gesellen und ist dann entweder der Ausdruck einer Steigerung der ursprünglichen Infektion oder Folge einer Sekundärinfektion. Solche Nekrosen wurden bei Masern und Scharlach, bei Impetigo und beim Ekzema impetiginosum (HILBERT 1883, GIULINI 1891, v. MICHEL 1902), bei Ekzempusteln (UHTHOFF und FRÄNKEL 1907, nach AXENFELD, Bakteriologie S. 60), bei Varicellen (RÖMER 1899, ROLLESTON 1907, WINTERSTEINER 1907) und bei Variola beobachtet. AXENFELD (1904) beschreibt eine beginnende Gangrän aller 4 Lider bei einer Streptokokkendiphtherie der Bindehaut im Anschlusse an Masern. LANDESBERG (1874, Literatur S. 29) sah unter 270 Fällen von Augenerkrankungen bei Variola 4 mal Phlegmone der Lider mit Nekrose, und ADLER (1874, Literatur S. 29) hebt hervor, daß die Lidnekrose bei Pocken nicht selten sei. EPPENSTEIN (1914) beschreibt bei einer 57 jährigen Hebamme (Wassermannsche Reaktion positiv, Quecksilberkur von prompter Wirkung) einen syphilitischen Primäraffekt, der unter dem Bilde einer Lidnekrose verlief.

Die lokalen Lidnekrosen bei Erysipel, Phlegmone und Milzbrand haben bereits oben Erwähnung gefunden.

Als Infektionsträger wurden der Staphylococcus pyogenes aureus (POSSEK 1907, PLAUT 1900), der Streptokokkus (PLAUT 1901, MORAX 1902, VALUDE 1890) und der Diphtheriebacillus gefunden. UHTHOFF und FRÄNKEL (1907, nach AXENFELD, Bakteriologie S. 60) wiesen in den gleichzeitig vorhandenen Ekzempusteln virulente Diphtheriebacillen und STEFFENS (1900) außer Diphtheriebacillen Staphylo- und Streptokokken nach. Eine Zusammenstellung von PES (1904), welche die Literatur bis 1904 berücksichtigt, ergab unter 10 Fällen zweimal Staphylokokken, siebenmal Streptokokken und einmal den Diphtheribacillus, vermischt mit anderen pathogenen Mikroorganismen. In einem von RÖMER (1899) beobachteten Falle von Lidnekrose und Varicellen fand sich im Eiter neben den Streptokokken noch der gemeine Fäulnisbacillus Proteus vulgaris HAUSER. — EPPENSTEIN (1914) stellte aus der Literatur von 1905 ab 7 Fälle mit positivem Bakterienbefund zusammen und berichtete selbst über 3 neue Fälle. Fünfmal wurden Streptokokken gefunden, einmal in Mischinfektion mit Staphylococcus pyogenes aureus. Der bei Lidnekrose früher weniger bekannte Staphylococcus pyogenes aureus fand sich viermal, ein mal mit Streptokokken und ein mal mit Lues vergesellschaftet. In einem Falle wahrscheinlich traumatischer Nekrose (Lidwunde. HARLAN 1907) wurden Pneumocokken nachgewiesen. — Sehr interessant ist eine Beobachtung von primärer Diphtherie der Lidhaut mit postdiphtherischer Lähmung, über welche LICHTENSTEIN (1919) berichtet. Hier kam es zur Ausbildung eines die ganze Höhe des Oberlids einnehmenden Geschwürs mit festhaftender grauweißer Membranbildung am Grunde des Ulcus und am Unterlidrande (die Bindehaut war frei). Der Abstrich ergab Diphtheribacillen. Nach Einspritzung von Diphtherieserum rasche komplikationslose Heilung des Ulcus innerhalb 4 Wochen. Aber trotzdem traten knapp 6 Wochen später schwere Lähmungserscheinungen an den Beinen sowie leichtere Parese der Arme und Nackenschwäche auf, die erst nach 2 Monaten verschwanden.

Als durch mangelhafte Ernährung bedingt sind die Lidnekrosen aufzufassen, die bei Syphilis — hier wohl hervorgerufen durch eine hochgradige Endarteriitis der Lidgefäße —, beim Alkoholismus und beim Diabetes auftreten. Lidnekrose bei Diabetes wurde unter 500 Fällen 2 mal beobachtet. Eine marantische Lidnekrose kann im Gefolge von Typhus auftreten und auch atrophische Kinder befallen; eine solche wurde von MARLOW (1901) als Noma beschrieben. In einem Falle (KIPP 1896) entstand eine senile Lidnekrose, wahrscheinlich auf arteriosklerotischer Basis.

Im Sinne einer neurotischen Nekrose wäre die Lidnekrose bei Herpes zoster ophthalmicus zu beurteilen. In einem solchen von v. MICHEL beobachteten Falle war die Haut der ganzen linken Stirn und des linken Oberlides in eine lederartige, trockene, braune Membran umgewandelt. Eine wahrscheinlich auf hysterischer Basis beruhende trophoneurotische Störung unter dem Bilde der Lidnekrose stellt der von v. HEUSS (1910) beschriebene Fall dar.

Metastatische Lidnekrosen kommen bei Septicopyämie zur Beobachtung. MITVALSKY (1893) berichtet über eine im Gefolge einer eitrigen Endometritis entstandene bilaterale Lidnekrose und nahm Streptokokkenembolien in die vom Arcus tarsei entspringenden Arteriolen an. AXENFELD (1904) beobachtete eine metastatische Lidnekrose durch Staphylococcus aureus bei einem an Septicopyämie erkrankten Mädchen. JOSS (1901) beschreibt eine metastatische Streptokokkennekrose nach Erysipel.

Schließlich sei noch der Ausbreitung der Noma, des Wangenbrandes, auf die Haut des Unterlides gedacht. Die dabei stattfindende

ausgedehnte Zerstörung bedingt einen sehr hochgradigen Lidhaut-
defekt mit Ectropium, für dessen Entstehung der bedeutende Narbenzug nicht bloß der vernarbten Lidhaut, sondern auch der Wangenhaut
maßgebend ist. Als Erreger der Noma ist die Streptothrix anzusehen.
Im Falle FRANKE (1908) ist die Diagnose Noma nicht gesichert, da die
bakteriologische Untersuchung negativ war.

Die Voraussage richtet sich nach der Schwere der Allgemeinerscheinungen, wobei die Möglichkeit eines tödlichen Ausganges vorliegt; ferner nach der Ausdehnung der örtlichen Prozesse, wobei ein
durch Narbenzug entstehendes Ectropium in Betracht zu ziehen ist.

Die Behandlung ist eine allgemeine; insbesondere sind Fieber
und Herzschwäche zu bekämpfen. Die lokale Behandlung beschränkt
sich zunächst auf die Desinfektion der erkrankten Stelle durch Reinigung mit einer Sublimatlösung (1 : 3000) und Auflegen einer Resorcinsalbe. Später sind die gelockerten brandigen Hautstellen mit Pinzette
eventuell noch mit der Schere zu entfernen und die granulierende
Wundfläche ist mit einer milden Fettsalbe zu bedecken. Bei Lidnekrose
durch Erfrierung sind lange Zeit heiße Umschläge anzuwenden. Bei
Diphtherie ist das Heilserum in Anwendung zu ziehen. Bei Lues führt
die spezifische Behandlung oft rasche Heilung herbei; daher ist bei
geringstem Verdacht einer luetischen Infektion die Anstellung der
Wassermannschen Reaktion geboten.

Literatur zu §§ 18—29.

1860 RUETE: Bildliche Darstellung der Krankheiten des menschlichen Auges.
9. Lief. Leipzig. Taf. XXXIV, Fig. 4.

1869 BIERMANN: Ein Fall von Erysipelas gangraenosum beider Lider. Klin.
Monatsbl. f. Augenheilk. Bd. 7, S. 1.

1871 KRAJEWSKI: Blepharitis von eigentümlicher Form. Klinika. Bd. 6,
S. 161. (Polnisch.) — SCHIESZ-GEMUSEUS: 7. Jahresbericht über die Heilanstalt für
arme Augenkranke. Basel. S. 10.

1872 OGLE: Peculiar delirium, slowness of pulse, sudden accession of hemiplegia, peculiar suppuration of the eyelids on the paralysed side. Med. Times and
Gaz. T. 45, p. 196.

1875 MICHEL: Krankheiten der Lider. Dieses Handbuch 1. Aufl., Kap. 4.

1876 CRITCHETT: On inoculation. Med. Examiner. 21. Dez. — KNAPP, H.:
Anthrax auf der Innenfläche des unteren Augenlides. Arch. f. Augen- u. Ohren-
heilk. Bd. 2, S. 371—374. — PUFAHL, E.: Pustula maligna. Arch. f. Augen- u.
Ohrenheilk. Bd. 2, S. 384.

1878 SCHEBY-BUCH: Ein Fall von subakutem Rotz beim Menschen. Berl. klin.
Wochenschr. S. 74. — SCHMIDT-RIMPLER: Fall von Oedema malignum der Lidhaut
des linken Auges. Ärztl. Vers. zu Marburg. Sitzung v. 6. Febr. 1878. Berl. klin.
Wochenschr. Nr. 43.

1879 DECES, A.: Pustule maligne de la paupière supérieure droite. Union
méd. et scient. du nord-est. Reims. T. 3, p. 171. — HIRSCHBERG: Impfbläschen an
den Lidern. Arch. f. Augenheilk. Bd. 8, S. 187.

1880 ASCHENBORN, O.: Gangraena palpebrarum sinistrarum. Arch. f. klin.
Chirurg. Bd. 25, S. 154. — PARINAUD: Des suppurations de la paupière inférieure et

de la région du sac lacrymal d'origine dentaire. Arch. gén. de méd. T. 145, p. 667. — THIRY: Oedème malin des paupières; nécroscopie. Presse méd. belge. T. 32, p. 289.

1881 BUY, A.: De l'oedème malin ou charbonneux des paupières. Paris. 86 pp. — BRÉCHÉMIER: Oedème malin des paupières, traité par les injections jodées après une cautérisation sans résultat. Bull. et mém. soc. de chirurg. de Paris. T. 7, p. 175. — DÉLEUS: Oedème maligne de la paupière. (Soc. de chirurg.) Progr. méd. Mars. — POPPER, J.: Zur Therapie der Pustula maligna. Zentralbl. f. Chirurg. — v. REUSS, A.: Hordeolum. Real-Encyclop. Bd. 6, S. 554—584.

1882 CASPAR: Lidabsceß in Verbindung mit Zahnwurzelabsceß. Zentralbl. f. prakt. Augenheilk. S. 106. — DUBUJADOUX: Contribution à l'étude de l'oedème malin des paupières. Arch. gén. de méd. Nov. et Dec.

1883 CHIPAULT: Oedème malin des paupières. Bull. et mém. Soc. de chirurg. de Paris. N. S. T. 9, p. 2. — HILBERT, R.: Ein eigentümlicher Fall von Spontangangrän der Lidhaut. Zentralbl. f. prakt. Augenheilk. Okt. u. Vierteljahrsschr. f. Dermatol. Wien. Bd. 11, S. 117. — THOMSON, G.: Abscess of eyelid of eleven months standing simulating tumour of orbit. Med. Times and Gaz. No. 1711.

1884 CARL: Zur speziellen Ätiologie der nach Erysipelas faciei auftretenden Sehnervenatrophie. Klin. Monatsbl. f. Augenheilk. Bd. 22, S. 113. — DERBY, H.: A case of gangrene of the lids, with subsequent restoration of tissue without plastic operations. New York med. Journ. 25. July u. Transact. of the Americ. ophthalmol. soc. T. 3, p. 44 and 66. — DUJARDIN (de Lille): Un cas de pustule maligne de la paupière. Rec. d'ophtalmol. u. Journ. de scienc. méd. de Lille. T. 6, p. 398. Ref. Rev. générale d'ophtalmol. p. 324. — LOPEZ-OCAÑA: Pustula maligna das palpebras. Arch. ophthalmol. de Lisb. T. 4, p. 35. — SAINT-MARTIN: Gangrène partielle de la paupière inférieure dans le cours d'une scarlatina. Bull. de la clin. nat. ophtalmol. des Quinze-Vingts. T. 2, p. 144. — SAINT-MARTIN: Paralysie faciale et gangrène de la paupière supérieure consecutivement à une rougeole. Bull. de la clin. nat. ophtalmol. des Quinze-Vingts. T. 2, p. 145.

1885 SÉNUT: Vésico-pustule de la paupière inférieure gauche et kératite ulcéreuse, suite d'inoculation accidentelle de vaccine. Arch. de méd. milit. Okt. — HIRSCHBERG: Klinische Kasuistik. Ein neuer Fall von Vaccine-Blepharitis. Zentralbl. f. prakt. Augenheilk. August.

1886 CHEVALIER, S.: Traitement de la pustule maligne par les incisions au thermo-cautère. Thèse de Paris. — DESPRÉS: Oedème malin charbonneux des paupières sans pustule. Guérison. France méd. T. 1, p. 589. — GROVERY: Oedème malin charbonneux des paupières sans pustule. Guérison. France méd. No. 50. — RAMPOLDI: Note ottalmologiche: III. Atrofia ottica acuta susseguita a blefarita gangrenosa. Ann. di ottalmol. T. 4, p. 113.

1887 FIEUZAL: Spacèle de la paupière suite de rougeole. Bull. de la clin. nat. ophtalmol. des Quinze-Vingts. p. 198. — LAGRANGE: Contribution à l'étude clinique des affections oculaires dans le diabète sucré. Arch. d'ophtalmol. T. 7, p. 65. — OTTAVA, J.: Szemhéj-tályog. (Lidabsceß.) Szemészet. p. 38. — ZIEM: Absceß am unteren Augenlide bei Eiterung der Kieferhöhle und Periostitis einer Zahnwurzel. Allg. med. Zentral-Zeitg. Nr. 48 u. 49.

1890 DEUTSCHMANN, R.: Augenaffektion und Allgemeinleiden. (Ärztl. Verein in Hamburg.) Münch. klin. Wochenschr. Nr. 23, S. 411. — FRIEDENWALD, A.: Cases of phlegmonous gangrene of the lid. Americ. Journ. of ophthalmol. p. 285. — HOSCH: Augenaffektionen bei Influenza. Sep.-Abdr. aus Korrespbl. f. Schweizer Ärzte. Bd. 20. — LANDOLT, E.: Manifestations oculaires dans le cours de l'épidémie l'influenza. Semaine méd. 1890. Nr. 3. Ref. Rev. générale d'ophtalmol. p. 240. — PEIPER, E.: Über Vaccine-Blepharitis. Zentralbl. f. klin. Med. Nr. 37, S. 697. — SCHAPRINGER: Über Vaccine-Blepharitis. New Yorker med. Monatsschr. November. — SCHAPRINGER: Ein weiterer Fall von Vaccine-Blepharitis. New Yorker med. Monatsschr. November. — SCHIRMER, O.: Über eine eigentümliche Lidrandaffektion. (Vaccinola des Lidrandes.) Klin. Monatsbl. f. Augenheilk. S. 14. — VALUDE;

Phlegmon gangréneux des paupières et de l'orbite. Septicémie et mort. France méd. 10. Jan. Ref. Ann. d'oculist. T. 103, p. 204.

1891 GIULINI: Gangrän der Lider. (Ärztl. Lokalverein Nürnberg. Sitzung v. 18. April.) Münch. med. Wochenschr. Nr. 23, S. 401. — SCHIMMELBUSCH: Ein Fall von Noma. Dtsch. med. Wochenschr. Nr. 26 u. Zahnärztl. Wochenbl. Nr. 1. — DE SCHWEINITZ, G. E.: Erysipelas of the eyelids spreading extensively to face and scalp. Orbital cellulitis. Recovery without impairment of vision. Philadelphia Hosp. Rep. 1890. T. 1.

1892 GURFINKEL, A.: Pustula maligna des Lides. Westnik ophthalmol. T. 9, 1. p. 24. — HIRSCHBERG, W.: Das Impfgeschwür der Lider. Zentralbl. f. prakt. Augenheilk. S. 17. — NEISSER, E.: Ein Fall von chronischem Rotz. Berl. klin. Wochenschr. Nr. 14. — ROUSCAU: Anthrax de la paupière. (Gaz. des hôp. de Toulouse.) Rec. d'ophtalmol. p. 741. — SCHAPRINGER, A.: Ein weiterer Fall von Vaccine-Blepharitis. Krankenvorstellung in d. Vers. deutscher Ärzte von New York am 25. Okt. 1891. Ref. Zentralbl. f. prakt. Augenheilk. S. 541. — SOCOR, G.: Oedème malin des paupières. Bull. soc. de méd. et nat. de Jassy. p. 57. — TEDESCHI: Le lesioni oculari nella infezione morvosa. Ann. di ottalmol. T. 21, p. 455. — THOMPSON, T.: Accidental vaccinia ot the eyelids. (Ophthalmol. soc. of the United Kingd.) Brit. med. Journ. p. 130. — ZIMMERMANN, CHR.: On vaccine blepharitis. Arch. of ophthalmol. T. 21, p. 215.

1893 ELSCHNIG: Über Gangrän der Lidhaut. Klin. Monatsbl. f. Augenheilk. S. 191. — FAGE: Cellulite orbitaire et abcès palpébral d'origine dentaire. (Soc. d'ophtalmol. de Paris.) Ann. d'oculist. T. 110, p. 358. — MITVALSKY: Zwei Fälle von bilateraler Gangrän der Lidhaut. Klin. Monatsbl. f. Augenheilk. S. 18.

1894 BERGER, M. E.: Abcès sous-conjonctivaux et palpébraux dans le cours de la conjonctivite blénnorrhagique. Arch. d'ophtalmol. T. 14, p. 349. — COHEN, J. J.: Über Vaccine-Blepharitis. Wiener klin. Wochenschr. Nr. 52. — OLE BULL: Ulcus molle am Augenlid. Norsk Magazin f. Lägevid. p. 487. — UNNA: Hautkrankheiten. Orths Lehrb. d. spez. path. Anat. S. 188 u. S. 435. Berlin: A. Hirschwald.

1895 HUNTER: A case of vaccinia palpebrarum. New York eye and ear infirmary rep. T. 3, 1, p. 37. — JACKSON: A case of scarlet fever complicated by abscesses of right eyelids and of tibia and by broncho-pneumonia; recovery. Brit. med. Journ. 23. March. — LESNIOWSKI: Un cas d'orgelet terminé par la mort. Gaz. Lekarska. No. 18. Ref. Ann. d'oculist. T. 113, p. 157.

1896 FRÖHLICH, R.: Anatomische Untersuchung einer Vaccineerkrankung des Lides. Arch. f. Augenheilk. Bd. 33. Ergänzungsheft. S. 131. Festschr. zur Feier des 25jähr. Dozentenjubiläums. Herrn Prof. Schnabel gewidmet. — KIPP, C. J.: Bilateral necrosis of skin of the eyelids. Transact. of the Americ. ophthalmol. soc. Thirty-second Annual Meeting. p. 678. — ROST, R.: Über das Vorkommen von Vaccinepusteln auf der Augenlidhaut. Inaug.-Diss. Würzburg. — UNNA: Histologische Illustrationen zur Pathologie der Haut. II. Folliculitis staphylogenes. III. Impetigo folliculi und Perifolliculitis staphylogenes. IV. Furunkel der Erwachsenen und Abscesse der Neugeborenen. Monatsbl. f. prakt. Dermatol. Bd. 23, S. 66, 217 u. 317.

1897 EUDLITZ: Le chancre simple (chancre mou, chancre non infectant) de la region céphalique. Arch. gén. de méd. April-Mai.

1898 UNNA: Impetigo staphylogenes, Folliculitis staphylogenes, Impetigo, Folliculitis und Perifolliculitis staphylogenes, Furunkel der Erwachsenen und Abscesse der Neugeborenen. Histologischer Atlas zur Pathologie der Haut. H. 1. Hamburg u. Leipzig: L. Voss. — VOSSIUS: Über die Vaccine-Blepharitis. Sitzungsber. d. med. Ges. in Gießen v. 5. Juni.

1899 EAGLETON: Report of a case of accidental inoculation of the eyeball with vaccine virus. Ophth. Recueil p. 325. — JULIUSBERG: Über Pustulosis acuta varioliformis. Arch. f. Dermatol. u. Syphilis. Bd. 46, S. 21. — KAUFMANN: Untersuchungen zur Ätiologie der Impetigo contagiosa. Arch. f. Dermatol. Bd. 49, S. 297. —

Römer: Über Lidgangrän. Sammlung zwangl. Abhandl. a. d. Gebiete d. Augenheilk. herausg. v. Vossius. Halle a. S.: Marhold. — Unna: Impetigo vulgaris, Impetigo circinata und Impetigo streptogenes, Impetigo multilocularis, Phlyctaenosis streptogenes, Pustulosis staphylogenes. Atlas z. Pathologie der Haut. H. 3. Hamburg u. Leipzig: L. Voss. — Unna und Frau Schwenter-Trachsler: Impetigo vulgaris. Monatsh. f. prakt. Dermatol. Bd. 28, S. 229.

1900 Jarisch: Pustelausschläge. Die Hautkrankheiten. 1. Hälfte, S. 396. Wien: A. Hölder. — Plaut: Lidgangrän durch übertriebene Anwendung von Eis. Klin. Monatsbl. f. Augenheilk. S. 35. — Schirmer, O.: Die Impferkrankungen des Auges. Sammlung zwangl. Abhandl. a. d. Gebiete d. Augenheilk. herausg. v. Vossius. Bd. 3, H. 5. Halle a. S. — Steffens, Lidgangrän mit Diphtheriebacillenbefund. Klin. Monatsbl. f. Augenheilk. S. 337. — Sterath: Ein Beitrag zur Vaccine-Blepharitis. Inaug.-Diss. Gießen.

1901 Joss: Erysipelas gangraenosum und Streptokokkenserumtherapie. Korrespbl. f. Schweizer Ärzte. Jg. 31, Nr. 19. — Marlow: Noma of the eyelids in an infant. Ophthalm. Rec. p. 626.

1902 v. Michel: Eczema impetiginosum necroticum der Augenlider. Arch. f. Augenheilk. Bd. 42, S. 4. — Morax, Nécrose et Gangrène des paupières. Ann. d'oculist. T. 127.

1903 Axenfeld: Demonstration mikro- und makroskopischer Präparate. (Acne necrotica der Lider.) Bericht über d. 31. Vers. d. ophthalmol. Ges. zu Heidelberg. S. 277. — Vix: Ein Fall von symmetrischer Gangrän der Lider und der Tränensackgegend. Inaug.-Diss. Jena.

1904 Axenfeld: Zu den Augenkomplikationen der Masern. (Verein Freiburger Ärzte.) Münch. med. Wochenschr. S. 779. Gangrän der Lider nach Morbillen. Klin. Monatsbl. f. Augenheilk. I, S. 576. — Groenouw: Beziehungen der Allgemeinleiden und Organerkrankungen zu Veränderungen und Krankheiten des Sehorgans. Dieses Handbuch Bd. 11, 1. Kap. XXII, S. 522 und 2. Abt., S. 569. — Lesser: Lehrbuch der Haut- und Geschlechtskrankheiten. Bd. 2, S. 77. — Pes: Über die akute gangränöse Phlegmone der Lider. Zeitschr. f. Augenheilk. Bd. 12, S. 438.

1905 Arning: Therapeutische Details bei der Behandlung der Furunculosis. Monatsschr. f. prakt. Dermatol. Bd. 33, Nr. 1. — Matzenauer: Impetigo contagiosa (sive vulgaris). Mraček, Handb. d. Hautkrankheiten. Bd. 2, S. 725. Wien: A. Hölder. — Moreau: Oedème malin sans pustule de la paupière inférieure. Présence de la bactéricidie charbonneux. Guérison. Rev. générale d'ophtalmol. No. 5. — v. Prowazek: Arbeiten aus dem kaiserlichen Gesundheitsamt. Bd. 22, H. 3. 1905 u. Bd. 23, H. 2. 1906. — Schwarzbach: Ein Fall von Nekroše der Lider. Inaug.-Diss. Jena. — Wilms: Serumbehandlung des Milzbrandes. Münch. med. Wochenschr. S. 1100.

1906 Lexer: Lehrbuch der allgemeinen Chirurgie. Bd. 1, S. 309. Stuttgart: Enke. — Mühlens und Hartmann: Zur Kenntnis des Vaccineerregers. Zentralbl. f. Pathol. u. Parasitenk. Bd. 41, H. 1—4. — zur Nedden: Demonstration eines Falles von Vaccineerkrankung des Lidrandes. Sep.-Abdr. a. d. Sitzungsber. d. Niederrhein. Ges. f. Natur- u. Heilk. — Rosenbach: Über maligne Gesichtsfurunkel und deren Behandlung. Arch. f. klin. Chirurg. Bd. 77, S. 715. — v. Zeissl: Die Behandlung der Acne vulgaris, der Sycosis und Folliculitis. Wiener med. Presse Nr. 16.

1907 Axenfeld: Die Bakteriologie in der Augenheilkunde. Jena: G. Fischer — Benda: Beiträge zur Ätiologie der Impetigo contagiosa. Arch. f. Dermatol. u. Syphilis. Bd. 84, S. 51. — Harlan: Spontaneous gangrene of the eyelids. College of Physic of Philadelphia, Sect. of ophthalmol. — Herxheimer: Beiträge zur Therapie der Acne vulgaris. Dtsch. med. Wochenschr. Nr. 37. — Lewandowsky, F.: Zur Pathologie und Therapie der multiplen Abscesse im Säuglingsalter. Dtsch. med. Wochenschr. S. 1950. — Morax: Le pronostic de la pustule maligne des paupières. Ann. d'oculist. T. 138, p. 338. — Possek: Beitrag zur Kasuistik der Lidgangrän. Klin. Monatsbl. f. Augenheilk. Bd. 45 (N. F. 1), S. 211.

1908 EICHHOFF: Ein neuer Fall von Vaccineinfektion. Dtsch. med. Wochenschr. S. 1474. — FRANKE: Noma der Lider. Klin. Monatsbl. f. Augenheilk. Bd. 46. 2, S. 432. — STOURER: Ein Fall von part. Lidgangrän mit nachfolg. hämorrhag. Diathese. Klin. Monatsbl. f. Augenheilk. Bd. 46, Nr. 2, S. 63. — TERTSCH: Gangrän aller 4 Lider. (Ophthalmol. Gesellsch. Wien.) Zeitschr. f. Augenheilk. Bd. 19, S. 387. — TERTSEH: Einige Fälle von Impferkrankungen des Auges. Wien. klin. Wochenschr. Nr. 2.

1909 BERGMEISTER: Vaccineinfektion am rechten Auge und an der Oberlippe. Berl. klin. Wochenschr. p. 1284. — COUARD: Contribution à l'étude de la gangrène des paupières. Thèse de Lyon. — JENSEN: Nogle sjeldne Oejenlidelsor (Einige seltene Augenkrankheiten). Hospitalstidende No. 8. — LEWANDOWSKY: Über Impetigo contagiosa s. vulgaris nebst Beitr. z. Kenntn. der Staphylo- u. Streptokokken bei Hautkrankheiten. Arch. f. Dermatol. u. Syphilis Bd. 94, S. 163. — PAWLOW: Ein Fall von Vaccinepustel auf dem Lide nach der Pockenimpfung. Westnik ophthalmol. T. 26, p. 1033. — ROLLESTON: Palpebral gangrene and other ocular complications of varicella. Med. Chronicle. January. — WINTERSTEINER: Gangrän beider Lider nach Varicellen. Zeitschr. f. Augenheilk. Bd. 21, S. 268.

1910 GOLDZIEHER: Über einen Fall von Necrosis sicca des oberen Augenlides. Ärztl. Fortbildung Nr. 9. — HENDEL: Über Impfschädigungen des Auges. Inaug.-Diss. Rostock. — v. HEUSS: Ein Fall von alternierender oberflächlicher Nekrose der Lidhaut beider Augen, wahrscheinlich auf hysterischer Basis. Graefes Arch. f. Ophthalmol. Bd. 74, S. 388. Leber-Festschrift. — v. HIPPEL, E.: Vaccineerkrankung der Lider. (Ver. d. Ärzte in Halle, 15. XI. 1910.) Münch. med. Wochenschr. 1911, S. 107.

1911 BETTI: Un caso di ulcera vaccinica delle palpebre. Ann. di ottalmol. T. 40, p. 658. — FRICKER: Lidanthrax. Wochenschr. f. Therap. u. Hygiene des Auges Bd. 15, S. 53. — HILBERT: Zur Kenntnis der sekundären Impfverletzungen des Auges. Zentralbl. f. prakt. Augenheilk. S. 65. — MANOLESCU: Beiderseitige Atrophie des Sehnerven infolge Milzbrandkarbunkel des rechten Oberlides. Ber. üb. d. 37. Vers. der ophthalmol. Gesellsch. S. 289. — ROSENHAUCH: Nebenpocken des Sehorgans. Przeglad lekarski No. 4 u. 5. (Polnisch.)

1912 CASALI: Tre casi di ulceri vacciniche delle palpebre. Ann. di ottalmol. T. 41, p. 245. — KNÖPFELMACHER: Mädchen mit Impfpusteln an den Augenlidern. (Ges. f. innere Med. u. Kinderheilk. Wien.) Wiener klin. Wochenschr. S. 609. — KRÄMER: Lidanthrax. (Wien. ophthalmol. Ges.) Klin. Monatsbl. f. Augenheilk. Bd. 27, S. 343. — TERRIEN: Erysipèle des paupières chez un diabétique. (Rapport sur un travail de M. Delogé.) Soc. d'ophtalmol. de Paris. Ann. d'oculist. T. 147, p. 305 et Clin. d'ophtalmol. p. 272.

1913 BONDI: Ein klinisch wenig beachtetes Symptom beim Hordeolum externum. Med. Klinik S. 1079.

1914 EPPENSTEIN: Zur Kenntnis der Lidnekrosen. Zeitschr. f. Augenheilk. Bd. 32, S. 16. — PEPPMÜLLER: Milzbrand beider Augenlider des linken Auges. Berl. klin. Wochenschr. Nr. 14, S. 667.

1916 PLOCHER: Ein Beitrag zur Kenntnis der Lidgangrän durch pyogene Keime. Klin. Monatsbl. f. Augenheilk. Bd. 57, S. 51.

1917 TRAUMANN, H.: Über Impferkrankungen des Auges. Dissert. Heidelberg.

1919 LICHTENSTEIN: Primäre Diphtherie der Lidhaut mit postdiphtherischer Lähmung. Klin. Monatsbl. f. Augenheilk. Bd. 63, S. 684.

1920 BEDELL, A. J.: Multiple vaccination of the eyelids. Americ. Journ. of ophthalmol. Bd. 3, p. 103. — ESPINO, J. M.: Vaccine der Lider. Rev. Cubana de oftalmol. T. 2, No. 1 u. 2, p. 254—256. (Spanisch.) — SIMON DE GUILLEUMA: Behandlung der Lidinfektionen durch Elektroionisation mit dem Zinkion. España oftalmol. Jg. 5, p. 141. (Spanisch.) — STRÜMPELL: Lehrbuch der speziellen Pathologie und Therapie der inneren Krankheiten. Bd. 1, S. 98. 22. Aufl. — SATANOWSKY PAULINA: Teilweise Nekrose beider Lider an beiden Augen eines Neugeborenen. Semana méd. Jg. 27, No. 1395. p. 490. (Spanisch.)

c) Neurotische Entzündungen.

§ 30. Im Sinne einer neurotischen Entzündung wird der Herpes der Lidhaut betrachtet, der in zwei verschiedenen Formen auftreten kann, nämlich als Herpes simplex circumscriptus oder facialis und als Herpes zoster, Gürtelausschlag oder Zona. Das Gemeinschaftliche dieser beiden Entzündungsformen ist das Gebundensein der Bläschen- oder Pusteleruption an den Verlauf von sensibeln Trigeminusverzweigungen. Wenn weiterhin auch gleiche Ursachen bei der Entstehung eines Herpes facialis und zoster maßgebend sein können, so ist doch der klinischen Sonderstellung beider Formen Rechnung zu tragen, weshalb dieselben einer gesonderten Besprechung bedürfen.

Beim Herpes simplex entstehen unter einem Gefühl von Brennen auf einem diffus geröteten und geschwellten Bezirke der Lidhaut Gruppen von stecknadelkopfgroßen wasserhellen Bläschen. Der Inhalt derselben trübt sich, wird eitrig und vertrocknet zu gelblichen Krusten, die nach kurzer Zeit abfallen und für einige Tage eine gerötete, schilfernde Haut hinterlassen. Mit der Eintrocknung der Eruptionen vollzieht sich auch eine Abnahme der Rötung und Schwellung.

Der Sitz des Herpes simplex, der an der Lidhaut durchaus nicht selten auftritt, ist ein sehr wechselnder. Mitunter beschränkt sich die Bläschenbildung nur auf einen Teil des Intermarginalsaums. Die Bläschen neigen sehr zur Konfluenz, zeigen aber hier keine Vertrocknung zu Krusten wie an anderen Stellen, da die Oberfläche des Intermarginalteils beständig von Bindehautflüssigkeit benetzt wird. In anderen Fällen ist nur die Haut in der nächsten Nachbarschaft des äußeren Lidwinkels, die äußere Lidkante oder die Mitte der Lidfläche, besonders des Unterlides, befallen, seltener sind gleichzeitig Ober- und Unterlid, noch seltener beide Augenlidpaare erkrankt. v. MICHEL hat Fälle beobachtet, in denen zugleich beide Lidränder und einseitig der äußere Lidwinkel und die Mitte des Unterlides Sitz von Efflorescenzen waren. In einem anderen Falle fand v. MICHEL im Verlauf einer Influenza eine Eruption an beiden Augenlidpaaren medial und lateral und am Unterlide entsprechend der Mitte der Lidfläche. Die Präauriculardrüse der erkrankten Seite ist geschwellt.

Zugleich mit dem Herpes der Lidhaut kann auch ein solcher an anderen Hautstellen, z. B. an der Oberlippe oder an dem Bindehautüberzug der Tränenkarunkel (HORNER 1871), auftreten. Es scheint, daß der Herpes wiederholt dieselbe Stelle der Lidhaut befallen kann.

Der Herpes der Lidhaut kann ferner, wie an anderen Hautstellen, als Begleiterscheinung von fieberhaften katarrhalischen Entzündungen der Atmungsorgane auftreten, auch im Gefolge von Verdauungsstörungen und im Zusammenhang mit der Menstruation. Letztere scheint nach v. Michels Erfahrungen, was den Herpes der Lidhaut anlangt, eine häufige Ursache desselben zu sein. In einzelnen Fällen erkrankt eine gewisse Zeitlang dieselbe Lidhautstelle bei jeder Menstruation. Auch ich beobachtete 2 Fälle von Herpes simplex der Lider, in welchen der Zusammenhang des ersten Auftretens und der Rezidive mit der Menstruation außer Zweifel war.

Die Dauer der Erkrankung beträgt durchschnittlich 2 Wochen.

Hinsichtlich der Pathogenese ist zu bemerken, daß ein einheitlicher Entstehungsmodus für den Herpes simplex unwahrscheinlich ist. Sicherlich haben gar nicht selten gewisse nervöse Momente für sein Zustandekommen Bedeutung. Man war geneigt, eine mechanische Reizung der peripheren Trigeminusäste in den engen Knochenkanälen infolge der bei Fieber oder menstruellen Störungen eintretenden Gefäßerweiterung anzunehmen. Wahrscheinlicher ist die Annahme einer toxischen Neuritis.

Die lokale Behandlung besteht in dem Auflegen eines mit einer milden Fettsalbe bestrichenen Hautläppchens und später in einer Bepuderung mit Amylum. Nach meiner Erfahrung hat die Sublimatsalbe (1 : 2—3000), 2mal täglich unter leichtem Verbande angewandt, eine außerordentlich günstige Wirkung.

§ 31. Der Herpes zoster befällt einseitig die Haut der Lider und ihrer Umgebung, der Stirn und der Wange, entsprechend der Ausbreitung des I. und II. Astes des Nervus trigeminus. Derselbe ist charakterisiert durch Bläschengruppen, die in Form von Bändern oder Streifen auftreten und bis an die Medianlinie heranreichen, ohne dieselbe in der Regel zu überschreiten.

Dem ersten Erscheinen des Herpes gehen in der Regel heftige neuralgische Schmerzen im Bereich des betreffenden Astes des Trigeminus voraus, ohne daß in diesem Prodromalstadium schon Veränderungen an der Haut nachweisbar wären. Die Schmerzen können auch fehlen. Zuweilen wird die Erkrankung durch Abgeschlagenheit und mäßige Fieberbewegungen eingeleitet.

Die Dauer dieses Vorstadiums ist verschieden, gewöhnlich 24—36 Stunden, doch auch kürzer, 1—2 Stunden, in anderen Fällen einige Tage, ja in einem von Vernon (1875) beobachteten Falle sogar 1 Monat.

Der eigentlichen Herpeseruption geht eine Rötung und Schwellung der Lid- und Stirnhaut vorauf, welcher schon nach wenigen Stunden Gruppen von kleinen flachen rötlichen Infiltraten in größerer oder geringerer Zahl folgen, die sich bereits nach 1—2 Tagen unter Abschilferung zurückbilden können, ohne daß sich die Infiltrate zu Bläschen entwickeln. In solchen Fällen treten im klinischen Bilde Rötung und Schwellung mehr in den Vordergrund als die Eruptionen. Manchmal kommt es zu Nachschüben, so daß neben älteren Infiltraten frische Gruppen von solchen sich finden. Durchschnittlich dürfte diese Erkrankungsform 8 Tage bis zur Heilung beanspruchen, die an der Haut kaum Spuren zurückzulassen braucht.

Aus den Infiltraten entwickeln sich in der Regel Bläschen, die von einem geröteten Hofe umgeben sind. Der wasserhelle Inhalt der Bläschen wird nach 2—3 Tagen trübe und eitrig und vertrocknet schließlich zu braunen Krusten, die abfallen und braune Flecken hinterlassen, die meist längere Zeit bestehen. Durchschnittlich dürfte diese Erkrankungsform sich im Verlaufe von 8—14 Tagen abspielen. In einzelnen Fällen kommt es aber zur Bildung großer, bei dichter Eruption zusammenfließender Blasen (Herpes zoster bullosus) oder zu Blutungen an der Basis der Bläschen, wodurch der Bläschengrund blutig suffundiert erscheint und zugleich der Bläscheninhalt eine blutige Beimischung erhält (Herpes zoster haemorrhagicus). Die beim Eintrocknen sich bildenden Krusten sind alsdann schwarzbraun gefärbt. Das erkrankte Gewebe wird durch Eiterung abgestoßen, so daß bei der Heilung Narben entstehen. Eine besonders hochgradige Narbenbildung begleitet den mit Verschorfung und Nekrose einhergehenden sogenannten Herpes zoster gangraenosus. Die Schorfe erscheinen eingesenkt in die Haut, trocken, lederartig, braun bis schwärzlich. In seltenen Fällen beschränkt sich die Schorfbildung nicht auf einzelne Bläschengruppen, sondern der ganze Hautbereich ist, ähnlich einer braunen Lederkappe, brandig geworden. Man erhält den Eindruck, als ob eine tiefe Verätzung mit Salpetersäure oder Kalilauge stattgefunden hätte. Die Heilung kann alsdann 6—8 Wochen, ja sogar mehrere Monate beanspruchen.

Während des Bestehens der Eruptionen und nach Abheilung derselben sind Parästhesien im Verbreitungsbezirk der erkrankten Nervenäste vorhanden, häufig auch eine Herabsetzung der taktilen Empfindung bei gleichzeitigen heftigen Schmerzen (sogenannte Anaesthesia dolorosa).

Wie die Zahl der Eruptionen und die Schwere der Erkrankung in weiten Grenzen wechseln kann, ebenso mannigfaltig gestaltet sich auch der Sitz und die Art der Ausbreitung der Eruptionen, denen die Schädigung eines ganzen Astes oder nur einzelner Verzweigungen des Trigeminus entspricht. Der Herpesausbruch im ganzen Ausbreitungsbereich des I. Astes des N. trigeminus wird gewöhnlich als Zoster frontalis s. ophthalmicus bezeichnet, wobei mit der Lidhaut die betreffende Stirnseite bis zum Scheitel hinauf erkrankt.

Bei einer Herpeseruption ausschließlich im Bereiche des II. Astes des Trigeminus finden sich die Bläschen auf der Wange, deren Auftreten medianwärts durch eine Verbindungslinie von der Nasenspitze mit dem inneren Augenwinkel und lateralwärts durch eine solche — konvex verlaufende — des Mundwinkels mit der Schläfe begrenzt wird. Von den Schleimhäuten kann die halbe Oberlippe, der halbe Gaumen und die halbe Zunge befallen sein. In welcher Weise bei einer Herpeseruption im Bereiche des I. oder II. Trigeminusastes oder beider Äste zugleich die Haut des Ober- und Unterlides mitbeteiligt wird, erhellt aus der Art und Weise der Versorgung der Lidhaut mit den genannten Ästen.

Nach ZANDER (1897) wird das obere Lid nicht allein vom N. frontalis, sondern auch von Zweigen des N. maxillaris versorgt. Vom inneren Lidwinkel her treten Zweige des N. infraorbitalis in den medialen Teil des oberen Lides und in seinen lateralen solche des Ramus zygomatico-facialis. Bisweilen gehen auch Zweige des N. infraorbitalis in den lateralen Teil des oberen Lides. Das untere Lid wird nicht nur vom N. maxillaris versorgt, sondern erhält auch seine Fasern aus dem N. frontalis. Die Nervi supra- und infraorbitales geben am inneren Lidwinkel Zweige für den medialen Teil des unteren Lides ab, zu dessen lateralem Teil der N. lacrymalis vom äußeren Lidwinkel her Äste entsendet. Demnach wäre bei einer Bläscheneruption auf der Haut des äußeren Lidwinkels der N. lacrymalis als erkrankt anzusehen, bei einer solchen ganz medial am inneren Lidwinkel und am Nasenrücken bis zur Nasenspitze der Nervus infratrochlearis bzw. naso-ciliaris. Der Supraorbitalis erscheint hauptsächlich beteiligt, wenn die äußere Hälfte der Stirn, und der Supratrochlearis, wenn die innere sich erkrankt zeigt.

Selten erscheinen alle Verzweigungen des I. Astes des Trigeminus betroffen. Mitunter sind nur vereinzelte Verzweigungen dieses Astes beteiligt. Häufiger ist zugleich mit dem I. Ast des Trigeminus auch der II. erkrankt. In sehr seltenen Fällen (MOERS, nach v. MICHEL) sind alle sensiblen Äste des Trigeminus und sogar doppelseitig ergriffen. Endlich wurde auch ein Fall von Zoster universalis bei einem 30 jährigen Manne beobachtet, in dem außer einer Erkrankung fast sämtlicher Spinalnerven alle sensiblen Verzweigungen des Trigeminus befallen waren.

Von Begleiterscheinungen findet sich bei der Herpeseruption, abgesehen von den bereits erwähnten Parästhesien und Neuralgien, eine akute Adenitis der regionären Lymphdrüsen, und zwar der Prä-auricular- und Submaxillardrüse. Weiter sind Lähmungen der Augenmuskeln beobachtet: Lähmung des N. abducens (HUTCHINSON, nach v. MICHEL, GOSETTI 1872), des N. oculomotorius (HUTCHINSON, nach v. MICHEL) sowohl aller Äste als auch einzelner Verzweigungen. Auch eine Kombination von Oculomotoriuslähmung mit einer Lähmung des N. trochlearis wurde beschrieben, die schon nach 4 wöchigem Bestehen abheilte (WALLACE 1911). Mit einer Lähmung des Abducens kann sich eine Neuritis nervi optici mit sekundärer Sehnervenatrophie verbinden (BOWMAN, nach v. MICHEL). Ferner wurden Lähmungen des N. facialis beobachtet. Die genannten Lähmungen traten häufig in Verbindung mit schweren Gehirnerscheinungen auf. Sehr oft ist beim Herpes zoster auch der Augapfel in Mitleidenschaft gezogen, und zwar in Form von entzündlichen Erkrankungen der Cornea, der Sclera und der Uvea. An der Hornhaut kommt es zur Herpeseruption. Die von HUTCHINSON vertretene Meinung, daß alsdann auch Herpesbläschen entsprechend dem Verbreitungsbezirk des N. naso-ciliaris vorhanden sein müßten, da die lange Wurzel des Ganglion ciliare und die Nervi ciliares longi aus dem Ramus naso-ciliaris entspringen, ist unrichtig, da die Beobachtung lehrt, daß die Hornhaut für sich allein, ohne Beteiligung des Naso-ciliaris, und umgekehrt eine Herpeseruption nur im Bereiche des Naso-ciliaris ohne gleichzeitige Erkrankung der Hornhaut auftreten kann. Eine weitere Erkrankung der Hornhaut besteht in der Entwicklung der sogenannten Keratitis neuroparalytica in Verbindung mit einer Anästhesie im Bereiche des I. Trigeminusastes. Die Sclera erkrankt nach v. MICHELS Beobachtungen in der Form einer subakuten Entzündung. Gar nicht selten kommt es zur Iritis, und zwar tritt dieselbe als primäre auf oder als sekundäre in Begleitung einer Herpeseruption auf der Hornhaut; häufig ist dabei das Corpus ciliare beteiligt. Auch Fälle von Panophthalmie wurden beobachtet. In vereinzelten Fällen war der Ausgang ein tödlicher, nämlich im Falle von WYSS (1871) im Höchststadium der Erkrankung unter Verlust des Bewußtseins und soporösen Erscheinungen; ferner in dem Falle (80 jähriger Mann) von JEFFRIES (1870), nachdem die Erkrankung abgelaufen war und Oberlid und Nase schon die Zeichen der Heilung dargeboten hatten. Als Nachkrankheiten und dauernde Schädigungen sind Neuralgien, Parästhesien und Anästhesien im Verbreitungsbereich des I. oder II. Astes des Trigeminus zu nennen. Dieselben zeichnen sich durch eine besondere Hartnäckigkeit aus und können sogar zeitlebens bestehen bleiben. HORNER (1871) fand 1 $\frac{1}{2}$ Monate nach Ablauf einer Herpeseruption im Bereiche des I. Astes des Trigeminus eine bedeutende Herabsetzung der groben Sensibilität mit Vergrößerung der Tastkreise. Häufig bleibt auch eine Herabsetzung oder ein Mangel der groben Sensibilität der Binde- und Hornhaut zurück, wobei letztere durchaus nicht immer Sitz einer Herpeseruption gewesen sein muß. Manchmal findet sich auch nach v. MICHELS Beobachtungen eine dauernde Lähmung der oculo-pupillären Fasern des Halssympathicus, sowie der vasomotorischen (HORNER 1871), was sich daraus erklärt, daß im Trigeminusstamme auch sympathische Fasern verlaufen. ARLT (1871) und BERLIN (1875) fanden nach abgelaufenem Herpes eine Akkommodationsparese mit gleichzeitiger geringer Mydriasis.

Pathogenetisch kommen Druckursachen und Entzündungen, Perineuritis oder Neuritis, in Betracht; hinsichtlich des Sitzes und Ausgangspunktes ist zwischen orbitalen, peripheren und basalen Erkrankungen zu unterscheiden. Die frühere Annahme einer ausschließlichen Erkrankung des Ganglion Gasseri ist als unrichtig zu bezeichnen. Neuerdings berichtet SUNDE (1913) wieder über einen ganz frischen Fall (81 jähriger Mann, der 3 Tage nach der Herpeseruption an Bronchopneumonie starb) von Herpes zoster im Bereich des N. frontalis, den er 16 Stunden post mortem untersuchen konnte; das Ganglion Gasseri war gegenüber der gesunden Seite zu doppelter Größe angeschwollen und zeigte deutliche Blutungen, besonders an dem Ursprung des I. Astes; in allen Schnitten fanden sich reichlich grampositive Kokken, zu Diplokokken in kurzen Ketten angeordnet. Daß bisher bei Herpes zoster stets vergeblich in den Spinalganglien nach Bakterien gesucht wurde, führt SUNDE darauf zurück, daß die untersuchten Fälle zu alt waren. Nur ganz frische Fälle seien geeignet, da Mikroben nachgewiesenermaßen aus dem Nervensystem sehr rasch verschwinden. Der Befund bedarf der Bestätigung. — Als Druckursachen sind Geschwülste in der Orbita und in den ihr benachbarten Knochen zu erwähnen. So beobachtete HORNER (1871) einen Herpes zoster im Bereiche des I. Trigeminusastes bei einem Orbitaltumor, WYSS und SCHIFFER (1866) bei einem melanotischen Sarkom des Keilbeins einige Zeit nach dem Eintritt einer Oculomotoriuslähmung. Im Sinne einer peripheren Perineuritis und Neuritis sind die Fälle zu deuten, in denen Verletzungen den Anstoß zu einem sogenannten traumatischen Herpes zoster bildeten. Eine lokal fortgepflanzte infektiöse Entzündung liegt wohl dem Falle von DE HAEN (nach v. MICHEL) zugrunde, in dem nach Extraktion eines Zahnes ein Zoster im Gebiete des I. und II. Astes des Trigeminus entstand. Im Sinne einer infektiösen Neuritis sind weiterhin die im Gefolge der Malaria und der Syphilis beobachteten Herpeseruptionen zu betrachten. v. MICHEL sah bei einem rezidivierenden syphilitischen

Hautexanthem gleichseitig einen Herpes zoster ophthalmicus. Toxische Neuritiden entstehen bei Kohlenoxyd- und Arsenvergiftung. BETTMANN (1900) beschreibt bei einer Kranken, die wegen maligner Lymphome lange mit Arsen behandelt worden war, einen Herpes zoster ophthalmicus gangraenosus, verbunden mit einer generalisierten bläschenförmigen Hauteruption und einer Hyperkeratose.

Als direkt basale Ursachen sind Meningitiden und Basisfrakturen zu erwähnen, so eine chronische Pachymeningitis mit Degeneration des Ganglion Gasseri und des Trigeminus (DUPAU 1898), ferner eine Fraktur der Schädelbasis mit Facialis- und Abducenslähmung und vorübergehender Ptosis (VERNEUIL 1885), in welchem Falle 4 Tage später ein Zoster im Gebiete des II. Trigeminusastes auftrat. Eine gleichzeitige Beteiligung der Augenmuskelnerven, des Sehnerven und des Gesichtsnerven ist teils durch direkte Fortpflanzung der Entzündung, teils dadurch zu erklären, daß die gleiche Ursache, wie beispielsweise eine Intoxikation, auf die räumlich getrennten Nerven gleichzeitig einwirkt. Auch können Anastomosen zwischen zwei Nerven die Fortpflanzung der Entzündung vermitteln, so bei einer gleichzeitigen Lähmung des N. facialis und einer Zostereruption im Bereiche des I. Astes des Trigeminus durch die Chorda.

Der Herpes zoster kommt in jedem Lebensalter vor, am häufigsten wird das höhere Alter zwischen 60 und 70 Jahren davon betroffen. Die Frequenzskala geht dann allmählich bis auf das Alter von 17 Jahren herab. Am seltensten erkrankt das kindliche Lebensalter. Das männliche Geschlecht ist in prävalierender Weise beteiligt. Nach den Zusammenstellungen von JACKSCH (1870) und KOCKS (1871) war in 65,5% das männliche und in 34,5% das weibliche Geschlecht erkrankt, nach LAQUEUR (1871) im Verhältnis von 32 : 17. Linke und rechte Seite sind wohl gleich häufig befallen. Nach KOCKS' (1871) Zusammenstellung ist die linke Seite mehr bevorzugt als die rechte, nach LAQUEUR (1871) ist das Umgekehrte der Fall. Die Häufigkeit scheint geographisch sehr verschieden zu sein, da von 65 von LAQUEUR aus der Literatur gesammelten Fällen 50 auf England, 10 auf Deutschland und die übrigen auf Frankreich kamen.

Anatomische Untersuchungen liegen von WYSS (1871), SATTLER (1875) und SUNDE (1913) bei frischen Fällen vor. Über einen ungefähr 50 Tage nach Ausbruch des Herpes zoster ad exitum gekommenen Fall berichtet LAUBER (1903) und über einen abgelaufenen WEIDNER (1870).

Bei einem rechtsseitigen Herpes zoster ophthalmicus fand WYSS (1871) den I. Ast des rechten Trigeminus breiter auf der rechten als auf der linken Seite, von graurötlicher Färbung und von weicher, fast gallertartiger Konsistenz, — eine Veränderung, die vom Eintritt des Nerven in die Orbita an bis in seine feinsten Verzweigungen verfolgt werden konnte. Von der Eintrittsstelle in die Orbita bis zur Austrittsstelle am Ganglion Gasseri war der Nerv von Blutungen umschlossen. Das Ganglion selbst war etwas aufgelockert und injiziert; auf seiner Innenseite lag ein rotes, ca. 1 cm breites, anscheinend aus einem Blutextravasat bestehendes Anhängsel. Über starke Schwellung des Ganglion Gasseri mit Blutungen berichtet auch SUNDE (1913, vgl. S. 72). Die Blutungen lagen besonders im vordersten Teil an der Austrittsstelle des Ramus ophthalmicus. Mikroskopisch bot das Ganglion das Bild einer starken akuten Entzündung mit zahlreichen kleinen Blutungen, erweiterten Blutgefäßen, Rundzelleninfiltration. Auch der pericelluläre Raum der Ganglienzellen war mit Rundzellen infiltriert und zwischen einigen Nervenfasern war ein fibrinös eitriges Exsudat nachweisbar. WYSS fand mikroskopisch in einigen Bündeln des N. trigeminus dexter dicht vor seiner Durchtrittsstelle durch die Dura eine starke Füllung der Blutgefäße, auch waren im Ganglion Gasseri selbst reichliche Blutungen vorhanden. Der innerste Teil des Ganglion war, entsprechend dem Ursprungsbezirk des I. Astes, kleinzellig infiltriert, so daß die Ganglienzellen auseinander gedrängt und teilweise zerstört erschienen. Die pigmentreichen Ganglienzellen hatten ihre regelmäßige Form verloren. Es ist anzunehmen, daß ein Teil derselben zerfallen war, und ihr Pigment von Leukocyten aufgenommen wurde. Auch die aus dem Ganglion austretenden Nervenbündel waren von Blutungen umgeben und das äußere und innere Neurilemm war kleinzellig infiltriert. In der Augenhöhle und noch außerhalb derselben waren die Nervenscheiden ebenfalls kleinzellig infiltriert; selbst die Nervi ciliares longi zeigten an manchen Stellen Blutungen und waren von Zellenanhäufungen umgeben. Im Musculus obliquus inferior fanden sich drei hanfsamengroße Abscesse, und am Musculus abducens ein kirschkerngroßer Absceß mit zelliger Infiltration des umgebenden Bindegewebes. Die Vena ophthalmica war bis zum Eintritt der Vena lacrymalis in dieselbe mit Eiter gefüllt. In der rechten Tränendrüse zeigten die Membrana propria und das Bindegewebe zwischen den Drüsenläppchen kleinzellige Infiltration und die Drüsensubstanz selbst Abscesse. Die Bindehaut war gleichmäßig zellig infiltriert und im subconjunctivalen Gewebe fanden sich größere und kleinere Abscesse von rundlicher und länglicher Gestalt. Auch die Hornhaut und die Iris waren reichlich zellig infiltriert, erstere besonders in den oberflächlichen Schichten. Das Hornhautepithel war abgestoßen und teilweise erstreckte sich der Substanzverlust in die Hornhautgrundsubstanz. In der Aderhaut und Netzhaut waren zahlreiche Blutungen anzutreffen. In SATTLERS (1875) Fall war der dem I. Aste des Trigeminus zugehörige Teil des Ganglion Gasseri nebst allen Zweigen des genannten Astes graurötlich erweicht. Das Ganglion ciliare war hochgradig entzündlich infiltriert und bis in die feinsten Verzweigungen waren diejenigen Ciliarnerven degeneriert, die an den hinteren Teilen des Corpus ciliare, im Ciliarmuskel und am Hornhautrande verlaufen. Bemerkenswert war die verhältnismäßig geringfügige Beteiligung der das Ganglion durchsetzenden Bündel des Nervus trigeminus bei weit gediehener Zerstörung der aus den degenerierten Ganglienzellen entspringenden Fasern. In der Iris und im vorderen Abschnitt des Ciliarkörpers waren Ödem und Blutungen vorhanden, womit sich in den übrigen Teilen des Corpus ciliare eine zellige Infiltration und in seinem flachen Teile eine ausgedehnte Thrombosierung verband. Die Aderhaut war nur wenig verändert. — Die anatomische Untersuchung in LAUBERS (1903) Beobachtung fand, wie erwähnt, 50 Tage nach der Herpeseruption statt. Der Herpes zoster betraf den I. und II. rechten Trigeminusast. Es standen LAUBER der Inhalt beider Orbitae und beide Trigeminusganglien zur Verfügung. Im rechten Trigeminusstamm, im rechten Ganglion semilunare Gasseri und in den Trigeminusästen fand sich eine zum Teil bereits abgelaufene, zum Teil noch bestehende Entzündung. Die entzündlichen Erscheinungen waren im Ganglion semilunare am stärksten und nahmen mit der Entfernung vom Ganglion im I. Trigeminusaste ab, während die in diesem Nerven gleichzeitig zu beobachtende Degeneration der Nervenfasern im ganzen Verlaufe gleich blieb. In WEIDNERS (1870) Fall wurde die Untersuchung 5 Jahre nach Ausbruch eines Herpes im Bereiche des I. Astes des rechten Trigeminus ausgeführt. Dieser Nervenast war unmittelbar an der Eintrittsstelle in das Ganglion Gasseri dünner als der linke und zugleich wie aufgefasert. Die Zwischenräume zwischen den einzelnen Bündeln waren mit einer rötlich-gelblichen Flüssigkeit ausgefüllt. Die Ganglienzellen fanden sich in ziemlich reichlicher Menge, jedoch von ungleicher Größe; sie hatten einen feinkörnigen Inhalt und waren mit bald deutlichen, bald undeutlichen Kernen versehen; an einem ihrer Pole enthielten sie braungelbes Pigment, das sich in einzelnen Zellen sehr spärlich, in den anderen reichlich fand. Die Ganglienzellen waren in ein kernreiches Bindegewebe eingelagert. — Alle Untersucher (WYSS, SATTLER, LAUBER, WEIDNER, HEAD und CAMPBELL 1900) verlegen übereinstimmend den primären Krankheitsherd ins Ganglion Gasseri und fassen ihn als Entzündung auf; die peripheren neuritischen Prozesse sind nach ihrer

Ansicht sekundärer Natur. — Immerhin sind aber, wie WILBRAND und
SAENGER (1901) hervorheben, die von einem so kompetenten Forscher
wie EISENLOHR (1883) erhobenen Befunde nicht aus der Welt geschafft,
daß auch ohne Ganglienerkrankung der Zoster auf rein neuri-
tischer Basis entstehen kann.

Was den näheren Zusammenhang zwischen der Nervener-
krankung und den Zostereruptionen anlangt, so sind verschiedene Theorien aufgestellt worden, die sämtlich nicht nach allen Richtungen befriedigen. Von einigen Autoren wurde angenommen, daß die
Erkrankung der Haut durch vasomotorische Störungen infolge
gleichzeitiger Neuritis der den Trigeminus umgebenden Sympathicusfasern zustande komme. Diese insbesondere von EBSTEIN (1895) und
ABADIE (1898) begründete vasomotorische Theorie ist von BARTH (1882)
schon lange zuvor zurückgewiesen worden. BARTH hebt hervor, daß
Ischämie der Haut durch Kontraktion der kleinen Gefäße infolge von
Nervenreizung nicht leicht entstehe, jedenfalls aber nur eine vorübergehende Erscheinung sei und nicht zu Nutritionsstörungen der Gewebe
führe. Eine Hyperämie dagegen könne bei längerer Dauer wohl Um-
gestaltungen der Gewebe im Sinne von Hypertrophie oder Atrophie
bewirken, niemals aber eine wirkliche Entzündung. Diesen Argumen-
ten schließen sich WILBRAND und SAENGER (1901) sowie neuerdings
MELLER (1920) an. FRIEDRICH stellte sich eine unmittelbare Propagation der Nervenentzündung auf die Haut vor, indem die Entzündung
längs den Nervenverzweigungen bis in die in der Haut gelegenen End-
ausläufer krieche. Dieser Annahme widersprechen MELLERS (l. c.) mikroskopische Befunde eines Falles von Herpes zoster uveae, der hierbei eine derartige einfache Fortpflanzung der Entzündung der Ciliarnerven auf das schwer erkrankte Irisgewebe ausschließen konnte.
CURSCHMANN und EISENLOHR (1883) legen das Schwergewicht auf die
periphere Neuritis; den Entzündungsprozeß in den Ganglien betrachten
sie als Folge der peripheren Veränderungen oder diesen höchstens koordiniert; dieser Standpunkt wird im großen und ganzen auch von WIL-
BRAND und SAENGER (l. c.) geteilt. — Was NEISSER und WEIGERT (in
EULENBURGS Realencyklopädie IV, S. 666, zitiert nach WILBRAND und
SAENGER) sowie LESSER (1881, 1883) als wahrscheinliche Ursache der
entzündlichen eitrigen Affektion bei Herpes zoster ansprachen, dafür
erblickt auch MELLER (1920) in seinem Fall einen klaren Beweis. Der
Meinung LESSERS, »daß zum Entstehen der Entzündung gar keine In-
fektionsstoffe nötig seien, sondern daß das nekrotische Gewebe allein
schon als Entzündungsreiz auf seine Umgebung wirke, die mit Hyperämie, Exsudation und den übrigen Erscheinungen der Entzündung auf

diesen Reiz antworte«, schließt sich MELLER (1920) für die Iriserkrankung seiner Beobachtung voll und ganz an, da sich hier der Vorgang im geschlossenen Auge, also unter Ausschaltung der äußeren Einwirkung von Eiterungserregern abgespielt hat. Die Nekrosen der Haut bzw. der Iris betrachtet MELLER als trophische Gewebsstörung, wobei er es dahingestellt sein läßt, ob diese unter dem Einfluß der Erkrankung von eigenen trophischen Nervenfasern (die Tatsache, daß so oft nach völliger Exstirpation des Ganglion Gasseri sowie nach gründlicher Neurotomia opticociliaris keine Augenerkrankung eintritt, ist mit der Annahme rein trophischer Nervenfasern nicht vereinbar) oder ohne solche zustande kommt. Wie man sich den Zusammenhang zwischen den Nekrosen der Haut und der Erkrankung des Nervensystems vorzustellen hat, diese Frage bleibt offen. WILBRAND und SAENGER halten die Reizzustände im Trigeminusgebiet für das Wesentliche, dagegen sei der Ort der Reizwirkung im Verlaufe des Trigeminus gleichgültig.

Mikroskopisch liegt das Bläschen intraepithelial und ist bedingt durch Schwellung und Nekrose der Stachelzellen. Der Papillarkörper ist kleinzellig infiltriert und die Hornschicht durch ein polynukleäre Zellen enthaltendes Exsudat abgehoben.

Die Diagnose des Herpes zoster dürfte kaum besonderen Schwierigkeiten begegnen. Die Halbseitigkeit der Eruption von Bläschen oder Pusteln, die scharfe Abgrenzung in der Medianlinie, das akute Auftreten von Eruptionen entlang den Nervenverzweigungen, die Parästhesien und Neuralgien, der Mangel der Tendenz zur Ausbreitung auf andere Nervengebiete und die Drüsenschwellungen sind genügende Anhaltspunkte für die Diagnose. Höchstens könnten die Herpesbläschen und -pusteln mit Ekzemformen und ein bullöser oder gangränöser Herpes mit einem Erysipelas bullosum oder gangraenosum verwechselt werden. Auch bei abgelaufenem vernarbten Herpes erlauben die mehr oder weniger vertieften und ziemlich stark weißlichen rundlichen Narben in ihrer halbseitigen Anordnung die Stellung der Diagnose.

Die Voraussage ist im allgemeinen eine dem typischen Verlaufe der Hauterkrankung entsprechend günstige. Wichtig sind Komplikationen von seiten des Auges und des übrigen Nervensystems.

Die Behandlung hat zunächst die Ursache zu berücksichtigen, so ist bei Syphilis eine entsprechende spezifische Kur einzuleiten. Im wesentlichen ist die Therapie eine symptomatische. Lokal sind austrocknende und deckende Mittel angezeigt, wie Zinkamylumpasten, womit Hautläppchen zu bestreichen, aufzulegen und mit Pflasterstreifen zu befestigen sind. Empfohlen wird nach vorheriger Pinselung der Zostereruptionen mit Tinct. benzoica das Aufstreuen von Puder, auch der Gebrauch von Bor- oder Jodoformsalbe und das Aufstreuen von Jodoformpulver. Gegen die Neuralgien werden Antipyrin und Natr. salicylicum zu gleichen Teilen oder Phenacetin, Aspirin und Trigemin gegeben, jedoch häufig ohne Erfolg. Bei hochgradigen Schmerzen muß man zur subkutanen Anwendung von Morphium übergehen. Nach erfolgter Heilung der Herpeseruptionen und bei Fortdauer der Neuralgien sind unter Berücksichtigung des Gesamtbefindens der innerliche Gebrauch von Jod und Arsen, ferner die Anwendung der Elektrizität (Anodenbehandlung) und die für Neuralgien des Trigeminus im allgemeinen in Betracht kommenden Behandlungsmethoden zu empfehlen.

Literatur zu §§ 30—31.

1866 Schiffer und Wyss: Ein Fall von melanotischem Sarkom. Virchows Arch. f. pathol. Anat. u. Physiol. Bd. 35, S. 413.

1870 Emmert: Fälle von Herpes ophthalmicus. Wien. med. Wochenschr. Nr. 42. — Jacksch: Zur Kasuistik des Herpes zoster ophthalmicus. Inaug.-Diss. Breslau. — Jeffries: Three cases of Herpes zoster frontalis seu ophthalmicus. Transact. of the Americ. ophthalmol. soc. p. 101—103. — Johnen: Eine weitere Notiz zum Herpes zoster im Bereich des Nervus trigeminus. Dtsch. Klinik S. 89. — Talko: Krankheiten des Ramus ophthalmicus Nervi trigemini. Kaukas. med. Gesamtzeitschr. Nr. 9. Tiflis. — Weidner: Drei Fälle von Zoster. Berl. klin. Wochenschr. S. 27.

1871 Arlt: Fall von Herpes zoster des ersten Trigeminusastes. Wien. med. Wochenschr. S. 1165. Wien. med. Presse S. 1216 u. Österr. Zeitschr. f. prakt. Heilk. S. 48. — Horner: Über Herpes corneae. (Sitzungsber. d. ophthalmol. Ges.) Klin. Monatsbl. f. Augenheilk. Bd. 9, S. 331. — Horner und Wyss: Sektionsbefund bei Herpes zoster ophthalmicus. (Verein jüngerer Ärzte in Zürich.) Korrespbl. f. Schweizer Ärzte, S. 51 u. 109. — Kocks: Über den Herpes zoster ophthalmicus. Inaug.-Diss. Bonn. — Laqueur: Herpes ophthalmicus. Ann. de dermatol. et de syphilogr. T. 2, H. 6. — Sichel, A.: De l'herpès zoster frontal ou zona de la face. Union méd. No. 86, 87, p. 580 et 594. — Wyss: Beitrag zur Kenntnis des Herpes zoster. Arch. f. Heilk. S. 261 u. S. 564.

1872 André: Herpes zoster frontalis s. ophthalmicus. Presse méd. 24. p. 17. — Gillette: Zona du front et de la face (zona d'origine ophthalmique). Kérato-conjonctivite de l'oeil gauche. Union méd. 25. Juin. — Gosetti: Quattro casi di Herpes zoster ophthalmicus. Storia clinica e considerazioni. Ann. di ottalmol. T. 2, p. 3. — Hybord: Du zona ophtalmique et des lesions oculaires qui s'y rattachent. Thèse de Paris. 162 pp. — Ollivier: Quelques réflexions sur la pathogénie de l'angine herpétique à propos d'un cas de zona de la face. Gaz. méd. de Paris. No. 44, p. 533. — Tardy: Zona du front et du cuir chevelu ayant donné lieu à des troubles de la vue. Anesthésie consécutive. Ptosis. Guérison. Journ. d'ophtalmol. T. 1, p. 406.

1873 Abrahamsz: Th., Neuritis rami primi trigemini, Bijbladen, 14. Verslag. Nederl. Gasthuis voor ooglijders, p. 1. — Bouchut: Du zona et de l'herpès produit par le névrite. Gaz. des hôp. p. 17. — Bouchut: Du zona frontal ou ophtalmique et des lésions oculaires qui s'y rattachent. Gaz. des hôp. p. 49. — Deleus: Zona ophtalmique avec conjonctivite, hyperesthésie consécutive. Gaz. des hôp. p. 930. — Jeffries, B. Joy: Two cases of Herpes zoster ophthalmicus destroying the eye. Transact. of the Americ. ophthalmol. soc. p. 73. — Noyes: Herpes zoster ophthalmicus of the left side: causing loss of the corresponding eye and subsequent loss of the opposite eye. Transact. of the Americ. ophthalmol. soc. p. 71.

1874 BULKLEY: Case of Herpes zoster frontalis, successfully treated by electricity. Arch. of dermatol. New York. T. 1, p. 54. — CARRY: Note sur un cas de zona ophtalmique; récidives multiples. Lyon méd. p. 262. — HIRSCHBERG: Klinische Beobachtungen aus der Augenheilanstalt. S. 1—5, 86 u. 87. Wien: Braumüller. — JACQUARD: Contribution à l'étude de l'herpès ophtalmicus, altérations de la cornée, pathogénie et séméiologie. Diss. inaug. Genève. 76 pp. — JEFFRIES: JOY: Six cases of Herpes zoster ophthalmicus with remarks. Transact. of the Americ. ophthalmol. soc. p. 221. — LAGARDE: De l'herpès produit par la névrite du nerf ophtalmique. Gaz. des hôp. p. 147. — MATHEWSON: Treatment of cases of Herpes zoster frontalis by electricity. Transact. of the Americ. ophthalmol. soc. p. 228. — M'CREA: Complicated Herpes zoster. Dublin Journ. of med. science. T. 58, p. 309. — RENAUT: Otite suppurée, zona symptomatique le long des branches du trijumeau. Bull. de la soc. anat. p. 642. — ROCKWELL: On the relation of electricity to the pain of Herpes zoster. Philadelphia med. Times. July 25. — SCHIESS-GEMUSEUS: Zehnter Jahresbericht der Heilanstalt für arme Augenkranke in Basel. S. 38. — WADSWORTH: Case of Herpes zoster ophthalmicus. The whole side of nose involved without affection of the eye. Transact. of the Americ. ophthalmol. soc. p. 219 and 220.

1875 COFLER: Contribuzione alla casuistica dell' herpes zoster ottalmico. Ann. di ottalmol. T. 4, p. 391. — HORNER: Ophthalmiatrische Miscellen. Korrespbl. f. Schweizer Ärzte Nr. 2, S. 33. — JORISENNE: Observations de zona ophtalmique et d'herpès avec des considérations sur leur étiologie. Ann. de la soc. méd.-chirurg. de Liège. — KOSMINSKI: Herpes zoster facialis. Denkschr. d. Warschauer ärztl. Ges. — MICHEL: Krankheiten der Lider. Dieses Handbuch Kap. IV, 1. Aufl. — SATTLER, H.: Über das Wesen des Herpes zoster ophthalmicus. Wien. med. Presse S. 1044. — WADSWORTH: An unusual case of Herpes zoster ophthalmicus. Boston med. and surg. journ. February 25. p. 224.

1876 ADLER: Dritter Bericht über die Behandlung der Augenkranken im k. k. Krankenhause Wieden und im St. Josef-Kinderspitale. Wien, Selbstverlag. — BERGER: Herpes zoster ophthalmicus. Mitt. a. d. augenärztl. Praxis. S. 17. — BROADBENT: Partieller Herpes frontalis mit Entzündung des Auges. Brit. med. Journ. Dez. 9. p. 749. — COPPEZ: Zona ophtalmique. Considérations et observations nouvelles. Ann. d'oculist. T. 75, p. 264. — MARTINI: Du zona ophtalmique. Recueil d'ophtalmol. p. 150.

1877 BERLIOZ: Contribution à l'étude de l'herpès palpébral. Thèse de Paris. — HORSTMANN: Jahresbericht der königlichen (Berliner) Universitäts-Poliklinik für Augenkranke. Charité-Annalen S. 703. — NARKIEWICZ-JODKO, W.: Sechster Jahresbericht aus dem ophthalmolog. Institut des Fürsten Ed. Lubomirski. pro 1876. Gaz. lekarska. 1. Hälfte, No. 12, 33, 53 u. 69 und 2. Hälfte, No. 3, 4 u. 5. — ROS SANDER: Fall af Herpes zoster ophthalmicus. Hygien. Svensk läkaresällsk. förh. p. 7. — SZOKALSKI: Gegenwärtiger Stand der Kenntnisse über den sog. Herpes zoster ophthalmo-facialis. Medycyna No. 1.

1878 PACTON: Du Zona ophtalmique. Paris. 108 pp.

1879 CARRÉ: Du Zona ophtalmique. Observation. L'union méd. No. 13.

1880 BLACHEZ: Zona ophtalmique. Gaz. des hôp. p. 179.

1881 LESSER: Beiträge zur Lehre vom Herpes zoster. Virchows Arch. f. pathol. Anat. u. Physiol. Bd. 86.

1882 BARTH: Annales de dermatol. et syphil.

1883 CURCHMANN und EISENLOHR: Zur Pathologie und pathologischen Anatomie der Neuritis und des Herpes zoster. Dtsch. Arch. f. klin. Med. Bd. 34. — FONSECA, DA: Zona ophtalmique; kératite neuro-paralytique, hypopyon, iritis plastique. Rev. clin. d'oculist. Bordeaux. T. 4, p. 8 et 9. — LASALLE: Zona ophtalmique, gangréneux, compliqué de paralysie faciale. Arch. de physiol. Janvier. — LESSER: Weitere Beiträge zur Lehre vom Herpes zoster. Virchows Arch. f. pathol. Anat. u. Physiol. Bd. 93. — VIDAL: Zona ophtalmique. Journ. de méd. et de chirurg.

pratique. Fevr. p. 63. — WAREN TAY: Paralysis of right facial nerve with Herpes zoster of second division of the fifth nerve. Brit. med. Journ. T. 2, p. 1246.

1884 BESNIER: Zona ophtalmique. Conférence clinique recueillie par le Dr. P. LUCAS-CHAMPIONNIÈRE dans le Journ. de méd. et de chirurg. pratique. No. 8, p. 348. — GUÉRIN: Du zona ophtalmique. Thèse de Paris. — SCHENKL: Zwei Fälle von Herpes zoster ophthalmicus. Heilung durch Jodoform. Prager med. Wochenschr. Bd. 9, S. 362.

1885 COMBY: Quelques cas de zona chez les enfants. France méd. p. 821. — MICHEL, M.: Herpes zoster frontalis ou zona ophtalmique. Arch. méd. belges. T. 28, p. 150. — VERNEUIL: Des éruptions cutanées chirurgicales. Ann. de dermatol.

1886 HINDE: A study of Herpes zoster frontalis seu ophthalmicus, with a case. Med. Rec. New York. T. 30, p. 285. — JESSOP: Herpes facialis affecting the eye. (Ophthalm. soc. of the United Kingdom.) Ophth. Review. p. 113 and 320. — JORISSENNE: Réflexions sur un cas de zona ophtalmique et sur son traitement. Ann. de la soc. méd.-chirurg. de Liège. T. 25, p. 349.

1887 WHEELOCK: Herpes zoster ophthalmicus. Fort Wayne Journ. med. science. T. 7, p. 173.

1888 GOULD: A peculiar case of Herpes zoster ophthalmicus, serous iritis, or ophthalmo-neuritis. Polyclinic. Phila. T. 6, p. 109.

1889 SATTLER, H.: Über einen Fall von Herpes zoster ophthalmicus. (Verein deutsch. Ärzte in Prag. 2. Jan.) Wien. med. Wochenschr. Nr. 9. — v. SCHRÖDER: Herpes der Augenlider und Neuralgien im Zusammenhange mit Influenza. (Verein St. Petersburg. Ärzte. Sitzung am 28. Nov.) St. Petersburger med. Wochenschr. Nr. 50.

1891 DUPLAY: Zona ophtalmique. Union méd. Ref. Recueil d'ophtalmol. p. 549.

1892 BULLER: A case of zoster ophthalmicus. Montreal med. Journ. T. 21, p. 100.

1893 COLOMBINI: Caso singolarissimo de Herpes zoster universale. Siena. — GOLDSCHMID: Zona ophtalmique; strabisme consécutive. Bull. et mém. de la soc. des hôp. de Paris. T. 10, p. 403. — HALTENHOFF: Deux cas rares de zona ophtalmique. Ann. d'oculist. T. 109, p. 260.

1895 EBSTEIN: Zur Lehre von den nervösen Störungen bei Herpes zoster mit besonderer Berücksichtigung der dabei auftretenden Facialislähmungen. Virchows Arch. f. pathol. Anat. u. Physiol. Bd. 139.

1897 DANLOS: Zona ophtalmique simulant un erysipèle. Soc. franç. de dermatol. et de syphilogr. Mars. — SNELL, S.: Herpes ophthalmicus occurring shortly after extraction of cataract. (Ophth. soc. of the United Kingd.) Ophth. Review. p. 300. — ZANDER: Über die sensiblen Nerven der Augenlider der Menschen. Sitzungsber. d. biolog. Sektion d. physik.-ökonom. Ges. in Königsberg i. Pr.

1898 ABADIE: Société de dermatologie de Paris. — DUPAU: Du zona au cours de la paralysie générale. Gaz. hebdom. de méd. et de chirurg.

1899 COHN, R. D.: Über den Herpes zoster ophthalmicus. Arch. f. Augenheilk. Bd. 39, S. 148. — KOSTER: Een geval von Herpes zoster ophthalmicus. Nederlandsch. Tijdschr. v. Geneesk. T. 1, p. 360. — Derselbe: Un cas de zona ophtalmique avec kératite interstitielle sans lésions épithéliales. Ann. d'oculist. T. 121, p. 96. — PFINGST: Report of a case of Herpes zoster ophthalmicus. Ophthalmol. Record p. 217.

1900 BETTMANN: Über Hautaffektionen nach innerlichem Arsenikgebrauche Arch. f. Dermatol. Bd. 56, S. 203. — HEAD and CAMPBELL: The pathology of herpes zoster. Brain. p. 353. — JARISCH: Herpes zoster. Die Hautkrankheiten. 1. Hälfte, S. 237, und Herpes simplex. S. 154. Wien: A. Hölder.

1901 WILBRAND und SAENGER: Die Neurologie des Auges. Bd. 2, S. 138 ff.

1903 LAUBER, H.: Ein Fall von Herpes zoster ophthalmicus. Graefes Arch. f. Ophthalmol. Bd. 55, S. 564.

1904 STRZEMINSKI: Complication rare du zona ophtalmique. Recueil d'ophtalmol. Déc. et 1905, Janvier. — VÖRNER: Über wiederauftretenden Herpes zoster. Münch. med. Wochenschr. S. 1734.

1907 Osterroth: Herpes zoster ophthalmicus. Vossiussche Sammlung zwangloser Abhandlungen a. d. Gebiete d. Augenheilk. Bd. 7, H. 1. Halle a. S.: C. Marhold.

1908 v. Arlt: Neue Therapie bei Herpes zoster frontalis s. ophthalmicus. Wochenschr. f. Therap. u. Hygiene des Auges. Bd. 12, Nr. 17.

1911 Wallace: Notes on a case of herpes zoster ophthalmicus. Ophthalmol. Record p. 119.

1912 Hildesheimer: Herpes zoster ophthalmicus gangraenosus. Zentralbl. f. prakt. Augenheilk. S. 77.

1913 Ettles: Ionic medication in herpes zoster. Lancet, 29. March, No. 1, p. 919. — Sunde: Herpes zoster frontalis mit Bakterienbefund im Ganglion Gasseri. Dtsch. med. Wochenschr. Nr. 18.

1920 Meller, J.: Zur Klinik und pathologischen Anatomie des Herpes zoster uveae. Zeitschr. f. Augenheilk. Bd. 43, S. 450.

d) Ekzematöse Entzündungen.

§ 32. Die ekzematösen Entzündungen der Lidhaut werden in der Regel von augenärztlicher Seite nicht scharf dermatologisch abgegrenzt und mit Erkrankungen, die den ekzematösen ähnlich sehen, häufig verwechselt. Auch die Blepharitis simplex, squamosa und ulcerosa wird vielfach zu den ekzematösen Entzündungen gerechnet. Allerdings begegnet der Krankheitsbegriff des Ekzems noch verschiedener Auffassung. Nach der von Jarisch (1901) und Neisser (1900) gegebenen Definition sind als ekzematöse Erkrankungen der Haut solche Dermatitisformen anzusehen, bei denen sich mit einer flächenhaften Transsudation und einer infiltrierenden Entzündung der bindegewebigen Anteile der Haut eine Epithelerkrankung verbindet. — Ehrmann (1920) definiert das Ekzem als »eine nicht kontagiöse, akut beginnende, häufig chronisch werdende, entzündliche, stets Jucken verursachende Veränderung ursprünglich und vorwiegend des Epithels und der oberflächlichen Cutisschichten, des Epidermoderms (Hautkatarrh Unnas)', welche entweder mit zerstreuten, später dichter werdenden geröteten Pünktchen auf normaler Haut oder gleich mit diffuser Rötung und Schwellung beginnt und ohne scharfe Grenze in die gesunde Haut übergeht. Je nach der Intensität und Entwicklung führt sie zur Bildung von kleinsten Knötchen und Bläschen und dann entweder nach Konfluenz der Bläschen, nach Abgang der Bläschendecke zum Nässen, zur Eintrocknung des Sekrets, zur Bildung von Krusten oder durch frühzeitige, der Bläschenkonfluenz und dem Nässen vorbeugende Verdunstung und Verhornung (Parakeratose) zur Rötung und Abschuppung«.

Dementsprechend unterscheiden wir im klinischen Verlaufe der ekzematösen Entzündung verschiedene Stadien, die gekennzeichnet sind durch Hyperämie, Knötchenbildung, Bläschenbildung, Nässen, Krustenbildung und Schuppung.

Im ersten Stadium tritt das Ekzem auf in Form einer in der
Regel punktförmigen oder diffusen Schwellung und Rötung der Haut
— Ekzema erythematosum — oder in Form von zahlreichen
kleinen, hirsekorn- bis stecknadelkopfgroßen Knötchen von roter Farbe
und derber Beschaffenheit, die meist den Follikelmündungen entsprechen — Ekzema papulosum. Im zweiten Stadium vereinigen
sich gruppenweise zusammenstehende Knötchen zu Flecken, auf denen
sich unregelmäßig zerstreute kleine Bläschen entwickeln — Ekzema
papulovesiculosum oder vesiculosum. Das dritte Stadium ist
dadurch charakterisiert, daß die Bläschen rasch eintrocknen und kleine
Knötchen oder Schüppchen hinterlassen. Eine Eiterbildung in den

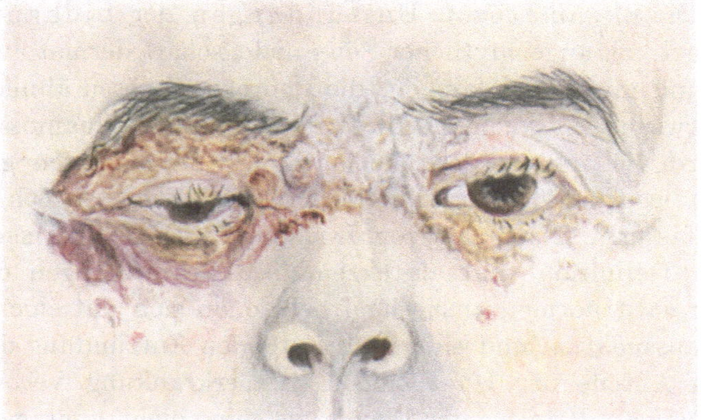

Abb. 7. Ekzema madidans et crustosum. — 4jähr. Mädchen. Isoliertes stark nässendes und mit
Krustenbildung einhergehendes Lidekzem. Dasselbe besteht seit ¹/₂ Jahr und ist akut im Verlaufe von
Keuchhusten aufgetreten. — Leichtes Ekzem am linken Naseneingang.

Bläschen (Ekzema pustulosum s. impetiginosum) gehört nicht zum
Wesen des Ekzems, sondern ist stets etwas Akzidentelles, bedingt durch
Sekundärinfektion. Schließlich platzen die meist in großer Zahl vorhandenen Bläschen bzw. Pusteln und verwandeln sich in Erosionen,
die hochrot gefärbt und feucht erscheinen. Aus diesen Erosionen, die
kleine Öffnungen der Hornschicht darstellen, sickert fortwährend eine
reichliche Menge seröser Flüssigkeit aus. Die Bläschen und Pusteln
können dicht aneinandergereiht sein oder selbst konfluieren, wodurch
eine flächenhafte Erosion entsteht. Infolge der ständigen Ausschwit-
zung eines serösen Exsudats wird die ganze Hornschicht abgeschwemmt
und es kommt zu einem fortwährenden Nässen — Ekzema rubrum
oder madidans, das vierte Stadium. Dabei sind Rötung und
Schwellung der befallenen Hautteile besonders stark ausgesprochen.
Eine besondere Form dieses Stadiums ist das Ekzema crustosum.

Auf der nässenden Fläche findet, wenn die aussickernde Flüssigkeit nicht entfernt wird oder rasch gerinnt, infolge des freien Luftzutrittes eine Eintrocknung des reichlichen Exsudats zu fest an der Oberhaut haftenden honiggelben und transparenten Krusten statt. Die meisten Knoten zeigen durch eine reichliche Beimengung von Eiter eine grünlich-gelbliche oder, wenn durch Kratzen Blutungen hervorgerufen werden, eine rotbraune Färbung. Im fünften Stadium sind die Erosionen überhäutet, das Nässen hört infolgedessen auf und die entzündlichen Erscheinungen treten mehr und mehr in den Hintergrund. Das neugebildete Epithel wird aber im Überschuß produziert und erscheint locker, so daß die verhornten Zellen als weißliche Schuppen abgestoßen werden — Ekzema squamosum.

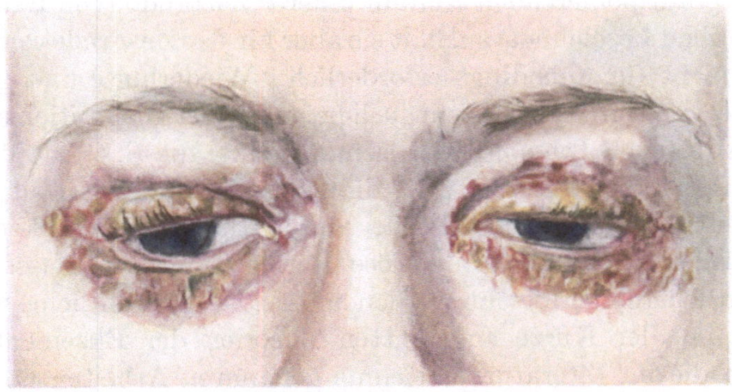

Abb. 8. Ekzema crustosum. — 9jähr. Knabe. Isoliertes Ekzema crustosum der Lider (trockene Borken, kein Nässen); vor etwa 2 Monaten akut im Anschluß an Masern entstanden. Nach 12tägiger Behandlung in der Heidelberger Universitäts-Augenklinik (zunächst Borvaseline, dann Touchieren mit 3°/₀ Silbernitratlösung) war völlige Heilung eingetreten. Das beginnende Ektropium am rechten Unterlid und die Erosion des linken Unterlides haben sich zurückgebildet.

Nicht jede einzelne Ekzemerkrankung durchläuft alle diese Stadien, vielmehr kann das Krankheitsbild entweder während der ganzen Dauer der Erkrankung oder zu einer bestimmten Zeit vorwiegend durch eine Entwicklungsphase beherrscht werden oder die einzelnen Entwicklungsphasen bestehen nebeneinander; schließlich kann das eine und andere Stadium auch ganz ausbleiben, z. B. die Knötchenbildung unmittelbar in die Schuppenbildung übergehen. Die Ausbreitung der ekzematösen Erkrankung erfolgt, was zugleich als charakteristisch für das Ekzem anzusehen ist, niemals durch ein peripherisches Fortschreiten, sondern dadurch, daß neue Knötchen- und Bläschennachschübe in den bisher freigebliebenen Zwischenräumen aufschießen.

Hinsichtlich der Entstehung des Ekzems gehen die Ansichten der Dermatologen weit auseinander. HEBRA und JARISCH (1901) erblicken den Ausgangspunkt des Ekzems in einer artefiziellen Dermatitis. UNNA

(1905) dagegen schaltet alle artefiziellen Dermatitiden aus dem Ekzembegriff aus und läßt das Ekzem mit seiner seborrhoischen Dermatitis beginnen, die von JARISCH (1901) wiederum nicht zum Ekzem gerechnet wird. BESNIER (nach JARISCH 1901) unterscheidet zwischen dem Ekzem als Krankheit, die aus innerer Ursache entstehe, und der Ekzematisation als Veränderung und Vorgang im Verlauf des Ekzems, durch äußere Ursachen bedingt. Er ist der Ansicht, daß das klinische Bild des Ekzems meist durch vorausgehende Hautschädigungen oder durch nachfolgenden Infekt oder andere Reize entstellt sei. Das Bläschen betrachtet er als die Elementarform der ekzematösen Hautläsion; die hyperämische oder geschwellte Basis der Bläschen sei sekundär durch Kratzen, Reiben oder einen bakteriellen Infekt erzeugt. NEISSER (nach JARISCH 1901) gibt den prädisponierenden Einfluß innerer Zustände (von BESNIER als inneres Milieu bezeichnet) zu, hält sie aber für das Zustandekommen des Ekzems nicht für unbedingt erforderlich. Wiederholte und genügend starke Reize könnten ein Ekzem auch bei fehlender Disposition erzeugen. SABOURAUD (nach JARISCH 1901) sieht wie BESNIER (l. c.) als Typus des Ekzems das akute vesikulöse Stadium an. Alle anderen als Ekzeme bezeichneten Typen seien entweder durch Infekt dieser Ekzeme entstanden oder als primäre infektiöse Dermatitiden aufzufassen, deren Natur noch näher erforscht werden müsse. — Ausführliches über die hier nur in aller Kürze angeführten Theorien der Ekzementstehung enthalten die im Literaturverzeichnis genannten Arbeiten und Handbücher. S. ferner »Ätiologie des Ekzem« § 34, S. 87 u. f.

§ 33. Die verschiedenen Ekzemformen befallen die Lidhaut in gleicher Weise wie die übrige Haut und lokalisieren sich an der Lidfläche mit und ohne Beteiligung der Lidränder oder an dem behaarten Teil des Lidrandes oder an den Lidwinkeln. Dabei kann das Ekzem 1. ausschließlich auf die Lidhaut in den genannten Abschnitten beschränkt sein, 2. von der Haut der benachbarten Gesichtsteile sich auf die Lidhaut ausbreiten oder umgekehrt, und 3. gleichzeitig mit Ekzemen an anderen Hautstellen auftreten und so Teilerscheinung eines Ekzema universale sein.

Die akuten Formen, das Ekzema papulosum und papulovesiculosum, befallen mit Vorliebe die Lidfläche und gehen sehr gern in das Ekzema madidans oder crustosum über. Dabei ist in der Regel die ganze Fläche eines Lides oder beider Lider oder beider Augenlidpaare beteiligt und die Erkrankung mit einer sehr hochgradigen diffusen hyperämischen Schwellung der Lidhaut verknüpft, die sich bei primärer Erkrankung des Unterlides auf die benachbarte Gesichtshaut erstreckt und mit einer Schwellung der regionären Lymphdrüsen, zunächst der Präauriculardrüse, einhergeht. Im Hinblick auf das gleichzeitig mehr oder weniger akut einsetzende entzündliche Ödem spricht man auch von einem Ekzema erysipelatoides. Dabei entstehen manchmal große Blasen, ähnlich Pemphigusblasen, die aber von solchen durch die gleichzeitig entzündlich geschwellte Haut zu unterscheiden sind. Tritt die akute Form in die chronische über oder kommt es mehrfach zu Rezidiven, so entsteht eine chronische Schwellung der Lidhaut, das sogenannte hypertrophierende Ekzem, ähnlich der unter den gleichen Bedingungen auftretenden Schwellung der Oberlippe. Die Verdickung betrifft fast ausschließlich das Oberlid, das schwer beweglich herabhängt nach Art der Ptosis. Der höchste Grad einer solchen Schwellung wird durch das sogenannte pachydermatische Ekzem dargestellt, wobei die Oberhaut verdickt ist und schuppt, und die Lymphspalten der Subcutis hochgradig erweitert sind. Beim chronischen Ekzema universale in der Form des sogenannten Ekzema callosum sind beide Augenlidpaare beteiligt. Die Oberfläche der Lidhaut erscheint trocken und ein wenig schuppend; die Färbung ist leicht bräunlich; die Lidhaut ist hart und schwer faltbar oder in breite Falten gelegt, daher sie auch den Bewegungen der Augenlider nur mit Schwierigkeit folgt. Diese schwer heil-

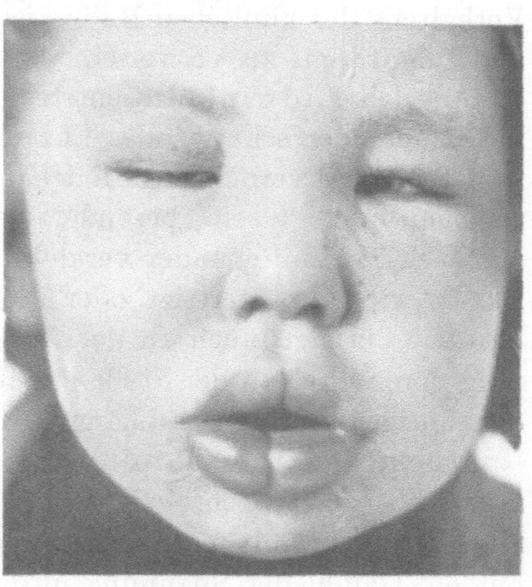

Abb. 9. 6jähriges Kind. Ausgang schwersten chronisch hypertrophierenden Ekzems der Kopf- und Gesichtshaut mit elephantiastischer Verdickung insbesondere der Lider und der Lippen (letztere schweinsrüsselähnlich). Das Ekzem, das mit Unterbrechung 3 Jahre bestand, war dreimal durch Gesichtserysipel kompliziert. Das Kind bot im übrigen das Bild schwerer Skrophulose; an den Augen wiederholt Schwellungskatarrh der Bindehaut und dichter Pannus phlyctaenulosus.

bare Erkrankungsform ist durch den häufigen Juckreiz äußerst lästig.

Die Lidränder erscheinen beim akuten Ekzem gerötet, geschwellt und mit oberflächlich sitzenden Krusten bedeckt, wobei im weiteren Verlaufe eine stärkere Abschuppung eintritt oder, wie auch beim Ekzema narium, häufig Pusteln entstehen, die in der Mitte von je einer Cilie wie durchbohrt erscheinen und das Krankheitsbild der Sykosis darbieten. Daher wird auch diese Ekzemform als Ekzema pilare oder sykomatosum bezeichnet. In der Regel sind die Pusteln in großer Anzahl, ja selbst den ganzen Cilienboden entlang vorhanden.

Manchmal sind zugleich die Augenbrauen in gleicher Weise erkrankt. Diese Pustelbildung der Lidränder kann bald einseitig, bald doppelseitig, bald an den vier Lidern zugleich auftreten.

Die mit Bildung kleienartiger Schüppchen einhergehende chronische Entzündung der Lidränder, gewöhnlich als Blepharitis squamosa bezeichnet, unterliegt hinsichtlich der Auffassung ihres Wesens zwei verschiedenen Deutungen. Nach UNNA (1905) handelt es sich um ein schuppendes Ekzem, Ekzema seborrhoicum erythematodespityrodes; nach JARISCH (1901) um eine besondere Dermatitisform. Bei beiden Anschauungen spielt eine gleichzeitige übermäßige Sekretion der Talgdrüsen eine wesentliche Rolle. Hinsichtlich des weiteren Verhaltens des klinischen Bildes ist auf den Abschnitt: »Krankheiten der Talgdrüsen« zu verweisen.

An den Lidwinkeln entsteht ein chronisches, entweder leicht nässendes oder schuppendes Ekzem in der Regel durch eine stärkere Benetzung mit vermehrter Bindehautflüssigkeit. Hierbei kann der Lidrand mitbeteiligt sein, besonders wenn die Cilien durch das vertrocknende Sekret miteinander verklebt und verfilzt werden. Ein solches Ekzem wird als Intertrigo oder Ekzema intertriginosum bezeichnet, das übrigens auch an der Lidfläche des Oberlides durch Anhäufung von Sekret an der Stelle entsteht, wo die Tarso-orbitalfalte über den übrigen Lidteil herabhängt.

Die subjektiven Beschwerden sind bei den verschiedenen Formen des Ekzems wechselnd. Der Juckreiz spielt sowohl bei den akuten als bei den chronischen Ekzemtypen eine große Rolle. Häufig ist damit ein Gefühl der Spannung in den Lidern verknüpft, was sich bei den akuten Formen besonders im Falle der Mitbeteiligung der Gesichtshaut geltend macht. Lästig ist bei den akuten Formen ferner das beständige Nässen.

Als okulare Begleiterscheinungen finden sich im kindlichen Lebensalter, das ja gerade zu ekzematösen Erkrankungen besonders disponiert ist, Ekzeme der Skleralbindehaut und der Hornhaut. Das Lidekzem entsteht entweder zu gleicher Zeit mit der ekzematösen Bindehaut- und Hornhauterkrankung oder jenes geht dieser voraus oder folgt ihr nach. In jedem Lebensalter können Erkrankungen des Tränenschlauches oder verschiedenartige Entzündungen der Binde- und Hornhaut, der Iris und des Corpus ciliare — sofern sie mit einer Stauung von Flüssigkeit im Bindehautsack oder einer vermehrten Flüssigkeitsabsonderung einhergehen — ein Lidekzem hervorrufen. Das Lidekzem ist in diesen Fällen ein sekundäres. Vorübergehend entwickelt sich nicht selten ein geringes Ectropium des Unterlides durch mechanischen Zug von seiten der stärker gespannten ekzematös erkrankten Lidhaut. Ferner kann es zur Bildung von Rhagaden am äußeren Lidwinkel kommen, wenn die spröde und unnachgiebige Lidhaut durch die Lidbewegungen gezerrt wird und einreißt.

Von anderen das Lidekzem begleitenden Erkrankungen sind zu nennen Ekzeme an den verschiedensten Stellen der Gesichtshaut, hinter den Ohren, in der Augenbrauengegend, an der Oberlippe, dem Naseneingange und Ekzeme an beliebigen Stellen der übrigen Körperhaut. Hebra stellt das Lidekzem in bezug auf die Häufigkeit des Vorkommens auf gleiche Linie wie das Ekzem an den Lippen und den Ohren. Überaus häufig sind beim Ekzem des Kindes Schwellungen der regionären und anderen Lymphdrüsen, sowie die Zeichen einer Lymphdrüsen-, Gelenk- und Knochentuberkulose und nicht selten auch einer Rachitis.

Der Verlauf des Lidekzems ist je nach Form und Ursache verschieden in bezug auf Dauer und Neigung zu Rezidiven. Bei den akuten Formen leitet sich die Heilung durch Abnahme der Rötung und Schwellung ein, das Nässen hört auf und etwa vorhandene Krusten fallen ab. Neue Efflorescenzen treten seltener oder überhaupt nicht mehr auf. Längere Zeit bleibt die Haut noch gerötet und zeigt Schuppenbildung. Die durchschnittliche Dauer der Erkrankung dürfte auf 3—4 Wochen zu bemessen sein; die Heilung erfolgt, ohne sichtbare Folgen an der erkrankten Lidhaut zu hinterlassen. Bei länger bestehendem Ekzem des Lidrandes kommt es zu einem raschen Cilienwechsel oder zu einem Cilienausfall (s. »Krankheiten der Cilien«). Ekzematöse Stellen können sekundär infiziert werden und durch Ansiedlung von spezifischen Mikroorganismen, so von Staphylo- und Streptokokken, kann eine furunkulöse, phlegmonöse oder eine erysipelatöse Entzündung, durch Haftung von Tuberkelbazillen ein Lupus oder ein tuberkulöses Geschwür entstehen. Wohl am häufigsten werden diese Mikroorganismen durch Kratzen in die erkrankten Stellen eingeimpft. Die bei wiederholten Rezidiven eintretende Hypertrophie und Pachydermie der Lidhaut ist bereits oben erwähnt.

§ 34. Die Ätiologie der ekzematösen Entzündungen bedarf noch der Aufklärung. Die näheren Ursachen können teils allgemeiner (innerer), teils lokaler (äußerer) Natur sein. Unter den allgemeinen Ursachen spielt die Beschaffenheit der Haut eine gewisse Rolle, von Unna (1905) als hereditäre Hautkonstitution bezeichnet. Unna stellt drei Typen der Hautbeschaffenheit auf, den lymphophilen, akantophilen und keratophilen Typ. Als lymphophile

Haut betrachtet er eine anämische mit dünner Oberhaut, die auf leichte Reize mit langdauernder Hyperämie reagiert und zur Bläschenbildung wie zum Nässen neigt. Die akantophile Haut ist gut durchblutet, pigmentarm, fettreich und reagiert wegen der dicken Oberhaut erst auf stärkere Reize mit Hyperämie. Die auf ihr entstehenden Ekzeme zeigen mit Vorliebe psoriatische und seborrhöische Formen. Die keratophile Haut ist anämisch, fettarm, pigmentreich und mit dicker, schwer zu verletzender Oberhaut bedeckt. Die Ekzeme dieses Hauttyps neigen zu pruriginösen Formen. Ferner wird eine endogene Entstehung des Ekzems als Folge verminderter Widerstandsfähigkeit des Organismus angenommen und zwar stellt man sich dieselbe entweder als alimentär oder als autotoxisch bedingt vor; alimentär infolge Dyspepsie, Gastrointestinalkatarrhen und infolge Überernährung in der Säuglingsperiode. Autotoxisch entsteht das Ekzem bei Aufnahme von Zersetzungsprodukten in das Blut, wie beispielsweise aus dem Darmkanal. Auch Anämie, Chlorose, Diabetes, Gicht (harnsaure Diathese) sowie physiologische und pathologische Prozesse des Uterus werden als disponierend für das Ekzem angesehen.

Die lokalen Ursachen für das Ekzem bestehen in der Einwirkung von exogenen Schädlichkeiten, die nach HEBRA-JARISCH chemischer, thermischer oder mechanischer Art sein können (arteficialistische Theorie). — Nach UNNAs Ansicht ist ein parasitärer Infekt erforderlich — (parasitäre Theorie). Nach UNNA (1905) fängt das Ekzem da an, wo die künstliche Dermatitis aufhört. Eine durch äußere Einflüsse entstehende Läsion der Hornschicht bereite den Boden für das Ekzem, indem die Auflockerung und Kohäsionstrennung der Oberhaut eine Haftung und Fortentwicklung pathogener Mikroorganismen ermögliche. Als lokale Ursachen für die ekzematöse Entzündung der Lidhaut — gleichgültig ob das Ekzem nur durch äußere Schädlichkeiten entsteht oder dazu ein parasitärer Infekt gefordert wird — kommen alle Augenerkrankungen in Betracht, die mit einer Stauung oder einer Vermehrung der Bindehautflüssigkeit einhergehen. Durch das Überfließen dieser Flüssigkeit, wobei es auch von Bedeutung erscheint, ob sie normal oder abnorm zusammengesetzt ist, tritt eine häufige oder dauernde Benetzung der Lidhaut ein, in erster Linie am Unterlid und an der Wangenhaut, die eine Maceration der Hornschicht erfahren. Hierzu gesellt sich in der Regel ein mechanisches Moment, häufiges Abwischen der überschüssigen Flüssigkeit oder Reiben mit den Händen oder mit Taschentüchern, veranlaßt durch unangenehme, juckende u. a. Empfindungen. Dabei können pathogene Mikroorganismen übertragen werden. Am häufigsten kommt es im kindlichen Lebensalter zur Entstehung eines solchen Ekzems bei ekzematöser Hornhautentzündung, die in der Regel von einer vermehrten Tränenabsonderung begleitet ist. Die erkrankten Kinder pflegen nicht bloß an den Augen mit ihren Händen zu reiben, sondern wegen der starken Lichtscheu die Fäustchen fest gegen die Augen zu drücken, wodurch die Bindehautflüssigkeit überall an die Lidhaut gelangt. In ähnlicher Weise entstehen während der ersten Dentition Ekzeme im Gesicht und an den Lidern, indem die Kinder mit ihren Händchen in die Mundhöhle hineinfahren und nun mit dem reichlich abgesonderten Speichel Gesichts- und Lidhaut beschmutzen. Bei Erwachsenen kommen mit gleicher Wirkung hauptsächlich Erkrankungen des Tränenschlauches und der Bindehaut, sowie Entzündungen der verschiedenen Teile der vorderen Bulbushälfte in Betracht, sofern sie mit einer vermehrten Tränenabsonderung oder stärkerer Sekretion anderer Art einhergehen. Die Maceration der Haut findet besonders an den Lidwinkeln und den Lidrändern statt, wobei das Unterlid am häufigsten befallen wird. Vielfach kommt noch das Moment des Wischens und Reibens hinzu, indem versucht wird, das überschüssige Sekret mit schmutzigen Händen oder Taschentüchern zu entfernen oder indem wegen lästiger Empfindungen an den Lidern gerieben wird. Eine Maceration der Haut kann ferner durch Überlagerung von Hautfalten, insbesondere von der Deckfalte am Oberlid älterer Personen entstehen. Die sich berührenden Hautfalten bilden eine Nische, in der das Liddrüsensekret stagniert und sich zersetzt. Wird aus dieser oder jener Veranlassung gleichzeitig ein Verband angelegt, wie beispielsweise bei der Nachbehandlung der Extraktion einer senilen Katarakt, so erfährt die Reizung von seiten des stagnierenden Sekrets eine weitere Steigerung. In ähnlicher Weise wirken Maceration und Sekretzersetzung auf die Hornschicht der Lidhaut infolge von vermehrter Schweißabsonderung bei großer Hitze. Eine Maceration der Hornschicht bewirken auch längere Zeit angewandte warme oder hydropathische Umschläge, wozu sich noch eine chemische Wirkung gesellen kann, wenn die Verbandstücke mit einer desinfizierenden Flüssigkeit durchtränkt sind, wie beispielsweise mit Sublimatlösung. Endlich kommen noch die an den Cilien sich ansiedelnden Ektoparasiten, der Phthirius pubis und — allerdings viel seltener — der Pediculus capitis, in Betracht, indem dieselben einen Juckreiz hervorrufen und sich mit dem mechanischen Moment des Kratzens ein macerierender Effekt verbindet, da durch das Reiben eine vermehrte Absonderung der Bindehaut angeregt wird. Häufig werden in den niederen Volksklassen, besonders bei der bäuerlichen Bevölkerung, bei Ekzemen des behaarten Kopfes Läuse angetroffen. Es wäre aber unrichtig, daraus auf einen näheren kausalen Zusammenhang zu schließen. Unna bezeichnet die Pediculi capitis als eine harmlose Komplikation des Ekzems.

Durch chemische Einflüsse kann eine teilweise Abstoßung der Hornschicht bewirkt werden, so nach der Mitteilung von Bettrémieux (1907) beim Gebrauch von Haartinkturen, wahrscheinlich durch die darin enthaltenen Anilinderivate. Akute chronische Ekzeme entstehen auch gar nicht selten durch graue Quecksilber-Salbe und besonders durch Heftpflaster. In einzelnen Fällen bewirkt die lokale Einträufelung von Cocain und Atropin in der Bindehaut — nach v. Michels Erfahrung vorzugsweise bei ekzematös veranlagten oder an anderen Hautstellen schon ekzematös erkrankten Personen — ein akutes nässendes Ekzem der Lidhaut, dessen Auftreten sich an die durch die genannten Alkaloide bewirkte entzündliche Schwellung der Bindehaut anschließt oder selbst gleichzeitig mit ihr entsteht. Daß es sich in allen diesen Fällen um eine angeborene Idiosynkrasie handelt, geht daraus hervor, daß man jedesmal die gleiche Ekzemform beobachten kann, wenn die genannten Chemikalien angewandt werden.

Es erscheint verführerisch, bei derartiger durch thermische, chemische oder mechanische Insulte veränderter Oberhaut das Ekzem durch einen parasitären Infekt entstehen zu lassen, wobei der Erreger schon lokal, wie beispielsweise in der Bindehautflüssigkeit, vorhanden sein oder durch Wischen, Reiben und Kratzen übertragen werden könnte. Die Parasitologie des Ekzems (Pinkus 1907) ist aber noch nicht hinreichend begründet, ja es wird eine parasitäre Ätiologie, deren Hauptverfechter Unna ist, von den meisten Autoren neuerdings abgelehnt. Das frische Ekzembläschen erweist sich nämlich in der Regel als steril. Unna (1899, 1900, 1903, 1905) nimmt als Ekzemerreger oberflächlich gelagerte Kokken an, die wegen ihrer maulbeerförmig wachsenden Kolonien von ihm als Morokokken bezeichnet werden; sie dringen nur selten in das Gewebe ein, lösen aber durch chemotaktische Wirkung eine Exsudation aus, wobei die durch das Exsudat entstehenden Bläschen fast immer frei von Kokken sind. Nach dem Untersuchungsergebnis von Scholtz (1904) finden sich regelmäßig in ungeheuren Mengen, nicht selten in Reinkultur der Staphylococcus pyogenes aureus sowohl in der abgesonderten Flüssigkeit, als auch in den oberflächlichen und tiefen Schichten der Haut bei ekzematösen Erkrankungen. Dieses Überwiegen des Staphylococcus pyogenes aureus im Vergleich zu dessen Vorkommen auf der normalen Haut und bei anderen Hautkrankheiten läßt Scholtz (1900) annehmen, daß dieser Mikroorganismus in Verbindung mit der Entstehung des Ekzems stehe. Jadassohn

(1900), der sich auf systematische Untersuchungen seines Assistenten FRIDERIQUES (1900) stützt, hält die pathogene Rolle der bisher beim Ekzem gefundenen Mikroorganismen für noch nicht erwiesen, obwohl der Staphylococcus aureus sehr häufig und Streptokokken in 21 Ekzemfällen 14 mal festgestellt werden konnten. Derselbe nimmt vielmehr, da in einer großen Gruppe von Ekzemen sich in den Primärefflorescenzen keine Bakterien nachweisen ließen, als ätiologische Faktoren eine lokale und allgemeine Prädisposition, mechanische und thermische Reize an. VEIEL (1904) hat beim chronischen Ekzem regelmäßig Staphylokokken angetroffen. Eine einheitliche bakteriologische Ätiologie sei aber hier noch schwerer festzustellen als beim akuten Ekzem, da alte Ekzeme über lange Zeit hin den mannigfachsten äußeren Einwirkungen ausgesetzt sind und die veränderte Oberfläche als ein vorzüglicher Nährboden für Bakterien betrachtet werden kann. VEIEL (1904) hält sie auch nicht für die Erreger des Ekzems, sondern schreibt ihnen nur eine pathogene Einwirkung auf das chronische Ekzem zu. KREIBISCH (1900) zieht aus seinen Untersuchungen den Schluß, daß das Ekzem keine parasitäre Erkrankung sei, es müßte denn sein, daß es von Parasiten hervorgerufen wird, die sich dem Nachweise durch unsere heutigen Kultur- und Färbeverfahren entziehen. Bei 41 vesikulösen Ekzemen war der Inhalt von ganz frischen und unverletzten Ekzembläschen stets vollkommen steril; auch in der Wand der Bläschen, auf ihrem Grunde und in ihrer Umgebung waren weder durch Kultur, noch mikroskopisch Mikroorganismen nachzuweisen. Nach kürzerer oder längerer Zeit aber, bisweilen schon am zweiten Tage, erfolgt eine sekundäre Einwanderung von pyogenen Bakterien — Staphylococcus aureus und albus und Streptococcus pyogenes —, welche rasch eine starke Exsudation veranlassen, infolgederen sich der Inhalt des Bläschens trübt und eitrig wird. Wenn diese Pusteln platzen, bilden sich Borken, die dieselben Mikroorganismen enthalten, zu denen sich noch andere aus der Luft hinzugesellen. Tritt die Ruptur des Bläschens frühzeitig ein, noch ehe sich ihr Inhalt getrübt hat, so entsteht eine nässende Oberfläche und die austretende Flüssigkeit läßt, wenn man sie direkt untersucht, in der Regel eine große Menge von Mikroorganismen erkennen. Wenn man dagegen die nässende Fläche zuerst mit Alkohol reinigt und dann das nachsickernde Serum wiederholt untersucht, so findet man immer weniger und zuletzt gar keine Bakterien mehr, woraus hervorgeht, daß die ursprünglich vorhanden gewesenen Mikroorganismen aus der Luft stammten. Übertragungsversuche mit dem Serum nässender Ekzeme, wie mit den aus getrübten Ekzembläschen gewonnenen Reinkulturen der Staphylokokken und Streptokokken waren im Selbstversuch und bei vier Patienten mit ausgebreitetem Ekzem negativ. BENDER (1901), BOCKHART (1901) und GERLACH (1901) haben die Wirkung der verschiedenen Komponenten der Staphylokokken-kultur, nämlich virulente Agarreinkulturen, reine Staphylokokken-leiber und Staphylokokkentoxin durch Verimpfung auf die Haut unter-sucht mit dem Ergebnis, daß nicht der Staphylokokkus, sondern das Staphylokokkustoxin das Ekzem erzeugt. Vermutlich ist der wirksame Stoff das Leukocitin, das in der Haut gebildet wird und schon in ge-ringer Menge bei dazu Veranlagten ein Ekzem hervorrufen kann. — Diese Befunde werden aber, wie alle übrigen angeblich positiven Unter-suchungsergebnisse, stark in Zweifel gezogen und die Annahme einer parasitären Ätiologie des Ekzems verliert, wie erwähnt, mehr und mehr ihre Anhänger.

§ 35. Um die Erforschung der mikroskopisch-anatomischen Verhältnisse beim Ekzem hat sich UNNA (1898, 1903 u. 1905)) besondere Verdienste erworben. Das Ekzem kennzeichnet sich als eine Ent-zündung der oberflächlichen Hautschichten, besonders des Papillar-körpers. Die Papillen-Gefäße sind erweitert und von einem kleinzelligen Infiltrat umgeben (s. Abb. 10 G), dazu gesellen sich seröse Schwellung der Papillen und Erweiterung der Lymphspalten. Mit diesen entzünd-lichen Vorgängen verbinden sich Veränderungen in der Epidermis; die Stachelzellenschicht erscheint durch ein interstitielles Ödem und durch Schwellung ihrer Zellen verbreitert. In die Zwischenräume wandern Leukocyten in wechselnder Zahl ein, was sich klinisch in Form von Knötchen kundgibt. Das Bläschen erweist sich mikroskopisch als ein mit seröser Flüssigkeit und einer wechselnden Menge von Leukocyten gefüllter und in den oberflächlichen Lagen der Stachelzellenschicht gelegener Hohlraum, dessen Decke von der Hornschicht und dessen Grund von der Stachelzellenschicht gebildet wird (s. Abb. 10 B). Selten entwickelt sich ein Bläschen epibasal und durchbricht die Basalzellen-schicht (s. Abb. 10 B_1). Die Entstehung des Bläschen wird teils durch hydropische Umwandlung der einzelnen Stachelzellen und durch Zu-sammenfließen von in gleicher Weise entstandenen Hohlräumen erklärt, teils werden die Bläschen als Verdrängungsbläschen aufgefaßt, wobei sich die interspinalen Gänge der Stachelschicht infolge zunehmender Transsudation und Stauung auf Kosten der zur Seite und nach unten hin komprimierten Epithelien von oben nach unten erweitern. Das Vorkommen eitriger Bläschen beruht auf einer Überschwemmung mit Leukocyten. Nehmen diese Vorgänge einen diffusen Charakter an, so kommt es nach UNNA zu einer als Spongiose bezeichneten Umwandlung des Epithels; es entsteht ein gegen die Hornschicht hin zunehmendes interstitielles Ödem der Stachelschicht, deren interspinale Gänge sich zu darmähnlich geblähten oder rosenkranzartig ausgebuchteten Hohlräumen, gleich einem Schwamme, erweitern. Nach Verlust der Hornschicht tritt aus den erweiterten Spalten ein Serum aus, nässendes Ekzem; gerinnt es bei gleichzeitiger Sequestrierung der spongoiden Stachelzellenschicht, so kommt es zur Krustenbildung. Wird die spongoid veränderte Stelle durch Bildung neuer Epithelzellen ersetzt oder hielt sich die Entzündung von vornherein in mäßigen Graden, so stellt sich eine Anomalie der Verhornung der stark durchfeuchteten

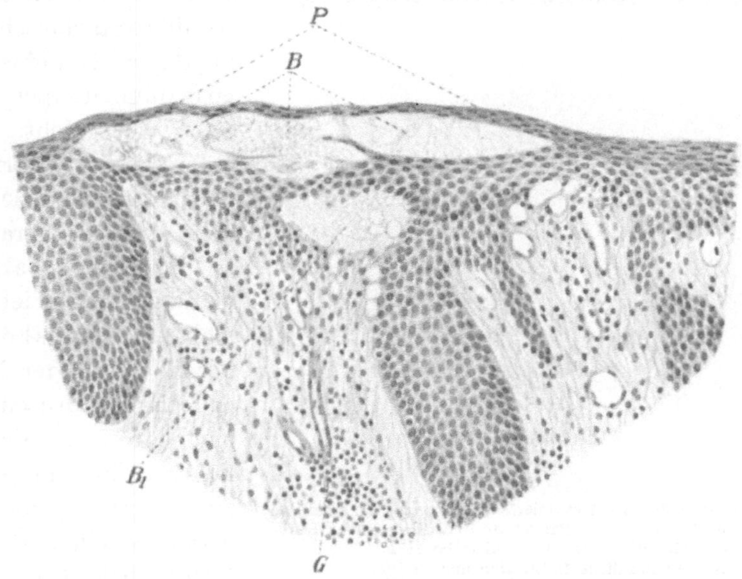

Abb. 10. Sagittaler Schnitt durch ein excidiertes ekzematöses Hautstück des unteren Lides. Vergr. 1:150. *P* Parakeratotisches Epithel; *B* seröses Bläschen unter einer vom parakeratotischen Epithel gebildeten Decke; *B₁* seröses epibasales Bläschen, die Basalzellenlage durchbrechend; *G* kleinzellige Infiltration im subpapillären Cutisgewebe.

Epidermis ein, die sogenannte Parakeratose (s. Abb. 11 *P* und 12 *P*), die als der mikroskopische Ausdruck der Schuppenbildung zu betrachten ist und von Unna als ein parenchymatöses Ödem der Übergangsepithelien definiert wird. Diese Verhornungsanomalie ist dadurch gekennzeichnet, daß die Keratohyalinbildung unterbleibt und die Hornzelle ihren stäbchenförmigen Kern behält (s. Abb. 11 *P* und 12 *P*); der Übergang der Stachelzellenschicht in die Hornschicht erfolgt ganz unvermittelt. Durch die stärkere Kohärenz der parakeratotisch gebildeten Hornzellen kommt es zur Loslösung ganzer Komplexe von kernhaltigen Hornzellen. Nach Unna ist es für das mikroskopische

Bild des Ekzems charakteristisch, daß auf einem kleinen Raum keratohyalinhaltige und keratohyalinlose Zellenkomplexe sich dicht beieinander finden.

Die seröse Durchtränkung führt besonders in den chronischen Fällen zu einer Verlängerung und Verbreiterung der Reteleisten und der Papillen, zur sogenannten Akanthose (s. Abb. 11 *L*). Bei Wucherung der Stachelzellen sind Mitosen nicht nur in der basalen, sondern auch in der mittleren Stachelschicht anzutreffen. Die geschwellten Leisten der Stachelschicht dringen gegen den Papillarkörper vor und die Höhe der Papillen, deren Zahl erhalten bleibt, wird durch Epithelwucherung vergrößert. Das chronische Ekzem zeigt eine bedeutend vergrößerte interpapilläre Stachelschicht, überlagert von einer relativ dünnen superpapillären Zellschicht. Bei jedem länger dauernden Ekzem erstreckt sich die kleinzellige Infiltration, an Intensität abnehmend, in die Tiefe (s. Abb. 11 *B*) und es kommt besonders in der Nähe der Knäueldrüsen zu einer chronisch entzündlichen Infiltration sowie zur Neubildung von Bindegewebszellen (s. Abb. 11 *W*). Die Blut- und Lymphgefäße sind erweitert.

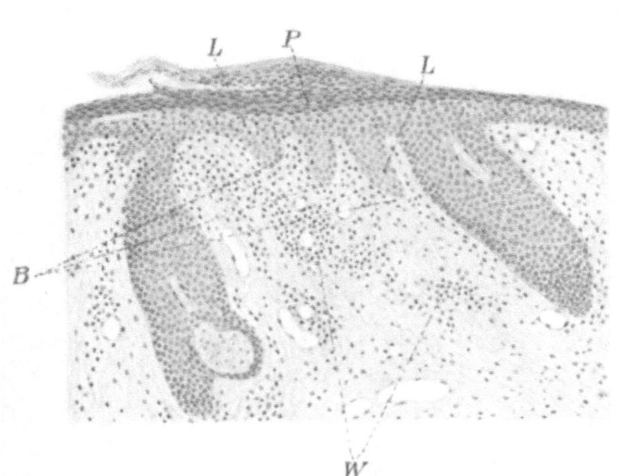

Abb. 11. Schnitt durch ein excidiertes Stück eines ekzematösen unteren Lides. Vergr. 1 : 85. *P* Parakeratotische Hornschicht (Kerne erhalten, Keratohyalin fehlend); *L* Akanthose; *B* Leukocyten; *W* chronisch entzündliche Infiltration und Proliferation im subpapillären Cutisgewebe.

Die Infiltration der ganzen Cutis kann entweder diffus oder mehr herdförmig erfolgen (s. Abb. 12 *J* u. *P*). Hierbei treten Plasmazellen nur ausnahmsweise auf, mitunter findet man dieselben jedoch in großer Zahl. Auch Riesenzellen werden in der Umgebung einer erodierten ekzematösen Stelle (s. Abb. 12 *R*) angetroffen. Bei langer Dauer des Ekzems kommt es zur Vermehrung und Sklerosierung des Bindegewebes und infolge Druckwirkung desselben zu einer allmählichen Atrophie der drüsigen Gebilde der Lidhaut. Die Lymphspalten zeigen sich erweitert.

Die Diagnose des Ekzems bestimmt das gleichzeitige Vorhandensein verschiedener Ekzemstadien, das Zerstreutsein von Einzelherden ohne bestimmte Anordnung und ohne periphere Ausbreitung, sowie das Auftreten neuer Herde zwischen verschont gebliebenen Hautbezirken. Im allgemeinen bedeuten Nässen und Krustenbildung die Höhe der Erkrankung, Schuppen die Rückbildung. Differentialdiagnostisch kommt der Herpes und die Impetigo in Betracht. Bei Herpes ist die Anordnung der Efflorescenzen von vornherein charakteristisch, bei der Impetigo die scharfe Abgrenzung. Manchmal kommen Ekzem und Impetigo nebeneinander vor. Das Ekzema pilare der Lidränder ist von einer Sycosis durch das gleichzeitige Vorkommen von Ekzem an anderen Teilen des Gesichtes zu unterscheiden.

Die Voraussage dürfte im allgemeinen eine günstige sein, wenn auch eine Reihe von Fällen anscheinend nur geringe Heilungstendenz zeigt und sich insbesondere durch das Auftreten von Rezidiven recht lange hinziehen kann. Prognostisch sind vor allem die zugrunde liegenden Ursachen und die Möglichkeit ihrer Beseitigung zu berücksichtigen. So unterliegt es keinem Zweifel, daß Diabetiker und Gichtiker und unter den Kindern in den ersten Lebensjahren solche zum Ekzem neigen, die das Bild der sogenannten exsudativen Diathese (CZERNY) darbieten. Hier

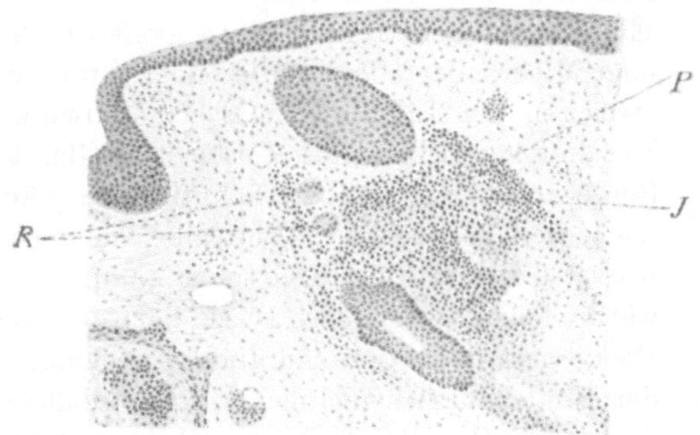

Abb. 12. Sagittalschnitt (etwas schief getroffen) in der Umgebung einer ekzematös erodierten Lidhautstelle. Vergr. 1:60. *J* Kleinzellige Infiltration; *P* proliferierte Bindegewebszellen; *R* Riesenzellen.

wird die Prognose von der Anordnung und Durchführung allgemein hygienischer und diätetischer Maßnahmen wesentlich abhängig sein.

Die Behandlung des Ekzems. Je nach der Entstehung des Ekzems aus äußeren oder inneren Ursachen muß die Therapie eine ausschließlich lokale oder eine mit einer internen Behandlung kombinierte sein, welche letztere zuweilen sogar von ausschlaggebender Bedeutung sein kann. Dementsprechend ist z. B. bei Ekzemen auf gichtischer oder diabetischer Grundlage oder bei solchen auf der Basis von gastrointestinalen Störungen eine Diätregulierung mit entsprechender medikamentöser Behandlung oder Brunnenkur vorzunehmen. Bei Kindern mit dem Bilde der exsudativen Diathese sowie auch bei Erwachsenen mit Ekzemen aus voraussichtlich innerer, nicht näher zu ermittelnder Ursache haben sich Arsenkuren (z. B. in Form von Dürckheimer Maxquelle, Elarsontabletten) vielfach bewährt und werden neuerdings Kalkpräparate (besonders Chlorkalzium) empfohlen, diese als entzündungshemmendes Mittel und als fernwirkendes Adstringens (H. H. MEYER).

Der Besprechung der lokalen Ekzemtherapie muß der Hinweis auf die große Wichtigkeit der lokalen Prophylaxe vorausgeschickt werden. Dieselbe besteht im Wesentlichen in der Verhinderung einer Maceration der Hornschicht und im Fernhalten von mechanischen Schädlichkeiten wie Reiben mit den Händen. Dementsprechend ist eine möglichst rasche Heilung der mit vermehrter Abscheidung von Flüssigkeit einhergehenden Erkrankungen der Bindehaut oder des Augapfels anzustreben. Bei den durch Cocain- oder Atropineinträuflung entstehenden Ekzemen sind die genannten Alkaloide wegzulassen, bzw. durch andere zu ersetzen. Die Lidhaut ist gegen den Einfluß der benetzenden Flüssigkeit durch Aufstreuen von Amylum- oder Mitinpuder oder bei besonders starker Benetzung durch das Bestreichen der Lidränder und der Lidwinkel mit einer 3%igen Bor-Vaseline vermittels eines sterilisierten Glasstabes zu schützen und dafür Sorge zu tragen, daß die Schutzdecke ständig vorhanden ist. Wenn auch die Vaseline keine Fettsalbe, sondern ein Gemisch von Kohlenwasserstoffen ist und wegen seines niedrigen Schmelzpunktes bei Körperwärme leicht zerfließt, so ist sie doch zur Herstellung einer schützenden Decke gerade an den Lidrändern geeignet, weil, wenn Teile davon in den Bindehautsack gelangen, die Bindehaut nicht gereizt wird, während dies bei Fetten der Fall ist. Übrigens trifft das Gesagte nur für den Gebrauch der weißen amerikanischen Vaseline zu. Zur Abhaltung mechanischer Schädlichkeiten und zur Beseitigung der Möglichkeit eines dabei stattfindenden Infekts ist das Reiben oder Wischen mit Händen und Taschentüchern zu verbieten und anzuraten, die überschüssige Bindehautflüssigkeit mit sterilisierten Wattebäuschchen abzutupfen. Auf eine sorgfältige Reinigung der Hände, besonders bei Kindern, ist Bedacht zu nehmen. Um Kinder daran zu verhindern, mit ihren Händen an den Augen zu reiben, empfiehlt es sich, die beiden Arme durch kurze zylindrische Hohlpappschienen hindurchzustecken und diese entsprechend dem Ellbogengelenk anzulegen. Dadurch wird die Beugung im genannten Gelenke und zugleich das Hinauflangen an die Augen unmöglich gemacht, während den Händen eine gewisse Bewegungsfreiheit bleibt.

Die lokale Behandlung ist im wesentlichen eine symptomatische, daher von der Form des Ekzems abhängige. — Beim akuten Ekzem wird dieselbe ein Nachlassen der starken Sekretion und eine Regeneration der abgestoßenen Hornschicht anstreben, ferner die Hyperämie und Schwellung sowie die subjektiven Beschwerden zu beseitigen suchen. Bei den Sekundärinfektionen des Ekzems sind bactericide Mittel am Platz, und gerade diese Ekzemform begegnet uns an den Lidern am häufigsten. — Beim erythematösen Ekzem genügt Bepudern mit Amylum. Bei der nässenden Form werden die erkrankten Stellen entweder mit reizlosen Salben (z. B. Borsalbe) gedeckt, die auf Lintläppchen derart aufgetragen sind, daß keine Maceration auftreten kann, oder man wende Umschläge mit 1%iger wässeriger Resorcinlösung an. Diese Lösung wirkt reduzierend und befördert infolgedessen neben der Eintrocknung erfahrungsgemäß die Verhornung; zudem hat dieselbe bactericide Eigenschaften, so daß ihre Anwendung bei Sekundärinfektionen vor Gebrauch anderer Mittel besonders indiziert ist. Reine Leinwand- oder Gazeläppchen werden in die Lösung getaucht, auf die Lider gelegt und etwa halbstündlich erneuert. Nur in seltenen Fällen besteht Idiosynkrasie gegen Resorcin; hier ersetze man dasselbe durch 3% Borsäureumschläge. Als weiteres Mittel, welches insbesondere die schützende Funktion der Hornschicht zu ersetzen hat und gleichzeitig sekretionshemmend wirkt, kommen Pasten in Betracht. Der Vorrang gebührt hier der LASSARschen Paste, besonders der von v. MICHEL angegebenen Modifikation (Acid. salycilic. 0,5, Zinc. oxyd., Amyl. $\overline{aa}$ 5,0 g, Vaselin americ. alb. 10,0 g); sie ist auf die erkrankten Lidränder oder Lidflächen mit einem sterilisierten Glasstabe alle 24—28 Stunden in dünner Schicht aufzutragen, oder es sind mit dieser Paste bestrichene Lintläppchen auf die betreffenden Stellen aufzulegen und durch einen Monoculus zu befestigen. Sehr zu empfehlen ist, besonders bei beginnendem Nässen des Ekzems, unmittelbar nach Aufstreichen der Paste die bestrichenen Stellen einzupudern. Um das Streupulver oder die Paste in ihrer Farbe jener der Haut ähnlich zu gestalten, kann etwa 1% Bolus ruber beigemengt werden. Die LASSARsche Paste ist auch beim nässenden Ekzem zweckmäßig, wenn die Sekretion nicht stark ist. Bei starker Sekretion werden die durchnäßten Lintläppchen infolge Vertrocknung ganz steif und können die erkrankte Haut mechanisch reizen. Der Verband ist in solchen Fällen öfters zu wechseln, wodurch auch verhindert wird, daß sich unter den vertrockneten Krusten zersetzte Flüssigkeit ansammelt. Kommt ein Ekzem im Stadium starker Krustenbildung zur Behandlung, so empfiehlt sich die Anwendung von Olivenöl, Lebertran oder Borsalbe. Die Öle sowie die indifferente Borsalbe gestatten nicht nur eine schonende Entfernung der Krankheitsprodukte, sondern sind gleichzeitig von günstigem Einfluß auf die anatomischen und funktionellen Veränderungen der Hornschicht. Von überraschender Wirkung auf die

Veränderungen der Hornschicht ist infolge seiner sekretionshemmen-
den und die Epithelisierung fördernden Eigenschaften das S i l b e r -
nitrat in 3%wässeriger Lösung. Dasselbe soll jedoch nur beim nicht
infizierten Ekzem angewandt werden bzw. erst dann, wenn die Sekundärinfektion durch Resorcin- oder Borsäureumschläge im wesentlichen
beseitigt ist; andernfalls wuchern die Bakterien unter dem Silberschorf
üppig weiter, und das Ekzem gewinnt an Ausdehnung. In manchen
Fällen eignet sich die von UNNA (1899) angegebene Pflastertherapie
(Zinkoxyd und Salycilsäure-Pflastermull bezw. Parapflaster), welcher
der Vorzug der bequemen sauberen Handhabung zuzuerkennen ist.

Bei den akuten sykomatösen Ekzemen des Lidrandes sind nur die
lose sitzenden Cilien zu entfernen, während die vollständige Epilation eine nutzlose Quälerei ist. Die Salbenbehandlung ist hier die
gleiche wie beim akuten Ekzem der Lidfläche. Durch all die genannten Mittel werden in der Regel auch die Entzündungssymptome,
Hyperämie und Schwellung, sowie das lästige Juckgefühl beim akuten
Ekzem genügend beseitigt. Bei starkem Jucken empfiehlt sich ein
Zusatz von $^1/_4$—1% Tumenol z. B. zur LASSARschen Paste. Auch beim
subakuten und den ins chronische Stadium übergehenden Ekzemen ist
die Salbenbehandlung angezeigt. Doch wird man beim chronischen
Ekzem, bei welchem stationäre Veränderungen in der Haut eingetreten sind, oft zu energischer wirkenden Mitteln greifen müssen, wenn
die Salben, Pasten usw. versagen. Bei den chronischen Ekzemen des
Lidrandes, die mit einem Ekzem der Binde- und Hornhaut einhergehen, ist das Aufstreichen der gelben Präzipitatsalbe (0,1:10) auf
die Lidränder oft von gutem Erfolge. Bei den chronischen sogenannten
trockenen Ekzemen mit mehr oder weniger starker Schuppung ist eine
Teerbehandlung (Ol. fagi oder Ol. rusci 1:10 Ol. olivarum) vorzuziehen.
Da aber bei der Aufpinselung eines solchen Öles an den erkrankten
Stellen besonders des Lidrandes etwas in den Bindehautsack gelangen
und die Bindehaut reizen kann, so wird das Teerpräparat zweckmäßig
in Pastenform angewandt (Ol. rusci 0,5, LASSARsche Paste 20). Von
einigen Autoren wird ein Teerpräparat, Pittylen in verschiedenen Formen empfohlen, und zwar als Streupulver: (Pittylen 10—20,0, Talc.
venet. 30,0, Zinc. oxyd. 10,0, Lycopod. ad. 100,0), als Salbe: (Pittylen
5,0—10,0, Paraffin. sol. 5,0, Lanolin 25,0, Vaselin flav. ad. 100,0) und
als Paste: (Pittylen 2—10,0, Zinc. oxyd. 30,0, Amyl. Trit. 30,0, Paraff.
sol. 5,0, Vasel. flav. ad. 100,0).

Bei sehr hartnäckigen torpiden Ekzemen oder bei häufig recidivie-
renden Formen mit stärkerer Infiltration der Haut ist schließlich die
vorsichtige Anwendung von Röntgenstrahlen oder von ultravioletten

Strahlen der Uviol- und Quarzlampe sowie der Höhensonne zu versuchen. Ist eine chronische Verdickung der Lidhaut zurückgeblieben, die auch der Strahlenwirkung trozt, so ist eine operative Behandlung angezeigt, die in einer partiellen Hautexcision besteht.

e) Psoriasis.

§ 36. Psoriasis vulgaris[1] (Schuppenflechte). Dieselbe ist wie das Ekzem als trockener schuppender Hautkatarrh (im Sinne UNNAS) aufzufassen und zeigt in ihren klinischen Erscheinungen insbesondere mit dem trockenen schuppenden Ekzem (Ekzema callosum) gewisse Ähnlichkeit. Wegen des geringen ophthalmologischen Interesses der Psoriasis sei hier nur das Wesentlichste hervorgehoben und im übrigen auf die dermatologische Literatur verwiesen.

Die Psoriasis vulgaris tritt anfänglich in Form von kleinen roten Knötchen, die sich mit Schüppchen bedecken, auf; später bilden jene linsengroße Erhebungen, die von einem zarten Hofe umgeben und mit reichlichen, häufig perlmutterglänzenden, lose aufsitzenden Schuppen versehen sind. An der Lidhaut ist sie selten; man beobachtet sie nur bei gleichzeitiger Beteiligung des Gesichts. In einem von SACK (1893) mitgeteilten Falle war jedoch die Gesichtshaut frei und trotzdem die Haut des Unterlides betroffen. Die psoriatische scheibenförmige Schuppe hatte einen Durchmesser von 1 cm und ging noch auf die Bindehaut über, wo sie die gleiche Ausdehnung zeigte, wie auf der Haut des Lides. Die Histogenese der Psoriasis ist noch umstritten; die einen Autoren verlegen ihren Beginn ins Epithel, die andern in die Pars papillaris. Angesichts des von vornherein offenbar entzündlichen Charakters der Schuppenflechte dürfte die Anschauung, daß in der Cutis die ersten pathologischen Veränderungen auftreten, mehr Berechtigung haben als die epidermale Theorie. Histologisch beachtenswert ist die starke Hypertrophie der Papillarschicht (RIECKE 1920). — Über die Ätiologie ist nichts Sicheres bekannt.

Literatur zu §§ 32—36.

1872 ESTLANDER, A.: Über Eczema rubrum ophthalmicum als Symptom bei gewissen Augenkrankheiten. Finska Läkaresellskapets handlinger. T. 14, 3, S. 1. —

---

[1] Die Berechtigung, die Psoriasis in den Abschnitt »exsudative Entzündungen« einzureihen, ist zweifellos anfechtbar. Doch schien es mir, wenn man nicht nach dermatologischem Beispiel auf eine Gruppierung der Hautkrankheiten ganz verzichten wollte, am natürlichsten, die Psoriasis dem Ekzem anzugliedern. Zudem kommen, worauf ich von dermatologischer Seite aufmerksam gemacht wurde, bei der Psoriasis echte exsudative Processe in Form mikroskopischer Absceßbildungen innerhalb der Stachelschicht vor, die DARIER als für den psoriatischen Proceß besonders charakteristisch beschrieben hat.

WALTON, HAYNES: Eczema palpebrarum. Clinical Lecture. Med. Times and Gaz. T. 41, p. 32.

1873 GAYET: De l'eczéma des paupières. Extrait des Ann. de dermatol. T. 5.

1878 LANDOLT: Clinique des maladies des yeux. Cpt. rend. pour l'année 1878.

1879 ALBITOS: Bericht über die Augenklinik für das Jahr 1877—1878. Madrid.

1881 KROLL, W.: Zur Behandlung der Blepharitis ulcerosa. Berl. klin. Wochenschr. Nr. 9.

1882 KROLL, W.: Ein Beitrag zur Pathologie und Therapie der Blepharitis simplex. Berl. klin. Wochenschr. Nr. 27.

1883 GALEZOWSKI et DAGUENET: Pommade contre les eczémas de la face. Journ. de méd. et chirurg. prat. p. 273.

1884 ALEXANDER: Ein Fall von akutem universellen Merkurial-Ekzem. Vierteljahrsschr. f. Dermatol. u. Syphilis. S. 105. — FIALKOWSKI: Über Ekzem bei Atropin-Einträuflung. Petersburger med. Wochenschr. S. 149.

1885 BUCHARDT, M.: Über Behandlung des Ekzems. Monatsschr. f. prakt. Dermatol. Nr. 2. — JACOBSON, J.: Beziehungen der Veränderungen und Krankheiten des Sehorgans zu Allgemeinleiden und Organerkrankungen. Leipzig: W. Engelmann.

1886 LALLIER: Solution contre l'eczéma des paupières. Recueil d'ophtalmol. p. 512.

1887 GALLENGA: Del nesso fra blefarite cigliare e la cheratocongiuntivite eczematosa. Ann. di ottalmol. T. 16, p. 492.

1888 FUCHS, E.: Die Entzündungen des Lidrandes. Wien. klin. Wochenschr. Nr. 38.

1889 KÖNIGSTEIN: Die Behandlung der häufigsten und wichtigsten Augenkrankheiten. (1. Heft. Krankheiten der Lider und der Bindehaut.) Wien: W. Braumüller.

1890 GRADLE, M.: Zur Behandlung der Blepharitis squamosa. Zentralbl. f. prakt. Augenheilk. April. S. 112. — JADASSOHN: Über die parasitäre Natur des Ekzems. Wien. med. Blätter Nr. 34. — KAPOSI: Über den parasitären Ursprung des Ekzems. Ebd. Nr. 41. — v. MICHEL: Lehrbuch der Augenheilkunde. 2. Aufl., S. 137. — WOLFFBERG: Zur Pathologie und Therapie der Lidrandleiden. Klin. Monatsbl. f. Augenheilk. S. 469.

1893 DUBARRY: Traitement de l'eczéma palpébral par le sublimé. Ann. d'oculist. T. 109, p. 472. — SACK: Psoriasis conjunctivae palpebrarum. Internat. Atlas seltener Hautkrankheiten. — TROUSSEAU: L'eczéma palpébral. Recueil d'ophthalmol. p. 269.

1894 AYRES: The treatment of blepharitis marginalis by Hydrogendioxyd. Americ. Journ. of ophthalmol. p. 63. — ESSAD: Traitement de la blépharite ciliaire. Recueil d'ophthalmol. p. 229.

1895 LELOIR: Eczéma séborrhéique des paupières et son traitement. Bull. méd. 20. Janvier.

1896 LOPEZ: Behandlung der ulcerösen Blepharitis mit Jodtinktur. Arch. de la policlinica. No. 1. Habana.

1898 UNNA: Chronisches Ekzem, Abheilung der Ekzembläschen, seborrhoisches Ekzem des Kopfes, seborrhoisches Ekzem des Körpers, Sternalekzem, akutes Ekzembläschen (Impfbläschen). Histologischer Atlas z. Pathologie d. Haut. H. 2. Hamburg u. Leipzig: L. Voss.

1899 TROUSSEAU: Traitement de l'eczéma des paupières. Journ. des pratic. Janvier und Arch. d'ophtalmol. T. 19, p. 119. — UNNA: Salbenmullverband bei Hautkatarrhen der Augengegend, kompliziert mit Katarrhen des Auges. Monatsh. f. prakt. Dermatol. 1. Juli. — Derselbe: Meine bisherigen Befunde über den Morokokkus. Monatsh. f. prakt. Dermatol. Bd. 29, Nr. 3, S. 106.

1900 JADASSOHN-FRIDERIQUES: Verhandlungen des IV. internat. Dermatol.-Kongr. Paris. Ref. im Arch. f. Dermatol. u. Syphilis Bd. 4, S. 104. — KREIBISCH: Über die parasitäre Natur des Ekzems. Ann. de dermatol. et de syphilis. No. 5. —

Unna: Die parasitäre Natur des Ekzems. Wien. klin. Rundschau Nr. 37 u. Monatsh. f. prakt. Dermatol. Bd. 31, Nr. 12. — Scholtz, W.: Untersuchungen über die parasitäre Natur des Ekzems. Dtsch. med. Wochenschr. Nr. 29/30.

1901 Bender, Bockhart, Gerlach: Experimentelle Untersuchungen über die Ätiologie des Eczems. Monatsh. f. prakt. Dermatol. Bd. 13, Nr. 4. — Jarisch: Die Hautkrankheiten. 1. Hälfte. Nothnagels Handb. d. spez. Pathol. u. Therap. S. 260. Wien: A. Hölder.

1903 Unna: Pathologie und Therapie des Ekzems. Wien: A. Hölder.

1904 v. Düring: Die Lehre vom Ekzem. Münch. med. Wochenschr. S. 1593. — Veiel, F.: Die Staphylokokken des chronischen Ekzems. Ebd. Nr. 1.

1905 Unna: Ekzem, Handbuch der Hautkrankheiten, herausg. vom Mraček. Bd. 2. Wien: A. Hölder.

1906 Haas: Mitin, eine neue Salbengrundlage. Wochenschr. f. Therap. u. Hyg. d. Auges Bd. 10, Nr. 13.

1907 Bettrémieux: Deux cas de blépharoconjonctivite dus à l'usage de tincture capillaire. (Soc. belge d'ophtalmol.) Ann. d'oculist. T. 137, p. 321. — Pincus: Die Pathologie des Ekzems. Lubarsch und Ostertag, Ergebnisse d. allg. Pathol. u. pathol. Anat. Bd. 10, S. 132. Wiesbaden: J. F. Bergmann.

1910 Trousseau: Traitement de l'eczéma des paupières. Journ. de méd. et de chirurg. prat. 10. Avril. — Pick: Zur Behandlung der chronischen Lidrandentzündung. Therapeut. Monatsh. April.

1912 Koll: Die Behandlung der ekzematösen Hautentzündungen bei Augenkranken mit bewegter heißer Luft (Heißluftdusche). Zeitschr. f. Augenheilk. Bd. 27, S. 343.

1920 Riecke: Lehrbuch der Haut- und Geschlechtskrankheiten. Teil II. A. Ekzem usw. von S. Ehrmann. Jena: G. Fischer. — Derselbe: Lehrbuch der Haut- und Geschlechtskrankheiten. 5. Aufl.

2. Chronische Entzündungen.

§ 37. Die chronischen Entzündungen der Lidhaut treten unter wechselndem Bilde als proliferierende, atrophierende oder granulierende Entzündung auf. Besonders sind die granulierenden Formen, die sogenannten Infektionsgranulome, durch Mannigfaltigkeit der Ätiologie und ihrer klinischen Erscheinung ausgezeichnet.

§ 38. Zu den chronischen proliferierenden und teilweise atrophierenden Entzündungen der Lidhaut sind die Pityriasis rubra, die Erythrodermia exfoliativa, der Lichen und der Lupus erythematodes zu rechnen; sie beanspruchen kein allzu großes augenärztliches Interesse, da sie verhältnismäßig selten die Lidhaut befallen. Deswegen soll auch das klinische Bild dieser Erkrankungen nur in seinen Hauptzügen geschildert werden.

Bei der Pityriasis rubra (Hebra) erscheint, gleichwie die übrige Haut und insbesondere auch die Gesichtshaut, die Lidhaut gleichmäßig gerötet und schuppend. In dem äußerst chronischen Verlaufe wird die Haut atrophisch, dünn und glänzend. Gleichzeitig kommt es zu einer mehr oder weniger hochgradigen Schrumpfung, die, im Vereine mit der gleicher Art veränderten Wangenhaut, durch mechanischen Zug ein

Ectropium der Unterlider bewirkt; auch die mimischen Bewegungen werden dadurch erschwert. Die Lidbindehaut ist dabei hyperämisch, von etwas trockenem Aussehen und sondert ein wenig ab. Die Cilien fallen früher oder später aus.

Dem Krankheitsbilde der Pityriasis rubra nahe verwandt ist die äußerst selten zu beobachtende Erythrodermia exfoliativa, insofern sie als Hauptmerkmale Rötung und Schuppung ohne weitere morphologische Veränderungen darbietet (RIECKE 1920).

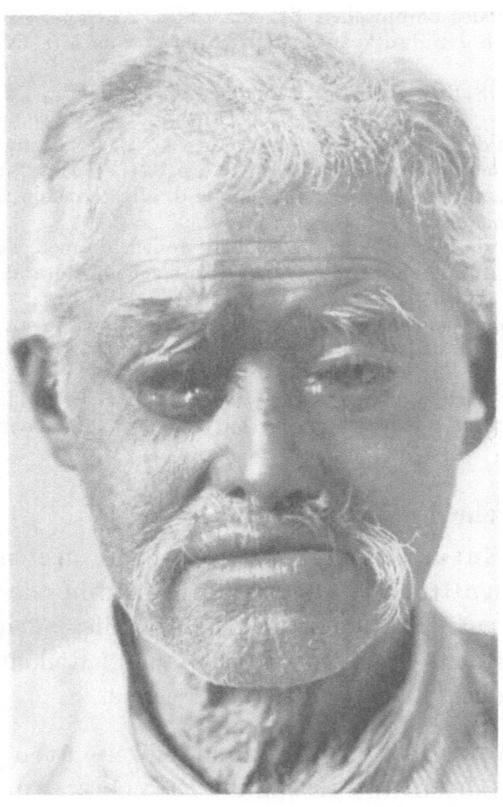

Die Diagnose eines derartigen Falles, den ich vom Jahre 1918 ab in der Heidelberger Augenklinik durch mehrere Jahre beobachten konnte, verdanke ich der hiesigen Universitäts-Hautklinik. Es handelt sich um einen 57 jährigen Mann (Abb. 13), der von Jugend auf an der in Rede stehenden Hauterkrankung und an Augenentzündungen gelitten haben will. Im Jahre 1916 (damals 55 Jahre) bemerkte er gelegentlich einer besonders starken Augenentzündung, daß das rechte Auge erblindet sei. Erst 1918 suchte er die Augenklinik auf und bot damals folgenden Befund: Die Haut des Gesichts und des ganzen Körpers ist mit Schuppen bedeckt, fühlt sich

Abb. 13. Erythrodermia exfoliativa. — 57 jähr. Mann. — Ectropium der 4 Lider; bindegewebige Degeneration der Conjunctiva; recidivierende Keratitis mit Ausgang in Symblepharon. Augenbrauen und Wimpern relativ gut erhalten. In der linken Gesichtshälfte ist der entzündliche Charakter der Erkrankung noch gut erkennbar (Rötung und Schwellung); in der rechten prävaliert die Hautatrophie.

trocken und gespannt an. Während in der rechten Gesichtshälfte die Haut stark verdünnt und atrophisch erschien, war dieselbe links geschwollen, gerötet und glänzend. Rechts und links besteht ein ausgesprochenes Ectropium des Oberlides und Unterlides infolge gleichmäßiger starker Spannung und Verkürzung der ganzen Lidhaut. Die Cilien sind fast vollzählig. Die Conjunctiva hat infolge bindegewebiger

Degeneration ihren Schleimhautcharakter verloren. Die Übergangsfalten sind stark verkürzt und dadurch die Bulbi in ihren Bewegungen sehr beschränkt. Die Conjunctiva bulbi ist stark injiziert. — Am rechten Auge zeigt die Hornhaut neben ausgedehnten dichten alten Flecken eine frischere diffus grauweiße Trübung und reichliche Gefäßbildung. Am linken Auge bestanden bei leichter Hornhauttrübung zwei frische Infiltrate. Ophthalmoskopisch R kein Bild. L normal. Sehschärfe:

R. Lichtschein für mittlere Lampe.

$$\text{L. } + 0,5 \text{ D S.} = {}^5/_{15}; \ + 3,5 \text{ D} \cdot \frac{0,30}{0,50}.$$

In den folgenden Jahren zeigte sich Patient wiederholt immer wegen frischer Keratitis in der Klinik und fand zuletzt im August 1921 Aufnahme: Das Ectropium hatte zugenommen und an beiden Augen bestand ein hochgradiges Symblepharon. Breite bandartige Gewebsstränge zogen von den Lidern zu den Augäpfeln und in der temporalen Hälfte zogen außerdem solche Stränge von Lid zu Lid, wodurch die Lidspalte erheblich verengt war. Diese Erscheinungen waren rechts viel ausgesprochener als links. Infolge ausgedehnter dichter Hornhautnarben war der Visus:

R. S. = Lichtschein für mittlere Lampe,

L. S. = Fingerzählen in $1\,{}^1/_2$ m.

Bei diesem Befunde konnte sich die Behandlung immer nur auf die Beseitigung der frischen Entzündungserscheinungen an der Hornhaut beschränken.

Die Ursache dieser Erkrankungen ist unbekannt. Man nahm an, daß die P. rubra eine Form der Tuberkulose sei, und zwar, daß sie durch Toxinwirkung von Tuberkelbazillen entstehe. In der Tat ist die Kombination derselben mit Tuberkulose häufig; aber eine Abhängigkeit des Exanthems von der Tuberkulose ließ sich bisher nicht einwandfrei feststellen. Nach den Untersuchungen von WIELOWIEJSKI und KOPYTOWSKI (1903) sind es bisher unbekannte Diplokokken, die in die Haut eindringen und in den oberflächlichen und teilweise auch in den tieferen Schichten der Umgebung der Haarfollikel und Schweißdrüsen entzündliche, infektiöse granulomähnliche Herde hervorrufen. Sekundär kommt es zu einer Atrophie der Schweißdrüsen und Haarfollikel und an Stelle der primären Entzündungsherde wird ein fibröses Bindegewebe gebildet, das weiterhin zu einer Atrophie der Papillen und zur Verschmälerung der Epithelleisten führt.

Näheres über Pityriasis rubra und Erythrodermia exfoliativa, insbesondere auch deren Therapie ist in den Lehrbüchern der Dermatologie nachzulesen.

§ 39. Beim Lichen ruber werden nach Kaposis Vorgang zwei Grundtypen der Erkrankung unterschieden, nämlich der Lichen ruber planus und der Lichen ruber acuminatus (Riecke (1905).

Beim Lichen ruber planus finden sich flache und dicke Knötchen von blaßroter bis violettroter Färbung und eigentümlichem wachsartigen Glanze; hier und da ist auch eine feine zentrale Vertiefung vorhanden. Später wachsen sie zu großen Flecken heran, die sich mit kleinen dünnen Schüppchen bedecken und kleine Hornkegel oder Hornperlen aufweisen.

Der Lichen ruber befällt sehr selten das Gesicht und den behaarten Kopf, daher ist auch die Mitbeteiligung der Lidhaut äußerst selten. Jarisch (1900) beobachtete in einem Falle von universeller Ausbreitung des Lichen Knötchen auf der Haut der Augenlider.

Beim Lichen ruber acuminatus, mit dem wohl die von französischen Autoren (Devergie, Besnier) beschriebene Pityriasis rubra pilaris als identisch anzusehen ist, sind die Knötchen von konischer Form und besitzen an ihrer Spitze einen konzentrisch geschichteten etwas überragenden festen Hornpfropfen im erweiterten Follikeltrichter. Häufig ist in der Mitte ein Lanugohaar vorhanden. Die Hyperkeratose beschränkt sich aber nicht auf die Follikel, sondern die ganze Hornschicht ist diffus verdickt. Ist eine große Zahl von solchen Knötchen entwickelt, so erhält man beim Herüberstreichen mit der Hand das Gefühl einer reibeisen- oder feilenartigen Fläche. Mohr (1900) beobachtete bei einer 29jährigen Frau solche bis hirsekorngroße Knötchen am intermarginalen Teile des Lidrandes, von wo aus sie sich auch auf die Bindehaut erstreckten.

Wird aus einem Lichen ruber acuminatus ein universeller, dadurch daß neue Knötchen in den gesund gebliebenen Hautinseln aufschießen, so erscheint die Gesichtshaut gleichmäßig rot, verdickt und schuppend. Die mimischen Bewegungen werden dadurch gestört, und es entsteht ein greisenhafter oder ein Leontiasis ähnlicher Zustand. Zugleich ist auch der Lidschluß gehindert und es kommt zu einem Ectropium der Unterlider. Die Cilien und die Haare der Augenbrauen fallen aus.

§ 40. Der Lupus erythematodes tritt sowohl als chronische (= L. erythemat. discoides) wie als akute (= L. erythemat. disseminatus s. exanthematicus) Krankheit der Haut auf und kann ausnahmsweise auch die Schleimhaut der Mundhöhle befallen.

Der Lupus erythematodes discoides (Janowski 1904) zeigt sich in der Form von entzündlichen roten Flecken oder Scheibchen, die peripher sich vergrößern, während im Zentrum eine bläulichrot gefärbte Einsenkung besteht. Ursprünglich stecknadelkopfgroß, können die Herde die Größe eines Pfennigs, ja sogar die Größe einer Handfläche erreichen. Die Follikelmündungen sind trichterförmig erweitert und über ihnen befinden sich dünne, meist trockene, bröckelige, weißliche oder schmutziggraue Schüppchen. Mehr und mehr sinkt die erkrankte Hautstelle zentral ein, verliert ihre Schuppen und es resultiert eine weiße, glänzende, von Teleangiektasien durchzogene atrophische Narbe.

Der Lupus erythematodes disseminatus s. exanthematicus zeichnet sich durch einen akuteren Verlauf aus. Zahlreiche kleine flache rosenrote Scheibchen treten gruppenweise auf, vergrößern sich nur wenig und schwinden, während neue Herde entstehen. Zwischen diesen Scheibchen finden sich tiefer liegende frostbeulenartige Knoten. Diese disseminierte Form kann in die diskoide übergehen. Bei sehr akutem Verlaufe entsteht eine über das ganze Gesicht ausgedehnte erysipelasähnliche Entzündung der Haut und es kann ein tödlicher Ausgang unter schweren Allgemeinerscheinungen durch Pneumonie und Nephritis erfolgen.

Der Lupus erythematodes discoides pflegt im Gesichte häufig am Nasenrücken zu beginnen, von wo er sich schmetterlingsartig nach beiden Seiten gleichmäßig auf die demselben benachbarten Gesichtsteile und die Augenlider ausdehnt.

Beim Lupus erythematodes disseminatus ist an der Erkrankung der Gesichtshaut auch die Lidhaut beteiligt. Bei stärkerer Vernarbung der Lidhaut kommt es zur Entstehung eines Narbenectropium. Die Erkrankung findet sich bei beiden Geschlechtern, wesentlich häufiger beim weiblichen als beim männlichen Geschlecht, am häufigsten zwischen dem 20. und 40. Lebensjahre, selten bei Kindern und Greisen.

Die Ätiologie des Lupus erythematodes ist noch unbekannt. In neuerer Zeit wird derselbe mit der Tuberkulose in Verbindung gebracht und als Tuberkulid angesehen, obwohl eine Reihe von Gründen dagegen spricht, insbesondere die Tatsache, daß die meisten selbst mit der chronischen Form behafteten Kranken kräftige Individuen sind und bleiben. Nach der Ansicht der einen werden die Hautveränderungen direkt durch den Tuberkelbacillus hervorgerufen, andere betrachten dieselben als durch Toxinwirkung entstanden.

Die Behandlung ist vorwiegend eine lokale. Außer solchen Maßnahmen, die gegen die Entzündungserscheinungen gerichtet sind, wie 3% Borsäure-, 1% Resorzinumschläge, kommen vor allem die radiotherapeutischen Methoden unter streng individualisierender Auswahl in Betracht. Bei dem relativ geringen augenärztlichen Interesse der Erkrankung muß eine nähere Besprechung unterbleiben.

Literatur zu §§ 37—40.

1900 Jarisch: Lichen ruber. Die Hautkrankheiten. 1. Hälfte, S. 367 und 2. Hälfte, S. 535. Wien: A. Hölder. — Mohr: Über den Zusammenhang von Augenerkrankungen mit Hautleiden. (Pityriasis rubra pilaris am Auge.) Wien. klin. Rundschau Nr. 35.

1903 Wielowiejski und Kopytowski: Ein klinischer und anatomisch-pathologischer Beitrag zur Pityriasis rubra Hebrae. Gaz. lekarska No. 37. 1901. Ref. Zentralbl. f. allg. Pathol. u. pathol. Anat. S. 230.

1904 Janowsky: Handbuch der Hautkrankheiten von Mraček. S. 69. Wien: A. Hölder.

1905 Riecke: Lichen ruber. Ebd. S. 491.

1920 Riecke, E.: Lehrbuch der Haut- und Geschlechtskrankheiten. 5. Aufl. Jena: Gust. Fischer.

1921 Yano, F.: Über Dermatitis palpebralis lichnoides symmetrica. Dtsch. med. Wochenschr. Nr. 23, S. 652.

§ 41. Die chronischen granulierenden Entzündungen der Lidhaut treten teils primär auf, teils sind sie von der Umgebung fortgepflanzt. Zu diesen Entzündungen gehören das Rhinosklerom, die Framboesia tropica, die Lepra, die Tuberkulose und die Syphilis; sie entstehen teils exogen, teils endogen und werden, da sie auf einem Infekt beruhen, auch als infektiöse Granulationsgeschwülste oder Infektionsgranulome bezeichnet.

§ 42. Das Rhinosklerom (v. Hebra, Kaposi) ist eine sehr seltene sarkomähnliche Erkrankung, die in der Regel von der Schleimhaut und Haut der Nase ihren Ausgang nimmt und sich von hier aus auf die Lidfläche und Lidränder oder auf dem Wege des Tränenkanals auf den inneren Augenwinkel verbreitet. Dabei bilden sich scharf umschriebene, harte, plattenförmige oder leistenartige Infiltrate. Erkrankt die Schleimhaut der Nasenflügel und der Nasenscheidewand, so werden die Nasenflügel vorgetrieben und aus den Nasenöffnungen ragen elfenbeinharte blau- bis braunrote Knoten hervor. Diese können, wie die Sklerominfiltrate überhaupt, oberflächlich ulcerieren und sich in fibröse glänzende Narben umwandeln. Bei Beteiligung der Schleimhaut des Kehlkopfes, der Trachea oder der Bronchien kommt es zur Stenose der Atmungswege.

Als Infektträger gilt der Rhinosklerombacillus, ein Kapselbacillus, der dem Friedländerschen Pneumoniebacillus morphologisch und kulturell sehr nahe steht. Das Rhinosklerom besteht aus einem zellen- und gefäßreichen derbfibrösen Bindegewebe mit Einlagerung von stark geblähten Granulationszellen, den sogenannten Mikuliczschen Zellen, die eine hydropische oder kolloide Umwandlung erfahren. Die um das Drei- bis Vierfache ihres Umfanges geblähten Zellen sollen durch das Eindringen der Sklerombazillen in die Zelle selbst, die kolloid veränderten Zellen durch eine Fernwirkung derselben entstehen. Die Sklerombazillen werden ferner in Lymphspalten und Lymphgefäßen angetroffen. STEPANOW (1893) impfte Sklerompartikel und Gelatinekulturen sowohl in die Hornhaut als auch in die vordere Kammer der Meerschweinchen. Bei 25% der geimpften Tiere war der Erfolg ein positiver.

Als geographische Hauptherde des Skleroms werden das südwestliche Rußland, Ungarn und Zentralamerika bezeichnet. Befallen wird zumeist das Lebensalter zwischen 20—30 Jahren.

Die Behandlung ist eine operative.

§ 43. Die Framboesia tropica auch Yaws und in Brasilien »Bouba« benannt, ist eine Hautkrankheit, die häufig bei Farbigen, und zwar meistenteils bei jungen Individuen vorkommt (EYKMAN 1888), doch auch Europäer nicht verschont. Sie ist gekennzeichnet durch das Auftreten von multiplen Papeln, die eine Neigung zu oberflächlichem Zerfall aufweisen. Nach BREDA (1895) kommt sie auch an den Schleimhäuten zur Beobachtung. Ausnahmsweise wird die Lidhaut ergriffen, wie in dem BREDAschen (l. c.) Falle. Hier entstand bei einem 36jährigen Manne am Lidrande entsprechend dem äußeren Lidwinkel eine knötchenförmige bläuliche Infiltration, die sich langsam schmerzlos auf die Bindehaut und die benachbarte Gesichtshaut ausdehnte und schließlich partiell zerfiel. Die regionären Lymphdrüsen blieben unbeteiligt.

Die Framboesia ist auf Menschen übertragbar (EYKMAN 1888) und wurde früher vielfach mit Syphilis in Zusammenhang gebracht, mit der sie auch wohl gewisse Verwandtschaft besitzt. NEISSER, BAUMANN und HALBERSTADT (1906) haben die Krankheit vom Menschen auf höhere und niedere Affen überimpft; auch von Tier zu Tier gelingt die Überimpfung. Drüsen- und Organimpfungen beweisen eine Generalisation des Virus im Organismus.

Als Erreger wurde von CASTELLANI (1906) in geschlossenen Efflorescenzen eine zarte Spirochätenart gefunden (Spirochaete s. Treponema pertenuis s. pallidula), die morphologisch von dem Syphiliserreger, der Spirochaete pallida, kaum zu unterscheiden ist, aber im Gegensatz zu dieser nur in der Epidermis angetroffen wird, und zwar fast ausschließlich an Stellen, wo eine zwischen Rete Malpighi und Hornschicht gebildete Leukocytose die Lamellen der letzteren auseinanderdrängt. Abgesehen von dieser stellenweise abgrenzbaren Leukocytose, ist histologisch eine stark ausgeprägte Hyperkeratose und eine Plasmombildung in der Cutis nachweisbar. Die Behandlung ist eine lokal-chirurgische

§ 44. Die Lepra der Lidhaut zeigt wie diejenige der übrigen Haut zwei Haupttypen: die Lepra tuberosa und die Lepra maculo-anaesthetica.

Die knotige Lepra (L. tuberosa) beginnt an der Lidfläche als eine diffuse Infiltration des Gewebes, die im wesentlichen das klinische Bild eines Ödems darbietet. Die Färbung ist eine dunkel- oder lila-rötliche, selbst bläuliche. In der Haut des infiltrierten Lides sind gewöhnlich Knötchen oder Knoten durchzufühlen, deren Abgrenzung bei mehr diffuser Gewebsinfiltration zuweilen undeutlich ist. Anfänglich sind die Knoten in der Regel sehr klein, doch können sie in bezug auf Größe und Zahl bedeutende Verschiedenheiten darbieten. Viel häufiger als die Lidfläche erkrankt der Lidrand, der meist in ganzer Länge betroffen wird, und zwar entweder in Form einer diffusen knotenartigen Infiltration (s. Abb. 14) oder in Form diffuser Knoten, zu einer Reihe angeordnet oder seltener in Form von Knötchen, die wie kleine Erbsen dem Lidrande aufsitzen. Der Lidrand erkrankt meist früher als die Lidfläche.

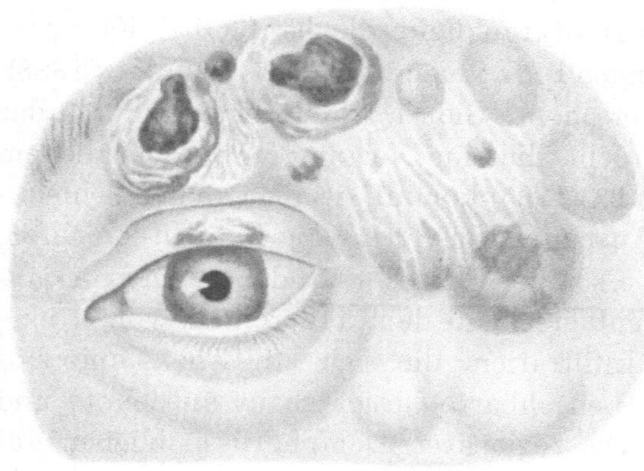

Abb. 14. Frische knotige Infiltrate, ältere ulcerierte Knoten und Vernarbungen der Augenbrauen- und Schläfengegend, knotiges Infiltrat in der Mitte des Oberlides unmittelbar am Lidrande. Natürliche Größe.

Nicht selten entwickeln sich Knoten an symmetrischen Stellen der Augenlider, und zwar ohne sonstige Beteiligung des Gesichts. In anderen Fällen steht die Lidlepra in unmittelbarem Zusammenhang mit einer leprösen Erkrankung der Gesichtshaut, besonders mit der Haut der Augenbraue (s. Abb. 14) und der Stirn. Die Augenlider können aber auch bei hochgradiger Gesichtslepra verschont bleiben. In der Regel stellt sich jedoch eine gewisse Zeit nach dem Auftreten der Hautlepra eine solche der Lidhaut ein, und zwar pflegen die Augenlider im Verlauf der ersten 2 Jahre der Erkrankung beteiligt zu werden. Selten werden die Augenlider später befallen; in einer Beobachtung erst 12 Jahre nach dem Ausbruch der Lepra. Nach CARRON DU VILLARDS (1875) soll am häufigsten zugleich mit der Lidhaut das Ohrläppchen erkranken.

Als erste Begleiterscheinung der Lepra tritt nach BULL und HANSEN (1873) ein Ausfall der Supercilien und Cilien, gewöhnlich genau entsprechend der Ausdehnung des Lidknotens auf. Der Haarausfall zeigt sich jedesmal an beiden Augenbrauen, wenn auch nicht regelmäßig in gleichem Grade. Zugleich mit der Lidhaut kann auch der Augapfel, Conjunctiva und Cornea, Sitz von Lepromen sein.

Der Verlauf ist ein verschiedener. Die diffuse Infiltration kann zurückgehen; sogar Knoten können resorbiert werden. Alsdann erscheint die Haut atrophisch und an einzelnen Stellen zu einer Narbe zusammengezogen. Die Knoten zeigen aber, besonders nach fieberhaften Anfällen, häufiger einen Zerfall zu oberflächlichen oder tiefen Geschwüren. Hierauf erfolgt ebenfalls eine Vernarbung, wodurch ein Ectropium veranlaßt werden kann. Frische und ulcerierte Knoten können gleichzeitig mit Narbenbildungen beobachtet werden (s. Abb. 5). Gerade in der Augenbrauengegend kommt es, wie an der Nase und den Lippen, zur Entwicklung der größten geschwulstartigen Knoten. Knoten und Wülste werden dabei von tiefen Hautfurchen durchzogen. Manchmal setzt sich auch die Lepra des Lidrandes auf die benachbarte Tarsalbindehaut fort, wobei die Knötchen in der Regel klein sind. Im Stadium der Resorption und, wenn die knotige Form in die makuloanästhetische überzugehen beginnt, tritt häufig eine Lähmung des M. orbicularis ein, wie auch bei dem Befallensein der Augenbrauen und der Stirnhaut eine solche des M. corrugator und frontalis.

Bei der Lepra maculo-anaesthetica werden an der Lidhaut flache braunrote Infiltrate gebildet mit sekundärer Atrophie, Ausfall der Cilien und den Erscheinungen der Anästhesie. Von den motorischen Nerven wird am häufigsten der N. facialis befallen und weiterhin kommt es zu einer Atrophie des M. orbicularis.

Beide Formen der Lepra führen in langdauerndem Verlaufe durch Ausbreitung der Erkrankung auf die verschiedenen Organe des Körpers und durch Entwicklung einer Kachexie zum tödlichen Ausgang.

Der Erreger der Krankheit ist der Leprabacillus. Nach Lie (1899) liegen die Leprabacillen sowohl in den Zellen als frei in den Lymphräumen, überwiegend jedoch in den Zellen, teils vereinzelt, teils in Häufchen. Die Anzahl ist eine sehr schwankende. Am häufigsten siedeln sie sich anscheinend im mittleren Teile des Coriums an. Im Zentrum des Knotens gelingt es in der Regel, ein Blut- oder Lymphgefäß nachzuweisen. Die Bacillen liegen alsdann oft in den Zellen der Intima, seltener in Leukocyten. Solange die Bacillen die Gefäßwand nicht durchdrungen haben, bleibt das umgebende Gewebe reaktionslos; haben dieselben das Gefäßrohr durchwuchert, so treten perivasculär leukocytäre Wanderzellen sowie eine mäßige Wucherung von Bindegewebszellen auf. Die Neigung zur Nekrose ist sehr gering. Besonders zahlreich sind große epitheloide Zellen, in denen die Bacillen massenhaft liegen und die die sogenannten Leprazellen bilden; sie finden sich am reichlichsten in dem zentralen ältesten Teile der Knötchen. Die Ausbreitung der Krankheit geschieht dadurch, daß die Bacillen in die den Gefäßen am nächsten liegenden Zellen eindringen und durch die Blut- und Lymphbahnen verschleppt werden. Dabei zeigen die Gefäßhäute ein verschiedenes Verhalten. Die Intimazellen wuchern, und die neugebildeten Zellen zeigen nicht selten Bacillen. Die Media ist kaum beteiligt, höchstens daß die Muskelzellen Pigmentkörnchen enthalten. Die Zellen der Adventitia sind sehr bacillenreich und durch Wucherung der Bacillen stark vergrößert. Das erkrankte Gefäß kann thrombosieren und durch lepröse Wucherung völlig verschlossen werden. In leprösen Knoten findet sich auch eine Gefäßneubildung. Nicht in allen Fällen läßt sich im Zentrum des Knotens ein Gefäß nachweisen, vielmehr kann die lepröse Infiltration auch um kleine Nervenäste herum gruppiert sein, die aber in der Regel weniger von den Bacillen befallen sind als das umgebende Bindegewebe. Die Bacillen liegen im Nerven sowohl im Perineurium und Endoneurium als auch in den Schwannschen Scheiden.

Die Epidermis wird bei den leprösen Hautknoten zunächst durch die wachsende Neubildung einfach vorgeschoben, wodurch eine Abflachung der unteren Oberhautgrenze eintritt. Die Knoten können auf dieser Stufe stehen bleiben und resorbiert werden. Gewöhnlich findet ein Durchbruch statt, teils dadurch, daß die lepröse Infiltration das Rete mucosum erreicht und eine Ernährungsstörung und Abschilferung der Oberhaut eintritt, teils dadurch, daß die Bacillen sich zwischen die Zellen des Rete mucosum drängen, sie lockern und weiter nach der Oberfläche dringen. Pigmentlose Flecken — Morphoea alba — sind nicht häufig, die Regel ist vielmehr eine Zunahme des Pigments. Kleine gelbe bis gelbbräunliche Körnchen finden sich in der Oberhaut, im Rete mucosum und besonders in dessen Basalschicht, hier und da auch in den Bindegewebszellen des Coriums. Die elastischen Fasern der Haut werden nach und nach zerstört.

Was die Liddrüsen anlangt, so veröden, wenn auch sehr langsam, die Talgdrüsen; Bacillen werden nur ausnahmsweise zwischen oder in den Drüsenzellen gefunden. Die zerstörende Wirkung ist daher in einer mangelhaften Ernährung oder in den abnormen Verhältnissen der Umgebung zu suchen. In den Schweißdrüsen kommen Bacillen dann und wann vor und liegen an den Drüsenwänden sehr dicht zusammen. Die Ursache der Störung der Schweißsekretion bei Leprösen dürfte aber eher in einer gestörten Nerventätigkeit zu suchen sein. Der Haarbalg enthält nur selten und ganz vereinzelte Bacillen. Dagegen finden sich oft Leprabacillen zwischen den Zellen der Wurzelscheiden, in Häufchen oder in langen Verbänden, und sie können sich entlang dem Haare bis an die Hautoberfläche fortsetzen. Der Cilienausfall wird durch den Druck der leprösen Infiltration oder durch eine Wirkung von Bakterientoxinen erklärt. Durch Zerstörung der Haarfollikel wird die Haut nach Jahren glatt. Bemerkt sei — im Hinblick auf die Angabe von LIE (l. c.), daß die Musculi arrectores einer Atrophie anheimfallen —, daß solche an den Cilien mangeln.

In den Muskelzellen des Orbicularis treten kleine, vielgestaltige Körnchen von gelblichem Farbentone auf, gleich den Körnchen bei der Pigmentatrophie der Herzmuskulatur. Die Muskelzellen gehen in derselben Weise wie die Herzmuskelzellen zugrunde. Hervorzuheben ist noch, daß bei der makulo-anästhetischen Form in den flachen Infiltraten entweder keine oder nur spärliche Bacillen gefunden werden.

Nach VOSSIUS (1885) vermehren sich die Bacillen im Kaninchenauge, wenn Lepramaterial in die vordere Kammer eingeführt wird, und dringen auch in das umgebende Gewebe ein. Es bildet sich um die in die vordere Kammer eingebrachten leprösen Gewebsstücke ein Exsudat, innerhalb dessen die Leprabacillen längere Zeit erhalten bleiben und auf weitere Tiere übertragen werden können.

Diagnostisch gelingt bei der tuberösen Form leicht der färberische Nachweis von Leprabacillen durch Einschnitt in die infiltrierte Haut und Auspressen von Gewebssaft. Demnach ist zur Diagnosenstellung eine Probeexcision zu empfehlen. — Die Prognose ist durchaus ungünstig.

Eine spezifische Behandlung der Lepra durch aktive oder passive Immunisierung unter Anwendung von Reinkulturen ist wegen der Schwierigkeit der Reinzüchtung von Leprabacillen noch nicht gelungen.

Therapeutisch wird die subkutane und interne Darreichung von Chaulmoograöl empfohlen. Die Pyrogallolbehandlung hat unleugbar einen direkten aggressiven Einfluß auf die Leprabacillen. DEYKES (1907) Benzoyl-Nastin-Therapie ist noch nicht erprobt; ihre Wirkung soll auf einer Entfettung der Leprabacillen und nachfolgender Bakteriolyse beruhen. Auch Jod-, Quecksilber- und Arsen (Salvarsan)-Präparate wurden versucht. — Zum Schutze der Umgebung ist strengste Isolierung der Leprakranken unbedingt erforderlich.

§ 45. Die Tuberkulose der Lidhaut zeigt im wesentlichen die Äußerungsformen der Hauttuberkulose und tritt auf 1. als Tuberculosis luposa oder Lupus vulgaris s. tuberculosus, 2. als Tuberculosis ulcerosa miliaris oder tuberkulöses Hautgeschwür, auch Tuberculosis propria cutis genannt, 3. als Tuberculosis colliquativa s. Skrophuloderma oder kalter Absceß, 4. als ein mit Verkalkung einhergehender Solitärtuberkel und 5. als tuberkulöse Hautfistel.

Der Tuberkelbacilleninfekt der Lidhaut vollzieht sich entweder ektogen oder metastatisch auf dem Blut- oder Lymphwege. Ektogen entsteht die Tuberkulose durch Haftung von Tuberkelbacillen an wunden, macerierten, ekzematösen oder verletzten Stellen, sei es, daß sie direkt von Mensch auf Mensch oder indirekt, beispielsweise durch infizierte Finger (unter den Nägeln wurden auch bei Nichttuberkulösen Tuberkelbacillen nachgewiesen!) übertragen werden. Auf einen ektogenen Infekt ist unter Berücksichtigung der individuellen Verhältnisse beim Fehlen tuberkulöser Erkrankungen anderer Organe zu schließen. Auch ein Autoinfekt kann ektogen durch tuberkulöses Material entstehen, das vom Körper des Kranken stammt und durch verunreinigte Finger oder Taschentücher, beispielsweise bei einem tuberkulösen Geschwür der Nasenschleimhaut, auf die Lidhaut übertragen wird. Auch die Möglichkeit, daß bei unverletzter Haut ein Eindringen von Tuberkelbacillen in die Ausführungsgänge der Talg- und Schweißdrüsen stattfindet, indem die Lider mit den Fingern oder Taschentüchern gerieben werden, ist nicht von der Hand zu weisen.

Die Diagnose einer tuberkulösen Erkrankung der Lidhaut stützt sich auf bestimmte klinische Lokalerscheinungen und mikroskopisch auf den charakteristischen histologischen Bau des Tuberkels. Die Deckglasbacillenfärbung spielt eine untergeordnete Rolle, zumal es sich um eine zufällige Verunreinigung handeln kann, und die Feststellung von Bacillen im Schnittpräparate ist häufig mit großen Schwierigkeiten verbunden. Die Einführung von tuberkuloseverdächtigem Material in die vordere Kammer des Kaninchenauges ist, wenn positiv, beweisend, wenn negativ, nicht als Gegenbeweis anzusehen. Von spezifischen Reaktionen wären allenfalls die subcutane Injektion von Alttuberkulin und die cutane v. PIRQUETsche Impfung in Betracht zu ziehen.

§ 46. Der Lupus der Lidhaut tritt unter den gleichen Erkrankungsformen auf wie der Gesichtslupus.

Die sogenannten Lupusflecke — Lupus planus s. maculosus —, sind scharf umschriebene, im Niveau der Haut liegende, stecknadelkopf- bis linsengroße Infiltrate, die das erste Stadium der Lupusentwicklung darstellen. Durch Volumenzunahme und Confluens solcher Infiltrate entstehen die Haut überragende Lupusknötchen — Lupus nodularis s. tuberculosus. — Die Knötchen sind von weicher Konsistenz, braunroter bis gelblicher Färbung und transparentem Aussehen, an Apfelgelee oder Gerstenzucker erinnernd, wenn man durch Druck mit einer Glasplatte auf die erkrankte Stelle die Hyperämie zum Verschwinden bringt. Durch Spannung der Hautoberfläche erscheint der Lupusherd etwas glänzend. Im weiteren Verlaufe kommt es zu regressiven Erscheinungen, gleichzeitig zur Schüppchenbildung — Lupus pityriasiformis — oder zu stärkeren Veränderungen der Epidermis in Form von Verdünnung und ausgedehnterer Abschuppung derselben — Lupus psoriasiformis oder exfoliativus. Bei der Heilung verschwindet allmählich die Rötung und es bleibt eine feine, meist weißliche seichte narbige Einziehung zurück. Um eine solche Narbe als Zentrum können sich neue Lupusherde — Lupus annularis oder circinatus — gruppieren. Bei einer gewissen Größe eines Lupusherdes erfolgt die Ausbreitung nicht mehr gleichmäßig peripherisch, sondern in serpiginöser Form — Lupus serpiginosus. Entstehen größere über die Hautoberfläche hervorragende Knoten, so resultiert das klinische Bild des Lupus

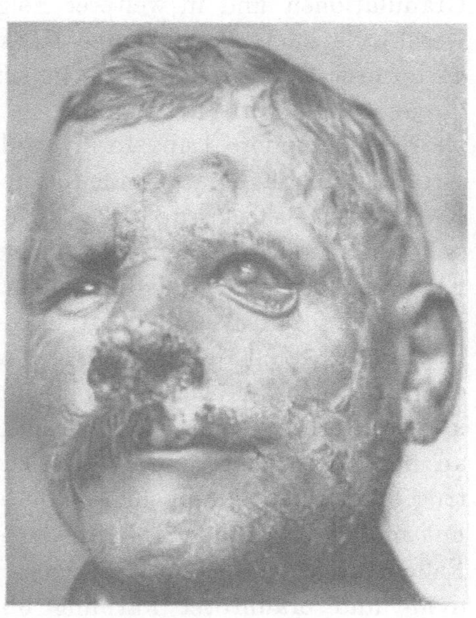

Abb. 15. 48jähr. Mann. Lupus vulgaris ulcerosus et exfoliativus mit ausgedehnter Vernarbung, Narbenectropion des linken Unterlids. Der Lupus bestand angeblich seit dem 18. Lebensjahr, war trotz vielfacher Behandlung progressiv. Das Ectropion besteht 4 Jahre. Die Conjunctiva zeigte keine für Tuberkulose charakteristischen Veränderungen; ebenso erwies sich ein polypoider Knoten der Conjunctiva des Oberlids bei der mikroskopischen Untersuchung als frei von Tuberkulose.

tuberosus, wobei dieselben Erbsengröße und darüber erreichen, mehr dunkelbläuliche oder bräunlichrote Färbung und sehr weiche Konsistenz besitzen, so daß sie mit einem scharfen Löffel leicht zu entfernen sind. Die Knoten können mit Hinterlassung einer tieferen netzförmigen Narbe spontan heilen, in der Regel aber zerfallen sie geschwürig — Lupus ulcerosus, exulcerans oder excedens. Die lupösen Geschwüre zeigen einen blau- bis grauroten Grund, der teilweise mit wuchernden Granulationen bedeckt ist, und scharfe, meist unregelmäßig begrenzte Ränder; sie bluten leicht und sondern eine dünn-eitrige Flüssigkeit ab. Im allgemeinen ist die Neigung zum Fortschreiten in die Tiefe nur gering. Oft sind die Geschwüre mit gelben oder schmutziggrauen bis dunkelbraunroten Krusten bedeckt, herrührend von vertrocknetem Geschwürssekret oder Blut. Ein solcher Lupus crustosus entsteht auch hie und da ohne Geschwürsbildung durch eine Überschwemmung der Epidermis mit Serum. Endlich können sich auf der Geschwürsfläche wuchernde und leicht blutende Granulationen und in weiterer Folge papillom- oder warzenähnliche Geschwülste oder keloidartige Höcker entwickeln, die mit Schichten verhornter Epithelzellen bedeckt sind — Lupus papillaris, verrucosus und cornutus.

Eine besondere Lupusform ist der Lupus disseminatus follicularis, auch vulgaris acneiformis oder Acne luposa genannt, von KAPOSI (1894) als Acne teleangiectodes bezeichnet. Die Ähnlichkeit der Lupusknötchen mit Acneknötchen ist durch pustelähnliche Einlagerungen und die disseminierte Form durch Lokalisation des Lupus um Talgdrüsen bedingt. In einem der von KAPOSI (1894) mitgeteilten Fälle (48jähriger Mann) waren zahlreiche teils flache, teils erhabene, mehrfach Gruppen bildende, sonst aber disseminierte, schrotkorn- bis erbsengroße, mäßig succulent sich anfühlende rote Knötchen an den Unterlidern und im Gesicht vorhanden. Ein Teil derselben trug ein kleines Schüppchen, andere zeigten an der Spitze Pustelchen mit molkig-bröckligem Inhalt oder ein Krüstchen. In einem anderen Falle waren bei einer 40jährigen Frau Knötchen von größtenteils livid- und braunroter Färbung über den Augenbrauen zu dichten Haufen zusammengedrängt.

Im weiteren Verlaufe kommt es bei längerem Bestehen des Gesichts- und Lidhautlupus zu ausgedehnten und außerordentlich entstellenden Zerstörungen und Vernarbungen (vgl. RUETE, Bildliche Darstellung der Krankheiten des menschlichen Auges. 9. Lieferung. Tafel XXXIV Fig. 3, und HEBRA, Atlas der Hautkrankheiten. 1. Lieferung. Tafel III, IV, V, VII). Die Lider können in toto von Geschwüren und Narben befallen werden. Durch Narbenschrumpfung entsteht ein Ectropium, das je nach dem ursprünglichen Sitze des Lupus an einem Lide oder an einem Augenlidpaare oder selbst an beiden Augenlidpaaren auftreten kann. Das Ectropium wird wesentlich durch den gleichzeitigen Narbenzug der den Lidern benachbarten lupös erkrankten Gesichtsteile, der Wange und der Stirn, verstärkt. Entsprechend dem Grade des Ectropiums wird der Lidschluß mangelhaft oder sogar unmöglich, besonders wenn Oberlid und Unterlid gleichzeitig ectropioniert sind. Dadurch ist, wie bei jedem hohen Grade von Ectropium, die Hornhaut gefährdet. Die Cilien und Supercilien fallen aus als Folge der durch die Narbenbildungen bedingten Ernährungsstörung. Meist sind auch an anderen Hautstellen und an Schleimhäuten, wie an der Bindehaut, der Schleimhaut der Nase, des Rachens und des Kehlkopfes, Lupusherde vorhanden und Lymphdrüsen, Knochen, Gelenke, seltener die Lungen, tuberkulös erkrankt. Sehr oft kombiniert sich der Lupus des Canthus internus mit einer sekundären (nichttuberkulösen) Tränensackblennorrhoe.

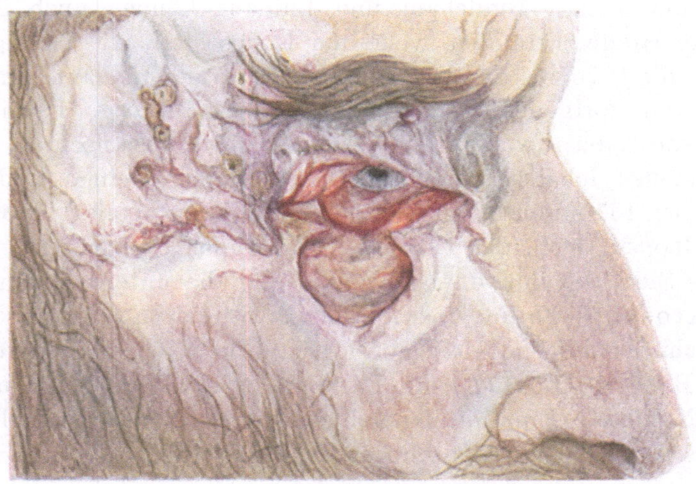

Abb. 16. Lupuscarcinom (Tuberculocarcinom). — 56 jähr. Mann.

Gelegentlich kann ein Infekt der lupös erkrankten Gesichts- und Lidhaut mit Streptokokken stattfinden und ein Erysipel entstehen. Nicht allzu selten entwickelt sich auf dem Boden eines Lupus ein Carcinom, sogenanntes Lupuscarcinom oder Tuberkulocarcinom (CAPAUNER 1901, LINDNER 1914) (s. S. 244). Ein derartiges Lupuscarcinom zeigt Abb. 15, die von einem 56jährigen Manne stammt. Derselbe war im Alter von 40 Jahren an Lupus der rechten Wange erkrankt und wurde mit Kauterisation, später mit Röntgenbestrahlung behandelt. 14 Jahre später wurde in der Heidelberger Universitäts-Hautklinik die Diagnose gestellt: Lupusreste an der rechten Schläfe und vom rechten Unterlid ausgehendes Cancroid der Wange. 2 Jahre später, als nebenstehende Zeichnung angefertigt wurde, war klinisch der Lupus nicht mehr nachweisbar; sowohl die Ulcera verschiedener Größe wie die Knötchen am Oberlid und der Schläfe, die sämtlich kleine Krater zeigten und sich außerordentlich derb anfühlten, mußten als rein carcinomatös aufgefaßt werden (Heidelberger Universitäts-Hautklinik). Die Strahlenbehandlung wurde noch einige Zeit ohne Erfolg fortgesetzt. Der Mann entzog sich der weiteren Beobachtung.

Der Lupus der Lidhaut geht weitaus am häufigsten von der Gesichtshaut aus, welche die bevorzugte Lokalisation des Lupus darstellt. In erster Linie wird die häutige Nase und ihre Umgebung betroffen. Wenn die Lidhaut in isolierten Herden ergriffen wird, so finden sich die Lupusknötchen vereinzelt, vorzugsweise auf der Lidfläche. Hat der Lupus der Lidhaut den Lidrand erreicht, so kann er auf die Bindehaut übergehen, wie auch umgekehrt ein Bindehautlupus auf den Lidrand übergreifen kann. Bindehaut und Lidhaut können auch in Form isolierter Herde erkranken, wobei der Lupus oft in die Tiefe geht.

Was die Häufigkeit des primären Lupus der Lidhaut zum sekundären, d. h. fortgepflanzten anlangt, so hat BENDER (1886) in 374 Fällen von Lupus, (wobei in 68,5% eine Tuberkulose noch an anderen Körperstellen lokalisiert war), die Augenlider zweimal und SACHS (1886) bei 137 Lupusfällen viermal als primär befallen beobachtet. Nach BLOCK (1886), der 121 Fälle von Lupus beobachtete, war der primäre Sitz: der innere Augenwinkel und die untere Augenlidfalte.

Mikroskopisch finden sich in der Cutis und Subcutis der Lidhaut in verschiedener Tiefe scharf abgegrenzte Tuberkelknötchen von typischem Baue (s. Abb. 17K) mit LANGHANSschen Riesenzellen und zentraler Nekrose. Einzelne Knötchen können sogar unmittelbar der Muskelschicht aufsitzen (s. Abb. 17R). Nahe der Hautoberfläche sind die Knötchen nicht scharf voneinander abgegrenzt, sondern gehen ineinander über (s. Abb. 17G). Dazwischen können sich frische und ältere Blutungen finden (Abb. 17Bl). In der makroskopisch gesund erscheinenden Umgebung der Herde treten Plasmazellen in beträchtlicher Zahl auf. Die Epithelleisten erscheinen stark verlängert und wuchern stellenweise in Form von kolbigen Auswüchsen in die Tiefe (Abb. 17E). Zwischen den Muskelbündeln (Abb. 17M) können herdförmige kleinzellige Infiltrate wie auch solche an den Nerven (Abb. 17N) sichtbar sein. In einem von KAPOSI (1894) mitgeteilten Falle von Lupus acneiformis fand sich ein ziemlich reich vaskularisiertes junges Granulationsgewebe tief im Corium knotenförmig eingelagert, vorzugsweise das Ende der Haarbälge und die Knäueldrüsen umgebend, mit Riesenzellen in Häufchenanordnung und epitheloiden Zellen.

Behandlung des Lupus: Die Allgemeinbehandlung ist diejenige der Tuberkulose. Durch Schaffung möglichst günstiger hygienischer Verhältnisse und Ernährungsbedingungen ist eine Erhöhung der Widerstandsfähigkeit des Organismus herbeizuführen. In neuerer Zeit

kommt wieder die KOCHsche Tuberkulinbehandlung als kausale Therapie unter genauer Auswahl der Fälle und bei vorsichtiger Dosierung
mehr in Aufnahme, nachdem dieselbe lange Zeit in Mißkredit geraten
war, da diese die anfänglich an sie geknüpften großen Hoffnungen
nicht erfüllt hatte.

Die Allgemeinbehandlung muß stets mit einer lokalen Therapie
verbunden werden, die eine möglichst radikale Entfernung des kranken

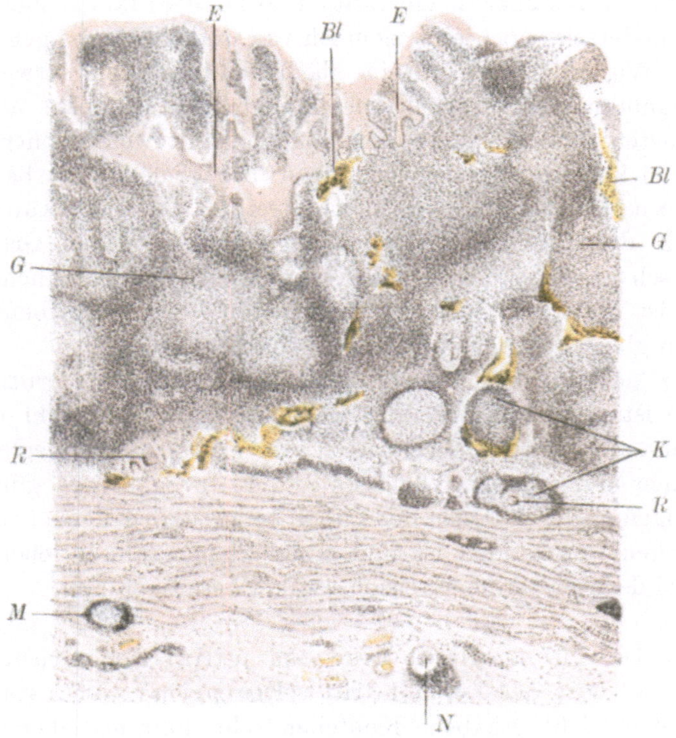

Abb. 17. Sagittalschnitt durch ein lupös erkranktes Lid. Vergr. $^{20}/_1$.
E Verlängerung der Epithelleisten. *Bl* Blutungen. *G* Konfluierende Tuberkel. *R* Tuberkelknötchen
mit Riesenzellen, unmittelbar der Muskelschicht aufsitzend. *M* Kleinzellige Infiltrate zwischen den
Muskelbündeln. *N* Kleinzelliges Infiltrat, einem Nerven aufsitzend.

Gewebes unter größter Schonung der gesunden Umgebung bezweckt.
Das wird bei kleineren Lupusherden trotz der großen Fortschritte
der neueren Strahlenbehandlung noch immer am sichersten durch die
frühzeitige Excision im Gesunden erreicht. Hie und da kommt die
Auskratzung mit dem VOLKMANNschen scharfen Löffel und nachfolgender Kauterisation mit dem Galvanokauter oder mit dem PA-
QUELINschen Brenner in Betracht. — Bei flächenhaftem Lupus
spielten früher chemische Mittel, die eine Zerstörung des kranken
Gewebes durch Ätzwirkung herbeiführen sollten, eine große Rolle;

unter den zahlreichen Substanzen sei hier nur das Arsen in Pastenform und die Pyrogallussäure genannt. Diese Mittel sind durch die modernen radiotherapeutischen Methoden, von denen vor allem die Anwendung der Röntgenstrahlen und die FINSENbehandlung mit konzentriertem Lichte (LESSER 1905), weniger die Radiumbestrahlung (WICHMANN 1905) in Betracht kommen, fast ganz verdrängt. Die Strahlenwirkung beruht auf der Erregung einer reaktiven Entzündung und elektiven Zellnekrose einerseits, und bei der FINSENschen Methode kommt anderseits noch eine ziemlich tief in das Gewebe gehende bactericide Wirkung hinzu. Beim flächenhaften Lupus erweisen sich die genannten radiotherapeutischen Verfahren zweifellos als die erfolgreichsten; zudem haben dieselben den sehr wesentlichen Vorzug, daß sie in kosmetischer Hinsicht (d. h. bezüglich der Narbenbildung) die andern Methoden bei weitem übertreffen. Das Tuberkulocarcinom ist nach den für das Carcinom allgemein geltenden Grundsätzen chirurgisch zu behandeln. — Bei Komplikation mit Tränensackblennorrhoe ist der Tränensack zu exstirpieren. — Die Narbenektropien bedürfen gleichfalls der operativen Behandlung.

Trotz der unstreitig bedeutenden Erfolge der modernen Lupustherapie ist die Prognose des Leidens in der Mehrzahl der Fälle schon deshalb ungewiß, weil dasselbe sehr häufig eine Begleiterscheinung einer anderweitigen Tuberkulose ist. Prognostisch günstig sind die wenigen Fälle, in denen der Lupus bei gesunden Personen als ektogener Infekt entstanden ist und einen kleinen umschriebenen Herd darstellt, der sich durch Excision radikal beseitigen läßt.

§ 47. Die Tuberculosis ulcerosa miliaris, das tuberkulöse Hautgeschwür der Lidhaut tritt selten primär auf. Im Beginne finden sich leicht erhabene Knötchen oder miliumähnliche Gebilde, die durch raschen Zerfall geschwürig werden und in diesem Stadium mit einem Hordeolum verwechselt werden können (BRAUNSCHWEIG 1892). Der Grund des oberflächlichen Geschwüres ist mit schlaffen gelblich-rötlichen Granulationen bekleidet, seine Ränder sind scharf geschnitten, zackig, stark gerötet und kaum infiltriert. In der unmittelbaren Nachbarschaft eines solchen Geschwüres können neue zerfallende Knötchen entstehen, wodurch das Geschwür sich mehr und mehr ausbreitet. Vorzugsweise wird der Lidrand befallen, hauptsächlich das Unterlid in seiner medialen Hälfte. Durch die Ausdehnung der Geschwürsbildung kann der Lidrand in großer Ausdehnung, so in einer Hälfte und darüber, geschwürig erscheinen. Von hier aus kann das Geschwür auch auf die Tarsalbindehaut übergreifen; selten breitet sich ein Geschwür des Lidrandes auf die Lidfläche aus. Manchmal entsteht auch, wie v. MICHEL dies bei einem 15jährigen Mädchen beobachtete, an gegenüberliegenden Stellen des oberen und unteren Lidrandes ein tuberkulöses Geschwür, eine Abklatschtuberkulose. In diesem Falle war zuerst der obere und nach 14 Tagen der untere Lidrand korrespondierend erkrankt. Der Kontaktinfekt ist durch den Lidschluß verständlich. Auch der Tarsus kann miterkranken, was daran zu erkennen ist, daß graugelbliche Knötchen durch die Tarsalbindehaut durchschimmern, wie v. MICHEL dies bei einer 24jährigen Frau feststellte, die ein tuberkulöses Geschwür des linken unteren Lidrandes darbot. —

Umgekehrt kann auch sekundär ein tuberkulöses Lidrandgeschwür von einer primären Tuberkulose der Tarsalbindehaut (MAREN 1884 und VIEUSSE 1899) entstehen, wie auch im weiteren Verlaufe an anderen Stellen der Gesichtshaut tuberkulöse Geschwüre sich entwickeln können. So war bei einem von v. MICHEL beobachteten 24jährigen Mädchen zuerst ein Geschwür der Tarsalbindehaut des linken Unterlides aufgetreten, dann ein Hautgeschwür an der lateralen Lidfläche in ziemlicher Entfernung vom Lidrande, und später wieder ohne räumliche Verbindung mit diesem Geschwür ein solches mitten auf der gleichseitigen Wange. In dem Geschwürssekret fanden sich Tuberkelbacillen. Es darf wohl angenommen werden, daß das über den unteren Lidrand abträufelnde Sekret des primären Bindehautgeschwürs die Hornschicht der Haut des Unterlides und der Wange macerierte, wodurch die Möglichkeit für eine Haftung der in der Bindehautflüssigkeit enthaltenen Tuberkelbacillen gegeben war.

Von anderweitigen Erscheinungen eines tuberkulösen Lidgeschwürs ist zu erwähnen, daß die Cilien des erkrankten Lidrandes ausfallen und die regionären Lymphdrüsen, in erster Linie die Präaurikulardrüse, leicht geschwellt sind. Verhältnismäßig häufig findet sich gleichzeitig eine Tuberkulose des Tränensackes und der Nasenschleimhaut. Nicht selten sind Narben von vereiterten tuberkulösen Lymphdrüsen am Halse und Zeichen einer Lungenphthise (MAREN 1884, BRAUNSCHWEIG 1892) anzutreffen.

Die Heilung erfolgt mit einer mehr oder weniger ausgedehnten und tiefgreifenden, oft mit dem Knochen verwachsenen Narbenbildung. Am Lidrande erscheint sie als geringe weißliche Einkerbung, die als flächenhafte weißliche Narbe auf die anstoßende Bindehaut übergreift, sofern diese an der tuberkulösen Erkrankung beteiligt war. Im Bereich der Narbe gehen die Cilien in der Regel dauernd verloren.

Bei der mikroskopischen Untersuchung erweist sich die

Lidtuberkulose zuweilen erheblich weiter verbreitet, als nach dem klinischen Befunde anzunehmen war. So waren bei einem primär an Bindehauttuberkulose erkrankten Lide (Abb. 18) tuberkulöse Knötchen in der Subcutis des Lidrandes in der Nähe eines Haarbalges (Abb. 18 *Tb*), in der unmittelbaren Nähe des Ausführungsganges einer MEIBOMschen Drüse (Abb. 18 *Tb*₁) und endlich in einer modifizierten Schweißdrüse (Abb. 18 *Tb*₂) anzutreffen. In anderen Fällen kann durch ein tuberkulöses Knötchen eine förmliche Zweiteilung eines Cilienfollikels erfolgen (Abb. 18*A*).

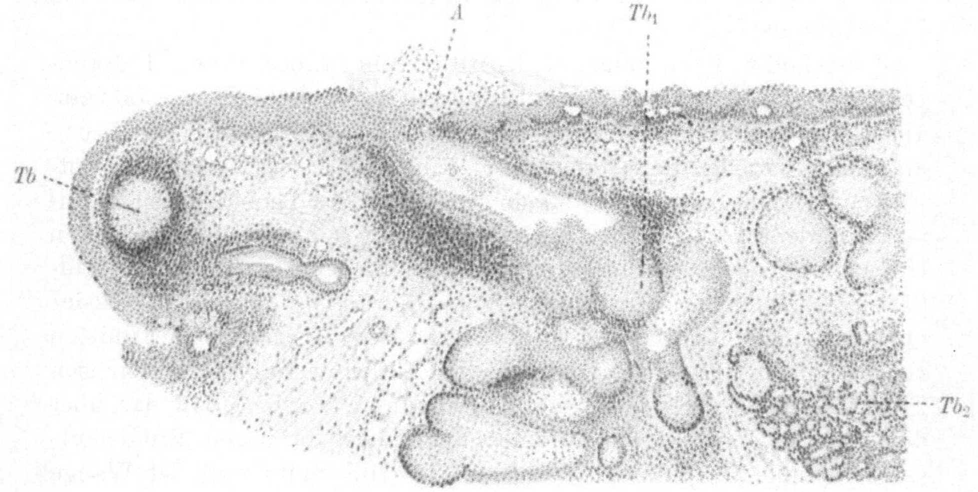

Abb. 18. Sagittalschnitt durch ein tuberkulös erkranktes Lid. Vergr. ⁴⁰/₁.
Tb Tuberkel des subcutanen Bindegewebes am Lidrande. *Tb*₁ Tuberkel in der unmittelbaren Nähe des Ausführungsganges einer MEIBOMschen Drüse. *Tb*₂ Tuberkel einer KRAUSEschen Drüse. *A* schollige Massen von abgestoßenen Epithelien, die aus dem Ausführungsgang einer MEIBOMschen Drüse hervorragen.

Differentialdiagnostisch käme der primäre ulcerierende Schanker in Betracht, dem gegenüber vorzugsweise die weiche Beschaffenheit des Geschwürs und seiner Umgebung sowie die geringe Beteiligung der regionären Lymphdrüsen hervorzuheben sind. Vor allem wird hier meist die bakteriologische Untersuchung sowie die Wassermannsche Reaktion die sichere Entscheidung bringen.

Die lokale **Behandlung** besteht im Gebrauche des scharfen Löffels und Jodoform- oder Dermatolaufstreuungen, sowie in der Anwendung radiotherapeutischer Methoden.

§ 48. Die **Tuberculosis colliquativa,** das **Skrophuloderma,** befällt die Lidhaut äußerst selten und alsdann die Lidfläche oder die Gegend der Lidwangenfalte (BOCK 1898). Die Lidfläche — und zwar wohl ausschließlich des Unterlides — ist von einem haselnuß- bis taubenei- oder bohnengroßen, unter der Haut verschieblichen Knoten oder von einer wulstartigen umschriebenen Erhebung eingenommen, die in einem von v. MICHEL beobachteten Falle als scharf abgegrenzter, etwa 2 cm breiter und mit dem Lidrande paralleler Streifen erschien. Die Färbung der erkrankten Hautstelle ist eine livid-bläuliche bis violette und ihre Konsistenz teigig-weich. Ohne besondere entzündliche Erscheinungen kommt es regelmäßig zur zentralen Einsenkung und zum Durchbruch der Haut, wobei sich ein mehr oder weniger dünnflüssiger Eiter entleert. Das daraus sich entwickelnde Geschwür zeigt einen von schlaffen Granulationen gebildeten Grund und bläulich-rot gefärbte und schlaff überhängende Ränder. Mitunter kommt es im weiteren Verlaufe zur Bildung eines schwammigen Granulations-gewebes aus der Durchbruchsöffnung oder zur Ausbreitung nach dem Tarsus. Die Heilung ist in der Regel verzögert, und die Narbe bietet ein mehr oder weniger feingitteriges oder netzförmiges Aussehen dar. In einem Falle sah v. MICHEL ein solches geheiltes Skrophuloderm an der Fläche des Unter-lides und zugleich an der Oberlippe. Das Skrophuloderm der Lidhaut kommt nach v. MICHELS Erfahrung ausschließlich im kindlichen Lebensalter vor. Der von mir beobachtete in Abb. 19 dargestellte Fall betraf jedoch ein 18jähriges Mädchen und WÄTZOLD (1912) beobachtete diese Er-krankung einmal bei einem 30jährigen. Anderweitige tuberkulöse Erkrankungen können zuweilen anscheinend fehlen.

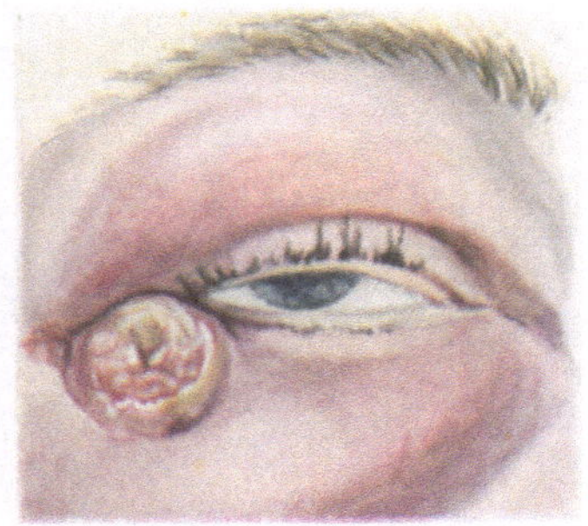

Abb. 19. 18jähr. Mädchen mit Tuber-culosis colliquativa (Skrophu-loderma) des rechten Unterlids und fistelnder Lymphdrüsentuberkulose am Halse. Vor 3 Wochen wurde nahe dem Canthus externus ein kirschgroßer er-weichter Knoten incidiert, wonach das obige Ulcus resultierte. Die mikrosko-pische Untersuchung von Granulationen aus dem Geschwürsgrunde ergab ty-pische Tuberkel mit zahlreichen Riesen-zellen und Verkäsung. Die Hornhaut zeigte ein frischeres zentrales Infiltrat mit beginnender Vascularisation. Zeit-weise Fieber bis 38° C. — Behandlung mit Röntgenstrahlen brachte das Ulcus innerhalb 5 Wochen zur Rückbildung. Es blieb eine tiefeingezogene trichter-förmige mit dem Knochen verwachsene Narbe zurück.

Spaltet man die Geschwulst, so findet man ein schwammiges Granulationsgewebe, das leicht mit dem scharfen Löffel entfernt werden kann. Ein solches Gewebe ist nach den Untersuchungen von BOCK (1898), die ich durch den in Abb. 19 abgebildeten Fall bestätigen kann, reich an Riesenzellen und Tuberkelbacillen. WÄTZOLD (1912) fand unter 3 Fällen 2 mal (spärliche) Tuberkelbacillen, aber auch im dritten Falle sprach der klinische und histologische Befund für Tuberkulose; als Ausgangspunkt betrachtet er eine tuberkulöse Er-krankung des Tränensacks. Was v. MICHELS Beobachtungen anlangt, so glich das Granulationsgewebe ungemein demjenigen in tuberkulös erkrankten Gelenkkapseln; es enthielt in unregelmäßiger Weise zerstreute Riesenzellen mit randständigen Kernen.

Die Behandlung besteht in Incision, Gebrauch des scharfen Löffels und Anwendung des Jodoforms als Streupulver. Zweckmäßig wird eine Radiotherapie nachgeschickt.

§ 49. Eine außerordentlich seltene Form von Lidtuberkulose stellt der Solitärtuberkel mit sekundärer Verkalkung dar; derselbe imponiert klinisch als Tumor. v. MICHEL beobachtete einen derartigen Fall: bei einer 57jährigen Frau fand er in der Mitte des linken Ober-

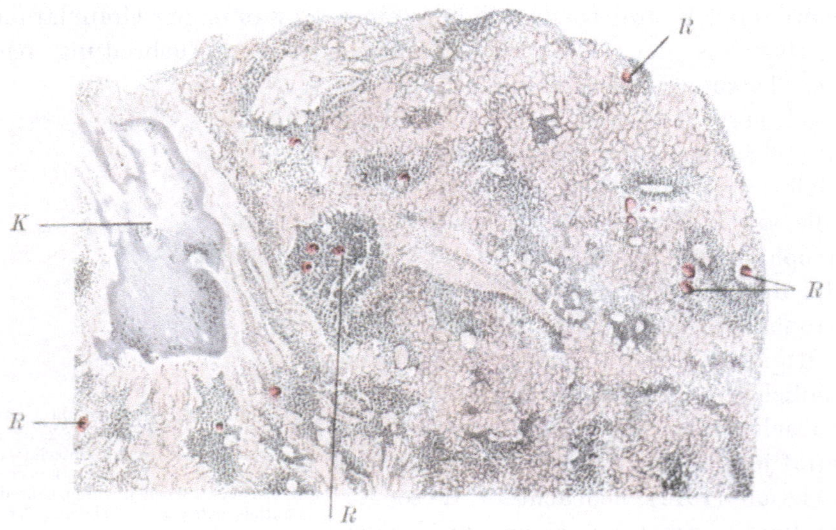

Abb. 20. Sagittalschnitt durch einen verkalkten Lidtuberkel. Vergr. $^{20}/_1$.
RRRR kleinzellige Tuberkel mit Riesenzellen. *K* ausgedehnte Verkalkung.

lides subcutan einen haselnußgroßen Knoten, über dem die völlig entzündungsfreie Haut verschieblich war. Der Knoten war gut abgrenzbar, wie mit einer Kapsel versehen, von derber Konsistenz, so daß die klinische Diagnose auf Fibrom gestellt wurde. Die aus dem subcutanen Gewebe ausgeschälte Geschwulst hatte die Länge von 10 mm und Breite von 5—6 mm. Mikroskopisch fanden sich zahlreiche kleinzellige Tuberkel mit Riesenzellen (Abb. 20 *RRRR*), mehrfach Verkäsung und an einer Stelle eine ausgedehnte Verkalkung (Abb. 20 *K*). Dieser Fall ist ein Analogon zu einer von A. KRAUS (1905) gemachten Beobachtung von multiplen verkalkten Tuberkelnoten der Haut. Bei einem 15 jährigen Mädchen mit verdichteter rechter Lungenspitze war in der Haut des linken Vorderarmes eine Anzahl sehr fester, an der Oberfläche leicht livid verfärbter Knoten und Stränge und am Oberarm ein kleines erbsengroßes, ebenfalls sehr derbes Knötchen nachzuweisen. Mikroskopisch zeigten sich die excidierten Knoten am Vorderarme aus einem dichten Bindegewebe bestehend, das große und kleine mit teils unregelmäßig schólligen, teils feinkörnigen Massen von kohlensaurem Kalk ausgefüllte Hohlräume umschloß. Wie dieser Befund aufzufassen war, ergab die histologische Untersuchung des Knötchens am Oberarme, das das typische Bild von epitheloiden Tuberkeln mit zahlreichen Riesenzellen bei gleichzeitiger Verkäsung darbot. Eine Tuberkulininjektion rief nicht nur in der Umgebung der Incisionsstelle am linken Oberarme, sondern auch an mehreren Stellen des rechten Armes, wo klinisch etwas Pathologisches nicht zu sehen war, eine ausgesprochene lokale Reaktion (Rötung und Schwellung) hervor.

§ 50. **Tuberkulöse Fistelbildungen an der Lidhaut** sind bei tuberkulöser Periostitis und Ostitis der knöchernen Augenhöhlenränder oder deren Umgebung, sowie bei tuberkulöser Tränensackerkrankung anzutreffen. Die Fistelgänge sind mit Granulationen erfüllt, die oft auch aus denselben herauswuchern und vorübergehend die Fistelöffnung verlegen. Die Haut über dem Tränensacke kann sich hierbei in ein ausgedehntes Geschwür umwandeln, das sich mitunter über die Grenzen des Tränensackes hinaus nach der Haut des Unterlides ausdehnt.

Die **Behandlung** besteht in Spaltung, Entfernung des kranken Gewebes mit dem scharfen Löffel und Tamponade mit Jodoformgaze. Auch Injektionen von Jodoformglycerin sind zu empfehlen.

§ 51. **Die Syphilis der Lidhaut** tritt **erworben** und **angeboren** auf; erworben als sogenannter **Primäraffekt** und in solchen **sekundären** und **tertiären Formen**, wie sie auch der Haut sonst bei Lues eigen sind. — Die Einreihung der Syphilis unter die infektiösen Granulome nach Virchows Vorgang hat nur für ihre Tertiärperiode Berechtigung, während ihre Früherscheinungen sich mehr den akuten Exanthemen nähern.

Der **syphilitische Primäraffekt** — **Initialsklerose** oder **extragenitaler harter Schanker** — entwickelt sich am häufigsten am Lidrande oder in dessen Nachbarschaft nach einer Inkubationszeit von durchschnittlich 3 Wochen als eine umschriebene derbe Infiltration des Gewebes, deren Form, Größe und Tiefe sehr variiert. Der Primäraffekt beginnt als linsen- bis erbsengroße, leicht prominente und schwach infiltrierte rötliche Efflorescenz, sogenannte initiale

Papel. Dieselbe breitet sich in den nächsten Wochen entweder vorwiegend flächenhaft aus und bildet eine bis Markstück große scharf
begrenzte plattenartige rote Infiltration oder die Infiltration greift
mehr in die Tiefe und kann selbst als geschwulstartige Verdickung
der Lidhaut erscheinen und das Lid sogar in ganzer Ausdehnung einnehmen (Abb. 21). Bald wird die Epidermisdecke abgestoßen und die
dadurch entstehende Erosion (Erosio superficialis sclerotica) ist mit
einer dünnen Kruste bedeckt oder sie näßt, was häufig der Fall ist,
da die Krustenbildung durch Wischen oder durch überfließende Bindehautflüssigkeit verhindert wird. Die erodierte Oberfläche (Abb. 21)
blutet leicht und erscheint rot, von lackartigem Glanz, der für den
Primäraffekt sehr charakteristisch ist; mitunter ist die Erosion von

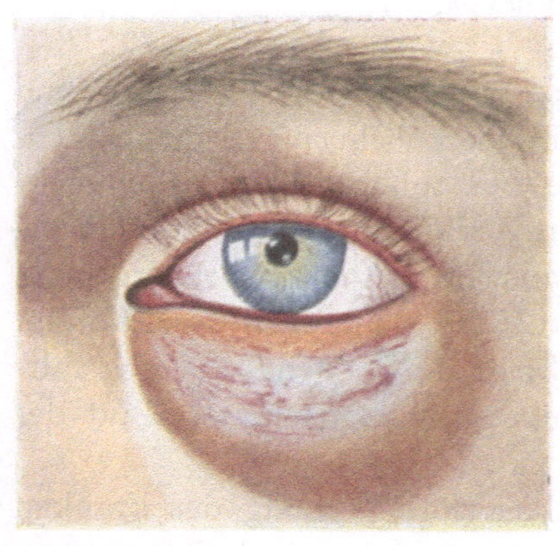

graproter Farbe, sieht sammetartig
oder fein granuliert aus. In typischen Fällen ist der Primäraffekt
nicht ulceriert. Die Ulceration ist
in der Regel die Folge traumatischer
Einwirkungen (wie Reiben, stärkere
Maceration durch Tränenflüssigkeit, Anwendung von Ätzmitteln)
oder Folge einer Sekundärinfektion.
Am Lide bildet der teilweise Zerfall des Infiltrats und die Entwicklung eines Geschwürs (Sclerosis ulcerata) die Regel (Abb. 22 und 23).
In der Umgebung des Geschwürs,
nicht selten am Lidrande, entsteht,

Abb. 21. Primäraffekt des linken Unterlides mit
gleichmäßiger Schwellung und oberflächlicher
Erosion. [Nach Dr. SELIGSOHN, Berlin.]

wie v. MICHEL (1900) wiederholt beobachten konnte, eine größere
Zahl reihenförmig angeordneter knötchenartiger Infiltrate, die eiterig
zerfallen (Abb. 22 und 23). Das Schankergeschwür zeichnet sich
durch eine derbelastische oder harte, selbst knorpelharte Konsistenz
des schmutzig belegten Grundes und des wallartig steilen Randes
aus. In manchen Fällen kommt es zur Nekrose (KOWALEWSKI 1905).
Die Oberfläche erscheint alsdann mit einem braunen trockenen Schorfe
bedeckt (Sclerosis gangraenosa), nach dessen Entfernung ein graugelblicher, speckiger Geschwürsgrund sichtbar wird. Die Form des
Schankergeschwürs ist teils rundlich, teils länglich oder selbst halb-
mondförmig.

Von Begleiterscheinungen findet sich eine hochgradige entzündliche Schwellung der Haut des erkrankten Lides und seiner Umgebung.
Auch die Lidbindehaut ist auf der kranken Seite stark gerötet und

sondert reichliche, mit Schleim- und Eiterflocken untermischte Flüssigkeit ab. Die Skleralbindehaut ist serös geschwellt.

Ungefähr 10—14 Tage nach Auftreten des Infekts kommt es entsprechend der befallenen Seite zu einer langsamen schmerzlosen Schwellung der regionären Lymphdrüsen. Welche Lymphdrüsen als regionäre zu betrachten sind, hängt von der Lokalisation des Primäraffekts ab und ergibt sich aus den anatomischen Verhältnissen. Nach MOST (1905) sind die Lymphgefäße der Lider in zwei Netzen angeordnet, in ein oberflächliches Netz zwischen Haut und Orbicularis und in ein tiefes, das dem Tarsus aufliegt und mit dem oberflächlichen durch zahlreiche Kanälchen verbunden ist.

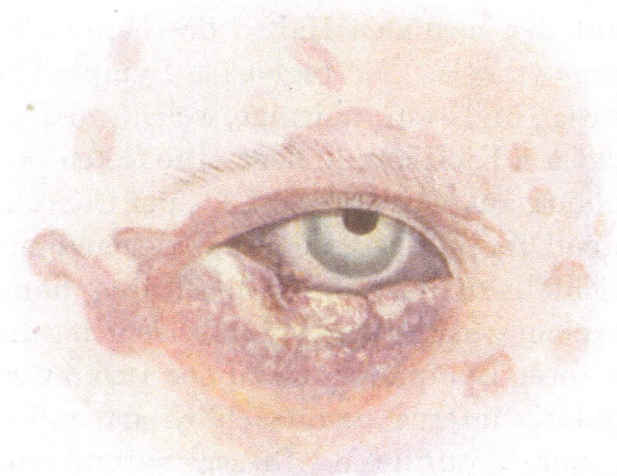

Abb 22. Übergreifen eines Primäraffekts des unteren Lidrandes auf die Bindehaut mit ausgedehnter Nekrose und zahlreichen kleinen oberflächlichen Abscessen der Lidhaut und der Skleralbindehaut. Außerdem in Heilung begriffene Impetigo-Eruption der Lid- und Stirnhaut, wodurch der Infekt vermittelt wurde. (Natürliche Größe.)

Die Lymphgefäße der Bindehaut gehen am freien Lidrande in die der Lidhaut über. Sowohl die oberflächlichen, wie die tiefen abführenden Gefäße lassen sich in eine laterale und in eine mediale Gruppe einteilen; erstere geht zur Parotisgegend, letztere zu den Lymphdrüsen der Submaxillargegend. Die oberflächlichen lateralen Gefäße haben ihr Quellengebiet vornehmlich in der Haut fast des ganzen Oberlides und etwa der lateralen Hälfte des Unterlides. Die zugehörige regionäre Lymphdrüse (Präauriculardrüse) liegt oberflächlich auf der Parotis etwa in der Höhe des äußeren Gehörganges. Von ihr aus gehen Gefäße zu den tiefen Lymphdrüsen der Parotisgegend. Außerdem bestehen gelegentlich Ge-

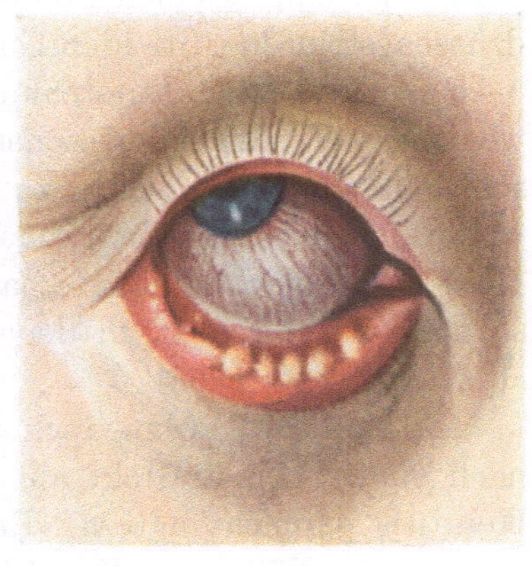

Abb. 23. Ulzerierter Primäraffekt am medialen Teil des linken Unterlides mit zahlreichen rundlichen, eitrigen Infiltraten längs des Lidrandes.

fäßverbindungen mit 2—3 am untern Pole der Parotis gelegenen Lymphdrüsen, die zum Bereich der obern Cervicaldrüsen gehören. Die tiefen lateralen Gefäße haben ihr Quellengebiet vor allem in der Conjunctiva des oberen und etwa des lateralen Drittels des unteren Lides. Außer der erwähnten typischen Präauriculardrüse sind noch 1—2 tiefe in die Parotissubstanz eingebettete Lymphknoten vorhanden. Die oberflächlichen medialen Gefäße haben ihr Quellengebiet hauptsächlich in der Haut der medialen Hälfte des Unterlides und der Haut des inneren Augenwinkels. Die regionäre Lymphdrüse ist eine der submaxillaren Drüsen, und zwar diejenige, welche medial von der Vena facialis anterior dicht am Kieferrande liegt. Die tiefen medialen Gefäße nehmen hauptsächlich aus den medialen $2/_3$ der Conjunctiva und aus der Carunculagegend ihren Ursprung und ziehen längs der Vena facialis anterior gleichfalls zu den Submaxillardrüsen, hauptsächlich zu einer lateral von der oben genannten Lymphdrüse gelegenen. In zweiter Etappe führen alle diese Lymphbahnen zu den tiefen Cervicaldrüsen, welche der Vena jugularis interna hauptsächlich da anliegen, wo sie die Vena facialis communis aufnimmt. Dieser anatomischen Anordnung entsprechen die klinischen Feststellungen von POITOUX (1896), daß bei einem medial gelegenen Schanker die Submaxillar- und bei einem lateral gelegenen die Präauriculardrüsen eine indolente Schwellung erfahren. Doch scheint dies nicht immer zuzutreffen, wie aus der Beobachtung von KOWALEWSKI (1905) hervorgeht. Die regionären Lymphdrüsen können eine verschiedene Größe erreichen, so die Präauriculardrüse die Größe einer Hasel-, selbst Walnuß und die übrigen Lymphdrüsen diejenige eines Hirsekorns bis zu der einer kleinen Pflaume. Allmählich wird das ganze Lymphdrüsensystem in Mitleidenschaft gezogen und es kommt — ungefähr 5—6 Wochen nach Entstehung des Primäraffekts — zu mehr oder weniger schweren Allgemeinerscheinungen, wie Kopfschmerz, Abgeschlagenheit und zuweilen zu Fieberbewegungen und Milzschwellung, weiterhin zu charakteristischen spezifischen Erkrankungsformen der Haut und der Schleimhäute, ja selbst der Uvea und des Opticus, gerade so wie in den Fällen, in denen die Genitalien Sitz des Primäraffekts sind (HELBRON 1898).

Als häufigste, wenn auch immerhin sehr seltene Nacherkrankung nach einem Primäraffekt am Lid betrachtet IGERSHEIMER (1918) die Keratitis parenchymatosa. Er zweifelt nicht daran, daß die an sich so seltenen Fälle von Keratit. parench. bei erworbener Lues zum Teil Augen betreffen, die vorher an einem Primäraffekt erkrankt waren. Er führt 10 derartige Fälle von einseitiger Keratit. parench. an — und zwar alle an dem Auge, das den Primäraffekt trug. In einem einzigen Falle (ROLLET et GRANDCLÉMENT 1911) — es handelt sich um ein 7jähriges kongenital luetisches Kind, das einen Schanker am Lidrande acquirierte — trat einen Monat nach Abheilung des Primäraffekts eine doppelseitige Keratitis parenchymatosa auf. In diesem Falle wurde die Liderkrankung als Primäraffekt aufgefaßt (indurierte Basis, Ulceration, starke Schwellung der regionären Lymphdrüsen), obwohl Sekundärerscheinungen ausblieben. Die Keratitis parenchymatosa entwickelte sich in den andern Fällen noch während des Bestehens des Ulcus durum oder einige Zeit später, einmal jedoch erst nach 10 Jahren. — IGERSHEIMER (1918) erinnert daran, daß nach Angabe einiger Autoren der Kopfschanker zur Hirnsyphilis disponiert, und daß von EHRLICH und BENARIO dieses Moment bei der Entstehung der Neurorecidive nach Salvarsanbehandlung stark betont worden sei. Von NONNE, FOURNIER u. a. wird eine solche Disposition des Kopfschankers zu cerebralen Affektionen nicht anerkannt. Bezüglich des Lidschankers ist zu bemerken, daß abgesehen von der Mitteilung HELBRONS (1898 einseitige Neuritis optica) keine Angaben einer späteren Erkrankung des Zentralnervensystems in der Literatur vorliegen.

Im weiteren Verlaufe kann der geschwürige Zerfall des infiltrierten Gewebes noch fortschreiten und sich über die Haut der Lidgegend oder auch selbst auf die anstoßende Tarsalbindehaut ausdehnen, wie auch umgekehrt ein Primäraffekt der Bindehaut auf die Haut des Lidrandes übergreifen kann. Die Rückbildung des Infiltrats äußert sich in Abschwellung der Lidhaut und Weicherwerden der Induration, die ganz verschwinden kann (siehe meine Beobachtung S. 130), die aber in der Regel, wenn nicht rechtzeitig die Allgemeinbehandlung einsetzt, längere Zeit, selbst mehrere Monate, bestehen bleibt. Bei ausgedehntem geschwürigen Zerfalle entsteht bei der Heilung eine mehr oder weniger harte Narbe von leicht strahligem Aussehen. Eine auffällige Erscheinung ist die Kahlheit des Cilienbodens, entsprechend dem Sitze und der Ausdehnung des harten Schankers. Dieser umschriebene Cilienmangel kann als einziges Zeichen der Erkrankung dauernd bleiben; manchmal wachsen die Cilien wieder nach. Wie die lokale Erkrankung sich zurückbildet, so verschwinden unter einer entsprechenden Allgemeinbehandlung allmählich auch die luetischen Allgemeinerscheinungen.

§ 52. Die häufigste Lokalisation des primären Lidschankers ist der Intermarginalteil des Lidrandes oder die innere Lidkante am Übergange der äußeren Haut in die Schleimhaut (Abb. 23), seltener die Lidfläche (Abb. 21), ausnahmsweise der innere Lidwinkel. Oberes und unteres Lid scheinen ungefähr in gleicher Häufigkeit befallen zu werden. Der Primäraffekt des Lides kann in jedem Lebensalter entstehen. Ein solcher wurde von VOSE SOLOMON (nach v. MICHEL) schon bei einem

8 monatigen Kinde am medialen Rande des Unterlides beobachtet; 6 Wochen später folgte ein allgemeines Hautsyphilid. Gelegentlich werden, wie IGERSHEIMER (1918) erwähnt, Primäraffekte an beiden Augen beobachtet. In den meisten Fällen handelt es sich aber um einen solitären oder singulären Schanker; doch kommen auch doppelte Schanker an einem Auge vor, von denen in der Literatur 8 Fälle bekannt geworden sind. FOURNIER (1870), PFLÜGER (1878), MOREL-LAVALLÉE (1886), COPPEZ (1894), GALLEMAERTS (1896), SEYDEL (1898) und HELBRON (1898). KORNACKER (1904) hat sogar einen dreifachen Schanker beschrieben. Der Doppelschanker ist fast regelmäßig ein sogenannter Abklatschschanker, d. h. er entwickelt sich an korrespondierenden Stellen des Ober- und Unterlidrandes infolge der Berührung derselben beim Lidschluß. Sehr charakteristisch ist hierfür ein von v. MICHEL beobachteter Fall, in welchem die beiden an korrespondierenden Stellen des oberen und unteren Lidrandes gelegenen geschwürigen Primäraffekte Halbkreisform hatten. Die beiden Halbkreise paßten so genau zusammen, daß sie beim Lidschlusse eine regelmäßige Kreisfigur bildeten. GRUDER (1898) hat für die Inkubationszeit eines derartigen zweiten Schankers eine Zeitdauer von 3 Wochen angegeben. In Fällen von doppeltem Lidschanker, in denen die beschriebene Art der Entstehung des zweiten Infekts unwahrscheinlich oder unmöglich ist, indem dieser ganz abseits vom ersten liegt, bezeichnet man den ersten Infekt als initialen, den zweiten als postinitialen.

Das Haften des syphilitischen Virus an der Lidhaut findet an mechanisch oder durch Maceration erodierten Stellen der Oberhaut statt. Gerade am Lidrande ist die Möglichkeit einer Lockerung und Abstoßung der Epidermis durch die überfließende Bindehautflüssigkeit gegeben, wobei zu beachten ist, daß solch geringfügige Hautläsionen beschwerdelos und deshalb unbemerkt bestehen können. — Einige Beobachtungen sprechen dafür, daß schon vorhandene Liderkrankungen anscheinend eine Disposition zur Erwerbung des Lidschankers herbeiführen. So war bei einem von v. MICHEL (1900) beobachteten Primäraffekt des Unterlids eines 12 jährigen Mädchens eine Impetigo der Lidhaut vorausgegangen (Abb. 22), und in dem HELBRONschen (1898) Falle von doppeltem Lidschanker bestand zuvor eine Entzündung der MEIBOMschen Drüsen. Auch eine Lidwunde kann die Eingangspforte für das syphilitische Virus werden. Auf diese Weise war nach der Mitteilung von BOCK (1898) ein Primäreffekt des rechten Unterlides entstanden, an den sich eine Schwellung der Präauriculardrüsen und des übrigen Lymphdrüsensystems, sowie ein großpapulöses Syphilid angeschlossen hatte.

Über die Art der Übertragung des syphilitischen Virus erhalten wir häufig keinen Aufschluß, weil die Patienten hierüber teils keine Angaben machen können und teils dieselben nicht machen wollen. Aus der vorliegenden Literatur geht jedoch hervor, daß der Lidschanker in der Regel anscheinend durch direkte Übertragung von einer syphilitischen Person, seltener indirekt durch eine Mittelsperson oder Gebrauchsgegenstände erworben wird. Die direkte Übertragung geschieht am häufigsten durch Küsse auf die Augen durch Personen, die mit Mundsyphilis behaftet sind, in Form von Papeln an den Mundwinkeln oder von syphilitischen Geschwüren auf den Tonsillen. In einem solchen Falle fand v. MICHEL eine durch Coitus per os entstandene Initialsklerose einer Tonsille. Über eine Autoinokulation bei einem bestehenden harten Schanker des Präputiums berichtet HOLTH (1895). Eine besonders scheußliche Art der Übertragung berichteten russische Ärzte (TEPLJASCHIN 1887, POSPELOW 1889, POLJAKOW 1893); sie fand durch eine syphilitische Kurpfuscherin statt, die Augenkranke durch Auslecken der Augen mit der Zunge behandelte. Nach TEPLJASCHIN (1887) wurde durch diese Kurpfuscherin in 2 Dörfern 15% der Bevölkerung syphilitisch infiziert. Zu dieser Art der Übertragung gehören auch die von BAUDRY (1885) mitgeteilten Fälle von Initialsklerose bei Kindern, bei denen eine syphilitische Wärterin ihren Speichel benutzt hatte, um die Augen zu reinigen. JESSOP (1895) berichtet über einen Schanker der rechtsseitigen Augenlider bei einem 3jährigen Kinde, der dadurch entstanden war, daß der syphilitische Vater demselben eine Lidwunde aussog. Auf indirektem Wege geschieht die Übertragung durch gleichzeitige Benützung von infizierten Handtüchern und selbst von Handschuhen, ferner durch Waschen der Wäsche von Syphilitischen (HAMANDE 1879), durch Wischen mit den eigenen infizierten Fingern und durch Verkehr mit syphilitisch Infizierten. Auch durch nicht infizierte Personen (z. B. Krankenwärter) kann die Übertragung stattfinden, wenn diese an den Augen Manipulationen mit Fingern vornehmen, die durch syphilitisches Sekret beschmutzt sind. In dem UHTHOFFschen (1900) Falle von Lidschanker bei einem 10jährigen Knaben waren Eltern und Schwester syphilitisch krank. Als Kuriosum sei erwähnt, daß MANZUTTO (1904) bei einem 25jährigen Kranken mit primärem Lidschanker das Anspritzen von Straßenschmutz als Übertragungsmodus annahm. Bei Ärzten und Wartepersonal kann eine Übertragung während der Ausübung ihres Berufes stattfinden; so gelangt zuweilen das syphilitische Virus bei Pinselungen des Rachens oder Kehlkopfes durch Husten an das Auge, oder bei und nach der Untersuchung von syphilitisch Infizierten, wenn der Arzt aus Unachtsamkeit mit seinen noch nicht gereinigten Händen sein Auge berührt. DESMARRES (1847) und FOURNIER (1870) berichten über eine Infektion zweier Ärzte durch Speichel während der Behandlung einer syphilitischen Rachenerkrankung und ALEXANDER (1895) über eine solche bei einem Arzte, der bei einer Syphilitischen eine Wasserirrigation ausführte. v. MICHEL beobachtete einen Primäraffekt des Unterlides bei einem Arzte, der eine Prostituierte untersucht hatte. Ich selbst sah einen Primäraffekt am inneren Lidwinkel, der bei einem Assistenzarzte der Universitäts-Hautklinik infolge Gegenspritzens von Gewebssaft während der Operation eines Syphilitischen entstanden war. Da die Erkrankung hier besonders sorgfältig beobachtet werden konnte, sei der Verlauf derselben in Kürze mitgeteilt:

Am 29. Mai 1912 nahm der Kollege bei einem Kranken mit frischer Syphilis eine Phimosenspaltung vor, wobei ihm Gewebssaft gegen das rechte Auge spritzte. Am 20. Juni 1912 kleine Ulceration am untern Lidrand des innern Lidwinkels. — 26. Juni 1912, mäßige Schwellung der rechten Präaurikulardrüse, Gefühl von Unwohlsein, Kopfschmerz, etwas Fieber. — Am 1. Juli 1912 sah ich den Patienten zum erstenmal: An der untern Lidkante des innern Lidwinkels ein typisches speckig belegtes Ulcus durum von 6 mm Länge, das auf den untern Teil der Plica semilunaris und auf die Caruncula lacrimal. ein wenig übergreift. Das ganze Unterlid nur leicht geschwollen und gerötet. Mäßige Conjunctivitis katarrh. mit Tränen. Im übrigen ist das Auge völlig normal. Die rechte Präaurikulardrüse zeigt mächtige indolente Schwellung, die auch in der ganzen rechten Parotisgegend besteht; ebenso sind die Lymphdrüsen am rechten Kieferwinkel zu Kinderfaustgröße geschwollen, nicht schmerzhaft. Temperatur 38,3° C. WASSERMANNsche Reaktion schwach positiv. Therapie: Hg-Kur, intramuskuläre Sublimat-Injektionen, gleichzeitig Inunktionen; lokal Sublimatvaseline (1 : 3000).

3. und 7. Juli 1912. Je eine intravenöse Salvarsaninjektion.

14. Juli 1912. Ulcus durum am Lid abgeheilt. Lymphdrüsenschwellungen erheblich zurückgegangen.

18. August 1912. Nach Fortsetzung der Hg-Kur und nach weiteren drei Salvarsan-Injektionen WASSERMANNsche Reaktion noch schwach positiv.

14. September 1912. Primäraffekt restlos abgeheilt. Keine Narbe, keine Verdickung. Noch leichte Schwellung der Präaurikulardrüse, Submaxillardrüsen etwas stärker geschwollen. Leichter Kopfschmerz.

29. Oktober 1912. WASSERMANNsche Reaktion negativ.

18. Dezember 1921. Auf meine briefliche Anfrage berichtete mir Pat., daß er bis Herbst 1913 drei kombinierte Hg + Salvarsan-Kuren durchgemacht habe. Es seien niemals mehr spezifische Erscheinungen aufgetreten, doch bestehe noch eine mäßige Schwellung von 2 rechtsseitigen submaxillaren Lymphdrüsen. Neurologischer Befund negativ. Nachdem durch 9 Jahre die WASSERMANNsche Reaktion stets negativ ausgefallen war, wurde dieselbe ebenso wie die Reaktion nach SACHS-GEORGI jetzt, 10. Dezember 1921 schwach positiv gefunden.

Der Kollege schrieb mir noch, sich gleichsam entschuldigend, daß er mir über das Ergebnis der Lumbalpunktion vorerst leider nicht berichten könne, da er augenblicklich keine Zeit finde, diese an sich vornehmen zu lassen. Meine Antwort war, daß ich einen derartigen Bericht nicht erwartete und daß ich nicht die geringste Indikation zur Ausführung der Lumbalpunktion für ihn finden könne.

An dieser Stelle möchte ich bemerken, daß auch IGERSHEIMER in seinem sonst so vortrefflichen Buche (l. c. S. 160) einen Fall von Primäraffekt des Lides mitteilt, bei welchem (etwa 6 Wochen nach Beginn des Ulcus durum) am Ende der antiluetischen Kur eine Lumbalpunktion (mit negativem Liquorbefunde) gemacht wurde. — Aus der Krankengeschichte geht die Indikation zur Lumbalpunktion nicht hervor; ich zweifle nicht, daß dieselbe hier wissenschaftlich berechtigt war. Da aber IGERSHEIMER dies kommentarlos mitteilt, könnte in dem weniger erfahrenen Leser leicht der Eindruck erweckt werden, daß die Lumbalpunktion einerseits eine zur gründlichen Untersuchung erforderliche und anderseits eine harmlose diagnostische Methode sei, wie etwa die Blutentnahme zur Wassermannschen Reaktion. Nach der Lumbalpunktion kommen aber, wenn auch erfreulicherweise nicht allzu häufig, ernstere Störungen, wie wochenlang anhaltender Kopfschmerz, ja sogar Blasenlähmung (durch Anstechen des Sakralmarks) vor. Deshalb darf dieselbe meines Erachtens in jedem Falle nur nach genauer Indikationsstellung und nur von geübter Hand vorgenommen werden. Darauf sei hier besonders hingewiesen, zumal auch viele andere Angaben der ophthalmologischen und sonstigen medizinischen Literatur den jüngeren Arzt leicht dazu führen könnten, die Lumbalpunktion als Eingriff in den Organismus zu unterschätzen.

Was die Häufigkeit der Initialsklerose der Lidhaut und ihr Vorkommen im Verhältnis zu anderen extragenitalen Infekten anlangt, so zeigen die vorhandenen Statistiken ganz erhebliche Schwankungen. Im allgemeinen wird angenommen, daß der Primäraffekt des Augenlides die 3. Stelle nach den Lippen und den Fingern einnimmt (KNIES 1893, GRUDER 1898). Nach MÜNCHHEIMER (1897) ist unter den extragenitalen Initialsklerosen das Auge erst an 7. Stelle hinter Lippen, Brust, Mundhöhle, Finger, Händen und Tonsillen zu setzen und dürfte im ganzen der Prozentsatz der Liderkrankung mit 4—5% zu berechnen sein (PEPPMÜLLER 1901). KORNACKER (l. c.) rechnet auf 10 000 extragenitale Schanker einen Primäraffekt der Lidhaut, der übrigens bei Männern häufiger sei als bei Frauen. WILBRAND und STAELIN (1897) fanden bei einem Material von 16 616 Luetischen mit 307 extragenitalen Sklerosen nicht einen einzigen Lidschanker, POREY-KOSCHITZ (1890) dagegen unter 852 Fällen von extragenitalem syphilitischen Infekt — 804 aus der Literatur stammende und 48 eigene Beobachtungen — nicht weniger denn 132 am Auge. ZEISSL (1877) traf unter 40 000 Syphilitischen 8 mit luetischer Liderkrankung, LESSER (1887) unter 201 syphilitischen Primäraffekten nur 16 Fälle von extragenitaler Lokalisation, darunter nur einen einzigen Infekt am Augenlide. ALEXANDER

(1895) sammelte 247 Fälle von Initialsklerose der Lidhaut unter 931 extragenitalen Infekten, Neumann (1890) 162 unter 613 fremden und 2 unter 86 eigenen Beobachtungen, Prozek (1897) 46 Fälle von extragenitalem Primäraffekt, darunter 2 okulare, nämlich einen am linken Unterlide und einen an der Conjunctiva bulbi, und Fortuniadés (1890) 118 Fälle von Primäraffekt des Augenlides. Eine kaum glaublich große Zahl von Initialsklerosen der Lider, nämlich 150, fand Pospelow (1889) bei der Besichtigung der Fabriken Moskaus. Was noch das Verhältnis der syphilitischen Augenerkrankungen zum Primäraffekt der Augenlider anlangt, so liegt eine Mitteilung von Talbot (1894) vor, wonach unter 434 syphilitischen Augenerkrankungen nur 3 mal ein Primäraffekt der Augenlider vorlag. — Die Häufigkeit der Augenschanker gegenüber Kopfschankern ist nur gering; Fournier fand erstere unter 849 Kopfschankern nur 21 mal.

Anatomisch stellt sich der Primäraffekt als ein dichtes kleinzelliges Infiltrat im Bindegewebe dar mit den gleichzeitigen Erscheinungen einer Perivasculitis und Endarteriitis, besonders einer hochgradigen Wucherung der Intima der Blutgefäße. Das Epithel fehlt entweder vollständig oder es ist vakuolisiert und von polymorphkernigen Leukocyten durchsetzt. Kowalewski (l. c.) fand in Abstrichpräparaten eines Primäraffekts am Oberlid in großer Zahl, bis zu 8 in einem Gesichtsfelde, die Spirochaete pallida, die aber im Safte der geschwellten Präauricular- und Cervicaldrüsen nicht nachweisbar war. — Das mikroskopische Bild ist demnach das gleiche, wie wir ihm beim Primäraffekt anderer Körperregionen begegnen.

Die Diagnose bietet anfänglich gewisse Schwierigkeit, und es könnte der Lidschanker mit einer Folliculitis oder Perifolliculitis der Drüsen des Lidrandes verwechselt werden. Aber schon frühzeitig wird man die Erkrankung richtig erkennen, wenn man berücksichtigt: 1. die knorpelartige Härte der erkrankten Stelle, 2. das hartnäckige Fortbestehen der Erkrankung, 3. die in einer bestimmten Zeitperiode auftretende ziemlich beträchtliche indolente Schwellung der Präauricular-, der Submaxillar- und der Cervicaldrüsen. 4. Entscheidend ist aber für die Diagnose der direkte Nachweis der Spirochaete pallida im Gewebssafte oder in Gewebsstückchen und der positive Ausfall der Wassermannschen Reaktion. Bezüglich der letzteren ist jedoch daran zu erinnern, daß dieselbe in der Regel erst in der zweiten Hälfte der sogenannten zweiten Inkubationsperiode (d. i. die Zeit zwischen dem ersten Auftreten des Primäraffekts und den Sekundärerscheinungen, durchschnittliche Dauer 6—9 Wochen) positiv ausfällt, so daß der Wert der Wassermannschen Reaktion für die Diagnose des Primäraffekts ein bedingter ist. Ein ulcerierender Primäraffekt des Lides könnte noch mit einem ulcerierenden Gumma verwechselt werden. Den Ausschlag gibt alsdann hauptsächlich die genaue Untersuchung des ganzen Körpers. 'Ein zerfallendes Gumma des Lides wäre dann zu diagnostizieren, wenn an anderen Körperstellen gummöse Geschwülste oder sonstige Spätformen der Syphilis vorhanden wären. Im Heilungsstadium ist zu beachten, daß das Gumma mit einer ausgedehnteren stärkeren und tieferen Verwachsung einhergeht, während die Initialsklerose nur eine wenig ausgedehnte und flache, mitunter sogar keine Narbe hinterläßt.

Behandlung des Primäraffekts: Dieselbe soll so früh wie nur möglich einsetzen, aber keinesfalls früher, als bis die Diagnose »Primäraffekt« durch den mikroskopischen Spirochätennachweis bzw. durch die Wassermannsche Reaktion unbedingt sichergestellt ist. Ist so die Lidaffektion unzweifelhaft als syphilitische erkannt, dann leite man sofort eine energische kombinierte Quecksilber- und Salvarsanbehandlung ein und verfahre genau so, als wenn eine genitale Initialsklerose vorliegt. Indem ich den Standpunkt einer möglichst frühzeitigen antiluetischen Allgemeinbehandlung vertrete, möchte ich nicht unerwähnt lassen, daß v. MICHEL noch in der früheren 1908 erschienenen Auflage dieses Buches empfiehlt, die Quecksilberbehandlung erst beim Eintritt der Sekundärerscheinungen einzuleiten. Dieses Verfahren ist auch von modernen Syphilidologen — wenigstens beim genitalen Primäraffekt — noch nicht ganz verlassen. So meint BUSCHKE (1903) in seiner 1920 neuerschienenen Bearbeitung der Syphilis: »Im allgemeinen scheint die Behandlung (sc. allgemeine Hg-Behandlung) wirkungsvoller zu sein, wenn man erst bei Ausbruch der Sekundärsymptome die Kur beginnt. Bei früherem Anfang erlebt man gelegentlich gegen Ende der Kur das Auftreten der Sekundärsymptome, wodurch dann die Kur sehr verlängert wird. Auch ist die Rückbildung von Primäraffekten oft bei Frühbehandlung recht langsam.« — Diese Ansicht kann ich für den Lidschanker nicht bestätigen (vgl. meine Beobachtung S. 130). Anderseits gibt es, wie auch BUSCHKE (1920) bemerkt, Gründe genug, die für eine Frühbehandlung sprechen. Vor allem wäre die beim Lidschanker vorhandene höhere Infektionsgefahr zu nennen. Bezüglich der allgemein hygienischen Maßnahmen, Wiederholung der Kuren gelten hier genau die gleichen Grundsätze wie für die Syphilis überhaupt. Die lokale Behandlung soll möglichst mild sein und kann sich auf Anwendung von Quecksilbersalben (Sublimat-Vaseline 1 : 3000) unter einer Schutzklappe beschränken. Ätzungen mit dem Argentumstift und ähnliches ist zu vermeiden. Die Excision des Primäraffekts, die sonst vielfach geübt wird, kommt beim Lid wegen der in den meisten Fällen zu erwartenden kosmetischen und funktionellen Defekte kaum in Betracht, zumal es nur ganz ausnahmsweise gelingen dürfte, durch die Excision den Ausbruch der Syphilis zu verhindern.

§ 53. Das sekundäre Stadium der Syphilis beginnt durchschnittlich 6—9 Wochen nach dem ersten Auftreten des Primäraffekts (das Intervall wird als »zweite Inkubationsperiode« aufgefaßt). In diesem Stadium kann die Lidhaut Sitz der mannigfachen Formen des syphilitischen Exanthems werden, welche auch an der übrigen Haut zur Beobachtung gelangen. Doch ist die Beteiligung der Lidhaut an den Sekundärerscheinungen an sich selten. — Allgemein diagnostisch ist zu bemerken, daß die sekundären syphilitischen Hautaffektionen in der Regel weder Jucken, noch Schmerzen verursachen. Ihr Verlauf ist in der Regel günstig, indem die Abheilung ohne Gewebszerfall (im Gegensatz zu tertiären Erscheinungen) erfolgt, vorausgesetzt, daß keine Sekundärinfektion eintritt.

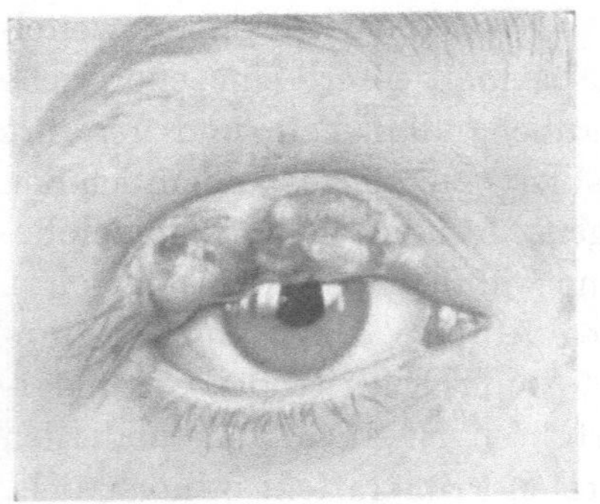

Abb. 24. Papulae lueticae. 27 jähr. Mann.

Von den Exanthemen findet sich an der Lidhaut zunächst die Roseola syphilitica s. makulöses Syphilid; dieselbe tritt gewöhnlich in der kleinfleckigen Form auf und bildet linsen- bis erbsengroße blaßrote bis kupferrote Efflorescenzen von unregelmäßiger, aber scharfer Begrenzung. Die Flecke können von selbst verschwinden und bilden sich jedenfalls bei antiluetischer Behandlung sehr schnell und in der Regel restlos zurück. Auch das papulöse Exanthem in seinen verschiedenen Formen befällt die Lidhaut, insbesondere als klein- und großpapulöses (Abb. 24) und als papulo-squamöses Syphilid. Die kleinpapulöse Form zeigt flache Knötchen von Stecknadelkopf- bis Hanfkorngröße, in Gruppen oder Kreisen angeordnet, von rotbrauner Farbe, die derjenigen des Kupfers oder Schinkens ähnelt. Von gleicher Farbe sind die ziemlich resistenten isolierten Knoten des großpapulösen Syphilids. Indem die Papeln allmählich an Succulenz verlieren, beginnen sie zu schilfern und nehmen eine glanzlose braun- bis schmutziggelbe Färbung an. Das knötchenförmige Infiltrat bildet sich langsam zurück unter Hinterlassung eines braunen Flecks, der in der Regel nach längerer Zeit verschwindet.

Der Lieblingssitz der Lidpapel ist die Deckfalte des Oberlides, ferner der Lidrand, der äußere und seltener der innere Lidwinkel. Zugleich sind gewöhnlich Papeln an den Mundwinkeln und im äußeren Gehörgange vorhanden. Die Lidpapeln nässen und ulcerieren häufig, besonders wenn sie am Lidrand sitzen und wenn je eine oder mehrere an korrespondierenden Stellen des Ober- und Unterlids sich berühren (Abb. 25). In manchen Fällen sind die Lidpapeln nahezu die einzige Manifestation der sekundären Lues. So fand v. MICHEL bei einem Kranken, der die Lues 5 Jahre zuvor akquiriert hatte, keine anderen spezifischen Erscheinungen, als 2 nebeneinander befindliche oberflächlich ulcerierte Papeln am Rande des rechten Unterlides und zugleich noch eine Schleimhautpapel in der Mitte der Tarsalbindehaut. In anderen Fällen sind gleichzeitig ulcerierte Papeln in der Nähe der Augenbrauen und der Stirnhaut vorhanden (Abb. 25). WILBRAND und STAELIN (1897) fanden unter 136 Syphilitischen der Frühperiode nur einmal ein squamöses Syphilid auf dem Ober- und Unterlide und nur einmal ein solches der Haut der Augenbrauen.

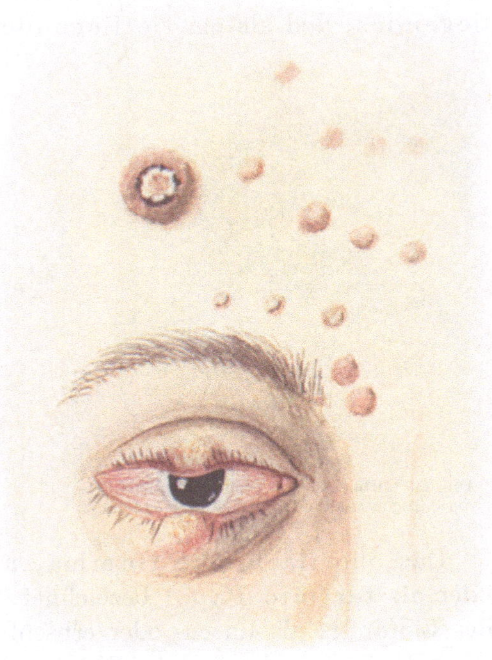

Abb. 25. Großpapulöses Syphilid an gegenüberliegenden Stellen des Ober- und Unterlidrandes mit Verlust der Cilien und gleichartiges Syphilid der Stirnhaut mit teilweise tiefgehendem Zerfalle. (Natürliche Größe.)

Mit dem Auftreten des syphilitischen Exanthems der Lidhaut kann sich ein Ausfall der Cilien und der Haare der Augenbrauen kombinieren; derselbe ist umschrieben und betrifft regelmäßig nur die erkrankte Stelle (Abb. 25). Seltener verbindet sich das Lidexanthem mit einer allgemeinen syphilitischen Alopecie. Unter 196 Syphilitikern mit allgemeinem spezifischen Haarausfall fanden WILBRAND und STAELIN (1897) 12 mal eine Alopecie der Augenbrauen und 7 mal eine solche der Cilien. Bei 4 Fällen von Cilienschwund war gleichzeitig eine Alopecie der Augenbrauen vorhanden. Dabei sei bemerkt, daß nach dem bisher veröffentlichten Material unter 151 211 Augenkranken 2758, d. h. nahezu

2% Syphilitiker gezählt wurden, und zwar solche mit Lues der Früh-
und Spätperiode, sowie solche mit hereditärer Lues (PEPPMÜLLER 1901).

§ 54. Als Typus der sogenannten tertiären Syphilis ist das
gummöse Syphilid mit seinem häufigen Folgezustande, dem syphilitischen Hautgeschwür, zu betrachten. Das gummöse Syphilid, auch Knotensyphilid, Syphiloma tuberosum, Gummi oder
Gumma genannt, erscheint als kleines derbes indolentes oder nur bei
Palpation etwas schmerzhaftes Infiltrat in der Cutis oder in der Subcutis und wird dementsprechend als ein oberflächliches, hoch-
liegendes, und als ein tiefliegendes unterschieden.

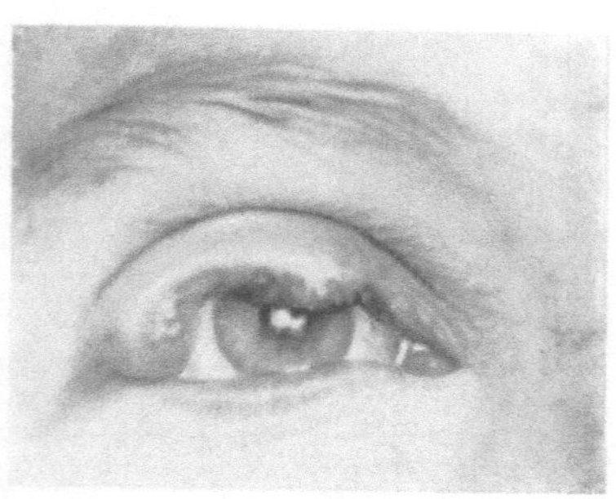

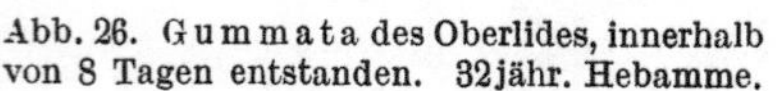

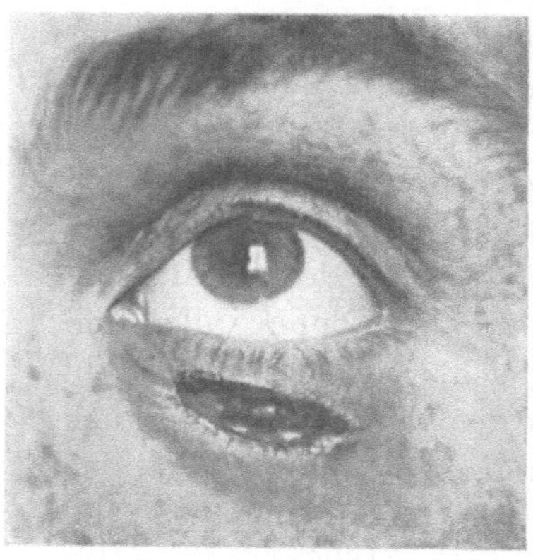

Abb. 26. Gummata des Oberlides, innerhalb
von 8 Tagen entstanden. 32jähr. Hebamme.

Abb. 27. Zerfallenes Gumma des
Unterlides.

Das oberflächliche Gumma, auch als tuberöses Syphilid
oder als tertiäre Papel bezeichnet, tritt gewöhnlich in der Cutis
des Lidrandes als linsen- oder erbsenförmiges derbes Knötchen, meistens in Gruppenform auf. Die einzelnen Knötchen sind ein wenig
erhaben und zeigen rotbraune oder braune Färbung mit anfänglich
glatter und glänzender Oberfläche. Im weiteren Verlaufe pflegen die
Cilien im Bereiche der erkrankten Stelle auszufallen. Die Knötchen
können sich beträchtlich vergrößern, aber auch monatelang unverändert
bleiben und, besonders bei spezifischer Behandlung, unter oberflächlicher Abschuppung sich resorbieren und faltige weißliche Narben hinterlassen. An der Peripherie solcher in Vernarbung begriffenen Herde
können neue Knötchen sich entwickeln (papulo- oder tubero-serpigi-
nöses Syphilid). In anderen Fällen zerfallen die Knötchen, und die
dadurch entstehenden Geschwüre zeichnen sich durch charakteristisch
scharfe, wie mit dem Locheisen herausgeschlagene Ränder aus und
durch ihren speckigen Grund. Indem sie zusammenfließen, erhalten

sie einen serpiginösen Charakter. Der ulceröse Zerfall des Lidrand-
gumma kann einerseits auf die Tarsalbindehaut übergreifen und anderseits auf die Lidfläche und die benachbarte Gesichtshaut (ASCHHEIM
1903, RILLE 1906). In dem Falle von ASCHHEIM dehnte sich das
zerfallende Gumma des Lidrandes über ein Drittel bis die Hälfte des
Lides aus und bildete ein flaches granulierendes Geschwür mit unregelmäßigen scharfen und derben Rändern. RILLE (1906) teilte mit, daß
schon 1 $1/_2$ Jahre nach dem syphilitischen Infekt beide Oberlider sowie
mehr als das mittlere Drittel der Stirnhaut und die gesamte Nasen-
haut von einem einzigen
scharfrandig begrenzten,
etwa kleeblattartig ge-
stalteten Geschwür mit
teils üppigem Granula-
tionsgewebe, teils mit beginnender zarter Narben-
bildung eingenommen
waren. Der serpiginöse,
rinnenförmig exulcerierte
Rand war aufgeworfen
und derb infiltriert. In
einer Reihe von Fällen
sind zu gleicher Zeit
Knötchen, Geschwüre
und Narben sichtbar, die
in isolierten Herden an
der Lidhaut und an der
übrigen Gesichtshaut zer-
streut sein können. So
sah v. MICHEL frische
Knötchen am äußeren

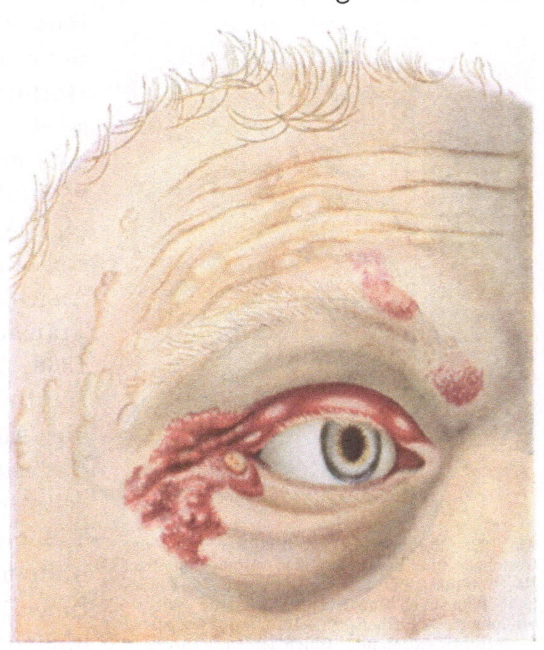

Abb. 28. Frische syphilitische Knoten des r. Oberlides mit
serpiginösem Fortschreiten am äußeren Lidwinkel und dessen
Umgebung. An Stirn- und Schläfenhaut oberflächlich vernarbte
Knoten.

Lidwinkel und zugleich zahlreiche Narben in der Haut der Schläfengegend. Manchmal finden sich auch serpiginöse Formen neben Knötchen
und Narben. In einem derartigen Falle (Abb. 28) zeigte die Haut der
rechten Stirn- und Schläfengegend zahlreiche knotige Narben, zweifellos
von abgeheilten Knötchen herrührend, die Haut der Augenbraue in der
medialen Hälfte und die der Oberlider in ganzer Ausdehnung frische
größere Knötchen und am äußeren Lidwinkel ein serpiginöses Geschwür,
das sich nach unten und nach außen in die benachbarte Gesichtshaut
ausgebreitet hatte. Cilien und Supercilien waren an den erkrankten Stellen
teilweise oder ganz ausgefallen. Das ulcerierende serpiginöse Gumma

kann aber nicht nur die Haut des Ober- und Unterlides einer Seite, sondern beiderseits zerstören und zugleich an der Gesichtshaut (Abb. 29) und an der Haut anderer Körperstellen auftreten. Durch die Vernarbung entsteht alsdann eine hochgradige Entstellung, die um so häßlicher wirkt, als infolge des Narbenzugs ein hochgradiges Ectropium herbeigeführt wird (Abb. 29). Der daraus resultierende mangelhafte Lidschluß gefährdet wiederum die Hornhaut. Einen ungewöhnlich tragischen Ausgang nahm ein von ROLLET und MOREAU (1906) beschriebener Fall; hier führte ein Gumma der Stirn zu Narbenectropium beider Oberlider. Infolge Nichtbedeckung kam es zu sekundärer Infektion beider Hornhäute mit Zerstörung derselben, so daß die 52 jährige Kranke nahezu erblindete. In einem von v. MICHEL (1900) beobachteten Falle (vgl. Abb. 29 und v. AMMON, Darstellungen der Krankheiten der Augenlider, der Augenhöhle und der Tränenwerkzeuge. Reimer-Berlin 1838, Tafel V, Fig. 15) war die Haut aller Augenlider zerstört und die Auswärtsstellung infolge der Narbenbildung besonders rechterseits so hochgradig, daß von einer Lidoberfläche überhaupt nichts wahrzunehmen war, vielmehr die Innenfläche der Lider, die Tarsalbindehaut und sogar die Übergangsfalte völlig nach außen gekehrt war.

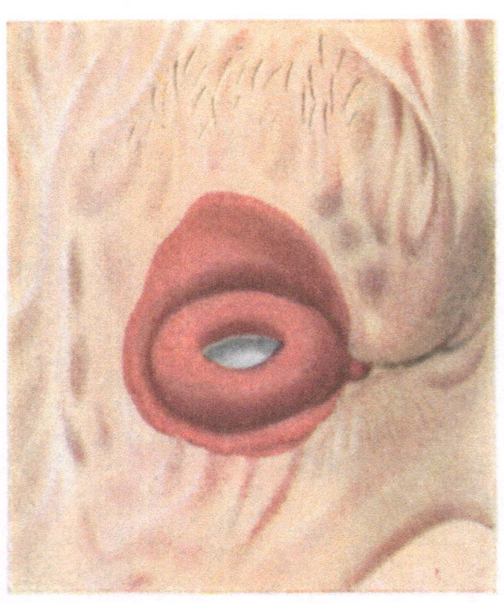

Abb. 29. Serpiginöses Syphilid der Haut des Gesichtes und der Augenlider mit hochgradiger Narbenbildung und totalem Ectropion. Die Bindehaut liegt nach außen völlig frei, die Skleralbindehaut, wallartig geschwellt, umgibt die narbig getrübte Hornhaut. Cilien fehlen, von den Supercilien nur einige Reste.

Das Oberlid war so sehr nach oben verschoben, daß die Stellung des Lidrandes ungefähr der Lage des oberen Augenhöhlenrandes entsprach und daß die Mitte des Lidrandes die Augenbraue fast berührte. Die Augenbraue war durch den Narbenzug ebenfalls stark nach oben verschoben und nur durch einige längere schwarze Haare kenntlich, die mehr oder weniger senkrecht gestellt waren. Die Cilien fehlten fast vollständig, nur etwa entsprechend der Mitte des Lidrandes waren noch einige wenige sichtbar, die, büschelartig angeordnet, den Haaren der Augenbraue stark genähert waren. Die Skleralbindehaut, gleichmäßig hochgradig ödematös, umgab wallartig den Hornhautrand (Abb. 29) und war derart über denselben gelagert, daß nur die Mitte der ulcerierten und pannösen Hornhaut sichtbar war. In diesem Falle hatte der genitale Infekt

27 Jahre zuvor stattgefunden und 4 Jahre später trat ein ulceröses serpiginöses Hautsyphilid an beiden Unterschenkeln auf, 10 Jahre darauf an beiden Vorderarmen und nach weiteren 10 Jahren ergriff ein gleichartiges Hautsyphilid Augenlider, Gesicht, Kopf und Hals. Die Haut zeigte in diesem Bereiche mehr oder weniger breite, weiße und mäßig erhabene Narbenstränge, die netz- oder gitterartig miteinander zusammenhingen. Dieses lange Zeitintervall zwischen Primäraffekt und Tertiärsyphilid am Lide bildet die Regel; frühestens pflegt sich dasselbe 3—4 Jahre nach der Infektion einzustellen und nur bei energischer Frühbehandlung mit Salvarsan kann das Intervall noch mehr verkürzt werden. Von anderen gleichzeitig mit dem Gumma der Lidhaut beobachteten tertiärsyphilitischen Erscheinungen sind noch zu erwähnen: Zahlreiche flache, scharf begrenzte Ulcerationen von Erbsen- bis Pfennigstückgröße in den hinteren zwei Dritteln des harten Gaumens, Perforationsstellen des letzteren, Infiltration der beiden Taschenbänder des Kehlkopfes (Aschheim 1903), Perforationsöffnung an der Grenze des knorpeligen und knöchernen Nasenseptums und gummöse Periostitiden am oberen Augenhöhlenrande sowie am Jochbein.

Anatomisch fand Aschheim (1903) in einem excidierten Hautstücke des Intermarginalteils des Lidrandes ein entzündliches Granulationsgewebe mit einzelnen unregelmäßig nekrotischen Stellen. Riesenzellen von Langhansschem Typus lagen mehrfach in rundlichen knötchenartigen Herden von epitheloiden Zellen, so daß bei solchem mikroskopischen Befunde eine Verwechslung mit Tuberkulose stattfinden könnte (Axenfeld 1897). In vereinzelten Fällen würde sich vielleicht durch den Nachweis der in tertiären Syphiliden allerdings sehr spärlichen Spirochäten auch mikroskopisch eine Entscheidung herbeiführen lassen. An den Gefäßen sah Aschheim hier und da eine Wandverdickung, zum Teil auch eine Verengerung des Lumens durch Wucherung der Intima.

Diagnostisch wäre nicht selten eine Verwechslung mit lupösen oder sonstigen tuberkulösen Zerstörungen möglich. Die Anamnese und der Gesamtstatus, der positive Ausfall der Wassermannschen Reaktion oder bei negativem Ausfall derselben die rasche Heilung unter einer antiluetischen Behandlung werden fast ausnahmslos zur richtigen Diagnose führen.

§ 55. Das gummöse Syphilid in der Subcutis der Lidhaut, das tiefliegende Gumma, erscheint als ein Knoten mit darüber verschieblicher Haut, dessen Größe ungefähr diejenige einer Erbse bis Walnuß erreicht. Die Form ist rund oder halbkugelig und die Konsistenz bald knorpelähnlich, bald elastischweich oder sogar etwas fluktuierend. Letzteres Verhalten findet darin seine Erklärung, daß sich beim Einschneiden, abgesehen von etwas Blut, eine geringe Menge einer klebrigen, fadenziehenden, einer Gummilösung nicht unähnlichen Flüssigkeit entleert. Die über dem Knoten verschiebliche Haut zeigt gewöhnlich normale Färbung und ist auch sonst unverändert. Die Färbung wird bläulichrot, wenn der Knoten allmählich in die Cutis vorwächst.

Der weitere Verlauf gestaltet sich sehr verschieden; bald ist derselbe ganz akut, bald eminent chronisch, bald bietet er die möglichen Übergänge. Bei akutem Verlaufe tritt ein Zerfall des Gumma in wenigen Tagen ein. Nach vorausgegangener Fluktuation kommt es zu spontaner Eröffnung des Knotens und zur Entstehung eines Geschwüres, das sich durch seine Tiefe und steil abfallende, etwas gekerbte Ränder von dunkelroter Farbe auszeichnet. Das erkrankte Lid ist in großer Ausdehnung entzündlich geschwellt und schmerzhaft. Auch Allgemeinstörungen, Fieber treten auf, besonders wenn der Zerfall, wie es beobachtet ist, sehr akut (innerhalb 24 Stunden) sich vollzieht. Greift der Ulcerationsprozeß in die Tiefe, so kann in wenigen Tagen das ganze Lid durchlöchert werden. Geschieht dies nach der Fläche zu und hat das Gumma seinen Sitz am Lidrande, so kann derselbe in seiner ganzen Ausdehnung geschwürig werden (ALEXANDER l. c.). Bei dieser verschiedenen Verlaufsweise gestaltet sich auch die Vernarbung in bezug auf Ort, Ausdehnung und Tiefe ebenfalls verschieden. In einem von v. MICHEL beobachteten Falle war die Zerstörung des Oberlides in seiner ganzen Dicke von einer Geschwürsbildung der oberen Hornhauthälfte begleitet, die sich noch etwas über ihre Mitte nach unten erstreckte. Bei der Heilung entstand eine strahlige dicke weiße Narbe (s. Abb. 30), die fast mit der ganzen Hornhaut verwachsen war. Entsprechend der Narbe fehlten die Cilien vollständig. Im allgemeinen ist der geschwürige Zerfall eines Gumma des Lidrandes mehr oberflächlich und stellt nach der Abheilung einen scharf gezeichneten geradlinigen oder schwach konkav verlaufenden weißen Narbenstreifen dar. Beim Gumma der Lidfläche dagegen tritt bald ein oberflächlicher, bald ein tiefer Zerfall ein und dementsprechend resultiert eine oberflächliche oder tiefe strahlige weiße Narbe. Im Bereich der Narbenbildung fehlen die Cilien und kehren auch nicht wieder. Bei chronischem Verlaufe kommt es allmählich zu einer Verkleinerung des Knotens, zugleich geht die manchmal vorhandene Schwellung des erkrankten Lides und des Tarsus, der nicht selten mitbeteiligt ist, zurück. Der Knoten kann restlos verschwinden.

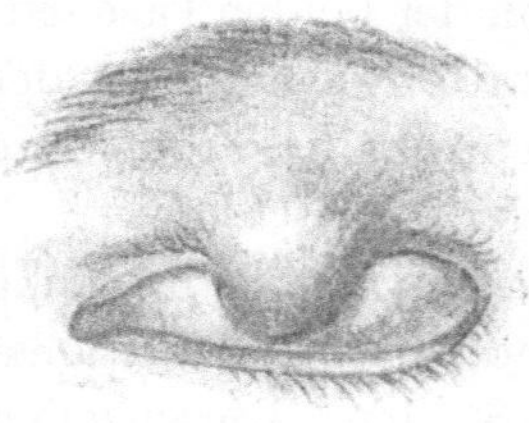

Abb. 30. Unter Narbenbildung geheiltes gummöses Syphilid.

Das Gumma der Lidhaut kann noch mit anderen tertiär-syphilitischen Erscheinungen verbunden sein. So gesellt sich zuweilen zu einem Gumma der beiden Oberlider ein solches der Stirn und Glabella sowie ein ulceröses serpiginöses Syphilid des Rumpfes hinzu. v. MICHEL sah einen Fall von gleichzeitigem Gumma der Oberlider und der Zunge, außerdem waren zahlreiche Papeln an der inneren Lidkante entsprechend den Ausführungsgängen der MEIBOMschen Drüsen vorhanden. In anderen Fällen wurden Perforationen des harten Gaumens, Zerstörung des Nasenknochens usw. gefunden. Das Gumma der Lidhaut ist

nach v. MICHELS Ansicht nicht so selten, als dies gewöhnlich angenommen wird; möglicherweise wird es übersehen oder nicht richtig diagnostiziert. Nach einer Zusammenstellung von GRUDER (1898) wurden in der Wiener Universitäts-Augenklinik bei einer jährlichen Frequenz von 15000 bis 17000 neuer Fälle innerhalb von 10 Jahren nur 2 Fälle von Lidgumma beobachtet. Allerdings ist die Statistik zu einer Zeit (1897) abgeschlossen, in der man die modernen diagnostischen Hilfsmittel (Spirochätennachweis, Wassermannsche

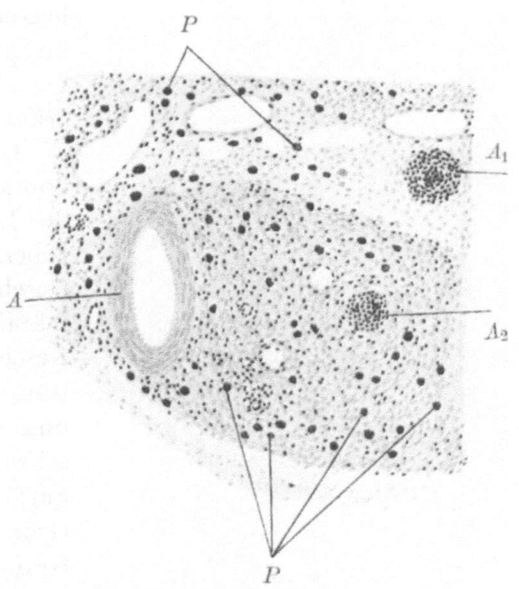

Abb. 31. Sagittalschnitt durch ein Gumma der Lidhaut. P Plasmazellen, A normale Arterie, A_1 endarteriitische Wucherung mit Verschluß des Lumens, A_2 desgleichen und gleichzeitige Perivasculitis. Vergr. ⁶⁰/₁.

Reaktion) noch nicht kannte. Das gummöse Syphilid kann aber nicht bloß auf ein Augenlid beschränkt sein, sondern es können zugleich das Ober- und Unterlid, ja alle 4 Augenlider befallen werden.

Anatomie: Das makroskopisch etwas durchscheinende graue oder graurötliche Gewebe erweist sich nach v. MICHELs mikroskopischen Untersuchungen als ein dichtes kleinzelliges Infiltrat (Abb. 31), das durch einen besonderen Reichtum von Plasmazellen (Abb. 31P) ausgezeichnet ist. Einzelne kleinere Arterien (Abb. 31 und 32 A_1 und A_2) zeigen die Erscheinungen einer Perivasculitis und Endarteriitis. Die Intimawucherungen führen hier und da zu einem völligen Verschluß des Arterienlumens (Endarteriitis obliterans) (Abb. 31 und 32 A_1 und A_2). Größere Arterien bleiben bald verschont (Abb. 31 A), bald ist auch

an ihnen Adventitia und Intima erkrankt und weisen hochgradige peri-
vasculitische Wucherung (Abb. 32 *A*) auf. Auch die Wandungen der
Venen können durch Endophlebitis mit nachfolgender Bindegewebsbildung vollständig verschlossen werden (Abb. 32 *V*). An anderen
Stellen führt die Peri- und Endophlebitis zu beträchtlicher Wandverdickung, wobei innerhalb der periphlebitischen Wucherungen bei
langem Bestande des Gumma Verkalkungen eintreten können. Auch

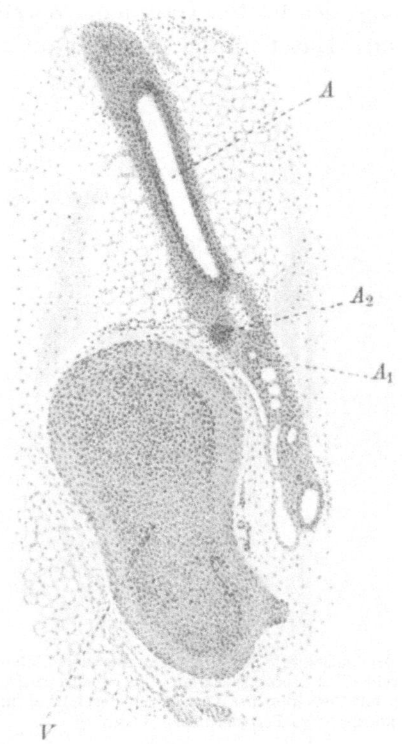

kleinere Venenstämme zeigen oft Peri- und Endophlebitis. Somit besteht die charakteristische Veränderung des Gumma der Lidhaut in einer primären Gefäßwanderkrankung der Arterien und Venen.

Differentialdiagnostisch kommt beim zerfallenden Gumma der Lidhaut der Primäraffekt, das tuberkulöse und das carcinomatöse Geschwür in Betracht. Beim Primäraffekt ist die geringe Tiefe des Geschwürs, die ausgedehntere Rötung und Schwellung der Umgebung und die regionäre Lymphdrüsenschwellung zu beachten. Das tuberkulöse Lidhautgeschwür zeigt im Grunde schlaffe, leicht blutende Granulationen und ausgezackte unterminierte Ränder, abgesehen davon, daß gewöhnlich noch an anderen Stellen des Körpers Zeichen von Tuberkulose nachzuweisen sind. Das carcinomatöse Ulcus ist durch eine derbe wallartige und etwas höckerige Infiltrationszone abge-

Abb. 32. Quer- und Schrägschnitte von Blutgefäßen bei Lues des Lides. Vergr. 35/1. *V* endophlebitisch verschlossene größere Vene. *A* und *A₁* perivasculitisch erkrankte größere und kleine Arterie, *A₂* endarteriitisch verschlossene kleine Arterie.

grenzt und zeigt einen langsameren Zerfall. Doch können Verwechse-
lungen zwischen Gumma und Carcinom vorkommen, wie aus einem von
v. Michel beobachteten und von Dietlen (1876) beschriebenen Falle
hervorgeht, bei dem schon die Vorbereitungen zur Excision und Blepharoplastik getroffen waren, die Heilung sich aber bei innerlicher Darreichung von Jodkalium rasch vollzog. Ein tiefsitzendes nicht ulceriertes
Gumma der Lidhaut könnte mit einem harten Fibrom (s. S. 265) verwechselt werden. In zweifelhaften Fällen wird vielfach die Wasser-

mannsche Reaktion, die niemals unterlassen werden darf, die Entscheidung bringen. Früher wurde die außerordentlich rasche und günstige Wirkung von Jodpräparaten diagnostisch verwertet, welche in kürzester Zeit — innerhalb 8—14 Tagen — ein Gumma zur Heilung bringen können. Damit ist auch die Art der antisyphilitischen Allgemeinbehandlung vorgezeichnet. Je nach Lage des Falles ist die Jodkur mit einer Quecksilber- und Salvarsanbehandlung zu verbinden. Lokal ist das Auflegen eines mit grauer Quecksilbersalbe bestrichenen Lintläppchens zu empfehlen.

§ 56. Die hereditäre Syphilis der Lidhaut zeigt ähnliche Erscheinungen wie die erworbene, insbesondere sind die Lidflächen und die Lidränder Sitz von braun- bis gelblichroten Papeln, die zugleich noch auf der Stirnhaut und sonst im Gesicht sichtbar sein können. Solche Papeln sind in ihrem Aussehen mitunter von einem Primäraffekt nicht zu unterscheiden, so daß insbesondere bei Kindern Zweifel entstehen können, ob ein Fall von acquirierter oder von hereditärer Lues vorliege, wie dies aus der folgenden von mir vor 3 Jahren gemachten Beobachtung hervorgeht: Im April 1919 wurde in die Heidelberger Universitäts-Kinderklinik ein 5wöchiger Säugling J. S. aufgenommen — eigent-

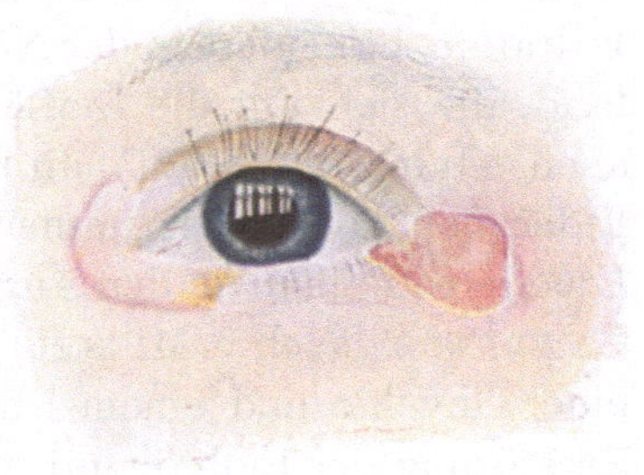

Abb. 33. Zwei zerfallene luetische Papeln an den Lidwinkeln. — 5 Wochen altes Mädchen.

lich nur aus sozialen Gründen. Die Untersuchung des kräftigen gutgenährten Kindes ergab ein follikuläres Ekzem am Rumpf, Hals und Kopf; außerdem am äußeren Lidwinkel des linken Auges eine Veränderung, die als »impetiginös« betrachtet wurde. Im übrigen war dasselbe scheinbar gesund. Pirquetsche Reaktion negativ.

3 Wochen später war an der fraglich impetiginösen Stelle des äußeren Lidwinkels ein scharfrandiges Ulcus (Abb. 33) entstanden, das ich als auf Lues verdächtig diagnostizierte. Die daraufhin vorgenommene Blutserumreaktion nach Wassermann fiel stark positiv aus, und die Diagnose der Universitäts-Hautklinik, die im Tuschepräparat vom Gewebesafte des Ulcus Spirochäten nachwies, lautete: Primäraffekt am äußeren Lidwinkel. Die Diagnose einer akquirierten Lues erschien um so mehr berechtigt, als das Kind in der Universitäts-Frauenklinik geboren wurde und sich hierbei an der Mutter nicht die geringsten Zeichen von Lues ergeben hatten.

Einige Tage später entstand am inneren Lidwinkel des gleichen Auges eine bogenförmige Infiltration, die sich ebenfalls bald in ein flaches Geschwür umwandelte. Dasselbe erweckte Bedenken, ob wirklich akquirierte Lues vorliege. Die eingehendere Blutuntersuchung der Kinderklinik ergab nun »Anämie«, die nach Ansicht von Prof. Moro nicht so frühzeitig bei akquirierter, sondern stets nur bei hereditärer Lues beobachtet wird. Die daraufhin veranlaßte Blutuntersuchung bei der Mutter stellte nun in der Tat positive Wassermannsche Reaktion fest, und der weitere Verlauf zeigte gleichfalls, daß die Lidulcera als zerfallene Papeln bei hereditärer Lues aufzufassen waren, indem noch in den folgenden Tagen ähnliche Papeln am rechten Oberlid, an der Lippe und am Kinn aufgetreten waren. Unter einer kombinierten Quecksilber- und Salvarsankur heilten die Papeln schnell ab.

Hutchinson (nach v. Michel) betrachtet als Zeichen einer hereditären Lues das Ausfallen der Cilien bei Kindern, als deren Ursache er am Lidrande, besonders in der Nähe der Lidwinkel kleine ulcerierte Papeln fand, die sich auf die Lidfläche ausbreiteten. In gleichem Sinne gibt auch Groenow (1921) an, daß Verdickung und Haarlosigkeit der Lider bei Säuglingen immer auf angeborene Syphilis verdächtig sei. Ulcerierte Papeln an den Augenlidern, den Lippen und den Wangen sah Lawrence (nach v. Michel) bei einem 14jährigen Kinde, zugleich mit einer Onychie und einem Hautsyphilid. Über eine ulceröse serpiginöse Zerstörung der Lidhaut mit gleichzeitiger der Gesichtshaut und solcher der Gesichtsknochen berichtet Storp (1907). Die Erkrankung hatte im 4. Lebensjahre begonnen. Ein linsengroßer Gummiknoten der medialen Hauthälfte des unteren Lidrandes wurde von Wedl (nach v. Michel) mikroskopisch untersucht, der im wesentlichen eine dichte kleinzellige Infiltration ergab, die auch den Tarsus durchsetzte. v. Michel hatte Gelegenheit, ein Gumma des Oberlides als Äußerung einer Lues hereditaria bei einem 11jährigen Mädchen zu beobachten, wobei die Diagnose auf ein Fibrom gestellt war, während die mikroskopische Untersuchung ein kleinzelliges Granulationsgewebe, verbunden mit einer Perivasculitis und Endarteriitis der Gefäße, ergab. Colucci (1904) will sogar noch bei einer 25jährigen Frau als Zeichen einer hereditären Lues eine Erkrankung der Lidhaut beobachtet haben, die klinisch eine große Ähnlichkeit mit der amyloiden Degeneration dargeboten hatte.

Es sei noch daran erinnert, daß nach allgemeiner Annahme der Pemphigus syphiliticus neonatorum an den Lidern nicht vorkommt (vgl. Pemphigus S. 24, Anmerkung). Derselbe wird in der II. Aufl. dieses Buches von v. Michel, ebenso von Groenouw (Bd. XI, Abt. I dieses Handb. III. Aufl.) infolgedessen überhaupt nicht erwähnt. Demgegenüber macht Igersheimer (l. c. S. 173) eigentümlicherweise

die Angabe, daß der Pemph. syph. sich ebenso wie an andern Hautstellen auch an den Lidern finde. Er sah bei einem 11monatigen luetischen Kinde mit Keratomalazie Pemphigusblasen an Hals, Stirn, Ohrmuscheln, Oberlid sowie sonst am Körper. Merkwürdigerweise waren,
wie er selbst hervorhebt, Fußsohlen und Handteller frei. Also gerade die
für Pemphigus syphiliticus so charakteristische plantare und palmare
Lokalisation wurde in diesem Falle vermißt. — Die Diagnose des syphilitischen Pemphigus ist bekanntlich in der Regel sicher zu stellen, da
sich im Blaseninhalt meist Spirochäten in großer Zahl nachweisen lassen.

Hinsichtlich der Behandlung der hereditären Syphilis kommen
die gleichen Präparate in Betracht wie bei akquirierter: Quecksilber,
Salvarsan und Jod. Die Anwendungsform ist dem Lebensalter entsprechend zu variieren.

§ 57. Gicht. Den chronischen Entzündungen der Lidhaut wäre
noch die sicherlich sehr seltene Beobachtung von Gichttophi an
den Augenlidern anzureihen. EBSTEIN (1912) berichtet über einen derartigen Fall aus der Med.
Univ.-Klinik zu Leipzig
und bildet denselben ab
(s. Abb. 34). — Bei einem
39jährigen Kellner mit
typischen Gichterschei-
nungen (seit 5—6 Jahren
alljährlich typische Gicht-
anfälle im rechten und
linken Großzehengelenk,
weißes Knötchen am

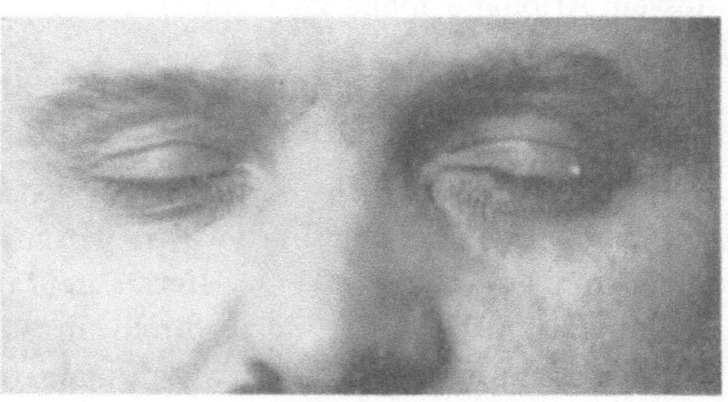

Abb. 34. Gichttophi an den Augenlidern. (Nach EBSTEIN.)

rechten Ohr) entwickelte sich innerhalb von etwa 5 Monaten ein etwas
über stecknadelkopfgroßes mattweises Knötchen von Kugelform im
äußeren Drittel des linken Oberlides, ohne daß dabei Schmerzen und
sonstige Beschwerden bestanden hätten. Das Knötchen wurde mit der
Schere abgetragen. Dabei zeigte sich, daß der kleine runde Körper von
einer dünnen Epidermisschicht überzogen war, aus der er leicht als
Kügelchen herausgeschält werden konnte. Nach dem Durchschneiden
festen fast weißlich glänzenden fibrösen Kapsel ließ sich eine kleine der
Menge weißlichen breiig-festen Inhalts ausdrücken, der mikroskopisch
aus einer glänzenden scholligen Masse bestand. Die mit dem weißen Brei
und mit der ausgedrückten Kapsel angestellte Murexidprobe fiel deutlich positiv aus, so daß das Knötchen mit aller Sicherheit als ein Harn-
säure enthaltendes gichtisches Tophus angesehen werden konnte. —

Übrigens trat glatte Heilung ohne Recidiv ein. Dagegen wird von anderer Seite (Hirsch 1899) geraten, den Gichttophus am Lide, so lange er nicht stört, unberührt zu lassen, da dem operativen Eingriff bald ein Recidiv folge. — Differentialdiagnostisch kommen wohl nur die Milien in Betracht. Neben der Gichtanamnese bringt der chemische Harnsäurenachweis die sichere Entscheidung.

Unter dem Titel »über eine eigentümliche Geschwulst des Lides« beschreibt Meller (1900) einen haselnußgroßen, harten, gut verschieblichen Tumor, der sich innerhalb eines Jahres im Unterlide einer sonst gesunden 70 jährigen Frau entwickelt hatte. Der Tumor ist von knotigem Bau; die Knoten, die in derbes Bindegewebe eingelagert sind, bestehen aus lymphoiden und epitheloiden Zellen, sowie aus eigenartigen vakuolenähnlichen Hohlräumen und spärlichen Gefäßcapillaren. Bakterienfärbungen fielen negativ aus. Weder das klinische Verhalten noch das histologische Bild rechtfertigten die Annahme einer tuberkulösen oder syphilitischen oder durch Fremdkörper entstandenen Neubildung. Zweifellos handelt es sich um ein chronisch entzündliches Granulom, dessen Ätiologie nicht zu ermitteln war.

3. Die örtlichen durch Wirkung äußerlicher unbelebter Schädlichkeiten bedingten Entzündungen und Veränderungen.

§ 57a. Die örtlichen durch Wirkung äußerlicher unbelebter Schädlichkeiten bedingten Entzündungen und Veränderungen der Lidhaut. — Hierzu gehören die Entzündungen und andersartigen Veränderungen durch mechanische Einwirkungen (Druck, stumpfe Gewalt, Verwundungen ohne und mit Zurückbleiben des verletzenden Fremdkörpers), infolge Durchfeuchtung (Umschläge), ferner durch thermische und chemische Reize (einschließlich pflanzlicher und tierischer Gifte), durch elektrische Einwirkung (Ophthalmia electrica) sowie diejenigen durch andere strahlende Energien (direktes und reflektiertes Sonnenlicht, Sonnenstich [Insolation], Schneeblindheit, Schneeblendung [Ophthalmia nivalis], Röntgen- und Radiumstrahlen). Alle diese Veränderungen nebst Literaturangaben sind von A. Wagenmann (»Verletzungen des Auges mit Berücksichtigung der Unfallversicherung«, dritte Auflage dieses Handbuchs) erschöpfend behandelt, weshalb sich eine Besprechung an dieser Stelle erübrigt.

Literatur zu §§ 41—57.

1847 Desmarres: Traité theorique et pratique des maladies des yeux. p. 156. Paris.
1870 Fournier: Des affections oculaires d'origine syphilitique. Journ. d'ophtalmol. T. 1. — Samelsohn: Syphilitic ulceration of the eyelids. Brit. med. Journ. T. 1, p. 35.

1872 Galezowski: De quelques tumeurs des paupières et des conjonctives. Journ. d'ophtalmol. p. 229.

1873 Bull und Hansen: The leprous diseases of the eye. Christiania.

1875 Michel: Krankheiten der Lider. Dieses Handbuch I. Aufl. Kap. IV, S. 419.

1876 Dietlen, H.: Kasuistische Beiträge zur Syphilodologie des Auges. Inaug.-Diss. Erlangen. — Hulke: Secondary syphilitic sore on the eyelid. Med. Times and Gaz. T. 53, p. 463. — Pflüger: Ulcus induratum der Lidränder. Klin. Monatsbl. f. Augenheilk. S. 160. — Schiess: Lupus serpiginosus palpebrae superioris et faciei. 12. Jahresbericht, S. 26.

1877 Barlow, Th.: Alopecia in congenital syphilis. Lancet. No. 8. — Zeissl: Die durch Syphilis hervorgerufenen Erkrankungen des Augenlides. Allg. Wien. med. Ztg. Nr. 35, 36 u. 37.

1878 Bull, C. S.: Zur Syphilis der Augenlider. New York med. Journ. March. — Carreras y Aragó: Syphilitisches Geschwür des inneren Lidwinkels. Rev. de med. y cirurg. pract. No. 54. — Lubinski: Infizierender Schanker des Augenlides. Klin. Monatsbl. f. Augenheilk. April. — Narkiewicz-Jodko: Interessante Fälle aus dem Augeninstitut zu Warschau. Gaz. lekarska. — Pflüger: Augenklinik in Bern. Bericht für d. J. 1877. S. 57. Bern.

1879 Bull, C. S.: Observations on three unusual cases of syphilitic gummata of the eye. St. Louis Cour. of med. T. 2, p. 97. — Eklund, Fr.: Om spetelskaa (Elephantiasis Graecorum vel Lepra Arabum). p. 91. Stockholm. — Hamande: Chancre infectant de la paupière inférieure; accidents syphilitiques secondaires. Arch. méd. belges, Brux., 3. s. XV, p. 194.

1880 Buller, F.: Syphilitic condyloma of the eyelid, with bubonic enlargement of the lymphatics over the corresponding parotid. Montreal gen. hosp. rep. T. 1, p. 221. — Castelo: Sifilome des párpado superior derecho; sifilide papulosa discreta; angina especifica. Rev. esp. de oftal. sif. etc. T. 1, p. 114. Madrid. — Pflüger: Ulcus specificum palpebrae. Bericht der Augenklinik der Universität Bern.

1881 Fonseca: Chancre syphilitique de la paupière. Arch. ophtalmol. de Lisboa. — Spencer Watson: Ulcus syphiliticum. Brit. med. Journ. 7. Mai.

1882 Adams, J. E.: Chancre of the upper lid. Brit. med .Journ. T. 2, p. 1253. — Calhoun, A. W.: Syphilitic ulceration of the eyelid in the infant. South med. Rec. Atlanta. T. 12, p. 207. — Galezowski: Chancre des paupières et du globe oculaire. Recueil d'ophthalmol. p. 604. — Guerin Roze: Blépharite chronique tuberculeuse (Soc. méd. des hôp.) Union méd. No. 53. — Streatfield: Syphilitic chancre at the inner canthus. Brit. med. Journ. Sept. — Wiethe, Th.: Beiträge zur Kasuistik syphilitischer Lidaffektionen. Allg. Wien. med. Ztg. Nr. 23.

1883 Benson, A. H.: A case of hard chancre on the upper eyelid in a boy aged twenty. Transact. acad. med. Ireland. T. 1, p. 367. — Bock: Über das Gumma des Lides. Allg. Wien. med. Ztg. Nr. 28. — Connor, Cl. A.: A clinical study of syphilis of the eye and its appendages. Americ. Journ. of med. the sciences. T. 85, p. 378. — Dornig, J.: Ein Fall von gummöser Augenlidaffektion. Vierteljahrsschr. f. Dermatol. u. Syphilis. S. 572. — Hock: Rupia syphilitica palpebrae superioris oculi sinistri. Bericht d. Privat-Augenheilanstalt. — Juliusburger, O.: Gumma des Augenlides. Vierteljahrsschr. f. Dermatol. u. Syphilis. Bd. 10, S. 100. — Meighan, Fl. L.: Two cases of hard chancre of the eyelid. Glasgow med. Journ. T. 20, p. 211. — Mittasch: Die syphilitischen Erkrankungen der Augenlider nebst zwei Beiträgen. Inaug.-Diss. Würzburg. — Power: Morphoea on the left upper lid. (Ophth. soc. of the Unit. Kingd.) Lancet. 21. July. — Snell: Hard chancre of inner canthus. Transact. of the ophthalmol. soc. of Great Britain and Ireland. T. 3.

1884 Campart: Chancres indurés des paupières. Bull. clin. nat. opht. de l'hôp. des Quinze-Vingts. No. 2. — Grossmann, L.: Die syphilitischen Krankheiten des Auges. Med.-chirurg. Zentralbl. Bd. 19, S. 62, 76, 98, 111, 122, 134. Wien. — van Harlingen: A case of chancre of the eyelid produced by inoculation through a contused wound. Polyklinik. p. 69. Philadelphia. — Maren, E.: Beiträge zur

Lehre von der Augentuberkulose. Inaug.-Diss. Straßburg. — SCHENKL, Gumma palpebrae inf. oc. sinist. Prager med. Wochenschr. Bd. 9, S. 362. — SEGGEL: Bericht über die Augenkrankenstation des kgl. Garnisonlazaretts München. Dtsch. militär-ärztl. Zeitschr. Bd. 13, S. 213, 271, 325, 399. — WILLIAMS: Syphilitic ulceration of the lids. Weekly med. Rev. T. 9, p. 172.

1885 BAUDRY, S.: Contribution à l'étude du chancre des paupières. Arch. d'ophtalmol. T. 5, p. 55. — BAUM, S.: Kasuistische Beiträge zur Kenntnis der extragenitalen Initialsklerose. Vierteljahrsschr. f. Dermatol. u. Syphilis. S. 97. — CAMPART: Chancre induré de l'angle interne de la paupière inférieure gauche. Bull. clin. nat. ophtalmol. de l'hôp. des Quinze-Vingts. T. 3, p. 49. — DORNIG: Beitrag zur Kenntnis syphilitischer Initialaffektionen an den Augenlidern. Wien. med. Wochenschr. Nr. 11. — GRÜNFELD: Demonstration einer interessanten Syphilis-form. Wien. med. Presse Nr. 49. — HOLMES, E. L.: Cases of chancre of the eyelid and of the caruncle. Chicago med. Journ. and Exam. T. 1, p. 296. — VOSSIUS: Über-tragungsversuche von Lepra auf Kaninchen durch Impfung in die vordere Kammer, im Anschluß an einen Fall von Lepra arabum. Ber. d. 16. Vers. der ophthalmol. Ges. zu Heidelberg. S. 2.

1886 ABADIE: Des manifestations oculaires tardives de la syphilis et de leur traitement. Ann. d'oculist. T. 95, p. 250. — BADAL: Chancre de la paupière infé-rieure. Mém. et Bull. de la soc. de méd. et chirurg. de Bordeaux. p. 242. — Derselbe: Recherches statistiques sur les manifestations oculaires de la syphilis. Arch. d'oph-talmol. T. 6, p. 104 et 301. — BECK, DE: Hard chancre of the eyelids and conjunc-tiva. Contributions from the Ophthalmic Clinic (Prof. W. W. Seely). Medical college of Ohio. Cincinnati. — BENDER, M.: Über die Beziehungen des Lupus vulgaris zur Tuberkulose. Dtsch. med. Wochenschr. Nr. 23. — BLOCK: Klinische Beiträge zur Ätiologie und Pathogenesis des Lupus vulgaris. Vierteljahrsschr. f. Dermatol. und Syphilis. S. 201. — GRIFFITH: Syphilitic lesions of the eyelids. Med. Chron. p. 193. — LEE, H.: Chancre of upper eyelid. Liverpool med.-chirurg. Journ. T. 6, p. 226. — MOREL-LAVALLÉE: Chancre syphilitique du sourcil. Ann. de dermatol. et de syphilis. No. 2. — SACHS, E.: Beiträge zur Statistik des Lupus. (Aus der Heidelberger chirurg. Klinik.) Vierteljahrsschr. f. Dermatol. u. Syphilis. S. 241.

1887 AREVEDO LIMA und GUERDES DE MELLO: Über das Vorkommen der einzelnen Lepraformen, sowie der Erscheinungen an Augen, Nase und Ohren. (Aus d. Portugiesischen übers. v. A. LUTZ.) Monatsh. f. prakt. Dermatol. Nr. 13. — CLERVAL, E.: Chancre induré de la paupière inférieure. Bull. clin. nat. ophtalmol. de l'hôp. des Quinze-Vingts. T. 5, p. 90. — Derselbe: Syphilides tertiaires de la paupière supérieure. Ibid. p. 117. — LESSER: Syphilitischer Primäraffekt am Augen-lid. Münch. med. Wochenschr. Nr. 30. — PANAS: Des manifestations oculaires de la lèpre et du traitement qui leur convient. Arch. d'ophtalmol. T. 7, p. 481. — TEPLJASCHIN, A.: Syphilisinfektion beim Auslecken der Augen mit der Zunge. Wratsch. No. 17.

1888 ALEXANDER: Syphilis und Auge. Wiesbaden: J. F. Bergmann. — EYK-MAN: Verslag over de onderzoekingen verricht in het Laboratorium voor Patho-logische Anatomie en Bacteriologie te Weltevreden, gedurende het jaar 1888. Java. — KRELLING, M.: Zwei Fälle von extragenitaler Lokalisation des Primäraffektes. Vierteljahrsschr. f. Dermatol. u. Syphilis. S. 9. — MACKAY, G.: A case of primary syphilitic sore on the upper eyelid. Transact. of the med.-chirurg. soc. of Edinburgh. T. 7, p. 215. — PANAS: De la forme tuberculeuse des manifestations oculaires de la lèpre. France méd. No. 66, p. 7975. — PONCET: Sur les lésions oculaires de la lèpre tuberculeuse. (Communication à l'Académie des scienc. 10. Janvier.) Sémaine méd. p. 10. — TSCHAGIN, A.: Schanker der Lider des linken Auges. (Sitzungsbericht d. russ. syphilid. u. dermatol. Ges.) Woenno-Medizinsky Journ. No. 1.

1889 DE LAPERSONNE, F.: Sur une forme particulière de gommes palpébrales. Bull. méd. du Nord. p. 123. — LIPP: Syphilitischer Primäraffekt des linken unteren Lides. Wien. med. Presse Nr. 17. — MURSIN, L.: Zwei Fälle von hartem Schanker des Oberlids. Abhandl. der Ges. der russ. Ärzte zu Moskau. Bd. 28. 1, p. 10 und Medizinsky Obozrenje. T. 28. — POSPELOW, A.: Über extragenitale Syphilisinfektion. Arch. f. Dermatol. u. Syphilis. Bd. 21, S. 59 u. 217.

1890 FORTUNIADÉS, C.: Etude sur le chancre syphilitique des paupières. Thèse de Paris. — LOPEZ, E.: Lepröse Augenerkrankungen. Arch. f. Augenheilk. Bd. 22, S. 318. — NEUMANN: Über extragenitale Sklerosen. Wien. klin. Wochenschr. Nr. 20, S. 386. — POREY-KOSCHITZ, W.: Die Topographie des syphilitischen Schankers. Charkow. — RANSOHOFF: Ein Fall von gummöser Augenlidaffektion. Zentralbl. f. prakt. Augenheilk. S. 139. Mai. — SALZMANN, M.: Zwei Fälle von exulcerierten Gummen der Lider. Wien. klin. Wochenschr. Bd. 3, S. 523.

1891 BUSCH: Über tertiär-syphilitische subcutane Symptome. Wien. med. Presse Nr. 34 u. 35. — DE BECK, D.: Syphilis of the eyelids. Journ. med. Coll. Ohio. Cincin. p. 38. — PURTSCHER: Harter Schanker des unteren Lides. Zentralbl. f. prakt. Augenheilk. S. 333. — WURDEMANN: Some syphilitic lesions of the eye. — The brows, lashes, lachrymal apparatus, lids, conjunctiva, sclera, cornea and orbit. Americ. Journ. of ophthalmol. p. 277.

1892 BRAUNSCHWEIG: Tuberkulose des Augenlides. (Verein d. Ärzte zu Halle a. S.) Münch. med. Wochenschr. S. 371. — MAZET: On cas de chancre syphilitique infectant de la paupière. Jounr. de maladies cutan. et syph. T. 4, p. 113. — PHILIPPSON, L.: Histologische Beschreibung eines leprösen Auges. Deutschmanns Beitr. z. Augenheilk. H. 11, S. 31. — RING, W.: Case of chancre of right upper lid. Med. Record. 5. Nov.

1893 FISCHER, W. A.: A syphilitic gumma of upper eyelid resembling a dislocated lachrymal gland. Americ. Journ. of ophthalmol. p. 363. — KNIES: Die Erkrankungen des Sehorgans. Wiesbaden: J. F. Bergmann. — POLJAKOW, N.: Ein Fall von primärer syphilitischer Induration des oberen Lides. Westnik ophthalmol. T. 10, p. 507.—STEPANOW: Zur Ätiologie der Sklerosen. Monatsschr. f. Ohrenheilk. Nr. 1.

1894 BISTIS: Ulcère syphilitique de la paupière. Gaz. méd. d'Orient. Constantinople. T. 37, No. 2. — COPPEZ: Un cas de chancre induré double de la paupière supérieure. Journ. de méd. et de pharmacol. Bruxelles. — GALEZOWSKI: Du chancre oculaire, et de son diagnostic avec les ulcères gommeux syphilitiques. Recueil d'ophtalmol. p. 52. — GALLENGA: Über die chronische Dakryocystitis bei Rhinosklerom. Zentralbl. f. prakt. Augenheilk. Oktober. — HOLTH, S.: Über Autoinfektion von induriertem Schanker mit positivem Resultat. Drei neue Fälle, von welchen einer vom Praeputium penis auf das Augenlid übertragen wurde. Nord. Magaz. f. laegevidenskaben p. 383. — KAPOSI: Über einige ungewöhnliche Formen von Acne (Folliculitis). Arch. f. Dermatol. u. Syphilis. Bd. 26, S. 87. — ROLLAND, E.: Chancre syphilitique primitif de la face »interne« de la paupière inférieure. Bull. d'oculist. de Toulouse. Février et Recueil d'ophtalmol. p. 8. — STANDISH, M.: Two cases of chancre of the eyelid, with an account of the manner of infection. Boston med. and surg. Journ. T. 130, p. 237. — TALBOT: Recherches statistiques sur la syphilis de l'œil. Thèse de Paris. — VIGNES: Chancres syphilitiques de la paupière et de la conjonctive. Progr. méd. T. 19, p. 129.

1895 ABADIE: Syphilide de la paupière guérie par le traitement joduré, seul et suivie d'accidents cérébraux, ayant resisté à l'iodure et aux frictions mercurielles, guéris par les injections hypodermiques de cyanure d'hydrargyre. Ann. d'oculist. T. 113, p. 424. — ALEXANDER: Neue Erfahrungen über luetische Augenerkrankungen. Wiesbaden. — BREDA: Framboesia brasiliana (o Bouba) alle palpebre. (Congresso XIII dell' assoc. oftalm. ital. Supplementbd. fasc. 4.) Ann. di ottalmol. T. 24, p. 38. — COPPEZ, H.: Un cas de chancre induré double de la paupière supérieure. Journ. de méd. chirurg. et pharmacol. Brux. p. 697. — DANLOS: Chancre induré de la paupière inférieure. Ann. de dermatol. et syphilis. T. 6, p. 14. — HOLTH, S.: Die syphilitische Autoinfektion und der harte Lidschanker. Arch. f. Augenheilk. Bd. 30, S. 214. — JESSOP: Primary chancre of the eyelids. Transact. of the ophthalmol. soc. of the United Kingd. T. 15, p. 48. — SNELL: Nine cases of chancre of the eyelids and conjunctiva. (Ophthalmol. soc. of the United Kingd.) Ophth. Review. p. 190. — VILLARD, H.: Chancre syphilitique des paupières. Nouveau Montpellier méd. No. 48.

1896 GALLEMAERTS: Syphilis extra-génitale, chancres endurés de la paupière. Rev. générale d'ophtalmol. No. 6. — KEBER: Gummata of the eyelids. Americ. Journ. of ophthalmol. p. 144. — PARENTEAU: Kystes et gommes de paupières. Recueil d'ophtalmol. p. 538. — POITOUX: Contribution à l'étude du chanrce syphilitique des paupières. Thèse de Paris. — VELHAGEN: Ein Fall von Primäraffekt am Oberlid. Klin. Monatsbl. f. Augenheilk. S. 59.

1897 AXENFELD: Demonstration zur diagnostischen Verwendbarkeit des Tuberkulins bei Lidsyphilis. Ber. über d. 26. Versammlung d. ophth. Ges. Heidelberg. S. 259. — LYDER BORTHEN: Untersuchungen über die Häufigkeit der Augenleiden in beiden Formen der Lepra. S.-A. aus der Lepra-Konferenz. 3. Abt. — MÜNCHHEIMER: Über extragenitale Syphilisinfektion. Arch. f. Dermatol. u. Syphilis. T. 40. — PFEIFER: Beitrag zur Kasuistik der Augenlepra. Inaug.-Diss. Freiburg i. Br. — PROZEK: Über extragenitale Primäraffekte und ihre Diagnose. Inaug.-Diss. Breslau. — WILBRAND und STAELIN: Über die Augenerkrankungen in der Frühperiode der Syphilis. Aus der Poliklinik des Allg. Krankenhauses Hamburg. St. Georg. Hamburg u. Leipzig: L. Voss.

1898 BOCK: Augenärztliche Mitteilungen. Wien. med. Wochenschr. Nr. 30. — Derselbe: Tuberkulose der Haut des Unterlides. Wien. med. Wochenschr. S. 37. — GRUDER, L.: Ein Fall von doppelseitigem exulcerierenden Gumma der Augenlider. Wien. klin. Wochenschr. S. 830. — Derselbe: Ein Fall von initialer und postinitialer Sklerose an den Augenlidern. Ebd. S. 917. — GUGZOW: Ein Fall von Primäraffekt der Lider. Dtsch. med. Wochenschr. S. 6. — HELBRON: Ein Fall von doppeltem Lidschanker. Münch. med. Wochenschr. S. 663. — JEANSELME et MARX: Des manifestations oculaire de la lèpre. Ann. d'oculist. T. 120, p. 312. — SEYDEL: Beitrag zur Kasuistik des Lidschankers. Klin. Monatsbl. f. Augenheilk. Bd. 37, S. 117. — TRANTAS: Lèpre oculaire. Recueil d'ophtalmol. p. 452.

1899 BISTIS: Sur la lèpre de l'œil. Arch. d'ophthalmol. T. 19, p. 310. — HIRSCH: Über gichtische Augenerkrankungen. Sammlung zwanglos. Abhandlungen a. d. Gebiete der Augenheilk., herausg. von Vossius. Bd. 3. 2. — LYDER BORTHEN: Die Lepra des Auges. Klinische Studien. Mit pathologisch-anatomischen Untersuchungen von LIE. Leipzig: W. Engelmann. — PICK: Ein Fall von luetischem Primäraffekt der Lider. Vereinsbeilage d. Dtsch. med. Wochenschr. S. 241. — PROTHON et JACQUEAU: Chancre de l'angle interne de l'œil. Recueil d'ophtalmol. p. 371. — UHTHOFF: Diskussion über einige Fälle von Lepra. Allg. med. Zentraltzg.Nr. 35. — VIEUSSE: Etude de la tuberculose de la conjonctive. (Soc. franç. d'opht.) Nagel-Michels Jahresber. f. Ophthalmol. S. 319. — WURDEMANN and MURRAY: Serpiginous syphilide of eyelid, forehead and external nose. Ophthalmol. Rec. p. 552.

1900 JARISCH: Die Hautkrankheiten. Nothnagels spez. Pathol. u. Therap. Bd. 24, 2, S. 488 u. 497. — MELLER: Über eine eigentümliche Geschwulst des Lides. Graefes Arch. f. Ophthalmol. Bd. 50, S. 63. — v. MICHEL: Klinische Beiträge zur Kenntnis seltener Hautkrankheiten der Lidhaut und Bindehaut. (Schweiggersche Festschrift.) Arch. f. Augenheilk. Bd. 42, S. 1. — UHTHOFF: Ophthalmologie. Zweite Folge. Tafel 395. Neissers stereoskop. med. Atlas. Leipzig.

1901 CAPAUNER: Beitrag zur Kenntnis des Lupuscarcinoms. Zeitschr. f. Augenheilk. Bd. 5, S. 282. — PEPPMÜLLER, LUBARSCH-OSTERTAG: Ergebnisse der allg. Pathol und pathol. Anatomie. Bericht über d. Jahr 1897, 1898, 1899. Bd. 6. — TROUSSEAU: Oedeme arthritique des paupières. Arch. d'ophtalmol. Jan.-März.

1903 ASCHHEIM: Spezielles und Allgemeines zur Frage der Augentuberkulose. Vossius, Samml. zwangl. Abhandl. aus dem Gebiete der Augenheilk. Bd. 5, H. 2. — DOUVIER: Tuberculose palpébrale. Thèse de Paris. — MAGGI: Sifilosklerosi delle palpebre. La clin. oculist. Dicembre.

1904 COLUCCI: Gomma della palpebra da sifilide ereditaria tardiva. Ann. di ottalmol. e lavori della clin. oculist. di Napoli. T. 33, p. 295. — GERSTEL: Zwei Fälle von luetischer oberflächlicher Ulceration am Lidrande und an der Conjunctiva tarsi, sowie knötchenförmiger Infiltrationen an letzterer Stelle. (Ophthalmol. Ges. in Wien. Sitzung am 19. Oktober.) Zeitschr. f. Augenheilk. Bd. 23, S. 795. — INGELMANN: Die syphilitischen Erkrankungen der Augenlider nebst einem Beitrage. Inaug.-Diss. Leipzig. — KORNACKER: Über Initialsklerose der Augenlider. Inaug.-Diss. Berlin. — MANZUTTO: Un caso di sclerosi iniziale doppia delle palpebre. Resoconto sanitario degli ospedali civici di Trieste per l'anno 1902. Trieste. — MORGANO: Manifestazione sifilitica terziaria della palpebra simulante una forma tubercolare. Comunicazione presentata alla II Congresso medico Siciliano. Catania.

1905 KOWALEWSKI: Über Primäraffekt am Lid mit Demonstration von Spirochäten. Dtsch. med. Wochenschr. Nr. 52. — KRAUS, A.: Über eine eigenartige Hauttuberkulose, gleichzeitig ein Beitrag zur Kenntnis der Verkalkung in der Haut. Arch. f. Dermatol. u. Syphilis. Bd. 74, S. 3. — LESSER: Die neuen Behandlungsmethoden des Lupus. S.-A. a. Zeitschr. f. diätet. u. physik. Therap. Bd. 9. — MOST: Über die Lymphgefäße und die regionären Lymphdrüsen der Bindehaut und der Lider des Auges. Arch. f. Anat. u. Physiol. Anat. Abt. H. 2 u. 3, S. 96. — SELIGSOHN: Primäre Sklerose des Unterlids. (Berl. ophth. Ges. Sitzung vom 19. Oktober.) Zentralbl. f. prakt. Augenheilk. S. 337. — WICHMANN: Zur Radiumbehandlung der Lepra. Monatsschr. f. prakt. Dermatol. Bd. 43, Nr. 12.

1906 CASTELLANI: Untersuchungen über Framboesia tropica (Yaws). Dtsch. med. Wochenschr. S. 132. — NABICH: Des gommes syphilitiques des paupières. Rev. méd. de la Suisse romande. No. 11. — NEISSER, BAUMANN und HALBERSTADT: Experimentelle Versuche über Framboesia tropica an Affen. Münch. med. Wochenschr. S. 1337. — RILLE: Syphilis ulcerosa der Gesichtshaut. (Med. Ges. in Leipzig.) Münch. med. Wochenschr. S. 2274.

1907 DEYKE: Über Prinzipien und Grundlagen meiner spezifischen Lepratherapie. Biolog. Abt. des ärztl. Vereins Hamburg. Sitzung am 22. Oktober. — JADASSOHN: Die Tuberkulose der Haut. Mraček, Handbuch der Hautkrankheiten. Bd. 4, 5. Hälfte, S. 113. Wien: A. Hölder. — MRAČEK: Die Syphilis der Haut. Mraček, Handbuch der Hautkrankheiten. Bd. 4, 1. Hälfte, S. 1. — STORP: Hereditäre Lues. (Ärztl. Verein zu Danzig.) Münch. med. Wochenschr. S. 286.

1908 BEARD: The diagnosis of extra-ocular tuberculosis. Ophthalmol. Rec. p. 181 u. 413. — FILATOW: Gumma palpebral. Sitzung d. ophthalmol. Gesellsch. Odessa 2. Dezember 1908. — KELLERMANN: Gummöse Granulationen der Lider. Zeitschr. f. Augenheilk. Bd. 20, S. 403. — PADERSEN: Syphilic lesion of the eyelid. Postgraduale. February. — PONS-MARQUEZ: Lupus palpebral primitivo. Radiotherapia. Ann. d'oculist. T. 140, p. 147 und Arch. de oft. hisp.-americ. p. 403. — ROLLET et MOREAU: Syphilides gommenses suivies d'ectropion cicatricial. Rev. générale d'ophtalmol. p. 276. — WINTERNITZ: Gumma des oberen Augenlides. Prag. med. Wochenschr. Nr. 12. — ZAZKIN: Ulcus durum am obern Lide. Russk. Wratsch. p. 939.

1909 CAUVIN: Du chancre' induré des paupières. Arch. d'ophtalmol. T. 28, p. 612. — CHEVALLEREAU: Syphilides ulcèreuses des paupières. (Soc. d'opht. de Paris.) Recueil d'ophtalmol. p. 21. — GUTMANN, A.: Zwei seltene Augenliderkrankungen. Zeitschr. f. Augenheilk. Bd. 21, S. 488. — HOUDART: Trois cas de chancre à l'œil. Recueil d'ophtalmol. p. 344. — LEBER, A.: Serodiagnostische Untersuchungen bei Syphilis und Tuberkulose des Auges. Graefes Arch. f. Ophthalmol. Bd. 73. — LESSER, F.: Primäraffekt am linken obern Augenlid bei einem 6jährigen Knaben. (Hufeland-Gesellsch.) Berl. klin. Wochenschr. S. 322. — TREACHER COLLINS: A case of nodular leprosy affecting the eyes. Transact. of the soc. of the United. Kingd. T. 29, p. 223. Ophth. Review p. 179. — WOOD: Extraocular syphilis. (Chicago ophth. soc.) Ophthalmol. Rec. p. 417.

1910 GINZBURG: Initialsklerose der Augenlider. Zentralbl. f. prakt. Augenheilk. S. 129. — WOLFRUM und STIMMEL: Zwei Fälle von Primäraffekt der Bindehaut. Zeitschr. f. Augenheilk. Bd. 24, S. 141.

1911 Brückner: Ein Beitrag zur Kenntnis hereditär-syphilitischer Erkrankungen des Auges. Zeitschr. f. Augenheilk. Bd. 26, S. 493. — Pasetti: Sifilomi primitivi multipli delle palpebre. Ann. di ottalmol. p. 507. — Poli: Su di un nuovo caso di sifiloma iniziale dell' orlo della palpebra super. Ann. di ottalmol. p. 107. — Rollet et Grandelément: Chancres syphilitiques de la paupière inférieure chez un enfant de 7 ans. Lyon méd. No. 39. 1911. Ref. Wochenschr. f. Therap. u. Hyg. des Auges. Nr. 12.

1912 Clapp: A case of gumma of the eyelid. Ophthalmol. Rec. p. 275. — Ebstein: Über Gichttophi an den Augenlidern. Dtsch. med. Wochenschr. S. 1236. — Luedde: Multiple Gummata at inner canthus, simulating dacryocystitis. (St. Louis med. Soc., Ophth. Sect.) Ophthalmol. Rec. p. 191. — Rollet et Genet: Syphilitischer Schanker des Unterlids und des Kinns. Rev. générale d'opht. Ref. Zentralbl. f. Augenheilk. Bd. 36, S. 309. — Wätzold: Die Bedeutung des Skrophulodermas in der Augenheilkunde. Zeitschr. f. Augenheilk. Bd. 27, S. 320.

1913 Friedenwald: On tuberculosis of the eyelid. Amer. Journ. of ophthalmol. T. 30, p. 65. — Gaucher et Andebert: Chancre syphilitique de la paupière supérieure. Bull. de la soc. de dermatol. et de syphiligr. Mars. — Morax et Landrieu: Lupus primitif du bord palpébral avec participation des glandes de Meibomius. (Soc. d'opht. de Paris.) Ann. d'oculist. T. 150, p. 266 u. 393. Clin. d'ophtalmol. p. 662. — Piccialuga: Sifilomi iniziali degli annessi dell' occhio. Studio clinico Ann. di ottalmol. T. 42, p. 335.

1914 Lindner: Krebs und Tuberkulose, kombiniert am Lid. (Ophthalmol. Gesellsch. Wien.) Klin. Monatsbl. f. Augenheilk. Bd. 53, S. 245. Referat.

1915 Finlay: Double Chancre of the eyelid. Arch. of ophthalmol. Vol. 44, No. 4.

1917 Vieregge: Zwei Fälle von Tuberkulose des Augenlides und der Bindehaut. Diss. Gießen.

1918 Igersheimer, J.: Syphilis und Auge. S. 150 u. f. Berlin: Julius Springer

1919 Langrock: Über den syphilitischen Primäraffekt an der Augenbraue. Dermatol. Wochenschr. Bd. 69, S. 5.

1920 Mayou: Gummata of the eyelid. Proc. of the roy. soc. of med. T. 13, sect. of ophthalmol. p. 61. — Riecke: Lehrbuch der Haut- und Geschlechtskrankheiten — s. Abschnitt »Syphilis« von Buschke. Jena: G. Fischer.

1921 Groenouw: Beziehungen der Allgemeinleiden und Organerkrankungen zu Veränderungen und Krankheiten des Sehorgans. Dieses Handbuch. III. Aufl.

III. Störungen der Verhornung (Hyperkeratosen und Parakeratosen).

§ 58. Unter Hyperkeratose versteht man eine Anhäufung von Hornzellen an der Hautoberfläche, die in großen und dicken Verbänden meist fest aneinanderhaften, anstatt in normaler Weise exfoliiert zu werden. Die der Hyperkeratose zugrunde liegenden Vorgänge sind, abgesehen von der die Norm überschreitenden Quantität der Produktion, noch nicht völlig geklärt, bestehen aber nicht in einer übermäßigen Verhornung der einzelnen Epidermiszellen, sondern wahrscheinlich nur in der widerstandsfähigeren Verbindung derselben (Riehl 1920). Klinisch werden hier diejenigen Krankheiten als Hyperkeratose bezeichnet, deren besonderes oder ausschließliches Merkmal die Anhäufung solcher Hornmassen auf der Haut bildet. Unter diesem Gesichtspunkte sind hier die Hyperkeratosis diffusa s. Ichthyosis congenita und die Ichthyosis simplex zu erwähnen.

Die äußerst seltene Hyperkeratosis diffusa s. universalis congenita, Ichthyosis congenita s. foetalis beginnt höchstwahrscheinlich schon im 4. embryonalen Lebensmonate; befallen werden meistens schwächliche, bald nach der Geburt sterbende Kinder. Die Haut des ganzen Körpers erscheint dabei in einen festen, unnachgiebigen Hornpanzer umgewandelt und von dicken, gelblich-weißen oder hellgrauen harten und meist glatten Hornschildern bedeckt, die durch verschieden tiefe und breite, meist rote oder weiße Furchen voneinander getrennt sind. Auch die Haut der Augenlider ist mit starren Hornmassen bedeckt und ihre Verkürzung führt zu einem Ectropium aller Lider (CASPARY 1886), vorzugsweise aber der Unterlider ähnlich wie beim Narbenectropium, so daß dadurch die Hornhaut gefährdet wird. Die Cilien und die Haare der Augenbrauen fallen größtenteils aus. ARNOLD (1834) beobachtete bei einem am 6. Tage nach der Geburt gestorbenen Kinde eine besonders hochgradige Beteiligung gerade der Lidhaut. — Über die Ätiologie dieser Mißbildung ist nichts bekannt, doch verdient die Konsanguinität der Eltern eine gewisse Beachtung.

Die Ichthyosis simplex s. vulgaris (s. nitida), die Fischschuppenkrankheit, weist verschiedene Grade auf und für ihre Entstehung scheint die Vererbung eine wichtige Rolle zu spielen. Die Ichthyosis stellt eine kongenital angelegte Entwicklungsanomalie dar, doch zeigt die Haut bei der Geburt noch normales Aussehen. Die Erkrankung tritt erst in der zweiten Hälfte des ersten oder im zweiten Lebensjahre in Erscheinung. Die Haut der Lider und des Gesichtes sind trocken und schilfernd; die Hornschicht ist entsprechend den Hautfurchen eingerissen und erscheint infolgedessen in Form von Plättchen, die, an ihren Rändern aufgerollt und in der Mitte auf ihrer Unterlage befestigt, eine gewisse Ähnlichkeit mit Fischschuppen oder Glimmerplättchen darbieten. Hauptsächlich ist der Cilienboden mit festhaftenden weißen oder kleienförmigen Schuppen bedeckt. Die Cilien und die Haare der Augenbrauen sind dünn, spärlich und trocken, wofür wohl die durch Mitbeteiligung des Follikeltrichters an der Hyperkeratose hervorgerufene Ernährungsstörung verantwortlich zu machen ist. Auch bei der Ichthyosis simplex entsteht wie bei der Ichthyosis foetalis ein Ectropium der Unterlider, wodurch der Lidschluß ungenügend wird. Höhere Grade der Ichthyosis werden durch die Ichthyosis serpentina oder Sauriosis, wobei die Haut durch Aufstapelung von graugrünen oder schwärzlichen Hornmassen an jene von Kröten oder Schlangen erinnert, und durch die Ichthyosis hystrix repräsentiert; hier häufen sich die Hornmassen in Form von dunkelgefärbten

Hornschildern oder Stacheln an. Da für den Ophthalmologen ein besonderes Interesse bei dem universellen Charakter der Erkrankung nicht besteht, so ist hinsichtlich der Ätiologie, der anatomischen Veränderungen und der Behandlung auf die Hand- und Lehrbücher der Hautkrankheiten zu verweisen. Es sei nur kurz bemerkt, daß es infolge der Unkenntnis der Ätiologie eine kausale Therapie nicht gibt. Symptomatisch sieht man von Sodabädern und Einreibungen der Haut mit Fetten wie Borlanolin und Borvaseline gute Wirkungen (KAULICH 1906).

§ 59. Bei der relativ seltenen DARIERschen Krankheit (JARISCH 1900) wird die Lidhaut nur ausnahmsweise mitergriffen. Dieselbe entsteht wahrscheinlich auf entzündlicher Basis und stellt sich als eine chronische, insbesondere durch Hyperkeratose charakterisierte Hautveränderung dar, die klinisch noch durch Knötchenefflorescenzen und drusig-papilläre Wucherungen bemerkenswert ist. Die Veränderungen treten namentlich an den Kontaktstellen der Haut (Achselgrube, Leistenbeuge, Afterfurche), aber auch an gröberen Furchen (Nasolabialfalte, Kinn, an und hinter den Ohren, Nabelgegend) auf. Sonstige Prädilektionsstellen sind der behaarte Kopf, die Sternalgegend, der mittlere Rücken, Kreuzbeingegend und Handrücken. —

Nur ausnahmsweise sind, wie gesagt, am Lidrande spärliche kleine harte, leicht erhabene Knötchen von konischer oder an ihrer Kuppe leicht abgeplatteter Gestalt von der Größe eines Stecknadelkopfes bis zu derjenigen einer halben Linse anzutreffen. Die Knötchen sind mit einer Horndecke versehen, die verschieden dick und verschieden gefärbt ist — schmutziggelb bis schwarzbraun — und bald trocken, bald fettig erscheint. Kratzt man die ziemlich festhaftende Decke ab, so zeigt sich an ihrer unteren Seite ein zapfenartiger, schmutzig-weißlicher, zerreiblicher Fortsatz. Durch peripheres Wachstum und Zusammenfließen der einzelnen Herde kommt es zu großen, unregelmäßig begrenzten, von einzelstehenden Knötchen umsäumten hügelförmigen Erhebungen mit drusig-warziger Oberfläche. Nach Entfernung des Hornlagers kommt eine rote, nässende, mit kleinen trichterförmigen Öffnungen versehene Fläche zum Vorschein. Eine Heilung erscheint ausgeschlossen.

Die Erkrankung tritt nach mehrfachen Beobachtungen familiär in den späteren Kinderjahren oder beim Beginne des Jünglingsalters auf, seltener in den Jahren zwischen 20—35, und wird teils in die Epidermis verlegt, teils als ein entzündlicher Prozeß des Coriums angesehen. Im Corium findet sich eine Infiltration mit zelligen Elementen, die als Rund-, Plasma- oder junge Bindegewebszellen beschrieben werden. Die Epidermis ist verdickt, insbesondere das Rete Malpighi und die Hornschicht gewuchert. Die verdickte Hornschicht senkt sich in die Reteschicht ein und bildet hier kompakte Hornzapfen, die auch die Follikelmündungen erfüllen. Hornschicht und Hornzapfen bestehen teils aus normalen Hornhautlamellen, teils aus abnorm verhornten Zellen mit erhaltenem Kerne. Als eigentümliche Befunde werden runde, harte und lichtbrechende Körner in den Hornzapfen beschrieben, die von DARIER ursprünglich als Psorospermien (daher wird die DARIERsche Krankheit auch vielfach fälschlich als Psorospermosis follicularis vegetans bezeichnet) gedeutet wurden, aber von ihm und anderen jetzt als Degenerationsformen der Stachelzellen angesehen werden. An der Peripherie der Efflorescenzen wird ein vermehrter Pigmentgehalt der Basalzellenschicht angetroffen. Bakteriologische Untersuchungen sind negativ ausgefallen.

§ 60. Als Parakeratose bezeichnet man eine Verhornungsanomalie, welche die häufigste Form der Schuppenbildung darstellt. Dieselbe besteht in einer ödematösen Durchfeuchtung der Stachelzellschicht, einem Fehlen der Keratohyalinschicht, in einer mangelhaften Entwicklung der normalen Verhornung des Zellenmantels, wobei aber die Kerne der Hornschicht teilweise erhalten und färbbar sind. Die Beteiligung der Lidhaut bei den verschiedenen als Parakeratose anzusprechenden Krankheiten ist äußerst selten. Hierher gehört ein von FRIEDE (1920) beobachteter Fall von Pityriasis lichenoides chronica der Lider und Bindehaut, die durch ein vielgestaltiges Exanthem charakterisiert ist, dessen Grundformen sich aus Knötchen und Flecken zusammensetzen. Die Lider zeigen stecknadelkopfgroße scharf konturierte spitzkegelige lebhaft rote Knötchen, von einem hyperämischen Hof umgeben. Dieselben gehen allmählich in blassere rundliche flache Formen über, die mit einer kleienartigen Schuppenauflagerung versehen sind. Die Knötchen hatten sich gleichzeitig mit einem Allgemeinausschlag innerhalb von 4 Wochen entwickelt. Der Befund ist leicht mit einem makulo-papulösen Syphilid zu verwechseln. — FRIEDE führt aus der dermatologischen Literatur noch kurz 2 weitere Fälle (RÖLLE und WERTHER)[1]) von Beteiligung der Lider bei der Pithyriasis lichenoid. chron. an.

Literatur zu § 58—60.

1834 ARNOLD: Über Ichthyosis foetalis. Med. Korrespbl. d. Württemb. ärztl. Vereins. No. 21.

1886 CASPARY, J.: Über Ichthyosis foetalis. Vierteljahrsschr. f. Dermatol. u. Syphilis. S. 3.

---

[1]) Eine Literaturangabe dieser beiden Fälle konnte ich von FRIEDE leider nicht erhalten.

1900 JARISCH: Die Hautkrankheiten. II. Hälfte. Nothnagels spez. Pathol. u. Therap. S. 661, u. Dariersche Krankheit. S. 719. Wien: A. Hölder.
1906 KAULICH: Ein Fall von Ichthyosis und Ectropium. (Ophthalmol. Ges. in Wien.) Zeitschr. f. Augenheilk. Bd. 15, S. 375.
1920 FRIEDE: Über einen Fall von Pityriasis lichenoides chronica der Lider und der Conjunctiva. Zeitschr. f. Augenheilk. Bd. 44, S. 253. — RIECKE: Lehrbuch der Haut- und Geschlechtskrankheiten. (Riehl, Symptomatologie.) Jena: G. Fischer.

IV. Hypertrophie: Elephantiasis.

§ 61. Als Elephantiasis bezeichnet man eine durch chronische Gewebszunahme des Haut- und Unterhautzellgewebes bedingte Verdickung einzelner Körperteile. Von den drei Krankheitsformen der Elephantiasis ist an dieser Stelle nur die Eleph. nostras zu besprechen. Die Elephant. Arabum s. filariosa ist bisher an den Lidern nicht beobachtet, und die angeborenen elephantiasisähnlichen Mißbildungen werden an späterer Stelle im Abschnitt VII »Geschwülste« abgehandelt.

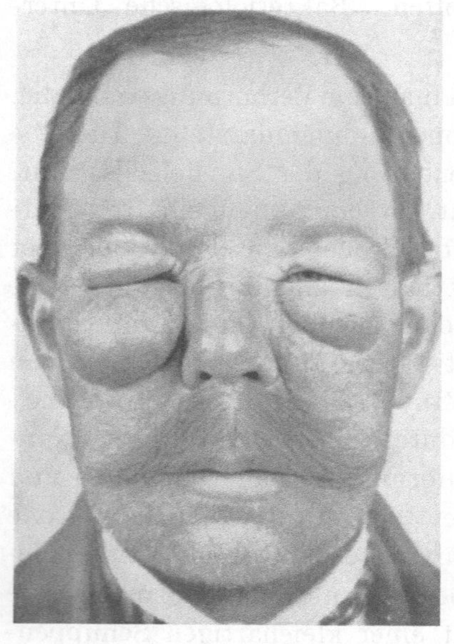

Abb. 35. Elephantiasis beider Augenlidpaare nach chronischem Ekzem. 47jähr. Mann.

Die Elephantiasis nostras befällt fast ausschließlich das Oberlid, das in einen unförmigen Wulst verwandelt ist; es hängt über das Unterlid herab und kann nur wenig oder gar nicht gehoben werden. Anfänglich fühlt sich das erkrankte Lid teigig-weich an, und der Fingerdruck hinterläßt eine deutliche Grube; später nimmt das geschwellte Gewebe eine durch Palpation leicht feststellbare derbere Beschaffenheit an. Die Färbung ist in der Regel eine bläulichrötliche und die Oberfläche glatt und leicht schilfernd. Im weiteren Verlaufe kann eine beträchtliche Zunahme der Schwellung und eine Ausbreitung auf die benachbarten Gesichtsteile erfolgen.

Abweichungen von diesem geschilderten klinischen Befunde beziehen sich auf das Befallensein mehrerer Lider. So beobachteten DOUTRELEPONT (1879) und FAGE (1892) eine Erkrankung beider Augenlidpaare (Abb. 35), wobei in dem letzteren Falle noch die Wangenhaut mitbeteiligt war. Eine eigentümliche Beobachtung von Hypertrophie wurde von DEUTSCHMANN und PEDRAGLIA (1888) mitgeteilt. Bei einem 14jährigen Kranken erstreckte sich die Verdickung des Ober-

lides bis zu den Augenbrauen und seitlich über den Nasenrücken.
Zugleich waren die Mündungen der Ausführungsgänge der Talgdrüsen
der Haut und der Meibomschen Drüsen mit ungleichmäßig verteilten
plattgedrückten bläulichweißen Auswüchsen von dem Aussehen und
der Form spitzer Condylome besetzt, die gelegentlich bei gleichzeitigem
Auftreten zahlreicher Ecchymosen der Lidhaut dunkelblaurot und.
blutdrucktränkt erschienen,. Hierher gehört auch der von Kalt (1909)
beschriebene Fall (Hypertrophie fibromateuse du bord palpébral) von
eigenartiger keloidähnlicher Verdickung des oberen Lidrandes bei einem
9jährigen Knaben, die sich im 3. Lebensjahre entwickelt hat und welche
Kalt trotz negativen Bacillenbefundes und trotz negativen Impfver-
suches als tuberkulöstoxische Entzündung aufzufassen geneigt ist.

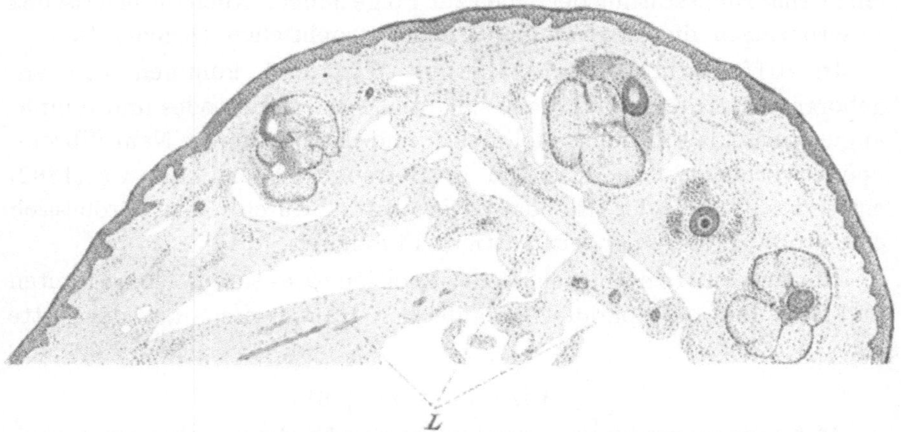

Abb. 36. Sagittaler Schnitt durch ein excidiertes Stück eines an Erysipel-Elephantiasis erkrankten
Oberlides. Vergr. 1 : 26. L Ektatische Lymphspalten.

Die Elephantiasis nostras entsteht in der größten Zahl der Fälle
nach häufig wiederkehrenden Erysipelen oder erysipelatoiden Entzündungen oder im Gefolge von chronischen entzündlichen, besonders
ekzematösen (Abb. 35) Erkrankungen der Lidhaut. Zur Entzündung tritt
als zweiter wichtiger Faktor eine Stauung der Gewebssäfte hinzu. Von
Manchen wird noch über das Vorkommen einer Lid-Elephantiasis nach
Verletzungen berichtet, wobei allerdings der nähere Zusammenhang
mindestens unsicher erscheint.

Pathogenetisch wurde eine primäre Erkrankung bald des Blut-,
bald des Lymphgefäßsystems angenommen. Die Veränderungen des
Blutgefäßsystems bestehen in einer Intimawucherung der Arterien
(Teillais 1882) und einer Peri- und Endophlebitis mit sekundärer
Thrombenbildung, diejenigen des Lymphgefäßsystems in einer Lymph-
angoitis mit Thrombenbildung in den subcutanen Lymphgefäßen.

Anatomisch fand v. MICHEL bei einer Erysipelas-Elephantiasis des Oberlides eine Neubildung von Bindegewebe in der Cutis und selbst in den tieferen Schichten der Subcutis mit derbem narbenähnlichen Charakter (s. Abb. 36). Die Lymphspalten waren erweitert (s. Abb. 36 *L*) und stellten weite miteinander kommunizierende und von Endothel ausgekleidete reichlich mit Lymphe angefüllte Hohlräume dar. POLIGNANI (1893) fand nicht allein Ausdehnung von Lymphspalten und Lymphgefäßen unter Bildung von Kanälen und sackförmigen Höhlen, teils mit teils ohne Endothelauskleidung, sondern auch Neubildung von Lymphgefäßen. Nicht selten besteht anfänglich eine gleichmäßige kleinzellige Infiltration. Die ausgedehnte Neubildung derben Bindegewebes kann eine Druckatrophie der drüsigen Organe der Lider und eine Ernährungsstörung der Cilien zur Folge haben. Auch die elastischen Fasern zeigen die Erscheinungen einer atrophischen Degeneration.

In differentialdiagnostischer Hinsicht kommen von angeborenen Erkrankungen die Elephantiasis teleangiectodes und lymphangiectodes, das Fibroma molluscum und das plexiforme Neurofibrom, von erworbenen das Mxyödem in Betracht. Nach TEILLAIS (1882) entleert sich bei der Elephantiasis nostras durch einen Probestich eine große Menge einer serumartigen Flüssigkeit.

Die Behandlung besteht in der Excision eines entsprechend breiten und dem Lidrande parallel verlaufenden Hautstreifens aus der Mitte der Oberlider.

Literatur zu § 61.

1879 DOUTRELEPONT: Eine starke Hypertrophie der vier Augenlider. Sitzungsbericht d. niederrhein. Ges. f. Natur- u. Heilk. S. 166.

1882 TEILLAIS: Eléphantiasis des paupières. Arch. d'ophtalmol. p. 42.

1888 PEDRAGLIA und DEUTSCHMANN: Chronisches Lidödem bei erysipelasartiger Entzündung mit Tumorenbildung an den Lidrändern. Graefes Arch. f. Ophthalmol. Bd. 34, 1, S. 161.

1889 ANDERSON-SMITH, J.: Solid oedema of the eyelids following repeated attacks of erysipelas. Illustr. med. News. 30. Novbr., p. 197. — LAVRAUD: Oedème chronique des paupières consécutif à des érysipéles faciaux à répétition. Semaine méd. p. 166. — LIEBRECHT: Seltene Affektion der Augenlider. Dtsch. med. Wochenschr. Nr. 50.

1892 FAGE: Un cas d'éléphantiasis des paupières. Ann. d'oculist. T. 107, p. 276.

1893 POLIGNANI, L.: Elefantiasi linfangoide parziale delle palpebre. Lavori d. clin. ocul. d. R. Univ. di Napoli. T. 3, p. 181.

1909 KALT: Hypertrophie fibromateuse du bord palpébral. Ann. d'oculist. T. 141, p. 189.

1910 WERNEKE: Elephantiasis der Lider. Westnik Ophthalmol. p. 399.

1912 RÖSSLER: Elephantiastische Lidschwellung nach Vereiterung der regionären Lymphdrüsen. Klin. Monatsbl. f. Augenheilk. Bd. 50. 2, S. 325.

V. Atrophien und Degenerationen.

§ 62. Die Atrophie der Lidhaut findet sich 1. als Teilerscheinung einer allgemeinen ausgedehnten Hautatrophie, 2. bei der Sklerodermie, 3. auf die Oberlider beschränkt als sogenannte Blepharochalasis und 4. bei der halbseitigen Gesichtsatrophie, der sogenannten Hemiatrophia facialis. Die Bezeichnung »Atrophie« beruht hier auf rein äußerlich als Atrophie gedeuteten klinischen Erscheinungen, während pathologisch-anatomisch häufig auch Veränderungen anderer Art vorhanden sind, was insbesondere bei der sklerodermischen Hautatrophie zu beachten ist, bei welcher neben dem Schwunde eine hyaline Degeneration und die Verdichtung (Sklerose) des Bindegewebes eine hervorragende Rolle spielt.

Die Atrophien der Lidhaut als Teilerscheinung einer allgemeinen Hautatrophie sind teils angeboren, teils erworben.

Die angeborene sogenannte Atrophia cutis idiopathica ist durch Hypoplasie oder Aplasie (nicht durch einen Schwund) der Gewebsbestandteile der Haut gekennzeichnet und gehört daher in das Gebiet der Entwicklungshemmungen oder der intrauterinen amniotischen Verbildungen. Ein typisches Beispiel dafür ist der von TENDLAU (1902) beobachtete Fall. Die Haut der Lider, besonders der oberen, erschien dünn, trocken und glatt wie Seidenpapier und ließ sich leicht in Falten erheben, die eine geraume Zeit stehen blieben und sich erst allmählich wieder ausglichen. Die kleinen Venen der Lidhaut traten gleichsam plastisch hervor. Augenbrauen und Cilien fehlten oder an ihrer Stelle waren nur wenige dünne und helle Härchen sichtbar (vgl. S. 362). Die Kopfhaut war mit dünnen spärlichen Haaren bedeckt, der Schnurrbart dürftig entwickelt, und nur einige wenige Haare fanden sich in der Axilla und am Mons veneris, sowie an beiden Unterarmen. Sonst war die Haut des gesamten Rumpfes, der Schultern, der Oberarme, der Ober- und Unterschenkel haarlos. Ferner bestand eine völlige Anidrosis.

Mikroskopisch war das Corium auf die Hälfte der normalen Dicke reduziert; Fettgewebe, Schweiß- und Talgdrüsen fehlten völlig. Alle Oberhautschichten waren verdünnt, die Stachelzellschicht war stark pigmentiert und der Papillarkörper abgeflacht. Capillaren und kleine Arterien waren erheblich erweitert und von mononucleären Leukocyten umgeben. Das collagene Gewebe zeigte im unteren Teile des Corium eine starke hyaline Degeneration.

Als erworbene allgemeine Hautatrophie ist die senile anzuführen, an welcher sich die Lidhaut in besonders hohem Maße zu beteiligen pflegt. Gleich wie die Haut des Gesichts und die übrige Haut verliert im Alter auch die Lidhaut ihren physiologischen Turgor, ihre Straffheit und Elastizität; sie erscheint schlaff, welk, trocken, stark gerunzelt, zugleich häufig graugelblich oder bräunlich verfärbt. Die Lidhaut läßt sich in hohe Falten fassen und ausziehen, die längere Zeit stehen bleiben und nur langsam sich ausgleichen, im Gegensatz zur sogenannten Cutis laxa oder hyperelastica, wobei die Haut rasch wieder in ihre frühere Lage zurückkehrt. Die physiologischen Falten der Lidhaut sind verbreitert und verlängert. Nicht selten verbindet sich damit am Oberlide ein tiefes Eingezogensein der Tarso-Orbitalfalte und ein Tiefliegen des Augapfels, wohl bedingt durch die gleichzeitige senile Atrophie des Orbitalzellgewebes. Bei fetten Personen findet man anderseits, infolge gleichzeitig verminderter Elastizität der Fascia tarso-orbitalis, diese samt der Lidhaut durch das Orbitalfett hernienartig vorgewölbt. Die Vorwölbung tritt am Oberlid insbesondere im nasalen Drittel in Erscheinung und bedingt an den Unterlidern das sackartige Aussehen, das von den Laien gewöhnlich als »Tränensäcke« bezeichnet wird. Ähnliche Veränderungen der Lidhaut beobachtet man ausnahmsweise schon in mittleren Lebensjahren ohne auffällige Fettleibigkeit, wobei dann vorzugsweise oder sogar ausschließlich das Unterlid betroffen ist (s. auch Formveränderungen der Augenlider S. 574). — Durch die schlaffe Beschaffenheit der Haut wird am Unterlide die Entstehung eines Entropium spasticum begünstigt.

Ähnliche Veränderungen der Haut bzw. der Gesichts- und Lidhaut sind bei **marantischen** und **kachektischen Zuständen** aus den verschiedensten Ursachen in verschiedenen Lebensaltern, ferner beim **Kretinismus** und im asphyktischen Stadium der **Cholera** zu beobachten.

Im allgemeinen spielen bei diesen Zuständen Flüssigkeitsarmut oder -verlust, Schwund des subcutanen Fettgewebes, teilweise Schrumpfung oder Verschmälerung der einzelnen Hautabschnitte und degenerative Prozesse eine Rolle, wobei angenommen wird, daß äußere oder innere Schädlichkeiten auf die alternde Haut einwirken. **Mikroskopisch** stimmen HIMMELS (1903) Untersuchungsergebnisse der senilen Haut im wesentlichen mit denen von v. MICHEL an der Alterslidhaut überein. Die Hornschicht ist verdünnt, in den Follikeln und Talgdrüsenausführungsgängen sind Hornansammlungen vorhanden, das Stratum Malpighi ist ebenfalls verdünnt und in den tieferen Schichten abnorm viel Pigment abgelagert. Häufig ist auch in den Zellen der tieferen Schichten eine Vakuolenbildung ausgesprochen. Die Cutis zeigt sich verschmälert, die Papillen sind abgeflacht oder ganz geschwunden, das collagene Gewebe ist atrophiert, und die elastischen Fasern erscheinen aufgequollen und degeneriert. Nach UNNA erfährt das Elastin Umwandlungen in das sogenannte basophile Elastin, ebenso auch das Collagen, das sich mit dem verwandelten Elastin zu tinktoriell eigenartigen Substanzen verbindet (Collacin, Collastin, basisches Collagen).

§ 63. Die Sklerodermie ist fast immer eine chronische Krankheit, die durch eine eigenartige Verhärtung der Haut gekennzeichnet ist, welche sich nur ausnahmsweise wieder zurückbildet, in der Regel aber in eine straff fibröse Atrophie der Haut übergeht. Dieselbe tritt lokalisiert oder generalisiert auf; die beiden Formen können ineinander übergehen.

Die lokalisierte Sklerodermie, auch Morphoea genannt, beschränkt sich in äußerst seltenen Fällen allein auf die Haut der Lider oder in halbseitiger Form nur auf diese und die Gesichtshaut. Nach einer Zusammenstellung von LEWIN und HELLER (nach SMITHLEN 1904) über mehr als 500 Fälle von Sklerodermie war nur einmal die Lidgegend ausschließlich betroffen. Die Erkrankung beginnt in Form von vereinzelten, matt- oder violettroten Flecken, die in der Mitte abblassen, allmählich eine mattweiße Färbung (Morphoea alba plana), sowie eine harte und trokkene Beschaffenheit annehmen und von einem violetten Hofe umgeben erscheinen. DESPAGNET (1895) fand bei einem 16 jährigen Mädchen am freien Rande des linken Oberlides einen weißlichen leicht erhabenen härtlichen Fleck, von einem bläulichen Ringe eingeschlossen, in dessen Umfange die Cilien ausgefallen waren. MÜHSAM (1905) berichtet über eine Sklerodermie ebenfalls des linken Oberlides mit gleichzeitigem genau symmetrischen Befallensein einer pfennigstückgroßen Hautstelle dicht oberhalb der Processus zygomatici. Das erkrankte Oberlid war etwas herabgesunken und seine Haut gerötet und verdickt. Bei Betastung fühlte man einen knorpelharten Streifen von etwa 1 cm Höhe, der fast die ganze Breite des Oberlides einnahm. Dieser Streifen war mit der Haut innig verwachsen, ließ sich aber auf der Unterlage leicht verschieben.

Eine halbseitige Sklerodermie (s. Abb. 36) beobachtete v. MICHEL bei einem 7 jährigen Mädchen. Die Erkrankung hatte im 3. Lebensjahre mit einem kleinen roten Flecke auf der linken Wange begonnen und sich zunächst nach oben, später nach unten ausgebreitet, so daß schließlich auf der betroffenen Seite ein breiter Streifen weißlichen derben Gewebes von der Mitte der Kopfhaut bis zur Augenbraue und von hier über den inneren Lidwinkel abwärts über die Wange bis zum Lippenrande zog (s. Abb. 37). Durch die Hautverkürzung war der linke Mundwinkel nach unten verzogen.

Die generalisierte Sklerodermie beginnt in der Regel mit Störungen des Allgemeinbefindens, verbunden mit solchen der Sensibilität und vasomotorischen Störungen. Die vasomotorischen Veränderungen zeigen sich meist frühzeitig in Form eines Lidödems und als Rötung der Lidhaut, die zugleich mit der Haut des Gesichtes und derjenigen anderer Körperstellen zu erkranken pflegt, verknüpft mit Blutungen oder mit zahlreichen punktförmigen Gefäßerweiterungen. Bei der entwickelten Sklerodermie sind drei Verlaufsstadien zu unterscheiden: das Ödem, die Verhärtung und die Atrophie. In einer Reihe von Fällen erscheinen zunächst die Lider ödematös; später verbreitet sich das Ödem von der Augenlidgegend auf die Haut des Gesichtes, des Halses, Nackens usw. Diesem Vorstadium folgt die Verhärtung der Haut, die verdickt, nicht faltbar, fest gespannt und von blaurotem und speckigglänzendem Aussehen ist. Hier und da bemerkt man schon fleckweise Atrophie. Im Stadium der Atrophie ist die Haut glatt und glänzend und wird merklich dünner, so daß sie unmittelbar den Muskeln und Knochen aufzuliegen scheint; sie schilfert etwas, zeigt nicht selten einen Mangel oder wenigstens eine Herabsetzung der Schweißabsonderung und fühlt sich kalt an. Die einzelnen atrophischen Stellen zeigen bald eine alabasterweiße Färbung, bald Pigmentierung. Diese Veränderungen können auch zu gleicher Zeit angetroffen werden. In einem von v. Michel beobachteten Falle (52 jähriger Mann) war die Haut der Lider, des Gesichtes, des Halses und des Nackens hochgradig verändert; die Lidhaut war nicht eindrückbar, ziemlich starr und härtlich. Die Haut des Oberlides erschien faltenlos, während das Unterlid einzelne dicke, starre Falten parallel dem Lidrande aufwies. Die Oberlidhaut von der Fascio-Orbitalfalte aufwärts bis zum oberen Augenhöhlenrand war mit kleinen und kleinsten Pigmentfleckchen wie besät. Der übrige Hautteil in einiger Entfernung vom Cilienboden erschien glatt, dünn und von speck- oder wachsähnlichem Aussehen. Diese Hautveränderung erstreckte sich

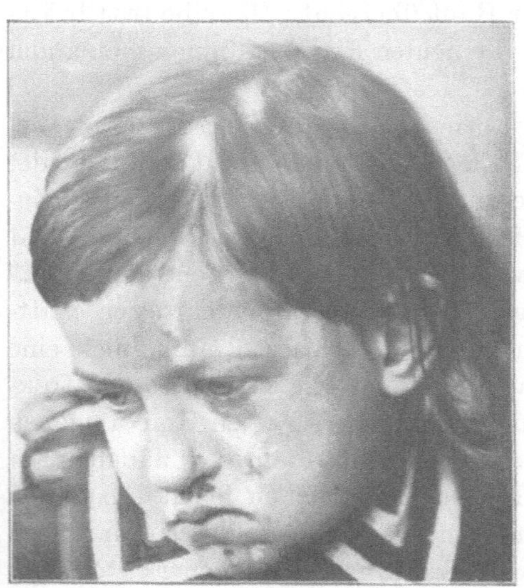

Abb. 37. Halbseitige Sklerodermie bei einem 7jährigen Mädchen. (Nach v. Michel.)

sowohl lateral als medial noch über das Lidareal hinaus, besonders lateral, so daß es den Anschein erweckte, als ob ein breiter äußerer Narbenstreifen sich vom lateralen Augenhöhlenrand quer über die Mitte des Oberlides bis zur Nasengegend hinüberzöge. Das Unterlid zeigte ein mehr gleichmäßiges, leicht wachsartiges und gedunsenes Aussehen, und am Lidrande waren in großer Zahl ausgedehnte Blutgefäße, Angiektasien, sichtbar, wodurch ein starker Farbenkontrast zwischen der wachsähnlich gelblichen Lidfläche und dem rötlichen Cilienboden zustande kam. Auch die Gefäße der Tarsalbindehaut waren stärker als normal gefüllt. Die Cilien und die Haare der Augenbrauen waren normal und zeigten auch ein normales festes Haften, während die Kopfhaare ausgefallen waren. Im weiteren Verlaufe bildeten sich die Pigmentflecke des Oberlides mehr und mehr zurück.

Durch die Starre der sklerodermischen Gesichts- und Lidhaut werden die mimischen und Lidbewegungen hochgradig behindert; der Lidschluß wird schwierig. Aus dem gleichen Grunde ist auch das Abziehen und Ectropionieren der Lider schwer oder sogar nicht ausführbar. Der Lidrand wird durch die Spannung der Lidhaut angezogen und die Cilien, besonders am Oberlide, erscheinen dadurch wie in die Höhe gebürstet.

Die Ätiologie der Sklerodermie ist noch völlig unbekannt. Pathogenetisch wird die Sklerodermie als eine Tropho- oder Angiotrophoneurose aufgefaßt und eine Autointoxikation, hervorgerufen durch eine Veränderung der Schilddrüse, angenommen, wobei darauf hingewiesen wird, daß Sklerodermie, Myxödem und Basedowsche Krankheit verwandte Zustände seien. In der Tat wurde auch ein gleichzeitiges Vorkommen von Sklerodermie und Morbus Basedowii beobachtet.

Anatomisch findet sich im Stadium der Verhärtung eine Hypertrophie des collagenen Gewebes der Cutis und Subcutis mit gleichzeitiger zelliger Infiltration, die auch die Drüsen, die Blutgefäße und die Fettträubchen der Haut umgibt. Eine Neubildung von elastischem Gewebe wird von einigen Autoren angenommen, von anderen verneint. Im atrophischen Stadium schwinden die Oberhautgebilde, die Gefäße und zuletzt das collagene Gewebe. Pigment findet sich in den Basal- und Bindegewebszellen, zum Teil auch frei im Gewebe. UNNA betrachtet eine Gefäßwanderkrankung in Form einer obliterierenden Intimawucherung als das Primäre und die Veränderungen der Cutis als sekundäre Erscheinungen.

Für die Behandlung, die bei unserer Unkenntnis der Ätiologie nur symptomatisch sein kann, werden Massage, Elektrizität, Schilddrüsen- und Salicylpräparate empfohlen; lokal Unguentum acid. salicyl. (2%) oder Thiosinaminpflaster, schließlich subcutane Thiosinamininjektionen (Fibrolysin).

§ 64. Die auf die Haut der Oberlider beschränkte erworbene Atrophie, die sogenannte Blepharochalasis, ist nosologisch als zusammengehörig mit der sogenannten idiopathischen progressiven Hautatrophie, dem Erythema paralyticum, der Erythromelie und der Acrodermatitis chronica progressiva zu betrachten. Während diese Erkrankungen mit Vorliebe an den Extremitäten auftreten und auch auf den Stamm übergreifen können, die Lidhaut aber verschonen, besteht das Charakteristische der sogenannten Blepharochalasis darin, daß ausschließlich die Haut der Oberlider befallen wird. Die dabei vorhandene Erschlaffung der Lidhaut, derenwegen von Fuchs (1896) die Bezeichnung: Blepharochalasis gewählt wurde, bedeutet aber nur ein späteres Stadium der Erkrankung.

Im Beginne tritt in der Regel anfallsweise eine leicht entzündliche Anschwellung der Oberlider auf, die sich zu wiederholen pflegt, etwa ein- bis zweimal wöchentlich, und von 1—2tägiger Dauer. In diesem Stadium ist eine gewisse Ähnlichkeit mit dem angioneurotischen Ödem nicht zu verkennen. Zweifellos ist auch das rezidivierende angioneurotische Lidödem, das zu einer Überdehnung der Haut führt, eine der Ursachen der Blepharochalasis. Seltener entwickelt sich dieselbe allmählich, ohne vorausgehende entzündliche Erscheinungen. Nach und nach wird die Lidhaut in ihrer ganzen Ausdehnung von zahllosen, durch die verdünnte Haut durchschimmernden ektasierten Blutgefäßchen durchzogen, wodurch sie ein rötliches Aussehen gewinnt. Zugleich ist die Lidhaut geschwellt und kissenartig aufgetrieben, ihre Oberfläche glänzend, wie leicht glasiert und in zahlreiche feine Fältchen gelegt, ähnlich wie zerknittertes Zigarettenpapier oder wie eine auf einer Fläche ausgebreitete und in Austrocknung begriffene Schleimmasse. Dazu gesellt sich eine besondere Erschlaffung der Subcutis, infolgederen das Oberlid herabhängt und dadurch eine neurotische Ptosis um so mehr vorgetäuscht werden kann, als bei der Hebung der Oberlider die Haut nicht entsprechend mit heraufgezogen wird. Doch erscheint niemals das Lid so tief herabgesunken, daß dadurch das Sehen gestört würde. In weit vorgeschrittenem Zustande hängt das Oberlid in Form eines häßlichen, schlaffen und geröteten Beutels herab, der durch Erschlaffung auch der tieferen Gewebsteile und einen hierdurch bedingten Vorfall von Orbitalinhalt (Fettgewebe, Tränendrüse) zustande kommt (Elschnig). Nach Fuchs (1896) findet sich auch eine wirkliche Vermehrung der Hautoberfläche. Mißt man nämlich die Entfernung zwischen Lidrand und Augenbraue, indem man das Oberlid bei den Cilien faßt und durch Zug nach abwärts sanft anspannt, so findet man weit größere Zahlen als bei gleichalterigen und gleichgroßen Personen mit normaler Lidhaut.

Die Blepharochalasis beschränkt sich gewöhnlich auf die Tarso-Orbitalfalte und die übrige Haut erscheint normal (Abb. 38). Manchmal erstreckt sich die Hautveränderung noch auf den äußeren Lidwinkel und darüber hinaus. In diesen Fällen stoßen die beiden Lider im Canthus externus nicht unter einem spitzen Winkel zusammen, sondern der Canthus ist weit, abgerundet und durch ein dünnes Häutchen gebildet, welches sich zwischen die beiden Lider einschiebt. Der Grad der Erkrankung kann auf beiden Oberlidern ein verschiedener sein. Die Veränderungen der Lidhaut erstrecken sich mitunter noch ein wenig über die Augenbraue hinaus nach dem unteren Teil der Stirn.

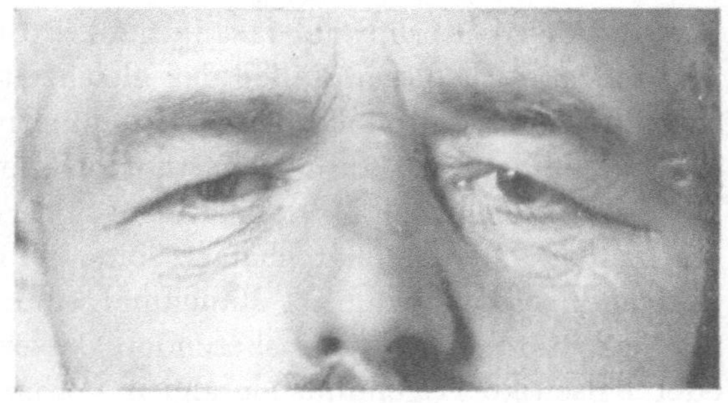

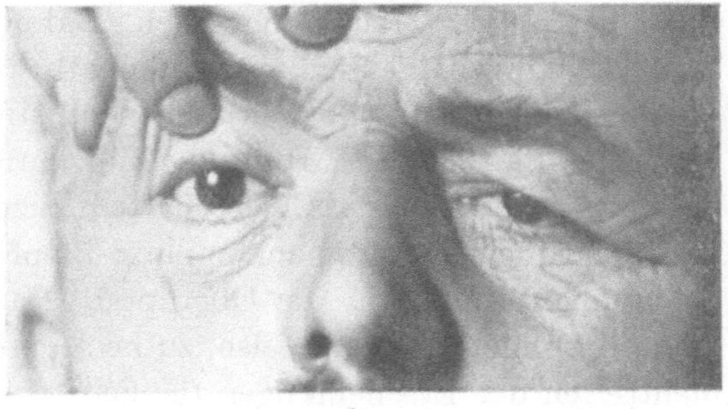

Abb. 38a u. b. Doppelseitige Blepharochalasis. 52jähr. Mann. Die erschlaffte Haut des Oberlids ist in Abb. 38b nach oben gezogen, wodurch der intakte Lidrand in ganzer Ausdehnung sichtbar wird.

Die Blepharochalasis befällt in der Regel jugendliche Individuen in der Zeit von der Pubertät bis ungefähr zum 25. Lebensjahre. Allerdings sind Ausnahmen hiervon nicht allzu selten. So habe ich augenblicklich einen 42jährigen Mann in Beobachtung mit beginnender doppelseitiger Blepharochalasis auf der Basis eines rezidivierenden angioneurotischen Lidödems, der gleichzeitig bei mäßigem chronischen Bindehautkatarrh eine symmetrische flache blasige Abhebung der Conjunctiva bulbi am temporalen Limbus aufweist. Je nach dem Füllungszustande legt sich die abgehobene Conjunctiva zeitweise in horizontale Falten. Bei einer 50jährigen Landwirtsfrau sah ich (SCHREIBER 1921) eine hochgradige Blepharochalasis des linken Auges, welche sich nach deren Angabe »innerhalb 8 Tagen« entwickelt haben soll. Als dieselbe sich 3 Monate später zur Operation einstellte, zeigte das bis dahin völlig freie rechte Auge ohne voraufgehende entzündliche Erscheinungen eine beginnende Blepharochalasis, die in den folgenden 9 Jahren der Beobachtung nur unwesentlich zugenommen hatte. Bemerkenswert war auch hier eine der Lidveränderung analoge Veränderung der Bindehaut in Form einer horizontalen Conjunctivalfalte unmittelbar unter dem Limbus, die den Unterlidrand fast in ganzer Breite und Länge bedeckte. Zweifellos ist in diesen Fällen das gleichzeitige Auftreten von Blepharochalasis und Faltenbildung der Conjunctiva keine Zufälligkeit, sondern es handelt sich um gleichartige aus gleicher Ursache entstandene Prozesse, wie es auch BRAUNSCHWEIG (1921) vermutet hat. Die näheren Ursachen der Blepharochalasis sind aber in diesem Falle wie in allen übrigen noch unbekannt. Manchmal sind anderweitige hochgradige nervöse Störungen, wie insbesondere vasomotorische (LODATO 1903) oder einseitige Trigeminusneuralgien vorhanden. Die Erkrankung der Lidhaut wird daher auch als Ausdruck einer vasomotorischen oder trophoneurotischen Störung angesehen. Dabei ist zu bemerken, daß BETTMANN (1905) geneigt ist, bei der idiopathischen progressiven Hautatrophie endogene toxische Wirkungen anzunehmen und dem auf dem Wege der Blutbahn der Haut zugeführten Gifte entzündungserregende und elastinzerstörende Eigenschaften zuzuschreiben. ASCHER (1919) fand folgenden Symptomenkomplex: Blepharochalasis mit Struma und Schleimhautduplikatur der Oberlippe. Da dies in mehreren Fällen (3 mal in sehr typischer Weise) zu beobachten war, hält er das Zusammentreffen der Erscheinungen für kein zufälliges und führte die Trias anfänglich vermutungsweise auf eine Sekretionsstörung der Schilddrüse zurück (in der späteren ausführlichen Publikation wird die Frage nach der Art des Zusammenhanges ganz offen gelassen). Die bei Morbus Basedowii auftretende Vorwölbung des Oberlides (sogenanntes Lidkissen) hält er mit Blepharochalasis für nicht identisch.

Anatomisch wird von FUCHS (1896) eine Atrophie der Lidhaut, Elastizitätsverlust und zugleich eine Atrophie oder wenigstens eine Erschlaffung des Unterhautzellgewebes angenommen. Die Erweiterung der feinen Hautvenen wird als eine sekundäre Erscheinung aufgefaßt.

Die mikroskopischen Befunde lauten verschieden. FEHR (1898) fand einen Schwund der Papillen, mindestens eine Abflachung, Verschmälerung der Cutis sowie Lockerung und Zerreißlichkeit des Unterhautzellgewebes. Elastische Fasern waren reichlich vorhanden, meist feiner als normal und unter Bildung weitmaschiger Netze. Als sehr auffallend wird der große Reichtum der Haut an erweiterten Gefäßen bezeichnet. Stellenweise fanden sich im Gewebe Ansammlungen von wahrscheinlich hämatogenem Pigment. Nach LODATO (1903) zeigte sich das elastische Gewebe vermindert und am besten noch um die Follikel erhalten. Die einzelnen elastischen Fasern erschienen wie zerbröckelt. Im übrigen war die Epidermis verschmälert, die Pars papillaris abgeflacht, das subcutane Bindegewebe rarefiziert und mit Hohlräumen versehen; auch fanden sich kleine Blutungen und Herde von Blutpigment. Die Kerne der Muskelfasern des Orbicularis waren proliferiert und die Muskelfasern selbst verschmälert, von fast homogenem Aussehen. v. MICHELS Untersuchungen von excidierten Hautstücken bei Blepharochalasis ergaben eine hochgradige Erweiterung der Blutgefäße und eine starke Wucherung des Perithels kleinerer Arterien und Venen (s. Abb. 39 G). Um die Liddrüsen war junges Bindegewebe gebildet (s. Abb. 39 H), die Liddrüsen selbst zeigten normales Aussehen (s. Abb. 39 D), mit Aus-

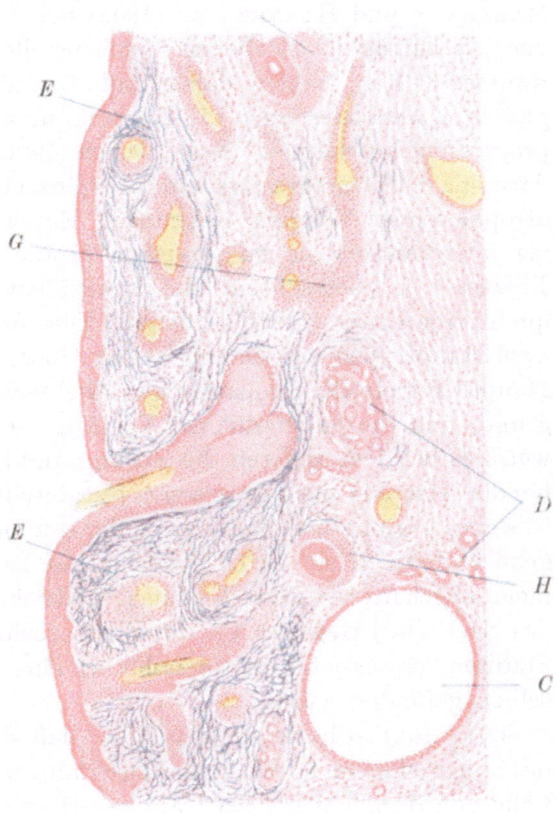

Abb. 39. Sagittaler Schnitt durch ein excidiertes Stück bei Blepharochalasis.
E elastisches Gewebe. *G* Perithelwucherung an den Gefäßen. *H* Bildung von jungem Bindegewebe an einer Haarbalgdrüse. *D* Schweißdrüse. *C* Cyste einer Schweißdrüse.

nahme einzelner Schweißdrüsen, die cystisch entartet waren (s. Abb. 39 C). An verschiedenen Stellen sah man herdweise eine kleinzellige Infiltration und die Subcutis stark ödematös, so daß die einzelnen Bindegewebsbalken weit auseinandergedrängt waren. Das elastische Gewebe erschien nicht verändert, an einzelnen Stellen eher etwas vermehrt (s. Abb. 39 E). Die Epidermis selbst war atrophisch, die Epithelleisten waren verschmälert und verkürzt, die Verhornung erschien ein wenig stärker als

in der Norm, und die obersten Zellschichten wiesen noch Kerne auf.
Das Keratohyalin fehlte, und unmittelbar unter der Stachelzellenschicht war an einzelnen Stellen eine diffuse körnige gelbe Pigmentierung sichtbar. Demnach handelt es sich um eine chronisch proliferierende Cutisentzündung verbunden mit Atrophie der Epidermis
und mit subcutanem Ödem. Dieser Befund ist dem von RUSCH (1906),
HARTMANN und HERXHEIMER (1902) bei der idiopathischen progressiven Hautatrophie erhobenen gleichzustellen. HARTMANN und HERX-
HEIMER (1902) haben daher auf Grund der mikroskopisch festgestellten Veränderungen die Erkrankung als Acrodermatitis chronica
progressiva bezeichnet. Nach RUSCH (1906) liegt der Entstehung der
Atrophia cutis progressiva ein Komplex chronisch-entzündlicher und
atrophierender Vorgänge zugrunde. Entzündung und Atrophie seien
als koordinierte, bis zu gewissem Grade voneinander unabhängige
Prozesse zu betrachten, die quantitative und gelegentlich auch
qualitative Unterschiede darbieten. Dies drücke sich auch klinisch in
zwei Haupttypen mit mannigfachen Übergängen aus. Bei dem einen
Haupttyp trete der idiopathische Gewebsschwund ganz in den Vordergrund, und die entzündlichen Vorgänge seien nur anatomisch nachweisbar, bei dem anderen die Rötung und Schwellung der Haut. Der
bei der Atrophia cutis progressiva festgestellte Schwund des elastischen
Gewebes beginne erst dann, wenn die entzündliche Infiltration zurück-
gehe und durch sie die Giftwirkung auf das elastische Gewebe nicht
mehr abgehalten werde. Vielleicht vollziehe sich eine Einschmelzung
des elastischen Gewebes bei der Blepharochalasis erst in einem späten
Stadium, da bis jetzt anatomisch eher eine Zu- als eine Abnahme desselben gefunden wurde.

Diagnostisch ist zu bemerken, daß die Blepharochalasis früher
mit einer stärker entwickelten Deckfalte verwechselt wurde. Solche
Fälle von Herabhängen der Haut des Oberlides wurden unter dem gemeinschaftlichen Namen eines Epiblepharon (v. AMMON — vgl. auch
§ 230) oder einer Ptosis atonica sive adiposa (vgl. S. 265 und über
Fetthernien des Oberlides S. 275) (SICHEL) zusammengefaßt. Wenn
auch eine derartige Deckfalte in ähnlicher Weise wie bei der Blepharochalasis über den Lidrand, namentlich über dessen laterale Hälfte,
herüberhängt, so erscheint aber dabei die Haut vollkommen normal,
während das Charakteristische der Blepharochalasis in der Atrophie und
Erschlaffung der Haut besteht. In diagnostischer Beziehung ist auch
der Hinweis ASCHERS (1919) nicht überflüssig, daß der Bau des Oberlides bei den außereuropäischen Rassen bisweilen an das äußere Bild
der Blepharochalasis erinnert. So beschreibt R. MARTIN (in seiner

»Anthropologie« 1914 S. 439) die Oberliddeckfalte des Mongolenauges als sehr tief herabhängend und besonders nasal den Oberlidrand oft überdeckend. Der Ansatz des Levator palp. sup. liegt hier sehr tief, außerdem befindet sich in der Haut selbst und unter dem Schließmuskel ein beim Europäer fehlendes Fettpolster. Beim Japaner liegen nach MASUGI (Topographie der Tränendrüse der Japaner, Zeitschr. f. Morph. u. Anthropol. 1912, S. 274, zitiert von MARTIN) die Tränendrüsen weiter vorn als beim Europäer, so daß ihre Tastbarkeit ebenfalls zu einer Verwechslung mit Blepharochalasis führen könnte.

Die Behandlung ist eine operative. In einer Reihe von Fällen genügt eine Verkürzung der im Übermaße vorhandenen Haut durch Ausschneiden eines entsprechend breiten horizontalen Hautstreifens. FUCHS (1896) empfiehlt zum Zweck einer besseren Befestigung der Haut auf ihrer Unterlage die HOTzsche Operation. Man schneidet die Lidhaut entlang dem konvexen Rande des Tarsus ein und befestigt den unteren Wundrand durch Nähte an den konvexen Rand des Tarsus und die davon abgehende Fascia tarso-orbitalis. Hierdurch wird eine Art Deckfalte gebildet, so daß die Haut nicht mehr als ein schlaffer Beutel herabhängt. Häufig läßt sich die durch die Blepharochalasis gesetzte Entstellung operativ nur verbessern, nicht aber vollständig beseitigen. Auch der Erfolg der HOTzschen Operation nimmt im Laufe der Zeit dadurch ab, daß die an den Tarsus angewachsene Lidhaut sich allmählich in die Länge zieht.

§ 65. Die Hemiatrophia facialis progressiva oder neurotische Gesichtsatrophie ist ein äußerst seltenes Leiden, das nach WETTE (1877) bald als totale halbseitige Atrophie aller Gewebsbestandteile oder nur der Weichteile, bald als partielle auf gewisse Stellen des Gesichts lokalisierte Atrophie auftritt, wobei wiederum alle Gewebsbestandteile oder nur die Cutis und Subcutis beteiligt sein können. Entsprechend der erkrankten Seite ist die Lidhaut gleich der Gesichtshaut verdünnt, das Unterhautzellgewebe geschwunden, womit in einer Reihe von Fällen ein Schwund der Gesichtsknochen, sowie der Gesichts-, Nasen- und Zungenmuskeln sich verbindet. Eine der häufigsten Begleiterscheinungen ist die Hemiatrophie der Zunge. Die Sensibilität bleibt vollständig erhalten; eine Störung der elektrischen Erregbarkeit liegt nicht vor. Infolge des mehr oder weniger ausgedehnten Schwundes der Gewebsteile erscheint die erkrankte Gesichtshälfte beim Vergleich mit der gesunden eingesunken und verkleinert. Der dadurch herbeigeführte eigentümliche physiognomische Ausdruck wird noch verstärkt durch den auf der erkrankten Seite vorhandenen hochgradigen Enophthalmus, die ungemein tiefliegende Tarso-Orbitalfalte und häufig durch die spärlichen weiß oder grau erscheinenden Wimpern und Augenbrauen.

Von gleichzeitigen oder im weiteren Verlaufe der Hemiatrophie eintretenden okularen Störungen wurde ein Ectropium des Unterlides infolge der atrophischen Hautverkürzung beobachtet, ferner Zirkulationsstörungen der Bindehaut in Form einer stärkeren Füllung der Bindehautvenen (WOLFF 1897) und Bindehautatrophie (BERTHOLD 1880). In einem Falle von GRAFF (1886) traten im Verlaufe einer

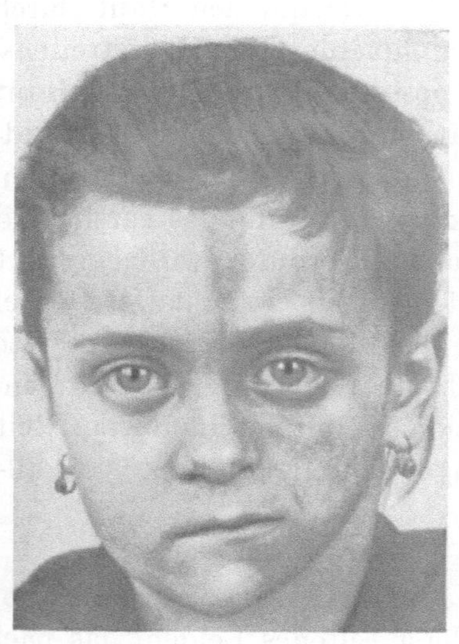

Abb. 40. Hemiatrophia facialis bei einem 7 jähr. Mädchen. Die Hemiatrophie wurde seit dem 3. Lebensjahr bemerkt und war progressiv. Ursache unbekannt.

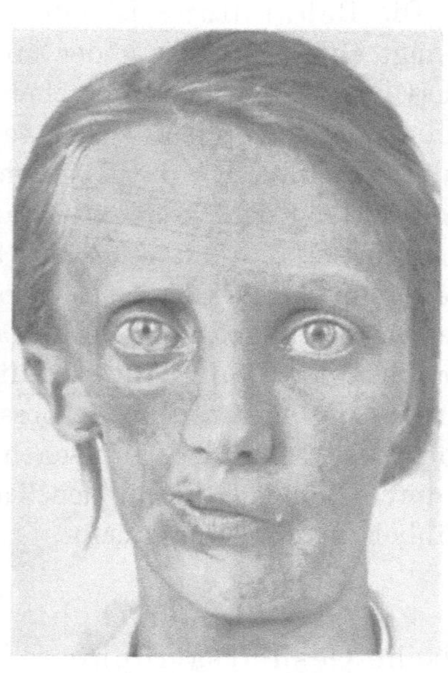

Abb. 41. Hemiatrophia facialis nach Verletzung durch stumpfe Gewalt. 25jährige Frau.

Hemiatrophia facialis bei einem 36jährigen Luetiker mit progressiver Paralyse entsprechend der erkrankten Seite Blutungen in die Bindehaut und eine neuroparalytische Keratitis auf. Augenmuskellähmungen kommen sowohl auf der erkrankten als auf der gesunden Seite vor. SALOMON (1907) fand bei einem 9jährigen Mädchen, bei dem 3 Jahre zuvor eine Ungleichheit beider Gesichtshälften bemerkt wurde, auf der linken Gesichtshälfte eine Atrophie der Haut, des Fettgewebes, der beiden Kieferknochen und der Gesichtsmuskeln, verbunden mit einer rechtsseitigen Parese des Abducens und einer linksseitigen Ophthalmoplegia interna. Von ophthalmoskopischen Veränderungen würden variköse Netzhautvenen (VIRCHOW), kleine helle Flecken, womit der Augenhintergrund gleichsam besät war (SPITZER 1885), geringe diffuse

Pigmentierung der Netzhaut, besonders in der Maculagegend (SALOMON 1907), und Sehnervenatrophie (FLASHAR nach WETTE 1877) beobachtet. Bei einer angeborenen einseitigen Hemiatrophie fand EMMINGHAUS (nach WETTE 1877) einen geringen Mikrophthalmus mit etwas exzentrischer Lage der Pupille auf der beteiligten Seite.

Von sonstigen Störungen sind anzuführen: an der Haut abnorme gelbe oder braune Pigmentierungen oder stellenweise Mangel des Pigments, auffallende Blässe, Herabsetzung der Talgdrüsen- und Schweißdrüsenabsonderung (s. S. 324), ferner Vermehrung der Speichelsekretion und Aufgehobensein der Motilität. Am häufigsten zeigten sich Störungen im Gebiete des Trigeminus, Parästhesien und Schmerzen, oder Störungen von seiten des Halssympathicus, speziell der oculo-pupillären Fasern, wie Verengerung oder Erweiterung der Pupille, Enge der Lidspalte, sowie Lähmung des N. facialis. Nach LÖBL und WIESEL (1903) entwickelte sich nach einer schweren Trigeminusneuralgie auf der erkrankten Gesichtsseite ein Schwund der Cutis und Subcutis, der Schleimhaut der Zunge, der Knochen und der vom III. Aste des Trigeminus innervierten Muskeln. GOWERS (1906) beobachtete in 3 Fällen von Hemiatrophia faciei eine Facialislähmung.

EMMINGHAUS (s. o.) fand bei einer angeborenen linksseitigen Gesichtsatrophie die linke obere Extremität um 1 cm kürzer als die rechte. Zugleich war bei dem zur Zeit der Untersuchung im 12. Lebensjahre stehenden Mädchen die linke Stirnhälfte abgeflacht, der Oberkiefer eingesunken, der Unterkiefer und die Weichteile des Mundes, besonders der Zunge, verkleinert, die Tränenabsonderung links vermehrt. In einem Falle von WECHSELMANN (1906) waren die Krankheitserscheinungen schon im 1. Lebensjahre aufgetreten, die ganze rechte Gesichtshälfte genau bis zur Mittellinie erschien verkleinert. Der Schwund betraf sämtliche Weichteile und die Knochen, sowie die rechte Zungenhälfte und den rechten Gaumenbogen. Zugleich war die ganze rechte untere Extremität besät mit kirsch- bis taubeneigroßen, aus erweiterten Hautvenen bestehenden Geschwülsten, ebenso die rechte Scrotalhälfte (Elephantiasis teleangiectodes). HEINEMANN (1907) sah bei einer linksseitigen Gesichtsatrophie außer einer Gaumen- und Zungenatrophie noch eine Atrophie der linken Brustdrüse.

Abweichungen von dem geschilderten Bilde der Hemiatrophia facialis bestehen darin, daß die Atrophie nicht die ganze Gesichtshälfte gleichmäßig betrifft, sondern nur fleck- oder streifenförmig auftritt. So beobachtete BERTHOLD (1880) bei einer 42jährigen Frau einen weißlichen Fleck am rechten Oberlid, der sich vom Lidrande in vertikaler Richtung über den Augenbrauenbogen bis zum Ende des Stirnbeins erstreckte. In einem von LESKOWSKI (1906) mitgeteilten Falle war bei einem 13jährigen Mädchen über dem linken inneren Augenwinkel wie am linken Ohre ein 4 cm großer Bezirk vorhanden, in welchem die Haut dünn, glänzend, von Pigment und Haaren entblößt erschien und das Unterhautfettgewebe geschwunden war. Zugleich mangelten die Haare der linken Augenbraue, und im Intercostalraume zwischen 8. und 9. Rippe war noch ein atrophischer Streifen sichtbar.

Hinsichtlich des Verlaufes ist zu bemerken, daß die Erkrankung im allgemeinen langsam fortschreitet und als unheilbar zu betrachten ist, wenn auch hier und da ein Stillstand eintritt. Das Leben wird nicht bedroht. Die Krankheit kann angeboren sein oder in der frühesten Kindheit auftreten. Gewöhnlich befällt sie jugendliche Individuen im Alter von 10—20 Jahren. Sie bleibt in der Regel einseitig, doch kann sie auch von einer Seite auf die andere übergehen, wie in dem Falle von SCHLESINGER (1905), in dem bei einem 10jährigen Kinde im Alter von 4 Jahren zuerst links, dann rechts die ersten Symptome des Gesichtsschwundes aufgetreten waren.

KLINGMANN (1907) sammelte aus der Literatur 83 Fälle von Hemiatrophie, von denen 57 keine weiteren Störungen, 26 solche vasomotorischer und sekretorischer Art aufwiesen. 38 Fälle der ersten Gruppe gehörten dem weiblichen Geschlecht an, und ein ähnlicher Prozentsatz war auch hinsichtlich der zweiten Gruppe vorhanden. In 29 Fällen bewegte sich das Lebensalter unter 10, in 37 zwischen 10 und 20 und in 17 zwischen 20 und 30 Jahren. In 61 Fällen war die linke Seite betroffen.

Über die Natur des Leidens ist nichts Bestimmtes bekannt.

Als Ursachen werden Traumen (s. Abb. 41) des Gesichts oder des Schädels, so in einem von DELAMARE (nach WETTE 1877) mitgeteilten Fall Sturz auf den Kopf, Trigeminusneuralgien ohne Druckempfindlichkeit der Äste, und Infektionskrankheiten (Diphtherie, Angina, Erysipel, Masern, Typhus) angegeben. Häufig ist eine neuropathische Belastung vorhanden, wie geringer Schwachsinn, verknüpft mit Stottern (v. MICHEL), oder Erkrankungen des Cerebrospinalsystems, wie Epilepsie, Chorea, Tabes, Syringomyelie, multiple Sklerose. Gegenwärtig sind sich die meisten Beobachter darin einig, daß es sich um eine trophische Neurose, um eine Erkrankung trophischer Nerven oder Nervenzentren handelt. Ob aber der eigentliche Sitz im Trigeminus oder im Sympathicus zu suchen ist, darüber weiß man noch nichts Sicheres. Auch an die Möglichkeit einer Infektion durch noch unbekannte Krankheitserreger von den Tonsillen aus wird gedacht. Nach der Zusammenstellung von KLINGMANN (1907) war in 83 Fällen 23mal ein Trauma vorausgegangen.

Anatomisch erstreckt sich die Atrophie auf Haut, Fett, Muskeln und Knochenteile. Auch der Tarsus (WOLFF 1897) und der Nasenknorpel sind beteiligt. Die Hautdrüsen erleiden keine Veränderung, dagegen findet ein Haarausfall statt. MENDEL (1888) fand eine Verringerung der Dicke der Cutis um $^1/_3$ der normalen bei unveränderter Epidermis.

Was die Befunde am Trigeminus anlangt, so zeigt sich nach MENDEL (1888) eine Neuritis interstitialis proliferans am Ganglion Gasseri und an den Ästen des Trigeminus, besonders des II. Astes. Die Untersuchung des Gehirns ergab eine Atrophie des Ramus descendens N. trigemini und der Substantia ferruginea. MENDEL (1888) meint daher, daß die absteigende Wurzel des Trigeminus die trophischen Fasern des Quintus führe und daß die Substantia ferruginea derselben Seite zu ihnen in Beziehungen stehe. LÖBL und WIESEL (1903) haben einen ähnlichen Befund erhoben. Mikroskopisch zeigten das Ganglion Gasseri und die drei Äste des N. trigeminus, also auch die motorische Portion, eine Neuritis interstitialis proliferans mit Degeneration der Nervenfasern. Im Ganglion Gasseri, sphenopalatinum und oticum war eine starke Kernvermehrung vorhanden, weniger ausgesprochen im Ganglion ciliare. Am sympathischen Nervensystem waren keine Veränderungen nachweisbar. Lönl und WIESEL (1903) nahmen daher an, daß eine Erkrankung der peripherischen Quintusausbreitung genüge, um einen Gesichtsschwund hervorzurufen, wobei sogar ein Teil der Fasern intakt gefunden werden könne. WECHSELMANN (1906) spricht sich in seinem Falle für eine Schädigung der peripheren Trigeminusäste durch neurofibromatöse Bindegewebswucherungen aus. Endlich verlegt JENDRÁSSIK (1897) den Sitz der Erkrankung an die Basis cranii, an die Stelle, wo Trigeminus und Sympathicus sehr nahe bei einander sich befinden. Der Plexus cervicalis gelange hauptsächlich durch den Plexus caroticus in die Schädelhöhle und liege bei seinem Eintritt nahe dem Ganglion Gasseri.

Bei der angeborenen Gesichtsatrophie würde es sich um ein Kleingebliebensein der erkrankten Gesichtshälfte handeln und auf der Basis der neurotischen Theorie wäre ein Fortfall des trophischen Reizes anzunehmen. SALOMON (1907) schließt aus der in seinem Falle vorhandenen Mitbeteiligung des Abducens und der inneren Äste des Oculomotorius, daß die Hemiatrophie neurogenen Ursprungs sei und wahrscheinlich auf einer Erkrankung der trophischen Fasern des linken Trigeminus beruhe, dabei seien die Zentren und die intrabulbären Bahnen der beteiligten Nerven mitergriffen, demnach handele es sich um eine mehrfache Lokalisation. Ätiologisch wird eine hereditäre Lues

zugrunde gelegt. Gowers (1906) führt die Facialislähmungen bei Hemiatrophia faciei auf eine Schrumpfung des Fallopischen Kanals zurück.
In 2 Fällen bestand nämlich auf der atrophischen Seite eine Atrophie
des Processus mastoideus mit Verengerung des Meatus auditorius externus. Im dritten Falle (42jähriger Mann) waren mit einer 2 Jahre
alten linksseitigen Facialisparalyse eine typische Hemiatrophia facialis,
Taubheit, Schwäche der Gaumenmuskulatur und des Stimmbandes derselben Seite, Schluckbeschwerden, Tachykardie und Anfälle von Dys-
pnoe verbunden. Gowers (1906) nimmt an, daß außer dem Canalis
Fallopii auch das Foramen lacerum verengt war, welches der geschädigte
Nervus accessorius, vagus und glossopharyngeus passiert. Therapeutisch könnte man höchstens in beginnenden Fällen versuchen, die Erkrankung durch lang fortgesetzte elektrische Behandlung zum Stillstand zu bringen. Zur kosmetischen Verbesserung wurden Paraffin-
injektionen unter die Gesichtshaut vorgenommen.

§ 66. Von degenerativen Veränderungen der Lidhaut kommt
das Myxödem, das Pseudomilium colloidale s. Colloidmilium,
die Cutis laxa und das Pseudoxanthoma elasticum zur Beobachtung.

Beim Myxödem erscheinen die Augenlider gleich der Gesichtshaut
geschwellt und sackartig hervorgewölbt. Die geschwellte Lidhaut ist
prallelastisch und die Schwellung bleibt bei Druck bestehen. Die Haut
fühlt sich dabei kühl an, die Farbe ist blaß oder weißlich und die Oberfläche trocken und schuppig. Drewitt (1883) bezeichnet das Aussehen
als alabaster-durchscheinend. Die Cilien fallen nach und nach aus.
Als Ursache des Myxödems ist bekanntlich ein Ausfall der Schilddrüsen-
funktion anzunehmen, wie er beispielsweise bei Kropfoperation durch
Entfernung der ganzen Schilddrüse eintreten kann (Cachexia thyreo-
priva).

Anatomisch findet sich nach Unna (1894) eine hochgradige Degeneration und Umwandlung des Bindegewebes in elastoides Gewebe,
sowie eine mucinartige Substanz im Papillarkörper und zerstreut in allen
anderen Teilen der Haut. Näheres siehe in den Handbüchern der
inneren Krankheiten.

Das Pseudomilium colloidale s. Colloidmilium (s. Colloi-
doma miliare) zeigt sich als ein flaches Knötchen von der Größe eines
Stecknadelkopfs bis Hirsekorns oder selbst einer Erbse. Die Farbe ist
diejenige der umgebenden Haut oder dunkler, braunrot oder gelblich.
Das Colloidmilium ist von derber Konsistenz und stark durchscheinend
wie ein Bläschen. Beim Anstechen entleert sich aber keine Flüssigkeit,

dagegen kann durch seitlichen Druck eine colloide Masse ausgepreßt werden.

Das Colloidmilium ist in allen Altersstadien anzutreffen und befällt mit dem Gesicht (seltener Rumpf) gleichzeitig die Lidhaut in größerer Zahl (Philippson 1892).

Anatomisch erscheinen als Hauptsitz der Veränderungen die oberen Schichten des Coriums. Die von der Epidermis durch einen schmalen Saum normalen Bindegewebes und in gleicher Weise von den Talgdrüsen und den Haarfollikeln getrennten Degenerationsherde bestehen aus colloiden Blöcken, die aus dicken, knäuelartig durchflochtenen gequollenen Bündeln und Balken hervorgehen. Die colloide Degeneration wird teils dem Bindegewebe, teils dem elastischen Gewebe zugeschrieben. Unna nimmt sowohl eine Beteiligung des collagenen, als auch des elastischen Gewebes an. Die degenerierenden Produkte verbinden sich zu einem neuen Körper, dem Collastin, aus dem durch Aufquellung und Homogenisierung das Colloid hervorgehe.

Die Diagnose beruht auf der durchsichtigen Beschaffenheit der Erhebung bei solidem Inhalt. Die Behandlung besteht in einer Entfernung der degenerierten Stellen mittels des scharfen Löffels.

Bei der Cutis laxa oder hyperelastica kann die Gesichts- und Lidhaut in großen Falten von der Unterlage abgehoben und verzogen werden, worauf sie rasch und mit hörbarem Geräusch in ihre alte Lage gleichsam zurückschnellt.

Anatomisch wurden degenerative Veränderungen sowohl an der collagenen Substanz wie an den elastischen Fasern angenommen; andere Autoren haben weder in der Beschaffenheit der einzelnen Elemente noch in ihrer Anordnung Abweichungen von der Norm gefunden. Die Ursache für die eigentümliche hochgradige Kontraktilität ist unbekannt.

Eine außerordentlich seltene Erkrankung stellt das von Darier (1904) beschriebene Pseudoxanthoma elasticum dar. Die Haut ist hierbei schlaff und weich und erscheint verdickt und gelblich verfärbt, xanthomähnlich. Fast ausschließlich werden die Beugefalten der großen Extremitätengelenke und des Rumpfes meist in großer Ausdehnung befallen. Auch an den beiden Lidwinkeln beider Augen wurde das Pseudoxanthoma elasticum beobachtet, und zwar in Form eines gelblichen Fleckes von der Größe eines Getreidekornes; gleichzeitig bestanden vereinzelte Flecke am Rande der Oberlippe.

Anatomisch findet sich eine Hautatrophie mit eigentümlicher Degeneration der elastischen Fasern, die anfangs quellen und schließlich krümelig zerfallen.

Literatur zu §§ 62—66.

1877 Wette: Über. Gesichtsatrophie. Annalen der städt. allgem. Krankenhäuser zu München. 1876 und 1877. S. 60.

1880 Berthold: Über eine Trophoneurose im Bereiche des ersten Astes des Quintus. (Deutsche Naturf.-Vers. Tagebl.) Zentralbl. f. Augenheilk. S. 327.

1883 Drewitt: Myxoedema. Clin. soc. of London. Dez. 1.

1885 Behrend, G.: Ein Fall idiopathischer angeborener Hautatrophie. Berl. klin. Wochenschr. Nr. 6. — Spitzer, Fr.: Ein Fall von halbseitiger Gesichtsatrophie. Wien. med. Blätter Nr. 1.

1886 Graff, H.: Ein Fall von Hemiatrophia facialis progressiva, verbunden mit neuroparalytischer Ophthalmie. Dorpat.

1888 Mendel: Über Hemiatrophia facialis. (17. Kongr. der deutschen Ges. für Chirurg.) Münch. med. Wochenschr. S. 280.

1892 Philippson: Die Beziehungen des Colloid-Milium (E. Wagner), der colloiden Degeneration der Cutis (Besnia) und des Hydradenom (Darier-Jacquet) zueinander. Monatsh. f. prakt. Dermatol. Bd. 11, Nr. 1.

1894 Unna: Myxödem. Orths Lehrb. d. spez. path. Anat. 8. Lief. Hautkrankheiten. S. 1004.

1895 Despagnet: Sclérodermie palpébrale. Soc. d'ophtalmol. de Paris.) Ann. d'oculist. T. 113, p. 273. — Moebius, P. J.: Der umschriebene Gesichtsschwund. Nothnagels spez. Pathol. u. Therap. Wien: A. Hölder.

1896 Fuchs, E.: Über Blepharochalasis (Erschlaffung der Lidhaut). Wien. klin. Wochenschr. Nr. 7.

1897 Jendrássik: Über die Hemiatrophia faciei. Dtsch. Arch. f. klin. Med. Bd. 59, 3 u. 4. — Wolff, Julius: Ein Fall von Hemiatrophia facialis progressiva. Münch. med. Wochenschr. S. 9.

1898 Fehr: Ein Fall von Lidhauterschlaffung, sog. Blepharochalasis. Zentralbl. f. prakt. Augenheilk. S. 74. — Rosenthal, O.: Über einen Fall von partieller Sklerodermie, mit Übergang in halbseitige Gesichtsatrophie, kombiniert mit Alopecia areata. Berl. klin. Wochenschr. Nr. 34.

1900 Jarisch: Die Hautkrankheiten. II. Hälfte. S. 801 u. 915. Wien: A. Hölder.

1902 Herxheimer und Hartmann: Die Acrodermatitis chronica atrophicans. Arch. f. Dermatol. u. Syphilis Bd. 61. — Tendlau: Über angeborene und erworbene Atrophia cutis idiopathica. Virchows Arch. f. pathol. Anat. u. Physiol. Bd. 167, S. 465.

1903 Himmel: Zur Kenntnis der senilen Degeneration der Haut. Arch. f. Dermatol. u. Syphilis Bd. 44, 1. — Lodato: Blefarocalasi. Contributo clinico ed anatomo-patologico. Arch. di ottalmol. T. 11, p. 42. — Löbl und Wiesel: Zur Klinik und Anatomie der Hemiatrophia facialis. Dtsch. Zeitschr. f. Nervenheilk. Bd. 27, 5 u. 6.

1904 Darier, J.: Pseudoxanthoma elasticum. Monatsh. f. prakt. Dermatol. Bd. 23, Nr. 12. — Grosz, S.: Atrophie der Haut. Mraček, Handb. d. Hautkrankh. Bd. 3, S. 277. — Smithlen: Sklerodermie. Mraček, Handb. d. Hautkrankh. Bd. 3, S. 193. Wien: A. Hölder.

1905 Bettmann, S.: Über erworbene idiopathische Hautatrophie. Festschr. f. Prof. Julius Arnold, Supplement zu Beitr. z. pathol. Anat. u. allg. Pathol., herausg. v. Ziegler, S. 347. Jena: G. Fischer. — Mühsam: Ein Fall von Sklerodermie der Lider. Beitr. z. Augenheilk. Festschrift Julius Hirschberg. S. 192. — Oppenheim, H.: Lehrbuch der Nervenkrankheiten. 4. Aufl. Berlin: S. Karger. — Schlesinger: Ein Fall von doppelseitiger umschriebener Gesichtsatrophie. Arch. f. Kinderheilk. Bd. 42, 5 u. 6.

1906 Gowers: The influence of facial hemiatrophy on the facial and other nerves. Rev. of neurol. a. psychiatry. January. — Leskowski: Hemiatrophia facialis. Obosr. Psych., Neurol. u. exper. Psychol. 1905, Nr. 1. Ref. in Neurol. Zentralbl. S. 1008. — Rusch: Beiträge zur Kenntnis der idiopathischen Hautatrophie. Arch. f. Dermatol. u. Syphilis Bd. 81, S. 3 u. 313. — Scrini: Un cas de blépharochalasis. Arch. d'ophtalmol. T. 26, p. 440. — Wechselmann: Ein Fall von Elephantiasis teleangiectodes der rechten unteren Extremität und Schädelhälfte mit hemiatrophischer Hypoplasie der rechten Gesichtshälfte. Arch. f. Dermatol. u. Syphilis Bd. 77, S. 399.

1907 Heinemann: Über Hemiatrophia facialis. Inaug.-Diss. Leipzig. — Klingmann: Facial hemiatrophy. Journ. of the Americ. med. assoc. — Salomon: Ein Fall von Hemiatrophia facialis progressiva mit Augennervensymptomen. (Berliner Ges. f. Psych. u. Nervenkr.) Neurol. Zentralbl. S. 614. — Wagenmann: Ein Fall von doppelseitiger echter Ptosis adiposa. Vers. d. ophthalmol. Ges. Heidelberg. 1907, S. 274.

1908 Loeser: Über Blepharochalasis und ihre Beziehung zu verwandten Krankheitsbildern nebst Mitteilung eines Falles von Blepharochalasis mit Spontanluxation der Tränendrüse. Arch. f. Augenheilk. Bd. 61, S. 252. — Derselbe: Doppelseitige Blepharochalasis. Zentralbl. f. prakt. Augenheilk. S. 203.

1909 Laffer: Blepharochalasis, a report of a case of this trophoneurosis, involving also the upperlid. Cleveland med. Journ. March. — Weinstein: Über zwei eigenartige Formen des Herabhängens der Haut der Oberlider: Ptosis atrophica und Ptosis adiposa. Ein Fall von Ptosis adiposa mit spontaner Senkung der Tränendrüse. Klin. Monatsbl. f. Augenheilk. XLVII. Bd. 2, S. 190.

1910 Scholtz: Zwei Fälle von Sklerodermie. (Verein f. wissensch. Heilk. zu Königsberg i. Pr.) Berl. klin. Wochenschr. S. 368.

1911 Weidemann: Ein Beitrag zur Kenntnis der Ptosis adiposa nebst Mitteilung eines Falles mit spontaner Senkung der Tränendrüse. Inaug.-Diss. Königsberg.

1912 Adam: Ein Fall von isolierter Sklerodermie der Lider. (Berl. ophthalmol. Ges.) Zentralbl. f. prakt. Augenheilk. S. 43.

1913 Bresson: La blépharochalasis. Thèse de Lyon. — Ginestous: Un cas de blépharochalasis. Gaz. hebdom. des sciences méd. de Bordeaux, 27. juillet. — Rollet et Genet: Blépharochalasis bilatérale. Lyon méd. No. 20. — Weidler: Blepharochalasis. Report of two cases with the microscopic examination. (Journ. of the Americ. med. assoc. Vol. 61, No. 13, p. 1128.) Ophthalmol. Record p. 618.

1914 Gaucher et Gougerot: Atrophie cutanée (dermatolyse) palpébrale compliquée de poussées oedemateuses et lichen des avantbras. Bull. de la soc. franç. de dermatol. et de syphiligr. Jg. 25, No. 5, p. 546. — Kagoshima: Zwei Fälle von Blepharochalasis und ihre pathologische Anatomie. (Japanisch.) Nippon. Gankagakkai zassi. Bd. 18, No. 3, p. 293. — Stierm: Blepharochalasis, Report of two cases. Transact. of the Americ. ophthalmol. soc. Vol. 13, No. 3, p. 713.

1919 Ascher: Blepharochalasis mit Struma und Schleimhautduplikatur der Oberlippe. Dtsch. med. Wochenschr. Nr. 50, S. 1400, u. Klin. Monatsbl. f. Augenheilk. Bd. 65, S. 86.

1920 Heckel, E. B.: Blepharochalasis, with ptosis; report of a case. Transact. of the 25. ann. meat of the Americ. acad. of ophthalmol. a. oto-laryngol. p. 203—206. — Strümpell: Lehrbuch der spez. Pathol. u. Therap. der inneren Krankheiten. Bd. 2, Aufl. 22. Leipzig: C. W. Vogel.

1921 Braunschweig: Über Faltenbildung der Conjunctiva bulbi. Klin. Monatsbl. f. Augenheilk. Bd. 66, S. 123 u. f. — Schreiber, L.: Über Faltenbildung der Conjunctiva bulbi und ihre Beziehung zur Blepharochalasis. Klin. Monatsbl. f. Augenheilk. Bd. 66, S. 490 u. f.

VI. Dystrophie.

§ 67. Die Dystrophia papillo-pigmentosa oder Acanthosis nigricans ist eine an sich seltene Hauterkrankung, bei welcher mehrfach eine Beteiligung der Augenlider beobachtet wurde. RIECKE (1920) definiert dieselbe als eine meist mit anderweitigen malignen Krankheitsprozessen einhergehende und daher erst im höheren Lebensalter sich entwickelnde chronische Dermatose[1]), welche histologisch und klinisch durch lokalisierte Hyperpigmentierung, Papillarhypertrophie und Hyperkeratose sich auszeichnet.

Die Lidfläche erscheint besetzt mit flachen, beetartigen papillären Wucherungen von derber Konsistenz, die meist in reihenförmiger Anordnung den Hautfalten folgen, von denen die kleineren etwa Stecknadelkopfgröße, die größeren einen Durchmesser von 5 mm erreichen. Sitzen die Excrescenzen am Lidrande, so werden die Cilien auseinandergedrängt, und die äußere Lidkante erscheint unregelmäßig verbreitert. Zahlreiche Papillen überschreiten den intermarginalen Teil und erstrecken sich auf die innere Lidkante. Die Bindehaut zeigt eine geringe Hypertrophie (RILLE 1903, BIRCH-HIRSCHFELD und KRAFT 1904). Zugleich können am inneren Lidwinkel in der Gegend der Tränenpunkte linsengroße, fleischrote, hahnenkammartige, zerklüftete sowie warzige Auswüchse und an spitze Condylome erinnernde Veränderungen vorhanden sein. Gleichzeitig sind andere Hautstellen befallen, wie die Haut der Augenbrauen, der Stirngegend, des Halses, des Nackens, des Brustbeins, des Rückens, der Axillarhöhle, der Nates, der Analfalte, der oberen und unteren Extremitäten. Mit der Papillarhypertrophie verbindet sich eine Pigmentation, die gleichzeitig mit ihr auftreten oder sogar ihr vorausgehen kann. Die Farbe variiert von einem leichten Grau bis zu Gelb, Braun und Schwarz. Die Pigmentierung ist aber nicht bloß umschrieben an der erkrankten Stelle vorhanden, sondern es kann auch eine graugelbe Färbung der ganzen Gesichtshaut oder an der Stirn eine größere Zahl von kleinen, bräunlichen, lentigo- oder warzenartigen Pigmentflecken entstehen. Mit der Papillarhypertrophie geht Hand in Hand eine Entwicklung von Hornmassen wechselnden Grades.

---

[1]) Die Bezeichnung »Dermatose« wurde von mir nach Möglichkeit vermieden, da ich nirgends — weder in der patholog.-anatomischen, noch in der dermatologischen Literatur — eine klare Definition des Begriffs der »Dermatose« finden konnte. Einige Dermatologen bezeichnen jegliche Veränderung an der Haut, selbst einen angeborenen kleinen Naevus als Dermatose. Im allgemeinen wird diese Bezeichnung — meinem Eindrucke nach — rein gefühlsmäßig für die verschiedenartigsten Hautveränderungen angewandt, bei welchen das klinische Bild keine oder vielmehr keine auffälligen Entzündungserscheinungen aufweist.

Im weiteren Verlaufe kommt es zu einem Ausfall der Cilien, der Augenbrauen und des Bartes, sowie zu einer Zersetzung der angehäuften Hornmassen. Die Erkrankung schreitet fort und kann daher als unheilbar gelten.

Nach der Mitteilung von Rille (1903) wurden bis jetzt mehr als 30 Fälle von Acanthosis nigricans veröffentlicht, bei denen das weibliche Geschlecht etwas überwiegt. Die Erkrankung tritt ausnahmsweise schon im frühen Lebensalter auf, im 2. und 3. Lebensjahre; gewöhnlich beginnt sie erst nach dem 40. Lebensjahre. Im ersteren Falle wird eine kongenitale Mißbildung angenommen; im späteren Lebensalter werden als Ursache maligne, insbesondere carcinomatöse Neubildungen des Ösophagus, des Magens, des Rectums, des Uterus und der Mamma sowie andersartige schwere Allgemeinzustände (Alkoholismus, Menstruationsstörungen und Herzmuskeldegeneration) angesprochen, wobei entweder an eine Autointoxikation oder an vasomotorische Störungen, hervorgerufen durch Reizung des sympathischen Abdominalgeflechtes, zu denken wäre. Für einen derartigen ursächlichen Zusammenhang sprechen insbesondere Beobachtungen von Rückbildungen der Acanthosis nigric. nach Beseitigung solcher schweren Krankheiten.

Anatomisch sind drei in verschiedenem Grade entwickelte Hauptveränderungen ausgeprägt, nämlich Papillarhypertrophie, Pigmentierung und Hyperkeratose. Mourek (1893) bezeichnet die Acanthosis nigricans als eine Hyperacanthose und Hyperkeratose mit geringer Beteiligung des Papillarkörpers und mit starker Pigmentierung. Die Wucherung des Papillarkörpers gehe mit Bildung von unregelmäßigen, teils fingerförmigen, teils kolbigen Ausläufern einher, verbunden mit einer mäßigen Erweiterung der Kapillaren und einer spärlichen kleinzelligen Infiltration. Die Hornschicht sei verdickt, doch in sehr verschiedenem Maße, das Stratum lucidum nicht nachweisbar, das Stratum granulosum bald verbreitert, bald atrophisch und die Stachelzellenschicht hypertrophisch. Das Pigment sei besonders innerhalb der Basalzellen vermehrt, auch die tieferen Hornschichten zeigen in der Regel einen vermehrten Pigmentgehalt.

Die Behandlung besteht in der Beseitigung der Grundursache, die von Erfolg begleitet sein kann, wie in dem Spietschkaschen (1898) Falle, in dem die Acanthosis nach Entfernung eines malignen Deciduom des Uterus von selbst zurückging. Lokal empfiehlt sich die Anwendung des scharfen Löffels oder die Excision, sofern eine nicht zu große räumliche Ausdehnung der Erkrankung diese zuläßt. Wegen der Neigung zur Zersetzung ist für eine lokale Desinfektion durch regelmäßigen Gebrauch von Salicyl- oder Resorcinseifen Sorge zu tragen.

Literatur zu § 67.

1893 Mourek: Ein Beitrag zur Differenzierung der Epidermidosen und Chorioblastosen auf Grundlage eines neuen Falles von Acanthosis nigricans. Monatsh. f. prakt. Dermatol. Bd. 17, S. 366.

1898 Spietschka: Dystrophia papillaris et pigmentosa. Arch. f. Dermatol. u. Syphilis Bd. 44, S. 247.

1903 Rille: Acanthosis nigricans (Dystrophia papillo-pigmentosa). (Med. Ges. zu Leipzig.) Münch. med. Wochenschr. S. 1317.

1904 Birch-Hirschfeld und Kraft: Über Augenerkrankung bei Acanthosis nigricans. Klin. Monatsbl. f. Augenheilk. Bd. 42, S. 232. — Janovsky: Acanthosis nigricans. Mračeks Handb. der Hautkrankh. Bd. 3, S. 80.

1920 Riecke: Lehrbuch der Haut- und Geschlechtskrankheiten. Jena: Gust. Fischer.

VII. Pigmentanomalien (Abnorme Hautfärbungen).

§ 68. Die Pigmentanomalien der Haut, an denen sich die Lidhaut beteiligt, können nach verschiedenen Gesichtspunkten unterschieden werden, je nachdem dieselben als angeborene oder erworbene und die erworbenen wiederum je nachdem sie als bleibende oder wandelbare auftreten. Dieselben ließen sich ferner in diffuse oder umschriebene, in Veränderungen aus äußerer oder aus innerer Ursache einteilen. Der folgenden Betrachtung ist ein weiterer Gesichtspunkt zugrunde gelegt, die Pigmentverteilung und der Pigmentgehalt, die als Pigmentüberschuß und als Pigmentmangel in Erscheinung treten. Bei den Hyperpigmentierungen ist zu berücksichtigen, ob sie lediglich einen Überschuß des physiologischen Hautpigments oder auch der normalen Haut fremdartige Einlagerungen darstellen.

Hyperpigmentierungen der Lidhaut entstehen durch äußere und innere Ursachen. Bei den äußeren Ursachen spielt die Sonnenbestrahlung eine hervorragende Rolle, wobei sowohl Wärmestrahlen, als auch chemische, insbesondere die ultravioletten, in Betracht kommen. Es ist anzunehmen, daß dadurch die Chromatophoren oder Melanoblasten, die bei den einzelnen Individuen in verschieden großer Zahl in der Lidhaut vorhanden sind, zur Vermehrung angeregt werden. Derartige Hyperpigmentierungen finden sich teils diffus, teils fleckweise, bald als bleibende, bald als wandelbare Veränderungen.

Bei der diffusen Hyperpigmentierung erscheint zugleich mit der Gesichtshaut die Haut der Augenlider mehr oder weniger gleichmäßig braun gefärbt. Am Oberlide ist bei überhängender Deckfalte der von ihr bedeckte Teil der Lidhaut wenig oder nicht gebräunt, so daß beim Emporheben und Anziehen dieser Falte die durch die Lichtstrahlenwirkung gebräunte Lidhaut von einem hellen Hautstreif unterbrochen erscheint. In solchen Fällen beobachtet man auch, daß bei Ausschaltung des Sonnenlichtes, wie beispielsweise beim Tragen einer Augenschutzklappe, schon nach kurzer Zeit eine Bleichung der Lidhaut eintritt, die alsdann gegen das Braun der übrigen Gesichtshaut auffällig absticht. Bei Brillenträgern bemerkt man ferner gar nicht selten, daß die Lidhaut an der physiologischen diffusen Hyperpigmentierung der Gesichtshaut nicht teilnimmt. Bei einer stark brünetten 48jährigen Dame, die zum Ausgleich ihrer Hypermetropie seit vielen Jahren dauernd Convexgläser von 5 Dioptrien trägt, fand ich die Aussparung der Lidhaut gegenüber der durch die Frühjahrssonne stark gebräunten Gesichtshaut so auffällig, daß dieselbe auf den ersten Blick als pathologische Entfärbung, als Vitiligo (vgl. § 70) imponierte. — Das Ausbleiben der Hyperpigmentierung an der Lidhaut wird bei Brillenträgern lediglich durch das Brillenglas bewirkt, das die bei der Hautpigmentierung vorzugsweise in Betracht kommenden kurzwelligen ultravioletten Strahlen absorbiert. Die Absorption ist um so stärker, je dicker die Linsen sind; dabei ist es gleichgültig, ob es sich um Konvex- oder Concavlinsen handelt. Die Sammelwirkung der Lichtstrahlen spielt auch bei den stärksten Stargläsern für die Lidpigmentierung keine Rolle, da der Focus der Linsen ja stets erheblich hinter der Lidhaut gelegen ist und diese nur von diffusem Lichte getroffen wird. Die durch Lichtstrahlen hervorgebrachte Hyperpigmentierung wird als Chloasma caloricum bezeichnet; sie findet sich vorwiegend bei Landarbeitern, die während der Sommerarbeiten unter dem Einflusse von Luft und Sonne stehen, aber auch bei solchen, die durch ihren Beruf genötigt sind, sich strahlender Wärme auszusetzen, wie Feuerarbeiter.

Als umschriebene fleckige Pigmentierungen finden sich auf der Lidhaut, zugleich auch im Gesicht, die sogenannten Epheliden oder Sommersprossen; sie sind als stecknadelkopf- bis linsen- oder pfefferkorngroße, blaßgelbe bis dunkelbraune, niemals über das Niveau der Haut sich erhebende Flecken in verschiedener, manchmal in großer Anzahl über die Oberfläche verstreut. Hier und da bleibt aber auch die Lidhaut selbst bei starker Beteiligung der Gesichtshaut verschont.

Die Sommersprossen entwickeln sich gewöhnlich zwischen dem 6. bis 8. Lebensjahr und werden bekanntlich zur Frühjahrs- und Sommerszeit dunkler, während sie zur Winterszeit abblassen oder selbst verschwinden. Unrichtig ist es, für ihre Entstehung die Wirkung der Sonnenstrahlen als allein maßgebend anzusehen, vielmehr spielt dabei eine ererbte Disposition eine ausschlaggebende Rolle.

Mikroskopisch ist eine Pigmentierung der untersten Stachelzellenlage festzustellen. Das Pigment besitzt die Eigenschaften des Melanins und liegt intra- und extracellulär. In der Cutis finden sich nur wenige Pigmentzellen und zwar ausschließlich in der Umgebung der Gefäße.

Als Lentigines (Linsenflecken) bezeichnet man punktförmige bis linsengroße Flecken von bräunlicher Färbung, die wahrscheinlich aus einer angeborenen Veranlagung entstehen, obwohl sie erst in der Kindheit oder selbst nach der Pubertät zum Vorschein kommen. Dieselben zeigen große Ähnlichkeit mit dem Epheliden, stellen aber im Gegensatz zu diesen bleibende Pigmentierungen dar.

Eine besondere Form der Lentigo bezeichnet HUTCHINSON (nach JARISCH 1900) als Lentigo maligna senilis. Pigmentflecken treten an den Wangen und gewöhnlich auch zugleich an den Unterlidern auf, sie verbreiten sich allmählich auf die ganze Wange und die Augenlider, selbst auf die Bindehaut. Im Verlaufe, der sich oft über Jahre erstreckt, können diese Pigmentflecke mit Hinterlassung einer Pigmentatrophie wieder schwinden, häufiger aber entstehen aus ihnen Neubildungen von dem Charakter melanotischer Sarkome, die jedoch nach der Excision nicht rezidivieren sollen. Die Lymphdrüsen sind unbeteiligt.

§ 69. Die häufigste Hyperpigmentierung aus innerer Ursache stellt das Chloasma gravidarum und uterinum dar. Größere hell- bis dunkelbraune Flecken, gewöhnlich mit scharfer und zackiger Begrenzung, zeigen sich an der Haut der beiden Stirnhälften fast bis zur Haargrenze, von ihr nur durch einen schmalen hellen Streifen getrennt, und erstrecken sich noch auf die Wangengegend. Von der Haut der Stirn und der seitlichen Wangenteile greifen die Flecken auf die Haut der Augenlider über. Manchmal werden beide Augenlidpaare befallen, mitunter nur ein Augenlid der einen Seite. Hier und da sind die Augenlider ausschließlich Sitz des Chloasma, und alsdann kann nach HEBRA von dort aus ein brauner linearer Streifen in der Fortsetzung der Lidspalte gegen die Schläfe verlaufen. Das Chloasma gravidarum kann mit jeder Schwangerschaft von neuem auftreten und mit Aufhören derselben verschwinden; letzteres tritt auch beim Chloasma uterinum ein, das bei verschiedenen Funktionsstörungen und Erkrankungen der inneren Genitalien beobachtet wird, sobald diese beseitigt werden.

Chloasmata gleicher oder ähnlicher Form finden sich ferner bei erschöpfenden Krankheiten wie bei Carcinomen, Tuberkulose usw. als sogenanntes Chloasma cachecticorum. Ätiologisch wird die

Entstehung des Chloasma der Einwirkung von im Körper gebildeten Toxinen zugeschrieben.

Durch chronische Vergiftung mit Arsen kommt es zur fleckenartigen oder auch ausgebreiteten braunen bis schiefergrauen oder grauschwarzen Verfärbung der Augenlider, die entweder gleichmäßig erscheint oder bei welcher weiße Flecken in großer Zahl zwischengelagert sind. So hat Owen (1886) in einem Falle bei innerlichem Gebrauch von Tinct. arsenic. Fowleri eine Pigmentierung der Haut beider Unterlider beobachtet. Nach Aussetzen des Arsen gewinnt die Haut wieder ihr normales Aussehen.

Bei der Basedowschen Krankheit können die Lider eine stärkere Pigmentierung zeigen, die zugleich zu den Frühsymptomen der Erkrankung gehört. Von Jellinek (1904) wird die stärkere Pigmentierung durch eine abnorme Erhöhung der Färbbarkeit des Blutes zu erklären versucht.

Bei der Addisonschen Krankheit zeigen die Augenlider eine gleichmäßige mulatten- oder bronzeähnliche Färbung ebenso wie die Gesichtshaut und die übrige Haut. Nach v. Michels Beobachtungen erscheint die Haut des Lidrandes in manchen Fällen am frühesten oder am dunkelsten gefärbt. Von Komplikationen sah v. Michel in einem Falle bei einem 18 jährigen jungen Manne die Entwicklung eines Totalstares.

Anatomisch findet sich eine Ablagerung gelbbrauner Pigmentkörnchen im Rete Malpighi, deren Herkunft im Blute gesucht wird. Der Befund pigmenthaltiger Zellen in der Nähe der Gefäße oder in der Adventitia wird dadurch erklärt, daß das in der Cutis gebildete Pigment durch Wanderzellen in die Tiefe verschleppt werde.

Die der Ochronose (Pick 1907) eigentümliche aschfahle Färbung mit einem Stich ins Bräunliche oder selbst Kaffeebraune ist bei gleichzeitiger Beteiligung der Gesichtshaut auch an der Lidhaut sichtbar, immer in erheblich geringerem Grade als im Gesicht. In der Regel werden zugleich beiderseits an der Skleralbindehaut entsprechend der Lidspaltenzone temporal und nasal gelegene kaffeebraune bis erbsengroße scharf umschriebene Flecken beobachtet. Ohren und Hände erscheinen dunkelstahlblau gefärbt.

Das Melanin der Ochronose entwickelt sich aus dem aromatischen (Tyrosin, Phenylalanin) Kerne des Eiweißes und seinen nahen hydroxylierten Produkten unter dem Einflusse von Tyrosinase. Durch jahrelange Zufuhr kleinster Phenolmengen kann eine exogene Ochronose zustande kommen **und** eine endogene bei Anwesenheit von Tyrosinase beim Alkaptonuriker durch Einwirkung der Tyrosinase auf die Alkaptonsäure. Auch bei solchen kann eine ochronoische Färbung entstehen, bei denen durch einen autolytischen intravitalen Zellzerfall, hervorgerufen durch eine verschiedene Kernnatur, aus dem homocyklischen aromatischen Komplex des Eiweißmoleküls aromatische hydroxylierte Produkte, zugleich mit Tyrosinase, in ausreichender Menge gebildet werden. Mikroskopisch ist die schwarze Farbe durch einen diffusen und einen körnigen amorphen Farbstoff bedingt.

Eine abnorme Verfärbung aus innerer Ursache stellt die gelbgrünliche Färbung der Lidhaut dar, wie sie hier und da beim Ikterus auftritt. In einem von Taylor (1886) mitgeteilten Falle soll dieselbe am Unterlid noch 28 Jahre nach überstandenem Ikterus sichtbar gewesen sein.

§ 70. Der Pigmentmangel, Apigmentierung, kommt an der Lidhaut gleichfalls angeboren und erworben vor.

Beim angeborenen Pigmentmangel der Haut, dem sogenannten Albinismus (Leucopathia congenita universalis), erscheint die Lidhaut wie die übrige Haut transparent rosa, dabei sind die Cilien sowie die Haare der Augenbrauen weiß oder hellblond. Der Albinismus (s. Kapitel: »Mißbildungen des Auges« in diesem Handbuche), der als eine vererbte Hemmungsbildung zu betrachten ist, kann ein vollständiger oder unvollständiger sein, je nachdem ein gänzlicher Mangel oder nur ein spärlicher Gehalt von Melanoblasten vorliegt. Unvollständig kann der Albinismus auch in dem Sinne sein, daß nur einzelne Körperstellen betroffen sind.

Der erworbene »idiopathische« Pigmentverlust der Haut wird als Vitiligo (acquisita) bezeichnet. Dieselbe beginnt mit kleinen punktförmigen bis linsengroßen Entfärbungen gewöhnlich in größerer Zahl und an verschiedenen Körperstellen. Die Flecken schreiten langsam weiter und zugleich entstehen neue an anderen Stellen. Oft weisen solche entfärbten Herdchen stärker pigmentierte Einsprengungen und überpigmentierte Ränder auf, so daß bei der Vitiligo nicht nur ein Pigmentverlust, sondern auch eine Pigmentverschiebung stattfindet. An der Lidhaut finden sich derartige Flecken neben solchen der Gesichtshaut. Es kann jedoch die Vitiligo die Augenlider besonders bevorzugen und sie sogar fast ausschließlich befallen, wie v. Michel dies bei einer 24 jährigen Kranken beobachtete, die außerdem mehrere punktförmige bis linsengroße Flecken auf der rechten Wange aufwies. Die Vitiligo zeigte sich in diesem Falle an beiden Augenlidpaaren als ein weißer Streifen, der den Lidrand, d. h. die äußere Lidkante mit dem intermarginalen Saum einnahm. An den Unterlidern war dieser Entfärbungsstreifen am schmälsten, wurde breiter gegen den inneren Lidwinkel zu und war am breitesten an den Oberlidern; hier erreichte er eine Breite von 4—5 mm. Der weiße saumartige Streifen ging ohne scharfe Begrenzung in die umgebende normale Haut über. Die Cilien waren teilweise weiß, teils blond gefärbt; die weißen Cilien standen meist in der Nähe des äußeren Lidwinkels. Außer dieser lokalen Lidvitiligo bot die Kranke die Erscheinungen der Neurasthenie, leichte Erregbarkeit, Schreckhaftigkeit und spontane Schweißausbrüche, dar.

Die Ursache der Vitiligo ist noch unaufgeklärt. Von mancher Seite wird für ihre Entstehung eine Autointoxikation angenommen, die eine Zerstörung der Melanoblasten im Gefolge haben soll.

Vgl. auch Poliosis S. 370 u. f.

§ 71. Von den bisher besprochenen Störungen der Pigmentation sind die Dyschromien abzusondern, d. h. anormale Verfärbungen, die durch Einlagerung von Fremdkörpern in die Haut bedingt sind.

So zeigt bei einer übermäßigen Aufnahme von salpetersaurem Silber in den Darm die Haut der Augenlider eine matt stahlgraue bis schwach-bläuliche Färbung, sogenannte Argyrosis. Das in löslichem Zustande befindliche Silber wird wahrscheinlich als Silber-Albuminat in das Blut aufgenommen und in den Geweben metallisch niedergeschlagen. In der Haut finden sich alsdann Anhäufungen feinster Silberkörnchen, am dichtesten unmittelbar unter der Epidermis, in den obersten Schichten des Papillarkörpers, ferner in der Membrana propria der Schweißdrüsen, in der Glashaut der Haarbälge und Talgdrüsen, auf den elastischen Fasern, selbst zwischen den Muskelbündeln des Orbicularis (RIEMER 1877).

Übrigens kommt es in ähnlicher Weise wie beim innerlichen Gebrauche von Argentum nitricum zu einer leicht graubläulichen Färbung der Lidhaut bei fortgesetzten Einträufelungen von Argentum nitricum-Lösungen in den Bindehautsack, wenn die Argyrie der Bindehaut einen hohen Grad erreicht hat. Diese Färbung ist am unteren Lid am stärksten oder überhaupt nur an diesem ausgeprägt, entsprechend der an der Bindehaut des Unterlides gewöhnlich stärker vorhandenen Argyrie; sie pflanzt sich von der Bindehaut auf die übrigen Gebilde der Augenlider fort.

In einigen Fällen wurde eine Argyrosis der Lider durch Argyrol beobachtet, indem bei Injection einer 10%igen Lösung in den Tränensack die Wand des Sackes platzte und das Argyrol sich in das Gewebe des Unterlides ergoß. Das die Verfärbung bedingende Silberoxyd soll bei innerlicher Darreichung von Jodkalium verschwinden, während dieser Versuch in einem von HENDERSON mitgeteilten Falle nicht gelang.

Die hellgelbliche Verfärbung der Lidhaut bei innerlichem Gebrauch von Pikrinsäure ist wohl gleichfalls als Dyschromie anzusprechen.

Die Verfärbungen der Lidhaut durch Eindringen von Pulverkörnchen bei Explosionen, durch Tätowierungen, durch Eien (Siderosis) sind im Kapitel »Verletzungen« dieses Handb. nachzulesen.

§ 72. Den Pigmentierungsstörungen der Haut schließt sich eine eigentümliche seltene Krankheitsform an das Xeroderma pigmentosum, auch Melanosis lenticularis progressiva genannt. Meist wird die Erkrankung durch ein diffuses oder fleckiges Erythem an den der Sonne oder selbst dem zerstreuten Lichte ausgesetzten (also unbedeckten) Körperstellen eingeleitet, dem ein scheckiges Aussehen folgt. Die Beteiligung der Lider an den Hautveränderungen ist eine überaus häufige und frühzeitige. Das bunte Aussehen der Haut ist bedingt durch die Entwicklung von zahlreichen, sommersprossenähnlichen schwarzbraunen Pigmentflecken, die teilweise das Hautniveau überragen, und aus rundlichen oder streifigen, weißen narbenähnlichen und atrophischen Flecken, die nur wenig später als die Pigmentflecken entstehen und zwischen stern- oder streifenförmigen roten Teleangiektasien oder typischen Angiomen eingestreut sind. Die Lidränder sind meist mitbetroffen: Rötung, Schwellung und Verdickung, Verklebung der Cilien und Geschwürsbildung, Verstrichensein der Lidkante und insbesondere Wimperausfall sind wiederholt angegeben. Die befallene Haut zeigt häufig eine trockene pergamentähnliche Beschaffenheit mit kleienförmiger Schuppung. Weiterhin kommt es zu dunkelbraunen warzenähnlichen Bildungen von Linsen- bis Himbeergröße oder zur Bildung von bald harten, bald weichen nichtpigmentierten zerklüfteten Papillomen. Auch hauthornähnliche Wucherungen sowie stark pigmentierte zur tiefen Geschwürsbildung neigende maligne Tumoren treten früher oder später auf, die teils als Carcinome, teils als Sarkome aufgefaßt werden. Bemerkenswerterweise sind bei Xeroderma pigmentosum schon im Alter von 3—5 Jahren typische Carcinome beschrieben worden und auffallend häufig sind dieselben an den Lidern lokalisiert.

In einem Falle (s. Abb. 42) von CUPERUS (1908), der ein 10 jähriges Mädchen betraf, hatte die Geschwulst eine besonders große Ausdehnung am rechten Oberlide erhalten; sie reichte von der Haargrenze bis zum Mundwinkel und vom Nasenrücken links bis zum rechten Ohr und bedeckte so beinahe die ganze rechte Hälfte des Gesichtes. Die Höhe betrug 12 mm, die Breite 9 mm. Blut und Eiter tropften beständig von der widerlichen Geruch verbreitenden Geschwulst ab.

Auch die Schleimhäute können befallen werden, wie die Bindehaut, die Wangen- und Lippenschleimhaut, sowie die Schleimhaut des harten Gaumens. GREEFF (1899) sah bei einem 6jährigen Knaben ein epibulbäres, der Binde- und Hornhaut breit aufsitzends Carcinom im Verlaufe eines Xeroderma pigmentosum. Die gleichseitige Präaurikulardrüse war geschwollen. Durch Vernarbung kann ein Ectropium entstehen, das in vereinzelten Fällen an allen vier Lidern beobachtet wurde; in der Regel findet man nur ein Ectropium der Unterlider. Aber auch Entropium und Lagophthalmus wurden verzeichnet. Mitunter sind an der Lidhaut nur einzelne Pigmentflecke von warzen- oder polypenartiger Wucherung sichtbar. WESOLOWSKI (1899) beobachtete einen größeren polypenartigen Tumor außen unten von dem temporalen Lidwinkel und HANKE (1897) bei einem 22jährigen Kranken eine Geschwulst in der Mitte des rechten Unterlides von der Größe einer Erbse. Der Tumor erstreckte sich vom freien Lidrande ungefähr $^3/_4$ cm

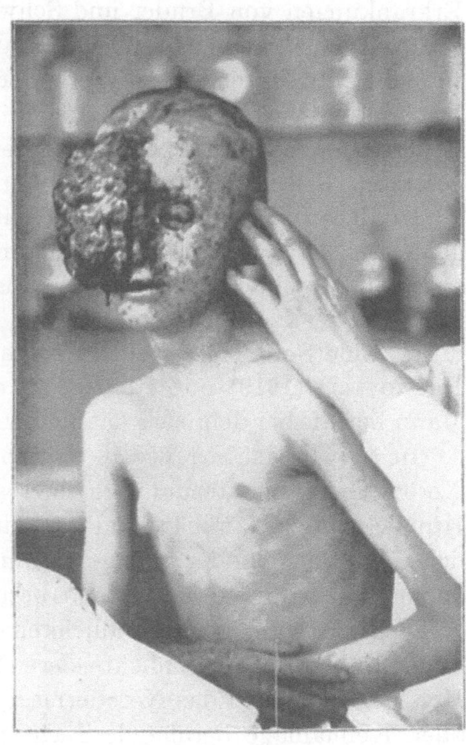

Abb. 42. Xeroderma pigmentosum nach CUPERUS.

nach abwärts, prominierte halbkugelig über das Niveau der atrophischen, mit Teleangiektasien und Pigmentierungen versehenen Haut und war von Blutborken bedeckt. Die Cilienreihe war an dieser Stelle unterbrochen. — In einem von ELSENBERG (1900) mitgeteilten Falle waren bei einem 15jährigen Mädchen die Oberlider mit haselnußgroßen Geschwülsten besetzt und die Unterlider durch den Zug von Narben ectropioniert, die teils durch operative Entfernung von Geschwülsten, teils durch die Erkrankung selbst, besonders in der benachbarten Wangenhaut, infolge nekrotischen Zerfalles der Tumoren hervorgerufen waren.

Das Xeroderma pflegt in früher Kindheit, mitunter schon im 1. Lebensjahre einzusetzen, sich ausschließlich oder vorwiegend an den unbedeckten Körperstellen (Gesicht, Hals, Händen und Vorderarmen; bei barfußgehenden Kindern an Füßen und Unterschenkeln) zu lokalisieren und im Frühjahr sowie im Frühsommer die stärksten Schübe zu zeigen. Nicht selten wird ein familiäres Auftreten beobachtet und zwar vorzugsweise bei Consanguinität der Eltern. Manchmal werden nur die männlichen Mitglieder (wie bei der Hämophilie), seltener nur die weiblichen Familienmitglieder befallen, doch sind auch Erkrankungen von Bruder und Schwester bekannt.

Die Diagnose macht nur im Anfangsstadium Schwierigkeit, welches sich oft von ekzematösen Veränderungen nicht unterscheiden läßt. Das voll entwickelte Krankheitsbild ist bei den markanten klinischen Erscheinungen (Buntscheckigkeit der Haut an den dem Lichte ausgesetzten Körperteilen) leicht zu erkennen.

Die Prognose des Leidens ist schlecht. Die Mehrzahl der Kranken geht in noch jugendlichem Alter an Carcinomkachexie zugrunde — anscheinend ohne Metastasenbildung in inneren Organen. In dem Falle EISENBERG (1900) erfolgte der Tod durch eine subakute Perikarditis. Eine Seltenheit stellt der aus der AXENFELDschen Klinik von BERNOUILLI (1919) mitgeteilte Fall dar, der einen bereits 36jährigen Mann betraf, bei dem sich das Leiden etwa 15 Jahre hinzog.

In ätiologischer wie in anatomischer Hinsicht erscheint das Xeroderma pigmentosum noch einer weiteren Aufklärung bedürftig. Im Hinblick auf das familiäre und frühzeitige Auftreten wird eine eigentümliche mit kongenitaler Anlage verbundene Bildungs- und Vegetationsanomalie angenommen. Zweifellos besteht bei den betroffenen Individuen eine eigenartige Überempfindlichkeit der Haut gegen die chemisch aktiven Strahlen des Sonnenlichts, deren Ursache jedoch noch ungeklärt ist. Man kann demnach das Xeroderma pigmentosum als eine auf kongenitaler Keimanlage beruhende Lichtkrankheit betrachten, deren auslösendes Moment die Sonnenbestrahlung ist. Die hierbei auftretenden Carcinome sind irritativen Ursprungs; der Reiz wird durch die Sonnenstrahlen gegeben ähnlich der Krebsentwicklung von Geschwüren, die durch Röntgenbestrahlung entstanden sind. UNNA (1892) erblickt in der Erkrankung selbst einen Folgezustand der Anstrengungen der Haut, den schädlichen Einfluß des Lichts zu paralysieren, und in den Hyperpigmentierungen die Einwirkung der chemotaktischen und pigmentanlockenden Wirkung des Lichtes.

Anatomisch findet sich anfänglich im erythematösen Stadium eine kleinzellige Infiltration und ein Ödem im Papillarkörper und im Stratum subpapillare um die Blutgefäße und die Liddrüsen. Der Papillarkörper wird mehr und mehr verdickt und von Zellinfiltraten in Form von Strängen und Nestern durchsetzt. Diese Zellinfiltration erscheint vorwiegend als Trägerin des Pigmentes. Wenn auch die Pigmentverteilung bedeutende Verschiedenheiten aufweist, so ist doch als Hauptsitz der Pigmentierung die Basalschicht anzusehen. Außerdem findet sich Pigment in den Lymphspalten der Cutis und in den zelligen Infiltraten abgelagert. Die weißen Flecken werden teils als Atrophie, teils als Hypertrophie und Sklerose des collagenen Gewebes gedeutet, im letzteren Falle trete ein Schwund der Kapillaren ein und werde damit der Anstoß zur Bildung von Teleangiektasien gegeben. An warzigen Stellen sind die Retezapfen mächtig entwickelt und vielfach in atypischer Wucherung begriffen, wodurch die Bildung von Carcinomen eingeleitet wird. UNNA (1892) bezeichnet sogar das Xeroderma pigmentosum als eine exquisit carcinomatöse Neubildung der Haut, und im CUPERUSschen (1908) Falle wird die Geschwulst als ein Carcinom angesehen, das aus unregelmäßigen epithelialen Zellensträngen bestand; sie waren durch schmale Streifen eines kernreichen kleinzellig infiltrierten Bindegewebes voneinander getrennt. Große Zellformen wechselten mit kleinen ab. In den Zellnestern war vielfach eine Nekrose vorhanden. Das Gewebe erschien durch diffuses Pigment oder durch sehr kleine gelbbraune Pigmentkörnchen gelb gefärbt. Von anderen wird die Entstehung von Mischgeschwülsten oder von Sarkomen behauptet. Durch schrankenlose Wucherung von Endothelien entstehe ein Endothelsarkom, das zum Teil diffus, zum Teil alveolär, pigmentiert wie unpigmentiert sein könne. Die von HANKE (1897) untersuchte Geschwulst wird als Perithelioma plexiforme cutis bezeichnet. Der Bau war ein alveolärer, die Zellform eine polygonale oder zylindrische, die Gefäßwand aus drei Zellschichten gebildet, dem Endothel, den kubischen Zellen und einem mehrreihigen Mantel parallel gelagerter palisadenartig angeordneter mit ihrer Längsachse senkrecht auf die Gefäßrichtung gestellter Zellen. Letztere Schicht ging allmählich in eine regellose Aneinanderlagerung der Zellen über, so daß ungeordnete, die Alveolen ausfüllende Zellkonglomerate entstanden.

Die Behandlung ist im ganzen machtlos. Man wird derartige Kinder vor intensiverer Belichtung möglichst schützen, rote Schleier tragen lassen und auf der Haut Ultrazeozonpaste verwenden. Tumoren sind so frühzeitig wie möglich operativ zu beseitigen.

§ 73. Die Hydroa vacciniformis ist eine nach BETTMANNS (1914) Ansicht dem Xeroderma pigmentosum nahestehende Erkrankung, welche die charakteristische Reaktion einer eigenartig disponierten

Haut auf chemisch wirksame Strahlen des Sonnenlichtes darstellt. Wie das Xeroderma pigmentosum tritt sie in der Kindheit hervor und pflegt mit diesem die gleichen Lokalisationen (an den unbedeckten Körperteilen) einzuhalten. Die Hydroa vacciniformis ist charakterisiert durch flache bis halbkugelige weißliche oder livide Knoten von Linsen- bis Haselnußgröße, die im Zentrum zu Blasen mit prall gespannter Decke erweichen. In vereinzelten Fällen ist eine Mitbeteiligung der Lider und der Augäpfel beschrieben: Verlust der Augenbrauen, wulstige Infiltrate in der Lidhaut; in späteren Stadien Verdickung der schwer abhebbaren Lidhaut, weißliche eingezogene Hautnarben. Diagnostisch wichtig ist der Nachweis von Hämatoporphyrin im Blut und Urin, das für die Entstehung der Hautveränderungen anscheinend besondere Bedeutung besitzt, da es im Sinne von TAPPEINER als photodynamischer Sensibilisator wirkt. Näheres siehe in der Arbeit von R. FRIEDE (1921), die auch einige Literaturangaben enthält.

Literatur zu §§ 68—73.

1877 RIEMER: Ein Fall von Argyria. Arch. f. Heilk. Bd. 17, S. 363.

1883 NEISSER, A.: Über das »Xeroderma pigmentosum« (Kaposi), Liodermia essentialis cum melanosi et teleangiectasia. Separatausz. aus der Vierteljahrsschr. f. Dermatol. u. Syphilis.

1884 PICK, J.: Über Melanosis lenticularis progressiva. Vierteljahrsschr. f. Dermatol. u. Syphilis S. 3.

1886 OWEN: Bronzing of skin caused by arsenic. (Manchester med. soc. April 21.) Brit. med. Journ. p. 985. — TAYLOR: Permanent discoloration of skin and conjunctiva after jaundice. Transact. of the ophthalmol. soc. of the Unit. Kingd. T. 6, p. 145.

1892 UNNA: Pathologische Anatomie der Haut. Orths spez. pathol. Anat. S. 725.

1897 HANKE: Peritheliom der Lider bei Xeroderma pigmentosum. Virchows Arch. f. pathol. Anat. u. Physiol. Bd. 148, S. 428.

1899 GREEFF: Vorstellung eines 6jähr. Knaben mit Xeroderma pigmentosum und Carcinom am rechten Auge. (Ges. d. Charitéärzte.) Münch. med. Wochenschr. S. 65. — WESOLOWSKI: Beitrag zur pathologischen Anatomie des Xeroderma pigmentosum. Zentralbl. f. allg. Pathol. u. pathol. Anat. Bd. 10, S. 990.

1900 ELSENBERG, A.: Xeroderma pigmentosum (Kaposi), Melanosis lenticularis progressiva (Pick). Arch. f. Dermatol. u. Syphilis Bd. 22, S. 44. — JARISCH: Die Hautkrankheiten. II. Hälfte, S. 793.

1904 JELLINEK: Ein bisher nicht beobachtetes Symptom der Basedowschen Krankheit. Wien. klin. Wochenschr. Nr. 43. — LÖWENBACH: Xeroderma pigmentosum. Mraček, Handb. d. Hautkrankh. Bd. 3, S. 240.

1905 EHRMANN: Pigmentanomalien. Mraček, Handb. d. Hautkrankh. Bd. 2, S. 750. — ISCHREYT: Zwei Fälle von Xeroderma pigmentosum mit Tumorbildung an den Lidern. Zeitschr. f. Augenheilk. Bd. 14, S. 31.

1907 PICK, L.: Zur Kenntnis der Ochronose. Verh. der Berl. med. Ges. aus dem Gesellschaftsjahre 1906. Bd. 2. S. 123.

1908 CUPERUS: Ein Fall von Xeroderma pigmentosum mit Augenleiden. Arch. f. Augenheilk. Bd. 59, S. 178. — HENDERSON: Staining of the lower lid from injecting argyrol into the lacrymal sac. Ophthalmol. Rec. 1908, p. 87. — POULARD et CANQUE: Pigmentation unilatérale du globe oculaire, des paupières et des régions periorbitaires. Recueil d'ophtalmol. p. 180.

1911 LESER: Xeroderma pigmentosum. (Kongr. d. böhm. Augenärzte.) Zentralbl. f. prakt. Augenheilk. S. 304.

1912 CLAUSEN: Xeroderma pigmentosum. (Ophthalmol. Ges. zu Berlin.) Zentralbl. f. prakt. Augenheilk. S. 17.

1914 BETTMANN, S.: Einführung in die Dermatologie. Wiesbaden: J. F. Bergmann. — STEINDORFF: Vitiligo der Lider und Poliosis nach stumpfer Verletzung. Klin. Monatsbl. f. Augenheilk. Bd. 53, S. 188.

1915 DEAN: Report of ocular findings in two cases of xeroderma pigmentosum. Ophthalm. July.

1916 KESTENBAUM: Ein Fall von doppelseitiger Melanosis bulbi et faciei. Zeitschr. f. Augenheilk. Bd. 34, S. 317.

1919 BERNOULLI: Ein Fall von Xeroderma pigmentosum mit Orbitalgeschwulst. Klin. Monatsbl. f. Augenheilk. Bd. 63, S. 169. — MÜLLER, M.: Xeroderma pigmentosum und Augenerkrankungen. Klin. Monatsbl. f. Augenheilk. Bd. 63, S. 156.

1920 RIECKE: Lehrb. d. Haut- u. Geschlechtskrankh. S. 207—210. BETTMANN, Hydroa vacciniformis. — WÜRDEMANER: Hereditary reversion pigmentation of the eyelids with hederochromia of the iris. Americ. Journ. of ophthalmol. T. 3, p. 874.

1921 FRIEDE, R.: Über Hydroa vacciniforme des Auges. Klin. Monatsbl. f. Augenheilk. Bd. 67, S. 26—41. — WOLF, H.: Zur Klinik u. pathol. Anat. der Augenerkrankung bei Xeroderma pigmentosum. Arch. f. Augenheilk. Bd. 88, S. 168.

VIII. Echte Geschwülste (Blastome).

§ 74. Die echten Geschwülste der Lidhaut zeichnen sich durch große Mannigfaltigkeit aus. Hinsichtlich des Zeitpunktes ihrer Entstehung sind dieselben in angeborene und erworbene zu unterscheiden. Die von den Liddrüsen ausgehenden Geschwülste werden im Abschnitt: »Krankheiten der Anhangsgebilde« besprochen.

1. Angeborene Geschwülste.

§ 75. Als angeborene Geschwülste kommen an den Lidern zur Beobachtung: Dermoide, Naevi, Angiome, Lipome, Neurofibrome und in äußerst seltenen Fällen Mischgeschwülste, die als kongenital zu betrachten sind, selbst wenn sie erst im späteren Alter zur Entwicklung kommen.

Die neueren insbesondere durch E. ALBRECHT eingeleiteten Bestrebungen der pathologischen Anatomie gehen dahin, diese angeborenen geschwulstartigen Bildungen von den echten Geschwülsten, den sogenannten Blastomen, zu trennen. ALBRECHT faßte dieselben — im Gegensatz zu den Blastomen — als örtliche Fehl- oder Mißbildungen der Organe oder Systeme auf ohne autonomen Wachstumsexzeß. Es handele sich dabei (zitiert nach M. BORST: »Echte Geschwülste« in ASCHOFFS »Patholog. Anatomie« Teil I, S. 726) ent-

weder 1. um Fehler in der geweblichen Zusammensetzung
einer Körperstelle (fehlerhafte Gewebsmischung, Hamartien ἁμαρτάνω,
fehle); 2. um Abtrennungen und Verlagerungen von Gewebs-
und Organkeimen (Chorista- χορίζω, trenne), ferner auch 3. um einfache (eventuell verspätete) Weiterentwicklungen unverbraucht
liegen gebliebener Keime oder 4. um abnorme Persistenz
embryonaler Gewebe und Organe, oder endlich 5. um pathologische
Ausfüllungen embryonaler Spalten usw. (E. ALBRECHT). Wenn
solche Gewebsmißbildungen in hyperplastischer Form auftreten
und dadurch äußerlich mehr an Geschwülste erinnern, so kann man sie
als Hamartome, Choristome bezeichnen und damit ihre engeren
Beziehungen zu den echten Geschwülsten zum Ausdruck bringen.
Manchmal bilden solche Entwicklungsstörungen die Basis für autonome,
echt geschwulstmäßige (auch maligne) Wachstumsexzesse, dann
spricht man von Hamarto-, Choristoblastomen (E. ALBRECHT). —
M. BORST bezeichnet noch in seiner letzten Darstellung dieses Gegenstandes vom Jahre 1919 (l. c.) eine solche Abtrennung der Hamartome,
Choristome von den Blastomen als einen »Versuch« und führt selbst
diese angeborenen geschwulstartigen Bildungen in dem Kapitel »echte
Geschwülste« — allerdings stets anhangsweise — auf. BORST betont zudem, daß scharfe Grenzen zwischen den Gewebsmißbildungen von
Geschwulstcharakter und den echten Blastomen nicht existieren,
indem Übergangsformen und Kombinationen vorkommen.
— Für die folgende Besprechung muß dieser kurze Hinweis auf die
modernen Bestrebungen nach einer stärkeren Einengung des Ge-
schwulstbegriffes genügen, da diese auch für den Kliniker so wert-
vollen Forschungen noch nicht zum Abschluß gelangt sind.

Die Dermoide oder Dermoidcysten werden unmittelbar nach
der Geburt oder in den ersten Lebensjahren bemerkt und entstehen
als kugelige oder halbkugelige Gebilde der Lidhaut und der benach-
barten Gesichtshaut an Stellen, an welchen während des embryonalen
Lebens Spalten, Nähte oder Vertiefungen vorhanden waren, oder
Einsenkungen und Abschnürungen des Ektoderms stattgefunden haben.
Es ist anzunehmen, daß eine Abschnürung am leichtesten an solchen
Spalten erfolgt, die frühzeitig verschmelzen. Aus den abgeschnürten
Hautkeimen bilden sich Cysten. Der Sitz der Dermoide der Lidhaut entspricht den in der Lidgegend vorhandenen Knochennähten.
Solche finden sich an der Stelle der Verwachsung des Oberkieferfort-
satzes mit dem Stirnfortsatze am inneren Augenwinkel oder in der
nasalen Hälfte des Oberlides, seltener in der Nähe des äußeren Lidwinkels und etwas nach der Schläfenseite zu oder auch am lateralen

oberen Augenhöhlenrande entsprechend der Sutura zygomatico-frontalis. Infolge ihrer Größe und ihres Wachstums im subcutanen Gewebe wölben sie die Lidhaut an der Stelle ihres Sitzes mehr und mehr vor und können die Größe eines kleinen Apfels erreichen. In der Regel ist entsprechend der Basis des Dermoides ein Auseinandergerücktsein der Knochen (Diastase) an den Nahtverbindungen festzustellen. Die Haut über der Geschwulst ist verschieblich, solange nicht operative Eingriffe, wie Punktionen, zu einer Verwachsung geführt haben, und erscheint häufig gerötet und von stark erweiterten Gefäßen durchzogen. Die Dermoide haben gewöhnlich an ihrer Basis eine stielartige Verwachsung mit dem Periost und reichen nicht selten ziemlich weit in die Augenhöhle hinein, wo sie meist festere Verbindungen mit ihrer Umgebung zeigen. Die Konsistenz ist weich bis leicht fluktuierend; doch kann auch die Haut über der Geschwulst und ihre Wand so stark gespannt sein, daß man den Eindruck einer Knochengeschwulst erhält, wie v. Michel dies bei einem Dermoid im nasalen Teile des Oberlides oberhalb der Kuppe des Tränensackes beobachtet hat. Im weiteren Verlaufe kommt es zu einem langsam fortschreitenden Wachstum, hier und da auch zur Vereiterung.

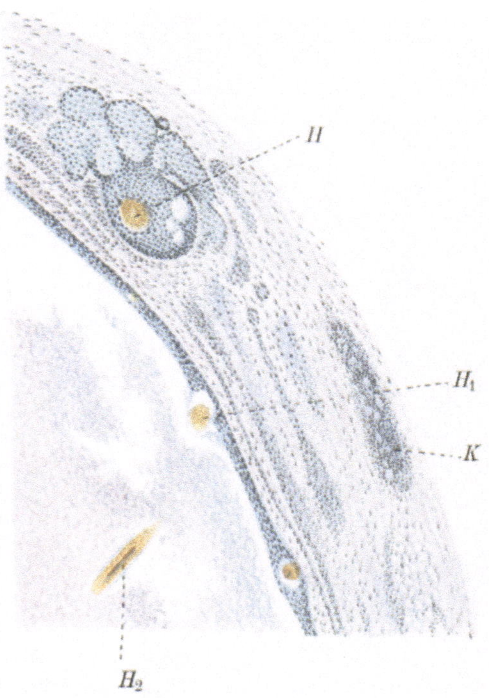

Abb. 43. Schnitt durch Wand und Lumen einer Dermoidcyste von einem Kinde. (Vergr. ⁴⁰/₁.) *H* Haar mit Haarbalgdrüse; *H₁* Lanugohaar von Epithel umgeben und in Abstoßung begriffen; *H₂* freiliegendes Lanugohaar im Lumen der Cyste; *K* Schweißdrüse.

Mikroskopisch bestehen die Wandungen der Dermoidcysten aus derbem Bindegewebe (s. Abb. 43), in dem Haarbälge (s. Abb. 43 *H*), Talgdrüsen und Schweißdrüsen (s. Abb. 43 *K*) eingebettet sind. Berl (1901) hat in der Wand Muskelfasern angetroffen. Die Außenseite der Kapsel ist glatt, die Innenfläche mehr rauh und mit einem mehrschichtigen Plattenepithel, nach Berl (1901) auch mit einem mehrfach geschichteten Cylinderepithel ausgekleidet. In das Epithel gleichsam hineingesteckt sind Lanugohaare, die an einzelnen Stellen gerade

noch von einer oberflächlichen und bereits sehr gelockerten Hornschicht
bedeckt sind (s. Abb. 43 *H*). Bei entzündlicher Reizung entstehen kleinzellige Infiltrate an verschiedenen Stellen der Wandung (s. Abb. 43). Den
Inhalt der Dermoidcyste (s. Abb. 43) bildet eine breiige weiß-gelbliche
Masse, die aus abgestoßenen Zellen, einzelnen Härchen (s. Abb. 43 *H*),
Fettkrystallen, Cholestearintafeln und Detritus besteht. In älteren Dermoidcysten können sich regressive Veränderungen infolge Ernährungsstörungen entwickeln. Die Retezellen erscheinen auffällig pigmentiert (s.
Abb. 44 *P*). In der Wand einer Dermoidcyste kann eine Schweißdrüsencyste entstehen (s. Abb. 44 *C*), nachdem die einzelnen Drüsenzellen eine schleimige Umwandlung und Auflösung erfahren haben (s. Abb. 44 *D* u. *D*₁). Ferner wurde eine Verknöcherung der Wandungen und des Inhaltes beobachtet (CHEVALLEREAU 1892). Mitunter finden sich in der Cyste Haare in großer Menge (CORNWELL
1881). Nach HERMANN (1899) war bei einer 45jährigen Frau im Anschlusse an eine Dermoidcyste des Oberlids eine endotheliale Geschwulst entstanden.

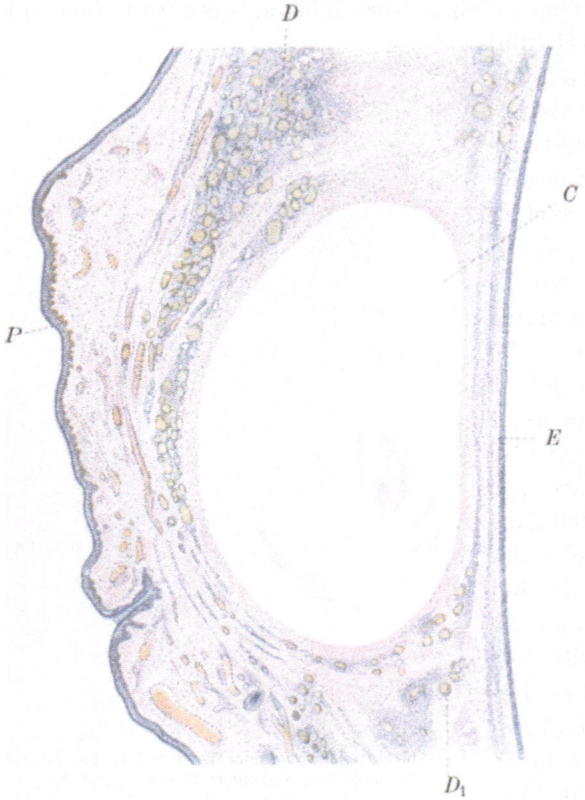

Abb. 44. Dermoidcyste am oberen äußeren Teil des Oberlides von
einem 56jährigen Manne. Sagittalschnitt. Vergr. 100/1.
C Cystenbildung in der Wand der Dermoidcyste; *P* pigmentierte
Retezellen; *E* Epithel der inneren Dermoidwand; *D* und *D*₁ hyalin
entartete Drüsenschläuche bzw. in schleimiger Umwandlung und
Auflösung begriffene Zellen eines Schweißdrüsenacinus.

Die Diagnose ist gegenüber sogenannten Atheromcysten durch
die angeborene oder in frühester Lebenszeit stattfindende Entstehung
und den Sitz der Dermoidcyste von vornherein gesichert.

Die Behandlung ist eine operative und besteht in der sorgfältigen
Lösung und Ausschälung der Geschwulst, wobei insbesondere auf den
tiefen Sitz ihrer Basis zu achten ist.

§ 76. Die Naevi sind angeboren oder treten bei hereditärer Veranlagung als umschriebene Geschwulstbildungen in verschiedenen Lebensperioden auf. Je nach ihrer Zusammensetzung werden sie als Pigment- oder als Gefäßnaevi (Angiome) unterschieden; sie entwickeln sich in der Regel langsam und vergrößern sich in mäßigem Umfange.

Die Pigmentnaevi oder Pigmentmäler treten an der Lidhaut als Naevi spili und Naevi pilosi auf. Die Naevi spili sind weiche, glatte, im Niveau der Haut liegende oder nur leicht erhabene Pigmentflecken bis zur Größe einer Linse und von blaß- bis dunkelbrauner Färbung; sie finden sich am häufigsten am Lidrande, hauptsächlich an der äußeren Lidkante, erreichen aber nicht selten auch die innere Lidkante. Die Epidermis zeigt keine besonderen Abweichungen und besitzt meistens eine normale Dicke.

Die Naevi pilosi, Haarnaevi, sind behaarte warzenähnliche Bildungen, die über die Hautfläche flach hervorragen, scharf abgegrenzt und dunkelbraun oder selbst etwas schwärzlich gefärbt sind. Sie können eine bedeutende Ausdehnung erreichen und falten- oder lappenartig überhängen. In einem von v. MICHEL beobachteten Falle war an symmetrischen Stellen beider Oberlider ihre laterale Hälfte in eine schlaff herabhängende lappige schmutzigbraune und mit dicken Haaren besetzte Geschwulst verwandelt. Entwicklung und Ausdehnung des Naevus pilosus der Lider schwanken in bedeutenden Grenzen, auch an anderen Stellen des Körpers können gleichzeitig solche Naevi vorhanden sein. Die Lidnaevi breiten sich zuweilen bei ihrem Wachstume von einem Lid auf das andere aus oder erscheinen von der benachbarten Gesichtshaut auf die Lidhaut fortgepflanzt. So war in einem zweiten von v. MICHEL beobachteten Falle ein Naevus pilosus des Unterlides auf das Oberlid übergegangen. Der Naevus des Unterlides nahm die nasale Hälfte ein und seine Oberfläche war mit warzenähnlichen Auswüchsen und Haaren besetzt. Zugleich war der Lidrand gleichmäßig verdickt und verbreitert, so daß die stark entwickelten Cilien auseinandergedrängt erschienen. Entsprechend der befallenen Seite zeigte auch die Haut der Schläfengegend einen etwa Zehnpfennigstück großen stark pigmentierten Naevus. In einem dritten Falle war der äußere Lidwinkel von einem flachen, tief braunschwarzen, mit feinen Haaren besetzten Naevus eingenommen und hatte sich nach oben und unten sowie nach außen in die benachbarte Schläfenhaut und entlang den Lidrändern ausgebreitet, die mit warzenartigen Auswüchsen besetzt, aber nur schwach oder gar nicht pigmentiert waren. Bei einem 9jährigen Mädchen sah DUBOIS (1865) einen schmutzig-braun gefärbten Naevus, der teils mit feinen und starken

Haaren, teils mit zahlreichen kleinen warzenartigen Excrescenzen besetzt, von der Gegend des rechten Tränensackes ausgegangen war und sich über die ganze Augenbraue und über mehr als $^2/_3$ des Oberlides erstreckte. Als Riesennaevus ist der von GUÉNIOT (1870) beobachtete Fall eines einseitigen Naevus bei einem 2jährigen Kinde zu bezeichnen. Der Naevus reichte vom Oberlide bis zur behaarten Kopfhaut, erstreckte sich noch nach der Schläfe hin und war mit reichlichen langen Haaren besetzt. — Eine seltenere Form von Naevi sah A. FUCHS (1919) in 6 Fällen, die er als »geteilte Naevi« beschreibt. Das Charakteristische derselben liegt darin, daß die Naevi bei geschlossenen Lidern ein Ganzes bilden, während sie bei offener Lidspalte geteilt erscheinen. Diese Naevi können entweder an symmetrischen Stellen des Oberlids und Unterlids liegen und durch die Lidspalte völlig getrennt sein, indem die Augenwinkel frei bleiben. Es können aber auch die Naevi durch eine Brücke am Augenwinkel verbunden sein. In extremsten Fällen sind die Lider völlig in den Naevus einbezogen. — Aus diesen bei geschlossenen Lidern ein Ganzes bildenden Naevis zieht A. FUCHS (1919) den Schluß, daß dieselben zu der Zeit entstanden sind, als die Lider im foetalen Leben noch verwachsen waren, was für den Menschen wohl in den dritten Foetalmonat zu verlegen ist.

Hinsichtlich des Verlaufs ist zu bemerken, daß die Naevi in der Regel mit dem Menschen wachsen, d. h. ein Naevus behält seine relative Größe zu dem Organ, auf welchem er sich befindet, also hier zu den Augenlidern und wird so absolut genommen größer und dadurch auffälliger. In einem Falle konnte A. FUCHS (1919) eine wirkliche Ausbreitung der Geschwulst auf noch nicht befallene Gebiete der Lider beobachten. Der Naevus der Lidhaut kann auch in eine bösartige Geschwulst übergehen, die als Naevussarkom aufzufassen ist (HOHENBERGER 1892). Diese maligne Umwandlung tritt in der Regel nur bei kleinen Naevi ein.

Anatomisch findet sich eine Anhäufung von großen Zellen epithelartigen Charakters, von sogenannten Naevuszellen, die in alveolenähnlichen Haufen und Strängen angeordnet sind; ferner eine größere Anzahl von pigmentierten Zellen und von Haaren. In einem von v. MICHEL untersuchten Pigmentnaevus des Unterlides (s. Abb. 45) waren alveolenartige Haufen von Naevuszellen (s. Abb. 45*AA*) vorhanden, und das Maschenwerk, das die einzelnen Haufen voneinander trennte, bestand aus feinstreifigem Bindegewebe und hauptsächlich aus reichlichen, netzartig angeordneten, dichtgedrängten elastischen Fasern (s. Abb. 45*GG*). Das Pigment (s. Abb. 45*P*) lag in einzelnen Klümpchen in einer schmalen Bindegewebszone zwischen den gehäuften Naevuszellen

und der Epidermis (s. Abb. 45 *E*); letztere bot keinerlei Veränderungen
dar. Die Naevuszellen selbst können unpigmentiert sein oder ein feinkörniges braunes Pigment enthalten. Außerdem kommen zahlreiche mit
Ausläufern versehene stark pigmentierte Zellen in Zügen sowie vereinzelt
im Bindegewebe vor vom Aussehen der gewöhnlichen Chromatophoren.
Nach JUDALEWITSCH (1901) finden sich spindelförmige Pigmentzellen
sowohl in der subepidermoidalen Schicht als auch in den die einzelnen
Naevusherde umgebenden Bindegewebsbündeln. Sind die Pigmentzellen
entsprechend zahlreich, so bilden sie eine zusammenhängende Pigment-
schicht. Nach Ansicht dieses
Autors bietet das Bindegewebe
des Naevus keinerlei Zeichen
einer Wucherung dar. Die
Bindegewebsfasern sind zwischen den Naevuszellen der
verschiedenen Naevusherde in
ganz ungleicher Zahl vorhanden, sie können fehlen oder ein
ganzes Geflecht darstellen. Die
elastischen Fasern bilden ein
dichtes Geflecht in den Binde-
gewebsresten der Cutis sowie
in den subepidermoidalen, das
Epithel von der Geschwulst ab-
grenzenden Bindegewebsbündeln; sie verlaufen auch in den
die Naevusalveolen umgebenden Bindegewebsfasern. Die
neugebildeten Fasern sind zart,
zeigen einen mehr geraden Ver-

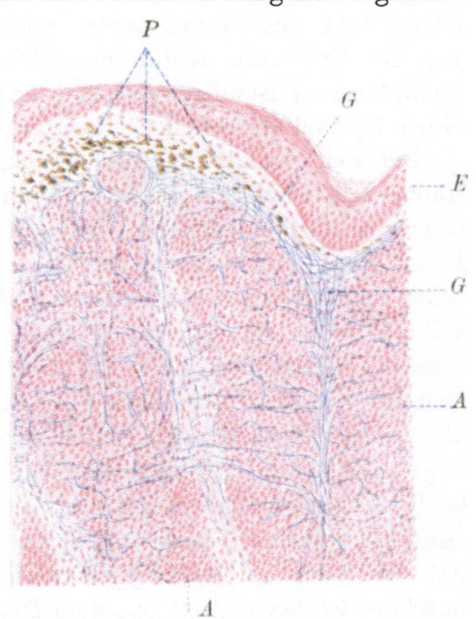

Abb. 45. Sagittalschnitt durch einen excidierten Pigment-
naevus der lateralen Hälfte des Unterlides. Vergr. ¹⁰⁰/₁.
E Epidermis; *P* Pigmentklumpen; *AA* Naevuszellen;
GG elastisches Gewebe.

lauf und verflechten sich nicht miteinander, sondern kreuzen sich
nur. Plasmazellen finden sich in größerer Zahl in der Nähe der Gefäße.

Über die Herkunft der Naevuszellen bestehen zwei wesentlich
voneinander abweichende Anschauungen. Teils werden die Naevuszellen vom Epithel, teils von embryonalen Bindegewebszellen ab-
geleitet. Nach UNNA (1901) handelt es sich um eine in das Bindegewebe vordringende Epithelwucherung mit gleichzeitiger Metaplasie
der Stachelzellen. Dieser Anschauung schließt sich neuerdings A. FUCHS
(1919) auf Grund der Beobachtung der sogenannten »geteilten Naevi«
an. Er verlegt deren Entstehung, wie erwähnt, in den Zeitraum, in
welchem die Lider durch die Verwachsung des Epithels vereinigt sind

und läßt die Anlage der Naevi durch eine Differenzierung des Epithels zustande kommen. Nach Kromayer (1896) und Judalewitsch (1901) handelt es sich um eine Änderung des Zellcharakters einzelner Epithelzellen oder großer Komplexe solcher, wodurch sie ihre Affinität zu den übrigen Epidermiszellen verlieren und, von ihrem Verbande ausgestoßen, in das Bindegewebe verlagert werden. Dabei wird angenommen, daß sie ihre histologischen Eigenschaften verlieren und den Charakter und die Funktionen der Bindegewebszellen (Desmoplasie) unter Bildung von Bindegewebe und elastischem Gewebe annehmen. Abesser (1902) läßt alle Naevuszellen, auch die verästelten Pigmentzellen, von der Epidermis abstammen. Die abgelösten Zellen würden keine Metaplasie zu Bindegewebszellen erfahren, sondern auch in der Cutis einen Epithel-ähnlichen Charakter bewahren.

Bei der Annahme einer bindegewebigen Herkunft werden die Naevuszellen als Endothelabkömmlinge der Blut- oder Lymphgefäße oder der Chromatophoren betrachtet. Rheindorf (1905) läßt die Frage offen, von welchen verschiedenen Gruppen der Bindesubstanzzellen die Naevuszellen abstammen. Riecke (1903) sieht in den Naevuszellen Abkömmlinge der embryonalen Bindegewebszellen. Neuerdings bezeichnet derselbe (1920) die Herkunft der Naevuszellen als noch strittig. Die Mehrzahl dürfte vom Bindegewebe bzw. den Endothelien abstammen; doch handele es sich bei einer Anzahl sicher um Abkömmlinge des Epithels. Entsprechend dieser verschiedenen Herkunft komme es bei maligner Entartung zu Naevus-Carcinomen, -Sarkomen und -Endotheliomen. Friboes (1921) glaubt als sicher annehmen zu können, daß die Zellen der Naevi pigmentosi aus unphysiologisch gewordenen, in früher Embryonalzeit aus dem Deckepithelverband ausgeschiedenen Epithelfasermutterzellen hervorgegangen sind. Er geht dabei von der Vorstellung aus, daß das Deckepithel der Haut nicht als rein ektodermales Gebilde zu betrachten ist, sondern als ein aus zwei Keimblättern sich entwickelndes Organ. Es setze sich aus einem bindegewebigen Anteil, dem sogenannten Epithelfasersystem und einem ektodermalen Anteil zusammen. Mit dieser Annahme lassen sich nach seiner Ansicht alle Kontroversen in der Naevusfrage schlichten. Wir müßten demnach die Naevuszellen als mesenchymale (bindegewebige) Abkömmlinge ansehen und die daraus hervorgehenden Tumoren nicht als Carcinome, sondern als Sarkome ansprechen.

Die Behandlung ist eine operative und besteht in Excision mit blepharoplastischer Deckung des dadurch entstehenden Hautdefekts. — Bei sehr großer Ausdehnung der Naevi wird auch die Elektrolyse mit Erfolg angewandt.

§ 77. Der Gefäßnaevus, Naevus vasculosus oder sanguineus, auch Feuermal genannt, ist von den Angiomen häufig nur schwierig, mitunter gar nicht zu trennen.

Die Angiome bestehen aus abnorm angeordneten, geschlängelten und erweiterten Blut- oder Lymphgefäßen und sind als Mißbildung mit entweder neugebildeten oder alten erweiterten, in ihren Wandungen hypertrophisch gewordenen Gefäßen zu betrachten. Je nachdem hierbei die Blut- oder Lymphgefäße besonders beteiligt sind, unterscheidet man zwischen einem Hämangiom und einem Lymphangiom.

Das Hämangiom tritt als einfaches, Angioma simplex, und als cavernöses, Angioma cavernosum, auf; letzteres ist dadurch charakterisiert, daß sich die Blutgefäße in schwammartige Hohlräume umgewandelt haben.

Das Angioma simplex s. Teleangiectasie zeigt sich bald als eine flächenhafte, die obersten Cutisschichten einnehmende Gefäßneubildung, bald als eine in die Tiefe, bis in die Subcutis, gehende oder als eine über die Hautfläche hervorragende knopfartige oder mehr massige Gefäßgeschwulst. Die einzelnen Formen sind also nach Ausdehnung und Sitz sehr verschieden. Die kleinsten Angiome stellen sich als flache Sternfiguren dar (sogenannte Naevi aranei), aus

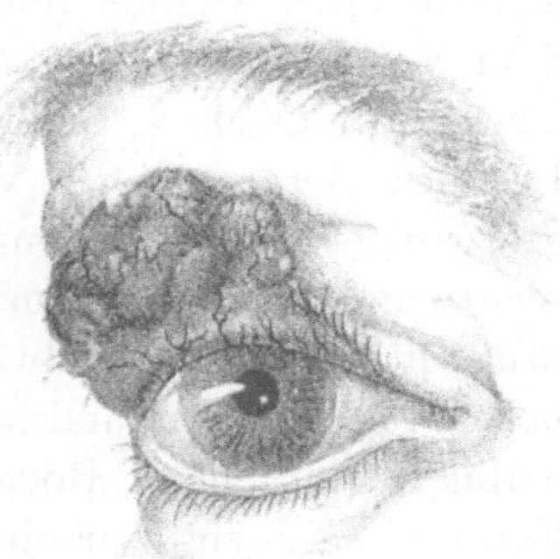

Abb. 46. Knollenförmiges Angiom des rechten Oberlides. (Natürliche Größe.)

feinen Gefäßreisern bestehend, die von einem zentralen leicht erhabenen roten Punkte allseitig ausstrahlen. Anderseits finden sich große bald rundliche, bald landkartenähnliche rötliche Flecken oder beetartige Erhebungen mit scharfer Abgrenzung und einer großen Zahl von eng nebeneinander liegenden Gefäßen. Subcutan entstehende Angiome machen sich erst bei ihrem Vordringen in die Cutis bemerkbar. Die Gefäße schimmern bläulich durch und die erkrankte Stelle schwillt an, wenn eine stärkere Gefäßfüllung durch Bücken, Schreien usw. entsteht. Die Lidränder sind häufig befallen und nicht selten finden sich an einem derselben mehrere scharf abgegrenzte Angiome von Linsengröße reihenweise angeordnet. Zuweilen ist die äußere Lidkante beider Oberlider an symmetrischer Stelle von einem diffusen Angiom eingenommen, das in einem Falle v. MICHELS eine Ausdehnung von 6—8 mm darbot. Mitunter ist nur die Hälfte einer Lidfläche, mitunter sind beide Lidflächen, teilweise noch über ihre Grenzen hinaus, von mehr oder weniger umschriebenen massigen oder rundlichen knolligen

Bildungen mit lividrotem Aussehen besetzt, die von zahlreichen dicken, erweiterten Gefäßen durchzogen werden (s. Abb. 45). Solche Bildungen erinnern nicht selten an das Aussehen einer Brombeere. Die in unmittelbarer Nähe der Angiome gelegenen venösen Gefäße erscheinen häufig stark verbreitert. Die Oberfläche dieser Geschwülste ist glatt und zart, die Haut bald verschiebbar, bald mit der Unterlage verwachsen. Breiten sich die Lidangiome der Fläche nach aus, so können große Partien des Gesichts ergriffen werden. Beim Wachstum in die Tiefe entstehen knollige, lappige Bildungen. Hat diese Form des Angioms einen erheblichen Grad erreicht, so spricht man von Elephantiasis haemangiectatica oder teleangiectodes. Solch ausgedehntes Angiom pflegt Lid und Gesicht halbseitig entsprechend dem Verbreitungsbezirk des Trigeminus einzunehmen; es wurde von TH. SIMON (nach v. MICHEL) als vasomotorischer Naevus bezeichnet. In einem derartigen von v. MICHEL beobachteten Falle (s. Abb. 47) war die ganze rechte Wangen- und Schläfengegend, beide Augenlider, die rechte und noch ein kleiner Teil der linken Nasenhälfte sowie die rechte Stirnseite befallen. Teilweise reichte hier der Naevus noch bis in die behaarte Kopfhaut und schnitt mit einer scharf, aber etwas unregelmäßig verlaufenden Bogenlinie gegen das gesunde Gewebe ab. Die Farbe des Naevus war eine violett-rötliche. Entsprechend der Augenbraue, dem Oberlide und seiner Nachbarschaft fanden sich zahlreiche höckerige und beerenartig gefurchte Geschwülstchen von weicher Beschaffenheit, sowie einzelne Knoten in dem Wangenangiom zerstreut. Getrennt durch eine schmale Zone normalen Gewebes waren am unteren Teil der Wange noch zwei isolierte kleine fleckige Naevi vorhanden (s. Abb. 47). Die Haut war im allgemeinen weich und geschmeidig und zeigte normale Sensibilitätsverhältnisse. Eine in der rechten Stirngegend nahe der Medianlinie von oben nach unten verlaufende Narbe rührte von einem operativen Eingriffe her (s. Abb. 47). Ähnlich lag ein Fall SIMONS (nach v. MICHEL). Der Naevus erstreckte sich einseitig über Stirn, Vorderkopf, Oberlid und Nase mit Einschluß der Nasenspitze und der Nasenflügel.

Das Angiom der Lidhaut ist häufiger mit Angiomen an anderen Körperstellen kombiniert. So sah v. MICHEL bei einem Angiom beider Oberlider ein solches an beiden Ohrmuscheln. Eine ungewöhnliche ausgedehnte und vielfache Verbreitung von Naevi zeigt der von SCHIRMER (nach v. MICHEL) mitgeteilte Fall. Die Naevi hatten schon von Geburt bestanden, nahmen auf der rechten Hälfte des Gesichts die ganze Partie vom unteren Augenlide bis zur Schleimhaut der Oberlippe ein und erstreckten sich links von der Stirn bis zur Unterlippe.

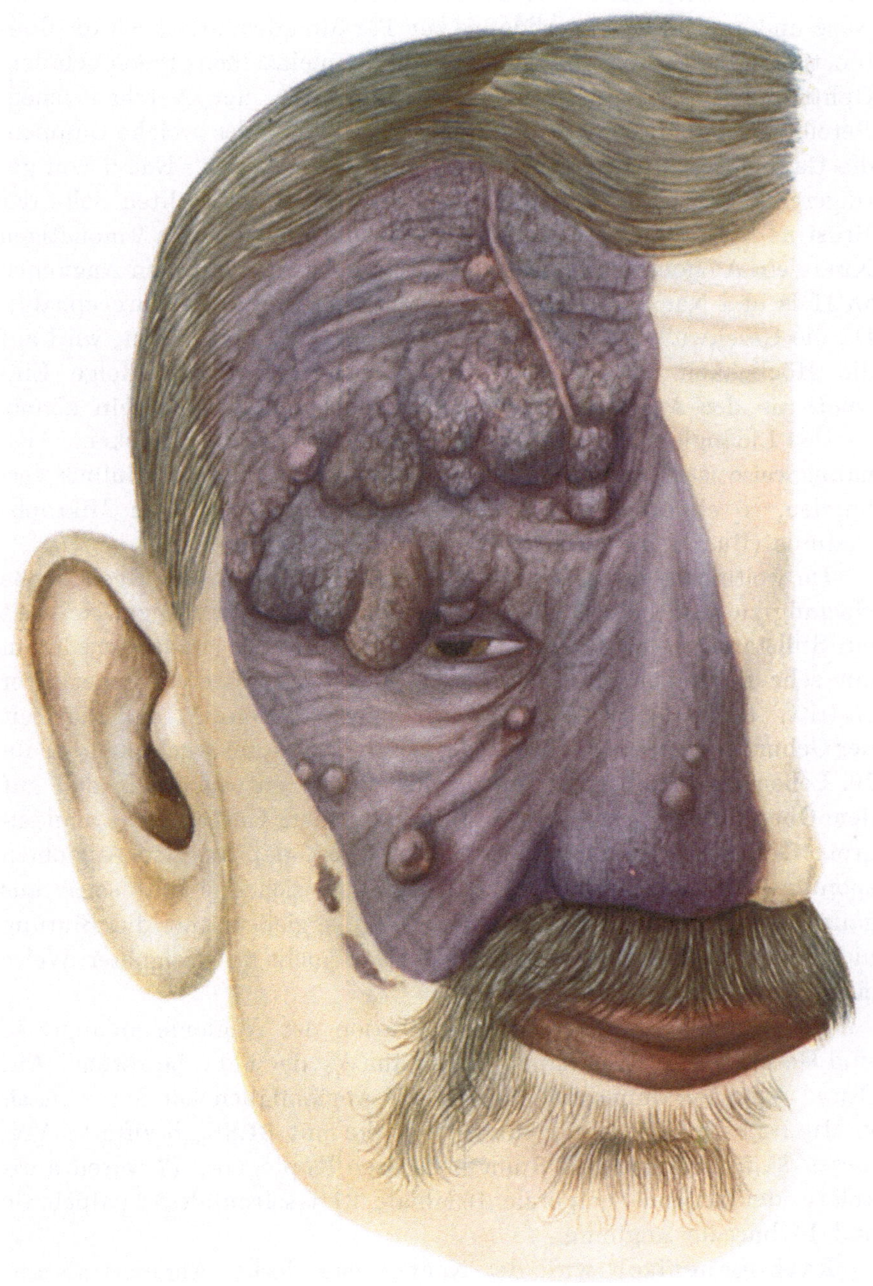

Abb. 47. Naevus der rechten Gesichtshälfte. (Natürliche Größe.)

Zugleich reichten die Naevi bis zur Schleimhaut des Mundes und der Nase und am linken Unterlide bis zur Tarsalbindehaut. Auch die Conjunctiva bulbi war unterhalb der Hornhaut an einzelnen Stellen befallen. Ophthalmoskopisch fanden sich Varikositäten der Netzhautvenen. Beteiligt waren außerdem noch das Zahnfleisch, der weiche Gaumen, die Gaumensegel und der sichtbare Teil der Pharynx. Naevi von geringerer Ausdehnung fanden sich am Halse, auf der rechten Seite der Brust und des Bauches. Meissner beobachtete bei einem 9 monatigen Kinde ein Angiom des Oberlids in Verbindung mit multiplen Angiomen an Hals und Nacken und gleichzeitigem hochgradigen Hydrocephalus. Da die Geschwülste zum Teil auf die Kopfnähte übergriffen, wird auf die Möglichkeit hingewiesen, daß der Hydrocephalus infolge Einwucherns der Angiome in die Schädelhöhle entstanden sein könne. — Das Lidangiom kann sich tief in die Orbita hineinerstrecken. Ausnahmsweise ist dasselbe mit angeborenen Anomalien des Bulbus verbunden, so ein Angiom des Unterlides mit gleichseitigem Mikrophthalmus (Braunschweig 1892).

Im weiteren Verlaufe zeigen die Hämangiome in der Regel große Neigung zu ausgedehntem Wachstum; manchmal ist für gewisse Zeit ein Stillstand zu beobachten, während in anderen Fällen wiederum ein sehr rasches Fortschreiten auch noch im späteren Lebensalter eintritt. So berichtet Mc Clelland (nach v. Michel), daß zur Zeit der Geburt erbsengroße Lidangiome anfänglich kaum wuchsen, aber im 10. Lebensjahre sich rasch zu solcher Größe entwickelten, daß auf dem Oberlid eine $^1/_3$ hühnereigroße und auf dem Unterlid eine mandelgroße Geschwulst entstand. Zu beachten ist, daß aus den Angiomen spontane Blutungen erfolgen können, wobei sich das Blut sogar aus ganz kleinen Teleangiektasien im Strahle ergießen und die Blutung nicht unbeträchtlich werden kann, wenn nicht in geeigneter Weise eingegriffen wird.

Was die Häufigkeit der Lokalisation der Angiome anlangt, so sind Gesichts- und Kopfhaut in ungefähr $^2/_3$ der Fälle betroffen. Auf Grund einer Zusammenstellung von 130 Angiomfällen hat Maas (nach v. Michel) die Beteiligung dieser Bezirke mit 81,8 % beziffert. Von diesen 81,5 % kamen nur 8 am behaarten Kopfe vor, 17 waren aurikuläre oder aurikulo-temporale, 16 labiale, 37 nasofrontale, 12 palpebrale und 14 buccale Angiome.

Pathogenetisch wird der Naevus vasculosus (Angiom) als angeborene Fehlbildung der Haut von Geschwulstcharakter aufgefaßt. Ribbert nimmt an, daß der Verbreitungsbezirk einer kleinen Arterie von Anfang an ohne Zusammenhang mit der Umgebung entstanden sei oder später die Beziehungen dazu verloren habe. Virchow hat das Vorkommen von Angiomen im Bereiche fötaler Spalten betont — sogenannte fissurale Angiome.

Anatomisch besteht das Angiom aus neugebildeten, stark erweiterten Kapillaren, wie vorzugsweise bei den kleinen Teleangiektasien, oder aus einem Konvolut von neugebildeten kleinen Arterien und Venen mit mehr oder weniger reichlichem Bindegewebe. Nach Ogawa (1907) erfolgt die Vergrößerung der warzenförmigen Angiome nicht durch Aussprossen seitlicher Verzweigungen, sondern durch Wachstum der bereits bestehenden Gefäße der Länge und der Breite nach. Infolge eines ungleichmäßigen Wachstums entstehen buchtige Erweiterungen und Schlängelungen.

Die Behandlung besteht bei oberflächlichen Angiomen in der Ausführung der Elektrolyse, wobei bald der negative bald der positive Pol aktiv zur Anwendung gelangt, oder in der Kauterisation mit spitzem Brenner, wodurch man eine Verödung und fibröse Umwandlung der Blutgefäße herbeizuführen sucht. Elektrolyse und Kauterisation müssen, wenn es sich nicht um ganz kleine Tumoren handelt, mehrmals wiederholt werden. Bei größeren Angiomen hat sich mir die Gefriermethode mittels Kohlensäureschnees in einigen Fällen gut bewährt. Je nach der Größe des zu gefrierenden Bezirks preßt man den Schnee in Metallhülsen verschiedenen Durchmessers und drückt die Hülse fest gegen das Geschwulstgewebe. Das Gefrieren und die reaktive Entzündung bedingen Thrombenbildung mit sekundärer bindegewebiger Durchwachsung der Bluträume. Auch dieses Verfahren bedarf in der Regel mehrerer Sitzungen. Bei oberflächlichen und auch etwas tiefer gelegenen Angiomen empfehlen sich ferner in bestimmter Zeit zu wiederholende subcutane Alkoholinjektionen. Lemere (1914) hat diese mit Injektion von kochendem Wasser kombiniert. Auch Einlegen von Magnesiumstiften, die durch einen mittels feinen Trocart hergestellten Kanal in das Angiom eingeführt werden, scheint zweckmäßig zu sein. Dadurch sowohl, als auch durch die Alkoholinjektionen kommt es zu einer fibrösen Umwandlung der Geschwulst, die hierauf leicht operativ entfernt werden kann. Jedenfalls ist eine rein operative Behandlung erst vorzunehmen, wenn die genannten Behandlungsmethoden auf ihre Wirkung geprüft wurden, da die blutige Exstirpation wegen profuser Blutungen mitunter technische Schwierigkeit bereiten kann.

Zu erwähnen ist noch, daß auch im höheren Lebensalter sehr kleine, kaum erbsengroße, Angiome an der Lid- und Gesichtshaut auftreten können.

§ 78. Das seltenere Haemangioma cavernosum nimmt seinen Ausgangspunkt von der Cutis oder der Subcutis. Im ersteren Falle findet sich anfänglich eine kleine bläuliche Anschwellung, im zweiten ein dunkelblaues, mit zarter Epidermis bedecktes knotenförmiges Gebilde. Das entwickelte Kavernom erscheint entweder als umschriebene violette, weiche, wulstige und erektile Geschwulst, oder in seiner diffusen Form als klumpige, gelappte, weiche, selbst fluktuierende und pulsierende Masse. In der Tiefe ist nicht selten eine größere Zahl von verschlungenen Gefäßen durchzufühlen. Bei mäßigem Drucke auf das Kavernom tritt, was diagnostisch wichtig ist, eine Verkleinerung ein, ja es kann bei anhaltendem Drucke die Geschwulst sogar ganz verschwinden, doch kehrt dieselbe nach Aufhören des Druckes sofort

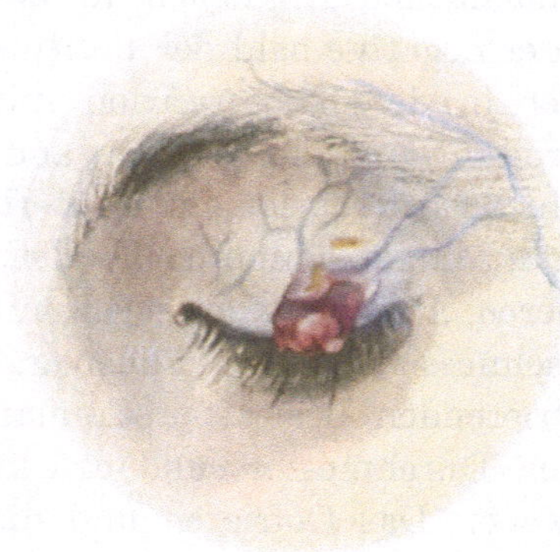

Abb. 48. Kavernom des Oberlides.

wieder. Bei kleineren Kavernomen gelingt es, durch stärkere Kompression die Bluträume ganz zu entleeren. Bei allen Vorgängen, die den Rückfluß des venösen Blutes hemmen, wie Abwärtsneigung des Kopfes, bei Hustenanfällen usw. schwillt das Kavernom beträchtlich an. Wie das Angiom, so vergesellschaftet sich auch das Lidkavernom mit gleichartigen Bildungen im Gesicht. So waren in einem von v. MICHEL beobachteten Falle Ober- und Unterlid der linken Seite in der medialen Hälfte befallen, wobei am Unterlide das Kavernom der Übergangsfalte durch die Bindehaut durchschimmerte und gerade von ihr bedeckt erschien. Die Haut des Nasenrückens war ebenfalls Sitz eines Kavernoms, ebenso linkerseits die Wangen- und Zahnschleimhaut entsprechend den hinteren Zähnen des Unterkiefers. In manchen Fällen erreicht das Kavernom eine geradezu monströse Größe und geht mit der Bildung von lappenartigen großen Wülsten einher — ein Zustand, den man als Elephantiasis cavernosa bezeichnet hat. Ein solcher Fall wurde von PAULI (nach v. MICHEL) beschrieben. Bei der Geburt war nur ein kleines Knötchen am linken Oberlide sichtbar, nach dreiviertel Jahren hatte die Geschwulst bereits die Größe eines Gänseeies erreicht und wuchs nach allen Richtungen weiter, so daß im neunten Lebensjahre die ganze Hälfte des Gesichtes und des Kopfes befallen war.

Das kavernöse Angiom tritt angeboren oder in den ersten Lebensmonaten, seltener im späteren Lebensalter auf und zeigt in der Regel ein stetiges Wachstum, das bald in kürzeren, bald in längeren

Zwischenräumen erfolgt. So kann sich ein kleiner Knoten des Oberlides bei seinem Wachstum auf das Unterlid, die Wange, die Stirn und die Augenhöhle ausbreiten. Ein wirklicher Stillstand des Wachstums ist nur bei abgekapselten Kavernomen zu erwarten; doch kommen Ausnahmen hiervon vor: bei einem 21jährigen Manne sah ich ein stecknadelkopfgroßes Kavernom des Lidrandes, das angeblich diese Größe zeigte, soweit seine Erinnerung reichte. Im klinischen Verhalten sprach nichts für Abkapselung des Kavernom. Die operative Beseitigung wurde in diesem Falle nicht gewünscht und war auch nicht erforderlich. — Wie rasch anderseits Kavernome wachsen können, das illustriert

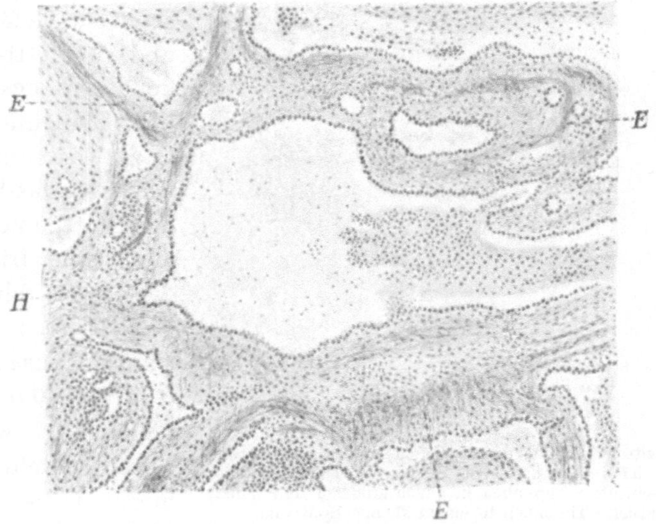

Abb. 49. Schnitt durch ein Kavernom des Oberlides. Vergr. 1 : 45.
H Kavernöse Bluträume; *E* Bindegewebsbalken mit elastischem Gewebe.

der folgende in Abb. 48 wiedergegebene Fall: Bei dem 10jährigen Mädchen war nach Angabe der Mutter weder nach der Geburt noch späterhin an den Lidern irgend etwas Ungewöhnliches wahrzunehmen: 3 Monate vor Anfertigung der Zeichnung (Abb. 48) bemerkte die Mutter am linken Oberlid nahe dem Lidrande einen winzigen roten Fleck, der danach — also innerhalb von 3 Monaten — zu der im Bilde wiedergegebenen Größe, die reichlich derjenigen eines Kirschkerns entspricht, gewachsen war. Bei längerem Druck ließ sich das Blut aus dem weichen Tumor großenteils verdrängen. Auffallend war in diesem Falle das stark ausgebildete Venennetz oberhalb des Kavernom, das von drei dicken aus dem Geschwülstchen austretenden Venen gebildet wurde, die nach der linken Schläfengegend hinzogen. Der Lidrand und Tarsus waren intakt, so daß die Excision ohne Schwierigkeit gelang.

Mikroskopisch finden sich weite mit Blut gefüllte Hohlräume, sogenannte kavernöse Bluträume (s. Abb. 49 H), die miteinander ganz oder teilweise kommunizieren und, wie in einem Falle von RUMSCHEWITSCH (1898), in zwei Schichten gelagert sein können, einer oberflächlichen mit größeren und einer tieferen mit kleineren Räumen. Die die Bluträume abschließenden und an ihrer Innenfläche mit Endothelzellen versehenen bindegewebigen Septa zeigen eine verschiedene Breite und Dicke und enthalten zahlreiche elastische Fasern (s. Abb. 49 E). Die Hohlräume selbst besitzen verschiedene Form, bald eine rundliche oder ovale, bald eine schlitz- oder kanalartige. RUMSCHEWITSCH (1898) will in einigen Septis arterielle Gefäße, glatte und quergestreifte Muskelfasern gesehen haben. Manchmal kommt es im weiteren Verlaufe zur Thrombenbildung in den Bluträumen, die alsdann mit frischen (s. Abb. 50 H) oder älteren organisierten Blutgerinnseln ausgefüllt sind (s. Abb. 50 $H,$); wahrscheinlich wird die Thrombenbildung durch mechanische oder chemische Einflüsse veranlaßt.

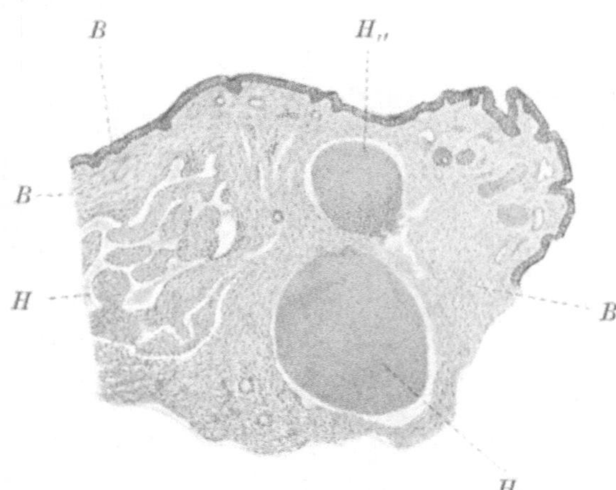

Abb. 50. Sagittaler Schnitt durch ein subkutanes Angiofibrom. Vergr. 1 : 10. *B B B* Derbes faseriges Bindegewebe; *H* Bluträume; *H,* frisch geschichtete Thromben in einem größeren Hohlraume; *H,,* organisierte Thromben in einem kleinen Hohlraume.

Der bindegewebige Anteil ist mitunter stark entwickelt und die gewucherten Bindegewebsbalken (s. Abb. 50 *BBB*) zeigen dann plexusartige Anordnung. Ist die Bindegewebsbildung derart, daß diese gegenüber der Entwicklung der bluterfüllten Hohlräume das mikroskopische Bild beherrscht (Abb. 49), so wäre die Geschwulst als Angiofibroma plexiforme zu bezeichnen.

Die Behandlung ist die gleiche wie bei den einfachen Angiomen (s. S. 203). Eine vollkommene Excision eignet sich nur für abgekapselte Formen; bei diffusen ist von einer Entfernung mit dem Messer abzusehen.

Anhangsweise sei hier eine erworbene Blutgefäßgeschwulst besprochen, das Granuloma teleangiectaticum sive Granuloma pediculatum, das besonders häufig an den Händen und Fingern, recht oft auch am Gesicht, am Skrotum usw., aber sehr selten an den

Lidern zu beobachten ist. Das in Abb. 51 u. 52 dargestellte gestielte Geschwülstchen entstammt einer 45 jährigen gesunden Frau, die an ihren Augen niemals etwas Ungewöhnliches bemerkt haben will. Erst 4 Monate vor der Aufnahme in die Heidelberger Univers.-Augenklinik (5. VI. 1914) fielen ihr zeitweise kleine Blutungen auf, die von einer kleinen roten Stelle des untern Lidrandes an der Kommissur des äußeren Lidwinkels ausgingen. Der rote Fleck war ohne weiteres sichtbar und zwar ohne daß man die Lider habe abziehen müssen, und so erfolgte die Blutung auch stets nach außen, niemals in den Bindehautsack hinein. Von diesem aus habe sich innerhalb von 4 Monaten ohne erkennbare Ursache eine Geschwulst von der Größe eines Pflaumenkerns nach außen entwickelt, die Neigung zu kleinen Blutungen zeige.

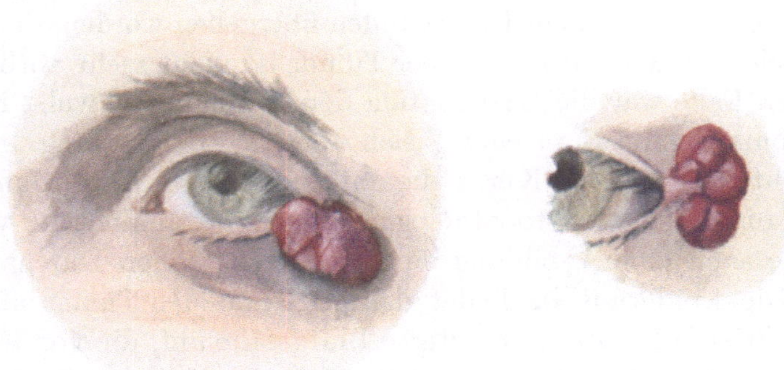

Abb. 51 und Abb. 52. Granuloma pediculatum bei einer 45 jährigen Frau.

Stat. praes. (5. VI. 1914, Tag der Bildanfertigung). Am äußeren Lidwinkel des linken Auges bemerkt man einen polypösen Tumor von der Größe etwa eines Pflaumenkerns, aber von stärkerer Dicke. Die rotviolett gefärbte Geschwulst hat eine ausgesprochen höckerige Oberfläche und hängt an einem kurzen ziemlich dünnen um 90° gedrehten Stiel, der mit seiner temporalen Fläche am intermarginalen Teil des Unterlidrandes und an der Hautseite der äußeren Kommissur inseriert und dessen nasale Fläche in die Conjunktiva übergeht derart, daß die Bindehaut in Form eines Stranges nach vorn gezogen erscheint. Die vordere, der Luft ausgesetzte Fläche des Tumors sieht matt, etwas vertrocknet und infolge eines zarten Fibrinbelags stellenweise graugelblich aus; wegen der Vertrocknung ist die höckerige Beschaffenheit hier nicht so ausgesprochen wie an der Unterfläche, die den Lidern zugekehrt ist. Diese besteht aus kleinen tief rotvioletten Höckern, sehr an das Aussehen einer Brombeere erinnernd.

Der Tumor wurde durch Exstirpation beseitigt, die infolge der Stielung mühelos gelang. —

Kurze Zeit darauf sah ich eine weitere derartige Geschwulstbildung, die eine 39 jährige gesunde Frau betraf und die auch hier ohne erkennbare Ursache, insbesondere ohne voraufgehendes Trauma (das bei der Entwicklung des Granuloma teleangiectaticum der Hände und Finger eine große Rolle spielt) entstanden war. Der pilzförmig gestaltete rotviolette Tumor saß mit relativ dickem Stiel der Haut des äußern Drittels des Oberlides nahe dem Lidrande auf und hatte innerhalb von 4—5 Monaten die Größe eines Kirschkerns erreicht. Wie im ersten Falle bestand auch hier Neigung zu kleinen Blutungen, die bei geringen Traumen wie beim Waschen eintraten.

Die mikroskopische Untersuchung des Tumors im Fall I ist bedauerlicherweise unterblieben, da das wertvolle Material Kriegsopfer wurde. Es war einem Doktoranden übergeben worden, der plötzlich ins Feld gerufen wurde, und der Tumor ist nicht mehr auffindbar. Im zweiten Falle war die Exstirpation der kleinen Geschwulst in Aussicht genommen, die Frau entzog sich aber der Behandlung. — Deshalb möchte ich hier in Kürze die mikroskopische Darstellung von Friboes aus seiner »Histopathologie der Hautkrankheiten« wiedergeben, die auch eine Abbildung eines mikroskopischen Durchschnitts enthält: Die Epidermis bekleidet den Stiel und den Tumor allseitig. Schon im Stiel fallen stark erweiterte Blutgefäße auf, die von hier aus nach allen Seiten fächerförmig ausstrahlen. Die Blutgefäße sind von sehr verschiedener Weite, bilden bald nur enge Spalte, bald sackartig erweiterte Höhlen. Der Charakter des Geschwulstgewebes ist der eines zellen- und gefäßreichen Granulationsgewebes mit mehr oder minder starken entzündlichen Veränderungen (polymorphkernige Leukocyten, Plasmazellen, Schädigung und Proliferation der Gefäßendothelien, diffus oder in Haufen angeordnete epitheloide und spindelförmige junge Bindegewebszellen). Ferner finden sich in der Nähe der Blutgefäße myxomatös degeneriertes Bindegewebe, außerdem reichliche Blutungen und große sinusartige Bluthöhlen. —

Wegen des großen Zellenreichtums sind die Tumoren von einigen Autoren als Angiosarkome aufgefaßt worden. Dieselben sind jedoch gutartig ohne Neigung zu Rezidiven. — Mit der Botryomykosis des Pferdes, mit der man das Granuloma teleangiectaticum früher identifizierte, hat dasselbe zweifellos nichts zu tun.

§ 79. Das Lymphangiom findet sich an der Lidhaut als Lymphangioma simplex und Lymphangioma cavernosum.

Das Lymphangioma simplex, die seltenere Geschwulstform, tritt wie das L. cavernosum angeboren auf oder entwickelt sich später auf der Basis einer angeborenen Anlage in Form von flachen oder höckerigen Erhebungen von durchsichtig blassem an kleine Cysten erinnernden Aussehen. Im späteren Lebensalter scheint das Lymphangiom seinen Sitz ausschließlich an der äußeren Lidkante des Unterlides zu haben (v. Michel 1875) und besteht mikroskopisch aus rundlichen oder ovalen in der Cutis gelegenen Hohlräumen, die mit einem Endothelbelag versehen sind und eine geronnene feinkörnige Masse enthalten.

Das Lymphangioma cavernosum tritt teils umschrieben, teils in diffuser Ausbreitung auf und erscheint als flache blasse etwas

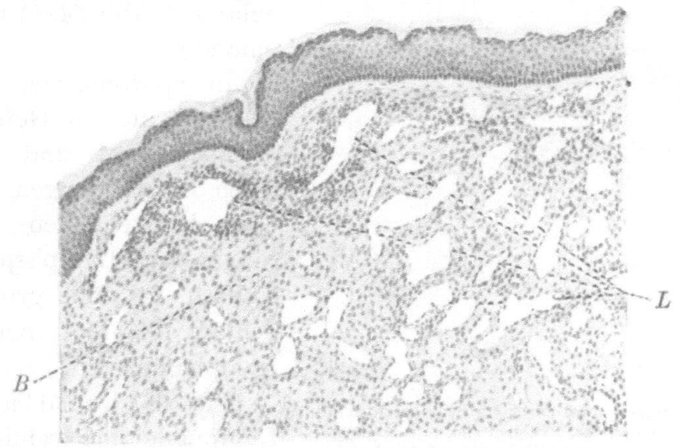

Abb. 53. Sagittaler Schnitt durch ein Lymphangiom des Oberlides. Vergr. 1 : 100.
L Lymphräume; *B* hypertrophisches Bindegewebe.

durchsichtige Anschwellung, oder als eine mehr höckerige und ebenfalls leicht durchsichtige wulstige Verdickung. Die Begrenzung der Geschwulst ist unscharf und ihre Konsistenz weich, selbst fluktuierend. Durch Druck läßt sich die Geschwulst etwas verkleinern und bei Nachlassen desselben schwillt sie allmählich wieder an. In manchen Fällen entstehen lappige Bildungen von so bedeutender Ausdehnung und Größe, daß man die Geschwulst als Elephantiasis congenita lymphangiectatica bezeichnete. Im allgemeinen ist besonders dem diffusen Lymphangiom der Charakter eines langsam fortschreitenden Wachstums eigentümlich. So findet eine Ausbreitung im Gesichte nicht bloß nach der Fläche, sondern auch nach der Tiefe, selbst in die Augenhöhle (Hirschberg 1906) hinein statt. Auch eine Erweiterung der Lymphgefäße der Skleralbindehaut kann mit dem Lymphangiom der Lidhaut verknüpft sein (Hirschberg 1906).

Mikroskopisch zeigt das Lymphangiom den Bau eines sogenannten Schwammgewebes. In der Cutis und Subcutis finden sich verschieden große vielgestaltige Hohlräume (s. Abb. 53), deren Innenwand mit einem einschichtigen Endothelbelag versehen ist und deren Inhalt aus klarer Flüssigkeit besteht, die im gehärteten Präparat als eine feinfädige oder feinkörnige Substanz erscheint. Das die Hohlräume umgebende Bindegewebe (s. Abb. 53 *B*) ist mehr oder weniger reichlich entwickelt und an einzelnen Stellen kleinzellig infiltriert. Ein Überwiegen des bindegewebigen Anteils bedingt eine Geschwulstform, die als **hypertrophisches** oder **fibromatöses Lymphangiom** bezeichnet wird. Beim Wachstum in die Tiefe drängen die neugebildeten Lymphräume (s. Abb. 54 *L*) in großer Zahl die Muskelbündel des Orbicularis (s. Abb. 54 *M*) stark auseinander.

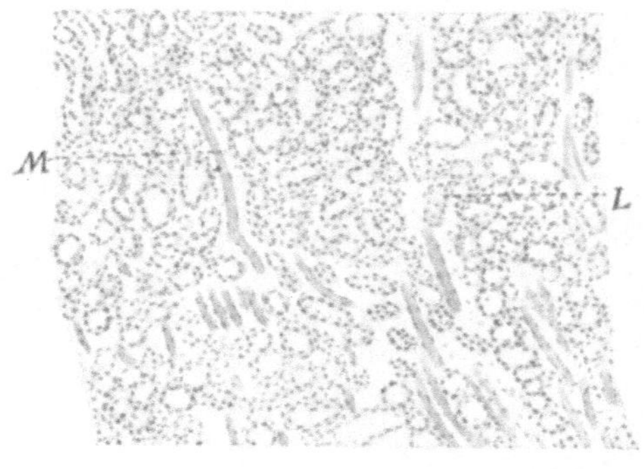

Abb. 54. Sagittaler Schnitt durch ein Lymphangiom des Oberlides. Vergr. 1 : 50.
L Lymphräume; *M* Muskelfasern der Orbicularis.

In anatomischer Hinsicht besitzen die im Gefolge von erysipelatösen und ekzematösen Entzündungen der Lidhaut entstehenden Erweiterungen der Lymphspalten (s. S. 92 u. 94) eine große Ähnlichkeit mit dem angeborenen Lymphangiom.

Die **Behandlung** der Lymphangiome schließt sich an diejenige der Hämangiome an. Zur Herausnahme sind die abgekapselten Lymphangiome am besten geeignet; bei den diffusen wird eine keilförmige partielle Excision empfohlen, verbunden mit der Anlegung einer elastischen Binde, um durch Druckwirkung weiteres Wachstum zu verhüten und sogar eine Verkleinerung der Geschwulst zu erzielen.

§ 80. Die angeborenen **Lipome** sind umschriebene, mehr oder weniger gut abgrenzbare, manchmal von einer fibrösen Kapsel umgebene Geschwülste von teigig-weicher Beschaffenheit; sie treten einseitig auf, sind in der Subcutis verschiebbar und erstrecken sich nicht selten vom Lide aus in die Augenhöhle hinein. Ihre Größe schwankt zwischen der einer Hasel- bis Walnuß.

In der Regel sind die angeborenen Lipome Mischgeschwülste, am häufigsten **Angiolipome**, seltener **Fibrolipome** und **Neurolipome**. Beim Angiolipom ist eine leicht bläuliche Verfärbung der Lidhaut bemerkbar, die sich noch auf die Bindehaut erstrecken kann. Die Geschwulst nimmt beim Bücken und bei jeglicher Hemmung des Abflusses des venösen Blutes zu.

Mit dem angeborenen Lidlipom können andere angeborene Anomalien verknüpft sein, wie angeborene Orbitalcysten und Mikrophthalmus (Talko 1881). In der Regel erscheint das Oberlid, seltener das Unterlid befallen, und bezüglich der Häufigkeit der Lidlipome, der angeborenen wie der erworbenen, wird von Mooren (nach Wintersteiner 1907) angegeben, daß er unter 108 000 Kranken das Lidlipom 24 mal beobachtet hätte. Unter den von Grosch (nach Wintersteiner 1907) zusammengestellten 716 Lipomen befanden sich nur 2 an den Augenlidern.

Bei der Entstehung von Lipomen oder lipomatösen Mischgeschwülsten dürfte es sich um Keimverirrungen oder andere Störungen in der embryonalen Entwicklung handeln.

Anatomische Befunde liegen von Knapp (1878), Velhagen (1899) und Laspeyres (1905) vor. Knapp (1878) entfernte eine Geschwulst der nasalen Hälfte des linken Oberlides. Die Geschwulst zerfiel in zwei Abschnitte, einen hinteren, der im wesentlichen das Bild eines Angioms darbot, und einen vorderen, der eine Mischgeschwulst darstellte, teils ein Fibro-, teils ein Angiolipom. Velhagen (1899) untersuchte eine haselnußgroße Geschwulst des rechten Unterlides bei einem $^3/_4$ Jahre alten Mädchen. Mikroskopisch zeigte sich die Geschwulst von einer festen Kapsel umgeben und zwischen den verdickten Wandungen der zahllosen kapillären Bildungen waren kleinere und größere Fettnester eingestreut. Die von Laspeyres (1905) untersuchte walnußgroße Geschwulst des rechten Unterlides bei einem 3jährigen Kinde wies in den vorderen $^2/_3$ miteinander kommunizierende blutgefüllte Hohlräume auf; das hintere in der Orbita gelegene Drittel war ein Lipom. Die Lymphgefäße waren erweitert und stellenweise zeigte sich eine Bildung mächtiger Lymphspalten.

Die Behandlung ist eine operative.

§ 81. Das Neurofibrom tritt an den Augenlidern in wechselnder Gestalt auf, 1. als sogenanntes plexiformes Neurofibrom, 2. als Fibroma molluscum und 3. als halbseitige Gesichtshypertrophie, deren verwandtschaftliche Beziehung zur Neurofibromatose zwar nicht in allen Fällen, aber — bei Berücksichtigung der großen Seltenheit dieses Krankheitsbildes — häufig genug sinnfällig ist. Diese drei Formen können gleichzeitig ausgeprägt sein und je nach dem Vorwiegen der für die einzelne Form charakteristischen Erscheinungen ergibt sich die Diagnose des klinischen Bildes. Anatomisch besteht das

Gemeinsame in einem gröbere und feinere Nervenfaserbündel umscheidenden oder innerhalb derselben gewucherten Bindegewebe.

Das plexiforme Neurofibrom oder Rankenneurom (BILLROTH 1870 und BRUNS 1870), auch als Neuroma fibrillare myelinicum cirsoideum oder zylindrisches Fibrom der Nervenscheiden (MARCHAND 1893) bezeichnet, befällt ausschließlich das Oberlid, entweder primär oder häufiger von der Stirn- und Schläfengegend fortgepflanzt. Das weich und schlaff herabhängende Oberlid ist in allen Dimensionen vergrößert, manchmal um das Vierfache verdickt (ALBRECHT 1906). Als charakteristische Eigentümlichkeit ist in dem erkrankten Oberlide eine gewisse Zahl von härtlichen wurmähnlichen Strängen und erbsen- bis kirschgroßen Knoten durchzufühlen in plexusartiger Verbindung. In gleicher Weise wie das Oberlid kann die Stirnhaut beteiligt sein und die Geschwulst erstreckt sich zuweilen, wie in dem ALBRECHTSCHEN (1906) Falle, als flache Schwellung nach oben auf die mediale Hälfte der Augenbraue und nach unten auf die betreffende Nasenhälfte. Im wesentlichen entsprechen Sitz und Ausdehnung des Neurofibroms dem I. Aste des N. trigeminus und seiner Ausbreitung. Schmerzhaftigkeit der Geschwulst besteht in der Regel nicht, nur in vereinzelten Fällen (BILLROTH 1870) wird über stellenweise auftretende heftige Schmerzen berichtet.

Manchmal erreicht die Geschwulst eine besondere Größe und Ausdehnung und nähert sich alsdann dem klinischen Bilde der Lappenelephantiasis (s. S. 216 u. 217). Dementsprechend wird dieselbe als Elephantiasis nervorum bezeichnet. In einem Falle von DE VINCENTIIS (1897) reichte die Geschwulst bei einer Breite von 11 cm vom medialen Orbitalrande nahezu bis zum Ohre und die Höhe des bis zur Oberlippe herabhängenden und in einen sackartigen Lappen umgewandelten Oberlides betrug 9 cm. BRUNS (1870) beobachtete eine faustgroße, unregelmäßig höckrige Geschwulst des linken Oberlides und der Schläfengegend, die eine sackähnliche Falte bildete. Manchmal erstreckt sich auch der Stirn und Oberlid einnehmende Tumor ziemlich weit in den oberen Abschnitt der Augenhöhle hinein, so daß ihre hintere Begrenzung schwer abgetastet werden kann. Hierdurch kommt es zu einer Verdrängung des Augapfels nach vorn und unten.

Als okulare Begleiterscheinungen wurden eine Atrophie des Augapfels, wahrscheinlich als Folge eines angeborenen Buphthalmus sowie ein unkomplizierter Buphthalmus (ROSENMEYER 1906) beobachtet, ferner Erweiterung und Neubildung von Blutgefäßen, weiterhin ein Aneurysma arterio-venosum der Augenhöhle mit den Erscheinungen eines pulsierenden Exophthalmus. In einem von DE VINCENTIIS (1897) mitgeteilten Falle war an einem atrophischen Bulbus die Pulsation nur fühlbar, wenn derselbe nach hinten oben in die Orbita zurückgedrängt wurde; Gefäßgeräusche waren nicht zu hören. Hier dürfte wohl durch eine Usur oder eine angeborene Lücke des Orbitaldaches eine Kommunikation mit der Schädelhöhle bestanden haben.

Als anderweitige Begleiterscheinungen können sich an der Haut des Gesichts und des Rückens einzelne linsen- bis erbsengroße weiche Fibromknötchen finden. Ein haselnußgroßer Knoten in der Sakralgegend wurde von HANKE (1903) und eine faustgroße, mit dem Vagus zusammenhängende Geschwulst in einem Falle (BRUNS 1870) festgestellt, in welchem — nebenbei bemerkt — nach Exstirpation dieses Tumors ein tödlicher Ausgang durch Blutung aus einer ulcerösen Perforationsöffnung der Carotis erfolgte.

Was die Entstehung und den Verlauf des Rankenneuroms anlangt, so pflegt schon bei der Geburt eine kleine faltenartige Verdickung des Oberlides sichtbar zu sein. Diese Falte wächst im Laufe der Jahre, allerdings meist langsam. Manchmal kommt die Geschwulst auch etwas später, etwa im 6. Lebensjahre (MARCHAND 1893) zur Entwicklung. Die erbliche Anlage spielt eine große Rolle. So beobachtete BRUNS (1870) bei zwei Kindern

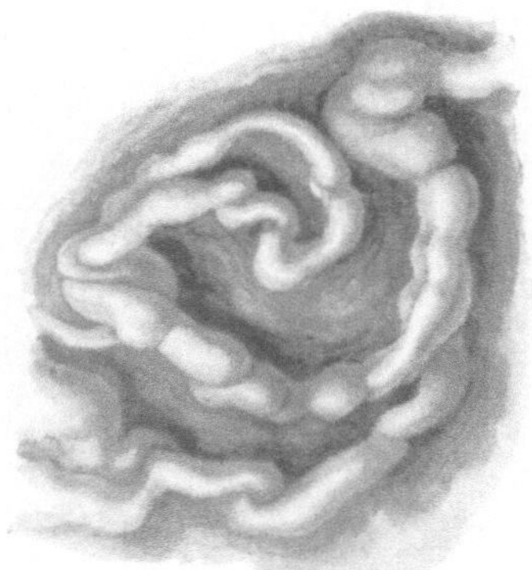

Abb. 55. Aus dem Oberlid entfernte Nervenstränge. (Nach KATZ.) Vergr. 1 : 2.

ein Neurofibrom am Oberlid und in der Schläfengegend; zudem soll in der Familie eine ähnliche Geschwulst schon vorgekommen sein. v. RECKLINGHAUSEN (1882) wies auf die Bedeutung mechanischer Einwirkungen, eines ständigen Drucks oder Zerrung, für die Entwicklung dieser Tumoren hin und führte als Beispiel das Neurofibrom des Kreuzbeins an, das nächst dem plexiformen Neurofibrom des Oberlides und der Augenhöhle am häufigsten vorkommt. Nach Ansicht von STRAUSS (1905) besteht ein Zusammenhang mit dem Zentralnervensystem, da die Geschwulst sich einerseits an Stellen befindet, wo das Zentralnervensystem seine knöcherne Kapsel verläßt, da anderseits in einigen Fällen der direkte Nachweis des Zusammenhanges mit dem Zentralnervensystem erbracht werden konnte. Die entwickelten Geschwülste bestehen zuweilen jahrelang, ohne besondere Beschwerden zu veranlassen.

Makroskopisch zeigt sich das Neurofibrom als ein Konvolut von rankenartig gewundenen oder verflochtenen Strängen (KATZ 1898), stellenweise mit knoten- oder spindelartiger Verdickung (s. Abb. 55).

In dem Falle von ALBRECHT (1906) bestand das Rankenneurom aus drei innig miteinander verschlungenen bleistiftstarken Strängen, die sich getrennt bis in die Augenhöhle hinein erstreckten. Sie standen in direktem Zusammenhange mit dem N. supraorbitalis und zeigten stellenweise knotige oder spindelförmige Auftreibungen und Verdickungen. Wo nur eine lockere Verbindung der erkrankten Nervenäste besteht, da sind die einzelnen Stränge isoliert zu fühlen. Manchmal ist das plexiforme Neurom der Verzweigungen des N. supraorbitalis in eine feste bindegewebige Kapsel eingeschlossen (BEARD und BROWN 1906).

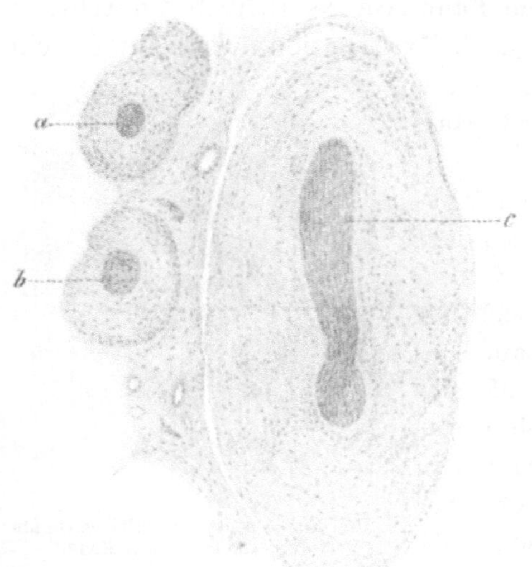

Abb. 56. Längs- und Querschnitt eines plexiformen Neurofibroms des Oberlides. (Nach KATZ.) *a* und *b* Querschnitte mit gut erhaltenen Nervenfasern nebst Bindegewebshülle; *c* Längsschnitt eines Nervenfaserbündels mit bindegewebiger Hülle.

Mikroskopisch sind die einzelnen Nervenstämme und -stämmchen (s. Abb. 56) von einer mehr oder weniger breiten bindegewebigen Hülle umgeben, wie dies auf Quer- (s. Abb. 56*a* u. *b*) und Längsschnitten (s. Abb. 56*c*) hervortritt. Die einzelnen Bindegewebsfibrillenbündel zeigen eine konzentrische Schichtung. Die Wucherung geht vornehmlich vom Perineurium aus, wobei die einzelnen Nervenfaserbündel axial liegen und von dem wuchernden Gliagewebe gleichmäßig umschlossen werden. Geht die Wucherung dagegen vom Endoneurium aus, so werden die Nervenfaserbündel durch das neugebildete Gliagewebe auseinandergedrängt. Dabei können die in der Geschwulstmasse liegenden Nervenbündel und, im Falle der Beteiligung des Endoneuriums, sogar die einzelnen durch die Wucherung auseinandergedrängten Nervenfasern vollständig gut erhalten sein. In anderen Fällen wird das eigentliche Nervengewebe ganz oder teilweise zerstört (HANKE 1903 und KATZ 1898). Nach HANKE (1903) kann das neugebildete Gliagewebe von zahlreichen Lücken und Spalten durchzogen sein, in denen eine körnige und hyaline Substanz abgelagert ist und die als Lymphangiektasien aufzufassen sind; ferner finden sich schleimig entartete Stellen mit gleichzeitiger hydropischer Degeneration der Endothelien der Lymphspaltenauskleidung. HANKE (1903) ist der Meinung, daß es sich beim Neurofibrom nicht bloß um eine Wucherung des Bindegewebes handele, sondern daß auch bei der überaus großen Zahl von Nervenstämmen jeglichen Kalibers eine Neubildung solcher anzunehmen sei.

Erwähnenswert ist, daß nach HANKE (1903) der Knoten in der Sakralgegend, der entfernt wurde und an einem harten Strange von kaum Federkieldicke hing, in seinem mikroskopischen Verhalten mit dem Rankenneurom des Lides völlig übereinstimmte.

Von weiteren mikroskopischen Befunden ist zu erwähnen, daß die Lidhaut durch ein bis unter die Epidermis reichendes Bindegewebe verdickt erschien, welches nicht sehr zellreich, aber reich an Blutgefäßen war und das in etwas dichteren Zügen die unveränderten Haarbälge und Haarbalgdrüsen umgab. Die einzelnen Läppchen der MEIBOMschen Drüsen waren durch mehr oder minder starke Bindegewebszüge auseinandergedrängt, ebenso die Muskelbündel des Orbicularis. Überall waren in diesem gefäßreichen Bindegewebe Nervenfaserbündel vorhanden (KATZ 1898) mit konzentrisch geschichteter Bindegewebskapsel. Die Blutgefäße sind in einer und derselben Geschwulst an einzelnen Stellen sehr spärlich, an anderen so zahlreich, daß sie das Aussehen eines Angioms darbieten. An den größeren Arterien ist zuweilen eine Endarteriitis und Hypertrophie der Muscularis, an den kleineren Gefäßen und Kapillaren eine hydropische Schwellung des Endothels mit starker Verengerung des Lumens nachweisbar (HANKE 1903). Endlich hat die Autopsie in dem oben erwähnten Falle von BRUNS (1870) zahlreiche hirsekorn- bis walnußgroße Neurome im Verlaufe beider Vagi, am Plexus brachialis und ischiadicus und an sehr vielen Hautnerven ergeben. Auch ein Fibrom des Nervus oculomotorius wurde in einem Falle gefunden.

§ 82. Das Fibroma molluscum bildet an der Lidhaut eine schmerzlose von normaler Haut bedeckte teigigweiche, umschriebene schlaffe Geschwulst von verschiedener Form; dasselbe erscheint bald als Kugel oder Knoten, breitbasig oder nur durch einen dünnen Stiel (Cutis pendula) mit der Lidhaut verbunden, bald als vorhangartiger Hautlappen. Dabei ist in der Regel außer den Augenlidern und der übrigen Gesichtshaut (s. Abb. 57) auch die Haut des Halses und des Rumpfes mit zahlreichen großen und kleinen Geschwulstknoten wie übersät (multiple Haut- und Nervenfibromatosis, sogenannte v. RECKLINGHAUSENsche Krankheit). In dem von HORNER (1871) und v. MICHEL (1875) beobachteten Falle war besonders die Gegend von den Brustwarzen an bis zu den Schenkelbeugen, die Haut der Arme, das Scrotum, weniger die Haut der unteren Extremitäten beteiligt. Dadurch erhielt der ganze Körper ein warzig-höckriges Aussehen. Außerdem können an der Haut des Stammes und des Rückens zahlreiche stecknadelkopf- bis ein Markstück große Pigmentflecken vorhanden sein (MARX 1908). In anderen Fällen sind einseitig Augenlider, Wange und Stirn mit zahlreichen Knoten von verschiedener Größe besetzt (Naevus mollusciformis, SEIFERT 1901). Mit zahlreichen knotenförmigen Fibromen kann sich eine lappenförmige Geschwulst des Oberlides verbinden (s. Abb. 57); solche herabhängenden Geschwülste sind zuweilen bis Apfelgröße an verschiedenen Körperstellen vorhanden. Ähnliche Fälle wurden von DE VINCENTIIS (1897) u. a. beobachtet; die Abb. 57 gleicht vollständig dem von LESSER (1904) abgebildeten Falle. Da-

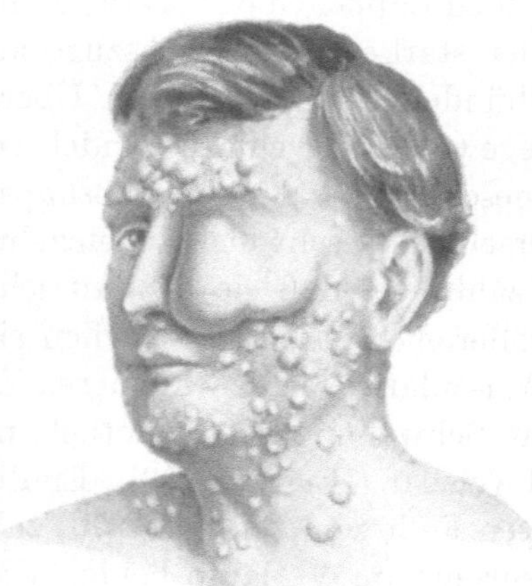

Abb. 57. Fibroma molluscum.

durch, daß das Oberlid in eine schlaffe unförmige klumpen- oder wampenartige Masse umgewandelt ist, gewinnt dasselbe ein elephantiasisähnliches Aussehen. Den höchsten Grad solcher Geschwulstformen bezeichnet man als Lappenelephantiasis, wobei das Oberlid und die Stirnhaut stets einseitig betroffen sind. In einem derartigen von ADAM beobachteten Falle (s. Abb. 58 u. 59) hing das rechte Oberlid gleich einer schlaffen Mamma über das Unterlid und die Wange herab und die rechte Stirnhälfte war von mächtigen schlaffen Wülsten eingenommen (s. Abb. 58). Wurde das Oberlid gehoben (s. Abb. 59), so zeigte sich der Augapfel von normaler Beschaffenheit, aber nach vorn verschoben, woraus zu schließen ist, daß die Geschwulstmassen teilweise in die Augenhöhle hineinreichten.

Hier und da finden sich Übergänge zum plexiformen Neurofibrom, die dadurch gekennzeichnet sind, daß die Geschwulst von einzelnen derben Strängen durchsetzt ist. In dem oben abgebildeten Falle (Abb. 57) ließ sich in der Tiefe der Geschwulst ein kleinfingerdicker Strang durchfühlen, der in der Richtung der Naht zwischen Processus frontalis ossis zygomatici und Stirnbein endigte. Die Naht selbst erschien diastatisch.

Hinsichtlich der Begleiterscheinungen ist zu erwähnen, daß in manchen Fällen eine geistige Minderwertigkeit besteht; auch die körperliche Entwicklung kann zurückgeblieben sein, wie in dem von

v. MICHEL beobachteten Falle, in dem gleichzeitig die Sprache mangelhaft war. Daraus wird geschlossen, daß die Entstehung der multiplen Neurofibromatose durch eine primäre Erkrankung des Zentralnervensystems veranlaßt werde. Die v. Recklinghausensche Krankheit stellt sich als Systemerkrankung dar, bei welcher neuerdings eine Störung der Drüsen mit innerer Sekretion angenommen wird. Gelegentlich wurde Vergrößerung der Nebennieren, Hypophyse, Atrophie der Schilddrüse sowie Knochensklerose gefunden. Von okulären Veränderungen beobachtete SIEGRIST (1905) einen Hydrophthalmus der erkrankten Seite. Besonderes Interesse bietet ein von WAGENMANN (1922) klinisch und mikroskopisch genau untersuchter Fall von multiplen Neuromen

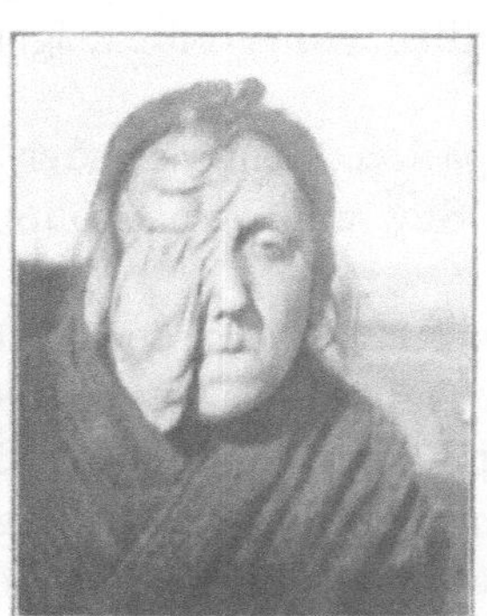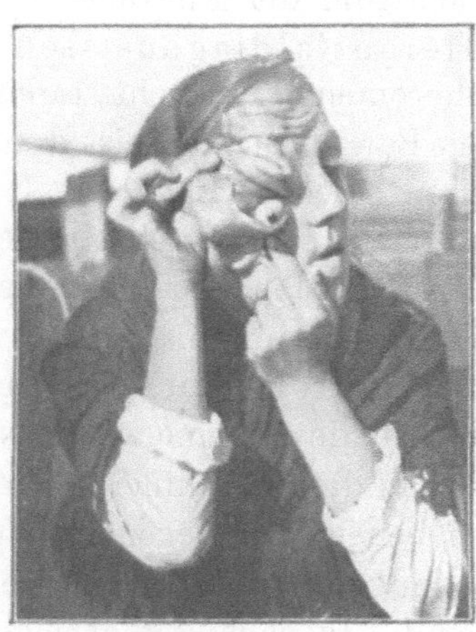

Abb. 58 und Abb. 59. Lappenelephantiasis.

der Augen und der Zunge. Derselbe betrifft einen 12 jährigen Knaben mit beiderseitiger hochgradiger Myopie von 25 Dioptrien und ungewöhnlich langen (34 mm gegen weniger als 30 mm in der Norm) Lidspalten (vgl. S. 553) bei abnorm geringer Höhe derselben (9 mm gegenüber 11—14 mm der Norm). Die Lidränder, besonders die unteren, zeigten eine Reihe kleiner Warzen mit glatter Oberfläche, von eigentümlich gelbgrauem Aussehen. Am Limbus fand sich beiderseits fast zirkulär ein etwa 2 mm breites Band einer leicht höckerigen, speckigen graugelblichen Wucherung, die den Wucherungen bei Frühjahrskatarrh durchaus ähnlich sah. Seit dem 2. Lebensjahr wurden auch Wucherungen an der Zunge bemerkt, deren Spitze höckerig verdickt erschien. Der histologische Befund der excidierten Stücke von den Lidrändern, vom Limbus und von der Zunge ergab typische Neurome mit ausgezeichneter Markscheidenfärbung, und zwar war der Befund der verschiedenen kleinen Wucherungen vom Auge mit denen der Zunge völlig übereinstimmend. Sonstige Neurofibromatose bestand nicht. Die neurologische sowie die psychiatrische Untersuchung zeigte nichts von der Norm abweichendes; der geistige Besitzstand sowie das Urteil des Knaben entsprachen einem guten Durchschnitt. Die eingehende Blutuntersuchung ergab eine mäßige Eosinophilie und Zunahme der Monocyten, war aber im übrigen normal. — Manchmal ist ein familiäres Auftreten nachzuweisen; so berichtet MARX (1908) über eine Neurofibromatose bei zwei Geschwistern.

Der Verlauf der Fibrome ist durch ein langsames Wachstum ausgezeichnet; die, wie erwähnt, schmerzlosen Geschwülste können jahrelang ohne besondere Beschwerden bestehen. Doch scheinen Traumen das Wachstum der Fibrome zu befördern (MARX 1908).

Differentialdiagnostisch kämen Verwechslungen mit Lipomen und Atheromen in Betracht; Lipome sind von festerer Konsistenz, haben lappigen Bau und sind meist druckempfindlich. Atherome zeigen beim Anstechen einen breiigen Inhalt.

Die Therapie besteht in der Exstirpation kleinerer oder in der partiellen Excision einzelner durch ihren Sitz und ihre Größe besonders lästiger Tumoren.

Histologisch nimmt die fibromatöse Neubildung ihren Ausgang von der Scheide der subcutanen Nerven (v. RECKLINGHAUSEN 1882) und sie reicht in die Cutis hinein. Die Fibrombildung kann eine große Zahl dicht nebeneinanderliegender Nervenstämme oder Fasern ergreifen, deren Bindegewebshüllen auf mehr oder weniger langen Strecken verdickt sind. Je nach der geringeren oder stärkeren Entwicklung des zwischen den fibromatös erkrankten Nerven neugebildeten Bindegewebes kommt es zu einem festen Knoten, bestehend aus einem engen Flechtwerk der erkrankten Nerven (FRUGIUELE 1904), oder zu einer höckrigen Geschwulst, wobei die Nervenäste miteinander stark verfilzt sind, oder zu mehr isolierbaren Strängen, wenn ihre Verbindung eine lockere ist. Das neugebildete Bindegewebe kann ähnliche Veränderungen erfahren wie beim Rankenneurom, schleimige Entartung und Bildung von Lymphangiektasien. An der Geschwulst können sich nach v. RECKLINGHAUSEN (1882) auch die bindegewebigen Häute der Gefäße, sowie die bindegewebige Hülle der Schweißdrüsen und Haarbälge beteiligen. Die Blutgefäße verhalten sich ähnlich wie beim Neurofibrom (S. 215). Von zelligen Elementen wird noch das Vorhandensein von Mastzellen angegeben. DUCLOS (1903) will auch eine Vermehrung der elastischen Fasern gefunden haben. MARX (1908) beobachtete auf dem Tarsus des gleichzeitig verdickten Unterlides einen kleinen erbsengroßen Tumor, während die Bindehaut des weit stärker befallenen Oberlides im äußeren Drittel ein sulziges Aussehen darbot. Mikroskopisch zeigte sich eine Wucherung von fibromatösen Massen teils im tarsalen Bindegewebe, teils in der Bindehaut.

§ 83. Die angeborene Gesichtshypertrophie tritt einseitig auf und wird daher auch als halbseitige Gesichtshypertrophie bezeichnet. Dieselbe ist von sehr wechselnder Stärke und bei den höchsten Graden erstreckt sich die Hypertrophie auf Haut, Muskeln, Nerven und Knochen (totale vollkommene Hypertrophie), bei den leichteren Graden nur auf die Weichteile (totale unvollkommene Hypertrophie). Die Hypertrophie kann ferner nur partiell entwickelt sein, und zwar als vollkommene, wenn in bestimmten Bezirken der befallenen Gesichtshälfte Weichteile und Knochen hypertrophisch sind; als unvollkommene, wenn sie nur die Weichteile betrifft. Die erste Beschreibung des Krankheitsbildes stammt von Beck (1856).

Bei der vollkommenen totalen halbseitigen Gesichtshypertrophie erscheint, wie v. Michel dies in einem Falle (s. Abb. 60) be-

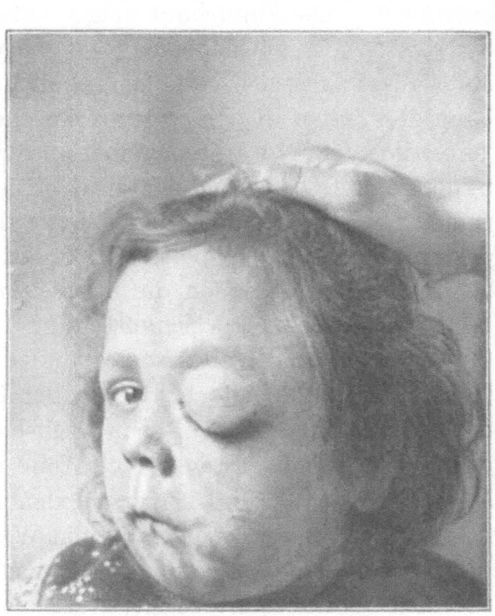

Abb. 60. Vollkommene totale halbseitige Gesichtshypertrophie.

obachten konnte, die betroffene (linksseitige) Gesichtshälfte mit scharfer Abgrenzung in der Medianlinie erheblich verdickt und von weicher, schlaffer Beschaffenheit, so daß die ganze Gesichtshälfte ein lappiges Aussehen gewinnt. Das Oberlid ist gleichmäßig wulstig verdickt und in seinen Durchmessern bedeutend vergrößert, teigig-weich und hängt nach Art der Ptosis über das Unterlid herab, an dem die Hypertrophie nur in geringerem Grade entwickelt ist. Auch der Tarsus des Oberlides erschien palpatorisch etwas verdickt. Im Verhältnis zum Oberlide und zur Wange war die Stirnhaut bis zur behaarten Kopfgrenze nur leicht diffus verdickt. Die scharfe Abgrenzung zwischen der hypertrophischen und der normalen Gesichtshälfte in der Medianlinie zeigte sich besonders an der Oberlippe, wo die rechte und linke Hälfte durch eine tiefe lange Furche, ein stark entwickeltes Filtrum, voneinander getrennt waren (s. Abb. 59). Nirgends waren Knoten oder Stränge fühlbar. Die Hypertrophie der linken Gesichtshälfte betraf noch die Mundschleimhaut der linken Wange, die an einzelnen Stellen buckelförmige Erhebungen aufwies, manchmal von der Größe einer Kastanie. Das Röntgenbild zeigte eine gleichmäßige Verbreiterung des linken Gesichts- und Kopfskeletts, wobei die Gesichtsöffnung der linken Augenhöhle ungefähr um $^1/_3$ gegenüber der rechten vergrößert war. In anderen von v. MICHEL beobachteten Fällen war der Tarsus wenig entwickelt. Die Bindehaut zeigte entsprechend der hypertrophischen Seite zahlreiche gewucherte Gewebszüge, die der Bindehautinnenfläche ein gyröses Aussehen verliehen, ähnlich den Wucherungen der Schleimhaut der Zunge in der hypertrophischen Hälfte. In einem Falle von THOMPSON (1890) waren bei einer ausgedehnten rechtsseitigen Gesichtshypertrophie Ober- und Unterlid in nahezu gleichem Grade verdickt, zugleich die rechte Kopfhälfte hypertrophisch und die rechte Hälfte der Zunge um das Doppelte vergrößert. FISCHER (1880) fand bei einem 7 Monate alten Knaben die linksseitige Hypertrophie der Weichteile und Knochen mit einer Schiefstellung der letzteren, besonders des Oberkiefers und des Stirnbeins, verbunden.

Die Beteiligung der Lider an der Gesichtshypertrophie ist in den einzelnen Fällen graduell sehr wechselnd und dabei, wie eingangs erwähnt wurde, die übrigen Weichteile und das Knochengerüst in verschiedenem Grade und in verschiedener Ausdehnung mitbetroffen. So waren nach einer Beobachtung von WERNER (1904) bei einer schon bei der Geburt bemerkten starken Entwicklung der linken Gesichtshälfte von den Weichteilen Wange, Nase und Lippen betroffen und an den Lidern war nur der linke laterale Lidwinkel von einem mächtigen Wulste überlagert. Zugleich waren noch Zunge, Gaumensegel, Uvula und Tonsille hypertrophisch. Während im unteren Gesichtsabschnitt nur die Weichteile hypertrophisch waren, betraf im oberen Gesichtsabschnitt die Hypertrophie vorzugsweise das Knochengerüst. Die Differenz in der Größe der Kopfhälften begann an den Processus mastoidei und in der Mitte beider Scheitelbeine und umfaßte das Jochbein, den Ober- und Unterkiefer, sowie die Zähne. In diesem Falle war nur der äußere Lidwinkel beteiligt, in anderen Fällen ist nur das Unterlid hypertrophisch. Es kann also die Hypertrophie des Oberlids, die in der Regel am stärksten ausgebildet ist, ganz fehlen oder nur schwach entwickelt sein. In einer von CAGIATI mitgeteilten Beobachtung (1907) war links nur die Wangengegend viel fleischiger als rechts und zugleich der Unterkiefer, besonders der Angulus, stärker entwickelt. Ferner war links das Zahnfleisch dicker und umfangreicher, die Zungenhälfte größer, der Gaumenbogen tiefer gestellt und die Mandel hypertrophisch. Eine angeborene ungemein entstellende Hyperplasie der linken Gesichtshälfte beobachtete PASSAUER (1866) bei einem 11 jährigen Knaben mit normaler Schädelbildung. Die linke, stärker gerötete Wange stellte eine halbkuglige, nach unten verzogene Geschwulst dar von gleichmäßig praller elastischer Konsistenz. Diese Anschwellung verlor sich nach oben zu in das Unterlid, die Schläfengegend und den oberen Teil der Nase, nach unten zu in die Oberlippe, das Kinn und die obere Halsgegend. Eine scharfe Begrenzung war an der Oberlippe zwischen links und rechts durch eine von der Nasenscheidewand aus verlaufende starke Verlängerung der unter der Mitte der Nase entspringenden normalen Furche ausgesprochen, die auch bedeutend nach rechts abbog. Die Anschwellung war an der Unterlippe erheblicher als an der Oberlippe. Die Zunge wurde in der Medianlinie schief nach rechts herausgestreckt und war ihrer Länge nach in zwei ungleichmäßige Teile geschieden, indem der linke dicker und länger als der rechte war. Ferner waren die Zähne der linken Seite bedeutend größer (so hatte der obere Eckzahn die Gestalt eines Backenzahns) und standen weiter auseinander, während die normalen Zähne der rechten nahe zusammen standen.

Im Gegensatze zu diesen Fällen von geringer oder fehlender Beteiligung der Lider kann sich die Hypertrophie auf das Oberlid und die Schläfengegend beschränken, wobei Unterlid und Wange nahezu oder gänzlich frei bleibt, wie in den Fällen von GOLDZIEHER (1898), ROSENMEYER (1906) und GINSBURG (1899). In dem GINSBURGschen Falle erstreckte sich die angeborene Verdickung des Oberlides auf die linke Stirnhälfte bis zur Glabella. Die Knochen waren unbeteiligt. v. MICHEL sah eine lediglich auf das rechte Oberlid beschränkte Hypertrophie als Ausdruck der in Rede stehenden Veränderung. Manchmal erscheint dieselbe etagenartig ausgebildet, wie in dem Falle von SNELL und TREACHER-COLLINS (1903) bei einem 10 jährigen Knaben. An drei Stellen der linken Gesichtshälfte war eine Hypertrophie in Form je eines Wulstes von verschiedener Stärke vorhanden, nämlich eine Verdickung des Oberlides, der Wangengegend unmittelbar unter dem Unterlide und der unteren Hälfte der Wangengegend nebst Oberlippe. Die beiden letztgenannten Wülste waren durch eine tiefe Furche voneinander geschieden. Auch die Schläfengegend samt den Knochen war hypertrophisch, ebenso die Rachenschleimhaut und die oberen Alveolen der linken Seite.

Nicht selten finden sich Kombinationen mit einem Rankenneurom teils im Oberlide, teils in der Augenhöhle. So war in dem Falle von SNELL und TREACHER-COLLINS (1903) entsprechend der temporalen Hälfte des Oberlides in der Augenhöhle eine knoten- und strangförmige Masse durchzufühlen. In dem Falle von Rosenmeyer (1906) zeigte sich bei der Operation der linksseitigen Hypertrophie des Oberlides, der Schläfe und der Wange, daß die Hauptmasse der Geschwulst aus weißen Strängen bestand, die sich in der Augenhöhle verzweigten. Sachsalbers (1898) Beobachtung betrifft eine linksseitige Gesichtshypertrophie mit Verdickung des Ober- und Unterlides bei einem 7 jährigen Kinde. Der Umfang der Augenhöhle war bedeutend vergrößert und eine in ihrem oberen Teile sitzende Geschwulst wölbte das Oberlid halbkuglig vor. In der knöchernen äußeren Orbitalwand fühlte man zwei unregelmäßige Defekte. Längs des Jochbogens fand sich ein breiter, teigig-weicher Wulst, der die Schläfengegend vorwölbte und in dem Stränge durchzufühlen waren. Von solchen war auch die ganze Augenhöhle durchzogen. Sutherland und Mayou (1907) fanden bei einem 6 jährigen Knaben mit rechtsseitiger Gesichtshypertrophie und Beteiligung der Knochen eine strangartige Verdickung der Verzweigungen des III. Astes des N. trigeminus. Endlich wurde eine Kombination von angeborener halbseitiger Gesichtshypertrophie mit allgemeinem Riesenwuchse beobachtet.

Was die Farbe der Haut der hypertrophischen Gesichtshälfte anlangt, so kann sie bald normal, bald stark pigmentiert sein, wie v. Michel dies an der Schläfenhaut beobachtete (s. S. 219). Dieselbe kann auch mit dichten dunklen Wollhaaren besetzt sein (Lezius 1899). In den Fällen von Goldzieher (1898) und Ginsburg (1899) war die Augenbraue auf der hypertrophischen Seite stark entwickelt, es bestand eine sogenannte Löwenbraue, die in der Beobachtung Ginsburgs bis zur Jochbeingegend reichte. Manchmal finden sich Naevi an anderen Körperstellen (Levin 1884).

Von seiten des Auges ist die Kombination mit Hydrophthalmus so häufig, daß diese Erkrankung fast untrennbar von dem klinischen Bilde der halbseitigen Gesichtshypertrophie erscheint. Ein Hydrophthalmus war in den Fällen von Sachsalber (1898), Sutherland-Mayou (1907), Lezius (1899) und Cagiati (1907) gleichzeitig entstanden; nur Rosenmeyer (1906) gibt an, daß in seiner Beobachtung die Hypertrophie des linken Oberlids schon bei der Geburt vorhanden war, dagegen der Hydrophthalmus erst im Alter von $3 \frac{1}{2}$ Jahren bemerkt wurde. In den Fällen, in denen sich eine Atrophie des Augapfels entsprechend der erkrankten Seite findet, wie bei Snell und Treacher-Collins (1903), ist diese wohl als Folgezustand eines früheren Hydrophthalmus anzusehen, wie dies auch in dem auf S. 219 abgebildeten Falle von v. Michels festgestellt wurde.

Vereinzelt wurde eine hochgradige Kurzsichtigkeit entsprechend der hypertrophischen Gesichtshälfte beobachtet und im Falle GINSBURGS (1899) ein Mikrophthalmus mit Iriskolobom nach unten bei gleichzeitiger Bewegungsbeschränkung des Auges nach oben. Die Bindehaut- und Ciliarnerven können an der Neurofibromatose mitbeteiligt sein: v. MICHEL sah bei ausschließlicher Hypertrophie des rechten Oberlides einen graurötlich durchscheinenden Strang der Skleralbindehaut, der 8 mm vom temporalen Hornhautrande entfernt, parallel zu demselben gelagert war und aus perlschnurartig dicht aneinander gereihten kleinen Knötchen bestand. Mikroskopisch erwiesen sich dieselben als kleine Fibrome eines größeren Nerven der Skleralbindehaut. SUTHERLAND und MAYOU (1907) fanden am Hornhautrande eines buphthalmischen Auges weiße Stränge, die sie als verdickte Ciliarnerven auffaßten. Nach TREACHER-COLLINS und RAYNER BATTEN (1905) zeigten die Ciliarnerven eine geringe Wucherung des Perineurium, Frau MICHELSOHN-RABINOWITSCH (1906), die den SIEGRISTschen Fall untersuchte, fand an fast sämtlichen Ciliarnerven eine bedeutende Wucherung des Perineurium von muschelschalenartig geschichtetem Bau mit vereinzelten Blasenzellen. Auch das Endoneurium war an manchen Stellen merklich gewuchert. In bestimmten Nervenästen ließen sich degenerative Prozesse, Verlust der Markscheiden, nachweisen.

Die sonstigen Erscheinungen der halbseitigen Gesichtshypertrophie sind: einseitige Makrosomie der Zunge, der Wangenschleimhaut, der Tonsille und des Gaumens mit entsprechenden Wucherungen der Schleimhaut; ferner abnorme funktionelle und subjektive Störungen entsprechend der hypertrophischen Seite, nämlich anhaltender lästiger Speichelfluß (FRIEDREICH 1863 und ZIEHL 1883), hellgelber Ausfluß aus dem Ohre bei ungestörtem Gehör, übermäßige Talgdrüsenabsonderung (FRIEDREICH 1863), öfters stärkere Röte der Wange (FRIEDREICH 1863, PASSAUER 1866), Lähmung der Muskulatur (PASSAUER 1866), Entartungsreaktion der Gesichtsmuskulatur (v. MICHEL), abnormes Wärmegefühl (FRIEDREICH 1863) und Anfälle von Zahnschmerzen (FRIEDREICH 1863).

Bezüglich des Verlaufs ist zu bemerken, daß die Hypertrophie entsprechend dem allgemeinen Körperwachstum ausnahmslos zunimmt, wobei jedoch, wie aus der obigen Darstellung hervorgeht, die Beteiligung der verschiedenen Abschnitte und Gewebe der befallenen Gesichtshälfte eine ganz ungleiche sein kann. In der weitaus überwiegenden Zahl der Fälle ist die Hypertrophie schon bei der Geburt deutlich bemerkbar.

Die Entstehung der halbseitigen Gesichtshypertrophie, die als

Mißbildung aufzufassen ist, muß in die erste Fötalperiode verlegt werden (CAGIATI 1907) und ist als Entwicklungsstörung des Mesenchym zu betrachten. Unwahrscheinlich ist die Annahme, daß die halbseitige Gesichtshypertrophie durch eine Läsion des Nervensystems in dem erkrankten Gebiete hervorgerufen werde (sogenannte neurotische Theorie); denn die Hypertrophie entspricht nicht immer dem Versorgungsgebiet eines Nerven und insbesondere ist das sprunghafte Befallensein der verschiedenen Teile der neurotischen Theorie abträglich. Die Bindegewebswucherungen an den Nerven sind als Teilerscheinung, nicht als Ursache der Hypertrophie aufzufassen.

Makroskopisch ist, insbesondere bei gleichzeitigem Rankenneurom der Augenhöhle, in einer Reihe von Fällen ein Gewirr miteinander anastomosierender und vielfach gewundener Stränge von verschiedenster Dicke nachweisbar. Nach SACHSALBER (1898) hatten die peripher in der Lidhaut gelegenen Stränge das Kaliber von dünneren und dickeren Seidenfäden; diese Veränderungen waren am Oberlide weit ausgedehnter als am Unterlide, zu dem nur wenige ganz dünne Stränge hinzogen. Gleichzeitig war die ganze Augenhöhle von Strängen durchsetzt. In dem Falle v. MICHELS von ausschließlicher Hypertrophie des rechten Oberlides wurden bei der Operation in der temporalen Hälfte sowohl in der Subcutis als unmittelbar unter der Übergangsfalte ein Konvolut von weißgrauen Strängen von der Dicke eines Nähfadens angetroffen.

Über Sektionsbefunde berichten FRIEDREICH (1863) und CAGIATI (1907). In dem FRIEDREICHschen Falle, der mit reichlichem rechtsseitigen Speichelflusse bei rechtsseitiger Gesichtshypertrophie einherging, war das rechte Felsenbein hypertrophisch, dicker, prominenter und an der Oberfläche mit gröberen Höckern versehen als das linke. CAGIATI fand bei einer linksseitigen Gesichtshypertrophie eine Hypertrophie der linken Herzkammerspitze und Hypertrophie sämtlicher Blutgefäße der betroffenen Seite. Auch die linke Lunge und Niere waren stärker entwickelt. Die Gefäße des Zentralnervensystems erschienen unbeteiligt.

Mikroskopisch handelt es sich im wesentlichen um eine Hyperplasie des Bindegewebes in Form einer diffusen Fibromatose der Cutis und Subcutis, vorzugsweise aber um eine Wucherung des Peri- und Endoneuriums der cutanen und subcutanen Hautnerven, demnach um eine peri- oder endoneurale Fibrombildung, die bei Beteiligung gröberer subcutaner Äste als größere und kleinere Stränge sogar schon palpatorisch nachweisbar sind. Die Wucherung der cutanen Äste vermehrt die Verdickung der Cutis beträchtlich, wobei die perineurale Fibro-

matose den Hauptanteil hat (s. Abb. 61). In einem excidierten Stücke
aus dem hypertrophischen Oberlide des auf S. 219, Abb. 60, abgebildeten
Falles fand sich an den cutanen und subcutanen Hautnerven eine hochgradige, jedoch nicht an allen Stellen gleich starke Wucherung des Perineuriums (s. Abb. 61 *NNNN*). Im allgemeinen waren die gewucherten
Bindegewebsfibrillenbündel konzentrisch um feinere Nerven gelagert,

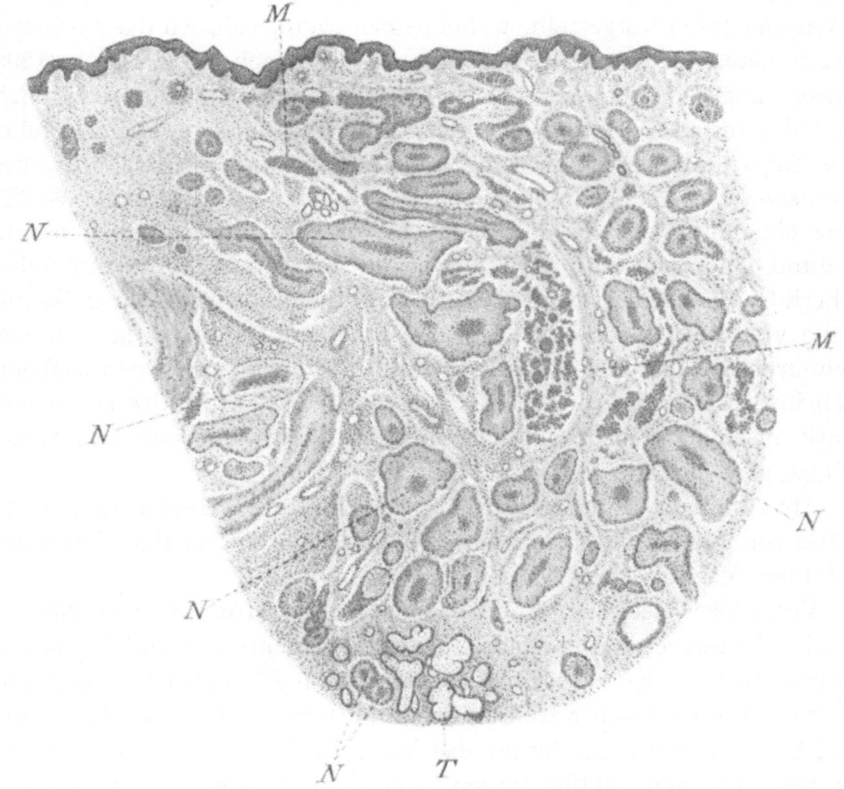

Abb. 61. Sagittaler Schnitt durch ein excidiertes Stück aus einem hypertrophischen Oberlide. Vergr. 1:20.
NNNN Wucherung des Perineuriums von Hautnerven; *M* Muskelbündel des Orbicularis; *T* Tarsaldrüsen.

dabei erschien die Nervensubstanz normal. Auffällig war nicht bloß
die ungemein große Zahl der fibromatös veränderten Nerven, sondern
auch die Tatsache, daß die Erkrankung der Nerven sich selbst innerhalb der Muskelbündel des Orbicularis (s. Abb. 61 *M*) und im Tarsus
in unmittelbarer Nähe der Tarsaldrüsen (s. Abb. 61 *T*) ausgebreitet
hatte. Hand in Hand damit ging eine mäßige diffuse Bindegewebsneubildung in der Cutis und Subcutis. Mit der Wucherung des Perineuriums kann sich eine solche des Endoneuriums verbinden (SNELL
und TREACHER-COLLINS 1903), diese aber auch allein vorhanden sein,

wie v. MICHEL es in einem Falle feststellte. CAGIATI (1907) fand eine Hyperplasie des Epi-, Peri- und Endoneuriums der Nerven innerhalb des intramuskulären Bindegewebes und bei der Sektion außerdem Wucherungen an den Nervenstämmen und den Ganglien des Sympathicus. In anderen Fällen wurde ausschließlich eine mächtige Hypertrophie des Fett- und Bindegewebes mit geringer Beteiligung der Muskulatur (BECK 1856) oder eine Vermehrung und Erweiterung der Lymphgefäße (WERNER 1904) festgestellt, wobei jedoch wahrscheinlich das Verhalten der feineren Nerven nicht beachtet wurde. Nach SACHSALBER (1898) waren, abgesehen von den pathologisch veränderten Nervenbündeln und der diffusen Fibromatose der Haut, die bindegewebigen Hüllen der Talg- und Schweißdrüsen stark verdickt und zahlreich strahlten Bindegewebszüge in ihre Umgebung aus. Die Adventitia der Gefäße war ebenfalls verdickt, mitunter sklerotisch. Ungewöhnlich ist der Befund DE VINCENTIIS' (1897), wonach bei einem hypertrophischen Oberlide die Verdickung des Lides im wesentlichen auf einer Neubildung von meist marklosen Nervenfasern beruhte, die, in gewundenen Schnüren oder parallelen Bündeln von der Brauengegend herabziehend, sich in der Haut und im Tarsus verbreitet, die Fasern des Orbicularis stark auseinander gedrängt und nach der Haut zu verschoben hätten (TREACHER-COLLINS und RAYNER BATTEN 1905).

Als zufälliger Befund ist wohl eine kleinzellige Infiltration in der Nähe von ausgedehnten und mit degenerierten epithelialen Elementen gefüllten MEIBOMschen Drüsen anzusehen.

Vergleichsweise sei in Kürze das von SOPHIE HORNSTEIN (1893) mitgeteilte Untersuchungsergebnis eines auf das rechte Ohr und die rechten Extremitäten sich erstreckenden halbseitigen Riesenwuchses erwähnt. Weitaus am stärksten waren an der bindegewebigen Hyperplasie Cutis und Subcutis beteiligt, ferner das Epi-, Peri- und Endoneurium der Nerven. Von den Gefäßen waren besonders die Arterien erweitert, ihre Wand verdickt. Auch innerhalb der Muskelbündel war das Bindegewebe wesentlich verdickt.

Schließlich sei noch des Verhältnisses der Neurofibrome der Ciliarnerven zum Hydrophthalmus und deren möglichen Einwirkung auf seine Entstehung gedacht. Frau MICHELSOHN-RABINOWITSCH (1906) hat die Meinung ausgesprochen, daß durch eine Lähmung der in den erkrankten Ciliarnerven enthaltenen Gefäßnerven eine allgemeine Hyperämie der Augenhäute, infolge davon eine vermehrte Absonderung und ein verstärkter Abfluß von Kammerwasser eintrete. Die chronische vermehrte Durchströmung des Ligamentum pectinatum und des SCHLEMMschen Kanals mit vielleicht verändertem Kammerwasser veranlasse eine Verklebung und Verdickung des Kammerwinkels, wodurch es zur intraokularen Drucksteigerung und zur Entwicklung eines Hydrophthalmus komme. Zu dieser lediglich hypothetischen Ansicht sei bemerkt, daß beim Hydrophthalmus der SCHLEMMsche Kanal in der Regel vermißt wird. Im Hinblick auf die oben erwähnte Auffassung der einseitigen Neurofibromatose als einer Störung des Mesenchyms betrachtet v. MICHEL die Fibromatose der Ciliarnerven und den Hydrophthalmus als koordinierte Vorgänge und die Entstehung des letzteren wäre im Sinne einer primären Fibromatose des Kammerwinkels mit sekundärer intraokularer Drucksteigerung zu erklären. Je nach dem Sitze der Neurofibromatose kann daher auch der Hydrophthalmus fehlen, anderseits könne das Vorhandensein eines solchen ohne weitere Erscheinungen der Fibromatose als einzige Äußerung derselben gedeutet werden.

In diagnostischer Beziehung ist zu bemerken, daß Verwechslungen eines Neurofibroms mit einem Lymphangiom (ROSENMEYER 1906) und einem malignen Tumor (SIEGRIST 1905) der Orbita vorgekommen sind; von letzterem wurde angenommen, daß er die äußere Orbitalwand perforiert hätte und in die Fossa temporalis gewuchert wäre. Das angeborene oder frühzeitige Auftreten, das langsame Wachstum, das einseitige Befallensein, die teigig-weiche Beschaffenheit der Geschwulst, das Durchfühlen von Strängen und das gleichzeitige Bestehen eines Buphthalmus und eines Exophthalmus sind hinreichende Anhaltspunkte, um die sichere Diagnose des Neurofibroms im allgemeinen und seiner verschiedenen Formen mit ihren Übergängen im besonderen zu begründen.

Die Behandlung der verschiedenen Formen des Neurofibroms ist eine operative und besteht in partiellen Excisionen, die in mehreren Sitzungen vorzunehmen sind, wobei eine vollkommene Entfernung ausgeschlossen ist. Eine Wucherung der zurückgebliebenen Geschwulstteile tritt in der Regel nicht ein. Vorzugsweise wird sich die Behandlung auf das Oberlid zu beschränken haben; sie besteht in möglichst subcutaner Entfernung der hauptsächlich gewucherten Partien. Die bindegewebig veränderten größeren subcutanen Nerven müssen herauspräpariert und entfernt werden, da sonst Rezidive zu befürchten sind. Die durch die Excision hervorgerufenen Defekte sind unter Umständen plastisch zu decken.

Mischgeschwulst. Einen wohl einzig dastehenden Fall von Mischgeschwulst der Lidhaut beschreibt WICK (1920) bei einem 27jährigen Manne. Dieselbe war im Verlaufe von $1^1/_2$ Jahren bis zu 1 cm Durchmesser gewachsen und zeigte an ihrer Kuppe unter einer fibrinartigen Deckhaut ein weißes, markig aussehendes derbes Gewebe, so daß die klinische Diagnose zwischen Carcinom, Fibrom, Endotheliom und Mischgeschwulst schwankte. Mikroskopisch erwies sich der Tumor als Fibro-Chondro-Epitheliom, wobei allerdings auch histologisch eine Entscheidung zwischen Epitheliom und Endotheliom nicht sicher zu treffen war. Ihrem histologischen Bau nach war die Neubildung als gutartig zu betrachten.

Literatur zu §§ 74—83.

1856 BECK: Med. Annal. v. PUCHELT, CHELIUS u. NAEGELE. S. 84.

1863 FRIEDREICH: Über kongenitale halbseitige Kopfhypertrophie. Virchows Arch. f. pathol. Anat. u. Physiol. Bd. 28.

1865 DUBOIS: Naevus mollusciformis. Ann. d'oculist. T. 34, p. 267.

1866 PASSAUER: Angeborene Hyperplasie der linken Gesichtshälfte. Virchows Arch. f. pathol. Anat. u. Physiol. Bd. 37, S. 410.

1870 BILLROTH, O.: Über das Rankenneurom. Arch. f. klin. Chirurg. Bd. 4. — BRUNS, PAUL: Das Rankenneurom. Inaug.-Diss. Tübingen. — DOBRZYCKI: Teleangiectasia palpebrae inferioris. Klin. Monatsbl. f. Augenheilk. Bd. 8, S. 147. — GUÉNIOT: Naevus hypertrophicus de la région fronto-sourcilière droite chez un enfant de 2 ans. Gaz. des hôp. p. 363 et 590. — TALKO, J.: Teleangiectasia s. tumor erectilis palpebrae superioris geheilt durch Ligatur. Berichte der kaukas. med. Ges. Nr. 10.

1871 GIRAUD-TEULON: Tumeur érectile à l'angle interne. Gaz. des hôp. p. 362. — HOGG: Pedunculated erectile epithelial growth from the upper eyelid. Transact. of the pathol. soc. of London. T. 21, p. 349. — HORNER, F.: Fibroma molluscum des oberen Lides. Klin. Monatsbl. f. Augenheilk. S. 1. — MONOYER: Guérison d'une tumeur érectile (de la paupière inférieure) par la galvanocaustique-chimique. Gaz. des hôp. p. 441.

1873 HOFMOKL: Ausgebreitete Teleangiectasie am linken oberen Augenlide bei einem 1¹/₂jährigen Kinde. Heilung durch Punktur mit glühenden Nadeln. Wien. med. Presse Nr. 46.

1874 HIRSCHBERG: Klinische Beobachtungen. S. 1—5, 86 u. 87. — PLANTEAU: Kyste congénital de la paupière inférieure. Bull. de la soc. anat. p. 186. — RICHET: Sur un kyste dermoïde. Recueil d'ophtalmol. p. 147.

1875 MICHEL: Krankheiten der Augenlider. Dieses Handbuch Kap. IV, 1. Aufl.

1878 BECK, TH.: Die Elephantiasis des oberen Augenlides. Inaug.-Diss. Basel. — KNAPP, H.: Zur operativen Behandlung der Gefäßgeschwülste der Augenlider und des vorderen Augenhöhlenabschnittes. Arch. f. Augen- u. Ohrenheilk. Bd. 6, 1. S. 38.

1879 BULL, C. S.: Encysted tumours of the eyelids and vicinity. Americ. Journ. of med. science Phila. T. 77, p. 394. — WALZBERG, TH.: Elephantiasis des Oberlides. Klin. Monatsbl. f. Augenheilk. S. 439.

1880 BULL, C. S.: Über Gefäßgeschwülste des Auges. Bericht über die am 22. u. 23. Juli 1880 in Newport abgehaltene Vers. d. amer. ophthalmol. Ges. v. H. Knapp. — FISCHER: Der Riesenwuchs. Dtsch. Zeitschr. f. Chirurg. Bd. 12, S. 1. — RENÉ, A.: Traitement des tumeurs érectiles des paupières et de la conjonctive par l'électrolyse positive. Gaz. des hôp. T. 53, p. 58 et 92.

1881 CARRÉ: Kystes dermoïdes péri-orbitaires; observation d'un kyste de la tête du sourcil. Gaz. d'ophtalmol. No. 8, 9 et 1882 No. 7. — CORNWELL: A dermoid encysted tumor of the eyelid. Med. Record p. 946. — LOGETSCHNIKOFF, S. N.: Ein seltener Fall von Elephantiasis palpebrarum. Med. Rundschau. Juni. — Talko: Les lipomes diffuses des paupières supérieures; les kystes séreux congénitaux de l'orbite, au dessous de la paupière inférieure avec la microphtalmie coïncidente; le développement anormal des poils sur la surface conjonctivale des deux paupières de l'oeil droit. Congrès périod. internat. zu Mailand. Cpt. rend. p. 127.

1882 Gross: Un cas d'éléphantiasis congénital des paupières et de la région temporale. Rev. méd. de l'est T. 14, p. 321, 361, 401. — Humbert: Tumeur érectile de la paupière supérieure droite chez un enfant de 8 mois. Rev. de thér. No. 12. — Recklinghausen, F. v.: Über die multiplen Fibrome der Haut und ihre Beziehung zu den multiplen Neuromen. Festschrift zu Ehren Virchows. 138 S. Berlin. — Weinlechner: Die Behandlung der Angiome. Wien. med. Blätter Nr. 38 u. 39.

1883 Horroks: Facial, conjunctival and retinal naevus. (Ophthalmol. soc. of the Unit. Kingdom.) Lancet T. 2, No. 3. — Poncet, F.: Tumeur dermoïde congénitale de l'oeil. Gaz. méd. de Paris. p. 211. — Richet: Tumeur érectile de la paupière. Recueil d'ophtalmol. p. 12. — Ziehl: Ein Fall von kongenitaler halbseitiger Gesichtshypertrophie. Virchows Arch. f. pathol. Anat. u. Physiol. Bd. 91, S. 92.

1884 Levin: Studien über die bei halbseitigen Atrophien und Hypertrophien, namentlich des Gesichts, vorkommenden Erscheinungen mit besonderer Berücksichtigung der Pigmentation. Charité-Ann. Bd. 9.

1885 Csapodi: Angeborene Hypertrophie des oberen Lides. Pest. med.-chirurg. T. 21, p. 50. — Fuchs, E.: Angiome de la face et des paupières guérie par l'électrolyse. Soc. méd.-chirurg. de Liége. Févr. — Porywaeff: Zur Kasuistik der Augenlidgeschwülste. Westnik oftalmol. T. 2, p. 216. — Voss, J.: Cysten der Oberlider. Norsk. magaz. f. lägevid forhandl. p. 73.

1886 Armaignac, H.: Sur les naevi de l'oeil et des parties voisines. Rev. clin. d'oculist. p. 73. — Dujardin: Formation kystique bilobée. Journ. de méd. de Lille. No. 17. — Fröhlich, C.· Über Galvanokaustik. Arch. f. Augenheilk. Bd. 16, 1, S. 17.

1887 Gauron: Traitement des tumeurs érectiles de la paupière par la cautérisation avec le cautère Paquelin. Normandie méd. Rouen. T. 3, p. 113. — Lemoine: Observation de tumeur variqueuse de la paupière supérieure. Cautérisation ignée; guérison. Recueil d'ophtalmol. p. 416.

1888 Gayet: Tumeur érectile de la paupière supérieure. Province méd. Lyon. T. 3, p. 17. — Mules: Lymphomatous naevus and other lymphatic derangements of the eye and its appendages. Bericht des VII. internat. Ophthalmologenkongresses zu Heidelberg. S. 467. — Venneman, E.: Tumeur érectile de l'angle interne de l'orbite. Rev. méd. Louvain. T. 7.

1889 Alt, A.: Teratoma of the left upper lid near the punctum lacrymale. Americ. Journ. of ophthalmol. p. 36. — Derselbe: Cases of congenital tumor. Large cavernous tumor of left upper lid. Americ. Journ. of ophthalmol. T. 6, p. 33. — Van Duyse: Éléphantiasis de la paupière supérieure. Ann. d'oculist. T. 102, p. 157.

1890 Chisolm, J.: Eine variköse Geschwulst des unteren Lides, unsichtbar bei aufrecht gehaltenem, sehr groß bei gesenktem Kopfe. Arch. f. Augenheilk. Bd. 22, S. 261. — Kiwull: Ein Beitrag zur Kasuistik der kongenitalen halbseitigen Gesichtshypertrophie. Fortschr. d. Med. Bd. 8. — Rumschewitsch: Zur Onkologie der Lider. Klin. Monatsbl. f. Augenheilk. S. 387. — Tatham Thompson: Case of unilateral facial hypertrophy with hypertrophic ptosis. Transact. of the ophthalmol. soc. of the Unit. Kingd. T. 10, p. 56.

1891 de Schweinitz: Neuroma of the right upper eyelid and adjacent temporal region. Transact. of the Americ. ophthalmol. soc. 27. meeting. p. 48.

1892 Bock, E.: Angioma cavernosum oculi. Zentralbl. f. prakt. Augenheilk. Sept. S. 261. — Braunschweig: Mikrophthalmos. (Verein d. Ärzte in Halle a. S.) Münch. med. Wochenschr. S. 371. — Chevallereau: Cyste dermoïde à parois osseuses et à contenu pierreux. Recueil d'ophtalmol. p. 108. — Gorand: Trois cas d'éléphantiasis de la paupière. Ann. de la policl. de Bordeaux. No. 9. Ref. Rev. génér. d'ophtalmol. p. 470. — HOHENBERGER, A.: Pigmentnaevus des Augenlides mit beginnender sarkomatöser Degeneration. Graefes Arch. f. Ophthalmol. Bd. 38, 2, S. 140.

1893 HORNSTEIN, SOPHIE: Ein Fall von halbseitigem Riesenwuchs. Virchows Arch. f. pathol. Anat. u. Physiol. Bd. 131. — LEBER: Präparate von plexiformen Neuromen. Bericht über die 23. Vers. d. ophthalmol. Ges. zu Heidelberg. S. 228. — MARCHAND, R.: Das plexiforme Neurom (zylindrische Fibrom der Nervenscheiden). Virchows Arch. f. pathol. Anat. u. Physiol. Bd. 70, 1, S. 36. — DE VINCENTIIS: Elefantiasi molle delle palpebre. Linfangioma della congiuntiva palpebrale. Ann. di ottalmol. T. 22, p. 537.

1895 BECKER, M.: Beitrag zur Kenntnis der Augenlidtumoren. Graefes Arch. f. Ophthalmol. Bd. 41, 3, S. 169. — CABANNES: Angiome palpébral. Journ. de méd. de Bordeaux. 22. déc. — DE VINCENTIIS: Un' operazione per elefantiasi della palpebra superiore. Atti dell' XI. Congresso Medico Internat. Roma. T. 6, p. 25.

1896 KROMAYER: Zur Histogenese der weichen Hautnaevi. Dermatol. Zeitschr. Bd. 3. — VAN MOLL: Behandlung der Angiome der Augenlider und der Augenhöhle. Niederl. Ges. f. Ophthalmol. Sitzung vom 13. Dez. 1896. Ref. Ann. d'oculist. T. 107, p. 56.

1897 BRUNS, LUDWIG: Die Geschwülste des Nervensystems. Berlin: S. Karger. — DE VINCENTIIS: Elefantiasi della palpebra superiore sinistra e fibromi mollusci. Elephantiasis neuromatodes della palpebra superiore destra con occhio atrofico pulsante da specioso aneurysma arterio-venoso dell' orbita. Lavori della clin. ocul. d. R. Univ. di Napoli. T. 5, p. 41 ed 65.

1898 GOLDZIEHER: Fibrom des Oberlides, verbunden mit Riesenwuchs der Haut und Asymmetrie des Gesichts. Zentralbl. f. prakt. Augenheilk. Juni. S. 174. — KATZ: Über das Rankenneurom der Orbita und des oberen Lides. Graefes Arch. f. Ophthalmol. Bd. 45, S. 158. — RUMSCHEWITSCH: Ein Fall von kavernösem Angiom des oberen Lides. Klin. Monatsbl. f. Augenheilk. S. 294. — SACHSALBER: Über das Rankenneurom der Orbita mit sekundärem Buphthalmus. Deutschmanns Beitr. zur prakt. Augenheilk. Bd. 27, S. 1.

1899 VAN DUYSE: Lymphangiome caverneux éléphantiasique de la paupière chez un nouveau-né. Arch. d'ophtalmol. T. 19, p. 273. — GINSBURG: Zur Kasuistik der Ptosis congenita. Westnik. Ophthalmol. p. 128. — HERMANN: Über chronisch entzündliche endotheliale Lidgeschwulst. Inaug.-Diss. Jena. — LEZIUS: Einseitiger angeborener Buphthalmus mit einseitiger angeborener Hauthypertrophie kompliziert. Inaug.-Diss. Jena. — SNEGIREW: Neurofibrom der Lid- und Kopfhaut. (Mosk. augenärztl. Ges. 21. Dez.) Westnik. ophthalmol. S. 151. — VELHAGEN: Ein Fall von Angioma lipomatodes am Auge. Klin. Monatsbl. f. Augenheilk. S. 253.

1901 BERL: Beitrag zum histologischen Baue der circumbulbären Dermoidcysten. Zeitschr. f. Augenheilk. Bd. 5, S. 126. — JUDALEWITSCH, G.: Histogenese der weichen Naevi. Arch. f. Dermatol. Bd. 58. — SEIFERT: Naevus mollusciformis. (Physik.-med. Ges. zu Würzburg.) Münch. med. Wochenschr. S. 1197. — UNNA, P. G.: Histologischer Atlas zur Pathologie der Haut. H. 5. Hamburg u. Leipzig, L. Voss.

1902 ABESSER: Über die Herkunft und Bedeutung der in den sog. Naevi der Haut vorkommenden Zellhaufen. Virchows Arch. f. pathol. Anat. u. Physiol. Bd. 166, H. 1.

1903 DUCLOS: Névrome pléxiforme de la paupière. Ann. d'oculist. T. 130, p. 276. — HANKE: Das Rankenneurom des Lides. Graefes Arch. f. Ophthalmol. Bd. 59, S. 315. — RIECKE: Zur Naevusfrage. Arch. f. Dermatol. u. Syphilis. Bd. 65, S. 65. — SNELL and TREACHER-COLLINS: Plexiform neuroma (elephantiasis neuromatosis) of the temporal region, orbita, eyelid and eyeball. Transact. of the ophthalmol. soc. of the Unit. Kingd. T. 33, p. 197.

1904 FRUGIUELE: Sul neuro-fibroma plexiforme orbito-tempero-palpebrale. Ann. di ottalmol. e lavori della clin. ocul. di Napoli. T. 33, p. 57. — LESSER: Lehrbuch der Haut- und Geschlechtskrankheiten. Bd. 1, S. 271. Leipzig: F. C. W. Vogel. — WERNER, R.: Kongenitale halbseitige Gesichtshypertrophie. Arch. f. klin. Chirurg. Bd. 75, S. 533.

1905 LASPEYRES: Angiolipom des Augenlides und der Orbita. Zeitschr. f. Augenheilk. Bd. 15, S. 527. — RHEINDORF: Naevus pigmentosus. Beziehungen desselben zu Sommersprossen und Chromatophoromen. Inaug.-Diss. Berlin. — SCIMEMI: Neuroma plexiforme delle palpebre. Ann. di ottalmol. T. 34, p. 329. — SIEGRIST: Elephantiasis mollis des linken oberen Lides sowie der Schläfen-Wangengegend und Hydrophthalmus congenitus. Bericht über die 32. Vers. der Ophthalmol. Ges. zu Heidelberg. S. 360. — STRAUSS: Das Rankenneurom mit besonderer Berücksichtigung seiner Pathogenese. Dtsch. Zeitschr. f. Chirurg. Bd. 83, S. 11. — TREACHER-COLLINS and RAYNER BATTEN: Neurofibroma of the eyeball and its appendages. Transact. of the ophthalmol. soc. of the Unit. Kingd. T. 25, p. 248.

1906 ALBRECHT: Ein Fall von Rankenneurom am oberen Augenlid. v. Bruns, Beitr. z. klin. Chirurg. und Inaug.-Diss. Leipzig. — BEARD und BROWN: Plexiformes Neurom der Orbita. Arch. f. Augenheilk. Bd. 56, S. 386. — HIRSCHBERG: Über das angeborene Lymphangiom der Lider, der Orbita und des Gesichtes. Zentralbl. f. prakt. Augenheilk. S. 2. — MICHELSOHN-RABINOWITSCH, Frau: Beitrag zur Kenntnis des Hydrophthalmus congenitus. (Hydrophthalmus und Elephantiasis mollis der Lider.) Arch. f. Augenheilk. Bd. 55, S. 245. — ROSENMEYER: Rankenneurom und Hydrophthalmus. Zentralbl. f. prakt. Augenheilk. März.

1907 CAGIATI: Klinischer und pathologischer Beitrag zum Studium der halbseitigen Hypertrophie. Dtsch. Zeitschr. f. Nervenheilk. Bd. 32. — v. MICHEL: Über halbseitige Gesichtshypertrophie. (Berliner Ophthalmol. Ges.) Zentralbl. f. prakt. Augenheilk. S. 269. — OGAWA: Über den Bau, die eintretenden Gefäße und das Wachstum der warzenförmigen Angiome der Haut. Virchows Arch. f. pathol. Anat. u. Physiol. Bd. 189, H. 2 u. 3. — SUTHERLAND and MAYOU: Neurofibromatosis of the fifth nerve with buphthalmos. Transact. of the ophthalmol. soc. of the Unit. Kingd. T. 27, p. 179. — WINTERSTEINER: Lidgeschwülste. Schwarz, Encyklopädie der Augenheilkunde.

1908 MARX: Ein Fall von multipler Neurofibromatose. Zeitschr. f. Augenheilk. Bd. 19, S. 528. — MEISSNER: Angiom des Oberlids. Zeitschr. f. Augenheilk. Bd. 20, S. 404. — v. MICHEL: Über Veränderungen des Auges und seiner Adnexe bei angeborenem Neurofibrom der Gesichtshaut. Bericht über die 35. Versamml. d. ophthalmol. Gesellsch. Heidelberg. S. 6. — RISLEY: Naevus removed by electrolysis. Ophthalmol. Rec. p. 204.

1909 CARLOTTI: Teleangiectasie de la paupière, de la conjonctive et de la rétine. (Soc. d'ophtalmol. de Paris.) Recueil d'ophtalmol. p. 39. — CANTONNET et DUVERGER: Naevus de la face avec vascularisation anormale de la conjonctive et de l'iris. (Soc. d'ophtalmol. de Paris.) Recueil d'ophtalmol. p. 38. — WEINSTEIN: Ein Fall von Buphthalmus mit kongenitaler Hypertrophie des Oberlides (Elephantiasis neuromatosa s. Neurofibroma congenit. palp. sup.). Klin. Monatsbl. f. Augenheilk. XLVII, Bd. 2, S. 577.

1910 KRAUSS: Ein Ganglionneurom des Lides. Ber. über d. 36. Vers. d. ophthalmol. Ges. S. 337. — MARCHI: Neuroma plessiforme della palpebra superiore. Ann. di ottalmol. T. 39, p. 65. — MEYERHOF: Plexiform angiofibroma of the eyelids. Ophthalmol. Rec. p. 281. — ODINZEW: Zur Kasuistik der Neurofibrome des Lides. (Moskauer ophthalmol. Ges. 24. II. 1909). Westnik Ophthalmol. 1910, p. 620.

1911 CAPAUNER: Behandlung der Lidkavernome mittels Kohlensäureschnee. Klin. Monatsbl. f. Augenheilk. XLIX, Bd. 2, S. 641. — PURTSCHER: Dermoidcysten des Oberlides mit Epidermis u. Schleimhautepithel. Graefes Arch. f. Ophthalmol. Bd. 80, S. 251. — ROHMER: Un cas de neuro-fibrome des paupières. Arch. d'oph-

talmol. T. 31, p. 451. — Sbordone: Sopra una rara formazione cistica della super-
ficie interna della palpebra superiore. Arch. di ottalmol. Vol. 19, fasc. 3, p. 228.

1912 Gabriélidès: Maladie de Recklinghausen avec localisation palpébrale.
Ann. d'oculist. T. 147, p. 105. — Velhagen: Eine seltene Form von Fibroma molluscum am Augenlid. Zentralbl. f. prakt. Augenheilk. S. 33.

1913 Krailsheimer: Ein Fall von Tumor vasculosus des Oberlids und zwei
Fälle von kavernösem Angiom der Unterlider. (Ver. d. Württemb. Augenärzte.)
Klin. Monatsbl. f. Augenheilk. LII, Bd. 1, S. 139. — Trubin: Zwei Fälle von Neu-
roma plexiforme des oberen Lides. Westnik Ophthalmol. p. 813.

1914 Lemere: Angioma of the lids and brow. Arch. of ophthalmol. T. 43,
No. 2.

1917 Elschnig, A.: Ein Fall von Rankenneurom. Münch. med. Wochenschr. S. 1212. Sitzungsbericht.

1919 Aschoff: Pathologische Anatomie. 4. Aufl. Jena: G. Fischer. — Fuchs,
A.: Über geteilte Naevi der Augenlider. Klin. Monatsbl. f. Augenheilk. Bd. 63, S.678.

1920 Caspar, L.: Die Behandlung der angeborenen Lidangiome mit Kohlen-
säureschnee. Klin. Monatsbl. f. Augenheilk. Bd. 65, S. 584. — Massey, G. B.:
Treatment of cavernous angiomata by electrolysis. Americ. Journ. of electrotherap.
a. radiol. T. 38, p. 1—3. — Riecke: Lehrbuch der Haut- und Geschlechtskrankheiten. 5. Aufl. Jena: G. Fischer. — Wick, W.: Eine seltene Lidgeschwulst (Fibro-
Chondro-Epitheliom). Klin. Monatsbl. f. Augenheilk. Bd. 65, S. 328. — Wirths, M.:
Beiderseitige Lidgeschwulst, kombiniert mit Geschwulstbildung der Oberlippe.
(Angiolipome der Lider. Schleimhautdrüsenhyperplasie der Oberlippe.) Zeitschr.
f. Augenheilk. Bd. 44, S. 176.

1921 Friboes: Grundriß der Histopathologie der Hautkrankheiten. Nachtrag.
Leipzig: F. C. W. Vogel. — Pomplun, F.: Über zwei Fälle von Rankenneurom des
Trigeminus mit Elephantiasis der Lider und Hydrophthalmus in einem der beiden
Fälle. Klin. Monatsbl. f. Augenheilk. Bd. 67, S. 242.

1922 Wagenmann, A.: Multiple Neurome des Auges und der Zunge. Bericht
der Dtsch. Ophthalmol. Gesellsch. Bd. 43, S. 282.

2. Erworbene Geschwülste (Blastome).

§ 84. Die erworbenen Geschwülste treten an der Lidhaut als
epitheliale und bindegewebige auf. Epitheliale Geschwülste,
Epitheliome, gehen mit einer Wucherung der Deckepithelien einher
und erscheinen als gutartige, homoiotypische, homologe, aus-
gereifte Tumoren in Form des Epithelioma molluscum, oder als
bösartige, heterotypische, heterologe, unreife Tumoren in Form des
Krebses, des Carcinoms. Die an der Lidhaut auftretenden Bindegewebsgeschwülste sind gleichfalls teils gutartiger (homoio-
typischer, homologer, reifer) Natur, teils bösartig (heterotyp,
heterolog, unreif). Es kommen folgende Arten zur Beobachtung:
Das Fibrom, das Lipom, das Rhabdomyom, das Xanthom,
das Endotheliom, das Peritheliom, das Sarkom, das Gliom,
das Lymphozytom (Lymphom), Lymphosarkom und das Plas-
mozytom (Plasmom). Übergänge zwischen diesen beiden Geschwulst-
arten bilden die papillären fibroepithelialen Geschwülste.

a) Epitheliome.

§ 85. Das Epithelioma molluscum, auch Epithelioma contagiosum und Molluscum contagiosum genannt. Geht man von der Definition aus, daß echte Geschwülste Wachstumsexzesse von autonomem Charakter sind (BORST), so darf das Molluscum contagiosum nicht zu diesen gerechnet werden. Seine Stellung im System ist noch zweifelhaft. Nach dem heutigen Stande unseres Wissens ist das Molluscum contagiosum als ein Wachstumsexceß hyperplastischer Art aufzufassen. Dasselbe stellt im Beginne ein nicht entzündliches, gerade noch hervorragendes, etwas glänzendes Knötchen von durchscheinendem Aussehen dar. Bei weiterem Wachstum bildet sich hieraus eine etwa erbsengroße halbkugelige oder leicht abgeplattete, warzenähnliche Erhebung von weicher Konsistenz und perlähnlichem Aussehen und Glanze. In der Mitte zeigt die Oberfläche eine kleine Delle oder trichterförmige Einziehung und ist mit durchscheinenden weißlichen bis graugelblichen Massen erfüllt. Bei leichtem seitlichen Druck entleert sich aus der zentralen Vertiefung ein zerklüftetes hornartiges Gebilde und bei stärkerem Druck eine mehr oder weniger konsistente, weißliche, gelappte Masse, wonach eine leicht blutende von überhängenden Rändern begrenzte, muldenartige Vertiefung zurückbleibt.

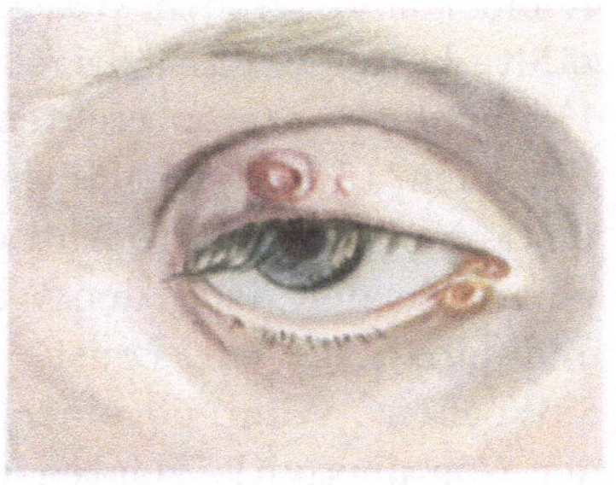

Abb. 62. Mollusca contagiosa der Lider. — 21jähriges Mädchen mit beiderseitiger Conjunctivitis catarrhalis und rechtsseitiger Blepharitis. Das große Molluscum am Oberlid besteht seit 1 Jahr, das am Unterlid seit ¼ Jahr; das dritte wurde seit etwa 2 Wochen bemerkt.

Der weitere Verlauf des Molluscum contagiosum ist in der Regel so, daß es nach mehrmonatigem und noch längeren beschwerdelosen Bestehen welk wird, vertrocknet und abfällt, wenn es nicht von seinem Träger abgekratzt wird und auf diese Weise verschwindet. Größere Epitheliome können vereitern und eine zuweilen gedellte Narbe bei der Heilung hinterlassen. Interessant ist die Beobachtung von CHURCH und DUCKWORTH (nach v. MICHEL), daß im Desquamationsstadium des Scharlachs eine spontane Abstoßung von Epitheliomen erfolgte. Rezidive sind nicht selten.

Das Epithelioma molluscum befällt fast ausschließlich das kindliche und jugendliche Lebensalter, als das früheste wird ein solches von 2 Monaten angegeben (HUTCHINSON, nach v. MICHEL), LAUBER (1913) beobachtete die Erkrankung noch bei einer 63jährigen Frau. Lieblingssitz der Epitheliome sind im Vergleiche zu anderen Körperstellen die

Augenlider, wobei die äußere Lidkante, und hier die nasale Hälfte,
bevorzugt wird. Häufiger erkrankt das Oberlid als das Unterlid, am
häufigsten ein Augenlidpaar, einseitig oder doppelseitig. Das Epitheliom
kann auf ein Lid beschränkt sein und bleiben. In einer Reihe von Fällen
werden zugleich andere Körperstellen befallen, so Augenlider und
Gesicht oder ein Augenlid und die oberen Extremitäten, oder in rascher
Aufeinanderfolge: Lippe, Kinn, Augenlider, Nacken. Die Zahl der
Epitheliome kann sehr groß sein. Bei einem 4jährigen Mädchen wurden
beispielsweise 107 im Gesicht gezählt und zwar 15 auf dem linken, 16 auf
dem rechten Augenlide, an der Stirn 19, an der Nasenwurzel 24, an den
Schläfen 11, an dem unteren Teile der Nase 7, an der Oberlippe 3, am
Kinn 7 und an den Wangen 6 (EBERT 1871). DE VINCENTIIS (1877)
zählte bei einem 15jährigen männlichen Kranken 19 auf dem oberen,
11 auf dem unteren rechten und 5 auf dem oberen linken Augenlide.
Bei einem 18jährigen Mädchen mit Trachomverdacht sah ich (L. SCHREI-
BER) eine massenhafte Aussaat von Molluscumknötchen an den Augenlidern, an der Nase, den Wangen, der Oberlippe, am Kinn, am Halse
und hinab bis zur Brust. Die Knötchen bestanden angeblich etwa
8 Wochen. Während einer 4wöchigen Beobachtung und Behandlung
der Conjunctivitis zeigten die Knötchen keinerlei Veränderung, abgesehen davon, daß an der Brust ein frisches aufgetreten war.

Es unterliegt wohl keinem Zweifel mehr, daß es sich beim Epithelioma molluscum um eine übertragbare Hauterkrankung
handelt. Dafür sprechen schon die klinischen Erfahrungen, das ge-
häufte Auftreten bei Kindern einer Familie, in Waisenhäusern, Schulen
und Krankenhäusern. So sah DUCKWORTH (nach v. MICHEL) das Epithelioma molluscum an verschiedenen Stellen des Körpers, an Lippen,
Augenlidern, Kinn und Backen, bei vier Kindern auftreten, wovon
drei in demselben Hause wohnten, das vierte häufig mit ihnen spielte.
Nach CAILLAULTs (nach v. MICHEL) Mitteilung wurden durch den gemeinschaftlichen Aufenthalt in einem Zimmer, in dem sich ein mit Molluscum
behaftetes Kind befand, von 30 Kindern 14 infiziert. In Krankenhäusern
wurden von einem mit Molluscum behafteten Kinde die in den Neben-
betten befindlichen Kinder angesteckt (VIRCHOW, nach v. MICHEL);
auch wurde in Hospitälern wiederholt ein endemisches Auftreten beobachtet. Sehr häufig kommt es zu einem Autoinfekt: zunächst ist nur
eine Körperstelle erkrankt und von dieser wird das Impfmaterial durch
Kratzen und Reiben auf andere Hautstellen übertragen. So waren
in dem HERZOGschen (1905) Falle bei einem 3 Jahre alten Knaben
anfänglich nur zwei Mollusken am linken Oberlide in der Nähe des
Lidrandes vorhanden, die entfernt wurden. Nach 3 Monaten zeigte

sich ein umfangreiches Rezidiv, indem nicht nur die beiden Lider der linken Seite, sondern auch die linke Stirnhälfte und Oberlippe von im ganzen 13 Mollusken befallen waren. Besonders charakteristisch für die Möglichkeit der Autoinfektion durch Kontakt ist der Fall LAUBERS (1913), in welchem die Knötchen am Ober- und Unterlid stets an korrespondierenden Stellen lagen.

Die Frage, ob dem Auftreten der Molluscumknötchen eine besondere allgemeine oder lokale Disposition der Lidhaut zugrunde liege, ist strittig. Einzelne Beobachter, wie RETZIUS (nach v. MICHEL) und EBERT (1871), schreiben der Tuberkulose im allgemeinen, besonders einer solchen der Lymphdrüsen und der Knochen, sowie der Rachitis einen Einfluß zu. Lokal werden Ekzeme der Lidhaut oder eine Maceration derselben durch überfließendes Sekret bei Bindehautkatarrhen in Betracht gezogen. SALZER (1896) und MUETZE (1896) weisen darauf hin, daß das Auftreten eines Molluscums an den Lidrändern umgekehrt eine katarrhalische Entzündung der Bindehaut hervorrufen könne. ELSCHNIG (1897 und 1908) betont die Beziehung des Molluscum contagiosum der Lidränder zur Conjunctivitis follicularis, die er sich durch Hineingelangen von abgestoßenen Epidermiszellen des Molluscum in den Bindehautsack entstanden denkt. Als beweisend für den Zusammenhang führt er Fälle von einseitiger Conjunctivitis follicularis bei einseitigem Auftreten von Lidmollusken an, ferner das Verschwinden hartnäckiger Conjunctivitis follicularis nach Abtragen der kleinen Geschwülstchen. In dem von mir beobachteten Falle (S. 234) ist eine derartige Beziehung nicht erkennbar, indem beide Conjunctiven ungewöhnlich starke Follikelbildung zeigten, aber nur am Oberlidrand des einen Auges ein kleines Molluscumknötchen vorhanden war.

Die Ätiologie des Molluscum contagiosum ist noch unbekannt. Als Krankheitserreger wurden von BOLLINGER (1878), NEISSER (1887) und TOUTON (1896) Gregarinen bzw. Coccidien angesprochen; insbesondere wurde das Molluscum contagiosum beim Menschen mit der sogenannten Geflügelpocke identifiziert, die an den Kämmen, Nasenrändern, Augenlidern usw. der Hühner in Form von hanfkorn- bis erbsengroßen, rundlichen bräunlichgelben Knoten auftritt. Die Knoten enthalten ähnlich dem menschlichen Molluscum einen grützigen Brei. SANFELICE (1897) bestreitet eine solche Identität und nimmt als Erreger des Molluscum Blastomyceten an. Nach JULIUS-BERG (1905) ist das Virus sowohl bei der Geflügelpocke als auch bei dem menschlichen Molluscum filtrierbar. Zerriebene menschliche Mollusken, die durch ein auf Bakterienundurchgängigkeit geprüftes CHAMBERLAND-Filter filtriert waren, wurden in die Haut von drei

Versuchspersonen eingerieben. Nach 50 Tagen gingen in einem Falle 60 deutliche Knötchen mit typischen sogenannten Molluscumkörperchen an. Auch KINGERY (1920) erzielte durch intracutane Injektion des Filtrats von Molluscumknötchen bei Menschen nach etwa 8 Wochen Knötchen, die histologisch angeblich das einwandfreie Bild des Molluscum contagiosum mit den sogenannten Molluscumkörpern boten. Die lange Inkubationszeit (2—3 Monate) erklärt wohl auch die früheren negativen Impfergebnisse.

Die Übertragbarkeit des Molluscum ist demnach durch diese Versuche sowie durch die klinische Beobachtung erwiesen. Also ist ein Contagium die Ursache des Molluscum. Die Erreger selbst aber kennen wir noch nicht. Die von BOLLINGER, NEISSER u. a. als Protozoen angesprochenen Gebilde sind lediglich Degenerationsprodukte im Protoplasma der geblähten Epithelzellen, die unter der Wirkung des noch unbekannten Virus entstanden sind.

§ 86. **Mikroskopisch** erscheint das Molluscum auf dem Durchschnitte als eine rein epitheliale Neubildung von kugliger Form und lappigem Bau (s. Abb. 63). Die einzelnen Läppchen bestehen aus knotenartigen epithelialen Wucherungen (s. Abb. 63 *KK*) und sind durch schmale bindegewebige Septa voneinander getrennt (s. Abb. 63 *BB*). Durch diesen Aufbau, der auch mit einem aufgeklappten Apfelsinenschnitte verglichen wird, wurde die frühere irrtümliche Auffassung der Entstehung des Molluscums aus Follikelepithelien veranlaßt.

Entsprechend der Mitte der Geschwulst findet sich eine mit Hornmassen ausgefüllte, kleine trichterförmige Öffnung, die mit einem kurzen, zentral gelegenen Hohlraum in Verbindung steht. Um diesen Hohlraum gruppieren sich fächerförmig die radiär angeordneten Läppchen. Über das Molluscum ziehen die obersten Hautschichten unverändert hinweg. Durch den Druck der wuchernden Massen kommt es zu einer Abflachung des Papillarkörpers und zugleich zur Bildung einer bindegewebigen Kapsel (s. Abb. 63 *MMM*), der sogenannten Molluscumkapsel. Von dieser dringen zwischen die einzelnen Läppchen zarte Bindegewebszüge (s. Abb. 63 *BB*), die ziemlich gleichmäßige Struktur zeigen. Die Innenfläche der Bindegewebssepta ist mit einer einschichtigen oder mehrschichtigen Lage langer schmaler Cylinderzellen (s. Abb. 63) ausgekleidet; die Kerne dieser Zellen sind sehr groß und enthalten oft ein oder mehrere Kernkörperchen, das Protoplasma erscheint hell. Die hier vorhandene Epithelfaserung schwindet nach dem Innern des Läppchens zu. Die nächste Schicht bilden beträchtlich aufgequollene Zellen, die das Doppelte bis Vierfache der gewöhnlichen Größe der Retezellen erreichen können. Das Protoplasma besitzt eine hyaline, fast durchsichtige Beschaffenheit, der Kern ist noch deutlich sichtbar, zeigt Chromatinkörnchen und liegt meist etwas exzentrisch. In einer Anzahl der Zellen finden sich helle, wie kleinste Tröpfchen (Vacuolen?) aussehende scharf begrenzte Fleckchen, meistens in der Nähe des Kerns. Weiter nach dem Inneren zu erscheinen die Zellen vielfach lang ausgezogen und nehmen reichlich Keratohyalin auf, wodurch sie homogener werden. Je weiter nach dem Inneren der Läppchen zu, desto mehr verliert der Kern seine ursprüngliche Gestalt und Lage. Durch das Auftreten einer rundlichen körnigen Masse zwischen Kern und Protoplasma wird der Kern abgeplattet und, indem diese Masse zunimmt, wird derselbe nach dem untern Pol der Zelle exzentrisch verschoben. Dabei wird die Epithelzelle (s. Abb. 63) mehr und mehr aufgetrieben, der Kern aber degeneriert und verliert seine tinktorielle Eigenschaft. Die körnige Masse zerfällt in unregelmäßig große, kuglige Gebilde, aus deren Vereinigung homogene Schollen entstehen, die sogenannten Molluscumkörperchen. Zugleich verschwindet der

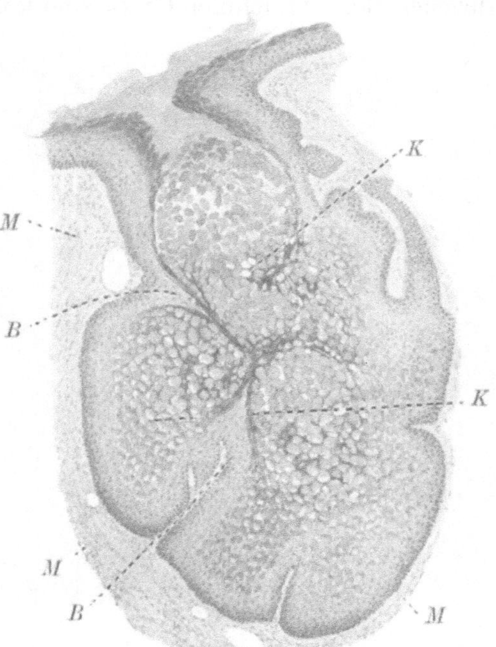

Abb. 63. Senkrechter Schnitt durch ein Epithelioma molluscum. Vergr. 1 : 35.
KK Molluscumknoten; *BB* feine Bindegewebszüge zwischen den Molluscumknoten; *MMM* Molluscumkapsel.

Kern und der Protoplasmaüberrest wird keratinisiert. Das Molluscumkörperchen ist alsdann von einem Hornmantel umgeben (s. Abb. 64). Form und Größe dieser Körperchen, die zuerst von PATERSON und HENDERSON (beide nach v. MICHEL) beschrieben wurden, sind verschieden. Dieselben zeigen eine halbmond-, gurken-, keil- oder eiähnliche Form, sind stark lichtbrechend und erscheinen in die degenerierte Hornzelle bald eingebettet, bald durch sie durchgesteckt. Die Molluscumzellen füllen als locker gefügte hornige Masse die Höhlung des ganzen Gebildes aus und entleeren sich bei Druck; sie färben sich durch Osmium intensiv schwarz und zeigen sich gegen Alkohol und Äther sehr widerstandsfähig.

Die feinere Struktur der Molluscumzellen hat eine zweifache
Deutung erfahren. Von BOLLINGER (1878), TOUTON (1896) und NEISSER
(1887) wird die oben beschriebene körnige Masse als ein Parasit aufgefaßt, der bei seiner Entwicklung die Epithelzelle auftreibe und den
Kern zur Seite dränge. NEISSER (1887) nimmt als parasitäre Zellein-
lagerung kleinste Organismen aus der Klasse der Sporozoen, speziell
der Unterabteilung der Coccidien, an. Die Mehrzahl der Forscher
betrachtet aber die Molluscumkörperchen als Ausdruck einer Zelldegeneration; so nehmen UNNA eine kolloidartige und MARCHAND eine

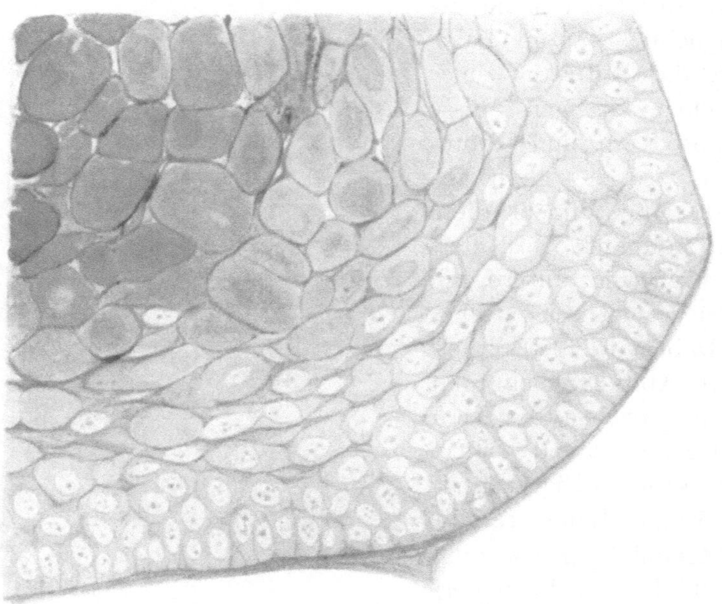

Abb. 64. Ein Molluscumknoten bei starker Vergrößerung.

hyaline Umwandlung des Protoplasmas der Retezellen an. BITSCH
(1892) bezeichnet die Substanz der Molluscumkörper als eine solide,
aber wasserhaltige Proteinverbindung, die extrahierbares Fett enthalte. BENDA (1897) und Bosc (1905) nehmen einen vermittelnden
Standpunkt ein. BENDA spricht die oben erwähnten hellen Fleckchen
als parasitäre Elemente an und betrachtet die Umwandlung in die
Molluscumzelle als einen regressiven Vorgang. Der äußere Zell-
abschnitt mit dem Kern verhorne in nahezu normaler Weise, während die durch den Parasiten berührten Teile des Zelleibes zuerst
körnig zerfallen und nach vorangegangener Vakuolisation eine hyaline Umwandlung erfahren. Bosc (1905) unterscheidet ebenfalls bezüglich der Zelleinschlüsse zwischen den im Protoplasma sich ent-

wickelnden, d. i. wahrscheinlich parasitären, und den intranukleär
entstehenden degenerativen Elementen, die später auch im Protoplasma sich finden können. — Zweifellos stellen die Molluscumkörperchen nur eine besondere Form von Zelldegeneration dar. Von einzelnen
Beobachtern wurden Mikroorganismen im Molluscum gefunden. So
hat HERZOG (1905) in 4 von 7 untersuchten, an verschiedenen Stellen
entnommenen Molluscumgeschwülstchen den Ausführungsgang bis in
die Tiefe mit massenhaften Mikroorganismen von dem Aussehen der
Staphylokokken erfüllt gefunden und für das Molluscum die Bezeichnung: Gutartiges Acanthoma staphylogenes vorgeschlagen. Dabei dürfte es sich doch um eine zufällige Verunreinigung gehandelt
haben, um so mehr, als zugleich entsprechend der Öffnung des Mol-
luscumknötchens eine impeti-
ginöse Ekzemefflorescenz vorhanden war. LIPSCHÜTZ (1907)
fand mit Hilfe der Geißelfär-
bungsmethode nach LÖFFLER
gefärbte runde Gebilde von
etwa 0,25 μ Durchmesser.

Die Behandlung besteht
bei den größeren Knötchen in
der Auskratzung mit scharfem
Löffelchen, bei den kleineren
in der Excision mittels Schere;
empfohlen werden auch Incision und nachfolgende Betup-

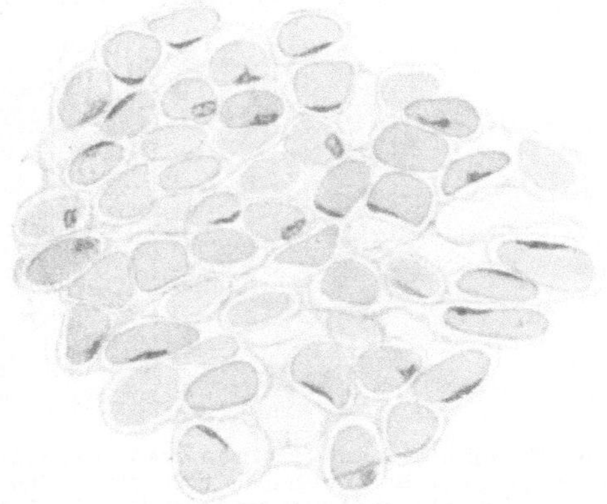

Abb. 65. Ausgepreßter Inhalt eines Molluscum.
Molluscumkörperchen mit Hornmantel. Vergr. 1:350.

fung mit Argentum nitricum. Sind die Mulloscumknötchen sehr zahlreich, so wende man Jodtinktur an, die mittels eines zugespitzten
Holzstäbchens in die zentrale Öffnung eingebracht wird.

§ 87. Das Carcinom oder der Hautkrebs tritt an der Lidhaut in
der Regel als flacher Krebs, als Ulcus rodens oder Basalzellenkrebs, auf. Seltener begegnet man am Lide der tiefgreifenden
Form, die dadurch den Charakter besonderer Malignität erhält,
daß das Carcinom sich vorzugsweise nach der Tiefe zu ausdehnt. Entwickeln sich auf dem Boden eines Krebsgeschwürs papilläre Excrescenzen von gewisser Mächtigkeit, so bezeichnet man diese Form
als Papillarkrebs.

Der flache Lidkrebs beginnt in Form eines einzelnen kleinen
Knötchens oder mehrerer nebeneinander gelagerter Knötchen, die,
von derber Beschaffenheit, in den Papillarkörper eingelagert sind,

die Größe eines Hirse-, Hanf- oder Senfkornes besitzen, perlgrau bis blaurot gefärbt sind und ein perlmutterartig glänzendes, eigentümlich durchscheinendes Aussehen darbieten. Die Knötchen sind mit einer glatten Hornschicht bedeckt und können um 1 mm das Niveau der Haut überragen. Hier und da beginnt auch die Neubildung in Form einer kleinen gelblich verfärbten Stelle, wobei die sie überkleidende Hautschicht trocken, glänzend, spröde und leicht schuppend erscheint.

Im weiteren Verlaufe wächst das Carcinom langsam fortschreitend der Fläche nach und es kommt an dieser oder jener Stelle, meist zentral, durch Abstoßung der Hornschicht zu einer Erosion, die gewöhnlich mit einer dünnen Borke bedeckt ist und auf geringe mechanische Einflüsse, wie leichtes Reiben oder Entfernung der Kruste, blutet. Der schmale leistenartige Rand ist nicht selten mit kleinen Knötchen besetzt.

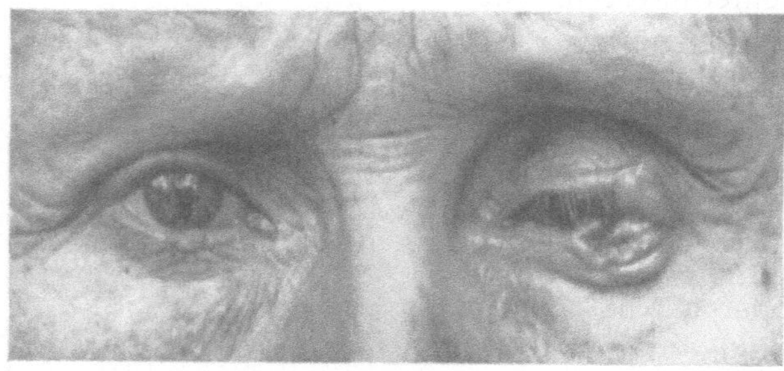

Abb. 66. 56jährige Frau. Carcinom des äußeren Lidwinkels, seit 1½ Jahren bestehend. Das Carcinom bildet (was aus der Photographie nicht ohne weiteres ersichtlich ist) eine zusammenhängende (am Lidwinkel nicht unterbrochene) dicke Geschwulstmasse, welche die Lidspalte verengt.

Diesem ersten Stadium, dem Stadium der Erosion, folgt als zweites die Bildung eines Geschwürs, des sogenannten Krebsgeschwürs (s. Abb. 66). Die Form des Geschwürs ist in der Regel rundlich oder oval; der Grund, dessen Mitte mehr oder weniger vertieft ist, zeigt ein Aussehen gleich demjenigen eines jungen Granulationsgewebes, erscheint glatt und sondert spärlich eine seröse Flüssigkeit ab; die blassen Ränder sind scharf, feinbuchtig und mit härtlichen, flachen, bläschenähnlichen Knötchen oder mit leistenförmigen Erhebungen besetzt. Hier und da findet sich als Rest des ersten Stadiums ein schmaler leistenförmiger Rand, der von der emporgehobenen und unterwucherten Epidermis bekleidet ist. Im Geschwürsgrunde können sich papilläre Excrescenzen entwickeln oder es entsteht eine diffuse Neubildung von Bindegewebe, was gleichbedeutend mit einer Vernarbung des Krebsgeschwürs ist. Die Vernarbung geht einher mit Schrumpfung, wodurch die gesunde Haut aus der Umgebung in radiär gestellte Falten herangezogen wird, ja es kann durch Hinüberwuchern von Epidermis

über das Granulationsgewebe das Krebsgeschwür überhäutet werden.
Diese Vorgänge haben die irrtümliche Annahme einer spontanen Heilung
veranlaßt, besonders wenn dieses oder jenes angepriesene Krebsmittel
in Anwendung gezogen wurde. Nach kürzerer oder längerer Zeit ulcerieren auch die Geschwürsränder. Die daran sich anschließende Ausbreitung des Krebses vollzieht sich in ungleichmäßiger Weise, wodurch
die Gestaltung des Krebsgeschwüres bestimmt wird, das manchmal
nieren- oder kleeblattför-
mig erscheint.

Bei den malignen For-
men kommt es zu einer
rascheren und größeren
Ausdehnung nach Fläche
und Tiefe. Die Knoten
am Boden und an den
Rändern des Geschwürs
vergrößern sich schnell
und es entstehen höckrige,
in anderen Fällen mehr
gleichmäßige Erhebungen.
In stetigem Wachstum
pflanzt sich der Lidkrebs
auf die benachbarte Ge-
sichtshaut fort (s. Abb. 67)
und kann außerordentlich
umfangreiche Zerstörun-
gen, sogar die Zerstörung
einer ganzen Gesichts-
hälfte mit Bloßlegung der

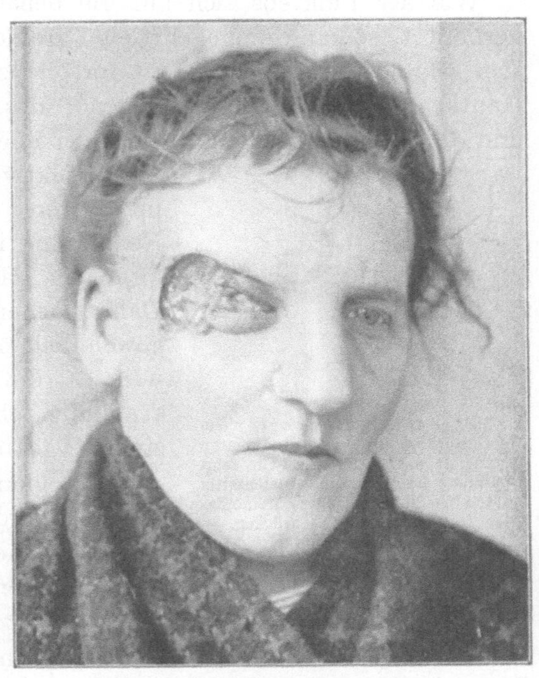

Abb. 67. 47jährige Frau; vom äußeren Lidwinkel auf Lid- und
Schläfenhaut fortgepflanztes Krebsgeschwür.

Knochen bewirken, und selbst in die Gesichtsknochen, den Oberkiefer,
in die Orbita und Schädelhöhle hineinwuchern (SCHULTZ-ZEHDEN 1907).
Auch der Augapfel wird durch Übergreifen des Krebses auf die
Bindehaut der Lider und der Sklera sowie auf die Hornhaut in Mitleidenschaft gezogen. Hat sich ein Krebsgeschwür des Lidrandes auf
die Bindehaut ausgedehnt, so entsteht nicht selten eine annähernd
dreieckige Lücke des Lidrandes, die ein ähnliches Aussehen wie ein
noch nicht völlig geheiltes traumatisches Colobom darbieten kann.
Durch Vernarbung des Krebsgeschwüres und die dabei entstehende
Schrumpfung und Verkürzung der Haut kann ein Ectropium hervorgerufen werden. Bei hochgradiger Zerstörung der Lider wird der
Lidschluß mangelhaft, das Hornhautepithel vertrocknet und wird

abgestoßen. Durch die in der Regel früher oder später hinzutretende
Infektion entsteht ein Hornhautgeschwür. Ein solches kann in gleicher
Weise auch dadurch hervorgerufen werden, daß ein am Lidrande sitzen-
der und nach innen gerichteter Krebs das Hornhautepithel mechanisch
abstreift und so einen Epitheldefekt bedingt. Eine Zerstörung der
Hornhaut kann ferner durch Hineinwuchern der Krebsmassen von der
erkrankten Skleralbindehaut aus in die Hornhaut erfolgen.

Wie der Lidkrebs sich auf die benachbarte Gesichtshaut weiter
verbreitet, so kann umgekehrt ein Carcinom der Umgebung des Auges
sich sekundär auf die Lidhaut fortpflanzen. Am häufigsten sind es
Hautkrebse der Tränensackgegend, des Nasenrückens, der Wange
und der Schläfe, welche auf die Lider übergreifen.

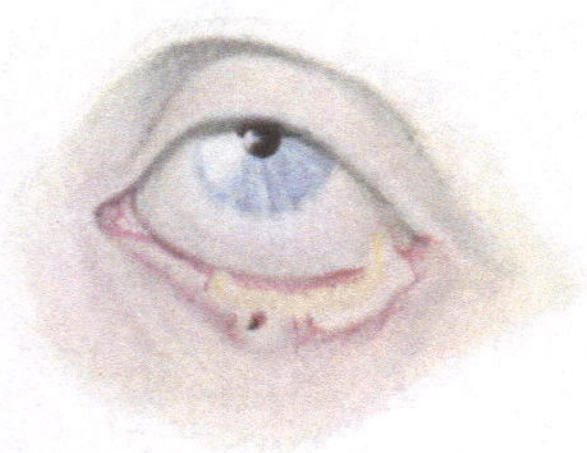

Abb. 68. Basalzellencarcinom
des Unterlidrandes, seit 5 Monaten
bestehend; das flache Geschwür zeigt
2 papilläre Excrescenzen. Gleichzeitig
bestand ein kleines flaches carcinoma-
töses Geschwür am Nasenrücken. —
71 jähriger Mann.

Subjektive Beschwerden, Schmerz usw.
pflegen erst dann einzutreten, wenn die
Neubildung in die Tiefe dringt und Ver-
lötungen mit der Unterlage eintreten.
Daher suchen die Kranken erst spät und
gewöhnlich nur dann ärztliche Hilfe auf,
wenn es durch die Ausdehnung der Erkrankung schon zu einer stärkeren Entstellung gekommen ist.

Die regionären Lymphdrüsen bzw. die
Präaurikulardrüsen werden nicht beteiligt,
wie auch eine Metastasenbildung fehlt.

Der Krebs der Lidhaut tritt im höheren Lebensalter, am häufigsten
im Alter von 45—60 Jahren, auf. Vor 2 Jahren beobachtete ich ein
familiäres Auftreten eines Unterlidcarcinom bei einem 68 jährigen
Bauern und seiner 40 jährigen Tochter (beide nach Exstirpation und
nachfolgender Röntgenbestrahlung bisher rezidivfrei). Daß beim Xeroderma pigmentosum typische Carcinome schon in den ersten Lebensjahren (3.—5. Lebensjahr) vorkommen, wurde bereits bei Besprechung
dieses Krankheitsbildes erwähnt. — Bezüglich des Auftretens des Carcinoms im frühen Lebensalter verdient die folgende Beobachtung besonderes Interesse:

6 jähriges Mädchen K. M. — Bei dem im übrigen gesunden Kinde
wurden gleich nach der Geburt an der linken Wange und am linken
Unterlid kleine Wärzchen bemerkt. Dieselben wurden an der Wange
größer, weshalb sie im Alter von 2 Jahren vom Hausarzte geätzt wurden.
Danach schwanden sie angeblich völlig, kamen aber im 6. Lebensjahr
wieder zum Vorschein und wuchsen langsam. Deshalb 2 Monate vor
der photographischen Aufnahme nochmalige Ätzung durch den Haus-

arzt. Bald darauf rasches Wachstum bis zu der aus der Abb. 68 ersichtlichen Größe. — Die Wärzchen am Unterlide sollen seit der Geburt nur unbedeutend größer geworden sein.

Status praesens (s. Abb. 69): Vier nebeneinander liegende warzige, mäßig erhabene, derbe blasse Knötchen an der linken Wange. Zwei kleine solche Gebilde auf der Fläche, ein winziges nahe dem Rande des Unterlids.

Die Knötchen der Wangenhaut wurden excidiert. Der Befund des Heidelberger Pathologischen Instituts lautet wie folgt:

Hautstückchen mit multiplen warzigen Erhebungen. Dieselben bestehen aus sehr atypischen Epithelwucherungen, die sowohl vom Oberflächenepithel als auch von den Haarbälgen ausgehen. Die dadurch gebildeten Zapfen sind im Vergleich zu den normalen Reteleisten stark vergröbert, auch in ihrem feineren Aufbau unregelmäßig und schlechter abgegrenzt. Zentrale Abplattung ohne deutliche Verhornung. Mitosen spärlich. Starke kleinzellige Infiltrationen um die Zapfen. Diagnose: Sehr atypische Epithelwucherung, die deutlichen Charakter des

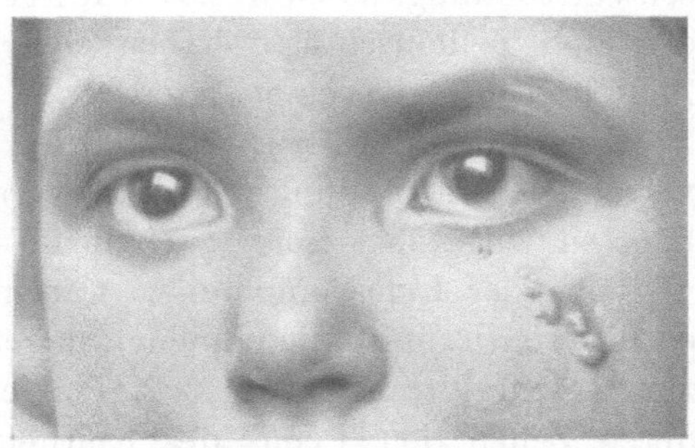

Abb. 69. 6 jähriges Mädchen; Carcinom der linken Wange und kleine Papillome des Unterlides (letztere bei Lupenbetrachtung deutlich).

Carcinoms zeigen. — Wegen der Ungewöhnlichkeit des Falles bat ich den Direktor des Pathologischen Instituts, Herrn Prof. ERNST, speziell um seine Diagnose, die dahin geht, daß er kein Bedenken trage, die Warzen als carcinomatös zu bezeichnen. Die mikroskopischen Präparate entsprechen durchaus den RIBBERTschen Bildern, nicht einmal mehr den Anfangsstadien.

Bei der 8 Jahre später (1922) vorgenommenen Nachuntersuchung erwies sich das exstirpierte Wangencarzinom als rezidivfrei. Dagegen waren die kleinen Tumoren des Unterlides etwas gewachsen, weshalb diese excidiert wurden. Die mikroskopische Untersuchung derselben ergab das typische Bild gutartiger Papillome.

Der Lidrand bildet den bevorzugten Sitz des primären Krebses, seltener erscheint die Lidfläche, häufiger noch die des Unterlides als die des Oberlides, primär befallen. Bevorzugte Stellen sind ferner die Lidwinkel, und zwar der mediale mehr als der laterale.

Hinsichtlich der Häufigkeit des Vorkommens sind die Lider ungefähr in gleiche Linie mit Stirn, Schläfe und Oberlippe zu stellen.

Nach einer von O. Weber (1866) gegebenen Übersicht fanden sich unter 211 Fällen von Epitheliom 128 an der Unterlippe, je 19 an Nase und Wangen, je 15 an Stirn, Schläfe und Augenlidern, 12 an der Oberlippe, 2 am Kinn und 1 am Ohr.

Von lokalen disponierenden Momenten kommen Warzen und Narben insbesondere auch alte Lupusnarben (vgl. S. 115 und Abb. 16) in Betracht.

§ 88. Die Entstehung der Carcinome ist auf eine tiefgreifende Änderung des Zellcharakters der Epithelien zurückzuführen, die das Auftreten einer neuen im Körper parasitisch hausenden Zellrasse bedingt (Borst). Über die eigentliche Ursache der Geschwulstbildung wissen wir nichts. Die früher als Protozoen gedeuteten Zelleinschlüsse haben sich als Degenerationsprodukte der Zelle und ihres Kerns erwiesen.

Hinsichtlich des anatomischen Baues der Carcinome wurden verschiedene Einteilungsprinzipien versucht, von denen hier die wesentlichsten angeführt seien. Uzuhiko Mayeda (1903) unterscheidet 4 Typen der Lidcarcinome: 1. Carcinome geringster Anaplasie (Zellentdifferenzierung), die papillär wuchern und eine nur geringe Neigung zur Tiefeninfiltration haben, 2. Plattenepithelkrebse mit Verhornung, deren Zellen den Typus des Epithels der äußeren Haut bewahren, 3. Drüsencarcinome, deren Zellen in ihrer Anordnung und eventuell auch durch eine Schleimabsonderung Reste ihrer ursprünglichen Funktion analog den Hautdrüsen zeigen, und 4. Carcinome stärkster Anaplasie, deren Zellen vielgestaltig sind. Die größere Anzahl bilden die Carcinome mit mehr oder weniger drüsenähnlichem Bau und in der Regel fehlender Verhornung. Unna (1895) teilt die Hautcarcinome in vegetierende, walzenförmige und alveoläre ein. Der vegetierende Krebs ist durch eine üppige Wucherung gekennzeichnet. Das Epithel schwillt zu massigen Klumpen an, die in unregelmäßiger Weise das Bindegewebe durchwachsen und vielfach konfluieren, so daß sich das Stroma meist auf die Gefäße und deren nächste Umgebung reduziert. Grobretikuläre Formen entstehen durch mehr oder weniger breite und durch zahlreiche Brücken netzförmig verbundene Epithelzüge. Der walzenförmige Krebs entspricht in seiner einfachsten und typischen Form am meisten dem normalen Wachstum des Epithels, indem er gleichsam eine Übertreibung des normalen Epithel-Leistensystems darstellt. Die retikuläre Form entsteht dadurch, daß von den Reteleisten richtige walzenförmige Zapfen in die Tiefe wuchern, die ihrerseits wieder Seitensprossen treiben und netzförmig untereinander in Verbindung treten können. Bei der acinösen Form entwickeln sich an den kolbig angeschwollenen Endpunkten der Zapfen neue Sprossen in radiärer Richtung nach verschiedenen Seiten. Beim alveolären Krebs, der einen klein- und großalveolären Typ entwickeln kann, finden sich durch das Bindegewebe zerstreute, zusammenhanglose, in allseitig abgeschlossenen Alveolen befindliche Epithelnester, die in der Peripherie des Krebsherdes in eine förmliche Aussaat einzeln liegender versprengter Epithelien übergehen. Dabei ist die bei den anderen Krebsformen wohlerhaltene Epithelfaserung und Stachelung der Zellen beim Alveolarkrebs völlig verloren gegangen.

In bezug auf das Wachstum des Krebses stellt PETERSEN (1901) zwei Hauptformen auf: 1. das unizentrische Carcinom; die Epithelwucherung beginnt an einer einzigen Stelle und greift von hier zerstörend auf die ganze Umgebung, so auch auf das Nachbarepithel über, und 2. das multizentrische Carcinom; die Epithelwucherung beginnt an verschiedenen Stellen und das periphere Wachstum des fertigen Carcinoms erfolgt durch die Bildung immer neuer selbständiger Carcinomherde in der Peripherie des Haupttumors; diese neuen Herde sind dem Haupttumor entweder sofort dicht angelagert oder verschmelzen in der Regel sekundär mit demselben. Die von je einem Zentrum ausgehenden Carcinomzellen wachsen meist kontinuierlich weiter; sie bilden dann einen einheitlichen Stamm, der nach allen Seiten hin Äste, Zapfen und Kolben entsendet. Seltener wachsen die Carcinomzellen diskontinuierlich unter Bildung echter, abgeschlossener Alveolen.

KROMPECHER (1902) nimmt zum Ausgangspunkte seiner Einteilung das histogenetische Prinzip und unterscheidet den Basalzellenkrebs, Carcinoma basocellulare (auch Retezellen- oder Matrixcarcinom genannt) und den Stachelzellenkrebs oder Hornkrebs, Carcinoma spinocellulare. Beim ersteren wuchern die basalen Zellen, beim letzteren die Stachelzellen. Die zelligen Elemente beim Basalzellenkrebs sind oval oder spindelförmig mit länglichen intensiv färbbaren Kernen, lassen meist keine Epithelfaserung erkennen und machen keine typische Verhornung durch. In das Bindegewebe wuchern die Basalzellen in Typen von wechselndem Bau, bald drüsen- oder schlauchartig, bald solid, bald locker, bald cystenartig, oder in Form eines spitzentuchähnlichen Netzes. In der Regel findet sich eine ausgedehnte sekundäre Bindegewebswucherung und -degeneration. Das Stachelzellencarcinom besteht aus verhältnismäßig schwach gefärbten großen Zellen mit bläschenförmigem Kern und zumeist deutlicher Epithelfaserung und läßt gleich der normalen Stachelzellenschicht eine typische Verhornung und Bildung von Hornperlen erkennen. Histogenetisch sind daher zwei aus getrenntem Muttergewebe entstehende Arten von Hautcarcinom zu unterscheiden, der Basalzellenkrebs, auch Coriumkrebs genannt, und der verhornende Plattenepithelkrebs (Stachelzellenkrebs), wobei Übergangsformen vorkommen können. Nach COENEN (1904) stammt der Basalzellenkrebs mit Wahrscheinlichkeit aus Basalepithelsprossen, die in das Corium hineinwuchern

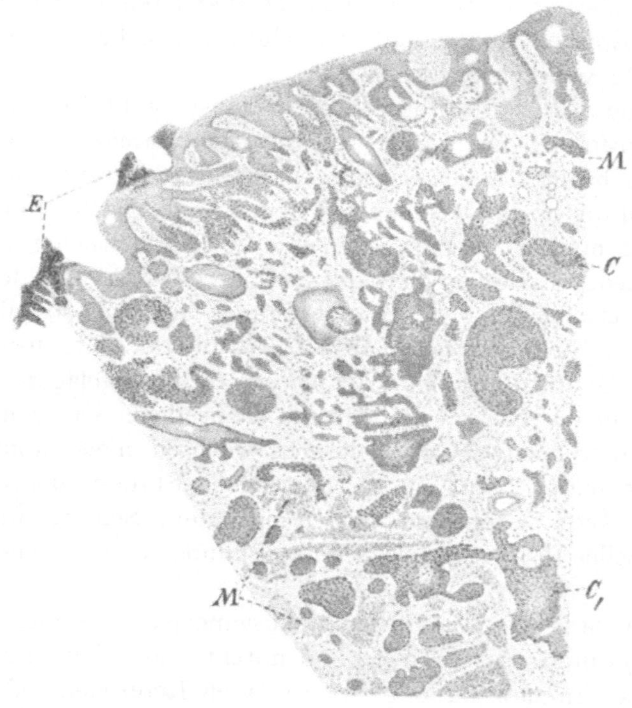

Abb. 70. Basalzellenkrebs des Unterlides mit hyaliner Entartung des Bindegewebes. Sagittaler Schnitt. Vergr. 1 : 25. *E* Durch seröses Exsudat abgehobenes oder abgelöstes Epithel; *C C*, carcinomatöse Wucherungen in der Tiefe; *M M* verdrängte Bündel des M. ciliaris.

und sich bei ihrer Entstehung in embryonaler Zeit abgeschnürt haben, demnach aus Talgdrüsenanlagen. Wo die Talgdrüsen am dichtesten stehen, findet sich auch der Krebs am häufigsten. Infolge Anaplasie der Krebszellen verliert die Geschwulst den ausgebildeten drüsigen Aufbau, an dem sie zunächst noch festhält, und kehrt zur tiefsten embryonalen Bildungsstufe zurück, d. h. zum Wachstum in soliden Basalzellenzapfen. CLAIRMONT (1907) hebt hervor, daß das histogenetische Einteilungsprinzip wesentlich durch die biologischen Differenzen in dem Verhalten des Carcinoms gegenüber den Röntgenstrahlen gestützt werde. Der Basalzellenkrebs werde, wenn derselbe keine größere

Ausdehnung hat, durch die Röntgentherapie zum Verschwinden gebracht, der Hornbrebs dagegen nicht.

§ 87. Beim Basalzellenkrebs der Lidhaut kommt es anatomisch zur Vergrößerung und Verbreiterung der Epithelzapfen und zum Hineinwachsen solcher in die Cutis und Subcutis. Die Wucherungen zeigen eine schmale oder breite Zapfenform, häufig am Ende eines Zapfens eine raketenähnliche Ausstrahlung (s. Abb. 70), sie sind netzförmig miteinander verbunden oder von drüsenähnlichem Bau (s. Abb. 70 *CC,*). In die Tiefe wuchernde Krebsmassen folgen oft vor-

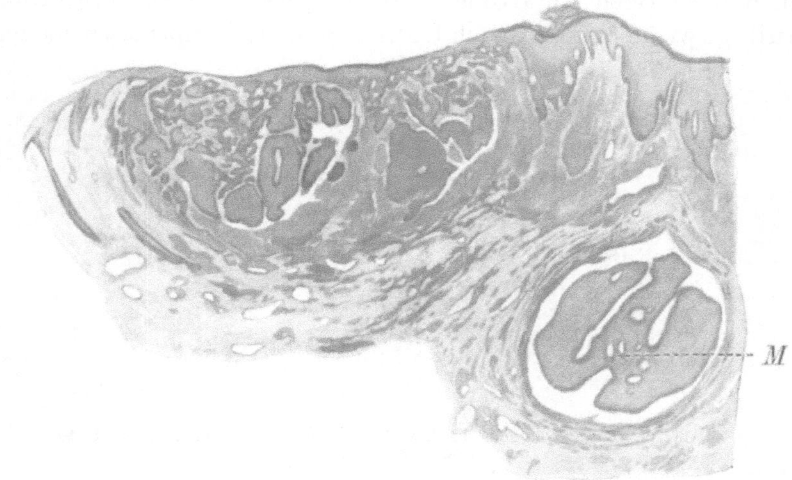

Abb. 71. Ausgedehnter Basalzellenkrebs des Unterlides. Sagittaler Schnitt. Vergr. 1 : 10.
M Epithelwucherung in einer MEIBOMschen Drüse.

zugsweise präformierten Lymphspalten — sogenannter carcinomatöser Lymphbahninfarkt. Dabei kann das Bindegewebe der Cutis und Subcutis eine hyaline Umwandlung erfahren (s. Abb. 70). Bei fortschreitendem Wachstum in die Tiefe senken sich die Epithelzapfen zwischen die Muskelbündel des Orbicularis (s. Abb. 70 *MM*), sie mehr und mehr verdrängend; ferner ergreifen dieselben das tarsale Bindegewebe (s. Abb. 71) und die Acini der MEIBOMschen Drüsen (s. Abb. 71 *M*), die mit gewucherten Geschwulstmassen ausgefüllt und von ihnen ausgedehnt erscheinen. Die Talg- und Schweißdrüsen können sich an der Wucherung beteiligen und die Cilien durch den Druck der gewucherten Massen in ihrer Ernährung geschädigt werden und ausfallen.

Im weiteren Verlaufe kann das Oberflächencarcinom oder dessen nächste Umgebung infiziert werden. Alsdann kommt es zu kleinzelligen Infiltrationsherden oder auch zur Abhebung und Abstoßung des Epithels durch ein seröses leukocytenreiches Exsudat (s. Abb. 70 *E*). Infolge von lokalen Zirkulationsstörungen bei umfangreichen Wucherungen entsteht eine ödematöse Durchtränkung der Geschwulst und finden sich ausgedehnte Blutungen und Anhäufungen von Blutpigment in den bindegewebigen Inseln (s. Abb. 72 *PPPP*) zwischen den carcinomatösen Wucherungen. Solche Blutungen können übrigens auch eine Folge von mechanischen Einwirkungen sein.

Von den einzelnen Gewebsbestandteilen zeigen die Epithelien progressive Veränderungen in Form der Mitose und Amitose und regressive in Form der Verhornung, der hyalinen, hydropischen, kolloiden und kalkigen Entartung. Bei der entzündlichen Infiltration des Bindegewebes besteht nach UNNA (1895) die Hauptmasse der zelligen

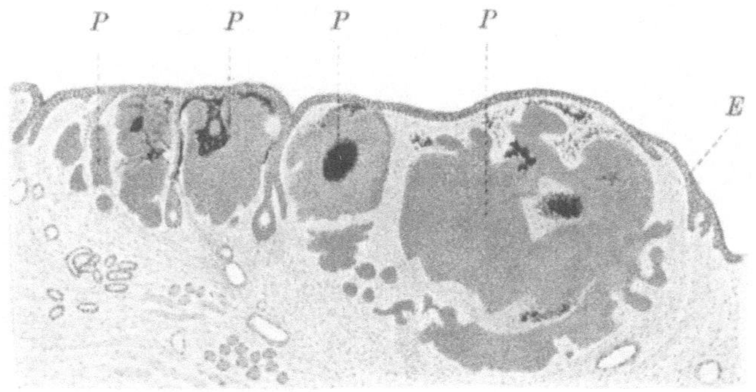

Abb. 72. Basalzellenkrebs des Unterlides. Sagittaler Schnitt. Vergr. 1 : 10.
E Epithel. *PPPP* Blutpigment.

Elemente aus Plasmazellen. Das Entstehen einer solchen Infiltration wird übrigens von UNNA (1895) im Sinne einer Reaktion des Bindegewebes gegenüber dem Epithel aufgefaßt. KROMAYER (1899) ist der Ansicht, daß die Carcinomepithelien dem normalen Bindegewebe gegenüber die Rolle von Mikroorganismen ähnlich den Tuberkelbacillen spielen. — Außer der entzündlichen Infiltration kann das Bindegewebe eine sklerotische, hyaline oder cystöse Entartung aufweisen.

Hinsichtlich der Bedeutung der das carcinomatöse Epithelwachstum begleitenden Veränderungen des Bindegewebes gehen die Ansichten auseinander. Das gegenseitige Verhältnis wird von einigen Autoren als supraordiniertes, von andern als koordiniertes, von dritten als subordiniertes aufgefaßt. RIBBERT betrachtete die Bindegewebsveränderungen als supraordiniert. Im Vorstadium des Krebses werde durch Wucherungsvorgänge im subepithelialen Bindegewebe das über ihnen liegende Epithel emporgehoben und weiterhin mechanisch abgesprengt, dadurch, daß das wuchernde Bindegewebe in das Epithel einwachse und Epithelzellen, selbst Epithelzapfen aus dem Zusammenhange mit den übrigen trenne. RIBBERT (1907) erkennt dabei auch ein kontinuierliches Tiefenwachstum des Epithels beim Carcinom an und betrachtet als Vorstadium des letzteren eine gleichzeitige Epithelzunahme und eine zellige Umwandlung des Bindegewebes. PETERSEN (1901) faßt die Bindegewebsveränderungen als koordinierte auf, besonders mit Rücksicht darauf, daß sie die Epithelwucherungen an Intensität und Ausdehnung erheblich übertreffen können. Das subordinierte Verhältnis kommt in den oben schon mitgeteilten Ansichten von UNNA (1895) und KROMAYER (1899) zum Ausdruck. Nach UNNA handelt es sich um eine entzündliche Reaktion, nach KROMAYER um eine Proliferation des Bindegewebes gegenüber dem Eindringen der Epithelwucherungen. Bei aller Anerkennung der Bedeutung der Vorgänge im Bindegewebe, die teils das Vordringen des Epithels im Bindegewebe erleichtern sollen, teils als epithelfeindliche Gegenreaktionen zu denken sind, kann man aber nicht umhin, eine Epithelerkrankung besonderer Art als das Wesentliche bei der Krebsentstehung anzusehen (BORST).

Zusammenfassend sei bemerkt, daß der Lidkrebs in der Regel unter dem histologischen Bilde des Basalzellenkrebses auftritt und am richtigsten als sogenanntes plexiformes Epitheliom bezeichnet wird. Mit der Bezeichnung »Epitheliom« ist gleichzeitig seine relative Gutartigkeit zum Ausdruck gebracht, d. h. trotz Wachstumstendenz und oberflächlichem Zerfall dringt es nicht sehr in die Tiefe und zeigt keine Neigung zur Metastasenbildung. Epithelzapfen wachsen zwar in großer Zahl und dicht nebeneinander unter mannigfachen Windungen in die Tiefe, setzen sich aber scharf gegen die bindegewebigen Teile der Haut ab; sie unterliegen zentral häufig Erweichungsprozessen und zerfallen an der Oberfläche immer nekrotisch.

Demgegenüber zeigt der weit bösartigere Stachelzellenkrebs, das eigentliche primäre Hautcarcinom, das an den Lidern nur selten zur Beobachtung kommt (PÁLICH-SZÁNTÓ (1915) fand unter 12 Lidkrebsen nur 1 Stachelzellenkrebs gegenüber 11 Basalzellencarcinomen) die Gewebsgrenze zwischen Epithel und Bindegewebe verwischt. Er enthält geschichtete Hornperlen und ist an der Oberfläche gewöhnlich mit dicken Krusten verhornter Epithelmassen bedeckt.

Die Diagnose ist in der Regel durch die klinischen Merkmale hinreichend gesichert. Differential-diagnostisch kommt das ulcerierende Gumma des Augenlides in Betracht (s. S. 136, Abb. 27 und S. 142).

Die Voraussage ist bei einer frühzeitigen und ausgiebigen operativen Behandlung eine günstige, wenn auch Rezidive in der Nähe der Narbe nicht ausgeschlossen sind.

Die sicherste Behandlung des Lidcarcinoms besteht in der radikalen Entfernung mittels des Messers, wobei der dadurch entstehende Defekt durch eine Blepharoplastik zu decken ist. Eine gleichzeitige Enukleation des Augapfels kommt in Frage, wenn die Geschwulst in größerer Ausdehnung auf die Bindehaut des Auges übergegriffen hat. Die vielfachen anderen Behandlungsmethoden, die empfohlen werden, haben nur einen beschränkten Wert und garantieren nicht die vollständige Entfernung des erkrankten Gewebes. Als solche Methoden sind zu nennen das Ausschaben, die Kauterisierung, die Fulguration, die Elektrolyse, die Anwendung von Ätzmitteln (Milchsäure, Arsenikpaste, Pyrogallussäure, Chlorzink) und die Radium- und Finsen-Behandlung. RAMPOLDI (1909) behandelt die Carcinome mit Jequiritypräparaten und will damit in einer größern Zahl von Fällen rasche Heilung erzielt haben; die Angaben RAMPOLDIS werden von mehreren italienischen Autoren (1909 u. 1910) bestätigt. CLAIRMONT (1907) will bei der Behandlung von Basalzellenkrebsen von mäßiger Ausdehnung sehr gute Erfolge mit Röntgenbestrahlung erzielt haben. Der Krebs verschwinde völlig, das kosmetische Resultat sei vorzüglich und das Ergebnis in bezug auf Dauerheilung nicht unbefriedigend. Auch AXENFELD (1912) hält bei geduldigen Patienten in nicht zu weit vorgeschrittenen Fällen die Behandlung mit Röntgenstrahlen für angebracht, betont aber, daß solche Kranke wegen der leicht auftretenden Rezidive noch jahrelang weiter beobachtet werden müssen. Ebenso berichtet STARGARDT (1912) bei möglichst frühzeitiger Röntgenbehandlung der Lidepitheliome über günstige Resultate, während dieselben im späteren Stadium schlechter reagieren. — Es muß jetzt als gesicherte Tatsache anerkannt werden, daß insbesondere flache Hautcarcinome durch Röntgen- bzw. Radiumbestrahlung heilbar sind. Nichtsdestoweniger ist die Operation in allen Fällen anzuwenden, in denen dieselbe keine größeren technischen Schwierigkeiten bedingt und ohne Verunstaltung durchführbar ist. Als Nachbehandlung im Anschluß an die Operation ist die Bestrahlungsmethode zweifellos von großem Werte, da sie geeignet ist, die Zahl der Dauerheilungen zu erhöhen.

Literatur zu §§ 84—89.

1866 WEBER, O., PITHA und BILLROTH: Handb. d. allg. und speziellen Chirurgie. Bd. 3, 1. Abt., 2. Lief. S. 118. Erlangen.

1871 BIZZOZERO: Sull molusco contagioso. Ann. di ottalmol. p. 33. — EBERT, Über Molluscum contagiosum. Jahrb. f. Kinderheilk. u. phys. Erziehung Bd. 3: S. 152.

1872 KNAPP, H.: Ein Fall von Exstirpation eines Cancroïds des inneren Augenwinkels und des oberen Augenlides. Blepharoplastik durch Lappenverschiebung. Arch. f. Augen- u. Ohrenheilk. Bd. 1. 2. S. 203.

1873 POOLEY: Epitheliom der Wange und des unteren Augenlides — Exstirpation — Blepharoplastik. Arch. f. Augen- u. Ohrenheilk. Bd. 3. 1, S. 181.

1874 OBALINSKI: Heilung zweier Fälle von Epithelialkrebs mittels Condurangorinde. Zentralbl. f. Chirurg. Nr. 12. — VALERANI, E.: Epithelioma al canto interno dell' occhio sinistro distrutto col cauterio galvanico. Ann. di ottalmol. T. 3, p. 447.

1875 MICHEL: Krankheiten der Lider. Dieses Handbuch I. Aufl., Kap. IV, S. 376. — SMITH, JOHNSON: Rodent ulcer of lower eyelid; exstirpation of the eyeball. Med. Times and Gaz. T. 51, p. 704.

1877 VINCENTIIS, DE: Osservazioni cliniche ed anatomiche: Blefaroptosi congenita ed mollusco contagioso multiplo delle palpebre. Estratto dal Movim. med.-chir. T. 5.

1878 BOLLINGER: Über die Ursache des Molluscum contagiosum. Bericht d. 51. Vers. deutscher Naturf. u. Ärzte zu Kassel. S. 159.

1879 VINCENTIIS, C. DE: Sul cancro della palpebre. Atti dell' assoc. ottalmol. ital. p. 65.

1880 BULLER, F.: Epithelioma of lower eyelid; removal by excision; reestablishment of eyelid by plastic operation; recovery; twenty months later no return of the disease. Montreal gen. hosp. rep. T. 1, p. 213. — PURTSCHER: Untersuchungen über Lidkrebs. Arch. f. Augenheilk. Bd. 10. 1, S. 22.

1881 CASPARY, J.: Über Molluscum contagiosum. Vierteljahrsschr. f. Dermatol. u. Syphilis Bd. 9. 2, S. 205. — DEROUBAIX: Epithélioma de l'angle interne de l'œil. Ann. de l'Univ. de Bruxelles. T. 2, p. 119. — LANDESBERG: Epithelioma of the eyelids. Med. bull. T. 3. Philadelphia. p. 106. — LAWSON: A case of primary epithelioma of the lower eyelid. Ophthalmol. hosp. rep. p. 200. — MEYER, M.: Epithéliome de l'angle externe de l'œil gauche. Ablation. Greffe dermique. Guérison. Bull. de la soc. de chirurg. de Paris. p. 676. — TEILLAIS: Cancroïde de la paupière inférieure. Journ. de méd. de l'ouest. T. 15, p. 27. — THIN, G.: The histology of molluscum contagiosum. Journ. of anat. and physiol. T. 16, p. 202.

1883 CEVI, A.: Epitelioma recidivo della palpebra inferiore sinistra, della rispettiva congiuntiva palpebrale, oculare et della regione zigomatica. Giorn. di clin. e terapeut. T. 2, p. 457. — CSOKOR: Über Epithelioma contagiosum des Geflügels. Wien. med. Presse S. 446. — GERSTER: Epithelioma of the eyelids, nostril and side of the face. Ann. anat. and surg. Brooklyn, N. J. T. 8, p. 1881. — HALTENHOFF: Epithelioma papilliforme de la paupière. Rev. méd. de la Suisse romande. — LOPEZ OCAÑA, J.: Epitheliome der Lider. Chron. oftal. Cádiz. T. 13, p. 61. — REYNOLDS, D. S.: Epithelioma of the eye. Med. Herald. Louisville. T. 4, p. 501.

1884 FANO: Ulcération de nature cancroide de la paupière inférieure, guérie par l'application de la poudre d'iodoforme. Journ. d'oculist. p. 211.

1885 HOCK: Epithelioma marginis palpebrae inferioris. Abtragung desselben durch Transplantation eines großen Hautlappens aus dem Oberarme, Heilung. Wien. med. Blätter S. 1278. — MATHEWSON: A case of epithelioma of the eyelid cured by application of benzole and calomel. Transact. of the Americ. ophthalmol. soc. Twenty-first meeting. p. 95 und Americ. Journ. of ophthalmol. T. 2, p. 153. — SATTLER, R.: The treatment of superficial and infiltrating varieties of pavement epithelial carcinoma of the eyelids. Arch. of ophthalmol. T. 14, No. 1, p. 19. — STORY: Epithelioma of the eyelids, resulting from irritation by crude carbolic acid. Ophthalmol. Rev. T. 4, p. 125.

1886 BAUDRY: Accidents consécutifs à l'application du suc d'euphorbe sur un cancroïde de la paupière. (Soc. central. de méd. du Dép. du Nord.) Rev. génér. d'ophtalmol. p. 427. — CAMPANA: Sui globi del mollusco contagioso. Giorn. ital. di malatt. vener. e d. pelle T. 1. — MITTENDORF, W. F.: Two epidemics of molluscum contagiosum. Transact. of the Americ. ophthalmol. soc. Twenty-second meeting. New London. p. 262 and Americ. Journ. of ophthalmol. p. 298.

1887 D'Angelo: Epitelioma oculo-palpebrale guarito con operazione; persistenza di guarigione dopo sei anni. Progr. med. Napoli. T. 2, p. 556. — Fieuzal: Epithélioma des paupières. Rev. clin. du dernier trimestre. p. 199. — Mollière: Du cancroïde de l'angle interne de l'œil. Prov. méd. Lyon. T. 2, p. 691. — Derselbe: Du cancroïde de l'angle interne de l'œil. Prov. méd. 29. Okt. — Neisser, A.: Über das Epithelioma (sive Molluscum contagiosum). Vierteljahrsschr. f. Dermatol. u. Syphilis Bd. 15, S. 553.

1888 Barrett: A rodent ulcer of the eyelid. Austral. med. Journ. Melbourne. n. s. T. 10, p. 329. — Köhler, A.: Cancroid des linken Bulbus und seiner Umgebung; Ausräumung der Orbita; Heilung. Charité-Ann. Bd. 13, S. 515. — Vincentiis, de: Cancro delle palpebre. (Assoc. ottalmol. ital.) Ann. di ottalmol. T. 17, p. 61, 67.

1889 Beard: Two cases of epithelioma of the lower lid. Med. Standard Chicago. p. 172. — Kochenburger: Ein Fall von Cancroïd des unteren Augenlides. Inaug.-Diss. Würzburg. — Moura Brazil: Cancro infectante das palpebras. Rio de Janeiro. — Schreiber, R.: Fall von Augenlidkrebs. Dtsch. med. Ztg. Nr. 13.

1890 Borrel, A.: Note sur la signification des figures décrites comme coccidies dans les épithéliomes. Cpt. rend. hébdom. des séances de la soc. de biol. T. 2, No. 26. — Eversbusch: Carcinom des unteren Lides. (Ärztl. Bezirksverein Erlangen.) Münch. med. Wochenschr. S. 138. — Galezowski: Du traitement de l'épithélioma palpébral par pyoctanine. Sémaine méd. No. 10, p. 70. — Kaempfer, G.: Die Elektrolyse in der Augenheilkunde nebst Bemerkungen zur Therapie bei Trachom, Ulcus serpens, Fistula sacci lacrymalis und Cancroid der Lider. Therap. Monatsh. S. 177. — Le Dentu: Résultats négatifs de l'emploi de la pyoctanine dans le traitement des épithéliomes. (Soc. de chirurg.) Gaz. des hôp. No. 52, p. 489. — Robinson, H. B.: Epithelioma of lower eyelid. Americ. Journ. of ophthalmol. p. 296. — Rouze: De l'épithelioma palpébral. Etude clinique et thérapeutique No. 89, p. 60. — Thibaudini: Considération sur l'épithéliome de l'angle interne de l'œil. Thèse de Montpellier. — Török, L., und Tommasoli, P.: Über das Wesen des Epithelioma contagiosum. Monatsh. f. prakt. Dermatol. Nr. 4.

1891 Truc: Epithélioma des paupières. Montpellier médic. p. 508. — Valude: Du cancroïde de l'angle interne des paupières. Arch. d'ophtalmol. p. 439. — Wagner, W.: Ulcus rodens palpebrarum. Wjestnik oft. Mai—Juni.

1892 Bitsch, Joh. P.: Om molluscum contagiosum u. pathologisk anatomisk Henseende. Nord. medic. Arch. No. 3. — Fage: Formes cliniques et traitement de l'épithélioma de l'angle interne des paupières. Recueil d'ophtalmol. p. 527. — Pick, A.: Ist das Molluscum contagiosum kontagiös? Verhandl. der deutschen dermatol. Ges. 2. u. 3. Kongreß. Herausg. v. Neisser. S. 89. — Rieder: Über Molluscum contagiosum. Münch. med. Wochenschr. S. 55. — Socor, G.: Epithéliome de la paupière inférieure gueri par les injections de pyoctanine (violet de methyle). Bull. foc. d. méd. et nat. de Jassy. 1891—1892. T. 5, p. 145. — Vincentiis, de: Blefaroplastia per cancro papillare. Atti d. R. Accad. med.-chirurg. di Napoli. T. 46, p. 238.

1893 Alt: A case of recurrent epithelioma finally removed by galvano-cautery. No relapse after three years. Americ. Journ. of ophthalmol. p. 368. — Darier: Epithélioma des paupières. Mercredi médic. No. 24. — Derselbe: Cinq cas de guérison d'epithélioma de l'angle interne de l'œil. Bull. soc. franç. de dermatol. et syphilis. T. 4, p. 341. — Duplay: Epithélioma des paupières et du globe de l'œil; enucléation, autoplastie. Rev. génér. de clin. et de therap. T. 7 p. 529. — Kromayer: Die Histogenese der Molluscumkörperchen. Virchows Arch. f. pathol. Anat. u. Physiol. Bd. 132. — Valude, E.: Cancroïde palpébral; restauration secondaire. (Soc. d'ophtalmol. de Paris.) Ann. d'oculist. T. 109, p. 52. — Workmann, Ch.: Section of nodule of molluscum contagiosum. Glasgow med. Journ. T. 11, No. 5.

1894 Darier, A.: Traitement des cancroïdes de la face par des attouchements au bleu de méthyle. (Soc. franç d'ophtalmol.) Recueil d'ophtalmol. p. 368. — Dujardin: Guérison d'un épithélioma de la paupières par la pyoctanine. Journ. de scienc. méd. de Lille. T. 2, p. 567. — Heckel, E. B.: Epithelioma of the eyelid. Internat. Clin. Philadelphia. 4. s. T. 1, p. 310. — Neisser, A.: Über Molluscum contagiosum. Verhandl. d. deutsch. dermatol. Gesellsch. S. 589. — de Schweinitz: Epithelioma of lower lid, Wolffs operation. Transact. of the Americ. ophthalmol. soc. Thirtieth meeting. p. 135. — Derselbe: Epithelioma simulating ulcerated Meibomian cyst. Ibid. p. 137.

1895 Braquehaye et Sourdille: De l'épithéliome calcifié des paupières. Arch. d'ophtalmol. T. 15, p. 65. — Domec: Traitement de l'épithélioma des paupières par le bleu de méthyle. Thèse de Paris. — Fage: Epithéliomes de paupières traités par le bleu de méthyle. Clin. ophtalmol. Janvier. — Fumagalli: Esame anatomico di epiteliomi palpebrali cicatrizzati col clorato di potassa. Atti dell' XI. Congresso medico internat. Roma. T. 6, p. 77. — Keyser, P.: Grafting for the cure of epithelioma. Journ. of the Americ. med. assoc. Sept. 1. — Risley, S. D.: Skin grafting for epithelioma of the eyelid. Americ. Journ. of ophthalmol. p. 191. — Unna: Hautkrankheiten. Lehrb. d. speziellen pathol. Anatomie v. Orth. Berlin: August Hirschwald. — Derselbe: Zur Kenntnis der hyalinen Degeneration der Carcinomepithelien. Dermatol. Zeitschr. Jg. 28, Bd. 1. 1.

1896 Alt, A.: Xanthelasma tuberosum or molluscum contagiosum? Americ. Journ. of ophthalmol. p. 321. — Kusnitzky, M.: Beitrag zur Kontroverse über die Natur von Zellveränderungen bei Molluscum contagiosum. Arch. f. Dermatol. u. Syphilis. Bd. 32, H. 1 u. 2. — Muetze: Beitrag zur Kenntnis des Molluscum contagiosum der Lider. Arch. f. Augenheilk. Bd. 33, S. 302. — Roose: Deux cas d'extirpation d'épithéliomes anciens de l'angle interne de l'œil. Ann. de l'inst. Saint-Antoine. Courtiac. No. 1. — Salzer: Ein Fall von Molluscum contagiosum der Augenlider. Münch. med. Wochenschr. S. 841. — Touton: Bemerkungen zu Kusnitzkys „Beitrag zur Kontroverse über die Natur der Zellveränderungen bei Molluscum contagiosum". Arch. f. Dermatol. u. Syphilis Bd. 32, S. 369. — Trousseau, A.: Résultats éloignés de quelques opérations d'épithéliomes de la paupière et de la conjonctive. Arch. d'ophtalmol. T. 21, p. 625 und Rev. des malad. cancéreuses. Avril.

1897 Beck: Beiträge zur Kenntnis des Molluscum contagiosum. Arch. f. Dermatol. u. Syphilis Bd. 33, H. 1 u. 2, S. 107. — Benda: Die Zelleinschlüsse der Taubenpocke und des Molluscum contagiosum. Verhandl. d. Ges. deutscher Naturf. u. Ärzte. 69. Vers. zu Braunschweig. 2. Teil, 2. Hälfte, S. 18. — Elschnig: Molluscum contagiosum und Conjunctivitis follicularis. Wien. klin. Wochenschr. Nr. 43. — Rohmer: Cancer de la paupière. (Soc. de méd. de Nancy.) Rev. génér. d'ophtalmol. p. 40. — Sanfelice: Beiträge zur Ätiologie der sogenannten Pocken der Tauben. Zeitschr. f. Hyg. Bd. 26.

1898 Falkenburg, C.: Über Molluscum contagiosum. Inaug.-Diss. München.

1899 Audry: Sur la lésion du molluscum contagiosum. Ann. de dermatol. p. 621. — Bistis: Sur un cas de molluscum contagieux de la paupière inférieure. Clin. ophtalmol. No. 2. — Djelow, W.: Epitheliom des rechten Unterlides, mit Extr. fluid. chelidon. maj. behandelt. (St. Petersb. ophthalmol. Ges. 7. Mai 1898.) Westnik ophthalmol. T. 16, p. 468. — Kromayer: Die Parenchymhaut und ihre Erkrankungen. Entwicklungsmechanik und histopathogenetische Untersuchungen mit besonderer Berücksichtigung des Carcinoms und des Naevus. Arch. f. Entwickelungsmech. d. Organismen Bd. 8, 2. — Logerot: Recherches sur l'anatomie pathologique du molluscum contagiosum. Thèse de Paris. — Moulton: A case of epithelioma of the eyelid, with microscopical section of the tumor. Americ. Journ. of ophthalmol. p. 201. — Schaefer, H.: Über Molluscum contagiosum und seine Bedeutung für die Augenheilkunde. Inaug.-Diss. Bonn. — Vieusse: Note à propos d'une production épitheliale rare de la paupière. Recueil d'ophtalmol. p. 449.

1901 Capauner: Beitrag zur Kenntnis des Lupuscarcinoms. Zeitschr. f. Augenheilk. Bd. 5, S. 282. — Petersen: Über den Bau der Carcinome. Beitr. z. klin. Chirurg. Bd. 32.

1902 Krompecher: Der Basalzellenkrebs. Jena: G. Fischer.

1903 Uzuhiko Mageda: Das Lidcarcinom. Deutschmanns Beitr. z. prakt. Augenheilk. H. 56.

1904 Coenen: Zur Kasuistik und Histologie der Hautkrebse. Arch. f. klin. Chirurg. Bd. 78, S. 800.

1905 Bosc: Recherches sur le molluscum contagiosum. Cpt. rend. de la soc. de biol. p. 797. — Herzog: Über einen neuen Befund beim Molluscum contagiosum. Virchows Arch. f. pathol. Anat. u. Physiol. Bd. 176, S. 515. — Juliusberg: Zur Kenntnis des Virus des Molluscum contagiosum des Menschen. Dtsch. med. Wochenschr. Nr. 40.

1906 Borrmann: Statistik und Kasuistik über 290 histologisch untersuchte Hautcarcinome. Dtsch. Zeitschr. f. Chirurg. Bd. 76, H. 4—6. — Kirchner: Über die kosmetischen Vorzüge der Heilung von Lidkrebsen durch Radiumstrahlen und die Methode der Behandlung. Ophthalmol. Klinik Nr. 10. — Moissonnier: Epithélioma palpébral d'origine pilo-sébacée. Arch. d'ophtalmol. T. 25, p. 658.

1907 Clairmont: Diagnose und Therapie des Basalzellenkrebses. Arch. f. klin. Chirurg. Bd. 84, S. 98. — Lipschütz: Zur Kenntnis des Molluscum contagiosum. Wien. klin. Wochenschr. S. 253. — Ribbert: Die Entstehung des Carcinomes. Bonn: Fr. Cohen. — Schultz-Zehden: Exorbitante Fälle von Krebs der Augenlider. Klin. Monatsbl. f. Augenheilk. XLV. Bd. 2, S. 70.

1908 Altmann: Zur Behandlung des Carcinoms mit Radium. Westn. ophth. T. 30, p. 169. — Elschnig: Conjunctivitis eczematosa mit zahlreichen Mollusca contagiosa. (Wissensch. Ges. deutsch. Ärzte in Böhmen.) Münch. med. Wochenschr. S. 1317. Dtsch. med. Wochenschr. S. 1531. v. Michels Jahrb. über die Leistungen ... der Ophthalmol. S. 586. — Hauchamps: Lidcarcinom, durch Radium günstig beeinflußt. Dtsch. med. Wochenschr. Nr. 38. — Keating-Heart: La fulguration dans le traitement du cancer. Arch. d'électr. méd. Mai. — Rosenkranz: Die Fulgurationsbehandlung der Krebse nach Keating-Heart. Berl. klin. Wochenschr. S. 957. — Snell: Carninoma of the orbit, originating in a Meibomian gland. Ophthalmol. Rev. p. 94.

1909 Arruga: Tratamiento del cancer par la fulguraçion à proposito de algunos casos del mismo. Arch. de oftalmol. Hisp.-americ. p. 217. — Bialetti: Contributo alla cura del carcinomi palpebro-congiunctivali col jequirity (metodo Rampoldi). Ann. di ottalmol. T. 38, p. 238. — Cargill: Rodent ulcer of right eyelid and nose, part treated by zinc ionisation and part by X. rays. Ophthalmol. Rev. p. 91. — Cheatle: Trophie changes in old age. Brit. med. Journ. T. 1, p. 1411. — Denti: La jequiritina nella cura dell' epitelio ma palpebrale. Ann. di ottalmol. T. 38, p. 258. — Dolcet: Venta jas de la exstirpation sobre la radiotherapia en el tratamiento del cancer de los parpados. Congr. internat. di oftalmol. Napoli. p. 321. — Farina: Sulla azione terapeutica del jequirity in alcuni casi di cancro. Nota clinica. Ann. di ottalmol. T. 38, p. 291. — Fumagalli: Osservazioni sopra casi de epitelioma palpebrale, dell' orbita, e della congiuntiva, curati colla jequiritina (metodo Rampoldi). Ann. di ottalmol. T. 38, p. 94. — Manché: Nota sul trattamento incruento dell' epitheliome palpebrale. Congr. internaz. di oftalmol. Napoli. p. 558. — Poulard: Epithéliome de la paupière traité et guéri par le radium. Recueil d'ophtalmol. p. 128. — Rampoldi: Azione terapeutica del jequirity in alcuni casi di cancro. 6.—8. Communicazione. Ann. di ottalmol. T. 38, p. 74, 230, 906. — Schweinitz, de: Epithelioma of the eyelid of somewath unusual form and development, together with the results of operation and X. ray treatment. Ophthalmol. Rec. p. 156.

1910 Grignolo: Azione della jequiritina sugli epiteliomi cutanei. Contributo clinico ed anatomico. Ann. di ottalmol. T. 39, p. 793. — Knowels: Molluscum contagiosum: Report of ten family epidemies and forty-one cases in children.

New York med. Journ. p. 1006. — LAPERSONNE, DE: Carcinome atrophiant des paupières et de l'orbite. Recueil d'ophtalmol. p. 32. — NOBILE: Due casi di epitelioma cutaneo delle palpebre e del naso guariti col principio attivo del jequirity (metodo Rampoldi). Ann. di ottalmol. T. 39, p. 685. — POULARD et SAINTON: Epithélioma de la paupière traité par le radium. Arch. d'ophtalmol. T. 30, p. 146.

1911 BAQUIS: La cura jequiritica dell' epitelioma in ottalmologia. Ann. di ottalmol. T. 40, p. 499. — CAVARA: Contribution à l'emploi du radium dans l'epithélioma des paupières. Ann. d'oculist. T. 146, p. 256. — HIRSCH: Über kombinierte Röntgen-Radiumbehandlung bei Lidcarcinom. Klin. Monatsbl. f. Augenheilk. XLIX. Bd. 2, S. 201. — LIPSCHÜTZ: Weitere Beiträge zur Kenntnis des Molluscum contagiosum. Arch. f. Dermatol. u. Syphilis Bd. 107. — OLSHO: Molluscum contagiosum of the eyelids. (Sect. on ophth., College of physic. of Philadelphia.). Ophthalmol. Rec. p. 193. — TISCHNER: Über Röntgentherapie bei Lidcarcinomen. Klin. Monatsbl. f. Augenheilk. XLIX. Bd. 1, S. 477.

1912 AXENFELD, TH.: Zur Pathologie und Therapie der Lidcarcinome. (Verein südwestdtsch. Augenärzte.) Klin. Monatsbl. f. Augenheilk. LI. Bd. 1, S. 82. — STARGARDT: Die Röntgenbehandlung der Lidepitheliome. Strahlentherapie und Zentralorgan f. Lupusbehandl. 1913, S. 156.

1913 LAUBER: Mollusca contagiosa der Lider. Zeitschr. f. Augenheilk. Bd. 30, S. 246. Klin. Monatsbl. f. Augenheilk. LII. S. 284 (1914). — LINDENMEYER: Einwirkung von Erysipel auf ein Lidcancroid. (Herbstvers. d. Verein. hess. . . . Augenärzte.) Klin. Monatsbl. f. Augenheilk. LII. Bd. 1, S. 143. — LIPSCHÜTZ: Die Ätiologie des Molluscum contagiosum. Med. Klinik S.1897. — MÉNÉTRIER et MONTHUS: Epithélioma palpebral d'origine radiologique. (Soc. d'ophtalmol. de Paris.) Ann. d'oculist. T. 90, p. 209. Arch. d'ophtalmol. p. 652. Clin. d'ophtalmol. p. 470.

1914 LINDNER: Krebs und Tuberkulose, kombiniert am Lid. (Ophth. Gesellsch. Wien.) Klin. Monatsbl. f. Augenheilk. Bd. 53, S. 245. Referat. — NOGIER: Traitement par le radium d'un épithélioma du naz chez un vieillard de 80 ans. Guérison. Clin. ophtalmol. T. 20, p. 291.

1915 PÁLICH-SZÁNTÓ: Über verschiedene Formen des Lidkrebses. Arch. f. Augenheilk. Bd. 79, S. 16.

1919 ASCHOFF: Pathol. Anatomie. Bd. 1. Kapitel »Echte Geschwülste« von M. BORST. 4. Aufl. Jena: G. Fischer.

1920 HINE: Sebaceous horn of left upper lid becoming malignant. Proc. of the roy. soc. med. London. T. 13. Sect. of ophthalmol. p. 86. — KINGERY: The histogenesis of molluscum contagiosum. Arch. of dermatol. a. syphilol. T. 2, p. 144.

b) Papilläre fibroepitheliale Geschwülste.

§ 90. »Echte« papilläre fibroepitheliale Geschwülste (Blastome) im Sinne der modernen Geschwulstlehre kommen an der Lidhaut nicht vor. — Als hyperplastische papillöse Bildungen von geschwulstähnlichem Charakter finden sich die Warze, die bei chronischen Bindehautkatarrhen auftretenden sogenannten sekundären Papillome (spitze Kondylome) und das Hauthorn.

§ 91. Die Warzen oder Verrucae werden an der Lidhaut in ihren verschiedenen Formen als Verruca vulgaris, Verruca plana juvenilis und Verruca senilis beobachtet.

Die Verruca vulgaris beginnt als ein umschriebenes stecknadelkopfgroßes, flachkugeliges, die Hautoberfläche überragendes Gebilde von maschenartigem Bau. Die Bälkchen erscheinen dabei als feine blasse oder gelbliche Linien und innerhalb der Maschen sind rötliche Punkte zu erkennen. Die Warze wächst bald langsam, bald schneller, erlangt dabei eine derbe Konsistenz und gelblich-bräunliche Verfärbung. Die Mitte zeigt eine in größere und kleinere Felder eingeteilte Oberfläche und der Rand eine glatte verdickte Hornschicht.

Nach längerem Bestande kommt es durch Lösung des Zusammenhanges der obersten Schichten zu einer vertikalen Zerklüftung und Zerfaserung. Dadurch erhält die Warze das Aussehen eines kurzen groben Borstenpinsels und erscheint zuletzt als eine papilläre, mit einem Hornmantel versehene zerklüftete Wucherung (s. Abb. 73). Durch Kratzen.

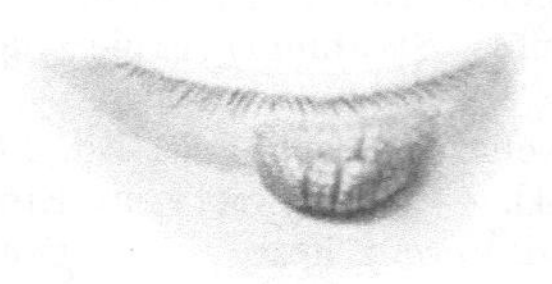

Abb. 73. Zerklüftete große Warze des linken Unterlides. (Natürliche Größe.)

Zupfen oder ähnliche mechanische Einwirkungen zum Zwecke der Entfernung der Warze kommt es zu Blutungen, die auch spontan erfolgen können. Hier und da wird die Warze bei solchen Manipulationen infiziert und es entsteht eine akute Hautentzündung. Dieselbe kann auch Ausgangspunkt eines Carcinoms werden. Die Warzen entwickeln sich teils singulär an den Lidflächen und den Lidrändern, teils — gewöhnlich zu gleicher Zeit — multipel an verschiedenen Stellen der Lidhaut, wobei die Gesichtshaut in der Regel mitbeteiligt ist. Das jugendliche Lebensalter ist bevorzugt.

Die Entstehung der Warzen wird auf ein noch unbekanntes übertragbares Virus zurückgeführt.

Anatomisch handelt es sich um eine Hyperplasie des Papillarkörpers mit starker Verhornung (Hyperkeratose) des Epithels. Die Papillen sind sehr bedeutend in die Länge gezogen (Abb. 74 P) und die Stachelzellschicht ist gewuchert (Abb. 74). Bei der sich anschließenden Hyperkeratose erreicht die Hornschicht eine verschiedene Dicke. Je nachdem an der Hyperplasie die Horn- oder Stachelschicht stärker beteiligt ist, hat UNNA »keratoide« und »akanthoide« Warzen unterschieden. Häufig finden sich in den Warzen Blutungen (Abb. 74 Bl), die durch mechanische Einflüsse oder durch thrombosierte Gefäßschlingen infolge der Zerrung der in die Länge gestreckten Papillen entstehen. Kleinzellige Infiltrationsherde (Abb. 74 J) treten infolge eines lokalen Infekts auf.

Eine besondere Form stellen die Verrucae planae juveniles dar. Sie finden sich im jugendlichen Lebensalter insbesondere im Gesichte und hier vorzugsweise an der Stirn, den Augenlidern, der Schläfe und der Haargrenze in größerer, oft in sehr großer Zahl als dicht gedrängte flache Erhebungen von der Größe eines Stecknadelkopfes bis einer Linse. Ihre Oberfläche ist glatt und ihre Farbe ist die der

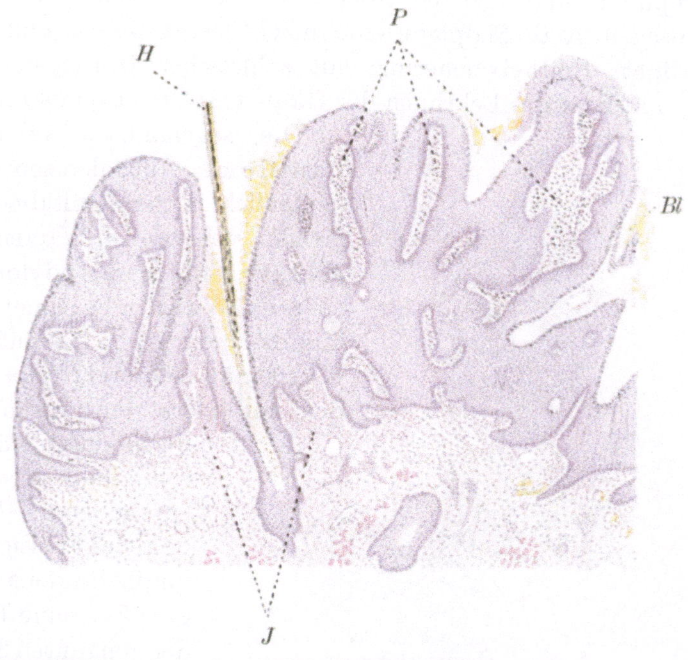

Abb. 74. Sagittalschnitt durch eine in der Nähe des Lidrandes (Unterlid) entstandene Warze. Vergr. 25/1. *H* Haar; *P* hochgradig verlängerte Papillen; *J* kleinzellige Infiltration; *Bl* Blutungen.

normalen Haut oder gelblich- bis bräunlichrot. Die so beschaffenen Warzen bleiben lange Zeit, selbst viele Jahre unverändert. — Histologisch liegt eine Hyperplasie des Rete Malpighi ohne Hyperkeratose oder mit geringer Parakeratose vor.

Die Verruca senilis ist durch nur leicht erhabene Bildungen gekennzeichnet, die mit einer gelblich-braunen, schmutziggrünlichen oder schwärzlichen Hornmasse bedeckt sind und leicht mit dem Fingernagel abgekratzt werden können. Darunter wird eine warzige, teilweise blutende Fläche sichtbar. Nicht selten finden sich diese Warzen in großer Zahl auf der Haut des

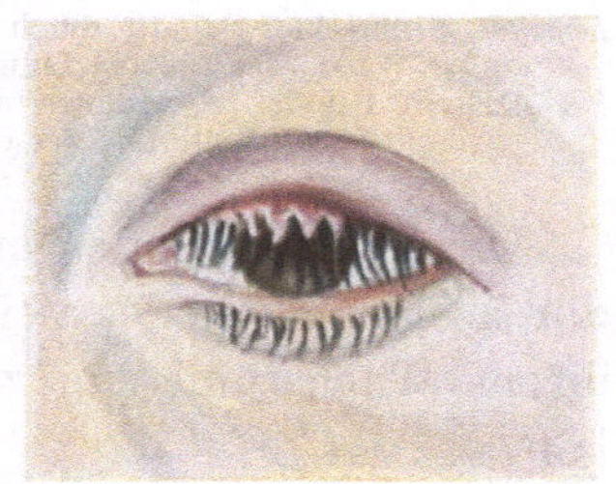

Abb. 75. Sogenannte sekundäre Papillome des Lidrandes bei chronisch katarrhalischer Conjunctivitis. 15 jähriges Mädchen.

Gesichtes und der Augenlider. Sie entwickeln sich etwa vom 40. Lebensjahr ab, bleiben stationär oder vermehren sich mit dem Alter und besitzen eine große Neigung, sich in Carcinome umzuwandeln.

Histologisch stellen dieselben eine Altersveränderung der Haut dar und haben mit den vorgenannten Formen nichts gemein. Die Cutis ist atrophisch, und über derselben findet sich mitten in dem ebenfalls atrophischen Rete Malpighi eine mächtige atypische und retikulär angeordnete Epithelwucherung mit zahlreichen Horncysten (TOMAS-CZEWSKI in RIECKES Lehrbuch der Haut- und Geschlechtskrankheiten).

Die sogenannten sekundären Papillome. Auch den sonst fast ausschließlich an den Genitalien vorkommenden venerischen Warzen oder Papillomen, spitzen Condylomen oder spitzen Warzen begegnet man hier und da in der Nähe des äußeren Lidwinkels, an letzterem selbst oder an den Lidrändern, und zwar in Fällen, in denen durch stärkere Absonderung der chronisch entzündeten Bindehaut oder bei Flüssigkeitsstauung im Bindehautsack längere Zeit eine Benetzung der genannten Stellen der Lidhaut stattgefunden hat, manchmal auch in der Nähe von syphilitischen Narben, wie dies HIRSCHLER (1866) bei der Heilung eines syphilitischen Geschwürs am äußeren Lidwinkel beobachtete.

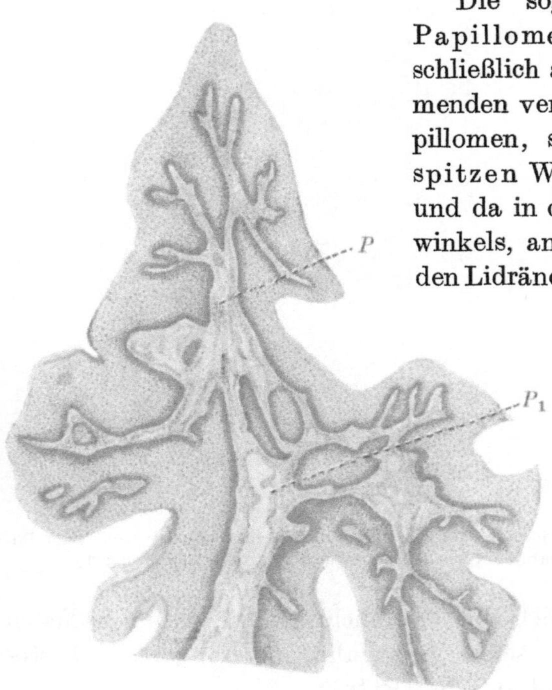

Abb. 76. Senkrechter Schnitt durch ein sekundäres Papillom (spitze Warze) des äußeren Lidwinkels. Vergr. 1 : 25.
P verlängerte Papille. *P₁* verlängerte Papille mit hochgradiger Erweiterung der Gefäße.

Die spitzen Warzen erscheinen anfänglich als stecknadelkopfgroße, durchscheinende oder weißliche Knötchen, die allmählich entsprechend ihrem Wachstume ein zerklüftetes, blumenkohlartiges Aussehen erhalten.

Anatomisch findet sich ein verzweigtes Bindegewebe mit starker Verlängerung der Papillen (s. Abb. 76 *P*) und hochgradiger Wucherung der Stachelzellen (s. Abb. 76). Die in die einzelnen Papillen aufsteigenden Gefäße zeigen eine beträchtliche Kaliberzunahme (s. Abb. 76 *P*) und reichen bis an die äußersten Spitzen der Papillen. Die Hornschicht kann fehlen oder an ihrer Stelle eine dünne Lage von noch kernhaltigen, spindelförmigen und mäßig verhornten Zellen vorhanden sein.

Hinsichtlich der Entstehung der spitzen Warzen hat RASCH (1890) in neuester Zeit die Ansicht ausgesprochen, daß ein spezifischer Infekt mit demselben Virus vorliege, das auch für die gewöhnliche Warze in Betracht komme.

Die Behandlung der Warzen besteht am einfachsten und sichersten in der operativen Entfernung; auch eine Verschorfung mit dem Thermokauter wird empfohlen. Von zerstörenden medikamentösen Mitteln wird die Betupfung mit Trichloressigsäure und Milchsäure in Anwendung gezogen.

§ 92. Die Hauthörner oder Cornua cutanea der Augenlider treten in Form von kleinen schmutzig-grauen Stacheln (Cornu filiforme) oder als umschriebene, zapfen- oder tierhornähnliche, mehr oder weniger gekrümmte Auswüchse auf, deren Größe, Form, Struktur, Konsistenz und Färbung bedeutenden Schwankungen unterliegen.

Sitz der Hauthörner ist mit Vorliebe die äußere Lidkante oder ihre unmittelbare Umgebung, dann die Lidwinkel und die Lidflächen. Die Hauthörner können an beiden Lidern zugleich oder nacheinander sich entwickeln, zuweilen an gegenüberliegenden Stellen des Ober- und Unterlides. Die Größe derselben schwankt erheblich. Bald sind sie nur wenige Millimeter breit und lang, bald kann sich ihre Länge bis zu 30 mm steigern und die Dicke 5—6 mm und darüber betragen. Über eine besonders starke Entwicklung berichten Herzog CARL in Bayern (1892), der ein 4,5 cm langes Hauthorn bei einer 78jährigen Frau an der Grenze des äußeren und mittleren Drittels des rechten Oberlides beobachtete, und SCHÖBL (1892), in dessen Falle bei einer 82jährigen Frau ein Hauthorn die erhebliche Länge von 5 cm und an der Basis einen Durchmesser von 3 cm erreichte. Dieses Hauthorn nahm in vertikaler Richtung die Nasenwurzel bis zum linken Nasenflügel und in sagittaler die Mittellinie der Nase bis in die Gegend des inneren Augenwinkels ein.

Die Basis des Hauthornes geht entweder allmählich in die umgebende Haut über oder erscheint scharf abgesetzt, wie in eine Art Falz eingesenkt, nicht selten zeigt sie eine leichte Rötung.

Die Form entspricht bald derjenigen eines Kegels, bald ist sie mehr zylindrisch, bald hakenförmig gekrümmt, bald ähnlich einer Federspule. Nicht selten ist das Hauthorn etwas um seine Achse gedreht, gleich dem Horne eines Widders. In dem SPIETSCHKASCHEN (1898) Falle war ein zylindrisch gestaltetes Horn des Oberlides schräg nach aufwärts gerichtet und leicht nach abwärts gekrümmt; etwa gleiche Form und Richtung zeigte das Hauthorn des Unterlides (s. Abb. 77).

Das Hauthorn läßt hinsichtlich seiner Struktur in der Regel eine Quer- und eine mehr oder weniger ausgesprochene Längsstreifung erkennen, so daß neben queren Einkerbungen längs gestellte Riefen und Furchen sichtbar sind. Manchmal findet sich auch eine blätterige oder fächerförmige Struktur. Die Konsistenz ist hart, an diejenige eines gryphotischen Nagels erinnernd, und häufiger ungleichmäßig, indem der Länge nach verlaufende Kanäle im Hauthorn vorhanden sind. Die Farbe ist schmutzig-grau bis gelblich-braun oder selbst grünlich-schwärzlich. Das Aussehen kann ein undurchsichtiges oder leicht durchscheinendes sein. Die Entwicklung der Hauthörner geht in der Regel sehr langsam vor sich; selten findet ein rascheres Wachstum statt.

Fast ausschließlich wird das höhere Lebensalter jenseits der 50er Jahre befallen, selten das kindliche oder jugendliche. Joussanne (nach

Abb. 77. 70jährige Frau. Länge des Hauthorns am Oberlid 17 mm, am Unterlid 10 mm. Natürliche Größe. (Nach Spietschka.)

v. Michel) teilt mit, daß ein 3jähriges Kind zunächst ein Hauthorn des rechten Oberlides sich abgerissen habe und kurze Zeit darauf das linke Oberlid Sitz neuer Hauthörner wurde. Natanson (1899) beobachtete bei einem 18jährigen Mädchen ein Hauthorn des rechten Oberlides an der Grenze des mittleren und äußeren Drittels ca. 5 mm vom freien Lidrande entfernt. Dujardin berichtet übrigens über ein Hauthorn am Unterlid eines 34jährigen Mannes, das sich innerhalb von 3 Monaten zu einer Länge von 3 cm mit einer Basis von $3^1/_2$ cm entwickelt haben soll. Die Bildung bestand größtenteils aus einer breiartigen Masse, die Spitze war verhornt. Infolge des beträchtlichen Gewichts war es zu einem leichten Ectropium gekommen. Der Tumor wurde als Atheromcyste mit verhornter Spitze aufgefaßt (durch mikroskopische Untersuchung bestätigt). Nicht selten entstehen die Hauthörner auf schon vorher erkrankter Haut, wie besonders auf Warzen. v. Ammon (nach v. Michel) erwähnt, daß bei einer 50jährigen Frau, bei der an verschiedenen Stellen ihres Körpers Warzen aufgetreten waren, auf einer Warze am linken Oberlide sich ein hornartiger Auswuchs gebildet hatte. Die Hauthörner bedingen eine Verunstaltung des Gesichtes und sind bei einer gewissen Größe Stößen und ähnlichen mechanischen Einflüssen ausgesetzt, wodurch Schmerzen, Entzündungen der Haut an der Basis des Horns und Blutungen im Horne selbst hervorgerufen werden, die auch etwas zu seiner grünlich-schwärzlichen Färbung beitragen. Sitzt ein solches am Unterlid, so wird dieses durch die Schwere des Horns leicht evertiert bzw. ektropioniert. Rezidive sind nicht so selten, besonders wenn die Entfernung nicht ausgiebig genug gewesen ist.

Die anatomischen Veränderungen bestehen in einer hochgradigen Verlängerung der Papillen, einer mächtigen Wucherung des Rete und einer Hyperkeratose, deren Produkte sich zu festen Hornmassen zusammenschichten. Durch die Raschheit, mit der sich die beiden letzteren Vorgänge abspielen, wird die oberste Hornmasse nicht entsprechend rasch abgestoßen, wodurch es zur Bildung eines Hornzylinders oder eines Hornkegels kommt. Das quantitative Verhältnis von Bindegewebe und epithelialer Wucherung bietet mehr oder weniger große Verschiedenheiten dar. Es wurde vielfach die Frage erörtert, ob das Hauthorn epithelialen oder papillären Ursprunges sei; ob nicht die Papillen gegenüber der epithelialen Wucherung nur eine passive Rolle spielen und einfach mechanisch in die Länge gezerrt würden, oder ob es sich um eine selbständige Papillenwucherung handele. UNNA (1892), MITVALSKY (1894) und BAAS (1892) traten für die epidermoidale, SPIETSCHKA (1898), BALLABAN (1898) und NATANSON (1893) für die papilläre Entstehungsweise ein. PASINI (1901) unterscheidet zwei Formen von Hauthörnern; die erste Form sei durch minimale Veränderungen in der Cutis, eine Hypertrophie des Stratum mucosum und eine Hyperkeratose des Stratum corneum gekennzeichnet, die zweite durch starke entzündliche Erscheinungen in der Cutis, hochgradige Acanthosis und sehr starke Hypo- und Parakeratose im Stratum corneum. Die erste Form schließe sich den Warzen und

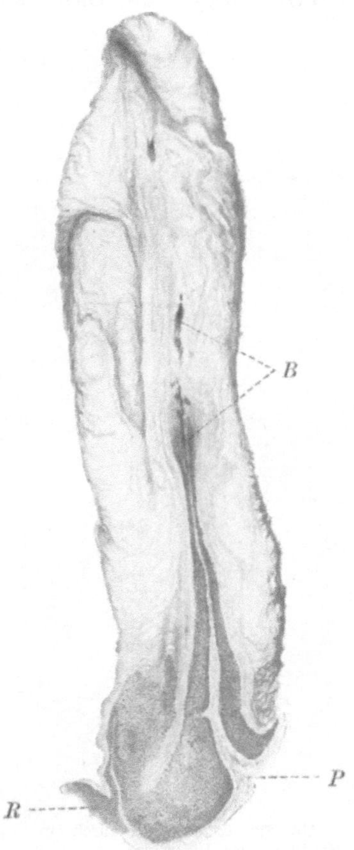

Abb. 78. Längsschnitt durch ein Hauthorn des Unterlides. Vergr. 1 : 25. *P* Papille, *B* ausgedehntes Blutgefäß mit Blutung, *R* Retezellen.

dem UNNAschen Fibrokeratom an, die zweite neige zum Epitheliom. JARISCH (1900) tritt für eine dermoepitheliale Entstehung des Hauthornes ein, wobei bald die epitheliale, bald die bindegewebige Neubildung überwiege.

Mikroskopisch zeigt sich die Papille als ein mehr oder weniger derber, schlanker Bindegewebskegel (s. Abb. 78 *P*). Die Blutgefäße (s. Abb. 78 *B*), die bis in die höchste Spitze der stark verlängerten Papille verlaufen können, sind nicht selten von so bedeutender Mächtigkeit, daß sie die Papille völlig zu verdecken scheinen. An der Spitze der Papillen finden häufig Blutungen statt, die von den gewucherten Epithelzellen eingeschlossen und weiter aufwärts geführt werden. In den Papillen finden sich feine elastische Fasern und Lymphgefäße (Spietschka 1898, Ballaban 1898, Natanson 1899). Die gewucherten und verhornten Epithelien erscheinen gleich parallel gestellten Säulen aufgebaut, oder die Hornmassen sind gleich einem Nagelfluhgeschiebe geschichtet. Das Längenwachstum des Hauthornes geschieht durch Verlängerung der Papillen mit Überlagerung neuer Hornschichten, das Breitenwachstum durch teilweise Apposition (Natanson 1899). Ein Teil der hypertrophischen Papillen hält die vertikale Richtung nicht ein, sondern breitet sich vorwiegend horizontal aus und biegt dann in die Längsrichtung des Horns um, um als Basis für weitere Epithelwucherung und Verhornung auf seiner Oberfläche zu dienen. Nach Unna (1892) ist die dem Hauthorn eigentümliche Struktur dadurch bedingt, daß sich die Verhornung in den intrapapillären Bezirken verschieden vollzieht; sie steigt am stärksten in die Tiefe zwischen den Papillen (Abb. 79) und nimmt hier die Form von locker ineinandersteckenden Trichtern oder Düten an, die in den oberen Partien des Horns fest aneinandergeschweißt sind und fast homogen erscheinen können. Die ineinandersteckenden Horndüten senken sich in die Epithelzapfen und Leisten, erfüllen die Räume zwischen den Papillen und vereinigen sich

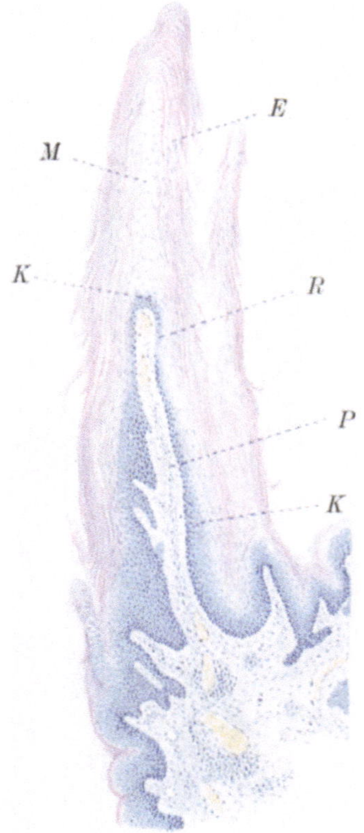

Abb. 79. Längsschnitt durch ein Hauthorn des Unterlides. Vergr. $^{35}/_1$. *P* ödematöses und teilweise mit Rundzellen durchsetztes Papillengewebe; *E* parakeratotische Hornschicht mit Erhaltung der Kerne; *KK* hyaline Kugeln bzw. hyalin-degenerierte Stachelzellen; *R* Reduktion der Stachelschicht auf 1 bis 2 Lagen; *M* Marksubstanz.

oberhalb dieser mittels kuppel- oder fingerhutförmig die Papillarköpfe deckenden Hornscheiden zu einer zusammenhängenden Hornmasse. Die Hornmasse läßt sich daher in Horndüten und Hornkuppeln zerlegen und nur innerhalb der letzteren bildet sich die sogenannte Marksubstanz (Abb. 79 *M*) aus. Über den Papillen kommt es zu einer von Lücken durchbrochenen markähnlich gegitterten Zellsäule. Nach

v. Michels Untersuchungen sind in der parakeratotischen Hornschicht die Kerne erhalten (Abb. 79 *E*) und in der Stachelzellenschicht finden sich hyalin degenerierte Zellen (Abb. 79 *K*). Diese Schicht ist auf 2 Lagen reduziert (Abb. 79 *R*). Die Papille kann leicht ödematös und mit Rundzellen durchsetzt erscheinen (Abb. 79 *P*). Die benachbarte und am Horn aufsteigende Epidermis nimmt allmählich an Mächtigkeit zu, besonders die Hornschicht, und im Bereiche der aufsteigenden Epidermis kann die Vermehrung der Epithelien auch auf die Haarfollikel übergreifen und deren Ausführungsgang sich erweitern. Der Tiefe nach erstreckt sich die Wucherung zuweilen bis in die Nähe der Schweißdrüsen. Entsprechend dem Hauthorn erscheint die regelmäßige Reihe der Papillen und Haarfollikel der Lidhaut unterbrochen.

Die Behandlung besteht in der Excision mit Umschneidung der Basis des Hauthornes.

Literatur zu §§ 90—92.

1866 Hirschler: Spitze Condylome des Lides. Wien. med. Wochenschr. Nr. 73.

1871 Reymond: Osservazione di produzione cornea sulla palpebra. Giorn. dell' accad. de med. di Torino. April.

1875 Michel: Krankheiten der Augenlider. Dieses Handbuch 1. Aufl., Kap. IV, S. 408.

1879 Zarzyki: Etudes sur les cornes palpébrales. Boyer, éditeur.

1890 Rasch: Nosologische Bemerkungen über Condylome. Dermatol. Zentralbl. Nr. 6.

1892 Baas: Hauthorn. Zentralbl. f. allg. Pathol. u. pathol. Anat. S. 295. — Carl Theodor, Herzog in Bayern: Ein Fall von Cornu cutaneum palpebrae superioris dextrae. v. Helmholtzsche Festschr. S. 42 und Klin. Monatsbl. f. Augenheilk. S. 310. — Lagrange: Corne cutanée de la paupière inférieure. Gaz. des hôp. de Toulouse. 19. Nov. — Schöbl: Über einige seltene Keratome des Auges. Prag. — Unna: Pathologische Anatomie der Haut. Orths Handb. d. spez. pathol. Anat. S. 875.

1894 Mitvalsky: Ein Beitrag zur Kenntnis der Hauthörner der Augenadnexa. Separatabdruck aus Arch. f. Dermatol. u. Syphilis.

1895 Achenbach, C.: Ein Beitrag zu den Hauthörnern der Augenlider. Zentralbl. f. prakt. Augenheilk. Oktober. S. 289.

1898 Baumann, E.: Ein Fall von Hauthorn des Augenlides. Inaug.-Diss. Würzburg. — Ballaban: Cornu cutaneum palpebrae. Zentralbl. f. prakt. Augenheilk. April. — Spietschka, Th.: Beitrag zur Histologie des Cornu cutaneum. Arch. f. Dermatol. u. Syphilis Bd. 42, S. 39.

1899 Ewetzky: Hauthorn am linken Oberlid. (Moskauer augenärztl. Ges.) Wratsch. T. 20, p. 290. — Natanson, A.: Zur Struktur des Hauthorns. (Cornu cutaneum palpebrae.) Separatabdruck aus Arch. f. Dermatol. u. Syphilis Bd. 1, 2.

1900 Jarisch: Die Hautkrankheiten. 2. Hälfte, S. 706.

1901 Cirincione: Sul corni palpebrali. Clin. ocul. p. 729. — Pasini: Sulla istologia e sulla pathogenesi del corno cutaneo. Giorn. ital. malatt. vener. e d. pelle p. 475.

1908 Albitos: Queratoma del parpado superior direcho. Arch. de oftalmol. hisp.-americ. p. 627 u. Ann. d'oculist. T. 140, p. 150. — Dujardin: Corne de la paupière inférieure d'origine sébacée. Clin. ophtalmol. p. 319.

1909 Hallauer: Hauthorn des Oberlids. Zeitschr. f. Augenheilk. Bd. 21, S. 509. Allmann, Pathol.-anat. u. klin. Beobachtungen. Westnik Ophthalmol. T. 26, p. 1010. — Jensen: Nogle sjeldne Oejenlidelsor. (Einige seltene Augenkrankheiten.) Hospitalstidende No. 8. — Popow: Cornu cutaneum des Lides. Westnik Ophthalmol. T. 26, p. 573.

c) Bindegewebsgeschwülste.

Als gutartige (reife) oder homoiotypische (homologe) Bindegewebsgeschwülste werden an der Lidhaut beobachtet: das Fibrom, das Lipom, das Rhabdomyom und das Xanthom.

§ 93. Die Fibrome (Fibroblastome) der Lidhaut sind seltene Geschwülste und zeigen eine bald mehr lockere weiche, bald mehr derbe Konsistenz (sogenannte Desmoide); auch Übergänge beider Formen kommen vor. Sie entstehen cutan und subcutan.

Das cutane Fibrom erscheint als scharf abgegrenzter harter rundlicher Knoten von verschiedener Größe und verrät seine Gegenwart einzig und allein durch eine äußerlich sichtbare umschriebene Anschwellung. Am häufigsten zeigt sich das kutane Fibrom als eine mit langem dünnen Stiele versehene pendelnde Geschwulst, die mit einer kleinen lose hängenden Beere oder einem an einem

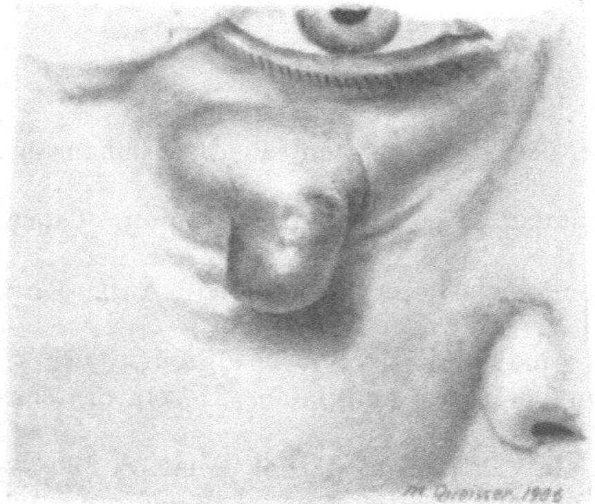

Abb. 80. Fibrom der unteren Lidfläche mit carcinomatös erkrankter Spitze. (Natürliche Größe.)

Faden aufgehängten Beutelchen zu vergleichen ist und durchschnittlich die Größe einer Erbse erreicht. Mehrere solche Gebilde können an den verschiedensten Stellen der Lidhaut gleichzeitig vorkommen; in einem Falle saßen vier derartige pendelnde Geschwülste am Oberlide in der Nähe der äußeren Lidkante.

Das subcutane Fibrom der Lidfläche ist gewöhnlich durch eine besondere Derbheit ausgezeichnet und kann die Größe einer Haselnuß und darüber erreichen. Die Haut ist über der Geschwulst verschieblich. Die Oberfläche erscheint glatt und bei Betastung erhält man den Eindruck, als ob die Geschwulst von einer Kapsel umgeben wäre. Die subcutanen Fibrome besitzen die Neigung nicht bloß der Breite, sondern auch der Höhe nach zu wachsen; so kann es zu einer mit breiter Basis aufsitzenden penisähnlichen Geschwulst kommen (s. Abb. 80).

In dem Abb. 80 dargestellten Falle kam es an der Kuppe des Fibroms zu einer carcinomatösen Entartung der Haut und von einer exulcerierten Stelle aus trat eine Infektion mit Absceßbildung in den oberflächlichen Schichten ein. In dem von GALLENGA (1889) berichteten Falle, in dem der Ausgangspunkt des Lidfibroms allerdings in das tarsale Bindegewebe verlegt wurde, konnte Verkalkung und Verknöcherung nachgewiesen werden. — Im allgemeinen ist das Wachstum der Fibrome ein sehr langsames; bei einem rascheren Fortschreiten besteht immer der Verdacht einer malignen Degeneration — gewöhnlich im Sinne einer Sarkomatose.

Für die Entstehung des Fibroms kommt vielleicht eine angeborene Anlage in Betracht.

Makroskopisch besitzt das Fibrom ein weißliches Aussehen und besteht mikroskopisch aus dicht verfilzten starken Bindegewebs-fibrillenbündeln mit einer verhältnismäßig geringen Zahl von zelligen Elementen und Gefäßen. Elastische Fasern fehlen angeblich. Das weiche Fibrom zeigt einen größeren Gehalt an Gewebsflüssigkeit zwischen den einzelnen Bindegewebsbündeln oder -fibrillen.

Diagnostisch ist hervorzuheben, daß eine Verwechslung des Fibroms mit einem Neurofibrom, einem Gumma (s. S. 142) und einem geheilten verkalkten tuberkulösen Knoten (s. S. 122) stattfinden kann. Berücksichtigt man diese Verwechslungsmöglichkeiten, so wird die Differentialdiagnose meist nicht schwierig sein. Die Behandlung besteht in der Exstirpation der Geschwulst.

§ 94. Das erworbene Lipom (Lipoblastoma) der Lidhaut (hinsichtlich des angeborenen Lipoms s. S. 210 u. f.) ist von teigig-weicher oder fester praller Beschaffenheit, bald mehr oder weniger scharf abgegrenzt, bald ohne deutliche Grenzen in die Umgebung übergehend, insbesondere vom Tarsus kaum abzugrenzen. Die Haut über der Geschwulst ist verschieblich. Ist das Oberlid befallen, so hängt es etwas herab und die Lidhaut ist durch die meist gleichmäßige Geschwulst oberhalb des Tarsus hervorgedrängt. Bei stärkerer Öffnung der Lidspalte bildet sich eine stark überhängende und den Lidrand deckende Falte. Dieser Zustand wird auch als Ptosis adiposa (vgl. S. 168 und Fetthernien der Oberlider S. 575) bezeichnet. Nach BACH (1906) soll alsdann das Oberlid eine große Ähnlichkeit mit der Blepharochalasis darbieten. Die Geschwulst dürfte durchschnittlich die Größe einer Walnuß erreichen und ist manchmal beim Sitze im Oberlide mit dem Perioste in der Gegend des Foramen supraorbitale verwachsen (VOSSIUS 1894). Gleichzeitig können Lipome an der Haut der oberen Extremitäten und der Brust vorhanden sein (WINGENROTH 1900). An Narbenstellen von exstirpierten Lipomen können — zuweilen erst nach Jahren (WINGENROTH 1900) — Rezidive entstehen.

Das Lipom befällt das Oberlid ein- oder doppelseitig oder in symmetrischer Weise die beiden Augenlidpaare (WINGENROTH 1900) und tritt teils zwischen dem 18. und 25. Lebensjahre (SCHELL 1885, MC HARDY 1885, BACH 1906), teils in den 50er Jahren auf (VOSSIUS 1894 und WINGENROTH 1900), fast ausschließlich beim weiblichen Geschlechte, wobei betont wird, daß auch fettarme Personen befallen werden. Der Anfang der Geschwulstbildung kann auch im frühesten Kindesalter erfolgen (WAGENMANN 1907).

Bezüglich der Anatomie wird von MC HARDY (1885) hervorgehoben, daß das Lipom über dem Musculus orbicularis sich entwickelt, während BACH (1906) bei der operativen Entfernung eines Lipoms nach Ausführung des Hautschnittes unter den gespannten und etwas auseinandergedrängten Muskelbündeln des Orbicularis eine fascienartige Membran zum Vorschein kommen sah, bei deren Einschneiden eine größere Fettmasse von etwa $2\,^1/_2$ cm Länge und etwa 1 cm Dicke im Zusammenhang hervorgezogen werden konnte. In gleicher Weise verhielt es sich in dem Falle von WAGENMANN (1907). Nach Excision eines Hautstückes und Incision der Fascie, durch welche gelbliche Massen durchschimmerten, quoll Fettgewebe heraus. In diesen beiden Fällen saß demnach das Lipom unter dem M. orbicularis, und zwar subfascial. VOSSIUS (1894) fand das von ihm entfernte Lipom abgekapselt und von feinen Septen durchzogen, die Fettgewebe in sich schlossen. Auf der Oberfläche der Geschwulst war ein Netz von Nerven vorhanden. WINGENROTH (1900) bezeichnet die von ihm exstirpierten Geschwülste der Lidhaut und der oberen Extremitäten als myxomatös entartete Lipome; es fanden sich massenhaft Fettzellen, eingebettet in ein glasig-schleimiges Bindegewebe, und zahlreiche Blutgefäße mit einer verdickten und myxomatös degenerierten Adventitia. Der Tarsus schien in der Geschwulst aufgegangen zu sein.

Die Behandlung der Lipome ist eine operative.

§ 95. Das Rhabdomyom (Myoma s. Myoblastoma striocellulare) der Lidhaut stellt eine außerordentliche Seltenheit dar. ALT (1896) fand ein solches bei einem 17jährigen Manne. Die mikroskopische Untersuchung der als Chalazion diagnosticierten und entfernten Geschwulst des Unterlides zeigte eine Zusammensetzung aus quergestreiften Muskeln, zwischen denen zahlreiche Rundzellen eingelagert waren. Die Diagnose dürfte hier mindestens zweifelhaft sein. — Dagegen teilt SCHNAUDIGEL (1910 u. 1913) einen Fall von Rhabdomyom des M. orbicularis am Unterlide einer 38jährigen Frau mit, der durch mikroskopische Untersuchung gesichert ist. Der kleine Tumor, der gleichfalls

auf den ersten Blick den Eindruck eines Chalazion machte, war innerhalb mehrerer Monate bis zu Linsengröße gewachsen. 1 ½ Jahre nach
der Exstirpation trat ein Rezidiv auf, und zwar von etwa der 3fachen
Größe des ursprünglichen Tumors. Das Rhabdomyom bewies auch
hierdurch seinen Charakter als echte Neubildung.

§ 96. Das Xanthom, auch Xanthelasma und Vitiligoidea genannt, lokalisiert sich mit besonderer Vorliebe an der Lidhaut und
kennzeichnet sich durch flecken- (Xanthoma planum) oder knötchenförmige (Xanthoma tuberosum) eigentümlich gelb gefärbte
und in das Corium eingebettete Bildungen.

Beim fleckenförmigen Xanthom (X. planum) finden sich flache
von normaler Epidermis überzogene Flecken, die entweder noch im Niveau
der Haut sich befinden oder, was das Ge-
wöhnliche ist, dasselbe etwas überragen
und die eine citronen- bis braungelbe
oder selbst lehmartige Färbung aufweisen. Diese Färbung ist bald eine gleichmäßige, bald erscheint sie aus einzelnen
kleinen, gelben Flecken zusammengesetzt. Die Palpation läßt eine geringe
Verdickung und eine vermehrte Konsistenz der erkrankten Haut erkennen.

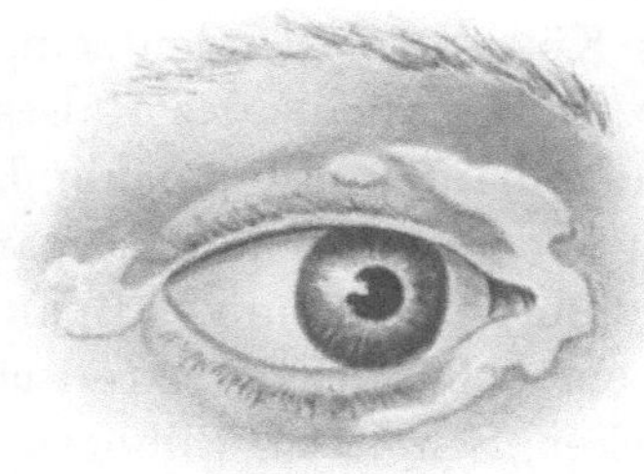

Abb. 81. Xanthoma planum bei einer älteren
Frau. (Natürliche Größe.)

Das flache Xanthom befällt vorzugs-
weise die mediale Hälfte des Ober- und Unterlides in der Form eines
bogigen Streifens oder eines Hufeisens, mit Überbrückung des inneren
Lidwinkels. Dieser Streifen ist zuweilen nur am Ober- oder am Unterlide
vorhanden, und es kann eine Verbindung zwischen einem gleichseitigen
Xanthom des Ober- und Unterlides fehlen. In der Regel beginnt das
Xanthom in der medialen Hälfte des Oberlides, doch kann auch zuerst
das Unterlid und der äußere Lidwinkel erkranken. Manchmal entwickelt
sich am inneren oder äußeren Lidwinkel oder an beiden Lidwinkeln
(s. Abb. 81) ein Xanthom von diffuser gelblicher Färbung, das ober- und
unterhalb des Lidrandes sich als ein schmaler gelber Streifen ausbreitet
(s. Abb. 81, Unterlid), oder selbst die äußere Lidkante in ihrer ganzen
Breite diffus durchsetzt (s. Abb. 81, Oberlid). Zugleich können flügel-
artige Fortsätze nach der medialen Hälfte der Lider zu sich erstrecken
(s. Abb. 81). Die Grenzen des entwickelten Xanthoms sind in der Regel
unregelmäßig gezackt, und zeigen häufig Landkartenform (s. Abb. 81).

Beim knötchenförmigen Xanthom, Xanthoma tuberosum,
finden sich ungefähr hirsekorngroße, von normaler Haut bedeckte, bald

mehr weiche, bald mehr harte gelbe Knötchen von ovaler oder rundlicher Form. Das knötchenförmige Xanthom scheint an der Lidhaut selten aufzutreten. In einem von v. MICHEL beobachteten Falle nahmen Xanthomknötchen die Hälfte beider Lider und in besonders großer Zahl das Unterlid ein; hier erstreckten sie sich noch über die Lidgrenze hinaus auf die Wangenhaut.

Gar nicht selten kommt es im Bereich des Xanthelasma zur Bildung bald kleinerer, bald größerer Comedonen, und auch von den Talgdrüsen ausgehende Cysten werden hier und da beobachtet (HUTCHINSON).

In der Regel fehlen subjektive Erscheinungen. PAVY (nach v. MICHEL) bemerkt, daß die erste Entwicklung der Xanthome manchmal unter heftigem Jucken und Stechen der Haut vor sich gehe. Bei einer stärkeren Ausdehnung der Xanthome tritt eine gewisse Entstellung ein. Zugleich mit dem Lidxanthom können Xanthome an anderen Stellen des Körpers vorhanden sein, so an der Haut der Wangen, der Nase, der Ohrmuscheln, des Halses, der Gelenkbeugen, der Genitalien, den Schleimhäuten (Mundhöhle, Larynx, Trachea, Ösophagus), den serösen Häuten und dem Gefäßapparate (Intima der Gefäße, Endo- und Pericardium). In einem von LEGG (nach v. MICHEL) mitgeteilten Falle waren bei einem 35jährigen, ikterischen Manne Flecken auf den Lidern, Ohren, Nacken, Schultern, Ellbogen und Palmarflächen der Hände, sowie auf jeder Seite der Zunge symmetrisch angeordnet. Wenn es sich in diesen Fällen fast ausschließlich um ein Xanthoma planum handelt, so ist das Xanthoma tuberosum vorzugsweise an Druckstellen zu beobachten, wie an der Volarfläche der Hände und Füße und am Oberarm. Auch die Hornhaut kann, wenn auch äußerst selten, miterkranken. VIRCHOW (1871) publizierte einen von A. v. GRAEFE genau beobachteten und von TH. LEBER mikroskopisch untersuchten Fall, in welchem beide Hornhäute mit Xanthelasmen besetzt waren; an der Hornhaut des linken Auges fanden sich eine Menge länglicher gelber Flecke, während eine prominente schmutzig-gelbe Geschwulst den größten Teil der rechten Hornhaut bedeckte.

Im weiteren Verlaufe kommt es zu einem langsamen und unregelmäßigen Wachstum, das häufig keine weiteren Fortschritte macht, wenn das Xanthom eine bestimmte Ausdehnung gewonnen hat. Beim Fortschreiten des Xanthoms entstehen Flecken, die von der ursprünglichen Erkrankungsstelle durch normale Haut getrennt sind, oder es vollzieht sich eine gleichmäßige Ausbreitung. Eine spontane Rückbildung findet nicht statt. Nach Entfernung der erkrankten Stellen ist kein Rezidiv zu befürchten, vorausgesetzt, daß diese Stellen in ihrer ganzen Ausdehnung zerstört oder entfernt werden.

Die Entwicklung des Xanthoms fällt hauptsächlich in das mittlere Lebensalter, und das weibliche Geschlecht, besonders das verheiratete, ist dabei sehr bevorzugt. POENSGEN (1884) hat ein Xanthom am inneren Lidwinkel bei einem Knaben beobachtet, und BARLOW (1884) berichtet über ein kongenitales Vorkommen. Die Häufigkeit des Augenlidxanthoms zu der allgemeinen Verbreitung des Xanthoms verhält sich ungefähr wie 100 : 1.

Die nähere Ursache der Entstehung des Xanthoms ist noch unbekannt. Ein in ungefähr der Hälfte der Fälle zu gleicher Zeit beobachteter Ikterus machte auf die Möglichkeit eines Zusammenhanges zwischen Lebererkrankung und Xanthombildung aufmerksam, wobei man sich vorstellen könnte, daß das Lidxanthom gleichzeitig mit einem Schleimhautxanthom der Gallengänge und einem daraus entstehenden Ikterus sich entwickelt hätte. In einer Reihe von Fällen fehlt aber zweifellos ein solcher Zusammenhang. SCHWIMMER (1904) konnte unter 16 Fällen von Xanthom keine Lebererkrankung feststellen. Die in Zusammenhang mit Ikterus, mit Leberleiden, Nierenentzündungen und Diabetes auftretenden Xanthome sind wahrscheinlich als Bildungen entzündlicher Art verbunden mit fettiger Degeneration aufzufassen. Desgleichen kann wohl das Xanthom älterer Leute nicht als echte Geschwulst gelten. Für diese Auffassung sprechen die gar nicht seltenen Beobachtungen, daß beispielsweise beim Diabetes mit der Besserung des Grundleidens die Xanthome (oft findet sich hier das Xanthoma tuberosum) kleiner werden und ganz verschwinden können. Die Entstehung des Xanthoms wurde auch mit der Erkrankung bestimmter Nervengebiete in Verbindung gebracht und das Xanthom als neuropathisches bezeichnet. Die Heredität scheint eine gewisse Rolle zu spielen. JANY erwähnt, daß in einem Falle Mutter und Schwester, und WILKS (beide nach v. MICHEL), daß Mutter und Tochter mit Lidxanthom behaftet gewesen seien.

§ 97. Anatomisch besteht kein wesentlicher Unterschied zwischen den beiden Xanthomformen und handelt es sich beim Xanthoma planum um eine mehr flache, beim Xanthoma tuberosum um eine mehr knötchenförmige Wucherung von bestimmten Zellen, den sogenannten Xanthomzellen; sie sind bei der knötchenartigen Wucherung in Form von Nestern oder Läppchen angeordnet (s. Abb. 82 *a a*) und im interfaszikulären Bindegewebe gewöhnlich in den tieferen Schichten des Corium gelegen.

Die Xanthomzelle ist im allgemeinen eine mit Fettkörnchen vollgepfropfte, seltener pigmentierte Zelle (s. Abb. 83). Dieselbe besitzt einen Kern mit normalem Kernkörperchen und nicht selten sind vielkernige Zellen (3—4 Kerne) anzutreffen (s. Abb. 83), die sich durch die Form und die unregelmäßige Lage der Kerne wesentlich von den tuberkulösen Riesenzellen unterscheiden. Häufig ist der mit basischen Anilinfarben gut färbbare Kern mit feinen rundlichen Einkerbungen versehen (VILLARD 1903), woraus sich eine unregelmäßige, nicht selten stechapfelförmige Gestalt ergibt. Die Protoplasmamembran ist sehr zart und man bemerkt ein sehr feines protoplasmatisches Netzwerk (s. Abb. 83). Nach VILLARD (1903) ist das Protoplasma von Streifen durchzogen, zwischen denen eine klare Substanz in Form von kleinen Kugeln gelagert sei. Die Xanthomzelle zeigt bei Osmiumfärbung graue oder schwärzliche Körnchen und nach Entfettung durch Alkohol, Äther oder Xylol das erwähnte protoplasmatische Netz, zugleich eine homogene Substanz, die weder Hyalin noch Amyloid ist. Benutzt man zur Feststellung der Natur der Zelleinschlüsse die Fettreaktion mittels Sudan III, so ist zunächst die außerordentlich große Ausdehnung der Färbung (leuchtend rötliche oder gelbliche kleine Körnchen) auffällig. In Übereinstimmung mit dem Untersuchungsergebnisse von BIRCH-HIRSCHFELD (1904) hat v. MICHEL feststellen können,

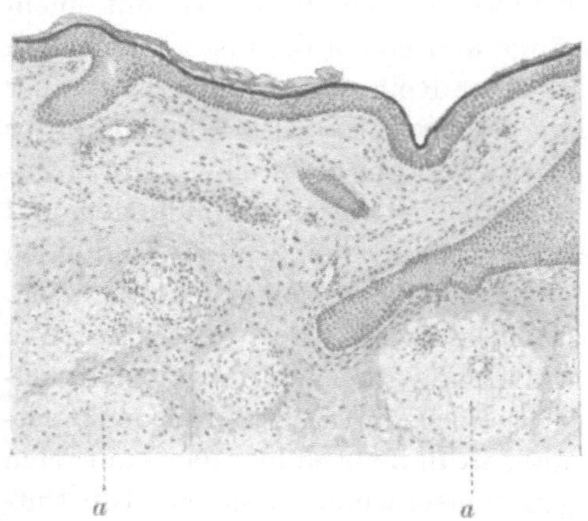

Abb. 82. Sagittaler Schnitt eines Xanthoms des Oberlides. Vergr. 1 : 20.
a a Läppchenartige Anordnung von Xanthomzellen.

daß die Xanthomherde vom Epithel nicht durch eine normale Gewebsschicht getrennt sind (Abb. 84), wie man dies angenommen hat, vielmehr Körnchen sich sogar zwischen den normalen Epithelzellen der Basalschicht an verschiedenen Stellen, an einzelnen bis in die mittleren Epithelschichten finden und daß in den tiefsten Schichten der Basalzellen eine größere Zahl von Cylinderzellen mit Fettkörnchen vollgepfropft ist. Unmittelbar unter der Basalzellenschicht ist eine fast kontinuierlich erscheinende Schicht von Fettkörnchenzellen sichtbar (Abb. 84 *F*), worauf noch eine mit zahlreichen größeren und kleineren, zugleich regellos zerstreuten Xanthomzellenanhäufungen durchsetzte Bindegewebsschicht folgt (Abb. 84 F_1), bevor die Zone erreicht wird, in der die Xanthomzellen sich zu zahlreichen, nahe beieinanderliegenden und sich in das cutane Gewebe erstreckenden knötchenartigen

Haufen vereinigt haben (Abb. 84 F_2). An vielen Stellen finden sich im Endothel und Perithel von Blut- und Lymphgefäßen, seltener in den Epithelien der Haarfollikel Fetttröpfchen. Häufig sind auch Xanthomzellen konzentrisch um ein Gefäß angeordnet, oder sitzen kappenartig einem solchen auf. Die Körnchen oder Tröpfchen sind von sehr verschiedener Größe; die größeren Tropfen befinden sich meist zwischen den Zellhaufen in den Lymphspalten des Gewebes. Die Fettnatur der Körnchen wurde vielfach angezweifelt. KORACH (1881) hält die Körnchen für abgeblaßtes Pigment oder veränderten Gallenfarbstoff und meint, daß dabei eine herdweise feinkörnige Pigmentinfiltration mit Zerfall von Bindegewebskörperchen vorliege. Die Körnchen zwischen den Epithelzellen hält VILLARD (1903) für Pigment und beschreibt außerdem noch ein intracellulär gelegenes, sehr feinkörniges gelbbraunes' Pigment, das demjenigen völlig gleiche, das er in den Xanthomzellen selbst gefunden hat. Er leitet das interepitheliale Pigment von demjenigen der Xanthomzellen ab und meint, entweder würden die amö-

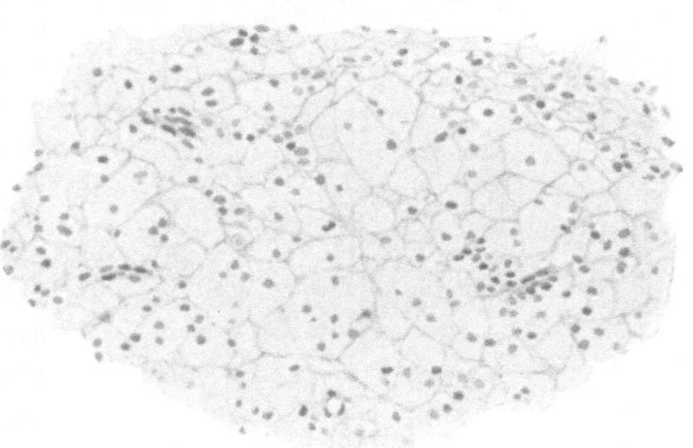

Abb. 83. Xanthomzellen. Vergr. 1 : 80.

boiden pigmentierten Xanthomzellen ihr Pigment an die Epithelinterstitien abgeben, oder es werde durch Zerfall von Xanthomzellen frei gewordenes Pigment durch den Flüssigkeitsstrom zwischen die Epithelien geschwemmt. TOUTON (1885) hebt hervor, daß das Fett der Xanthomzelle niemals so große Tropfen bilde, wie dies für das Oberhautfettgewebe oder das Lipom zutreffe, es werde auch durch Osmiumsäure häufig nicht geschwärzt, sondern nur dunkelbraun gefärbt. MAYS (zitiert bei BIRCH-HIRSCHFELD 1904) fand bei einer chemischen Untersuchung Fett und Fettsäuren, aber nicht Tyrosin und Lecithin. Wahrscheinlich handelt es sich um Cholestearinfettsäureester. Die Fettnatur der Zelleinschlüsse erscheint aber durch die Anwendung der Sudanfärbung hinreichend bewiesen. Dabei ist nur eine Steigerung der physiologischen Fettbildung, sicherlich nicht eine fettige Degeneration anzunehmen. Die typische Xanthomzelle ist daher keine degenerierte Zelle. Wenn an dieser oder jener Xanthomzelle Zerfallserscheinungen ausgesprochen sind, so ist anzunehmen, daß die excessive Anhäufung von Fettkörnchen die übrigen existenzwichtigen Protoplasmateile schädigt (BIRCH-HIRSCHFELD 1904).

Was das Verhalten der übrigen Hautgebilde anlangt, so zeigt das Oberflächenepithel ein normales Verhalten. Nach VILLARD (1903) sollen die Xanthomknötchen eine Atrophie des umgebenden Bindegewebes durch Druck bewirken. Die elastischen Fasern erscheinen in der Regel vollkommen normal, nur manchmal entsprechend den Zellanhäufungen gebrochen und ihre Enden verkürzt. BALZER (1882) nimmt einen körnigen Zerfall der elastischen Fasern an. Die Xanthomknötchen können sich tief in das Unterhautzellgewebe erstrecken und bis zur Muskelschicht des Orbicularis reichen, die übrigens keine Veränderungen aufweist.

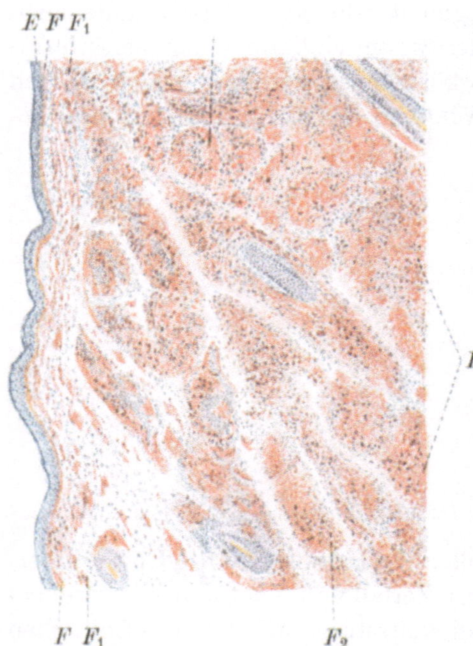

Abb. 84. Sagittalschnitt durch ein Xanthom des Oberlides. Vergr. ³⁰/₁. *E* Epithel; *F* fast kontinuierlich verlaufende Zone von Fettkörnchenzellen unmittelbar unter der Basalzellenschicht.

Die Ansichten über die Herkunft der Xanthomzellen gehen weit auseinander; bald werden sie als Fibroplasten, bald als Lipoplasten, bald als Zellwucherungen im Bereich der Lymphspalten und Lymphgefäße angesehen. HALLOPEAU (1894) bezeichnet dieselben als heterotopische embryonale Fettzellen und TÖRÖK (1894) als in der Entwicklung begriffene physiologische Fettzellen. DE VINCENTIIS (1883) betrachtet das Xanthom als ein Endothelioma adiposum. Nach POLITZER (1901) soll das Fett aus degenerierten verirrten quergestreiften Muskeln entstehen, und UNNA nimmt einen xanthomatösen lymphatischen Infarkt an, dessen Fett aus dem geschwächten Musculus orbicularis stammen soll. Da nach UNNA die Xanthomzellen auch aus dem Perithel der Gefäße hervorgehen können, so wird angenommen, daß eine Gefäßalteration oder eine Diffundierung von bestimmten Stoffen durch die Gefäßwand zur Proliferation und fettiger Infiltration der Perithelzellen führe. CHAUFFARD und LAROCHE (1910) betrachten die Xanthomzellen als bindegewebige mit Cholestearin beladene Phagocyten. MAWAS (1914) tritt dieser Ansicht entgegen mit der Begründung, daß außerhalb der Zellen im Bindegewebe niemals Fett oder dergl. zu finden sei. MAWAS (1914) faßt die Xanthomzellen als Drüsenzellen auf, die in ihrem Protoplasmaleib lipoide Tröpfchen bilden. Die Art der

Bildung und Entwicklung dieser Zellen sowie die Absterbeerscheinungen an denselben seien vergleichbar mit den physiologischen Vorgängen in den Talgdrüsenzellen. Im übrigen meint MAWAS, daß die Xanthomzellen sich aus Bindegewebe entwickeln (glande interstitielle), wie die Geschlechtszellen des Hodens und Ovarium in einem gewissen Zeitpunkt ihrer Entwicklung aus Bindegewebe hervorgehen. — Die MAWASsche Annahme ist bezüglich der eigentlichen Geschlechtszellen sicher unrichtig; diese sind zweifellos echte Epithelien. MAWAS hat wohl an die LEYDIGschen Zwischenzellen des Hodens gedacht, die bindegewebiger Natur sind und denen neuerdings eine innersekretorische Tätigkeit, eine Art von Hormonproduktion zugesprochen wird. Auch die Auffassung der Xanthomzelle als Drüsenzelle erscheint mir nicht genügend begründet. — Der Bau des Xanthoms, sowie der Umstand, daß Xanthomzellen sich auch an den Talgdrüsen finden, veranlaßte früher die irrtümliche Meinung von GEBER und SIMON (1872), daß eine hyperplastische Entwicklung von Talgdrüsenzellen mit gleichzeitiger Verstopfung und Erweiterung des Drüsenausführungsganges das Wesen des Xanthoms bedeute.

Die Häufigkeit der Liderkrankung in der Gegend des inneren Lidwinkels wird durch die Art der Gefäßanordnung und Gefäßversorgung an dieser Stelle erklärt (BIRCH-HIRSCHFELD 1904). Die genannte Gegend stelle gewissermaßen eine Stromscheide dar und die xanthomatöse Partie entspreche einer breiten Anastomose zwischen der Arteria ophthalmica und der Arteria angularis. Das venöse Blut fließe teils durch die Vena ophthalmica, teils durch die Vena angularis nach der Vena facialis ab und in deren Stromgebiete komme es häufig zu Störungen.

Hinsichtlich der Diagnose könnte eine Verwechslung des knötchenförmigen Xanthoms mit einem Milium stattfinden, was leicht zu entscheiden ist, da beim Einritzen der Oberhaut der Inhalt des Miliums herausgedrückt werden kann, während dies beim Xanthom unmöglich ist.

Die Behandlung, wobei ausschließlich kosmetische Rücksichten obwalten, besteht in der Excision der erkrankten Hautstellen gewöhnlich durch Ovalärschnitt. Die Befürchtung einer dadurch entstehenden zu starken Verkürzung der Lidhaut ist meist hinfällig, da in der Regel die Xanthome keine so beträchtliche Breitenausdehnung besitzen, und auch am Oberlide Haut im Überschusse vorhanden ist. Für ungewöhnlich große Xanthome, sowie auch für messerscheue Kranke ist eine mehrere Sitzungen beanspruchende elektrolytische Behandlung zu versuchen. Auch Radiumbehandlung (SCHINDLER 1910) soll günstige Resultate liefern.

§ 98. Die sehr seltenen **Endotheliome der Lidhaut** treten als **Lymphangioendotheliome** und als **Hämangioendotheliome** auf; diesen letzteren reihen sich die von den Perithelzellen der Blutgefäße ihren Ursprung nehmenden **Peritheliome** an. Bei diesen Geschwülsten handelt es sich um **atypische Neubildungen** mit angioplastischem Wachstumstypus; dieselben wären als **angioplastische Sarkome** oder **sarkomartige Angiome** zu bezeichnen (Borst).

Das **Lymphendotheliom der Lidhaut** gleicht in seinem entwickelten **klinischen Bilde** häufig demjenigen eines Carcinoms. In der Regel findet sich anfänglich eine mehr oder weniger ausgedehnte, bald mehr flache, bald mehr prominente und höckerige Geschwulst mit derb infiltrierten Rändern. Im weiteren **Verlaufe** kommt es zu oberflächlicher Excoriation und Geschwürsbildung; die Geschwulst erreicht zuweilen eine stattliche Größe, nahezu diejenige eines Taubeneies (Werncke 1905). Die Bösartigkeit der Geschwulst erhellt daraus, daß sie sich auf größere Flächen auszudehnen pflegt. In einem Falle von Hinsberg (1899) war zuerst das rechte Unterlid befallen, dann die Nasenwurzel und ein Teil des linken Unterlids. Auch eine Ausbreitung in die Augen- und Stirnhöhle wurde beobachtet. Drüsenmetastasen fehlen. Im allgemeinen ist ein stetiges, wenn auch langsames Wachstum vorhanden. Rezidive finden sich nach Entfernung der Geschwulst gleichwie bei den malignen Tumoren.

Das **Alter**, in dem die Lymphendotheliome der Augenlider auftreten, entspricht ungefähr dem der an Carcinom Erkrankten; das durchschnittliche Lebensalter wird für erstere Erkrankung mit 61,25 und für letztere mit 70 Jahren berechnet. Hinsichtlich der **Häufigkeit** des Vorkommens der Endotheliome des Gesichtes hat Hinsberg (1899) auf Grund der pathologisch-anatomischen Untersuchung von 97 Neubildungen des Gesichtes 13 als Endotheliome und 84 für Carcinome erklärt. Von diesen 97 Neubildungen saßen 46 an den Lippen, 14 an der Nase, 8 an den Augenlidern und 29 an den übrigen Teilen des Gesichtes. Die 13 Endotheliome verteilten sich derartig, daß 9 der Nase, 4 den Augenlidern angehörten. Endotheliome der Lippen und der übrigen Gesichtshaut fehlten.

Anatomisch findet sich eine Wucherung von Endothelzellen im cutanen und subcutanen Bindegewebe, die teils in Zellsträngen von verschiedener Dicke und Größe (s. Abb. 85 *S*), teils in haufenweise zusammengedrängten rundlichen Herden gleicher Größe (s. Abb. 85 *EE*) alveolenartig angeordnet sind. Ein glandulärer Charakter wird besonders dann beobachtet, wenn, wie dies in einem von Hermann (1899) untersuchten Falle eines Endothelioms des Oberlides festgestellt wurde, eine Erweichung im Innern der Zellnester auftritt und damit eine größere Ähnlichkeit mit dem Querschnitte eines Drüsenschlauches entsteht. Die Zellstränge können eine verschiedene Dicke und Länge besitzen und die zelligen Elemente in den Alveolen in verschiedener Form und Größe angeordnet sein. Nach WERNCKE (1905) sind die Hohlräume, die innerhalb dieser Gebilde von wandständigen Zellen ausgekleidet werden, reihenartig angeordnet, und zwar in ein- oder mehrfacher Schicht. Dabei können die unmittelbar aneinanderliegenden Zellen eine ausgesprochene zylindrische Form aufweisen, wodurch,

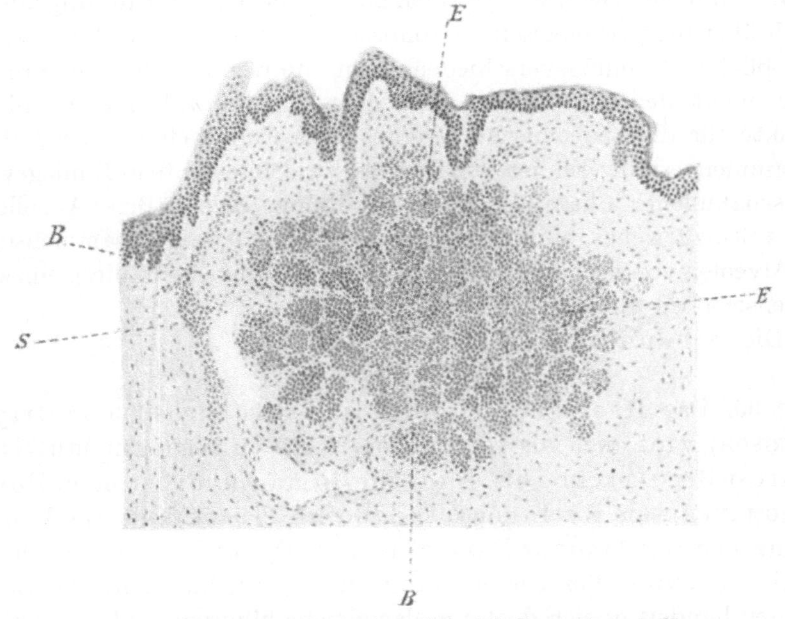

Abb. 85. Sagittaler Schnitt durch ein Lidendotheliom. Vergr. 1 : 65.
S Strang gewucherter Endothelzellen; *E E* gewucherte Endothelzellen in alveolenartiger Anordnung;
B teilweise hyalin entartetes Bindegewebe zwischen den Zellhaufen.

abgesehen von den Zellsträngen und den Alveolen, das ganze Gebilde ein weiteres drüsenartiges Kennzeichen erhält. Das die Geschwulst umschließende Bindegewebe kann zu einer Kapsel verdichtet sein (WERNCKE 1905), von welcher bindegewebige Züge ausgehen und in der Geschwulst sich verlieren. Das Stützgewebe ist in der Regel ein lockeres Bindegewebe, das zuweilen hyalin entartet (s. Abb. 85 *B*) und in welchem sich entzündliche Herde und an einigen Stellen vereinzelte Riesenzellen (HERMAN 1899) finden können. An der Grenze des Endothelioms sind hier und da Zellstränge vorhanden, die der Bahn eines Lymph- oder Blutgefäßes folgen (s. Abb. 85 *S*). In dem von WERNCKE (1905) untersuchten Falle war nicht nur eine Wucherung des Endo-

18*

thels der kleinen Lymphgefäße, sondern auch der Capillaren vorhanden. Die Zellen selbst sind große, meist ovale Gebilde mit großem Kerne, der fast die ganze Zelle einnimmt; sie liegen mit minimal entwickelter Intercellularsubstanz dicht nebeneinander.

Die Diagnose des Endothelioms unterliegt klinisch und pathologisch-anatomisch gewissen Schwierigkeiten. Klinisch ist dieselbe nur mit Wahrscheinlichkeit zu stellen, wobei zu beachten ist, daß sämtliche im Gesicht beobachtete Endotheliome ihren Sitz an den Augenlidern und der Nase hatten. Mit Berücksichtigung dieser Tatsache sind alsdann andere ähnliche Geschwulstformen zu vergleichen. Da im allgemeinen auch über die pathologisch-anatomische Abgrenzung des Endothelioms erhebliche Meinungsverschiedenheiten herrschen, die zu erörtern hier nicht der Ort ist, so seien hier nur kurz folgende Anhaltspunkte für die anatomische Diagnose des Endothelioms der Lidhaut zusammengestellt: Einbettung der Geschwulstelemente in Bindegewebe, drüsenähnlicher Charakter der Neubildung, regelmäßige Ausbildung eines Stützgewebes, epithelähnliche Zellen mit einem Zusammenschluß zu Alveolen von fast überall gleicher Größe, zumal wenn diese einzelnen Eigenschaften gleichzeitig vorhanden sind.

Die Behandlung ist eine operative.

§ 99. Das Haemangioendothelioma tuberosum multiplex (JARISCH) wird auch als Lymphangioma tuberosum multiplex (KAPOSI-BIESIADECKI), als Endothelioma tuberosum colloides (KROMAYER), als Syringocystadenoma (TÖRÖK), als Hydroadénome éruptif (JAQUET-DARIER) und als Cystadénome épithélial bénin (BESNIER) bezeichnet. Trotz dieser verschiedenartigen Benennungen handelt es sich doch um das gleiche klinische und anatomische Krankheitsbild und die Wahl des Namens ist von der verschiedenen histiogenetischen Auffassung abhängig.

Klinisch finden sich im Corium eingelagerte mit der Haut verschiebliche rundliche oder ovale Knötchen von Sandkorn- bis Stecknadelkopfgröße, bald von der Farbe der normalen Haut, bald von rötlicher bis rötlichgelber oder gelbweißer Farbe. Sie zeigen eine mäßige Resistenz, sind scharf begrenzt und sitzen auf normalem Grunde oder sind von einem haarfeinen, leicht rötlichen Hofe umgeben, bedingt durch teleangiektatische Gefäße. Ihre Oberfläche erscheint durch die Spannung der Epidermis leicht glänzend. Hier und da konfluieren die Knötchen, zeigen ein durchscheinendes Aussehen, oder es ist an einzelnen Knötchen ein cystenartiger Punkt sichtbar. Bei einer bestimmten Größe, die in der Regel 3 mm nicht überschreitet, findet kein weiteres Wachstum statt, woraus sich die Gutartigkeit der Geschwulstform ergibt.

Die Zahl der Knötchen ist verschieden und kann 20 und darüber betragen. So zählte GASSMANN (1901) am rechten Unterlide 20 und am linken 10 Knötchen. Bevorzugt ist das Unterlid, doch werden auch beide Augenlider gewöhnlich in großer Ausdehnung bis zum Augenhöhlenrande befallen. Manchmal sind sie entsprechend dem inneren Lidwinkel am zahlreichsten. Zugleich sind an verschiedenen anderen Körperstellen die gleichen Knötchen vorhanden, doch kann, wie in dem Falle von ELSCHNIG (1896), das Unterlid zuerst ergriffen werden, später die übrigen Lider. Gleichzeitig ist zuweilen die Unterkieferregion und die seitliche Halsgegend befallen. Ferner finden sich Knötchen im Gesicht, vorn am Halse, am Thorax, am Rücken und am Abdomen. Treten die Knötchen im Gesicht in großer Zahl auf, so resultiert daraus eine Entstellung. Der Beginn der Erkrankung ist teils in die Kindheit, teils in das 15.—30. Lebensjahr zu verlegen. In einem Falle von GASSMANN (1901) waren bei einer 46jährigen Frau Knötchen am Halse und Abdomen, sowie drei kleine weißgelbliche am rechten inneren Augenwinkel vorhanden.

Aus den mikroskopischen Befunden von JARISCH (1900) und ELSCHNIG (1896) geht hervor, daß die Blutgefäße, besonders die Capillaren bedeutende Veränderungen darbieten. Die Capillaren sind auffallend weit, zeigen eine Vermehrung ihres Endothelbelags und sind ebenso wie die kleinsten Gefäße von einer ihr Kaliber oft um das Mehrfache übertreffenden Schicht verschieden geformter Zellen eingescheidet, und zwar von Rundzellen mit stark färbbarem Kerne, von spindelförmigen Zellen mit einem großen blaß gefärbten Kerne und von Übergangsformen beider Zellarten. Auch an den Wänden der größeren Gefäße sind Proliferationserscheinungen vorhanden. ELSCHNIG (1896) sah in den oberflächlichen Partien des Coriums blutführende oder durch ihren Zusammenhang mit blutführenden Gefäßen als solche erkennbare Capillaren direkt in solide Endothelschläuche übergehen. Das Corium selbst war von zahlreichen verästelten und untereinander anastomosierenden Zellschläuchen eingenommen, die mehr oder weniger große cystische Hohlräume enthielten. Die Hohlräume waren durch Degeneration der zentral gelegenen Endothelzellen (kolloide Einlagerungen, Quellung der Kerne, Verschwinden des Zellkonturs) entstanden und von einer ein- bis mehrfachen Schicht plattgedrückter Endothelzellen ausgekleidet. Das Lumen war entweder leer oder mit feinkrümeliger bis derb kolloider Masse teilweise oder ganz erfüllt. Andere Beobachter haben die Erkrankung als Schweißdrüsenadenom bezeichnet, obwohl ein Zusammenhang der Geschwulstelemente mit Schweißdrüsen nicht oder wenigstens nicht sicher nachgewiesen werden konnte. In dieser Beziehung hat TÖRÖK (1894) verunglückte Knäueldrüsenanlagen — im Sinne COHNHEIMS als abgeschnürte Epithelsprossen — angenommen. Endlich hat GASSMANN (1901) die Wucherungen als vom Epithel ausgehende Sprossungen erklärt. Nach seiner Meinung dringen die Auswüchse des Deckepithels als solide Zapfen ohne jegliches Lumen in die Tiefe und verzweigen sich höher oder tiefer in die Pars reticularis. Die Zellstränge und Cysten liegen im oberen Teile der Pars reticularis unterhalb des subpapillaren Gefäßnetzes und reichen niemals bis in die Gegend der Schweißdrüsen. Zwischen diesen und der Neubildung ist stets ein mehr oder weniger breites Band normalen Bindegewebes vorhanden. Die Geschwulstelemente können auch um die Talgdrüsen herum vermehrt sein, dringen hier oft zwischen die einzelnen Läppchen ein, umschlingen die Ausführungsgänge oder legen sich an sie an, was auch an den Schweißdrüsen-Ausführungsgängen zu beobachten ist. Die Zellstränge haben fast niemals ein Lumen. Die Zellen zeigen bläschenförmige Kerne, zartes Chromatingerüst und breiten Protoplasmasaum; dieselben haben die Neigung, sich muschelschalenartig anzuordnen. In den Zellen der Zapfen und Cysten kommen Mitosen vor. Die Zellkugeln wandeln sich immer bei bestimmter Größe in Cysten um. An den Capillaren sind die Endothelkerne oft vermehrt und sie selbst manchmal durch diese Zellwucherung verschlossen, während die Lymphgefäße normal erscheinen. Das elastische Gewebe ist degeneriert, verdickt, gequollen oder in unregelmäßige Schollen und Klumpen zerfallen.

Die Diagnose ist bei ausgeprägtem klinischen Bilde unschwer zu stellen, kann jedoch zuweilen, nicht nur klinisch, sondern selbst bei der histologischen Untersuchung zweifelhaft bleiben. Differentialdiagnostisch kommt klinisch das Milium und das Cystadenom der Augenlider in Betracht. Beim Milium ist die kugel- oder kegelförmige Gestalt, die gesättigt weiße Farbe und beim Anstechen und Ausdrücken die Entleerung eines derben, weißlichen Inhaltes maßgebend, beim Cystadenom das bläuliche transparente Aussehen und die Entleerung einer klaren Flüssigkeit beim Anstechen.

Die Behandlung ist eine operative und dient vorzugsweise kosmetischen Zwecken.

§ 100. Peritheliome der Lider beschreiben LAMB (1912), BOURDIER (1913), EICKE (1913) und HANKE (1897); HANKES Beobachtung betraf einen Fall von Xeroderma pigmentosum; siehe S. 187 u. 189. — Der

Name Peritheliom ist gewählt wegen der mikroskopisch festgestellten räumlichen Beziehung der Geschwulstzellen zu den Gefäßwänden und zwar nicht zur Intima, sondern zu den Zellen der Gefäßscheide, denen der Tumor seine Entstehung verdankt. TH. LEBER äußert bei Besprechung eines Perithelioms der Netzhautzentralgefäße die Ansicht (dieses Handb. Bd. VII A. 2. Hälfte, S. 1960), daß man aus der Art der Verbreitung der Geschwulstzellen im Gewebe, die von verschiedenen Einflüssen abhängt, nicht mit genügender Sicherheit so spezialisierte Schlüsse über ihre Herkunft ziehen kann. Man solle sich begnügen, aus dem Verhalten der Zellen ihre mesodermale Herkunft im allgemeinen nachzuweisen, und sie dementsprechend den Sarkomen einordnen. LEBERS Ansicht ist wohl zu weit gehend. Ob den Peritheliomen tatsächlich eine Sonderstellung zukommt, ist jedoch noch zweifelhaft. Es sei nur daran erinnert, daß ihre Entstehung aus dem Perithel der Blutgefäße von anderen mit demselben Rechte als Entstehung aus dem Endothel der perivasculärem Lymphbahnen aufgefaßt werden könnte; also wäre ein Blutgefäßperitheliom von einem Lymphgefäßendotheliom nicht zu unterscheiden.

Die Peritheliome sind den Sarkomen zuzurechnen, doch ist ihre Malignität eine bedingte. Sie machen wohl Lokalrezidive, neigen aber nicht zu Metastasen.

Daher besteht die Behandlung in der radikalen operativen Entfernung. — In dem von LAMB (1912) beschriebenen Falle gab die Operation ein gutes Resultat.

§ 101. Die primären Sarkome der Lidhaut zeigen im allgemeinen ungefähr die gleichen Formen und den gleichen anatomischen Aufbau wie die Sarkome an anderen Körperstellen. Man unterscheidet daher zwei Hauptgruppen, nämlich solche mit einfachen Zellformen und solche, an deren Aufbau noch andere Gewebe sich beteiligen. Zur ersten gehört das Rundzellen-, Spindelzellen- und Melanosarkom, zur zweiten das Myxosarkom, das plexiforme Angiosarkom und das Cylindrom.

Die Rundzellensarkome treten in der klein- und in der großzelligen Form auf. Sie bilden in der Subcutis der Lidfläche kleinere oder größere knotenartige Erhebungen gewöhnlich mit verschiebbarer Haut; ihre Konsistenz ist weich, die Begrenzung ziemlich scharf und die Oberfläche in der Regel glatt. Die Geschwulst kann die Größe einer Nuß darbieten, ja diejenige eines Apfels erreichen oder noch übertreffen.

Im weiteren Verlaufe kommt es hier und da zum nekrotischen Zerfall im Innern, nicht selten finden sich auch oberflächliche Ulcerationen, die durch mechanische Einflüsse, wie Kratzen usw. herbeigeführt werden. Bei gefäßreichen Sarkomen treten Blutungen auf, manchmal derartig, daß die ganze Geschwulst als eine blutige Masse erscheint. Die regionären Lymphdrüsen können mitbeteiligt sein; in einem Falle (LILIENFELD 1874) war die Parotis miterkrankt.

Dem Wesen des Sarkoms entsprechend kommt es sowohl zur raschen Ausbreitung in der benachbarten Gesichtshaut, als auch in der Regel zu Rezidiven nach operativer Entfernung. In einem Falle von ZEHENDER (1873) verbreitete sich ein weiches Sarkom des rechten Oberlides bei einem 6jährigen Kinde medianwärts bis zum Nasenflügel, lateralwärts bis zum Processus zygomaticus des Stirnbeines. Nach einer Mitteilung von ISCHREYT (1906) war ein großzelliges Sarkom angeblich auf dem Boden einer Warze am inneren Lidwinkel entstanden und in die Augenhöhle eingedrungen. RUETE (nach v. MICHEL) beschrieb bei einer 33jährigen Frau eine fast walnußgroße, höckerige, leicht blutende und mit dem Lidrande des rechten Oberlids durch einen dünnen Stiel zusammenhängende Geschwulst, der nach Verlauf von 1 ¹/₂ Jahren eine Erblindung des rechten Auges durch ein Gliosarkom des Sehnerven folgte. Auch ein tödlicher Ausgang wurde unter cerebralen Erscheinungen beobachtet. Ein metastatisches weiches Rundzellensarkom der Lider sah v. MICHEL bei einem 20jährigen Mädchen mit multiplen Hautsarkomen, die rasch zum Exitus letalis führten. Das primäre Sarkom saß an der Haut des linken Fußrückens.

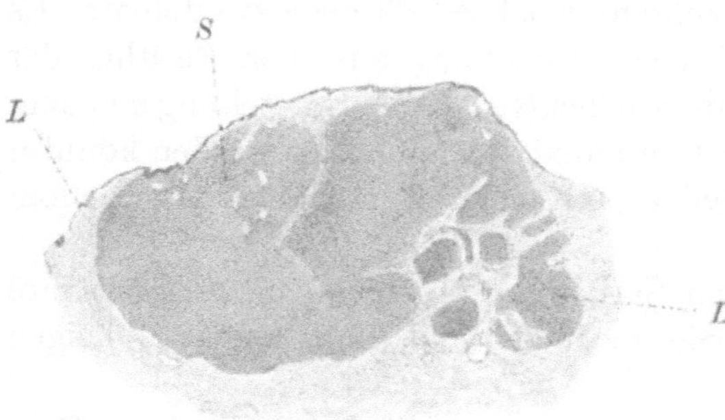

Abb. 86. Sagittalschnitt bei einem Rundzellensarkome des Unterlides. Vergr. 1 : 10. *S* Sarkomgewebe; *L* normale Lidhaut.

Wenn auch das kindliche Lebensalter für die Entstehung von weichen Sarkomen bevorzugt erscheint und nach der Beobachtung von SAMELSON (1870) schon in einem Alter von 10 Monaten Lidsarkome auftreten können, so ist doch die Möglichkeit dieser Erkrankung auch im späten Lebensalter gegeben, wie dies aus einer Mitteilung von LILIENFELD (1874) hervorgeht, der ein aus Rund- und Spindelzellen bestehendes Sarkom bei einer 76jährigen Frau beobachtete. Die Geschwulst war gestielt. In einem von SCHIRMER (1867) berichteten Falle waren bei einem 70jährigen Kranken alle vier Augenlider Sitz eines kleinzelligen Sarkoms; bei der Gutartigkeit des Verlaufes und nach dem mikroskopischen Befunde dürfte es sich jedoch hier mit größerer Wahrscheinlichkeit um Lymphome handeln.

Nach einer Zusammenstellung von WILMER (1894) schwankte das Lebensalter bei Lidsarkom zwischen 10 Monaten und 66 Jahren. In 12% waren alle vier Augenlider beteiligt, in 40% trat Rezidiv und in 16% ein tödlicher Ausgang (nur bei Kindern) ein. 40% waren Spindelzellen-, 43% Rundzellen- und 17% gemischte Sarkome. Pigment war in 20% vorhanden.

Anatomisch finden sich beim Rundzellensarkom einzelne durch schmale Bindegewebszüge voneinander getrennte, größere oder kleinere

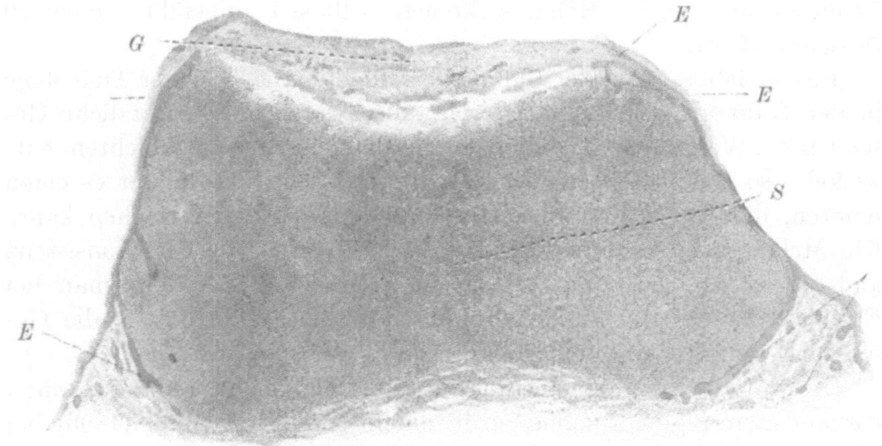

Abb. 87.   Sagittalschnitt eines sarkomatösen Knotens des rechten Oberlides bei einem 4jähr. Knaben.
Vergr. 1 : 20.   *E* Epithelzapfen, *G* Geschwür, *S* Sarkomgewebe.

knotenartige Anhäufungen dichtgedrängter Zellen (s. Abb. 86), oder es ist ein einzelner großer Knoten vorhanden (s. Abb. 87). Das Sarkomgewebe (s. Abb. 87 *S*) besteht aus kleinen, den Lymphocyten ähnlichen Rundzellen mit großem Kerne und spärlichem Protoplasmaleibe oder aus größeren Rundzellen mit reichlichem Protoplasma. Auch Mischformen mit Spindelzellen werden beobachtet. Dabei ist nur eine geringe Zwischensubstanz nachzuweisen. Die Geschwulst kann seitlich durch in die Tiefe dringende Epithelzapfen (s. Abb. 87 *E*) abgegrenzt sein, was darauf hinweisen dürfte, daß das Sarkom auf dem Boden einer Warze entstanden sein könnte. Die Oberfläche der Geschwulst kann auch ulcerieren (s. Abb. 87 *E*). Eine Abgrenzung des Sarkoms durch eine bindegewebige Kapsel hat FLACK (1891) beobachtet.

§ 102. Das Spindelzellensarkom der Lidhaut gehört zu den seltenen Sarkomformen; ein solches wurde von v. MICHEL bei einer älteren

Frau beobachtet. Die mediale Hälfte des Unterlides war von einer geschwürigen Geschwulst eingenommen, die das Aussehen eines Krebsgeschwüres darbot. Abweichend von dem gewöhnlichen Bilde der Umgebung eines Carcinoms waren aber über die äußere Lidkante sich erhebende pfefferkorngroße Knötchen von lebhafter roter Färbung und glatter Haut sichtbar, die in der Tiefe wurzelten. Mikroskopisch waren die dichtgedrängten Spindelzellen in Strängen angeordnet, die sich manchmal in ausgedehnter Weise durchflochten.

Neben dem weichen Rundzellensarkom ist das Melanosarkom die häufigste primäre Sarkomform der Lidhaut. Das Verhältnis der Leukosarkome zu den Melanosarkomen stellt sich ungefähr wie 60 : 20 (Sommer 1904).

Das Melanosarkom der Lidhaut erscheint je nach seiner Tiefenlage in der Haut als eine graue oder braunschwarze bis schwärzliche Geschwulst. Wenn sich dasselbe in oberflächlichen Hautschichten entwickelt, so ist es meistens gestielt. Bei tieferem Sitze bildet es einen Knoten, der die Größe einer Haselnuß und darüber erreichen kann. Die Melanosarkome sind von mehr oder weniger derber Konsistenz und zeigen eine höckerige Oberfläche. In der Regel sieht man bei Ektropionierung des befallenen Lides an seiner Innenfläche die Geschwulst tiefschwarz durchschimmern.

Die Entwicklung der Melanosarkome erfolgt nicht selten auf schon vorhandenen Pigmentnaevis, so in einem Falle von Bock (1898) bei einem 21 jährigen Mädchen. Der Rand des rechten Unterlides zwischen äußerem und innerem Drittel war von einer pfefferkorngroßen schiefergrauen Geschwulst von teils grob-, teils kleinhöckeriger Beschaffenheit überragt. Guibert (1896) vermutet als Ausgang eines Melanosarkomes des linken Unterlides eine Verbrennungsnarbe. In seltenen Fällen entstehen die Lidmelanome metastatisch. In diesem Sinne wird von Wagenmann (1900) ein Fall aufgefaßt, in dem bei einem 28 jährigen Manne Melanosarkome der Haut gleichzeitig an verschiedenen Stellen des Körpers, ferner am Boden der Mundhöhle, am linken Arcus palatoglossus und am rechten Trommelfell sowie solche beider Augen vorhanden waren. Manchmal sind auch einzelne isolierte Pigmentflecken in der Skleralbindehaut vorhanden (Lagrange 1898). In einem Falle von Bock (1891) zeigte die Sklera beider Augäpfel in ihrem vorderen Abschnitte große verwaschene schokoladebraune Flecken.

Da im weiteren Verlaufe das Melanosarkom ein fortschreitendes Wachstum der Fläche und der Tiefe nach aufweist, so wird auch die Bindehaut des Tarsus und der Sklera diffus mit Sarkomzellen durchsetzt. Bei der alsdann hauptsächlich flächenhaft erfolgenden Ausbreitung zeigen sich die befallenen Bindehautstellen gleichmäßig leicht erhaben und gleichen in ihrem Aussehen einer braunen oder braunschwarzen Samtoberfläche. Im späteren Stadium können entzündliche und nekrotische Vorgänge sowie Blutungen ins Gewebe (LOTIN 1904) eintreten, welch letztere zuweilen auch aus der ulcerierten Oberfläche erfolgen. —

Sitz des Melanosarkoms ist häufig die Umgebung des Lidrandes. Das Alter, in dem dasselbe zur Beobachtung gelangt, schwankt zwischen Ende der zwanziger und Anfang der dreißiger Jahre aufwärts bis zum 82. Lebensjahre.

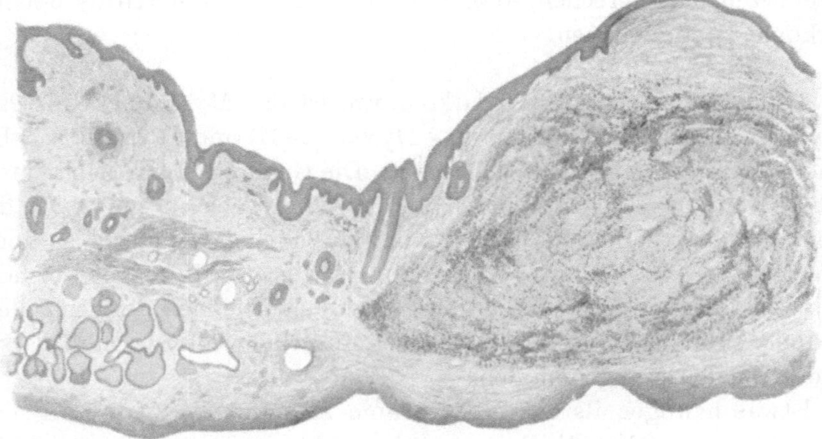

Abb. 88. Schnitt durch einen melanosarkomatösen Knoten des Unterlides. Vergr. 1 : 10.

Auf Grund mikroskopischer Untersuchungen ist als Ausgangspunkt des Sarkoms nicht bloß das subcutane Bindegewebe, sondern auch das Bindegewebe zwischen den Muskelfasern des Orbicularis, selbst dasjenige zwischen Orbicularis und Tarsus anzunehmen. Anderseits kommt es beim Fortschreiten einer subcutan gelegenen Geschwulst in die Tiefe zu rundlichen Sarkomherden im Bindegewebe zwischen den Muskelbündeln des Orbicularis oder letztere selbst sind von Sarkomzellen infiltriert (KASTALSKY 1900). Bei der Ausdehnung der Geschwulst auf die Bindehaut zeigt sich der der inneren Lidkante zunächst gelegene Bindehautteil von Sarkomzellen durchsetzt. Manchmal ist das Melanosarkom von einer bindegewebigen Hülle umgeben und knotenartig in das normale Gewebe eingebettet (s. Abb. 88). Die einzelnen Stellen der Geschwulst können eine verschieden starke Pigmentierung darbieten. Die Zellformen sind variabel, pigmentierte und nicht pigmentierte Spindelzellen, rundliche und polygonale Zellen; sie sind sehr protoplasmareich und können mit bräunlichem oder schwärzlichem Pigment so beladen sein, daß der Kern völlig verdeckt erscheint. Auch das Stroma ist zuweilen pigmentiert. Selten findet sich eine alveoläre Struktur (KASTALSKY 1900), bei der die genannten polygonalen Zellen zu Gruppen vereinigt sind. Zwischen diesen Gruppen breitet sich ein bindegewebiges oder spindelzelliges, unter Umständen ebenfalls pigmentiertes Gewebe aus. BOCK (1898) faßte die malignen pigmentierten Tumoren, die auf dem Boden eines pigmentierten Naevus entstehen, entsprechend der von ihm angenommenen epithelialen Herkunft der Naevuszellen, als Melanocarcinome auf. Da die neueren Untersuchungsergebnisse sich für eine mesenchymale Genese der Naevuszellen aussprechen, so sind die betreffenden Tumoren als Melanosarkome zu bezeichnen.

§ 103. Eine sehr seltene Sarkomform ist das Myxosarkom. Ein solches wurde am Oberlid von VAN DUYSE (1887) und CRUYL (1887) bei einem 7jährigen Mädchen beobachtet. Die Geschwulst soll nach einem Schlage auf das Lid entstanden und rasch gewachsen sein. Bei der Operation hatte dieselbe bereits die Größe einer Kinderfaust überschritten und wurde durch Ausschälung entfernt. Mikroskopisch fand sich die Struktur eines Myxosarkoms mit kleinen spindelförmigen Zellen, und als Ausgangspunkt wurde das lockere Zellgewebe zwischen Tarsus und Orbicularis angenommen.

Etwas häufiger als das Myxosarkom sind die plexiformen Angiosarkome und Cylindrome, die bald am Unterlid in der Nähe des Lidrandes, bald am Oberlid sitzen. In einem von FRUGIUELE (1899) mitgeteilten Falle hing die Geschwulst 5 cm lang wie in einem Hautsacke eingeschlossen über das Lid herab. In einem Falle von LOBANOW (1899) erreichte die Geschwulst die Größe einer Haselnuß und war völlig schmerzlos.

Im weiteren Verlaufe kann es zu einer Geschwürsbildung an der Oberfläche (DRUAULT und MILIAN 1899) kommen. Eine am inneren Augenwinkel entstandene Geschwulst verbreitete sich in die Orbita (FAUSSILLON 1890). Das Alter, in dem Angiosarkome und Cylindrome beobachtet wurden, betrug 24, 65 und 72 Jahre.

Anatomisch zeigte sich die von FRUGIUELE (1899) untersuchte Geschwulst ringsum von subcutanem Bindegewebe umhüllt und enthielt einen größeren leeren und drei kleinere cystenartig mit roten Blutkörperchen gefüllte Hohlräume. Die Masse bestand aus zahlreichen in spärlichem Stroma gelegenen capillären Blutgefäßen, um die zahlreiche gewucherte Zellen endothelialen Charakters mantelartig lagen. Das Gewebe zeigte ausgedehnte hyaline Degeneration. LOBANOW (1899) fand Rund- und Spindelzellen sowie massenhafte Blutgefäße mit verdickten homogenisierten Wandungen.

Erwähnt sei noch, daß Sarkome der benachbarten Gesichtspartien, am häufigsten Oberkiefersarkome sich sekundär auf die Lidhaut ausbreiten können.

Die Diagnose dürfte bei nichtpigmentierten subcutanen Sarkomen anfänglich manchmal auf Schwierigkeiten stoßen, insbesondere tritt das Gumma unter ähnlichen Erscheinungen auf. Eine sorgfältige Anamnese sowie der weitere Verlauf, ein für Sarkome charakteristisches rasches Wachstum, schließlich und bei positivem Ausfall entscheidend wird die Wassermannsche Reaktion Aufklärung bringen.

Die Behandlung der Sarkome besteht in der radikalen Exstirpation mit anschließender Blepharoplastik.

§ 104. Als primäres Gliom der Lidhaut wurde von TRÉLAT (1872) auf Grund der mikroskopischen Untersuchung eine rasch wachsende und

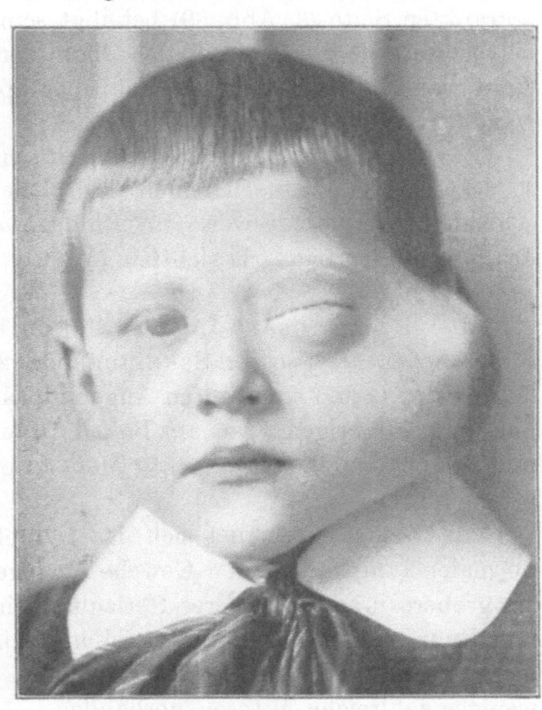

Abb. 89. 6jähriger Knabe, Gliomrezidiv der Augenhöhle mit gliomatöser Infiltration des Unterlides und der Parotis der erkrankten Seite.

rezidivierende Geschwulst der Augenlider bezeichnet, die nicht bloß das Auge zerstörte, sondern auch auf die knöchernen Wandungen der Augenhöhle übergriff. — Zu diesem Falle der schon im Jahre 1872 beschrieben wurde und von dem es deshalb wohl nicht sicher ist, ob die Diagnose den modernen Untersuchungsmethoden standhalten würde, ist zu bemerken, daß primäre echte Gliome außerhalb von Gehirn, Rückenmark und Netzhaut im allgemeinen nicht vorkommen. BORST (1919) erwähnt als einzigartige Beobachtung diejenige von ASKANAZY, welcher bei einer Schädelhernie multiple Lungengliome fand, die ASKANAZY auf metastatische Verschleppung von normalem (?)

embryonalen Nervengewebe zurückführt. Die echte Geschwulstnatur dieser »Gliome« wurde mit Recht, wie BORST meint, von SCHMINCKE angezweifelt.

Häufig findet sich ein sekundäres Gliom der Lidhaut in Fällen, in denen nach Entfernung des gliomatösen Augapfels ein lokales Rezidiv der Augenhöhle auftritt. Das erkrankte Lid zeigt eine Zunahme seiner Dicke (s. Abb. 89) und ist von gleichmäßig weicher Beschaffenheit. Gleichzeitig können die regionären Lymphdrüsen und die Parotis der erkrankten Seite (s. Abb. 89) beteiligt sein. In einem von v. MICHEL beobachteten Falle erreichte das Gliom der Parotis einen selten hohen Grad, so daß die Parotis in eine über apfelgroße Geschwulst umgewandelt erschien (s. Abb. 89).

Oft zeigt sich das Lid mikroskopisch schon erkrankt, während klinische Erscheinungen noch fehlen. In solchen Fällen sind rundliche Geschwulstherde vorzugsweise im Bindegewebe zwischen den Bündeln des Musculus orbicularis sichtbar (MICHEL 1872).

§ 105. Lymphosarkome der Augenlider wurden nur in wenigen Fällen beobachtet, so von SCHNEIDER (1892) an beiden Oberlidern, von TAUBMANN (1902) am rechten Augenlidpaare und von SCALINCI (1898) bei einer 72jährigen Frau am linken Unterlide. Sie rezidivieren gern und können durch ausgedehnte Metastasen zu einem tödlichen Ausgange führen.

Anatomisch zeichnet sich das Lymphosarkom durch einen dem normalen lymphadenoiden Gewebe analogen retikulären Bau aus. In ein gröberes und ein feineres Reticulum eingebettet finden sich Zellen von lymphocytärem Charakter, d. h. kleine Rundzellen mit großen Kernen und geringem Protoplasmaleibe. Zugleich sind mehr oder weniger zahlreiche Mitosen vorhanden.

§ 106. Als sarkoide Geschwülste sind die Lymphocytome (Lymphome), die leukämischen und pseudoleukämischen Lidtumoren aufzufassen.

Lymphocytome (Lymphome) treten primär an den Augenlidern wie an anderen Körperstellen auf oder sekundär von Lymphomen der Augenhöhle fortgepflanzt. In letzterer Beziehung sind die Literaturangaben zum Teil zweifelhaft, da nicht immer genau mitgeteilt ist, ob eine wirkliche Lymphombildung im Zellgewebe der Orbita vorlag. Eine gleichmäßige ödematöse Schwellung der Lidhaut, wie sie durch lokale Zirkulationsstörungen infolge einer orbitalen Geschwulstbildung bedingt ist, könnte nämlich klinisch ein dem diffusen

Lymphom durchaus ähnliches Verhalten zeigen. Eine Reihe von Fällen der Literatur erscheint ferner nicht einwandfrei oder ihre Diagnose unsicher, da das Blutbild entweder gar nicht oder ungenau aufgenommen wurde. In den meisten Fällen von Lymphombildung der Lider dürfte es sich um eine Pseudoleukämie oder Lymphomatose in dem Sinne handeln, daß dabei Leukämie und Lymphosarkom ausgeschlossen sind. Der Nachweis der leukämischen Natur der Lidtumoren ist sicher erbracht in dem von Th. Leber (1878) mitgeteilten und nebenstehend abgebildeten Falle (Abb. 90 u. 91). Hier hatten sich bei einem 48jähr. Manne innerhalb von 9 Monaten mächtige Tumoren aller vier Lider, der Conjunctiva und in der Orbita (hierdurch doppelseitiger Exophthalmus) bei gleichartigen enormen Schwellungen in Milz, Leber, Lymphdrüsen und Knochenmark (gemischte Form der Leukämie) entwikkelt, die nach weiteren

Abb. 90.

Abb. 91.

Abb. 90 u. 91. Große leukämische Tumoren an allen 4 Augenlidern mit doppelseitigem Exophthalmus, durch gleichartige Tumoren in der Orbita bedingt, die ohne Grenze in die Lider übergingen. Flache Tumoren seitlich an der Stirn und an den Schläfen. — Fall von Th. Leber.

6 Monaten zum Tode führten. Außer dieser ungewöhnlich seltenen Lokalisation leukämischer Tumoren in der nächsten Umgebung des Auges bestand doppelseitige Retinitis haemorrhagica ohne die für Leukämie charakteristischen Veränderungen (s. S. 289 u. 290). Das besondere Interesse dieses Falles besteht noch darin, daß allein die Lidtumoren

den Patienten veranlaßten, ärztliche Hilfe aufzusuchen, so daß die
Diagnose der Leukämie zuerst vom Ophthalmologen (TH. LEBER) gestellt wurde.

Klinisch erscheint infolge der Lymphombildung die Lidhaut sehr
stark verdickt und in allen Durchmessern vergrößert; die erkrankten
Lider können querliegende Wülste bilden, wobei das Unterlid infolge

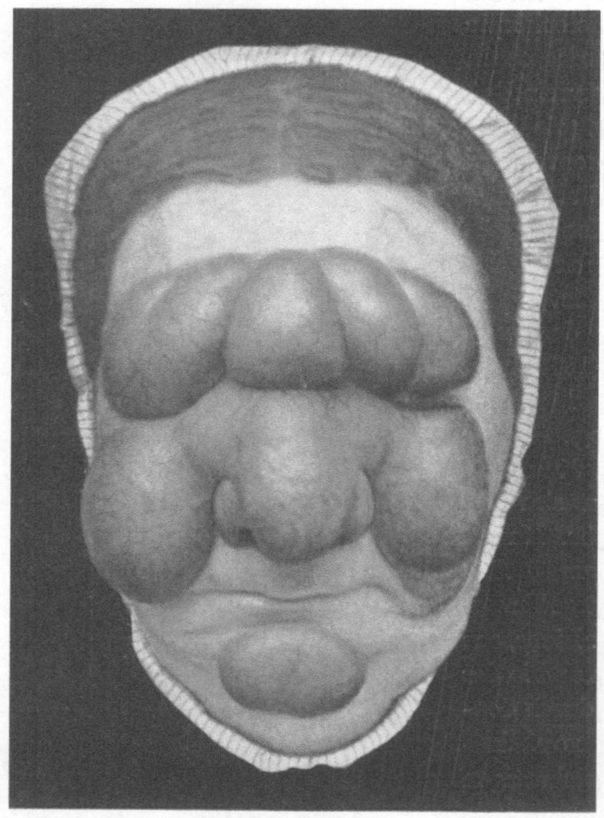

Abb. 92. Leucaemia cutis (Wiener Moulage). Violettrote Geschwülste. (Tafel aus RIECKES Lehrb. d.
Haut- u. Geschlechtskr., Kapitel: »Die bösartigen Neubildungen der Haut« von E. TOMASZEWSKI.)

seiner Schwere beutelartig über die Wange herabhängt (LEBER 1888).
Die Färbung der Haut ist eine leicht bräunliche und infolge starker
venöser Stauung zugleich eine blau-violette. Die Haut ist über der
Geschwulst verschiebbar und bei der Palpation fühlt man eine derbe,
etwas elastische Masse von andeutungsweise lappiger Oberfläche und
unscharfer Begrenzung gegen die Umgebung. Die Verdickung des
erkrankten Lides kann ziemlich flach sein und nur einen Teil der Lidfläche einnehmen, oder sogar als faustgroßer Tumor erscheinen (HOCH-

HEIM 1900); mitunter sind mehrere Knötchen von Bohnen- oder Mandelgröße (DUTOIT 1903) durchzufühlen. Das Lidlymphom kann auch mit der Tränendrüse in Verbindung stehen (BOERMA 1894). Bald ist nur ein Lid befallen, bald beide Ober- oder Unterlider, bald beide Augenlidpaare. In einem von BRONNER (1894) berichteten Falle traten zuerst an beiden Unterlidern Tumoren auf, später an allen vier Lidern nach vorangegangener Exstirpation des Tumors des linken Unterlides.

Gleichzeitig mit den Lidlymphomen beobachtete DUTOIT (1903) zahlreiche linsen- bis bohnengroße und sogar doppelt faustgroße Geschwülste unter der Haut der Stirn, der Brust und des Halses. — In dem von HOCHHEIM (1900) mitgeteilten Falle erkrankte zuerst die Haut über dem Tränensacke und erst dann die Lidhaut.

Die Schwellung der Augenlider einer Seite kann sich auf die ganze betreffende Gesichtshälfte fortsetzen, die in dem CHAUVELschen (1877) Falle ein gleichmäßiges speckiges Aussehen aller Weichteile dargeboten hatte. Auch Blutungen in der Haut des Stammes können auftreten (NEUGEBAUER 1907). Sehr häufig erscheint das ganze Lymphdrüsensystem, die Submaxillar-, Nuchal-, Cervical-, Cubital-, Supraclavicular-, Axillar- und Inguinaldrüsen hochgradig beteiligt. Es kann auch nur eine bestimmte Drüsengegend erkrankt sein oder eine Beteiligung der oberflächlichen Lymphdrüsen ganz fehlen, während die Sektion Drüsenkonglomerate in inneren Teilen, so im Mediastinum und im Abdomen, ergibt (TREACHER-COLLINS 1893). Auch die Schleimhäute sind beteiligt, so finden sich Knoten in der Mundschleimhaut (CHAUVEL 1877), am Dache der Mundhöhle (HOCHHEIM 1900) und am harten Gaumen (BRONNER 1904), sowie Follikelinfiltration durch den ganzen Darm (TREACHER-COLLINS 1904). Manchmal kommen Knochengeschwülste am Sternum zur Beobachtung (LEBER 1878) oder solche an der Tibia, dem Jochbein und den Rippen (FRÖHLICH 1893). Klinisch und anatomisch wurden Schwellungen der Milz, der Leber und der Nieren, weiße Knoten in der Milz und Knötchen auf dem Uterus gefunden.

Was die gleichzeitigen okularen Erscheinungen anlangt, so können Lymphome der Augenhöhle mit den Erscheinungen eines in der Regel doppelseitigen Exophthalmus (s. Abb. 90 u. 91) verbunden sein. In der Bindehaut kommt es zur Follikelbildung oder zu einer gleichmäßigen sulzigen Infiltration der Übergangsfalte. Weiter werden Schwellungen des accessorischen Tränendrüsen oder der Tränendrüse selbst und Blutungen in der Netzhaut beobachtet; letztere sind, gleich den Blutungen in der Haut, als Zeichen einer perniciösen Anämie aufzufassen, wenn nicht dieselben, wie in dem LEBERschen (1878)

Falle, mit einer gleichzeitig bestehenden Schrumpfniere in Verbindung
zu bringen sind.

Die Erkrankung setzt entweder ziemlich akut ein (NEUGEBAUER
1907) und zeigt auch einen akuten Verlauf oder sie trägt einen chronischen Charakter und dehnt sich über eine Reihe von Jahren, in dem
DUTOITschen (1903) Falle über 7 Jahre, aus. Die Zeit des Ausftretens
kann ins früheste Lebensalter, so in ein Alter von $1^3/_4$ Jahren (TRE-
ACHER-COLLINS 1893), fallen, oder in den verschiedensten Lebens-
dezennien auftreten, so im 8., 25, 48., 52, 54., 60., 63. und 79. Lebensjahre (HOCHHEIM 1900). In einer großen Reihe von Fällen tritt ein
tödlicher Ausgang ein.

Das Blutbild bestand nur in dem LEBERschen Falle aus einer bedeutenden Vermehrung der weißen Blutkörperchen, verbunden mit
einer geringen Zahl sehr kleiner roter Blutkörperchen. In anderen
Fällen fand sich eine Vermehrung der weißen Blutkörperchen, die
weder für Leukämie noch für Psudoleukämie charakteristisch war
(FRÖHLICH 1893), oder das Blut erschien anfangs normal und erst
später wurde eine Vermehrung der weißen Blutkörperchen nachgewiesen, die aber nicht entfernt so reichlich war wie bei der Leukämie
(AXENFELD 1890). In einem Falle von NEUGEBAUER (1907) ergab der
Blutbefund eine Leukämie mit Überwiegen der lymphocytären Komponente.

Die anatomischen Befunde von excidierten Lymphomstücken
lauten übereinstimmend dahin, daß dichtgedrängte einkernige Rundzellen, in ein weitmaschiges zartes fibrilläres Gewebe eingebettet,
mehr oder weniger knotenartige Anschwellungen bilden. In dem
Falle von HOCHHEIM (1900) war der Tumor von einer bindegewebigen
Kapsel umschlossen, von der Septa in das Innere eindrangen. Blutgefäße fanden sich in mäßiger Zahl, stellenweise auch Blutungen.
Innerhalb der Kapsel waren die Zellen zu deutlich follikelartigen Gebilden angeordnet, in der Hauptmasse lagen sie ohne bestimmte Anordnung. Mitosen waren reichlich vorhanden. Die gleichzeitig excidierten Conjunctivalfollikel erwiesen sich als typische Lymphome.
In dem AXENFELDschen (1890) Falle waren an der excidierten Übergangsfalte die Zeichen eines diffusen Lymphoms des adenoiden Gewebes der Mukosa ausgeprägt, während in dem gleichzeitig entwickelten
Orbitaltumor eine Anzahl sehr dichter, annähernd konzentrisch gelagerter rundlicher Zellanhäufungen vorhanden war.

Ätiologisch wäre die Möglichkeit einer tuberkulösen oder syphilitischen Infektion zu berücksichtigen, wie dies bei einer Reihe von
Fällen für die HODGKINSsche Krankheit nachgewiesen ist.

Die Voraussage ist eine mindestens zweifelhafte, jedenfalls ist bei einer großen Anzahl von Fällen das Leben bedroht.

Zur Diagnose ist eine genaue Feststellung des Blutbildes erforderlich.

Die Behandlung ist eine allgemeine, im wesentlichen tonisierende, zumal die Erscheinungen einer hochgradigen Anämie sich vorfinden können. Gute Resultate wurden durch eine Arsenbehandlung und vor allem durch Röntgenbestrahlungen erzielt. Eine vorhandene Tuberkulose oder Syphilis wäre entsprechend zu berücksichtigen. Nach einer operativen Behandlung traten in der Regel Rezidive auf.

Eine Abart des Lymphocytoms ist das nur aus Plasmazellen bestehende Plasmacytom (Plasmom), das BORST (1919) als echte Geschwulst des blutbildenden Gewebes, insbesondere des Knochenmarkes auffaßt und das vereinzelt auch an der Conjunctiva beobachtet wurde. Ein derartiges von der Conjunctiva der Übergangsfalten ausgehendes Plasmacytom, das symmetrisch an allen vier Lidern aufgetreten war, beschreibt SCHWARZKOPF (1921) bei einem 14jährigen Knaben. Der Knabe war im übrigen gesund, insbesondere lag keine Veränderung des Blutes und des Knochenmarkes vor, wie eine mehrfache von interner Seite ausgeführte Untersuchung ergab. Die Diagnose »Plasmom« konnte erst histologisch gestellt werden, während klinisch »Amyloid der Conjunctiva« vermutet wurde. — Die Behandlung bestand in der operativen Entfernung der Tumoren, die ein gutes Resultat ergab. SCHWARZKOPF (1921) faßt im vorliegenden Falle die Plasmome als gutartige Tumoren auf.

§107. Zu den sarkoiden Geschwülsten sind auch die in ihrer Ätiologie nicht geklärten aber vermutlich den leukämischen Prozessen nahestehenden Hautinfiltrate der Mycosis fungoides hinzuzurechnen. Die Mykosis oder das Granuloma fungoides ist eine sehr seltene chronische, fast stets tödlich verlaufende Erkrankung und befällt bei gleichzeitigen Veränderungen der Gesichtshaut auch die Haut der Lider. Auf dem Boden von großen schuppenden, selten nässenden, ekzemähnlichen Scheiben oder von zerstreuten roten Knötchen entwickeln sich bei starkem Fieber unter zunehmender Verdickung der Haut flache hell- bis bläulichrote Erhebungen von mäßiger derber oder weicher Konsistenz oder erbsen- bis bohnengroße verschieden rot gefärbte Knoten, ja sogar Geschwülste von der Größe eines Kirschkerns bis zu derjenigen eines Apfels. Diese zeigen meist lebhaft rote Färbung, sitzen in der Haut und sind mit ihr verschieblich; ihre Oberfläche ist bald glatt, bald gelappt und ihre Konsistenz bald weich, bald derb.

Diese Infiltrate können sich in kurzer Zeit völlig zurückbilden oder nur im Zentrum zerfallen. Im weiteren Verlaufe kommt es dann teils zur Krustenbildung, teils zur Bildung von oberflächlichen oder tiefgreifenden Geschwüren mit reichlicher eitriger Absonderung. Bei tiefem Gewebszerfalle können die Augenlider ganz zerstört werden, womit sich noch eine geschwürige Zerstörung der Knochen, sogar beiderseits, verbinden kann (HOCHSINGER und SCHIFF 1886). Die Knoten der Gesichtshaut finden sich im besonderen in der Gegend der Augenbrauen, deren Haare ausfallen, auf der Nase und zu beiden Seiten derselben, an den Mundwinkeln usw., so daß ein Aussehen wie bei der sogenannten Facies leontina entsteht.

An den Lidern können die Geschwülste eine verschiedene Größe erreichen. CRULL (1897) beobachtete am unteren Lidrande zwei kirschkerngroße in der Mitte oberflächlich ulcerierte Knoten und zugleich eine hochgradige Schwellung der Oberlider auf der anderen Seite. WERTHER (1906) sah das Gesicht einer 59jährigen Frau durch ein unförmliches Gebilde entstellt, das durch das Zusammenfließen mehrerer Geschwülste entstanden war. Das rechte Oberlid sowie die Gegend der Augenbraue waren von einem großen Geschwulstknoten eingenommen, so daß das rechte Oberlid gar nicht gehoben werden konnte.

Die Mycosis fungoides tritt am häufigsten zwischen dem 30. und 50. Lebensjahre auf und führt in der Regel nach einer Dauer von mehreren Monaten bis etwa 10 Jahren zum Tode unter den Erscheinungen der Kachexie oder der Septicopyämie.

Ihre Ätiologie ist, wie erwähnt, unbekannt, doch dürfte es sich wohl um eine Infektionskrankheit handeln. Als Erreger sind mehrfach Kokken beschrieben worden.

Anatomisch stellt sich die Mycosis fungoides im wesentlichen als ein zellreiches Infiltrat dar, das von den unteren Schichten des Corium seinen Ausgang nimmt und von hier allmählich in die Haut eindringt. Die zelligen Infiltrate bestehen nach WERTHER (1906) aus großen Lymphocyten, Plasma-, Mast- und Riesenzellen, polynucleären Leukocyten, stellenweise aus eosinophilen Zellen, die massenhaft in Zügen und Haufen angeordnet sind, dazwischen befindet sich ein deutliches Reticulum. Nach den Untersuchungen von HERXHEIMER und HÜBNER (1907) bestehen die zelligen Elemente aus Leukocyten, spärlichen Plasma- und Mastzellen und kleinen einkernigen, histologisch als spezifische Gebilde anzusehenden Mykosiszellen. Im Verlaufe vereinigen sich die kleineren Infiltrate zu größeren, die alsdann einen großen Teil des Corium einnehmen. Die Gefäße sind vielfach endarteriitisch verändert und das Bindegewebe unterliegt im Bereiche der Erkrankung einer eigenartigen (hyalinen?) Degeneration. Die Schweißdrüsen werden von den Tumormassen gleichsam ummauert und stark infiltriert, so daß die Drüsenzellen verändert und zum Teil zerstört sind. Die Stellen des Tumors, an welchen es zu oberflächlichem Zerfall gekommen ist, zeigen Veränderungen, die an junges Granulationsgewebe erinnern, starke Gefäßneubildung mit zahlreichen Fibroblasten, epitheloiden Zellen und polynucleären Leukocyten, dazwischen Haufen von Lymphocyten. PELAGATTI (1904) sieht in der Mycosis fungoides eine Hautlokalisation der myelogenen Leukämie. v. ZUMBUSCH (1906) fand die Mykosisknoten von massenhaften eosinophilen multinucleären Zellen überschwemmt, wie sie auch das Blut enthielt, und ist der Ansicht, daß die Mykosis in einigen Fällen der Leukämie verwandt sei, in anderen den wahren Sarkomen näher stehe. Andere halten das Zusammentreffen von Mycosis fungoides und myelogener Leukämie für etwas Zufälliges.

Hinsichtlich der Behandlung kommt bei großen Geschwülsten die operative Entfernung in Betracht. Günstige Erfolge werden von der Röntgenbestrahlung berichtet. HERXHEIMER und HÜBNER (1907) betrachten es als histologisch erwiesen, daß die Röntgenstrahlen die spezifischen Elemente der Krankheit zu zerstören imstande sind. Innerlich wird auch die Darreichung von Arsen empfohlen.

Literatur zu §§ 93—107.

(Die ältere Literatur findet sich genau in HEBRA-KAPOSI: Virchows Handb. d. spez. Pathologie u. Therapie Bd. 3, Teil 2, S. 251—259. 1876.)

1867 SCHIRMER: Kleinzelliges Sarkom aller vier Augenlider. Klin. Monatsbl. f. Augenheilk. Bd. 5, S. 124.

1870 GEISZLER, A.: Ein Fall von Xanthelasma palpebrarum. Klin. Monatsbl. f. Augenheilk. Bd. 8, S. 64. — HIRSCHBERG, J.: Ein Fall von Xanthelasma palpebrarum. Klin. Monatsbl. f. Augenheilk. Bd. 8, S. 167. — SAMELSON: Sarcoma of the eyelid. Brit. med. Journ. T. 2, p. 706. — TALKO, J.: Über Xanthelasma palpebrarum. Klin. Monatsbl. f. Augenheilk. Bd. 8, S. 187.

1871 HUTCHINSON, J.: A clinical report on xanthelasma palpebrarum and on its significance as a symptom. Medico-chirurg. Transact. London. T. 54, p. 171. Lancet T. 1, p. 409 and Med. Times and Gaz. T. 42, p. 379. — MANZ: Xanthelasma palpebrarum. Klin. Monatsbl. f. Augenheilk. Bd. 9, S. 251. — VIRCHOW, R.: Über Xanthelasma multiplex (Molluscum lipomatodes) nebst Notizen von Dr. Leber. Virchows Arch. f. pathol. Anat. u. Physiol. Bd. 52, S. 504. — WALDEYER: Xanthelasma palpebrarum. Virchows Arch. f. pathol. Anat. u. Physiol. Bd. 52, S. 318.

1872 GEBER und SIMON, O.: Zur Anatomie des Xanthoma palpebrarum. Arch. f. Dermatol. u. Syphilis Bd. 4, S. 303. — HUTCHINSON, J.: Xanthelasma palpebrarum in a middle aged woman who suffers from severe sick headaches. Brit. med. Journ. p. 367. — KAPOSI: Xanthoma. Wien. med. Wochenschr. S. 169 u. 193. — MICHEL: Die Krankheiten der Augenlider. Graefe-Saemisch, Handb. d. Augenheilk. 1. Aufl., Kap. IV, S. 432. — PYE-SMITH: On Xanthelasma. Lancet T. 2, p. 601. — TRÉLAT: Gliôme de la paupière. Gaz. des hôp. p. 570. Ref. Michel-Nagel, Jahresb. ü. d. Leistungen u. Fortschritte d. Ophthalmol. Bd. 3, S. 417.

1873 VINCENTIIS, DE: Contribuzione all' anatomia patologia dell' occhio e suoi annessi. Napoli. — ZEHENDER, W.: Tumor des rechten oberen Augenlides. Klin. Monatsbl. f. Augenheilk. S. 259.

1874 CHURCH, W. M.: Notes on the hereditary character of certain forms of xanthelasma palpebrarum. St. Bartholomews hosp. Rep. T. 10. — LILIENFELD, W.: Sarkom des rechten oberen Augenlides. Klin. Monatsbl. f. Augenheilk. Bd. 13, S. 55 u. 302. — MOOREN: Ophthalmologische Mitteilungen aus dem Jahre 1873. S. 4—10.

1875 MICHEL: Krankheiten der Lider. Graefe-Saemisch, Handb. d. ges. Augenheilk. Kap. IV, 1. Aufl. Leipzig: W. Engelmann.

1876 FOOT, A. W.: Case of general xanthelasma planum, associated with chronic jaundice. Journ. of med. sciences T. 61, p. 473. — HEBRA-KAPOSI: Virchows Handb. d. spez. Pathol. u. Therap. Bd. 3, T. 2, S. 251—259.

1877. CHAUVEL: Tumeur lymphatique. Gaz. hébdom. de méd. et de chirurg. No. 23.

1878 LEBER: Über einen seltenen Fall von Leukämie mit großen leukämischen Tumoren an allen vier Augenlidern und mit doppelseitigem Exophthalmus. Graefes Arch. f. Ophthalmol. Bd. 24, Abt. 1.

1879 CHAMBARD, E.: Xanthelasma. Ann. de dermatol. T. 10, p. 241. — Derselbe: Des formes anatomiques du xanthélasma cutané. Arch. de physiol. norm. et pathol. gén. T. 12. 5 et 6, p. 691. — Derselbe: Etude histologique du xanthelasma vitiligoïde (Addison et Gull); Xanthoma (Kaposi); altération des nerfs dans le xanthélasma tuberosum. Progr. méd. p. 245. — FRIEDENREICH, A.: Xanthom. Hosp. Tid. 2 R. T. 6, p. 243. — RICHET: Sarcome fasciculé mélanique de la paupière. ⟩Mouvement méd. p. 77.

1880 GENDRE: Du xantélasma. Thèse de Paris.

1881 JACOBI: Angiosarcoma of eyelid and temple. Med. Bull. T. 19, No. 8, p. 217. — KORACH: Xanthelasma universale planum et tuberosum. (Allgem. ärztl. Verein in Köln. Sitzung vom 24. Nov. 1880.) Dtsch. med. Wochenschr. Nr. 23. — OTTAVA, J.: Zwei Fälle von Sarkom der Augenlider. Szemészet. p. 65 u. 81. — STORY: Palpebral Sarcoma. Brit. med. Journ. April 23. p. 647.

1882 BALZER: Recherches sur la dégénérescence granulo-graisseuse des tissus dans les maladies infectieuses. Parasitisme du Xantelasma et l'ictère grave. Arch. de physiol. normal et pathol. T. 10, p. 307. — COOMES, M. F.: Round-celled sarcoma involving the eyelids and adjacent portions of the face. Louisville med. News. T. 13, p. 38. — HERTZKA, E.: Ein Fall von Xanthoma. Berl. klin. Wochenschr. Nr. 6.

1883 EPERON: Sarcome de la région interne de la paupière gauche; extirpation; autoplastie. Arch. d'ophtalmol. p. 193. — VINCENTIIS, DE: Endotelioma adiposo, ricerche cliniche ed anatomiche su xantelasma. Riv. clin. di Bologna. T. 22, No. 7.

1884 BALZER: Recherches sur les caractères anatomiques du xanthelasma. Arch. de physiol. norm. et pathol. T. 4, No. 5, p. 65. — BARLOW: Congenital xanthelasma. Lancet 24. Mai, p. 939. — CHAMBARD, E.: La structure et la signification histologique du xanthélasma, d'après M. le Prof. C. de Vincentiis, et la théorie parasitaire de cette affection, d'après M. le Dr. Balzer. Ann. de dermatol. et syphiligr. p. 81. — POENSGEN, A.: Weitere Mitteilungen über Xanthelasma multiplex. Virchows Arch. f. pathol. Anat. u. Physiol. Bd. 102, S. 410.

1885 Mc HARDY: Fat in upper eyelid. Ophthalmol. Rev. p. 178. — SCHELL, H. S.: Lipomatous ptosis. Transact. of the Americ. ophthalmol. soc. Twenty-first meeting. p. 49. — TEILLAIS: De la paupière et de l'angle externe de l'œil; sarcome fusocellulaire. Journ. de méd. de l'ouest. T. 19, p. 86. — TOUTON, K.: Über das Xanthom, insbesondere dessen Histologie und Histogenese. S.-A. Vierteljahrsschr. f. Dermatol. u. Syphilis.

1886 BESNIER, Du Xanthélasma. Journ. de méd. et de chirurg. pratique p. 159. — HOCHSINGER und SCHIFF: Zur Lehre vom Granuloma fungoides. Arch. f. Dermatol. u. Syphilis.

1887 BEALE, A.: A case of lymphoma affecting the larynx, eyelids and cerebral membranes. Lancet. Okt. — CSAPODI, J.: Xanthoma palpebrae. Szémészet. p. 807. — HUTCHINSON: JONATHAN junior: Xanthelasma palpebrarum on the lower lids only; migraine attacks, with temporary amblyopia. Brit. med. Journ. T. 1, p. 985. — RANDALL: Sarcome of the lid simulating meibomian cyst. Transact. of the Americ. ophthalmol. soc. p. 517. — VAN DUYSE et CRUYL: Myxosarcôme de la paupière supérieure. — Sarcômes de la conjonctive palpébrale. Remarques sur les tumeurs sarcômateuses de la paupière et de la conjonctive palpébrale. Ann. d'oculist. T. 98, p. 112 et 101, p. 227.

1888 KÖBNER: Xanthoma multiplex planum, tuberosum et molusciforme pendulum. Vierteljahrsschr. f. Dermatol. u. Syphilis Bd. 15, Nr. 3, S. 410. — STERN, E.: Zur Therapie des Xanthoms. Berl. klin. Wochenschr. Nr. 50.

1889 GALLEMAERTES et BAYET: Etude histologique du Xanthôme. Bruxelles. — GALLENGA: Fibroma sclerosante della palpebra superiore sinistra con infiltrazione calcarea e placche osteomatose. (Rend. del congresso della assoc. ottalmol. ital. Ann. di ottalmol. T. 18, p. 372. — LEHZEN, G., und KNAUS, K.: Über Xanthoma multiplex planum, tuberosum, molusciforme. Virchows Arch. f. pathol. Anat. u. Physiol. Bd. 116, S. 85. — WENDE: Treatment of two cases of xanthoma by electrolysis. Med. Press of Western New York. Sept.

1890 AXENFELD: Zur Lymphombildung in der Orbita. Graefes Arch. f. Ophthalmol. Bd. 37, S. 102. — FAUSSILLON, C.: Des tumeurs malignes de l'angle interne de l'œil et de leur propagation dans les sinus et les cavités de la face. Thèse de Paris.

1891 FLACK, J.: Über Sarkome der Augenlider. Inaug.-Diss. Königsberg. — LAGRANGE: Du sarcome mélanique des paupières. Recueil d'ophtalmol. p. 328.

1892 COLEMAN, W. F.: A case of ptosis from a lipoma of the lid. Chicago med. Rec. T. 3, p. 38. — SCHNEIDER, J.: Remarks on tumors of the eyelid. S.-A. aus Transact. of the Wisconsin State med. soc.

1893 FAGE: Sarcôme de la paupière supérieure. Recueil d'ophtalmol. p. 395. — FRÖHLICH: Ein seltener Fall von Pseudoleukämie. Wien. med. Wochenschr. Nr. 7. — GRUENING, E.: A case of spindle-celled sarcoma of the lid. Transact. of the Americ. ophthalmol. soc. Twenty-ninth annual meeting. p. 505. — HUTCHINSON: A case of xanthelasma of the eyelids. Clin. Journ. London. 1892—1893. p. 270. — TREACHER-COLLINS: On a case with a tumor in each orbit. Ophthalmol. hosp. Rep. T. 13, p. 248.

1894 BAAS, K. L.: Über die Beziehungen zwischen Augenleiden und Lebererkrankungen. Münch. med. Wochenschr. S. 629. — BOERMA: Über einen Fall von symmetrischen Lymphomen in der Orbita. Graefes Arch. f. Ophthalmol. Bd. 40, Abt. 4, S. 199. — BRONNER: Case of lymphoma of eyelids cured by the internal administration of arsenic. Transact. of the VII. Internat. Ophthalmol. Congress. Edinburgh. p. 202. — HALLOPEAU: Sur la nature des xanthômes. Ann. de dermatol. — TÖRÖK: Sur la nature des xanthômes. Ibid. — VOSSIUS: Ein Fall von echtem Lipom des oberen Augenlides. Bericht über d. 24. Vers. d. ophthalmol. Ges. zu Heidelberg. S. 55. Mit Vorlegung von Präparaten. — WILMER: Case of melanotic, giant-celled, or alveolo-myxosarcoma of the eyelid. Transact. of the Americ. ophthalmol. soc. Thirtieth meeting. p. 91. — ZIMMERMANN: Primary melanotic sarcoma of the eyelid, with report of a case. Ophthalmol. Rev. p. 184.

1896 ALT, A.: A case of rhabdomyoma of the eyelid. Americ. Journ. of ophthalmol. p. 109. — ELSCHNIG, A.: Haemangioendothelioma tuberosum multiplex. Wien. med. Presse Nr. 5. — GUIBERT: Sarcôme mélanique de la paupière. Recueil d'ophtalmol. p. 527.

1897 CRULL: Granuloma fungoides. (Rostocker Ärzteverein.) Münch. med. Wochenschr. S. 841. — HANKE: Peritheliom der Lider bei Xeroderma pigmentosum. Virchows Arch, f. pathol. Anat. Bd. 148, S. 428. — LITTEN: Lymphatische Tumoren der Augenlider. (Berliner med. Ges. Sitz. v. 9. Dez. 1896.) Dtsch. med. Wochenschr. Vereinsbeil. Nr. 1.

1898 Bock: Melanocarcinoma palpebrae inferioris dextrae. Wien. med. Wochenschr. S. 47. — Taubmann: Ein Fall von Lymphosarkom der Lider mit epidermidaler Metaplasie des Conjunctivalepithels. Inaug.-Diss. Königsberg i. Pr. — Thilliet: Melanosarcoma de la paupière supérieure. Clin. ophtalmol. No. 8. — Topolanski: Ein Fall von Sarkom beider Lider des rechten Auges. Wien. klin. Wochenschr. No. 6. — Veasey: Case of primary non-pigmented sarcoma of the upper lid. Transact. of the Americ. ophthalmol. soc. Thirty-fifth annual meeting. p. 519. — Wood, Casey: Primary sarcoma of the eyelid. Ophthalmol. Rec. March.

1899 Baumann, E.: Ein Fall von Xanthom des Augenlides. Inaug.-Diss. Würzburg. — Berl: Pseudoleukämische Erkrankung der Bindehaut und des orbitalen Gewebes. Deutschmanns Beitr. z. prakt. Augenheilk. H. 37, S. 498. Druault et Milian: Cylindrôme de la paupière inférièure. (Société anat. 31. mars.) Rev. génér. d'ophtalmol. p. 230. — Herman: Über chronisch entzündliche, endotheliale Lidgeschwulst. Inaug.-Diss. Jena. — Hinsberg, V.: Die klinische Bedeutung der Endotheliome der Gesichtshaut. Beitr. z. klin. Chirurg. Bd. 24, Nr. 1, S. 275. — Frugiuele: Angiosarcoma plessiforme cistica della palpebra. Giorn. dell' assoc. napoletana di med. e natural. Anno IX. Fasc. 4. — Lobanow: Zur Kasuistik der Augentumoren. Westnik ophthalmol. T. 16, p. 437.

1900 Berardinis, de: Melanosarcoma delle palpebre. Ann. di ottalmol. e Lavori della clin. oculist. di Napoli. T. 20, p. 495. — Hochheim: Ein Beitrag zur Kenntnis der symmetrischen Lid- und Orbitaltumoren. Graefes Arch. f. Ophthalmol. Bd. 51, S. 347. — Jarisch: Die Hautkrankheiten. S. 864, 878. Wien: A. Hölder. — Kastalsky, Katharina: Ges. Abhandl., herausg. v. S. Golowin, Moskau. — Wagenmann: Ein Fall von multiplen Melanosarkomen mit eigenartigen Komplikationen an beiden Augen. Dtsch. med. Wochenschr. Nr. 16, S. 262. — Wingenroth: Ein Beitrag zur Kenntnis der symmetrischen Tumoren der Augenlider. Graefes Arch. f. Ophthalmol. Bd. 51, S. 300.

1901 Gassmann: Fünf Fälle von Naevi cystepitheliomatosi disseminati. Arch. f. Dermatol. u. Syphilis Bd. 58, S. 177. — Keul: Histologische Untersuchungen über das Xanthom des Augenlides. Inaug.-Diss. Würzburg. — Politzer: The nature of the xanthomata. New York med. Journ.

1902 Leplat: Traitement du xanthôme avec l'electrolyse. Clin. ophtalmol. 25. Janvier. — Scalinci: Linfosarcoma della palpebra. Ann. di ottalmol. e Lavori della clin. oculist. di Napoli T. 31, p. 360.

1903 Dutoit: Ein Fall von pseudoleukämischen Lymphomen der Augenlider mit generalisierter Lymphombildung. Arch. f. Augenheilk. Bd. 48, S. 156. — Leven: Fall von Xanthoma tuberosum multiplex bei Diabetes, nebst Bemerkungen über Xanthome im allgemeinen. Arch. f. Dermatol. u. Syphilis Bd. 66, S. 61. — Villard: Recherches histologiques sur le xanthélasma des paupières. Arch. d'ophtalmol. T. 23, p. 364.

1904 Axenfeld: Ein Fall von doppelseitigem Lymphoma der Orbita, Lider und Tränendrüsen infolge von Pseudoleukämie. Münch. med. Wochenschr. S. 1128. — Birch-Hirschfeld: Beitrag zur Anatomie des Lidxanthelasma. Graefes Arch. f. Ophthalmol. Bd. 58, S. 207. (Mays und Schwimmer hier zitiert.) — Derlin: Über Xanthoma diabeticum tuberosum multiplex. Münch. med. Wochenschr. S. 1636. — Enslin: Ein Fall von Melanosarkom des Unterlides. Klin. Monatsbl. f. Augenheilk. Bd. 42, Nr. 2, S. 109. — Joseph: Gutartige Neubildungen der Haut. Mraček, Handb. d. Hautkrankh. III. Xanthom S. 484. — Lotin: Ein Fall von primärem Melanosarkom des Augenlides. Klin. Monatsbl. f. Augenheilk. Bd. 42. Nr. 1, S. 253. — Pelagatti: Mykosis fungoides und Leukämie. Monatsh. f. prakt. Dermatol. Bd. 39. — Sommer: Über das primäre Melanosarkom der Augenlider. Wochenschr. f. Therap. u. Hyg. d. Auges Nr. 52.

1905 Coenen: Über Endotheliome der Haut. Arch. f. klin. Chirurg. Bd. 76, H. 4. — Meller: Die lymphomatösen Geschwulstbildungen in der Orbita und im Auge. Graefes Arch. f. Ophthalmol. Bd. 62, S. 130. — Rückel: Über das Lymphom resp. Lymphadenom der Lider und der Orbita. Vossius, Samml. zwangloser Abhandl. a. d. Gebiete d. Augenheilk. Bd. 6. — VALUDE: Melanose des paupières en taches progressives. (Soc. d'ophtalmol. de Paris.) Recueil d'ophtalmol. p. 221. — WERNCKE: Ein Beitrag zur Onkologie des Auges und seiner Adnexa. (Endothelioma palpebrae.) Mitt. a. d. Augenklinik in Jurgew, herausg. von v. Ewetzky. H. 2, S. 89.

1906 BACH: Über symmetrische Lipomatosis der Oberlider (Blepharochalasis). Arch. f. Augenheilk. Bd. 54, S. 73. — ISCHREYT: Klinische und anatomische Studien an Augengeschwülsten. S. 51. Berlin: S. Karger. — WERTHER: Zwei Fälle von Mykosis fungoides. (Ges. f. Natur- u. Heilkunde zu Dresden.) Münch. med. Wochenschr. S. 1546. — v. ZUMBUSCH: Beitrag zur Pathologie und Therapie der Mykosis fungoides. Ebd. Nr. 31.

1907 HERXHEIMER und HÜBNER: 10 Fälle von Mykosis fungoides mit Bemerkungen über die Histologie und Röntgentherapie dieser Krankheit. Arch. f. Dermatol. u. Syphilis Bd. 84, S. 241. — NEUGEBAUER: Lymphomatöse Geschwulstbildungen. (Ophth. Gesellsch. in Wien.) Zeitschr. f. Augenheilk. Bd. 17, S. 293. — WAGENMANN: Ein Fall von doppelseitiger echter Ptosis adiposa bei einem 16jähr. jungen Manne. Bericht über d. 34. Vers. d. ophth. Ges. S. 274.

1908 GILBERT, A., und LEREBOULLET: Xanthélasma et cholémie. Recueil d'ophtalmol. p. 377. — HUTCHINSON: The cystic forms of xanthelasma palpebrarum. Brit. med. Journ. 25. April. — RING: Xanthelasma of the eyelids. Ophthalmol. Rec. p. 204. —

1909 LESSER, F.: Lokalisiertes Xanthom. Berl. klin. Wochenschr. S. 1281. — MEISSNER: Xanthelasma palpebrarum. Zeitschr. f. Augenheilk. Bd. 22, S. 268.

1910 CHAUFFARD und LAROCHE: Pathogénie du xanthélasma. Semaine med. 25. Mai. — SCHINDLER: Radiumbehandlung des Xanthelasma der Augenlider. (Wiener ophth. Gesellsch.) Klin. Monatsbl. f. Augenheilk. XLVIII. Bd. 2, S. 629. — SCHNAUDIGEL: Ein Rhabdomyom des Orbicularis. Graefes Arch. f. Ophthalmol. Bd. 74. Leber-Festschrift (vgl. 1913). — TERRIEN: Sarcome éléphantiasique de la paupière. Arch. d'ophtalmol. T. 30, p. 241.

1911 CHVOSTEK: Xanthelasma und Ikterus. Zeitschr. f. klin. Med. Bd. 73, S. 479. — FLEISCHER und BERTSCHER: Über ein papilläres Lidsarkom. Klin. Monatsbl. f. Augenheilk. XLIX. Bd. 1, S. 689. — PELS-LEUSDEN: Multiple Xanthome an den Augenlidern und der Rückseite beider Ohren. (Ges. der Charitéärzte.) Berl. klin. Wochenschr. S. 1154. — REUSZ: Xanthelasma palpebrarum. (Ophth. Ges. in Wien.) Zeitschr. f. Augenheilk. Bd. 25, S. 105. — RISLEY: Adenosarcom of the border of the eyelid. (Wills Hospit. ophthalmol. soc.) Ophthalmol. Rec. p. 79. — SCHINDLER: Über Behandlung des Xanthelasma mit Radium. Zeitschr. f. Augenheilk. Bd. 25, S. 62. — DE SCHWEINITZ and SHUMWAY: Sarcoma of left upper eyelid. Ophthalmol. Rec. p. 315.

1912 VAN LINT et STEINHAUS: Xanthélasma des paupières, ayant améné, par prolifération sous-cutanée, un xanthome bilatéral, en tumeur, de la partie antérieure de la région temporale. Ann. d'oculist. T. 148, p. 13. — LAMB: Perithelioma of the eyelids. (Americ. acad. of ophthalmol. a. Oto-laryngol.) Ophthalmol. Rec. p. 554. Ophthalmoscope p. 401. 1913.

1913 BOURDIER: Périthéliome de la paupière. (Soc. d'ophtalmol. de Paris.) Clin. d'ophtalmol. p. 729. — DUBOYS DE LAVIGERIE et RENÉ ONFRAY: Lymphome de la paupière (mycosis fungoïde à tumeurs d'emblée, type Vidal-Brocq). Ann. d'oculist. T. 149, p. 281. — EICKE: Ein Peritheliom des Lides. Klin. Monatsbl. f. Augenheilk. LI. Bd. 1, S. 588. — MAWAS: Cytologie et histochimie de la cellule xanthélasmatique. (Soc. franç. d. ophtalmol. congr. de mai.) Ann. d'oculist. T. 149, p. 450. Arch. d'ophtalmol. T. 33, p. 445. — SCHNAUDIGEL: Ein Rezidiv des Orbicularismyoms. Graefes Arch. f. Ophtalmol. Bd. 85, S. 252 (vgl. 1910). — SICARD et LEBLANC: Maladie de Mikulicz à forme fruste et avec absence de sécrétion salivaire. (Soc. méd. des hôp. de Paris, 28. VI. 1912.) Rev. génér. d'ophtalmol. p. 384.

1914 Mawas: Recherches sur l'histologie et l'histochimie du xanthelasma Ann. d'oculist. T. 151, p. 437—451.

1915 Teitz: Über Sarkome der Augenlider. Inaug.-Diss. Würzburg.

1916 de Schweinitz: A contribution of the subject of tumors of the eyelid and orbit. Transact. Americ. ophthalmol. soc. 1915.

1919 Borst, M.: Echte Geschwülste. In Aschoff, Patholog. Anatomie. Bd. 1, 4. Aufl., S. 794. — Gallemaerts: Mélanosarcome en nappe de la paupière. Ann. d'oculist. T. 156, p. 131.

1920 Charsley: Perithelioma of the lid. Proc. of the roy. soc. of med. London T. 13, sect. of ophthalmol. p. 73. — Fromaget: Lymphadénome aleucémique orbito-palpébral bilatéral. Radiothérapie. Arch. d'ophtalmol. T. 37, p. 343. — Schiller, E.: Über Sarkome der Augenlider. Zeitschr. f. Augenheilk. Bd. 42, S. 302.

1921 Aschoff: Pathol. Anatomie. 5. Aufl. (Borst, Geschwülste.) Jena: G. Fischer. — Schwarzkopf: Ein Fall von symmetrischer Geschwulstbildung aller vier Lider (Plasmome) mit pathol.-anat. Befund. Zeitschr. f. Augenheilk. Bd. 45, S. 142.

IX. Dermatomykosen.

§ 108. Bei der **Dermatomykose der Lidhaut** wurden als krankheiterregende **pflanzliche Parasiten Faden- und Sproßpilze** beobachtet. Die durch **Fadenpilze** hervorgerufenen Erkrankungen der **Haare**, die **Dermatohyphomykosen**, wie die **Trichophytia tonsurans** und **profunda** (Sycosis parasitaria) und der **Favus**, siehe Abschnitt: »Krankheiten der Cilien« (S. 341 u. f.).

§ 109. An der Lidfläche tritt die **Aktinomykose** sekundär als eine von der Nachbarschaft fortgepflanzte Erkrankung auf. Bei einem von Partsch (1893) beobachteten 15jährigen Mädchen zeigte die rechte Gesichtshälfte eine gleichmäßige Schwellung, die von der Seitenfläche der Nase bis zum aufsteigenden Kieferaste und vom Kieferwinkel über den Jochbogen hinaus nach der Schläfengegend sich verbreitete. Das stark geschwellte Oberlid war in seiner lateralen Hälfte von einem ungefähr haselnußgroßen derben Knoten eingenommen, der als ein völlig isolierter Herd erschien. Auf das Unterlid ging die Erkrankung direkt vom Oberkiefer über. Im Bereiche des Kieferwinkels war die Haut an einzelnen Stellen von fistulösen Öffnungen durchbrochen, und die Untersuchung des daraus sich entleerenden dünnen Eiters ergab eine große Menge graugelber Körner, deren Struktur das Fadenwerk und die Keulen des Strahlenpilzes aufwies. Der Infekt war höchstwahrscheinlich von einem cariösen Zahn ausgegangen. Eine Schwellung der regionären Lymphdrüsen fehlte.

Die **anatomische** Untersuchung eines exstirpierten Knotens ergab kleinere Herde von Granulationsgewebe in derbes Schwielengewebe eingebettet mit gleichzeitig eingelagerten voll ausgebildeten Aktinomycesdrusen, ferner eine schwielige Induration der Muskelfasern des Orbicularis.

Die Behandlung ist eine operative; am besten wird der kranke Herd bei guter Abgrenzung nach Incision der Haut exstirpiert. Bei undeutlichen Grenzen ist der Herd bloßzulegen und die Granulationsmassen sind mittels des scharfen Löffels zu entfernen; hierauf Einlegen eines Jodoformgazetampons.

Einen Fall von Botryomykose, eine am Samenstrang des Pferdes nach Kastration entstehende infektiöse Geschwulst, will Ten Siethoff (1888) am Lidrande beobachtet haben. Es trat eine Anschwellung auf, die durchbrach; die Bindehaut war geschwellt und nicht weit vom Lidrande von kleinen gelblichen Einlagerungen durchsetzt, die ähnlich wie Aktinomyceskörner aussahen. Die botryomykotischen Neubildungen bestanden aus Granulationsgewebe, das von Erweichungsherden durchsetzt war, und aus ihnen entleerte sich eine trübe schleimige Masse, die »Botryokokken« enthalten haben soll. Nach Ernst (1907) besteht kein durchgreifender Unterschied zwischen den Staphylokokken der Menschen sowie der Tiere und den Botryokokken.

§ 110. Erkrankungen der Lidhaut, hervorgerufen durch eine Einwanderung von Sproßpilzen, sogenannten Hautblastomykosen, kommen selten vor. Übrigens begegnet die Auffassung der Blastomyceten oder der Hefepilze als Krankheitserreger noch erheblichen Zweifeln.

Buschke (1898) teilt einen als Blastomykose bezeichneten Fall mit, bei dem außer flachen Geschwüren an der Stirn- und Wangenhaut auch ein solches der Augenbraue bestand, das sich noch 1—2 cm in die Haut des Oberlides, diese unterminierend, fortsetzte. Am Grunde des Augenbrauengeschwürs bestand eine feine fistulöse Öffnung, aus der sich eine glasige, mit Krümeln vermengte und Hefepilze enthaltende Flüssigkeit entleerte.

Rosenstein (1904) fand ein schimmliges Geschwür des rechten Unterlides bei einem 17jährigen Landmann, der fast ausschließlich mit Pferden zu tun hatte. Das Geschwür war ungefähr $1/_2$ cm vom Lidrand entfernt und hatte die Größe und die Form einer großen Bohne. Die Geschwürsränder waren wallartig emporgehoben. Der tiefe knotige Geschwürsgrund war zerklüftet, absolut trocken und von dicken weißgelblichen bröckeligen Massen bedeckt, so daß das Ganze wie mit Jodoform bestreut aussah. Die Untersuchung der Bröckel ergab das Vorhandensein von Hefezellen, die meist im Zustande der Sprossung erschienen; hier und da zeigten sich mycelartige Formen. Kulturen gelangen nicht. Übrigens wird angenommen, daß das Geschwür nicht durch Hefe entstanden sei, sondern daß ein gutartiges Geschwür unbekannter Ätiologie durch Verunreinigung mit Hefezellen einen ungünstigen Verlauf genommen habe. Auch in dem Fieuzalschen (1887) Falle dürfte es sich um eine wahrscheinlich zufällige Verunreinigung eines Geschwürs gehandelt haben. Nahe dem Rande des Unterlides fand sich in einer Ausdehnung von 3 qmm ein Geschwür mit steil abfallenden Rändern und einem gelblich infiltrierten Grunde. Eine größere Zahl von Cilien in der Nähe des oberen Geschwürsrandes bot an ihrer Spitze Auflagerungen, die aus Champignonsporen bestanden. Während der Heilung des Geschwürs entwickelten sich an beiden Lidrändern Pusteln, entsprechend den Einpflanzungsstellen der Cilien, deren Spitze Sporenhäufchen aufwies.

Von nordamerikanischen Autoren liegen ziemlich zahlreiche Beobachtungen von Blastomykosis der Cutis (Axenfeld 1907) vor, die, wie besonders Wood (1904) betont, als eine spezielle amerikanische Krankheit zu betrachten sei, und die zuerst Chilcrist im Jahre 1896 beschrieben hat. Nach einer Zusammenstellung von Derby (1906) ist die Lidhaut besonders bevorzugt, und unter den 40—50 mitgeteilten Fällen erscheint die Lidhaut mindestens zehnmal primär betroffen. Außerdem erkranken Gesicht und obere Extremitäten. Die Übertragung geschehe am häufigsten durch eine Verletzung oder durch Reiben der Haut. Zuerst entstehe ein Knötchen mit anschließender Pustelbildung und alsdann eine rundliche erhabene von einem rötlichen Hofe umgebene Geschwulst von weicher Konsistenz. Im Inhalt der Pusteln befänden sich die Blastomyceten als rundliche doppelt konturierte lichtbrechende vakuolisierte Körperchen, oft zu zweien oder in verzweigten Ketten. Auf Kulturen zeigten sie Mycelien. Busse (1907) bestreitet deshalb, daß diese Pilze Blastomyceten seien, und rechnet sie zu den Oidien.

Der Verlauf gestaltet sich etwas verschieden. Teilweise besteht keine Neigung zu ausgedehnterer Geschwürsbildung und beim Fortschreiten der Erkrankung kommt sogar die ursprüngliche Erkrankungsstelle zur Ausheilung. Die Geschwulst kann einen Durchmesser von 5 cm erreichen und mit ihrer zerklüfteten Oberfläche einer Warze gleichen. Teilweise kommt es zu einem geschwürigen Zerfalle, der sich auf die drüsigen Gebilde der Lider und die Bindehaut ausbreitet und eine entstellende Vernarbung bewirkt. Durch Allgemeininfektion erfolgt ein tödlicher Ausgang, wie dies in einem Falle beobachtet wurde.

Anatomisch wurde ein zellreiches Granulationsgewebe festgestellt, besonders reichlich fanden sich polymorphe Leukocyten. Außerdem bestand eine hochgradige Epithelwucherung.

Hinsichtlich der Behandlung wird von Wood (1904) die fast spezifische Wirkung der innerlichen Darreichung von Jodkalium gerühmt.

Dies erscheint wenigstens für die von ihm beobachteten Fälle verdächtig, da es sich um syphilitische Geschwüre mit zufälliger Verunreinigung durch Hefepilze gehandelt haben könnte. Lokal wird die Abschabung mittels scharfen Löffels und die Kauterisation empfohlen.

§ 111. Durch eine besondere Art pathogener sporenbildender Fadenpilze, der Sporotrichen (Sporotrichon Schenkii und Sporotrichon Beurmanni), wird eine erst in den letzten Jahren bekannt gewordene Krankheit, die Sporotrichose, hervorgerufen. Dieselbe spielt sich fast ausschließlich an der Haut ab, an welcher es zur Bildung kleinerer oder größerer cutaner und subcutaner indolenter Knoten kommt, die ausgesprochene Neigung zur Erweichung zeigen, sich in Abscesse und darauf in Geschwüre verwandeln. Die Beteiligung der Lider wurde zuerst von Morax und Carlotti nachgewiesen. Dieselben beobachteten bei einem 70jährigen Manne eine Schwellung des Oberlides mit violetter Verfärbung. Ganz oberflächlich unter der Haut lagen mehrere kleine gelblichgraue Abscesse, die am freien Lidrande schon in Ulcerationsbildung übergegangen waren. Von der äußeren Lidcommissur zog ein lymphangitischer Strang zur Präauricular- und Submaxillardrüse. Die Infektion nahm, wie in der Mehrzahl der Fälle von Sporotrichose der Haut, einen chronischen Verlauf. Aus einer Lidulceration wurde Sporotrix Schenkii gezüchtet. Danlos und Blanc (1907) fanden in einer gummösen Lidaffektion Sporotrix Beurmanni, der sich von ersterem nur durch langsameres Wachstum unterscheidet.

Literatur zu §§ 108—111.

1887 Fieuzal: Blépharite mycodérmique. Bull. de la clin. nat. opht. de l'hosp. des Quinze-Vingts. p. 194.

1888 Ten Siethoff: Botryomykose bij den mensch. Weekblad van het Nederlandsch. Tijdschr. v. Geneesk. T. 1, No. 12.

1893 Partsch: Aktinomykose der Augenlider. Zentralbl. f. prakt. Augenheilk. Juni. S. 161.

1898 Buschke: Über Hefenmykosen bei Menschen und Tieren. Samml. klin. Vortr. Nr. 218.

1904 Groenouw: Aktinomykose. Dieses Handbuch Bd. 11, S. 525. — Rosenstein: Ein schimmliges Geschwür der Lidhaut. Zentralbl. f. prakt. Augenheilk. Januar. — Wood: Blastomycosis of the ocular structures, especially of the eyelid. Ann. of ophthalmol. January.

1906 Derby: The bacteriology of the eyelid. Americ. med. assoc. sect. of ophthalmol.

1907 Axenfeld: Die Bakteriologie in der Augenheilkunde. S. 65. Jena: G. Fischer. — Ernst, Wilhelm: Die Entstehung der Botryomyceskokken aus der Staphylokokkenform des Erregers. Zentralbl. f. Bakteriol. u. Parasitenk. Bd. 45, H. 2. — Danlos et Blanc: Un cas de sporotrichose palpébrale. Bull. et mém. de la soc. méd. des hôp. de Paris. 13. XII. 1907. p. 1451.

1908 Morax: Sporotrichosis der Lider. Bericht ü. d. 35. Vers. d. ophthalmol. Gesellsch. zu Heidelberg 1908. — Morax et Carlotti: La sporotrichose palpébrale. Ann. d'oculist. T. 139, p. 418.

1910 Gifford: Sporotrichosis of the eye-ball and eye-lids. (Sect. on ophth. Americ. med. assoc.) Ophthalmol. Rec. p. 573.

1913 Morax: Sporotrichose primitive des paupières simulant une fistule lacrymale. (Soc. d'ophtalmol. de Paris.) Ann. d'oculist. T. 150, p. 183 et 229. Arch. d'ophtalmol. T. 33, p. 644. Clin. ophtalmol. p. 169.

1914 Dwyer, J. C.: Case of sporotrichosis. Ophthalmol. sect. New York. acad. of med. Dez. 1913. — Simpson, F. E.: Radium in the treatment of blastomycosis with report of a case. — Wilder, W. W.: Sporotrichosis of the eye. Journ. of the Americ. med. assoc. April.

1915 Jackson, E.: Blastomycosis of the eyelid with report of cases. Journ. of the Americ. med. assoc. Juli. — Pagin, R.: A Resumé of the six cases of Blastomycetie infection of eyelids reported in Memphis. The ophthalmol. Sept.

1918 Caspar: Ein Pilzgeschwür am Augenlid. Klin. Monatsbl. f. Augenheilk. Bd. 61, S. 120.

X. Protozoenkrankheiten der Lidhaut.

§ 112. Von Protozoenkrankheiten sind an der Lidhaut beobachtet: die endemische Beule und die Coccidiosis japonica palpebrae. Inwieweit Protozoen bei dem in unseren Himmelsstrichen zu beobachtenden Epithelioma molluscum eine Rolle zugeschrieben wird, ist auf S. 235 u. 236 mitgeteilt.

Die endemische Beule, auch Orientbeule oder Orientgeschwür, Aleppo-, Biskra-, Delio-Jemen-Beule oder Sartengeschwür genannt, zeigt in ihrem Auftreten und Verlaufe vier Stadien, nämlich ein prodromales, ein papulo-ulceröses, ein florides und ein narbiges Stadium (Marzinowski 1907). Die Inkubationszeit beträgt ungefähr vier Wochen und verläuft ohne irgendwelche Erscheinungen, höchstens ist ein Jucken und Kitzeln an der Stelle der sich entwickelnden Beule vorhanden. Zunächst entsteht ein roter gelegentlich juckender Fleck (Walsberg 1902), ähnlich einem Insektenstich. Der Fleck wandelt sich in ein Knötchen ungefähr von der Größe einer Erbse um, das sich weiter bis zu Fünfmarkstückgröße ausdehnen kann; das Knötchen erhebt sich nur wenig über die Haut, fühlt sich derb an und ist scharf gegen die Umgebung abgegrenzt. Allmählich kommt es zur Schuppenbildung und Verkrustung, indem die abgesonderte Flüssigkeit vertrocknet. Die Kruste erscheint dellenförmig eingesunken und zeigt eine schmutzig gelblich-grüne oder bräunlich-schwarze Färbung. Nach der Entfernung der ziemlich fest haftenden Kruste zeigt sich ein Geschwür mit einem mißfarbigen, glatten oder leicht höckrigen Grunde und mit scharfen Rändern. Die abgesonderte Flüssigkeit ist teils klar, teils eitrig. Von der Erscheinung der Papel bis zum Anlange der Beulenbildung verfließen gewöhnlich 4 Wochen und dieses Stadium ist zuweilen von hoher Fiebertemperatur begleitet. Im 3. Stadium vergrößert sich die Geschwürsfläche mehr und mehr, die Ränder sind braunrot, besitzen die Konsistenz des Knorpels und erheben sich über die Oberfläche der gesunden Haut. Der Grund ist mit Granulationen bedeckt, in denen kleine Knötchen sichtbar sind. Als besonders charakteristisch wird das Vorkommen von miliaren subepidermoidalen gelben Punkten bezeichnet, die das Geschwür in konzentrischen Kreisen umgeben und das Fortschreiten des Prozesses anzeigen. Die Beule bleibt in dieser Weise mehrere Monate bestehen und heilt durch Vernarbung. Die Ränder der Narbe sind leicht erhaben und stark pigmentiert, geringer pigmentiert ist der Grund. Die Gestalt der Narbe kann rund, oval oder sternförmig, glatt oder uneben oder eingesunken sein. Die Dauer der Beule schwankt von 2—3 Wochen bis 1—2 Jahren, im Mittel beträgt sie 6—8 Monate. Rezidive der Erkrankung sind möglich, doch scheint einmaliges Befallensein eine gewisse Immunität für längere Zeit oder selbst dauernd zu verleihen.

Als seltene Komplikationen finden sich regionäre Drüsenanschwellungen, phlegmonöse Entzündungen und brandiger Zerfall; im letzteren Falle kann eine hochgradige entstellende Narbe zurückbleiben.

Die Orientbeule tritt in einer Zone auf, die von Marokko bis zu den Ufern des Ganges reicht und vom 10. und 40.° nördl. Breite begrenzt wird; sie entsteht, wie an anderen unbedeckten Körperteilen, so auch an der Lidfläche. Nach WILLEMIN (1854) werden die Augenlider am häufigsten und früher als andere Körperstellen befallen. Außer den Augenlidern erscheinen noch im Gesichte die Haut des Jochbogens in der Nähe des äußeren Lidwinkels, die Haut über den Augenbrauen, die Wange, die Nasenspitze und -flügel, die Ohrränder, das Kinn und die Lippen bevorzugt. Eingeborene und Fremde werden in gleicher Weise befallen; auch scheint das Alter keinen Einfluß auszuüben, da WILLEMIN (1854) die Beule sogar bei einem 2jährigen Kinde am linken Unterlid beobachtete. Die beiden anderen von WILLEMIN (1854) mitgeteilten Fälle betrafen $15\frac{1}{2}$- und 17jährige männliche Kranke. Auch die Zahl der Beulen schwankt sehr, es sind 1—30 Beulen beobachtet worden. So waren bei dem von WILLEMIN (1854) beschriebenen 17jährigen Kranken, der seit $1\frac{1}{2}$ Jahren in Aleppo ansässig und seit 10 Monaten von der Krankheit ergriffen war, nicht weniger denn 15 Beulen vorhanden, davon 8 im Gesichte. Dabei war zuerst das rechte Oberlid befallen. Anderseits kann eine Beule der Gesichtshaut in der Nachbarschaft der Lider sich sekundär auf die Lidhaut fortpflanzen.

Das Maximum der Erkrankungen fällt mit dem Anfang des Herbstes oder überhaupt mit der kälteren Jahreszeit zusammen.

Die Orientbeule ist eine übertragbare Krankheit und die Inokulation
hatte bei Trägern von Beulengeschwüren oder -narben ein positives
Ergebnis. MARZINOWSKI (1907) hat an sich selbst positive Versuche
angestellt. Schutzimpfungen werden hier und da von Laien vorgenommen (10—12 Stiche in die Haut) im Hinblick darauf, daß die, welche
die Beule überstanden haben, eine langdauernde Immunität genießen.
Am wahrscheinlichsten geschieht der Infekt durch einen Insektenstich
(ALTOUNYAN 1885 und MARZINOWSKI 1907). Auch wird behauptet, daß
Wäsche- und Kleidungsstücke, Waschwasser die Übertragung vermitteln, und von einem Kranken die Übertragung auf einen Gesunden
durch einen oberflächlichen Epitheldefekt erfolgen könne.

Als Krankheitserreger betrachtet WRIGHT (1904) ein den Try-
panosomen verwandtes Protozoon aus der Klasse der Mikrosporidien,
das Heliosoma tropicum. Die von ihm angestellten Züchtungs- und Über-
tragungsversuche fielen negativ aus. MESNIL, NICOLLE und REMLINGER
(1904), MARZINOWSKI und BOGROW (1904) bestätigten im wesentlichen
den WRIGHTschen Parasiten, für den die beiden letztgenannten den
Namen: Ovoplasma orientale vorschlagen. MARZINOWSKI (1907) rechnet den Parasiten zu der Klasse des Piroplasma. In Schnitt- und Aus-
strichpräparaten des Geschwürsbodens sind zahlreiche 1—3 μ große
sphärische bis ovale Körperchen von geringer Beweglichkeit sichtbar,
die eine kleine chromatinreiche Masse enthalten. Große rundliche Chro-
matinanhäufungen befinden sich auf dem einen Parasitenpol, kleine
stäbchen- oder kernförmige in der Mitte des Parasiten. Geißeln wurden
nicht nachgewiesen. Die Fortpflanzung geschieht durch einfache Teilung, doch wurden neben diesen Formen noch andere beobachtet, von
denen manche vielleicht Fortpflanzungsstadien darstellen. Bei den
experimentell hervorgerufenen Beulen, die gewöhnlich rasch entstanden
und nach 2—4 Wochen zur Heilung gelangten, fanden sich Parasiten
in Strichpräparaten sowohl im freien Zustande, als auch in Bindegewebs-
und in Riesenzellen, in Schnittpräparaten vorzugsweise in den Gewebs-
zellen (MARZINOWSKI 1907). BETTMANN (1907) reiht den Parasiten
unter die Flagellaten und nennt ihn Leishmania tropica; er komme in
den Bindegewebszellen und den weißen Blutkörperchen vor, auch nicht
selten in polynukleären Leukocyten. Von anderen Mikroorganismen
wurden Streptokokken (NICOLLE 1904) und zahlreiche in Zellen ein-
geschlossene Kapselkokken (RIEHL 1886) als Erreger angenommen.
Öfter wurden überhaupt keine Mikroorganismen oder wenigstens keine
spezifischen gefunden.

Anatomisch gleichen die Knoten einem Infektionsgranulom bzw.
Lupusknoten mit epitheloiden Zellen und spärlichen Riesenzellen. Die

Zahl der Mastzellen im Bindegewebe ist bedeutend vermehrt (MARZI-
NOWSKI 1907). Später kommt es zur Nekrotisierung des Entzündungs-
infiltrates im Corium und zur Geschwürsbildung. Die Randteile des
Geschwürs zeigen eigentümliche carcinomähnliche Wucherungen, in
denen sich der geschilderte Erreger reichlich vorfindet. Nach RIEHL
sind die das Corium in seiner ganzen Dicke gleichmäßig durchsetzenden
zelligen Elemente als ein kleinzelliges Infiltrat anzusehen, das sich in
der Peripherie in einzelne Knoten und Züge auflöst und den Blutgefäßen, wahrscheinlich auch den Lymphbahnen folgt, von Drüsen oder
Nerven aber unabhängig ist.

JOHANNA KUHN (1897) läßt die zelligen Elemente aus gewucherten
Bindegewebszellen entstehen. Auch wäre die diffuse Zellvermehrung
des Coriums entlang den Blutgefäßen und den Ausführungsgängen der
Drüsen stärker ausgesprochen. Die Haarbälge und Schweißdrüsen
würden zerstört und in der Subcutis wären knötchenförmige Anhäufungen von Leukocyten anzutreffen.

Für die Behandlung erscheint das gewöhnlich geübte Verfahren
der Kauterisation nicht empfehlenswert. WALSBERG (1902) beobachtete
nach einer gründlichen Kauterisation einer Aleppobeule des Oberlides
ein rasches Wachstum und eine frische Entzündung. Nach Exstirpation der Geschwulst im Gesunden und plastischem Ersatze des Defektes
trat dagegen eine vollkommene Heilung ein.

§ 113. Die Coccidiosis japonica palpebrae beschrieb v. MICHEL
(1907) auf Grund eines ihm von Herrn Professor ERNST in Heidelberg
überlassenen mikroskopischen Präparats (s. Abb. 93).

Coccidien sind in beträchtlicher Anzahl (s. Abb. 93 *CC*) in den oberflächlichen und tiefen Lagen der Lidhaut, selten vereinzelt, gewöhnlich
in größeren Herden anzutreffen, wobei die einzelnen Exemplare manchmal ziemlich weit voneinander liegen (s. Abb. 93). Der Inhalt der Coccidien ist teils herausgefallen, teils besteht er aus feinkörnigem Protoplasma, und meist sind mehrere Kerne sichtbar. Die Coccidien haben
die größte Ähnlichkeit mit denjenigen der Kaninchenleber. Die erkrankte Lidhaut ist in den oberen Schichten in ein derbes Narbengewebe mit einzelnen größeren Gefäßen verwandelt (s. Abb. 93 *B* u. *G*)
und zeigt an einzelnen Stellen papilläre Wucherungen. Das darunter
liegende Bindegewebe ist kleinzellig infiltriert, bald mehr diffus, bald
in einzelnen größeren Herden (s. Abb. 93 *J*).

Über die klinischen Erscheinungen hat v. MICHEL nähere Angaben
nicht erhalten können, auch nicht über die Art des Infektes oder über
einen eventuellen Zwischenwirt. Nach den anatomischen Veränderun-

gen zu schließen, dürfte es sich um eine nekrotisierende Geschwürsbildung der Lidhaut handeln; das vorliegende Präparat zeigt bereits
das Stadium der Vernarbung.

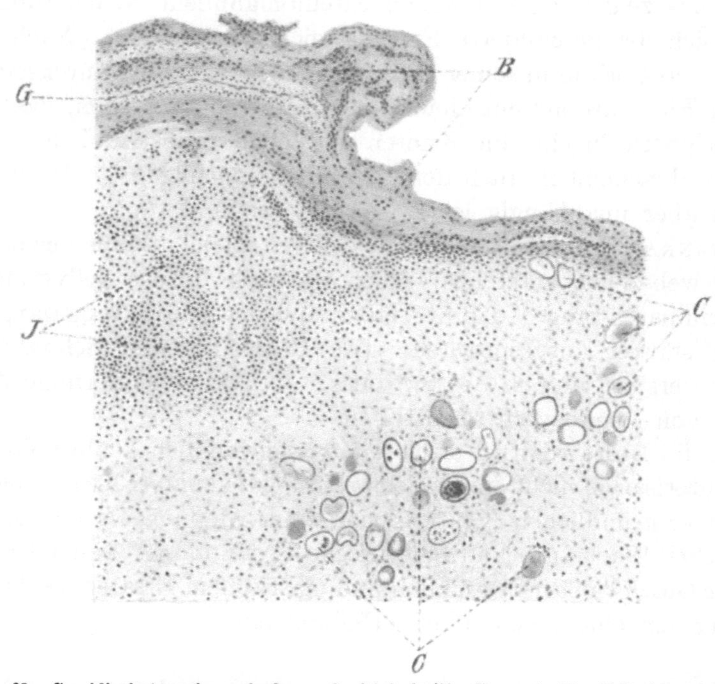

Abb. 93. Coccidiosis japonica palpebrae. Sagittalschnitt. Vergr. 1 : 60. *B* Narbengewebe;
G Gefäß; *J* kleinzellige Infiltration; *C C* Coccidien.

Literatur zu §§ 112—113.

1854 WILLEMIN; Bouton d'Alep. Gaz. méd. de Paris. p. 229.

1885 ALTOUNYAN: Aleppo bouton. Journ. of cutan. and vener. diseases. June.

1886 RIEHL: Anatomie der Orientbeule. Arch. f. Dermatol. u. Syphilis S. 805.

1897 KUHN, JOHANNA: Beitrag zur Kenntnis der Histologie der endemischen
Beulen. Virchows Arch. f. pathol. Anat. u. Physiol. Bd. 150, 2. (Hier ist auch die
Literatur bis 1897 aufgeführt.)

1900 JARISCH: Die Hautkrankheiten. Orientbeule. S. 486. Wien: A. Hölder.

1902 WALSBERG: Zur chirurgischen Behandlung der Aleppobeule. Arch. f.
klin. Chirurg. Bd. 66, S. 730 (Jubiläumsband, Franz König gewidmet).

1904 MARZINOWSKI und BOGROW: Zur Ätiologie der Orientbeule (Bouton
d'Orient). Virchows Arch. f. pathol. Anat. u. Physiol. Bd. 178, 1. — MESNIL,
NICOLLE et REMLINGER: Sur le protozoaire du bouton d'Alep. Cpt. rend. de la soc.
de biol. T. 57, p. 167. — WRIGHT: Protozoa in a case of tropical ulcer (»Aleppo
boil«). Journ. of cutan. diseases and syphilis. p. 1.

1907 BETTMANN: Über die Orientbeule. (Naturhist. med. Ver. Heidelberg.)
Münch. med. Wochenschr. S. 289. — MARZINOWSKI: Die Orientbeule und ihre
Ätiologie. Zeitschr. f. Hyg. u. Infektionskrankh. Bd. 58, S. 327. — v. MICHEL:
Coccidien der Lidhaut. (Berliner ophthalmol. Gesellsch.) Zentralbl. f. prakt. Augen-
heilk. S. 328.

XI. Krankheiten der Anhangsgebilde der Lidhaut.

§ 114. Die Erkrankungen der Anhangsgebilde der Lidhaut, der Talgdrüsen, der Schweißdrüsen und der Cilien, verhalten sich ähnlich den Erkrankungen dieser Gebilde an anderen Hautstellen.

1. Krankheiten der Talgdrüsen.

§ 115. Die Talgdrüsen der Lidhaut sind gegenüber denen an anderen Hautstellen schwach entwickelt, namentlich zeichnen sich die Talgdrüsen der Haarbälge (= Haarbalgdrüsen, Zeisssche Drüsen) durch Kleinheit aus. Es ist hervorzuheben, daß in den talgliefernden Drüsen ein spezifisches, den Wachsarten nahestehendes Sekret aus Fetten (Triglyceriden) gebildet wird. Das dickflüssige Talgdrüsensekret wird in einen löslichen Zustand übergeführt (Schiefferdecker 1906), indem das Sekret der sogenannten modifizierten Schweißdrüsen (= Mollsche Drüsen) sich in die Talgdrüsen ergießt, und damit seine leichtere Fortbewegung ermöglicht, was deshalb von Bedeutung ist, da hier die Fortbewegung durch Muskelkontraktion fortfällt. Der an den Talgdrüsen der übrigen Haut vorhandene Haarbalgmuskel, dessen Zusammenziehung das Sekret an die Oberfläche befördert, fehlt nämlich den Talgdrüsen der Lidhaut.

Wahrscheinlich als rein funktionelle Störung ist eine vermehrte Absonderung der Talgdrüsen zu betrachten, die in zwei Formen auftritt, nämlich als sogenannte Seborrhoea oleosa oder fluida und als Seborrhoea sicca.

Bei der Seborrhoea oleosa erscheint die Gesichts- und Lidhaut fettglänzend und die Augenbrauen, die Cilien und die behaarte Kopfhaut sehen ölig, wie eingesalbt, aus. Häufig sind die Follikelmündungen erweitert.

Die Seborrhoea oleosa tritt an den Lidern, insbesondere an den Lidrändern noch unter einem andern Bilde auf, nämlich in Form fettiger gelblicher bis gelbbräunlicher wachs- oder honigartiger Krusten. Diese Form von Lidrandentzündung wird gewöhnlich irrtümlicherweise als Seborrhoea sicca aufgefaßt und als eine seltenere Abart der Blepharitis squamosa bezeichnet. Der analoge Prozeß findet sich meist gleichzeitig in der Augenbrauengegend und ist an der behaarten Kopfhaut unter dem Namen Crusta lactea (Gneis oder Grind) bekannt; von Unna wurde derselbe als Eczema seborrhoicum beschrieben. Es handelt sich hier wie dort wohl um eine Kombination der Seborrhoea oleosa mit einer chronischen schuppenden Dermatitis, die zur Bildung reichlich mit Fett durchtränkter Schuppen und Hornplättchen führt. Das ölige

Sekret erstarrt an der Luft zu einer gelblichen Masse. Beim Versuch, die Krusten zu entfernen, fallen auch die mit diesen fest verbackenen Cilien, die nur locker im Haarbalg sitzen, heraus. Die Haut des jetzt freiliegenden Lidrandes zeigt keinerlei Geschwürsbildung, sondern lediglich eine mäßige Rötung. Diese Erkrankung befällt vorzugsweise Säuglinge, aber auch ältere Kinder, besonders solche, die mit Kopfläusen behaftet sind.

Die Seborrhoea sicca, von UNNA (1905) als Eczema seborrhoicum erythemato-pityrodes beschrieben, ist vorzugsweise an den Lidrändern lokalisiert und stellt die gewöhnliche Form der Blepharitis squamosa (vgl. S. 365) dar. Dieselbe ist durch Bildung weißlicher kleienförmiger Schüppchen ausgezeichnet, die in größerer Menge ausschließlich am behaarten Teile der Lidränder haften, wodurch die Cilien wie mit feinem weißen klebenden Staub bedeckt erscheinen. Mit den Augenlidrändern sind in der Regel die Augenbrauengegend und die behaarte Kopfhaut beteiligt, doch können auch beide Augenlidpaare für sich allein erkranken, gewöhnlich die Oberlider in stärkerem Grade. Nach Entfernung der Schüppchen erweist sich der fast regelmäßig an sich schon leicht rote Lidrand noch stärker gerötet, mit erweiterten feinen Blutgefäßen versehen und bald nachher wie von einem dünnen glänzenden Häutchen überzogen. Die an den Lidrand unmittelbar anstoßende Tarsalbindehaut ist häufig gleichmäßig gerötet und die MEIBOM'schen Drüsen mit Sekret überfüllt. Die Sekretstauung bedingt eine Papillarhypertrophie der Lidbindehaut (ELSCHNIGS »Conjunctivitis Meibomiana« 1916). Im weiteren Verlaufe der Erkrankung kommt es zu einem Cilienausfall.

Die subjektiven Beschwerden bei der Seborrhoea sicca sind meist unbedeutend und bestehen im wesentlichen in einem geringen Jucken. Temperatureinflüsse, wie große Kälte oder Wärme, Aufenthalt in schlecht ventilierten Räumlichkeiten, Rauch, Staub usw., pflegen die Rötung und gleichzeitig die Beschwerden zu steigern, was auch bei länger dauernder Nahearbeit sowie bei ungenügendem Schlaf (Nachtwachen) der Fall ist. Die Rötung der Lidränder wird besonders auch wegen der damit verbundenen bald stärkeren, bald geringeren Entstellung oft recht unangenehm empfunden.

Bezüglich des Auftretens der Blepharitis squamosa ist bemerkenswert, daß dieselbe oft schon im kindlichen Alter beginnt und daß nicht selten mehrere Mitglieder einer Familie von ihr befallen werden. Ihre Häufigkeit ist anscheinend regionär verschieden. Ein gewisser Zusammenhang zwischen Seborrhoe und Refraktionsanomalien, besonders mit einer optisch unkorrigierten Hypermetropie wurde auf Grund statistischer Untersuchungen von Roosa (1877), Keyser (1877), Hall (1882), Richet (1885), Clarke (1894), Hotz (1894), Winselmann (1894) und Warschawski (1894) behauptet. Hotz (1894) sieht in der angestrengten Nahearbeit bei unkorrigierter Hypermetropie eine Steigerung der krankhaften Disposition oder der Erkrankung selbst. Winselmann (1894) sucht die Ursache in dem häufigen Reiben der Lider mit den Fingern, Warschawski (1894) in der Vermehrung des Blutzuflusses zu der Bindehaut und den Lidern. Roosa (1871) meint, daß die meisten Erkrankten ametropisch sind, wobei von allen Refraktionsfehlern am häufigsten die Hypermetropie gefunden werde; ferner daß die Heilung der Erkrankung durch die Korrektion der vorhandenen Ametropie bedeutend gefördert, manchmal sogar nur durch sie ermöglicht werde. v. Michel hält dieses Zusammentreffen für ein nur zufälliges, was ich auf Grund zahlreicher eigener Beobachtungen bestätigen kann. Ich finde die Blepharitis squamosa bei Hypermetropen nicht häufiger als bei Emmetropen, insbesondere auch bei unkorrigierten Hypermetropen nicht häufiger als bei korrigierten. Nach Knies (1894) kommen Myopie und Hyperopie gleich häufig bei der Seborrhoe zur Beobachtung. — Während demnach die Bedeutung lokaler Einflüsse für die Entstehung insbesondere der Seborrhoea sicca bzw. Blephartis squamosa mindestens fraglich ist, spielen dabei Störungen der Konstitution, wie Anämie, Chlorose, Tuberkulose bzw. Skrofulose sowie Verdauungsstörungen zweifellos eine gewisse Rolle, die bei der Behandlung zu berücksichtigen sind.

Die Pathogenese der Seborrhoe begegnet noch verschiedenen Deutungen. Unna spricht den Talgdrüsen bei der Seborrhoea oleosa jede Beteiligung ab und nimmt eine fettige Absonderung von seiten der Schweißdrüsen an (Hyperidrosis oleosa). Bei der Seborrhoea sicca schreibt Unna (1905) den von ihm als Ekzemerreger angenommenen Morokokken gleichzeitig einen sebotaktischen Einfluß im Sinne einer vermehrten Fettabsonderung und eine entzündliche Wirkung zu. Jarisch (1900) vertritt dagegen die Anschauung, daß der seborrhoische Boden die Ansiedlung von allerdings noch unbekannten Mikroorganismen begünstige, die eine Dermatitis, aber kein Ekzem hervorriefen. Nach Sabouraud (1897) vollzieht sich ein Infekt des Follikeltrichters mit einem kleinsten Bacillus, dem Micrococcus seborrhoicus. Die Bakterienkolonie werde von wuchernden Epithelien umschlossen und schiebe das Haar beiseite. Infolge des dabei entstehenden Verschlusses des Ausführungsganges der Talgdrüsen oder infolge Toxinwirkung komme es zu einer vermehrten Absonderung und daran anschließend selbst zu einer Hypertrophie der Talgdrüsen. Wahrscheinlich ist aber dieser Bacillus nur als ein unschuldiger Saprophyt auf seborrhoischem Boden anzusehen.

Anatomisch erscheinen bei gleichzeitig reichlicher Abschuppung die Hornzellen mit Fett erfüllt. Zu diesem Produkte der Epidermis gesellt sich eine vermehrte Abstoßung des Talgdrüsenepithels und eine raschere Verfettung.

Während die Prognose der Seborrhoea oleosa relativ günstig ist, indem die Krustenbildung bei genügend lang fortgesetzter Behandlung ausbleibt und die Cilien sich regenerieren, zieht sich die Seborrhoea sicca häufig über viele Jahre hin bis über die Pubertät hinaus und bleibt gar nicht selten trotz sorgsamer Behandlung das ganze Leben hindurch bestehen. Höhen- und Seeklima, sogar schon eine zweckmäßige lokale Therapie führt stets eine erhebliche Besserung, nicht selten eine vorübergehende Heilung herbei. Dauerheilungen gehören zu den Ausnahmen. In der Regel kehrt die Krankheit nach dem Aussetzen der Behandlung wieder, so daß die Patienten der ständigen Pflege ihrer Augen oft müde werden. Trotzdem ist eine konsequente Behandlung von großem Wert, indem hierdurch wenigstens die Komplikationen durch Sekundärinfektionen, wie Hordeola oder ulceröse Formen der Blepharitis, zu welchen der seborrhoische Boden disponiert, sich meist vermeiden lassen.

Die Behandlung der Seborrhoea oleosa besteht zunächst in der mechanischen Entfernung der Krusten mit der Cilienpincette nach Aufweichen derselben mit heißen Kamillenumschlägen und Borvaseline. Danach wende man 2—3 Tage nur heiße Umschläge mit Kamillentee oder 3% Borsäurelösung an. Ist die seborrhoische Haut hierdurch genügend gereinigt, so appliziere man außer den Umschlägen noch 1—2 × täglich 3% Borvaseline. Umschläge und Borvaseline sind monatelang zu gebrauchen, wobei schließlich eine zweitägliche, zuletzt eine 2 × wöchentliche abendliche Anwendung hinreicht. — Bei der Behandlung der Seborrhoea sicca wird oft der Fehler gemacht, daß sofort stark reizende Mittel appliziert werden. Zunächst versuche man auch hier für einige Tage ausschließlich warme Kamillen- oder Borsäureumschläge und darauf eine 2—3% Borvaseline, die mittels eines Glasstabes in dünner Schicht auf die Lidränder aufgetragen wird. Umschläge und Borvaseline sind wie bei der Seb. oleosa monate-, ja jahrelang alle 2 Tage bis 2mal wöchentlich fortzuführen. Auch Zinkichthyolsalbe (Ichthyol 0,1, $\frac{\text{Zinc. oxyd.}}{\text{Amyl.}}$ $\overline{\overline{\text{aa}}}$, Vaselin flav. ad 10,0) bringt oft rasche Besserung. Für hartnäckige Fälle werden Teerpräparate empfohlen: Eine Mischung von Oleum fagi oder Oleum rusci zu gleichen

Teilen mit Olivenöl wird mittels eines Pinsels abends bei geschlossenem Auge auf die Lidränder aufgetragen. Oder man pinselt die Lidränder mit Pix liquida und Spirit. vini $\overline{\text{aa}}$, wobei die Lösung durch Verdunstung des Weingeistes rasch eintrocknet. Günstig wirken auch tägliche morgendliche Waschungen der Lidränder mit Teerseife (nach FUCHS-SALZMANNS Lehrb. d. Augenheilk.). In jedem Falle muß man das Eindringen der Teerpräparate in den Bindehautsack sorgfältig vermeiden, da diese stark reizen würden. — Zu bemerken ist noch, daß zuweilen selbst milde Salben, ja sogar reine amerikanische Vaseline in dünner Schicht lebhafte Reizungen hervorrufen; in solchen Fällen muß sich die Lokalbehandlung auf 2% Borsäureumschläge beschränken. Als Allgemeinbehandlung kommt, wie oben bemerkt, Klimawechsel in Betracht. Verdauungsstörungen sind zu beseitigen. Bei Anämie und Chlorose sind Eisen- und Arsenkuren oft von Erfolg. Bei Tuberkulose bzw. Skrofulose ist nach den hierfür geltenden Grundsätzen zu verfahren.

Hinsichtlich der Entzündung der Talgdrüsen bei der Impetigo, bei der Acne, dem Furunkel und dem Karbunkel sei auf die betreffenden Abschnitte verwiesen.

§ 116. Talgdrüsencysten der Lidhaut treten in Form des Comedo, des Milium und der Atheromcyste auf.

Die Comedonen (Mitesser) sind kleine Pfröpfe, welche die Talgdrüsenöffnungen verstopfen; sie erscheinen als bräunlich-gelbe oder schwärzliche Punkte bis zur Größe eines Stecknadelkopfs, erheben sich nur wenig über das Hautniveau und sind von einem schmalen weißlichen Wall umgeben. Manchmal ist der weiße Wall stark entwickelt und erhaben, und die erkrankte Stelle macht den Eindruck, als ob sie scheibenartig der Lidhaut aufsitze. Bei seitlichem Drucke entleeren sich aus dem Ausführungsgange der Talgdrüse Pfröpfe, die die Mündung verstopften und bald eine wurmförmige Gestalt, bald einen schmalen zylindrischen Körper, bald einen langen Faden darstellen. Das vordere Ende (Kopf) ist dunkel gefärbt, trocken und von harter hornähnlicher Beschaffenheit, das hintere von weißlicher Farbe. Die Comedonen befallen die Lidhaut allein oder zugleich noch andere Stellen der Gesichtshaut, in der Regel in Gruppenform. Bevorzugt erscheint am Oberlide die mediale Hälfte, gewöhnlich ist zugleich noch die Haut des seitlichen Nasenrückens beteiligt, ferner die nächste Umgebung des äußeren Lidwinkels, wo besonders häufig große Comedonen angetroffen werden. Gruppen von Comedonen können sich auch zugleich auf der Fläche des Ober- und Unterlides entwickeln. Bei Befallensein des Unterlides sind in der Regel zahlreiche Comedonen der Gesichtshaut vorhanden. Nicht selten finden sich gleichzeitig Milien oder Atherom-cysten. Im weiteren Verlaufe erkrankt besonders im jugendlichen Lebensalter häufig die Gesichtshaut, seltener die Lidhaut unter den Erscheinungen der Acne vulgaris.

Für die Entstehung des Comedo kommt wahrscheinlich eine primäre Hyperkeratose des Follikeltrichters in Betracht. Die frühere Annahme einer primären Verstopfung durch Schmutz ist wohl unzutreffend; der Schmutz tritt sekundär hinzu. Die Comedonen entwickeln sich vorzugsweise auf fettiger Haut; so sind sie eine nahezu konstante Begleiterscheinung der Seborrhoea oleosa. Nach Sabouraud (1897) soll das Eindringen des von ihm angenommenen Seborrhoebacillus die Hyperkeratose verschulden.

Mikroskopisch ist der Comedo aus Talgmassen und verhornten Zellen zusammengesetzt, welche größtenteils der Hornschicht des gemeinsamen Ausführungsganges des Haar- und Talgfollikels, zum geringeren Teile aber auch dem Talgdrüseninnern entstammen, dessen Zellen auch verhornungsfähig sind. Die schwärzliche Färbung des Kopfes ist nicht durch Schmutz, sondern durch ein diffuses Pigment (nach Unna gefärbtes Reduktionsprodukt des Keratins) bedingt. Auch finden sich zwischen den vertikal gestellten Hornlamellen Lanugohärchen, der Acarus folliculorum und Mikroorganismen in wechselnder Zahl und Form (Malassezsche Sporen, Unnas Flaschenbacillus und gruppierte Kokken).

Die Behandlung besteht in der Entfernung des Comedo durch seitliches Ausdrücken. Zu diesem Zweck werden sogenannte Comedoquetscher empfohlen.

§ 117. Milium. Die Milien (Grutum oder Hautgries) sind kaum stecknadelkopf-, grieskorn- bis hanfkorngroße, matt- oder gelblichweiße derbe, oberflächlich gelegene prominente Knötchen. Nach Einritzen ihrer Decke lassen sich dieselben leicht entfernen, indem sich spontan oder bei leichtem Druck grießkornähnliche Körperchen entleeren. Da die Milien sich gern an Stellen mit zarter Haut entwickeln, so sind die Augenlider, häufig beide Augenlidpaare, sowie die angrenzenden Teile der Wange und Schläfe vorzugsweise oder ausschließlich Sitz derselben, oft in so großer Anzahl, daß die Lidhaut damit wie besät erscheint. Hier und da sind sie gruppenweise angeordnet. Manchmal entwickeln sie sich ungemein rasch, wie v. Michel vermutete, als Ausdruck einer allgemeinen Ernährungsstörung. Ein solches schnelles und multiples Auftreten von Milien der Lider und des Gesichts konnte v. Michel im Rekonvaleszenzstadium eines schweren Typhus beobachten.

Anatomisch handelt es sich um sogenannte Horncysten in den verschiedenen Abschnitten der Talgdrüse und im mittleren Balgteil eines Lanugohärchens, der blasig aufgetrieben erscheint. Der Inhalt ist hornig, perlartig und besteht aus mehr oder weniger konzentrisch geschichteten und teilweise auch zwiebelschalenartig angeordneten Hornlamellen (s. Abb. 94 H) mit mangelndem oder geringem Fettgehalte, denen oft Lanugohärchen beigemischt sind (s. Abb. 94 L). Die Wand ist von einer ein- oder mehrfachen Lage platter Epithelzellen gebildet. In der Nähe des Milium erscheinen die Epithelleisten verlängert und verbreitert (s. Abb. 94 E).

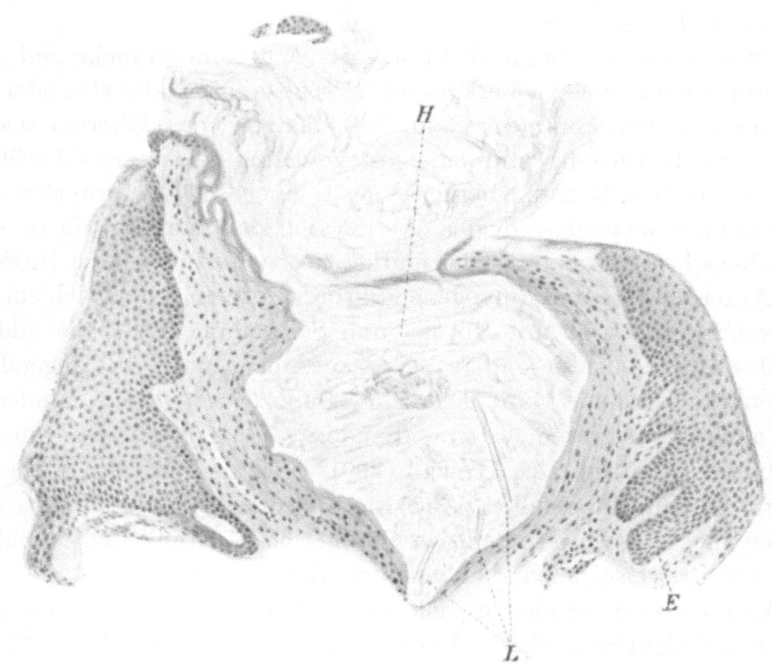

Abb. 94. Sagittaler Schnitt durch ein Milium. Vergr. 1 : 85.
E Vergrößerung der Epithelleisten; H zwiebelschalenartige Hornlamellen; L in das Lumen des Milium abgestoßene Lanugohaare.

Die Behandlung der Milien besteht in der mechanischen Entfernung: Man steche oder ritze die dünne Epidermisdecke mit einer Starnadel oder einem spitzen Messerchen ein und drücke alsdann den Inhalt, das kleine weiße Korn, aus.

§ 119. Die Atheromcysten (Grützbeutel) erscheinen als Geschwülste von verschiedener Größe (Erbsen-, Nuß- bis Taubenei-, selbst Hühnereigröße) und von ovoider oder rundlicher Gestalt. Die

kleinen Cysten sitzen in der Haut und sind mit ihr verbunden, die
großen reichen bis in das Unterhautzellgewebe, wobei die sie überziehende Haut verschiebbar ist. Ihre Konsistenz ist verschieden, je
nach der Beschaffenheit des Inhaltes, des sogenannten Atherombreis,
der bald flüssig, fettig- oder honigklebrig, bald salbenartig, bald breiig
oder fest, bald von graugelblicher, bald von weißgelblicher Farbe sein
kann. Nach der Beschaffenheit des Inhalts wird die Atheromcyste
auch Steatom und Meliceris (Honiggeschwulst) genannt. So beobachtete
HIRSCHLER (nach v. MICHEL) bei einem 26 jährigen Kranken eine Geschwulst des rechten oberen Augenlides von der Größe eines Hühnereies,
die sich innerhalb von 4 Jahren entwickelt hatte und deren honiggelber
Inhalt stark klebrig war.

Im weiteren Verlaufe dickt sich der Atherombrei mehr und mehr
ein und es kann auch zu Verkalkungen (sogenannte Kalkcyste oder verkalktes Atherom) kommen. Beim Betasten zeigt das Atherom alsdann
steinharte Konsistenz und eine unregelmäßig höckerige Oberfläche.
SICHEL (nach v. MICHEL) berichtet von einer solchen unterhalb der
Augenbraue sitzenden ovalen Kalkcyste, daß sie die Härte eines
Knochens besessen habe. Hier und da beobachtet man eine Infektion
der Atheromcyste durch pyogene Mikroorganismen, wobei sich ein ausgesprochener Absceß mit Rötung und Schwellung der Haut bildet.

Das Oberlid ist besonders bevorzugt, mehr noch die Gegend der
Augenbraue und die Haut ihrer Umgebung (SOCIN 1871). Manchmal
sind auch zwei Atheromcysten vorhanden, z. B. an der Augenbraue und
am inneren Lidwinkel (v. HIPPEL 1880). Hier und da werden zugleich
Ober- und Unterlid befallen. Auch am Lidrande treten kleine Atheromcysten auf. Dieselben finden sich häufiger beim männlichen Geschlecht
und vorzugsweise bei der bäuerlichen Bevölkerung.

Anatomisch handelt es sich um Retentionscysten, am häufigsten
der Haarbalgdrüsen, deren Einmündungsstelle in den Haarbalg betroffen wird. Solche Cysten rücken bei ihrem Wachstum in die Tiefe
und können, von der Cutis abgetrennt, in die Subcutis eingelagert
werden. Der Inhalt der Atheromcysten besteht mikroskopisch aus
Hornmassen, Fett, Haaren, Cholestearintafeln und Konkrementen von
kohlensaurem Kalk. Die Wand bildet ein mehr oder weniger derbes
Bindegewebe und ihre Innenfläche ist von zwei bis drei Lagen platter
Epidermiszellen bekleidet. STERNBERG (1904) bringt den ausführlichen
Befund eines bei einem 9 jährigen Mädchen beobachteten verkalkten
Atheroms, das als kleine, etwa erbsengroße Geschwulst in der Subcutis
des Oberlides saß. Die Geschwulst war gegen die Umgebung durch
eine schmale Zone eines kernarmen Bindegewebes abgegrenzt, das nur

an der Kuppe des Atheroms fehlte. Das Atherom bestand ausschließlich aus breiten, sich vielfach durchflechtenden Zapfen von Plattenepithelzellen, die homogen erschienen und keinen Zellkern mehr erkennen ließen. Nur stellenweise waren die Epithelzellen noch gut erhalten und boten das gewöhnliche Bild von Zellen des Rete Malpighi dar. Im Innern der Geschwulst fanden sich einzelne breite Zellzapfen und Zellnester, die aus gut färbbaren Epithelzellen bestanden; meist aber waren sie völlig verhornt und enthielten reichliche Einlagerungen kleinerer und größerer Kalkkrümel, selbst größere Kalkplatten. Einzelne Zapfen schlossen zentral kleine Hohlräume ein, in denen abgestoßene verhornte und fettig degenerierte Epithelien sowie Zelldetritus lagen. An der Kuppe, wo die Bindegewebskapsel fehlte, traten die Hornmassen auf die Oberfläche der Cyste heraus. Zwischen den einzelnen Zapfen und Zellnestern fand sich ein gefäß- und kernreiches Bindegewebe, in welchem zahlreiche vielkernige, verschiedengestaltige Riesenzellen eingelagert waren, teils einzeln, teils in größeren Gruppen zusammenliegend. Bemerkenswert erscheint demnach die Bindegewebsentwicklung im Innern der Geschwulst, wobei anzunehmen ist, daß der bindegewebigen Organisation Läsionen der Epithelwand vorangegangen sind, ferner das Vorkommen von Verkalkungen und von Riesenzellen, die als Fremdkörperriesenzellen in der Umgebung der abgestorbenen, verhornten und verkalkten Epithelien aufzufassen sind.

Die Behandlung besteht in einer sorgfältigen Ausschälung des Sackes nebst Inhalt. Man führt dabei den Hautschnitt dem Lidrande annähernd parallel über die Kuppe der Cyste und löst die Wand derselben von ihrer Umgebung allseitig ab, was bei einer innigeren Verbindung des Sackes mit der Umgebung einige Schwierigkeiten bereiten kann. Dünne Wandungen können bei stärkerem Drucke, der zu vermeiden ist, platzen. Ist die Haut des Lides durch das längere Bestehen einer größeren Atheromcyste ausgedehnt und schlaff, so kann zugleich ein entsprechend großes ovales Stück der Lidhaut über der Cyste mit entfernt werden.

§ 120. Von echten Geschwülsten der Talgdrüsen findet sich an der Lidhaut das Adenom. Gelegentlich können, wie die anderen Liddrüsen, auch die Talgdrüsen von bösartigen Geschwülsten ergriffen werden, wie dies besonders beim Carcinom der Lidhaut (s. S. 246 u. 247) geschildert wurde.

Das Talgdrüsenadenom der Lidhaut bildet bis erbsengroße Knötchen von derber Konsistenz und grauweißer Farbe. Dabei kann nur ein einziges solches Knötchen vorhanden sein, wie im Falle von

RUMSCHEWITSCH (1890), in welchem dasselbe am rechten Unterlide eines
20 jährigen Mannes und zwar nach außen vom Tränenpunkt saß, oder
es können zahlreiche Knötchen über beide Augenlidpaare zerstreut sein
von der Größe kaum eines kleinen Stecknadelkopfes, wie v. MICHEL
dies bei einem 28 jährigen Mädchen beobachtete. Adenome der Talgdrüsen der Lidhaut sind selten und scheinen nur langsam zu wachsen.
In einem von RUMSCHEWITSCH (1890) mitgeteilten Falle erstreckte sich
die Beobachtung über 4 Jahre.

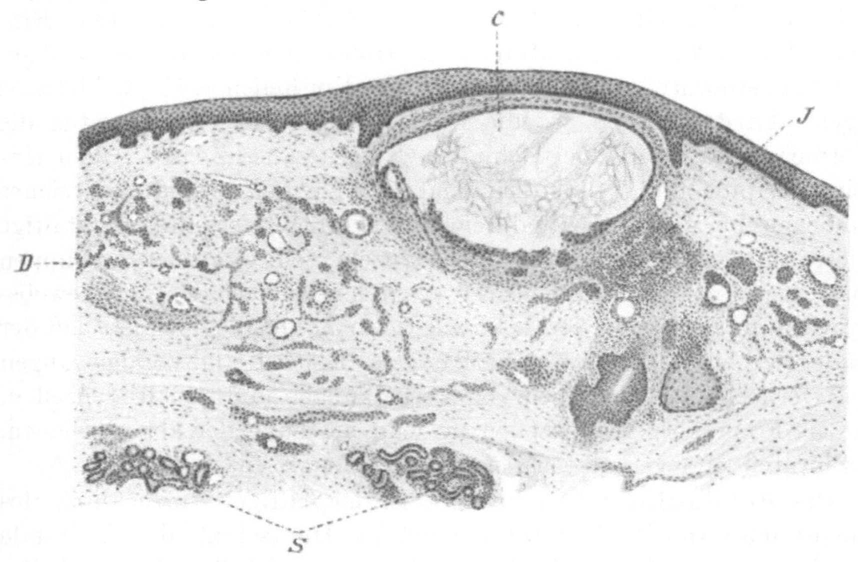

Abb. 95.   Sagittaler Schnitt durch ein Talgdrüsenadenom.   Vergr. 1 : 25.
C Cyste; *J* kleinzelliges Infiltrat; *D* verlängerte und gewucherte Drüsenschläuche;
S normale Schweißdrüsen.

Eine anatomische Beschreibung des Talgdrüsenadenoms liegt zunächst von RUMSCHEWITSCH (1890) vor. Die Haut war mit der vorderen Geschwulstfläche verwachsen und die Cutis stark verdickt; sie
bildete eine Kapsel, deren Ausläufer als dichtes Netz erschienen. Die
Maschen dieses Netzes waren mit Epithelzellen ausgefüllt, die den Charakter der Talgdrüsenzellen trugen. Nirgends wurde in dem Drüsengewebe ein Lumen nachgewiesen Das Adenom nahm nicht nur die
ganze Dicke des Orbicularis ein, sondern seine Kapsel war noch mit
dem Tarsus verwachsen. Ein von v. MICHEL excidiertes und mikroskopisch untersuchtes Knötchen zeigte eine Neubildung von verlängerten und geschlängelten Drüsenschläuchen (s. Abb. 95 *D*), bestehend
aus kubischem Epithel; sie waren innerhalb eines kernarmen bindegewebigen Stromas gelagert. Zugleich erschienen entsprechend dem
Geschwulstgebiete die Epithelzapfen verlängert. Von dem Rete Mal-

pighi nur durch eine schmale Bindegewebsschicht getrennt und seitlich von den gewucherten Drüsenschläuchen fand sich eine mit homogenem Inhalte gefüllte Cyste (s. Abb. 95 *C*), deren Wandung entzündlich infiltriert war (s. Abb. 95 *J*). An der den Drüsenschläuchen abgekehrten Wand der Cyste waren Rundzellen zu einem größeren Haufen vereinigt. Ihre Innenwand war mit einer Lage von Plattenepithel bekleidet, das sich an mehreren Stellen abgelöst hatte. Die Schweißdrüsen erschienen normal (s. Abb. 95 *S*).

Die Diagnose des Ausgangspunktes solcher Adenome, ob von den Talg- oder den Schweißdrüsen, ist einzig und allein durch die mikroskopische Untersuchung ermöglicht. Die Voraussage war bei den bis jetzt beobachteten Fällen eine günstige. Die Behandlung besteht in der Excision.

Literatur zu §§ 114—120.

1871 SOCIN: Atheroma palpebrae superioris. Virchows Arch. f. path. Anat. u. Physiol. Bd. 52, S. 550. — CHISOLM, J. J.: Sebaceous cysts of the eyelids. Americ. Journ. of med. science T. 60, p. 580.

1874 MICHEL: Krankheiten der Augenlider. Dieses Handbuch 1. Aufl., Kap. 4.

1877 KEYSER, P. D.: Blepharitis and ametropia. Philadelphia med. Times. p. 226. — ROOSA: The relation of blepharitis ciliaris to ametropia. Americ. Journ. of the med. science p. 92.

1880 ARMAIGNAC, H.: Kyste sébacé du grand angle de l'œil chez un enfant de trois ans. Rev. d'oculist. du Sud-Ouest. T. 1, p. 55. — v. HIPPEL: Bericht über die ophthalmologische Universitätsklinik zu Gießen aus den Jahren 1879—1881. Stuttgart.

1882 HALL, E.: A contribution to the study of blepharitis ciliaris from ametropia. Med. Rec. New York. April. — NETTLESHIP, E.: Cystic tumour in eyebrow. Transact. of the ophthalmol. soc. of the kingdom. London 1881—1882.. T. 2, p. 251.

1883 VASSAUX et BROCA: Contribution à l'étude de kystes à contenu huilleux. Arch. d'ophtalmol. p. 318.

1884 ARMAIGNAC, H.: Kystes graisseux aux deux paupières d'origine probablement congénitale, en grande partie résorbés spontanément; exstirpation; guérison. Rev. clin. d'oculist. T. 4, p. 84. — GALLENGA: Osservazione di concrezione calcarea delle palpebre. Osservatore. Torino. T. 20, No. 24, p. 373 ed Gaz. delle clin. No. 35.

1885 BALZER et MÉNÉTRIER: Étude sur un cas d'adénomes sébacés de la face et du cuir chevelu. Arch. de physiol. norm. et pathol. T. 6, No. 8, p. 564. — RICHET: Tumeur sébacée de la paupière inférieure. (Leçon clin. faite à l'hôtel-dieu.) Recueil: d'ophtalmol. p. 321 et Gaz. des hôp. No. 67, p. 529. — RICHEY, S. O.: Eczema simplex; ametropia its cause. — Arch. ophthalmol. New York. T. 13, p. 34.

1886 BALZER et GRANDHOMME: Nouveaux cas d'adénomes sébacés de la face. Arch. de physiol. norm. et pathol. T. 18, No. 5, p. 93. — GALLENGA: Seconda osservazione di concrezione calcarea delle palpebre. Gaz. delle clin. T. 23, p. 3.

1888 GRAND: Observations de lithiase palpébrale. Loire méd. St. Etienne. p. 336.

1890 RUMSCHEWITSCH: Zur Onkologie der Lider. Klin. Monatsbl. f. Augenheilk. T. 28, S. 387.

1894 CLARKE, E.: The association of blepharitis and ametropia, with analysis of one hundred cases. Ophthalmol. Rev. p. 345. — HOTZ, F. C.: Lidrandentzündung

und Ametropie. Klin. Monatsbl. f. Augenheilk. S. 485. — WARSCHAWSKI: Zur Frage
über die Beziehung zwischen Hypermetropie und Blepharitis. Klin. Monatsbl. f.
Augenheilk. S. 476. — WINSELMANN: Über Hypermetropie als Ursache von Blepharitis. Klin. Monatsbl. f. Augenheilk. S. 240. (KNIES, hier zitiert.)

1897 SABOURAUD: De la calvitie vulgaire. Ann. de dermatol.

1900 JARISCH: Die Hautkrankheiten. 2. Hälfte. Nothnagels Handb. d. spez.
Pathol. u. Therap. Bd. 2, S. 970. Wien: A. Hölder.

1904 STERNBERG: Ein verkalktes Atherom des oberen Augenlides. (Verh. d.
deutschen pathol. Ges. zu Berlin. 8. Tagung v. 18.—21. Sept.) Zentralbl. f. allg.
Pathol. u. pathol. Anat. Ergänzungsheft. S. 86.

1905 UNNA: Ekzem. Mraček, Handb. d. Hautkrankheiten. Bd. 2. Wien:
A. Hölder.

1906 SCHIEFFERDECKER: Drüsen der menschlichen Augenlider. (Niederrhein.
Ges. f. Natur- u. Heilk.) Dtsch. med. Wochenschr. S. 1886.

1916 ELSCHNIG, A.: Die Behandlung der Blepharitis ciliaris. — Dermatol.
Wochenschr. Bd. 63.

1921 FUCHS-SALZMANN: Lehrbuch der Augenheilk. Aufl. 13.

2. Krankheiten der Schweißdrüsen.

§ 121. Die Schweißdrüsen der Lidhaut zeigen anatomisch
ein verschiedenes Verhalten an der Lidfläche und dem Lidrande.
An der Lidfläche sind sie zahlreich und klein, am Lidrande finden sich
als eigentümliche Bildungen zwischen den Cilien und den hier verlaufenden Bündeln des M. orbicularis die sog. modifizierten Schweiß-
oder Knäueldrüsen, auch MOLLsche Drüsen genannt. Sie gleichen
in ihrem feinen Bau den Knäueldrüsen, nur mit dem Unterschiede,
daß ihr unteres Ende keinen so stark verschlungenen Knäuel wie
sonst bei Schweißdrüsen bildet. Die Endtubuli enthalten feinkörnige
Substanzen und dazwischen blasse, kuglige Körper, die Eiweißtropfen
gleichen. Ihr Ausführungsgang mündet in die Haarbalgdrüsen.

§ 122. Die Schweißdrüsen zeigen funktionelle Störungen
sowohl bezüglich der Quantität wie der Qualität ihres Sekrets.
Im allgemeinen stellt der Schweiß das wasserreichste Körpersekret
dar und enthält außer Kochsalz noch geringe Mengen von Chlorkalium,
Alkalisulfat und Phosphat, sowie Eisenoxyd. Die quantitativen
funktionellen Störungen bestehen in einer vermehrten oder
verminderten, selbst fehlenden Absonderung, die qualitativen
in der Absonderung eines gefärbten Schweißes. Zum Verständnis der quantitativen funktionellen Störungen seien einige kurze
anatomisch-physiologische Bemerkungen über die Innervation der
Schweißdrüsen hier eingeschaltet, von denen SCHLESINGER (1900)
eine ausführliche Darstellung gegeben hat.

Die Innervation der Schweißdrüsen erfolgt cortical in der Stirn-
hirnrinde durch paarige Ganglienzellengruppen, die an symmetrischen

Stellen gelegen sind und gemeinschaftlich in Aktion treten. Die Schweißbahnen ziehen durch das Centrum semiovale, die Kommissuren, die Pedunculi und den Pons und sammeln sich in der Medulla oblongata nahe dem Athem- und Gefäßzentrum zu einem Schweißzentrum, das paarig angeordnet ist und dessen Reizung eine Schweißabsonderung des ganzen Körpers hervorruft. Der untere Abschnitt dieses Zentrums kommt für die Schweißabsonderung im Gesichte in Betracht. Die Schweißnerven sind oberhalb der Medulla spinalis getrennt, verlaufen in der Nähe der motorischen Bahnen auf einer Seite des Rückenmarkes herunter, treten in ein gleichseitiges Zentrum der grauen Substanz des Rückenmarkes (Vorderhörner) ein und aus derselben Spinalhälfte aus, um die auf der gleichen Körperhälfte gelegenen Hautgebiete zu versorgen. Quantitative Störungen der Schweißabsonderung sind zumeist gleichseitig mit den motorischen und entgegengesetzt den sensiblen Störungen; sie sind doppelseitige, wenn bei einer spinalen Erkrankung die beiderseitigen Schweißzentren oder die langen Schweißbahnen erkranken (SCHLESINGER 1900). Bei Läsion der grauen Substanz des Rückenmarks kommt es öfters gleichzeitig zu segmentalen Sensibilitätsstörungen und zu regionären Schweißanomalien, bei solcher der weißen Substanz zu Schweißanomalien einer Körperhälfte, was auch dann stattfinden kann, wenn die graue Substanz des Rückenmarkes in ganzer Länge geschädigt wird.

Die sympathischen Schweißnerven für das Gesicht treten anscheinend durch den Ramus communicans des zweiten, vielleicht auch des dritten Dorsalis in den Grenzstrang ein, um dann auf großen Umwegen zur Gesichtshaut zu gelangen; sie verlaufen in der nächsten Nähe der vasomotorischen Fasern, doch von ihnen so genügend getrennt, daß sie isoliert von einer Schädlichkeit betroffen werden können. Sowohl der N. facialis als auch der N. trigeminus führen sympathische Fasern.

Experimentell ruft eine Reizung der Schweißzentren oder Schweißbahnen in der Regel Hyperidrosis und eine Zerstörung derselben Anidrosis hervor.

§ 123. Die Hyperidrosis der Lidhaut ist Teilerscheinung einer allgemeinen oder einer nur auf das Gesicht oder schließlich nur auf eine Gesichtshälfte beschränkten Vermehrung der Schweißabsonderung. Eine ausschließlich auf die Lidhaut beschränkte Hyperidrosis gehört zu den größten Seltenheiten. Ich beobachtete eine 22jährige Studentin mit mittelgradiger doppelseitiger Myopie, die einen an der rechten Augenbraue gelegenen Hautbezirk von 4,5 cm Länge und 1,5 cm Breite aufwies, der bei der geringsten psychischen Alteration dicht mit Sehweißtropfen besetzt war. Der Bezirk schloß die nasalen zwei Drittel der Augenbraue und einen schmalen unmittelbar darüber gelegenen Hautstreif ein und schnitt scharf in der Mittellinie ab. Die Haut war an dieser Stelle leicht verdickt und ein wenig röter als an der entsprechenden linken Seite. Das Mädchen war im übrigen völlig gesund, kräftig entwickelt und bot insbesondere keine sonstigen Störungen der Schweißsekretion. Die Anomalie ist angeblich angeboren und wurde von den Eltern schon in den ersten Lebensmonaten bemerkt und zwar jedesmal beim Weinen und zuweilen auch beim Lachen. Verhielt sich das Mädchen ruhig, so war nicht das geringste zu bemerken, wie dies auch jetzt der Fall ist. Kommt dasselbe hingegen mit Menschen zusammen, die es nicht genau kennt, so fühlt es sich in der Befürchtung, daß die Schweißabsonderung eintreten könnte, stets verlegen; und in der Tat genügt diese geringfügige psychische Alteration schon, um den beschriebenen Hautbezirk mit sehr auffälligen großen Schweißtropfen zu besetzen. v. Graefe (1858) beobachtete bei einem nicht näher bezeichneten progressiven Spinalleiden eine doppelseitige auf die Lidhaut beschränkte Hyperidrosis. Hervorzuheben ist, daß eine vermehrte Schweißabsonderung der Lidhaut im allgemeinen nicht so deutlich wie an anderen Gesichtsstellen in Erscheinung tritt.

Die an der Lidhaut häufigste Form von krankhafter Steigerung der Schweißabsonderung ist die Hemihyperidrosis oder Hyperidrosis unilateralis faciei, die nur auf eine und zwar die gleichseitige Gesichtshälfte beschränkt ist und in der Medianlinie scharf abschneidet. Dabei braucht nicht die ganze Gesichtshälfte davon betroffen zu sein, sondern die vermehrte Absonderung kann sich nur an einzelnen Abschnitten mit einer den Sensibilitätsstörungen bei zentraler Trigeminuslähmung ähnlichen, segmentierten Anordnung geltend machen.

Bei körperlichen Anstrengungen oder geistigen Erregungen werden entsprechend der kranken Gesichtsseite Schweißtröpfchen auf der Haut der Lider, mehr noch auf der Stirn und Wange sichtbar, während solche auf der gesunden Seite garnicht oder nur in geringer Zahl und Größe vorhanden sind. Die schwitzende und nichtschwitzende Gesichtshälfte ist durch eine scharfe Grenze getrennt, die von der Medianlinie gebildet wird. Der Unterschied der beiden Gesichtshälften tritt besonders deutlich hervor, wenn die Schweißabsonderung künstlich gesteigert wird, z. B. durch körperliche Anstrengung oder durch Anwendung von schweißtreibenden Mitteln, wie durch eine subcutane Pilocarpin-Injektion. In einem von v. Graefe (1858) mitgeteilten

Falle war die Hyperidrose der Lidhaut so bedeutend, daß fast augenblicklich nach dem Abtrocknen die Lidfläche wieder mit einer Flüssigkeitsschicht bedeckt erschien. Bei Lupenvergrößerung war festzustellen, daß die Flüssigkeit aus vielen punktförmigen Öffnungen der Haut kam und erst allmählich durch Vergrößerung der aastrotenden Tropfen zusammenfloß. Bei reichlicher Benetzung mit Schweiß kommt es zur Maceration und zu ekzematösen Entzündungen der Lidhaut. Manchmal gehen dem Schweißausbruche Parästhesien, wie Ameisenlaufen, Kribbeln, Empfindung von Kälte, voraus.

Von Begleiterscheinungen kommen gleichzeitige Innervationsstörungen der beiden anderen Fasergattungen des N. sympathicus, der vasomotorischen und der okulo-pupillären in Betracht (s. Abschnitt: »Krankheiten der glatten Lidmuskulatur«), wobei zu betonen ist, daß das Verhältnis dieser beiden Innervationsstörungen zu der Hyperidrosis bzw. Anidrosis noch nicht genügend geklärt ist. In der Regel ist mit einer Hyperidrosis eine Rötung und mit der Anidrosis eine blasse Färbung der erkrankten Gesichtshälfte verknüpft, doch kommt auch ein umgekehrtes Verhalten vor, die sogenannte paradoxe Schweißsekretion, wobei auf der betroffenen Gesichtshälfte Rötung und Trockenheit zusammenfallen.

Die einseitige Hyperidrosis hat teils periphere, teils zentrale Ursachen und ist im allgemeinen als harmlos zu betrachten. Sie entsteht peripher bei Läsionen des N. sympathicus und bei Lähmungen des N. facialis oder trigeminus; hier ist eine Lähmung der den beiden genannten Nerven beigemischten sympathischen Nervenfasern anzunehmen. Der Sitz der Facialislähmung scheint einen gewissen Einfluß auf die Schweißabsonderung auszuüben, da bei peripherem Sitze durch Einwirkung von Pilocarpin auf der gelähmten Seite eine verspätete Schweißabsonderung, bei zentralem aber kein Unterschied zwischen den beiden Gesichtshälften in bezug auf den Zeitpunkt des Schweißausbruchs festgestellt werden konnte. Manchmal sind die oculo-pupillaren Fasern mitbetroffen, wie dies in einem Falle von Schädelverletzung beobachtet wurde, die mit epileptischen Anfällen einherging. Hier war ein Schwitzen der linken Kopf- und Halsseite und eine Lähmung der oculo-pupillären Fasern des Halssympathicus mit einer beiderseitigen Facialislähmung und einer Hypästhesie der linken Gesichtshälfte verbunden. Abgesehen von basalen Knochenfissuren kommen auch Hyperostosen am knöchernen Schädel in Betracht.

Von Erkrankungen des Gehirnes können Neurosen, wie die Migräne, die Hysterie, Neurasthenie, Epilepsie und die Basedowsche

Krankheit, von einer Hyperidrosis begleitet sein, ebenso organische Veränderungen wie Geschwülste, Blutungen, Erweichungsherde und Abscesse des Gehirnes, wobei die hemiplegische Seite schwitzt; schließlich beobachtet man auch bei multipler Sklerose zuweilen eine Hyperidrosis. Als Beispiele von Hyperidrosis bei organischen Gehirnerkrankungen seien zwei von SEELIGMÜLLER (1899) beobachtete Fälle erwähnt. In dem einen bestand eine apoplektische rechtsseitige Hemiplegie mit bleibender Lähmung und Hypästhesie, die mit einem Überwiegen der Schweißabsonderung und. mit einer Mydriasis entsprechend der gelähmten Seite verbunden war. Die Diagnose wurde auf eine Blutung in der Nähe der großen Zentralganglien der linken Hemisphäre und im hinteren Teile der inneren Kapsel mit Beteiligung des corticalen Zentrums des Sympathicus gestellt. In einem Falle von Sclerosis multiplex bestand eine einseitige Hyperidrosis mit subjektiven Störungen im Bereiche des N. trigeminus. Auch bei Dementia paralytica und bei funktionellen Psychosen kann es zum Auftreten einer Hyperidrosis kommen.

Von Erkrankungen des Rückenmarkes ist die Meningitis cerebrospinalis zu berücksichtigen. In einem solchen Falle ging eine Hypästhesie und Kältehyperästhesie der ganzen rechten Körperhälfte mit rechtsseitiger Hyperidrosis einher. Es ist anzunehmen, daß durch ein meningitisches Exsudat die mit den vorderen Wurzeln das Halsmark verlassenden Rami communicantes nervi sympathici der rechten Seite geschädigt waren. Von Läsionen der Rückenmarkssubstanz kommen Verletzungen, Tabes, Syringomyelie und Geschwülste in Betracht. Eine Hyperidrosis unilateralis findet sich auch bei der traumatisches Halbseitenläsion des Halsmarkes und der beiden oberen Segmente des Brustmarkes. Ein einseitiges Schwitzen bei Tabes wäre beispielsweise auf einen sklerotischen Herd in der rechten hinteren Hälfte der Cervicalanschwellung zu beziehen, wenn entsprechend der linken stärker schwitzenden und geröteten Seite noch eine Miosis und sensible Störungen im linken Arm bestehen. Ein einseitiges Schwitzen bei Syringomyelie wäre durch eine erheblich stärkere Erkrankung einer Seite des Halsmarkes bedingt. Auch wurde bei einem zentral gelegenen Tuberkel des Halsmarkes eine einseitige Hyperidrosis beobachtet. Dabei erstreckte sich ein Erweichungsherd nach oben bis in die Gegend der Olive, nach unten bis zum oberen Brustmark.

Weiterhin können sich lokalisierte Erkrankungen der Zirkulationsorgane mit einer einseitigen Hyperidrosis verbinden, so namentlich Aortenaneurysmen, wobei es sich um eine Druckwirkung auf die sympathischen Geflechte handelt. GÉRONNE (1906) hat bei einer

Insuffizienz und Stenose der Mitralis ein linksseitiges Schwitzen mit geringem linksseitigen Exophthalmus und einer wechselnden Weite der Pupillen, einer sogenannten springenden Pupille, beobachtet. Es wurde angenommen, daß der enorm vergrößerte linke Vorhof einen Reiz auf den linken Grenzstrang des Sympathicus ausübte.

Auch Störungen der Blutbeschaffenheit, wie einfache Anämie, und solche des Stoffwechsels, wie Diabetes mellitus, sind manchmal von einseitigem Schwitzen begleitet.

Endlich kann die Hyperidrosis unilateralis, wenn auch nicht häufig, als sogenannte idiopathische auftreten; vielleicht spielen dabei Intoxikationen eine Rolle (KAISER 1891). Beachtenswert erscheint das Vorkommen des halbseitigen Schwitzens als familiäre Eigentümlichkeit, wobei hervorzuheben ist, daß ein solches Schwitzen am häufigsten bei einseitigen familiären Innervationsstörungen des Halssympathicus zur Beobachtung gelangt. Schließlich kann eine Hyperidrosis unilateralis angeboren sein (VÖRNER 1907).

Diagnostisch ist zu beachten: 1. Beide Gesichtshälften können stärker schwitzen als normal, die eine Gesichtshälfte überwiegt aber erheblich. In einem von SEELIGMÜLLER (1899) mitgeteilten Falle waren die Erscheinungen einer Erkrankung der rechten Hälfte des unteren Halsmarkes ausgesprochen und es zeigte sich ein Schweißausbruch am ganzen Körper, besonders stark im Gesicht mit erheblicherem Befallensein der linken Hälfte; 2. die Schweißabsonderung ist scheinbar auf einer Seite vermehrt, und zwar deswegen, weil auf der anderen Seite eine Herabsetzung oder ein Mangel der Schweißabsonderung besteht; 3. der Unterschied in der Schweißabsonderung beider Seiten kann fraglich gering sein. Alsdann ist zur Sicherstellung der Diagnose eine Schweißabsonderung mittels subcutaner Anwendung von Pilocarpin künstlich anzuregen.

Die Behandlung kann selbstverständlich nur auf die Beseitigung der veranlassenden Ursache gerichtet sein. Prophylaktisch wäre im Hinblick auf die durch den vermehrten Schweiß stattfindende Maceration der Lidhaut der Gebrauch von Reispuder oder von Fettsalben zu empfehlen.

§ 124. Die Anidrosis oder richtiger Oligidrosis der Lidhaut findet sich angeboren als Teilerscheinung einer allgemeinen Anidrose, bedingt durch eine Aplasie der Schweißdrüsen, wie dies in einem von TENDLAU (1902) mitgeteilten Falle von angeborener Atrophie der Haut festgestellt wurde. Erworben ist die Oligidrosis bei einer Reihe von Hautkrankheiten, wie beim Ekzem und beim

Erysipel, anzutreffen. Auch Zerstörungen oder Verletzungen des Halssympathicus spielen eine nicht unerhebliche Rolle, womit noch andere
Erscheinungen einer Läsion des Halssympathicus verbunden sein
können. Bei einem 19jährigen Mädchen zeigte sich nach einer Mitteilung von URBANTSCHITSCH (1904) plötzlich die linke Gesichtshälfte
anidrotisch, verbunden mit Miosis, die rechte hyperidrotisch. URBANT-
SCHITSCH (1904) nimmt als Ursache eine Blutung im Stamme des Halssympathicus in der Höhe des II. Brustwirbels an. SEELIGMÜLLER (1899)
beobachtete in einem Falle von Schußverletzung zwischen Hals- und
Brustmark außer der Halbseitenläsion eine Anidrosis verbunden
mit einer Pupillenverengerung. Auch bei der Hemiatrophia facialis
progressiva kann sich eine Anidrosis einstellen. Nach einer von LEWIN
(1900) mitgeteilten Zusammenstellung von 70 Fällen von Hemiatrophia
facialis lagen in 16 Fällen Angaben über das Verhalten der Schweißabsonderung der Gesichtshaut vor. In 7 Fällen war die Schweißsekretion der befallenen Seite herabgesetzt oder völlig erloschen (s.
auch S. 171). Was den weiteren Verlauf anlangt, so ist zu bemerken,
daß in dem Falle VÖRNER (1907) die angeborene einseitige Hyperidrosis während einer Pneumonie in Anidrosis überging, die einige Zeit
bestehen blieb, um dann wieder der Hyperidrosis in unveränderter
Ausdehnung und Intensität zu weichen. VÖRNER möchte annehmen,
daß Hyperidrosis und Anidrosis der Ausdruck einer Nervenreizung
von verschiedenem Grade seien, indem bei geringem Reize Vermehrung,
bei stärkerem völliges Versagen der Schweißproduktion eintrete.

§ 125. Die qualitativen Störungen der Schweißabsonderung bestehen in der Absonderung eines blutigen oder blaugefärbten Schweißes.

Die Absonderung eines blutigen Schweißes, die Haematidrosis, ist nicht als Schweißsekretionsanomalie, sondern in dem Sinne
aufzufassen, daß in die Schweißdrüsen eine Blutung erfolgt, die sich
mit dem abgesonderten Schweiße vermischt. Eine solche Haematidrosis
beobachteten MESSEDAGLIA und LOMBROSO (nach v. MICHEL) bei einem
25jährigen Epileptiker, der außerdem vielfache Motilitäts-, Sensibilitäts-
und Sekretionsstörungen aufzuweisen hatte.

Die Absonderung eines blaugefärbten Schweißes, die sogenannte Chromidrosis, auch Chromokrinie, Melanidrosis und
Blepharo-Melaena genannt, wurde in der Mitte des vorigen Jahr-
hunderts zuerst von LE ROY DE MÉRICOURT (nach v. MICHEL)) beobachtet, doch schenkte man seinen Angaben wenig Glauben. — In den
Fällen von echter Chromidrosis findet eine Ausscheidung farbigen

Schweißes statt, ohne daß irgendwelche farbige Substanzen oder Arznei- und Giftstoffe von außen aufgenommen worden wären.

Am häufigsten von allen Hautstellen wird die Lidhaut von der Chromidrosis befallen und hauptsächlich das Unterlid, auf welches dieselbe zuweilen ausschließlich beschränkt bleibt. Auf der Lidhaut werden gleichmäßige oder fleckenartige blaue bis blau- oder tief-schwarze Färbungen von verschiedener Ausdehnung, vorzugsweise den Hautfalten entsprechend, sichtbar. Manchmal erhält man den Eindruck einer glänzenden, wie von einem Lackanstrich herrührenden Fläche. Diese Färbungen können mit einem in Öl oder Glycerin getränkten Wattebausch leicht entfernt werden, dagegen nicht trocken. Nach dem Abwischen treten sie nach einiger Zeit von neuem auf, oft schon nach 5—15 Minuten, meistens nach 12 bis 24 Stunden, manch-mal aber auch erst nach einigen Tagen. Der Farbstoff färbt angeblich die Wäsche. Ursachen, die eine allgemeine Gefäßerregung bedingen, sollen die Färbung stärker werden lassen. Zugleich zeigen die betroffenen Hautstellen eine gesteigerte Empfindlichkeit. Werden alle 4 Augen-lider befallen, so erscheinen regelmäßig die unteren am stärksten ge-färbt. In einer Reihe von Fällen verbreitet sich die Färbung von den Unterlidern auf Wange, Stirn, Nase und das ganze Gesicht, ja selbst auf die Brust, den Bauch, überhaupt auf die ganze vordere Fläche des Körpers. Nur die Ohren sollen von der Färbung verschont bleiben. In einem von BLANCHARD und MAILLARD (1907) beobachteten Falle trat die Färbung zunächst am linken Oberlid und linken Nasenflügel auf, erst später an beiden Unterlidern. Mehrfach stellte sich auch eine schwarze Verfärbung der Zunge und der Wangenschleimhaut ein. Bildet sich eine solche ausgebreitete Färbung spontan zurück, so er-langen die Augenlider zuletzt ihre normale Farbe, wie sie auch bei gleichzeitiger Chromidrosis anderer Gesichtsteile stets zuerst betroffen werden. In dem erwähnten Falle von BLANCHARD und MAILLARD (1907) soll die Färbung bei kaltem und feuchtem Wetter zugenommen haben, dagegen in der warmen Jahreszeit oft für längere Zeit ganz verschwun-den sein.

Hinsichtlich der Begleiterscheinungen ist anzuführen, daß zu-gleich mit der Färbung der Lider ein reichlicher Schweißausbruch am ganzen Körper stattfinden kann (LECAT, nach v. MICHEL). Bei einem hysteroepileptischen Mädchen mit Chromidrosis beobachtete DELTHUT (nach v. MICHEL) gleichzeitig einen Verlust der Nägel. DAUVÉ (nach v. MICHEL) sah ophthalmoskopisch eine Hyperämie der Netzhaut.

Die Dauer der Erkrankung wird äußerst verschieden angegeben, von wenigen Monaten bis zu einer Reihe von Jahren. So wird von

Le Roy de Méricourt (nach v. Michel) über zwei Fälle berichtet, bei denen die Färbung 10 Jahre lang bestand. Dieselbe tritt nicht selten in Zwischenräumen auf und ihr Verschwinden pflegt mit der Besserung des Gesamtbefindens zusammenzufallen.

Das weibliche unverheiratete Geschlecht scheint fast ausschließlich zu erkranken, und zwar sind es meist nervöse, hysterische chlorotische Personen mit Störungen der Uterin- und Digestionsfunktionen. Beim männlichen Geschlecht tritt die Färbung äußerst selten auf und, wie es scheint, verbunden mit einer mehr oder weniger ausgesprochenen Anämie. Blanchard und Maillard (1907) beobachteten bei einem 13 jährigen Knaben eine halbmondförmige tiefschwarze Färbung der Unterlider.

Als Gelegenheitsursachen für die Entstehung des blauen Schweißes werden heftige Hustenanfälle und plötzlicher Schreck angeführt. Hier und da wurde auch Chromidrose bei sonst vollkommen gesunden Personen ohne derartige vorangehende Gelegenheitsursachen beobachtet.

§ 126. Was die Diagnose und das Wesen der Erkrankung anlangt, so wurde eine Reihe von Fällen als Chromidrose beschrieben, in denen die abnorme Färbung durch einen Niederschlag aus verunreinigter Luft bedingt war. In einem Falle von v. Graffe (nach v. Michel) wurde durch die chemische Untersuchung Kohle nachgewiesen. v. Rothmund (nach v. Michel), der bei einem 17 jährigen, an Menstruationsanomalien leidenden Mädchen eine regelmäßig alle 4 Wochen wiederkehrende Färbung der Lider beobachtete, spricht sich hinsichtlich der Ätiologie dahin aus, daß durch eine Seborrhoe der Lidhaut die Möglichkeit für das Festhaften von Kohlenpartikelchen gegeben war, die aus einer damit durchsetzten Luft stammen konnten.

In einer weiteren Reihe von Fällen handelt es sich um eine absichtlich hervorgebrachte künstliche Färbung. Diese Fälle werden als Pseudo-Chromidrosis bezeichnet. Versuche mit kosmetischen Mitteln, die ein schwarzes Pulver oder einen blauen Farbstoff enthielten, besonders wenn sie mit Öl verdünnt waren, zeigten, daß eine Täuschung bzw. eine Verwechslung mit einer wirklichen Chromidrose sehr leicht vorkommen kann. Behier und Dechambre (nach v. Michel) stellen sich vor, daß das auf das Oberlid gebrachte Kosmetikum sich an den Cilien ansammle, die bei den Lidbewegungen gleich einem ausgespreizten Pinsel das Unterlid in einem Halbkreise färben. Gübler (nach v. Michel) wies nach, daß, wenn die affizierten Stellen gereinigt und mit Kollodium bestrichen waren, schwarze Massen auf dem Kollodiumüberzug sichtbar wurden. Wilhelmi (1880) beobachtete ein 17 jähriges Mädchen, daß besonders nach starker Schweißabsonderung ein gefärbtes Unterlid aufwies. Erst nach 10 Tagen gelang es, die absichtliche Täuschung nachzuweisen, da im unbewachten Augenblicke, selbst unter einem sorgfältig angelegten Verbande, das Lid mit einem verkohlten Streichhölzchen immer wieder gefärbt wurde. Solche Färbungen mögen manchmal Jahre lang vorgenommen werden, wie dies aus einer Mitteilung von Duchêne (nach v. Michel) erhellt. Eine Frau bemalte sich nach ihrem eigenen Geständnis seit Jahren die Augenlider mit Indigo.

Im wesentlichen handelte es sich bei der wirklichen Chromidrosis um eine staubfreie, mikroskopisch aus kleinsten amorphen, schwarzen Partikelchen zusammengesetzte Auflagerung, die sich durch Reiben oder Waschen leicht entfernen läßt. Blanchard und Maillard (1907) sahen nach sorgsamem Abwaschen der Flecke bei Lupenvergrößerung an den Ausführungsgängen der Schweißdrüsen farblose Tröpfchen austreten, die auf der Haut sofort verdunsteten und eine schwarze Färbung hinterließen, und nehmen an, daß der Schweiß in Lösung eine ungefärbte chromogene Substanz enthielt, die erst bei der Berührung mit der Luft, wohl infolge von Oxydation, als unlösliches schwarzes Pulver ausfiel. Dabei wird der Farbstoff als ein wahrscheinlich unter Nerveneinflusse zustande kommendes Produkt der Schweißdrüsen angesehen.

Mikroskopisch wurden, abgesehen von Epidermisschollen, Körnchen oder Krystalle aus indigoblauem Pigmente von dunklem Schwarz und bläulichem Schimmer an den Rändern, und zwar größtenteils in Epidermiszellen eingeschlossen, seltener freiliegend gefunden.

Die chemische Untersuchung bei der echten Chromidrosis hat häufig die Anwesenheit von Indigo ergeben. Es wird angenommen, daß Indikan, der nach seiner Aufnahme aus dem Darmkanal in die Blutbahn zugleich im Harne gefunden wird, durch die Schweißdrüsen ausgeschieden und durch den Zutritt von Luft in Indigo verwandelt werde. Doch scheint hie und da noch ein anderer Farbstoff die Ursache der Blaufärbung zu sein. Collmann-Scherer (nach v. Michel) haben phosphorsaures Eisenoxyduloxyd nachgewiesen, auch wurde Pyoktanin gefunden, wobei zu bemerken ist, daß das Bacterium pyocyaneum solches nur bei Anwesenheit von Schwefel und Magnesium bildet.

Es dürfte sehr wahrscheinlich sein, daß Mikroorganismen, wie das Bacterium und der Streptothrix coelicolor, eine Rolle bei der Entstehung des blauen Schweißes spielen, nachdem bei roten und gelben Schweißen stets chromogene Mikroorganismen verschiedener Art festgestellt wurden (Trommsdorff 1904), die als eine besondere Form der Leptothrix oder der Trichomycosis palmellina angesehen werden.

Schließlich sei nochmals bemerkt, daß, wenn auch in einer Reihe von Fällen die Chromidrose zweifellos nur ein absichtliches Artefakt ist, es sicherlich eine echte Chromidrose gibt, was von mancher Seite bestritten wird. Immerhin ist es auffällig, daß in den letzten Jahren nur spärliche Mitteilungen über die Blaufärbung der Lidhaut gemacht wurden im Gegensatze zu den früheren zahlreichen Veröffentlichungen über diese Erkrankung.

Die Behandlung hat einer allenfalls vorhandenen Anämie oder Chlorose sowie einer Regelung der Darmfunktionen Rechnung zu tragen. Der Farbstoff kann mit in Glycerin oder Öl getauchten Wattebäuschen leicht entfernt werden. Gegen eine absichtliche Täuschung schützt man sich am besten durch Herstellung einer Kollodiumdecke nach vorausgegangenem Abwischen des Farbstoffes. Erscheint die blaue Farbe auf der Kollodiumdecke, so ist die Färbung eine künstliche, simulierte. Bei echter Chromidrosis wird der Farbstoff natürlicherweise unter der Kollodiumschicht gebildet.

§ 127. Die Entzündungen des perifollikulären und follikulären Gewebes der Schweißdrüsen, die als Furunkel bzw. Absceß in Erscheinung treten, haben auf S. 38 u. 39 bereits Erwähnung gefunden. Das primäre Eindringen von entzündungerregenden Bakterien in die Schweißdrüsen ist durch die Enge der Mündung und der Lichtung der Ausführungsgänge sowie durch ihre Länge und den tiefen Sitz des Drüsenkörpers erschwert. Sekundäre oder fortgepflanzte Entzündungen finden sich bei einer Reihe von Lidhautentzündungen, wenn sie sich nach der Tiefe ausdehnen, unter dem mikroskopischen Bilde einer kleinzelligen Infiltration des perifollikulären und follikulären Bindegewebes.

Von sonstigen Erkrankungen der Schweißdrüsen ist eine Sklerose des perifollikulären Bindegewebes im Gefolge des Trachom und das Vorkommen von Tuberkelknötchen in unmittelbarer Nähe und innerhalb des Drüsenkörpers bei ausgebreiteter Lidtuberkulose zu erwähnen (s. Abb. 18, S. 120). Die Feststellung einer solchen Drüsentuberkulose wird sich erst durch die mikroskopische Untersuchung ermöglichen lassen. Im Sinne einer Tuberkulose der Schweißdrüsen ist wohl auch die von MOAURO (1891) als riesenzellenhaltiges Granulom bezeichnete erbsengroße Geschwulst des Oberlides zu deuten. Mikroskopisch waren Gruppen von Knötchen um und an den Schweißdrüsen gelagert und bestanden die kleineren Knötchen aus epitheloiden Zellen, während die größeren Riesenzellen und alle Übergänge von den epitheloiden Zellen zu diesen enthielten. Im Bereiche der Knötchen war das Drüsenlumen verengt und die Drüsenwand entzündlich infiltriert. Die Drüsenzellen selbst waren zu vielkernigen, homogenen, riesenzellenähnlichen Gebilden verschmolzen.

§ 128. Schweißdrüsencysten (Hydrocystome) entstehen teils durch cystische Erweiterung der Ausführungsgänge an der Lidfläche, teils durch cystische Entartung des Drüsenkörpers der sogenannten modifizierten Schweißdrüsen (MOLLsche Drüsen) am Lidrande.

Cystische Erweiterungen der Ausführungsgänge der Schweißdrüsen der Lidfläche, erscheinen nach v. MICHELs Beobachtung als zahlreiche kleine punktförmige oder größere — bis Stecknadelkopfgröße — perl-, thau- oder bläschenähnliche niedrige Erhebungen, die nirgends ineinander übergehen, aber manchmal sich unmittelbar berühren und ein wasserklares durchsichtiges Aussehen mit einem leichten Stich ins Bläulichgraue besitzen (s. Abb. 96). Die Decke der Cyste ist prall gespannt und beim Einstechen derselben entleert sich eine wasserklare, sauer reagierende, Flüssigkeit. Alsdann fällt die Cyste zusammen, füllt sich aber nach kurzer Zeit wieder an.

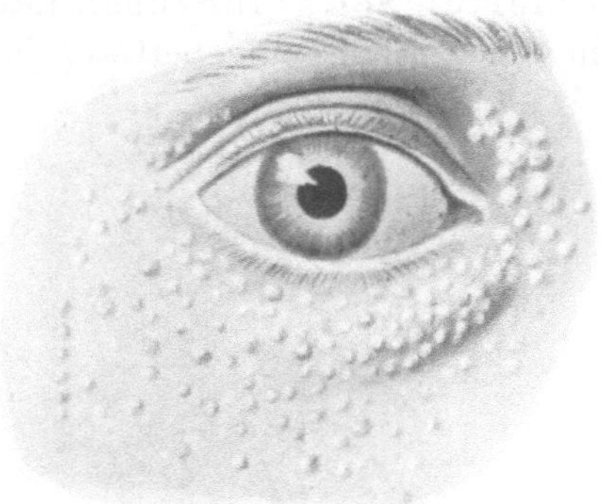

Abb. 96. Cystisch erweiterte Schweißdrüsenausführungsgänge (sog. Hydrocystome). (Natürliche Größe.) Ältere Frau.

In besonders ausgedehnter Weise wird die Fläche des Unterlides, die Gegend der Lidwinkel und die mediale und laterale Partie der Fläche des Oberlides befallen (s. Abb. 96). Die Lidränder bleiben dabei verschont. Niemals sind irgendwelche entzündliche Erscheinungen zu beobachten.

Mit den Lidflächen, die aber immer am stärksten beteiligt sind, kann noch die Wangenhaut, selbst bis in die Gegend des Unterkiefers, seltener die Stirnhaut mit befallen sein (v. MICHEL 1900). Die Erkrankung fällt zwischen das 5. und 6. Lebensdezennium, kommt sowohl beim weiblichen als männlichen Geschlechte vor und steht unzweifelhaft im Zusammenhange mit einer vermehrten Schweißabsonderung; daher wird auch beobachtet, daß während der Sommerzeit die Zahl und die Höhe der Erhebungen bedeutend zunehmen. In einer Beobachtung v. MICHELs war dem Auftreten von Cysten eine linksseitige Hyperidrosis vorausgegangen, verbunden mit den Erscheinungen einer Lähmung der oculopupillären Fasern des Halssympathicus.

Anatomisch erweisen sich die Erhebungen als tiefsitzende, in das Corium eingelagerte Hohlräume, bedingt durch eine cystische Erweiterung des intracutanen Abschnittes des Ausführungsganges von Schweißdrüsen. Die Wand einer solchen Cyste ist mit Plattenepithelien ausgekleidet und ihre Decke von der Epidermis und einem schmalen Streifen der oberen Cutisschichten gebildet.

Die Behandlung verspricht nur Erfolg bei Zerstörung der Wände mittels des Spitzbrenners oder der Elektrolyse; vereinzelte Cysten werden durch Excision entfernt.

§ 129. Die Cysten des Drüsenkörpers der sogenannten modifizierten Schweißdrüsen (MOLLsche Drüsen) des Lidrandes sind in das Corium eingebettete, blasige Erhebungen mit wasserklarem Inhalt, von einer dünnen Hautdecke überzogen und in der Regel die Größe einer Erbse bis Kirsche erreichend. Ihr Sitz ist ausschließlich die äußere Lidkante mit Bevorzugung der Gegend der Tränenpunkte. Manchmal sind gleichzeitig mehrere Cysten vorhanden, wie v. MICHEL dies bei einer 50 jährigen Frau beobachtete. Linkerseits saßen zwei kleinere Cysten am medialen Lidwinkel und eine große Cyste am lateralen, entsprechend der äußeren Lidkante und ihrer Umgebung (s. Abb. 97). Zugleich war noch rechterseits eine einzelne kleine Cyste unterhalb des unteren Tränenpunktes sichtbar. Am häufigsten erkrankt das mittlere Lebensalter. Bei einer 39 jährigen Frau excidierte ich eine vielkammerige Cyste vom Oberlidrande, die innerhalb von 5 Jahren Erbsengröße erlangte; bei einer 44 jährigen Frau erreichte die Cyste am inneren Lidwinkel innerhalb von 7 Jahren die gleiche Größe. Eine dritte eigene Beobachtung betraf einen 69 jährigen Mann, bei dem die kirschkerngroße Cyste nahe dem unteren Tränenpunkte 8 Jahre bestand.

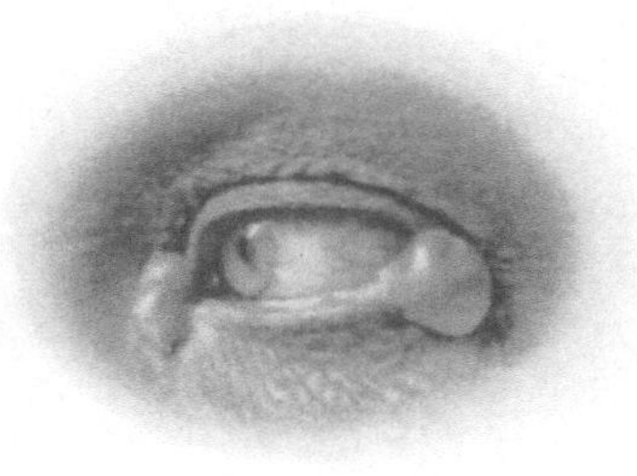

Abb. 97.　Cysten der MOLLschen Drüsen. (Natürliche Größe.)　Ältere Frau.

Die klinische Diagnose dieser Cysten ist gegenüber den Hydrocystomen durch ihr vereinzeltes Vorkommen, ihren Sitz am Lidrande und ihre Größe hinreichend gesichert.

Anatomisch ist an dieser oder jener Stelle des Drüsenkörpers ein cystischer Hohlraum vorhanden, bald nur ein einzelner, bald eine größere Zahl von Hohlräumen, so daß im letzteren Falle das Bild einer multiloculären Cyste entsteht (s. Abb. 98 C). Bei alten Cysten, die schonend operativ ausgeschält wurden, konnte ich den Ausgangspunkt von Schweißdrüsen nicht mehr nachweisen. In einem der zitierten 3 Fälle (44jährigen Frau) bestand die Innenwand der (etwa 7 Jahre alten) Cyste aus mehrschichtigen Plattenepithel. Solche Cysten werden mikroskopisch vielfach als Epithelcysten der Haut diagnostiziert. Die Größe der Cysten ist nicht unbedeutenden Schwankungen unterworfen. Auch können mehrere Schweißdrüsen in verschiedenem Grade cystös entartet sein.

Die äußere Cystenwand besteht aus dicht gefügten Bindegewebslagen, die innere aus einer Membrana propria und einer in der Regel einschichtigen Lage von kubischem Epithel. Der Inhalt der Cyste ist bald ein wasserklarer, so daß sie mikroskopisch leer (s. Abb. 98 *C*) erscheint, bald erweist sich der Inhalt als homogene (s. Abb. 100 *J*) oder feinkörnige Masse (s. Abb. 101 *D*) oder es sind größere kolloid aussehende Schollen, hydropische Zellen, Cholestearinplättchen (s. Abb. 101 *Ch*) und Kalkkörnchen vorhanden. Im weiteren Verlaufe kommt es zu einer Vergrößerung der Cyste

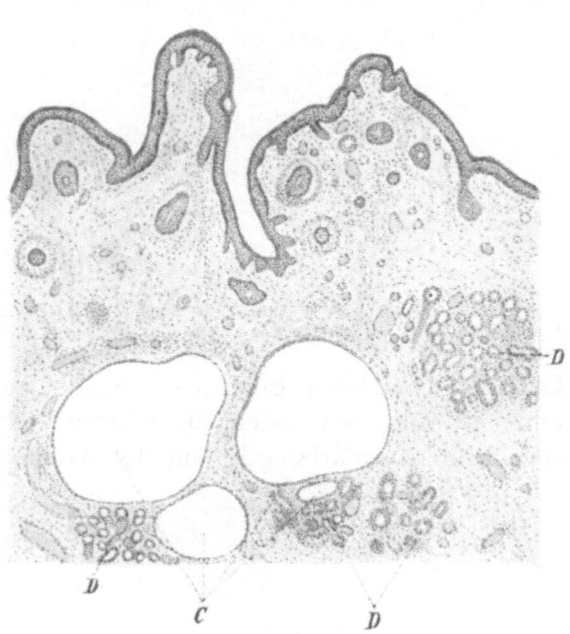

Abb. 98. Sagittalschnitt durch eine Schweißdrüsencyste. Vergr. 1:35. *D* Normales Drüsengewebe; *C* größere und kleinere Cysten.

dadurch, daß zunächst ein weiterer Aufbrauch der drüsigen Substanz stattfindet, und infolgedessen nur noch Reste solcher in unmittelbarer Nähe der Cysten angetroffen werden (s. Abb. 98 *D*) und die bindegewebigen Zwischenräume zwischen den einzelnen Cysten sich verschmälern. Eine Vergrößerung der Cyste kann sich ferner durch Verschmelzung zweier nebeneinander gelegener Cysten entwickeln, sei es, daß die schmale sie trennende Bindegewebsbrücke durch den Druck des Inhalts schwindet, sei es, daß das Bindegewebe einer schleimigen Umwandlung und Auflösung anheimfällt.

Bei längerem Bestehen der Cyste treten nämlich an ihrer binde-

gewebigen Wand degenerative und an ihrem Zellbelage proliferierende
und degenerative Erscheinungen hervor. Die bindegewebige Cystenwand unterliegt einer schleimigen Entartung (s. Abb. 99 *M*). Die

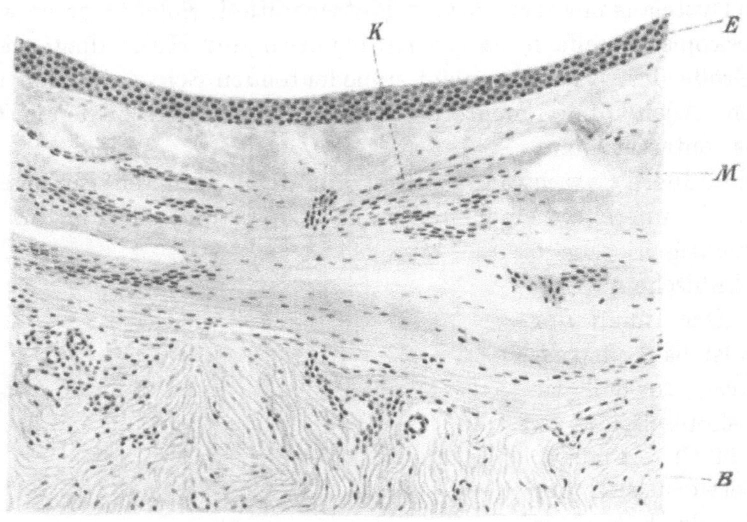

Abb. 99. Schrägschnitt durch eine Cystenwand. Vergr. 1 : 80.
E Epithel; *M* schleimig entartetes Bindegewebe; *K* Bindegewebszellen; *B* Subcutis.

schleimig entarteten Bindegewebsbündel zeigen ein gleichmäßig ge-
quollenes Aussehen, indem die zelligen Elemente zugrunde gegangen
sind. Eine Kernfärbung ist nur dort vorhanden, wo das Bindegewebe

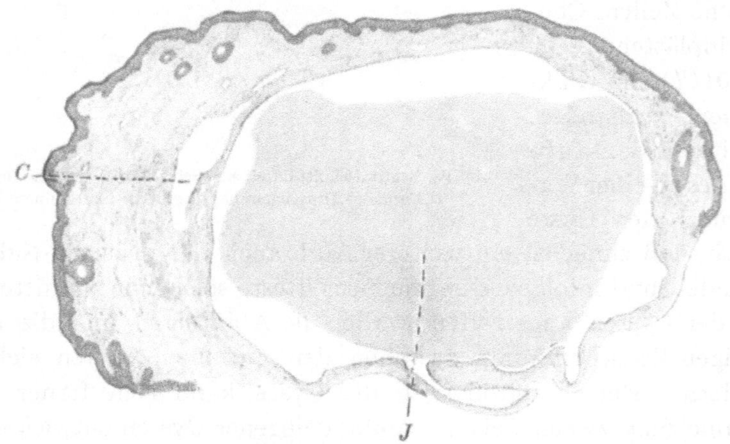

Abb. 100. Schnitt durch eine Cyste des Lidrandes. Vergr. 1 : 35.
J homogener Inhalt der Cyste; *C* cystisch degeneriertes Bindegewebe.

normal geblieben ist (s. Abb. 99 *K*). Die schleimige Entartung, die sich
bis in die Subcutis hinein erstrecken kann (s. Abb. 99 *B*), führt entweder

zu einer gleichmäßigen völligen Auflösung, die dort, wo sie eine schmale, zwei Cysten voneinander trennende Bindegewebsbrücke betrifft, die Vereinigung dieser zu einer Cyste bewirkt. Infolge schleimiger Degeneration der Bindegewebswand können auch kleinere oder größere cystoide Hohlräume (s. Abb. 100 *C*) innerhalb der Cystenwand entstehen.

Was den Zellbelag betrifft, so kommt es durch Wucherungen der Epithelzellen zu vielfacher Schichtung und durch hydropische Entartung derselben zur Aufquellung und Vacuolisierung. Der Kern der

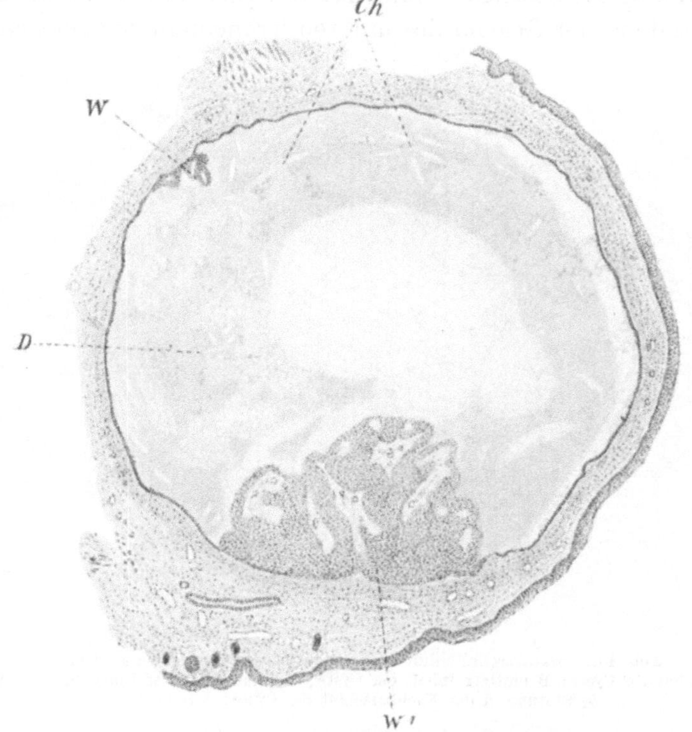

Abb. 101. Sagittalschnitt durch eine Schweißdrüsencyste des unteren Lidrandes. Vergr. 1 : 10. *W* und *W*₁ Adenomatöse Wucherung; *D* feinkörnige Gerinnungsmasse; *Ch* Cholestearinplatten.

Epithelzelle erscheint bei letzterer Veränderung klein, atrophisch, zur Seite gedrängt oder selbst hydropisch gequollen. Die entarteten Epithelien werden abgestoßen und befinden sich alsdann, häufig in Haufen, im Lumen der Cyste. Ein weiterer proliferativer Prozeß besteht in dem Auftreten einer adenomatösen Wucherung, ausgehend von der Innenwand der Cyste (s. Abb. 101 *W* u. *W*₁). In einem derartigen Falle fand v. MICHEL an zwei fast genau gegenüberliegenden Stellen die Wucherung in verschiedener Größe entwickelt (s. Abb. 101 *W* u. *W*₁); sie bestand aus feinfaserigen leistenartigen Bindegewebszügen mit

papillenartigen Vorsprüngen und geschwulstähnlich gewucherten Drüsenzellen in drüsenähnlicher Anordnung mit Bildung von Schläuchen.
Die äußere Cystenwand war aus dichtem, mit spärlichen zelligen Elementen versehenen Bindegewebe und ihre innere Auskleidung aus
flachgedrücktem einschichtigen Epithel zusammengesetzt. Den Cysteninhalt bildete eine feinkörnige Masse (s. Abb. 101 *D*), in der zahlreiche abgestoßene hydropische Zellen, reichlich Cholestearinkrystalle
(s. Abb. 101 *Ch*) und feinste Kalkkörnchen eingebettet waren. Einen
ähnlichen mikroskopischen Befund hat WINTERSTEINER (1899) bei einer
am Lidrande in der Gegend des unteren Tränenpunktes gelegenen un

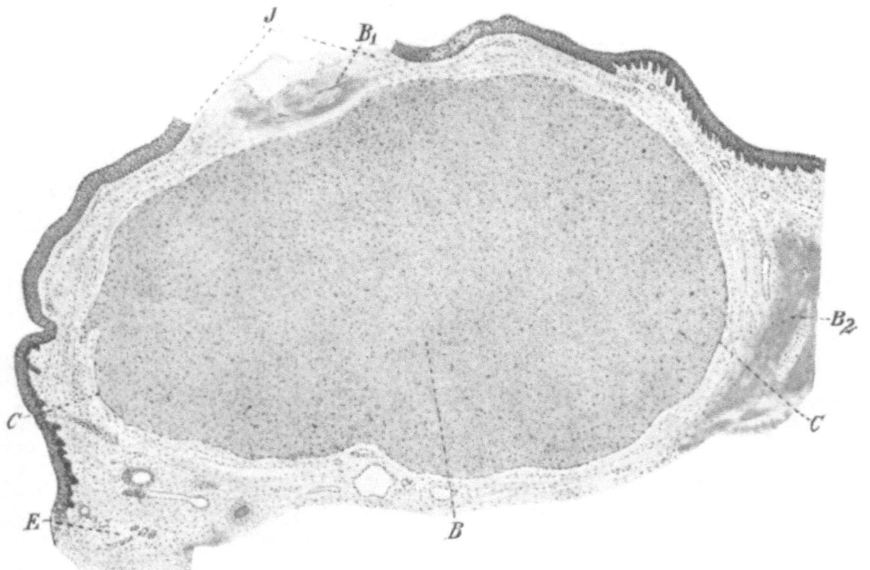

Abb. 102. Sagittalschnitt durch eine angestochene Cyste. Vergr. 1 : 22.
J Einstichstelle; *C C* Cyste; B blutiger Inhalt der Cyste; *B*₁ Blutung in der Umgebung des Einstichs;
*B*₂ Blutung in der Nachbarschaft der Cyste; *E* Subcutis.

gefähr kirschkerngroßen transparenten excidierten Cyste erhoben. Eine
kleine Stelle der Cystenwand war nischenartig ausgebuchtet. Von den
Rändern der Nische traten Bindegewebssepta mehr oder minder weit
hervor. Das Epithel war daselbst geschwulstartig gewuchert und erstreckte sich papillomatös in die Cystenhöhlung. Die epitheliale Neubildung zeigte einen adenomatösen Bau, wobei der bindegewebige Anteil der Geschwulst zurücktrat; die bindegewebigen Bälkchen waren
nur spärlich und dünn. Der Inhalt war eiweißreich und enthielt abgestoßene Epithelien und Kalkkörnchen. Die benachbarten Talgdrüsen, die Haarbälge und die modifizierten Schweißdrüsen waren infolge der Spannung der Wand langgestreckt, über die Wölbung der

Cyste hinübergezogen und zeigten eine beginnende Atrophie. Bündel atrophierender Muskelfasern lagen sowohl vor als hinter den Talgdrüsen. Auf Grund solcher Befunde ist alsdann die anatomische Diagnose auf ein Cystadenoma papillare proliferum zu stellen und zwar in dem Sinne, daß die Cyste die primäre und die adenomatöse Wucherung die sekundäre Erkrankung darstellt. In dem WINTERSTEINERschen (1899) Falle wuchs die Cyste erst langsam, dann aber schneller, als sie einmal aufgestochen wurde. Möglicherweise hat diese Verletzung zur atypischen Wucherung angeregt. Die klinische Diagnose eines solchen Cystadenoms ist dann zu stellen, wenn die Durchsichtigkeit der Cystenwand an dieser oder jener Stelle durch undurchsichtige weißgelbliche, knötchenähnliche Einsprengungen unterbrochen ist.

Endlich kann die Cyste einen blutigen Inhalt aufweisen, wenn der Versuch gemacht wird, den Inhalt der Cyste durch einen Einstich zu entleeren (s. Abb. 102). In einem solchen von v. MICHEL beobachteten Falle war entsprechend der Einstichsstelle (s. Abb. 102J) die Cutis bis zur Cystenwand durchtrennt, das Gewebe teilweise zerrissen und mit Blut durchtränkt (s. Abb. 102B_1). Der ganze Innenraum der Cyste (s. Abb. 102CC) war mit einer in Resorption begriffenen Blutmasse angefüllt (s. Abb. 102B). Auch in der Nachbarschaft der Cyste entfernt von der Einstichstelle war eine größere Blutung sichtbar (s. Abb. 102B_2).

Die Behandlung besteht in der sorgfältigen Ausschälung der Cyste, gleichwie bei der operativen Behandlung einer Atheromcyste. Zu warnen ist vor einem Einstich zum Zwecke der Entleerung des Cysteninhaltes als eines mindestens nutzlosen Eingriffes.

§ 130. Typische primäre Geschwülste der Schweißdrüsen sind die Adenome. Bösartige Neubildungen, wie Carcinome, können bei ihrem Wachstum in die Tiefe sekundär auch die Schweißdrüsen befallen und sich innerhalb derselben weiter ausbreiten.

Die Adenome der Schweißdrüsen sind nicht selten, jedenfalls häufiger als die Talgdrüsenadenome. Sie sitzen am Lidrande oder in der Nähe desselben als warzenähnliche oder höckerige Erhebungen von derber Konsistenz, manchmal unterbrochen durch Stellen von weicherer Beschaffenheit, die ein transparentes, mehr cystenartiges, bläuliches Aussehen zeigen. Form und Größe der Geschwulst schwanken zwischen der einer Erbse bis Kirsche. Ober- und Unterlid scheinen gleich häufig befallen zu werden. Wenn auch die Geschwulst vorzugsweise zwischen dem 6. und 7. Dezennium auftritt, so wurde sie doch auch schon im Alter von 25 und 42 Jahren beobachtet. Das Wachstum ist ein sehr langsames und erstreckt sich über mehrere Jahre, so über

8 Jahre in einer Beobachtung v. MICHELS (1906) und in einer Beobachtung SALZMANNS (1890) sogar über 25 Jahre.

Im weiteren Verlaufe kann das Adenom — wahrscheinlich infolge Kratzinfekts — oberflächlich ulcerieren (v. GRAEFE 1864) und eine Ausbreitung desselben der Fläche und der Tiefe nach stattfinden. So erreichte eine nasal gelegene Geschwulst des Unterlides noch etwas die benachbarte Haut der Nase (v. MICHEL 1906). Das Wachstum in die Tiefe ist durch eine raschere Vergrößerung ausgezeichnet, wobei das Adenom mehr und mehr den Charakter einer bösartigen Geschwulst (malignes Adenom) erhält.

Anatomisch handelt es sich im wesentlichen um eine echte Neubildung, die den Typus einer tubulösen Drüse mit vielfachen Verzweigungen der Drüsenschläuche aufweist, daher sie auch eine gewisse Ähnlichkeit mit einer traubenförmigen Drüse erkennen läßt (v. GRAEFE 1864). Nach FUCHS (1877) stellen die dicken Schläuche den Rest der physiologischen Drüse dar, während die dünnen durch Auswachsen der präexistierenden Drüsenschläuche umgebildet sind. Die Schläuche sind durch lockeres, zellenarmes Bindegewebe voneinander getrennt und zu Läppchen von $^1/_2$ bis $1^1/_2$ mm Durchmesser angeordnet.

Bei längerem Bestande der Neubildung kommt es durch schleimige oder hydropische Entartung und Erweichung der Drüsenschläuche in einzelnen, insbesondere zentralen Partien, zur Cystenbildung (Cystadenoma glandulare). Solche cystoide Räume entstehen zuweilen auch durch hydropische Entartung, Erweichung und Auflösung der bindegewebigen Zapfen (Cystadenoma papillare hydropicum oder Hydroadenoma papillare cysticum). Manchmal beobachtet man in einem großen Teile der Geschwulst eine stärkere Bindegewebswucherung, die den so veränderten Stellen ein mehr fibromatöses Aussehen verleiht. Beim Wachstum in die Tiefe finden sich auch drüsenschlauchähnliche Wucherungen zwischen den Muskelbündeln des Orbicularis. Hinsichtlich des genaueren mikroskopischen Verhaltens von solchen Adenomen sei hier auf zwei von v. MICHEL (1906) untersuchte Fälle Bezug genommen. In dem einen Falle saß die Geschwulst (s. Abb. 103) dicht unter der Epidermis im Stratum papillare, die Cutis etwas zurückdrängend und den Papillarkörper samt Epidermis emporhebend; ihre Tiefe betrug 5 mm. An der Geschwulst ließen sich 2 Abschnitte unterscheiden, ein mehr solider und ein cystischer. Der solide Abschnitt war aus zahlreichen scharf begrenzten Drüsenepithelnestern von sehr verschiedener Größe (s. Abb. 103 $W_1 W_2 W_3$) zusammengesetzt. Die kleinsten Nester hatten den Durchmesser des Querschnittes eines Schweißdrüsenganges (30 μ), die größten waren mit bloßem Auge sichtbar und über stecknadelkopfgroß. Ihre Epithelzellen waren an den Wänden kubisch oder zylindrisch, in der Mitte polymorph. In den großen Nestern trugen die Epithelien der zentralen Partien andeutungsweise den Charakter von Stachelzellen. Die kleinen Epithelnester lagen in großer Zahl gruppenweise beisammen und wiesen sämtlich eine ausgeprägte Membrana propria auf, die aus hyalinen Lamellen mit wenigen platten Kernen gebildet war. Von dieser Membran drangen häufig zapfenartige Vorsprünge ins Innere, wodurch die Nester nicht selten im Schnitte ein kleeblattähnliches Aussehen bekamen (s. Abb. 103 W_1).

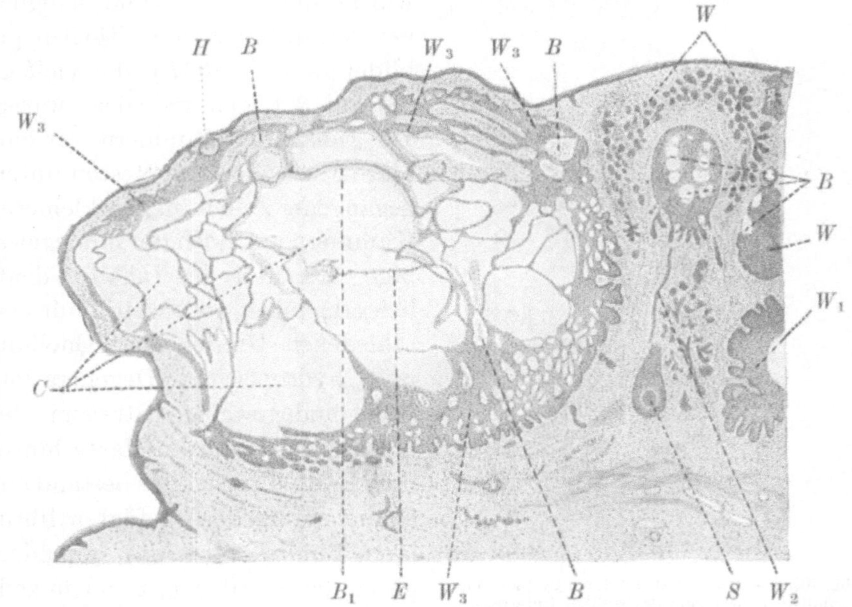

Abb. 103. Sagittalschnitt durch ein entartetes Schweißdrüsenadenom. Vergr. 1 : 14. W Drüsenzellenwucherung; W_1 zapfenartige Vorsprünge in der Wucherung (Kleeblattform); W_2 strangförmige Wucherung; W_3 strang- und zapfenartige Wucherung; B quer durchschnittene Bindegewebszapfen; C Cystenkammern; B_1 bindegewebige Wand der Cyste; E aus Drüsenepithelien gebildete Scheidewand; H Hornperle; S schleimige Entartung eines Bindegewebszapfens.

Einzelne dieser kleinen Nester zeigten eine ausgesprochene Strang- oder Zapfenform, so daß (s. Abb. 103 W_2 u. W_3) man an Schweißdrüsen erinnert würde, wenn nicht die zentrale Lichtung fehlte. Die größeren Nester waren ebenfalls durch das Eindringen zahlreicher Bindegewebssprossen lappenartig, oft sogar wabenartig gestaltet. Das wabenartige Aussehen kam besonders dort zum Ausdruck, wo die Bindegewebszapfen (s. Abb. 103 B) quer durchschnitten und durch hydropische Degeneration mehr oder weniger aufgelöst waren. Diese hydropische Degeneration, im Verein mit einer kolossalen Aufquellung der Bindegewebszapfen, hatte das Bild erzeugt, welches der zweite, cystische Abschnitt der

Geschwulst darbot (s. Abb. 103 *C*). Derselbe setzte sich zusammen aus vielen Cystenkammern, deren größte den Umfang eines Senfkornes erreichte. Die Septa derselben waren sehr dünn (stellenweise nur 15 μ dick), an einzelnen Stellen waren die Kammern durch Schwund der Scheidewände zusammengeflossen. Die Auskleidung der Räume wurde nicht von Epithel gebildet, sondern von einem dünnen Belage erhalten gebliebenen Bindegewebes (s. Abb. 103 B_1), das aber gleichfalls die Zeichen hydropischer Quellung aufwies. Da, wo auch dieser Rest von Bindegewebe untergegangen war, wurde die Scheidewand lediglich von komprimierten Epithelien gebildet (s. Abb. 103 *E*), die vielfach bis auf 2 Lagen reduziert waren. Der Inhalt der Kammern war eine klare Flüssigkeit mit Resten untergegangener Zellen, in den kleineren Kammern war noch der bindegewebige Charakter des Inhaltes deutlich erkennbar, gleichzeitig mit verschiedenen Graden der Quellung und hydropischen Degeneration. Das bindegewebige Stratum der Geschwulst stand an Masse hinter dem Epithel zurück; es bestand aus einem mäßig derb gefügten fibrillären Bindegewebe, das, besonders gegen die Oberfläche, ziemlich zellreich, hier und da auch entzündlich infiltriert war. In der Umgebung der Geschwulst fanden sich im Papillarkörper Herde von schlei-

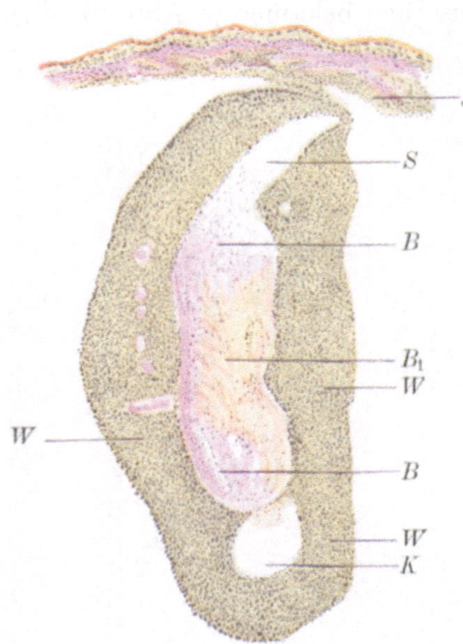

Abb. 104. Sagittalschnitt durch ein Cystadenoma papillare hydropicum des rechten Unterlides. *J* entzündliches Infiltrat; *WWW* Epithelwucherung; *S* Stiel des Bindegewebzapfens; *K* Kopf des Bindegewebzapfens (aufgelöstes Bindegewebe); *B* erhaltenes Bindegewebe des Zapfens; B_1 hydropisch entartetes Bindegewebe des Zapfens.

miger Entartung des Bindegewebes; auch noch an einer anderen Stelle (s. Abb. 103 *S*) war ein quer getroffener völlig schleimig degenerierter Bindegewebszapfen sichtbar. An ein Epithelnest anschließend bemerkte man schließlich ein an eine Hornperle erinnerndes Gebilde (s. Abb. 103 *H*). — Im zweiten Falle saß die Geschwulst (s. Abb. 104) unter dem Papillarkörper im Corium. Die Epidermis darüber war überall erhalten, im Papillarkörper sowie am Rande der Geschwulst waren mehrfache Herde kleinzelliger Infiltration vorhanden (s. Abb. 104 *J*). Die Geschwulst bestand aus vielen scharf begrenzten rundlichen größeren und kleineren Nestern polymorphen Epithels (s. Abb. 104 *WWW*).

In den größeren Nestern blieb der Stiel (s. Abb. 104 S) der Bindegewebszapfen immer dünn, während das Kopfende (s. Abb. 104 K) infolge einer mehr oder weniger starken hydropischen Entartung mit Quellung oder gänzlicher Auflösung des Bindegewebes (s. Abb. 104 K), im Innern kolbig aufgetrieben erschien. An Präparaten, die nach VAN GIESON gefärbt waren, zeigte sich das hydropisch entartete Gewebe gelb (s. Abb. 104 B_1), das erhaltene rot gefärbt (s. Abb. 104 B); daneben waren Hohlräume vorhanden, die dem ganz aufgelösten Papillengewebe entsprachen.

Die Diagnose des Schweißdrüsenadenoms gründet sich auf den Sitz, die langsame Entstehung, die mäßig derbe Konsistenz und die normale Beschaffenheit der Haut über der Geschwulst. Die Diagnose einer cystösen Entartung ist bei Vorhandensein von transparenten Stellen innerhalb der Geschwulst zu stellen. Allerdings wird die Entscheidung klinisch kaum möglich sein, ob es sich um eine Cyste mit sekundärer Adenombildung oder um ein primäres Adenom mit sekundärer Cystenbildung handelt (s. S. 332 u. f.). Häufig wird eine sichere Diagnose nur auf Grund des mikroskopischen Präparates zu stellen sein.

Die Behandlung ist eine operative, wobei der durch die Excision entstehende Hautdefekt blepharoplastisch zu decken ist.

<h2 style="text-align:center">Literatur zu §§ 121—130.</h2>

1858 v. GRAEFE: Über eine an den Augenlidern beobachtete Schweißkrankheit. Graefes Arch. f. Ophthalmol. Bd. 4. 2, S. 254.

1864 v. GRAEFE: Adenoïde der Augenlider. Graefes Arch. f. Ophthalmol. Bd. 10, S. 206.

1872 WATSON: Cystic Epithelioma of the eyelid. Brit. med. Journ. 26. Okt. p. 479.

1874 MICHEL: Krankheiten der Lider. Dieses Handbuch. 1. Aufl., Kap. IV. Leipzig: W. Engelmann.

1875 SPAMER: Sympathicusaffektion bei Mutter und Tochter. Zeitschr. f. prakt. Med. S. 141.

1876 ADLER, HANS: Dritter Bericht über die Behandlung der Augenkranken im k. k. Krankenhause Wieden und im St. Josef-Kinderhospitale. Wien.

1877 DELTHIL: Chromhydrosis an der Gesichtshaut im Umkreise beider Orbitae. France méd. Mars. Ref. Allg. Wien. med. Ztg. S. 138. — FUCHS, E.: Über das Chalazion und einige seltenere Lidgeschwülste. Graefes Arch. f. Ophthalmol. Bd. 24. 2, S. 158.

1878 ALT: Bericht über 3873 Augenkranke, behandelt im Jahre 1876 in der Knappschen Augen- und Ohrenheilanstalt zu New York. Arch. f. Augen- u. Ohrenheilk. Bd. 7, S. 393.

1879 BUROW: Cyste am oberen Augenlid. Mitteilung aus seiner Privatklinik. Königsberg. — CAMUSET, G.: Un nouveau cas de chromhidrose. Gaz. des hôp. No. 98 und Mouvement méd. No. 37.

1880 GALEZOWSKI: Chromhidrosis. Recueil d'ophtalmol. Juin. — WILHELMI: Ein Fall von Pseudochromhidrosis. Klin. Monatsbl. f. Augenheilk. S. 252. — YVERT, A.: Des kystes transparents des paupières. Recueil d'ophtalmol. p. 33 et 106.

1881 Armaignac: Chromhidrosis simulée. Journ. de méd. de Bordeaux. 17. April. — Derselbe: Kyste séreux de l'angle externe de l'œil gauche; exstirpation; guérison. Rev. clin. d'oculist. Bordeaux. T. 2, p. 300. — Fox: Two cases of chromhidrosis. Lancet T. 1, No. 23. — Spillmann: Observation de chromidrose. Rev. méd. de l'est. Nancy. T. 13, p. 116.

1884 Dechambre: Observation de chromidrose. Bull. acad. de méd. p. 463.

1885 Dessauer: Cystoide Erweiterung der vergrößerten und vermehrten Schweißdrüsenknäuel unter dem klinischen Bilde des Xanthelasma palpebrarum. Graefes Arch. f. Ophthalmol. Bd. 31. 1, S. 87. — Féréol: Observation de chromidrose ou de chromocrinie. Bull. de l'acad. de méd. de Paris. Séance du 18. Août.

1887 Hilbert, R.: Ein Fall von Chromhydrosis. Memorabilien. H. 1. — Tartuferi, F.: Sulle cisti trasparenti dell' orlo cigliare delle palpebre. Internat. Monatsschr. f. Anat. u. Physiol. Bd. 4, S. 177.

1888 Raymond: Des éphidroses de la face. Arch. de neurol. No. 43 et 44.

1890 Salzmann, M.: Beiträge zur Kenntnis der Lidgeschwülste. Arch. f. Augenheilk. Bd. 22, S. 292.

1891 Fouré: De la chromidrose, chromocrinie partielle et cutanée de M. le Roy de Méricourt. Paris: Steinheil. — Hallopeau: Hydradénome des paupières avec complication d'épithéliome. Union méd. 8. Janvier. — Kaiser: Hyperidrosis unilateralis faciei. Inaug.-Diss. München. — Moauro: Granuloma delle glandole di Moll. Ann. di ottalmol. T. 20, p. 324.

1892 Stoewer: Cysten der Oberlider. Klin. Monatsbl. f. Augenheilk. S. 192.

1893 Deyl, J.: Über die Cysten des Augenlidrandes. Verhandl. d. k. k. böhm. Akademie zu Prag.

1896 Millée: Chromhydrose des paupières, guérie par le traitement local. France méd. Ref. Recueil d'ophtalmol. p. 229. — Wintersteiner, H.: Lidrandcysten. Arch. f. Augenheilk. Bd. 33. Ergänzungsheft. Festschr. z. Feier d. 25jähr. Dozentenjubiläums Herrn Prof. Schnabel gewidmet.

1897 Embden: Hemianhidrosis faciei bei Syringomyelie. (Ärztl. Verein in Hamburg.) Münch. med. Wochenschr. S. 1216. — Teucher: Hyperidrosis unilateralis. Neurol. Zentralbl. S. 1028.

1899 Marischler: Ein Fall abnormer, auf die obere Körperhälfte beschränkter Schweißproduktion. Wien. klin. Wochenschr. Nr. 30. — Seeligmüller: Kasuistische Beiträge zur Lehre von der Hyperhidrosis unilateralis faciei bei Erkrankungen des Zentralnervensystems. Dtsch. Zeitschr. f. Nervenheilk. Bd. 15. — Wintersteiner: Kystadenoma papillare proliferum der Mollschen Drüsen. Arch. f. Augenheilk. Bd. 11, S. 291.

1900 Jarisch: Die Hautkrankheiten. Wien: A. Hölder. (Hidrocystoma. S. 902.) — Lewin: Studien über die bei halbseitigen Atrophien und Hypertrophien, namentlich des Gesichts, vorkommenden Erscheinungen mit besonderer Berücksichtigung der Pigmentation. Charité-Annalen. 9. Jg. — Michel: Klinische Beiträge zur Kenntnis seltener Krankheiten der Lidhaut und Bindehaut. Arch. f. Augenheilk. Bd. 42, H. 1/2. Festschr. zur Feier des 70. Geburtstages von Geh.-Rat Schweigger. — Schlesinger, H.: Spinale Schweißbahnen und Schweißzentren beim Menschen. Festschr. zu Ehren von M. Kaposi. Wien u. Leipzig: Braumüller u. Sohn.

1902 Tendlau: Über angeborene und erworbene Atrophia cutis idiopathica. Virchows Arch. f. pathol. Anat. u. Physiol. Bd. 167, S. 465. — Török: Krankheiten der Schweißdrüsen. Mraček, Handb. d. Hautkrankheiten. Bd. 1, S. 385.

1903 Ahlström: Kystes transparents des paupières. Ann. d'oculist. T. 129, p. 107.

1904 Trommsdorff: Die Bakteriologie der Chromidrosis. Münch. med. Wochenschr. S. 1285. — Urbantschitsch: Zur Ätiologie halbseitiger Störungen der Schweißsekretion (Hyper- und Anidrosis unilateralis.) Wien. klin. Wochenschr. Nr. 40.

1906 Géronne: Zur Kenntnis der springenden Pupille. Zeitschr. f. klin. Med. Bd. 60, H. 5 u. 6. — v. Michel: Über Lidadenome und eine seltene Form des Adenoms, des Hydroadenoma papillare cysticum. Rosenthalsche Festschr. Bd. 2, S. 211. Leipzig: W. Thieme.

1907 Blanchard et Maillard: Observation d'un cas de mélanhydrose. Bull. de l'acad. de méd. No. 43. — Vörner: Hyperidrosis unius lateris congenita. Dtsch. med. Wochenschr. Nr. 50, S. 2090 u. f.

1908 Blanchard: Présentation d'un cas de chromydrose. Recueil d'ophtalmol. p. 83.

1910 Blanchard: Chromidrose. (Acad. de méd.) Recueil d'ophtalmol. p. 250. — Derselbe: Nouveaux faits concernant la chromidrose. Bull. de l'acad. de méd. Paris No. 19. — Contino: Adenoma della glandola del Moll. Clin. oculist. Anno 11, p. 353.

1912 Alt: An unusually large cyst of the lower eyelid-operation. Americ. Journ. of ophthalmol. T. 29, p. 363. — Coats: Three tumours arising in sweat glands. The roy. London ophthalmol. hosp. rep. Vol. 18, No. 3, p. 266.

1920 Duclos: Contribution à l'étude des kystes des paupières. — Néoplasie hystogène, de nature dysembryoplasique, de la paupière inférieure, partie externe. Ann. d'oculist. T. 157, p. 495.

3. Krankheiten der Cilien und Supercilien.

§ 131. Die in der äußeren Lidkante tief (bis zu 2,5 mm) wurzelnden Cilien, Blepharides oder Wimpern sind entsprechend der Krümmungsart ihrer Einpflanzung am Oberlide nach aufwärts und am Unterlide nach abwärts konkav gerichtet; sie sind nicht in so regelmäßigen Reihen angeordnet, wie es auf den ersten Blick erscheint. Ihre Form ist nicht streng zylindrisch, sondern leicht abgeplattet (Contino 1907). Die Cilien werden zu den sogenannten starken Haaren gerechnet und zeigen die anatomische Beschaffenheit solcher. An denselben sind der Haarschaft als der aus der Haut hervorragende Abschnitt und die Haarwurzel als der in der Haut steckende Teil der Cilie zu unterscheiden. Der Haarschaft besteht aus der Cuticula, den marklosen Fasern, den Faser- oder Rindenzellen und in seiner Mitte aus markhaltigen Fasern, den Markzellen. Häufig ist die Cuticula zerrissen, das freie Haarende zeigt alsdann die Gestalt eines feinen Pinsels. Die Rindenzellen enthalten Pigmentkörnchen und ein gelöstes diffuses Pigment. Die Haarwurzel ist von einer Hülle aus Epithelgewebe umgeben, dem Haarbalge, und von einer weiteren aus Bindegewebe bestehenden, der Balgscheide. Der epitheliale Haarbalg besteht aus einer äußeren und einer inneren Wurzelscheide; der bindegewebige Haarbalg (Balgscheide) setzt sich aus einer Längs- und einer Ringfaserschicht zusammen. Der epitheliale und bindegewebige Haarbalg samt dem Lumen, welches das Haar enthält, bilden den Haarfollikel. Der Eingang des Lumens wird als Trichter bezeichnet. In den Cilienbalg münden Talg- und Schweißdrüsen (Mollsche Drüsen). Die

Haarwurzel entspringt mit einer Anschwellung, dem Haarbulbus, über einem am Grunde der Tasche sich erhebenden Bindegewebszapfen, der Haarpapille. Das geschichtete Epithel, das den Haarfollikel (d. h. also den gesamten epithelialen und bindegewebigen, die Haarwurzel umgebenden Apparat) von der Talgdrüsenmündung bis zur Papille überzieht, ist die äußere Wurzelscheide. Die innere Wurzelscheide besteht aus konzentrisch zueinander gelagerten Häutchen, nämlich dem Oberhäutchen der Wurzelscheide, der HUXLEY- und der HENLEschen Schicht. Die Haarpapille besitzt die Form einer Knospe, besteht aus sehr feinen, leimgebenden Fibrillen und ist an der Basis eingeschnürt (Papillenhals). Der vom Papillenhalse bis zur größten Papillenbreite reichende Teil wird als unterer und der von hier bis zur Spitze sich erstreckende Abschnitt als oberer Papillenconus bezeichnet. Die auf der Papille sitzenden Zellen bilden die Matrix der inneren Wurzelscheide und des Haares. Die Matrixzellen des Haarsackes liegen auf der Spitze der Papille, die Rindenzellen nehmen den ganzen Rest des oberen Papillenconus ein. Als Anhänge der äußeren Wurzelscheide finden sich an den Cilien kurze Epithelsprossen in der Gegend der Talgdrüsenmündung; sie tragen an ihrem Ende ein kleines Grübchen, in das eine kleine Papille eingelagert ist, und werden als rudimentäre Haaranlagen betrachtet (RABL 1902), von denen es zweifelhaft ist, ob sie aus der Embryonalzeit oder aus der späteren Lebensperiode stammen (s. S. 359 u. f.), wie es überhaupt noch nicht sicher ist, ob außer in der Embryonal- und frühen Jugendzeit auch noch später von seiten der Epidermis normal kräftige Haare angelegt werden. Vorläufig sind alle normalen Haare der Erwachsenen als Ersatzhaare zu betrachten.

Die Cilien sind kurzlebige Haare; sie werden regelmäßig innerhalb eines Zeitraumes von 5—6 Monaten (DONDERS 1858) abgestoßen und durch neue gleichstarke ersetzt. Beim Haarwechsel stecken die auszustoßenden Haare nur lose im Balge; da ihre Wurzel die Gestalt eines Kolbens hat, so werden sie als Kolbenhaare im Gegensatze zu den Papillenhaaren oder Knopfhaaren bezeichnet. Daß ein Kolbenhaar dem Ausfalle nahe ist, erkennt man daran, daß es bei leichtem Reiben des Augenlides ausfällt oder dem Zuge der Pinzette folgt. In einem solchen Falle sieht man aus der Trichteröffnung zwei Cilien hervorragen (s. Abb. 105), das langausgewachsene Kolbenhaar und das noch kurze Papillenhaar. Beim Haarwechsel rückt die Papille in die Höhe und wird niedriger, verschwindet aber bei kräftigen Haaren niemals vollständig. Die Papille, auf der die Bildung eines neuen Haares beim Ersatz eines alten erfolgt, ist stets die Papille des vorangegangenen Haares.

Nach den Untersuchungen von E. HEGG, die von CHERNO (1907) mitgeteilt werden, sind die Kolbenhaare länger, weniger pigmentiert, gleichmäßig gebogen, weniger spröde und besitzen eine härtere Wurzel. Die Papillenhaare sind dagegen kürzer, dicker, von mehr gestrecktem Verlauf, stärker pigmentiert und spröde, besonders die älteren Exemplare, ihre Wurzel ist aufgelockert und zeigt die verschiedensten Formen. Die Papillen- oder Knopfhaare sind Jugendformen der Kolbenhaare. Nie länger als etwa 30 Tage bleibt ein Kolbenhaar neben dem emporwachsenden Knopfhaare stehen und die Umwandlung der Knopfhaare in Kolbenhaare dürfte spätestens im Alter von 1—2 Monaten stattfinden. DONDERS (1858) berechnet eine Lebensdauer von 150 Tagen für die längsten und eine solche von 100 Tagen für die kürzesten Cilien. Nach CHERNO (1907) findet sich ferner eine Anzahl von Cilien, die den Charakter der Knopfhaare noch tragen, aber bedeutend dicker, länger und im Schafte spröder sind als jugendliche Knopfhaare; sie werden als solche angesehen, die es ihrem Lebensalter nach nicht mehr sein sollten, sich demnach nicht zur normalen Zeit in Kolbenhaare umgewandelt haben. Die Knopfhaare sind daher zu unterscheiden in normale jugendliche und in pathologische verspätete, deren normale Entwicklung durch einen krankhaften Prozeß gestört wurde. Die Wurzel der verspäteten Knopfhaare ist von derjenigen der normalen durch größere Dicke, Auflockerung und Quellung gekennzeichnet. Im allgemeinen werden auch bei scheinbar normalem Lidrande 20—30% und mehr verspätete Knopfhaare angetroffen. WINSELMANN (1901) und MAEHLY (1879) fanden 18—19% Knopfhaare. WINSELMANN (1901) und HERZOG (1904)

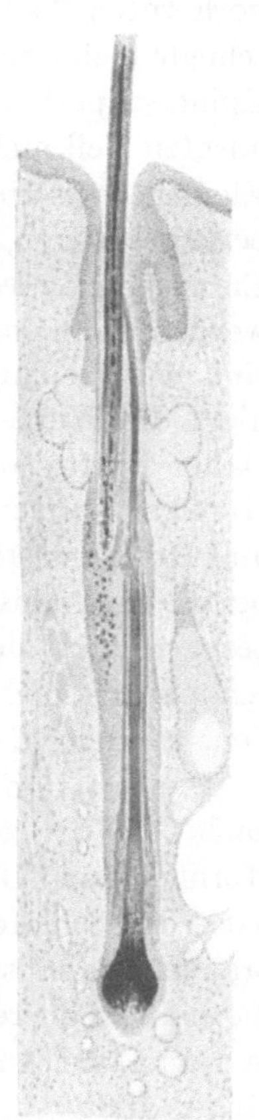

Abb. 105. Sagittalschnitt durch den Lidrand. Vergr. 1:60. Cilienwechsel (Kolbenhaar und Knopf- oder Papillenhaar).

haben auf das Überwiegen der Knopfcilien bei Erkrankungen des Lidrandes hingewiesen. Es können die Cilien unter pathologischen Verhältnissen mit verschwindend geringen Ausnahmen nur Knopfhaare sein, da ein einmal erkrankter Haarfollikel die Fähigkeit verliert, die Cilie aufsteigen zu lassen und auszustoßen. Immerhin begegnet es gewissen Schwierigkeiten, ein konstantes Verhältnis zur Gesamtzahl festzustellen, auch wenn bei der Zählung nur die zweifellos jungen Knopfhaare berücksichtigt werden. Die Zahl ist häufig von äußeren Umständen, Reiben, Waschen usw. abhängig.

Zum Zwecke der makro - und mikroskopischen Untersuchung sind die Cilien mittels der sogenannten Cilien- oder Epilationspinzette zu epilieren. Beim Epilieren von normalen Cilien werden ausschließlich die vorhornten Teile des Haarendes nach außen befördert; die Wurzelscheide bleibt bei jungen wie bei verspäteten Knopfcilien zurück. Beim Epilieren pathologischer Cilien folgt im Zusammenhange mit dem verhornten Teil mehr oder weniger der vollständige Komplex der zelligen Elemente der Haarpapille. Bei Veränderungen des Haarschaftes ist zu berücksichtigen, daß derselbe, abgesehen von anderen mechanischen Einwirkungen, schon beim Zufassen mit der Pinzette leicht beschädigt werden kann, und alle Läsionen der Hornsubstanz des Haarschaftes sind wie diejenigen der fertigen Nagelsubstanz bedeutungslos, wenn nicht die Wurzel und die Scheiden miterkrankt sind (HERZOG 1904). Daher dürfte auch den Untersuchungen der Cilien PAGENSTECHERS (1862), SAEMISCHS (1869), SCHIESS-GEMUSEUS' (1873), STILLINGS (1874) und ROEDERS (1887) nur ein bedingter Wert beizumessen sein, da hierbei die mechanische Einwirkung auf den Haarschaft nicht in Betracht gezogen und die Pigmentierung und Aufquellung der Wurzeln der Knopfhaare nicht als physiologisches Charakteristikum der jungen Cilien, sondern als krankhafte Veränderung gedeutet wurde.

Die Supercilien, Augenbrauen, bilden den Abschluß der Lider nach der Stirn zu. Ihr Zweck ist, das Überfließen des Schweißes über Hornhaut und Bindehaut zu verhindern, indem sie denselben einerseits nach der Schläfe, anderseits nach der Glabella ableiten. Die Augenbrauen bilden stirnwärts konvexe, augenwärts konkave Haarbögen, die auf dem oberen Augenhöhlenrand aufliegen. Die Supercilien gleichen in Form und Aussehen etwas den Cilien, sind aber meist dünner und länger als diese. Bei sehr blonden Individuen sind die Augenbrauen oft nur spärlich entwickelt und fehlen in seltenen Fällen vollständig. Die Farbe der Augenbrauen gleicht im allgemeinen derjenigen der Wimpern und Kopfhaare; häufig sind aber Cilien und Supercilien erheblich dunkler, wodurch die Augen einen besonders lebhaften Ausdruck erhalten. Die Augenbrauen bleiben meist bis ins höchste Alter bestehen, bleichen am spätesten, erhalten im Alter eine stärkere Krümmung und werden buschiger. Die Haut der Brauen ist etwas verdickt, indem in derselben die Bündel der Musculi orbicularis oculi und frontalis inserieren, die eine Bewegung der Augenbrauen ermöglichen. (Näheres über die Anatomie der Supercilien s. bei MERKEL und KALLIUS in Bd. I dieses Handbuches.)

§ 132. Die Erkrankungen der Cilien, welche man gewöhnlich als Blepharitis ciliaris s. marginalis bezeichnet, bestehen a) in perifollikulären und follikulären Entzündungen der Haarbälge, b) in Mykosen, c) in Störungen des Wachstums, d) in Änderungen der Struktur und e) in Abweichungen der Wachstumsrichtung. Die verschiedenen Formen von Blepharitis zeigen oft keine Beziehung zum sonstigen Körperzustande der Betroffenen, man beobachtet sie bei sonst gesunden kräftigen Individuen. In der überwiegenden Zahl der Fälle handelt es sich aber um Individuen vom sogenannten Habitus scrophulosus. Die subjektiven Beschwerden, welche durch die verschiedenen Formen der Blepharitis ciliaris hervor-

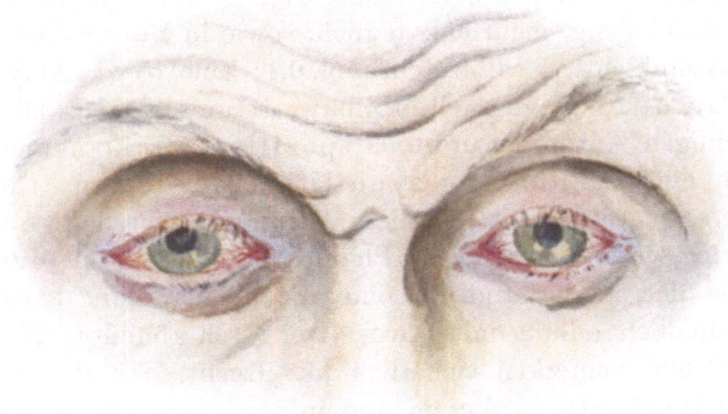

Abb. 106. **Blepharitis angularis bei Diplobacillen-Conjunctivitis.** (58jähr. Frau.) Die Erkrankung bestand mit Unterbrechung seit nahezu 3 Jahren. Etwa 8 Tage vor Anfertigung der Abbildung war ein akuter Entzündungsschub aufgetreten, der Veranlassung zu neuerlicher Behandlung war.

gerufen werden, sind ungefähr die gleichen wie diejenigen der Blepharitis squamosa (vgl. S. 308). Dieselben hängen sehr von der subjektiven Empfindlichkeit ab und fehlen bei den leichteren Graden nicht selten vollkommen. Meist führt hier nur die durch die Blepharitis bedingte Entstellung die Betroffenen dem Arzte zu. Bei den stärkeren Graden der Entzündung wird über lästiges Jucken und Brennen der Lidränder, zumal bei Staub, Hitze und Rauch, über Neigung zu Tränen, Lichtscheu, rasche Ermüdung und Schwere der Lider insbesondere bei der Nahearbeit geklagt; morgens sind die Lider verklebt. (Beschwerden bei falscher Wachstumsrichtung der Wimpern s. S. 378 u. 379.)

Allen Formen von Blepharitis ist ein eminent chronischer Verlauf gemeinsam. Die Erkrankung erstreckt sich mit vorübergehenden Besserungen oft über viele Jahre. Bei Kindern verliert sich die Krankheit nicht selten mit dem Eintritt der Pubertät von selbst. Häufig dauert die Blepharitis aber trotz wiederholter und länger dauernder Behandlung während des ganzen Lebens fort. — Einen wesentlich günstigeren Verlauf zeigen die Fälle von Blepharitis ciliaris, welche sich im Gefolge einer akuten katarrhalischen Bindehautentzündung entwickeln, wie sie insbesondere auch im Anschluß an akute Infektionskrankheiten, Masern usw. beobachtet werden. Dieselben heilen meist unter indifferenter Behandlung nach wenigen Tagen bis Wochen ab. — Eine nahezu ausnahmslos günstige Prognose gibt auch die Form von Blepharitis, die bald mehr akut, bald mehr chronisch, auf dem Boden einer durch Diplobacillen bedingten Conjunctivitis entsteht. Dieselbe ist in der Regel nur auf die Lidwinkel, und zwar vorzugsweise auf den inneren Lidwinkel beschränkt und wird daher als Blepharitis angularis bezeichnet (Abb. 106). Die Behandlung besteht in Einträufelungen von $^1/_4\%$iger Zinklösung, mehrmals täglich, sowie in Bestreichen der Lidränder mit Zinkichthyolsalbe (Ichthyol. 0,1; Zinc. oxyd., Amyl. *aa* 1,0; Vaselin. flav. *ad* 10,0) eventuell in Zinkwasserumschlägen (3,0 : 1000,0).

Von einigen Autoren wurde als spezifische Erkrankung bei Syphilitikern eine Blepharitis syphilitica beschrieben. CHAILLONS und GUÉNEAU (1903) stützten diese Diagnose insbesondere auf eine Beobachtung, in welcher neben Plaques muqueuses im Munde eine Blepharitis ulcerosa bestand, die einer Lokalbehandlung trotzte, aber auf Allgemeinbehandlung mit Quecksilber rasch abheilte. WILBRAND-STAELIN (1896) bemerken sicherlich mit Recht, daß die spezifische Natur der Blepharitis in diesem und in ähnlichen Fällen mindestens sehr zweifelhaft ist. Die Neigung der Syphilitiker zu Blepharitis stellen sie derjenigen der Skrofulösen zu Blepharitis gleich und führen dieselbe auf die mit Skrofulose wie mit Syphilis verbundene Schwächung des Körpers zurück, welche auch die Lider gegen Staub und ähnliche Schädlichkeiten weniger widerstandsfähig mache.

a) Perifollikuläre und follikuläre Entzündungen der Haarbälge.

§ 133. Die perifollikuläre Entzündung, die Perifolliculitis, spielt sich in dem Bindegewebe ab, das außerhalb des bindegewebigen Haarbalgs gelegen ist und denselben unmittelbar umgibt, insbesondere auch in dem die Talgdrüsen einscheidenden Bindegewebsapparat. Die follikuläre Entzündung, Folliculitis, betrifft den gesamten epithelialen und bindegewebigen, die Haarwurzel umgebenden Apparat. Nach HERZOG (1904) wäre eine Entzündung des epithelialen Haarbalges als Folliculitis interna und eine solche des bindegewebigen als Folliculitis externa zu bezeichnen. Die Perifolliculitis und

Folliculitis verläuft unter dem klinischen Bilde der Blepharitis ulcerosa, von der als klinisch besondere Form die Blepharitis pustulosa abgetrennt wird. Diese ist dadurch charakterisiert, daß sich am Lidrande multiple Eiterbläschen entwickeln, die den Haarbalgtrichter erfüllen, also die Cilie umschließen. Indem die Pusteln platzen, ist der Übergang in die ulceröse Form der Blepharitis gegeben.

Bei der Acne vulgaris bildet der Haarbalg der Cilie nur sehr selten den Ausgang einer perifollikulären oder follikulären Entzündung, vielmehr ist dabei die Talgdrüse primär infiziert und der Haarbalg nur sekundär beteiligt.

Beim Ekzem des Lidrandes vollziehen sich nach HERZOG (1904) die gleichen Vorgänge an dem Haarbalgtrichter wie beim Ekzem der Oberhaut, nämlich eine Akanthose und geringe Spongiose (s. Abb. 107 Sp). Am Haartrichter entsteht eine Randimpetigo (s. Abb. 107 St) oder ein Bläschen des Haartrichters und der angrenzenden Oberhaut, wobei eine Exsudation in die Stachelschicht ent-

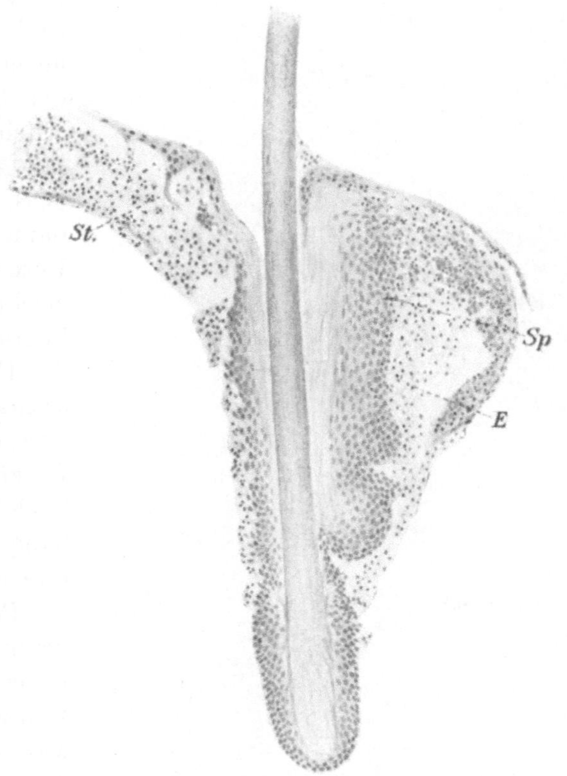

Abb. 107. Längsschnitt durch eine epilierte Cilie. Vergr. 1 : 80. *St* Impetiginös zerfallene Stachelschicht des Trichters und der angrenzenden Oberhaut; *Sp* basale Spongiose; *E* Exsudat der Folliculitis interna (Epithelien, neutrophile Leukocyten, Eiterkokken).

sprechend der Trichtermündung erfolgt und Kokken sich in der Hornschicht des Trichters ansiedeln können. Das Exsudat kann sich zwischen der basalen Stachelschicht und dem Corium der Trichterregion und der angrenzenden Oberhaut ansammeln und von dem Corium die Stachelschicht abgehoben werden (s. Abb. 108 E). Im weiteren Verlaufe kommt es auch zu einer Exsudatbildung zwischen der äußeren Wurzelscheide und der Bindegewebsschicht (s. Abb. 108 E_1); die Zellen der äußeren Wurzelscheide werden zuweilen durch Exsudat aus ihrem

Zusammenhange gelöst (s. Abb. 108*aW*), wodurch der ganze epitheliale Cilienfollikel aufgetrieben wird. Indem die Lamellen der inneren Wurzelscheide gleichfalls durch Exsudat auseinandergedrängt werden, wird die Verbindung zwischen äußerer und innerer Wurzelscheide aufgehoben (s. Abb. 108*E*). Dabei kann sich das Exsudat in mehr oder weniger ansehnlicher Menge zentral bis zur Papillenregion erstrecken (s. Abb. 108*B*). Des weiteren finden sich im wesentlichen die gleichen Veränderungen wie bei der Sykosis, nämlich die Erscheinungen einer Perifolliculitis mit Absceßbildung in der Cutis (s. S. 349 u. f.); es resultiert alsdann ein klinisches Bild, das als Eczema sycomatosum zu bezeichnen wäre. Aber nicht immer kommt es zur Eiterung, die als der Höhepunkt der Erkrankung anzusehen ist, sondern häufig wird durch die parenchymatöse Entzündung der epithelialen Follikelelemente nur der Zusammenhang zwischen dem epithelialen und dem bindegewebigen Teile des Follikels gelockert. Man erkennt dies daran, daß bei der Epilation die Cilien samt den Wurzelscheiden entfernt werden, was unter physiologischen Bedingungen niemals der Fall ist. Nach abgelaufener ekzematöser Entzündung erscheinen Akanthose und Spongiose des epithelialen Follikels geschwunden, die Zellen stark zusammengedrängt

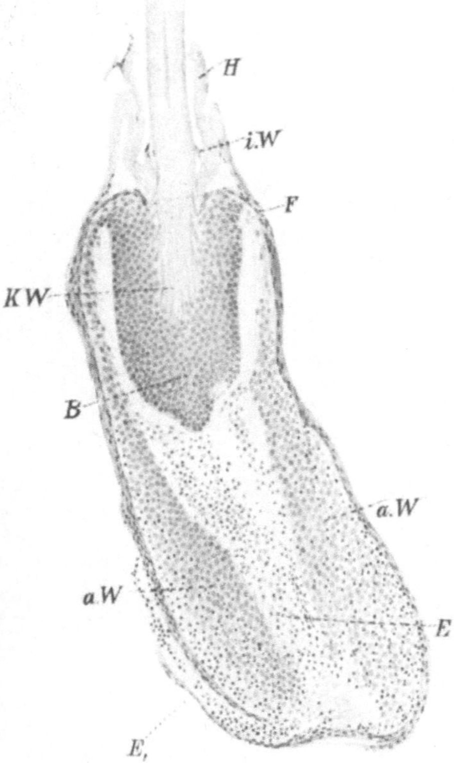

Abb. 108. Längsschnitt durch eine epilierte Cilie bei Ekzem. Vergr. 1 : 75.

H Hornschicht der Trichterregion; *i.W* Rest der inneren Wurzelscheide; *F* Bindegewebsschicht; *KW* Kolbenwurzel; *B* Papille; *E* eitriges, Kokken enthaltendes Exsudat innerhalb der äußeren Wurzelscheide; *E,* das gleiche Exsudat zwischen äußerer Wurzelscheide und Bindegewebsschicht; *a.W* äußere Wurzelscheide.

und spindelförmig abgeplattet. Bei jahrelang bestehendem Ekzem tritt eine Degeneration der zelligen Elemente des epithelialen Follikels ein, die von der Trichterregion bis über die Haarpapille hinausreicht. Im weiteren Verlaufe der ekzematösen Entzündung kommt es zugleich zu Änderungen der Struktur der Cilien (s. S. 376). — Im Gegensatz zu HERZOG faßt CHERNO (l. c.) die eben geschilderte Erkrankungsform der

Cilien nicht als Ekzem, sondern als Sykosis (Blepharitis sycomatosa)
auf. Die Blepharitis eczematosa ist nach seiner Ansicht dadurch gekennzeichnet, daß sich am Lidrande mehr oder weniger ausgedehnte
Ulcerationen finden, welche nachweislich nicht mit vereiterten Haarfollikeln in Zusammenhang stehen; es können sich nämlich Ulcerationen an Stellen des Lidrandes finden, an welchen keine Sykosis vorhanden ist. Beim Ekzem des Lidrandes ist nach CHERNO die Cilien-
erkrankung eine nur sekundäre.

§ 134. Die Sykosis ($\sigma\tilde{v}\varkappa o\nu$, die Feige) oder Acne mentagra,
auch Folliculitis barbae (Bartfinne) und Sycosis staphylogenes
(UNNA) oder coccogenes genannt, ist im allgemeinen durch ihre Lokalisation an mit starken Haaren reichlich versehenen Körperteilen
gekennzeichnet und befällt die Cilien allein oder zugleich noch die
Supercilien, die Barthaare der Oberlippe und die Vibrissen des Nasen-
einganges.

Bei der Sykosis (vgl. oben) treten entzündliche Knötchen oder größere Knoten und Pusteln auf, die von einer Cilie durchbohrt erscheinen.
Dabei können die einzelnen kleineren oder größeren knotenförmigen
Infiltrate in eine Pustel übergehen, oder es entwickeln sich von vornherein kleine Pusteln, die an anderen Körperstellen gewöhnlich zu
gelblichgrünen oder -grauen Krusten vertrocknen; am Lidrande aber,
wo die Krustenbildung durch die dauernde Benetzung mit Bindehautflüssigkeit verhindert wird, entstehen nach Aufbrechen der Pusteln
rundliche Geschwürchen von verschiedener Tiefe, in deren Grunde die
Cilie, gleich einem Setzling im Erdboden, eingepflanzt erscheint. Die
in den Pusteln sitzenden Wimpern sind gelockert, leicht mit der Cilien-
pinzette auszuziehen und die dabei mitentfernten Wurzelscheiden erscheinen gequollen, leicht gelblich-eitrig verfärbt. Bei der Epilation
entleert sich in der Regel etwas Eiter. Mit der Knötchen- und Pustelbildung verbindet sich eine entzündliche Hautverdickung der äußeren
Lidkante oder des ganzen Lidrandes.

Im weiteren Verlaufe kommt es, während anfänglich nur einzelne
Knötchen und Pusteln vorhanden sind, zum Auftreten neuer Herde,
so daß in der Regel nach und nach der ganze Cilienboden mit dicht-
gedrängt stehenden Pusteln bzw. Geschwüren besetzt ist oder durch
Zusammenfluß der einzelnen Geschwüre sogar eine die ganze äußere
Lidkante einnehmende Geschwürsfläche entsteht. Nach der Stärke der
Flächen- und Tiefenausdehnung der Entzündung richtet sich der Grad
der Vernarbung und der dadurch bedingten dauernden Ernährungsstörung der Cilien. Die Vernarbung führt zum Verstreichen des Inter-

marginalteils, so daß äußere und innere Lidkante fast ineinander verschmolzen erscheinen, und beim Sitze der Erkrankung am Unterlide
kommt es zu einem geringgradigen Narbenectropium. Die Cilien selbst
sind spärlich, verkümmert und falsch gestellt, woraus eine dauernde
Entstellung des Lidrandes resultiert.

Die Sykosis befällt gewöhnlich den ganzen Cilienboden des Ober-
und Unterlides, bald ein-, bald doppelseitig. Bevorzugt erscheint das
Unterlid hinsichtlich der Häufigkeit und der Schwere der Erkrankung.
Die Sykosis findet sich auch, wie § 133 ausgeführt wurde, im Verlaufe
einer ekzematösen Entzündung des Lidrandes, besonders im kindlichen
Lebensalter, seltener bei Erwachsenen. Die Sykosis tritt aber auch
spontan oder in Verbindung mit katarrhalischen Entzündungen der
Bindehaut, hier und da bei Trachom und häufig bei Stauung eitrigen
Sekrets im Bindehautsacke im Gefolge der Dakryocystoblennorrhoe auf.
Im letzteren Falle ist die Sykosis nur entsprechend der erkrankten Seite
entwickelt, namentlich am Unterlide. --- CHERNO (1907) hält die Sykosis
für die häufigste Form der Blepharitis ciliaris (vgl. auch S. 349).

Die Sykosis entsteht durch einen Staphylokokkeninfekt, am
häufigsten durch den Staphylococcus pyogenes aureus, zuweilen auch
durch den Staphylococcus citreus und albus. Der Infekt vollzieht sich
wohl meistens beim Cilienwechsel auf das jugendliche Papillenhaar in
mechanischer Weise dadurch, daß die pathogenen Mikroorganismen in
die offenstehenden Follikelmündungen eingerieben werden.

Anatomisch ist nach UNNA die Sykosis durch 4 Stadien gekennzeichnet: 1. durch die Impetigo des Haarbalgtrichters, 2. durch knotige
Perifolliculitis des Follikelhalses, 3. durch den perifollikulären Absceß,
4. durch den follikulären Absceß und die Vereiterung des Haarbalges
mit Ausgang in Vernarbung und Haarschwund.

Im ersten Stadium entsteht durch die Staphylokokkeninvasion in
den Haarbalgtrichter eine Impetigopustel (vgl. Abb. 109 S). Zugleich
sind die angrenzenden Papillen etwas ödematös und die Epithelleisten
vergrößert.

Im zweiten Stadium gelangen die Kokken in den Grund des Haarbalgtrichters und finden hier günstige Entwicklungs- und Ernährungsbedingungen, so daß sie in einem Spalte zwischen Haarschaft und Haar-
scheide bis zur Einmündung der Talgdrüse wachsen. Damit verbindet
sich eine Einwanderung von Leukocyten in den Haarbalg und eine
Ansammlung solcher im Bindegewebe um den Hals des Haarbalges.

Im dritten Stadium dringen Kokken aus dem infizierten Haarbalgtrichter unter die umgebende Hornschicht mit Bildung von
Impetigopusteln. In dem darunterliegenden Papillarkörper entsteht

eine Ansammlung von Leukocyten, und zuletzt bricht der kokkenhaltige Epidermisabsceß in die kokkenfreie entzündete Cutis durch.

Im vierten Stadium verbreitet sich die Infiltration der Cutis längs des Haarbalges in die Tiefe und es kommt zu einer perifollikulären kleinzelligen Infiltration (s. Abb. 109 *A*, 110 *JJ* und 111 *E*), die zunächst nur partiell auftreten kann. Zugleich wuchern im Innern die Kokken zwischen Wurzelscheide und Stachelschicht nach abwärts. Die Stachelschicht des Haarbalges (s. Abb. 109 *S* u. 110 *A*) sowie die Talgdrüse werden von Leukocyten durchsetzt und in der Regel bricht der Absceß der Stachelschicht, der sich nicht zirkulär, sondern nur an umschriebener Stelle zu entwickeln braucht, nach dem Trichterkanal durch (s. Abb. 109 *B*). Die perifollikuläre Entzündung kann einen bedeutenden Grad erreichen und dabei das Bindegewebe im weiteren Umkreise des Follikels nicht nur dicht kleinzellig infiltriert (s. Abb. 110 *JJ*), sondern auch von stärkeren Blutungen durchsetzt sein (s. Abb. 110 *BB*). Die innere Wurzelscheide erscheint gequollen (s. Abb. 110 *E*), ihre Zusammensetzung und Begrenzung undeutlich. Daß die Entzündung so früh-

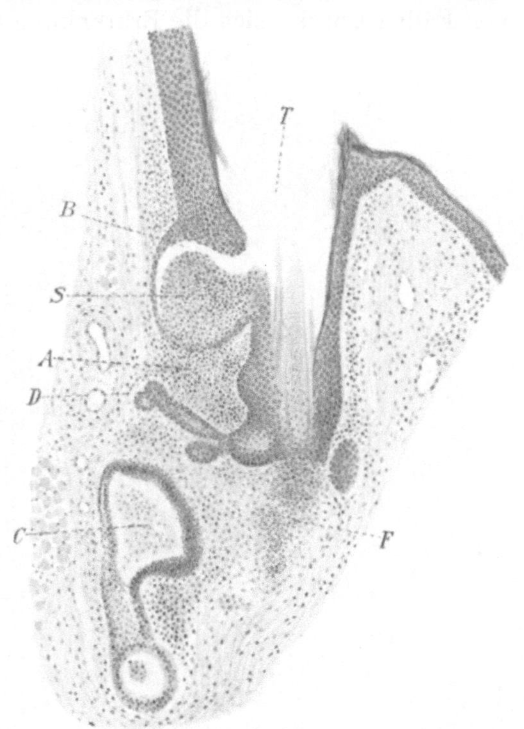

Abb. 109. Sagittalschnitt durch eine an Sykosis erkrankte Haarbalgdrüse. Vergr. 1 : 70.
T Erweiterter Trichterkanal eines Cilienfollikels; *A* perifollikuläre kleinzellige Infiltration; *S* Absceß; *B* Durchbruchsstelle; *D* atrophisch aussehendes Drüsengewebe; *F* Follikel; *C* seitlich getroffene Haarfollikel.

zeitig in das perifollikuläre Gewebe und nicht in die Tiefe des Follikels dringt, schreibt Unna der festen Balgmembran und dem hohen intrafollikulären Drucke zu. Mit der schließlich eintretenden Vereiterung werden die Reste des Haarbalges und die nekrotischen Hautteile seiner Umgebung ausgestoßen und die dadurch geschaffene Höhle wird durch Granulationsgewebe und Narbenbildung geschlossen (Ehrmann 1905).

Diagnostisch ist ausschlaggebend, daß die Sykosis den Cilienboden nicht überschreitet und die Knötchen und Pusteln von einer

Cilie durchbohrt sind. Gegenüber der Sykosis parasitaria kommt der Nachweis des Fadenpilzes in Betracht, abgesehen davon, daß dabei die Knötchen umfangreicher und zerklüfteter erscheinen und die Cilien davon nur selten befallen werden, dann zugleich mit den Supercilien und den Barthaaren.

Die Voraussage ist bei zweckentsprechender Behandlung eine günstige; immerhin sind die häufigen Rezidive bemerkenswert. In einer Reihe von Fällen erweist sich die Erkrankung als hartnäckig und langwierig.

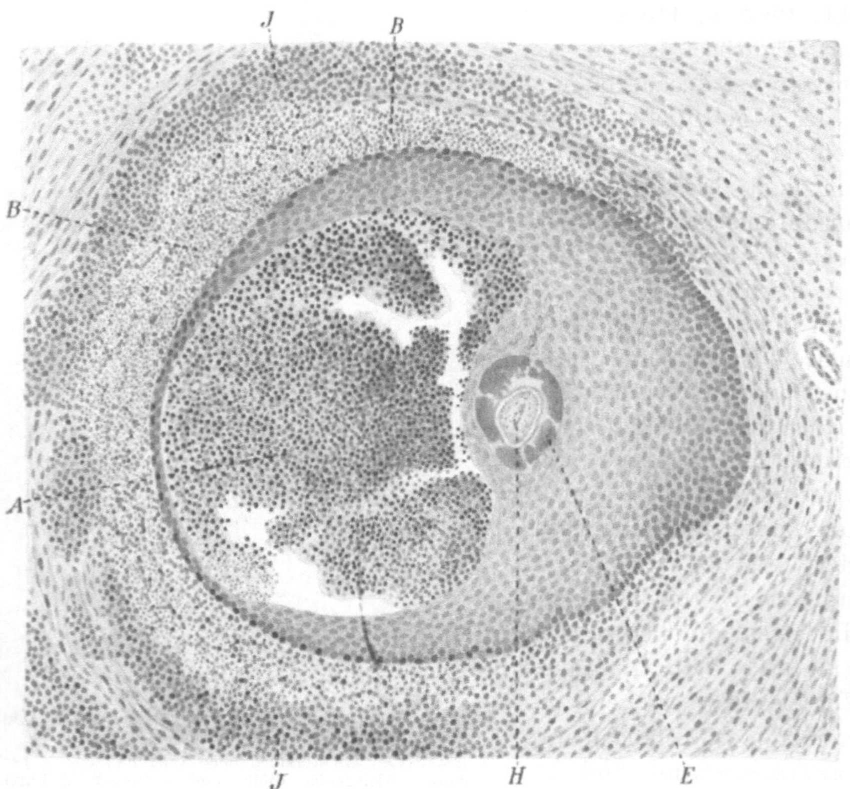

Abb. 110. Querschnitt durch einen an Sykosis erkrankten Haarfollikel. Vergr. 1 : 90.
J J Perifollikuläre entzündliche Infiltration; *B B* Blutungen; *A* follikulärer Absceß; *E* innere Wurzelscheide; *H* Cilie.

Die Behandlung der verschiedenen Formen der Perifolliculitis und Folliculitis i. e. der Blepharitis ulcerosa bzw. Bleph. pustulosa gestaltet sich ziemlich einheitlich in etwa folgender Weise: dem Eiter ist durch Öffnen der Pusteln Abfluß zu verschaffen und die Cilien sind wenigstens an den stärkst befallenen Stellen zu epilieren, was um so leichter und schmerzloser sich vollzieht, als die Cilien in der Regel sehr gelockert sind. Gleichzeitig wende man 2—3 Tage fleißig warme

3% Borsäure- oder Kamillenumschläge an, um eine möglichst sorgfältige
Reinigung des Wimperbodens herbeizuführen. Danach erst beginne man
in leichteren Fällen mit der Salbenbehandlung, bei schwererer hartnäckiger Erkrankung mit regelmäßig täglichen Touchierungen des Lidrandes mit 2—3%iger Argent. nitric.-Lösung. Es ist falsch, die Salben-
anwendung oder die Lapistouchierungen schon vor der lang genug fortgesetzten Applikation von Umschlägen zu verordnen, da alsdann die Bakterien unter der Salbendecke bzw. dem Argentumschorf erfahrungsgemäß
nur um so üppiger wuchern. Die Umschläge müssen je nach Lage des
Falles unter Umständen wochenlang fortgesetzt werden. Als Salben sind

3%ige Borsalbe, Zinkichthyol (Ichthyol 0,1; $\dfrac{\text{Zinc. oxyd.}}{\text{Amyl.}}$ $\overline{\overline{aa}}$ 1,0, Vaselin

flav. ad 10,0), 1%ige gelbe oder weiße Präcipitatsalbe (sehr wirksam bei
Blepharitis hereditärluetischer Individuen), 5—10 %ige Noviformsalbe
besonders zu empfehlen. In letzter Zeit wandte ich mehrfach Unguent.
hydrarg. praec. alb 10,0, + Pasta zinci 5,0 mit sehr gutem Erfolge an.
Die Salbe hat zudem den Vorzug, daß sie als besonders mild empfunden
wird. Von den Modifikationen der Scharlachrotsalbe Pellidol und Azo-
dolen sah ich nicht den geringsten Effekt. Mit Vorteil werden auch
Schwefel-Resorcin- und Tannin-Schwefelsalben (1 : 2 : 20) benutzt.
Neuerdings wird die nach den Angaben v. WASSERMANNS hergestellte
Histopinsalbe, die aus einem Staphylokokkenextrakt besteht und eine
lokale Immunität der Haut gegen Eitererreger bezweckt, sehr empfohlen (v. MARENHOLTZ 1912). Auch ELSCHNIG (1916) gibt an, daß
ihm die Histopinsalbe in hartnäckigen Fällen von Blepharitis ulcerosa
mitunter gute Dienste geleistet habe. Ich selbst habe die sogenannte
Histopinaugensalbe (Nitritfabrik A.G. Cöpenick) in ungefähr 50 Fällen
akuter (Hordeola usw.) und chronischer Lidrandentzündung leichterer
und schwerer Form angewandt, ohne davon irgendwelchen Erfolg zu
sehen. Ja, in einzelnen Fällen versagte das Histopin vollkommen, in
denen dann die 1%ige gelbe Präcipitatsalbe oder die Zinkichthyolsalbe
rasche Besserung bzw. Heilung herbeiführte. — Ferner wird die Betupfung der einzelnen Geschwüre mit einem fein zugespitzten Lapisstift
empfohlen. Gleichzeitig bestehende Erkrankungen der Bindehaut oder
der tränenableitenden Organe sind zu berücksichtigen. — Wichtig ist
eine gleichzeitige Allgemeinbehandlung, besonders in den Fällen, in
welchen Skrophulose oder exsudative Diathese die Basis für die Blepharitis abgeben. Das Nähere hierüber ist aus den Spezialbüchern
der Therapie der inneren Krankheiten zu ersehen. An dieser Stelle
möchte ich nur die Darreichung von Lebertran, Arsen und Eisen,
ferner Soolbäder swie Sonnen- und Luftbäder empfehlen.

§ 135. Als Erreger der perifollikulären und follikulären Entzündung des Haarfollikels wurde von einigen Beobachtern, so namentlich von RAEHLMANN (1899), der Dermodex oder Acarus folliculorum bezeichnet (Näheres s. im Kapitel XVIII dieses Handbuchs:
»Die tierischen Schmarotzer des Auges«). Von einer Reihe von Unter-
suchern, wie JOERS (1899), MULDER (1900) und HUNSCHE (1900) wurde
sowohl an Schnitten als auch an epilierten Cilien festgestellt, daß die
Milbe ungemein häufig an den menschlichen Augenlidern vorkommt,
und daher als alleinige Krankheitsursache nicht betrachtet werden
kann. Auch v. MICHEL hat schon in der I. Auflage dieses Handbuches,

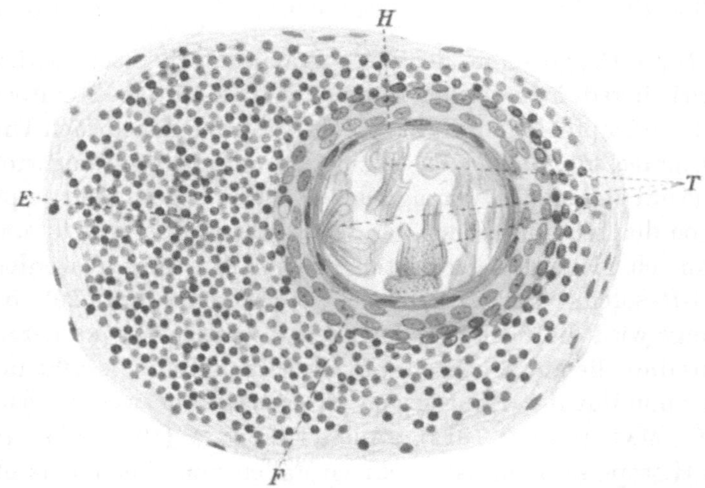

Abb. 111. Querschnitt durch einen an Sykosis erkrankten Lanugofollikel mit Demodices. Vergr. 1 : 270.
T Quergetroffene Demodices im Ausführungsgang eines Lanugofollikels; *E* perifollikuläre kleinzellige
Infiltration; *F* Stachelschicht entsprechend der Trichterregion eines Lanugofollikels; *H* Hornschicht.

Kap. IV, S. 294 einen in einem Haarfollikel steckenden Acarus im Sinne
eines indifferenten Schmarotzers abgebildet. Während RAEHLMANN
(1899) die Milbe nur in etwa 2% der Untersuchten antraf, fand JOERS
(1899) sie in 64% bei gleichzeitig ganz normalen Lidern. Nach HUNSCHE
(1900) beherbergen fast alle Menschen die Milbe, gleichgültig ob es sich
um eine Lidranderkrankung handelt oder die Augenlider gesund sind.
Die Milben stecken stets mit dem Kopfe dem Innern zu, bleiben auf
das Innere des Haarbalges beschränkt und sitzen immer oberflächlich.
In den Talg- und MEIBOMschen Drüsen kommen meistens keine Milben
vor, und doch hat MAJOCCHI als Erreger der Perifolliculitis und Folliculitis der MEIBOMschen Drüsen diese Milben angenommen. Daß eine
perifollikuläre Entzündung (s. Abb. 111*E*) zugleich mit einer gewissen
Anzahl von Demodices im Haarfollikel (s. Abb. 111 *T*) vorkommen kann,

geht aus der Mitteilung von Herzog (1904) hervor, der dieses Zusammentreffen in einem Falle von Trachom beobachtete. Die Entstehung der perifollikulären Entzündung ist aber dann nicht auf die Milbe, sondern auf einen Staphylokokkeninfekt zurückzuführen.

b) Mykosen.

§ 136. Von Mykosen (Dermato-Hyphomykosen) finden sich an den Cilien die Trichophytia profunda (auch Sykosis parasitaria oder hyphomycotica oder hyphogenes genannt) und der Favus oder Erbgrind. Im Verlaufe beider Erkrankungen entwickelt sich ein Haarausfall, eine Alopecia mycotica.

Die Trichophytia profunda (s. Sykosis parasitaria s. hyphomycotica s. hyphogenes) tritt nicht nur an dicht behaarten, sondern auch an wenig oder nicht behaarten Körperstellen auf und zeigt je nach ihrem Sitze ein verschiedenes Krankheitsbild. An nicht behaarten Stellen finden sich flache, schuppende, verkrustete Flecken, die manchmal Pustelchen zeigen, diese zuweilen zu größeren Scheiben oder Kreisen angeordnet. An wenig behaarten Partien, wie am Cilienboden, kommt es zunächst zu oberflächlich sitzenden Pustelchen oder zu schuppenden oder von Krusten bedeckten flachen Scheiben. Daran schließt sich die Bildung von größeren entzündlichen konfluierenden und schmerzhaften Knoten, die von zahlreichen größtenteils an der Cilienmündung sitzenden Eiterpunkten durchsetzt sind und deren Oberfläche meistens mit Krusten versehen ist. Nach Entfernung der Krusten ist eine Vertiefung vorhanden, aus der sich bei Druck dickflüssiger Eiter entleert. Die Cilien sind teils ausgefallen oder dünner als normal, teils sehr kurz, ca. $^1/_2$ mm oberhalb der Follikelmündung abgebrochen. Nach Mibelli (1894) erscheinen alsdann die Cilienstümpfe als leicht erkennbare schwarze Punkte. Gewöhnlich sitzen die Cilien so lose, daß sie mit den Resten der vereiterten Wurzelscheiden leicht ausgezogen werden können. Durch die Eiterung werden die infizierten Teile abgestoßen und so tritt eine spontane Heilung mit Vernarbung ein, die im allgemeinen nicht tiefgreifend ist und keine stärkere Wachstumsstörung der Cilien zur Folge hat.

Die Sykosis hyphogenes befällt bald die Lidfläche, bald den Lidrand, und im letzteren Falle häufig zugleich die anderen behaarten Stellen des Gesichtes, wie die Barthaare und die Augenbrauen. In einem von Mibelli (1894) mitgeteilten Falle war die Erkrankung auch auf der Kopfhaut, im Nacken, an der Schläfe, am Halse und in der linken Glutäalgegend verbreitet.

Die Sykosis wird von Tieren, besonders von Pferden, auf Menschen und von Mensch auf Mensch übertragen. Nach MIBELLI (1894) können mehrere Glieder einer Familie befallen werden, indem die Übertragung durch an Trichophytie erkrankte Kinder erfolgt.

Der Krankheitserreger ist das Trichophyton, von dem bald nur eine, bald mehrere Arten nachgewiesen wurden. Die Pilze wandern von der Hornschicht der Oberhaut in die Haarfollikel, wuchern in Form von Gonidien zwischen der Cuticula des Haares und dessen Rindenschicht, sie zerklüftend, später zwischen jener und der Cuticula der inneren Wurzelscheide und in der Haarsubstanz selbst, erreichen aber selten den Haarbulbus. Die Pilze erzeugen — wahrscheinlich durch ihre Stoffwechselprodukte oder durch Bildung von Toxinen — eine reaktive Entzündung, wobei Bläschen inner- oder unterhalb der Hornschicht entstehen und die Schichten des Haarbalges, sowie das perifollikuläre Bindegewebe und auch noch die Subcutis kleinzellig infiltriert werden. Alsdann kommt es zur sekundären Einschmelzung und Absceßbildung, manchmal auch nur zu einer dicken, knotigen Wucherung der Bindegewebszellen und zur Anhäufung von Plasmazellen (UNNA). Eine Eiterbildung ist dann zu erwarten, wenn die die Exsudate begrenzenden Hornlager bereits abgestorbene Mycelien enthalten.

Diagnostisch ist gegenüber der Sycosis coccogenes der Nachweis von Pilzen in den epilierten Cilien ausschlaggebend. Hinsichtlich der Behandlung ist auf die bei der Sycosis non parasitaria mitgeteilte zu verweisen; insbesondere sind die erkrankten Cilien zu epilieren. Vielfach wird eine Röntgenbehandlung als erfolgreich gerühmt, wobei die heilende Wirkung nicht auf einer Abtötung der Pilze, sondern auf einer vollständigen Entfernung der Krankheitskeime mit den ausfallenden Haaren beruhen soll.

Erwähnt sei noch, daß TREACHER-COLLINS (1898) eine als Monilethrix bezeichnete Veränderung der Cilien und Supercilien mitteilt, wobei die Haare, auch die Kopfhaare, eine auffällige Brüchigkeit zeigten. Die meisten Haare waren gerade über der Haut abgebrochen und ließen sich wegen ihrer Brüchigkeit schwer epilieren.

§ 137. Der Favus oder Erbgrind wurde bis jetzt in den wenigen veröffentlichten Fällen (7 an Zahl) fast ausschließlich am Oberlide, nur einmal gleichzeitig am Unterlid (HOFFMANN 1912) beobachtet. Durch die Ansiedelung des Favuspilzes (Achorion Schoenleinii) entsteht ein charakteristisches Gebilde, die sogenannte Favusscutula. Sie erscheint als eine schwefelgelbe, trockene, brüchige, meist von einem oder mehreren Haaren durchbohrte dellenartige Scheibe, die mit der Haut auf dem Tarsus verschiebbar ist. Das Oberlid ist dabei etwas herabgesunken und leicht geschwellt. Der Grund der schüsselartigen Vertiefung ist mit einer Hornschicht bedeckt und ihre untere konvexe halbkuglige Fläche in eine entsprechende Hautvertiefung eingelagert. Die durch Entfernung der Borke sichtbar werdende Hautstelle zeigt bald eine mehr feuchte glänzende Beschaffenheit, bald ist sie leicht blutend. Die Cilien erscheinen glanzlos, wie bestäubt, dünn und fallen aus — Alopecia favosa —; ihre Wurzelscheiden sind so gelockert, daß die Cilien leicht ausgezogen werden können, wobei sie gern abbrechen.

Im weiteren Verlaufe können sich ekzematöse Entzündungen hinzugesellen, hier und da entstehen auch feine oberflächliche Narben mit dauerndem Haarverluste. Subjektive Beschwerden sind kaum vorhanden, auch die Berührung ist nicht schmerzhaft. Mit der Erkrankung der Lidhaut kann sich eine solche der Kopfhaut verbinden (Arcoleo 1871). In seltenen Fällen pflanzt sich der Favus von der Lidhaut auf die Haut der Nachbarschaft fort.

Der Pilz wird direkt durch Berührung mit an Favus erkrankten Menschen oder Tieren übertragen. Auch eine Ansteckung durch Mäuse oder Übertragung des Favuspilzes durch Insekten wird angenommen, ohne daß ein Stich des Insekts zu erfolgen braucht.

Die Eingangspforte für den Favus bildet der Follikeltrichter, von dem aus die der Hauptmasse nach aus Sporidien des Achorion Schoenleinii zusammengesetzte Scutula entsteht. In ihrer Mitte erscheinen die abgeschnürten Gonidien dicht gedrängt und peripherwärts sind die Mycelfäden radienartig angeordnet. Die Pilze werden durch eine feinkörnige Masse zusammengehalten. Sie finden sich aber nicht bloß in der Scutula, sondern wuchern auch in die innere Wurzelscheide und das Haar selbst, hier hauptsächlich zwischen Cuticula, Haarrinde und innerhalb der Haarrinde.

Die Behandlung besteht in Entfernung der Scutula nach Erweichung durch Vaseline oder Öl und in Epilation der kranken Haare. Zugleich ist eine desinfizierende Fettsalbe, wie Sublimat- (1 : 3000) oder Resorcinsalbe, auf die erkrankte Stelle aufzustreichen. In der Regel pflegt dann eine Heilung einzutreten. Auch eine Behandlung mit Röntgenstrahlen wird empfohlen (s. S. 356).

c) Störungen des Cilienwachstums.

§ 138. Die Störungen des Cilienwachstums äußern sich im Sinne einer Hypertrophie, sogenannte Hypertrichosis, und im Sinne einer Atrophie, sogenannte Hypotrichosis oder Alopecie. Häufig sind diese Störungen gleichzeitig an den Augenbrauen und der behaarten Kopfhaut oder selbst an allen behaarten Körperstellen vorhanden.

Die Hypertrichosis kann sich auf Länge und Zahl der Cilien beziehen. In der Regel zeichnen sich nur einzelne Cilien durch eine besondere Länge aus. So fand v. Michel gelegentlich die Länge einer einzigen Cilie des Oberlides von über 2 cm, während die übrigen Cilien kaum 1 cm maßen und keine sonstigen krankhaften Veränderungen vorhanden waren. Im allgemeinen ist ein abnormes Längenwachstum selten. Häufiger sieht man recht dicke, stark pigmentierte und lange Cilien im Zusammenhange mit entsprechend entwickelten Supercilien und Haaren. Haare können übrigens auch an sonst nicht behaarten Stellen der Lider vorhanden sein, wie am inneren Lidwinkel, besonders bei gleichzeitigem starken Bartwuchse weiblicher Individuen.

Eine Vermehrung der Cilien, eine Polytrichia oder Hypertrichosis marginalis kommt angeboren und erworben vor.

Bei der angeborenen Polytrichie sind die Cilien statt nur in einer Reihe in doppelter, selbst 3—4facher Reihe gestellt, wofür die Bezeichnungen: Distichiasis (vgl. S. 359 Fußnote), Tristichiasis und Tetrastichiasis gebraucht werden. In der Regel sitzt die zweite Reihe nach der inneren Lidkante zu, unmittelbar neben den Mündungen der Meibomschen Drüsen, und ist zur normalen Cilienreihe ziemlich genau parallel gerichtet. Die Cilien selbst erscheinen von normaler Beschaffenheit, doch besteht manchmal die zweite Reihe aus lanugoähnlichen hellen Härchen. Eine solche Vermehrung der Cilien kann entweder nur an einzelnen Stellen oder in der ganzen Ausdehnung des behaarten Lidrandes vorhanden sein. Ein schädlicher Folgezustand entsteht dadurch, daß die nach innen gestellten Cilien der zweiten bzw. der dritten oder vierten Reihe bei den Lidbewegungen auf der Vorderfläche des Augapfels reiben und auf der Hornhaut die gleichen Veränderungen wie bei der erworbenen Polytrichie hervorrufen.

Zur Erklärung der angeborenen Distichiasis wird von Kuhnt (1899) eine heterotopische Bildungsanomalie angenommen. An Stelle der Meibomschen Drüsen hätten sich Cilien entwickelt, die durch einen unbekannten, perversen Bildungstrieb nicht nur an der vorderen, sondern auch an der hinteren Kante des Lidrandes angelegt wären. Dadurch wäre den erst später zur Anlage kommenden Meibomschen Drüsen gewissermaßen der Platz genommen, sie fehlten infolgedessen und wären durch hyperplastische Mollsche Drüsen ersetzt, die eine hinreichende Befettung des Lidrandes besorgten. Auch Brailey (1906) ist der gleichen Ansicht, daß die Entwicklung der epithelialen Einstülpung zu Meibomschen Drüsen unterblieben sei, da sich an ihrer Stelle Cilien und zwar genau ihrem Ausführungsgange entsprechend, befänden.

Gegensätzlich betrachtet Erdmann (1904) die zu den hinteren Cilien gehörenden Drüsenanlagen als eine Bildung von Cilien und Meibomschen Drüsen in ein und derselben ursprünglich gleichen Anlage, wobei aus irgendeiner Veranlassung die Differenzierung unterblieben sei. Aus dem die erste Anlage beider Gebilde darstellenden Epithelzapfen könnten ebensowohl eine Cilie, wie ein Acinus einer Meibomschen Drüse hervorsprossen. So erscheint als Hauptbefund die unmittelbare Verbindung der hinteren Cilien mit den Meibomschen Drüsenanlagen, was auch makroskopisch schon aus dem Hervorwachsen der Cilien aus den Mündungen der Meibomschen Drüsen zu erkennen ist. Die weitere Folge dieser Entwicklungsstörung ist eine rudimentäre Bildung beider Teile. Die wenigen, aber den Meibomschen Drüsen nach Bau und Anordnung durchaus entsprechenden Drüsenacini münden anstatt in einen einfachen gemeinsamen Ausführungsgang in den Haarbalg einer gut ausgebildeten, wenn auch schwachen Cilie. Fast durchweg handelt es sich um einfache kurzgestielte Drüsenacini, die in langer Reihe übereinander liegen, direkt dem Haarbalge aufsitzen und nach ihrem Bau als schwach entwickelte Meibomsche Drüsen anzusprechen sind. In der Regel ist auch die Haaranlage nur ganz rudimentär vorhanden.

Bei der erworbenen Polytrichie[1]) ist die Zahl der Cilien durch Emporsprossen an unrichtigen Stellen des Lidrandes vermehrt. Die Cilien stehen hier in unregelmäßiger Weise neben- und durcheinander gewirrt, sogenannte Hypertrichosis marginalis acquisita irregularis. Im Gegensatze zur Distichiasis congenita vera sind bei der erworbenen die neuen Cilien nicht zu zwei regelmäßigen Reihen angeordnet. Die an unrichtiger Stelle stehenden Cilien haben in der Regel das Aussehen von Lanugohaaren und werden auch als Pseudocilien bezeichnet; zugleich zeigen sie häufig einen Schiefwuchs.

Die Ursache der erworbenen Polytrichie ist in einem besonderen Wachstumstriebe rudimentärer Haaranlagen (s. S. 342) zu suchen. Dabei wäre anzunehmen, daß aus diesen Haarkeimen in der ersten Haardrüsenanlage neue Haare dadurch entstehen, daß zwei Haare aus einem

---

Haarbalge hervortreten oder der neuentstandene Haarbalg abgetrennt wird und eine Bildung von normalen Haaren nicht stattfindet. Daß unter besonderen krankhaften Bedingungen ein Ersatzhaar auf Grund einer neuangelegten epithelialen Seitensprosse (s. Abb. 112 *S*) des Haarfollikels und einer neugebildeten Haarpapille (s. Abb. 112 *P*) geschaffen werden könnte, wird von HERZOG (1904) besonders hervorgehoben.

Der Eintritt einer stärkeren derartigen Behaarung des Lidrandes ist dem mittleren und höheren Lebensalter eigentümlich. Gleichzeitig werden zuweilen auf der Fläche des Oberlides eine größere Zahl von längeren Lanugohärchen sichtbar und sie verbinden sich besonders beim weiblichen Geschlechte mit einer auffälligeren Behaarung des Gesichts. Wange, Oberlippe usw. erscheinen mit einem feinen Lanugoflaum überzogen. Eine solche Polytrichie kann bald entlang der ganzen äußeren Lidkante, vorzugsweise am Unterlide, oder umschrieben an einer Stelle, besonders in der lateralen Hälfte des Oberlides und in der Nähe des lateralen Lidwinkels, auftreten. Ferner findet sich eine erworbene Polytrichie bei Erkrankungen, die mit Vernarbungen des Lidrandes und der Bindehaut einhergehen, wie beim Trachom. Mit dieser Polytrichie sind hochgradige Störungen der Struktur und der Wachstumsrichtung verknüpft, gerade so wie dies auch bei dem der Hypertrichosis entgegengesetzten Zustande, der Hypotrichosis, der Fall ist. Hinsichtlich der näheren Verhältnisse ist auf S. 375 bis 380 zu verweisen.

Die Behandlung ist eine operative.

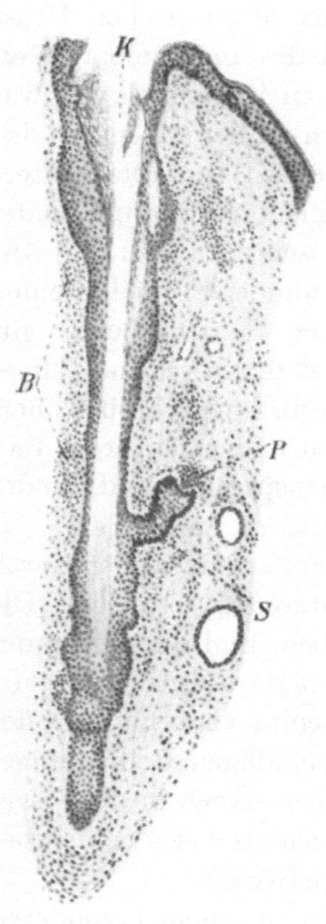

Abb. 112. Bildung eines Ersatzhaares innerhalb einer neu angelegten epithelialen Seitensprosse des Follikels auf einer ebenfalls neugebildeten Haarpapille bei Trachom. Verg. 1 : 58. *K* Erweiterter Haarkanal mit zum Teil atrophischer Stachelschicht; *B* narbenartig sklerosiertes Bindegewebe in der Umgebung eines Cilienfollikels; *P* neugebildete Papille; *S* Seitensprosse des Follikels.

§ 139. Im Anschlusse an die Polytrichie des Cilienbodens ist das Verhalten der Lidflächen bei den sogenannten Homines pilosi, den Haar- oder Hundemenschen, zu erwähnen. Die Haut des Gesichts und der Lidfläche, besonders am Unterlide, erscheint mit ziemlich langen zarten, meist pigmentarmen und dicht gestellten Haaren besetzt. In den meisten Fällen finden sich noch eine mehr oder minder defekte Zahnbildung, ein graziler Wuchs und ein verspäteter Eintritt der Geschlechtsreife; außerdem können noch Mißbildungen untergeordneter Art vorhanden sein.

Diese Überhaarung der Lidfläche ist als eine heterotopische zu betrachten in dem Sinne, daß Haare sich an Stellen finden, die unter normalen Verhältnissen keine Behaarung aufweisen. Nach BONNET (1892) sind die meisten Fälle von Hypertrichose als Hemmungsbildungen aufzufassen, indem im postembryonalen Leben der Lanugo stehen bleibt und weiter wächst, während normalerweise die Lanugobehaarung größtenteils abgestoßen und durch stärkeres markhaltiges Haar ersetzt wird. Bleibt dieser Ersatz aus und wird der Lanugo nicht bloß erhalten, sondern wächst er auch aus, so ist das durch sie gebildete Haarkleid etwas anderes als die durch exzessive Entwicklung des sekundären Haarkleides bedingte echte Hypertrichose. Demnach ist die Hypertrichosis vera von einer Pseudohypertrichosis lanuginosa zu trennen.

§ 140. Die Hypotrichosis oder Atrophie der Cilien, die Alopecie oder der Haarschwund, tritt als lückenhafter Haarbestand oder als Haarmangel auf und kann angeboren oder erworben sein. Für den angeborenen Haarmangel sind auch die Bezeichnungen: Alopecia adnata oder congenita und für den erworbenen der Ausdruck: Alopecia symptomatica gebräuchlich.

Bei der angeborenen Hypotrichose oder Alopecie fehlen die Cilien oder es sind nur wenige lanugoähnliche Haare sichtbar. Damit ist eine universelle Alopecie verknüpft, woran Supercilien und Kopfhaare in erster Linie beteiligt sind und wobei an den verschiedenen behaarten Stellen der Haarbestand fehlen oder mehr minder schwach entwickelt sein kann.

Die angeborene Alopecie ist selten und trägt gewöhnlich einen familiären Charakter. In einem von PINCUS (1900) berichteten Falle zeigten Rumpf und Extremitäten eines Knaben, der außerdem von einem rechtsseitigen Buphthalmus befallen war, nur einige wenige Haare, während im Gesicht ein normaler Lanugo sichtbar war. Der Kopf war kahl, die Cilien gut entwickelt, dagegen die Supercilien in nur spärlicher Zahl. Der Vater dieses Knaben war seit seinem ersten Lebensjahre vollkommen kahl; er besaß nur einige Wimpern und Schnurrbarthaare. Eine familiäre Hypotrichose beobachtete auch BAER (1907). Vier Geschwister im Alter zwischen 8 und 22 Jahren waren mit Ausnahme weniger markhaltiger Augenbrauen- und Schnurrbarthaare vollkommen kahl. Drei von ihnen hatten einen mehr oder weniger reichlichen fötalen

Lanugo mit zur Welt gebracht, der später in der gewöhnlichen Weise ausgefallen war, ohne daß aber, wie in der Regel, ein bleibender Haarwuchs gefolgt wäre. Die Geschwister waren sonst gut entwickelt. Haut, Nägel und Zähne zeigten nichts Abnormes. Die Eltern waren Geschwisterkinder.

Ursächlich ist die angeborene Alopecie als Hemmungsbildung aufzufassen. Die Anlage für das bleibende Haarkleid fehlt oder das fötale Haarkleid ist vorhanden, aber der Nachwuchs bleibender Haare tritt verspätet und unvollkommen ein. Damit könnte die Entwicklung einer dicken Epidermis, einer Art von Keratose, verbunden sein, wodurch der Durchbruch der Haare infolge der in der Haarbalgmündung steckenden Epidermiszapfen behindert wäre. Hierher ist auch der von BAQUIS (1892) mitgeteilte Fall zu rechnen, bei dem es sich um eine sogenannte Pseudoalopecie der Cilien handelte, da mikroskopisch festgestellt wurde, daß die Cilien mit ihrem ganzen Haarschaft in der Haut stecken geblieben waren. Eine Alopecie begleitet ferner die angeborene Atrophia cutis idiopathica. In einem solchen Falle (s. S. 159) fehlten die Augenbrauen, an deren Stelle nur einige wenige sehr feine Wollhärchen vorhanden waren, ebenso waren die Cilien nur durch einzelne dünne helle Härchen vertreten. Die Kopfhaut war hinten und seitlich mit dünnen, spärlichen, schwach pigmentierten Haaren besetzt, vorn fanden sie sich nur vereinzelt. Der Schnurrbart war dürftig entwickelt, Wangen und Kinn waren dagegen mit dichtstehenden kräftigen Bartstoppeln besetzt. Die Schweißdrüsen fehlten, die Talgdrüsen und Haarfollikel waren vorhanden. Die Ursache des Mangels von richtig entwickelten Cilien ist daher nicht in einer angeborenen Agenesie zu suchen.

Eine auf die Cilien allein beschränkte Alopecie — teils Mangel, teils verminderte Zahl — findet sich auch bei verschiedenen Hemmungsbildungen der Augenlider (CORNAZ, nach v. MICHEL).

§ 141. Bei der erworbenen Alopecie der Cilien wird unter dem Einflusse bestimmter Vorgänge das normale Wachstum und der normale Wechsel unterbrochen und es kommt zum Ausfall oder zu mangelhafter Neubildung der Haare. Sie tritt für sich allein auf oder bildet eine Teilerscheinung einer allgemeinen erworbenen Alopecie. Der Cilienausfall kann ein vorübergehender oder dauernder sein. Der Zustand des dauernden Verlustes der Cilien, Madarosis genannt, ist mit einer erheblichen Entstellung verbunden.

Ursächlich kommen allgemeine und lokale Einwirkungen in Betracht. Von allgemeinen Ursachen sind Infektionen und Intoxikationen sowie die daraus entstehenden Anämien und Schwächungen des Organismus anzuführen.

Von Infektionen spielen Syphilis und Lepra eine große Rolle. Bei der Syphilis kommt es zum Ausfall der Cilien zugleich mit allgemeinem Haarschwunde, oder nur zum Ausfall der Cilien und Supercilien; schließlich kann der Haarausfall nur die Cilien oder nur die Supercilien betreffen. Nach den Untersuchungen von WILBRAND und STÄHLIN (1896) war bei einer Zahl von 136 Luetischen der Frühperiode ein isolierter Ausfall der Cilien in 5,1%, ein solcher der Supercilien in 8,8% und ein gleichzeitiger Ausfall von Cilien und Supercilien in 33,3% vorhanden. Manchmal sind nur Lücken zwischen normalen Cilien, oder an einzelnen Stellen nur dünne, kaum sichtbare Härchen vorhanden. Ein Cilienausfall begleitet ferner am Lidrande oder an der Lidfläche lokalisierte syphilitische Hautausschläge und gummöse Neubildungen, wie dies bereits auf S. 127, 135 u. 138 angeführt ist. In IVERSENCS (1898) Beobachtung verband sich ein fast vollkommener Cilienschwund mit dem Auftreten eines papulösen Syphilids der Lidhaut. Der in solcher Weise eintretende Cilienausfall ist nur ein temporärer; nach und nach stellt sich wieder ein normaler Haarwuchs ein. War aber die Lidhaut Sitz eines vernarbenden Gumma oder eines syphilitischen Primäraffekts, so ist der Cilienverlust im Bereich der Narbe ein dauernder.

Bei Lepra kommt es zu einem Ausfall der Cilien und Supercilien, dessen Ursache weniger in der allgemeinen Schwächung des Organismus als in der lokalen Entstehung von Lidlepromen und dem Infekt der Haarbälge mit Leprabacillen zu suchen ist (s. S. 111).

Eine dauernde universelle Alopecie beobachtete v. MICHEL im Gefolge eines Scharlachs. Cilien und Supercilien fehlten, und es bestand zugleich eine so vollkommene Haarlosigkeit am ganzen Körper, daß selbst bei Lupenvergrößerung keine Wollhärchen aufzufinden waren. Mit dem Haarausfall hatte sich eine bedeutende Abschuppung am ganzen Körper und eine Abstoßung der Nägel eingestellt.

Von Intoxikationen, die mit einem Cilien- oder allgemeinen Haarausfall einhergehen können, ist die chronische Arsenvergiftung zu nennen; ferner ist die Cachexia strumipriva insofern hierher zu rechnen, als anzunehmen ist, daß toxische Produkte beim Fehlen der entgiftenden Wirkung des Schilddrüsensekrets die Ernährung der Cilien ungünstig beeinflusse. In diesem Sinne wäre auch der Cilienausfall bei der Tetanie und bei der Basedowschen Krankheit aufzufassen; letzterer entsteht vielleicht eher noch auf neurotischer Basis (Alopecia neurotica). HOFFMANN teilt 2 Fälle von Verkümmerung der Cilien und Supercilien bei Hyperthyreoidismus (Struma) mit, die mit Verkümmerung anderer epithelialer Gebilde, insbesondere der Nägel vergesellschaftet waren. Wimpern und Augenbrauen bestanden aus kurzen kräftigen, stumpf endigenden Haarstummeln und sahen wie versengt aus.

In einer großen Zahl von Fällen handelt es sich um einen auf den Cilienboden beschränkten Ausfall, dessen Ursache in lokal wirkenden Schädigungen, nämlich Erkrankungen und Vernarbungen der Haut des Lidrandes mannigfaltigster Art, zu erblicken ist. Je nach der näheren Ursache spricht man von einer Alopecia neurotica, seborrhoica, mycotica, inflammatoria und cicatricea. Auch eine Alopecia arteficialis wird nicht allzuselten beobachtet.

Unter Alopecia neurotica ist ein Cilienausfall durch Nerveneinfluß zu verstehen; dieselbe ist selten und gewöhnlich mit einem Grau- oder Weißwerden der Cilien verbunden (s. S. 370 u. f.). Eine Trophoneurose ist als Ursache dann mit Wahrscheinlichkeit anzunehmen, wenn der Ausfall der Cilien einseitig stattfindet. RAVATON (nach v. MICHEL) beobachtete nach einer heftigen Kopferschütterung eine Erblindung des rechten Auges, eine Entfärbung und einen Ausfall der Kopfhaare, der Augenbrauen und der Wimpern der rechten Seite. Nach einer Beobachtung von YEO (1897) hatte sich bei einem Falle von Basedowscher Krankheit gleichzeitig mit dem Auftreten eines linksseitigen Exophthalmus ein Ausfall der Augenbrauen und der Wimpern am unteren Lide und an den inneren $2/_3$ des oberen Lides der linken Seite eingestellt. Nach einem halben Jahre entwickelte sich ein rechtsseitiger Exophthalmus und es wiederholte sich rechtsseitig der gleiche Vorgang an den Cilien und Supercilien, wie ursprünglich linkerseits. WILBRAND und SAENGER (1900) beobachteten ein junges Mädchen mit BASEDOWscher Krankheit, bei welchem nicht eine einzige Wimper oder Augenbraue mehr vorhanden war. Das Aussehen solcher Individuen ist ein in hohem Grade unangenehmes. Früher nahm man entsprechend der Auffassung von der Entstehung des Morbus Basedowii an, daß hierbei der Nervus sympathicus eine Rolle spiele, und zwar insbesondere mit Bezugnahme auf eine Mitteilung von DONATH (1898), der nach Excision eines 3 cm langen Stücks aus dem oberen Teile des rechten Halssympathicus und des Ganglion fusiforme auf derselben Seite ein Hauterythem mit Ausfall der Haare auftreten sah. — Heute wissen wir, daß derartige Wachstumsströnungen der Augenbrauen und Cilien, die öfter gleichzeitig mit einer Verkümmerung der Fingernägel auftreten, auf eine durch die Schilddrüsenerkrankung bedingte Störung der inneren Sekretion zurückzuführen sind. HOFFMANN (1908) gibt an, daß bei Thyreoidosen im allgemeinen, und zwar sowohl bei Hyperthyreoidismus wie bei Hypothyreoidismus eine langsam sich entwickelnde doppelseitige Verkümmerung der Cilien und Augenbrauen beobachtet werden kann. Die gleiche Erscheinung findet sich demgemäß beim infantilen Myxödem und tritt auch nach der Angabe A. v. Szilys gelegentlich nach Kropfoperationen auf.

Die Alopecia seborrhoica der Cilien, die sogenannte Blepharitis squamosa, wurde bereits auf S. 308 erwähnt. Der Cilienausfall, der sich besonders beim Waschen oder ähnlichen mechanischen Manipulationen sowie durch das häufige Verweilen von Cilien im Bindehautsack bemerkbar macht, bildet in der Regel die auffälligste Erscheinung der seborrhoischen Erkrankung. Auch nach der Heilung bleibt häufiger dauernd ein schwacher Haarbestand zurück.

Das Absterben der Haare ist wahrscheinlich die Folge einer Infektion des Follikeltrichters und einer dadurch bedingten Toxinwirkung auf die Haarpapille. Anatomisch handelt es sich nach Unna um eine Hyperkeratose des Follikeleinganges und des Haarbalgtrichters. Die konzentrisch angehäuften Hornzellen, die mit den Schuppen der Hautoberfläche zusammenhängen, erweitern den Follikeleingang und können beim Vordringen bis zur Einmündungsstelle der Talgdrüsen sie blockieren und ihr Sekret anstauen. Durch konzentrischen Druck am Follikeleingang wird der Haarausfall beschleunigt. Bei diesem Ausfall kommt es nicht mehr zu einem vollgültigen Haarersatz, sondern zur Entwicklung dürftiger, kleiner, mehr und mehr dem Lanugo ähnlicher Papillenhaare, oder die Bälge bleiben leer und verkümmern. An Stelle der ausgefallenen und verkümmerten Haare proliferieren die Talgdrüsen, die mit Hornmassen und Fett gefüllte Cysten bilden, wenn die Follikelausgänge nicht verschlossen sind.

Die Alopecia mycotica tritt als Teilerscheinung der Sycosis hyphogenes oder des Favus auf (s. S. 356 und 357). Hier ist noch die Besprechung der Alopecia areata oder Area Celsi anzureihen, deren Entstehung teils Mikroorganismen, allerdings noch unbekannter Natur, teils trophoneurotischen Einwirkungen im Sinne einer Läsion der Gefäßnerven zugeschrieben wird. Für die Annahme von pathogenen Mikroorganismen spricht das Befallensein mehrerer Mitglieder einer Familie und ein endemisches Auftreten. Die Alopecia areata ist durch einen kreisförmigen Haarausfall ausgezeichnet. Zumeist werden Kopf- und Barthaare allein ergriffen, nur bei den seltenen malignen Formen kann sich der Haarausfall auf Augenbrauen und Cilien ausbreiten. Die Haare fallen in der Regel an der erkrankten Stelle ganz aus, doch können sie auch nur gelockert und brüchig erscheinen. Auch rings um die kahlen Stellen sitzen die Haare sehr locker. Im weiteren Verlaufe regenerieren sich die Haare bald langsamer, bald schneller und es kommt wieder zu einer normalen Behaarung, wenn auch, wie bei den malignen Formen, darüber Jahre vergehen können und Rezidive nicht ausbleiben.

Mikroskopisch erscheint die Wurzel des epilierten Haars atrophisch, pigmentlos oder unregelmäßig pigmentiert und stellenweise aufgetrieben. Die Haarsubstanz zeigt sich regelmäßig durch Luftinfiltration bis in den tiefsten intrafollikulären Abschnitt zerfasert, wodurch das Haar abbricht. Gleichzeitig ist die Cutis um die Blutgefäße und an bestimmten Stellen des Haarbalges, nämlich in der Papille, unterhalb der Einmündung der Talgdrüsen und unterhalb des Follikeltrichters, kleinzellig infiltriert.

Die Behandlung besteht in der Epilation der Cilien, die ganz locker sitzen und samt ihrer Wurzel leicht ausgezogen werden können; ferner in Anwendung von desinfizierenden und leicht reizenden Mitteln, deren Zusammensetzung aus den Lehrbüchern der Hautkrankheiten zu ersehen ist.

Die Alopecia inflammatoria findet sich bei einer Reihe von entzündlichen Erkrankungen des Lidrandes, bald an einzelnen Stellen, bald in seiner ganzen Ausdehnung, so beim Erysipel, bei den acinösen und furnnkulösen Entzündungen und der Sykosis. Der Cilienausfall ist ein vorübergehender, wenn die Haarpapille nur augenblicklich geschädigt, ein dauernder aber, wenn sie zerstört wird. Diese Form bildet den Übergang zur Alopecia cicatricea, die sich dann entwickelt, wenn tiefergehende Vernarbungen am Lidrande entstehen, wie bei der Variola, dem primären harten Schanker, bei Verletzungen, Verbrennungen und Vereiterungen. Bei der Sykosis des Lidrandes, die meist nur oberflächliche Narben setzt, kommt es, wie erwähnt, in der Regel nicht zur Alopecie. Auch bei primären Entzündungen der Bindehaut, die mit tiefgehender Narbenbildung verbunden sind, wie beim Trachom und beim Pemphigus, tritt durch Übergreifen der Entzündung auf den Lidrand und nachfolgender Vernarbung sekundär eine Alopecie auf. Wohl ausnahmslos ist damit eine Störung der Wachstumsrichtung, eine Trichiasis, verbunden.

Eingehende anatomische Untersuchungen über das Schicksal der Haare bei der Bildung von Hautnarben haben MARCHAND (1901) und LEBRAM (1904) angestellt. Eine Narbe bleibt mit Haaren versehen, wenn bei der Entstehung eines Oberflächendefekts die Haarwurzel in lebensfähiger Verbindung mit dem Mutterboden zurückbleibt. Mit der Bildung von Granulationsgewebe entwickelt sich eine von dem Haarbalge aus sich verbreitende Epithelinsel, die sich der allgemeinen Narbenüberhäutung einfügt. Der Haarschaft kann von der Papille aus, durch seinen Haarbalg vor dem Granulationsgewebe geschützt, nach außen wachsen. Eine haarlose Narbe entsteht, wenn die Haarwurzel in den Defekt mit inbegriffen war. Die regenerative Neubildung von Haaren bleibt dann aus, da das Oberhautepithel, das sich bei der Heilung über die Wunde hinüberschiebt, die haarbildende Kraft, die ihm allein im embryonalen Leben zukommt, verloren hat und daher nicht mehr imstande ist, Haarkeime zu liefern. Eine weitere Möglichkeit besteht darin, daß ein lebhaft wucherndes Granulationsgewebe über der Haarpapille zusammenschlägt und verwächst. Der Haarbalg oder das sprossende Haar wird dadurch von der Oberfläche abgeschnitten und in die Tiefe versenkt. Dabei kann der Haarstumpf atrophieren oder der versenkte Haarbalg ein Haar produzieren, das noch durch das feste Narbengewebe hindurchzudringen imstande ist. In den meisten Fällen entspricht dieser Zustand dem der traumatischen Epithelversenkungen (Eukatorrhaphie), und es entsteht so eine Epithelcyste. Erweitert sich die Cyste, so kann das Wachstum des Haares in deren Lumen hinein erfolgen. Bleibt die Cystenbildung aus, so wächst der Haarschaft ganz ausschließlich und isoliert in die Tiefe des Gewebes vor. Da nun dem Haare in seiner Wachstumsrichtung das feste Narbengewebe entgegensteht und ihm den Weg nach der freien Oberfläche zu verlegt, so muß es seine Wachstumsrichtung ändern. Das Haar wächst in das lockere Gewebe unterhalb der Narbe zurück und liegt hier als Fremdkörper, umgeben von zahlreichen Fremdkörperriesenzellen, die zum Teil die Haarsegmente scheidenförmig umschlingen.

Sehr spärlich sind die anatomischen Befunde über das Verhalten der Cilien bei Vernarbungen des Lidrandes; diese beziehen sich im wesentlichen auf das Verhalten des perifollikulären Gewebes und auf die Verlagerung oder Verziehung des Haarfollikels durch schrumpfendes Narbengewebe mit dem hierdurch bedingten Schiefwuchse der Cilien, der Trichiasis. Das sonst locker gefügte perifollikuläre Gewebe ist durch ein reichlich Spindelzellen enthaltendes Granulationsgewebe (s. Abb. 113 N) oder durch ein derberes Narbengewebe ersetzt (s. Abb. 112 B). Die Breite des perifollikulären Bindegewebes kann verschieden sein. In der Folge kommt es durch das schrumpfende, den Cilienfollikel förmlich einschnürende Narbengewebe zu einer Druckatrophie, die mit Beschränkung der Bildung von Ersatzhaaren und Aufhebung der Produktion von Cilien überhaupt einhergeht; es resultiert eine Alopecie. RAEHLMANN (1891) hat bei trachomatöser Vernarbung des Lidrandes eine Deviation des unteren Follikelabschnittes infolge von narbigen Verziehungen innerhalb des subkutanen Lidrandgewebes beobachtet. Die bindegewebige Wucherung kann auch direkt in den Ausführungsgang der Talgdrüse eines Cilienfollikels durchbrechen.

Bezüglich der Behandlung solcher Alopecieformen, die zu einem dauernden Verluste der Wimpern (Madarosis) geführt haben, sowie der Madarosis im allgemeinen ist zu bemerken, daß man von alters her bestrebt war, die Wimpern plastisch zu ersetzen. Wie HIRSCHBERG (dieses Handb. Bd. XIV. 2. Hälfte, Kap. 23, S. 105) berichtet, hat schon im Jahre 1818 DZONDI versucht, ausgerupfte Wimpern in ein (neugebildetes) Lid einzupflanzen. HIRSCHBERG (1888 und 1892) selbst hat in einem Falle von Wimpernverlust infolge karbunkelähnlicher Oberlidentzündung an beiden Augen die Wimpern durch gestielte Läppchen aus den Augenbrauen mit gutem Dauererfolge gebildet.

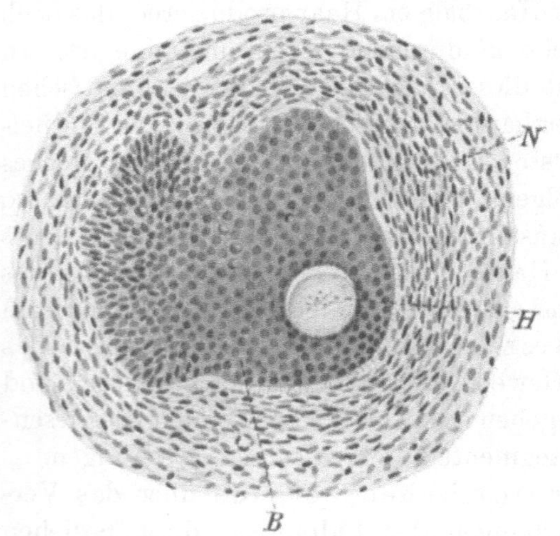

Abb. 113. Sagittaler, etwas schief verlaufender Schnitt. Vergr. 1 : 150. *H* Cilie; *B* Cilienfollikel; *N* perifollikuläres Granulationsgewebe

Er berichtet, daß »die Wimpern merkwürdiger- und erfreulicherweise nach unten gerichtet waren, während sie doch bei der Einpflanzung der Läppchen als Augenbrauenhaare nach oben gerichtet waren«. An einem plastisch gebildeten Lide hat KNAPP (1917) mit gutem Erfolge ein schmales Stück Haarboden aus der Augenbraue eingepflanzt und auf diese Weise neue Cilien erhalten. Die Beobachtung erstreckt sich auf 9 Jahre und ist dadurch besonders bemerkenswert, daß der plastische Ersatz von Wimpern auf einem transplantierten Hautstück ausgeführt werden konnte. Auch ESSER (1919) entnahm sowohl bei einfacher Madarosis als auch bei plastischer Lidbildung ein Hautläppchen aus der Augenbraue. LEXER (1919) zog zur Bewimperung nach Lidplastiken die behaarte Haut vom Nacken vor, weil hier weichere Haare stehen. Erheblich komplizierter ist die von KRUSIUS (1914) angegebene Methode. KRUSIUS versuchte nach dem von Dermatologen, insbesondere von KROMAYER schon längere Zeit geübten Verfahren eine Einpflanzung lebender, körpereigener Haare (Augenbraue, Kopf-, Achsel-, Schamhaare) in den Lidrand. Kräftige Haarstümpfe werden samt Wurzel und Haarbalgdrüse ausgestanzt und mittels einer von KRUSIUS angegebenen Hohlnadel in den Lidrand eingesetzt. Bei völligem Wimperschwunde genügen 50 Haare für eine dichte Bewimperung eines Lides. Nicht mehr als 20 Haare

sollen in einer Sitzung eingepflanzt werden. — Aus der relativ kurzen
Publikation von Krusius, die keine Krankengeschichten enthält,
ist leider nicht zu ersehen, ob die Implantationen zu einem Dauererfolge geführt haben. Eine Nachprüfung des Verfahrens ist bisher
nicht erfolgt. —

Die Alopecia arteficialis entsteht durch willkürliches Aus-
reißen von Cilien zum Zwecke der Vortäuschung einer Erkrankung.
Eine solche beobachtete v. Michel bei einem hysterischen Mädchen,
das ganz regelmäßig durch Epilation sich seiner Cilien, vorzugsweise
am Oberlide, beraubte.

d) Störungen der Cilienstruktur.

§ 142. Störungen der Cilienstruktur bestehen in Änderungen der Farbe, Erweichung, Verhornung und Knotenbildung.
Die Farbe der Cilien ist gleich den Haaren an anderen Körperstellen abhängig: 1. von dem Gehalte an körnigem Pigment; 2. von der
Menge des diffusen Pigments; 3. von dem Luftgehalt und 4. von der
Beschaffenheit der Oberfläche; ist sie rauh, so wird durch Licht-
zerstreuung die Färbung eine hellere. Eine gelblichweiße Farbe entsteht, wenn das Haar pigmentlos ist und keine oder nur wenig Luft
enthält, dagegen ein silberweißes, glänzendes Aussehen bei reichlichem
Luftgehalte. Ein Haar erscheint auch dann noch weiß, wenn die zentralen Schichten mäßig pigmenthaltig, die peripheren aber pigmentlos
und lufthaltig sind. Enthalten die peripheren Schichten nur geringe
Mengen körnigen Pigments, so ist die Farbe von der Beschaffenheit
der zentralen Schichten abhängig; enthalten sie aber größere Mengen,
so wird dadurch die Farbe des Haares bestimmt, gleichgültig ob die
zentralen Schichten pigmenthaltig oder pigmentlos, stark lufthaltig
oder luftleer sind. Bei diffusem Pigmentgehalte der peripheren
Schichten sind die zentralen Teile an der Farbe beteiligt, die jene
übrigens besonders bei hohem Luftgehalt, auch allein bedingen können.

Die Erklärung der Entfärbung der Cilien erscheint bei der angeborenen Weißfärbung einfach, indem die Entwicklung des Pigments aufhört und die Haarzellen von der Wurzel aus schon pigmentlos gebildet werden: Unaufgeklärt ist es bis jetzt noch, unter welchen
Bedingungen das schon fertige Haar sich entfärbt.

Eine angeborene weiße oder weißgelbliche Färbung der
Cilien, die Leukosis, findet sich beim Pigmentmangel aller Körper-
haare, dem Albinismus universalis. Cilien, Supercilien und Kopfhaare
erscheinen gelblichweiß, sind fein und von seidenartig glänzendem
Aussehen.

An den Cilien findet sich ferner angeboren ein **partieller Pigment-mangel, die Poliosis circumscripta**; dieselbe ist dadurch gekennzeichnet, daß nur auf einer Seite die Cilien oder nur eine bestimmte Zahl derselben, beispielsweise eine Hälfte der Cilienreihe, oder selbst nur einzelne Abschnitte einer Cilie eine helle oder weiße Färbung aufweisen. Dabei können Augenbraue und Kopfhaare mitbeteiligt sein. STREATFIELD (1882) beschrieb eine angeborene Leukosis der Cilienreihe eines Augenlidpaares, WILDE (nach v. MICHEL) eine solche sämtlicher Haare einer Augenbraue, während die der andern halbweiß waren. In einem Falle sah v. MICHEL eine helle Färbung der Cilien des linken Augenlidpaares zugleich mit heller Färbung der Haare des Vorderkopfes, insbesondere der beiden Schläfengegenden. In einem anderen Falle zeigten bei einem 8jährigen Knaben sämtliche normal entwickelte Cilien eine partielle Entfärbung, indem eine weiße Färbung der Haarspitze mit scharfer Begrenzung in die braune des Haarschaftes überging. Auch ein einseitiger Pigmentmangel der Cilien und der gleichseitigen Schnurrbarthaare wird hie und da beobachtet.

§ 143. **Die erworbene hellweiße Färbung der Cilien** findet sich hier und da bei Vernarbungen des Lidrandes und bei manchen Hautkrankheiten, wie bei der Vitiligo und bei der Alopecia areata, auch bei der Hemiatrophia facialis progressiva. Bei der Entfärbung der Haare im höheren Lebensalter, der sogenannten **Canities senilis**, werden die Cilien in der Regel viel später und auch seltener, als die übrigen Haare grau bzw. weiß. Häufiger stellt sich eine gleichzeitige Entfärbung der Cilien bei der **Canities praesenilis** ein, die hereditär oder im Verlaufe von Nerven- und Geisteskrankheiten zur Beobachtung gelangt. Bei beiden Formen tritt eine langsame, vorübergehend stillstehende, doch meist stetig fortschreitende Entfärbung auf.

Mikroskopisch finden sich bei grauer Färbung der Haare zwischen den einzelnen Zellreihen noch Pigmentkörnchen eingelagert, die beim Weißsein fehlen sollen.

Ein **plötzliches Ergrauen oder Weißwerden der Cilien** wird auf Nerveneinflüsse zurückgeführt und als **Poliosis neurotica** (vgl. S. 364 Alopecia neurotica) bezeichnet. Dabei können nur einzelne Cilien oder Cilienreihen oder selbst Teile einer Cilie entfärbt werden, die alsdann ein gesprenkeltes Aussehen darbietet. Zugleich können auch Augenbraue und Kopfhaare beteiligt werden.

Von **Ursachen der Poliosis neurotica** wird die **Schreckwirkung** erwähnt, wobei man immerhin einen gewissen Skeptizismus gegenüber dem Einflusse derartiger seelischer Einwirkungen zu bewahren hat.

In einem Falle von ROOSE (1899) waren bei einem 17 jährigen Mädchen nach einem während der Nacht erlittenen plötzlichen Schreck morgens die Cilien der rechten Seite weiß geworden.

Eine verhältnismäßig häufige Ursache bilden Augenerkrankungen, die mit heftigen Schmerzen einhergehen, besonders die Iridocyclitis mit oder ohne sympathische Erkrankung des andern Auges. In den Fällen von doppelseitiger Iridocyclitis, die von HUTCHINSON (1892) und VOGT (1906) mitgeteilt wurden, war in der Mitte des Lidrandes beider Oberlider eine symmetrisch oder nahezu symmetrisch gelegene Weißfärbung einzelner kleiner Cilienbüschel aufgetreten. In dem VOGTschen Falle (1906) fanden sich unter den ergrauten Cilien sowohl kurze als ausgewachsene; zwei Cilien zeigten eine weiße Spitze bei pigmentierter Basis. Ferner waren an beiden Augenbrauen zwei oder drei weiße Haare symmetrisch gestellt. Die Behaarung des Kopfes war auffallend dünn und zeigte vereinzelte, unscharf begrenzte, bis einmarkstückgroße, fast kahle Stellen. Auch hier fanden sich spärliche ergraute Haare. In den nächsten 3 Wochen trat eine deutliche Vermehrung der weiß gewordenen Cilien ein; von da an

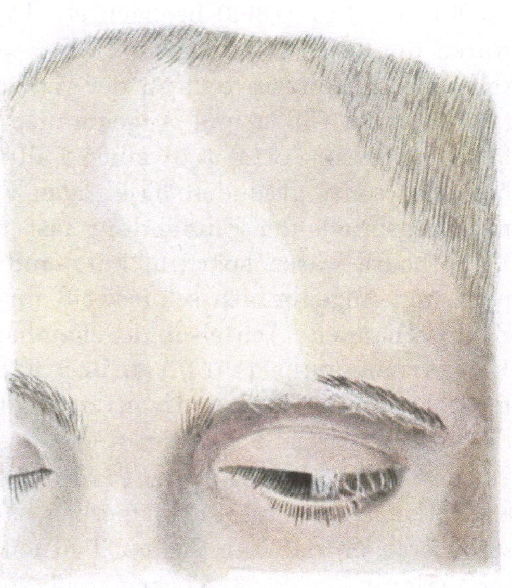

Abb. 114. 13 jähriger Knabe mit erworbener Poliosis der Wimpern und Augenbraue des linken Auges und gleichzeitiger Vitiligo der Stirn und Schläfe; geringe Poliosis am Haaransatz des Kopfes. Das Weißwerden der Wimpern usw. sowie der korrespondierenden Stirnhaut soll bei dem im übrigen gesunden Knaben 1½ Jahr vor Anfertigung der Abbildung ohne erkennbare Ursache entstanden sein. Im Sommer ist die Poliosis und Vitiligo wegen der zu dieser Zeit stärkeren Pigmentierung der Umgebung auffälliger als im Winter.

blieb die Veränderung stationär. v. MICHEL beobachtete bei einem jungen Mädchen im Verlaufe einer doppelseitigen tuberkulösen Iridocyclitis, die rechterseits einen stärkeren Grad der Entzündung als linkerseits darbot und mit starken Schmerzen im ganzen rechten sensiblen Trigeminusgebiete einherging, weiße Cilien nur auf der rechten Seite; sie nahmen in ganz scharfer Abgrenzung die nasale Hälfte des Ober- und Unterlides ein und erschienen dünner und kürzer als es die normal gefärbten Cilien waren. Augenbrauen und Kopfhaare zeigten sich normal gefärbt.

Bei sympathischer Augenentzündung wurde ein Ergrauen oder Weißwerden der Cilien sowohl auf dem sympathisierenden als auch auf dem sympathisierten beobachtet (SCHENKL 1873). Die Poliosis kann auf ein Lid, so auf das Oberlid, beschränkt sein und entsprechend dem sympathisierenden Auge stärker hervortreten als auf dem sympathisierten (SCHENKL 1873). Eine auf ein Lid oder auf beide Lider sich erstreckende Entfärbung, entsprechend dem sympathisierten Auge, haben JACOBI (1874), NETTLESHIP (1884), BOCK (1890) und TAY (1893) beobachtet. In dem JACOBIschen Falle (1874) waren die Cilien nur in einer Hälfte weiß, wobei die dunkle Färbung teils an den Spitzen, teils an der Wurzel lag. In dem TAYschen Falle (1893) waren Cilien und Augenbrauen an symmetrischen Stellen entfärbt. CRAMER (1914) teilt einen Fall von sympathischer Entzündung bei einer sonst gesunden 35jährigen Frau mit, bei welcher 5 Monate nach Ausbruch der Entzündung fast völlige Kahlheit entstand. Die Haupthaare waren spärlich, kurz und schneeweiß, ebenso die Wimpern und Augenbrauen schneeweiß und nur noch in verschwindender Zahl vorhanden; Achsel- und Schamhaare ebenfalls spärlich und weiß. L. OESTERREICHER (1913) sah in 2 Fällen von chronischem Trachom mit schweren (z. T. operativen) narbigen Veränderungen der Lidrandfläche eine partielle Canities der Wimpern.

Auch nach Augenoperationen kann ein Weißwerden der Cilien auftreten. REICH (1881) bemerkte nach einer schmerzhaften Nachstaroperation, daß sämtliche Cilien entsprechend der operierten Seite im Verlaufe von 2—3 Wochen weiß wurden.

Ferner wurde ein Weißwerden der Cilien im Verlaufe von Trigeminusneuralgien und von funktionellen Neurosen beobachtet. Entsprechend einer nach Influenza aufgetretenen rechtsseitigen Hemikranie fand BOCK (1890) auf derselben Seite innerhalb von 14 Tagen eine hellweiße Farbe des ganzen Cilienschafts. In einem von LOTIN (1902) mitgeteilten Falle von linksseitiger Migräne waren sämtliche Cilien derselben Seite und die Haare der lateralen Hälfte der rechten Augenbraue ergraut. Bei einer hochgradigen Hysterica fand HUTCHINSON (1892) in der nasalen Hälfte des rechten Oberlides völlig weiße Cilien.

Schließlich ist noch der spontanen Poliosis zu gedenken, bei der eine erkennbare Ursache fehlt oder mindestens unsicher ist; sie tritt in verschiedenen Lebensaltern auf. RINDFLEISCH (1902) sah bei einem 5jährigen blonden Kinde und HIRSCHBERG (1888) bei einem gesunden 14jährigen Mädchen eine linksseitige graue bis weiße Färbung der Cilien. Im letzteren Falle waren die Wimpern des oberen

Lides weiß, am unteren wechselten solche mit schwarzen. Ponti (1859) beobachtete bei einer 26jährigen dunkelhaarigen Frau ein Ergrauen sämtlicher Cilien der linken Seite, de Schweinitz (1889) bei einem 18jährigen braunhaarigen Mädchen ein Weißwerden der mittleren Partie der Cilien des rechten Oberlides, Ponti (1859) angeblich nach einem Schlag auf das rechte Auge eine Weißfärbung der gleichseitigen Cilien und Augenbrauen, und Herzog (1904) nach einer angeblichen Erkältung bei einem mit altem Trachom behafteten Manne eine solche etwa der Hälfte der Cilien des rechten Oberlides und einer Partie der rechten Supercilien. Auch Bach (1906) gibt an, daß er mehrfach nach Augenverletzungen eine Entfärbung von Wimpern beobachtet habe. Ebenso teilt Steindorff (1914) einen Fall von Vitiligo der Lider und Poliosis nach stumpfer Verletzung (Stoß mit der Stirn gegen eine Tischecke) mit. Manchmal findet sich ein Weißwerden der Cilien beim Ekzem. Hölg (1910) beobachtete nach Sonnenerythem ausgedehnte entfärbte Flecke in der Haut an der Stirn und der linken Schläfe. Augenbraue und Lider waren frei von diesen Flecken; doch sind im nasalen Drittel der Lider des linken Auges die Cilien nach und nach weiß geworden.

Was die Häufigkeit der erwähnten Ursachen der Poliosis betrifft, so ergab eine Zusammenstellung von Vogt (1906), daß in 39% der Fälle ein unverkennbarer Zusammenhang mit schwerer beiderseitiger, besonders sympathischer (5 mal) Iridocyclitis, bestand, dagegen bei einem gleichen Prozentsatze andere Krankheitserscheinungen nicht zu ermitteln waren. In zwei Fällen fand sich Migräne (11%), in je einem Falle eine Erkältung und einmal eine mit starken Schmerzen verbundene mechanische Reizung des Corpus ciliare.

Über den Eintritt der Erkrankung bzw. die Dauer, bis zu welcher die Poliosis ihre Höhe erreicht, machen nur wenige Beobachter bestimmte Angaben. In Rooses (1899) Falle soll die Entfärbung über Nacht eingetreten sein. Schenkl (1873) spricht sehr bestimmt aus, daß die Cilien noch 3 Tage vor der Beobachtung einer sehr ausgedehnten Poliosis ihre normale Färbung besaßen. De Schweinitz (1889) gibt an, daß in seinem Falle die Veränderung im Laufe einer Woche auftrat. In den Fällen von Bock (1890), Hirschberg (1888), Reich (1881), Rindfleisch (1902), Ponti (1859), Herzog (1904)) erstreckte sich der Eintritt der Poliosis auf 5 bis 14 Tage und bis zu mehreren Monaten. Es ist anzunehmen, daß in den übrigen Fällen ohne Zeitangaben die Erkrankung nicht plötzlich eintrat. In dem oben angeführten Falle v. Michels betrug die Zeitdauer, innerhalb deren sich die Weißfärbung der Cilien entwickelte, ungefähr 4 Wochen.

Hinsichtlich der Pathogenese der Poliosis werden zirkulatorische oder nervöse trophische Störungen angenommen, unter deren Einwirkung die Haarpapille ihre Farbstoff erzeugende Fähigkeit verliert oder die Pigmentlieferung von der Papille zum Haarschaft aufgehoben wird. Die Annahme einer trophischen Störung als Ursache der Poliosis ist insbesondere für die von L. OESTERREICHER (1913) mitgeteilten Fälle nicht von der Hand zu weisen, in welchen schwere trachomatöse und operative Narbenbildungen des Lidrandes und auch des Wimperbodens vorlagen. Auch könne bei normal geliefertem Pigmente das Haarblastem eine chemische Veränderung erfahren, wodurch die Haarzelle nicht mehr imstande ist, sich mit dem Farbstoffe zu imbibieren. CRAMER (1914) stellt für seinen Fall von Weißfärbung der Haare nach sympathischer Augenentzündung die Hypothese auf, daß der Haarausfall und die Canities auf Anaphylaxie beruhe, besonders im Hinblick auf den Haarausfall bei Kaninchen, welche mit Blut behandelt sind, das von der Enukleation eines symphathisierenden Menschenauges stammt.

Abgeschnittene weiße Cilien wachsen farblos nach (PONTI 1859). VOGT (1906) epilierte teils eine Partie nebeneinander stehender ergrauter und daneben befindlicher pigmentierter Cilien, teils schnitt er eine so beschaffene Gruppe grauer und gefärbter Wimpern mit der Schere möglichst nahe dem Hautniveau ab. Sowohl die zurückgeschnittenen, nicht ausgewachsenen grauen Cilien wuchsen farblos, als auch die den epilierten grauen nachfolgenden jungen Cilien entwickelten sich von vornherein pigmentlos, wobei den noch wachstumsfähigen ergrauten Cilien durchschnittlich eine geringere Wachstumsgeschwindigkeit zukam, als den pigmentierten. Diese Herabsetzung der »Wachstumsenergie« bezieht sich sowohl auf die zurückgeschnittenen, wie auch auf die den epilierten nachwachsenden grauen Cilien. Letztere bewiesen ihre herabgesetzte Entwicklungsfähigkeit auch durch ihre geringere Dicke.

Mikroskopisch war in den epilierten grauen Cilien ein totaler Schwund des diffusen und ein fast totaler des körnigen Pigments des Haarschaftes der ergrauten Haare nachzuweisen (PINCUS, HERZOG, VOGT). An partiell entfärbten Cilien war an der Grenze der pigmentierten und farblosen Haarpartien ein ganz allmähliches Schwinden zuerst des körnigen, dann des diffusen Pigments vorhanden (PINCUS, VOGT). Ein abnormer Luftgehalt konnte weder von PINCUS noch von VOGT nachgewiesen werden. HERZOG beobachtete in der Regel nur eine schmale, hohlspindelförmig den Markkanal unmittelbar umgebende Spaltenzone, während die peripheren Rindenschichten vollkommen homogen erschienen. STEINDORFF (1914) fand dagegen in seinem Falle von relativ rascher Poliosis bei der mikroskopischen Untersuchung der epilierten weißen Cilien in heißem Wasser, daß die Marksubstanz Luft enthielt; in der Rinde war keine Spur von Pigment nachweisbar. Er bemerkt hierzu, daß plötzliches Ergrauen stets nur durch Luftansammlung, nicht aber durch Pigmentschwund erfolgen könne.

In bezug auf die Behandlung ist zu erwähnen, daß PONTI 5—6 Monate nach dem Beginn der Erkrankung sämtliche befallene Cilien (etwa 150) epilierte und unter Anwendung einer leicht reizenden Salbe einen Nachwuchs normal pigmentierter Wimpern erzielte.

Dunkle Färbungen der Cilien entstehen auf künstlichem Wege durch Anwendung von kosmetischen, färbenden Mitteln, wie tief schwarze oder schwarzbläuliche, durch indigohaltige Substanzen. Eine helle »flachsblonde« Farbe der Haare wird durch die oft kosmetisch angewandte Einwirkung von Wasserstoffsuperoxyd erzielt. Bekanntlich ist auch bei einer Reihe von Völkern, wie bei den Indern, die Bemalung der Cilien und Augenbrauen üblich. Bei bestimmten Berufsarten haften äußerlich den Cilien Substanzen an, die eine entsprechende Färbung hervorrufen, so eine braunrötliche in Messing- und Kupferbetrieben.

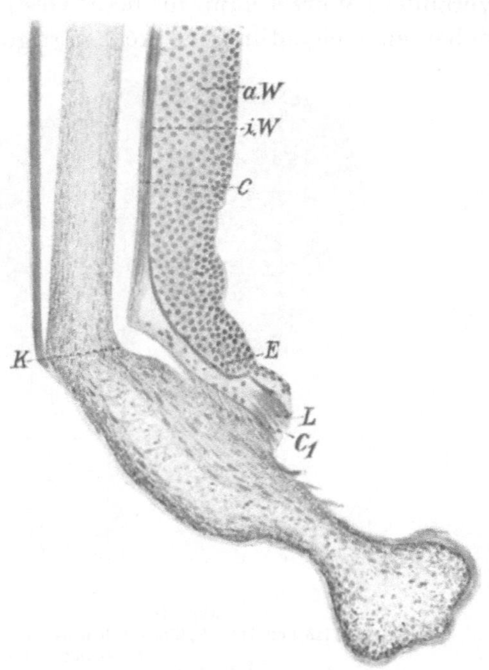

Abb. 115. Knickung der Knopfwurzel einer epilierten Cilie bei Ekzem. Vergr. 1 : 150.

$a.W$ Äußere Wurzelscheide; $i.W$ innere Wurzelscheide; C Cuticula; E Exsudat innerhalb der Lamellen der inneren Wurzelscheide; L zusammengeschobene und gefaltete äußere Lamelle der inneren Wurzelscheide; C_1 aufgerichtete, artefiziell bei der Epilation entstandene Schüppchen der Cuticula; K Einknickungsstelle zwischen fester und erweichter junger Hornsubstanz der Haare.

§ 144. Erweichungen der Cilienwurzel erfolgen bei entzündlichen Erkrankungen des Haarbalges, die mit einer Exsudation in den Wurzelscheidenapparat einhergehen. Durch Druckwirkung eines solchen Exsudats zwischen äußerer und innerer Wurzelscheide und einer zirkulären Zusammenpressung, bedingt durch die normalen bindegewebigen Follikelteile auf die ödematös erweichte Cilienwurzel, kommt es nach HERZOG (1904) zu einer Knickung des Wurzelhalses (s. Abb. 115 K). Auch kann eine stark hantelförmige Einschnürung der Wurzel über dem Kopfe der Cilie eintreten (s. Abb. 115), oder eine Knickung gleich einem umgebogenen Haken (s. Abb. 116 K) am Schafte einer Cilienknopfwurzel ausgesprochen sein. Solche Knickungen wurden von WEDL (nach v. MICHEL) als Cilium inflexum bezeichnet. Eine derart geknickte und verbildete Wurzel kann in dieser Gestalt vollständig verhornen und dabei eine eigentümliche keulenartige Form erhalten (s. Abb. 117).

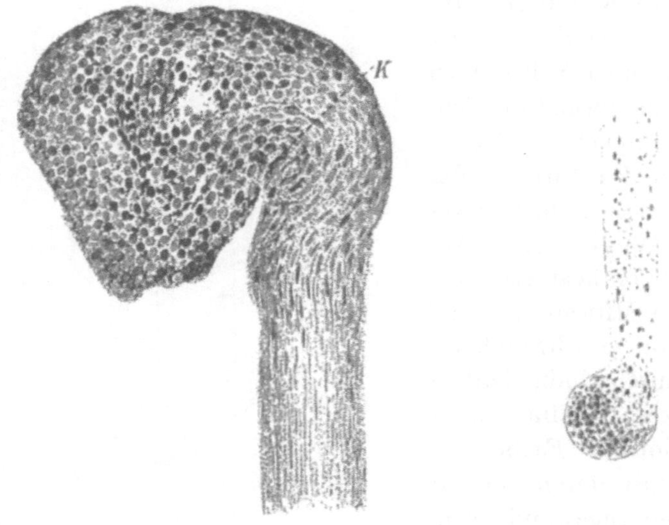

Abb. 116.   Abb. 117.
Abb. 116 und 117. Epilierte Cilien bei chronischem Ekzem. Vergr. 1 : 220.
K Einknickungsstelle.

Die vielfach behauptete Zunahme der Pigmentierung der Cilien beim Ekzem dürfte sich daraus erklären, daß das Haar infolge der Durchtränkung mit entzündlicher Gewebsflüssigkeit sukkulenter wird wie ein normales Haar, und dadurch eine Modifikation der optischen Verhältnisse geschaffen ist. Ein aus normal fester Hornsubstanz bestehendes Haar reflektiert mehr Licht und erscheint deshalb heller, während bei fehlender oder verminderter Oberflächenreflexion das auffallende Licht vom dunklen Pigmente absorbiert wird (HERZOG 1904).

§ 145. Eine Knotenbildung, die Trichorrhexis nodosa, befällt bald nur einzelne Cilien, bald eine größere Zahl derselben. Am Haarschafte finden sich punktförmige Knoten, in deren Bereich die Cilien spitzwinklig abknicken oder mit zerklüfteter Fläche abbrechen. Das klinische Bild ähnelt, besonders wenn eine größere Anzahl von

Cilien beteiligt ist, demjenigen von angebrannten oder mit Nissen bedeckten Cilien.

Als Ursachen werden Mikroorganismen, Ekzeme, Seborrhoen und Vernarbungen des Lidrandes, auch das Narbentrachom (HERZOG 1904), angegeben. Dementsprechend wird eine mykotische und nichtmykotische Form unterschieden. Dabei kommt es zu spindelförmigen Auftreibungen des Haarmarkes, Aufblätterung der Schüppchen der Haarcuticula und Zersplitterung der Rindensubstanz, oder zur Gasentwicklung durch Zersetzung des Haarmarkes und Auftreibung des Haarschaftes. Die Trockenheit und Sprödigkeit des Haares wird als durch Atrophie der Marksubstanz entstanden erklärt. Bei Narbenbildung des Lidrandes wird ein abnormer extra- oder intrafollikulärer Druck angeschuldigt. Daß auch mechanische Insulte zu beachten sind, geht aus v. MICHELS Beobachtung einer Trichorrhexis bei einem jungen hysterisch veranlagten Mädchen hervor, die gewohnheitsmäßig an den Cilien zupfte. An der Stelle des Knotens erscheint bei epilierten Cilien die Rindensubstanz so aufgefasert, daß das Bild zweier ineinander gesteckter Pinsel entsteht, die sich beim Abbrechen trennen. Die Bruchstelle hat die Form eines Pinsels; es fehlen hier Cuticula und Marksubstanz. Bei der Behandlung ist die Ursache zu berücksichtigen und nach Möglichkeit zu beseitigen. Es empfiehlt sich, dieselbe mit der Epilation zu beginnen. Bei vorhandener Seborrhoe werden Schwefelzinksalben gerühmt.

e) Störungen der Wachstumsrichtung.

§ 146. Die Störungen der Wachstumsrichtung der Cilien treten in 3 Formen auf: als sogenannte Trichiasis, als Cilia incarnata und Cilia inversa.

Die Trichiasis, der pathologische Mißwuchs der Cilien, ist dadurch gekennzeichnet, daß die Wimpern abnorm weit nach hinten aus dem Lidrand hervorwachsen und gewöhnlich eine der physiologischen entgegengesetzte Wachstumsrichtung zeigen; am Oberlid sind die Cilien bei der Trichiasis nach innen und abwärts, am Unterlid nach innen und aufwärts gerichtet. Häufig sind auch einzelne Wimpern nach der nasalen oder temporalen Seite abgekehrt, während dieselben normalerweise eine parallele Stellung zueinander zeigen. Die Trichiasis kann eine partielle oder eine totale (bzw. nahezu totale) sein; dieselbe ist als erworbener Zustand zu betrachten. Der Beweis für ein angeborenes Auftreten der Trichiasis, wie das manchmal noch angenommen wird, ist nicht erbracht, vielmehr dürfte es sich um eine Verwechslung mit einem Entropium congenitum handeln, bei dem zugleich mit der Einwärtswendung des Lidrandes naturgemäß eine Einwärtskehrung der Cilien verbunden ist. Eine solche Trichiasis findet sich auch beim erworbenen Entropium und wäre hier als Pseudotrichiasis zu bezeichnen.

Bei der partiellen Trichiasis zeigen nur einzelne Cilien oder ein Büschel von solchen, bei der totalen die Cilien eines oder beider Lider oder beider Augenlidpaare eine falsche Richtung. Allein dies ist nicht das einzige Kennzeichen, sondern mit der Trichiasis ist eine Reihe von schweren Veränderungen am Cilienboden verknüpft, die bereits als Polytrichie (S. 359 u. f.) und als Alopecie (S. 362 u. f.) in Form eines dünnen Haarbestandes oder eines lanugoähnlichen Haarwuchses erwähnt wurden. Dabei zeigen nicht die normalen Cilien eine verkehrte Wachstumsrichtung — wäre dies der Fall, so wäre mit der Trichiasis ein Entropium verbunden —, sondern die neu wachsenden Wimpern. Diese haben teils den Charakter der Lanugohaare, teils zeichnen sie sich durch besondere Länge, Dicke, borstenähnliche Härte und starke Pigmentierung aus. Bei solcher Beschaffenheit der Cilien gleicht der Lidrand einer Waldfläche, bedeckt mit unregelmäßig gewachsenem Unterholze, aus dem einzelne hohe Baumstämme hervorragen. Die Stellung der normalen Cilien zu den neuen Haaren ist eine verschiedene; manchmal sieht man ober- oder unterhalb der normalen Einpflanzungsstelle einer Cilie je ein neues Haar in divergierender Richtung zueinander gestellt. In vorgeschrittenen Fällen ist in der Regel ein Mißverhältnis zwischen der Zahl der normalen Cilien und der neuen Haare vorhanden, indem diese überwiegen, und jene größtenteils ausgefallen sind, ohne nachzuwachsen. Dabei ist zu berücksichtigen, daß manchmal die auf narbigem Lidrande sitzenden Cilien sehr tief stecken, so daß nur die Spitze zu sehen ist. Epiliert man sie, so können sie sich als normal entwickelt erweisen. Der gleiche Krankheitsprozeß, der den Cilienboden schädigt — im wesentlichen die Vernarbung —, führt bei gleichzeitiger Vernarbung der Bindehaut zum Entropium und bei Narbenbildung der Lidhaut zum Ectropium. Das klinische Bild der Trichiasis ist somit ein vielgestaltiges, da sich dasselbe aus Polytrichie, Alopecie, Ausfall der normalen Cilien, Bildung neuer Haare, En- und Ectropium in wechselndem Grade zusammensetzt.

Die Folgezustände der Trichiasis sind für das Auge oft verhängnisvoll. Zunächst kommt es durch die falsch stehenden Haare bei den Lidbewegungen zu einer mechanischen Laesion der Hornhaut, verknüpft mit einer Abscheuerung ihres Epithels und mehr oder minder starken Reizerscheinungen, wie Lichtscheu, Lidkrampf und vermehrter Thränenabsonderung. Der Epithelverlust kann mit pathogenen Mikroorganismen infiziert werden — was um so leichter geschieht, als solche an den Cilien gern haften —, und es resultiert ein Hornhautgeschwür. In andern Fällen wird durch den dauernden mechanischen Reiz das Hornhautepithel zur Proliferation angeregt, und es entwickelt sich ein sogenannter Pannus der Hornhaut. Nicht selten kommt es zu einem Infekt an dieser oder jener Stelle der pannös erkrankten Hornhaut, die alsdann Sitz eines Geschwürs wird. Die Wirkung der Reibung der falschstehenden Wimpern auf die Hornhaut würde im allgemeinen eine stärkere sein, wenn sich nicht die neuen Haare durch eine besondere Weichheit auszeichneten. Die neuen Haare sind wesentlich Pseudocilien, hervorgegangen aus einer Verbreiterung der Lanugofollikel, und ihre fehlerhafte Stellung ist namentlich ihrer besonderen Weichheit und Dünnheit zuzuschreiben. — Die subjektiven Beschwerden sind dabei mitunter überraschend gering, häufiger aber sehr heftig, indem die Kranken über Kratzen und ein nahezu unerträgliches Fremdkörpergefühl klagen.

Die Ursachen der Trichiasis decken sich in anatomischer Beziehung mit denjenigen, die bei der Polytrichie und der Alopecie, besonders der Narbenalopecie, angeführt wurden. Dabei ist ein Schiefwuchs der echten Cilien von einem solchen der Pseudocilien zu unterscheiden. In beiden Fällen spielt aber beim Zustandekommen der abnomren Wachstumsrichtung das Dünn- und Weichwerden des Haars eine große Rolle. Bei der sekundären Haarbildung wachsen die in den seitlichen Epithelsprossen gebildeten Haare in den alten Haarbalg hinein und können an der vorderen Lidkante neben der normal gestellten alten Cilie in schiefer Richtung hervorsprossen (HERZOG 1904).

Diagnostisch ist es manchmal schwierig, kurze dünne Pseudocilien und ihre abnorme Stellung zu erkennen. In einer Reihe von Fällen ist daher die Lupenvergrößerung anzuwenden und weiterhin auf folgende Erscheinung zu achten: Unter normalen Verhältnissen ist an der Stelle der Berührung der inneren Lidkante mit der Oberfläche des Auges eine Schicht wäßriger Flüssigkeit vorhanden, die bei der Profilbetrachtung einen sehr regelmäßigen, scharflinig gezeichneten, der inneren Lidkante parallel laufenden Lichtreflex gibt. An der Stelle aber, an der ein Härchen nach innen gerichtet ist, wird der Reflex unterbrochen und erscheint unregelmäßig.

Die Behandlung der Trichiasis, sowohl der partiellen als auch der totalen, ist eine operative nach den verschiedenen Methoden der sogenannten Marginoplastik. Bei gleichzeitig bestehendem Narbenentropium ist die Beseitigung desselben angezeigt. Als Notbehelf dient die Epilation der abnorm gewachsenen Cilien, doch bietet sie nur einen vorübergehenden Nutzen, da die Cilien nach kürzerer oder längerer Zeit wiederzukommen pflegen. Bei partieller Trichiasis empfiehlt sich die Zerstörung durch Elektrolyse: Der negative, mit der Nadel armierte Pol wird bis zur Haarzwiebel eingestochen, und der positive steht mit einer breiten, gepolsterten Platte in Verbindung, welche an der Schläfe aufgesetzt wird. Die Dauer der Einwirkung beträgt 1 bis 2 Minuten. Die Elektrolyse schützt jedoch nicht vor Rezidiven.

§ 147. Seltene Wachstumsstörungen der Cilien sind die Cilia incarnata und die Cilia inversa.

Bei der Cilia incarnata ist eine Cilie oder sind mehrere zu einem Büschel vereinigte Cilien (s. Abb. 118) nach einwärts über die äußere Lidkante und den Intermarginalteil nach der inneren Lidkante zu umgeschlagen und zugleich schief gestellt. Das Ende des Haarschaftes erscheint mehr oder weniger tief in die Cutis des Intermarginalteiles eingepreßt, doch schimmert die Farbe der Cilie, welche von derjenigen der übrigen richtig gestellten Wimpern nicht abweicht, gut erkennbar durch. Die Haut weist an der Stelle, an welcher die Spitzen des Cilienbüschels sich abnormerweise eingebohrt haben, zahlreiche Gefäße, sowohl stärker gefüllte als neugebildete (s. Abb. 118) auf. Die eingebohrten Cilien selbst werden von Epithel oder Granulationsgewebe, je nach der Tiefe, in der sie sich in der Haut befinden, eingekapselt und in der falschen Richtung dauernd festgehalten. So war in einem Falle von HERZOG (1904) die Cilia incarnata von einer Epithelröhre umschlossen. MAKROCKI (1883) sah den eingewachsenen Teil der Cilie von einem förmlichen Knötchen umschlossen. Schlitzt man die Stelle, an der die Cilien festgehalten werden, der Länge nach auf, so können sie, da sie ja sonst normal sind, leicht aufgerichtet werden und ihre regelrechte Stellung erhalten. Es ist wohl anzunehmen, daß durch starkes Reiben an den Lidern die Cilien nach einwärts verschoben werden und auf diese Weise sich in die Haut des Intermarginalsaumes einspießen. Bei einem 17 jährigen Mädchen beobachtete ich, daß sich ohne Entzündungserscheinungen im Verlaufe von etwa 2 Monaten

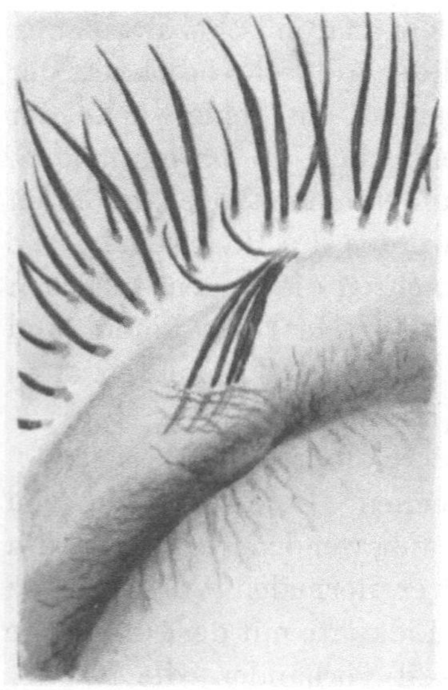

Abb. 118.   Cilia incarnata.

eine kammartige Erhebung der Haut unmittelbar oberhalb der Wimper-
reihe des Oberlids entwickelt hatte, die eine Cilie einschloß. In diesem
Falle war die Cilie in ganzer Länge von Cutis umkleidet, schimmerte
aber, wie mit der Lupe festzustellen war, deutlich mit normaler Färbung
durch dieselbe durch. Auf den ersten Blick imponierte die Hautveränderung als einfache Warze. Einen ähnlichen Befund beschreibt
CHERNO (1907, S. 5 seiner Arbeit), wo bei embryologisch normal an-
gelegtem Follikel die Cilie unter der Epidermis fortwuchs. Diese Cilie,
die alle Eigenschaften eines verspäteten Knopfhaars (vgl. S. 343) trug,
hat offenbar bei der Entwicklung mit ihrer Spitze nur die innere Wurzelscheide, nicht aber die darüber lagernde Hornschicht der Epidermis
durchbohrt.

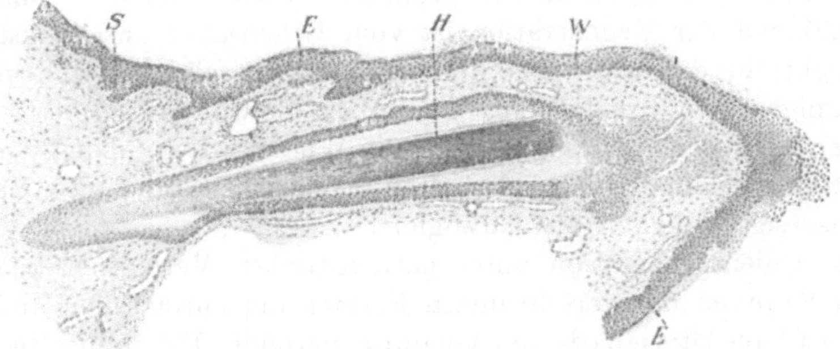

Abb. 119. Sagittalschnitt durch die Cutis des Oberlides. Vergr. 1 : 50.
E Epithel; *S* Cilienspitze; *H* Cilienschaft; *W* Cilienwurzel.

Unter Cilia inversa ist die Umkehr der Wachstumsrichtung einer
Cilie zu verstehen, wie v. MICHEL sie am Oberlid beobachten konnte
(s. Abb. 119). Die Cilienwurzel (s. Abb. 119*W*) ist gegen das freie
Ende des Lidrandes gerichtet, während Cilienschaft (s. Abb. 119*H*)
und Cilienspitze (s. Abb. 119*S*) in schiefer Richtung in die Cutis versenkt erscheinen, so daß diese von der Lidoberfläche weiter entfernt
ist als jener. Übrigens konnte man in der Tiefe der Haut die verlagerte
Cilie durchschimmern sehen. Ohne Zweifel handelte es sich um eine
angeborene falsche Haaranlage.

§ 148. Über Regeneration epilierter Cilien unter normalen
und pathologischen Verhältnissen. Um die Zeitdauer der Cilienregeneration zunächst unter normalen Bedingungen zu ermitteln, wurden
12 Patienten im Alter von 9 bis 80 Jahren längere Zeit, zum Teil über
1 Jahr beobachtet (L. SCHREIBER). Die Epilation erfolgte hier entweder wegen falscher Wachstumsrichtung der Wimpern infolge feiner
Lidrandnarben oder wegen Einklemmung eines Wimperbüschels am

äußeren Lidwinkel oder wegen Entropium spasticum, wenn die Operation verweigert wurde. Entzündliche Erscheinungen am Lidrande bestanden in diesen Fällen nicht. Die epilierten Cilien waren in der Regel normale kräftige Kolbenhaare. Während der Schaft der nachgewachsenen Wimpern meistenteils schon nach einer Woche in 1 bis 2 mm Länge sichtbar war, kam derselbe bei einem 53jährigen Manne, der stets nur eine einzige perverse Cilie aufwies, erst nach 3—4 Wochen zum Vorschein und erreichte in der 5. Woche die Länge von 3—4 mm und nach 8 Wochen eine solche von 5—6 mm; die Cilie reizte alsdann und mußte alle 2 Monate regelmäßig epiliert werden. Bei einem 79jährigen Manne maßen die Cilien dagegen schon 12 Tage nach der Epilation 4—5 mm. Im allgemeinen zeigten die nachgewachsenen Wimpern nach etwa 10 Wochen ihre ursprüngliche Länge von 6—8 mm. Die Schnelligkeit der Regeneration ist vom Lebensalter anscheinend unabhängig; in der wärmeren Jahreszeit ist dieselbe entschieden beschleunigt gegenüber der kalten. Wurden die Cilien nach etwa 2 Monaten von neuem epiliert, so wies die Wurzel wieder den Typus des Kolbenhaars auf. Bei wiederholten Epilationen blieb die Regenerationsgeschwindigkeit etwa die gleiche.

Die Cilienregeneration unter pathologischen Verhältnissen wurde an 15 Kranken mit verschiedenen Formen der chronischen und subakuten Blepharitis ciliaris und squamosa verfolgt. Um in der Beobachtung sicher zu gehen, wurde in der Regel ein Bezirk am Oberlid von 4—10 mm Breite unter Kontrolle der Lupe vollkommen epiliert. Zunächst konnte ich hierbei die Angabe der Autoren bestätigen, daß die Wimpern bei Entzündungen überwiegend den Typus der Knopfhaare aufweisen. Das Nachwachsen der epilierten Cilien vollzieht sich nach meinen Beobachtungen bei Blepharitis nicht auffällig anders wie bei gesundem Lidrande. Nur erreicht der Schaft der Wimpern bei Blepharitis schon nach 1 Woche durchgehends eine Länge von 1—2 mm und häufiger schon nach 5—6 Wochen eine solche von 6 mm. Die Neuproduktion der Wimpern scheint also bei Lidrandentzündungen eher in etwas kürzerem Zeitraume abzulaufen als unter normalen Verhältnissen. Die nachgewachsenen Cilien zeigen auch bei mehrmals wiederholtem Epilieren nahezu sämtlich wieder die typischen Eigenschaften der Knopfhaare. Heilt die Blepharitis ab, so vollzieht sich die Umwandlung der Knopfhaare in Kolbenhaare wieder in größerer Zahl.

Zusammenfassend läßt sich demnach sagen, daß wir unter normalen wie pathologischen Verhältnissen der Lidränder damit rechnen können, daß epilierte Cilien nach einem Zeitraum von 8—10 Wochen zur ursprünglichen Länge wieder nachgewachsen sind.

§ 149. Hinsichtlich der Erkrankung der Supercilien (Augenbrauen) gilt im großen und ganzen das in den vorstehenden Abschnitten
von den Cilien Gesagte. Die Veränderungen der Supercilien treten denen
der Cilien in der Regel koordiniert auf und wurden an den entsprechenden Stellen vielfach mitberücksichtigt. Deshalb sind hier nur noch die
Veränderungen der Form und Lage der Augenbrauen zu erwähnen, die in der »Neurologie des Auges« von Wilbrand und Saenger
(1900) eingehende Berücksichtigung gefunden haben. — Diese Autoren
geben an, daß die Stellung der Augenbrauen je nach dem einseitigen
oder doppelseitigen Reiz- oder Lähmungszustande des Musc. levator
palpebrae, des Nerv. facialis und trigeminus verschieden ist. Ganz besonders wird dieselbe noch beeinflußt durch das momentane psychische
Verhalten des betreffenden Individuums. Denn beim Denken und bei
allen Affekten zeigt die Form und Lage der Augenbrauen Veränderungen.
— Bei doppelseitiger Ptosis ist die Stirn zufolge der Kontraktion beider
Frontalmuskeln und Erschlaffung des Corrugator in parallele, nach oben
konvexe Falten gelegt. Die nasalen Enden der Augenbrauen sind weit
voneinander entfernt, und die Konkavität derselben ist nach dem innern
Lidwinkel gerichtet, weil die Supercilien nach oben und außen gezogen
sind; die Nasen-Stirnfalten sind in solchen Fällen völlig verstrichen.
Die Stirn erscheint durch das Hinaufrücken der Augenbraue verschmälert. — Eine annähernd entgegengesetzte Stellung beobachtet man
häufiger bei Morbus Basedowii, bei welcher der Musc. corrugator superi-
cilii, d. h. diejenige Partie des M. orbicularis, welche an der medialen
und oberen Seite der Gesichtsöffnung der Augenhöhle liegt, innerviert ist.
Hier sind die nasalen Enden der Augenbrauen stark gegen die Nasenwurzel hingezogen und einander genähert, die Stirn-Nasenfalten beiderseits stark vertieft und die Konkavität der Augenbrauenbögen mehr
nach dem äußeren Lidwinkel hin gerichtet. — Bei Krampfzuständen des
Musc. orbicularis palpebr. (sog. Ptosis spastica) tritt infolge Kontraktur
eines Teils dieses Schließmuskels ein Tiefstand der Augenbraue ein. Dies
fällt besonders bei einseitigem Orbiculariskrampf auf; die Augenbraue
des spastischen Auges ist tiefer gerückt und erscheint weniger stark gekrümmt, als die schön geschwungene des andern Auges. Wilbrand und
Saenger (1900, S. 5) bilden einen Fall von Lähmung der ganzen Gesichtsmuskulatur bei Dystrophia musculosum ab, bei welchem die Stirn- und
Gesichtshaut auffallend glatt und faltenlos ist. Hier ist die Konkavität
der Augenbrauen flach und gerade nach unten gerichtet; ihre nasalen
Enden liegen in einer Linie, während sich beispielsweise bei doppelseitiger Ptosis deren Verlängerung nach oben und beim doppelseitigen
Orbiculariskrampf nach unten von der Nasenwurzel schneiden würde.

Literatur zu §§ 131—149.

1858 Donders: Untersuchungen über die Entwicklung und den Wechsel der Cilien. Graefes Arch. f. Ophthalmol. Bd. 4. 1, S. 286.

1859 Ponti: Straordinario caso di precoce canizie della ciglia. Giorn. ital. di oftalmol. T. 2, p. 105.

1862 Pagenstecher, Saemisch u. a.: Klinische Beobachtungen aus der Augenheilanstalt Wiesbaden.

1869 Saemisch: Über die verschiedenen Formen von Blepharitis. Korrespbl. d. Vereins d. Ärzte d. Regierungsbezirkes Köln.

1870 Narkiewicz-Jodko: Favus auf den Lidern und in den Tränenkanälen. Klin. Monatsbl. f. Augenheilk. Bd. 8, S. 78.

1871 Arcoleo: Resoconto della clinica ottalmol. di Palermo. p. 269. — Lourenço: De l'épilation des cils dans le traitement de la blépharite ciliaire. Gaz. des hôp. p. 604.

1873 Ellinger: Pilze bei Blepharitis ciliaris. Virchows Arch. f. pathol. Anat. u. Physiol. Bd. 23, S. 449. — Schenkl: Ein Fall von plötzlich aufgetretener Poliosis circumscripta der Wimpern. Arch. f. Dermatol. u. Syphilis Bd. 5, S. 137. — Schiess-Gemuseus: Favus des oberen Lides. Klin. Monatsbl. f. Augenheilk. S. 211.

1874 Jacobi: Vorzeitige akute Entfärbung der Wimpern. Klin. Monatsbl. f. Augenheilk. S. 367. — Schiess-Gemuseus: Notiz zur Blepharitis ciliaris. Ebenda S. 43. — Stilling, J.: Über Conjunctivalkatarrh und Blepharitis ciliaris. Ebenda S. 240.

1875 Michel: Krankheiten der Lider. Dies. Handb. 1. Aufl., Kap. IV, S. 412.

1877 Yeo: Case of exophthalmic goitre with new phenomena. Brit. med. Journ. March.

1879 Maehly: Beiträge zur Anatomie, Physiologie und Pathologie der Cilien. Klin. Monatsbl. f. Augenheilk. Beilageheft. S. 478.

1881 Nicati: Distichiasis vrai des quatre paupières dû au développement de poils à l'orifice des glandes de Meibom. Arch. d'ophtalmol. T. 1, p. 182. — Reich: Poliose d'origine nerveuse. Arch. d'ophthalmol. T. 1, p. 307. — Velardi: Un caso di alopecia ciliare alterna. Boll. d'oculist. T. 3, No. 12.

1882 Brown: A case of complete madarosis of the upper lids. Med. a. surg. rep. T. 47, p. 63. — Buller: Alopecia of the eyelids. Transact. of the Americ. ophthalmol. soc. — Streatfield: Observations on some congenital diseases of the eye. Lancet. February. — Tamamcheff: Ein neuer Beitrag zur Pathologie und Therapie der Affektionen des Tarsalrandes, insbesondere der Trichiasis und Distichiasis. Zentralbl. f. prakt. Augenheilk. Sept. u. Bericht über d. 14. Vers. d. ophth. Ges. zu Heidelberg. S. 178.

1883 Makrocki: Ein Fall von pervers gewachsenen subcutanen Cilien. Zentralbl. f. prakt. Augenheilk. Mai. S. 129.

1884 Nettleship: Remarks on sympathic ophthalmica. Transact. of the ophthalmol. soc. of the United kingdom p. 76.

1886 Magnus: Fall von Alopecia totalis. Klin. Monatsbl. f. Augenheilk. S. 97. — Nieden: Vier Fälle von Alopecia totalis persistenz. Zentralbl. f. prakt. Augenheilk. Mai. S. 133. — Wicherkiewicz: Zur Kasuistik der Alopecia totalis. Klin. Monatsbl. f. Augenheilk. S. 139.

1887 Roeder: Über die Erkrankung der Haarwurzeln und speziell über Blepharitis ciliaris, ihre Ursachen und Heilung. Klin. Monatsbl. f. Augenheilk. S. 261.

1888 Hirschberg: Plötzliches Ergrauen von Haupt- (oder Bart-) Haaren. Zentralbl. f. prakt. Augenheilk. Jan. S. 15.

1889 Gailleton: Tricophytie des cils. Gaz. hébdom. No. 25, p. 398. — de Schweinitz: Sudden turning gray of the eye-lashes. Med. News. Philadelphia T. 1, p. 353.

1890 Bock, E.: Über frühzeitiges Ergrauen der Wimpern. Klin. Monatsbl. f. Augenheilk. S. 484.

1891 Chisolm: The eccentric growth of eyelashes. Americ. Journ. of ophthalmol. p. 135. — Froelich: Über Augenerkrankung bei Alopecia areata. Berl. klin. Wochenschr. Nr. 14. — Gundelach: Über gesunde und kranke Cilien. Inaug.-Diss. München. — Hall: Trichiasis. Indian med. Rec. Calcutta. p. 237 and 293. — Herrnheiser: Angeborene Distichiasis. Prager med. Wochenschr. Nr. 41. — Raehlmann: Primäre Haarneubildung auf der intermarginalen Kantenfläche des Augenlides als die gewöhnliche Ursache der Trichiasis. Graefes Arch. f. Ophthalmol. Bd. 37. 2, S. 66.

1892 Bonnet: Über Hypotrichosis congenita universalis. Festschrift zum 50jährigen med. Doktorjubiläum des Herrn Geh.-Rat v. Koelliker. Wiesbaden: J. F. Bergmann. — Hirschberg: Über Wimperbildung. Centralbl. f. prakt. Augenheilk. Mai. S. 131. — Hutchinson: A case of blanched eyelashes. Arch. of surg. London. T. 4, p. 357.

1893 Tay: A case of symmetrical whitening of the eye-lashes and eye-brows in connection with sympathetic ophthalmie. Transact. of the ophthalmol. soc. of the kingdom T. 12, p. 29.

1894 Cuénod: Bacteriologie et parasitologie clinique des paupières. Thèse de Paris. — Mibelli: Tricofizia blefaro-ciliare (Blepharitis Trichophytica). Osservazioni cliniche e micologiche. Ann. di ottalmol. T. 23, p. 368.

1895 Niclos: Trichophytie palpébrale. Méd. moderne. 6. Nov.

1896 Barlow: Kurze Bemerkungen über Trichorrhexis nodosa. Münch. med. Wochenschr. S. 615. — Dubreuil: Trichophytie palpébrale. Arch. méd. de Bordeaux. Ref. Recueil d'ophtalmol. p. 227. — Silvestri, A.: Sulla etiologia e cura della trichiasi. Settimana dello sperimentale. Anno L. Febbraio. No. 5.

1897 Baquis, E.: Sull' abnorme accrescimento sottocutaneo dei cigli. Studio clinico ed istologico. Ann. di ottalmol. T. 26, p. 4. — Wilbrand-Staelin: Über die Augenerkrankungen in der Frühperiode der Syphilis.

1898 Donath: Der Wert der Resektion des Halssympathicus bei genuiner Epilepsie, nebst einigen Bemerkungen und physiologischen Versuchen über Sympathicuslähmung. Wien. klin. Wochenschr. Nr. 16. — Iversenc: Alopécie syphilitique totale des cils. Arch. méd. de Toulouse. Juillet. No. 1. Ref. Ann. d'oculist. T. 122, p. 399. — Treacher-Collins: Monilethrix, affecting eyelashes and eyebrows. Transact. of the ophthalmol. soc. of the kingdom. T. 11, p. 1.

1899 Gloor: Ein Fall von Favus des oberen Augenlides. Arch. f. Augenheilk. Bd. 30, S. 358. — Joers: Demodex s. Acarus folliculorum und seine Beziehungen zur Lidrandentzündung. Dtsch. med. Wochenschr. No. 14. — Kuhnt: Über Distichiasis (congenita) vera. Zeitschr. f. Augenheilk. Bd. 1, S. 46. — Raehlmann: Über Blepharitis acaria. Klin. Monatsbl. f. Augenheilk. S. 33. — Roose: Cas de poliosis ou de canitie des paupières. Ann. de l'institute Saint Antoine à Courtrai. Ref. Ann. d'oculist. T. 122, p. 314. — Stcherbatschoff: Le Demodex folliculorum Simon dans les follicules ciliaires de l'homme. Thèse de Lausanne. — Westhoff: Distichiasis congenita hereditaria. Zentralbl. f. prakt. Augenheilk. Juni.

1900 Hunsche: Das Vorkommen des Demodex folliculorum am Augenlide und seine Beziehungen zu Liderkrankungen. Münch. med. Wochenschr. S. 1563. — Mulder: Blepharitis ciliaris en acarus of demodex folliculorum. Nederlandsch. Tijdschr. v. Geneesk. T. 2, p. 803. — Pincus: Ein Fall von Hypotrichosis (Alopecia congenita). Arch. f. Dermatol. u. Syphilis. Bd. 50, S. 347. — Schirmer: Sympathische Augenerkrankung. Dieses Handbuch Kap. VIII, S. 24. — Wilbrand und Saenger: Neurologie des Auges. Bd. 1, S. 9 u. f.

1901 Marchand: Der Prozeß der Wundheilung. Dtsch. Chirurg. 16. Lfg. S. 163. — Voerner: Zur Kenntnis der Sycosis parasitaria ciliaris (Trichophytia ciliaris). Klin. Monatsbl. f. Augenheilk. S. 871. — Winselmann: Ist die durch Geschwürsbildung am Lidrand charakterisierte Form der Blepharitis als Ekzem aufzufassen? Ein Beitrag zur Ätiologie und Therapie der Blepharitis ulcerosa. Klin. Monatsbl. f. Augenheilk. XL. Bd. 2, S. 393.

1902 LOTIN: Ein Fall von frühzeitigem Erbleichen der Cilien und Augenbrauen. Westnik ophthalmol. — RABL: Histologie der normalen Haut. Mraček, Handb. d. Hautkrankh. Bd. 1, S. 47. — RINDFLEISCH: Ein Fall von einseitigem Ergrauen der Wimpern bei einem Kinde. Klin. Monatsbl. f. Augenheilk. XL. Bd. 2, S. 53.

1903 CHAILLOUS et GUÉNEAU: Blepharitis syphilitica. Ann. d'oculist. T. 130, p. 55.

1904 ERDMANN: Ein Beitrag zur Kenntnis der Distichiasis congenita (hereditaria). Zeitschr. f. Augenheilk. Bd. 11, S. 427. — HERZOG: Pathologie der Cilien. Zeitschr. f. Augenheilk. Bd. 11 u. 12. — LEBRAM: Das Schicksal von Haaren bei der Bildung von Hautnarben. Zentralbl. f. allg. Pathol. u. pathol. Anat. S. 569.

1905 EHRMANN: Follikulare und perifollikulare Eiterungen der Haarbälge. Mraček, Handb. d. Hautkrankh. Bd. 2, S. 394. Wien: A. Hölder.

1906 BACH: Traumatische Neurose und Unfallbegutachtung. Zeitschr. f. Augenheilk. Bd. 14, S. 246. — BRAILEY: Congenital distichiasis. Transact. of the ophthalmol. of the United kingdom T. 26, p. 16 and Ophthalmol. Rev. p. 286. — VOGT: Frühzeitiges Ergrauen der Cilien und Bemerkungen über den sogenannten plötzlichen Eintritt dieser Veränderungen. Klin. Monatsbl. f. Augenheilk. XLIV. Bd. 1, S. 228.

1907 BAER, TH.: Zur Kasuistik der Hypotrichosis congenita familiaris. Arch. f. Dermatol. u. Syphilis Bd. 84, S. 15. — CHERNO: Über die unter dem Namen der Blepharitis ciliaris bekannten Erkrankungen des Lidrandes. Zeitschr. f. Augenheilk. Bd. 18, S. 1. — CONTINO: Über Bau und Entwicklung des Lidrandes. Graefes Arch. f. Ophthalmol. Bd. 66, S. 505.

1908 BOTTINI: Sulla efficacia et utilità della depilazione elettrolitica nella trichiasi parziale. Ann. di ottalmol. T. 37, p. 448. — v. CSAPODI: Über einige seltere Abnormitäten der Cilien. Zeitschr. f. Augenheilk. Bd. 20, S. 268. — HOFFMANN, R.: Über Verkümmerung der Augenbrauen und der Nägel bei Thyreoidosen. Arch. f. Dermatol. u. Syphilis Bd. 89, S. 381—384 — PRÖBSTING: Wesen und Behandlung der Blepharitis ciliaris. Zeitschr. f. ärztl. Fortbildung Nr. 19.

1909 PASCHEFF: Sur une nouvelle maladie des bords ciliaires (folliculitis ciliaris nevroticans infectiosa) et un bacille particulier isolé dans cette maladie. Mémoire présenté aus XI. Congrès intern. à Naple. Sofia.

1910 CONTINO: Über die Alterationen und Modifikationen der Cilienbälge nach der Depilation. Graefes Arch. f. Ophthalmol. Bd. 57, S. 98 u. Clin. oculist. T. 11, p. 209. — HOEG: Et Tilfaelde af hoide Cilier (Fall von weißen Cilien). Sitzungsber. d. ophthalmol. Ges. Kopenhagen. Hospitalstidende p. 456.

1911 IMRE, I. sen.: Die ulceröse Lidrandentzündung. Orvosképzés No. 5 u. 6. (Ungarisch.) — VIGNOLO-LUTATI: Über einen schweren Fall von periodischer Alopecie. Monatsbl. f. prakt. Dermatol. Bd. 51, Nr. 7.

1912 HOFFMANN, E.: Favus am oberen und unteren Augenlid. (Niederrhein. Ges. f. Natur- u. Heilk. Bonn.) Dtsch. med. Wochenschr. 1913, S. 93. — v. LIEBERMANN: Zur Therapie der Lidrandentzündungen. Dtsch. med. Wochenschr. S. 512. — v. MARENHOLTZ: Zur Therapie der Lidrandentzündungen. Wochenschr. f. Therap. u. Hyg. des Auges Bd. 16, S. 2. — RIEHL: Favus an der Lidhaut. Wien. klin. Wochenschr. S. 582.

1913 BRAULT: Godet favique unique siègant à la paupière inférieure gauche. Bull. de la soc. franç. de dermatol. et syphiligr. Mai 1912. — CLAUSEN: Über Anwendung der Noviformsalbe in der äußeren Augenheilkunde. Zeitschr. f. Augenheilk. Bd. 29, S. 295. — CRAMER, E.: Zur Frage der anaphylaktischen Entstehung der sympathischen Entzündung. Klin. Monatsbl. f. Augenheilk. Bd. 51, S. 205. — HAMBURGER: Über den Gebrauch Wassermannscher Histopinsalbe in der Augenheilkunde. Klin. Monatsbl. f. Augenheilk. LI. Bd. 1, S. 813. — KLECZKOWSKI: Alopecia universalis. Postep. okulist. (poln.) No. 5 u. 6. — LANDRIEU: Deux cas de teignes palpébrales (Trichophytie). (Soc. franç. d'ophtalmol. congr. du mai.) Ann. d'oculist. T. 149, p. 455. Arch. d'ophtalmol. T. 33, p. 450. Clin. ophtalmol. p. 417. — OESTERREICH, LUCIE: Weiße Cilien. Prag. med. Wochenschr. Nr. 35. —

Vollert: Zur Therapie des Hordeolum und der Blepharitis ciliaris mit Histopin. Münch. med. Wochenschr. S. 1658.

1914 Dernovsek: Noviform bei Lidrandentzündung. Wochenschr. f. Therap. u. Hyg. des Auges Nr. 16. — Korn: Behandlung der Blepharitis ciliaris mit Levurinose-Hefe-Seife. Allg. med. Zentralztg. Nr. 30, S. 333. — Krusius: Über die Einpflanzung lebender Haare zur Wimperbildung. Dtsch. med. Wochenschr. Nr. 19. — Landrieu: Deux cas de trichophyties palpébrales. Ann. d'oculist. T. 151, p. 42 bis 48. — Natanson und Pokrowsky: Ein Fall von Lidrandentzündung, durch den Bacill. ooli hervorgerufen. Sitzungsber. Zeitschr. f. Augenheilk. Bd. 31, S. 550. — Schreiber, L.: Die Behandlung der »rezidivierenden« Hornhauterosionen mit Scharlachsalbe. Graefes Arch. f. Ophthalmol. LXXXVII. Bd. 1, S. 174. — Derselbe: Berichtigung und Bemerkungen zu der Mitteilung von A. Dutoit: »Über die Bedeutung und den Wert des Pellidols in der Augenheilkunde«. Graefes Arch. f. Ophthalmol. LXXXVII. Bd. 2, S. 413. — Steindorff, K.: Vitiligo der Lider und Poliosis nach stumpfer Verletzung. Klin. Monatsbl. f. Augenheilk. Bd. 53, S. 188.

1916 Unna, P. G.: Blepharitis ciliaris, eine Hautkrankheit. Dermatol. Wochenschr. Nr. 21. Wochenschr. f. Therap. u. Hyg. des Auges S. 217.

1917 Knapp, P.: Plastischer Ersatz von Wimpern. Klin. Monatsbl. f. Augenheilk. Bd. 59, S. 447.

1918 Igresheimer, J.: Syphilis und Auge. S. 162. Berlin: Julius Springer.

1919 Esser: Herstellung von behaarten Augenlidrändern. Klin. Monatsbl. f. Augenheilk. Bd. 62, S. 202. — Lexer: Wimpernersatz durch freie Transplantation behaarter Haut. Klin. Monatsbl. f. Augenheilk. Bd. 62, S. 486.

1921 v. Szily, A.: Störungen der inneren Sekretion und ihre Bedeutung für das Sehorgan. Zentralbl. f. d. ges. Ophthalmol. u. ihre Grenzgeb. Bd. 5, H. 3, S. 97 u. f.

B. Krankheiten des Tarsus.

§ 150. Der Tarsus besteht aus einem dicht verfilzten und mit elastischen Fasern reichlich versehenen Bindegewebe. Es ist daher unrichtig, von Tarsal- oder Lidknorpel zu sprechen, wie dies in manchen Lehrbüchern der Augenheilkunde und in wissenschaftlichen Veröffentlichungen noch immer geschieht. In die Tarsussubstanz völlig eingebettet sind die Tarsal- oder Meibomschen Drüsen und teilweise die acino-tubulösen Drüsen, auch accessorische, Wolfringsche oder Krausesche Drüsen genannt. Entsprechend diesem anatomischen Verhalten sind die Krankheiten des Tarsus in solche der drüsigen Gebilde, der Meibomschen und der Krauseschen Drüsen, und der Bindegewebssubstanz einzuteilen. Für die klinische Auffassung des Ausgangspunktes der tarsalen Erkrankungen ist zu beachten, daß entwicklungsgeschichtlich die Tarsaldrüsen dem Cutisteile, die tarsale Bindegewebssubstanz dem Bindehautteile des Augenlides zuzurechnen sind.

Die Untersuchung des Tarsus gesicheht durch Palpation und Betrachtung von der Innenfläche des Lides aus. Unter normalen Verhältnissen läßt sich der Tarsus des Oberlides bei der Palpation ähnlich einem dünnen Kartenblatte umbiegen, der des Unterlides ist dagegen kaum durchzufühlen. Seine Ränder sind leicht abgestumpft und gehen fast unmerklich in die Umgebung über. Zum Zwecke der Palpation ist der Kranke aufzufordern, die Lider leicht zu schließen; das Lid wird alsdann in seiner der Lidspalte zu gelegenen Hälfte, und zwar in ganzer Ausdehnung wagerecht zwischen Daumen und Zeigefinger erfaßt, wobei durch Annäherung und Entfernung der Finger die Biegsamkeit des Tarsus zu prüfen ist. Gleichzeitig sind Dicke und Beschaffenheit seiner Grenzen zu untersuchen. Zum Vergleich kann der Tarsus der gesunden Seite oder der des Untersuchers dienen.

Zwecks Betrachtung der Innenfläche des Tarsus ist die Ectropionierung der Lider erforderlich. Zur Ausführung der Ectropionierung des Oberlides fordere man den zu Untersuchenden auf, nach unten zu blicken, fasse unter Benutzung der Cilien den Lidrand in seiner Mitte mit Zeigefinger und Daumen der einen Hand und lege den Zeigefinger der anderen oder ein längliches Glasstäbchen wagerecht in ganzer Ausdehnung des Sulcus orbito-palpebralis auf das Oberlid. Das so gefaßte Oberlid ziehe man nach unten und zugleich etwas vom Augapfel ab und schlage es um den als Rolle dienenden Gegenstand — Finger oder Glasstäbchen — nach oben um. Dabei muß der zu Untersuchende stets nach unten blicken. Wird bei diesem Verfahren nicht die Übergangsfalte in ihrer ganzen Ausdehnung sichtbar, so ist, entsprechend dem Sulcus orbitopalpebralis und vom oberen Tarsusrande möglichst weit entfernt, ein mit rundlichem Knopfe versehenes Glasstäbchen senkrecht und nur wenig nach hinten geneigt auf das Oberlid aufzusetzen und durch leichten Druck die Übergangsfalte vorzustülpen und zu spannen. Durch Hin- und Herbewegen des Stäbchens in der ganzen wagerechten Ausdehnung des Lides kann die ganze Übergangsfalte vorgekehrt werden.

Bei der Ectropionierung des Unterlides ist dieses vom Augapfel abzuziehen unter gleichzeitigem festen Zug nach abwärts. Hierzu setze man die Kuppe des leicht hakenförmig gekrümmten Zeigefingers auf die Mitte des unteren Lidrandes so nahe als möglich den Cilien und übe einen Zug nach abwärts und etwas nach auswärts aus, wobei der zu Untersuchende immer nach oben zu blicken hat.

Bei normaler Durchsichtigkeit der Bindehaut schimmert die weiße Farbe des tarsalen Bindegewebes mit den reihenweise angeordneten gelblich gefärbten Ausführungsgängen der MEIBOMschen Drüsen durch dieselbe hindurch. Abweichungen von diesem Verhalten äußern sich in Veränderungen der Färbung und der Oberfläche der genannten Teile; eine Abnahme der Durchsichtigkeit der Bindehaut verwehrt das genaue Erkennen derselben.

I. Krankheiten der drüsigen Tarsusgebilde, der Meibomschen und Krauseschen Drüsen.

§ 151. Die MEIBOMschen Drüsen oder Tarsaldrüsen, an Zahl 30—40 im oberen und 20—30 im unteren Lide, liegen in der Regel dicht aneinander in einer einzigen Reihe; ihre Ausführungsgänge münden auf der Höhe der inneren Lidkante. Diese Drüsen gleichen in ihrem anatomischen Bau und in ihrer physiologischen Funktion den Talgdrüsen der Haut und sind zusammengesetzte Drüsen (RABL 1902); sie bestehen aus zahlreichen beerenförmigen Endstücken, die gleich den eigentlichen Talgdrüsen der Haut durch Einkerbung häufig in mehrere Acini gegliedert sind, und besitzen einen langen, den Tarsus durchsetzenden Ausführungsgang. Nach SCHIEFFERDECKER (1906), können die MEIBOMschen Drüsen ein verschiedenes Verhalten zeigen, nur etwa $^2/_3$, sogar nur die Hälfte des Tarsus einnehmen und weiter auseinanderliegen; mitunter sind dieselben selbst in den mittleren Teilen des Tarsus, wo die MEIBOMschen Drüsen sonst am besten entwickelt sind, nur rudimentär ausgebildet. In dem drüsenfreien Reste des Tarsus wurden vielfach Fettzellen gefunden. Ein Ausführungsgang ist in der Regel für einen Acinus bestimmt; häufig haben jedoch zwei Acini einen gemeinsamen Ausführungsgang. Die Innenwand der Ausführungsgänge ist mit einem Stratum Malpighii, granulosum und corneum überzogen. Die Wand der Acini zeigt als äußerste Zellreihe abgeplattete, kubische und in lebhafter Teilung befindliche Zellen. Die übrigen den Inhalt der Acini bildenden Drüsenzellen enthalten einen großen zentral gelegenen Kern und vergrößern sich durch das Auftreten von kleinsten, stark lichtbrechenden Körnchen (Fettkügelchen) im Protoplasma. Zwischen den Fettkügelchen bildet das Protoplasma dünne Scheidewände, die mehr und mehr schwinden, so daß die Fetttröpfchen zu einem größeren Tropfen zusammenfließen; der Kern wird dadurch zusammengedrückt, er schrumpft und schwindet schließlich vollständig. Das Fett gelangt mit den Zellresten in großen Massen und Klumpen in den Ausführungsgang. Im allgemeinen ist das Sekret der MEIBOMschen Drüsen wesentlich dünnflüssiger als das der Talgdrüsen (SCHIEFFERDECKER 1906); wäre es dickflüssig, so würde es den langen Drüsenkörper nur mit Schwierigkeit passieren. Da die Ausführungsgänge weit sind und die ganze Drüse in festes Bindegewebe eingebettet und von dichtem elastischen Gewebe umgeben ist, so kann die Vis a tergo voll einsetzen.

Die chemische Untersuchung des Sekrets der MEIBOMschen Drüsen hat verseifte Fette, Fettsäuren und in besonders großer Menge Cholestearin ergeben (PES 1897).

Die physiologische Funktion der MEIBOMschen Drüsen besteht in einer Absonderung von Fett, wobei der Untergang der Zellen einen im wesentlichen sekundären Vorgang darstellt. BUSCHKE und A. FRÄNKEL (1905) haben auf experimentellen Wege durch subkutane Injektion von salicylsaurem Physostigmin bei Kaninchen und Meerschweinchen eine stärkere Entleerung der MEIBOMschen Drüsen erzielt. Nach PODWYSOTZKI (1885) regenerieren sich experimentell zerstörte Zellen der MEIBOMschen Drüsen gleich den Deckepithelien.

Eine eigenartige abnorme Entwicklung der MEIBOMschen Drüsen (Abb. 120) bei gleichzeitiger Bildungsanomalie der inneren Lidkante beschreibt BEGLE (1914). Bei einem 5 jährigen Knaben mit doppelseitigem Epicanthus und bei einem 19 jährigen Manne fand er in symmetrischer Weise an den Oberlidern (bei normalen Unterlidern) eine Abrundung der innern Lidkante, eine Umwandlung des Sulcus subtarsalis in ein fibröses Bindegewebsband und auffallend starke Varscularisation der Conjunctiva tarsi. Die MEIBOMschen Drüsen zeigten einen abnormen

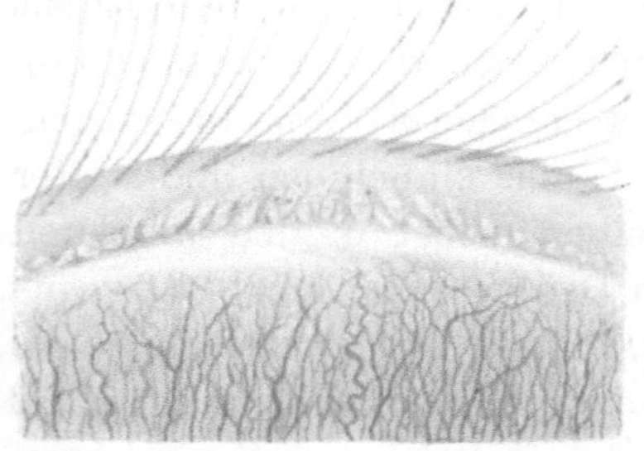

Abb. 120. Abnorme Entwicklung der MEIBOMschen Drüsen.

Bau, indem sie schlauchförmig bis kreisrund erschienen und an der Innenfläche des Lides in der Zone zwischen Lidrandfläche und dem Sulcus subtarsalis mündeten. Bei der mikroskopischen Untersuchung fiel eine ungewöhnlich reiche Entwicklung von Drüsenalveolen in der Nähe der Mündung an der Bindehautoberfläche von verschiedenster Form und Größe auf; daneben fanden sich noch gleiche Alveolen ohne nachweisbaren Zusammenhang mit den MEIBOMschen Drüsen, die eigene Ausführungsgänge besaßen. Wegen des Fehlens von entzündlichen Erscheinungen, wegen des symmetrischen Auftretens der Abnormität und wegen der Entwicklung selbständiger kleiner Talgdrüsen, unabhängig von den MEIBOMschen Drüsen, faßt BEGLE diese Bildungsanomalie als kongenitale auf. Er vermutet, daß derselben eine Unregelmäßigkeit in der Verwachsung der beiden Lidrandflächen zugrunde liege, die um den dritten Embryonalmonat, knapp vor dem Auftreten der ersten Anlage der MEIBOMschen Drüsen, einzutreten pflegt.

Dieser Auffassung hatte sich ELSCHNIG (1919) ursprünglich angeschlossen. Auf Grund weiterer Beobachtung ähnlicher Fälle gelangte derselbe (1919) jedoch zu der Ansicht, daß es sich bei den BEGLEschen Befunden nicht um einen kongenitalen, sondern um einen erworbenen Zustand handele, für welchen er mit Wahrscheinlichkeit die Grundlage in einer Narbenbildung nach Auftreten reichlicher großer Phlyctaenen an der inneren Lidkante erblickte — um so mehr, als auch in den beiden von BEGLE publizierten Fällen durch Jahre eine schwere Bindehaut- und Hornhautentzündung bestanden hatte, die bei dem einen zur totalen Erblindung eines Auges führte.

§ 152. Die Erkrankungsformen der MEIBOMschen Drüsen sind denen der Hauttalgdrüsen ähnlich. Man beobachtet Funktionsstörungen, Entzündungen, Wucherungen und Nekrosen des Drüsenepithels, Cysten und Geschwülste.

Die Funktionsstörungen der MEIBOMschen Drüsen bestehen in einer gesteigerten oder verminderten Absonderung.

Bei Sekretionssteigerung finden sich weißliche, feinschaumige, d. h. mit feinen Luftbläschen gemischte Flocken der Bindehautflüssigkeit beigemengt, die die Lidränder, besonders den äußeren und inneren Lidwinkel sowie die Oberfläche der Tränenkarunkel gleich einem feinen Seifenschaume bedecken und während des Schlafes leicht eintrocknen. Mikroskopisch bestehen diese Flocken aus dem Inhalt der Ausführungsgänge der MEIBOMschen Drüsen. Häufig liegt das Drüsensekret in Form von kleinen durchscheinenden bernsteingelben Knöpfchen auf der Lidrandfläche, entsprechend den Ausführungsgängen, die Mündung derselben verstopfend. Das eingedickte Sekret wird als Fremdkörperreiz empfunden. KRÜCKMANN (1922) setzt neuerdings die Hypersekretion und Sekretstauung der MEIBOMschen Drüsen den entsprechenden Prozessen der Cutistalgdrüsen gleich und bezeichnet sie analog als Seborrhoe und Comedo der MEIBOMschen Drüsen. Die Hypersekretion kann mit einer Seborrhoe des ganzen Lidrandes, der alsdann wie mit einer Ölschicht bestrichen erscheint, ferner mit einer Seborrhoe der Gesichts- und Kopfhaut und mit chronischen Hyperämien oder leichten Katarrhen der Bindehaut einhergehen. Im letzteren Falle wäre anzunehmen, daß eine Verseifung durch die alkalische Bindehautflüssigkeit stattfinde und dadurch eine Ausscheidung der Fettsubstanz gefördert werde. Auch bei gesteigerter Tätigkeit des M. orbicularis, wie beim Blepharoklonus, wird eine vermehrte Absonderung der MEIBOMschen Drüsen beobachtet.

Zur Behandlung werden, abgesehen von der Beseitigung einer etwa gleichzeitig vorhandenen Bindehauterkrankung oder eines Muskelkrampfes, Einträufelungen von schwachen Natr. bicarb.-Lösungen in den Bindehautsack empfohlen. Die Sekretknöpfchen müssen mit einem kleinen scharfen Löffel oder ähnlichem Instrument entfernt werden. Häufiger hat sich mir in solchen Fällen eine regelmäßige Expression des Drüsensekrets in 2 bis 4 wöchentlichen Intervallen bewährt. Die Expression wird nach leichter Cocainisierung und nach Einlegen einer Lidplatte in den Bindehautsack mit den Zeigefingern vorgenommen.

Eine verminderte Absonderung der Meibomschen Drüsen begleitet schwere Vernarbungen der Bindehaut, wie beim Trachom und beim Pemphigus, und dürfte eine durch die gleichzeitige Verdichtung des tarsalen Bindegewebes hervorgerufene Atrophie des Drüsenkörpers zurückzuführen sein.

§ 153. Die Entzündungen der Meibomschen Drüsen sind teils akute eitrige, teils chronische granulierende. Zwischen diesen beiden Formen finden sich Übergänge.

Die akute eitrige Entzündung der Meibomschen Drüsen, auch Hordeolum internum, Hordeolum Meibomianum (Hordeolum externum s. S. 34 u. f.) und Gerstenkorn genannt, ist mit der akuten Acne der Talgdrüsen der Haut zu vergleichen. Schon äußerlich ist eine umschriebene entzündliche Schwellung und Rötung des Lides sichtbar. Die Palpation ergibt einen im Tarsus eingebetteten ziemlich derben und bei Druck schmerzhaften Knoten, über den sich die Haut verschieben läßt. Bei der Ectropionierung kennzeichnet sich die erkrankte Stelle durch eine umschriebene entzündliche Schwellung der Tarsalbindehaut, die sich in der Regel in diffuser Weise noch auf die Übergangsfalte und die Skleralbindehaut ausdehnt. Im weiteren Verlaufe zeigt sich entsprechend der stärkst geschwellten Stelle der Tarsalbindehaut, d. i. an der Kuppe des Knötchens bzw. Knotens eine gelbliche Färbung, die Bindehaut wird durchbrochen und es entleert sich ein Tröpfchen Eiter, worauf die Perforationsöffnung sich schließt und nach Zurückgehen der entzündlichen Erscheinungen die Heilung eintritt. Manchmal gelingt es auch, durch Druck auf den Knoten Eiter aus dem Ausführungsgange des erkrankten Acinus zu entleeren.

Die Begleiterscheinungen bestehen in einer mehr oder weniger reichlichen Absonderung einer serös-eitrigen Flüssigkeit von seiten der Bindehaut und in einer Vergrößerung und leichten Druckempfindlichkeit der regionären Präaurikulardrüse. Von subjektiven Empfindungen werden mäßige oder stärkere Schmerzen, Gefühl von Spannung, Ziehen und Hitzegefühl angegeben.

Von dem geschilderten Verlaufe kommen Abweichungen hinsichtlich des Grades und der Ausdehnung der Entzündung vor. Bei einer Steigerung der lokalen Entzündung entsteht ein klinisches Bild gleich demjenigen eines Talgdrüsenfurunkels der Haut und führt, abgesehen von einer Zunahme der lokal entzündlichen Erscheinungen, zu Fieberbewegungen und starker entzündlicher Schwellung der regionären Präaurikulardrüse. In sehr seltenen Fällen tritt die akute eitrige Entzündung multipel auf, derart, daß ein großer, ja der größte Teil der Meibomschen Drüsen in kleine Abscesse umgewandelt ist. Bei

einem 6 monatigen Säugling fand ich (L. Schreiber) am Oberlid und
Unterlid beider Augen je etwa 6, also im ganzen etwa 24 Absceßchen;
gleichzeitig mehrere Hordeola externa. Die Absceßchen wurden incidiert.
Im Verlaufe der nächsten 6 Wochen, während deren das Kind beobachtet wurde, entwickelten sich schubweise noch weitere Absceßchen,
so daß nach und nach an jedem der 4 Lider etwa 16 Meibomsche
Drüsen von der eitrigen Entzündung befallen waren. Dabei bestand
eine besträchtliche derbe Schwellung der Lider ohne entsprechend
starke Rötung. Dagegen war die gesamte Conjunctiva stark gerötet
und sammetartig papillär geschwollen; es bestand keine nennenswerte
Sekretion. Bei der bakteriologischen Untersuchung fand sich hier
wie in einem weiteren Falle der Staphylococcus pyogenes aureus.
Dieser betraf einen 7 monatigen Säugling, bei dem die Entzündung
in vollkommen gleichartiger Weise nur an einem Auge aufgetreten
war. Bei beiden Kindern ergab die in der Universitäts-Kinderklinik
vorgenommene Untersuchung einen normalen Befund aller Organe. —
Die große Seltenheit dieser Krankheit geht daraus hervor, daß diese
beiden Beobachtungen die einzigen sind, die ich innerhalb von etwa
15 Jahren an dem großen Material der Heidelberger Augenklinik
machen konnte. — Einen dritten analogen Fall von einseitiger akuter
eitriger Entzündung der Meibomschen Drüsen sah ich in meiner
Privatpraxis bei einem 15 Monate alten indischen Knaben, der infolge
von Dysenterie eine hochgradige Ernährungsstörung davongetragen
hatte. Der Befund war hier von den früheren insofern etwas abweichend,
als es vereinzelt zu polypenähnlichen, von den Meibomschen Drüsen
ausgehenden Wucherungen nach Art von Chalazien gekommen war. —
Leider konnte ich in keinem der Fälle den gänzlichen Ablauf der Entzündung verfolgen. In dem am längsten beobachteten zweiten Falle
war die Absceßbildung der Meibomschen Drüsen nach 3 Monaten
zum Stillstand gekommen; bei der letzten, 4 Wochen später vorgenommenen Untersuchung bestand noch eine beträchtliche papilläre
Hypertrophie der Conjunctiva. — Zweifellos gehören zu diesem Krankheitsbilde auch die Beobachtungen Natansons (1907) von Polyadenitis
Meibomiana chronica suppurativa; derselbe berichtet über 4 Fälle von
analogem Verlauf. Natanson fand die Erkrankung nur ein mal im
Säuglingsalter, die übrigen 3 Fälle betrafen Erwachsene zwischen dem
22.—40. Lebensjahr. Seine Angabe, daß die kleinen Absceßchen nur
geringe Neigung zum spontanen Durchbruch zeigen, kann ich bestätigen.

In schwereren Fällen kommt es zu einer ausgedehnten Nekrose
des tarsalen Bindegewebes, einer sogenannten Tarsitis necroticans
(Mitvalsky 1897). Bei einer solchen Nekrose werden in der mehr

oder weniger buchtigen Perforationsöffnung der Bindehaut schmutzig weiße, nekrotische Bindegewebsteile sichtbar, die mit der Pincette leicht herausgehoben werden können. Bald sind es nur kleine Sequester, bald ist es der ganze Tarsus. Die Perforationsöffnungen der Tarsalbindehaut können multipel sein und zusammenfließen; mitunter erstrecken sie sich bis zur Übergangsfalte. Die Heilung erfolgt in solchen Fällen mit eingezogener Narbe. Manchmal entsteht an der Stelle der Perforationsöffnung der Bindehaut ein stielartiger, etwa stecknadelkopfgroßer Granulationsknopf, der leicht abzutragen ist; gewöhnlich reißt schon der Stiel beim Zufassen mit der Pincette. GUTH (1898) berichtet über einen tödlichen Ausgang, der 3 Tage nach Auftreten eines Hordeolums des Oberlides unter meningitischen und septischen Erscheinungen erfolgte.

Die akute Entzündung der MEIBOMschen Drüsen tritt sehr häufig für sich allein auf, hier und da zugleich mit acinösen und furunkulösen Entzündungen im Gesichte oder an anderen Hautstellen; dieselbe befällt vorzugsweise jugendliche Individuen. Nicht selten zeigt das Hordeolum internum über Monate hinaus eine starke Neigung zu kurz aufeinanderfolgenden, für den Betroffenen höchst lästigen Rückfällen. Wie erwähnt treten die Hagelkörner öfters multipel entweder nur an einem Lide oder auch an beiden Lidern oder sogar an beiden Augenlidpaaren auf.

Als Krankheitserreger ist der Staphylococcus pyogenes aureus anzusehen, wobei es sich um einen Selbstinfekt handelt, indem mechanisch mit den Händen oder Taschentüchern die schon unter normalen Verhältnissen auf der Lidhaut vorhandenen Staphylokokken in die Ausführungsgänge der MEIBOMschen Drüsen gleichsam eingerieben werden, zumal manche Personen die üble Gewohnheit besitzen, aus unbedeutender Veranlassung an den Lidern zu reiben. Von anderen pyogenen Bakterien fand PRIOUZEAU (1898) Pneumobacillen. In einem von CASTELAIN (1907) berichteten, allerdings nicht einwandfreien Falle, wurde außer Pneumobacillen der Streptothrix festgestellt.

Anatomisch finden sich die Erscheinungen einer Follikulitis und Perifollikulitis. Eine vorausgehende Hyperkeratose der Ausführungsgänge der MEIBOMschen Drüsen könnte einen günstigen Boden für die Haftung der pathogenen Keime abgeben. Bei der Tarsitis necrotica waren nach MITVALSKY (1897) die Ausführungsgänge und Alveolen teilweise mit einem den Staphylococcus aureus enthaltenden Detritus angefüllt. Die Drüsenzellen waren größtenteils zugrunde gegangen und im tarsalen Bindegewebe der Umgebung der Drüsen sowie überhaupt im ganzen Tarsus reichlich Staphylokokken anzutreffen. In dem oben

erwähnten GUTHschen Falle (1898) mit tödlichem Ausgange hatte die
Autopsie zahlreiche Abscesse in der Bindehaut und im Tarsus ergeben,
und von hier aus war durch Fortleitung des Infekts eine Orbitalphlegmone entstanden, an die sich eine Thrombose der Sinus cavernosi und
eine beginnende eitrige basale Meningitis angeschlossen hatte.

Die Behandlung besteht in der Incision der erkrankten Stelle von
der Bindehaut aus, Entleerung des Eiters und Entfernung von allenfalls vorhandenem nekrotischen Tarsalgewebe. Bei messerscheuen Personen versuche man zunächst heiße Kamillenumschläge und Prießnitz-
umschlag mit Verband für die Nacht. Man überzeugt sich, daß man
oft hiermit allein zum Ziel kommt. Diese Maßnahmen sind auch
nach Incisionen sehr zweckmäßig. Bei Neigung zu Rezidiven sind
häufig Seifewaschungen der Lid- und Augenbrauengegend zweckmäßig.
Das Reiben an den Lidern ist zu verbieten. Bei häufig wiederkehrender
Erkrankung wäre der innerliche Gebrauch von Arsen- oder Hefepräparaten zu empfehlen.

§154. Die chronische granulierende Entzündung der MEIBOM-
schen Drüsen, das sogenannte Chalazion, Hagelkorn, kennzeichnet
sich bei äußerlicher Betrachtung und bei der Palpation als eine mehr oder
weniger rundliche, knotenartige und einen gewissen Grad von Elastizität
darbietende Geschwulst; sie ist mit dem Tarsus beweglich, gut abgrenzbar und besitzt in der Regel die Größe einer Erbse bis zu einer Kirsche.
Sehr häufig bildet das Chalazion keinen abgrenzbaren Knoten, sondern
eine mehr flächenhaft sich ausbreitende Infiltration, die in der Regel
multipel, gar nicht selten gleichzeitig am Oberlid und Unterlid beider
Augen auftritt. Die Haut über der Geschwulst ist verschiebbar, entsprechend dem Sitze des Knotens vorgewölbt und von rötlicher oder
bläulicher Färbung, deren Grad von der Zahl der erweiterten und ge-
stauten Gefäße abhängt. Hier und da kommt es bei alten großen Chalazien zu einer umschriebenen Verwachsung der Vorderfläche des Knotens
mit der Haut. Bei Ectropionierung schimmert an der befallenen Stelle
eine graurötliche und leicht durchsichtige Erhebung durch die Bindehaut durch, die anfänglich teilweise gelblich verfärbt sein kann und
deren Aussehen im allgemeinen einem jungen weichen Granulationsgewebe gleicht. Bei längerem Bestehen nimmt die Durchsichtigkeit zu,
was wohl einem durch den Knoten bedingten Druckschwund des tarsalen Bindegewebes zuzuschreiben ist. Gewöhnlich ist die Tarsalbindehaut an der erkrankten Stelle und im Umkreise gerötet, geschwellt,
von erweiterten Gefäßen durchzogen und häufig papillär gewuchert.

Im weiteren Verlaufe kommt es zu einem Stillstande des Wachstums; der Knoten wächst nicht weiter. Manchmal verkleinert sich

derselbe langsam und gewöhnlich nur in geringem Grade, was durch bindegewebige Umwandlung und Schrumpfung des den Knoten bildenden Granulationsgewebes zu erklären ist. In einer Reihe von Fällen durchbricht das gewucherte Gewebe die Tarsalbindehaut und ragt knopfartig selbst bis zur Größe einer Erbse und darüber aus der mehr oder weniger rundlichen Perforationsstelle hervor. Die Ränder der letzteren erscheinen in der Regel scharfkantig und umschließen das stielartig im Tarsus wurzelnde Granulationsgewebe. Ein solches Verhalten ist bei einer raschen Entstehung des Chalazion anzutreffen. Manchmal entwickeln sich zu gleicher Zeit an verschiedenen Stellen des Ober- und Unterlids Chalazien, die in mehr oder weniger raschem Verlaufe die Tarsalbindehaut durchbrechen. Durch die alsdann entstehenden vielfachen knopfartigen Auswüchse erscheint dieselbe wie mit kleinen Beeren besetzt. In seltenen Fällen wird die Grenze des Einzelknotens überschritten und mehrere Drüsenkörper werden mit dem tarsalen Bindegewebe von einem flächenhaft infiltrierenden Granulationsgewebe durchsetzt — sogenanntes Riesenchalazion. Manchmal kommt es beim Chalazion, aber auch ohne daß ein solches besteht oder vorausgegangen ist, zur Entwicklung von Granulationsgewebe innerhalb des Ausführrungsganges einer MEIBOMschen Drüse, zu einem sogenannten Chalazion marginale. Der Ausführungsgang erscheint verbreitert, knötchenartig erhaben und graurötlich oder rötlich gefärbt, und seine Mündung an der inneren Lidkante ist häufig durch die knötchenförmige Granulationswucherung verschlossen.

Besondere subjektive Beschwerden bestehen bei dem chronischen Charakter des Chalazion nicht, höchstens wird über geringe ziehende oder stechende Schmerzen geklagt, manchmal noch über eine gewisse Schwere in den Lidern, besonders dann, wenn die Knoten größer oder multipel sind. Das befallene Oberlid erscheint alsdann leicht herabgesunken. Vorzugsweise ist aber das entstellende Aussehen und das unbehagliche Gefühl einer Geschwulst im Augenlide die Veranlassung zum Aufsuchen ärztlicher Hilfe.

Das Chalazion kommt im ganzen Bereiche der MEIBOMschen Drüsen vor, doch werden die in der Mitte gelegenen Drüsenkörper bevorzugt; es tritt schon im frühen Lebensalter auf, hauptsächlich in jugendlichen und mittleren Jahren, verschont aber auch das höhere Alter nicht.

Makroskopisch zeigt die Masse, die nach Incision der Bindehautdecke des Chalazion sofort herausquillt und bei leichtem Druck als ein zusammenhängendes Gewebe sich entleert, eine graurötliche Färbung, durchscheinendes Aussehen und eine fast schleimige Beschaffenheit. Manchmal tritt, besonders in frischen Fällen, zugleich

mit oder noch vor der Entleerung des Inhaltes des Chalazion ein
Eitertröpfchen aus.

Mikroskopisch besteht der Inhalt des Chalazion aus einem schleimig erweichten Granulationsgewebe (s. Abb. 121), das von zahlreichen
Rundzellen durchsetzt und durch einen auffälligen Reichtum an Riesenzellen ausgezeichnet ist. Die Riesenzellen sind vielkernige Zellen epitheloiden Charakters mit unregelmäßiger Anordnung der zahlreichen
Kerne, von sehr wechselnder Größe (s. Abb. 121) und zeigen nur ganz
vereinzelt den LANGHANSschen Typus mit randständigen Kernen. Was
den Drüsenkörper selbst betrifft, so sind die Alveolen erweitert und
mit Drüsensekretmassen gefüllt. Um diese Massen oder Talgkrümel,
die zum Teil verkalkt sind, und um Reste abgestorbener Epithelien

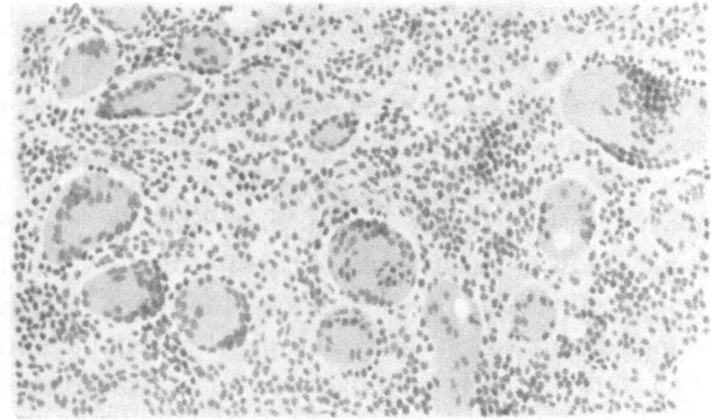

Abb. 121. Schnitt durch den ausgedrückten Inhalt eines Chalazion. Vergr. 1 : 80.

bilden sich knötchenförmige Wucherungen, die aus epitheloiden Zellen
und zahlreichen Riesenzellen bestehen und deren Zentrum Talgmassen
bilden. Weiterhin findet sich an Stelle des Drüsenkörpers ein Granulationsgewebe, doch sind noch hier und da Reste von drüsiger Substanz
nachweisbar. Auch die Ausführungsgänge sind oft nur teilweise erhalten. Das die erkrankte Drüsenalveole umgebende tarsale Bindegewebe erweist sich als kleinzellig infiltrirt. Im wesentlichen handelt
es sich um eine chronische, manchmal akut einsetzende Follikulitis und
Perifollikulitis der MEIBOMschen Drüsen mit Entwicklung eines riesen-
zellenhaltigen Granulationsgewebes. Gewöhnlich wird angenommen,
daß das Wachstum der Geschwulst vorzugsweise von periacinösen Herden aus erfolgt, die später zu einem zentralen größeren Knoten verschmelzen. In einem von ERDMANN (1904) untersuchten Falle von
Chalazion marginale hatte sich die Hauptmasse des Granulationsgewebes aus isoliert liegenden, unabhängig von den Acini am Lidrande
entstandenen perivaskulären Herden entwickelt und sich später mit

periacinösen vereinigt. Die Granulationsmasse bestand hier hauptsächlich aus dicht zusammenhängenden großen epitheloiden Zellen, regellos eingestreuten Haufen von einkernigen Rundzellen und Riesenzellen. Frühzeitig hatte eine regressive Metamorphose eingesetzt. LOEWENSTEIN (1914) unterscheidet zwei Gruppen von Chalazien; einmal sehr zellreiche, vorwiegend aus Plasmazellen bestehende gefäßreiche Infiltrate von regelmäßigem konzentrischen Bau. Im Zentrum solcher Infiltrate ist öfter eine auf dem Durchschnitt kreisförmige Lückenbildung zu beobachten. Die zweite Gruppe zeichnet sich durch zellreiche Bindegewebsneubildung aus, der gegenüber die Infiltrate zurücktreten; die Zellen sind hier unregelmäßig gelagert, stellenweise sind die Infiltrate von Spaltbildungen durchsetzt, die große alkohol- und ätherunlösliche Tropfen unbekannter Entstehung aufweisen.

Die Auffassung der Pathogenese und des Wesens des Chalazion hat im Laufe der Zeit mannigfaltige Wandlungen erfahren. VIRCHOW bezeichnete das Chalazion als eine Granulationsgeschwulst mit zahlreichen Rundzellen und einer sehr weichen, teils faserigen, teils schleimigen Intercellularsubstanz und DE VINCENTIIS (1878) als ein Granuloma gigantocellulare incapsulatum, wobei die Bildung von Riesenzellen teils aus Rund-, teils aus Drüsenzellen stattfinde. v. ARLT läßt das Chalazion unter gewissen Bedingungen aus dem Hordeolum und RYBA aus einer chronischen Entzündung des Tarsus entstehen, die wahrscheinlich ihren Ausgangspunkt von den MEIBOMschen Drüsen nehme. Das Chalazion wurde auch als eine furunkelähnliche Erkrankung oder, wie von HAAB, DE WECKER und anderen, als eine Retentionscyste der MEIBOMschen Drüsen betrachtet. Eine Sekretstauung veranlasse sekundär eine Entzündung des Drüsenacinus und des ihm benachbarten tarsalen Bindegewebes, die den Charakter einer proliferierenden trage. DEYL (1893) hat bei künstlichem Verschlusse der Ausführungsgänge der MEIBOMschen Drüsen wohl eine Sekretstauung beobachtet, aber die Entwicklung von Granulationsgewebe vermißt. Nach FUCHS (1878) beginnt die Chalazionbildung mit einer einem desquamativen Katarrh zu vergleichenden Erkrankung der Drüsenalveolen. Aus dem einfachen Zellenbelag entsteht ein mehrschichtiger, die Alveolenmündung wird verlegt und die eingeschlossenen Zellen zerfallen in krümlige Talgklumpen mit anliegenden, zwiebelschalenartig angeordneten platten Zellen. Die Acini werden durch Granulationsgewebe auseinandergedrängt, wobei die zentralen Teile gefäßlos sind und schleimig entarten. Riesenzellen seien immer vorhanden und könnten sowohl inner- als außerhalb der Alveolen entstehen. Im weiteren Verlaufe käme es zu zelliger Infiltration des perifollikulären Gewebes und auch des tarsalen Bindegewebes. DEUTSCHMANN (1890) betrachtet das Chalazion als eine chronische hyperplastische Follikulitis und Perifollikulitis der MEIBOMschen Drüsen. Die Knoten seien aus gewucherten Drüsenepithelien und infiltriertem perifollikulären Gewebe zusammengesetzt. Die Riesenzellen werden als verschmolzene Konglomerate von gewucherten Drüsenepithelien erklärt. LAFON und SABRAZÈS (1908) finden in den Chalazien die anatomische Struktur und Ätiologie der Acne und setzen Chalazion und Acne infolgedessen auch hinsichtlich der Pathogenese gleich, während BURI (1909) Chalazion und Acne als zwei gänzlich verschiedene Affektionen betrachtet. Sicherlich mit Unrecht leugnet BURI auf Grund mikroskopischer Untersuchungen, bei welchen er im Chalaziongewebe eine völlig intakte MEIBOMsche Drüse fand, daß diese den Ausgangspunkt des Chalazion bilde und faßt dasselbe als ein im lockeren Bindegewebe hinter dem Tarsus und oberhalb des Fornix entstehendes Plasmom auf. Auch DEYL (1893) fand schon früher in mehreren Fällen keine Beziehung des entzündlichen Gewebes zu den Drüsen, woraus er folgerte, daß wenigstens in diesen Fällen das Chalazion mit den MEIBOMschen Drüsen nichts zu tun haben könne. Demgegenüber betont v. MICHEL (1911), daß der innige Zusammenhang des Chalazion mit den MEIBOMschen Drüsen und dem Tarsus schon klinisch festzustellen sei: 1. stets ist die Haut und oft auch das subkutane Gewebe über dem Knoten verschieblich, vorausgesetzt, daß nicht eine Incision von der Außenhaut vorgenommen wurde. 2. Bei Betrachtung von der Conjunctiva her verschwinden die MEIBOMschen Drüsen in dem durchschimmernden graugelblichen Knoten. 3. Auf Druck entleert sich aus dem dazugehörigen Ausführungsgang der MEIBOMschen Drüse eine gallertige graue bis gelbliche Masse.

Das Vorkommen von epitheloiden Zellhaufen und Riesenzellen von LANGHANSschem Typus veranlaßte v. BAUMGARTEN (1880) und seine Schüler TANGL (1890) und v. WICHERT (1894), die Entstehung des Chalazion einem Infekt mit Tuberkelbacillen zuzuschreiben und das Chalazion als tuberkulöses Granulationsgewebe aufzufassen. Doch hat v. BAUMGARTEN seine Ansicht über die tuberkulöse Natur des Chalazion später eingeschränkt und in der unter seiner Leitung verfaßten Dissertation von VOGEL (1897) sich, gleichwie PARISOTTI (1893), dahin ausgesprochen, daß nicht alle Chalazien tuberkulöser Art seien. Tuberkelbacillen wurden in vereinzelten Fällen von BAUMGARTEN, TANGL (1890), v. WICHERT (1894), LANDWEHR (1894) und RSCHANCZIN (1912) im Chalaziongewebe gefunden, vermißt von einer großen Anzahl von Beobachtern, wie BLOCK (1893), WEISS (1891), SALTINI (1881), PRIOUZEAU (1898) und anderen. Es sei noch bemerkt, daß auch die neueren

Methoden zum Nachweis von Tuberkelbacillen, die Antiformin-
und die MUCHSCHE Geranulationsmethode keinen Anhaltspunkt für
eine tuberkulöse Ätiologie ergaben (LOEWENSTEIN 1914). Auch mir
(L. SCHREIBER) gelang der Nachweis von Tuberkelbacillen bei 15 genau
untersuchten Fällen nicht ein einziges Mal. Vor allem war auch der
Erfolg der zahlreich ausgeführten Verimpfungen von Chalaziongewebe
in die vordere Augenkammer, in die Haut oder in die Peritonealhöhle
von für Tuberkulose empfänglichen Tieren ein negativer, wie ich
(L. SCHREIBER) dies durch 15 eigene Versuche in Übereinstimmung mit
v. MICHEL und anderen Beobachtern, wie WEISS (1891), DEUTSCHMANN
(1890), VOSSIUS (nach AXENFELD 1907), ASCHHEIM (1903), RÖHLMOOS
(1893), STRZMINSKI (nach AXENFELD 1907), LANDWEHR (1894), HENKE
(1901), PRIOUZEAU (1898) und AXENFELD (1907), bestätigen kann.
HENKE (1901) hat mit 21 Chalazien an über 30 Kaninchen und Meerschweinchen Übertragungen vorgenommen, immer trat nur eine Aufsaugung, niemals eine Tuberkulose auf, während in einem Falle von
Tuberkulose des Tarsus der Übertragungsversuch positiv ausfiel. WEISS
(1891) stand zur Untersuchung ein Chalazion von einer phthisischen
Kranken zur Verfügung; auch hier fiel die Übertragung negativ aus.
Diese negativen Impferfolge erklärt VOGEL (1897) durch den geringen
Tuberkelbacillengehalt und weist darauf hin, daß auch mit Lupus-
gewebe, Teilen von fungöser Gelenk entzündung und tuberkulösem
Lungengewebe die meisten Impfungen fehlschlagen. HENKE (1901)
macht darauf aufmerksam, daß die Tuberkelbacillenbefunde aus einer
Zeit stammen, in der die Kenntnis der Tuberkelbacillen ähnlichen
säurefesten Bacillen noch nicht allgemein geläufig war, und betont die
Möglichkeit, daß sich in den Tarsaldrüsen gleichwie in den Talgdrüsen
der äußeren Haut, Schmerbacillen[1]) ähnliche Bakterien gelegentlich fän-
den. In den als Tuberkulose betrachteten Fällen von Chalazion wird
nach TANGL (1890) angenommen, daß die Tuberkelbacillen auf dem
Wege der Blutbahn zuerst in das Bindegewebe des Tarsus gelangen, das
dann granuliere und sekundär auf die MEIBOMSchen Drüsen übergreife.

Ferner werden pyogene Mikroorganismen als Erreger des Chalazion angeschuldigt. DEUTSCHMANN (1890) fand Mikrokokken, ADDARIO
(1888) und LAGRANGE (1884) nicht näher bezeichnete Mikroorganismen,
ASCHHEIM (1903) in 16 Fällen 2 mal Xerosebacillen, sonst Staphylokokken von verschiedener Virulenz, und KRAUSE (nach v. MICHEL) Staphy-

---

[1]) Die Bezeichnung »Schmerbacillus«, ist in den bakteriologischen Lehr- und
Handbüchern nicht zu finden. Es handelt sich hier sicherlich nicht um eine bakteriologische Einheit, sondern um eine Reihe von Bakterien, die in fettigen (Schmer =
Fett) Sekret der Talgdrüsen gefunden werden; insbesondere kommt wohl der Smegma-
bacillus in Betracht.

lococcus pyogenes aureus et albus und den Micrococcus liquefaciens. Nach
PRIOUZEAU (1898) waren bei 28 Untersuchungen 24 mal Staphylokokken
vorhanden, davon in 18 Fällen gemischt, 7 mal gemischt die MORAX-AXEN-
FELDschen Diplobacillen, 6 mal gemischt der FRIEDLÄNDERsche Pneumokokkus, 6 mal der Streptokokkus, davon 2 mal ungemischt, der Tetragenus
2 mal (1 mal ungemischt) und 2 mal gemischt der Leptothrix. Der Infekt
der MEIBOMschen Drüsen geschehe durch keimhaltiges Bindehautsekret,
was PRIOUZEAU (1898) und DIANOUX (1891) veranlaßte, eine besondere
Chalazionconjunctivitis aufzustellen. Daß der Staphylokokkus, der überdies einen inkonstanten Befund darstellt, nicht in Betracht kommen
kann, geht aus den Untersuchungen von DEYL (1893) hervor, der bei
Einreibungen von Staphylokokkenkulturen in die Mündungen der MEI-
BOMschen Drüsen wohl ein Hordeolum, aber kein Chalazion erzeugen
konnte. BOUCHERON (1886) will dagegen mit Reinkulturen von Eiter-
bakterien, die er aus Chalazien erhielt, künstliche Chalazien hervorgerufen haben. DEYL (1893) und HÁLA (1901) betonen, daß pyogene
Bakterien nicht gefunden werden, wenn man isoliert den Inhalt des
Chalazion und nicht gleichzeitig Bindehautflüssigkeit verimpft. Andere
Untersucher konnten überhaupt keine Mikroorganismen feststellen, wie
auch AXENFELD (1907) und BIETTI (1905) in einer großen Zahl von
untersuchten Chalazien Eitererreger vermißt haben. In jungen Chalazien fand DEYL (1893) sehr häufig die sogenannten Xerosebacillen, zumeist in Reinkultur, und faßt sie als die Erreger des Chalazion, als die
»Chalazionbacillen« auf. Sie kommen aber auch normalerweise im
Sekrete der MEIBOMschen Drüsen vor und besonders zahlreich als harmlose Schmarotzer in der Bindehautflüssigkeit. Es ist wohl anzunehmen,
daß sie bei Sekretanhäufungen in den Ausführungsgängen der MEIBOM-
schen Drüsen einen günstigen Nährboden für ihr Wachstum finden.
Auffällig ist es, daß die Bacillen bald verschwinden, wenn die Erkrankung einige Zeit gedauert hat, während das Chalazion weiter wächst.
Einen positiven Beweis für den Xerosebacillus als Erreger des Chalazion
sehen DEYL (1893) und HÁLA (1901) in ihren experimentellen Ergeb-
nissen. DEYL gelang es, mit erbsengroßer Injektion einer dicken Suspen-
sion der Bacillen unter der Oberhaut und unter der Conjunctiva chalazionähnliche Geschwülstchen zu erzielen, HÁLA (1901) hatte die gleichen
Impfergebnisse mit verschiedenen Bacillenstämmen aus der gesunden
und kranken Bindehaut, aus dem Harne und dem Blute eines Typhus
exanthematicus. Auch abgetötete Kulturen hatten die gleichen Erfolge.
Entspräche dies den Tatsachen, so würden die sogenannten Xerosebacillen nicht mehr als absolut avirulent anzusehen sein, wie vielfach
angenommen wird. Die Xerosebacillen würden alsdann durch Reiben

bei Bindehautkatarrhen und anderen Reizzuständen der Augen in die
Ausführungsgänge der MEIBOMschen Drüsen und in diese selbst gelangen, wo sie wuchernd einen akuten entzündlichen abscedierenden
Prozeß erzeugen, der in ein chronisches, aus Granulationsgewebe bestehendes Geschwülstchen übergeht. Nach BIETTI (1905) ist aber der
Nachweis von Xerosebacillen beim beginnenden Chalazion inkonstant,
und AXENFELD (1907) hebt hervor, daß bei so enormen Mengen von
Bakterien, wie sie in den Suspensionen von DEYL (1893) und HÁLA
(1901) enthalten sind, auch durch andere, ganz verschiedene und nicht
pathogene Bakterien ähnliche Reaktionen hervorgerufen werden können. So erhielt BIETTI rasch zurückgehende Knoten mit Injektionen
von Sarcina aurantiaca, abgetöteter Rosahefe, einem Pseudogonokok-
kus und einer Subtilisart. Der von LAFON (1908) reingezüchtete Acne-
bacillus ist zweifellos mit dem Xerosebacillus identisch. Unter diesen
Umständen erscheint der Beweis für die Auffassung nicht erbracht, daß
das Chalazion eine durch Xerosebacillen bedingte infektiöse Erkrankung sei. Es sei noch erwähnt, daß ALESSANDRO (1906) in den epitheloiden Zellen und in den Riesenzellen Einlagerungen beobachtete, die
er als Blastomyceten bezeichnet. v. MICHEL und WÄTZOLD (1911) kommen auf Grund ihrer Untersuchungen zu dem Schluß, daß es einen
spezifischen Erreger des Chalazion nicht gibt. Die meisten Bakterien
des Bindehautsacks oder ihre Toxine können die zur Chalazionbildung
führende Entzündung der MEIBOMschen Drüsen hervorrufen, ohne daß
sie im krankhaft veränderten Gewebe nachweisbar zu sein brauchen.
LOEWENSTEIN (1914), der an eine protozoische Natur der Erreger dachte,
hat Protozoen weder bei Dunkelfeldbeleuchtung, noch mit der von
GIEMSA angegebenen Färbemethode nachweisen können. Dieser Autor
gelangte nach vielseitigen ätiologischen Untersuchungen zu der Vorstellung einer lokalanaphylaktischen Chalaziongenese. Durch intratar-
sale Reinjektionen artfremden Eiweißes konnte er nämlich am Kanin-
chenlide starke lokale anaphylaktische Enztündungsreaktionen hervorrufen, die nach seiner Ansicht durch die neuerliche Resorption der an
sich nicht entzündlich wirkenden Substanzen bedingt sind. Tritt nun,
so argumentiert LOEWENSTEIN, in dem dauernden Abbau der MEIBOM-
schen Drüsenepithelien, die physiologischerweise zur Sekretbildung
führt, eine Unregelmäßigkeit auf, so kann die Sekretbildung ausbleiben
und die Epithelien können auf einer Zwischenstufe des Abbaus der
Resorption anheimfallen. Die in ihrem Abbau gestörten Drüsenepithelien wirken nun wie körperfremd gewordenes Eiweiß und rufen bei
neuerlicher Resorption eine anaphylaktische Gewebsentzündung hervor, deren Produkt das Chalazion sei.

Vorläufig haben wir das Chalazion im Hinblick auf seine große Ähnlichkeit im histologischen Bau mit dem echten Tuberkel — bei fehlendem Nachweis sicherer Tuberkelbacillen und in Anbetracht der negativen Impfversuche — als sogenannte Fremdkörpertuberkulose aufzufassen, die sich um eingedickte Sekrete und abgestoßene nekrotische Epithelzellen der MEIBOMschen Drüsen bildet. Das Chalazion verdankt also, wie nachdrücklich betont sei, seine Entstehung nicht einem Infekt mit Tuberkelbacillen.

Diagnostisch könnte das Chalazion mit tuberkulösen oder gummösen Knoten des Tarsus verwechselt werden. Im ersten Falle wären noch andere Lokalisationen der Tuberkulose, so besonders an der Bindehaut, und eine Schwellung der regionären Lymphdrüsen zu beachten. Beim Chalazion fehlt ferner die Nekrose bzw. Verkäsung, dagegen besteht große Neigung zur Erweichung. Bei gummösen Knoten sind, abgesehen von der knorpelartigen Konsistenz, anderweitige syphilitische Erkrankungen zu berücksichtigen, besonders würde das Auftreten von chalazionähnlichen Knoten im kindlichen Lebensalter für ein Gumma auf hereditär-luetischer Basis sprechen, da Chalazien in diesem Lebensalter seltener sind; sicherlich kommen aber echte Chalazien schon im frühen Kindesalter vor; ich selbst habe solche bei 4—6jährigen Kindern exstirpiert. In zweifelhaften Fällen entscheidet die WASSERMANNsche Blutserumreaktion, sowie die Allgemeinuntersuchung, eventuell käme eine Probeincision in Betracht.

Die Behandlung ist eine operative. Man operiere jedoch erst dann, wenn der Knoten eine solche Größe erreicht hat, daß er die Haut vorwölbt und keine Neigung zur Rückbildung zeigt, die in den ersten Monaten gar nicht selten spontan eintritt. — Das Chalazion wird stets von der Bindehautseite aus entfernt. Eine Entfernung von der Hautseite ist selbst dann nicht statthaft, wenn dasselbe als sogenanntes Riesenchalazion die Lidhaut stark verdünnt, ja perforiert hat. Zur sicheren Vermeidung von Rezidiven muß nämlich die Geschwulst möglichst radikal beseitigt werden, was nur bei gleichzeitiger Excision des Stücks des Tarsus geschieht, der die erkrankte MEIBOMsche Drüse — den Ausgangspunkt der Granulationsbildung — trägt. Bei Ausführung der Operation ist nach vorheriger Injektion einer 2%igen Novocain-Suprareninlösung in die Umgebung des Chalazion das erkrankte Lid mit der DESMARRESschen Lidklemme zu erfassen, wodurch man den Vorteil nicht bloß einer lokalen Blutleere, sondern auch eines sofortigen Austrittes der Granulationsmasse — ganz oder teilweise — nach dem Einschneiden gewinnt. In jedem Falle ist es aber notwendig, durch die Incisionswunde einen kleinen scharfen Löffel einzuführen und die Höhlung auszukratzen. Hier und da hängt noch etwas Granulationsgewebe in der Wunde, das mit Pinzette und Schere abzutragen ist. Von der vollständigen Ausräumung des Knotens überzeuge man sich durch Palpation. Hier und da kommt es zu einer Blutung in den durch die Ausräumung des Knotens entstandenen Hohlraum, wodurch vorübergehend eine neuerliche Knotenbildung vorgetäuscht wird, die aber durch Ausdrücken des angesammelten Blutes wieder beseitigt werden kann. Des weiteren besteht die Nachbehandlung, die nur wenige Tage beansprucht, in regelmäßigem Einstreichen von 3%iger Borvaselinesalbe in den Bindehautsack des operierten Lides bzw. auf die operierte Stelle. In jedem Falle ist die Anlegung eines Monoculus für die ersten 24 Stunden empfehlenswert. Nach einer Mitteilung von CARRA (1903) trat in einem Falle von Hämophilie bei einer 56jährigen Frau nach Entfernung eines Chalazion eine sich wiederholende reichliche Blutung auf. LOEWENSTEIN (1914) beobachtete nach Exstirpation eines Chalazion bei einem 45jährigen Manne ein Rezidiv in Gestalt einer derben, knorpelharten entzündlichen Tumorbildung von ungewöhnlicher Größe (25 mm Länge, 14 mm Breite und 2,5 mm Dicke), das innerhalb von 6 Wochen entstanden war. Mikroskopisch erwies sich die Geschwulst als Chalazion mit reichlicher Bindegewebsneubildung.

HOPPE (1906) will durch Behandlung der Chalazien mit der BIERschen Saugwirkung hier und da einen Erfolg gesehen haben.

In einigen Fällen, in welchen sich in kurzen Zeitintervallen mehrfach neue Chalazien bildeten, habe ich (L. SCHREIBER) — meines Erachtens mit Erfolg — eine regelmäßige Entleerung des Sekrets der MEIBOMschen Drüsen prophylaktisch vorgenommen, um eine Eindickung desselben zu verhindern. Nach 2maligem Einträufeln einer 2%igen Cocainlösung wird auf der in den Bindehautsack eingeführten Lidplatte mit dem Zeigefinger der Inhalt der MEIBOMschen Drüsen herausmassiert, der sich in Form kleiner weißlichgelber Würstchen entleert. Die Massage wird 1—2 monatlich eine Zeitlang wiederholt. — LAFON empfiehlt entsprechend seiner Auffassung vom Chalazion als Acne eine prophylaktische Behandlung dieser und der Seborrhoe.

§ 155. Die MEIBOMschen Drüsen werden bei einer Reihe von akuten und chronischen Entzündungen der Bindehaut entweder gleichzeitig oder im Gefolge dieser Erkrankungen mitbetroffen. Beim Bindehautkatarrh (s. Abb. 122 C) wuchern die Drüsenzellen an verschiedenen Stellen einzelner Alveolen in wechselnder Ausdehnung (s. Abb. 122 P), und erleiden später in größeren oder kleineren Herden eine hydropische oder schleimige Degeneration (s. Abb. 122 D). Dadurch kommt es zur Auflösung der Drüsenzellen, und es entstehen stellenweise Lücken innerhalb der Zellkomplexe mit serösem Inhalt. Indem sich mehr und mehr Flüssigkeit innerhalb einer Alveole ansammelt, entwickelt sich allmählich eine cystoide Erweiterung. Bei Bindehautdiphtherie zeigen die kubischen Zellen an der Peripherie des Alveolus ein hochgradig verändertes Aussehen (IGERSHEIMER 1907). Die Kerne sind schlecht färbbar und liegen regellos durcheinander; das wabenartige Protoplasmagerüst ist verwischt und das Protoplasma zu einer mehr homogenen, an manchen Stellen leichtgekörnt aussehenden Masse umgewandelt. Leukocyten sind in unerheblichem Grade in den Drüsen anzutreffen. Die Beteiligung der MEIBOMschen Drüsen im Gefolge dieser Erkrankungen der Bindehaut läßt annehmen, daß Toxine auf dem Wege der Diffusion in die Drüsen eindringen und so die pathologische Umwandlung veranlassen. Mikroorganismen konnten bei Bindehautdiphtherie in den Drüsen nicht nachgewiesen werden.

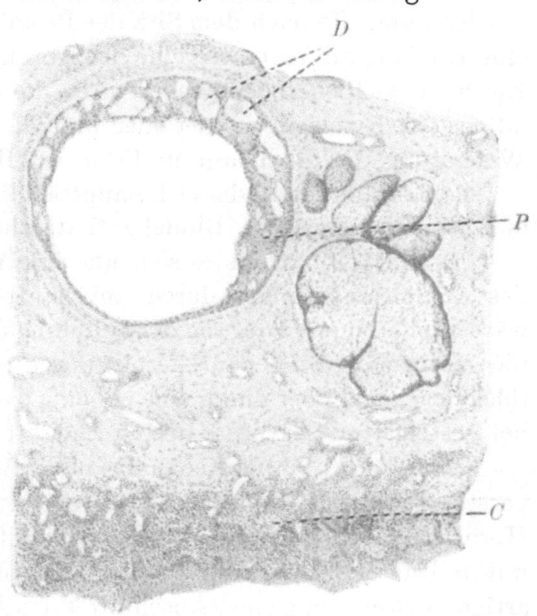

Abb. 122. Sagittaler Schnitt durch ein Oberlid mit Wucherung und Degeneration der Alveolenzellen bei akutem Katarrh der Bindehaut. Vergr. 1 : 60. *C* Kleinzellige entzündliche Infiltration der Bindehaut; *P* Wucherung der Alveolenzellen; *D* schleimige und hydropische Degeneration der Alveolenzellen.

Hinsichtlich der Beteiligung der MEIBOMschen Drüsen bei Trachom und bei Tuberkulose der Lid- und Bindehaut ist auf S. 416 u. f. und 420 u. f. zu verweisen.

§ 156. Cystoide Erweiterungen der MEIBOMschen Drüsen können sowohl den Ausführungsgang als den Drüsenkörper betreffen.

Bei der Erweiterung eines Ausführungsganges sind in seinem Verlaufe an der Innenfläche der Lider stecknadelspitz- bis grießkorngroße matt- oder gelblichweiße, etwas erhabene Fleckchen gewöhnlich in einiger Entfernung vom Lidrande sichtbar. Bei stärkerer Entwicklung wird die Bindehaut an der erkrankten Stelle etwas vorgewölbt und kann sich im weiteren Verlaufe stärker röten und schwellen, ja es kann selbst eine Usur der Bindehaut entstehen mit nachfolgender umschriebener Wucherung von Granulationsgewebe. Hier und da zeigen die erkrankten Stellen eine auffällig harte Konsistenz und kreideweißes, mitunter perlgraues Aussehen, die zur Bezeichnung: Lithiasis palpebrarum geführt haben.

Die subjektiven Beschwerden bestehen im wesentlichen in einem Fremdkörpergefühl, das bei stärkerer Prominenz sehr lebhaft werden kann. Je nach dem Sitz der Prominenzen kann beim Lidschlag eine Reibung an der Oberfläche der Hornhaut stattfinden, wodurch das Epithel desselben abgescheuert wird; die des Epithels entblößte Stelle infiziert sich zuweilen, oder hier und da entsteht eine umschriebene Wucherung der Hornhaut in Form des Pannus.

Die Erkrankung findet sich hauptsächlich bei älteren Leuten, häufig in Zusammenhang mit Bindehautkatarrhen.

Ursächlich handelt es sich um eine Verstopfung eines Abschnitts des Ausführungsganges durch angehäuftes Sekret. Die Verstopfung wäre infolge einer Verlegung der Mündung des Ausführungsganges durch die geschwellte Bindehaut, ferner durch eine Hyperkeratose des Ausführungsganges oder durch eine ungenügende Fortbewegung des Inhalts bei gesteigerter Sekretproduktion entstanden zu denken.

Mikroskopisch besteht der perlartige gelblichweiße Inhalt der verstopften Stelle aus mehr oder weniger konzentrisch geschichteten Hornlamellen und aus überreich angehäuftem normalen Drüsensekret mit teilweiser Verkalkung. Infolge davon kommt es zu einer sackartigen Erweiterung eines Abschnittes des Ausführungsgangs, ja es kann die Wirkung der Sekretstauung sich noch auf die Alveole fortsetzen und auch diese dadurch erweitert werden.

Mitvalsky (1879) und v. Michel (II. Auflage dieses Buchs) beobachteten eine kolloide Umwandlung des Inhaltes innerhalb der Mündung oder im Verlaufe der Ausführungsgänge, die sich noch auf den Drüsenkörper fortpflanzen kann. In die Mündungen der Ausführungsgänge ragen durchsichtige glashelle blockähnliche Massen, auch Kolloidperlen genannt, die, kugelförmig oder oval, die Größe eines Stecknadelkopfes erreichen können, leicht austreten und sich durch eine eigentümliche Konsistenz auszeichnen, so daß sie nur schwer zerdrückt werden können. Beim Sitze der Erkrankung im Verlaufe eines Ausführungsganges wölbt die in der Regel unweit des Lidrandes erkrankte Stelle die Tarsalbindehaut etwas hervor, wobei das Gebilde durch Druck leicht entfernt werden kann, oder es stößt sich spontan ab, indem die Bindehaut usuriert wird. Die Heilung erfolgt hierauf ohne weitere Erscheinungen. Das Gebilde besitzt einen grauen bis graubläulichen Farbenton, ist knorpelhart, löst sich weder in Alkohol noch in Äther auf und zeigt mikroskopisch eine amorphe Beschaffenheit, gleich kolloiden Körpern.

Die Behandlung dieser Erkrankungen der Ausführungsgänge besteht in einem kleinen Einschnitt senkrecht auf die erkrankte Stelle, deren Inhalt sich alsdann entweder von selbst entleert oder leicht ausgedrückt werden kann. Sehr bequem lassen sich die kleinen körnigen Gebilde mit einem von mir (L. Schreiber) hierfür angegebenen kleinen spitzen Löffel (bei Firma Walb, Heidelberg, erhältlich) entfernen.

Die Cysten des Drüsenkörpers zeigen sich auf der Innenfläche der Lider als durch die Bindehaut grau durchschimmernde und über das Niveau sich mäßig erhebende transparente Gebilde. Sie stehen in der Regel in Zusammenhang mit chronisch-katarrhalischen oder trachomatösen Entzündungen der Bindehaut.

Anatomisch handelt es sich um eine cystische Degeneration und um ein Zugrundegehen der Drüsenzellen mit sekundärer Erweiterung des Acinus, wobei der Inhalt ein seröser oder mehr konsistenter, homogener ist. Der Acinus erscheint daher entweder leer (s. Abb. 122) oder durch eine homogene Masse ausgefüllt. Seine Innenwand ist mit einem unregelmäßig angeordneten kubischen Epithel bekleidet. Durch den weiteren Aufbruch der Drüsensubstanz kommt es zu einer fortschreitenden Vergrößerung der Cyste. Manchmal überspannen noch Reste der Drüsenzellen brückenartig die Lichtung des Acinus, und die Zwischenräume sind ebenfalls leer oder mit einem homogenen Inhalt versehen.

Die Behandlung besteht in der operativen Entfernung, ähnlich derjenigen der körnigen Gebilde.

§ 157. Die Geschwülste der Meibomschen Drüsen treten teils primär, teils sekundär auf.

Die primären Geschwülste sind fast ausschließlich Adenome. Sie imponieren als tarsale Geschwülste, deren Größe zwischen derjenigen einer Erbse und einer Walnuß schwankt, und die ausnahmsweise sogar fast das ganze Lid einnehmen kann. In dem von Baldauf (1870) berichteten Falle hatte eine solche Geschwulst des rechten Unterlides eine so bedeutende Größe und Ausdehnung erreicht, daß die beiden äußeren Drittel dieses Lides vollkommen von derselben eingenommen waren und die Lidspalte verlagert wurde. Das Adenom zeigt eine blaßrote, ins Gelbliche spielende Färbung und eine teils höckerige, teils ebene Oberfläche. In den Erhebungen der Geschwulst können zahlreiche schmutzig graugelb verfärbte Partien sichtbar sein. Die Konsistenz ist teils teigigweich, teils knorpelhart; doch kann dieselbe auch, wie in dem Falle von PAUSE (1905), an den verschiedenen Stellen der Geschwulst wechseln; diese war in der unteren Hälfte hart, in der oberen fluktuierte sie infolge einer cystösen Erweichung. Dabei machte der Tumor den Eindruck, als sei er aus fünf schlauchartig nebeneinander liegenden Teilen zusammengesetzt. Die Haut über der Geschwulst ist teils verschiebbar, teils mit ihr verwachsen. Die Tarsalbindehaut des erkrankten Lides zeigt eine mehr oder weniger ausgebreitete Rötung und Schwellung oder selbst papilläre Wucherungen.

Der Verlauf ist durch ein langsam fortschreitendes Wachstum ausgezeichnet; in einer Reihe von Fällen wächst der Tumor rascher. Die Geschwulst hat alsdann einen malignen Charakter angenommen und dringt nach Durchbruch des Tarsus in das subkutane und intermuskuläre Bindegewebe nach oben und unten, wie dies in dem SALZMANNschen (1890) Falle beobachtet wurde. In einem von KNAPP (1901) mitgeteilten Falle hatte dieselbe die ganze Lidgegend eingenommen. Hier und da kommt es auch zu einer oberflächlichen Ulceration, die wahrscheinlich durch mechanische Manipulationen von seiten der Kranken hervorgerufen wird. DE VINCENTIIS (1887) will auch die Umwandlung eines Adenoms in ein Carcinom beobachtet haben. — Besondere Beschwerden fehlen; nur bedingt das vergrößerte Lid eine auffällige Entstellung.

Das Adenom tritt gewöhnlich im höheren Lebensalter zwischen 50 und 80 Jahren auf, doch bleibt auch das kindliche und jugendliche Alter nicht verschont. In einem der KNAPPschen (1901) Fälle handelte es sich um ein $3^{1}/_{2}$jähriges, in dem NETTLESHIPschen (1873) um ein 11jähriges Mädchen und in den Beobachtungen von WADSWORTH (1895) und RUMSCHEWITSCH (1890) um einen 18jährigen bzw. 24jährigen Mann. Das weibliche Geschlecht scheint bevorzugt zu sein. Der häufigste Sitz der Erkrankung ist anscheinend das Oberlid.

Die Zahl der in der Literatur bekannt gewordenen Fälle ist gering; sie beträgt kaum 20. Bei der von FUCHS (1878) beschriebenen Beobachtung eines Adenoms des Oberlides ist es zweifelhaft, ob die Geschwulst von den Talgdrüsen der Haut oder von den MEIBOMschen Drüsen ausgegangen war. Unsicher hinsichtlich des Ausgangspunktes von den MEIBOMschen Drüsen ist auch eine von WOOD (1901) als pigmentiertes Adenom bezeichnete Geschwulst, die bei einem 6monatigen Kinde das Unterlid, vom inneren Lidwinkel ausgehend, befallen und sich auf das ganze Lid und auch noch nach der Nase zu ausgebreitet hatte.

Anatomisch sind die Adenome durch einen lappigen Bau gekennzeichnet. Unregelmäßig geformte, mehr oder weniger verzweigte, untereinander anastomosierende Läppchen sind durch gleichfalls verzweigte bindegewebige Septa geschieden und von einer bindegewebigen Kapsel eingeschlossen. Die Läppchen sind von verschiedener Größe und können das Volumen normaler MEIBOMscher Acini um das 10—20fache übertreffen. In den Läppchen sind die ohne Zwischensubstanz neben- und übereinander liegenden lebensfähigeren und besser gefärbten mehr zylindrischen Zellen in der Peripherie gelagert, nach der Mitte zu Zellen von gleichfalls epithelialem Charakter und solche in hydropischem oder nekrotischen Zustande. Durch Zerfall dieser Zellen kommt es innerhalb eines Zellkomplexes zur Bildung von Lumina und von Cysten (WADSWORTH 1895). Nach Analogie der Adenome der Schweißdrüsen ist anzunehmen, daß die Cystenbildung sowohl glandulär als auch bindegewebiger Natur sein kann (vgl. S. 335 u. f.). Die erstere Art der Cystenbildung dürfte wohl für den SALZMANNschen (1890) Fall zutreffen, der zwischen Tumormassen und Septen gelegene Hohlräume als Lymphräume ansprach.

Der Ausgangspunkt des Adenoms der MEIBOMschen Drüsen wird von PAUSE (1905) in den zunächst dem Lidrande gelegenen Abschnitt verlegt, da er beobachtet hatte, daß die Geschwulst bei ihrem Wachstum den Musculus orbicularis vollkommen vor sich hergeschoben hatte. Vorzugsweise wird auch beim Fortschreiten der Musculus orbicularis beteiligt, der durch die Geschwulst bis auf geringe Reste ersetzt werden kann (SALZMANN 1890). In dem BALDAUFschen (1870) Falle waren die Muskelfasern des Orbicularis zum Teil fettig, zum Teil hyalin degeneriert und das Sarkolemm in Wucherung begriffen. Der Tarsus war hier fast völlig zerstört.

Die Diagnose wird unter Umständen Schwierigkeiten bereiten gegenüber anderen vom Tarsus ausgehenden Geschwülsten. Zu beachten ist die höckerige Beschaffenheit und das Durchschimmern von gelblichen und cystoiden Stellen. Häufig wird erst die mikroskopische Untersuchung die Entscheidung bringen, wobei der sichtbare Übergang der normalen Acini in die Läppchen des Tumors, der drüsige Charakter der Geschwulst, die scharfe Abgrenzung, das Vorkommen von Gewebscysten und die Größe der Zellen mit wabigem Bau des Protoplasmas zu berücksichtigen sind.

Von anderen primären Geschwülsten der MEIBOMschen Drüsen wollen DOR (1896) bei einem 75jährigen, SOURDILLE (1894) bei einem 59jährigen und TOLSTOUCHOW (1913) bei einem 62jährigen Manne ein Carcinom beobachtet haben; letzteres trat unter dem Bilde eines Papilloms auf. In dem SOURDILLEschen Falle (1894) war zuerst die Diagnose auf ein Chalazion gestellt; es fand sich hier eine erbsengroße Geschwulst am rechten Oberlid. Während die Haut normal erschien, war an der

Bindehautseite eine Perforationsstelle vorhanden, aus der ein grauer Gewebspfropf heraushing. Im weiteren Verlaufe wuchs die Geschwulst, die Präaurikulardrüse schwoll an, am rechten Unterlid entstand ein Knoten und an der Skleralbindehaut ein Geschwür. Dieser Verlauf spricht nicht gerade für die Richtigkeit der Diagnose eines Carcinoms. — Neuerdings beschreibt CAVARA (1920) ein primäres von den MEIBOMschen Drüsen ausgehendes Epitheliom des Oberlids bei einem 67 jährigen Manne, das, da anfänglich die Operation verweigert wurde, erst entfernt werden konnte, als der Tumor bereits den Orbitalrand und die Präaurikularlymphdrüsen ergriffen hatte. Trotz radikaler Operation (Entfernung der Lider, Exenteratio orbitae, Ausräumung der Prä- aurikulärdrüsen) ging der Kranke 3 Monate später an Kachexie zu- grunde. Die Autopsie konnte nicht vorgenommen werden, doch wurde der Tumor mikroskopisch untersucht.

Sekundäre Geschwülste der MEIBOMschen Drüsen können bei Geschwülsten der Lidhaut, wie bei Carcinomen (s. S. 247, Abb. 71) sowie bei solchen des Tarsus und der Bindehaut entstehen, indem die Tumormassen in die Drüsenalveolen hineinwuchern.

§ 158. Die Erkrankungen der KRAUSEschen Drüsen (sog. tar- sale oder accessorische Tränendrüsen) haben bis jetzt wenig Beachtung gefunden, was wohl daran liegt, daß dieselben, abgesehen von Ge- schwülsten, nicht primär, sondern nur als Begleiterscheinung von Krankheiten der Bindehaut oder des Tarsus auftreten und klinisch nicht erkennbar sind.

Die KRAUSEschen Drüsen liegen am hintersten, dem Fornix con- junctivae nächsten Rande des Tarsus in ziemlich lockeres Bindegewebe eingehüllt, oder sie ragen hier noch teilweise in das Tarsusgewebe als hintere Tarsaldrüsen hinein. Die Ausführungsgänge münden auf der Bindehaut des Fornix und sind am oberen Lide zahlreicher als am unteren. Der Drüsenkörper besteht aus schlauchförmigen Endkam- mern, die häufig noch mit rundlichen beerenförmigen Anhängen ver- sehen sind. Individuelle Schwankungen betreffen sowohl Lage als Ent- wicklung. WOLFRING (1888) fand die acino-tubulöse Drüsensubstanz noch auf der Vorderfläche der MEIBOMschen Drüsen, und auch SCHIEF- FERDECKER (1906) sah noch den einen oder anderen Endlappen einer MEIBOMschen Drüse in eine KRAUSEsche Drüse hineinragen. Nach WOLFRING (1888) ist es nicht selten, daß der Ausführungsgang einer KRAUSEschen Drüse zwischen einer MEIBOMschen Drüse zur Bindehaut verläuft. Die KRAUSEschen Drüsen können auch gänzlich fehlen (SCHIEFFERDECKER 1906).

Zur Untersuchung der KRAUSEschen Drüsen ist eine Ectropionierung der Lider erforderlich.

§ 159. An den KRAUSEschen Drüsen werden Entzündungen, Cysten und Geschwülste beobachtet.

Die Entzündungen der KRAUSEschen Drüsen begleiten Katarrhe der Bindehaut, sofern dabei die Übergangsfalte in stärkerem Grade befallen ist; sie sind gewöhnlich nur durch die anatomische Untersuchung festzustellen. Mit einer mehr oder weniger bedeutenden Volumzunahme der Drüse ist eine kleinzellige Infiltration verknüpft (WOLFRING 1888), die längs dem Ausführungsgange der Drüse in die Tiefe dringt. Bei Trachom kommt es zu einer chronischen proliferierenden Entzündung des periglandulären Bindegewebes, die einen bedeutenden Grad erreichen kann und in deren Verlaufe das Bindegewebe hyalin zu degenerieren pflegt. Bei Tuberkulose der Bindehaut oder des Tarsus können sich auch an den KRAUSEschen Drüsen Tuberkelknötchen entwickeln (s. S. 120, Abb. 18 Tb_2).

Cysten der KRAUSEschen Drüsen finden sich im obersten Teile der Übergangsfalte als durchsichtige Gebilde von Stecknadelkopfgröße und darüber; sie betreffen teils den Ausführungsgang, teils den Drüsenkörper. Eine cystische Erweiterung des Ausführungsgangs tritt durch eine Verstopfung der Mündung infolge Sekretanhäufung ein oder durch einen bindegewebigen Verschluß, wie bei Trachom und Pemphigus. Eine histologische Beschreibung einer Cyste des Drüsenkörpers rührt von THOMPSON und CHATTERTON (1905) her. Die Cyste saß bei einer 25jährigen Frau im oberen inneren Abschnitte des Bindehautsackes und bestand aus einer bindegewebigen Kapsel von wechselnder Dicke und aus einer 2—3fachen Lage von kubischen Zellen als Wandbekleidung.

Eine Vergrößerung der KRAUSEschen Drüsen wurde von MELLER (1906) in einem Falle von lymphomatöser Allgemeinerkrankung mit Beteiligung der unteren Tränen- und der Mundspeicheldrüsen beobachtet. An den beiden Oberlidern, besonders am linken, waren kleinere oder größere Knötchen entsprechend dem Fornix durchzufühlen. Mikroskopisch handelte es sich um eine primäre Wucherung des zwischen den einzelnen Acini vorhandenen adenoiden Gewebes. Mit dem Fortschreiten der lymphomatösen Infiltration können die Acini allmählich zugrunde gehen, so daß schließlich statt eines Drüsenkörpers nur ein großer Lymphknoten gefunden wird.

Als von den KRAUSEschen Drüsen ausgehende Geschwülste beschreiben RUMSCHEWITSCH (1890) und SALZMANN (1890) Adenome, wozu noch ein von MOAURO (1882) mitgeteilter Fall zu rechnen sein dürfte; FUCHS (1878) und ISCHREYT (1906) beobachteten Carcinombildungen dieser Drüsen.

SALZMANN (1890) sah eine Geschwulst des linken Oberlides, die vom oberen Abschnitte des Tarsus ungefähr in der Lidmitte an der rückwärtigen Bindehautseite ausging. Die Geschwulst war in der Lidspalte als eine etwa kirschkerngroße, höckerige und leicht blutende Masse von dunkel-fleischroter Farbe sichtbar.

Mikroskopisch erschien die Kapsel des Tumors als eine direkte Fortsetzung des Tarsus; der Tumor selbst war aus einer Anzahl verzweigter und untereinander anastomosierender drüsiger Schläuche zusammengesetzt, diese durch bindegewebige Septa getrennt. Die Schläuche waren von verschiedenartiger Form und Größe und zeigten einen wandständigen, bald glatten, bald vielfach gefalteten Epithelbelag, der ein Lumen von wechselnder Weite einschloß. Eine Membrana propria konnte nicht nachgewiesen werden. Die Lumina der Schläuche waren teils mit amorphen oder feinkörnigen und durch die Härtungsflüssigkeit koagulierten Massen, teils mit abgestoßenen und fettig degenerierten Zellen erfüllt. An seiner konvexen freien Fläche war der Tumor in großer Ausdehnung nekrotisch.

RUMSCHEWITSCH (1890) fand bei einem 34 jährigen Manne in der Nähe des äußeren Lidwinkels eine Schwellung des rechten Oberlides, die seit 4 Jahren sich vergrößert hatte. Die Geschwulst war mit dem Tarsus verwachsen. In dem von MOAURO (1889) mitgeteilten Falle saß bei einem 30 jährigen Manne die Geschwulst am rechten Unterlid und hatte die Größe einer Haselnuß.

FUCHS (1878) beobachtete eine ovale Geschwulst, deren Größe im Längsdurchmesser mehr als 1 cm betrug und die unbeweglich mit dem Tarsus des Oberlides verbunden war. Auf Grund des mikroskopischen Befundes wurde die Geschwulst als eine Mischgeschwulst, und zwar als ein Cystocarcinom mit teils fibrösem, teils chondromatösem Stroma betrachtet, in dem Schläuche von Epithelzellen mit einem zentralen Lumen oder solide Krebsschläuche eingelagert waren. An manchen Stellen waren die ursprünglichen Lumina zu großen cystenartigen Räumen umgewandelt. In einem von ISCHREYT (9016) berichteten Falle, der als alveolares Carcinom diagnostiziert wurde, war die bei einem 62 jährigen Manne entstandene beträchtliche Lidgeschwulst rasch gewachsen; sie war im temporalen Abschnitte des konvexen Tarsusrandes entstanden. Ihr Ausgangspunkt dürfte sehr wahrscheinlich in eine KRAUSEsche Drüse zu verlegen sein, da die Reste einer solchen in unmittelbarer Nachbarschaft der Geschwulst gefunden wurden. Haut und Bindehaut erschienen nicht verändert.

Die Behandlung der Cysten und Geschwülste ist eine operative. Zur Deckung des Defekts wäre unter Umständen eine Conjunctival- bzw. Blepharoplastik erforderlich.

Literatur zu §§ 150—159.

1868 Wolfring: Ein Beitrag zur Histologie des Trachoms. Graefes Arch. f. Ophthalmol. Bd. 14, S. 159.

1870 Baldauf: Ein Fall von Adenom der Meibomschen Drüsen. Inaug.-Diss. München.

1873 Nettleship: Glandular tumour of eyelid of somewhat unusual character. Ophthalmol. hosp. Rep. T. 7, p. 220.

1878 Fuchs, E.: Über das Chalazion und einige seltene Lidgeschwülste. Graefes Arch. f. Ophthalmol. Bd. 24. 2, S. 121. — Derselbe: Adenom der Talgdrüsen (oder der Meibomschen Drüsen?). Graefes Arch. f. Ophthalmol. Bd. 24. 2, S. 158. — Derselbe: Drüsencarcinom der Lider. Graefes Arch. f. Ophthalmol. Bd. 24, 2, S. 161. — de Vincentiis, C.: Della struttura e genesi del calazion con osservazioni sulla origine epiteliale delle cellule giganti. Napoli. 58 pp.

1880 Baumgarten: Über Lupus und Tuberkulose, besonders der Conjunctiva. Virchows Arch. f. pathol. Anat. u. Physiol. Bd. 82, S. 397.

1881 Saltini: Sur l'inoculabilité du chalazion dans les yeux des lapins. Congr. période. internat. zu Mailand. Cpt. rend. p. 78.

1882 Moauro: Adenoma delle glandole tarso-congiuntivali de Ciaccio. Riv. internaz. di med. e chirurg. T. 4, p. 209.

1883 Reymond: Della secrezione delle ghiandole di Meibomio e dei suei rapporti col xerosis epitheliale. Nota presentata all' accademia di Torino. 13. Guglio.

1884 Burchardt, M.: Beitrag zur Anatomie des Chalazion. Zentralbl. f. prakt. Augenheilk. August. S. 229. — Lagrange: Contribution à l'anatomie pathologique du chalazion. Arch. d'ophtalmol. T. 4, S. 460.

1885 Podwysotzki: Über die Regeneration von Epithelien. Fortschr. d. Med. Nr. 19, S. 630.

1886 Boucheron: Sur le chalazion microbien expérimental. Bull. et mém. de la soc. franç. d'ophtalmol. 4. année. p. 88. — Poncet: Bactériologie du chalazion. Ann. d'oculist. T. 95, p. 211. (Soc. franç. d'ophtalmol. 4. congr.) — Vassaux: Sur la bactériologie du chalazion. Séance de la soc. de biol. du 19. Juin — Derselbe: Seconde note sur la bactériologie du chalazion. Ibid. No. 32, p. 440.

1887 Dehenne: Traitement du chalazion. Union méd. p. 171. Ref. Recueil d'ophtalmol. p. 123. — de Vincentiis: Adenoma delle ghiandole di Meibomio in via di trasformazione in cancroide. Rendiconto della soc. ottalmol. ital. p. 44.

1888 Addario: Su di un caso di calazio multiplo e di tarsite cronica diffusa di tutte e quattro le palpebre. Ann. di ottalmol. T. 17, p. 259. — Bock, E.: Ein Fall von Adenom der Meibomschen Drüsen. Wien. klin. Wochenschr. Nr. 39. — Ray: The removal of chalazion after the method of Dr. Agnew. Americ. Journ. of ophthalmol. p. 259. — Wolfring: Anatomischer Befund bezüglich der Krauseschen Drüsen und ihre Beteiligung an pathologischen Prozessen. Bericht des VII. internat. Ophthalmologenkongresses zu Heidelberg. S. 298.

1889 Addario: Ricerche batteriologiche su cinque calazii. (Rendiconto del congr. della assoc. ottalmol. ital. Riunione di Napoli.) Ann. di ottalmol. T. 18, p. 230. — Lagrange, F.: Anatomie pathologique et pathogénie du chalazion. Arch. d'ophtalmol. T. 9, p. 226. — Moauro: Dilatazione cistica delle glandole di Krause. Ann. di ottalmol. T. 18, p. 251.

1890 Deutschmann, R.: Zur Pathogenese des Chalazion. Beitr. z. Augenheilk. H. 2, S. 109. — Rumschewitsch: Zur Onkologie der Lider. Klin. Monatsbl. f.

Augenheilk. Bd. 28, S. 407. — Derselbe: Zur Onkologie der Lider. Klin. Monatsbl. f. Augenheilk. S. 387. — SALZMANN: Beiträge zur Kenntnis der Lidgeschwülste. Arch. f. Augenheilk. Bd. 22, S. 292. — TANGL, FR.: Über die Ätiologie des Chalazion. Ein Beitrag zur Kenntnis der Tuberkulose. Beitr. z. pathol. Anat. u. allg. Pathol. Bd. 9.

1891 DIANOUX: La conjonctivite à chalazion. Arch. d'ophtalmol. T. 12, p. 302. — WEISS, L.: Zur Pathogenese des Chalazion. Klin. Monatsbl. f. Augenheilk. S. 206.

1892 GAMA PINTO: Exstirpation du chalazion. Ann. d'oculist. T. 117, p. 243. — TREITEL: Mikroskopische Struktur des Chalazion. Zentralbl. f. prakt. Augenheilk. S. 158.

1893 BLOCK: L'étiologie du chalazion. Soc. ophtalmol. néerlandaise. Séance du 18. décembre 1892, à Amsterdam. Ref. Ann. d'oculist. T. 109, p. 106. — CHIBRET: Pathogénie du chalazion; contribution clinique. (Soc. d'ophtalmol. de Paris. Séance du 7. février.) Ann. d'oculist. T. 109, p. 202. — DEYL: Über spezifische Bacillen des Chalazion. Internat. klin. Rundschau Nr. 14 u. 15. — Derselbe: Über die Ätiologie des Chalazion. Prag 1893. — FUKALA: Beitrag zur Chalazion-Ätiologie. Zentralbl. f. prakt. Augenheilk. Oktober. S. 302. — PARISOTTI: Etiologie du chalazion. (Congrès de la soc. franç. d'ophtalmol. Onzième session tenue à Paris du 1.—4. Mai.) Ann. d'oculist. T. 109, p. 417. — RÖHLMOOS, H.: Über das Chalazion. Inaug.-Diss. Gießen. — TOPOLANSKI: Zur Therapie des Chalazion. Wien. med. Wochenschr. Nr. 46.

1894 LANDWEHR, F.: Zur Ätiologie des Chalazion. Zieglers Beitr. z. pathol. Anat. Bd. 16. 2. — MANFREDI: Sur le chalazion. (11. internat. med. Kongreß. Rom.) Ann. d'oculist. T. 111, p. 367. — SOURDILLE, G.: Contribution à l'étude de l'épithélioma primitif des glandes de Meibomius. Arch. d'ophtalmol. T. 14, p. 179. — v. WICHERT, P.: Über den Bau und die Ursachen des Chalazion. O. Nauwerks pathol.-anat. Mitteil. Bd. 15.

1895 ALFIERI: Le più recenti quistioni sulla natura del calazio. Arch. di ottalmol. Bd. 3, p. 77. — VALUDE, E.: L'acné meibomienne; une variété d'orgelet. Bull. med. 21. Juillet. — WADSWORTH: An adenoma of the Meibomian gland. Transact. of the Americ. ophthalmol. soc. Thirty-first annual meeting. New London. p. 383.

1896 DOR: Epithélioma des glandes Meibomiens. (Soc. des scienc. méd. de Lyon.) Ref. Rev. génér. d'ophtalmol. p. 520 et Lyon méd. 5 Juillet. — PALERMO, C.: Sulla etiologia del calazion. Ann. di ottalmol. T. 25, p. 481 e 559.

1897 MITVALSKY: Über Tarsitis necroticans. Zentralbl. f. prakt. Augenheilk. Februar u. März. — Derselbe: Über Colloidperlen der Meibomschen Drüsen und deren Ausscheidung durch die Tarsalbindehaut. Zentralbl. f. prakt. Augenheilk. Februar u. März. — PES: Ricerche microchimiche sulla secrezione delle ghiandole sebacee palpebrali. Arch. di ottalmol. T. 5, p. 82. — VOGEL, G.: Über die Ätiologie des Chalazion. Inaug.-Diss. Tübingen.

1898 GUTH: Ein Fall von Sepsis nach einem Hordeolum. Prager med. Wochenschr. Nr. 3. — PRIOUZEAU: Etiologie du chalazion. Ann. d'oculist. T. 119, p. 126.

1899 MAKLAKOW, A.: Ein Fall von chronischer Entzündung der Meibomschen Drüsen. (Moskauer augenärztl. Ges., 28. Sept.) Wratsch. T. 20, p. 1307. — POROSCHIN: Zur pathologischen Anatomie der Chalazien. (VI. Kongreß russischer Ärzte.) Zentralbl. f. allg. Pathol. u. pathol. Anat. S. 669. — VEHMEYER: Zur Pathologie und Therapie des Chalazion. Wochenschr. f. Therap. u. Hyg. d. Auges Bd. 2, Nr. 20.

1901 HÁLA: Der Chalazionbacillus und sein Verhältnis zu den Corynebakterien. Zeitschr. f. Augenheilk. Bd. 6, S. 371. — HENKE: Die Pathogenese des Chalazion, nebst Bemerkungen zur histologischen Differentialdiagnose der Tuberkulose und über Fremdkörperriesenzellen. Bericht der Deutsch. pathol. Gesellschaft auf der 73. Versammlung dtsch. Naturforscher und Ärzte S. 166 u. f. — KNAPP, H.: A case of adenoma of the meibomian glands. Transact. of the Americ. ophthalmol. soc. Thirty-seventh annual meeting. p. 328. — WOOD, A. CASEY: A case of pigmented adenoma ot fhe lower lid. (Chicago ophthalmol. and otolog. soc.) Ophthalmol. Rec. p. 610.

1902 Ehrmann: Funktionsanomalien der Talgdrüsen. Mraček, Handb. d. Hautkrankheiten. Bd. 1, S. 497. Wien: A. Hölder. — Rabl: Histologie der normalen Haut. Mraček, Handb. d. Hautkrankheiten. Bd. 1, S. 79. Wien: A. Hölder.

1903 Aschheim: Spezielles und Allgemeines zur Frage der Augentuberkulose. Vossius: Samml. zwangl. Abhandl. a. d. Gebiete d. Augenheilk. Bd. 5, H. 2. — Carra: Chez une hémophile suite grave de la cure radicale du chalazion. Bull. et mém. de la soc. franç. d'ophtalmol. p. 347.

1904 Erdmann: Über einen Fall von Chalazion marginale. Arch. f. Augenheilk. Bd. 51, S. 171. — Fejér: Über Erkrankungen des Tarsus mit besonderer Rücksicht auf die Pathologie des Chalazion. Arch. f. Augenheilk. Bd. 50, S. 31. — Hala: Über den Chalazionbacillus und sein Verhältnis zu den coryneartigen Bakterien. Wien. med. Rundschau S. 460. — Lagrange: Des pseudo-tumeurs des paupières (Chalazion). Traité des tumeurs de l'œil, de l'orbite et es annexes. T. 2 chapitre IV, p. 765. Paris: H. Steinheil.

1905 Bietti: Sal valore patogeno del bacillo di calazio di Deyl. Arch. d. ottalmol. T. 12, p. 534. — Buschke, A., und Fränkel, A.: Über die Funktion der Talgdrüsen und deren Beziehung zum Fettstoffwechsel. Berl. klin. Wochenschr. Nr. 12. — Knapp: Hypertrophy and degeneration of the meibomian glands. Transact. of the Americ. ophthalmol. soc. Thirty-ninth annual meeting. p. 57. — Pause: Ein Fall von Adenom der Meibomschen Drüsen. Klin. Monatsbl. f. Augenheilk. Bd. 43. 1, S. 88. — Thompson and Chatterton: Cyst of Krauses gland. Transact. of the ophthalmol. soc. of the United kingdom T. 25, p. 1.

1906 Alessandro: Blastomiceti nel calazio. Clin. oculist. p. 690. — Cabannes et Lafon: L'adénome des glandes de Meibomius. Arch. d'ophtalmol. T. 26, p. 422. — Contino, A.: Grossa cisti della ghiandola di Krause con particolare reperto istologico. Clin. oculist. Luglio-Agosto. — Hoppe: Über den Einfluß der Saughyperämie auf das gesunde Auge und den Verlauf gewisser Augenkrankheiten. Münch. med. Wochenschr. S. 1958. — Ischreyt: Klinische und anatomische Studien an Augengeschwülsten. S. 93. Berlin: S. Karger. — Meller: Über die Beziehungen der Mikuliczschen Erkrankung zu den lymphomatösen und chronisch-entzündlichen Prozessen. Klin. Monatsbl. f. Augenheilk. Bd. 24, 2, S. 177. — Schiefferdecker: Die Drüsen des menschlichen Augenlides. (Niederrhein. Gesellsch. f. Natur- und Heilk.) Dtsch. med. Wochenschr. S. 1886.

1907 Axenfeld: Die Bakteriologie in der Augenheilkunde. Jena: G. Fischer S. 61. — Castelain: Infection particulière du bord libre palpébral (streptothricose meibomienne). Ann. d'oculist. T. 138, p. 261. — Igersheimer: Beitrag zur pathologischen Anatomie der Conjunctivaldiphtherie. Graefes Arch. f. Ophthalmol. Bd. 67, S. 162. — Natanson: Chronische multiple eitrige Entzündung der Meibomschen Drüsen. Klin. Monatsbl. f. Augenheilk. Bd. 45. 1, S. 529.

1908 Lafon: L'étiologie du chalazion. Arch. d'ophtalmol. T. 28, p. 693. — Sabrazès et Lafon: Le chalazion, acné des glandes de Meibomius, histologie et pathogénie. Semaine méd. Nov.

1909 Buri: Ist das Chalazion eine Acne? Deutschmanns Beitr. z. Augenheilk. H. 74, S. 29. — Cosmettatos: Transformation fibromateuse d'un chalazion. Arch. d'ophtalmol. T. 29, S. 102. — Grignolo: Di un caso di epitelioma primitivo delle ghiandole di Meibomio. Ophthalmol. T. 1, p. 250. — Landmann: Conjunctivitis and purulent inflammation of the excretory ducts of Meibomian glands caused by an encapsulated Gram-negative diphobazillus. Arch. of ophthalmol. T. 38, p. 374. — Rschanitzin: Chalazion unter dem Bilde der Pseudotuberkulose, hervorgerufen durch Kalkpartikelchen. (Mosk. ophthalmol. Ges. 25. XI. 1908.) Westnik ophthalmol. p. 562. Klin. Monatsbl. f. Augenheilk. Bd. 47, S. 340.

1910 Adamück: Über atypische Lidkrebsformen, speziell über primäre Carcinome der Meibomschen Drüsen. Westnik ophthalmol. p. 986. — Gabrielidès: Adénome des glandes de Meibomius. Arch. d'ophtalmol. T. 30, p. 178. — Hesse:

Über das Adenom der Meibomschen Drüsen. Klin. Monatsbl. f. Augenheilk. Bd. 48. 2, S. 145. — Petit et Cotoni: Examen histologique d'un chalazion à forme conjonctivo-fibreuse. Arch. d'ophtalmol. T. 30, p. 237.

1911 v. Michel und Wätzold: Über das Wesen des Chalazion. Ber. ü. d. 37. Vers. d. ophthalmol. Ges. Heidelberg S. 157. — Reitsch: Die chronisch-eitrige Entzündung der Meibomschen Drüsen durch Kapselbacillen. Klin. Monatsbl. f. Augenheilk. Bd. 49. 2, S. 461.

1912 Dubreuil: Le chalazion pseudo-tuberculeux. Clin. ophtalmol. p. 496. — Rschanitzin: Zur Ätiologie des Chalazion. Westnik ophthalmol. p. 314. — Wätzold: Das Chalazion. Dtsch. med. Wochenschr. S. 1644.

1913 Löwenstein: Über das Chalazion und den entzündlichen Lidtumor. (85. Vers. deutsch. Naturforscher u. Ärzte, Wien. Abt. f. Ophthalmol.) Klin. Monatsbl. f. Augenheilk. Bd. 51. 2, S. 597. Zeitschr. f. Augenheilk. Bd. 30, S. 450. — del Monte: Su di talune singolari formazioni simili a protozoi frequentemente rinvenute nei giovani chalazii. Arch. d'ottalmol. T. 21, p. 83. — Rschanizin: Eine Übersicht der jetzt herrschenden Ansichten über das Chalazion. Westnik ophthalmol. p. 657. — Scheerer: Über die Geschwülste der Meibomschen Drüsen und über die Therapie der Lidgeschwülste im allgemeinen. Inaug.-Diss. Freiburg. — Tolstouchow: Ein Fall von primärem Carcinom der Meibomschen Drüsen unter dem Bilde eines Papilloms. Westnik ophthalmol. p. 498.

1914 Begle: Bildungsanomalie der inneren Lidkante. Zeitschr. f. Augenheilk. Bd. 31, S. 235. — van Duyse: Carcinome pavimenteux non kératinisant, adénomatede de la glande de Meibomius. Arch. d'ophtalmol. T. 34, p. 355—372. — Löwenstein, A.: Über das Chalazion und den entzündlichen Lidtumor. Graefes Arch. f. Ophthalmol. Bd. 87, S. 391.

1915 Fehr: Ein Beitrag zu den Adenomen der Lider. Zentralbl. f. prakt. Augenheilk. S. 1.

1919 Elschnig: Über Phlyctaenen an der Lidbindehaut bei Keratoconjunctivitis eccematosa. Klin. Monatsbl. f. Augenheilk. Bd. 63, S. 273.

1920 Cavara, V.: L'epithelioma primitivo delle ghiandole di Meibomio. Studio clinico ed anatomo patologico. Arch. per le scienze med. T. 43, p. 1—39. Ref. i. Zentralbl. f. d. ges. Ophthalm. 1920. — ten Doesschate: Le chalazion est-il toujours le résultat d'un vice de réfraction? Clin. ophtalmol. T. 24, p. 55. — Klee, F.: Zur Entwicklung der Meibomschen Drüsen und der Lidränder. Arch. f. mikrosk. Anat. Bd. 95, H. 1 u. 2 Abt. 1, S. 65.

1922 Krückmann, E.: Über die Seborrhoe und den Comedo der Meibomschen Drüsen. Arch. f. Augenheilk. Bd. 91, S. 167 u. f.

II. Krankheiten der Bindegewebssubstanz des Tarsus.

§ 160. Die Krankheiten des tarsalen Bindegewebes sind zumeist entzündliche und werden als Tarsitis und Peritarsitis bezeichnet. (Die Bezeichnung: Chondritis und Perichondritis ist im Hinblick auf die ausschließlich bindegewebige Natur des Tarsus unstatthaft.)

Entzündliche Schwellungen des Tarsus werden durch primäre lokale Entzündungen der Haut oder der Bindehaut hervorgerufen und sind demnach sekundärer Art; sie treten teils akut, teils chronisch auf, entsprechend dem Charakter der ursprünglichen

Erkrankung. Daß solche Entzündungen der Bindehaut sich leicht auf den Tarsus fortpflanzen können, erklärt sich daraus, daß das feste tarsale Bindegewebe sich allmählich ohne eine bestimmte Grenzmarkierung in das subconjunctivale auflöst, daher auch eine Trennung des Tarsus von der aufliegenden Bindehautplatte wegen der festen Verwachsung der beiden Teile nur künstlich stattfinden kann. Verständlich ist es auch, daß die Fortpflanzung der Entzündung im tarsalen Bindegewebe hauptsächlich entlang den Bahnen der Gefäße und Nerven sich vollzieht, da diese allein in ihrem tarsalen Verlaufe von einem lockereren Bindegewebe begleitet werden und hier ein geringerer Gewebswiderstand gegenüber dem festgefügten Tarsalgewebe vorhanden ist.

Bei der akuten entzündlichen Schwellung des Tarsus ergibt die Palpation eine leichte Verdickung und Vermehrung der Resistenz. Diese Beschaffenheit des Tarsus erschwert, wenn sie das Oberlid betrifft, die Ectropionierung. Die Ränder des Tarsus sind ebenfalls verdickt, leicht wulstig und wenig abgrenzbar. Eine solche entzündliche Infiltration findet sich bei kutanen und subkutanen akuten Entzündungen des Lides, beispielsweise beim Furunkel und beim Erysipel, und bei heftigen akuten Katarrhen der Bindehaut, wie bei der Gonorrhoe.

Eine chronische Entzündung des Tarsus findet sich schon im frühen Stadium des Trachoms, und zwar ist fast regelmäßig als Ausdruck einer entzündlichen Stauung eine kleinzellige Infiltration, insbesondere entlang den Ausführungsgängen der MEIBOMschen Drüsen anzutreffen, entsprechend dem Arcus arteriosus tarseus superior und inferior (GREEFF 1902). An den Gefäßen kommt es ferner zur Bildung von Zellhaufen, so daß ein so erkranktes Gefäß von einem Zellmantel zumeist in der Breite von 1 bis 2 Zellreihen umhüllt erscheint; an einzelnen Stellen kommt es auch zu knötchenförmigen Infiltrationen. Nach W. und M. GOLDZIEHER (1906) finden sich ausgesprochene Infiltrate der Gefäßadventitia. Die zelligen Elemente sind größtenteils Plasmazellen, zwischen denen sehr spärliche Leukocyten und gewucherte Bindegewebszellen vorkommen. Im weiteren Verlaufe erscheinen die Bindegewebsspalten des Tarsus von zahlreichen miteinander anastomosierenden sprossenartigen Strängen jungen Bindegewebes mit neugebildeten Gefäßen durchzogen (s. Abb. 123 N). Zugleich sind die Blut- und Lymphgefäße des Tarsus stark erweitert, und ihr Endothel erscheint gewuchert. Entsprechend dem Grade der Entwicklung des narbigen Stadiums des Trachoms tritt mehr und mehr eine Sklerosierung der Bindegewebssubstanz des Tarsus hervor;

infolgedessen erweist sich derselbe bei der Palpation unnachgiebiger als normal; er läßt sich schwer zusammenfalten, und seine Ränder fühlen sich verdickt an. Schließlich atrophiert das tarsale Bindegewebe oder die Form des Tarsus wird hochgradig verändert. Im Falle der Atrophie erscheint bei der Palpation das Areal des Tarsus verkleinert, und derselbe fühlt sich weicher und dünner an. Die Formveränderung des Tarsus besteht in einer kahn- oder muldenförmigen Verbiegung. Dieselbe kommt nicht nur durch Narbenschrumpfung des Tarsus selbst, sondern gleichzeitig durch Schrumpfung der darüber liegenden Bindehaut zustande. Die Tarsusverbiegung bedingt wiederum eine Lageveränderung des freien Lidrandes mit den daraus entspringenden Cilien. Der freie Lidrand erfährt eine Einwärtswendung, und dementsprechend wird die Richtung der Cilien geändert, die nicht

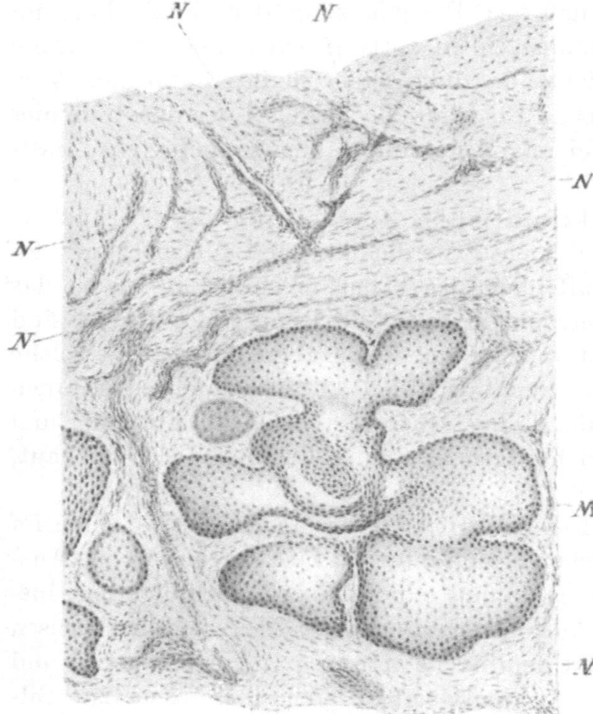

Abb. 123. Sagittaler Schnitt durch einen bei Trachom erkrankten Tarsus. Vergr. 1:80. *NNNNNN* Sprossenartige Bindegewebsstränge und neugebildete Gefäße; *M* MEIBOMsche Drüse.

mehr nach vorn, sondern nach rückwärts gekehrt sind und auf der Oberfläche der Hornhaut schleifen, Trichiasis. Schreitet die Tarsusverkrümmung infolge weiterer Narbenschrumpfung fort, so wird der ganze freie Lidrand cornealwärts gedreht und es entsteht ein Entropium cicatriceum. Nicht selten sind Atrophie und Formveränderung gleichmäßig ausgesprochen. Bei letzterer allein ist der Tarsus verkürzt und resistenter, und seine Oberfläche erscheint durch höckerige oder leistenartige Erhöhungen und muldenartige Vertiefungen uneben. Dabei ist auf der Innenfläche des erkrankten Lides entsprechend der Mitte der Tarsalbindehaut ein horizontal verlaufender, mehrere mm breiter Narbenstreifen sichtbar, der als Ausdruck eines mit dem subtarsalen und tarsalen Bindegewebe innig verwachsenen schwieligen Narbengewebes der Bindehaut anzusehen ist. Die Knickung wird dadurch hervorgerufen, daß das schrumpfende Narbengewebe das Bestreben hat, den Tarsus nach vorn umzubiegen (FUCHS 1907). GREEFF (1902) hebt hervor, daß die schwielige Verdickung der Bindehaut entsprechend der Knickungsstelle am intensivsten ist. Bei der Narbenschrumpfung bilde diese Stelle gewissermaßen das Punctum fixum, nach dem die beiden Tarsusränder durch die Zugkraft der Narbe hinbewegt

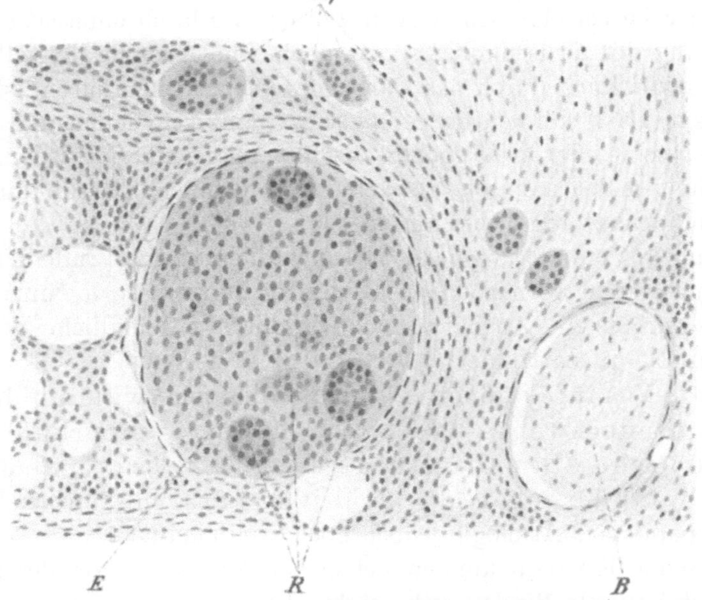

Abb. 124. Sagittaler Schnitt durch einen bei vernarbendem Trachom geschrumpften Tarsus. Vergr. 1 : 80. *E* Mit epitheloiden Zellen ausgefüllter Acinus und perifollikulär gewuchertes Bindegewebe; *R* Riesenzellen im Acinus; *R,* Riesenzellen im Bindegewebe; *B* obliterierter Acinus.

werden. Hervorzuheben ist, daß eine Entwicklung von sogenannten Trachomfollikeln im Tarsus niemals stattfindet, wie auch seine Entzündungsart durchaus nichts Spezifisches darstellt (SCHÖNBERG 1895).

Mannigfach sind als Begleiterscheinungen oder als Folgezustände Veränderungen an den MEIBOMschen Drüsen zu beobachten. Hier und da kommt es anfänglich zu nekrotischen Erscheinungen an den Drüsenzellen und zum Ersatz durch epitheloide Zellen, die den Charakter der Drüsenzellen, wie den wabenartigen Bau des Protoplasmas, vollkommen eingebüßt haben (s. Abb. 124*E*); solche Zellen sind mit großen riesenzellenartigen Gebilden (s. Abb. 124 *R*) untermischt. Zugleich ist in ziemlich breiter Zone um den Acinus eine perifollikuläre Bindegewebswucherung vorhanden, und es finden sich im Bindegewebe zerstreut, meist in großer Zahl die gleichen riesenzellenartigen Gebilde, wie innerhalb eines Acinus (s. Abb. 124 R_1), die wie abgeschnürte veränderte Drüsenzellen erscheinen. Hier und da sind cystische Erweiterungen des Drüsenkörpers und der Drüsenausführungsgänge sichtbar, oder es entsteht infolge der narbigen Schrumpfung der Bindehaut eine teilweise Verödung der Ausführungsgänge, so daß sie kaum mehr an der Innenfläche des Lides wahrzunehmen sind. Weiter können die Ausführungsgänge durch den Zug der vernarbten Bindehaut eine Verkürzung erfahren, und dieser oder jener Acinus ist durch einbrechendes, Bindegewebe verschlossen (s. Abb. 124 B). Dadurch entsteht eine Verkleinerung des Drüsenkörpers, wie auch eine Atrophie desselben, die auf Druckwirkung durch das Narbengewebe zurückzuführen ist. Nach GINSBERG (1903) können die Acini sogar ganz schwinden und an ihre Stelle einzelne oder in Läppchen zusammenhängende Fettzellen treten, die schon makroskopisch als zerstreute gelbliche Herde durch die Tarsalbindehaut durchschimmern.

Ähnliche Veränderungen des Tarsus, wie beim vernarbenden Trachom, sind auch beim vernarbenden Bindehautpemphigus anzutreffen, wobei ebenfalls eine Ausbreitung der chronisch-entzündlichen Vorgänge auf den Tarsus stattfindet.

§ 161. Von infektiösen Granulationsgeschwülsten des tarsalen Bindegewebes finden sich lepröse, tuberkulöse und syphilitische. Den Granulationsgeschwülsten sind auch die tarsalen Veränderungen des Frühjahrskatarrhs hinzuzurechnen, dessen parasitäre Ätiologie jedoch noch zweifelhaft ist.

Lepröse Knoten können bei ihrem Wachstum von der Lidhaut aus in das tarsale Bindegewebe einbrechen.

Die Tuberkulose des Tarsus tritt in der Regel sekundär auf, von einer primären Tuberkulose der Bindehaut fortgepflanzt; eine solche ist besonders dann anzunehmen, wenn anschließend an ein tuberkulöses Bindehautgeschwür submiliare Knötchen in der Umgebung zwischen Tarsus und Bindehaut entstehen, die dann durch die Tarsalbindehaut graugelblich durchschimmern. Nicht auszuschließen ist gelegentlich auch der umgekehrte Vorgang, nämlich daß bei primärer Tuberkulose des Tarsus sekundär die entsprechende Bindehautstelle erkrankt und später nekrotisiert. Auch im Verlaufe von tuberkulösen Erkrankungen der Lidhaut kann der Tarsus mitbetroffen werden. Die Diagnose der Beteiligung des Tarsus bei einer lokalen conjunctivalen oder kutanen Tuberkulose ergibt sich aus einer umschriebenen oder gleichmäßigen fühlbaren Verdickung. Beim Befallensein des Tarsus des Oberlides hängt dasselbe etwas herab. Die Frage, ob die Tuberkulose des Tarsus auf einem exogenen Infekte beruht, oder auf hämatogenem Wege entstanden ist, hängt mit der Beantwortung der Frage, wie sich dies bei der conjunctivalen und kutanen Tuberkulose des Lides verhält, zusammen. Jedenfalls ist die Möglichkeit einer solchen doppelten Entstehungsweise in Erwägung zu ziehen. In einer Reihe von Fällen wird die Diagnose einer tuberkulösen Erkrankung des Tarsus erst durch die anatomische Untersuchung zu entscheiden sein.

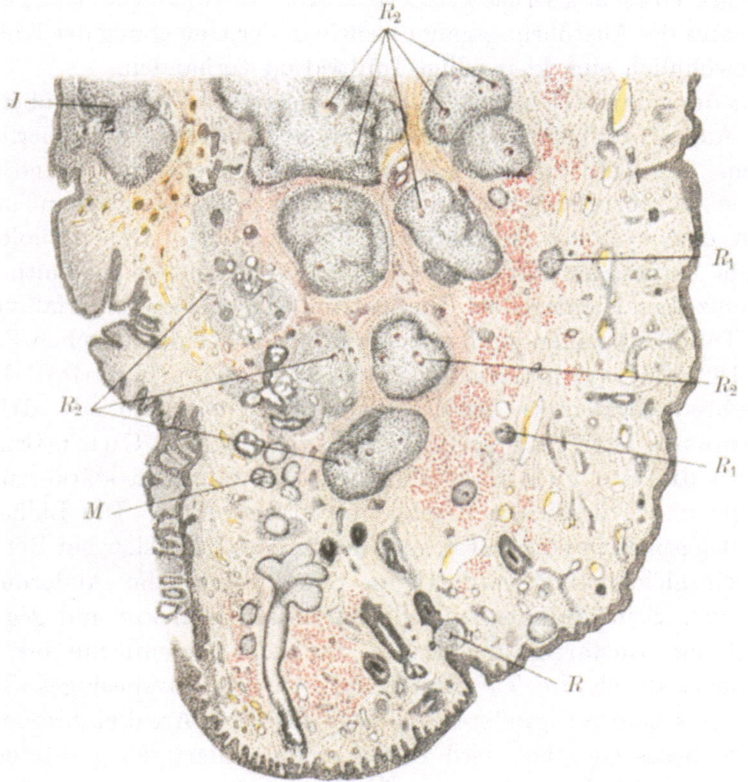

Abb. 125. Ausbreitung der Tuberkulose des Lides. (Sagittalschnitt, kombiniertes Bild. Vergr. $^{12}/_1$.) *R* Zweiteilung eines Follikels durch einen Tuberkel; R_1 tuberkulöses Knötchen zwischen den Muskelbündeln des Orbicularis; R_2 gewucherte Drüsenriesenzellen; *J* subconjunktivale bzw. retrotarsale Tuberkelknötchen mit teilweiser Nekrose; *M* Reste von Acini der MEIBOMschen Drüsen.

Mikroskopisch fand v. MICHEL in Präparaten einer Bindehauttuberkulose die Drüsenzellen der MEIBOMschen Drüsen stark gewuchert und teilweise zu vielkernigen riesenzellenartigen Gebilden zusammengeflossen (s. Abb. 125 R_2), so daß die Acini bedeutend vergrößert erschienen. Zugleich waren — was für die ausgedehnte Verbreitung der Tuberkulose innerhalb der verschiedenen Gewebe des Lides spricht, wenn an irgendeinem Teile desselben ein Infekt stattgefunden hat — tuberkulöse Knötchen zwischen den Muskelbündeln eingestreut (s. Abb. 125 R_1), fernerhin waren solche an einem Haarfollikel so gelegen, daß dadurch gleichsam eine Teilung desselben entstand (s. Abb. 125 R). Tuberkulöse Knötchen waren, teilweise nekrotisch zerfallen, auch entsprechend der Übergangsfalte im submukösen Gewebe sichtbar und erstreckten sich an mancher Stelle noch in das subtarsale Bindegewebe (s. Abb. 125 J). Dieselben können ferner nahe dem proximalen Teil des Ausführungsganges einer MEIBOMschen Drüse gelagert (s. Abb. 18 Tb_1 S. 120) sein; entlang der Wand des Ausführungsganges sowie in der Umgebung der Knötchen ist gewöhnlich eine kleinzellige Infiltration vorhanden.

Experimentell hat STOCK (1907) bei seinen Versuchen über endogene Augentuberkulose chalazionähnliche Knötchen am Oberlide erhalten. Ein Infiltrationsherd war an einer Stelle der MEIBOMschen Drüsen eingebrochen, hatte den Acinus in zwei Teile getrennt und dadurch eine cystoide Degeneration herbeigeführt. Das pathologische Gewebe bestand am Rande aus Lymphocyten, daneben aus epitheloiden und einzelnen Riesenzellen. Im Zentrum war ein Gewebszerfall vorhanden, Tuberkelbazillen fanden sich am Rande der nekrotischen Partien.

§ 162. Die syphilitische Erkrankung des tarsalen Bindegewebes, sogenannte Tarsitis syphilitica, tritt auf als diffuses gummöses Infiltrat oder als umschriebener Gummiknoten.

Das diffuse gummöse Infiltrat ist mit bald stärkeren, bald geringeren entzündlichen Erscheinungen verknüpft. Die Lidhaut erscheint gespannt und gerötet, und der Tarsus fühlt sich bei Betastung ziemlich gleichmäßig verdickt an ohne wesentliche Änderung der Resistenz. Seine Ränder sind gleichfalls etwas dicker und gegen die Umgebung wulstartig abgrenzbar. Auf der Innenfläche des Lides schimmert durch die Tarsalbindehaut ein graues speckiges Gewebe durch, das bald ein größeres, bald ein kleineres Areal einnimmt. Die Grenze dieses Gewebes wird durch einen wallartigen geröteten und geschwellten Bindehautsaum markiert, von dem aus die entzündliche Schwellung nach der Peripherie zu allmählich abnimmt. Tritt eine spezifische Behandlung ein, so bilden sich die beschriebenen Erscheinungen zurück. Über ein eigentümliches Verhalten berichtet ISCHREYT (1906). In einem Falle von syphilitischer Verdickung des Tarsus des linken Oberlides, verbunden mit Trachom, traten plötzlich nach einer Tarsusexcision Lidrandgeschwüre auf, die ein Drittel des Unterlides zerstörten und auch auf den inneren Lidwinkel und dessen Umgebung übergingen. IGERSHEIMER (1918) meint, daß diese diffuse syphilitische Tarsalinfiltration öfters den papulösen Prozessen an der Haut gleichzusetzen ist, und nimmt dies für den Fall ISCHREYTs wegen der fehlenden Nekrose an. Insbesondere stützt er seine Auffassung durch eine eigene Beobachtung einer Tarsitis luetica bei einem 40jährigen Manne, die schon 6 Monate nach dem Ulcus durum aufgetreten war. In diesem Falle gelang es IGERSHEIMER aus der oberflächlich abgeschabten Conjunctiva tarsi im Dunkelfeld Spirochäten nachzuweisen.

Das Gumma ist durch eine fast knorpelharte, indolente, knotenartig umschriebene Anschwellung gekennzeichnet, die durch die Palpation leicht als dem Tarsus angehörig zu erkennen ist; die darüber gelegene Haut ist verschieblich. Die Größe des Knotens schwankt nicht unerheblich, von der Größe einer Erbse oder einer Bohne, bis zu derjenigen eines kleinen Taubeneies. Manchmal finden sich auch mehrere Knoten von verschiedener Größe. In einem Falle von YAMAGUCHI (1904) fanden sich knorpelharte Knoten am rechten und am linken Oberlide. In der Mitte des ersteren lag ein größeres Gumma, etwa 2 mm breit und 6 mm lang, und nach außen davon ein kleines rundliches Gumma von etwa 2 mm Durchmesser. Am linken Oberlid maß der Knoten 4 mm im Durchmesser und nach außen von diesem ein kleinerer 2 mm im Durchmesser. Das klinische Bild kann demjenigen von Chalazien sehr ähnlich sein. Bei größeren oder mehrfachen Knoten hängt das Oberlid etwas herab und das Unterlid wird vom Augapfel ein wenig abgedrängt. Entzündliche Erscheinungen am Lide fehlen. Die Bindehaut des erkrankten Tarsus zeigt eine mehr oder minder ausgesprochene chronische Hyperämie.

Im weiteren Verlaufe kann das Gumma rasch zerfallen und der Zerfall sich nicht bloß auf das Lid beschränken, sondern sich auch auf die Nachbarschaft ausdehnen. In einem Falle von DRUAIS (1905) wurde das erkrankte Oberlid colobomartig in seiner ganzen Dicke zerstört. In der erwähnten Beobachtung von YAMAGUCHI (1904) war die Tarsalbindehaut von zahlreichen Narben durchzogen, und es trat eine Vernarbung der Lidränder des Ober- und Unterlides lateral bis zur Mitte ein.

Die gummösen Erkrankungen des tarsalen Bindegewebes können bei geeigneter Behandlung heilen, ohne eine Spur zu hinterlassen, nur bei hochgradigem Zerfall eines Gummiknotens kommt es zur Vernarbung der Lidhaut mit dauerndem Verluste der Cilien und mit Auswärtswendung des Lidrandes.

In der Regel werden beide Ober- und Unterlider befallen, nicht selten symmetrisch. Auch kann das Ober- und Unterlid nacheinander erkranken, wie v. MICHEL dies bei einem 40jährigen Manne beobachten konnte. 13 Monate nach dem stattgefundenen Infekt wurde hier zuerst das rechte Oberlid befallen, 4 Wochen später in geringerem Grade das linke Unterlid. Nach Abheilung trat 5 Monate später wieder ein Rezidiv am linken Unterlide auf.

Die syphilitischen Erkrankungen des tarsalen Bindegewebes kommen sowohl bei der hereditären als bei der erworbenen Lues zur Beobachtung. STERN (1892) sah ein Gumma des Tarsus an beiden Oberlidern bei einem ³/₄ jährigen Kinde, v. MICHEL bei einem zweimonatigen Kinde eine rezidivierende, gleichmäßige indolente Schwellung der beiden Oberlider, bedingt durch eine syphilitische Entzündung des Tarsus. Zugleich bestanden im letzteren Falle Condylome am After und eine Milzschwellung. Bei der erworbenen Lues handelt es sich in der Regel um eine Späterscheinung, doch tritt manchmal die tarsale Erkrankung verhältnismäßig früh auf.

Anatomisch fand ISCHREYT (1906) den Tarsus kleinzellig infiltriert und von zahlreichen Gefäßen durchsetzt. Die Intimakerne der Gefäße, besonders der arteriellen, waren vermehrt. Die Haut des Lidrandes erwies sich in gleicher Weise verändert, wie der Tarsus und die Wurzelscheiden der Cilien waren ziemlich dicht mit Rundzellen infiltriert. Die Untersuchung von YAMAGUCHI (1904) ergab, daß der Tarsus nur wenig, um so mehr aber seine Umgebung verändert war. Die hier vorhandene Wucherung hatte den Tarsus in die Höhe gedrängt, so daß er sich leicht abhob. Ein breiter langer Streifen eines kleinzellig infiltrierten Gewebes trennte den Tarsus von einem dichten, straffen und zellarmen Gewebe, das die Hauptmasse der Geschwulst bildete. Zwischen den Faserzügen fanden sich reichliche mononukleäre Zellen, spärliche Lymphocyten, granulierte und eosinophile Zellen sowie Mastzellen. Das elastische Gewebe war ungemein reichlich entwickelt. Die Arterien zeigten fast ohne Ausnahme die Zeichen einer Endarteriitis obliterans, die Venen diejenigen einer Perivasculitis, verbunden mit Thrombosen. v. MICHEL fand bei syphilitischer Erkrankung den Tarsus von zahlreichen erweiterten und neugebildeten Gefäßen in netzförmiger Anordnung durchzogen, ähnlich wie bei der trachomatösen Erkrankung desselben (s. S. 418 Abb. 123), wobei aber als ausschlaggebend für die anatomische Diagnose der Syphilis eine typische Perivasculitis festgestellt werden konnte. Zugleich waren die an die Bindehaut anstoßenden Partien des Tarsus und die Bindehaut selbst gleichmäßig kleinzellig infiltriert.

Die Diagnose gründet sich auf den Ausfall der WASSERMANNschen Reaktion sowie die gleichzeitig vorhandenen syphilitischen Erkrankungen mit Ausschluß anderer ein ähnliches klinisches Bild darbietender Veränderungen der Lidhaut. In dem Falle von YAMAGUCHI (1904) war zuerst die Diagnose auf einen Amyloidtumor gestellt worden.

Die Behandlung ist eine allgemein antisyphilitische.

§ 163. Die durch Frühjahrskatarrh (Conjunctivitis vernalis) bedingten Veränderungen wurden früher (z. B. von v. MICHEL in der II. Aufl. dieses Buches) sicherlich mit Unrecht als primäre echte Geschwülste aufgefaßt. Zweifellos handelt es sich dabei nur um sogenannte Granulationsgeschwülste. Dieselben stellen sich als breite, blaßrötliche, warzenähnliche Bildungen an der Innenfläche des Tarsus dar, vorzugsweise am Oberlid, selten am Unterlid — und hier auch nur spärlich — bald vereinzelt, bald in so großer Zahl, daß die Tarsalbindehaut damit wie besät erscheint; sie liegen so nahe nebeneinander, daß die Tarsalbindehaut (s. Abb. 126), wie eine mit lose nebeneinander sitzenden Pflastersteinen besetzte Fläche erscheint. Die einzelnen Erhebungen sind in der Regel durch tiefe Einschnitte voneinander getrennt und zeigen eine leicht zerklüftete und trockene Oberfläche. Sie sind von sehr derber, fast etwas harter Beschaffenheit und so fest mit ihrer Unterlage verwachsen, daß man sofort den Eindruck erhält, als wurzelten sie mit ihrer Basis im Tarsus selbst. Daß dies der Fall ist, davon kann man sich leicht bei

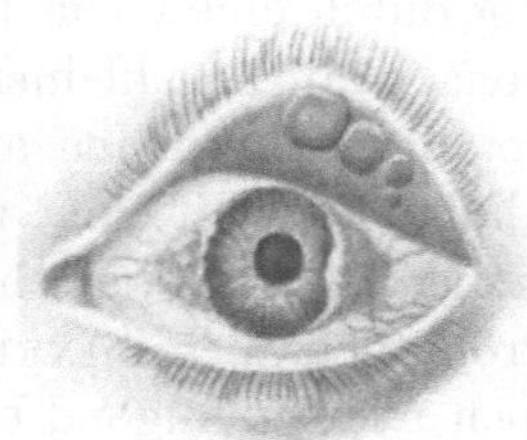

Abb. 126. Tarsale und conjunctivale Form des sog. Frühjahrskatarrhs. (Natürliche Größe.)

der operativen Entfernung überzeugen. Manchmal zeigen diese Bildungen nur eine stielartige Verbindung mit dem tarsalen Bindegewebe.

Gewöhnlich werden diese papillären Wucherungen als die tarsale Form des sogenannten Frühjahrskatarrhs, der Conjunctivitis vernalis, angesehen. In einer Reihe von Fällen ist zugleich eine blasse graurötliche und gallertig oder wachsähnlich aussehende Wucherung der Skleralbindehaut am Limbus corneae (s. Abb. 126) entwickelt, die sogenannte conjunctivale Form des Frühjahrskatarrhs (s. dieses Handb. II. Teil, Bd. V, Abt. I, S. 456).

Die Beschwerden sind, abgesehen von zeitweise auftretender geringer katarrhalischer Absonderung, nur leichter Art; solche beziehen sich hauptsächlich auf eine gewisse Schwere und Müdigkeit in den Lidern. Um so erstaunter ist man, wenn beim Ectropionieren die hochgradigen Veränderungen der Tarsalbindehaut zum Vorschein kommen. Die Erkrankung ist eine doppelseitige und befällt ausschließlich jugendliche Individuen; Anämische mit Lymphdrüsenschwellung scheinen besonders disponiert zu sein. Die Wucherungen zeigen nach ihrer Entfernung eine große Neigung zur Wiederkehr.

Über die Pathogenese, die anatomische Zusammensetzung und den Ausgangspunkt der papillären Wucherungen herrschen zur Zeit noch verschiedene Meinungen. KREIBICH (1904) betrachtet

den sogenannten Frühjahrskatarrh als eine Lichtkrankheit. Während
bei der Annahme einer solchen der Einfluß des Sonnenlichtes für die
conjunctivale Form des Frühjahrskatarrhs direkt in Anschlag gebracht werden könnte, wäre für die tarsale Form die experimentell
festgestellte Tatsache zu verwerten, daß die chemisch wirksamen
Strahlen der Sonne eine Membran von der Dicke des Lides durch-
dringen können. Damit wäre auch die viel häufigere Erkrankung
des Oberlides gegenüber dem Unterlide in Einklang zu bringen, insofern als das Oberlid hauptsächlich den Schutz des Auges gegen das
Sonnenlicht zu leisten hat. Eine gewisse Stütze erhält diese Anschauung durch einen von REIS (1908) erhobenen mikroskopischen Befund,
wonach an den kleinen präcapillaren Gefäßen des subtarsalen Netzes
Gefäßveränderungen an der Intima anzutreffen waren, die die größte
Ähnlichkeit mit einer vakuolisierenden Degeneration der Intima-Endo-
thelien, bedingt durch Röntgenstrahlen, Radium oder Hochfrequenz-
ströme, besaßen. AXENFELD (1907) hält die Auffassung KREIBICHS für
noch nicht genügend erwiesen, ohne dieselbe etwa abzulehnen. Nach
seiner Meinung könne die Lichtwirkung vielleicht nur einen die Erkrankung auslösenden Faktor darstellen. Auch die Möglichkeit einer
parasitären Ätiologie als Frühjahrskatarrh sei in Betracht zu ziehen.

Als Ausgangspunkt der papillären Wucherungen sieht v. MICHEL
in Übereinstimmung mit GOLDZIEHER (1906), SCHIECK (1907), THALER
(1906), RSCHANITZIN (1905) die innersten Lamellen des Tarsus an,
während AXENFELD (1907) in diesen Veränderungen lediglich eine
chronische Entzündung der Tarsalbindehaut erblickt.

Anatomisch handelt es sich im wesentlichen um eine aus dicht-
gefügtem Bindegewebe bestehende fibromartige Wucherung, deren
Oberfläche mit Epithel überzogen ist (s. Abb. 127 *EE*). Diesem Bindegewebe (s. Abb. 127 *B*), das die Hauptmasse der Gewebswucherung darstellt, sind zahlreiche und unregelmäßig durcheinander gewirrte elastische Fasern, besonders an der Basis der Wucherung, beigemischt
(s. Abb. 127 *GGG*). Die Blutgefäße sind spärlich und teilweise erweitert
(s. Abb. 127 *F*). Bei der Beurteilung der sich häufiger widersprechenden
Befunde der Autoren ist die Unvollständigkeit des Untersuchungs-
materials zu beachten, da oft nur oberflächlich excidierte Wucherungen
zur Verfügung standen. Das anatomische Bild kann auch dadurch verwischt werden, daß medikamentöse oder operative Einwirkungen der
Gewinnung des Präparates vorausgegangen waren. GOLDZIEHER (1906)
und THALER (1906) betonen die vorzugsweise bindegewebige Natur der
Wucherungen und sehen den Gehalt an elastischen Fasern als relativ gering an. SCHIECK (1907) und RSCHANITZIN (1905) sind der gegenteiligen

Meinung und lassen das neugebildete Fasergerüst vorwiegend aus gewucherten elastischen Fasern sich zusammensetzen. Nach SCHIECK (1907) zeigen die neugebildeten Fasermassen eine große Neigung zur hyalinen Degeneration; sie legen sich an den Kuppen der Prominenzen zu mehreren Lagen zusammen, die hyaline Säume und Inseln bilden. Der Elastingehalt gehe in dem stärker gequollenen und veränderten Zwischengewebe bald zugrunde, wie auch der Tarsus selbst an elastischer Substanz einzubüßen scheine. Nach AXENFELD (1907) kommt es zu

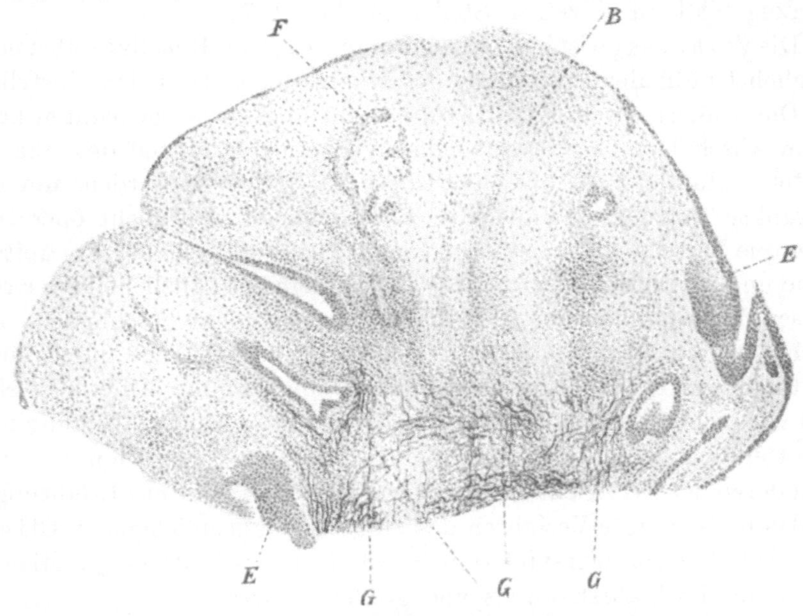

Abb. 127. Sagittalschnitt durch eine Wucherung des Oberlides. Vergr. 1 : 45.
B Bindegewebe; *F* Gefäß; *EE* Epithelsprossung; *G G G* elastisches Gewebe.

einer Wucherung der gesamten Elemente des conjunctivalen Gewebes, der Gefäße, des Stützgewebes und der Lymphzellen unter besonders reichlicher Bildung von Plasmazellen. AXENFELD betont auch, daß die sklerotische Verdickung, zumal die subepitheliale, einzig und allein dem Frühjahrskatarrh zukomme, nicht aber anderen conjunctivalen Erkrankungen. Was die zelligen Elemente anlangt, so finden sich Bindegewebszellen, mono- und polynucleäre Leukocyten, eine große Zahl von Plasmazellen und Herde kleinzelliger Infiltration. Nach AXENFELD (1907) treten in den späteren Stadien zugleich mit einer Entartung der Plasmazellen und der fortschreitenden Hyalinisierung des Bindegewebes zahlreiche Mastzellen auf, und eosinophile Zellen werden nicht bloß reichlich im gewucherten Bindegewebe, sondern auch im Bindehautsekret angetroffen.

Das die Oberfläche der papillären Wucherungen überziehende Epithel wächst in die zwischen denselben gelegenen Buchten hinein. Solide Epithelzapfen oder -sprossen scheinen alsdann in das Gewebe hineingetrieben (s. Abb. 127 *EE*). Die Epithelzellen zeigen dabei eine große Neigung zur Degeneration, so daß es auch zur Cystenbildung kommen kann; die Zellverbände sind gelockert, hier und da sind die Epithelien abgestoßen und besonders reichlich finden sich Becherzellen. Häufig sind auch die Epithelzellen platt gedrückt oder der Epithelüberzug fehlt an einzelnen Stellen (s. Abb. 127).

Die Voraussage ist insofern eine ungünstige, als Rezidive selbst nach möglichst radikaler Entfernung der Wucherungen gern sich einstellen.

Die operative Behandlung besteht in einer ausgedehnten kräftigen Abschabung der festsitzenden Wucherungen mittels des scharfen Löffels. Häufig muß mit der Schere nachgeholfen werden, um das erkrankte Tarsalgewebe ausgiebig fortzunehmen. Die nicht operative Therapie besteht in lokaler Applikation von 1—3 % gelber Präzipitatsalbe und in Dunkelkuren. Über die Erfolge des gänzlichen oder teilweisen Lichtabschlusses sind die Akten noch nicht geschlossen. Zunächst ist das stärker affizierte, später das andere Auge durch einen lichtdichten Verband oder durch eine Dunkelkammerbrille aus Celluloid vor Licht zu schützen. In einigen Fällen trat eine Abflachung oder selbst ein Schwund der Wucherungen am Limbus corneae ein, während in anderen der Erfolg ein negativer war. Nach v. MICHELs Erfahrungen ist das meist geübte Verfahren des Tragens von grünlichgelben Gläsern zum Schutze vor ultravioletten Strahlen nur bei der conjunctivalen Form des Frühjahrskatarrhs von großem Nutzen.

§ 164. Fettige und amyloide Degeneration des Tarsus. Das tarsale Bindegewebe kann von einer fettigen und von einer amyloiden Degeneration befallen werden.

Als fettige Degeneration des tarsalen Bindegewebes betrachtet SAEMISCH (1904) die bei vernarbendem Trachom durch die Tarsalbindehaut durchschimmernden gelblichen Stellen; dabei sind die MEIBOMschen Drüsen atrophiert und auf den Randteil des Tarsus zusammengeschoben. Nach GINSBERG (1903) wären dagegen diese Flecken als Reste der zugrunde gegangenen MEIBOMschen Drüsen und Ersatz durch kleinste Läppchen von Fettzellen anzusehen (s. S. 420).

Die amyloide Degeneration des tarsalen Bindegewebes tritt teils als primäre Geschwulst, als sogenannte Amyloidgeschwulst, auf, teils setzt sie sich als solche von der Bindehaut auf den Tarsus fort. Primäre Amyloidgeschwülste wurden von v. BECKER (1874) und RAEHL-

MANN (1882) beobachtet. Über eine Mitbeteiligung des tarsalen Bindegewebes bei Amyloiderkrankung der Bindehaut berichtet eine Reihe von Autoren, wie VOGEL (1873), STROEHMBERG (1877), v. HIPPEL (1879) und ADAMÜCK (1880). Das erkrankte Lid ist gleichmäßig geschwellt und der Tarsus zeigt bei Palpation eine beträchtliche Zunahme seines Volumens. Die Lidhaut erscheint dabei unbeteiligt. Das Ectropionieren besonders des erkrankten Oberlides gelingt schwer. Die Innenfläche des Lides ist in eine speckigsulzige oder wachsartige Granulationsmasse mit einem fahlen grauen oder ins Rötliche spielenden Farbton verwandelt. Gewöhnlich ist aber nicht festzustellen, ob die geschwulstartige Verdikkung, die gleichzeitig auch die Bindehaut befällt, vom Tarsus ihren Ausgangspunkt genommen hat und dann auf die Bindehaut überging, oder ob dies in umgekehrter Weise erfolgte. Möglicherweise ist ganz allgemein die Grenzzone zwischen Tarsus und Bindehaut als Entstehungsort der amyloiden Wucherung aufzufassen. Nur in einzelnen Fällen, wie in der RAEHLMANNschen (1882) Beobachtung, entwickelte sich eine scharf begrenzte Geschwulst im Tarsus selbst. In dem BRAUNschen (1875) Falle von primärer amyloider Degeneration der Bindehaut bei einem 35jährigen Manne waren flache, kleine, tuberkelähnliche Knötchen auf der Bindehautseite des Tarsus sichtbar. Es kann sich auch eine Amyloidgeschwulst der Augenhöhle auf Tarsus und Bindehaut fortpflanzen, wie dies BULL (1878) bei einem 4jährigen Kinde beobachtete. Abgesehen von einem Exophthalmus, war das linke Oberlid von einer gleich mäßig harten Geschwulst durchsetzt. In der Regel handelt es sich um eine flächenhaft fortschreitende Erkrankung, in deren weiterem Verlaufe eine Verkümmerung des Tarsus (VOGEL 1873) mit Einwärtskehrung der Cilien eintreten kann. Hier und da kommt es in der Amyloidgeschwulst zur Bildung von Knorpel- und Knochengewebe. Am häufigsten erkrankt das Lebensalter zwischen 30 und 40. Es wird meist nur ein Lid befallen, das Oberlid etwas häufiger als das Unterlid. v. MICHEL beobachtete ein Amyloid des Oberlides bei einem 26jährigen Manne und SCHENKL (1885) bei einer 66jährigen Kranken, die übrigens wenige Stunden nach der zum Zwecke der Exstirpation der Amyloidgeschwulst ausgeführten normal verlaufenden Chloroformnarkose an einer Thrombose der Arteria coronaria cordis sinistra starb.

Pathogenetisch ist darauf hinzuweisen, daß nach M. B. SCHMIDT (1905) lokale Amyloidtumoren nur an solchen Stellen gebildet werden, die reich an knorpliger und elastischer Substanz und durch den Gehalt derselben an Chondroitinschwefelsäure dem Amyloid chemisch verwandt sind, wie dies für die Augenlider in bezug auf das elastische Gewebe zutrifft.

Anatomisch findet sich ein mehr oder weniger üppig gewuchertes Granulationsgewebe, das, wenn von der Bindehaut ausgehend, in den Tarsus papillenartige Sprossen hineintreibt (VOGEL 1873) und an einzelnen Stellen eine Atrophie oder selbst einen Durchbruch des Tarsus bewirkt. Dieses, bald mehr lockere, bald fester gefügte Granulationsgewebe ist mit stark lichtbrechenden Schollen durchsetzt. Die sehr zahlreichen verdickten Gefäßwandungen zeigen homogene Beschaffenheit und Amyloidreaktion (v. BECKER 1874). Das Gewebe des Tarsus selbst kann in eine fast homogene Masse umgewandelt sein (VOGEL 1873), oder es finden sich in der abgetragenen Geschwulst unregelmäßig geformte glasige Schollen, die nach der Bindehaut zu unförmige große Klumpen bilden. In einem Falle von v. HIPPEL (1879) war die Bindehaut beider Augen von einer diffusen amyloiden Degeneration befallen, während sie im Tarsus mehr in isolierten Herden vorhanden war. Zugleich fand sich in der amyloid erkrankten Bindehaut eine reichliche Neubildung von Bindegewebe.

Gelegentlich wurde bei der mikroskopischen Untersuchung trachomatös erkrankter Lider eine amyloide Degeneration des Tarsus gefunden. So beschreibt LEGRAIN (1904) eine Verdickung des Tarsus im Gefolge von Trachom, wobei fast die ganze Gewebsmasse amyloid degeneriert war. STEINER (1908) beobachtete bei Eingeborenen auf Java 4 Fälle der in Europa seltenen Amyloiddegeneration des Tarsus. Sämtliche Kranke litten gleichzeitig an Trachom, so daß der Autor die Amyloidentartung als Folgeerscheinung schwerer alter Formen des Trachoms auffaßt. Eine Disposition der malayischen Rasse für amyloide Degeneration hält er für unwahrscheinlich. Mit der amyloiden Degeneration kann beim Trachom auch eine Hyalindegeneration des Tarsus verknüpft sein (SAEMISCH 1904).

Die Behandlung der Amyloidgeschwulst ist eine operative und besteht in der Entfernung der gewucherten Massen mit gleichzeitiger Ausschälung des erkrankten Tarsus.

§ 165. Von echten Geschwülsten (Blastomen) des tarsalen Bindegewebes kommen primäre und sekundäre, d. h. von der Umgebung fortgepflanzte zur Beobachtung oder dieselben treten gleichzeitig mit Geschwülsten der Bindehaut oder der Lidhaut auf. Als echte primäre Geschwülste (Blastome) des Tarsus werden Ecchondrome, Enchondrome und Sarkome beschrieben.

In der Meinung, daß der Tarsus zu echtem hyalinen Knorpel sich umbilden könne, hat FUCHS (1878) als Ecchondrom eine geschwulstartige erbsengroße Verdickung des Tarsus von knorpeliger Härte bezeichnet. Die mikroskopische Beschreibung läßt allerdings eine Angabe über das Vorhandensein von Knorpelgewebe vermissen. Die Geschwulst bestand aus breiten homogenen ineinandergefügten Fasern und aus verschieden gestalteten und durch Ausläufer miteinander zusammenhängenden spaltförmigen Lücken, die von einem mit Kernen besetzten Häutchen ausgekleidet waren.

KEYSER (1895) bezeichnet auf Grund der mikroskopischen Untersuchung als Enchondrom eine langsam gewachsene rundliche knorpelähnliche Geschwulst des Unterlides, die nach operativer Entfernung zweimal rezidivierte und zuletzt eine völlige Entfernung des Tarsus und eines Teiles der Bindehaut notwendig machte.

Auch Sarkome scheinen manchmal primär vom Tarsus auszugehen. Von einem solchen Sarkom berichtet COLEMAN (1899) bei einem 22 jährigen Manne und GALLENGA (1884) bei einer 66 jährigen Frau, bei der $^2/_3$ des rechten Oberlides befallen waren. Ein alveoläres Riesenzellensarkom des rechten Unterlides bei einer 30 jährigen Frau beobachtete WILMER (1894). Das Bindegewebe innerhalb der Geschwulst war inselförmig schleimig entartet und außerdem fand sich eine unregelmäßig verteilte Pigmentierung. Ein von STEINER (1899) als wahrscheinlich vom Tarsus ausgehendes Sarkom bezeichneter Fall betraf das rechte Oberlid eines in mittleren Lebensjahren stehenden Mannes. Die Lidgeschwulst war über walnußgroß und überall gleichmäßig knorpelartig hart. Die Haut über derselben war verschieblich und die Bindehaut stellenweise geschwürig.

HUTCHINSON (1875) entfernte bei einem 38 jährigen Manne eine Geschwulst des rechten Oberlides, die wie ein Lappen zwischen Lid und Bulbus herabhing und mit dem Tarsus verbunden war; dieselbe war von sehr derber Konsistenz und erschien auf der Schnittfläche rötlich. Die Geschwulst wurde als Fibrosarkom bezeichnet. Eine von PROUT und BULL (1879) als gleichzeitiges Sarkom der Tarsalbindehaut und des Tarsus angesehene Geschwulst dürfte als Amyloiddegeneration zu betrachten sein, die, von der Tarsalbindehaut ausgehend, sich auf den Tarsus ausdehnte und sich zu einer großen Granulationsgeschwulst entwickelte. Mikroskopisch waren innerhalb der letzteren wachsartige, farblose Massen von sehr verschiedener Größe vorhanden. Die Wände der kleinen Arterien und der Kapillaren zeigten stellenweise deutliche Zeichen amyloider Infiltration, wobei die innere Gefäßwand zuerst ergrffen schien.

Sekundär d. h. fortgepflanzt auf das tarsale Bindegewebe finden sich verschiedenartige Geschwülste, die von der Lid- oder Bindehaut ihren Ausgangspunkt genommen haben. Im allgemeinen setzt der

Tarsus wegen seiner derben Beschaffenheit dem Vordringen von Geschwülsten einen erheblichen Widerstand entgegen.

Die Behandlung ist eine operative; der durch die Entfernung der Geschwulst entstehende Gewebsdefekt ist plastisch zu decken.

§ 166. Bei angeborenen Liderkrankungen findet sich manchmal eine abnorme Ausbildung des Tarsus, bald im Sinne der Hypoplasie, bald im Sinne der Hyperplasie. Eine mangelhafte Ausbildung des Tarsus beobachtete v. MICHEL in einigen Fällen von halbseitiger Gesichtshypertrophie (s. S. 219 u. f.), verbunden mit Buphthalmus entsprechend der beteiligten Seite. Der Tarsus erwies sich bei der Palpation als erheblich kleiner gegenüber der gesunden Seite, und beim Ectropionieren erschienen die Ausführungsgänge der MEIBOMschen Drüsen von geringerer Breite als unter normalen Verhältnissen. In einem Falle v. MICHELS (vgl. Abb. 60) erwies sich der Tarsus dagegen verdickt. Eine mangelhafte Entwicklung des Tarsus wurde von GUIBERT (1893) als Ursache des angeborenen Entropium angegeben.

Literatur zu §§ 160—166.

1873 VOGEL: Über Perichondritis des Tarsalknorpels. Inaug.-Diss. Bonn.

1874 v. BECKER, F. J.: Amyloid-Degeneration af tarsi. Finska Läkaresellskapets Förh. T. 17.

1875 BRAUN: Über Geschwülste der Orbita. Ann. der chirurg. Gesellsch. von Moskau. Ref. NAGEL-MICHEL, Jahresber. f. d. Jahr 1875. S. 437. — HUTCHINSON: A rare tumor of the upper eyelid. Ophthalmol. hosp. Rep. p. 245. — MICHEL: Krankheiten der Lider. Dieses Handbuch 1. Aufl., Kap. IV.

1877 LASKIEWICZ-FRIEDENSFELD: Zwei Fälle von Tarsitis syphilica. Przeglad lekarski. No. 35. — QUAGLINO e GUAITA: Contribuzione alla storia clinica ed anatomica dei tumori intra- ed extraoculari. Ann. di ottalmol. T. 6, p. 163. — STROEHMBERG: Ein Beitrag zur Kasuistik der amyloiden Degeneration an den Augenlidern. Inaug.-Diss. Dorpat.

1878 BULL, C. S.: Tarsitis syphilitica. New York med. Journ. March. p. 272. — Derselbe: A case of amyloid infiltration of the eyelid and orbit. Ibid. January. — FUCHS, E.: Tarsitis syphilitica. Klin. Monatsbl. f. Augenheilk. S. 21. — Derselbe: Über das Chalazion und einige seltene Lidgeschwülste (Ecchondrose des Tarsus). Graefes Arch. f. Ophthalmol. Bd. 24, Abt. 2, S. 12.

1879 FALCHI, E.: Una osservazione di ulcerazione palpebro-congiuntivale di natura tubercolare. Giorn. d. r. accad. di med. di Torino. T. 42, p. 355. — v. HIPPEL: Über amyloide Degeneration der Lider. Graefes Arch. f. Ophthalmol. Bd. 25, 2, S. 1. — PROUT, J. S., und BULL, CH. S.: Sarkom des Tarsus und der Conjunctiva mit amyloider Infiltration. Arch. f. Augenheilk. Bd. 8, S. 221. — VINCENTIIS, C. DE: Contribuzione alla tarsite scrofolosa. Atti dell' assoc. ottalmol. ital. p. 322.

1880 ADAMÜCK: Über die amyloide Entartung der Lider. Sitzungsber. d. med. Gesellsch. zu Kasan. Nr. 3. Ref. bei KUBLI, Die klinische Bedeutung der sog. Amyloidtumoren der Conjunctiva. Arch. f. Augenheilk. Bd. 10, S. 430 u. 578.

1881 BUSINELLI: Caso di degenerazione amiloido del tessuto peritarsale. Ann. di ottalmol. p. 532.

1882 RAEHLMANN: Über amyloide Degeneration der Augenlider. Arch. f. Augenheilk. Bd. 11, S. 402.

1883 RAEHLMANN: Bericht über die Wirksamkeit der Universitäts-Augenklinik zu Dorpat für den Zeitraum von September 1881 bis Ende Dezember 1882. — Derselbe: Pathol.-anatomische Untersuchungen über die follikuläre Entzündung der Bindehaut des Auges oder das Trachom. Graefes Arch. f. Ophthalmol. Bd. 29, 2.

1884 GALLENGA, C.: Contribuzione allo studio dei tumori delle palpebre (Sarcoma melanotico). Gaz. delle clin. No. 35.

1885 SCHENKL: Exstirpation eines Lidtumors, Blepharoplastik. Tod sechs Stunden nach der Operation. Prager med. Wochenschr. Nr. 14.

1892 KRÜDENER, Baron H.: Ein Beitrag zur pathologischen Anatomie der Augenlidtumoren. Inaug.-Diss. Dorpat. — STERN, H.: Kasuistik der syphilitischen Erkrankung des Tarsus nebst einem Beitrag. Inaug.-Diss. Würzburg. — WICHMANN: Die Amyloiderkrankung. Zieglers Beitr. z. pathol. Anat. u. z. allg. Pathol. Bd. 21.

1893 GUIBERT: Un cas d'entropion congénital double. Guérison. Arch. d'ophtalmol. p. 181. — SIMON: Tarsitis bei hereditärer Syphilis. Zentralbl. f. prakt. Augenheilk. Mai.

1894 WILMER, W. H.: Case of melanotic, giant-celled, an alveolar myxosarcoma of the eyelid. Transact. of the Americ. ophthalmol. soc. Thirtieth meetin. p. 91.

1895 KEYSER, P. D.: Ein Fall von Enchondrom des Tarsus des oberen Lides (46. Jahressitzung der med. amerik. Gesellsch.) Ref. Ann. d'oculist. T. 114, p. 69. — SCHÖNBERG, W.: Über die Veränderungen des Lidknorpels bei Trachom. Inaug.-Diss. St. Petersburg.

1896 REINER, S.: Ein Fall von Tarsitis syphilitica mit sulziger Infiltration der Conjunctiva bulbi. Deutschmanns Beitr. z. Augenheilk. Bd. 23, S. 57.

1899 COLEMAN: Sarcoma of the tarsus. (Chicago ophthalmol. and otol. soc.) Ophthalmol. Rec. p. 251. — STEINER: Ein Fall von Sarkom des Oberlides. Zentralbl. f. prakt. Augenheilk. Februar. S. 43.

1902 GREEFF: Auge. Orths Lehrb. d. spez. pathol. Anat. 9. Lief. 1. Hälfte. Berlin: August Hirschwald. — JUNIUS: Die pathologische Anatomie der Conjunctivitis granulosa nach neueren Untersuchungen. Zeitschr. f. Augenheilk. Bd. 8. Ergänzungsheft. S. 77. — RAEHLMANN: Über trachomatöse Erkrankung der Lidränder und des Lidknorpels. Bericht über d. 30. Vers. d. ophthalmol. Gesellsch. zu Heidelberg. S. 10.

1903 GINSBERG: Grundriß der pathologischen Histologie des Auges. B. 37. Berlin: S. Karger.

1904 JURNITSCHEK: Ein Fall von Tarsitis syphilitica. Zeitschr. f. Augenheilk. Bd. 12, S. 376. — KREIBICH: Die Wirkung des Sonnenlichtes auf Haut und Conjunctiva. Wien. klin. Wochenschr. Nr. 24. — LEGRAIN: Hypertrophie et dégénérescence amyloïdes des cartilages tarsales probablement d'origine hérédo-syphilitique. (Soc. de dermatol. et de syphilogr.) Recueil d'ophtalmol. p. 695. — SAEMISCH: Krankheiten der Conjunctiva, Cornea und Sklera. Dieses Handbuch Bd. 5, Abt. I, 2. Aufl. Leipzig: W. Engelmann. — SCHIECK: Beitrag zur pathologischen Anatomie des Frühjahrskatarrhes. Graefes Arch. f. Ophthalmol. Bd. 58, S. 1. — YAMAGUCHI: Über Tarsitis syphilitica unter dem Bilde der Amyloiddegeneration. Arch. f. Augenheilk. Bd. 51, S. 8.

1905 DRUAIS: La tarsite ulcéreuse syphilitique. Tribune méd. 15. avril. — ROLLET: La tarsite tuberculeuse. Arch. d'ophtalmol. T. 25, p. 340. — RSCHANITZIN: Zur Frage der Histopathologie der Conjunctivitis aestivalis. (Sitzung d. ophth. Gesellsch. in Moskau.) Westnik ophthalmol. p. 746. — SCHMIDT, M. B.: Über die Beteiligung des Auges an der allgemeinen Amyloiddegeneration. Zentralbl. f. allg. Pathol. u. pathol. Anat. Nr. 2.

1906 GOLDZIEHER, W. und M.: Beitrag zur pathologischen Anatomie des Trachoms. Graefes Arch. f. Ophthalmol. Bd. 63, S. 287. — GOLDZIEHER, W.: Beitrag zur pathologischen Anatomie der Conjunctivitis vernalis. (Ungar. ophthalmol. Gesellsch. zu Budapest.) Zeitschr. f. Augenheilk. Bd. 16, S. 69 und Klin. Monatsbl.

f. Augenheilk. Bd. 45, 2, S. 521. — ISCHREYT: Tarsitis luetica. Klinische und anatomische Studien von Augengeschwülsten. S. 97. Berlin: S. Karger. — THALER: Zur Histologie des Frühjahrskatarrhes. Zeitschr. f. Augenheilk. Bd. 16, S. 6.

1907 AXENFELD: Die Pathologie des Frühjahrskatarrhs. (Ber. ü. d. Verhandl. d. Deutsch. Pathol. Gesellsch. auf der 11. Tagung gehalten zu Dresden.) Zentralbl. f. allg. Pathol. u. pathol. Anat. Bd. 18, S. 813 und (Soc. franç. d'ophtalmol.) Klin. Monatsbl. f. Augenheilk. Bd. 45, 1, S. 552. — FUCHS: Lehrbuch der Augenheilkunde. Leipzig u. Wien. — SCHIECK: Beitrag zur Pathologie und pathologischen Anatomie des Frühjahrskatarrhes. Klin. Monatsbl. f. Augenheilk. Bd. 45, 1, S. 459. — STOCK: Tuberkulose als Ätiologie der chronischen Entzündungen des Auges und seiner Adnexe, besonders der chronischen Uveitis. Graefes Arch. f. Ophthalmol. Bd. 66, S. 1.

1908 PASETTI: Gomma ulcerata del tarso e della congiuntiva. Ann. di ottalmol. T. 37, p. 700. — REIS: Ein neuer Befund bei Frühjahrskatarrh. (Niederrhein. Gesellsch. f. Natur- und Heilk.) Dtsch. med. Wochenschr. S. 312. — STEINER: Quatre cas de dégénerescence amyloïdie du tarse. Ann. d'oculist. T. 140, p. 401.

1909 AUBAND: Tarsite tuberculeuse. Bull. de la soc. de · Lyon. 3 année, p. 15. Clin. ophtalmol. p. 587. Rev. génér. d'ophtalmol. 1910. p. 474. — BEDNARSKI: Über die Erschlaffung der Lidknorpel mit konsekutiver Trichiasis. (Polnisch.) Lwowski Tygodnik lekarski No. 52. — POSEY: Ectropion of the lowerlid. Ophthalmol. Rec. p. 371. — SPOTO: Un caso di tarsite doppia gommosa precoce nel corso di infezione sifilitico secondario. Il progresso oftalm. Facs. 5—8, p. 108.

1910 CAUVIN: Tarsite syphilitique. Arch. d'ophtalmol. T. 30, p. 229. — WOLFRUM und STIMMEL: Zwei Fälle von Primäraffekt der Bindehaut. Zentralbl. f. Augenheilk. Bd. 24, S. 141.

1911 FISHER: Gummatous tarsitis. Transact. of the ophthalmol. soc. of the United kingdom p. 268. — SAUTTER: Syphilitic tarsitis; Salvarsan. (College of phys. of Philad. Section of ophthalmol.) Ophthalmol. Rec. p. 378.

1914 POKROWSKY: Ein Fall von hyaliner Degeneration des Tarsus (Sitzungsber.). Zeitschr. f. Augenheilk. Bd. 31, S. 550.

1915 BEDELL: Report of a case of colloid degeneration of the upper lid. Tansact. of the Americ. ophthalmol. soc.

1918 IGERSHEIMER, J.: Syphilis und Auge. S. 165 u. f. Berlin: Julius Springer.

1920 KRÜCKMANN, E.: Bemerkungen zur Entstehung der Ptosis trachomatosa. Zeitschr. f Augenheilk. Bd. 43, p. 305.

C. Krankheiten der Muskeln und Nerven.

Anatomisch-physiologische Vorbemerkungen.

§ 167. Die Lidmuskeln bestehen teils aus quergestreiften, teils aus glatten Muskelfasern. Quergestreifte Muskeln sind der Musculus orbicularis und der Musculus levator palpebrae superioris, glatte der Musculus palpebralis superior und inferior. Der Musculus orbicularis wird von einem Aste des Nervus facialis, der Musculus levator von einem Aste des N. oculomotorius versorgt. Die glatte Lidmuskulatur wird vom Halssympathicus innerviert. Die sensiblen Nerven, Nervi palpebrales, stammen vom I. und II. Aste des N. trigeminus.

Der Musculus orbicularis, eingelagert in eine unter der Haut befindliche Schicht lockeren Bindegewebes, stellt an beiden Lidern eine platte, kreisförmige Muskellage dar, die den Umkreis der knöchernen

Orbita an Breite übertrifft, und zwar überragt der Muskel die Orbitalwand mehr an der lateralen als an der medialen Seite, so daß das Zentrum der kreisförmigen Muskelfasern etwas lateralwärts von der Mitte
der Lidspalte liegt. Die äußersten Muskelbündel sind nicht zu einem
Kreise geschlossen, sondern bilden Bogen, die an einer Stelle des Kreises
beginnen und an einer anderen endigen. Nach Ursprung, Lage und
Insertion werden drei verschiedene Abteilungen unterschieden, nämlich
die Pars palpebralis, lacrimalis und orbitalis.

Die Pars palpebralis entspringt vom Ligamentum palpebrale
mediale, das ein selbständiges isolierbares Band darstellt, und teilt sich
in eine oberflächliche und eine tiefe Schicht. Die nach einem mehr oder
weniger bogenförmigen Verlaufe am lateralen Augenwinkel angelangten
Fasern endigen hier an einer sehnigen Inskription, der Raphe palpebralis lateralis. Eine Reihe von Muskelbündeln erreicht weder das
Ligamentum palpebrale mediale noch die Raphe palpebralis lateralis.
Die Bündel der oberflächlichen Schicht, die sich nicht bis zum Ligamentum palpebrale erstrecken, gehören ausschließlich dem Unterlide an. Eine nicht unbeträchtliche Zahl solcher Bündel strahlt fächerartig lateralwärts und abwärts in die Wangenhaut aus. Die Muskelbündel der tiefen Lage am Ober- und Unterlide, die die Raphe nicht
erreichen, verlaufen zwischen den drüsigen Organen der Lidränder
und werden auch unter der Bezeichnung: Musculus ciliaris Riolani
besonders beschrieben.

Die Pars lacrimalis, auch Hornerscher Muskel genannt, besteht
im wesentlichen aus den hinteren Muskelbündeln der tiefen Schicht der
Pars palpebralis, die noch von dem Tränenbein eine kurze Strecke
hinter der oberen Hälfte der Crista lacrimalis posterior entspringen.

Die Pars orbitalis schließt sich unmittelbar an die Pars palpebralis an, ist an der Nasenseite in größerer Ausdehnung unterbrochen
und setzt sich einerseits an dem Stirnbein und dem Processus frontalis
des Oberkiefers, andererseits an dem unteren Augenhöhlenrande an,
wodurch gesonderte Ursprünge für die Muskelmasse des Ober- und
Unterlides gebildet werden.

Von der Pars orbitalis spaltet sich in der Gegend der beiden seitlichen Augenhöhlenränder eine Muskelpartie ab, der Muscularis
malaris, der nach abwärts in der Wangenhaut endet, und von der
lateralen und medialen Begrenzung der Pars orbitalis der Musculus
superciliaris, der nach aufwärts in die Haut der Brauen sich verliert.
Die mediale Zacke des M. superciliaris bildet der Musculus corrugator
supercilii. Der Musculus frontalis wird vom inneren Segmente
des Orbicularis bedeckt und deckt selbst den M. corrugator supercilii.

Der Musculus levator palpebrae superioris entspringt in de Periorbita über dem Foramen opticum, liegt in seinem Verlaufe nach vorn dem Musculus rectus superior auf und geht in seiner vorderen Hälfte in einer Bindegewebslamelle, der Sehne des Muskels, auf, die aber nach GROYER (1905) nicht den Charakter einer gewöhnlichen Sehne hat, sondern sich ähnlich verhält wie der Lacertus fibrosus zum Biceps brachii. Gegen das Lid zu nimmt die Sehne einen lamellären Bau an und vereinigt sich gewöhnlich oberhalb des oberen Tarsusrandes mit der vom Periost des Augenhöhlenrandes herabsteigenden Fascia palpebralis (septum orbitale). Beide vereinigen sich derart innig, daß schon oberhalb des Tarsus, namentlich aber zwischen Tarsus und Orbicularis, eine Bindegewebsmasse liegt, die ebensogut zur Sehne des Levator palpebrae wie zur Fascia palpebralis gehört. Eine vordere Sehnenlamelle geht am Tarsus vorbei und wendet sich zur Rückseite des Orbicularis; ihre auseinanderweichenden bindegewebigen Platten inserieren sich an der Lidhaut.

Der Musculus palpebralis oder tarsalis superior des Oberlides hängt mit dem M. levator so innig zusammen, daß beide als ein einziger Muskel betrachtet werden können, der demnach merkwürdigerweise aus gestreiften und glatten Muskelfasern gemischt ist. Der Übergang der quergestreiften in die glatte Muskulatur erfolgt über und etwas hinter dem Fornix conjunctivae.

Der Musculus palpebralis oder tarsalis inferior des Unterlides erstreckt sich dicht unter der Oberfläche der Bindehaut vom Fornix conjunctivae bis zum Tarsusrande. Die glatten Muskelfasern sind in einer bindegewebigen elastischen Platte, dem vorderen Rande des M. obliquus inferior entsprechend, zuerst in einfacher Schicht, dann gegen den Fornix conjunctivae in 3—4 Schichten gelagert.

§ 168. Der Nervus facialis sendet Äste aus seinem temporalen Geflechte zum oberen und aus dem Malaraste zum lateralen, unteren und medialen Teile des M. orbicularis.

Der Nervus oculomotorius teilt sich kurz nach seinem Austritte aus der Fissura orbitalis superior in einen oberen dünneren und einen unteren stärkeren Ast. Der obere Ast trennt sich in zwei Zweige, von denen der eine in die untere Fläche des M. rectus superior eintritt, der andere noch eine kurze Strecke weit an der medialen Seite dieses Muskels entlang läuft, um dann, sich aufwärts schlagend, in den M. levator palpebrae superioris aufzugehen.

Die Nervenäste der glatten Lidmuskulatur stammen vom Halssympathicus. Sympathische Fasern sind auch den Nervi facialis, oculomotorius und trigeminus beigemischt.

Die sensiblen Nerven (Nervi palpebrales) der Augenlider stammen vom I. und II. Aste des N. trigeminus; die Art der Versorgung und der Verzweigung ist auf S. 70 näher beschrieben. Der Lidrand zeigt eine reichliche festonartige Anastomosenbildung und enthält auch Endkolben.

§ 169. Die im wachen Zustande gewöhnlich vorhandene Weite der Lidspalte wird bestimmt: 1. durch das antagonistische Verhältnis zwischen M. levator palpebrae superioris und M. orbicularis, 2. durch den Tonus der glatten Lidmuskulatur und 3. durch die Eigenschwere des Lides, die am Oberlide ein Gegengewicht in dem Tonus des M. levator erfährt.

Die physiologischen Lidbewegungen äußern sich in Veränderungen der Weite der Lidspalte und treten in Erscheinung: 1. als Lidschlag, 2. als Verengerung und 3. als Verschluß der Lidspalte.

Der Lidschlag besteht in einer periodisch oder intermittierend erfolgenden Erweiterung oder Öffnung und einer Verengerung oder einem Schluß der Lidspalte. Diese Erscheinung wird gewöhnlich als Blinzeln bezeichnet. Die Dauer des zeitlichen Ablaufes des Lidschlages beträgt nach GARTEN (1898) 0,3—0,4 Sekunden. Hiervon entfallen auf die Lidsenkung 0,09, auf die Hebung des oberen Lides 0,14—0,18 Sekunden. Geschlossen sind die Lider 0,2 Sekunden. Bei der Öffnung der Lidspalte hebt sich das obere Lid und senkt sich das untere. Die Hebung des Oberlides vollführt der M. levator palpebrae superioris in Gemeinschaft mit dem glatten M. palpebralis superior. Zugleich wird die Lidhaut nach oben bewegt, was sich auch äußerlich durch die stärkere Falten- und Wulstbildung der Haut kundgibt. Das gehobene Oberlid gleitet dabei über die vordere Wölbung des Auges nach oben und hinten. Das Unterlid senkt sich aktiv durch die Kontraktion des glatten M. palpebralis inferior, passiv infolge seiner Schwere bei Erschlaffung des Tonus des M. orbicularis. Den stärksten Grad der Öffnung der Lidspalte stellt das sogenannte Aufreißen der Augen dar. Dabei wird der Rand des Oberlides hinter den oberen Hornhautrand zurückgezogen, so daß ein entsprechend breites Stück der Sklera sichtbar wird. Mit der äußersten Kraftanstrengung des M. levator palpebrae superioris verbindet sich noch eine hochgradige Kontraktion des vom N. facialis versorgten M. corrugator supercilii, was sich darin ausdrückt, daß die Augenbraue hinaufgezogen, die Haut des oberen Lides, ja selbst die des unteren angezogen und dadurch oberes und unteres Lid etwas mitgehoben werden. Die Verengerung und der Schluß der Lidspalte vollziehen sich durch den M. orbicularis, dessen Wirkung eine komplizierte ist, da seine verschiedenen Teile isoliert und gruppenweise in

Tätigkeit treten können. Was zunächst die Pars palpebralis des M. orbicularis anlangt, so bewirkt ihre Kontraktion ein Senken des Ober- und ein Aufsteigen des Unterlides. Damit verbindet sich eine mediale Verschiebung der Lidspalte und ein Herbeiziehen des lateralen Lidwinkels, was zu einer weiteren Verengerung der Lidspalte führt. Beim Blinzeln kommt es noch zu einer geringen Kontraktion der Pars orbitalis des M. orbicularis, insbesondere werden die von der Pars palpebralis inferior in die Haut ausstrahlenden Bündel des Unterlides stark kontrahiert, was äußerlich an zahlreichen kleinen Hautfältchen unter dem medialen Augenwinkel ersichtlich ist, die im späteren Lebensalter dauernd werden.

Beim sogenannten Zukneifen, wie es gern Kurzsichtige machen, kontrahieren sich vorzugsweise die Pars orbitalis und malaris des M. orbicularis, während der Palpebralteil, besonders der des Oberlides, in geringerer Weise beteiligt wird. Beim Zukneifen zum Zwecke der Abblendung von starkem Lichte soll, je nach der Richtung des einfallenden Lichtes, das Zukneifen willkürlich entweder mit dem oberen oder mit dem unteren Lide bewerkstelligt werden.

Der Verschluß der Lidspalte geschieht durch eine Kontraktion aller Teile des M. orbicularis, wobei noch durch die Zusammenziehung der umliegenden Gesichtsmuskeln, so des Musculus frontalis, zygomaticus und quadratus labii superioris, die Wangenhaut in die Höhe nach der Lidspalte zu geschoben wird. Somit besteht eigentlich ein doppelter fester Abschluß, der erste Verschluß kommt durch die Zusammenziehung des Pars palpebralis zustande, wodurch die Lidränder gegeneinander gepreßt werden und die Lidspalte horizontal verkürzt wird, der zweite durch eine kräftige Kontraktion der Pars orbitalis.

Normalerweise ist die Schließung oder Öffnung eines Auges von der gleichsinnigen Bewegung des andern Auges völlig unabhängig, es besteht demnach eine physiologische Dissoziation dieser Bewegungen. Gar nicht selten bleibt die Fähigkeit der Dissoziation, welche erst im Laufe der ersten Lebensjahre erworben wird (die Bewegungen der beiderseitigen Lider sind von Geburt aus koordiniert) und einen Entwicklungsfortschritt im Spiel des Muskelapparats der Augen darstellt, aus. So kann beispielsweise das linke Auge unabhängig vom rechten geschlossen werden, aber nicht umgekehrt. MERKLEN (1912) hat diese Anomalie als »débilité motrice palpébrale« beschrieben. Es handelt sich hierbei nicht um eine Parese, sondern um einen Defekt der normalen Fähigkeit der Bewegungsdissoziation der Lider. MERKLEN (1912) unterscheidet 5 Typen der palpebralen motorischen Liddebilität, die er sämtlich beobachtet hat: 1. Persistenz der Synkinese (d. h. unwillkürlicher synchroner Bewegungen) der Lidheber und der Orbiculares beider Augen ohne Möglichkeit irgendeiner motorischen Dissoziation, 2. Persistenz der Synkinese der Heber bei Dissoziationsmöglichkeit der Orbiculares oder umgekehrt, 3. Persistenz der Synkinese des Hebers auf der einen und des Orbicularis auf der andern Seite bei Dissoziation der Bewegungen desselben Muskels der andern Seite, 4. totale Synkinese der einen Seite bei Dissoziation der andern Seite, 5. erschwerte Dissoziation.

Ich selbst (Schreiber) beobachte an mir seit früher Kindheit eine Unfähigkeit des isolierten Lidschlusses am rechten Auge, während ich das linke Auge unabhängig vom andern fest zu schließen vermag. Diesen Defekt der Bewegungsdissoziation empfinde ich bei der groben Prüfung des Gesichtsfeldes der Patienten mit der Hand stets als störend, indem ich, um mein linkes Auge als Kontrollauge benutzen zu können, das rechte immer erst verdecken muß. Lang fortgesetzte Bewegungsübungen hatten nicht den geringsten Erfolg.

§ 170. Die Lidbewegungen erfolgen willkürlich, wie bei der Aufforderung, das Auge zu schließen und zu öffnen; unwillkürlich, wie bei Affekten, dem Schmerz, der Freude, dem Weinen und Lachen, — wobei noch durch Zusammenziehen der verschiedenen Teile des M. orbicularis und anderer vom N. facialis versorgten Gesichtsmuskeln der entsprechende mimische Gesichtsausdruck hergestellt wird — und reflektorisch, entweder auf der Trigeminusbahn durch sensible oder auf der Netzhaut-Sehnervenbahn durch optische Reize. Beide Reizwirkungen bedingen eine Verengerung oder einen Verschluß der Lidspalte, wie auch der normale Lidschlag durch die gleichen Erregungen ausgelöst wird. Als nähere Ursachen kommen dabei Belichtung und Abkühlung der freien Bulbusvorderfläche durch Verdunstung in Betracht.

Beim Blinzel- oder Lidschlußreflex besteht demnach ein doppelter Reflexbogen, nämlich ein solcher zwischen Facialis und Trigeminus und zwischen Facialis und N. opticus. Nach Garten (1898) beträgt die Zeit, welche vom Reizmomente bis zur Lidbewegung vergeht, bei Trigeminusreizung 0,04, bei Opticusreizung 0,06—0,13 Sekunden, demnach weist der optische Blinzelreflex eine erheblich größere Reflexzeit und größere Schwankungen auf als der sensible. Nach Zwaardemaker und Lans (beide nach O. Weiss 1905) hat der Lidreflex eine Art von refraktärer Periode. Für optische Reize ist der Reflexapparat 0,5—1 Sekunde nach dem letzten Lidschlage ganz unerregbar, und bleibt die Erregbarkeit 3 Sekunden herabgesetzt. Bei Anwendung mechanischer Reize beträgt die Dauer der Unerregbarkeit 0,25 Sekunden. Die refraktäre Phase zeigt sich nur, wenn die folgenden Reize gleich stark oder schwächer als die vorhergehenden sind. Der sensible und

der optische Blinzelreflex erfolgt gleich dem Verhalten der Pupillar-
reaktion sowohl **direkt als konsensuell.**

Der Trigeminus-Facialis-Reflexbogen verläuft von dem sensorischen
Trigeminuskerne zu dem Kerngebiete des oberen Facialisastes beider
Seiten und seine zentrale Bahn ist im Bereiche der Haube zu suchen.
Nach LEVINSOHN (1904, 1907) ist der sensible Lidschlußreflex von einem
corticalen und subcorticalen Zentrum abhängig. Das corticale Zentrum
liege in der Augenfühlsphäre, das subcorticale in den hinteren Schichten
der Brücke oder in den vorderen Teilen der Medulla. Der Opticus-
Facialis-Reflexbogen verlaufe vom Netzhautsehnerv durch das Chi-
asma, das Corpus geniculatum externum und die Vierhügel, in deren
hinterem Teile eine Kreuzung erfolge. Von hier gehe die Bahn unterhalb des Aquaeductus Sylvii bis zum unteren Drittel der Rautengrube
ohne weitere Kreuzung zum Facialiskerne bzw. dem Kerngebiete des
M. orbicularis. Das Zentrum liege subcortical, da der Blinzelreflex nach
Exstirpation der Großhirnhemisphären bei Intaktsein der Stammgang-
lien noch erhalten bleibe. Gleichzeitig mit dem Blinzelreflex sei auch
der Pupillenreflex erloschen, für den als Zentrum der WESTPHAL-
EDINGERsche Kern angesehen wird. ECKHARD (1898) hat Versuche an
Kaninchen vorgenommen, um festzustellen, ob das auf Lichtreiz erfolgende Augenblinzeln durch Reizung der Netzhaut und nicht durch
eine chemische Einwirkung der Lichtstrahlen auf Trigeminusendigun-
gen, wie dies auch behauptet wurde, zustande komme. Der Blinzelreflex trat nicht mehr ein, wenn der Opticus auf der betreffenden Seite
mit Schonung des Trigeminus durchschnitten war, dagegen bei Reizung
des zentralen Stumpfes des durchschnittenen Sehnerven. Andererseits
blieb der Reflex nach Durchschneidung des Trigeminus und Reizung
des zentralen Stumpfes dieses Nerven aus.

Als weiterer Reflex ist von v. BECHTEREW (1902) ein »Augenreflex« beschrieben, der vom I. Aste des Nervus trigeminus reflektorisch ausgelöst wird und mit dem von MC CARTHY (1901) beobachteten »Supraorbitalreflex« identisch erscheint. Der Lidschluß tritt
ein, wenn der ganze fronto-temporale Teil des Schädels und des Jochbogens beklopft wird, selbstverständlich ist der Einfluß der optischen
Wahrnehmung des perkutierenden Instruments auszuschließen. Häufig
ist der Reflex doppelseitig. Auch LUKÁCZ (1902) konnte bei Beklopfen der Incisura supraorbitalis sowie einiger Punkte im Gesichte,
wie auf der Stirn, an der Nasenwurzel, am Jochbein, am Unterkiefer
und an der Austrittsstelle des Facialis eine Kontraktion des M. orbicularis auslösen, womit sich eine Pupillenverengerung verband. Dieser
Auffassung der Entstehung eines Lidschlußreflexes durch sensible

Reizung bei Beklopfen tritt Hudovernig (1901, 1904) entgegen; er hat bei etwa 1000 Personen den Versuch vorgenommen und betrachtet die beim Beklopfen eintretende leichte Kontraktion oder ein geringes fibrilläres Zucken des M. orbicularis als eine Weiterverbreitung der mechanischen Muskelreizung auf einen benachbarten und von demselben Nerven versorgten Muskel.

Bei Neugeborenen und jungen Säuglingen läßt sich regelmäßig ein Lidschlußreflex durch Antippen von Punkten der Glabella bis zur Mitte der Stirn und Beklopfen der Austrittsstelle des N. supraorbitalis, zuweilen auch durch Antippen des Nasenrückens und der Nasenspitze nachweisen. Werden andere Stellen der orbitalen Umrandung berührt, so pflegt er auszubleiben. Er läßt sich vom 2. Lebenstage bis in die zwei ersten Lebensmonate hinein verfolgen, tritt am frühesten auf und bleibt am längsten erhalten (Moro 1906). Übrigens lassen sich Gesichtszuckungen, das sogenannte Facialisphänomen, beim schlafenden Säuglinge leicht beobachten; sie sind als Gesichtsreflexe und als Ausdruck der allgemein erhöhten Reflexerregbarkeit in diesem Lebensalter aufzufassen. Am 2. oder 3. Lebenstage treten sie zuerst auf und bleiben bis in den 2. oder 3. Lebensmonat bestehen, um allmählich zu erlöschen.

Von anderen Reflexen ist noch der von A. Fuchs (1904) beobachtete Trigeminus-Facialisreflex und der von v. Sölder (1902) beschriebene Corneamandibularreflex zu erwähnen. Der Fuchssche Reflex in Form einer Zuckung im Gebiete des Mundfacialis, besonders in den Zygomatici und im Quadratus labii superioris, entsteht dann, wenn bei leichtem Lidschlusse ein geringer Fingerdruck auf den Augapfel ausgeübt wird. Dieser Reflex war ungefähr in der Hälfte der untersuchten Fälle anzutreffen.

Bei dem v. Sölderschen Reflexe verschiebt sich bei Berührung der Hornhaut im Augenblicke des dadurch hervorgerufenen Lidschlusses in flüchtiger Weise der Unterkiefer nach der der gereizten Hornhaut gegenüberliegenden Seite. Wahrscheinlich beruht der Reflex auf einer funktionellen Assoziation zwischen Orbicularis und Pterygoideus externus und das Reflexzentrum wäre in den motorischen Trigeminuskern zu verlegen. Der Reflex ist selbst bei Gesunden inkonstant und entbehrt jeder klinisch-diagnostischen Bedeutung.

§ 171. Mit den Lidbewegungen vollziehen sich physiologischerweise synergische Bewegungen der Pupille und des Augapfels.

Das Orbicularisphänomen oder die Lidschlußreaktion der Pupille. Mit dem Schlusse der Lidspalte verengert sich die Pupille, eine Erscheinung, die als palpebrales oder orbikulares, als

GALASSISCHES (1888) oder auch WESTPHAL-PILTZSCHES Pupillenphänomen bezeichnet wird, und die übrigens schon von v. GRAEFE (1857)
beobachtet wurde. Diese Mitbewegung (Pupillenverengerung) tritt bei
jeder Art des Lidschlusses ein, sowohl beim willkürlich ausgeführten als
auch beim gewollten, aber mechanisch verhinderten, sowie bei einem
reflektorisch vom Trigeminus oder Opticus ausgelösten. Die Lidschlußreaktion ist unter den gewöhnlichen Beobachtungsbedingungen natürlicherweise nicht direkt festzustellen, kann aber durch die nach dem
Öffnen des Auges eintretende Erweiterung der Pupille erschlossen werden. Zu berücksichtigen ist jedoch, daß die Erweiterung sehr oft durch
den Lichtreflex der Pupille verdeckt wird, weshalb die Lidschlußreaktion
zuerst und besonders häufig an blinden Augen und lichtstarren Pupillen
beobachtet wurde. (Störungen der Lidschlußreaktion s. S. 527 u. f.)

Das BELLsche Phänomen. Eine Mitbewegung des Augapfels
nach oben und oben außen tritt mit dem Schluß der Lidspalte
ein, und die Bulbusstellung nach oben außen wird während der Dauer
des Lidschlusses, so auch während des Schlafes, beibehalten. Diese
Mitbewegung des Augapfels bei Lidschluß wird als BELLsches Phänomen (BELL 1844) bezeichnet; sie tritt auch bei intendiertem, aber
verhinderten Lidschluß ein und ist eine konsensuelle, da die Art und
der Grad der Exkursion der Bulbusbewegung sich in gleicher Weise
auf beiden Seiten vollzieht (TEITELBAUM 1889). Dabei bedarf es durchaus nicht eines festen Lidschlusses, damit der Bulbus nach oben flieht
und in der nach oben außen gerichteten Stellung verweilt. So tritt
diese Erscheinung im hypnotischen Tiefschlafe, in der Chloroformnarkose, bei soporösen Zuständen und im Coma ein. Die Lidspalte erscheint alsdann noch etwas geöffnet, das Oberlid leicht gesenkt und der
Augapfel nach oben außen gerollt. Das BELLsche Phänomen war übrigens schon der mittelalterlichen Kunst bekannt, wie dies das »dämonische Kind« von Raffael und der heilige Sebastian von Guido Reni
zeigen. Näheres über das BELLsche Phänomen s. S. 529 u. f.

HEITLER (1906) beobachtete beim Lidschluß eine Größenabnahme, beim Öffnen der Lider eine Größenzunahme des Pulses.
Der Puls blieb kleiner, solange die Augen geschlossen waren, und wurde
größer beim Öffnen derselben. Nur selten trat ein entgegengesetztes
Verhalten ein.

Bei Senkung des Blickes findet eine Senkung des Oberlides
statt. Der M. levator palpebrae superioris mit dem M. palpebralis
superior erschlafft, und die Palpebralportion des M. orbicularis kontrahiert sich. Zugleich senkt sich in geringem Grade das Unterlid durch
eine Erschlaffung des M. palpebralis inferior mit Beihilfe eines an dem

Unterlide sich inserierenden Fascienzipfels des Rectus inferior. (Über Störungen der Mitbewegung des Oberlids bei Blicksenkung s. § 202.) Bei Hebung des Blickes werden beide Lider gehoben, das Oberlid durch den M. levator und palpebralis superior mit Beihilfe eines Fascienzipfels des Rectus superior, das untere durch die Palpebralportion des M. orbicularis; letztere Bewegung wird durch einen Zug von seiten des Bulbus an der Übergangsfalte unterstützt.

Auf Grund des beschriebenen anatomisch-physiologischen Verhaltens der Lidbewegungen sind die Störungen in motorische und reflektorische einzuteilen, an die sich die Störungen der synergischen Lid-Augapfelbewegungen anschließen. Innervationsstörungen der sensiblen Nerven der Augenlider verhalten sich gleich denjenigen von sensiblen Nerven im allgemeinen.

Nachtrag: Die nach Abschluß dieses Buches veröffentlichten Untersuchungen von BIRCH-HIRSCHFELD (1922) » Zur Bedeutung und Messung der Lidbulbusspannung« konnten im Text nicht mehr berücksichtigt werden.

Literatur zu §§ 167—171.

1844 BELL: On the motions of the eye. (Read before the royal soc. March 20 1823.) The nervous system of the human body. Third edition. London. (Übersetzt von ROMBERG unter dem Titel: Physiologische u.˙ pathologische Untersuchungen des Nervensystems. Berlin.)

1857 v. GRAEFE, A.: Über die Bewegung der Augen beim Lidschluß. Graefes Arch. f. Ophthalmol. Bd. 1, S. 290.

1886 LANGENDORFF, O.: Über einseitigen und doppelseitigen Lidschluß. Arch. f. Anat. u. Physiol. (Physiol. Abt.) 1 u. 2, S. 144.

1888 GALASSI, J.: Della relazione palpebrale della pupilla. Boll. d. soc. Lancisiana d. osp. di Roma. p. 81.

1889 TEITELBAUM: Ein Beitrag zur Kenntnis des Bellschen Phänomens. Inaug.-Diss. Berlin.

1898 ECKHARD, C.: Das sogenannte Rindenfeld des Facialis in seiner Beziehung zu den Blinzelbewegungen. Zentralbl. f. Physiol. Bd. 12, Nr. 1, S. 1. — GARTEN: Zur Kenntnis des zeitlichen Ablaufes des Lidschlages. Pflügers Arch. f. d. ges. Physiol. Bd. 71.

1899 FRUGIUELE: Sul fenomene palpebrale ed orbicolare della pupilla. Giorn. della assoz. Napolit. No. 4. — GAD, J.: Ein Beitrag zur Kenntnis der Bewegungen der Tränenflüssigkeit und der Augenlider der Menschen. Beiträge zur Physiologie. Festschrift f. Adolf Fick zum 70. Geburtstage. S. 31. Braunschweig: Vieweg u. Sohn. — MINGAZZINI: Über das Lidphänomen der Pupille (Galassi). Neurol. Zentralbl. S. 482.

1900 PILTZ: Weitere Mitteilungen über die beim energischen Augenschluß stattfindende Pupillenverengerung. Neurol. Zentralbl. S. 837. — WILBRAND und SAENGER: Die Neurologie des Auges. Bd. 1. Wiesbaden: J. F. Bergmann.

1901 v. BECHTEREW: Über Reflexe im Antlitz- und Kopfgebiet. Neurol. Zentralbl. S. 930. — HUDOVERNIG: Zur Frage des Supraorbitalreflexes. Neurol. Zentralbl. S. 933. — Mc CARTHY: Der Supraorbitalreflex. Neurol. Zentralbl. S. 800. — SCHANZ: Über das Westphal-Piltzsche Pupillenphänomen. (Gesellsch. f. Natur- u. Heilk.) Münch. med. Wochenschr. S. 157. — WESTPHAL, A.: Über das Westphal-Piltzsche Pupillenphänomen. Berl. klin. Wochenschr. Nr. 49.

1902 v. Bechterew: Über den Augenreflex oder das Augenphänomen. Neurol. Zentralbl. S. 107, 850 u. 1903. — Lukácz: Der Trigeminus-Facialisreflex und das Westphal-Piltzsche Phänomen. Ebenda S. 147. — v. Sölder: Der Cornea-Mandibularreflex. Ebenda S. 11 und 1904, S. 13.

1903 Kaplan: Zur Frage des „Corneo-Mandibularreflexes". Ebenda S. 910.

1904 Aenstoots: Über die Pupillenreaktion bei Lidschluß. Inaug.-Diss. Gießen. — Fuchs, Alfred: Ein Reflex im Gesicht. Neurol. Zentralbl. S. 15. — Hudovernig: Weitere Beiträge zur Natur des sog. Supraorbitalreflexes. Ebenda S. 740. — Levinsohn: Über Lidreflexe. Graefes Arch. f. Ophthalmol. Bd. 59, S. 3781. — Merkel und Kallius. Dieses Handbuch. Zweite neubearbeitete Aufl. 29.—31. Lieferung. — Wolff: Über die Sehne des Musculus levator palpebrae superioris. Zeitschr. f. Augenheilk. Bd. 13, S. 440.

1905 Groyer: Über den Zusammenhang der Musculi tarsales (palpebrales) mit den geraden Augenmuskeln beim Menschen und einigen Säugetieren. Internat. Monatsschr. f. Anat. u. Physiol. Bd. 23, 4—6, S. 210. — Weiss, O.: Die Schutzapparate des Auges. Nagels Handb. d. Physiologie d. Menschen. Bd. 3, S. 469. Braunschweig: Vieweg u. Sohn.

1906 Heitler: Über das Zusammenfallen von Volumveränderungen des Herzens mit Veränderungen des Pulses. Berl. klin. Wochenschr. Nr. 10. — Moro: Über Gesichtsreflexe bei Säuglingen. Wien. klin. Wochenschr. Nr. 21.

1907 Levinsohn: Kurze Notizen zur Kenntnis der Lidreflexe. Klin. Monatsbl. f. Augenheilk. XLV. Bd. 1, S. 56.

1912 Merklen, P.: La débilité motrice palpébrale. (Gaz. des hôp. 1912, No. 13.) Neurol. Zentralbl. S. 437.

1918 Hasselmann: Die Bedeutung des Tarsus palpebrae und das mechanische Prinzip des Lidschlages. Arch. f. Augenheilk. Bd. 84, S. 45.

1922 Birch-Hirschfeld: Zur Bedeutung und Messung der Lidbulbusspannung. Zeitschr. f. Augenheilk. Bd. 49, S. 79.

I. Motorische Störungen der Lidbewegungen.

§ 172. Motorische Störungen der Lidbewegungen äußern sich in abnormem Lidschlage, verstärktem oder mangelhaftem Lidschlusse und mangelhafter oder fehlender Hebung des Oberlides mit Herabhängen, der sogenannten Ptosis. An diesen Störungen ist die quergestreifte und die glatte Muskulatur der Lider in verschiedener Weise beteiligt. — Die Erkrankungen des Musculus orbicularis, des Musculus levator palpebrae superioris sowie des Musculus palpebralis superior und inferior sollen der Reihe nach besprochen werden.

1. Erkrankungen des Musculus orbicularis.

Als Erkrankungen des Musculus orbicularis kommen Tremor, Krampf und Lähmung zur Beobachtung.

a) Tremor des Musculus orbicularis.

§ 173. Der Tremor des Musculus orbicularis ist teils ein feinfibrillärer, teils ein vibrierender, d. h. ein schneller feinschlägiger.

Feinfibrilläre Zuckungen kommen durch Kontraktion vereinzelter Bündel des M. orbicularis, sogenannte fibrilläre Kontraktion, zustande. Das Zucken betrifft bald nur ein vereinzeltes Bündel, bald werden verschiedene Bündel in rascher Aufeinanderfolge ergriffen; man sieht durch die Lidhaut hindurch die Bündel flimmern. Am häufigsten erscheint die Palpebralportion des Unterlides befallen.

Durch solche Zuckungen werden die Kranken subjektiv belästigt und klagen über ein gleichzeitiges unangenehmes Gefühl von Spannung in den Lidern.

Das Muskelflimmern befällt Nervöse und Anämische, manchmal aus Anlaß eines lokalen Reizes, wie bei Blendung oder bei entzündlichen Erkrankungen der Bindehaut und der Hornhaut. Auch bei sonst Gesunden können angestrengte Nahearbeit und Einträufelungen von Physostigmin in den Bindehautsack als Zuckungen auslösender Reiz wirken. Von allgemeinen Einflüssen sind die normale oder gestörte Menstruation, die Alkoholintoxikation und sexuelle Excesse zu nennen. Ferner können sowohl Krampf als Lähmung des M. orbicularis von zeitweise auftretenden Zuckungen begleitet werden.

Gestaltet sich das Muskelflimmern zu einem dauernden Zustande, so spricht man von einem Muskelwogen, der Myokymie, wobei auch außer dem Orbicularis die anderen, vom Nervus facialis versorgten Gesichtsmuskeln beteiligt sein können (M. BERNHARDT 1902 und VÍTEK 1904). Nicht selten ist das Muskelwogen nur an einem Augenlide besonders deutlich, meist am Unterlide (NEWMARK 1903).

Das Muskelwogen entsteht nach vorausgegangenem tonischen Gesichtskrampfe oder im Verlaufe einer Gesichtslähmung bei vorhandener Kontraktion einzelner oder mehrerer Gesichtsmuskeln. Als Beispiele hierfür seien die Fälle von VÍTEK (1904) und BERNHARDT (1902) erwähnt. VÍTEK (1904) beobachtete bei einem 11jährigen Knaben einen tonischen Spasmus der rechten Gesichtshälfte, der nach 14 Tagen mit Zurückbleiben einer leichten Kontraktion des M. orbicularis, frontalis und orbicularis oris, verbunden mit Muskelwogen, verschwand. Der von BERNHARDT (1902) mitgeteilte Fall betraf eine 27jährige Frau; es bestand ein dauerndes Flimmern der linken Antlitzhälfte; die fibrillären Zuckungen hielten unaufhörlich an. Die Zuckungen befielen besonders den M. orbicularis, die Gegend der Stirn und der Augenbrauen sowie die Muskulatur der Oberlippe und der Unterlippenkinngegend. Zugleich war eine Kontraktur im Gebiete des linken Orbicularis und der linksseitigen Oberlippenheber vorhanden. Ob die Zuckungen im Schlafe aufhörten, konnte nicht festgestellt werden.

Von anderen nervösen Störungen wurden Migräneanfälle (BERNHARDT 1902) und Flimmern der Halsmuskulatur (NEWMARK 1903) beobachtet; von Gehirnerkrankungen eine Sclerosis multiplex bei einem 23jährigen Manne, die tödlich endigte (NEWMARK 1903).

Pathogenetisch betrachtet VÍTEK (1904) das Muskelwogen nicht als einen selbständigen Krankheitstypus, sondern als ein Symptom einer latenten Erkrankung des Cerebrospinalsystems. Auch bestehe eine gewisse Ähnlichkeit mit der Myoklonie, insofern als das Muskelwogen unabhängig von dem Willen des Kranken sich vollziehe, daß dasselbe ferner bei aktiver, energisch ausgeführter Aktion der betroffenen Muskulatur sich verliere, bei elektrischen, mechanischen Reizen zunehme und sich in der spastischen Muskulatur abspiele. MEINERTZ (1904) fand bei einem 41jährigen Manne fast die gesamte quergestreifte Muskulatur myokymisch; er faßt diese Erscheinung als Teilerscheinung einer allgemeinen Neurasthenie auf und verlegt den Sitz der gesteigerten Erregbarkeit in die Vorderhörner des Rückenmarkes.

Differentialdiagnostisch sind die klonischen Zuckungen des Tic convulsif zu berücksichtigen. Die fibrillären Zuckungen sind dauernde oder fast dauernde Erscheinungen und verursachen keine mimischen Bewegungen. Die elektrische Untersuchung ergibt normale Verhältnisse, insbesondere läßt sich keine Erhöhung der Erregbarkeit nachweisen.

In Bezug auf die Behandlung ist der Gebrauch von kleinen Dosen von Bromkalium und eines schwachen galvanischen Stroms (Anode in der Fossa mastoidea) zu empfehlen. Gleichzeitig ist das ursächliche Moment zu berücksichtigen.

Das vibrierende Zittern der Augenlider findet sich bei vielen sonst gesunden Individuen in dem Augenblicke, in dem der zu Untersuchende aufgefordert wird, das Auge wie zum Schlafe zu schließen; der Lidschluß kann dadurch gehindert werden. Diese Erscheinung, die sich auch beim ROMBERGschen Versuche (Stehen mit geschlossenen Füßen und Augenschluß) einstellt, wird als ROSENBACHsches Phänomen bezeichnet. In erhöhtem Grade findet sich dasselbe bei funktionellen und organischen Erkrankungen des Nervensystems, wie bei Neurasthenie, Hysterie, der BASEDOWschen Krankheit und der Herdsklerose. Vibrierendes Zittern befällt alsdann vorzugsweise den Orbicularis des Oberlides, den Corrugator supercilii und andere dem Facialisgebiete angehörige Muskeln.

Endlich begleitet das vibrierende Zittern die Paralysis agitans bei gleichzeitigem Zittern des Augapfels (GALEZOWSKI 1891) und die Tabes incipiens. In einem von v. MICHEL beobachteten Falle, in dem von okularen tabischen Störungen Miosis und reflektorische Pupillenstarre vorhanden waren, stellte sich regelmäßig ein Zittern der Lider bei Fixation eines nahen Gegenstandes ein.

Literatur zu §§ 172 u. 173.

1891 GALEZOWSKI: Des troubles visuels dans la maladie de Parkinson. Recueil d'ophtalmol. p. 72.

1900 WILBRAND u. SAENGER: Die Neurologie des Auges. Bd. 1. Die Beziehungen des Nervensystems zu den Lidern. Verlag J. F. Bergmann. 1900.

1902 BERNHARDT, M.: Ein ungewöhnlicher Fall von Facialiskrampf (Myokymie, beschr. auf das Gebiet des linken Facialis). Neurol. Zentralbl. S. 689.

1903 FRENKEL, H.: Spasme primitif avec mouvements fibrillaires continus. Revue neurolog. 30. Juin. — NEWMARK: Ein Fall von primärem tonischen Gesichtskrampf mit Muskelwogen. Neurol. Zentralbl. S. 461.

1904 MEINERTZ: Zur Kasuistik der Myokymie. Neurol. Zentralbl. S. 101. — VÍTEK: Ein Beitrag zum primären tonischen Gesichtskrampfe mit Muskelwogen. Neurol. Zentralbl. S. 257.

b) Krampf des Musculus orbicularis.

§ 174. Der Krampf des Musculus orbicularis tritt als klonischer und tonischer auf.

Der klonische Krampf des Musculus orbicularis, auch Blepharoklonus, Spasmus nictitans oder Nictitatio genannt, tritt im wesentlichen als eine Steigerung des normalen Blinzelns in Erscheinung. Schließen und Öffnen der Lidspalte zeigen eine unmotiviert rasche Schlagfolge. Nicht selten ist der Lidschluß von längerer Dauer und die Lidöffnung erfolgt langsamer als in der Norm.

Der tonische Krampf des Musculus orbicularis, der sogenannte Blepharospasmus, besteht in einer anfallsweise auftretenden oder in einer dauernden Verengerung und erreicht seinen höchsten Grad in dem Verschluß der Lidspalte, der sich zugleich in viel stärkerer Weise vollzieht als der normale Lidschluß. Die Öffnung der Lidspalte erfolgt nicht oder nur äußerst mühsam und in geringem Grade. In der Regel ist der Wille des Kranken machtlos und sein vergebliches Bemühen, des Krampfes Herr zu werden und die Lidspalte zu öffnen, findet seinen Ausdruck in einer hochgradigen Kontraktion des M. corrugator supercilii und frontalis, wodurch die Augenbraue hochgezogen und die Stirnhaut in starke Querfalten gelegt wird. Zugleich werden noch andere vom M. facialis versorgte Muskeln in Tätigkeit gesetzt, so wird bei Aufforderung, die Augen zu öffnen, nicht selten der Mund weit aufgesperrt und zugleich die Haut der Stirn weit hinaufgezogen. Um das krampfhaft verschlossene Auge für den Sehakt benutzen zu können, zieht der Kranke selbst mit seinen Fingern die Lider auseinander, was ihm jedoch meist nur sehr unvollkommen gelingt. Gewöhnlich wird auch diesem Beginnen von seiten des kontrahierten Muskels ein großer Widerstand entgegengesetzt.

Beim Eintritt eines Krampfanfalles hebt sich der Rand des Unterlides besonders in seiner medialen Hälfte und das Oberlid senkt sich.

Mit der Verengerung der Lidspalte vollzieht sich eine Verziehung derselben nach der medialen Seite. Die Lidhaut ist in bogenförmige oder quer verlaufende Falten gelegt; an der medialen Seite des Unterlides konvergieren sie nach dem Ligamentum kanthi internum. Kommt es zu einem Verschlusse der Lidspalte, so ist diese Faltenbildung nicht bloß an den Lidern, sondern auch in deren Umgebung besonders stark ausgesprochen. Am Oberlide kann die Haut in eine breite Querfalte zusammengedrängt werden, so daß sie fast lappenartig überhängt. Die Betastung ergibt eine starke Spannung und Resistenz des vom Blepharospasmus befallenen Lides.

Klonus und Spasmus des Musculus orbicularis sind häufig gemischt oder beide Krampfformen gehen ineinander über oder wechseln in rascher Reihenfolge miteinander ab; sie haben auch die gleichen Ursachen aufzuweisen. Die Krämpfe zeigen in bezug auf Stärke und Dauer große Verschiedenheiten. Die Intensität kann zwischen einer geringen Verengerung und einem völligen Verschluß der Lidspalte schwanken; die Dauer eines Krampfanfalls sich mitunter auf nur wenige Minuten erstrecken, zuweilen kann derselbe Wochen und selbst Monate bestehen bleiben. Zwischen diesen beiden extremen Zuständen gibt es zahlreiche Übergänge, insbesondere auch hinsichtlich des Auftretens und des Grades des Krampfes; er kann stunden- oder tagelang aussetzen, während in anderen Fällen die Intervalle nur von kurzer Zeitdauer sind. Immerhin bleibt häufig in den krampffreien Zwischenpausen ein geringer oder stärkerer Grad eines erhöhten Tonus des M. orbicularis erhalten, der gewöhnlich die Lidspalte enger als normal erscheinen läßt. In der Regel wechselt der Grad des jedesmaligen Krampfanfalles, der bei einer längeren Pause mit um so größerer Heftigkeit sich einstellen kann. Meistens wiederholt sich der Krampf in unregelmäßigen Zeiträumen von längerer oder kürzerer Dauer. Da derselbe sich ohne jede Vorboten einzustellen pflegt und seine Stärke vorher nicht zu bemessen ist, so sind die an doppelseitigem Blepharospasmus leidenden Personen sehr ängstlich und getrauen sich nicht, ohne Begleitung zu gehen, indem sie fürchten, durch einen plötzlichen Krampfanfall hilflos zu werden. Solche Kranke sind auch an der Ausübung ihres Berufes gehindert. Gemütsbewegungen, Sprechen usw., auch äußere Einflüsse, wie ein kalter Luftzug, können einen Anfall auslösen oder einen vorhandenen Krampf steigern. Umgekehrt ist zu beobachten, daß derselbe für längere Zeit aufhört, wenn die Aufmerksamkeit stärker angeregt und abgelenkt wird. Der Blepharospasmus kann von der einen zur anderen Seite übergeleitet werden, ebenso können abwechselnd bald diese oder jene Gesichtsmuskeln in blitzartige Zuckungen

geraten. Schließlich ist zu bemerken, daß der Blepharospasmus im
Schlafe sowohl aufhören als auch sich einstellen kann.

Als Begleiterscheinungen finden sich klonische und tonische
Krämpfe der übrigen vom N. facialis versorgten Gesichtsmuskulatur.
Bei Befallensein der Stirn-, Nasen- und Gesichtsmuskulatur steht die
Augenbraue entsprechend der Seite des Blepharospasmus höher, der
Mundwinkel ist auffällig gedehnt, die Nasolabialfalte steht tiefer, die
Nasenspitze auf der kranken Seite ist eingezogen und die Gesichtshaut
stark in Falten gelegt. Die zuweilen bemerkte rauschende Gehörsemp-
findung wird auf einen Krampf des M. stapedius zurückgeführt. Auch
andere Muskeln können in Mitleidenschaft gezogen werden. BENEDIKT
(1885) berichtet über einen gleichzeitigen Kinnbackenkrampf und
v. LEUBE (1878) über den Blepharospasmus einer 63jährigen Frau, bei
welcher sich der Krampf allmählich auf andere Facialisäste ausbreitete,
zunächst auf das Platysma mit dem Gefühl des Kitzels im Halse,
später auf die einzelnen Gesichtsmuskeln und die Gaumenmuskulatur.
Die Zuckungen erfolgten mit großer Heftigkeit. — Auch die äußere
und innere Augenmuskulatur kann betroffen werden. FREUND (1892)
beobachtete einen gleichzeitigen Nystagmus horizontalis, der wohl als
vestibulärer insofern aufzufassen ist, als durch den Krampf des M.
stapedius Druckschwankungen im Labyrinth auftreten können. Es
kann sich ferner eine konjugierte Deviation hinzugesellen. v. MICHEL
sah bei einem an traumatischer Hysterie leidenden 35jährigen Manne
anfallsweise auftretende starke Zuckungen des M. orbicularis, des M.
frontalis und des Mundfacialis verbunden mit starkem Konvergenz-
krampfe und schwankender Pupillenweite. Außerdem waren anfallsweise Schlund- und Accessoriuskrämpfe vorhanden. Ein weiterer von
v. MICHEL beobachteter Fall betraf einen 67jährigen Mann mit den
Erscheinungen einer Arteriosclerosis cerebri. Es bestand ein rechtsseitiger Facialiskrampf mit einem Krampfe des rechten M. rectus externus und entsprechenden Doppelbildern, der in demselben Augenblicke auftrat, in dem der Orbicularis sich spastisch kontrahierte. Sobald der Krampf aufhörte, nahm das vorher auswärtsschielende Auge
eine normale Stellung ein und die Diplopie verschwand. Zugleich bestand infolge eines Schlaganfalles eine Parese des linken Arms.
A. GRAEFE (1870) beobachtete bei einem Blepharospasmus gleichzeitig
eine pericorneale Injektion und einen Krampf der Musculi interni sowie der Akkommodation. In einem Falle von einseitigem Blepharospasmus sah v. MICHEL isochron mit der Kontraktion des Orbicularis
eine Verengerung und mit dem Nachlasse des Krampfes eine Erweiterung der Pupille auftreten. Endlich kann sich dem Lid- oder Facialis-

krampfe ein Krampf der ganzen Rumpfmuskulatur hinzugesellen. So traten in einem Falle von v. Graefe (1854) solche allgemeinen Krämpfe 1—2 mal täglich auf und dauerten ungefähr $\frac{1}{2}$ Stunde. Manchmal erscheinen auch die tränenabsondernden Fasern des N. facialis in Form einer vermehrten Tränensekretion beteiligt, ausnahmsweise auch die speichelabsondernden Facialisfasern. Nach einer Beobachtung von v. Leube (1878) stellte sich eine starke Speichelabsonderung im Beginne der Erkrankung ein.

Von subjektiven Beschwerden werden Spannungsgefühl oder ein Gefühl des Zusammenziehens, manchmal auch eine gewisse Müdigkeit des Auges verbunden mit Blendungsgefühl angegeben; vor allem aber ist die durch den Verschluß der Lidspalte herbeigeführte Unmöglichkeit des Gebrauchs des Auges eine die Kranken sehr beängstigende Klage.

Im weiteren Verlaufe kann je nach der veranlassenden Ursache eine bald raschere, bald langsamere Besserung oder Heilung erfolgen. Eine Reihe von Fällen zeichnet sich durch eine große Hartnäckigkeit aus; es kann sogar eine bleibende Kontraktion des Orbicularis eintreten. In seltenen Fällen stellt sich ein starkes Muskelwogen (s. S. 445) ein, und es bleibt für längere Zeit, auch wenn der Facialiskrampf bis auf eine leichte Kontraktur des Musculus orbicularis geheilt ist, noch ein feinfibrillärer Muskeltremor zurück.

§ 175. Nach der Art ihres Auftretens sind die Orbiculariskrämpfe in unwillkürliche (automatische oder autochthone), willkürliche und reflektorische einzuteilen; sie können als Teilerscheinung eines allgemeinen Krampfes sämtlicher vom N. facialis versorgten Muskeln auftreten — diffuser Facialiskrampf, Spasmus facialis, Tic convulsif — oder für sich allein, wenn auch häufig mit einem Krampfe einzelner vom Facialis erregter Muskeln verknüpft — partielle Facialiskrämpfe. Nach ihrem Sitz sind die Orbiculariskrämpfe in zentrale und periphere zu trennen.

Unwillkürliche (automatische oder autochthone) Krämpfe des M. orbicularis finden sich bei einer Reihe von funktionellen motorischen Neurosen und Erkrankungen des Cerebrospinalsystems bald als blinzelnde Bewegungen, bald als Lidschluß.

Bei der Tic-Krankheit, dem Tic convulsif oder Tic général, zeigt sich in einer großen Zahl von Fällen als hervorstechendste und am frühesten einsetzende Erscheinung ein Augenblinzeln, das von Zuckungen der Muskeln des Gesichtes, des Halses, der Arme, Hände, ja selbst des Rumpfes und der unteren Extremitäten begleitet sein kann. Die Zuckungen machen den Eindruck von gesetzmäßigen Bewegungen die zu einem bestimmten Zwecke ausgeführt werden. Cruchet (1906) unterscheidet zwei Arten der Bewegungen, nämlich unwillkürliche und ganz überraschend auftretende (»en dehors de la volonté«), und solche, die sich als Zwangsbewegungen aufdrängen und nicht unterdrückt werden können (»malgré la volonté«).

Von anderen okularen Störungen bei der Tic-Krankheit wurden Anfälle von Mikropsie in der Dauer von einigen Minuten beobachtet, hervorgerufen durch einen Akkommodationskrampf. In einem solchen von Meige (1903) mitgeteilten Falle handelte es sich um einen hereditär neuropathisch belasteten 15jährigen Knaben, der seit 7 Jahren an Augenblinzeln litt und einige Zeit nachher zu stottern begann. Während er stotterte, hörte der Tic auf, und umgekehrt: wenn der Tic vorhanden war, bestand kein Stottern.

Dem Wesen nach bezeichnet Frey (1906) die Tic-Krankheit als eine motorische durch psychogene Reize ausgelöste Reaktion von erkrankten Nerven.

Der Verlauf ist ein chronischer, und eine völlige dauernde Genesung kaum je zu erwarten. Befallen wird das jugendliche Lebensalter vorwiegend in der Übergangszeit zur Pubertät. In der Regel ist eine angeborene nervöse Disposition vorhanden, auf deren Basis der Tic besonders durch Schreck ausgelöst werden kann.

Bei der corticalen Epilepsie tritt der Orbiculariskrampf als Teilerscheinung eines epileptischen Anfalles auf; häufig beginnt ein solcher mit einem auffällig starken Zwinkern und verbreitet sich alsdann auf die Gesichts- und die übrige Körpermuskulatur. Umgekehrt beendigt zuweilen ein Facialiskrampf den epileptischen Anfall.

Bei Hysterie können Orbiculariskrämpfe (sog. Ptosis pseudoparalytica) als Teilerscheinung allgemeiner Krämpfe sich in ähnlicher Weise darstellen, wie bei epileptischen Anfällen. Nicht selten besteht in der krampffreien Zeit ein dauerndes starkes Blinzeln oder Blepharospasmus beider Augen. Manchmal wird der Lidkrampf durch psychische Erregungen ausgelöst, zuweilen bleibt derselbe nach einem hysterischen Anfall zurück, öfters ist die Ursache seines Entstehens nicht nachweisbar. — Beim Lidkrampf erscheinen die Oberlider etwas gesenkt (s. S. 447), können aber zeitweise, in der Regel allerdings nur kurzdauernd gehoben werden. In einem Falle von Eschbaum (1906) wurden beide Augen geschlossen gehalten, und es bestand ein beständiges Zucken in beiden Oberlidern. Dem Versuche, sie mechanisch zu heben, wurde ein deutlicher Widerstand entgegengesetzt. Bei der Aufforderung zu öffnen, wurde das Lidzucken stärker; dabei beteiligte sich der M. frontalis nicht. Zugleich war eine Anästhesie in einer brillenförmigen, die Oberlider, die Bindehaut und die Nasenwurzel umfassenden Zone vorhanden, sowie eine solche an der Innenseite der Beine und an verschiedenen anderen Körperstellen. Manchmal sind gleichzeitig die äußeren Merkmale der Myotonie ausgesprochen. Ein von v. BECHTEREW (1905) beobachteter Hysteriker zwinkerte ständig unwillkürlich. Hatte er die Augen auf Verlangen absichtlich geschlossen, so konnte er sie nicht mehr willkürlich öffnen und der Krampf wurde alsdann so stark, daß er, um ihn zu überwinden, mit den Zeigefingern das Oberlid in die Höhe zog. Beim Lidschluß war zugleich ein deutliches Zucken des Orbicularis vorhanden. Außerdem können andere hysterische Erscheinungen den Blepharospasmus begleiten, wie Erblindung eines Auges.

Bei traumatischer Neurose im Anschluß an Kopfverletzungen entstehen Orbiculariskrämpfe mit Beteiligung der Gesichtsmuskulatur, die als funktionelle anzusehen sind, wenn eine organische Erkrankung auszuschließen ist.

Bei Chorea finden sich Orbiculariskrämpfe in stärkerem Grade an der vorzugsweise befallenen Gesichtshälfte, womit in der Regel auch ausgiebigere Krampfbewegungen der entsprechenden Körperhälfte verknüpft sind.

Auch im Verlaufe des Starrkrampfs kommt es zu einer hochgradigen Verkleinerung der Lidspalte durch einen Krampf des Orbicularis verbunden mit einem solchen der gesamten Gesichtsmuskulatur.

Zu erwähnen ist hier noch die Übererregbarkeit des N. facialis, die sich in lebhaften Zuckungen im ganzen Facialisgebiete oder in einzelnen Bezirken desselben durch Beklopfen oder Bestreichen der Verzweigungen des Pes anserinus major mittels der Fingerkuppe kundgibt (sogenanntes CHVOSTEKsches Symptom). Sie findet sich bei spontaner Tetanie, bei Chlorose, Neurasthenie, Hysterie, bei Magen-Darmerkrankungen und bei der Enteroptose (MAGER 1906), die auf Autointoxikation durch die gestörte Darmfunktion bezogen wird. FUNKE (1903) hat einen Blepharospasmus im Verlaufe einer Pseudotetanie beobachtet, d. h. einer Nachahmung der Tetanie bei Hysterie, und FREUND (1892) einen solchen in einem als »forme fruste« der BASEDOWschen Krankheit bezeichneten Falle, wobei zugleich ein Nystagmus horizontalis bestand.

Der Musculus orbicularis wird endlich noch beteiligt beim Paramyoclonus multiplex und bei der Myotonie. Beim Paramyoclonus multiplex finden sich, wenn auch selten, blitzartige Zuckungen des Orbicularis mit Verengerung der Lidspalte oder ein blitzartiger Lidschluß. MEYNIER (1906) beobachtete die letztere Form verbunden mit blitzartigem horizontalen Nystagmus an Kindern von

5—12 Jahren bei Myoklonie, die im Anschluß an Infektionskrankheiten entstanden war.

Bei der Myotonie kann gelegentlich nur der Musculus orbicularis befallen werden (OPPENHEIM 1905), in der Regel ist aber die gesamte Körpermuskulatur beteiligt. Die sich einstellende Muskelsteifigkeit, die willkürlich nicht gelöst werden kann und daher den Kranken völlig bewegungsunfähig macht, äußert sich am Orbicularis in einem Verschluß der Lidspalte. Nach Lösung der Starre, die 1—2 Stunden, auch den ganzen Tag ohne Nachlaß andauern kann, folgt in der Regel ein mehrere Stunden anhaltender Zustand von lähmungsartiger Schwäche. Auch bei der sogenannten Paramyotonie kommt es zu einer hauptsächlich die Gesichts- und gleichzeitig die Augenschließmuskulatur befallenden temporären Versteifung, die sich nach Einfluß von Kälte einstellt, und sich in wechselndem Grade über die gesamte willkürliche Muskulatur ausbreiten kann.

Als organische Erkrankungen des Cerebrospinalsystems, die einen sogenannten symptomatischen Krampf des M. orbicularis und der vom N. facialis versorgten Gesichtsmuskeln durch direkte Reizung des corticalen Zentrums, der Kernregion und der cerebralen Bahnen veranlassen, kommen Kompressionen, Geschwülste, Blutungen, Erweichungsherde und Abscesse in Betracht. Auch bei Tabes treten hier und da Facialiskrämpfe auf. Eine Reizung des Facialisstammes findet sich bei meningitischen Erkrankungen, bei Affektionen des Mittelohrs und bei Kompressionen durch basale Geschwülste oder aneurysmatisch erweiterte basale Gehirngefäße, so bei einem Aneurysma der A. vertebralis, wenn es auf den anliegenden Facialisstamm drückt. Dem Reizstadium kann in diesen Fällen eine Lähmung nachfolgen.

Auch durch Narbenbildungen kann im Bereiche der peripheren Faserung des N. facialis ein Orbiculariskrampf unmittelbar bedingt und unterhalten werden.

§ 176. Der willkürliche Lidkrampf, auch Gewohnheitskrampf (Habit chorea oder Habit spasm) genannt, besteht in einem Augenzwinkern. Durch übermäßiges und überflüssiges Zwinkern kann sich ein pathologischer Zustand entwickeln, der infolge schwachen Willens stabil wird und sich gleich einer krankhaften Gewohnheit (motorische Zwangsvorstellung) immer wiederholt. Der Krampf kann durch den Willen für einige Zeit verringert oder selbst unterdrückt werden. Häufig sind damit zuckende Bewegungen des Mundes und Schüttelbewegungen des Kopfs verbunden. Im Schlafe hört derselbe auf. Dieser Lidkrampf ist ausschließlich im kindlichen und jugend-

lichen Lebensalter anzutreffen. Dabei spielen allgemeine Gesundheits-
verhältnisse, Überanstrengung, hereditäre Belastung, Masturbation und
der Nachahmungstrieb eine Rolle.

§ 177. Der reflektorische Orbiculariskrampf. Der am
häufigsten von augenärztlicher Seite zu beobachtende Lidkrampf
ist der reflektorische. Zur Auslösung des Reflexkrampfs bedarf
es eines zentripetalen Reizes. Da der Krampf in einem gewissen Mißverhältnis zur Intensität des Reizes steht, so ist dies wohl nur durch
eine gesteigerte Erregbarkeit des Reflexzentrums zu erklären und daher
auch begreiflich, daß es manchmal großen Schwierigkeiten begegnet,
den Ort des Reizes zu finden. Dabei ist noch die der Gesichtsmuskulatur zukommende lebhafte Reflextätigkeit in Betracht zu ziehen.
Zentripetale Reizstellen sind in erster Linie Stamm und Verzweigungen
des sensiblen Trigeminus, vorzugsweise diejenigen des I. Astes.
Der Trigeminusstamm wird basal bei Schädelverletzungen und Geschwülsten und die Ausbreitung des Trigeminus in seinen peripheren
Verzweigungen durch verschiedene Ursachen gereizt, die teils in entzündlichen Erkrankungen des Augapfels, teils in Verletzungen der Gesichtshaut oder in Erkrankungen der Nasen-, Rachen- und Mundhöhle,
teils in einem erhöhten Reizzustande des sensiblen Trigeminusgebiets
bestehen. Im allgemeinen sind die reflektorischen Orbiculariskrämpfe
einseitig, sie können anfallsweise vorkommen oder anfallsweise verstärkt werden, oder dauernd sein und selbst im Schlafe auftreten.
Die entzündlichen Erkrankungen des Augapfels, die die
Hornhaut, die Iris und das Corpus ciliare betreffen, können mit schmerzhaften oder unangenehmen Empfindungen, bedingt durch Reizung der
sensiblen Äste der Ciliarnerven, einhergehen. Der bei diesen Augenerkrankungen auftretende Blepharospasmus wird gewöhnlich als
entzündlicher bezeichnet und wird am häufigsten und hartnäckig-
sten im kindlichen Lebensalter bei ekzematösen und parenchymatösen
Entzündungen der Hornhaut, besonders bei ersteren beobachtet. Der
Krampf ist in der Regel doppelseitig, auch wenn nur ein Auge erkrankt ist, wobei am gesunden Auge der Grad des Blepharospasmus
geringer ausgesprochen sein kann, als am kranken. Mit dem Muskel-
krampf ist vermehrte Tränenabsonderung, die wohl auf eine Reizung
des Facialisastes der Tränendrüse zu beziehen ist, und Lichtscheu
verknüpft, die als Ausdruck einer Überempfindlichkeit der Netzhaut
zu betrachten ist. Der beabsichtigten Öffnung der Lidspalte wird ein
bedeutender Widerstand entgegengesetzt, der sich in Schreien und Ab-
wehrbewegungen von seiten der Kinder äußert. Der Krampf kann

Wochen und Monate andauern, sich jedesmal bei rezidivierendem Hornhautekzem von neuem einstellen, ja mitunter monatelang noch bestehen bleiben, selbst wenn die Erkrankung der Hornhaut schon längst abgeheilt ist. Kommt es nach einem solchen langdauernden spastischen Verschluß der Lidspalte zu einer Wiederöffnung der Augen, so kann sich das Kind wie blind benehmen (LEBER 1880, SAMELSOHN 1888, SILEX 1888, FÜRSTENHEIM 1888, RABINOWITSCH 1891, UHTHOFF 1891). Dabei fehlt jegliche organische Schädigung der Netzhaut und des Sehnerven; es sind nur Hornhautnarben oder solche Hornhautveränderungen nachweisbar, wie sie auch sonst bei und nach einer ekzematösen Erkrankung sich einzustellen pflegen. Durch den langdauernden Lidverschluß scheint sich die zentrale Aufmerksamkeit für optische Eindrücke infolge des Mangels an Anregung mehr und mehr zu vermindern, wozu wahrscheinlich die undeutlichen Bilder infolge der Hornhauttrübungen einen näheren Anlaß abgeben. Die Erblindung kann von mehrwöchiger Dauer sein und das Sehen muß von neuem erlernt werden.

Hervorzuheben ist noch, daß der Eintritt eines Krampfs oder der stärkere Grad eines solchen hauptsächlich bei denjenigen ekzematösen Entzündungsformen der Hornhaut zu erwarten ist, der sich in oberflächlichen und mit einer Abstoßung des Epithels einhergehenden Efflorescenzen äußern. Alsdann dürften die intra- und subepithelialen Endigungen der Ciliarnerven in der Hornhaut, die infolge des abgestoßenen Epithels teilweise freiliegen, durch die sie bespülende Bindehautflüssigkeit direkt gereizt werden.

Auch bei oberflächlichen Verletzungen der Hornhaut oder selbst bei einfacher mechanischer Reizung ihrer Oberfläche, wie durch einen im Tarsalteile des Oberlides haftenden Fremdkörper, der beim Lidschlage auf der Hornhaut oberflächlich reibt, oder durch nach innen gerichtete, in gleicher Weise wirkende Cilien, kann in jedem Lebensalter ein reflektorischer Krampf auftreten. Der Grad desselben hängt von der individuellen nervösen Reizbarkeit ab, die auch darin ihren Ausdruck findet, daß der Krampf des M. orbicularis auf die Gesichts- und Rumpfmuskulatur überspringen kann, wie dies v. GRAEFE (nach v. MICHEL) beim kurzen Verweilen eines Apfelstieles im Bindehautsacke beobachten konnte.

In ganz ähnlicher Weise wie bei Hornhauterkrankungen verhält sich der Blepharospasmus bei Entzündungen der Iris und des Corpus ciliare und bei der sogenannten sympathischen Reizung an dem gesunden Auge. Werden durch ein geschrumpftes Auge Schmerzempfindungen ausgelöst, so kann auf dem gesunden Auge ein Orbiculariskrampf entstehen. Demnach würde ein Reiz auf der Ciliarnervenbahn zur motorischen Bahn des Facialis der entgegengesetzten Seite über-

geleitet. Damit deckt sich die Beobachtung des Verschwindens eines
solchen Krampfes bei Entfernung des kranken Auges.

Eine unmittelbare Reizung der Trigeminusäste der Gesichtshaut
oder Kopfhaut mit reflektorischem Lidkrampfe wurde nach Verletzungen dieser Teile beobachtet (MACKENZIE, nach v. MICHEL).
SAEMISCH (1871) sah nach einer Verletzung der Haut des linken Os
parietale hinter der Sutura coronaria im Vernarbungsstadium plötzlich
einen Blepharospasmus auftreten, der nach operativer Entfernung der
Narbe verschwand, aber wieder auftrat, als die Vernarbung von neuem
begann. Auch durch Druck auf die Austrittsstelle des N. supraorbitalis
wurde der Krampf sofort ausgelöst.

Von Erkrankungen der Mundhöhle sind cariöse Zähne, von solchen der Nase chronische Katarrhe und polypöse Wucherungen, und
von solchen des Rachens Hypertrophien der Tonsillen zu erwähnen.
Wie diese Erkrankungen eine Reizung im betreffenden Trigeminusgebiete mit reflektorischem Lidkrampfe hervorrufen können, ebenso
kann dies bei Krankheiten der Gesichtshöhlen der Fall sein. Besonders ist das Empyem der Oberkieferhöhle zu erwähnen, nach dessen
Heilung auch ein Verschwinden des Krampfes beobachtet wurde. ZIEM
(1885) berichtet über einen Blepharospasmus, der sich beim Ausspritzen
des Ohres eingestellt hatte.

Eine große Rolle spielt bei der Entstehung des Lidkrampfs im mittleren und späteren Lebensalter ein erhöhter Reizzustand im sensiblen Trigeminusgebiete und auch bei anfallsweise auftretender
Migräne kann derselbe zum Ausbruch kommen. Der erhöhte Reizzustand kennzeichnet sich in der Regel durch das Vorhandensein von
sogenannten Druckpunkten, die den Austrittsstellen des N. supra- und
infraorbitalis entsprechen. Durch mäßigen Druck auf diese Stellen, die
durchaus nicht besonders schmerzhaft sind, gelingt es, den Lidkrampf
zu vermindern oder zum Verschwinden zu bringen. Bald ist nur ein
Druck auf einer Seite, bald auf beiden Seiten dazu erforderlich, bald
wechseln diese Druckpunkte. Manchmal bedarf es eines länger dauernden Druckes. Auch die Kranken selbst machen sich diese Druckwirkung zu Nutzen. TALKO (1870) berichtet, daß ein Soldat, um den
Ausbruch eines Lidkrampfes zu verhindern, ein fest an die Stirn an-
schließendes Käppi trug. v. MICHEL kannte eine Kranke, die, wenn
sie nicht Gefahr laufen wollte, auf der Straße von einem plötzlich einsetzenden Blepharospasmus überrascht zu werden, sich dadurch half,
daß sie beim Ausgehen sich einen Hut mit einem stark auf die Stirn
drückenden Rande aufsetzte. Auch an den Lidern selbst, wie am äußeren Lidwinkel, oder in ihrer nächsten Umgebung können Druckpunkte

vorhanden sein oder an anderen als den erwähnten Stellen des Trigeminusgebietes. TALKO (1870) beobachtete ein Nachlassen des Krampfes bei Druck auf den rechten Maxillaris inferior. Schwieriger ist es, Druckpunkte an verborgenen Stellen der Mund-, Nasen- oder Rachenhöhle aufzufinden. A. GRAEFE (1870) konnte durch einen mäßigen Druck auf den linken Arcus glossopalatinus einen doppelseitigen Blepharospasmus sofort zum Verschwinden bringen. Ferner sind zuweilen Druckpunkte an anderen Stellen des Körpers als an solchen im Bereiche des Trigeminus vorhanden, so am Halse, an den Schultern und der Wirbelsäule. In einem von v. MICHEL beobachteten Falle von traumatischer Hysterie war ein Druckpunkt in der linken Infraclaviculargrube nachzuweisen. Bei weiblichen Kranken kann durch Druck auf das Ovarium der einen oder beider Seiten ein Blepharospasmus zum Schwinden gebracht werden. GOWERS (bei WILBRAND u. SAENGER 1900) und BERNHARDT (1898) sahen einen während der Gravidität entstandenen Facialiskrampf nach der Entbindung aufhören. Auch durch das Vorhandensein von Helminthen im Darm soll ein solcher Krampf entstehen, der dann nach Beseitigung derselben schwinde (ANDOGSKY, bei WILBRAND u. SAENGER 1900). Manchmal werden auch mehrere oder selbst zahlreiche Druckpunkte gefunden. FANO (1879) beobachtete ein Nachlassen des Krampfes beim Druck auf die Carotis gegen die Wirbelsäule und bei solchem auf die Rippenknorpel der linken Seite des Epigastriums. Nach BELL (nach v. MICHEL) bildeten bei einer jungen Dame die Höhlung vor dem Ohre unter dem Jochbogen, ein Punkt unter dem Unterkieferwinkel und die Rippenknorpel in der Nähe der linken Regio hyperchondriaca solche Druckpunkte. SEELIGMÜLLER (1871) fand Druckpunkte an der Austrittsstelle beider Supraorbitales, an beiden Scheitelhöckern, an der Scheitelhöhe, den Processus transversi der oberen Halswirbel, besonders linkerseits bei tieferem Drucke, dem Ganglion supremum des Sympathicus, dem Plexus brachialis über dem Schlüsselbein, sowie an den Dornfortsätzen der ersten 8 Brustwirbel und den hinteren Backzähnen des Unterkiefers. Immerhin sind die Druckpunkte besonders bei neuropathisch belasteten Kranken mit Vorsicht zu beurteilen, da die Suggestion eine große Rolle spielt.

Der spontan auftretende, durch Druckpunkte charakterisierte Lidkrampf ist in der Regel einseitig oder auf der einen Seite stärker ausgesprochen als auf der anderen, und zeigt im Verlaufe nicht selten Remissionen und Pausen. Für die unmittelbare Auslösung des Krampfes werden als Gelegenheitsursachen Gemütserregungen, körperliche Anstrengung, plötzlicher Schreck usw. namhaft gemacht. Durch Ablenkung der Aufmerksamkeit kann übrigens die Intensität des Anfalls gemindert, die Dauer eines solchen abgekürzt oder der Anfall selbst in seinem Entstehen unterdrückt werden. So beobachtete v. ARLT (nach v. MICHEL) einen Kranken, bei dem der erwartete Anfall nicht eintrat, wenn er zu pfeifen anfing oder sich mit Violinspielen beschäftigte, während das Anhören von Musik allein keine Wirkung hatte. In einem Falle von BROADBENT (nach v. MICHEL) war der Krampfanfall an den Sprechakt gebunden; er trat regelmäßig beim Versuche zu sprechen ein.

Auch akute fieberhafte Krankheiten vermögen den Krampf zu sistieren, wie v. MICHEL dies in einem Fall von schwerer Variola beobachten konnte. Der Krampf kehrte aber nach Ablauf der Variola wieder. Die Anfälle werden durch Gemütserregungen, ungenügenden Schlaf und Excesse jeglicher Art gesteigert.

Der reflektorische Orbiculariskrampf kann ferner ausgelöst werden durch einen zentripetalen Reiz auf sensorischem Gebiet in Form einer stärkeren oder abnormen Erregung der Netzhaut. Bei Einfall grellen Lichtes erfolgt zum Schutze gegen die Blendung unter physiologischen Verhältnissen ein unwillkürliches Zukneifen der Lidspalte, und pathologischerweise wird dieser Zustand zu einem dauernden, wobei die veranlassende Ursache nicht einmal fortzuwirken braucht. Schon die gewöhnlichen Lichtquellen können, wenn sie einigermaßen intensiv sind, bei neuropathischen Individuen einen Krampf hervorrufen. SAMELSOHN hat durch Änderung der Qualität des Lichtes, nämlich durch das Vorsetzen von blauen und roten, nicht aber von grünen, gelben oder tiefgrauen Gläsern bei einem 27 jährigen chlorotischen Mädchen einen beiderseitigen Blepharospasmus zum Verschwinden gebracht. Bei der sogenannten Schneeblindheit kommt es zu einem äußerst heftigen Blepharospasmus, der aber nicht bloß auf starke und länger anhaltende Blendung, sondern auch auf die Einwirkung von chemischen Strahlen zurückzuführen ist, da sich hierbei Epitheldefekte der Hornhaut entwickeln und der zentripetale Reiz alsdann auf der Trigeminusbahn wirksam werden kann. Ferner kommen abnorme Erregungen der Netzhaut, die sich subjektiv als Blendungserscheinungen äußern, in Betracht, wie sie insbesondere durch Trübungen der brechenden Medien, durch beginnende Starbildung oder durch hochgradige Kurzsichtigkeit mit Maculaerkrankung hervorgerufen werden können. Dabei spielt in der Regel eine neuropathische Veranlagung als unterstützendes Moment eine gewisse Rolle.

Beim Doppeltsehen als Ausdruck einer sensorischen Störung einer Augenmuskellähmung wird nicht selten ein Auge durch willkürlichen Lidschluß ausgeschaltet, um den lästigen Doppelbildern zu entgehen. Ein solcher temporärer Verschluß kann aber dauernd und krampfartig werden und so lange bestehen bleiben, als das Doppeltsehen vorhanden ist. Auch bei bestimmten Refraktionszuständen, wie bei Astigmatismus und nicht völlig optisch korrigierter Kurzsichtigkeit findet ein Zukneifen der Lidspalte statt.

Schließlich kann sich noch ein vorübergehender Lidkrampf bei scharfen Geschmackseindrücken und widrigen Gerüchen einstellen.

Ein professioneller Krampf des M. orbicularis als Ausdruck einer Beschäftigungsneurose wurde bei Uhrmachern beobachtet (T. Cohn 1897), die bei ihrer Arbeit sich am linken Auge einer gleich einem Monocle eingeklemmten Lupe bedienen. Der Inanspruchnahme dieses Auges entsprechend treten Muskelzuckungen im ganzen Versorgungsgebiete des linken N. facialis, vorwiegend der mittleren Äste und des M. orbicularis, ein; sie wechseln an Intensität und Rhythmus, verschwinden aber fast nie gänzlich. Mitunter nehmen die Zuckungen einen mehr tonischen Charakter an, was besonders nach Augenschluß und bei Mimik (Kauen, Sprechbewegungen) hervortritt. Zur Erklärung des Krampfes könnte zunächst angenommen werden, daß durch die Lupe ein Trigeminusast gedrückt und dadurch der Krampf reflektorisch hervorgerufen wird. Da aber Schmerzen, Parästhesien und Druckpunkte fehlen, so ist es wahrscheinlicher, daß die übermäßige Innervation des Facialis zum Zwecke des Einklemmens der Lupe auf die Dauer zum Krampfe führt, wobei als Hilfsursache eine gewisse nervöse Disposition heranzuziehen ist.

Die Diagnose des Orbiculariskrampfs unterliegt keinen Schwierigkeiten, höchstens könnte der krampfhafte Verschluß der Lidspalte mit einem Verdecktsein derselben durch das herabgesunkene Oberlid, wie bei der Lähmung des M. levator palpebrae superioris, verwechselt werden. In den seltenen zweifelhaften Fällen ist für die Diagnose des Lidkrampfes das Tieferstehen der Augenbraue der erkrankten Seite, ein Zittern oder Zucken des Oberlides bei der Aufforderung, nach oben zu sehen, und ein größerer Widerstand beim Versuche einer passiven Hebung des Oberlides zu bemerken. Manchmal fehlen im Augenblicke der Untersuchung irgendwelche Krampferscheinungen oder sie sind nur gering. In solchen Fällen kann man den Krampf durch Bestreichen der Haut des Unterlides oder durch plötzliches Losfahren mit dem Finger oder einem anderen Gegenstande gegen das Auge hervorrufen. Nicht zu verwechseln mit einem Krampfe ist die bei Facialislähmung sich einstellende Kontraktur des M. orbicularis, wenn die Muskelfunktion wiederzukehren beginnt. Hier und da treten auch klonische Zuckungen in dem früher gelähmten Muskel auf, die selbst auf die andere Seite überspringen können. Wilbrand und Saenger (1900) beobachteten in Fällen von zurückgehender einseitiger Facialislähmung beim

Versuche des Lidschlusses sehr starke Zuckungen des Oberlides auf der gesunden, weniger starke, aber isochrone auf der kranken Seite.

Voraussage und Behandlung stehen im innigsten Zusammenhange mit der Erkenntnis der zugrunde liegenden Ursache und der Möglichkeit der Beseitigung derselben.

§ 178. Die Behandlung muß je nach dem ursächlichen Momente eine allgemeine oder lokale sein. Von allgemeinen Behandlungsmethoden kommt eine tonisierende, hydrotherapeutische, eventuell Anstaltsbehandlung in Betracht. Auch eine Suggestionstherapie, sowie die innerliche Darreichung von Arsen und Brom werden empfohlen. Vorübergehend kann der Lidkrampf durch narkotische Mittel, manchmal in überraschender Weise durch eine subcutane Morphiuminjektion beseitigt werden. MACKENZIE (nach v. MICHEL) will durch Chloroforminhalation einen reflektorischen Lidkrampf innerhalb von 3—4 Tagen zuerst gebessert und nach 7 Inhalationen geheilt haben. Beim sogenannten entzündlichen Blepharospasmus sind Einträufelungen einer 5%igen Cocainlösung (täglich 2mal 2—3 Tropfen), noch besser Einstreichen einer 10%igen Cocain-Vaselinesalbe (täglich 3—4mal) angezeigt. Diese Behandlung ist mit entsprechender Vorsicht bezüglich eventueller Cocainschädigung der Cornea so lange fortzusetzen, als der Lidkrampf besteht. Auch bewähren sich, insbesondere bei kleineren Kindern, 4—6mal täglich vorzunehmende Eintauchungen des ganzen Gesichts in ein Waschbecken kalten Wassers, die jedesmal 4—5mal rasch hintereinander auszuführen sind. Gutwillige und vernünftige Kinder lernen diese Eintauchungen selbst auszuführen und betreiben sie sogar mit gewissem Vergnügen. Ohne Zweifel übt die gleichzeitig vorhandene Lichtscheu einen großen Einfluß auf den Grad des Blepharospasmus aus, daher ist darauf Bedacht zu nehmen, diese möglichst zu verringern und zu beseitigen. Da eine Lichtscheu durch den Aufenthalt in verdunkelten Zimmern und durch das Tragen dunkler Brillengläser gar nicht selten unterhalten oder selbst gesteigert wird, so sind gut beleuchtete helle Räume für den Aufenthalt zu wählen, und der Gebrauch von dunklen Schutzbrillen ist zu verbieten. Gerade beim entzündlichen Blepharospasmus haben die Kinder die Neigung, sich möglichst dem Lichte zu entziehen, sie legen sich gern mit dem Gesicht auf den Boden, die Bettkissen usw. Das Pflegepersonal ist anzuweisen, solches Verhalten nicht zu dulden und mit großer Strenge vorzugehen. Wie in diesen Fällen eine sorgfältige Behandlung der ursprünglichen Erkrankung der Hornhaut sowie in gleicher Weise solcher der Iris und des Corpus ciliare zugleich Platz greifen muß, so ist auch in Fällen, in denen ein anderer Reizort besteht, die zugrunde liegende Erkrankung zu beseitigen, so eine etwaige Erkrankung der Nase, mit deren Heilung der Krampf aufhören kann (WOLFFBERG 1904). In Fällen von reflektorischem Lidkrampf, bei dem keine nachweisbare der Behandlung zugängliche Erkrankung besteht, wird der galvanische Strom empfohlen (REMAK, QUADRI, EULENBURG (nach v. MICHEL), der nach OPPENHEIM (1905) in folgender Weise anzuwenden ist: 1. Anode von ca. 10 qcm auf den Nervenstamm, Kathode in den Nacken oder an indifferenter Stelle, schwacher Strom von 2—3 Milliampères, langsames Ein- und Ausschleichen; 2. Anode auf das Occiput, Kathode an eine entfernte Stelle; 3. beide Elektroden auf die Processus mastoidei; 4. Anode auf die verschiedenen Zweige des Pes anserinus major. Wo Druckpunkte vorhanden sind, ist die Anode hier aufzusetzen. Ferner werden noch die schwellenden faradischen Ströme, der elektrische Wind des statischen Apparats und die D'ARSONVALschen Ströme empfohlen.

Für eine operative Behandlung wurden als Angriffspunkt teils der N. facialis, teils der N. trigeminus gewählt, sei es, daß eine Neuralgie des letzteren bestand, sei es, daß man von der Vorstellung ausging, es werde vom Trigeminus aus der Lidkrampf reflektorisch unterhalten. Operative Eingriffe, die den Facialis betreffen und die Tendenz verfolgen, den gesteigerten Erregungszustand herabzusetzen, werden einmal an der Orbicularismuskulatur vorgenommen, wie die Spaltung des äußeren Lidwinkels — eine nutzlose Operation — oder die subcutane Trennung des Muskels mit der Gefahr der Entstehung einer Lähmung, zweitens an der peripheren Ausbreitung des Facialis, und zwar in Form einer Nervendehnung oder in Form von Alkoholinjektionen (70% Alkohol) am Austritt des Nerven am Foramen stylo-mastoideum. Bei beiden Eingriffen kommt es zu einer Lähmung, die nach einiger Zeit verschwinden kann. SCHLOESSER (1903) sah von Alkoholinjektionen in einer größeren Zahl von Fällen des Tic convulsif und des Tic douloureux sehr gute Erfolge. Doch ist dabei die Möglichkeit vorhanden, daß entweder nach einer stattgefundenen Dehnung der Krampf von neuem einsetzt oder infolge der degenerativen Wirkung des Alkohols eine schwere Facialislähmung mit vollständiger Entartungsreaktion bestehen bleibt. Um dieser letzteren Gefahr zu begegnen, schlägt H. ELSCHNIG (1922) vor, die Methode VAN LINTS (1914 u. 1921) zur Ausschaltung des Orbiculariskrampfs bei Staroperationen auch in schweren Fällen von tonisch-klonischem Blepharospasmus zu versuchen (Injektion von 1,0 ccm 2%iger Novocainlösung und 0,2—0,5 ccm 80%igen Alkohols am äußern Orbitalrand; die Technik siehe in diesem Handb., Operationslehre, S. 107). Hierbei bleibt der Facialisstamm verschont, und es werden nur die in den Orbicularis ausstrahlenden Facialisästchen bzw. die Orbicularismuskulatur selbst angegriffen. In dem derart behandelten sehr schweren Falle von Elschnig konnte trotz mehrfacher Injektionen ein Dauerresultat nicht erzielt werden, und van Lint (1921) erkaufte die Heilung eines einseitigen Blepharospasmus mit einer dauernden Verengerung der Lidspalte durch narbige Schrumpfung (allerdings injizierte van Lint 2,5 ccm Alkohol!).

Die operativen Eingriffe am Trigeminus bestehen in einer Resektion oder Ausreißung des Supra- oder Infraorbitalis oder in einer Entfernung des Ganglion Gasseri.

Über Heilungen nach operativen Eingriffen berichten v. Graefe (1854), A. Graefe (1870), Tillaux (1872), Quaglino (1871), Talko (1870). v. Graefe (1854) durchschnitt mit günstigem Erfolge den Subcutaneus malae und den N. alveolaris inferior, nachdem eine Neurotomie des N. supraorbitalis eine Besserung nur auf 14 Tage bewirkt hatte und Druckpunkte an der Austrittsstelle des Nervus supraorbitalis, am Unterkiefer und an einer Stelle des Temporalastes des N. subcutaneus malae bestanden hatten. Bei vorhandenen Neuralgien im Gebiete des Trigeminus sind außerdem die gebräuchlichen Arzneimittel anzuwenden und scheinen Alkoholinjektionen am basalen Teil des Trigeminus von gutem Erfolge zu sein und wegen der degenerativen Wirkung des Alkohols die Möglichkeit zu eröffnen, die Resektion des Ganglion Gasseri zu ersetzen. Immerhin sind die Alkoholinjektionen bei gemischten Nerven mit großer Vorsicht anzuwenden, da die Gefahr einer ausgedehnten Nervendegeneration besteht. In einem Falle sah ich (Schreiber) nach einer solchen Injektion eine schwere Keratitis neuroparalytica auftreten, und der Bulbus mußte schließlich enukleiert werden. Auch in der Literatur wird mehrfach über derart tragische Ausgänge von Alkoholinjektionen im Bereich des Ganglion Gasseri berichtet. Als Kuriosum sei noch angeführt, daß Gerold (nach v. Michel) zur Ermöglichung des Sehens bei Blepharospasmus eine lochartige Öffnung im Oberlide gegenüber der Pupille anlegte.

Literatur zu §§ 174—178.

1854 v. Graefe: Fall von Blepharospasmus mit hinzugetretenen allgemeinen Konvulsionen. Graefes Arch. f. Ophthalmol. Bd. 1, 1, S. 448.

1870 Graefe, Alfred: Klin. Mitteilungen über Blepharospasmus. Graefes Arch. f. Ophthalmol. Bd. 16, 1, S. 90. — Talko: Klonische Krämpfe der Augenlider. Neurotomie der Supraorbitalnerven. Klin. Monatsbl. f. Augenheilk. Bd. 8, S. 120.

1871 Hodges: Hysterical closure of right eyelids cured by galvanism. Lancet T. 1, p. 378. — Quaglino: Blefarospasmo spasmodico doppio guarito col taglio sottocutaneo del ramo sopraorbitale del trigemino. Ann. di ottalmol. p. 485. — Saemisch: Fall von Blepharospasmus. Klin. Monatsbl. f. Augenheilk. S. 554. — Seeligmüller: Über intermittierenden Blepharospasmus. Klin. Monatsbl. f. Augenheilk. S. 203.

1872 Dor: Über beiderseitigen Blepharospasmus. Korrespbl. f. Schweizer Ärzte Nr. 16, S. 340 u. Nr. 18, S. 407. — Just: 2. Bericht über die Augenheilanstalt zu Zittau. — Lazarus: Über Nictitatio. Wien. med. Presse Bd. 13, S. 43. — Monoyer: Blépharospasme passif guéri instantanément par un moyen d'une simplicité curieuse. Ann. d'oculist. T. 68, p. 276. — Tillaux: Blépharospasme; traitement inéfficace pendant trois mois; section souscutanée des deux nerfs sus-orbitaires; guérison. Bull. génér. de thérap. 15 août.

1874 Mathewson: A new method of treating blepharospasm. Transact. of the Americ. ophthalmol. soc. p. 207. — Ott: Ein Beitrag zur Lehre vom Reflexkrampf, speziell vom Blepharospasmus. Korrespbl. f. Schweizer Ärzte Nr. 21, S. 600. — Schiesz: 10. Jahresber. der Augenheilanstalt in Basel. S. 38. — Strawbridge: Hysterical blepharospasm, treated and relieved by forcible elevation of the eyelid. Transact. of the Americ. ophthalmol. soc. p. 302. — Zehender, W.: Blepharospasmus von einjähriger Dauer; temporär geheilt durch äußere Anwendung von Jodtinktur. Klin. Monatsbl. f. Augenheilk. Bd. 13, S. 293.

1875 Michel: Krankheiten der Augenlider. Dieses Handbuch 1. Aufl., Kap. IV. — Parinaud: Spasmes et paralysies des muscles de l'œil. Gaz. hébdom. de méd. No. 46 et 47.

1877 Harlan: Obstinate blepharospasm, cured by inhalation of nitrite of amyl. Americ. Journ. of med. sciences p. 411. — Herter: Multiple Reflexneurose. Charité-Ann. S. 512.

1878 Baum: Mimischer Gesichtskrampf, Dehnung des Facialis. Berl. klin. Wochenschr. Nr. 40. — Buzzard: Case of blepharospasm. Brit. med. Journ. May and Practitioner T. 20, p. 403. — Leube: Über ein seltenes Symptom des Facialiskrampfes. Ärztl. Intelligenzbl. Nr. 53.

1879 Cornwell:. Forcible dilatation of the sphincter palpebrarum as a means of treatment in obstinate cases of blepharospasm. New York med. Rec. T. 16, p. 296. — Dehenne: Le blépharospasme clonique; guérison par le bandeau métallique. Gaz. d'ophtalmol. T. 1, p. 316. — Fano: Contraction spasmodique de l'orbiculaire des paupières gauches, et de tous les muscles sous-cutanées de la moitié gauche de la face; six injections sous-cutanées de chloroforme: production de trois escarres; amélioration passagère. Journ. d'oculist. et de la chirurg. p. 103. — Hotz, C.: Two cases of clonic blepharospasmus as traumatic reflex neurosis. Americ. Journ. of the med. scienc. p. 434. — Miles, C. W.: Canthotomy for the relief of blepharospasm. Atlanta med. and surg. Journ. T. 17, p. 193. — Schüssler, H.: Mimischer Gesichtskrampf. Dehnung des Facialis. Berl. klin. Wochenschr. Nr. 46.

1880 Dehenne: Du blépharospasme. Bull. de la soc. de méd. prat. Février et Union méd. Août. — Eulenburg: Ein schwerer Fall von Prosopospasmus mit ungewöhnlichem Verlaufe. Zentralbl. f. Nervenheilk. Nr. 7. — Hotz: Tonischer Lidkrampf von fünfmonatlicher Dauer. Durch eine einzige Applikation von Jodtinktur geheilt. Arch. f. Augenheilk. Bd. 10, S. 32. — Leber: Vorübergehende Blindheit nach lange anhaltendem Lidkrampf bei phlyctänulärer Keratitis kleiner Kinder. Graefes Arch. f. Ophthalmol. Bd. 26, 2, S. 261. — Pearse: Nictitatio. Lancet No. 17. — Schiesz-Gemuseus: Hochgradiger Blepharospasmus bei Hornhautaffektion. Jahresbericht der Augenheilanstalt in Basel. — Schirmer: Blepharospasmus. Eulenburgs Realenzyklopädie.

1881 Buzzard, T.: A case of blepharospasmus. Practitioner. June. p. 403.

1882 Abadie, Ch.: Traitement du blépharospasme par le massage forcé du muscle orbiculaire. Gaz. des hôp. 7. Octobre. — Cohn, H.: Augenkrankheiten bei Masturbanten. Arch. f. Augenheilk. Bd. 11, 2, S. 198. — da Fonseca, C.: Blépharospasme convulsif et forte amblyopie hystérique dans les deux yeux. Compression et tiraillement des nerfs supra-orbitaires. Guérison. Arch. ophtalmol. de Lisboa. Mai und Juni. — Panas: Blépharospasme hystérique traité par l'élongation du nerf susorbitaire. Semaine méd. T. 2, p. 33. — Pflüger: Blepharospasmus. Bericht der Universitäts-Augenklinik in Bern pro 1881. S. 48.

1883 Betz: Ein Beitrag zur Therapie des Spasmus nictitans. Memorabilien Bd. 3, S. 334. — Moore: Blepharospasm caused by hyperopia. Planet. New York. T. 1, p. 46. — Thomson: Spasm of eyelids and ciliary muscles with intense pain caused by exposure to electric light. Med. Times and Gaz. No. 1711.

1884 Landesberg: Treatment of facial spasm. Phila. med. Bull. July. — Martin: Blépharospasme astigmatique. Ann. d'oculist. T. 91, p. 231. — Ottava: Operative Behandlung des Blepharospasmus idiopathicus. Szemészet. p. 126. — Saint-Martin: Cautérisations ponctuées dans le blépharospasme. Bull. de la clin. nat. ophtalmol. des Quinze-Vingts. T. 2, p. 86. — Schenkl: Persistierender Blepharospasmus, hervorgerufen durch einen Stoß ins linke Auge. Prager med. Wochenschr. Bd. 9, S. 362.

1885 Benedikt: Blepharospasmus und Kinnbackenkrampf. Wien. med. Wochenschr. Nr. 3. (Gesellsch. d. Ärzte in Wien.) — Fano: Emploi des injections hypodermiques d'une solution de curare dans la contraction spasmodique de l'orbiculaire des paupières. Journ. d'oculist. No. 151. — Harlan: Case of hysterical monocular blindness, with violent blepharospasmus and mydriasis — all relieved by mental impression. Transact. of the Americ. ophthalmol. soc. [p. 649. — Ottava: Blepharospasmus nach Schädelverletzung. Wien. med. Wochenschr. Nr. 11. — Przybilskyi: Ein Fall von Spasmus nictitans. Westnik ophthalmol. Mai-Juni und Gaz. lekarska Warszawa. 2. s. T. 5, p. 328. — v. Reuss: Ophthalmologische Mitteilungen aus der zweiten Universitäts-Augenklinik in Wien (ein merkwürdiger Fall von Blepharospasmus). Wien. med. Wochenschr. Nr. 33. — Zesas: Über die Erfolge der Dehnung des N. facialis bei Facialiskrampf. Wien. med. Wochenschr. Nr. 27 u. 28. — Ziem: Blepharospasmus beim Ausspritzen des Ohres. Dtsch. med. Wochenschr. Nr. 49.

1886 Potter: Hysterical closure of the eyelids. Practitioner. August. p. 94. — Schubert: Ein Fall von Blepharospasmus. Münch. med. Wochenschr. S. 528.

1887 de Gouvêa, H.: Sobre un caso de blepharospasmo tonico curado pela nevrotomia do supraorbitario. Brazil-méd. Rio de Jan. T. 2, p. 12.

1888 Darbishire, D.: A special form of reflex spasm of the type of blepharospasm, but more extensive and elaborate. Brit. med. Journ. T. 2, p. 1044. — Dehenne: Du traitement de blepharospasme tonique par la névrotomie sousorbitaire. Union méd. No. 58, p. 712. — Fürstenheim, Fr.: Über Amaurose nach Blepharospasmus. Inaug.-Diss. Berlin. — Koller: Blepharospasm. (Americ. ophthalmol. soc.) Americ. Journ. of ophthalmol. p. 312. — Samelsohn: Über Erblindung nach entzündlichem Blepharospasmus der Kinder. Klin. Monatsbl. f. Augenheilk. S. 221. — Silex: Vorübergehende Amaurose infolge von Blepharospasmus nebst einigen Bemerkungen über das Sehen der Neugeborenen. Ebenda. S. 104.

1889 Alt: Experiences with a case of chronic mixed clonic and tonic blepharospasmus. Americ. Journ. of ophthalmol. p. 333. — Leszinsky, W. M.: Bilateral blepharospasm with divergent strabismus, cured after division of the external rectus muscle, subsequent restoration of stereoscopic vision. New York med. Journ. 18th May. — Poriwaew: Ein Fall von temporärer Amaurose infolge von Blepharospasmus. Westnik ophthalmol. p. 365. — Rampoldi: Contributo clinico alla eziologia ed alla cura del blepharospasmo. Gaz. med. lomb. T. 48, p. 277. — Trousseau: Troubles oculaires réflexes d'origine nasale. (Soc. d'ophtalmol. de Paris.) Recueil d'ophtalmol. p. 310. — Valude: Du blépharospasme; étiologie et traitement. Arch. d'ophtalmol. p. 289 et 394.

1890 Giraud: Du blépharospasme et de son traitement. Lyon. — Ritzmann: Beiträge zur hypnotischen Suggestivtherapie bei Augenleiden. Korrespbl. f. Schweizer Ärzte. Jg. 20. — de Wecker, L.: Du spasme palpébral et de son traitement. Rev. de hypnolog. T. 1, p. 176.

1891 Allport, Frank: The treatment of blepharospasm. Americ. Journ. of ophthalmol. p. 6. — Rabinowitsch: Zur Kasuistik der temporären Amaurose nach Blepharospasmus. Westnik ophthalmol. T. 8, 1, p. 26. — Uhthoff: Ein Beitrag zur vorübergehenden Amaurose nach Blepharospasmus bei kleinen Kindern. Verhandl. d. Gesellsch. zur Förderung d. ges. Naturwissensch. zu Marburg. Sitzung vom 9. Dez.

1892 FREUND: Ein Fall einer bisher nicht beschriebenen Form von Nystagmus. Dtsch. med. Wochenschr. S. 288. — LAGRANGE: Blépharospasme à droite; strabisme à gauche; arrachement du nerf nasal et strabotomie; guérison. Arch. chirurg. de Bordeaux. T. 1, p. 481. — MÜLLER, L.: Blepharospasmus nach Basisfraktur. Wien. klin. Wochenschr. No. 19. — VINCENT: Procédé opératoire pour le traitement du blepharospasme rebelle; formation d'un ectropion temporaire à l'incision de la commissure externe des paupières. Lyon méd. p. 223.

1893 MERZ: Ein Fall von hochgradigem Blepharospasmus mit Heilung. Klin. Monatsbl. f. Augenheilk. S. 374. — VALUDE: Spasme des paupières. Union méd. No. 4. — WALLERSTEIN, H.: Ein Fall von Blepharospasmus beider Augen. Ges. Beitr. a. d. Geb. d. Chirurg. u. Med. d. prakt. Lebens. Wiesbaden. S. 57.

1894 PANSIER, P.: Blépharospasme tonique douloureux intermittent de nature hystérique; guérison par l'électricité statique. Nouveau Montpellier méd. T. 3, p. 192. — WOLFFBERG: Objektive Augensymptome der Neurasthenie. Klin. Monatsbl. f. Augenheilk. S. 128.

1895 OTTAVA: Die Resektion der oberen Facialisäste bei Blepharospasmus idiopathicus. Ungar. Beitr. z. Augenheilk. Bd. 1, S. 27.

1897 COHN, TOBY: Facialis-Tic als Beschäftigungsneurose (Uhrmacher-Tic). Neurol. Zentralbl. S. 23. — JACOB, A.: Über einen Fall von Hysterie im Kindesalter mit Mutismus, Blepharospasmus und Ataxie — Abasie. Inaug.-Diss. Erlangen. — LAEHR: Über Augenmuskelkrämpfe. Über Augenmuskelstörungen bei Hysterie. Deutschmanns Beitr. z. Augenheilk. H. 30, S. 44.

1898 BERNHARDT, M.: Die Erkrankungen der peripherischen Nerven. Nothnagels Spez. Pathol. u. Therap. Wien: A. Hölder. — KUNN: Die Augenmuskelstörungen bei Hysterie. Deutschmanns Beitr. z. prakt. Augenheilk. H. 30.

1900 WILBRAND und SAENGER: Die Neurologie des Auges. Bd. 1. Wiesbaden: J. F. Bergmann.

1903 v. FRAGSTEIN: Über doppelseitige Gehörstörungen, kombiniert mit bilateralen Krämpfen im Gebiete des Facialis, nebst Bemerkungen über das Versorgungsgebiet des letzteren. Wien. klin. Wochenschr. Nr. 38. — FUNKE: Über Pseudotetanie. Prager med. Wochenschr. S. 233. — MEIGE: Les tics des yeux. Ann. d'oculist. T. 129, p. 167. — Derselbe: Mikropsie bei einem stotternden Tickranken. (Soc. de neurol. de Paris.) Neurol. Zentralbl. S. 885. — MEIGE und FRIEDEL: Der Tic, sein Wesen und seine Behandlung. Deutsch von GIESE. Leipzig u. Wien: F. Deuticke. — SCHLOESSER: Heilung peripherer Reizzustände sensibler und motorischer Nerven. Bericht ü. d. 31. Vers. d. ophthalmol. Ges. Heidelberg. S. 84 u. f.

1904 SCHREIBER: Ein Fall von atypischer Tetanie mit anfänglichem Gesichtskrampf. Wien. med. Wochenschr. Nr. 26 u. 27. — WOLFFBERG: Ein Fall von Blepharospasmus durch Nasenaffektion. Wochenschr. f. Therap. u. Hyg. d. Auges. Bd. 7, Nr. 31.

1905 BABINSKI: Hémispasme facial périphérique. Nouv. Iconographie de la Salpêtrière. No. 4. — v. BECHTEREW: Eine nervöse Erkrankungsform mit den äußeren Merkmalen der Myotonie. Dtsch. Zeitschr. f. Nervenheilk. Nr. 29, S. 331. — OPPENHEIM: Lehrbuch der Nervenkrankheiten. Berlin: S. Karger. — VALUDE: Le blépharospasme traité par les injections profondes d'alcool au niveau de l'émergence du nerf facial. Ann. d'oculist. T. 134, p. 436.

1906 ABADIE et DUPUY-DUTEMPS: Hémispasme facial guérie par une injection profonde d'alcool. Arch. d'ophtalmol. T. 26, p. 70. — CRUCHET: Sur un cas de maladies des tics convulsifs. Arch. génér. de méd. No. 19. — ESCHBAUM: Hysterischer Blepharospasmus. (Niederrh. Gesellsch. f. Natur- u. Heilk.) Dtsch. med. Wochenschr. S. 1060. — FREY: Zwei Fälle von Facialistic. (Psych.-neurol. Sektion des kgl. Ärztevereins in Budapest.) Neurol. Zentralbl. S. 879. — MAGER: Über das Facialisphänomen bei Enteroptose. 76. Vers. Deutsch. Naturforscher u. Ärzte in Stuttgart. Münch. med. Wochenschr. S. 2076 und Wien. klin. Wochenschr. S. 1544. —

Meynier: Contributo allo studio delle mioclonie infettive nell' età infantile. Arch. di psych., neuropat. T. 27. — Plaveo: Tic convulsif. Wien. med. Presse Nr. 34—37.

1907 Fischler: Über Erfolge und Gefahren der Alkoholinjektionen bei Neuritiden und Neuralgien. Münch. med. Wochenschr. S. 1569. — Pelz: Über atypische Formen der Thomsenschen Krankheit (Myotonia congenita). Arch. f. Psychiatr. u. Nervenkrankh. Bd. 42, S. 704.

1908 Valude: Blépharospasme et injection d'alcool. Ann. d'oculist. T.139, p.241.

1909 Fumagalli: Le iniezioni sottocutance di alcool nella cura del blefarospasmo e dell' entropion spastico. Ann. di ottalmol. T. 38, p. 163. — Straub: Behandeling van Blepharospasmus nervosus. Nederlandsch. Tijdschr. v. Geneesk. T. 2, p. 1066.

1910 Péchin: Le blépharospasme. Pratique méd. chirurg. Masson éditeur. Paris.

1911 Lataillade: Blépharospasme, hémispasme faciale et leur traitement. Thèse de Paris.

1914 van Lint: Paralysie palpébrale temporale provoquée dans l'opération de la cataracte. Ann. d'oculiste. Juin.

1921 Wilbrand und Saenger: Die Neurologie des Auges. Bd. 8: Die Bewegungsstörungen der Augenmuskeln (S. 287). Wiesbaden: J. F. Bergmann. — van Lint: Blépharospasme essentiel guéri par injection d'alcool au rebord inférieur-externe de l'orbite. Arch. d'Opht. 3. (Ref. Zentralbl. f. d. ges. Ophthalm. VII, p. 175.)

1922 Blatt, N.: Zur Therapie des Blepharospasmus. Wien. klin. Wochenschr. Nr. 10. — Elschnig, Herm. H.: Akinesie bei chronischem Blepharospasmus. Med. Klinik Nr. 52.

c) Lähmung des Musculus orbicularis.

§ 179. Die Lähmung des Musculus orbicularis ist entweder Teilerscheinung einer Lähmung aller vom N. facialis versorgten Gesichtsmuskeln, der sogenannten mimischen Gesichtslähmung (Prosopoplegie), oder einer partiellen Lähmung des oberen Facialis, wobei der M. orbicularis vorzugsweise oder nur allein gelähmt sein kann.

Die Lähmung des M. orbicularis ist durch einen mangelhaften oder fehlenden Lidschluß gekennzeichnet, wie dies besonders bei der Aufforderung, das Auge zu schließen, hervortritt. Die Lidspalte ist weiter geöffnet als unter normalen Verhältnissen und steht im Schlafe offen, welche Erscheinung auch als Lagophthalmus paralyticus (im Gegensatz zum Lagophthalmus aus anderer Ursache, wie infolge angeborener oder erworbener [durch Narbenbildung] Verkürzung der Lider, infolge Ectropium, Vergrößerung oder Vortreibung des Bulbus, infolge Unterempfindlichkeit der Hornhaut und dadurch bedingten Ausbleibens des reflektorischen Lidschlags) bezeichnet wird. Immerhin verengt sich auch bei vollkommener Orbicularislähmung die Lidspalte ein wenig dadurch, daß mit dem Lidschluß gleichzeitig eine Erschlaffung des M. levator einsetzt und ein weiteres Herabsinken des Oberlides infolge seiner Schwere eintritt. Dieses Herabsinken des Oberlides pflegt sich bei länger bestehender Lähmung in erhöhtem Maße auszubilden und in manchen Fällen ziemlich stark ausgeprägt zu sein. In einem Falle von rechtsseitiger otitischer Facialislähmung bei einem

5 jährigen Kinde beobachtete Melcome (1898), daß das rechte Auge durch das herabsinkende Oberlid völlig verdeckt werden konnte, während ein willkürlicher Schluß der Lidspalte unmöglich war. In einem Falle von Herzfeld (1901) waren bei einer doppelseitigen Facialislähmung die Augen während des Schlafes durch das nahezu völlig erschlaffte Oberlid geschlossen. In einer anderen Reihe von Beobachtungen stellt sich gerade der entgegengesetzte Zustand ein, nämlich ein abnorm hoher Stand des Oberlides, bedingt durch eine antagonistische Contractur des M. levator, womit eine noch stärkere Öffnung der Lidspalte verbunden ist und wobei sich die Mitbewegung des Oberlides bei Hebung und Senkung des Auges in normaler Weise vollzieht. Mit dem mangelnden Lidschlusse verbindet sich eine Verlangsamung und ein seltenerer Eintritt des Lidschlages; es fällt das besonders bei grellem Lichteinfall auf, wodurch sonst das Blinzeln gesteigert wird. Das Bellsche Phänomen (s. S. 529) ist bei mangelndem Lidschlusse im Augenblicke der Aufforderung an den Kranken, das Auge zu schließen, besonders schön zu beobachten.

Weitere okulare Erscheinungen der Lähmung des M. orbicularis sind die geringer gefaltete Lidhaut, besonders entsprechend dem medialen Teile des Unterlides, ein geringes Herabgesunkensein des Unterlides und eine Stauung von wasserklarer Flüssigkeit im Bindehautsack; infolge derselben wird in der Lidspalte ein Flüssigkeitsspiegel mit veränderter Oberflächengestaltung sichtbar. Aus dem konkaven Meniscus wird ein konvexer, woraus sich eine erhebliche Oberflächenspannung ergibt. Übersteigt die Flüssigkeitsmenge die Fassungskraft des Bindehautsackes, und fehlt der Lidschlag, so fließt die Flüssigkeit über den Rand des Unterlides und der Wange herab, am meisten in der Mitte des Lidrandes, weniger am inneren und am wenigsten am äußeren Lidwinkel. Sammelt sich aus dieser oder jener Ursache plötzlich eine größere Menge von Flüssigkeit an, so erscheint die Lidspalte förmlich überflutet und das Auge »schwimmt in Tränen«. Zugleich steht in einer Reihe von Fällen, besonders bei älteren Leuten, das Unterlid, vorzugsweise die Gegend des unteren Tränenpunktes etwas von der Oberfläche des Augapfels ab. Diese veränderte Lage des unteren Tränenpunktes wird gewöhnlich als Eversio bezeichnet, dabei taucht der untere Tränenpunkt nicht mehr in den Tränensee, zumal er auch wegen der Lähmung des Orbicularis wenig oder nicht mehr gehoben werden kann. Die Eversion des unteren Tränenpunktes hat man auch für die mangelhafte Abfuhr der Bindehautflüssigkeit verantwortlich gemacht. Dagegen ist einzuwenden, daß der obere Tränenpunkt, der als funktionsfähig anzusehen ist, für sich allein wohl genügen würde, um den

Abfluß zu ermöglichen. Nach SCHIRMER (1904) kommt aber hierbei ausschließlich der Lidschlag in Betracht. Die Lidrandportion des M. orbicularis erweitert durch ihre Zusammenziehung den Tränensack, wirkt dadurch aspirierend und vermittelt so die Aufnahme von Bindehautflüssigkeit in den Tränensack. Nach Beendigung des Lidschlages nimmt der Tränensack infolge der Elastizität seiner Wandungen und des Ligamentum canthi internum sein früheres Lumen wieder ein, wodurch die aufgenommene Flüssigkeit nach der Nase zu herausgepreßt wird. Man nahm ferner an, daß infolge der ungenügenden Deckung der Vorderfläche des Augapfels durch das Offenstehen der Lidspalte eine Vertrocknung entstehe, die einen Reiz für eine reflektorische stärkere Absonderung der Tränendrüse bilde. Diese vermehrte Absonderung würde wohl durch den bei Facialislähmung häufig vorhandenen Mangel der Tränensekretion kompensiert werden.

Im allgemeinen lassen sich die Erscheinungen der Lähmung des M. orbicularis mit denen einer Parese anderer vom N. facialis versorgten gelähmten Gesichtsmuskeln in eine gewisse Parallele stellen. So wäre die glättere und faltenlose Beschaffenheit der Lidhaut mit dem gleichen Aussehen der Stirnhaut bei Lähmung der Stirnäste des N. facialis und das Herabgesunkensein des Unterlides mit dem Herabhängen des Mundwinkels bei der Lähmung der unteren Facialisäste zu vergleichen.

Je nachdem die beschriebenen Erscheinungen mehr oder minder stark ausgebildet sind, kann man drei Grade der Orbicularisparese unterscheiden.

Bei einem geringen Lähmungsgrade erscheint die Lidspalte stärker geöffnet als normal, das untere Lid etwas herabgesunken und der Bogen, den der Rand des Unterlides bildet, etwas mehr geschweift, was besonders im Vergleiche mit der gesunden Seite hervortritt. Auch die Falten an der medialen Seite des Unterlides sind etwas weniger ausgesprochen. Der willkürliche Schluß der Lidspalte vollzieht sich in genügender Weise, der unwillkürliche aber unvollkommen, so daß während des Schlafes die Lidspalte etwas offen steht. Stärker tritt dies hervor, wenn außer der Lähmung des Orbicularis noch der N. trigeminus beteiligt ist, wie bei der sogenannten multiplen Gehirnnervenlähmung (HANKE 1898), da der Anteil, der auf dem Trigeminus-Facialis-Reflexbogen dem Facialis im Sinne einer Verengerung der Lidspalte zufließt, in Wegfall kommt.

Beim mittleren Lähmungsgrade steht die Lidspalte etwas weiter offen als normal, das Unterlid erscheint stärker herabgesunken, und die Falten am Unterlid, besonders die medialen, sind weniger sichtbar. Bei Aufforderung kann die Lidspalte geschlossen werden, jedoch nur mit Hilfe der ganzen Orbicularismuskulatur, wobei die dadurch sonst hervorgebrachte Faltenbildung der Lidhaut in geringerem Grade ausgesprochen ist. Während des Schlafes steht die Lidspalte etwas offen.

Bei einem starken Lähmungsgrade ist gewöhnlich die Lidspalte weit geöffnet, der Rand des Unterlides stark nach unten zu geschweift; das Unterlid ist tief herabgesunken, mehr oder weniger faltenlos, und steht vom Bulbus ab. Selbst beim stärksten Willensimpulse kommt es nicht zu einem Verschluß der Lidspalte, die entsprechend der Mitte des Lides in vertikaler Richtung 2—4 mm weit offen steht. Am weitesten, nämlich 4—5 mm, klafft die Lidspalte am inneren Lidwinkel. Gegen den äußeren Lidwinkel zu wird dieselbe allmählich enger und der Abstand der Lidränder beträgt 2—3 mm vom äußeren Lidwinkel entfernt in vertikaler Richtung nur noch 1—2 mm. Während des Schlafes steht die Lidspalte weit offen.

Gleichwie bei den anderen vom N. facialis versorgten Gesichtsmuskeln zeigt sich die elektrische Erregbarkeit des zum Musculus orbicularis ziehenden Facialisastes sowie diejenige der Muskelsubstanz, desgleichen der Hautreflex vermindert oder aufgehoben. Bei leichten Paresen kann die normale elektrische Erregbarkeit des gelähmten Nerven und Muskels sowohl gegen den faradischen als den konstanten Strom noch erhalten sein; in der Regel ist sie herabgesetzt. Bei mittleren Lähmungsgraden reagiert der Nerv prompt auf galvanische und faradische Ströme, der Muskel mit träger Zuckung; es besteht eine sogenannte partielle Entartungsreaktion. Bei hohen Graden ist der Nerv gegen beide Stromarten unerregbar, der Muskel reagiert auf galvanische Reizung träge, auf die faradische verschieden, meist gar nicht. Es besteht eine vollkommene Entartungsreaktion. Abweichungen in bezug auf das Verhalten der Gesichtsmuskeln gegen den elektrischen Strom bestehen in einer einfachen Erhöhung der Erregbarkeit und in einer Kontraktion der Muskeln der gesunden Seite bei Reizung der kranken; seltener ist das Umgekehrte der Fall. Diese Erscheinungen sind auf eine Kollateralinnervation zu beziehen. Bei zentralen, durch Ponsläsion bedingten Facialislähmungen finden sich Zuckungen auf der gelähmten Seite bei Reizung der gesunden häufiger, als bei peripheren. SEIFFER (1903) konnte in einem Falle von peripherer Facialislähmung Zuckungen in der Kinn- und Lippenmuskulatur von den Austrittsstellen der N. supra- und infraorbitalis mit dem faradischen und galvanischen Strome auslösen, der die Muskeln bei direkter Reizung noch unerregt ließ und bei indirekter Reizung weder den erkrankten noch den gesunden Facialis zur Reaktion brachte.

§ 180. Als Begleiterscheinungen der Facialislähmung oder in unmittelbarem Zusammenhange mit ihr finden sich Störungen der Sensibilität und der Schmerzempfindung der Haut, sowie solche der Tränen-, Speichel- und Schweißabsonderung, des Geschmacks und des Gehörs, manchmal auch vasomotorische Störungen. In einzelnen Fällen wird eine Parese des Gaumensegels und ein Schiefstand der Uvula beobachtet.

Sensibilitätsstörungen und Schmerzempfindungen der Haut der gelähmten Gesichtshälfte wurden von manchen Beobachtern gar nicht selten, von anderen jedoch nur ausnahmsweise (REMAK 1898, FLATAU 1898, KÖSTER 1901, 1902) festgestellt. SCHEIBER (1904) fand unter 58 Fällen von peripherer Facialislähmung 26mal Hypästhesien der Tast-, Schmerz- und Temperaturempfindung, und DONATH (1906) in 43 Fällen 5mal eine Herabsetzung der Sensibilität an der gelähmten Gesichtshälfte und unter 175 Fällen 75mal Schmerzerscheinungen. Der Schmerz wurde entsprechend der erkrankten Seite lokalisiert auf das Ohr, die Ohrgegend, die Gegend hinter, vor oder unter dem Ohre; ferner am Warzenfortsatz, am Hinterhaupt und Nacken, an der seitlichen Halsgegend, Schläfe, Stirn, Auge, Wange und Unterkiefer. Auf der entsprechenden Gesichts- oder Kopfhälfte bestanden diffuse Kopfschmerzen. Die Schmerzen traten meist einige Stunden, zuweilen auch mehrere Tage vor der Lähmung auf oder gleichzeitig mit der Lähmung, zuweilen einige Tage nachher. Die Dauer der Schmerzen schwankte in weiten Grenzen. Die Mitbeteiligung des Trigeminus wäre nach DONATH (1906) dadurch zu erklären, daß die gleiche Schädlichkeit, die den Facialisstamm betroffen hat, auch auf den Trigeminus sich erstreckte, zumal schon im Gehirn aus dem aufsteigenden Trigeminus sensible Fasern in den Facialis übergehen.

Die Störungen der Tränenabsonderung bestehen in der Minderzahl der Fälle von frischer Facialislähmung in einer lebhaften Steigerung (KÖSTER 1901), die als Reizzustand aufgefaßt wird und wobei auch eine Erhöhung der elektrischen Erregbarkeit im Facialisstamm besteht. Eine Verminderung oder ein Versiegen der Tränenabsonderung wurde im Verein mit einer Herabsetzung der elektrischen Erregbarkeit oder mit einer typischen Entartungsreaktion angetroffen. Klinische Beobachtungen von Facialislähmungen, bei denen der Kranke nur einseitig, d. h. auf der gesunden Seite weinte, haben GOLDZIEHER (1895) zur Annahme geführt, daß der Facialis und nicht der Trigeminus der Sekretionsnerv der Tränendrüse sei. Als rasch ausgelöste, vorübergehende Reizerscheinungen sind die von MICAS (1905) und von ENGELEN (1906) berichteten Beobachtungen aufzufassen. Bei der Facialislähmung trat in dem ENGELENschen Falle eine Tränensekretion auf der kranken Seite nur beim Essen auf, und in dem MICASschen Falle bei jeder Unterhaltung und beim Schlingakte, besonders beim Schlucken von breiigen Speisen. Übrigens hat A. FUCHS (1908) unter 573 Fällen nicht ein einziges Mal ein Versiegen der Tränenabsonderung auf der facialis-paretischen Seite nachweisen können.

Die Speichelabsonderung aus der Glandula submaxillaris und sublingualis ist teils vermehrt, was als Reizsymptom gedeutet wird, teils verringert oder selbst versiegt. Störungen der Sekretion des Parotisspeichels konnten nicht festgestellt werden. (KÖSTER 1901, 1902).

Eine Störung der Schweißabsonderung wird sowohl bei frischen als bei älteren Fällen von peripherer Facialislähmung beobachtet. Nach KÖSTER (1901, 1902) fand sich bei 38 Kranken 23 mal eine starke Herabsetzung der Schweißabsonderung, in 5 Fällen verbunden mit Entartungsreaktion, und 7 mal eine starke Steigerung. Eigentümlicherweise können sich zugleich auf derselben Gesichtshälfte Hyperidrosis, z. B. an der Stirn und dem Kinn, und Anidrosis, z. B. an der Schläfen- und Jochbeingegend finden. Eine Herabsetzung der Schweißabsonderung ist auf eine Lähmung, eine Erhöhung auf eine Reizung der excitosudoralen Fasern des N. facialis zu beziehen. Da sich nicht selten bei ganz frischen Facialislähmungen Schweißstörungen finden, während elektrische Veränderungen noch gar nicht oder nur in geringem Grade vorhanden sind, so dürfte anzunehmen sein, daß die Schweißfasern früher degenerieren als die motorischen. A. FUCHS (1908) konnte Störungen der Schweißabsonderung bei Facialislähmungen nicht ermitteln.

Die Störungen des Geschmacks sind viel häufiger als die der Speichelabsonderung und KÖSTER (1901, 1902) hat bei 24 mit Geschmacksstörungen verbundenen Facialislähmungen in der Mehrzahl der Fälle einen Geschmacksausfall gefunden.

Gehörstörungen sind relativ häufig und zwar klagten, nach der Mitteilung von KÖSTER (1901, 1902), von 24 Kranken 15 über Summen, Sausen oder Brummen im Ohr, geringe Abnahme der Hörschärfe und Zunahme einer schon bestehenden Schwerhörigkeit. Einige Beobachter, wie SCHEIBER (1904), fanden eine Hyperacusis (Oxykoia), worunter man eine abnorme Feinhörigkeit und besondere Empfindlichkeit gegen tiefe Töne zu verstehen hat. In dem SCHEIBERschen Falle einer linksseitigen Facialislähmung nach Mittelohrentzündung war mit der Hyperacusis ein vollständiger Mangel der Tränenabsonderung verknüpft.

Auf vasomotorische Störungen wäre ein erhöhter oder verminderter Turgor der erkrankten Gesichtshälfte zu beziehen. Bei Parese des Gaumensegels und Schiefstand der Uvula zeigt sich ein Herabhängen des Gaumensegels auf der kranken und ein Abweichen des Zäpfchens nach der gesunden Seite.

Als gleichzeitige Erkrankungen finden sich ferner bei Facialislähmung solche anderer peripherer Gehirnnerven, wie eine Entzündung des Trigeminus in Form des Herpes zoster und Lähmungen von Augenmuskeln. Der Herpes zoster tritt auf derselben Seite wie die Facialislähmung auf und wurde im Bereiche des Plexus cervicalis (GRASSMANN 1897) und des Ramus ophthalmicus (WILBRAND-SAENGER 1900) beobachtet. Der Herpes zoster ophthalmicus kann noch durch eine Lähmung des N. abducens kompliziert sein (HEYDEMANN 1904, FRASER 1904). In einem Falle von SARAI (1904) war bei einer 24jährigen Frau am Tage nach dem Auftreten eines Herpes der linken Ohrmuschel eine linksseitige Facialislähmung entstanden. Der Herpes heilte in 13 Tagen ab, die Facialislähmung erst nach 4 Monaten. Die Lähmung von Augenmuskelnerven kann nur vereinzelt auftreten oder es kann die Lähmung des Augenfacialis mit einer Ophthalmoplegia externa (v. FRAGSTEIN und KEMPNER 1898, TAYLOR 1898) verbunden sein.

Endlich sind bei Facialislähmung auch die Erscheinungen einer basalen Gehirnerkrankung oder einer Läsion der Gehirnsubstanz, überhauptErscheinungenvoncerebro-spinalenErkrankungen beobachtet.

§ 181. Der Verlauf der Facialislähmung ist je nach der veranlassenden Ursache ein verschiedener; in leichten Fällen kann sich die Lähmung innerhalb weniger Wochen ausgleichen, in schweren nimmt sie Monate in Anspruch und bleibt mitunter dauernd bestehen. Während der Heilungszeit stellen sich öfters spontan blitzartig einsetzende Zuckungen in der gelähmten Gesichtshälfte ein, die nach REMAK (1898) regelmäßig gleichzeitig mit dem Lidschlage erfolgen; ferner Muskelwogen (s. S. 445 u. f.) und Contracturen. Hat sich eine Lähmungscontractur entwickelt, so kann die Lidspalte auf der kranken Seite normale Dimensionen darbieten oder sogar im Vergleiche mit der gesunden Seite stärker verengt sein, wodurch der scheinbare Eindruck hervorgerufen wird, als sei die gesunde Seite die gelähmte. Gegenüber einem Krampfzustande des M. orbicularis ist aber zu beachten, daß bei der Aufforderung, das Auge zu schließen, der Lidschluß auf der gelähmten Seite gar nicht oder nur unvollständig erfolgt. Zur Erklärung der Ausbildung einer Contractur wird angenommen, daß durch die wiederholte starke Willensanstrengung, während der Dauer der Lähmung die gelähmten Muskeln in Tätigkeit zu setzen, das Kernzentrum übermäßig gereizt werde und als Folge dieser Reizung eine dauernde Contractur sich herausbilde. Durch die direkte Übertragung des Reizes von Zelle zu Zelle entstünden unwillkürliche Mitbewegungen mehrerer Muskeln desselben Gebietes, wie beispielsweise der Zygomaticus sich beim Versuche des Lidschlusses kontrahieren könne. LIPSCHITZ (1906) ist der Ansicht, daß die Regeneration der geschädigten Nervenfasern von zufälligen Umständen abhänge, da es nicht zu bestimmen sei, welchen Weg die einzelne Faser nehme. Vom zentralen Stumpfe her seien die neugebildeten Fasern bunt durcheinander gemischt und strahlen nach allen Richtungen hin in die Muskelfasern der betreffenden Gesichtshälfte aus. Ist der Faseraustausch ein gleichmäßiger, so werde fast jede willkürliche Bewegung von einer Mitbewegung sämtlicher Muskeln des Facialis begleitet, ist er aber ein ungleichmäßiger, so seien die Mitbewegungen nur in einigen Muskeln und bei gewissen Bewegungen besonders stark ausgesprochen. Die Spontanzuckungen seien ebenfalls als Mitbewegungen zu betrachten. Der Faktor der Vertauschung der Funktion infolge Faseraustausches in Verbindung mit dem Prinzipe der Übung erkläre alle Mitbewegungen und Zuckungen bei veralteten, zu relativer Heilung gelangten Facialislähmungen, ebenso die zahlreichen abnormen elektrischen Erscheinungen.

Im weiteren Verlaufe kommt es am Auge durch das Überfließen der angestauten Bindehautflüssigkeit, besonders bei länger bestehender Orbicularislähmung, zu einer Maceration der Haut des Unterlides und der benachbarten Wangenhaut, die allmählich in einen chronisch-ekzematösen Zustand gerät. Die dadurch entstehende Spannung der Haut führt zu einer langsam zunehmenden Abhebung des Unterlides vom Augapfel und zu einer Auswärtswendung, ähnlich wie beim Narbenectropium, dem sogenannten Ectropium paralyticum oder e lagophthalmo. In der Regel wird die Entstehung des Ectropium noch durch die Gewohnheit des Kranken gefördert, die angestaute Flüssigkeit durch Wischen in der Richtung von oben nach unten zu entfernen; dadurch wird die Lidhaut, besonders bei älteren Individuen mit schlaffer Haut, noch stärker gedehnt und das Lid mehr und mehr nach unten verzogen. In einer Reihe von Fällen zeigt sich die Bindehaut frühzeitig katarrhalisch erkrankt, und zwar wohl dadurch, daß bei der ungenügenden Abfuhr der Bindehautflüssigkeit infolge des mangelnden Lidschlags pathogene Mikroorganismen längere Zeit im Bindehautsack verweilen oder indem diese durch Wischen am Auge übertragen werden. Durch den mangelnden Lidschlag und das Offenstehen der Lidspalte besteht die Gefahr einer Vertrocknung des Hornhautepithels; der hierbei entstehende Epitheldefekt kann infiziert werden und sich zu einem Geschwür entwickeln. Besonders ist die Gefahr des Hornhautgeschwürs bei gleichzeitig bestehender Trigeminuslähmung vorhanden. Anderseits ist die Hornhaut durch das BELLsche Phänomen, besonders während des Schlafs, gegen eine Vertrocknung wirksam geschützt.

Bei der Heilung der Facialislähmung bilden sich in der Regel die Störungen des Gehörs und der Schweißabsonderung zuerst zurück, dann folgt der Geschmack. Die rasche Rückbildung der Schweißstörung noch vor der Herstellung des normalen Erregbarkeitsverhältnisses ist nicht so zu verstehen, als ob die Schweißfasern sich rascher regenerieren, sondern der Trigeminus, der ebenfalls Schweißfasern führt, tritt vikariierend ein. Der Geschmack kehrt auch häufig früher zur Norm zurück als die elektrische Erregbarkeit. Daraus ist wohl zu schließen, daß die Geschmacksfasern sich relativ frühzeitig regenerieren und widerstandsfähiger sind als die motorischen. Bei 12 zur Heilung gelangten Kranken wurde 9 mal ein gleichzeitiges Verschwinden der Geschmacks- und Schweißstörung beobachtet und nur 3 mal stellte sich der Geschmack später ein als der Schweiß. Dreimal kehrte der normale Geschmack zugleich mit der Tränenabsonderung zurück, in 2 Fällen später und in 5 Fällen früher. Nach dem Geschmack folgt die Wiederherstellung der Speichel- und nicht selten dann erst die der Tränenabsonderung. Zuletzt kehrt die elektrische Erregbarkeit zur Norm zurück, nachdem schon vorher die willkürliche Erregbarkeit sich eingestellt hat. Auf Grund dieser Erscheinung wäre anzunehmen, daß den einzelnen im N. facialis verlaufenden Fasergattungen eine gewisse Selbständigkeit zukommt.

§ 182. Die Lähmung des N. facialis ist die häufigste unter den isoliert auftretenden Lähmungen. Nach einer Zusammenstellung von PHILIP (1890) waren von 100 Kranken 2 doppelseitig, 57 rechts- und 41 linksseitig gelähmt. SOSSINKA (1905) fand bei 300 Fällen von peripherischer Facialislähmung das Maximum der Erkrankung im 5. Lebensdezennium; unter diesen befanden sich 128 Männer und 172 Frauen. 150 Kranke hatten eine rechtsseitige und 146 eine linksseitige, 4 eine doppelte Gesichtslähmung. Nach BOERNER (1904), der über eine Zahl von 85 Facialisparesen verfügte, überwiegen in geringem Maße die rechtsseitigen. In den von A. FUCHS (1908) mitgeteilten 593 Fällen betraf die Facialislähmung 308 Männer und 285 Frauen. Ungefähr in der Hälfte der Fälle war die Facialislähmung rechterseits aufgetreten. Im allgemeinen befällt dieselbe das 20.—50. Lebensjahr.

Nach ihrem Auftreten sind die Facialislähmungen als angeborene und erworbene zu unterscheiden. Dabei sollen, wie dies auch bisher geschehen ist, nur die hauptsächlichsten Gesichtspunkte berührt werden, da es nicht im Rahmen dieser Darstellung liegt, die Facialislähmung erschöpfend zu beschreiben.

Die angeborene Facialislähmung kann ein- und doppelseitig auftreten und ist dadurch ausgezeichnet, daß nicht alle Äste gleichmäßig betroffen sind, wie dies in der Regel bei der erworbenen peripheren Lähmung der Fall ist. Vorzugsweise erscheint die obere und mittlere Gesichtsmuskulatur funktionslos und elektrisch unerregbar, während in einzelnen Kinn- und Mundmuskeln noch Beweglichkeitsreste vorhanden sein können. Bei der angeborenen Facialislähmung fehlt die Entartungsreaktion, auch mangeln Contracturen und fibrilläre Zuckungen. In einer Reihe von Fällen tritt dieselbe familiär oder hereditär auf. So beobachtete Köster (1902) bei zwei Brüdern eine angeborene doppelseitige Facialislähmung. Die Gesichter waren völlig starr und ohne elektrische Reaktion. Geschmack und Tränenabsonderung waren normal, jedoch fehlte die Schweißabsonderung im Gesicht. Die angeborene Facialislähmung kombiniert sich häufiger mit Lähmungen von Gehirnnerven, besonders von Augenmuskelnerven, und anderen angeborenen Anomalien. Bernhardt (1890) beobachtete eine einseitige Trigeminus-Abducens-Facialislähmung. In einem von Gutzmann (1905) mitgeteilten Falle von angeborener fast vollständiger Diplegia facialis waren Lähmung des N. abducens, doppelseitiger Klumpfuß, Verkümmerung der linken Hand und Hypoplasie der linken Brust vorhanden. In Gierlichs (1905) Falle bestand bei einer doppelseitigen Facialislähmung eine Lähmung des linken N. hypoglossus und das Unvermögen, die Augen nach rechts und links zu bewegen, während Konvergenz und Blickbewegung nach oben und unten gut erhalten waren. In weiteren Fällen war mit einer angeborenen multiplen Hirnnervenlähmung ein Brustmuskeldefekt (Schmidt 1897) und mit einer einseitigen Facialislähmung eine rudimentär entwickelte mißbildete Ohrmuschel (Neuenborn 1904) vorhanden. Neurath (1907) beobachtete entsprechend der Seite der Facialislähmung ein Colobom der Sehnervenscheide und der Aderhaut, und Robert (1908) teilt einen ähnlichen Fall mit, in dem bei einer linksseitigen Facialislähmung auf derselben Seite ein Mikrophthalmus mit Colobom des Sehnerven, der Netzhaut und Aderhaut nach unten und ein geringer Nystagmus horizontalis bestand.

Anatomisch wurden dreierlei Veränderungen als Ursache der angeborenen Facialislähmung festgestellt, nämlich eine Agenesie oder Aplasie des Nervenkerngebietes oder des Nervenfaserverlaufs, eine Degeneration des Kerngebietes und eine Agenesie der Gesichtsmuskulatur. Heubner fand bei einer doppelseitigen angeborenen Facialis-Abducenslähmung eine ausgebreitete doppelseitige Aplasie der Kernregion des Facialis und Abducens, sowie des linken Hypoglossus. Die austretenden

Nervenfasern fehlten oder waren spärlich entwickelt. In einem Falle
von angeborener rechtsseitiger totaler Facialislähmung, den MARFAN
und ARMAND-DELILLE (1901) untersuchten, handelte es sich um eine
intrauterin entstandene Störung in der Entwicklung des Felsenbeins
mit sekundärer Agenesie des Facialisstamms und Atrophie des Kerngebietes. Der Facialisstamm fehlte in seinem extra- und intraossalen
Verlaufe, ebenso das innere Ohr und der Acusticus. Das Felsenbein
war verbildet, und im rechten Facialiskern waren Ganglienzellen kaum
sichtbar. In einem von KRETSCHMANN (1908) berichteten Falle von
rechtsseitiger kongenitaler Facialislähmung mit angeborener Taubheit
und Mißbildung des äußeren Ohres war kein Zusammenschluß des hirn-
wärts gelegenen Teils des Acusticus und Facialis mit dem peripheren
Abschnitte zustande gekommen. Es fehlte die Paukenhöhle, die Eusta-
chische Röhre endete blind, der Processus mastoideus, die Pyramide
und das Labyrinth waren verkümmert. Nach NEUENBORN (1904) kann
auch eine Hypoplasie des Nervenstamms vorkommen. In einer von
RAING und FOWLER (1903) untersuchten angeborenen rechtsseitigen
Facialislähmung bestand im Kerngebiete ein Ausfall von Ganglienzellen
und die vorhandenen erwiesen sich als atrophisch; ferner zeigte sich in
allen Teilen des Facialisstammes eine Degeneration der Nervenfasern.
Auf eine Agenesie der Gesichtsmuskeln schließt NEURATH (1907) in
einem Falle deswegen, weil die Untersuchung des Facialiskerngebiets
und seiner zentralen Faserung normale Verhältnisse ergeben hatte.
Hier fand sich bei der Sektion noch eine einseitige Nierenaplasie, eine
Verlagerung der Aorta und ein offener Ductus Botalli.

§ 183. Die erworbenen Gesichtslähmungen sind nach ihrer Entstehung teils myogene, teils neurogene; letztere sind die häufigeren.

Die myogene Lähmung des Musculus orbicularis ist in der
Regel eine partielle und entsteht nach mechanischen Durchtrennungen
der Muskelsubstanz bei Zerstörungen durch Geschwülste oder infolge
eines degenerativen Schwundes; im letzteren Falle ist es oft zweifelhaft, ob es sich um eine primäre oder eine sekundäre neurotische Muskelatrophie handelt. In einem von MOSSDORF (1884) beobachteten Falle
von juveniler Muskelatrophie war die Gesichtsmuskulatur beteiligt und
die Augen konnten nicht vollkommen geschlossen werden. OPPENHEIM
und CASSIRER (1897) fanden in einem Falle der neurotischen Form von
progressiver Muskelatrophie mikroskopisch an Stelle des M. orbicularis
palpebrarum ein anscheinend aus Bindegewebe und Fettgewebe bestehendes, nirgends muskulös aussehendes Gewebe. Die übrige Muskulatur war größtenteils in Fettgewebe umgewandelt.

Die neurogenen Facialislähmungen sind nach ihrem Sitze in zentrale und in periphere einzuteilen.

Die zentralen neurogenen Facialislähmungen erscheinen je nach ihrem Sitz als corticale, supranukleäre, nukleäre und radikuläre. Dabei sei in physiologisch-klinischer Beziehung bemerkt, daß gesonderte zentrale Leitungsbahnen für die willkürliche und die unwillkürliche Innervation angenommen werden. Als willkürliche oder Willensbahn wird die Bahn von der Hirnrinde zum Facialiskern angesehen, wobei nach Kirchhoff (1904) der mediale Kern des Thalamus ein mimisches Zentrum zu sein scheint. Hinsichtlich des cerebralen Verlaufs der unwillkürlichen Faserbahn s. unten. Die Betätigung der Willensbahn zeigt unter normalen Verhältnissen individuelle Verschiedenheiten. So können manche überhaupt nicht ein Auge allein schließen, andere nur das rechte oder linke Auge (vgl. S. 438 u. 439). Bei schweren mit starker Störung des Intellekts einhergehenden Gehirnerkrankungen, wie bei der Dementia paralytica, kann der willkürliche Lidschluß verlangsamt oder aufgehoben sein. Werden derartige Kranke aufgefordert, das Auge zu schließen, so dauert es eine bestimmte Zeit, bis dies geschieht, oder es erfolgt erst nach wiederholter dringender Aufforderung, oder der Lidschluß bleibt sogar ganz aus. Fast bei allen Hemiplegikern findet sich und zwar meist im Anfang der Erkrankung die von Revillion (1889) als »le signe d'orbiculaire« bezeichnete Erscheinung, die darin besteht, daß auf der Seite der Lähmung das Auge nicht isoliert geschlossen werden kann, vielmehr der Augenschluß auf der gelähmten Seite nur dann gelingt, wenn die andere Seite gleichzeitig mitinnerviert wird. Diese Erscheinung verschwindet meist in derselben Zeit, wie die Lähmung der unteren Facialisäste; dabei bleiben die oberen Äste verschont. Auch wurde beobachtet, daß nur das Auge der gesunden Seite nicht isoliert geschlossen werden konnte. Als Apraxie des Lidschlusses wurde von Lewandowsky (1907) eine Erscheinung bezeichnet, die sich bei einer linksseitigen Hemiplegie mit geringer Facialislähmung in dem beiderseitigen Mangel des aktiven Lidschlusses kundgab, während der Blinzelreflex vollständig erhalten war. Endlich sind Fälle bekannt, in denen die gelähmten Facialismuskeln willkürlich nicht kontrahiert werden können, während sie unwillkürlichen Reizen prompt gehorchen, so daß das mimische Muskelspiel in keiner Weise gestört ist. Dieses Verhalten, das sogenannte Nothnagelsche oder v. Bechterewsche Zeichen, hat übrigens auch zur Annahme einer doppelten Innervation der Antlitzmuskeln geführt. Eine reflektorische Innervation des Facialis findet teils durch Erregung der sensiblen Gesichtsnerven, teils, unabhängig vom Willen, durch psychische Einflüsse (Psychoreflexe) statt. In ersterer Beziehung wird eine Übertragung von sensiblen Reizen durch Ganglienzellen im Pons auf die periphere Facialisbahn angenommen. Für die affektiv-reflektorischen Ausdrucksbewegungen kommen höchstwahrscheinlich Bahnen im Stabkranz der Sehhügel in Betracht, welche die durch psychische Impulse erzeugten Erregungen von der Gehirnoberfläche zentrifugal zu den Thalamis opticis leiten. Von diesen Zentren aus gehen die Bahnen für die Auslösung der mimischen Bewegungen nach der Peripherie. Dabei ist diese Auslösungsbahn nicht an die im Hirnschenkelfuße verlaufende willkürlich innervierbare Facialisbahn gebunden, sondern sie ist, getrennt von ihr, höchstwahrscheinlich in der lateralen Haubenfaserung der Hirnschenkel und im Haubenfelde der Brücke zu suchen (v. LEUBE 1908).

Die corticale Facialislähmung ist durch die Nichtbeeinträchtigung der elektrischen und reflektorischen Erregbarkeit und das Verschontbleiben des oberen Facialis gekennzeichnet und häufig verbunden mit einer gleichseitigen Extremitätenlähmung. Das Rindenzentrum liegt für den oberen Facialis im Gyrus parietalis inferior und für den unteren im unteren Viertel der vorderen Zentralwindung. Die Seltenheit der Mitbeteiligung des oberen Facialis wird teils aus den getrennten Rindenzentren für den oberen und den unteren Facialis erklärt, teils mit der Annahme, daß der obere Facialis auf jeder Seite von beiden Hemisphären innerviert werde. Immerhin ist nach OPPENHEIM bei der Monoplegia facio-brachialis die Parese des oberen Facialis häufig deutlich ausgesprochen.

Die supranukleäre Facialislähmung verhält sich ähnlich wie die corticale und dabei erscheint die Reflexerregbarkeit im Facialisgebiete erhalten. Die aus den Rindenzentren kommenden Leitungsfasern treffen sich mit den vom Arm- und Beinzentrum entspringenden Faserzügen in der Markstrahlung der inneren Kapsel, speziell im hinteren Schenkel. Von hier geht die Facialisbahn, medial an die Extremitätenbahn angelagert, durch den Fuß des Hirnschenkels, weiter unten verlassen die Facialisfasern die motorische Hauptinnervationsbahn, die Pyramidenbahn, und erscheinen in der Brücke von ihr räumlich getrennt mehr dorsalwärts. Im untersten Teile der Brücke treten sie, nachdem sich die Fasern mit denjenigen der entgegengesetzten Seite teilweise gekreuzt haben, zu dem am kaudalen Brückenrande gelegenen Kerngebiete. Daher sind supranukleäre Lähmungen in der Regel von Erscheinungen einer Brückenerkrankung begleitet, insbesondere von einer Lähmung des N. abducens. Wird der N. facialis in seinem Verlaufe vom Orte der Kreuzung in der Brücke bis zum Kern betroffen, so entsteht eine Hemiplegia alternans, d. h. die Extremitäten sind auf der der Facialislähmung entgegengesetzten Seite gelähmt. Wenn auch bei der supranukleären Lähmung hauptsächlich der untere Facialis gelähmt ist, so erscheint doch nach den Beobachtungen von Mirallié (1898), Saenger (1899) und anderen der obere Facialis häufiger beteiligt, als man gewöhnlich anzunehmen geneigt ist. Der Grad der Beteiligung des oberen Facialis bzw. des Musculus orbicularis ist sehr verschieden; der Lidschluß erscheint nicht so fest und nur von kürzerer Dauer, oder derselbe ist nur bei gleichzeitigem Lidschlusse auf der anderen gesunden Seite möglich. Beim Versuche, die geschlossenen Lider mit Gewalt zu öffnen, fühlt man einen geringeren Widerstand in den Lidern der gelähmten, als in denjenigen der gesunden Seite. Zur Prüfung der Innervationsschwäche des Orbicularis ist der Kranke aufzufordern, beide Augen längere Zeit fest geschlossen zu halten. Das Öffnen erfolgt stets an dem Auge der gelähmten Seite viel früher als an dem gesunden.

Die nukleäre Facialislähmung ist durch das Betroffensein aller Zweige des Facialis, durch die Erscheinungen der Nervenentartung und das Erloschensein der Reflexe gekennzeichnet. Dasselbe gilt von der radiculären Lähmung. Der Kern des N. facialis ist am Boden der Rautengrube in der Nachbarschaft des Abducenskernes gelegen. Zweifelhaft ist es, ob ein Teil des Facialis aus dem Kerngebiete der entgegengesetzten Seite entspringt. Die aus dem Kern kommenden Wurzelfasern verlassen das Gehirn als Facialisstamm auf einem eigentümlichen Umwege, dem sogenannten inneren Knie. Am inneren Knie sind zu unterscheiden der Ursprungsschenkel oder die aufsteigende Facialiswurzel, dorsal ziehend, der horizontal verlaufende longitudinale oder aufsteigende Schenkel und der Austrittsschenkel oder die austretende Wurzel. Letztere geht aus einer zweiten rechtwinkligen Umbiegung des longitudinalen Schenkels hervor, tritt nach kurzem oberflächlichen Verlaufe wieder in die Tiefe der Haube, verläuft, ventral- und lateralwärts ziehend, kaudalwärts und tritt geraden Weges zwischen dem Facialiskern und der sensiblen Trigeminuswurzel hindurch nach außen. Die aufsteigende Facialiswurzel geht da, wo sie in den horizontalen Teil umbiegt, dicht an der dorsalen und lateralen Seite des Abducenskerns vorüber und bildet ganz nahe am Boden der Rautengrube eine rundliche Vorwölbung, das Tuberculum nervi facialis.

Von Krankheitsprozessen des Gehirns, die zu zentralen Facialislähmungen führen, sind Blutungen, Erweichungsherde, Geschwülste, die mit Stauungspapille einhergehen können, die disseminierte Gehirnsklerose, die subakute und chronische fortschreitende Bulbärparalyse zu erwähnen. Bei letzterer Erkrankung entwickelt sich häufig eine doppelseitige nukleäre Facialislähmung, die sich übrigens auch nur auf einzelne Zweige erstrecken kann. Auch zentrale funktionelle Neurosen führen zu Störungen der Facialisinnervation. Bei der Hysterie besteht manchmal ein umgekehrtes Verhalten zwischen willkürlicher und unwillkürlicher Innervation des N. facialis wie bei Hemiplegikern, indem eine Parese oder Paralyse der mimischen Bewegungen bei voller Intaktheit der willkürlichen Antlitzbewegungen vorhanden sein kann. Eine Kombination von organischer peripherischer und hysterischer Facialislähmung beobachtete ZIEHEN (1907). Ein Mädchen, das verschiedene hysterische Stigmata zeigte, bekam nach einer Aufmeißelung des Warzenfortsatzes eine rechtsseitige Facialislähmung mit erheblich herabgesetzter elektrischer Erregbarkeit. Gleichzeitig stellte sich als »automimetisches« Symptom (auf dem Wege der Selbstnachahmung) eine linksseitige hysterische Lähmung des Orbicularis ein, mit gleichzeitig starker Kontraktion im linken Mundfacialis. Zu erklären ist dieses Verhalten durch die »additive Tendenz« der Hysterischen, vermittels welcher das sich aus der rechtsseitigen Lähmung ergebende Überwiegen der linken Facialisinnervation zur hochgradigen Facialiscontractur gesteigert wurde.

Beim Kopftetanus (JOLLY 1902), auch Tetanus paralyticus oder ROSEScher Kopftetanus genannt, der wohl — als eine Abart des allgemeinen Tetanus — auf eine Toxinwirkung zurückzuführen ist, entwickelt sich im Anschlusse an Verletzungen des Gesichts, so besonders an solche der Augenhöhlenränder oder des Nasenrückens, entsprechend der betroffenen Seite ein Krampf des Facialis bzw. des Orbicularis, dem aber bald die Lähmung folgt. Selten tritt gleich von Anfang an eine Lähmung auf; auch ein Krampf des Orbicularis oder eine Parese der Facialismuskulatur der anderen Seite sowie ein umgekehrtes Verhalten kann bestehen. Es wurde ferner auch eine Diplegia facialis beobachtet. Die elektrische Erregbarkeit verhält sich normal oder ist gesteigert. In den meisten Fällen erfolgt ein tödlicher Ausgang. Es tritt Trismus hinzu und die Muskelspannung verbreitet sich in der Schlund-, Kehlkopf-, Hals- und Nackenmuskulatur. Zugleich können Augenmuskellähmungen vorhanden sein (FRIEDLÄNDER und MEYER 1907).

Bei der Myasthenia gravis ist nicht selten eine Ermüdung des Orbicularis festzustellen. Läßt man öfters hintereinander den Lidschluß ausführen oder längere Zeit das Lid geschlossen halten, so kommt nur ein unvollständiger Lidschluß zustande (KÖLLNER 1905). Diese Ermüdung kann ein- und doppelseitig zu beobachten sein. Es findet sich auch eine häufig doppelseitige Lähmung des Orbicularis. Hier und da ist schließlich im Verlaufe der Tabes eine gewöhnlich unvollständige zentrale Facialislähmung anzutreffen.

§ 184. Die periphere Lähmung befällt den Facialisstamm in den verschiedenen Abschnitten seines Verlaufs. Der Facialisstamm tritt an der Gehirnbasis am unteren Brückenrande dicht über der Olive aus, zieht mit dem Acusticus in den inneren Gehörgang und, von ihm sich trennend, in den Fallopischen Kanal, an dessen Hiatus er unter fast rechtwinkliger Krümmung, dem sogenannten Knie des Facialis mit dem Ganglion geniculi, umbiegt. Dann verläuft er nach abwärts zur Ausmündung des Canalis Fallopiae, dem Foramen stylomastoideum, und bildet nach Austritt aus demselben den aus dem Ramus superior und dem Ramus inferior bestehenden Pes anserinus. Der obere Ast versorgt außer dem M. orbicularis die Mm. frontalis, corrugator supercilii, zygomaticus minor und major, levator anguli oris, alae nasi et labii superioris, orbicularis oris und buccinator. Diesem anatomischen Verlaufe entsprechend sind in bezug auf den Sitz der peripheren Facialislähmung zu unterscheiden: 1. der intrakranielle oder basale Abschnitt — Verlauf des Facialis in der Schädelhöhle bis zu seinem Eintritt in den Meatus auditorius internus —, 2. der Felsenbeinabschnitt — Verlauf im Canalis Fallopiae — und 3. der extrakranielle Abschnitt — Verlauf des N. facialis nach seinem Austritt aus dem Foramen stylomastoideum.

Hinsichtlich der Erscheinungen der peripheren Facialislähmung, die mit einer Lähmung des Orbicularis einhergeht, ist auf die eingangs gegebene Beschreibung zu verweisen.

Die Ursachen sind je nach dem Sitz der peripheren Facialislähmung verschieden. Nach einer Zusammenstellung von Sossinka (1905) erschienen als Ursache der peripheren Facialislähmung: 38 mal Erkältung, 20 mal Ohrenschmerzen, 20 mal Otitis media, 5 mal Aufmeißelung des Processus mastoideus, 6 mal vorangegangene Operationen am Gesicht oder Hals, 2 mal syphilitische Infektion. Boerner (1904) bezeichnet von 85 beobachteten Fällen 54 als »rheumatische«. A. Fuchs (1908) fand unter 593 Fällen von peripherer Facialislähmung 43 bei Ohrkrankheiten, 14 bei Syphilis, 17 bei Traumen, in Begleitung von anderen Gehirnnervenlähmungen 8 und kongenitale 11. 500 Fälle blieben demnach übrig, bei denen die Ätiologie unbekannt war.

Was die näheren Ursachen in den verschiedenen Abschnitten des peripheren Facialisstammes anlangt, so können eine Leitungsunterbrechung im intrakraniellen Abschnitte des N. facialis hervorrufen: Schädelbasisfissuren, Knochengeschwülste, syphilitische oder tuberkulöse Periostitiden, die verschiedenen Formen der basalen Meningitis (akute, chronische, syphilitische, tuberkulöse usw.), und isolierte Geschwülste des N. facialis. In einem von RAYMOND, HUET und ALQUIER (1905) beobachteten Falle bestand bei einer 36jährigen Frau eine linksseitige vollkommene Lähmung seit 13 Jahren, die auf einem von der Scheide des N. facialis an seinem Austritt aus der Medulla ausgegangenen Fibrosarkom beruhte. Nicht selten sind noch andere basale Hirnnerven mitbeteiligt — insbesondere sind die Acusticusgeschwülste hervorzuheben —, und es entsteht alsdann das klinische Bild der multiplen Gehirnnervenlähmung. Die Facialislähmung kann doppelseitig und sogar mit einer doppelseitigen Ophthalmoplegia externa (v. RAD 1899) verbunden sein. Gewöhnlich handelt es sich hierbei um eine chronische gummöse basale Meningitis. Von seiten des Sehnerven finden sich Stauungspapille, Neuritis und Atrophie des Sehnerven je nach der veranlassenden Ursache. Häufig ist der Nervus facialis bei Schädelbasisfissuren beteiligt. VAN NES (1897) beobachtete in 82 Fällen von Basisfissuren 17mal Lähmungen von Gehirnnerven. Der Sehnerv war 3mal, der N. oculomotorius 1mal, der N. abducens und Facialis gleichzeitig 3mal und 10mal der N. facialis allein beteiligt. Die Abducenslähmung trat nie für sich allein auf, sondern war einmal mit gleichseitiger und einmal mit einer gegenüberliegenden Facialislähmung verbunden. In einem Falle war die Abducenslähmung doppelseitig und die Facialislähmung einseitig; letztere war, wenn sie isoliert auftrat, immer einseitig. Nach LIEBRECHT (1906) finden sich in etwa 20% sämtlicher Fälle von Schädelbruch Facialislähmungen, die meist nur partiell sind und dann die den Mundwinkel versorgenden Äste betreffen. In der kleineren Hälfte der Fälle werden alle Zweige des Facialis ergriffen, wobei die Funktionsstörung schwer und langdauernd ist. Wahrscheinlich erfolgt dabei die Schädigung des N. facialis durch eine Blutung im Felsenbein. Wirkliche Zerreißungen des Nerven kommen, wenn überhaupt, offenbar sehr selten vor. Auch bei einem durch eine Basisfissur entstehenden Aneurysma arterioso-venosum des Sinus cavernosus kann eine Facialislähmung eintreten, wie in einem von PHOTIADÈS und GABRIELIDÈS (1898) berichteten Falle, die bei einem linksseitigen pulsierenden Exophthalmus eine linksseitige Facialislähmung und doppelseitige Taubheit feststellten. Über eine doppelseitige Facialislähmung mit kompletter Entartungsreaktion, hervorgerufen durch Schädelquetschung vermittels eines eisernen Stabes, berichtet KOPCZYNSKI (1905), der als Ursache eineBlutung in der Pars petrosa ossis temporalis annimmt. Hervorzuheben ist, daß bei einer Basisfissur der Felsenbeinabschnitt des N. facialis ausschließlich betroffen werden kann.

§ 185. Bei Lähmungen des Facialis bzw. Orbicularis im Felsenbeinabschnitt sind außer den motorischen Fasern des N. facialis die übrigen Fasergattungen, je nach dem Orte der Erkrankung, in verschiedener Weise beteiligt. Die im Facialisstamme heruntertretenden tränenabsondernden Fasern verlassen ihn in der Gegend des Ganglion geniculi im N. petrosus superficialis major und ziehen durch Vermittlung des zweiten Quintusastes (N. subcutaneus malae) durch eine konstante Anastomose in den N. lacrimalis des ersten Astes und mit diesem zur Tränendrüse. Die Geschmacksfasern für die vorderen $^2/_3$ der Zunge sind in der Chorda tympani enthalten, für die hinteren Zungenpartien und den Gaumen im N. glossopharyngeus. Über den weiteren zentripetalen Verlauf herrscht Unklarheit. Bald wird angenommen, daß die Fasern der Chorda aus dem Facialis durch Vermittlung des N. petrosus major und das Ganglion sphenopalatinum in den zweiten Ast des Trigeminus und dann zum Gehirn gelangen, bald sollen die Geschmacksfasern der Chorda durch Vermittlung des N. petrosus superior minor und des Ganglion oticum in den dritten Ast des Trigeminus eintreten. Die sekretorischen Nerven der Sublingual- und Submaxillardrüsen verlassen das Gehirn mit dem N. facialis, verlaufen in dessen Trommelfellaste und schließen sich, nachdem sie die Paukenhöhle verlassen haben, auf eine kurze Strecke dem N. lingualis an, von dem sich dünne Nervenäste abzweigen, um zu den entsprechenden Drüsen zu gelangen. Die sekretorischen Fasern der Ohrspeicheldrüse verlassen das Gehirn mit dem N. glossopharyngeus, verlaufen in dessen Trommelhöhlenaste, dem N. Jacobsonii, weiter im N. petrosus superficialis minor, durchziehen das Ganglion oticum, schließen sich dem N. trigeminus an und erreichen als Ast des letzteren, als N. auriculotemporalis, die Drüse.

Bei Leitungsunterbrechung des N. facialis oberhalb des Ganglion geniculi finden sich Störungen der Tränen-, Speichel- und Schweißabsonderung. Bei einer Störung des Geschmacks ist die Läsion in die Chorda tympani d. h. in die Gegend des Ganglion geniculi zu verlegen, wobei gleichzeitig die oben genannten Fasergattungen mitbeteiligt sein können. Sitzt die Leitungsunterbrechung an irgendeiner Stelle oberhalb des Chordaabgangs, entweder im letzten absteigenden oder dem über die Paukenhöhle hinwegziehenden Abschnitte des Canalis Fallopiae (Antrumschwelle), so ist mit der Schweißstörung stets eine solche des Geschmacks und öfter auch eine solche der Speichelabsonderung verbunden.

Bei einem Mangel der Tränenabsonderung, unter Umständen verbunden mit einer Gehörsstörung, ist die Läsion in die Gegend des Ganglion geniculi zu verlegen. Eine solche Gehörsstörung wäre durch die

Nähe der unteren Schneckenmündung zu erklären. Eine nervöse Schwerhörigkeit wird auf eine gleichseitige Läsion des N. acusticus bezogen, sowie eine in seltenen Fällen vorhandene abnorme Feinhörigkeit und eine besondere Empfindlichkeit gegen tiefe Töne auf eine Lähmung des M. stapedius. Bei Lähmung des N. facialis im letzten Teil des Canalis Fallopiae unterhalb des Foramen stylomastoideum und bis zum Abgange der Chorda besteht eine motorische Lähmung; alle sonstigen Ausfallserscheinungen außer der Störung der Schweißabsonderung fehlen.

Vasomotorische Symptome werden auf eine Beteiligung der sympathischen Elemente des Ganglion geniculi bezogen und die Gaumensegel- und Zäpfchenlähmung auf eine Lähmung der Nervi palatini, die vom Ganglion spheno-palatinum ausgehen und durch den N. petrosus superficialis major mit dem Facialisknie in Verbindung stehen. Die Beteiligung des Facialis an der Gaumensegelinnervation wird übrigens mehrfach in Abrede gestellt.

Von näheren Ursachen der Facialislähmung im Felsenbeinabschnitt wird zunächst die Erkältung angeführt, sogenannte spontane, rheumatische oder refrigeratorische Facialislähmung. STENGER (1904) meint, daß Erkältungseinflüsse am besten auf den Nerv von der Paukenhöhle aus einwirken könnten, da die Knochenplatte, welche normalerweise den Nerv von der Paukenhöhle trennt, dünn und in einer ganzen Reihe von Fällen durchbrochen sei. Durch direkten Einfluß der Kältewirkung auf den Nerven selbst trete eine Exsudation in die Nervenscheide ein und bedinge durch Druckwirkung die Lähmung. Doch bricht sich mehr und mehr die Anschauung Bahn, daß es sich dabei um eine infektiöse oder toxische Neuritis des Facialisstammes handelt, deren nähere Natur noch nicht sicher festgestellt ist. Als angeborene oder erworbene Disposition wird eine abnorme Enge oder Weite des Foramen stylomastoideum und die Erkältung nur als Gelegenheitsursache angenommen.

Ferner kommen für diese Form von Facialislähmung Erkrankungen des Mittelohrs und des Felsenbeins in Betracht, sogenannte otitische Lähmungen. Bei eitrigen Mittelohrkatarrhen dürfte der N. facialis um so leichter ergriffen werden, als er bei seinem Verlaufe durch das Felsenbein von der Paukenhöhle stellenweise nur durch eine ganz dünne Knochenwand getrennt ist. Von Erkrankungen des Felsenbeins sind die tuberkulöse Caries, sowie Fissuren und Frakturen (s. S. 481 u. f.), sogenannte Unfallslähmungen, anzuführen. Die Häufigkeit der rheumatischen, otitischen und Unfallslähmungen verhält sich zueinander ungefähr wie 73: 9: 6. Unklar hinsichtlich ihrer Entstehung erscheint eine von KNAPP (1905) als Schlaflähmung bezeichnete Leitungsunterbrechung im N. facialis. Ein gesunder Mann hatte etwa 2 Stunden, die rechte Wange auf den Tisch aufgelegt, geschlafen. In unmittelbarem Anschluß daran trat eine vollkommene rechtsseitige, innerhalb 4 Wochen zur Heilung gelangende Facialislähmung ein, verbunden mit Geschmacksstörungen auf den vorderen $^2/_3$ der rechten Zungenhälfte.

Als weitere Ursachen der peripheren Facialislähmung kommen von akuten Infektionskrankheiten Typhus, Diphtherie, Scharlach — bei letzterem handelt es sich wohl in der Mehrzahl der Fälle um eine im Verlaufe des Scharlachs aufgetretene Otitis media — und Influenza in Betracht, von chronischen Krankheiten Syphilis, Tuberkulose und Lepra. GRIMM (1900) teilt mit, daß auch in einem Falle von Beri-beri der N. facialis beteiligt gewesen sei. Der syphilitischen Facialislähmung dürfte überwiegend eine gummöse basale Meningitis zugrunde liegen. Von Intoxikationen werden die Kohlenoxydgas- und die Alkoholvergiftung aufgeführt; bei letzterer kann die Facialislähmung als Teilerscheinung einer akuten oder subakuten alkoholischen Polyneuritis auftreten. Auch Stoffwechselkrankheiten, besonders der Diabetes, geben zuweilen die Ursache für die Facialislähmung ab.

Anatomische Befunde liegen hinsichtlich der rheumatischen und otitischen peripheren Facialislähmung vor. Im wesentlichen handelt es sich um eine degenerative parenchymatöse Neuritis oder eine ausgesprochene Degeneration des Facialisstammes und der Facialiswurzel, sowie um eine Atrophie des Kerngebietes. Bei einer rheumatischen Lähmung war nach ALEXANDER (1902) das Ganglion geniculi und der im Canalis Fallopiae verlaufende Abschnitt des Facialis kleinzellig infiltriert, und die degenerativen Veränderungen (Zerfall der Achsenzylinder und Markscheiden) betrafen den ganzen Nervenstamm peripher vom äußeren Knie, die peripheren Äste und das Ganglion geniculi. Der knöcherne Kanal erschien vollkommen normal. Bakterien wurden nicht gefunden. MIRALLIÉ (1906) konnte den Facialis bei einer erst 6 Wochen bestehenden rheumatischen Facialisparalyse untersuchen. Die Endzweige des N. facialis zeigten deutlich Spuren von Neuritis parenchymatosa mit Fragmentation des Myelins und Schwund zahlreicher Achsenzylinder. Am Nervenstamm waren die Veränderungen viel weniger ausgesprochen, im Kern bestand eine Chromatolyse der Ganglienzellen, die als sekundäre Degeneration angesprochen wird. MAY (1885) fand eine weit vorgeschrittene Degeneration des Nerven, vorzüglich in seinem peripheren Ende und im unteren Drittel des Fallopischen Kanals.

In anderen Fällen war die Degeneration in der Peripherie und im untersten Teil des Canalis Fallopiae am stärksten, nahm nach oben an Intensität ab und ließ sich bis zum Ganglion geniculi verfolgen

(Minkowski 1892). Vespa (1899) fand bei einer lange bestehenden
rechtsseitigen Facialislähmung mit Contracturen und unwillkürlichen
klonischen Zuckungen den linken Kern völlig normal, rechts aber eine
erhebliche Reduktion des Kerngebietes an Zahl und Volumen, sowie
Degenerationen der Ganglienzellen und Verminderung des Nerven-
gewebes auf der rechten Seite im Vergleiche zur linken. Die Veränderungen waren im dorso-medialen Abschnitt des Kerns besonders stark.
Die auf- und absteigende Wurzel schien rechts mehr beteiligt zu sein
als links, was mit der alten Contractur und den stärkeren klonischen
Zuckungen in Verbindung gebracht wird. Flatau (1898) untersuchte
den Facialis bei einer infolge von Otitis media tuberculosa entstandenen
Lähmung. Kern- und Wurzelfasern zeigten eine ausgeprägte Degeneration, während im Facialisstamm das Bild der parenchymatösen und
interstitiellen Neuritis zu konstatieren war. Im Orbicularis war die
Querstreifung verschwunden und die Muskelsubstanz erschien in Mar-
chi-Präparaten wie besät mit feinsten schwarzen Punkten. Déjerine
und Théohari (1897) konnten einen ähnlichen Befund wie Flatau
(1898) erheben; hier waren besonders zahlreiche degenerierte Zellen im
Facialiskern sichtbar. Juliusburger und Meyer (1898) untersuchten
den Facialiskern bei einer rechtsseitigen peripheren Facialislähmung,
die infolge einer Ohreiterung entstanden war. Der rechte Facialiskern
war gegenüber dem linken sehr zellarm, die noch vorhandenen Zellen
waren durchweg klein und arm an Fortsätzen, die Granula dagegen nur
unbedeutend verändert. Die cerebralen Facialisfasern zeigten starken
Schwund und die noch vorhandenen Fasern waren atrophisch.

§ 186. Lähmungen des Facialis im extrakraniellen Abschnitt sind häufiger nur partielle und können nur den oberen oder
unteren Facialis betreffen, wenn die Läsion jenseits der Spaltung
des Nerven stattgefunden hat. Als nähere Ursachen sind direkte Verletzungen, Zangengeburt — sogenannte Zangen- oder Entbindungs-
lähmung der Neugeborenen —, operative Eingriffe in der Regio paro-
tidea, Exstirpation von submaxillaren Lymphdrüsen, Geschwülste der
Parotis, geschwellte Drüsen in der Fossa digastrica (Meyer 1905) und
Senkungsabscesse in derselben, die nach Barth (1905) bei Eiterungen
des Warzenfortsatzes den N. facialis außerhalb des Foramen stylo-mastoideum schädigen können. Schirmer (1904) fand bei einer auf Mensur entstandenen Verletzung einiger Rami zygomatici des N. facialis eine komplette Lähmung des Hornerschen Muskels mit fast völligem Fehlen des
Lidschlags. Bei Unfällen, wie Zerreißungen der Wange oder Zertrüm-
merungen der Gesichtsknoten, können Äste des Facialis gelähmt sein.

Eine sehr merkwürdige Form von Facialislähmung ist die rezidivierende und die Schaukellähmung.

Nach BERNHARDT (1899) kommt die rezidivierende Facialislähmung ungefähr in 7 % aller Facialislähmungen vor. Männer scheinen etwas häufiger befallen zu werden als Frauen. Rezidive sind am häufigsten zwischen dem 20. und 50. Lebensjahr, werden aber auch vor dem 20. sowie nach dem 50. Lebensjahr beobachtet. Die Rezidive treten mehrere Wochen, selbst Jahre nach den Lähmungen auf. Meist wird nur ein Rezidiv beobachtet. Diese wiederkehrenden Gesichtslähmungen befallen entweder stets dieselbe Seite oder abwechselnd die eine und die andere; es existieren auch Beobachtungen, in denen die eine Gesichtshälfte zweimal, die andere einmal betroffen wurde. Ungefähr 10% dieser rezidivierenden Lähmungen sind von chronisch entzündlichen oder eitrigen Erkrankungen des Mittelohres oder von pathologischen Zuständen an der Schädelbasis abhängig. In 6,6% der wiederkehrenden Lähmungen war Lues vorhanden, und in 5% handelte es sich um Diabetes. Eine weitere Gruppe betraf nervöse und erblich belastete Personen. In 66,6% konnte keine Ursache nachgewiesen werden. ROSSOLIMO (1901) beobachtete eine wiederkehrende Facialislähmung in Zusammenhang mit einer langjährigen Migräne. Jede derartige Lähmung, die einmal sich eingestellt hatte, war — gleichgültig welche Seite befallen wurde — immer nach vorausgegangenen subjektiven Störungen der Sensibilität aufgetreten, die einem dem Ohre der betreffenden Seite zunächst liegenden Bezirke entsprachen. Die Schwäche des Orbicularis zeigte sich in einem unvollständigen Lidschluß während des Schlafs.

Unter Schaukellähmung »Paralysie à bascule« (PETIT 1905), auch wechselständige genannt, sind Facialislähmungen zu verstehen, welche wiederkehrend nicht dieselbe, sondern die beim ersten Male frei gebliebene Seite des Gesichts befallen. Sie betragen etwa 6% der peripheren Facialislähmungen. Zwischen der ersten und der letzten sich wiederholenden Lähmung liegen in der Regel mehr als zwei Jahre; doch kann das Intervall länger wie kürzer sein. In sehr seltenen Fällen tritt ein zweites, drittes oder selbst viertes Rezidiv auf; der zweite Rückfall wurde nie vor Ablauf eines Jahres beobachtet. Erste und zweite Rezidive kommen bei beiden Geschlechtern in gleichem Prozentsatz vor. Bevorzugt ist das Alter zwischen 10 und 50 Jahren; relativ häufig finden sich Rezidive auch im Kindesalter. In 65% der Schaukellähmungen stellten sich Contracturen ein, mitunter beiderseitig. A. FUCHS (1908) fand unter 593 Fällen von peripherer Facialislähmung die gleichseitig rezidivierende bei 2 Männern und 6 Frauen, die wechselständige bei 11 Männern und 9 Frauen, im ganzen fast 5%. Dabei sei noch bemerkt, daß A. Fuchs (1908) in 3 Fällen eine familiäre Form beobachtete. Die Eltern von Kranken mit Gesichtslähmung hatten ebenfalls an dieser eigenartigen Form von Facialislähmung gelitten und in 1 Falle konnte dieselbe sogar durch drei Generationen nachgewiesen werden.

§ 187. Die Voraussage ist abhängig von der Entstehungsart der Facialislähmung sowie ganz allgemein davon, ob unter den betreffenden Umständen überhaupt eine Heilung möglich ist. Es wird angenommen, daß eine leichte Lähmung nur wenige Wochen, eine mittelschwere 1 bis 2 Monate und eine schwere, wenn überhaupt eine Heilung erfolgt, einen Zeitraum von 3—6 Monaten für ihren Ablauf beansprucht. A. Fuchs (1908) hat bei seinen 593 Fällen 214 Heilungen beobachtet.

Die Diagnose der Lähmung des M. orbicularis bietet nur hinsichtlich der Bestimmung des Sitzes manchmal Schwierigkeiten. Bei den zentralen und basalen Lähmungen bilden häufig die anderweitigen gleichzeitig vorhandenen Störungen des Nervensystems wertvolle Anhaltspunkte. Zusammenfassend sei hervorgehoben, daß bei einer Leitungsunterbrechung der cortico-nukleären Facialisbahn in der Regel nur die mittleren und unteren Äste befallen werden, die Lähmungserscheinungen bei lebhafter Mimik weniger ausgeprägt sind oder sogar fehlen und die reflektorische und elektrische Erregbarkeit erhalten bleibt. Lähmungen des Facialiskerns und der Facialiswurzeln verhalten sich ähnlich wie eine periphere Facialislähmung. Die Geschmacksempfindung ist dabei erhalten. Die Kennzeichen der peripheren Facialislähmung bestehen in der Lähmung des ganzen Stammes, Erloschensein der Reflexe und Veränderung der elektrischen Erregbarkeit. Bei Lähmung des Facialisstamms in der Schädelhöhle bis zum Eintritt in den Meatus auditorius internus sind sämtliche äußeren Facialiszweige gelähmt, von inneren die schweiß- und tränenabsondernden Fasern, eventuell auch die Speichel-, aber nicht die Geschmacksfasern. Gleiche Erscheinungen begleiten eine Läsion des Facialisstammes innerhalb seines Verlaufs im Meatus auditorius internus; dabei kann der Acusticus betroffen sein. Bei der Lähmung des Facialisstamms im Fallopischen Kanal kommt es darauf an, ob der Facialis im Knie oder weiter peripherwärts betroffen ist. Bei der sogenannten Knieläsion finden sich außer der Lähmung sämtlicher äußeren Facialisäste verminderte Speichel- und Schweißsekretion, vasomotorische Störungen und solche des Geschmacks und der Tränenabsonderung, abnorme Feinhörigkeit und eventuell Gaumensegellähmung. Beim Sitze der Läsion zwischen dem Abgange des N. stapedius und der Chorda tympani ist außer der Lähmung der inneren Facialisäste eine Geschmacksstörung sowie eine Verminderung der Schweiß- und Speichelsekretion nachweisbar. Die eben genannten anderen Störungen fehlen. Beim Sitz der Lähmung des Facialis außerhalb des Foramen stylomastoideum oder im letzten Teile des Fallopischen Kanals unterhalb der Chorda tympani sind nur die äußeren Äste d. h. alle Gesichtsmuskeln gelähmt, die inneren leitungsfähig. Endlich wird noch als Unterscheidungsmoment zwischen zentraler und peripherer Facialislähmung angegeben, daß die sich im Facialisgebiete abspielenden Reflexe bei ersterer unverändert bestehen, bei letzterer fehlen.

Bei der Behandlung ist in erster Linie das ursächliche Moment zu berücksichtigen. So wäre eine Nervennaht bei Verletzung des Facialis an einer zugänglichen Stelle anzulegen, eine den N. facialis drückende Geschwulst zu entfernen oder bei Syphilis eine antisyphilitische Kur einzuleiten. Weiter wird die elektrische Behandlung in Anwendung gezogen und zwar der stabile galvanische Strom, Kathode auf den Nervenstamm, Anode im Nacken bzw. an einer indifferenten Stelle, langsam ein- und ausschleichender schwacher Strom (1—3 M.-A.) von 2—3 Minuten Dauer, anfangs täglich, später jeden 2. Tag. Die operative Behandlung besteht in der Einfügung des peripherischen Facialisstamms teils in den Accessorius, teils in den Hypoglossus, wobei der letztgenannte Nerv vorzuziehen wäre. Hinsichtlich des Zeitpunkts der operativen Behandlung ist ALEXANDER (1902) der Meinung, daß, wenn in einem Zeitraume von 6 Monaten keine Wiederherstellung der Funktion durch die elektrische Behandlung erzielt werde, alle diejenigen Fälle zu operieren seien, in denen noch keine willkürliche Kontraktion möglich geworden ist, eine faradische Erregbarkeit mangelt und die direkte galvanische Erregbarkeit trotz der Behandlung quantitativ abnimmt. Besteht die Lähmung länger als 6 Monate, eventuell schon jahrelang, so ist ein Resultat nur dann zu erwarten, wenn noch ein Rest direkter galvanischer Erregbarkeit vorhanden ist. Im allgemeinen können durch die Pfropfung wohl die willkürlichen Bewegungen der gelähmten Gesichtshälfte wiederkehren, allein der gleichzeitige kosmetische Zweck einer Besserung der unwillkürlichen Bewegungen, wie Lachen, Weinen usw. kann nicht erreicht werden (GLUCK 1903). Dabei macht sich der günstige Einfluß der Operation im Sinne einer Verbesserung der Gesichtsasymmetrie nur in der Ruhelage geltend, bei emotionellen Gesichtsbewegungen aber tritt sofort wieder die Asymmetrie hervor (ITO und SOYERIMA 1908). Die Rückkehr der willkürlichen Bewegungen erfolgt in verschiedenen Zeiträumen; das Alter der Lähmung und die Beschaffenheit der Gesichtsmuskulatur erscheinen hierbei von Einfluß. In einem von ALT (1906) mitgeteilten Falle von Einpfropfung des peripheren Facialisendes in den

N. hypoglossus konnte 3 Monate später die Lidspalte fast ganz geschlossen werden, und die Gesichtsasymmetrie war fast vollkommen ausgeglichen. Die Zunge wich noch nach rechts ab und zeigte in ihrer rechten Hälfte eine geringe Atrophie. Nach einer Mitteilung von Köster (1902) mußte bei der operativen Behandlung einer Vereiterung des linken Felsenbeins der Facialis durchtrennt werden; sein distales Ende wurde seitlich an den Hypoglossus angeheftet. Zuerst bestand Facialis- und Hypoglossusparalyse mit typischer Entartungsreaktion. Nach einem halben Jahre waren Spuren aktiver Beweglichkeit vorhanden, die sich seitdem stetig besserte. Bei der elektrischen Untersuchung war die Entartungsreaktion verschwunden, die Erregbarkeit quantitativ noch herabgesetzt. Willkürliche Bewegungen im Facialisgebiete riefen Mitbewegungen im Hypoglossus hervor, ebenso umgekehrt. Tilmann (1906) beobachtete in einem Falle von geheilter Vernähung des Facialis mit dem Hypoglossus bei ruhigem Verhalten am Gesichte keine besonderen Erscheinungen, der linke Mundwinkel hing nicht mehr herab, die linke Lidspalte war ein wenig weiter als die rechte. Aufgefordert, das Gesicht zu bewegen, konnte der Kranke das linke Auge nicht schließen und beim Lachen blieb der linke Mundwinkel stehen. Ließ man aber schlucken oder die Zunge bewegen, so traten deutliche Bewegungen im linken Facialisgebiet auf, insbesondere schloß sich die Lidspalte.

Das Ergebnis von Accessoriusoperationen war meistens ein solches, daß Bewegungen im Gebiet des Facialis nur dann möglich waren, wenn gleichzeitig die Schulter bewegt wurde. Anderseits traten jedesmal Zuckungen im Gesicht auf, wenn primär der Accessorius innerviert wurde. Gegenüber diesen dissoziierten Bewegungen bei Benutzung des Accessorius ist hervorzuheben, daß in einigen Fällen von Hypoglossuspfropfung die Mitbewegungen der Zunge in den Hintergrund treten. Nach Sherren (1906) können noch 5—6 Jahre nach der Operation der Anastomosenbildung zwischen Facialis und Accessorius dissoziierte emotionelle Bewegungen wiederkehren. Die Erfolge waren nach einer von Alt (1906) veröffentlichten Zusammenstellung von 28 publizierten Fällen von Implantation des Facialis in den Hypoglossus oder in den Accessorius bei letzterer Operation 10 mal, bei ersterer 5 mal befriedigend und bei der Endvereinigung zwischen Facialis und Accessorius 2 mal gut. Im wesentlichen dürfte es sich um eine Hebung des Tonus in der gelähmten Muskulatur handeln.

Die Ursachen für eine operative Behandlung von 7 veralteten Fällen von peripherer Facialislähmung waren nach einem von Charles A. Ballance, Hamilton A. Ballance und Stewart (1904) gegebenen Berichte 22 mal Otitis media, je 1 mal eine Basisfraktur und der Druck einer Unterkiefercyste. Für die Nachbehandlung von operierten Fällen sind systematische Übungen zu empfehlen. Der Operierte muß lernen bzw. umlernen, die Facialisimpulse durch die Ersatzbahnen zu senden, wenn er das Gesicht bewegen will, und dabei zu vermeiden, die Muskeln des Ersatznerven in zu ausgiebige Contraction zu versetzen.

Was die Behandlung der Folgezustände der Orbicularislähmung anlangt, so hat v. Hoffmann (1904) zwecks Beseitigung des Tränenträufelns angegeben, das untere Tränenkanälchen zu spalten und hierauf eine keilförmige Excision eines Schleimhautstückchens an der inneren Wundlippe auszuführen. Bei vollkommener Lähmung wird die Excision eines entsprechend größeren Schleimhautdreiecks und zur Hebung des Unterlides die Anlegung einer Sutur mit dem Ausstichpunkte durch die Caruncula lacrymalis empfohlen. Zur Verhütung eines Ectropium ist der Kranke anzuweisen, die sich stauende Flüssigkeit im Bindehautsacke in der Richtung von unten nach oben mit einem eigens hierfür bestimmten stets sauberm Taschentuche abzuwischen, wobei zugleich massierende Bewegungen in der genannten Richtung auszuführen sind. Zur Verhütung von Epitheldefekten der Hornhaut und Austrocknung des Epithels der Skleralbindehaut innerhalb der Lidspaltenzone ist reichlich und öfters, besonders während der Nacht, eine 3%ige Borvaselinesalbe in den Bindehautsack einzustreichen. Ist bereits ein Epithelverlust der Hornhaut entstanden, so ist die Anlegung dieser Behandlungsmethode eines Schlußverbandes (Uhrglasverband) hinzuzufügen. Bei Ectropium paralyticum und unheilbarer Lähmung des M. orbicularis ist eine operative Hebung des Unterlids, eventuell eine dauernde Verengerung der Lidspalte am temporalen oder nasalen Lidwinkel angezeigt (s. dieses Handbuch Operationslehre).

Literatur zu §§ 179—187.

1884 Mossdorf, F.: Ein zweiter Fall von Beteiligung der Gesichtsmuskulatur bei der juvenilen Muskelatrophie. Neurol. Zentralbl. Nr. 1.

1885 Hutchinson: Lagophthalmos due to dental irritation. Brit. med. Journ. Dec. 5. p. 1077. — May: Seltene Ursache peripherer Facialislähmung. Zentralbl. f. Nervenheilk.

1887 Picot: Altérations de l'œil dans la paralysie faciale. Gaz. hébd. de Bordeaux No. 8, 20, 24, 28.

1889 Revillion: Hemiplégie gauche chez une gauchière. Signe de l'orbiculaire. Rev. méd. de la Suisse romande. Octobre.

1890 Bernhardt, M.: Über angeborene einseitige Trigeminus-Abducens-Facialislähmung. Neurol. Zentralbl. Nr. 14. — Fuchs: Vorstellung eines 34jährigen Mädchens mit seit 11 Jahren bestehender Facialisparesis. Wien. klin. Wochenschr. Nr. 9. — Nieden: Über periodische Facialis- und Abducenslähmung. Zentralbl. f. prakt. Augenheilk. Juni. S. 165. — Philip: 130 Fälle von peripherischer Facialislähmung. Inaug.-Diss. Bonn. — Schapringer: Congenital bilateral pleuroplegia and facial paralysis. Journ. of nerv. a. ment. dis. T. 3.

1891 HUGHLINGS JACKSON: Two cases of ophthalmoplegia externa, with paresis of the orbicularis palpebrarum. Lancet. July 15.

1892 MINKOWSKI: Zur pathologischen Anatomie der rheumatischen Facialislähmung. Arch. f. Psychiatr. u. Nervenkrankh. Bd. 23, S. 586.

1895 BERNHARDT, M.: Die Erkrankungen der peripherischen Nerven. Nothnagels spez. Pathol. u. Therap. Wien: A. Hölder. — GOLDZIEHER: Über die Beziehungen des Facialis zur Tränensekretion. Zentralbl. f. prakt. Augenheilk. S. 129.

1896 SILEX: Über partielle isolierte Parese des Musculus orbicularis palpebrarum. Arch. f. Augenheilk. Bd. 32, S. 95.

1897 BONNIER: Troubles oculomoteurs dans la paralysie faciale périphérique. Gaz. hébd. No. 91. — EMBDEN: Ein Kind mit einseitigem Weinen bei kompletter Facialislähmung. Münch. med. Wochenschr. S. 1216. — GRASSMANN: Herpes zoster mit gleichzeitiger Facialislähmung. Dtsch. Arch. f. klin. Med. Bd. 59. — VAN NES: Über Schädelbasisbrüche. Dtsch. Zeitschr. f. Chirurg. Bd. 44, 5, 6. — OPPENHEIM, H., und CASSIRER: Ein Beitrag zur Lehre von der sog. progressiven neurotischen Muskelatrophie. Dtsch. Zeitschr. f. Nervenheilk. Bd. 10, 1, 2, S. 143. — SCHMIDT, A.: Angeborene multiple Hirnnervenlähmung mit Brustmuskeldefekt. Ebenda. 5, 6, S. 400. — SUDNIK: Diplegia facialis. Semana med. Buenos Aires. 30. Sept. — THÉOHARI, A., et DÉJÉRINE, J.: Un cas de paralysie faciale périphérique dite rhumatismale ou »a frigore« suivi d'autopsie. Cpt. rend. de la soc. de biol.

1898 FLATAU: Pathologisch-anatomischer Befund bei einem Fall peripherischer Facialislähmung. (Berliner Gesellsch. f. Psychiatr. u. Nervenkrankh.) Arch. f. Psychiatr. u. Nervenkrankh. Bd. 30, S. 991. — v. FRAGSTEIN und KEMPNER: Ophthalmoplegia exterior completa mit Paralyse des Augenfacialis. Dtsch. med. Wochenschr. Nr. 35. — HANKE: Lagophthalmus im Schlafe bei vollständigem Lidschlusse im wachen Zustande als Teilbefund multipler Hirnnervenlähmung infolge luetischer Basalmeningitis. Wien. klin. Wochenschr. Nr. 16. — JULIUSBURGER und E. MEYER: Veränderungen im Kern von Gehirnnerven nach einer Läsion an der Peripherie. Monatsschr. f. Psychiatr. u. Neurol. Bd. 4, S. 378. — MARINESCO: L'origine du facial supérieur. Rev. neurol. No. 2. — MELCOME: An unusual form of facial paralysis. Pediatrics T. 5. — REMAK: Zur Pathogenese der nach abgelaufenen Lähmungen zurückbleibenden Gesichtsmuskelzuckungen. Berl. klin. Wochenschr. Nr. 52 und (Berl. Gesellsch. f. Psychiatr. u. Nervenkrankh.) Arch. f. Psychiatr. u. Nervenkrankh. Bd. 32, S. 1060. — PHOTIADÈS et GABRIELIDÈS: Un cas de surdité, troubles de l'équilibre et exophtalmie pulsatile à la suite d'une fracture de la base du crâne. Ann. d. malad. de l'oreille. No. 8. — TAYLOR: Ophthalmoplegia externa, with impairment of the orbicularis palpebrarum. (Ophthalmol. soc. of the United kingdom.) Ophthalmol. Rev. p. 156 and Brit. med. Journ. May 14.

1899 BARY: Über die Frage der Kreuzung der Facialiswurzeln. Neurol. Zentralbl. S. 781. — BERNHARDT, M.: Über die sog. rezidivierende Facialislähmung. Neurol. Zentralbl. Nr. 3—4. — BERNHARDT, M.: Weiterer Beitrag zur Lehre von den sog. angeborenen und den in früher Kindheit erworbenen Facialislähmungen. Berl. klin. Wochenschr. Nr. 31. — FRÄNKEL, JOSEPH: Syphilis und Gesichtslähmung. Ein Beitrag zur Ätiologie der peripheren Facialislähmung. New Yorker med. Monatsschr. Nr. 4. — HAMMERSCHLAG: Beitrag zur Kasuistik der multiplen Hirnnervenerkrankungen. Arch. f. Ohrenheilk. Bd. 45, 1 u. 5. — HASKOVEC: Un cas de paralysie faciale d'origine périphérique combinée avec une paralysie du nerf oculomoteur externe du même côté. Rev. neurol. No. 69. — KILLIAN: Über einen Fall von multipler Hirnnervenlähmung. (6. Vers. des Vereins süddeutsch. Laryngologen.) Münch. med. Wochenschr. S. 1749. — KLIPPEL: La paralysie faciale zostérienne. Gaz. des hôp. No. 57. — LANGDON: Facial paralysis, congenital, unilateral and of unique distribution. Journ. of nerv. a. ment. dis. Okt. — MARINESCO: Nouvelles recherches sur l'origine du facial supérieur et du facial inférieur. Presse méd. No. 65. — MIRALLIÉ: De l'état du facial supérieur et du moteur oculaire commun dans l'hémiplégie organique. Arch. de neurol. Janvier und Zentralbl. f. med. Wissensch. S. 167. — v. Rad: Demonstration eines Falles von Diplegia facialis kombiniert mit Ophthalmoplegia externa. (Mittelfränk. Ärztetag.) Münch. med. Wochenschr. S. 976. — Reimann, R.: Ein Fall von Thalamustumor mit kompletter mimischer Facialislähmung. Allg. Wien. med. Ztg. Nr. 44 u. 45. — Saenger: Über den oberen Facialis bei der cerebralen Hemiplegie. (5. Versamml. mitteldeutsch. Psychol. und Neurol.) Arch. f. Psychiatr. u. Nervenkrankh. Bd. 32, S. 1030. — de Schweinitz: Retrobulbar neuritis and facial palsy, occurring in the same patient. Journ. of nerv. a. ment. dis. p. 263. — Sinniger: A case of ophthalmoplegia externa and paralysis of both facial nerves; — and a case of paralysis of both facial nerves with some affection of the limbs, from peripheral neuritis. Brit. med. Journ. T. 2, p. 183. — Touche: Épilepsie jacksonienne limité au membre supérieur droit et aux paupières du même coté. Gaz. des hôp. No. 19. — Vespa: Studio sulle alterazioni di nucleo bulbare del faciale in caso di antica paralisi periferico di questo nervo. Riv. quindic. di psicolog. T. 2. Ref. Neurol. Zentralbl. S. 882.

1900 Bernhardt, M.: Beitrag zur Symptomatologie der Facialislähmungen. Berl. klin. Wochenschr. Nr. 46 u. 47. — Grimm: Ärztliche Beobachtungen auf Yezo von 1887—1892. S. 51. Berlin. — Jolly: Über einen Fall von doppelseitiger Facialislähmung. Dtsch. med. Wochenschr. Nr. 11. — Luce: Ein Beitrag zur Pathologie der peripheren und zentralen Facialislähmungen. Mitteil. a. d. Hamburger Staatskrankenanstalten. Ref. Zentralbl. f. d. med. Wissensch. S. 588. — Wilbrand und Saenger: Die Neurologie des Auges. Bd. 1. Beziehungen des Nervensystems zu den Lidern. Wiesbaden: J. F. Bergmann.

1901 Herzfeld: Ein Fall von doppelseitiger Labyrinth- und Acusticuslähmung, mit Bemerkungen über den Lidschluß bei Facialislähmungen während des Schlafes. Berl. klin. Wochenschr. Nr. 35. — Köster, G.: Klinischer und experimenteller Beitrag zur Lehre von der Lähmung des N. facialis, zugleich ein Beitrag zur Physiologie des Geschmackes, der Schweiß-, Speichel- und Tränenabsonderung. Dtsch. Arch. f. klin. Med. S. 344. — Marfan et Armand-Delille: Paralysie faciale congénitale du côté droit. Bull. de la soc. méd. de Paris. 26. juillet. — Rossolimo: Rezidivierende Facialislähmung bei Migräne. Neurol. Zentralbl. S. 744.

1902 Alexander: Zur klinischen und pathologischen Anatomie der sog. »rheumatischen« Facialislähmung. Arch. f. Psychiatr. u. Nervenkrankh. Bd. 35, S. 778. — Cassirer: Über ein selten beschriebenes Symptom bei peripherer Facialislähmung. Zentralbl. f. Nervenheilk. u. Psychiatr. Nr. 150. — Jolly: Über Kopftetanie mit Facialislähmung. Arch. f. Psychiatr. u. Nervenkrankh. Bd. 35, S. 122. — Köster: Ein zweiter Beitrag zur Lehre von der Facialislähmung, zugleich Beitrag zur Physiologie des Geschmacks, der Schweiß-, Speichel- und Tränenabsonderung. Dtsch. Arch. f. klin. Med. Bd. 72, S. 327. — Derselbe: Traumatische Facialislähmung mit Lokalisation der Lähmung in der Gegend des Ganglion geniculi. (Med. Gesellsch. zu Leipzig.) Münch. med. Wochenschr. S. 1442. — Derselbe: Zwei Fälle von angeborener doppelseitiger Facialislähmung bei zwei Brüdern. Ebenda. S. 336.

1903 Bernhardt, M.: Zur Pathologie veralteter peripherer Facialislähmungen. Berl. klin. Wochenschr. Nr. 19. — Dupuy-Dutemps et Cestan: Un phénomène palpébrale constant dans la paralysie faciale périphérique. Arch. de neurol. p. 262. — Gluck: Über Nervenplastik, insbesondere über greffe nerveuse bei peripheren Facialislähmungen. Neurol. Zentralbl. S. 556. — Jacoby: The sign of the orbicularis in peripheral facial paralysis. Journ. of nerv. a. ment. dis. Octobre. — Raing and Fowler: Congenital paralysis of the facial nerve. Rev. of neurol. a. psychiatr. T. 1. — Rosenfeld: Zur Symptomatologie der peripheren Facialislähmung. Neurol. Zentralbl. S. 303. — Seiffer: Eine seltene Störung der elektrischen Erregbarkeit bei peripherer Facialislähmung. (Berliner Gesellsch. f. Psych. u. Nervenkrankh.) Neurol. Zentralbl. S. 742.

1904 Ballance, Charles A., and Hamilton A., and Stewart: Remarks on the operative treatment of chronic facial palsy of peripheral origine. Brit. med. Journ. May 2. — Bardenheuer und Sambeth: Zwei Fälle von Facialis-Hypoglossus-Anastomose. Festschr. z. Eröffnung der Akademie zu Cöln. S. 219. — BERNHARDT, M.: Über magnetelektrische und sinusoidale Ströme vom elektrodiagnostischen Standpunkt. Neurol. Zentralbl. Nr. 15 u. 16. — BOERNER: 85 Fälle peripherer Facialisparese. Inaug.-Diss. Leipzig. — FRASER: A case of facial paralysis associated with herpes zoster. Lancet. Jan. 2. — HACKENBRUCH: Behandlung der Gesichtslähmung durch Nervenpfropfung. Arch. f. klin. Chirurg. Bd. 71, S. 631. — HEYDEMANN: Die Variationen des Herpes corneae nebst Mitteilung eines durch Facialis-, Abducens- und Chordaparese komplizierten Falles von Herpes zoster ophthalmicus. Inaug.-Diss. Rostock. — v. HOFFMANN: Besserung oder eventuelle Beseitigung des Tränenträufelns bei Facialislähmung. (29. Vers. d. Südwestd. Neurolog. u. Irrenärzte.) Arch. f. Psychiatr. u. Nervenkrankh. Bd. 39, S. 389. — Derselbe: Ein Fall von doppelseitiger Facialisparese. (29. Vers. d. Südwestd. Neurolog. u. Irrenärzte.) Neurol. Zentralbl. S. 631. — KIRCHHOFF: Ein mimisches Zentrum im medialen Kern des Sehhügels. Arch. f. Psych. Bd. 35. — KÖSTER: Ein Fall von Nervenpfropfung des N. facialis auf den N. hypoglossus. Mit Nachwort von M. BERNHARDT. Dtsch. med. Wochenschr. Nr. 17. — MINTZ: Durch Nervenanastomose geheilte traumatische Facialislähmung. Zentralbl. f. Chirurg. Nr. 22. — NEUENBORN: Rudimentär entwickelte mißbildete Ohrmuschel mit kongenitaler einseitiger Facialislähmung infolge Hypoplasie des Nerven. Münch. med. Wochenschr. S. 1572. — SARAI: Herpes der Ohrmuschel mit Neuritis des N. facialis. Zeitschr. f. Ohrenheilk. Bd. 46, S. 136. — v. SARBO: Zur Pathogenese der sog. rheumatischen Facialislähmung. Dtsch. Zeitschr. f. Nervenheilk. Bd. 25, S. 398. — SCHEIBER: Beitrag zur Lehre über die Tränensekretion im Anschluß an 3 Fälle von Facialislähmung mit Tränenmangel nebst Bemerkungen über den Geschmacksinn und über Sensibilitätsstörungen bei Facialislähmungen. Dtsch. Zeitschr. f. Nervenheilk. Bd. 27. — SEIFFER: Linksseitige Facialislähmung. (Berliner Gesellsch. f. Psych. u. Nervenkrankh.) Neurol. Zentralbl. S. 230. — SCHIRMER: Über Lidschlaglähmung und Lidschlußlähmung, zugleich ein Beitrag zur Lehre von der Tränenabfuhr. Zeitschr. f. Augenheilk. Bd. 11, S. 97 und Dtsch. med. Wochenschr. Nr. 10. — SCHLÖSSER: Heilung peripherer Reizzustände sensibler und motorischer Nerven. Bericht über d. 31. Vers. d. ophthalmol. Gesellsch. Heidelberg. Wiesbaden: J. F. Bergmann. — STENGER: Die rheumatische Facialisparalyse und ihre ätiologischen Beziehungen zum Ohr. Dtsch. Arch. f. klin. Med. S. 583.

1905 BARTH: Zur Kenntnis der Facialislähmung infolge Bezoldscher Mastoiditis. Zeitschr. f. Ohrenheilk. Bd. 50, 3. — GIERLICH: Über infantilen Kernschwund. Dtsch. med. Wochenschr. Nr. 37. — GUTZMANN: Angeborene fast komplette Diplegia facialis und Lähmung des Abducens. (Verein für innere Medizin in Berlin.) Münch. med. Wochenschr. S. 2341. — KNAPP, A.: Über Schlaflähmung des Facialis. Monatsschr. f. Psychiatr. u. Nervenheilk. Bd. 17, 2. — KÖLLNER: Zwei Fälle von Myasthenia gravis pseudoparalytica. Inaug.-Diss. Berlin. — KOPCZYNSKI: Ein Fall von doppelseitiger traumatischer Facialislähmung. (Med. Gesellsch. in Warschau.) Neurol. Zentralbl. S. 733. — LAMY: Note sur les contractions »synergiques paradoxales« observées à la suite de la paralysie faciale périphérique. Nouv. iconographie de la salpêtrière No. 4. — MEYER, J.: Seltene Ursache einer Facialislähmung. Med. Klinik Nr. 33. — MICAS: Ein Fall von intermittierenden Tränen bei Facialislähmung, verursacht durch den oesophago-lacrimalen Reflex. Ophthalmol. Klinik Nr. 20. — MINOR: Über Unfallslähmungen des N. facialis. Monatsschr. f. Unfallheilk. Nr. 9. — PETIT, E. F.: Paralysis faciales récidivantes et paralysis faciales à bascule. Thèse de Paris. — RAYMOND, HUET et ALQUIER: Paralysie faciale périphérique due à un fibrosarcome englobant le nerf à la sortie du bulbe. Arch. de neurol. Janvier. — SOSSINKA: 300 Fälle von peripherischer Facialislähmung. Inaug.-Diss. Leipzig.

1906 ALT: Ein Beitrag zur operativen Behandlung der otogenen Facialislähmung. Wien. klin. Wochenschr. Nr. 43. — BERNHARDT, M.: Über Nervenpfropfung bei peripherer Facialislähmung, vorwiegend vom neurologischen Standpunkte.

Grenzgeb. d. Med. u. Chirurg. Bd. 16, 3. — DONATH: Die Sensibilitätsstörungen bei peripheren Gesichtslähmungen. Neurol. Zentralbl. S. 1039. — ENGELEN: Einseitiges nur beim Lesen auftretendes Tränenfließen nach Facialislähmung. (Verein der Ärzte Düsseldorfs.) Dtsch. med. Wochenschr. S. 1437. — v. KÉTLY: Über die »myasthenische Paralyse« im Anschluß von zwei Fällen. Dtsch. Zeitschr. f. Nervenheilk. Bd. 31, S. 241. — LIEBRECHT: Schädelbruch und Auge. Arch. f. Augenheilk. Bd. 55, S. 36. — LIPSCHITZ: Beiträge zur Lehre von der Facialislähmung nebst Bemerkungen zur Frage der Nervenregeneration. Monatsschr. f. Psychiatr. u. Neuralg. Ergänzungsheft. — MIRALLIÉ: Paralysie faciale périphérique avec autopsie. Gaz. méd. de Nantes. 20. Sept. — ROTHMANN: Ein Fall von doppelseitiger Facialislähmung organischen und hysterischen Ursprungs. (Verein f. innere Med. in Berlin.) Vereinsbeilage zur Dtsch. med. Wochenschr. S. 43. — SHERREN: Some points in the surgery of the peripheral nerves. Edinburgh med. Journ. Oct. — TILMANN: Vorstellung eines Falles von Facialis-Hypoglossus-Anastomose. (Niederrhein. Gesellsch. f. Natur- u. Heilk.) Dtsch. med. Wochenschr. Vereinsbeilage. S. 404.

1907 FRIEDLÄNDER und MEYER: Zur Lehre vom Roseschen Kopftetanus. Dtsch. med. Wochenschr. S. 1124. — LEWANDOWSKY: Über Apraxie des Lidschlusses. Berl. klin. Wochenschr. Nr. 24. — NEURATH: Zur Frage der angeborenen Funktionsdefekte im Gebiete der motorischen Hirnnerven. Münch. med. Wochenschr. S. 1224. — ZIEHEN: Organische peripherische und hysterische Facialislähmung. Med. Klinik Nr. 25.

1908 FUCHS, ALFRED: Periphere Facialislähmung. Arbeiten a. d. Neurol. Institute an der Wiener Universität. (Festschrift.) Bd. 16, S. 245. — KRETSCHMANN: Kongenitale Facialislähmung mit angeborener Taubheit und Mißbildung des äußeren Ohres. Arch. f. Ohrenheilk. Bd. 73, S. 166. — ITO und SOYERIMA: Zur Behandlung der Facialislähmung durch Nervenpfropfung. Dtsch. Zeitschr. f. Chirurg. Bd. 90, S. 205. — v. LEUBE: Spezielle Diagnose der inneren Krankheiten. Bd. 2. Leipzig: F. C. W. Vogel. — ROBERT: Über einen mit einseitiger Mikrophthalmie verbundenen Fall von angeborener Facialisparalyse. Psychiatr.-neurol. Wochenschr. Bd. 9, Nr. 21.

2. Erkrankungen des Musculus levator palpebrae superioris.

§ 188. **Erkrankungen des Musculus levator palpebrae superioris äußern sich als verstärkter Tonus, Zuckungen, Krampf und Lähmung.**

Nach einer Mitteilung von PLACZEK (1900) konnte ein ihm bekannter Arzt einseitig den Lidheber willkürlich zur Erschlaffung bringen und dadurch das Lid passiv schließen.

a) Verstärkter Tonus, Zuckungen und Krampf des Musculus levator palpebrae superioris.

§ 189. **Auf einen verstärkten Tonus des Musculus levator palpebrae superioris ist ein vorübergehendes oder dauerndes weites Klaffen der Lidspalte zurückzuführen.** Ein vorübergehendes weites Klaffen der Lidspalte begleitet psychische Erregungszustände, die mit Angstgefühl und schreckhaften Halluzinationen verknüpft sind, wie auch gewöhnlich ein geringes Klaffen derselben eintritt, wenn die Aufmerksamkeit für optische Eindrücke gesteigert ist. Ein auffälliges starkes Klaffen der Lidspalte zeigen häufig Personen, die im späteren Lebensalter, durch Sehnervenatrophie, chronisches Glaukom usw. eine bedeutende Herabsetzung der Sehschärfe erfahren oder blind geworden sind, in dem Augenblicke, in dem sie sich genötigt sehen, sich zu orientieren, oder sie aufgefordert werden, einen Gegenstand zu fixieren. Dieses Klaffen ist nicht vorhanden, wenn mit den betreffenden Erkrankungen Blendungs- oder Schmerzerscheinungen verbunden sind.

Ein dauerndes weites Klaffen der Lidspalte findet sich vorzugsweise bei der Basedowschen Krankheit, ohne daß diese Erscheinung hierfür pathognomonisch wäre. Sie ist verknüpft mit einer Unvollständigkeit und Seltenheit des Lidschlages, sogenanntes Stellwagsches Zeichen. Dadurch, daß häufig noch das v. Graefesche Zeichen sich hinzugesellt, wird der Gesichtsausdruck bei der genannten Erkrankung eigentümlich, unangenehm starr. Inwiefern für das Klaffen der Lidspalte bei der Basedowschen Krankheit eine Reizung der glatten Lidmuskulatur angenommen wurde, s. S. 513. Außer bei der Basedowschen Erkrankung tritt das Stellwagsche Zeichen auch bei Hysterie und Neurasthenie auf. v. Michel beobachtete dieses Symptom zugleich mit dem v. Graefeschen bei einer im mittleren Lebensalter stehenden Hysterischen. Die Verlangsamung der Lidschlußschlagfolge wird durch eine Hypästhesie der Hornhaut und Bindehaut erklärt, woraus sich eine Verminderung des reflektorischen Lidschlags ergebe. Eine solche Hypästhesie besteht auch in der Regel bei der Hysterie.

§ 190. Ruckartige, intermittierende oder mehr rhythmische und periodische, selbst tetanusähnliche Zuckungen des Oberlides finden sich im Gefolge von Lähmungen des M. levator palpebrae superioris; diese Störungen nähern sich dem sogenannten Pseudo-Graefeschen Symptom. Insbesondere sind die rhythmischen und periodischen Zuckungen bei angeborener oder in frühester Kindheit entstandener Heberlähmung anzutreffen, wie aus der Beschreibung der von Rampoldi (1884, 1886), Fuchs (1893), Axenfeld und Schürenberg (1901) mitgeteilten Fälle hervorgeht, die mit gleichzeitigen Innervationsstörungen der äußeren Augenmuskulatur verknüpft waren und mit rhythmischen oder tetanischen, in verschieden langen Zeiträumen fortgesetzten Krämpfen einhergingen.

Die zwei von Rampoldi (1884, 1886) beobachteten Fälle betrafen Kinder von $4\frac{1}{2}$ bzw. 7 Jahren. Bei dem $4\frac{1}{2}$ jährigen Mädchen wurde angeblich im 10. Lebensmonat eine doppelseitige Oculomotoriuslähmung festgestellt. Rechts bestand eine Ptosis, links war die Lidhebung erhalten. Während das gewöhnlich herabhängende rechte Oberlid sich hob, senkte sich das linke. Die Hebung begann mit einzelnen kurzen Zuckungen, rechts stärker als links. Wenn das Lid gehoben oder gesenkt war, konnte es willkürlich nicht bewegt werden. Beide Bulbi waren nach innen unbeweglich, nur bei den zuckenden Hebungen des Lides fand eine Adduktion und Rotation statt. Nach oben und unten waren die Bewegungen des Augapfels aufgehoben, nach außen erhalten. Die Pupillen erschienen im Stadium der Ptosis weit, während der Lidhebung eng, so daß, wenn rechts eine Mydriasis bestand, links eine Miosis zu beobachten war. Bei dem 7j. Knaben war nur auf dem linken Auge eine angeborene Oculomotoriuslähmung vorhanden. Die Ptosis wurde unterbrochen durch eine ausgiebige Lidhebung, die mit zuckenden Bewegungen begann. Nach wenigen Sekunden senkte sich wieder das Lid. Die gewöhnlich vorhandene Divergenzstellung des Auges nahm bei der Lidhebung ab. Nach oben war das Auge nur wenig beweglich, während nach unten noch fast normale Beweglichkeit bestand. Die Pupille war während der Ptosis erweitert, während der Hebung verengt.

In dem von Fuchs (1893) berichteten Falle bestand bei einem 21j. Mädchen eine linksseitige völlige Oculomotoriuslähmung, die im 2. Lebensjahre, angeblich nach einer Halsentzündung, entstanden war. Das linke Oberlid hob sich unter zuckenden Bewegungen, bis die Ptosis fast ganz verschwunden war. In diesem Zustande verharrte das Oberlid einige Sekunden, worauf es sich wieder so weit senkte, bis der höchste Grad der Ptosis erreicht war. Dieses Spiel wiederholte sich ungefähr 2 mal in der Minute und war von einer raschen und gleichmäßigen Verengerung der Pupille begleitet. Bei Senkung erweiterte sich die Pupille wieder zeitweise und verengerte sich beim Versuche der Adduktion, wobei sich auch das Oberlid hob. In dem Falle von Axenfeld und Schürenberg (1901) war bei einem $6^1/_2$j. Mädchen seit der Geburt eine linksseitige vollständige Oculomotoriuslähmung vorhanden. Von Zeit zu Zeit, an manchen Tagen alle 1—3 Minuten, aber mit regelmäßigen Zwischenräumen begann das Oberlid sich langsam zuckend zu heben, und unter einer letzten schnelleren Bewegung wurde es innerhalb weniger Sekunden maximal gehoben. Gleichzeitig damit verengerte sich langsam die Pupille und erreichte ihre stärkste Kontraktion bei maximaler Höhe des Oberlides. Dabei war dieselbe lichtstarr. Auf dem Höhepunkt der Miosis war auch ein maximaler Akkommodationsspasmus vorhanden. Dieser Zustand blieb 5—15 Sekunden bestehen, dann sank das Oberlid ruckweise wieder herunter, um innerhalb weniger Sekunden zur schlaffen Ptosis zurückzukehren. Auch im tiefen Schlafe erfolgte der Krampf alle 2—5 Minuten, wie dies auch Rampoldi (1886) in einem

der von ihm mitgeteilten Fälle (4¹/₂j. Mädchen) beobachtete. Axenfeld
und Schürenberg (1901) war es gelungen, während des paralytischen
Stadiums durch Hebung des Oberlides den Krampf reflektorisch auszulösen, der durch Blendung hervorgerufen war. Über den Sitz und das
veranlassende Moment dieser Erscheinungen lassen sich nur Vermutun-
gen aufstellen. Angenommen wird eine Veränderung im Kerngebiet
und diese mit einer wechselnden Gefäßinnervation in Verbindung gebracht (Fuchs 1893). Am wahrscheinlichsten ist es, daß zeitweise, wie
dies für das Pseudo-Graefesche Symptom zutrifft (s. S. 537 u. f.), dem
gelähmten Levator ein stärkerer Innervationsimpuls zufließt. Axenfeld und Schürenberg (1901) brachten für ihren Fall die Bezeichnung:
»Zyklische angeborene Oculomotoriuserkrankung« in Vorschlag.

Eine analoge Beobachtung teilte Salus (1912) mit: Bei einem 20 jährigen jungen
Manne bestand eine rechtsseitige Oculomotoriuslähmung angeblich seit dem 5. Lebensjahre; diese wurde mit einer um diese Zeit vorgenommenen Operation vereiterter
Drüsen an der entsprechenden Halsseite in Zusammenhang gebracht. Bei längerer
Beobachtung des Patienten sah man plötzlich unter unregelmäßigen Zuckungen das
sonst ptotische Oberlid sich heben, bis die Lidspalte eine Höhe von 9 mm erreichte,
während sie sonst bei intendiertem Blick nach oben sich nur 2 mm öffnete. Synchron
mit der Lidhebung verengte sich die Pupille, so daß sie schließlich enger war als
die der gesunden Seite. Dieses Stadium währte maximal 30 Sekunden, dann begann die Pupille sich zu erweitern und das Lid herabzusinken, bis nach wenigen
Sekunden wieder der frühere Zustand der Ptosis mit fast maximaler Mydriasis vorhanden war. — Salus sucht dieses Krankheitsbild durch eine in frühester Kindheit eingetretene oder kongenitale Leitungsunterbrechung im Oculomotoriusstamme
(nicht im Kerngebiet) zu erklären, und zwar dicht an seinem Austritt aus dem
Pedunkulus. Dieser Leitungsunterbrechung wäre eine Regeneration der Fasern innerhalb des Stammes in der Weise gefolgt, daß die den äußeren Bulbusmuskeln zugehörigen Fasern mit den Fasern, die zur innern Muskulatur führen, Verbindung gefunden hätten. So beständen »falsche Anschlüsse«, welche die sonst den äußern
Augenmuskeln zufließenden Innervationen zur Pupille und zum Ciliarmuskel hin·
leiteten. Der Automatismus des Phänomens sei am wahrscheinlichsten den sogen.
rhythmischen automatischen Vorgängen beizuzählen, bei denen eine Reizbeantwortung
— hier vom Zentralnervensystem aus — in ausgeprägt rhythmischer Weise besonders
dann erfolgt, wenn die Fortpflanzungsgeschwindigkeit der Erregung herabgesetzt ist.

§ 191. In seltenen Fällen kommt es zu klonischen und tonischen
Krämpfen des Musculus levator.

Klonische Krämpfe des Musculus levator äußern sich in
rasch aufeinanderfolgender, mehr oder weniger rhythmischer Hebung
und Senkung des Oberlides und dementsprechender Änderung der Lidspaltenweite in vertikaler Richtung. Posey (1902) beobachtete solche
Krämpfe, die als choreaartig angesehen werden, bei einem 8 jährigen
Knaben, desgleichen Richey (1877). Bei einer infolge von Schrumpfniere in der Nähe des Trigeminusaustrittes erfolgten Brückenblutung
sah Luce (1899) einen in kurzen Intervallen auftretenden klonischen
Krampf beider Levatoren mit gleichzeitigen klonischen nystagmus-

artigen Zuckungen der Bulbi. Manchmal wurde auch ein Auge maximal nach unten und einwärts gedreht. Die Krämpfe waren sowohl für die Hebung der Lider als auch für die Hebung und Senkung des Augapfels assoziiert. Von den gleichzeitigen allgemeinen klonischen Krämpfen waren nur der Facialis und Abducens frei. Es wird angenommen, daß die Kerne der Nn. oculomotorii und trochleares wegen der unmittelbaren Nachbarschaft der Blutung einer starken mechanischen Reizung ausgesetzt waren.

Der tonische Krampf des Musculus levator äußert sich in starker Hebung des Oberlids. In einem von HUTCHINSON (zitiert nach WILBRAND u. SAENGER 1900) beobachteten Falle war derselbe reflektorisch ausgelöst durch den Druck einer Plombe auf die Pulpa eines Backzahns der gleichen Seite. Nach Extraktion des Zahns besserte sich der Krampf und verschwand nach einigen Monaten. Ähnlich war der Verlauf in einer Beobachtung von GOODING (zitiert nach WILBRAND u. SAENGER 1921). WILBRAND und SAENGER fassen die Beobachtungen HUTCHINSONS und GOODINGS als hysterische Erscheinungen auf, indem sie mit Recht die Häufigkeit der Zahnerkrankungen und die Seltenheit der in der Literatur erwähnten Augenmuskelkrämpfe bei solchen Zuständen geltend machen. Eine Bestätigung dieser ihrer Annahme finden sie in einem Falle von FERRIER (zitiert nach WILBRAND und SAENGER 1921), der ein 21j. Mädchen betraf, das schon jahrelang an hysterischen Krämpfen und heftigen Neuralgien gelitten hatte. Hier trat ein linkss. Lidkrampf auf bei doppels. Zahncaries, die zur Zeit des Lidkrampfs nicht schmerzhaft war. Der Krampf verschwand nach Extraktion der cariösen Zähne. Bei einer Hysterischen sah GOLDSCHEIDER (zitiert nach WILBRAND u. SAENGER 1900) einen Krampf des Levator, verbunden mit einem solchen des Rectus inferior. Wenn die Kranke nach rechts unten blickte, hob sich das linke Oberlid, und das Auge war krampfhaft nach unten innen gezogen. Auch PICK (1895) beobachtete einen tonischen Krampf des Lidhebers auf hysterischer Basis. Beim Blick nach unten wurde das Oberlid unwillkürlich krampfhaft nach oben gezogen.

Literatur zu §§ 188—191.

1877 RICHEY: Klonischer Krampf der oberen Lider. Chicago med. Examiner. August. Ref. Zentralbl. f. prakt. Augenheilk. 1878, S. 144.

1884 RAMPOLDI: Singolarissimo caso di squilibrio motorio oculo-palpebrale. Ann. di ottalmol. T. 13, p. 463.

1886 RAMPOLDI: Un nuovo caso di congenito squilibrio motorio oculo-palpebrale. Ebenda T. 15, p. 54.

1893 FUCHS, E.: Association von Lidbewegungen mit seitlichen Bewegungen des Auges. Deutschmanns Beitr. z. Augenheilk. H. 11, S. 19.

1895 Pick: Demonstration eines Falles von eigentümlichen Störungen in der Funktion der äußeren Augenmuskeln. Prager med. Wochenschr. Nr. 49.

1899 Luce: Zum Kapitel der Ponshämorrhagien. Zeitschr. f. Nervenheilk. Bd. 15, S. 327.

1900 Placzek: Die Vortäuschungsmöglichkeit einseitiger Ptosis. Ärztl. Sachverständigenztg. Nr. 2. — Wilbrand und Saenger: Die Neurologie des Auges. Bd. 1, Kap. V, S. 67. Wiesbaden: J. F. Bergmann.

1901 Axenfeld und Schürenberg: Beiträge zur Kenntnis der angeborenen Beweglichkeitsdefekte der Augen. Klin. Monatsbl. f. Augenheilk. Bd. 39 (N. F. 1. Bd.), S. 64.

1902 Posey, Campbell: A case of unusual choreiform alterations in the width of the palpebral fissure. (College of physic. of Philadelphia. Section on ophthalmol.) Ophthalmol. Rec. p. 300.

1908 Veasey: Rhythmical movements of eyelid. Ophthalmol. Rec. p. 44.

1912 Salus: Okulomotoriuslähmung mit abnormer zyklischer Innervation der innern Äste. Klin. Monatsbl. f. Augenheilk. Bd. 50, II, S. 66.

1921 Wilbrand und Saenger: Die Neurologie des Auges. Bd. 8. Die Bewegungsstörungen der Augenmuskeln. Wiesbaden: J. F. Bergmann.

b) Lähmung des Musculus levator palpebrae superioris, Ptosis.

§ 192. Die Lähmung des Musculus levator palpebrae superioris ist durch ein Herabhängen des Oberlids, Ptosis, gekennzeichnet, mit welchem ein Mangel der Hebung desselben verbunden ist. Es werden vollständige und unvollständige Lähmungen beobachtet.

Bei der vollständigen Lähmung des Musculus levator, der sogenannten schlaffen Ptosis, hängt das Oberlid gleich einem schlaffen Segel über den Augapfel herab und bedeckt denselben so vollständig, daß von der Vorderfläche des Auges nichts wahrgenommen werden kann. Beim Versuche, das Auge aktiv zu öffnen, ist keinerlei Bewegung des Oberlides wahrzunehmen. Die Lidhaut erscheint faltenlos glatt, die Deckfalte ist verstrichen. Beim Versuche, das Auge willkürlich zu öffnen, treten der M. corrugator supercilii und der M. frontalis in Tätigkeit: die Augenbraue wird stark hinaufgezogen und die Stirnhaut in quere Falten gelegt. Die hierbei eintretende Rundung der Augenbraue ist über der Mitte der Lidspalte am stärksten. Dabei wird auch die Haut des Oberlides etwas gefaltet. Um das Auge gebrauchen zu können, zieht der Kranke, insbesondere bei vollständiger doppelseitiger Levatorlähmung, das Oberlid mit seinen Fingern in die Höhe. Geht eine vollständige Paralyse in Heilung über, so zeigen sich zunächst die Erscheinungen der unvollständigen Lähmung.

Bei der unvollständigen Lähmung des Musculus levator hängt das Oberlid nur teilweise herab, so daß die Lidspalte ein wenig geöffnet und die Vorderfläche des Bulbus teilweise sichtbar ist. Das Oberlid kann mehr oder weniger willkürlich gehoben werden, besonders wenn das gesunde Auge durch Verdecken vom gemeinschaftlichen Sehakte ausgeschaltet wird. Unter Umständen wird das Oberlid sogar vollständig gehoben, aber es tritt sehr bald eine Ermüdung des Muskels ein, das Lid senkt sich wieder rasch, und die Ptosis erscheint mitunter für einige Zeit stärker als vor dem Versuch der Lidhebung. Ist die Levatorlähmung doppelseitig, so wird der Kopf stark nach rückwärts gebeugt, da sich der Kranke hierdurch ein größeres Gesichtsfeld verschafft. Die Kopfhaltung als Folge der Ptosis ist äußerst charakteristisch.

Eine scheinbare Ptosis entsteht, wenn die Spannung des Oberlides dadurch eine Einbuße erfährt, daß der Augapfel verkleinert oder stark geschrumpft oder die Augenhöhle leer ist; sie verschwindet beim Gebrauche einer richtig sitzenden Prothese. — Eine scheinbare Ptosis wird ferner in den Fällen beobachtet, in denen die Bindehaut des Oberlids in größerer Ausdehnung mit derjenigen des Augapfels verwachsen ist. Das Oberlid erscheint dann gesenkt und seine Haut zeigt geringere Faltenbildung. Ferner kann eine scheinbare Ptosis durch Zunahme des Gewichts des Oberlides erworben werden; so hängt dasselbe bei Geschwülsten und bei entzündlichen Schwellungen der Lidhaut in mehr oder weniger hohem Grade herab. In letzterem Falle ist die Aktion des M. levator auch deswegen beschränkt, weil infolge seiner Verbindung mit der Lidhaut ein subcutanes Ödem auf die Sehne des Levator übergreift und sie stark dehnt. Eine scheinbare Ptosis wird endlich durch einen Krampf oder einen erhöhten Innervationszustand des M. orbicularis infolge Überwiegens dieses Muskels über den M. levator hervorgerufen, sog. Ptosis pseudoparalytica.

§ 193. Die Lähmungen des Musculus levator palpebrae superioris sind teils angeboren, teils erworben und hinsichtlich ihres Ausgangspunktes in myogene und neurogene zu sondern.

Die angeborene Ptosis zeigt verschiedene Grade und ist in der Regel doppelseitig. Ungefähr in der Hälfte der Fälle ist sie mit Beweglichkeitsdefekten der Heber des Auges, M. recti superiores, oder selbst aller vom N. oculomotorius versorgten äußeren Augenmuskeln verbunden. Gleichzeitig kommen oft andere angeborene okulare Anomalien zur Beobachtung wie Epicanthus, Verkürzung der Lidspalte — wobei häufig eine doppelseitige Ptosis besteht —, Fehlen der Tränenkarunkel, Kolobom des Augapfels sowie hochgradige Refraktionsanomalien mit Herabsetzung der Sehschärfe und Nystagmus. Auch an anderen Stellen des Körpers können Entwicklungsstörungen vorhanden sein, wie Verkümmerung der Endphalanx der fünf Finger einer Hand entsprechend der Seite der Ptosis, ferner Mangel der Nägel und Hypospadie.

Die kongenitale Ptosis ist häufig hereditär und fast ausnahmslos von Beweglichkeitsdefekten des Augapfels begleitet. Die Ptosis kann durch mehrere Generationen nur bei einem Teile der männlichen

Glieder oder bei beiden Geschlechtern in der Descendenz auftreten. ALESSI (nach v. MICHEL) beobachtete eine regelmäßige Abwechslung in der Weise, daß der Vater rechts-, der Sohn links-, der Enkel wieder rechts- und der Urenkel linksseitig von Ptosis befallen waren. Die gleichzeitigen Beweglichkeitsdefekte zeigten dabei nicht denselben Charakter.

Anatomisch kommen entweder Entwicklungshemmungen des Musculus levator selbst oder des zugehörigen Kerngebietes in Betracht, demnach handelt es sich teils um myogene, teils um neurogene Urachen.

Als Veränderungen der Substanz des M. levator wurden schwache Entwicklung (HEUCK 1879) oder abnorme Insertion oder selbst vollkommener Mangel des Muskels gefunden. Das Muskelgewebe war teils durch bindegewebige Stränge (AHLSTRÖM 1895) ersetzt oder der Muskel total bindegewebig degeneriert (SILEX 1896). Auch Verwachsungen des Levator mit dem Musculus rectus superior wurden angetroffen. In Fällen, in denen eine normale Insertion und normale Entwicklung des Muskels bei operativen Eingriffen festgestellt werden (BACH 1893), ist anzunehmen, daß die Ptosis zentral bedingt ist und eine angeborene Aplasie der Kernregion besteht. WILBRAND und SAENGER (1900) untersuchten einen Fall von doppelseitiger kongenitaler Ptosis und fanden eine Aplasie auf der rechten Seite des Oculomotoriuskernes, speziell im großzelligen lateralen Kerngebiete, und in geringerem Grade eine solche in der WESTPHAL-EDINGERschen Kerngruppe der linken Seite des Oculomotoriuskernes. Nach·SIEMERLING (1892) waren in einem Falle von einseitiger kongenitaler Ptosis zugleich Kerngebiet, Stamm und Muskelsubstanz des Levator verändert, was mehr im Sinne eines infantilen Kernschwundes als einer mangelhaften Anlage zu deuten wäre. Endlich wird noch als Ursache der angeborenen Ptosis eine mangelhafte Entwicklung oder selbst ein Fehlen des N. oculomotorius angegeben.

§ 194. Die myogenen erworbenen Lähmungen entstehen durch Verletzungen, Durchtrennungen, Zerreißungen und Abreißungen des Muskels oder seiner Sehne, ferner infolge Zerstörungen der Muskel- und Sehnensubstanz durch wuchernde Geschwulstmassen, wobei auch die dazu gehörigen Nervenäste mit betroffen werden können.

Von W. GOLDZIEHER (1890), FUCHS (1890), KUHN (1895) und SILEX (1896) wurde in einigen Fällen das Herabhängen des Oberlides als primäre Muskelatrophie aufgefaßt und in die Gruppe der Dystrophia muscularis progressiva eingerechnet. Eine solche Ptosis tritt doppelseitig auf, wenn auch selten beide Heber von vornherein gleichzeitig befallen werden. Hierbei wurden Erkrankungen von anderen Augen- oder Körpermuskeln nicht beobachtet. Der Grad der Lähmung nimmt langsam, aber stetig zu, so daß die Lidspalte zuletzt durch die hochgradige Erschlaffung des Levator fast geschlossen erscheint. Außerdem zeigt die Lidhaut bei längerem Bestehen eine auffällige Verdünnung und eine stärkere Ausdehnung, sowie eine tiefe Einziehung der Tarsoorbitalfalte, wodurch mit dem gleichzeitigen schlaffen Herabhängen des Oberlides ein charakteristisches klinisches Bild entsteht. Daraus wird geschlossen, daß mit der Atrophie des Muskels zugleich eine solche der Cutis und Subcutis der Lidhaut eintritt. Es besteht eine gewisse Ähnlichkeit mit der Blepharochalasis, doch fehlt die hierbei vorhandene Rötung der Haut und das beutelförmige Herabhängen über den oberen Lidrand. Die Erkrankung befällt Gesunde, in der Regel Frauen höheren Alters.

Mikroskopisch wurde an excidierten Muskelstückchen von Fuchs (1890) eine Verschmälerung von Muskelfasern, Verschwinden der Querstreifung, Auftreten einer Längsstreifung und Verlust jeglicher Struktur in den stark atrophischen Fasern festgestellt, ferner eine erhebliche Kernvermehrung und Pigmentierung in den Muskeln und im interstitiellen Bindegewebe. Silex (1896) fand ebenfalls nur selten eine gute Querstreifung, häufiger eine feinere Längsstreifung und besonders starke Verschiedenheiten in der Breite der Fasern, Kernvermehrung und Zerbröckelung der contractilen Substanz, Durchwachsung des Muskels mit Fett und Bindegewebe. Hinsichtlich dieser Befunde ist hervorzuheben, daß sie für die Feststellung der Muskellähmung, ob myogen oder neurogen, nicht zu verwerten sind, zumal solche Muskelveränderungen sich auch bei einer nukleären Lähmung einstellen können und bei längerer Dauer eine primäre Muskelatrophie von einer neurogenen nicht zu unterscheiden ist. Man beachte zudem, daß nur kleine excidierte Stücke der Muskelsubstanz des Levator untersucht wurden. Daß die Diagnose einer primären Muskelatrophie in solchen Fällen nicht ohne weiteres zutrifft, zeigt das Untersuchungsergebnis von Thiele und Grawitz (1906) bei einer isolierten doppelseitigen Ptosis einer 70j. Frau. Nicht bloß der Musculus levator, sondern auch sämtliche anderen äußeren Augenmuskeln boten alle Stadien der Fettmetamorphose und reichliche gelbe Pigmentanhäufung an den Polen. Die Untersuchung der Augenmuskulatur von älteren Individuen ohne Unterschied des Geschlechts, bei denen während des Lebens keine Ptosis bestanden hatte, ergab aber die gleichen Veränderungen, die schon Ende der 30er Jahre einsetzen, mitunter aber bei Leuten Mitte der 50er Jahre fehlen können. Diese Befunde sind als senile Atrophie oder Degeneration der Muskelsubstanz, die aber keine Funktionsstörung bedingt, aufzufassen; es kann sich daher in den beschriebenen Fällen von Levatorlähmung nur um eine solche neurogenen Ursprungs gehandelt haben. Übrigens war für die während des Lebens gleichzeitig vorhandene Einziehung der Tarsoorbitalfalte nur festzustellen, daß sie nicht von einem Schwunde des Orbitalfettes abhängig ist.

Zu bemerken ist noch, daß STRÜMPELL (1891) bei einer im Verlaufe einer Polymyositis aufgetretenen rechtsseitigen Ptosis die gleichen Veränderungen der Muskulatur des Levator wie an den übrigen Körpermuskeln feststellen konnte. Die Muskelfasern erschienen blasser und von gelblicher Farbe, mit starker feinkörniger Trübung und häufigem Verluste der Markstreifung; auch hyaline und wachsig degenerierte Fasern waren vorhanden, ferner zahlreiche Herde echter interstitieller Myositis (Bindegewebsneubildung und kleinzellige Infiltrate).

§ 195. Neurogene Lähmungen des M. levator palpebrae superioris treten bald isoliert, bald als Teilerscheinung einer Lähmung des N. oculomotorius auf. Ausführliches siehe im Kapitel: »Motilitätsstörungen des Auges« dieses Handbuchs. Nur zwei Formen von isolierter Ptosis sollen hier besprochen werden, die hysterische und die myasthenische.

Die hysterische Ptosis unterscheidet sich in ihrem Aussehen nicht von der gewöhnlichen paralytischen; sie tritt in der Regel doppelseitig, selten einseitig auf, bald akut, bald chronisch. Sie kann begleitet sein von hysterischer Erblindung und anderen hysterischen okularen Störungen, wie Gesichtsfeldeinengung. Öfter sind noch sonstige hysterische Erscheinungen vorhanden. Ein von KEMPNER (1897) mitgeteilter Fall von doppelseitiger Ptosis zeigte ein eigenartiges Verhalten: wenn das rechte Oberlid von dem Kranken in die Höhe gehoben wurde, dann hob sich das linke Oberlid und die Lidspalte wurde geöffnet, während umgekehrt dies nicht der Fall war. SCHMIDT-RIMPLER (1905) hat eine linksseitige hysterische Ptosis durch Druck auf den N. supraorbitalis derselben Seite geheilt. Das Auge blieb auch, wenn der Fingerdruck nicht mehr stattfand, bei Ablenkung der Aufmerksamkeit offen. Zur Erklärung der schlaffen hysterischen Ptosis wird teils eine unbewußte willkürliche Aufhebung der Innervation des Levator, ein Fallenlassen des Oberlides (SCHMIDT-RIMPLER 1905), teils eine Paralyse des M. levator (SAENGER 1898 und HITZIG 1897) angenommen, die unter denselben Umständen zur Entwicklung komme, wie die übrigen motorischen Innervationsstörungen der Kopfnerven bei Hysterie. MÖBIUS (1892) leugnet das Vorkommen einer hysterischen Ptosis und BOREL schließt sich der CHARCOTschen Ansicht an, daß die hysterische Ptosis nur durch einen Spasmus des Orbicularis, niemals durch eine Lähmung des Levator zustande komme.

Diagnostisch ist die schlaffe hysterische Ptosis leicht von einer sog. hysterischen Ptosis pseudoparalytica zu unterscheiden, die auf einer durch Krampf des M. orbicularis hervorgerufenen Verengerung der Lidspalte beruht (s. S. 451) und wobei als besonderes Merkmal ein starkes Blinzeln und die für eine Kontraktion des M. orbicularis charakteristische Faltenbildung der Lidhaut hervortritt.

Von großer Bedeutung ist die myasthenische Ptosis, da sie zu den fast regelmäßigen und in der Regel auch am frühesten auftretenden Symptomen der myasthenischen Paralyse (Myasthenia gravis pseudoparalytica) gehört, deren Wesen in einer raschen Erschöpfbarkeit oder Ermüdbarkeit der Muskelkraft liegt. Der Grad der myasthenischen Ptosis ist sehr wechselnd, insbesondere an beiden Augen oft verschieden; bald ist sie nur angedeutet, bald hängt das Oberlid stark herab und verdeckt den größten Teil des Auges. Zeitweilig kann die Ptosis, besonders bei stärkerer Ermüdung, sehr ausgesprochen sein und umgekehrt fehlen, wenn der Muskel ausgeruht ist, z. B. morgens beim Erwachen. Richtet man die Aufforderung an den Kranken, nach oben zu blicken, so wird das Oberlid gut gehoben, aber schon nach wenigen Sekunden senkt es sich wieder und hängt mehr und mehr herab. Läßt man bei leichter myasthenischer Ptosis häufig und rasch hintereinander das Lid heben und senken, so nimmt der Grad der Ptosis beträchtlich zu, und wiederum ab, wenn man den M. levator ausruhen läßt. Auch wenn andere Körpermuskeln stärker in Anspruch genommen werden, kann der erschöpfende Einfluß dieser Muskelanstrengung als Ptosis zum sichtbaren Ausdruck gelangen. Die Häufigkeit des Vorkommens der myasthenischen Ptosis läßt vermuten, daß der M. levator palpebrae superioris besonders leicht angreifbar ist. Manchmal besteht zugleich eine gleichseitige myasthenische Erkrankung des M. orbicularis in Form einer Ermüdung oder Lähmung (s. S. 480). Durch das Herabhängen des Oberlides und das Offenstehen der Lidspalte kommt alsdann das Bild der sogenannten Blepharoplegie zustande. In einzelnen Fällen wurde übrigens auch ein Blepharoclonus d. h. ein starkes Blinzeln beobachtet. Mit dem M. levator können ferner die vom N. oculomotorius versorgten Bewegungsmuskeln des Auges, ja alle äußeren Augenmuskeln befallen sein. In einer Reihe von Fällen der Myasthenia gravis pseudoparalytica sind die Lähmungen der Lid- und Augenmuskeln gegenüber den sonstigen Erscheinungen so stark ausgeprägt, daß man von einer okularen Myasthenie spricht. Häufig findet sich bei der myasthenischen Ptosis eine myasthenische Reaktion im M. deltoideus.

Bei der Myasthenie zeigen die erkrankten Muskeln weder im Früh-, noch im Spätstadium Atrophie oder Änderung der elektrischen Erregbarkeit. Läßt man in Intervallen von Sekunden wiederholt tetanisierende faradische Ströme auf Muskel oder Nerv einwirken, so werden die Muskelkontraktionen (myasthenische Reaktion nach JOLLY) mit jeder Reizung schwächer und erlöschen schließlich gänzlich. Nach einer kurzen Erholungspause wird der Muskel wieder erregbar. Nicht selten verbindet sich die Myasthenie mit der BASEDOWschen Krankheit; sie wurde auch in Fällen von BANTIScher Krankheit und bei Myxödem, sowie in Verbindung mit einem angioneurotischen Ödem (DILLER 1903) beobachtet. Bei einem 10j. Knaben sah v. MICHEL im Verlaufe der Myasthenie eine einseitige durch die serodiagnostische Untersuchung als syphilitisch erkannte parenchymatöse Keratitis auftreten, die auch von anderen Zeichen einer hereditären Lues begleitet war.

Im allgemeinen erkrankt das weibliche Geschlecht häufiger als das männliche. Die Mehrzahl der Fälle betrifft das 3. Lebensdezennium; doch wurden auch Erkrankungsfälle im Alter von $2\frac{1}{2}$ und von 5 Jahren beobachtet.

Eine Reihe von Autoren ist geneigt, den Sitz der Erkrankung in die motorischen Kerne der Hirn- und Rückenmarksnerven zu verlegen (sog. neurogene Theorie). OPPENHEIM (1901) betrachtet die myasthenische Paralyse vorläufig als eine Neurose, die in dem Boden einer kongenitalen Anlage wurzele, da sie sich mit Vorliebe bei Individuen entwickele, die mit Entwicklungsanomalien behaftet sind. Als solche kamen zur Beobachtung: Spaltung des Gaumensegels, Mikrognathie, Polydaktylie und verkümmerte Anlage von Zehen. Auch wurden Entwicklungsanomalien erst post mortem festgestellt, wie kongenitale Hypoplasie der Hirnnervenwurzeln, Verdoppelung des Zentralkanals und des Aquaeductus Sylvii. Andere Beobachter erblicken in den Muskelveränderungen das der Myasthenie zugrunde liegende Moment (sog. muskuläre Theorie). CHVOSTEK (1908) ist geneigt, eine Hyper- oder Dysfunktion der Epithelkörper (sog. Glandulae parathyreoideae) anzunehmen.

Ein anschauliches Bild des Vorkommens, der Ursachen und des Verlaufs der myasthenischen Paralyse liefert eine Zusammenstellung von HUN (1905). Von 114 aus der Literatur gesammelten Fällen waren 40 männliche und 72 weibliche Personen erkrankt, am häufigsten zwischen dem 20. und 30. Lebensjahre. In 42 Fällen bestanden nervöse Ursachen, nämlich 13 mal neuropathische Prädisposition, 7 mal Nervosität, 8 mal Migräne, 11 mal geistige Anomalien und 1 mal Poliomyelitis, 22 mal Infektionen (Tuberkulose 9, Influenza 6, Typhus 2, Diphtherie 2, Malaria 3 mal) und in 7 Fällen Intoxikationen, Alkoholismus und Rheumagismus. Von erschöpfenden Ursachen fanden sich 72 mal Überanstrentungen und 9 mal Schwangerschaft. In 95 Fällen war die Erkrankung langsam entstanden und 45 mal bildeten die Augenmuskellähmungen das erste Symptom, darunter waren die Lähmungen der äußeren Muskeln des Augapfels als erstes Symptom 13 mal und die Ptosis 12 mal als zweites Symptom vertreten. In 16 Fällen waren Sprachstörungen, in 4 Schluckbeschwerden, in 3 Facialislähmungen, in 37 Schwäche der Arme und Beine das erste Zeichen. In 108 Fällen war der Verlauf ein chronischer, in 5 ein akuter oder subakuter, in 16 ein langsam progressiver. In 98 Fällen bestanden große Schwankungen des Verlaufs. In 42 Beobachtungen waren erhebliche Besserungen, selbst freie Intervalle für Wochen, Monate oder Jahre vorhanden. 50 von den 114 Fällen endeten tödlich, 7 wurden geheilt und 57 Fälle blieben unverändert oder wurden gebessert.

Anatomisch erwies sich das periphere und zentrale Nervensystem als normal. Herde zelliger Infiltration in den Muskeln wurden von GOLDFLAM (1902) und LINK (1902) gefunden. WEIGERT erklärte sie in einem Falle als Geschwulstmetastasen eines bösartigen Tumors der Thymus. In einem von HUN, BLAMER und STREETER (1905) mitgeteilten Falle fand sich eine lymphoide Infiltration der Muskeln und eine solche der Thymusdrüse, verbunden mit einer Wucherung der Drüsenelemente; die mikroskopischen Bilder glichen denen des Lymphosarkoms. Auch MARBURG (1907) sah in zwei Fällen von schwerer Myasthenie in den Muskeln zellige Infiltrate, bestehend aus spärlichen Leucocyten, Lymphocyten und jungen Sarkolemmzellen, sowie eine diskontinuierliche Durchsetzung der Muskelfasern mit Fetttröpfchen. Daher wird von ihm die Myasthenie als eine diskontinuierliche degenerative Myositis toxischen Ursprungs aufgefaßt. OSANN (1906) nimmt an, daß die in verschiedenen Körpermuskeln, so auch im M. levator bei der Myasthenie gefundenen Blutungen auf einer Intoxikation beruhen.

In diagnostischer Beziehung ist hervorzuheben, daß die myasthenische okulare Paralyse häufig verkannt wird und die Augenmuskellähmungen irrtümlich auf Lues cerebri oder auf Tabes bezogen oder, was schwererwiegend ist, in Ermangelung einer greifbaren Ursache als rheumatische angesehen werden, die überhaupt als solche gar nicht existieren. Auf Grund von solchen falschen Diagnosen werden alsdann Behandlungsmethoden in Anwendung gezogen, die auf den Organismus schwächend einwirken und dadurch die Myasthenie nur verschlimmern. Differentialdiagnostisch ist zunächst zu bemerken, daß die Myasthenie die innere glatte Augenmuskulatur verschont. Entscheidend ist, da ja auch bei der tabischen Ptosis eine gewisse Unstetigkeit in dem Grade derselben bestehen kann, die Prüfung der myasthenischen Reaktion an solchen Körpermuskeln, die keinerlei Funktionsstörungen bieten.

§ 196. Es sei an dieser Stelle erwähnt, daß nach WERTHEIM-SALO-
MONSON (1898) normalerweise der M. levator weder galvanisch noch
faradisch reizbar ist, auch nicht bei peripherer Facialislähmung. Bei
erworbener Ptosis ist der M. levator, indes nur galvanisch, bisweilen reizbar. Die Stromstärke ist beschränkt durch die gleichzeitige Beteiligung
des M. orbicularis und wechselt bei den verschiedenen Kranken und
zu verschiedenen Zeiten zwischen 0,03 und 1,4 Milliampère. In keinem
Falle von kongenitaler Ptosis trat eine Kontraktion des Levator ein.
Wahrscheinlich ist die Reizbarkeit des Levator ein Zeichen der Entartungsreaktion bei mittelschweren und schweren Oculomotoriuslähmungen. Die Reizbarkeit scheint bei nukleärer und subnukleärer Ptosis
zu fehlen. Der motorische Punkt liegt unter dem höchsten Punkte des
oberen Orbitalrandes in der Mitte desselben. Dabei ist nach BREG-
MAN (1900) anzunehmen, daß die Reaktion durch indirekte Stromfäden
erfolgt, wobei die starre Wand der Augenhöhle dem Strome einen
größeren Widerstand entgegensetzt und dadurch vielleicht eine bessere
Diffusion desselben in den zunächst gelegenen Teilen veranlaßt.

§ 197. Die Behandlung der beschriebenen Ptosisformen richtet sich
ganz nach den zugrunde liegenden Ursachen. Die angeborene Ptosis
ist operativ zu behandeln; von Prothesen, die in anderen Fällen von erworbener stationärer Ptosis manchmal benützt werden, ist hier im allgemeinen abzusehen. Solche Prothesen sind bereits von OPPENHEIMER
(1906) ausführlich in diesem Handbuche beschrieben. Der Vollständig-
keit halber sei noch hinzugefügt, daß schon MACKNESS (nach v. MICHEL)
einen Retentionsapparat bei Ptosis konstruierte; er bestand aus einem
schmalen Stück Elfenbein, das mit einem feinen Faden versehen war
und sich in den Falten des Oberlides verbergen ließ. Die Feder von der
Farbe der Haut war am Hinterhaupte angebracht und drängte mittels
des Elfenbeinstückchens die Haut des Oberlides in die Höhe. A. MEYER
(1893) hat eine einfache Vorrichtung angegeben, die gestattet, das Auge
während des Tragens der Prothese zu schließen. Ein aus einem Stücke her-
gestellter Golddraht, dessen Spitze knapp $1/_2$ mm beträgt und dessen freie
Enden durch Umbiegung in eine möglichst feine Öse abzustumpfen sind,
besteht aus zwei Armen, zwischen denen sich eine ganz dicht aufgerollte
Feder befindet. Der obere konvexe und mit einer winkligen Krümmung
versehene Arm wird mit einer nach oben geschobenen Hautfalte unter den
oberen Augenhöhlenrand gebracht, und der untere Arm so geformt, daß
er dicht unter die Cilien des Unterlides zu liegen kommt; zugleich wird
er unterhalb des Canthus internus so umgebogen, daß er an der Nase eine
Stütze finden kann. Dabei ist der M. orbicularis mit geringer Anstrengung imstande, die Federkraft zu überwinden und das Auge zu schließen.

Die hysterische Ptosis kann psychisch beeinflußt werden; besonders erfolgreich ist hier die Suggestionstherapie. Silver (1872) hat bei einer hysterischen linksseitigen Ptosis eine Heilung dadurch erzielt, daß er der Patientin sagte, das linke Auge würde geöffnet werden, wenn das rechte Auge geschlossen wäre, was auch geschah. Das rechte Auge wurde kurze Zeit verbunden gehalten. Bei myasthenischer Ptosis beschränkt man sich auf eine Allgemeinbehandlung, Schonung der Körpermuskulatur und Stärkung des ganzen Organismus.

§ 198. Eine eigentümliche Form der Ptosis ist die von v. Bechterew (1898) bei einer 22jährigen Kranken beschriebene. Die Erscheinungen erinnerten an die bei zentralen Facialislähmungen beobachteten und bestanden darin, daß die Augen durch unwillkürliche psychische Impulse geöffnet wurden, während Willensimpulse keinen Einfluß hatten. Beide Augen waren gewöhnlich bis auf einen sehr schmalen Spalt vom Oberlide bedeckt, sie wurden aber weit geöffnet, wenn die Kranke, ohne an ihren Zustand zu denken, sich ganz dem freien Laufe der Gedanken hingab und ihre Mimik keine Spur einer Willkürbewegung darbot. Lenkte man ihre Aufmerksamkeit auf das Offenstehen der Augen, so war sie meist selbst darüber erstaunt. Auch blieben die Augen offen, solange sie sich nicht bemühte, das Lid willkürlich emporzuheben. Nach einiger Zeit aber schlossen sich die Augen wieder und die Kranke vermochte sie beim besten Willen nicht mehr zu öffnen. Man muß annehmen, daß infolge einer unwillkürlichen Erschlaffung des M. orbicularis der paretische M. levator die Möglichkeit gewann, das Oberlid zu heben. v. Bechterew (1898) ist geneigt, einen entzündlichen Vorgang anzunehmen und den Sitz in die weichen Gehirnhäute entsprechend der Austrittsstelle des Oculomotorius an den Gehirnschenkeln oder in das Oculomotoriuskerngebiet zu verlegen.

§ 199. Als Blepharoplegie wird die Kombination einer Lähmung des M. levator und des M. orbicularis bezeichnet; sie setzt sich aus den für diese Lähmungen charakteristischen Erscheinungen zusammen, somit aus einem Mangel der Hebung des Oberlides und des Schlusses der Lidspalte. Dieselbe ist selten und wird bei ausgedehnten Erkrankungen der Gehirnbasis oder der Gehirnsubstanz sowie bei der Myasthenie beobachtet.

Literatur zu §§ 192—199.

1872 Silver: Hysterical ptosis. Lancet T. 2, p. 117.

1875 Delaroche: De la blépharoptose, de ses causes et de son traitement. Thèse de Paris. — Michel: Krankheiten der Lider. Dieses Handbuch. 1. Aufl., Kap. IV, S. 459.

1879 Heuck: Über angeborenen vererbten Beweglichkeitsdefekt der Augen. Klin. Monatsbl. f. Augenheilk. Bd. 17, S. 253. — Tartuferi: Un caso di blefaroptosi congenita atrofica. Riv. clin. di Bologna. Novembre ed Dicembre.

1882 SNELL: Hysterical ptosis. Ophthalmol. Rev. p. 409.

1886 BOREL: Affections hystériques des muscles oculaires. Arch. d'opht. p. 506.

1887 DAGUILLON: Ptosis congénital héréditaire, strabisme divergent, myopie et amblyopie congénitale héréditaires. Bull. de la clin. nat. ophtalmol. de l'hôp. des Quinze-Vingts. p. 117.

1888 BERNHARDT, M.: Über eine eigentümliche Art von Mitbewegung des paretischen oberen Lides bei einseitiger kongenitaler Ptosis. Zentralbl. f. Nervenheilk. Nr. 15. — VENNEMAN, E.: Ptosis congénital double avec blépharophimosis. Rev. méd. Louvain. T. 7, p. 60.

1889 v. FORSTER: Blepharoptosis congenita mit Epicanthusbildung. (Ärztl. Lokalverein Nürnberg.) Münch. med. Wochenschr. S. 386.

1890 FUCHS, E.: Über isolierte doppelseitige Ptosis. Graefes Arch. f. Ophthalmol. Bd. 36, 1, S. 234. — GOLDZIEHER: Einfachste Verfahren gegen Ptosis und Entropium spasticum senile. Zentralbl. f. prakt. Augenheilk. S. 34. — TIFFANY: Congenital ptosis with blepharophimosis and epicanthus; due to the absence of the levator palpebrae superioris muscle. Kansas City med. Rec. T. 7, p. 305.

1891 STRÜMPELL: Zur Kenntnis der primären akuten Polymyositis. Dtsch. Zeitschr. f. Nervenheilk. Bd. 1, S. 56.

1892 MÖBIUS, G. J.: Über infantilen Kernschwund. Münch. med. Wochenschr. S. 309. — SIEMERLING, E.: Anatomischer Befund bei einseitiger kongenitaler Ptosis. Arch. f. Psychiatr. u. Nervenkrankh. Bd. 23, S. 764.

1893 BACH, L.: Ptosis mit Epicanthus und Blepharophimosis. Zentralbl. f. Nervenheilk. u. Psych. S. 57. — MEYER, A.: Therapie der Ptosis. Arch. f. Augenheilk. Bd. 26, S. 153.

1894 BERNHARDT, M.: Beitrag zur Lehre von den eigentümlichen Mitbewegungen des paretischen oberen Lides bei einseitiger angeborener Lidsenkung. Neurol. Zentralbl. Nr. 9.

1895 AHLSTRÖM: Doppelseitige kongenitale Ptosis mit Unbeweglichkeit der Bulbi. Deutschmanns Beitr. z. prakt. Augenheilk. H. 16, S. 51. — GOLOWIN, S.: Ein Fall von Blepharoptosis congenita und Epicanthus beider Augen. Westnik ophthalmol. T. 12, 2, p. 233. — JACOBI: Cases of unilateral congenital ptosis. Med. Rec. New York. p. 227. — KUNN: Die angeborenen Beweglichkeitsdefekte der Augen. Deutschmanns Beitr. z. Augenheilk. H. 19, S. 1 u. H. 21, S. 21.

1896 SILEX, P.: Über progressive Levatorlähmung. Arch. f. Augenheilk. Bd. 34, S. 20.

1897 HITZIG: Über einen durch Strabismus und andere Augensymptome ausgezeichneten Fall von Hysterie. Berl. klin. Wochenschr. Nr. 7. — KEMPNER: Ein Fall von Erblindung und Ptosis beider Augen aus unbekannter Ursache mit Ausgang in Heilung. Klin. Monatsbl. f. Augenheilk. Bd. 35, S. 17.

1898 v. BECHTEREW: Doppelseitige periodisch exacerbierende Augenmuskellähmung mit auffallenden Schwankungen in der Innervation der oberen Augenlider. Dtsch. Zeitschr. f. Nervenheilk. Bd. 13, S. 432. — SAENGER: Über Augenmuskelstörungen bei Hysterie. (3. Versamml. mitteldeutsch. Psychiater und Neurologen.) Arch. f. Psychiatr. u. Nervenkrankh. Bd. 31, S. 502. — WERTHEIM-SALOMONSON: Zur Elektrodiagnostik der Oculomotoriuslähmungen. Neurol. Zentralbl. Nr. 2.

1899 SEIFFER: Vorstellung eines Falles von Myasthenia pseudoparalytica. (Berliner Gesellsch. f. Psych. u. Nervenkr.) Neurol. Zentralbl. S. 1112 und Zentralbl. f. Nervenheilk. u. Psych. S. 714. — WILBRAND, H.: Über schlaffe hysterische Ptosis. Arch. f. Augenheilk. Bd. 39, S. 172.

1900 BREGMAN: Über die elektrische Entartungsreaktion des M. levator palpebrae superioris, nebst einigen Bemerkungen über eine isolierte traumatische Oculomotorius- und Trochlearislähmung. Neurol. Zentralbl. S. 690. — WILBRAND und SAENGER: Die Neurologie des Auges. I. Teil. Wiesbaden: J. F. Bergmann.

1901 OPPENHEIM: Die myasthenische Paralyse (Bulbärparalyse ohne anatomischen Befund). Berlin: S. Karger.

1902 GOLDFLAM: Weiteres über die asthenische Lähmung nebst einem Obduktionsbefund. Neurol. Zentralbl. S. 347. — LINK: Beitrag zur Kenntnis der Myasthenie, ein Befund von Zellherden in zahlreichen Muskeln. Dtsch. Zeitschr. f. Nervenheilk. Bd. 23, 1 u. 2.

1903 DILLER: A case of myasthenia gravis complicated by angioneurotic oedema. Journ. of nerv. a. ment. dis. April. — HEY: Zur Kasuistik der Myasthenia gravis pseudoparalytica. Münch. med. Wochenschr. S. 1867 u. 1920. — MOHR, L.: Ein Beitrag zur myasthenischen Paralyse. Berl. klin. Wochenschr. Nr. 46. — STEINERT: Über Myasthenie und myasthenische Reaktion. Dtsch. Arch. f. klin. Med. Bd. 78, 3 u. 4.

1904 BARTELS: Über den Eintritt der vikariierenden Frontaliskontraktion bei kongenitaler Ptosis. Zeitschr. f. Augenheilk. Bd. 11, S. 449. — BIELSCHOWSKY: Die Augensymptome bei der Myasthenie. Münch. med. Wochenschr. S. 2281. — KÖLLNER: 2 Fälle von Myasthenia gravis pseudoparalytica. Inaug.-Diss. Berlin. — LOESER: Über das kombinierte Vorkommen von Myasthenie und Basedowscher Krankheit nebst Bemerkungen über die okulären Symptome der Myasthenie. Zeitschr. f. Augenheilk. Bd. 12. — OPPENHEIM: Zur myasthenischen Paralyse. Dtsch. med. Wochenschr. Nr. 29.

1905 HUN, BLAMER and STREETER: Myasthenia gravis. Albany med. Journ. January. Ref. Zentralbl. f. med. Wissensch. S. 459. — SCHMIDT-RIMPLER: Die Erkrankungen des Auges im Zusammenhang mit anderen Krankheiten. 2. verbesserte Aufl. Wien: A. Hölder.

1906 v. KÉTLY: Über die „myasthenische Paralyse" im Anschluß von zwei Fällen. Dtsch. Zeitschr. f. Nervenheilk. Bd. 31, S. 241. — OPPENHEIMER: Abriß der Brillenkunde. Dieses Handbuch. Lieferung 102. S. 82. — OSANN: Klinischanatomischer Beitrag zur Kenntnis der myasthenischen Paralyse. Monatsschr. f. Psychiatr. u. Neurol. Bd. 19, S. 526. — THIELE und GRAWITZ: Über senile Atrophie der Augenmuskeln. Dtsch. med. Wochenschr. S. 1237.

1907 MARBURG: Zur Pathologie der Myasthenia gravis. Zeitschr. f. Heilk. Bd. 28, 4.

1908 CHVOSTEK: Myasthenia gravis und Epithelkörper. Wien. klin. Wochenschr. S. 37.

1909 SATTLER, H.: Die Basedowsche Krankheit. Graefe-Saemisch, Handb. d. ges. Augenheilk. Bd. 9, Abt. 2, 2. Aufl.

1911 BILANCIONI: Un caso di ptosi palpebrale a bascule. Boll. della soc. Lancisiana degli ospedali di Roma. Anno 30, fasc. 1.

1913 GRIMSDALE: Ptosis. Ophthalmoscope p. 161.

1921 WILBRAND und SAENGER: Die Neurologie des Auges. Bd. 8. Die Bewegungsstörungen der Augenmuskeln. Wiesbaden: J. F. Bergmann.

3. Funktionsstörungen der glatten Lidmuskulatur.

§ 200. Die Funktionsstörungen der glatten Lidmuskulatur entstehen durch Reizung oder Lähmung bestimmter Fasergattungen des Halssympathicus, die als oculo-pupilläre deswegen bezeichnet werden, weil vom Halssympathicus noch ein glatter Muskel des Augapfels, nämlich der M. dilatator pupillae, innerviert wird und Innervationsstörungen seiner Fasern eine Änderung der Pupillenweite bedingen. Da im Halssympathicus außer den oculo-pupillären noch vasomotorische und schweißabsondernde Fasern enthalten sind, so kombiniert sich das klinische Bild der Funktionsstörung der oculo-pupillären Fasern häufig mit einer solchen der beiden anderen

Fasergattungen. Daher unterscheidet man eine partielle und eine totale Halssympathicuserkrankung.

Experimentell finden sich bei Reizung des Halssympathicus Erweiterung der Pupille und der Lidspalte (die gleichen Erscheinungen ruft Einträufeln von Cocain und Einträufeln bzw. subconjunctivale Injektion von Adrenalin [Suprarenin] hervor, die auf den Sympathicus reizend wirken), Vortreten des Augapfels, Gefäßverengerung mit Temperaturherabsetzung und Schwitzen der entsprechenden Kopfhälfte; bei Durchschneidung Verengerung der Pupille und der Lidspalte, Zurücktreten des Augapfels, Gefäßerweiterung mit Temperaturerhöhung und Herabsetzung oder Mangel der Schweißabsonderung der entsprechenden Kopfhälfte. BECHTEREW und MISLAWSKI (1891) sahen im Tierexperiment bei Reizung des Thalamus opticus die Augenlider sich retrahieren; gleichzeitig erfolgte Tränenabsonderung, Erweiterung der Pupillen und Hervortreten der Augäpfel. Die Experimente wurden zwecks Ermittlung des Reflexzentrums der Tränensekretion angestellt, das die beiden Autoren in die Sehhügel verlegen; dort befänden sich auch die zentralen Leitungsbahnen des Halssympathicus, und von hier aus gelangten ihre Fortsetzungen zur Hemisphärenrinde.

Klinisch äußert sich die Reizung der glatten Lidmuskulatur in einem weiten Klaffen der Lidspalte und die Lähmung in einem mäßigen Herabhängen des Oberlides, die im Gegensatz zur Ptosis bei Levatorlähmung als Ptosis sympathica bezeichnet wird.

§ 201. Das Klaffen der Lidspalte auf eine Reizung der glatten Lidmuskulatur zurückzuführen, erscheint nur dann angängig, wenn zugleich noch Reizungs- oder Lähmungserscheinungen anderer Fasergattungen des Halssympathicus bestehen, da ein erhöhter Innervationszustand des M. levator palpebrae superioris ebenfalls ein weites Klaffen der Lidspalte hervorruft. Möglicherweise ist bei hohen Graden dieses Zustandes die glatte Muskulatur ebenso stark beteiligt wie der M. levator. Früher war man geneigt, das Klaffen der Lidspalte bei der BASEDOWschen Krankheit auf Grund der Auffassung dieses Leidens als einer Läsion des Halssympathicus im Sinne einer Reizung der glatten Lidmuskulatur zu deuten. Wenn auch heute der Morbus Basedowii als eine Störung der »inneren Sekretion« infolge einer Schilddrüsenerkrankung im Sinne des Hyperthyreoidismus angesehen wird, so dürften doch die von mancher Seite berichteten günstigen Wirkungen der Sympathotomie und Sympathektomie bei dieser Krankheit Beachtung verdienen. Im übrigen sind die Beobachtungen über das Vorkommen einer Reizung der glatten Lidmuskulatur äußerst spärlich. Erscheinungen, die WETTEN-

DORFER (1906) bei einem Hydrophoben beobachtete: linke Lidspalte und
Pupille beträchtlich erweitert, Exophthalmus und zeitweise krampfhafte Hebung beider Oberlider wurden als tonische Reizung der linkss.
glatten Lidmuskulatur mit zeitweiliger klonischer Erweiterung beider
Lidspalten gedeutet. Ein einseitiges Klaffen der Lidspalte mit Pupillenerweiterung beobachtete v. MICHEL bei einer 63j. Frau mit allgemeiner
Arteriosklerose und starkem Pulsieren der Carotiden, besonders der
rechten Carotis. Dabei fehlten anderweitige nervöse Störungen.

Es wurde bereits kurz angeführt (S. 512), daß Cocain und Adrenalin (Suprarenin)
in den Bindehautsack eingeträufelt bzw. unter die Bindehaut injiziert, durch Reizung
der vom Sympathicus versorgten glatten Lidmuskulatur ein Klaffen der Lidspalte
bewirken, das infolge gleichzeitiger Dilatatorreizung stets mit einer Mydriasis verbunden ist. Bei den zahlreichen sorgfältigen experimentellen und klinischen Untersuchungen über die Adrenalinmydriasis (LEWANDOWSKY 1898 und 1899, LANGEN-
DORFF 1900, LEWINSOHN 1900, WESSELY 1900, MELTZER und MELTZER-AUER 1903,
GAUTRELET 1909, STAUB 1910, ZAK 1910, CORDS 1911) ist das Verhalten der glatten
Lidmuskulatur meist nur beiläufig erwähnt und häufiger überhaupt nicht beachtet.
Von Interesse ist die Feststellung, daß die Adrenalinmydriasis bei allen Zuständen,
die mit einer gesteigerten Erregbarkeit des sympathischen Systems einhergehen, früher
eintritt als bei gesunden Menschen. Das gleiche Verhalten findet sich in Fällen,
bei denen das Gleichgewicht der inneren Sekretion im Sinne eines Überwiegens
des chromaffinen Systems geschädigt ist, also bei Funktionsstörungen des Pankreas,
bei Überfunktion der Schilddrüse, bei Diabetes mellitus und vielleicht auch bei
Morbus Basedowi (CORDS 1911). CORDS (1911) vermutet, daß in all diesen Fällen
der Adrenalingehalt des Blutes gesteigert sei.

Ein angeborenes einseitiges (rechtsseitiges) starkes Klaffen der
Lidspalte sah v. MICHEL (1903) bei einem 9j. Knaben mit leichtem
Exophthalmus (s. Abb. 128). Die rechte Gesichtshälfte war röter als
die linke, fühlte sich wärmer an und schien etwas stärker entwickelt, was
vielleicht nur durch den stärkeren Turgor bedingt
war. Eine Störung der Schweißabsonderung bestand nicht. Beim Blicke nach unten fehlte die
Mitbewegung des oberen Lides; während des
Schlafs war die Lidspalte geschlossen. Die Pupillen waren gleichweit und von normaler Reaktion. Im Sinne einer Innervationsstörung des
Halssympathicus waren demnach gleichzeitig
rechterseits die Erscheinungen einer teilweisen

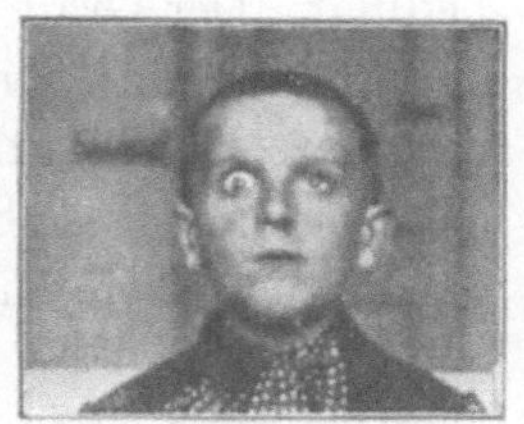

Abb. 128. Angeborenes rechtsseitiges Klaffen der Lidspalte.
(Nach v. MICHEL.)

Reizung der oculopupillären Fasern — Klaffen der Lidspalte —
und einer Lähmung der vasomotorischen Fasern des rechten Halssympathicus — Exophthalmus und stärkere Rötung der Gesichtshälfte — vorhanden. Von anderen Störungen fand sich eine unvollkommene Lähmung der Heber des Augapfels, daher gewöhnlich als
Folge des gestörten Muskelgleichgewichtes ein geringes Abwärtsschieben
sichtbar war (s. Abb. 128). Das Zentralnervensystem war normal. Der

Knabe stammte von nervösen Eltern; die Mutter zeigte leichte neuropathische Störungen des vasomotorischen Systems. Würde man übrigens die Annahme einer angeborenen Läsion des Halssympathicus mit partieller Agenesie des Oculomotoriuskerngebietes nicht gutheißen, vielmehr das Klaffen der Lidspalte auf eine Reizung des M. levator zurückführen, so wäre diese nur durch Zufließen eines stärkeren Innervationsreizes infolge Funktionsausschaltung der Heber des Augapfels zu erklären.

§ 202. Die Lähmung der glatten Lidmuskulatur, Ptosis sympathica, wurde in ihrem klinischen Verhalten zuerst von HORNER (1869) beschrieben und als Lähmung des Halssympathicus gedeutet. Dabei handelte es sich in dem HORNERschen Falle nicht allein um eine Lähmung der oculopupillären, sondern sämtlicher Fasergattungen dieses Nerven (totale Lähmung).

Als Haupterscheinung der Ptosis sympathica wird ein mäßiges Herabgesunkensein des Oberlides, Verengerung der Lidspalte, Verengerung der Pupille, Herabsetzung des intraokularen Druckes und geringer Enophthalmus angesehen. Diese Erscheinungen, bezogen auf eine Innervationsstörung des Halssympathicus, sind als gleichzeitige Lähmung der oculopupillären und oculovasomotorischen Fasern anzusprechen. Die 3 Kardinalsymptome: Ptosis, Miosis und Enophthalmus werden unter der Bezeichnung »HORNERscher Symptomenkomplex« zusammengefaßt.

Was die Erklärung der einzelnen Erscheinungen anlangt, so ist die Ptosis durch eine Lähmung des M. palpebralis oder tarsalis superior bedingt. Der Grad der Ptosis ist in der Regel ein mittlerer, wobei das herabhängende Oberlid bei geradeaus gerichteter Blickstellung ungefähr die obere Hornhauthälfte deckt. Die Haut des Oberlides ist nur wenig gefaltet und dasselbe wird ungenügend gehoben. Die einmal entstandene Ptosis bleibt meist dauernd stationär. Die gleichzeitige Verengerung der Lidspalte ist nicht nur Folge des Tiefstandes des Oberlides, sondern auch eines Höherstehens des unteren Lides und der Ausdruck einer antagonistischen Contractur des M. orbicularis, indem mit dem M. tarsalis superior auch der M. tarsalis inferior gelähmt ist. Bei Einträufelung von Cocain erweitert sich die Lidspalte und hebt sich das Oberlid, das sich wiederum senkt, wenn die lokale Giftwirkung vorüber ist.

Die Pupillenverengerung wird auf eine Lähmung des M. dilatator iridis mit antagonistischem Überwiegen des M. sphincter iridis bezogen. Die verengte Pupille reagiert positiv auf Lichteinfall, woraus hervorgeht, daß der Reflexbogen zwischen Netzhaut-Sehnerv und Pupille nicht unterbrochen ist, desgleichen ist die Konvergenzreaktion der

Pupille erhalten. Die Pupillenreaktion bei Auslösung einer Schmerz-empfindung durch Hautreize wird teils als negativ, teils als positiv angegeben; in ersterem Falle würde somit der sog. Dilatatorreflex der Pupille fehlen, im zweiten Falle kann die Pupille der kranken Seite fast ebenso weit werden, wie die der gesunden (ROSENFELD 1904). Im Affekt soll die Erweiterung stärker sein als bei einfacher Beschattung des Auges, und in einer Reihe von Fällen die reflektorische Verenge-rung der Pupille bis zu einem gewissen Grade durch psychische Ein-wirkung gehindert werden. Aus dem Mangel der Schmerzreaktion der Pupille und ihrem Verhalten bei psychischen Einflüssen wird weiter geschlossen, daß die die Pupillenbewegungen beeinflussenden Sympa-thicusfasern diejenigen Reize weiter zu leiten haben, die eine Pupillen-erweiterung durch sensible oder psychische Einwirkungen hervorrufen. Miotica und Mydriatica beeinflussen eine sympathisch verengte Pupille so, daß eine raschere stärkere Verengerung z. B. bei Einträufelung von Physostigmin in den Bindehautsack auftritt im Verhältnis zur lang-samen und unvollständigen Erweiterung durch Atropin. Euphthalmin und Homatropin bewirken prompte Pupillenerweiterung (BEST 1904). Über die Wirkung des Cocains sind die Beobachtungen geteilt; bald wird eine solche in Abrede gestellt (Cocainstarre), bald ein auffälliger Einfluß im Sinne einer Pupillenerweiterung angegeben.

Ähnlich sind die Untersuchungsergebnisse der Adrenalinwirkung bei Sympathicus-lähmungen. Während CORDS (1911) in 4 Fällen von HORNERschem Symptomen-komplex eine deutliche Adrenalinmydriasis auftreten sah, hat er dieselbe in 6 anderen vermißt. Bei Tieren, deren Iris 2 Tage und mehr dem Einfluß des Ganglion cervi-cale supremum entzogen wurde (durch Exstirpation des Ganglion), tritt eine prompte Adrenalinmydriasis auf, indem dadurch die Erregbarkeit der Dilatatormuskelzellen enorm gesteigert wird. Durch Sympathicuslähmungen unterhalb des Ganglion cervi-cale supremum (präganglionäre Lähmungen) wird der Einfluß des Adrenalin in keiner Weise geändert. Man versuchte hieraus eine klinische Differenzialdiagnose zwischen präganglionärer und postganglionärer Sympathicuslähmung abzuleiten. Doch kann die Adrenalinmydriasis auch bei sicherer postganglionärer Sympathicuslähmung aus-bleiben (in einem Falle von intrakranieller Schußverletzung mit HORNERschem Symptomenkomplex von CORDS 1911). Dazu kommt, daß bei den geringsten Lä-sionen des Hornhautepithels eine erhöhte Adrenalinresorption stattfindet (STRAUB 1910, CORDS 1911), und dadurch bei Adrenalininstillation in den Conjunctivalsack eine starke Mydriasis zustande kommt. — Bei den Beobachtungen der Adrenalin-mydriasis in Fällen von Sympathicuslähmungen blieb das Verhalten der glatten Lidmuskulatur, soweit aus der Literatur hervorgeht, unberücksichtigt.

Die Herabsetzung des intraokularen Druckes wird auf die durch die Lähmung der Vasomotoren hervorgerufene Verminderung der Gefäßspannung bezogen.

Der Enophthalmus wird teils durch eine Lähmung des glatten M. orbitalis, teils durch eine Abnahme des Fettgehaltes der Augenhöhle, bedingt durch trophische Einflüsse (NICATI 1873), erklärt. Letztere

Ursache käme doch wohl erst bei längerem Bestehen einer Sympathicuslähmung in Betracht und wäre im Einklange mit der Beobachtung,
daß die der Seite der Sympathicuslähmung entsprechende Gesichtshälfte abmagern und daß insbesondere das Fettpolster unterhalb
des Jochbogens schwinden kann. Dieser ganze Symptomenkomplex
kennzeichnet weitaus am häufigsten eine Läsion des Halssympathicus
überhaupt und ist nach einer Zusammenstellung von WILKE (1894) in
nicht weniger denn in 94% der Fälle einseitig.

Als Begleiterscheinungen der Lähmung der oculopupillären
Nervenfasern finden sich am häufigsten eine Lähmung der vasomotorischen Fasern und — allerdings sehr unregelmäßig — eine
solche der schweißabsondernden Fasern des Halssympathicus.
Die vasomotorischen Störungen bestehen in einer halbseitigen Röte
und in einem mehr oder weniger dadurch verstärkten Turgor der Gesichtshaut. Dabei kann sich die Haut wärmer anfühlen. In der Tat
haben vergleichende Temperaturmessungen der beiden Gesichtshälften
in einzelnen Fällen eine Erhöhung der Temperatur auf der kranken
Seite ergeben. Diese Temperaturdifferenz, die nach 20 Minuten Versuchsdauer noch $2°$ C betragen kann, gleicht sich aber allmählich
aus. Aus diesem Verhalten allein ist man aber nicht ohne weiteres
berechtigt zu sagen, welches die gelähmte Gesichtshälfte ist; das
Charakteristische liegt in der Art und Weise der Reaktion auf Reize,
die die Gefäßinnervation beeinflussen (HEILIGENTHAL 1900). Unter gewissen Bedingungen übersteigt sogar die Temperatur der gesunden Seite
die der gelähmten und ruft ein Reiz, z. B. eine stärkere Körperbewegung, eine wesentliche Reaktion nur in den Vasomotoren der gesunden Seite hervor. Dabei bleiben aber die Vasomotoren der gelähmten Seite nicht reaktionslos, nur besteht der Unterschied zwischen der
gesunden und gelähmten Hälfte darin, daß auf der ersteren die die
Gefäßweite verändernden Einflüsse eine ausgiebige und prompte Reaktion hervorrufen, auf der letzteren eine nur sehr geringe in Form
eines kleinen Anstiegs oder Abfalls der Temperatur. Im allgemeinen
ist zur Zeit körperlicher und geistiger Ruhe die Temperatur der
kranken Seite höher, bei körperlicher Anstrengung oder seelischer Erregung aber die gesunde wärmer, da der Reiz nur auf die normal funktionierenden Vasomotoren dieser Seite einwirken kann. Zur Erklärung
dieser eigentümlichen Verhältnisse geht HEILIGENTHAL (1900) davon
aus, daß bei experimenteller völliger Durchtrennung eines periphere
Gefäßnerven führenden Nervenstammes die anfänglich bestehende Gefäßerweiterung sich wieder völlig ausgleicht, obwohl doch anzunehmen
ist, daß die Vasoconstrictoren und Vasodilatatoren dauernd gelähmt

sind. Wahrscheinlich passen sich periphere, in der Gefäßwand selbst gelegene nervöse Zentralorgane, die schon normalerweise in beschränktem Maße funktionieren, den veränderten Verhältnissen an und stellen, indem sie selbständig in Wirksamkeit treten, den früheren Tonus der Gefäße wieder her. Überträgt man die Annahme von peripher gelegenen Nervenapparaten auf den Halssympathicus, so würde bei Lähmung desselben ihre Tätigkeit eine Gefäßverengerung und damit eine Abnahme der Hautröte und einen Temperaturausgleich hervorrufen. Versagt aber dieser periphere Apparat, so bliebe die gelähmte Seite dauernd stärker gerötet. Diesem Apparat könnte ferner eine gewisse reflektorische Wirkung zugeschrieben werden, wodurch auch bei völliger Lähmung des Halssympathicus eine noch vorhandene reflektorische Gefäßreaktion sich erklären ließe. Ab und zu wurde nach einer Körperbewegung auf der Seite der Lähmung ein Sinken der Temperatur um einige Zehntel Grade beobachtet, während die Temperatur der nichtgelähmten Seite stieg. Ähnlich, wie man mitunter normalerweise bei raschem Laufen ein Erblassen der Haut durch Gefäßkontraktion, die dann einer Gefäßerweiterung Platz macht, beobachtet, so dürfte es sich auch bei der hier vorhandenen Gefäßverengerung verhalten. Das langsame Abklingen des Reflexes in dem peripheren Nervenapparat verhindert den raschen Eintritt der sekundären Gefäßerweiterung auf der gelähmten Seite. NIEDEN (1884) erhielt in einem mit Schweißlosigkeit einhergehenden Falle von Lähmung der oculopupillären Fasern auf der kranken Seite von einem größeren Stamme der Temporalis mittels des Sphygmographen eine Pulskurve, die die Kennzeichen einer Gefäßparalyse darbot.

Störungen der Schweißabsonderung bei der Lähmung des Halssympathicus bestehen in der Regel in Anidrosis bei Gefäßverengerung, in Hyperidrosis bei Gefäßerweiterung. Ausführlicheres hierüber findet sich in dem Abschnitt: »Krankheiten der Schweißdrüsen«, in dem insbesondere erörtert ist, warum die Lähmung des Halssympathicus bald von Reiz-, bald von Lähmungserscheinungen seitens der Schweißnervenfasern begleitet sein kann. Eine Änderung der Tränenabsonderung wurde nicht beobachtet.

In bezug auf den Verlauf der Halssympathicuslähmung unterscheidet NICATI (1873) 4 Stadien: 1. das Stadium der prodromalen Reizung (Weite der Pupille und Lidspalte, Enophthalmus und Spasmus der Vasomotoren); 2. das erste Stadium der Lähmung (Enge der Pupille und Lidspalte, Zurückgesunkensein des Augapfels und Herabsetzung des intraokularen Drucks, Lähmung der Vasomotoren, dazu häufig Schweißausbruch); 3. das zweite Stadium der Lähmung (Erhaltenbleiben der oculopupillären Erscheinungen, magere und blasse Beschaffenheit der Gesichtshälfte, Abnahme oder Mangel der Schweißabsonderung), und 4. das intermediäre Stadium, das sich durch den Übergang des 2. in das 3. Stadium auszeichnet und in dem Rötung und Schweißabsonderung eine Änderung erfahren. Diese mehr schematische Einteilung entspricht durchaus nicht immer den wechselvollen klinischen Bildern der Innervationsstörung des Halssympathicus, um so weniger, als nicht selten die Zeichen der Reizung und Lähmung der verschiedenen Fasergattungen dieses Nerven gleichzeitig vorhanden sind, oder dieses und jenes Symptom der Reizung oder Lähmung ausfällt bzw. nur wenig entwickelt ist.

§ 203. Die Ursachen der Lähmung des Halssympathicus sind mannigfaltig, wobei die Beteiligung oder der Ausfall der verschiedenen Fasergattungen und gleichzeitige anderweitige Krankheitserscheinungen eine genauere Lokalisation gestatten. Je nach dem Sitz teilt man die Lähmungen in cerebrale, spinale und periphere ein.

Cerebrale Lähmungen des Halssympathicus finden sich bei cerebralen Hemiplegien infolge von Blutungen oder Erweichungsherden des Thalamus opticus und zwar auf der Seite der gelähmten Körperhälfte. Dabei sei erwähnt, daß BROWN-SÉQUARD durch Kauterisationen einer Hemisphärenoberfläche auf der dieser Läsion entgegengesetzten Seite die Erscheinungen einer Lähmung der vasomotorischen Fasern des Halssympathicus hervorrief; er meint, daß diese Fasern in der Hirnrinde mehr oder weniger diffus verteilt sind, sich dann subcortical sammeln und erst in der inneren Kapsel mit einiger Sicherheit von den motorischen gesondert werden können. Ferner kommt die BASEDOWsche Krankheit in Betracht, wobei jedoch auch mit der Möglichkeit einer Kompression des Halssympathicus durch die vergrößerte Schilddrüse zu rechnen ist. JACOBSOHN (1898) fand in einem Falle von BASEDOWscher Krankheit entsprechend der Seite einer gleichzeitigen Hemikranie eine Lähmung der oculopupillären Fasern verbunden mit Anidrosis, während die gesunde Seite eine Hyperidrosis aufwies. In einem Falle von Paralysis agitans sah v. MICHEL eine einseitige Halssympathicuslähmung. HOFMANN (1901) beobachtete in drei Fällen von unilateraler apoplektiformer Bulbärparalyse auf der erkrankten Seite eine Lähmung der oculopupillären Fasern, woraus zu schließen wäre, daß Halssympathicusfasern bzw. -zentren in der Medulla vorhanden sind und ungekreuzt zum Halsstrange verlaufen.

Häufiger sind die Fälle einseitiger Halssympathicuslähmungen bei Krankheiten des Rückenmarkes. Alsdann sind diejenigen Nervenfasern als erkrankt anzusehen, die dem 1. Dorsalsegmente, wahrscheinlich auch jedem Rückenmarkssegmente oberhalb dieses, entsprechen. Hier sind besonders die **Poliomyelitis anterior acuta** und die **Syringomyelie** zu erwähnen. Eine solche Poliomyelitis beobachtete CLOPATT (1905) bei einem 3jährigen Kinde; sie verlief mit einer schlaffen Lähmung des linken Armes und linksseitiger Ptosis mit Pupillenverengerung. Die oculopupillären Symptome verschwanden mit dem Zurückgehen der Muskellähmungen ungefähr 3 Wochen nach dem ersten Auftreten. Bei der typisch fortschreitenden Syringomyelia cervicalis und dorsalis kann die halbseitige Störung des Halssympathicus differentialdiagnostisch den Ausschlag geben, besonders in Fällen von hysterischer Simulation oder Imitation (CURSCHMANN 1905).

Die **untere Lähmung des Plexus brachialis**, sogenannte KLUMPKEsche Lähmung, wird gewöhnlich von einer Lähmung des Halssympathicus und seiner oculopupillären Fasern begleitet; sie beruht auf einer Läsion der 8. Cervical- und 1. Dorsalwurzel, bzw. der von diesen gebildeten Plexusteile und ist dann zu erwarten, wenn der medialste Teil der Wurzel, noch bevor sie aus dem Intervertebralloche ausgetreten ist, betroffen wird. Die Lähmung fehlt, wenn die Läsion jenseits der Anastomose mit dem Sympathicus liegt (GRENET 1900).

Ursache der Halssympathicuslähmung bei Rückenmarksläsionen sind am häufigsten Verletzungen. In einem von VOLHARD (1904) beobachteten Falle entstand eine Lähmung der oculopupillären Fasern bei einer BROWN-SÉQUARDschen Halbseitenläsion durch einen Messerstich in den Nacken zwischen 3. und 4. Halswirbel. Bei zwei weiteren von VOLHARD (1904) mitgeteilten Verletzungen konnte die schlaffe Lähmung eines Armes durch die oculopupillären Lähmungssymptome als Wurzellähmung erkannt werden, indem sonst der Ramus communicans der 1. Dorsalwurzel nicht mitbeschädigt worden wäre. In einem dieser beiden Fälle, der operativ behandelt wurde, zeigten sich auch tatsächlich die Wurzeln des Plexus brachialis an den Zwischenwirbellöchern aus- bzw. abgerissen. EULENBURG und GUTTMANN (1873) meinen, daß in denjenigen Fällen, in denen sich eine Verletzung des Plexus brachialis mit oculopupillärer Lähmung verbindet, dies auf dem Wege einer traumatischen Neuritis geschieht, die sich vom Plexus brachialis nach der Eintrittsstelle der betreffenden Wurzeln in das Rückenmark fortpflanzt und zu einer sekundären Myelitis führt. Bemerkt sei noch, daß VOLHARD (1904) bei einer Lähmung der oculopupillären Fasern eine Herderkrankung der grauen Substanz vorwiegend in der Gegend des 8. Cervical- und 1. Dorsalsegmentes beobachtete.

Periphere Ursachen, die direkt den Halssympathicus betreffen, sind Verletzungen (Stich, Hieb, Projektil) und **Druckwirkungen.**

In einem Falle von HIRSCHFELD (1907) wurden durch einen Dolchstich von vorn unterhalb des rechten Jochbogens fast sämtliche Hirnnerven und der N. sympathicus verletzt. Rechte Lidspalte und Pupille waren enger und die Schweißabsonderung der rechten Gesichtshälfte war nahezu aufgehoben. v. MICHEL sah in einem Falle von einseitigem Durchschuß der Halsgegend durch eine Gewehrkugel als Haupterscheinung eine bleibende Lähmung des Halssympathicus. Zum Studium der Ausfallserscheinungen sind auch die Fälle von Resektion des Halssympathicus geeignet, die zu Heilzwecken, z. B. bei der BASEDOWschen Erkrankung und beim Glaukom, vorgenommen werden. Es bleibt alsdann eine sympathische Ptosis zurück, während die manchmal am Glaukomauge nach dieser Operation eintretende Hypotonie nur vorübergehend ist und nach einigen Monaten dauernd verschwindet (JARLAND 1904).

Druckwirkungen auf den Halssympathicus können schon durch eine gewöhnliche Struma erfolgen. Dabei kommt es weniger auf die Größe des Kropfes als auf die Art und Weise seiner Ausdehnung in die Nachbarschaft an. Diese Entstehungsmöglichkeit der Sympathicuslähmung wurde vielfach in Zweifel gezogen, da man erwarten müßte, daß der N. recurrens gleichzeitig mit betroffen würde, was aber nicht der Fall ist. HEILIGENTHAL (1900) erklärt auf Grund der gegebenen anatomischen Anordnung, daß eine gleichzeitige Lähmung des Halssympathicus und des Recurrens durchaus nicht notwendig auftreten müsse. Die großen Gefäße mit dem Vagusstamme vermögen der Struma auszuweichen, der Halssympathicus aber nicht, da er auf der Wirbelsäule und ihren Muskeln festgeheftet ist. Der Recurrens steigt, in der Furche zwischen Trachea und Oesophagus verhältnismäßig geschützt, aus der Brust auf und legt sich dann vorwiegend dem Ringknorpel an. Bei der mehr oder weniger großen Beweglichkeit der Trachea und des Kehlkopfs wird er mit diesen auch dem Druck der Struma ausweichen können, selbst wenn diese hauptsächlich nach hinten und seitlich auswächst. Nach OPPENHEIM (1903) ist auch die Möglichkeit einer kongenitalen Disposition, d. h. einer Unterwertigkeit des entsprechenden Nervengebiets zu berücksichtigen, wobei unter Umständen schon eine leichte Kompression oder Läsion der Schilddrüse eine Lähmung bedingen könnte. Daraus erkläre sich auch das manchmal bestehende Mißverhältnis zwischen der Geringfügigkeit der Struma und der Stärke der Sympathicuslähmung.

Auch postoperativ, d. h. nach Entfernung einer Struma, kann sich eine Lähmung des Halssympathicus einstellen. In einem solchen Falle fand v. MICHEL gleichzeitig eine Lähmung des Recurrens.

Vergrößerungen der Schilddrüse anderer Art können gleichfalls eine

Lähmung des Halssympathicus hervorrufen. Bei einer akuten Schwellung der Schilddrüse im Verlaufe einer Influenza sah HOLZ (1890) zuerst die Erscheinungen einer Reizung und dann diejenigen einer Lähmung der oculopupillären Fasern. Eine partielle Lähmung des Halssympathicus beobachtete KURT MENDEL (1904) bei einer ossifizierten Struma. Die Wange der erkrankten Seite war röter und die Temperatur im äußeren Gehörgange 0,4° höher. Bei Erregung verhielt sich jedoch in dieser Weise die gesunde Seite. Bei Aufregung und körperlicher Anstrengung schwitzte aber nur die kranke Gesichtshälfte; die gesunde blieb trocken.

Von anderen peripheren Druckursachen sind Geschwülste oder Vereiterungen der supraclavicularen Lymphdrüsen, retropharyngeale und mediastinale Geschwülste (PICK 1896), Retraktion der Lungenspitze, Frakturen der Clavicula, Erweiterungen oder Aneurysmen der Carotis communis und Aortenaneurysmen zu erwähnen. PICK (1896) fand bei einem Mediastinaltumor eine Zerstörung des rechten Sympathicus vom 7. Hals- bis 4. Brustwirbel. ROSENFELD (1904) beobachtete eine rechtsseitige Lähmung der oculopupillären Fasern, zugleich eine dauernde stärkere Rötung der linken Gesichtshälfte und des linken Ohres im Vergleiche zu rechts, verbunden mit linksseitiger Recurrenslähmung. In der Agonie trat ein starker Schweißausbruch am ganzen Körper mit Ausnahme der rechten Gesichtshälfte auf. Die Autopsie zeigte den rechten Sympathicus im Bereiche des Ganglion cervicale infinum in eine pflaumengroße Lymphdrüsenmetastase eingemauert, die sich von der Fossa supraclavicularis aus in schräger Richtung nach links unten hin erstreckte. Der linke Sympathicus war in seinem ganzen Verlaufe frei. Der primäre Tumor war ein großes geschwüriges Plattenepithelcarcinom des Oesophagus oberhalb der Cardia. Die Lymphdrüsenmetastase hatte auch den linken Recurrens und den rechten Vagus komprimiert. LITTHAUER (1907) teilt einen Fall von linksseitiger Halssympathicuslähmung bei einer 34jährigen Frau mit, die seit 4 Jahren an zunehmenden Schluck- und Atembeschwerden litt. Es wurde ein retropharyngeal gelegener, überall abgekapselter Tumor von 9 : 6 1/2 : 5 cm Durchm. entfernt, der sich mikroskopisch als Fibrosarkom erwies. Die Lähmung blieb nach der Operation bestehen.

Lähmungen des Halssympathicus begleiten ferner, zugleich mit Trigeminusstörungen, die Hemiatrophia facialis progressiva (JENDRÁSSIK 1896).

Sogenannte spontane Lähmungen des Halssympathicus, vorzugsweise solche der oculopupillären Fasern, sind am häufigsten bei älteren

Frauen anzutreffen, meist nach Wochenbetten, die ohne besondere Komplikationen oder mit profusem Blutverluste verliefen. Aber auch bei sonst gesunden jungen Mädchen beobachtete ich hier und da eine derartige leichte einseitige Lähmung (geringe Ptosis und Miosis), für die sich außer einer angioneurotischen Veranlagung weder eine lokale noch allgemeine Ursache fand. Die Lähmung blieb durch Jahre stationär und wurde später auch durch Geburten in keiner Weise beeinflußt. Hierbei ist die Möglichkeit einer kongenitalen oder hereditär familiären Disposition in Betracht zu ziehen. In einem Falle OPPENHEIMS (1903) zeigte eine 44j. sonst gesunde Frau eine Verengerung der rechten Lidspalte und der rechten gut reagierenden Pupille sowie Anidrosis der rechten Gesichtshälfte. Zuweilen wurde diese röter als die linke. Das Kopfhaar war an der rechten Seite stärker ergraut als auf der linken. Die Kranke gab an, daß diese Störung 22 Jahre zuvor nach einem Wochenbett aufgetreten, langsam fortgeschritten und 6 Jahre später dauernd geworden sei; ferner daß ihre Mutter an demselben Übel gelitten, ebenfalls nicht geschwitzt, sowie einen Unterschied der Pupillen- und Lidspaltenweite und der Gefäßfüllung beider Gesichtshälften dargeboten hätte. Diese Sympathicuslähmungen würden den hereditären Formen der Augenmuskellähmungen an die Seite zu stellen sein.

Eine wirklich angeborene einseitige, und zwar linksseitige Lähmung der oculopupillären Fasern, von der in der Literatur ein gleicher Fall nicht aufzufinden ist, beobachtete v. MICHEL in Zusammenhang mit einer fast vollständigen angeborenen Ophthalmoplegie. Der Musculus rectus internus funktionierte in normaler Weise, während alle übrigen Augenmuskeln in stärkerem oder geringerem Grade gelähmt erschienen.

Eine doppelseitige Lähmung des Halssympathicus ist selten. HEILIGENTHAL (1900) sah einen Fall, bei dem auf der einen Seite mehr die oculopupillären, auf der andern mehr die vasomotorischen Lähmungserscheinungen ausgeprägt waren.

§ 204. Die Häufigkeit der verschiedenen Ursachen und der Beteiligung der einzelnen Fasergattungen bei peripherer Halssympathicuslähmung ist aus einer Zusammenstellung CONZENS (1904) von 17 Fällen zu ersehen. In je einem Falle bestand Druckwirkung durch Lymphdrüsenschwellung und eine Retraktion der Lungenspitze, in je zwei Fällen eine Verletzung des Nerven und Lues (vielleicht Kompression durch nicht palpable Lymphdrüsen) und in drei Fällen — nach der Anamnese — Rheumatismus; in den übrigen war keine sichere Ätiologie nachweisbar. In allen 17 Fällen, mit Ausnahme eines einzigen, waren Ptosis und Miosis vorhanden, während der Enophthalmus inkonstant war. Eine Atrophie der erkrankten Gesichtshälfte fand sich 4 mal.

In 4 von 5 untersuchten Fällen zeigte sich eine Temperaturerhöhung der erkrankten Seite. 4 mal bestand Anidrosis, 4 mal Hyperidrosis, bei zwei Fällen waren Schweißanomalien nicht vorhanden. Die Reizung des Halssympathicus führte mit Ausnahme von 2 Fällen regelmäßig zur Hyperidrosis der entsprechenden Gesichtshälfte. Speichelvermehrung auf der kranken Seite zeigte sich in einem Falle von Halssympathicusreizung und in zwei Fällen von -lähmung.

Zur Erklärung der Häufigkeit der partiellen oder totalen Halssympathicuslähmung wurde von EULENBURG und GUTTMANN (1873) die Art der Lagerung der verschiedenen Fasergattungen im Halssympathicus geltend gemacht. Die oculopupillären Fasern seien mehr peripher gelagert und daher am ehesten einer Läsion ausgesetzt, während die übrigen Fasern zentraler und geschützter lägen, der Schädigung einen längeren Widerstand leisteten und daher Lähmungserscheinungen von seiten dieser Fasern fehlen oder sogar Reizsymptome auftreten könnten. Diese Anschauung wird durch einen von HALE WHITE (1890) mitgeteilten Fall gestützt. Hier waren durch den Druck eines rasch wachsenden Aortenaneurysma zuerst oculopupilläre und dann vasomotorische Lähmungserscheinungen aufgetreten. BÄRWINKEL (1874) suchte die Erklärung für die isolierte Lähmung der oculopupillären Fasern bei einem Bruche der Clavicula darin, daß in der Ansa subclavia des Halssympathicus die getrennt entspringenden oculopupillären und vasomotorischen Fasern auch getrennt, d. h. teils vor, teils hinter der Arterie verlaufen, somit auch verschieden stark dem mechanischen Einflusse ausgesetzt seien. JACOBSOHN (1898) meint hinsichtlich der vasomotorischen Störungen, daß der Halssympathicus nicht nur Fasern enthalte, bei deren Reizung die Gefäße sich verengern, sondern auch solche, die gereizt eine Erweiterung herbeiführen.

Die Diagnose der sympathischen Ptosis bietet bei dem scharf ausgeprägten Symptomenkomplex keine Schwierigkeiten. Bei der Bestimmung des Sitzes der Läsion sind gleichzeitige Lähmungen der anderen Fasergattungen des Halssympathicus sowie sonstige Erkrankungen des Cerebrospinalsystems und etwaige unmittelbar den Halssympathicus treffende Ursachen zu berücksichtigen. Beispielsweise verlegte JENDRÁSSIK (1896) bei einer Lähmung der oculopupillären Fasern und einer gleichzeitigen Anidrosis den Sitz der Läsion in das obere oder mittlere Ganglion des Halssympathicus. Wäre eine gleichzeitige Hyperidrosis vorhanden gewesen, so hätte es sich um eine tiefsitzende und grob-anatomische Läsion des Rückenmarkes gehandelt.

Die Behandlung richtet sich nach der veranlassenden Ursache. Bei direkter Druckwirkung auf den Halssympathicus wäre gegebenenfalls eine operative Beseitigung angezeigt. Bei Lähmung des Halssympathicus ohne erkennbare Ursache wird die Galvanisation dieses Nerven (Anode auf das Manubrium sterni, Kathode auf den Unterkieferwinkel) empfohlen, m. E. jedoch hierdurch nichts erreicht. Für die Beseitigung der mehr oder weniger entstellenden sympathischen Ptosis paßt daher nur ein operatives Verfahren oder eine Prothese. In der Mehrzahl der Fälle, die uns die Sprechstunde bietet, sind die Lähmungserscheinungen so gering, daß jegliche Behandlung am besten unterbleibt. Die davon Betroffenen sind mit der Versicherung, daß die Veränderung harmloser Art sei, in der Regel vollkommen zufrieden.

Literatur zu §§ 200—204.

1869 HORNER: Über eine Form von Ptosis. Klin. Monatsbl. f. Augenheilk. Bd. 7, S. 163.

1870 SEELIGMÜLLER: Über Sympathicusaffektionen bei Verletzungen des Plexus brachialis. Berl. klin. Wochenschr. Nr. 26.

1873 EULENBURG und GUTTMANN: Die Pathologie des Sympathicus. Berlin. — NICATI: La paralysie du nerf sympathique cervical. Lausanne.

1874 BÄRWINKEL: Neuropathologische Beiträge. Dtsch. Arch. f. klin. Med. Bd. 14, S. 545.

1884 MÖBIUS: Pathologie des Sympathicus. Berl. klin. Wochenschr. Nr. 15 bis 18. — NIEDEN: Fall einer Sympathicusaffektion im Gebiete des Auges. Zentralbl. f. prakt. Augenheilk. Juni.

1886 PRÖLSS, E.: Eine Erkrankung des Halssympathicus. Inaug.-Diss. Berlin.

1888 SAMELSON: Eine seltene Affektion des Halssympathicus. Dtsch. med. Wochenschr. Nr. 46. — WAGNER, FERD.: Über traumatische Lähmungen des Halssympathicus. Inaug.-Diss. Würzburg.

1890 HALE WHITE: The pathology of the human sympathetic system of nerves. Guys Hospit.-Rep. 46 und Brain. Autumn. — HOLZ: Schwere Zufälle bei Influenza. Berl. klin. Wochenschr. Nr. 4. — LIEBRECHT: Bemerkenswerte Fälle von Basedowscher Krankheit aus der Schölerschen Klinik. Klin. Monatsbl. f. Augenheilk. S. 492.

1891 BECHTEREW und MISLAWSKI: Über die Innervation und die Hirnzentren der Tränenabsonderung. Neurol. Zentralbl. Bd. 10, S. 481.

1894 JACKSON: On the pupil and eyelids in cases of paralysis of cervical sympathetic. nerve. Lancet. T. 1, p. 12. — WILKE: Lähmung des N. accessorius und sympathicus cervicalis. Inaug.-Diss. Kiel.

1895 SCHLESINGER: Die Syringomyelie. Wien.

1896 JENDRÁSSIK: Allgemeine Betrachtung über das Wesen und die Funktion des vegetativen Nervensystems. Virchows Arch. f. pathol. Anat. u. Physiol. Bd. 145. — PICK: Zur Diagnostik der Sympathicuslähmung. Prager med. Wochenschr. Nr. 48.

1898 JACOBSOHN: Über einen Fall von Hemicranie, einseitiger Lähmung des Halssympathicus und Morbus Basedowii. Dtsch. med. Wochenschr. Nr. 7. — LEWANDOWSKY: Über Einwirkung des Nebennierenextrakts auf das Auge. Zentralbl. f. Physiologie. Bd. 12, S. 599.

1899 LEWANDOWSKY: Über die Wirkung des Nebennierenextrakts auf die glatten Muskeln im besonderen des Auges. Arch. f. Anat. u. Physiol. (physiol. Abt.) S. 360. — RIEGEL: Sympathicuslähmung bei Plexus brachialis-Lähmung. (Nürnberger med. Poliklinik.) Münch. med. Wochenschr. S. 499.

1900 GRENET: Formes cliniques des paralysies du plexus brachial. Arch. génér. de méd. Oct. p. 425. — HEILIGENTHAL: Beitrag zur Pathologie des Halssympathicus. Arch. f. Psychiatr. u. Nervenkrankh. Bd. 33, S. 77. — LANGEN-

DORFF: Über die Beziehungen des obern sympathischen Halsganglions zum Auge und zu den Blutgefäßen des Kopfes. Klin. Monatsbl. f. Augenheilk. Bd. 38, S. 129. — Derselbe: Zur Deutung der »paradoxen« Pupillenerweiterung. Klin. Monatsbl. f. Augenheilk. Bd. 38, S. 823. — LEVINSOHN, G.: Über den Einfluß des Halssympathicus auf das Auge. v. Graefes Arch. f. Ophthalm. Bd. 55, S. 144. — Derselbe: Über den Einfluß der Lähmung eines Irismuskels auf seinen Antagonisten. Klin. Monatsbl. f. Augenheilk. Bd. 38, S. 625. — WESSELY: Über die Wirkung des Suprarenins auf das Auge. Ber. üb. d. 28. Vers. d. Ophthalm. Gesellsch. 1900. Wiesbaden: Bergmann 1901. — WILBRAND und SAENGER: Die Neurologie des Auges. Bd. 1, Abt. 2, Kap. VII. Ptosis sympathica. Wiesbaden: J. F. Bergmann.

1901 HOFMANN, J.: Gleichzeitige Lähmung des Halssympathicus bei unilateraler, apoplectiformer Bulbärparalyse. Dtsch. Arch. f. klin. Med. Bd. 73. Kußmaulsche Festschrift.

1903 MELTZER, S. J. und MELTZER-AUER, CLARSA: Über die Einwirkung von subkutanen Einspritzungen und Einträufelungen in den Bindehautsack von Adrenalin auf die Pupille von Kaninchen, deren oberes Halsganglion entfernt ist. Zentralbl. f. Physiol. Bd. 17, S. 651. — v. MICHEL: Über einseitige familiäre und angeborene Innervationsstörungen des Halssympathicus. Zeitschr. f. Augenheilk. Bd. 10, S. 181. — OPPENHEIM, L.: Lähmung des rechten Halssympathicus. (Berliner Gesellsch. f. Psych. u. Nervenkr.) Neurol. Zentralbl. S. 558 und Arch. f. Psychiatr. u. Nervenkrankh. Bd. 39, S. 1314.

1904 BEST: Ein Fall von Lähmung der okulo-pupillären Sympathicusfasern. (Med. Gesellsch. zu Gießen.) Dtsch. med. Wochenschr. Nr. 50. — CONZEN: Über die periphere Sympathicusaffektion, insbesondere ihre Ätiologie und Symptomatologie. Inaug.-Diss. Leipzig. — JARLAND: Des résultats éloignés de la sympathéctomie cervicale dans la cure du glaucome. Thèse de Bordeaux. — MENDEL, KURT: Ein Fall von Sympathicuslähmung durch ossifizierte Struma. (Berliner Gesellsch. f. Psych. u. Nervenkr.) Neurol. Zentralbl. S. 331 und Beitr. z. Augenheilk. Festschrift Julius Hirschberg. S. 174. — ROSENFELD: Beitrag zur Symptomatologie der Sympathicuslähmung. Münch. med. Wochenschr. S. 2039. — VOLHARD, FR.: Über Augensymptome bei Armlähmungen. Dtsch. med. Wochenschr. Nr. 37.

1905 CLOPATT: Über einen Fall von Poliomyelitis anterior acuta mit okulopupillären Symptomen. Dtsch. med. Wochenschr. Nr. 38. — CURSCHMANN: Beiträge zur Ätiologie und Symptomatologie der Syringomyelie (traumatische Entstehung, Syringomyelie und Hysterie). Dtsch. Zeitschr. f. Nervenheilk. Bd. 29, S. 275.

1906 WETTENDORFER: Augenärztliche Beobachtungen bei Lyssa humana. Wien. med. Wochenschr. Nr. 48.

1907 HIRSCHFELD: Durchschneidung fast sämtlicher Hirnnerven und des Sympathicus durch Dolchstich. Berl. klin. Wochenschr. Nr. 41. — LITTHAUER: Über retropharyngeale Geschwülste. Berl. klin. Wochenschr. Nr. 10.

1909 GAUTRELET: L'adrénalin, réactif des lésions du sympathique oculaire. Arch. d'Ophtalmol. 29, p. 222. — SATTLER, H.: Die Basedowsche Krankheit. Dieses Handbuch. 2. Aufl.

1910 STRAUB: Die Wirkung von Adrenalin in ihrer Beziehung zur Innervation der Iris und zu der Funktion des Ganglion cervicale superius. Arch. f. d. ges. Physiol. Bd. 134, S. 15. — ZAK, E.: Experimentelle und klinische Beobachtungen über Störungen sympathischer Innervationen (Adrenalinmydriasis) und über intestinale Glykosurie. Arch. f. d. ges. Physiol. Bd. 132, S. 147.

1911 CORDS, R.: Adrenalinmydriasis bei Sympathicus- und Trigeminuslähmung. Neurol. Zentralbl. — Derselbe: Die Adrenalinmydriasis und ihre diagnostische Bedeutung. Wiesbaden: J. F. Bergmann.

1912 HESSBERG: Klinischer Beitrag zur Reizung der glatten Lidmuskulatur. Klin. Monatsbl. f. Augenheilk. Bd. 50, 2, S. 440 u. 490.

1913 GRIMSDALE: Ptosis. Ophthalmoskope p. 161.

II. Störungen der Lidreflexe.

§ 205. Störungen der Lidreflexe betreffen den sensiblen (Trigeminus-Facialisreflex) sowie den optischen (Opticus-Facialisreflex) Blinzel- oder Lidschlußreflex und sind ferner auch an untergeordneten Lidreflexen (Supraorbitalreflex, v. BECHTEREWscher Augenreflex) zu beobachten.

Eine Störung des sensiblen Blinzel- oder Lidschlußreflexes (Trigeminus-Facialisreflex) wird durch Berührung von Hornhaut und Bindehaut mit einem sterilen (Salben-)Glasstäbchen festgestellt.

Der Reflex tritt weniger stark auf bei Berührung mit einem warmen als mit einem kalten Gegenstande und bleibt bei Berührung von empfindungslosen Stellen der genannten Teile ganz aus. Im allgemeinen ist der Reflex im kindlichen und jugendlichen Lebensalter lebhafter als bei älteren Individuen.

Der sensible Blinzel- oder Lidschlußreflex ist gesteigert in allen Fällen, in denen feine Trigeminusästchen infolge eines oberflächlichen Defekts des Hornhaut- oder Bindehautepithels bloßgelegt sind und mechanisch gereizt werden, natürlich unter der Voraussetzung, daß die Nervenästchen durch die Erkrankung selbst nicht zerstört sind. Auch bei entzündlichen Erkrankungen des Hornhautparenchyms ist eine Steigerung zu beobachten, wobei eine Beteiligung der Nervenstämmchen an der Entzündung anzunehmen ist.

Eine Herabsetzung bzw. ein Mangel des sensiblen Blinzel- oder Lidschlußreflexes findet sich vorübergehend bei lokaler oder allgemeiner Anästhesierung, wie bei der Cocainanästhesie und in der Äther- oder Chloroformnarkose, wobei der aufgehobene Reflex zugleich zur Beurteilung der Tiefe der Narkose dient. Ferner beobachtet man bei comatösen Zuständen und bei schwerkranken oder bewußtlosen Individuen, bei denen eine Aufhebung der Empfindung für periphere Reize eintritt, ein Offenbleiben der Augen (Lagophthalmus), welches insbesondere durch die gesunkene oder erloschene Empfindlichkeit der Hornhaut bedingt ist, wodurch der reflektorische Lidschlag und Lidschluß nicht mehr zustande kommt. Weiterhin fehlt der Lidschlußreflex bei Lähmung der sensiblen Äste des Trigeminus, wie nach Exstirpation des Ganglion Gasseri, und bei lokalen Entzündungen der Hornhaut, die mit einer Störung der groben Sensibilität einhergehen, wie beim Herpes corneae oder bei tieferen Narben der Hornhaut, bei denen die Trigeminusästchen durch geschwürige Prozesse zerstört sind. Endlich fehlt der Trigeminus-Facialisreflex bei peripheren Facialislähmungen. Eine Steigerung desselben ist auf einen Reizzustand im Reflexbogen zu beziehen; eine solche ist in auffälliger Weise bei Tetanie zu beobachten.

Der optische Blinzel- oder Lidschlußreflex (Opticus-Facialis-reflex) wird durch eine rasche unerwartete Annäherung eines Gegenstandes an das Auge und durch den plötzlichen Einfall grellen Lichtes geprüft; er erscheint aufgehoben bei allen mit Erblindung einhergehenden Erkrankungen der Netzhaut und der Sehnerven und gesteigert durch Erkrankungen des Auges, die mit Blendungserscheinungen verknüpft sind.

Der sensible wie der optische Lidreflex stellt bekanntlich eine äußerst zweckmäßige Schutzvorrichtung für das Auge dar, die unter normalen Verhältnissen dauernd in Funktion ist. Wie WILBRAND und SAENGER (1900) mit Recht hervorheben, nimmt es nicht Wunder, wenn ein so ausgeschliffenes Reflexverhältnis bei neuropathischen Individuen selbst auf geringe den Opticus oder Trigeminus treffende Reize sehr häufig in excessiver Weise durch Krampfzustände des Orbicularis antwortet.

Von geringerer Bedeutung sind die Störungen des von MC CARTHY beschriebenen Supraorbitalreflexes (vgl. S. 440) und des v. BECHTEREWschen Augenreflexes (vgl. S. 440), den übrigens v. BECHTEREW (1908), wie erwähnt, mit dem Supraorbitalreflex für identisch hält.

Der Supraorbitalreflex (MC CARTHY) äußert sich als fibrilläre Zuckung im Bereich des Unterlides bei Schlag auf den N. supraorbitalis. Derselbe ist bei vollständiger peripherer Gesichtslähmung auf der gelähmten Seite nicht auszulösen, bei unvollständiger beiderseits auslösbar, aber schwächer auf der gelähmten Seite. In Fällen von Trigeminusneuralgie ist er erhalten, mitunter auch bei Exstirpation des Ganglion Gasseri. Dies spricht gegen die Annahme eines Reflexvorganges, desgleichen das Fehlen dieses Reflexes bei peripherer Facialislähmung.

Der v. BECHTEREWsche Augenreflex entsteht durch Perkutieren des Stirn-, Joch- und Nasenbeins in Gestalt fibrillärer und allgemeiner Zusammenziehungen des Musc. orbicularis palpebr. und kann auf Wirkung des Trigeminus und Reizübertragung auf den Facialis bezogen werden. Derselbe soll bei Paralytikern, bei denen auch andere Reflexe im Antlitzgebiet besonders deutlich hervortreten (W. ALTER, Neurolog. Centralbl. 1903, Nr. 3, zitiert nach v. BECHTEREW 1908), erheblich gesteigert sein.

III. Störungen
der synergischen Lid-Augapfelbewegungen.

§ 206. Die Zahl der Störungen der Lid-Augapfelbewegungen ist nicht unbeträchtlich und ihr Vorkommen für eine Reihe von Erkrankungen des Nervensystems von wesentlicher Bedeutung.

Das Orbicularisphänomen oder die Lidschlußreaktion der Pupille. Demselben kommt, wie BUMKE (1911) hervorhebt, eine wirkliche klinische Bedeutung, ein diagnostischer Wert bis heute nicht zu. Gleichwohl ist seine Kenntnis eine unbedingte Voraussetzung jeder systematischen Pupillenuntersuchung. Der Prüfung der Verengerung der Pupille bei Lidschluß, des GALASSischen oder WESTPHAL-PILTZschen Phänomens, hat eine Ausschaltung von sensiblen Reizen durch leichte Cocainisierung der Hornhaut und eine starke Belichtung der Netzhaut zur Beseitigung des Lichtreflexes der Pupille vorauszugehen. Bei gewaltsam offen gehaltenen Augen wird der zu Untersuchende aufgefordert, die Lider zu schließen. Der Untersuchungsraum muß gerade genügend durch eine hinter dem Untersucher befindliche Lampe erleuchtet sein. Unter normalen Verhältnissen zeigen sich alsdann beide Pupillen stark verengt und erweitern sich allmählich wieder.

PILTZ (1900) läßt die Augenlider fest schließen und hält diejenigen des zu untersuchenden Auges nur so weit auseinander, daß gerade die Pupille in der Lidspalte noch sichtbar wird. Dabei verengert sich die Pupille beim gewollten Lidschlusse besonders stark und zeigt auch die konsensuelle Reaktion. Ein solches Verhalten der Pupillen wurde bei Gesunden in 35%, bei Paralytikern in 63%, bei Blinden in 43% und bei Tabikern in 22% gefunden. PILTZ (1900) erzeugte ferner einen reziproken Wechsel der Pupillendifferenz bei progressiver Paralyse in Fällen, in denen das Phänomen auf beiden Augen verschieden stark war und die eine Pupille sich anders auf Licht und Akkommodation verhielt als die andere. Auch wenn der Lidschluß durch Einlegung eines Sperrlidhalters künstlich verhindert wird, tritt das orbiculare Pupillenphänomen auf. Am besten ist es bei der Ophthalmoplegia interna zu beobachten, da alle anderen Pupillenreflexe hier ausgeschaltet sind. Demnach muß beim Lidschluß der Pupillarast des N. oculomotorius innerviert werden, trotzdem er gelähmt ist, was für einen zentralen Sitz der Lähmung des M. sphincter pupillae und des M. ciliaris spricht. SCHANZ (1901) bezieht die Pupillenverengerung nicht auf Erregung im Pupillaraste des N. oculomotorius, sondern lediglich auf mechanische Stauung in den Lidgefäßen, die durch den Druck der Orbicularismuskulatur auf den Augapfel selbst und auf den übrigen Inhalt der Augenhöhle entstehe. BUMKE (1911) weist diesen Erklärungsversuch als unzutreffend zurück, indem er hervorhebt, daß das Phänomen gelegentlich auch bei peripherer Facialislähmung zu konstatieren war. Besonders beweiskräftig ist aber der folgende Versuch BUMKES (1911): Ersetzt man die cerebrale willkürliche Facialisinnervation durch die elektrische Reizung des peripheren Nervenstammes, so müßte, die Richtigkeit der SCHANZschen Erklärung vorausgesetzt, die nun eintretende Orbiculariskontraktion genau so wirken wie jede andere, die Pupille müßte sich mit der Lidspalte verengern. Das Gegenteil ist der Fall: wie auch der Versuch angestellt wird, ob bei starker oder geringer Helligkeit, stets erweitert sich die Pupille infolge des Lidschlusses entsprechend der verringerten Lichtmenge, die ins Auge fällt, und der sensiblen Reizung. Dieser Versuch macht nach BUMKE (1911) auch die Annahme der Autoren unwahrscheinlich, welche das Orbicularisphänomen als einen Reflexvorgang auffassen, der von gewissen spezifisch empfindlichen Stellen des Bulbus durch den Druck des Orbicularis ausgelöst wird (W. KÜHNE, A. WESTPHAL, zitiert nach BUMKE). BUMKE hält diejenige Deutung als zu Recht bestehend, die WESTPHAL und PILTZ von vornherein als die wahrscheinlichste bezeichnet hatten: wir haben in der Lidschlußreaktion der Pupille eine Mitbewegung der Iris, eine Miterregung des Oculomotorius mit dem Facialis zu sehen. Wie schon PILTZ hervorhob, wird diese Auffassung durch anatomische Befunde (S. 531) MENDELS (1887) gestützt. Übrigens wurde auch beobachtet, daß gleichzeitig mit der zum Lidschluß erforderlichen Senkung des Oberlides eine Pupillenerweiterung und mit der Lidhebung eine Pupillenverengerung eintrat. — In diesem Zusammenhange sei noch eine Beobachtung REISSERTS (1906) erwähnt, der bei 2 Neurasthenischen fand, daß gleichzeitig mit der Lichtreaktion der Pupille eine mäßige Hebung des Unterlids, besonders in der medialen Hälfte eintrat. Nach seiner Meinung handelt es sich hier nicht um eine assoziative Orbicularis- und Sphincter iridis-Bewegung, sondern um einen Reflexvorgang.

§ 207. Das BELLsche Phänomen. Zur Prüfung des BELLschen Phänomens ist der zu Untersuchende aufzufordern, beide Augen wie im Schlaf zu schließen. Dabei kann man durch Auflegen zweier Finger auf das Oberlid die Bewegung bzw. die Stellung der Augäpfel nach oben durchfühlen, was allerdings leichter und bequemer festzustellen ist, wenn man den Lidschluß mechanisch durch Abziehen der Lider oder durch Einlegen eines Sperrlidhalters verhindert. Der Verschluß der Lidspalte braucht dabei durchaus nicht vollständig oder besonders fest zu sein, da die nach oben oder nach oben außen gerichtete Stellung der Augen auch dann noch zu beobachten ist, wenn, wie im hypnotischen Tiefschlafe, in der Chloroformnarkose, bei soporösen Zuständen, im Coma usw., noch ein geringer Grad von Offensein der Lidspalte besteht. Beim gewöhnlichen ruhigen Lidschluß braucht das BELLsche Phänomen sich nicht einzustellen; im Schlafe ist es aber regelmäßig vorhanden und es wird auch beim passiven Lidschluß durch einen Verband ausgelöst (NAGEL 1901). Am deutlichsten ist das Phänomen bei kompletter Facialislähmung im Augenblicke des beabsichtigten Lidschlusses zu beobachten, da hier die Bulbusbewegung sich bei offener Lidspalte (Lagophthalmus) vollzieht.

Das unbewußt eintretende Phänomen kann durch eine bewußte Tätigkeit von Augenmuskeln verhindert oder unterbrochen werden, wenn man den zu Untersuchenden auffordert, zugleich mit dem beabsichtigten Lidschluß sich die Fixierung eines Gegenstandes vorzustellen. Alsdann bewegen sich die Augen nicht nach oben, sondern nehmen je nach der Entfernung des im Bewußtsein vorgestellten Objekts eine bald stärkere, bald geringere Konvergenz an.

Die Mitbewegungen des Oberlides bei Schluß der Lidspalte sind deswegen von besonderer Bedeutung, weil dadurch die Hornhaut unter dem Oberlid verborgen wird und bei Lähmungen des Musculus orbicularis das Hornhautepithel vor einer Vertrocknung im Schlaf und im Momente der Bedrohung des Auges durch Anfliegen von Fremdkörpern gegen eine Verletzung geschützt werden kann. — NAGEL (1901) meint den Grund für die unter physiologischen Bedingungen andernfalls ganz zwecklose Mitbewegung des Bulbus darin zu finden, daß die Hornhaut dem durch den Lidschluß eintretenden Liddruck, insbesondere dem Drucke von seiten des derben Tarsus unwillkürlich auszuweichen suche. Der Autor konnte im Selbstversuche durch Verbinden eines Auges und gleichzeitige Benutzung des andern diesen Druck auf die Hornhaut beim Lesen usw. als »unangenehme Empfindung« nachweisen, die sich bei der Stellung der Cornea hinter dem weichen Gewebe des oberen Lidabschnitts auf ein Minimum reduziere.

Wie schon BELL hervorgehoben hat und dies von KÖSTER (1898), CAMPOS (1898), v. MICHEL (1899) und anderen betont wurde, hat das BELLsche Phänomen eine ausschließlich physiologische Bedeutung, im Gegensatze zur Annahme von BORDIER und FRENKEL (1897, 1899), die überdies das Phänomen als etwas Neues beschrieben hatten. Beide Autoren nahmen an, daß das BELLsche Phänomen in einem bestimmten Verhältnis zur Lähmung des M. orbicularis stehe. Das Phänomen fehle bei gutartigen, leicht heilenden peripheren Facialislähmungen und sei bei solchen mit Entartungsreaktion vorhanden. Bei Wiederherstellung der Beweglichkeit werde die Abweichung des Auges nach oben beim

Lidschluß allmählich geringer, was als bedeutungsvoll für die Besserung bzw. Heilung der Lähmung des M. orbicularis aufzufassen sei. Auch M. BERNHARDT (1899) ist geneigt, dem BELLschen Phänomen eine gewisse prognostische Bedeutung bei der Facialislähmung beizulegen. Bei eintretender Heilung lasse die anfänglich starke Bulbusdrehung nach, was auf die Abnahme der Energie der Augapfelmitbewegungen bezogen wird, die mit dem Wiedereintritt der Schlußfähigkeit der Lider zusammenhänge. KÖSTER (1898) konnte keinen Unterschied des BELLschen Phänomens bei Gesunden· und Kranken finden; es zeige sich immer in gleicher Weise, wie er dies bei Hunderten von Gesunden, bei 60 Hemiplegikern, bei denen die unteren zwei Drittel des N. facialis gelähmt waren, und bei vollständiger peripherer Facialislähmung — gleichgültig ob angeboren, rheumatisch oder durch ein Ohrenleiden bedingt — feststellen konnte. — MARGULIÈS (1917) beobachtete ein Fehlen des BELLschen Phänomens in einem Falle von einseitiger hysterischer Facialislähmung, deren auslösende Ursache in einer Verletzung nahe dem Nerven durch ein Projektil zu suchen war. Auch in einem zweiten nicht näher bezeichneten Falle von hysterischer Facialislähmung fehlte dieses Phänomen, während in einem dritten die Augenbewegung nach innen erfolgte.

In anatomischer Beziehung wurde zur Erklärung des BELLschen Phänomens eine Verbindung des N. facialis und der Oculomotoriusäste des M. rectus superior und obliquus inferior angenommen. Als Stütze dieser Anschauung galten die Experimente MENDELS (1887), der nach Durchschneidung der Augenlider eine Atrophie des hinteren Abschnitts des Oculomotoriuskerns derselben Seite fand und daraus schloß, daß der obere Facialis in den hinteren Teilen des gleichseitigen Oculomotoriuskerns entspringe und im Fasciculus longitudinalis dorsalis zum Facialisknie und weiter zum Facialisstamme gelange. Nach v. KÖLLIKERS Untersuchungen enthält aber das dorsale Längsbündel keine Facialisfasern; auch mehrere Experimentatoren konnten das Ergebnis der MENDELschen Untersuchung nicht bestätigen (SCHWABE 1898, BACH 1899 und MARINESCO 1891). Physiologisch ist es übrigens schwer verständlich, durch welche Einrichtung im Zentralnervensystem derselbe Impuls, der auf der Bahn des Facialis das Auge schließt und einige vom Oculomotorius versorgte Muskeln kontrahiert, auf der Bahn des den Levator palpebrae superioris innervierenden Astes des Oculomotorius hemmend wirkt, da doch beim Lidschlusse zugleich eine Erschlaffung des genannten Muskels erfolgt.

Für die MENDELsche Annahme werden auch klinische Beobachtungen von gleichzeitiger Facialis- und Oculomotoriuslähmung verwertet

(Taylor 1899, v. Fragstein und Kempner 1899 und Negro 1899). Nach Negro (1899) erfolgt in Fällen einer teilweisen Oculomotoriuslähmung beim Versuche, die gelähmten Augenmuskeln zu kontrahieren, eine leichte Lidschlußbewegung. Der untere Lidrand verschiebe sich nach oben und die Lidspalte verengere sich, doch werde sie niemals geschlossen. Dabei vollziehe sich die Kontraktion des M. orbicularis nur entsprechend der kranken Seite. Ferner könne man beobachten, daß in dem Augenblicke, in dem eine Ermüdung eintrete, diese Kontraktion aufhöre; sie zeige sich aber wiederum, wenn man den Versuch bei dem ausgeruhten Kranken von neuem beginne. Daraus wird auf eine physiologische Verbindung zwischen Facialis und Oculomotorius geschlossen. Ein Willensreiz, der auf der Bahn des einen Nerven Hindernisse finde, würde alsdann dem anderen zufließen. Der Eintritt einer Orbicularis-kontraktion bei willkürlicher Hebung der Blicklinie würde für den peripheren Sitz einer Oculomotoriuslähmung sprechen, da der Reiz, nachdem er auf der Bahn des N. oculomotorius Hindernisse finde, auf der Bahn des Facialis weitergeleitet werde. Umgekehrt würde das Ausbleiben des Lidschlusses den Sitz einer Oculomotoriuslähmung als einen nukleären erscheinen lassen, da anzunehmen sei, daß die Oculomotoriusbahn im Kerngebiete eine Unterbrechung erfahre.

v. Michel (1899) nimmt dagegen einen corticalen oder subcorticalen Sitz des Bellschen Phänomens als am wahrscheinlichsten an. Nagel (1901), der das Phänomen bei gewöhnlichem Lidschlusse als reflektorische Folge desselben betrachtet, glaubt, daß bei krankhaft intendiertem Lidschluß von irgendeinem höheren Punkte des Zentralnervensystems, so von der Hirnrinde, ein Reiz auf Augenmuskelzentren übergehe. Fleischer (1904) spricht sich für einen subcorticalen Sitz aus und nimmt ein Koordinationszentrum für die betreffenden Muskeln des Oculomotorius und den Orbicularis an. Für die Ansicht, daß das Bellsche Phänomen eine vom Großhirn ausgehende Mitbewegung darstelle, wird sein Zustandekommen bei zentraler Facialislähmung angeführt. In solchen Fällen fand Marguliès (1900), daß das Bellsche Phänomen so lange ausblieb, als beim Lidschlusse noch eine geringe Weite der Lidspalte vorhanden war. Daraus sei zu schließen, daß der Eintritt der Mitbewegung an die intakte und funktionsfähige Willensbahn für den Augenschluß gebunden sei, sie verschwinde mit ihrer Unterbrechung und kehre mit ihrer Wiederherstellung wieder. In einem von Hering (1900) mitgeteilten Falle von Pseudoparalyse bestand eine doppelseitige vollständige Facialislähmung. Die Synergie funktionierte beim unwillkürlichen Lidschluß infolge Berührung des Lides in normaler Weise, wenn auch nicht so ausgeprägt; sie blieb dagegen beim willkürlichen

Lidschluß aus, wenn der Kranke aufgefordert wurde, die Augen zu schließen.

§ 208. Abweichungen des BELLschen Phänomens bestehen in einer Umkehrung der Bewegung des Auges; die Mitbewegung des Bulbus erfolgt nicht nach oben, sondern nach unten — Inversion des BELLschen Phänomens — oder in einer Beteiligung anderer Bewegungsmuskeln des Augapfels als der Heber oder Senker — Perversion des BELLschen Phänomens —, oder selbst in einem Ausbleiben der Bewegung. Auch diese Abweichungen sind am besten bei einer bestehenden Facialislähmung zu beobachten. In einem von BOUCHARD (1901) mitgeteilten Falle von rückgängiger Facialislähmung verbarg sich bei intendiertem Lidschluß der Augapfel unter dem Unterlid. Dabei könnte allerdings schon vorher eine abnorme synergische Augapfelbewegung vorgelegen haben und erst durch die Facialislähmung sichtbar geworden sein. — Es kann aber ein vorher normales BELLsches Phänomen sich unter bestimmten Verhältnissen in ein entgegengesetztes verwandeln, wie dies in einem Falle von FLEISCHER (1904) geschah. Hier hatte sich statt der anfänglichen Aufwärtsdrehung eine Abwärtsdrehung des Bulbus eingestellt, hervorgerufen durch besondere lokale Verhältnisse. Es bestand nämlich eine stark granulierende Narbenbildung und Verkürzung der Bindehaut des Oberlids. Würde sich der Bulbus in normaler Weise nach oben oder oben außen gedreht haben, so wäre die Cornea teilweise unbedeckt und läge teilweise unter den Höckern der granulierenden, narbigen Conjunctiva. Auch eine etwaige Stellung nach innen oben wäre durch das harte narbige Lid ungünstig gewesen. Unbewußt erhielt der Bulbus diejenige Stellung, bei der die Cornea am wenigsten gedrückt wurde. Auch bei nicht paralytischem Lagophthalmus wie bei mangelhaftem Lidschluß infolge Caries der Augenhöhlenränder durch Verwachsung der Lidhaut mit dem Knochen kann sich beim stark intendierten Lidschluß eine Bewegung des Auges nach unten vollziehen. Das inverse BELLsche Phänomen findet sich auch bei einigen Erkrankungen des Cerebrospinalsystems, so bei Hydrocephalus internus. In einem von FLEISCHER (1904) berichteten Falle war bei einem hydrocephalischen 1 jährigen Kinde während des Schlafs der Bulbus nach unten unter das Unterlid gedreht und die Lidspalte klaffte leicht, da das Oberlid durch die enorme Ausdehnung des Hirnschädels stark nach oben gezogen war. Die gleiche Beobachtung machte LAUBER (1913) an 3 Kindern mit hochgradigem Hydrocephalus, die im Alter von 6—13 Monaten standen und bei denen ebenfalls das Oberlid samt der ganzen Lidspalte stark stirnwärts verzogen war. Wegen des in allen 4 Fällen bestehenden

Lagophthalmus bot die Inversion des BELLschen Phänomens der Hornhaut im Schlafe den bestmöglichen Schutz. BOUCHARD (1901) beobachtete das inverse BELLsche Phänomen in einem Falle von Tabes mit hochgradiger Ataxie und beginnender Sehnervenatrophie.

Was die Häufigkeit des inversen BELLschen Phänomens anlangt, so hat COPPEZ (1902) bei 200 anscheinend gesunden Individuen zweimal eine Bewegung des Bulbus nach unten gesehen.

Ein perverses BELLsches Phänomen kann sich zunächst darin äußern, daß der Augapfel beim Lidschlusse nach innen unten (A. FUCHS 1908) oder sogar — je nach Umständen — auch nach anderen Richtungen gedreht wird. SEIFFER (1904) hat bei einer peripheren linksseitigen Facialislähmung festgestellt, daß bei aktivem Augenschlusse der Bulbus auf der gelähmten Seite nach innen, auf der gesunden nach außen rollte. Bei passiver Verhinderung des Lidschlusses rollten beide Bulbi nach unten. Untersuchte man jedes Auge für sich, so rollte bei Augenschluß der Bulbus der gelähmten Seite nach unten, zuweilen auch nach innen, auf der gesunden Seite nach unten. Öffnete man passiv die energisch geschlossenen Augen, so erschienen beide Bulbi nach unten gerollt. SCHLESINGER (1907) hat beim Lidschluß horizontale Bulbusbewegungen in einem Falle von Facialis- und Hypoglossuslähmung infolge einer Parotitis typhosa beobachtet. Mit dem Zurückgehen der Facialislähmung verschwanden auch diese Mitbewegungen des Augapfels.

Ein Mangel des BELLschen Phänomens beim Lidschluß scheint sehr selten zu sein; v. MICHEL konnte dies nur in Fällen von angeborener oder in der allerersten Lebenszeit entstandener Lähmung des Facialis beobachten. In einem Falle von angeborener Diplegia facialis trat während des Schlafs oder beim Versuche, die Lidspalte zu schließen, nicht die geringste Drehung des Augapfels ein. In einem weiteren Falle stand bei einem wenige Monate alten Kinde mit den Erscheinungen einer linksseitigen peripheren Facialislähmung, höchstwahrscheinlich otitischen Ursprungs, mit den Zeichen der Entartungsreaktion die linke Lidspalte im Schlaf so weit offen, wie bei normaler Öffnung der Lidspalte, während die rechte geschlossen war. Die Stellung der Augen beim Lidschluß blieb dabei unverändert und der Blick geradeaus gerichtet. A. FUCHS (1908) beobachtete das Fehlen des BELLschen Phänomens in einem Falle von mittelschwerer otitischer Facialislähmung. FUMAROLA (1908) fand in den von ihm mitgeteilten Fällen beim Lidschluß 5mal Unbeweglichkeit des Bulbus, je 1mal Rotation nach innen oder innen unten, 6mal nach oben innen, 8mal nach oben und 13mal nach oben außen.

§ 209. Von sonstigen Mitbewegungen des Augapfels bei Kontraktion des Musculus orbicularis ist die Beobachtung von STRANSKY (1901) zu erwähnen, die darin bestand, daß bei künstlicher Behinderung des Lidschlusses mittels der Finger unter 100 Fällen sich 4mal mit der Kontraktion des M. orbicularis ein Nystagmus in wagerechter oder schräger Richtung einstellte. Zu erwähnen ist, daß BONNIER (1897) beim Lidschluß eine Hebung des Oberlides und SINCLAIR (1895) bei Adduction des Auges eine Kontraktion des M. orbicularis mit gleichzeitiger Retraktion des Augapfels beobachtete. Möglicherweise handelte es sich dabei um angeborene anormale Muskelverhältnisse.

§ 210. Störungen der Mitbewegung des Oberlides äußern sich teils in einem Mangel der Senkung bei normal sich vollziehender Bewegung des Augapfels nach unten — sogenanntes v. GRAEFEsches Zeichen —; teils als anormale Hebung oder Senkung bei gestörten Bewegungen des Auges — sogenanntes Pseudo-v. GRAEFEsches Zeichen.

Zur Prüfung des v. GRAEFEschen Zeichens wird, von einer horizontalen oder etwas gehobenen Visierebene ausgehend, der zu Untersuchende aufgefordert, dem ausgestreckten Finger als Fixierobjekt mit dem Blicke zu folgen, während man denselben langsam nach abwärts bewegt. Das Oberlid wird alsdann gar nicht oder nur in geringem Grade gesenkt (Abb. 129) und geht erst bei weiterer Senkung des Blickes etwas herab, während normalerweise bei der

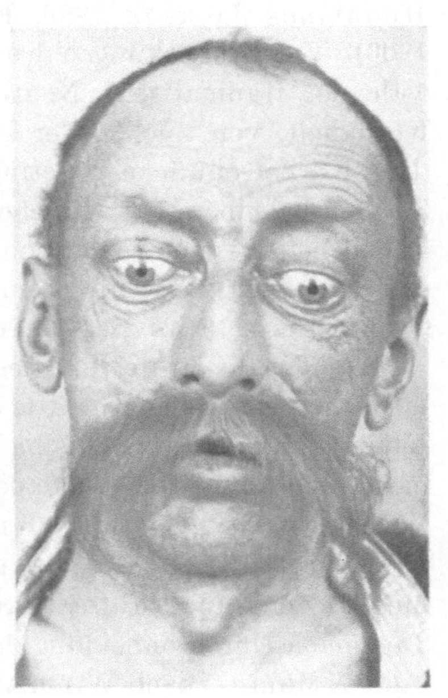

Abb. 129. Das v. Graefesche Zeichen. 34jähr. Mann mit akutem Morbus Basedowii.

Blicksenkung gleichzeitig mit der Innervation zur Abwärtswendung der Augen eine Erschlaffung der Heber des Bulbus und des oberen Lides erfolgt und dieses infolge der anatomischen Einrichtungen entsprechend der Abwärtswendung des Auges nach unten gleitet. Durch diesen Mangel der Senkung des Oberlides erscheint die Lidspalte weit geöffnet und es wird ein großes Stück der oberen Hälfte der Sklera in der Lidspalte sichtbar. Das v. GRAEFEsche Symptom kann einseitig oder doppelseitig vorhanden sein und ist nicht selten, besonders bei der BASEDOWschen Krankheit, mit dem STELLWAGschen

Phänomen verknüpft (s. S. 496), bei der überhaupt am häufigsten das v. GRAEFESCHE Symptom, und zwar fast immer doppelseitig, anzutreffen ist. Die Prozentzahlen des Vorkommens schwanken hier zwischen 13% und 55%. Dieses Symptom braucht nicht mit anderen okularen Erscheinungen der BASEDOWSCHEN Krankheit aufzutreten, ist vor allem von dem BASEDOWSCHEN Exophthalmus durchaus unabhängig. Oft geht es anderen Zeichen der BASEDOWSCHEN Krankheit voraus, wie es anderseits im Verlaufe derselben wieder verschwinden kann. Irrtümlich wäre es, das v. GRAEFESCHE Symptom als pathognomonisch für die BASEDOWSCHE Erkrankung anzusehen, da es gelegentlich auch bei Gesunden, ferner bei einer Reihe von Erkrankungen des Nervensystems und des Blutes anzutreffen ist (SHARKEY 1890, PÄSSLER 1895, HUGHLINGS JACKSON 1886, FLATAU 1899, WILBRAND und SAENGER 1900). Von Erkrankungen des Nervensystems kommen Hysterie, Neurasthenie, traumatische Neurose (STRASSER 1907) und THOMSENSCHE Krankheit, von solchen der Blutbeschaffenheit Anämie mit hochgradiger Körperschwäche in Betracht. MANN (1907) sah das v. GRAEFESCHE Zeichen bei einem 10 j. Mädchen mit Myotonie, bei dem seit dem 2. oder 3. Lebensjahre eine Versteifung der gesamten Muskulatur anfallsweise auftrat. Auch angeboren kommt das v. GRAEFESCHE Zeichen vor, und zwar einseitig (CHEVALLEREAU 1903, CHAILLOUS 1903, MIRTO 1903).

Was die Pathogenese des v. GRAEFESCHEN Zeichens bei der BASEDOWSCHEN Krankheit betrifft, so wurde früher ein Spasmus der glatten Lidmuskulatur, demnach eine Reizung des Halssympathicus, angenommen. Hierfür würde das experimentelle Ergebnis von KOLLER (nach WILBRAND u. SAENGER 1900) und JESSOP (nach WILBRAND u. SAENGER 1900) sprechen, die das v. GRAEFESCHE Symptom durch Cocaineinträufelung in den Bindehautsack künstlich erzeugten, aber dasselbe einige Tage nach Durchschneidung des Halssympathicus nicht mehr eintreten sahen. MÖBIUS (nach WILBRAND u. SAENGER 1900) nimmt einen übermäßigen Tonus der die Lidspalte öffnenden Muskelkräfte an und läßt das v. GRAEFESCHE Symptom aus dem STELLWAGSCHEN hervorgehen. Unter Zugrundelegung der allerdings unrichtigen Annahme eines voneinander abhängigen Auftretens des Exophthalmus und des v. GRAEFESCHEN Zeichens wurde die Meinung ausgesprochen, daß durch eine vasomotorische Lähmung der Orbitalgefäße eine mechanische Verkürzung des M. levator palpebrae auftrete, wodurch das Oberlid verhindert werde, der Bewegung des Bulbus nach unten zu folgen. Nach WILBRAND und SAENGER (1900) könnten sich auch durch individuelle anatomische Verschiedenheiten bedingte mechanische Verhältnisse unter der Einwirkung des Exophthalmus geltend machen. Erwähnt sei noch, daß von SATTLER früher (dies. Handb. I. Aufl. Bd. VI, S. 949) eine Erkrankung eines Koordinationszentrums für die Lid- und Augenbewegungen durch Giftwirkung infolge einer qualitativ veränderten Tätigkeit der Thyreoidea angenommen wurde. Neuerdings hat sich SATTLER (1909) der MOEBIUSschen Anschauung angeschlossen. (Ausführlicheres über den in Rede stehenden Gegenstand ist bei SATTLER [1909, S. 49—96] nachzulesen.)

Diagnostisch ist das v. GRAEFEsche Zeichen von dem sogenannten Pseudo-v. GRAEFEschen zu unterscheiden. Zu beachten ist, daß manche die Lider weit aufzureißen pflegen, wenn sie aufgefordert werden, einen Gegenstand zu fixieren, und das Oberlid noch gehoben lassen, auch wenn schon eine Senkung des Blickes eingetreten ist. Dieses Zurückbleiben des Oberlides ist aber in der Regel nur von kurzer Dauer.

§ 211. Das Pseudo-v. GRAEFEsche Zeichen. Dasselbe findet sich bei einseitiger mehr oder weniger vollständiger, aber in Rückbildung begriffener erworbener Lähmung des N. oculomotorius und besteht darin, daß beim Abwärtsblicken ein Zurückbleiben bzw. eine Retraktion des paretischen Oberlids erfolgt, wodurch die Lidspalte auffällig klaffend — ähnlich dem v. GRAEFEschen Symptom — erscheint. Das an sich durchaus nicht seltene Pseudo-v. GRAEFEsche Zeichen ist aber auch mitunter an dem gesunden Auge zu beobachten. Auf welcher Seite dieses Symptom auftritt, ist von dem Grade der Lähmung des M. levator abhängig. Befällt bei einer einseitigen, mit Ptosis einhergehenden Heberlähmung die Parese das bessere, d. h. das gewöhnlich fixierende Auge, so ist, um die Blicklinie horizontal zu stellen und gleichzeitig die Pupille frei zu machen, eine abnorm starke Innervation der geschwächten Muskeln erforderlich. Dieser vermehrten Innervation entspricht am gesunden Auge eine Sekundärablenkung des Bulbus nach oben und eine abnorm starke Hebung des oberen Lides, die dann auch bei langsamer Senkung der Blicklinie auf diesem Auge noch bemerkbar bleibt. Dabei ist die verschiedene Weite der beiden Lidspalten besonders auffällig. Demnach ist in solchen Fällen das Pseudo-v. GRAEFEsche Symptom auf der gesunden Seite ausgesprochen. Am kranken Auge stellt es sich bei einseitiger, in Rückbildung begriffener Oculomotoriuslähmung ein, aber nur unter der Voraussetzung, daß die Lähmung des M. levator, die Ptosis, verhältnismäßig gering ist gegenüber der Lähmung der Augensenker allein oder einer solchen verbunden mit einer Lähmung des M. rectus internus. Wird der Kranke aufgefordert, nach abwärts zu blicken, so bleibt das Oberlid der kranken Seite zurück und erscheint mehr und mehr zurückgezogen im Verhältnis zum Grade der Senkung des Blickes. In der Mehrzahl der Fälle wird das Oberlid gehoben bei der Adduction oder bei der

Akkomodationskonvergenz, gesenkt bei der Abduction. Das Zurückbleiben des Oberlides bei Senkung zeigt sich manchmal nur dann, wenn das kranke Auge gleichzeitig zum Abwärtssehen und zur Konvergenz genötigt wird. Bei gleichzeitiger Senkung und Abduction erscheinen beide Oberlider gleich hoch oder es steht das Oberlid der gelähmten Seite sogar tiefer. Dabei ist gerade die Verschiedenheit der Stellung des Oberlides bei Senkung des Blickes mit gleichzeitiger Adduction bzw. Abduction als ein wesentliches Merkmal zur Unterscheidung des Pseudo-v. GRAEFEschen Symptoms vom echten v. GRAEFEschen Zeichen anzusehen, besonders bei jenen Fällen von BASEDOWscher Krankheit, in welchen dieses Phänomen einseitig und ohne Exophthalmus auftritt.

Sitz (ob peripher oder zentral) und Ursachen solcher Oculomotoriuslähmungen scheinen für das Zustandekommen des Pseudo-v. GRAEFEschen Zeichens gleichgültig zu sein, wie dies aus einer Reihe von Veröffentlichungen hervorgeht. In einem von HINKEL (1902) mitgeteilten Falle einer linksseitigen vollständigen Oculomotoriuslähmung, die wahrscheinlich durch Zangenverletzung bei der Geburt entstanden war, zeigte die Ptosis nur einen geringen Grad, die Hebung war fast vollkommen aufgehoben und die Senkung hochgradig beschränkt. Beim Blick nach unten trat eine starke Hebung des linken Oberlides ein, noch mehr bei gleichzeitiger Blicksenkung und Rechtswendung. Eine Parese der äußeren Äste des N. oculomotorius, die nach einer KRÖNLEINschen Operation zurückgeblieben war, zeigte die gleichen Erscheinungen, wie eine arteriosklerotische, rechtsseitige, vollständige Oculomotoriuslähmung. Im letzteren Falle trat mit der Abnahme des Grades der Ptosis bei Linkswendung des Auges, wobei das kranke Auge bis in die Mitte der Lidspalte rückte, eine geringe Hebung, bei Rechtswendung eine deutliche Senkung des rechten Oberlides ein, sowie bei Fixation eines unten in der Medianebene gelegenen Gegenstandes eine starke Hebung. Beim Blicke nach außen unten folgten beide Lider gleichmäßig der Bewegung des Auges. In einem von SATTLER (1906) mitgeteilten Falle einer durch Schädelbruch entstandenen, in Rückbildung befindlichen rechtsseitigen Oculomotoriuslähmung, bei der noch eine ganz geringe Ptosis und eine Beschränkung der Adduction und der Senkung vorhanden waren, machte das Oberlid beim Blick gerade nach abwärts zunächst ein wenig die Senkung mit, dann aber blieb es stehen oder es zog sich sogar noch etwas zurück. Bei Adduction in der Horizontalebene erfolgte eine geringe Hebung des Oberlids, bei Senkung und gleichzeitiger Adduction dagegen war die Lidhebung beträchtlich, während bei der Abduction kein Unterschied gegenüber dem Verhalten bei gerade nach unten gerichtetem

Blicke zu bemerken war. Die Blickhebung war noch stark beeinträchtigt und das Oberlid ging dabei in mäßigem Grade in die Höhe. Auch bei einem Falle von in Heilung begriffener tabischer rechtsseitiger Oculomotoriuslähmung (HINKEL 1902) war die Ptosis nur gering, die Hebung aber noch stark beschränkt. Bei Blicksenkung trat eine Hebung des Oberlides ein. In einem anderen Falle von linksseitiger Oculomotoriuslähmung war die Senkung fast aufgehoben. Bei der Aufforderung, nach unten zu blicken, hob sich das linke Oberlid, eine gleichzeitige Adduction oder Abduction hatte keinen Einfluß. FUCHS (1893) beobachtete ebenfalls bei einer tabischen Parese der äußeren Äste des linken Oculomotorius, daß bei Fixation eines in der Medianlinie gelegenen Gegenstandes mit der Einwärtswendung des linken Auges eine Hebung des paretischen Oberlides erfolgte, so daß es höher stand als das rechte. Wurde nun der Blick gesenkt, so folgte das linke Oberlid nicht. FREYTAG (1906) berichtet über eine beiderseitige, rechts vollständige, links unvollständige Oculomotoriuslähmung, bei der, sobald der Blick nach rechts gewendet wurde, das rechte paretische Oberlid energisch und vollständig gehoben wurde. Bei einer einseitigen Parese eines oder beider Senker des Augapfels kann, wie in dem ALBRANDschen (1893) Falle, anfänglich das dieser Seite entsprechende paretische Oberlid nur zeitweise bei der Senkung in normaler Weise folgen, dann aber wieder zurückbleiben, um schließlich in eine starke Hebung und in ein regelmäßiges Zurückbleiben des Oberlides bei Blicksenkung überzugehen.

In einer Reihe von Fällen handelte es sich um vollständige oder abheilende komplette Lähmungen des N. oculomotorius. BRIXAS (1897) Fall betraf eine Parese aller Äste des rechten Oculomotorius. Bei intendierter Adduction hob sich das rechte herabgesunkene Lid, bei Abduction senkte es sich und bei Senkung des Blickes blieb es stehen. In einer Beobachtung HINKELS (1902) von anfänglich vollständiger linksseitiger Oculomotoriuslähmung war die Ptosis fast geschwunden und nur die Augenbewegung nach unten und innen noch erheblich herabgesetzt. Bei Vorführung des Fixationsobjekts nach unten und gleichzeitig nach der Medianebene stellte sich eine zunehmende Hebung des linken Oberlids ein, während beim Blick gerade nach unten beide Lider sich in gewöhnlicher Weise senkten. In einem Falle von SATTLER (1909) war ebenfalls die linksseitige Oculomotoriuslähmung bis auf eine geringe Ptosis zurückgegangen. Beim Blick nach abwärts senkte sich das linke Oberlid nur wenig und blieb dann stehen, ohne der Senkung des Bulbus weiter zu folgen. Die Hebung war noch stark beschränkt. In einer Mitteilung LINDENMEYERS

(1906) von rechtsseitiger Oculomotoriusparese war die Ptosis gering und die Adduction nur wenig beschränkt, dagegen hochgradig die Hebung und Senkung. Bei Linkswendung des rechten Auges trat eine leichte Hebung, bei Rechtswendung eine deutliche Senkung des Oberlides ein. Beim Blick nach unten senkte sich anfänglich das Oberlid, blieb in dieser Stellung bei stärkerer Senkung des Blickes und rückte sogar etwas in die Höhe. BLASCHEK (1904) beobachtete bei einer linksseitigen rückgängigen Oculomotoriuslähmung die gleichen Erscheinungen, wie bei einer rechtsseitigen luetischen; bei der linksseitigen stand das linke Oberlid beim Blick geradeaus tiefer als das rechte; bei Blicksenkung folgte es ein wenig und blieb dann stehen. Die Blicksenkung wurde nur durch die isolierte Tätigkeit des M. obliquus superior vermittelt. Bei äußerster Rechtswendung hob sich etwas das Oberlid, bei starker Linkswendung senkte es sich ein wenig.

Daß das Pseudo-v. GRAEFEsche Zeichen auch bei mehrfachen Augenmuskellähmungen nicht fehlt, beweisen die Mitteilungen von DROOGLEEVER FORTUYN (1899), WILBRAND und SAENGER (1900). In dem von DROOGLEEVER FORTUYN (1899) berichteten Falle bestand eine linksseitige Ophthalmoplegie als Teilerscheinung einer akuten Polioencephalitis superior, wobei nach Ablauf eines halben Jahres die verschiedenen Augenmuskelnerven in wechselnder Stärke betroffen waren. Die Ptosis war gering, ebenso die Beschränkung der Adduction und Abduktion, am stärksten beteiligt waren Hebung und Senkung. Bei Rechtswendung des Auges hob sich das Oberlid ein wenig, bei Linkswendung senkte es sich, bei Abwärtsbewegung hob es sich beträchtlich, und am stärksten war das Klaffen der Lidspalte bei gleichzeitiger Senkung und Rechtswendung. In dem von WILBRAND und SAENGER (1900) berichteten Falle von luetischer linksseitiger vollständiger Oculomotorius- und Trochlearislähmung war mit eintretender Heilung nur noch eine Beweglichkeitsbeschränkung nach unten vorhanden. Bei forcierter Senkung trat eine starke Hebung des linken Oberlides ein.

Das Pseudo-v. GRAEFEsche Symptom ist als eine Art von Mitbewegung aufzufassen, die dadurch zustande kommt, daß bei einer unvollkommenen bzw. ungleichmäßigen Lähmung des Oculomotorius der dem gelähmten Muskel zugehende Bewegungsimpuls in die weniger geschädigten Innervationsbahnen oder selbst in die der gesunden Seite ausstrahlt (SATTLER 1906). In anatomischer Beziehung ist die Untersuchung KÖPPENS (1894) zu erwähnen, der in einem Falle die Kerne des Oculomotorius von sklerotischen Gefäßen durchsetzt fand.

§ 212. Anormale Hebung oder Senkung des Oberlides kann sich bei Seitwärtsbewegungen des Augapfels, und zwar sowohl bei Adduction und Abduction, als auch nur bei Adduction oder Abduction einstellen, ferner bei Konvergenzbewegung sowie beim Versuch, bei vorhandener Lähmung eine Bewegung des Augapfels im Sinne des gelähmten Muskels auszuführen. Ferner kommen abnorme Oberlidbewegungen in Zusammenhang mit Pupillenbewegungen vor.

Eine Hebung des Oberlids bei Adduction, Abduction und Konvergenz beobachteten Browning (1890), Brixa (1897), Friedenwald (1893) und Fuchs (1893). Besonders auffällig war die Hebung des Oberlides bei Konvergenz. In dem Browningschen Falle hob sich das Oberlid bei Seitwärtswendung der Augen am adduzierten Auge und senkte sich am abduzierten. Bei Konvergenz in der Nähe wurden beide Oberlider gehoben. Zuerst folgten die Augen bei Senkung eines Fixationsobjekts bis zur Horizontalen, dann blieben sie aber bei weiterer Senkung stehen und stiegen wieder etwas in die Höhe bei extremster Abwärtswendung. In dem Falle von Brixa (1897) hoben sich etwas die Oberlider bei Seitenwendung nach links oder rechts. Beim Blick aufwärts blieben die Augäpfel zunächst unbeweglich, nur das Oberlid hob sich, dann erst folgte der Bulbus nach. Umgekehrt gingen bei Blicksenkung zunächst nur die Bulbi nach abwärts und die Oberlider blieben stehen. Erst bei starker Senkung des Auges senkten sich die Oberlider ein wenig. In zwei Fällen von Friedenwald (1893) bestand eine angeborene Lähmung des linken Musculus rectus externus. In dem Augenblicke, in dem der Versuch gemacht wurde, nach links zu sehen, hob sich das Oberlid und es senkte sich beim Sehen nach rechts. Fuchs (1893) beobachtete 5 Fälle, in denen sich eine Hebung des Lides mit Kontraktion des M. rectus internus verband; zugleich waren die Erscheinungen einer teilweisen oder vollständigen angeborenen oder erworbenen, und zwar häufig nukleären Oculomotoriuslähmung vorhanden. Die Adduction, welche die Hebung des Lides hervorrief, geschah teils im Dienste einer beabsichtigten Konvergenz, teils im Sinne einer associierten Seitenwendung beider Augen. In den Fällen, in denen das Auge wegen Lähmung des Rectus internus nur etwa bis zur Mittellinie gebracht werden konnte, erfolgte die Hebung des Oberlides in dem Augenblicke, in dem das Auge aus der divergenten Stellung nach der Mittellinie bewegt wurde.

Eine Senkung des Oberlides bei Seitwärtsbewegungen wurden von Philipps (1887) und Fuchs (1893) beobachtet. Philipps (1887) sah die Senkung der Oberlider mit Kontraktion des M. internus bei zwei Brüdern von 7 und 3 Jahren eintreten. Wenn der Blick stark nach der Seite gewendet wurde, sank auf der Seite, auf welcher die Hornhaut nasal stand, das Lid tief herab. Wenn also z. B. einer der Knaben nach rechts blickte, blieb die rechte Lidspalte unverändert offen, während die linke durch Herabsinken des Oberlides fast vollständig geschlossen wurde. Der Levator erschlaffte also an jenem Auge, dessen Rectus internus im Dienste der Seitenbewegung kontrahiert wurde. In einem als pontine Neubildung bezeichneten Falle von Fuchs (1893) waren die Augenbewegungen frei. Blickte der Kranke nach links, so senkte sich das rechte Oberlid, also das Lid jenes Auges, das adduziert war.

Manchmal sind zugleich Abduction und Adduction mit anormaler Hebung oder Senkung des Oberlides verknüpft. In einem von Fuchs (1893) beobachteten Falle einer doppelseitigen luetischen Oculomotoriuslähmung verschwanden mit der Heilung der Ptosis alle Mitbewegungen. Zur Zeit, als noch die Ptosis linkerseits bestand, hob sich das Oberlid des linken Auges bei der Abduction und senkte sich beim Versuche der Adduction. Dabei war noch eine Konvergenz-, Pupillen- und Akkommodationslähmung vorhanden. In einer weiteren Beobachtung von Fuchs (1893) bestand eine doppelseitige Abducenslähmung und eine mäßige rechtsseitige Ptosis; auch das linke Oberlid stand eine Spur tiefer. Am rechten Auge zeigte sich eine Erschlaffung des Levator gleichzeitig mit der Adduction, am linken gleichzeitig mit der Abduction. Bei Konvergenzbewegung änderte sich die Stellung der Lider nicht und bei Hebung und Senkung der Augen gingen die Lider in regelrechter Weise mit.

Endlich können Mitbewegungen des Oberlides mit dem Pupillenspiele erfolgen. Das Oberlid hebt sich zuweilen gleichzeitig mit der Verengerung der Pupille und senkt sich mit ihrer Erweiterung, wie auch Mitbewegungen der Pupille bei Seitwärtsbewegungen des Augapfels zur Beobachtung gelangt sind, so Erweiterung bei Abduction und Verengerung der Pupille bei Adduction.

Zur Erklärung dieser verschiedenen Mitbewegungen wird einerseits eine angeborene, zwar ungewöhnliche, aber nicht krankhafte Association der Muskeln angenommen, die für das betroffene Individuum als physiologische angesehen werden muß; anderseits handelt es sich wahrscheinlich um erworbene pathologische Veränderungen der Zentren, vorzugsweise um Läsionen und Atrophien im Kerngebiet. Alsdann sind die Mitbewegungen durch Übergreifen des Innervationsreizes auf benachbarte Kerngebiete zu erklären; sie spielen sich im wesentlichen im Bereich des Oculomotorius ab.

§ 213. Zu den eigentümlichsten anormalen Mitbewegungen gehören die Mitbewegungen eines ptotischen Oberlides bei Bewegungen des Unterkiefers oder des Mundes.

In der Regel besteht eine angeborene einseitige Ptosis. Sobald aber Kau- oder Schluckbewegungen stattfinden oder der Mund aufgeblasen oder etwas weiter geöffnet wird, hebt sich das Oberlid, und zwar in manchen Fällen so beträchtlich, daß die Lidspalte auf der kranken Seite gerade so weit erscheint als auf der gesunden. Eine solche Mitbewegung ist besonders dann auffällig, wenn, was allerdings selten vorkommt, eine Ptosis überhaupt nicht besteht. Vollzieht sich der Kauakt bei gesenkter Blickebene, dann treten die einseitigen Mitbewegungen des Oberlids in besonders unschöner Weise hervor. Nach einer Zusammenstellung von SINCLAIR (1895) zeigten unter 32 derartigen Beobachtungen 13 eine Mitbewegung des Oberlides, sowie der Mund geöffnet wurde und der Unterkiefer sich nach der entgegengesetzten Seite bewegte. In 16 Fällen erfolgte die Hebung des Oberlides nur bei Senkung des Unterkiefers, in 2 Fällen bei Seitwärtsbewegung des letzteren. 4mal fand sich eine Hebung des Oberlides bei Kieferbewegung, ohne daß eine Ptosis vorhanden war.

Mit der Ptosis kann noch eine Lähmung des Rectus superior (GOLDZIEHER 1892 und PROSKAUER 1891), des Rectus internus (UHTHOFF 1888) und eine Ophthalmoplegia externa (VOSSIUS 1892) verbunden sein. In dem von HILLEMANNS (1894) berichteten Falle bestand ein Kolobom des Sehnerven. Noch weitere Eigentümlichkeiten wurden beobachtet. In einem Falle von MÜLLER-KANNBERG (1894) hob sich bei Verschiebung des Unterkiefers nach rechts das linke ptotische Oberlid und gleichzeitig senkte sich das normale rechte. RAUTENBERG (1905) berichtete über besondere Erscheinungen an einem schwachsinnigen 9j. Mädchen mit rechtsseitiger angeborener Ptosis bei Prüfung der Augenbewegungen. Bei Rechtswendung beider Augen hob sich das rechte Oberlid so, daß die rechte Lidspalte ebenso weit wurde wie die linke; sie erschien aber fast völlig verschlossen bei Linkswendung. Bei Konvergenz trat keine Verkleinerung der rechten Lidspalte ein. Bei jedem Öffnen der Kiefer hob sich das rechte Oberlid, beim Schließen senkte es sich. Die Hebung der Lider erfolgte auch bei seitlicher Verschiebung des Unterkiefers nach links, nicht aber bei Verschiebung nach rechts. Wurde bei geschlossenen Kiefern nach rechts gesehen und war dabei die Lidspalte stark erweitert, so trat mit Öffnen der Kiefer noch eine weitere leichte Hebung der Oberlider ein.

Auch bei angeborener doppelseitiger Ptosis wurden Mitbewegungen bemerkt, so von BEAUMONT (1893) bei einem 2j. Kinde. Die Lider konnten nur gehoben werden, wenn bei rückwärts gebeugtem Kopfe der Mund geöffnet wurde. In einem Falle, den v. REUSS (1889) mitteilt, stellte sich die Hebung der Oberlider auch dann ein, wenn das Auge auf der gesunden Seite geschlossen wurde. In einer Beobachtung UHTHOFFS (1888) von doppelseitiger Ptosis wurde beim Spitzen des Mundes zum Pfeifen der Orbicularis der kranken Seite zugleich kontrahiert.

Diese eigenartigen Erscheinungen von Mitbewegung des Oberlids sind angeboren und finden sich daher ausnahmslos schon im frühen Lebensalter, nur FRIEDENWALD (1892) will in einem Falle die Entstehung der Hebung der Oberlider bei Kieferbewegung erst im 14. Lebensjahre beobachtet haben. Die Hebung und Senkung des Oberlides bei Öffnung und Schluß des Mundes soll verschwinden können (KRAUS 1891), während umgekehrt auch eine Zunahme beschrieben ist (BLOK 1891). Es scheint sicher zu sein, daß nicht alle von der motorischen Portion des Trigeminus innervierten Muskeln in gleicher Weise beteiligt werden (JUST 1888), insbesondere bleibt der Musculus masseter und temporalis stets frei.

Zur Erklärung dieser Erscheinungen hat HELFREICH (1888) angenommen, daß ein Teil der im N. oculomotorius verlaufenden Fasern seinen Ursprung in den Kernen des N. facialis und des motorischen Trigeminus habe. Andere sind der Meinung, daß es sich um ein Übergreifen des Innervationsreizes auf andere sonst nicht benutzte Nervenbahnen handele, oder daß Verbindungen zwischen den Kerngebieten der betreffenden Hirnnerven bestehen.

Literatur zu §§ 205—213.

1882 LANG and FITZGERALD: The movements of the eyelids in association with the movements of the eyes. Transact. of the ophthalmol. soc. of the kingdom T. 3, p. 217.

1883 GUNN: Congenital ptosis. Lancet T. 2, Nr. 3.

1886 HUGHLINGS JACKSON: Graves' disease. Transact. of the ophthalmol. soc. of the kingdom T. 6, p. 58. — SEYMOUR SHARKEY: A case of locomotor ataxy with ophthalmoplegia externa and interna. Ibid. T. 6, 384.

1887 BAQUIS: Di un particolare movimento combinato delle palpebre e del globo oculare. Sperimentale. Firenze. p. 532. — MENDEL: Über den Ursprung des Augenfacialis. (Berliner med. Gesellsch., Sitzung vom 9. Nov.) Münch. med. Wochenschr. S. 902 und Neurol. Zentralbl. — PHILIPPS: Associated movement of upper lid and eyeball. Transact. of the ophthalmol. soc. of the kingdom. — RAMPOLDI: Assenza congenita ereditaria dei movimenti oculo-palpebrali. Ann. di ottalmol. T. 16, p. 51. — SIDNEY: Associated movement of upper lid and eyeball. (Ophthalmol. soc. of the kingdom.) Ophthalmol. Rev. p. 86.

1888 ADAMÜK, E.: Über eine merkwürdige Motilitätsanomalie der Lider und Augen. Klin. Monatsbl. f. Augenheilk. S. 191. — BULL, OLE: Synchronous movements of the upper lid and maxilla. Arch. of ophthalmol. T. 12, 2. Ref. in Klin. Monatsbl. f. Augenheilk. S. 437. — HELFREICH, FR.: Eine besondere Form der Lidbewegung. S.-A. aus der Festschr. f. v. Koelliker. Leipzig: Engelmann, und Bericht d. 19. Versamml. d. ophthalmol. Gesellsch. zu Heidelberg. S. 82. — JUST: Ein weiterer Fall von abnormer einseitiger Lidhebung bei Bewegungen des Unterkiefers. Berl. klin. Wochenschr. S. 852. — UHTHOFF, W.: Über einen Fall von abnormer einseitiger Lidhebung bei Bewegungen des Unterkiefers. (Krankenvorstellung in der Berliner med. Gesellsch.) Berl. klin. Wochenschr. Nr. 36.

1889 LAQUEUR: Über eine eigentümliche Form der Lidbewegung. Naturwissensch.-med. Verein in Straßburg. — v. REUSZ: Ein Fall von angeborener Ptosis des linken oberen Lides. Wien. klin. Wochenschr. Nr. 4.

1890 BROWNING: Associated contraction of the levatores palpebrarum with the internal recti. Transact. of the ophthalmol. soc. of the kingdom T. 10, p. 187. — SEYMOUR SHARKEY: On Graefes Lid sign. (Ophthalmol. soc. of the kingdom.) Ophthalmol. Rev. p. 341.

1891 BLOK: Omville keurige medebeweging van een ptosisch ooglid bij andere spierbewegungen. Weekbl. f. het Nederlandsch. Tijdschr. v. Geneesk. T. 2, Nr. 6. — BULL, O.: Another case of synchronous movements of the upper lid and lower jaw. Arch. ophthalmol. T. 21, p. 354. — FRÄNKEL, G.: Einseitige unwillkürliche Lidheberwirkung beim Kauen. Klin. Monatsbl. f. Augenheilk. S. 435. — KRAUS: Physiologische Mitbewegungen des paretischen oberen Lides. Inaug.-Diss. Göttingen. — PROSKAUER: Ptosis congenita und Mitbewegung des gelähmten Lides. Zentralbl. f. prakt. Augenheilk. April. S. 97. — SCHAPRINGER: Unwillkürliche Hebung der oberen Augenlider bei bestimmten Bewegungen des Unterkiefers. New Yorker med. Monatsschr. Januar.

1892 GOLDZIEHER: Über eine angeborene abnorme Lidbewegung. Vortrag im Budapester kgl. Verein der Ärzte. Ref. Zentralbl. f. prakt. Augenheilk. S. 361. — VOSSIUS, A.: Zwei Fälle von angeborener, fast vollständiger Unbeweglichkeit beider Augen und der oberen Augenlider. Deutschmanns Beitr. z. Augenheilk. H. 5, S. 1.

1893 ALBRAND: Über anormale Augenlidbewegungen. Dtsch. med. Wochenschr. Bd. 19, p. 297. — BEAUMONT: Associated movements of the upper eyelid and the lower jaw. Lancet. 15. April. — ELSCHNIG: Demonstration eines Falles von beim Schlingakte und Kauen auftretender Mitbewegung des Oberlides. Wien. klin. Wochenschr. Nr. 51. — FRIEDENWALD: Movements of the upper eyelid associated with lateral movements of the eyeball. Arch. of ophthalmol. T. 22, No. 4. — FUCHS, E.: Association von Lidbewegung mit seitlichen Bewegungen des Auges. Deutschmanns Beitr. z. Augenheilk. H. 11, S. 12. — HUBBEL: Congenital ptosis with synchronous movements of the affected lid and lower jaw. Arch. of ophthalmol. T. 22, 1. — SNELL: Synchronous movements of upper eyelids and lower jaw. Sheffield med. Journ. 1892—93, p. 298.

1894 HILLEMANNS: Eigentümliche Mitbewegung des oberen Lides eines mit Coloboma nervi optici behafteten Auges. Klin. Monatsbl. f. Augenheilk. S. 388. — KATZ, R.: Über anormale Association von Bewegungen des oberen Lides und der Regenbogenhaut mit Bewegungen des Augapfels. Wratsch. p. 1268. — KÖPPEN: Beiträge zur pathologischen Anatomie und zum klinischen Symptomenkomplex multipler Gehirnerkrankungen. Arch. f. Psychiatr. u. Nervenkrankh. Bd. 26, S. 99. — MÜLLER-KANNBERG: Eigentümliche Mitbewegung eines ptotischen Lides bei Unterkieferbewegungen. Der ärztl. Praktiker Bd. 7, Nr. 45.

1895 PÄSSLER: Erfahrungen über die Basedowsche Krankheit. Dtsch. Zeitschr. f. Nervenheilk. Bd. 6, S. 40. — SINCLAIR: Anormal associated movements of the eyelids. Ophthalmol. Rev. p. 307. — TOPOLANSKI: Muskelmitbewegungen zwischen Auge und Nase. Wien. med. Blätter Nr. 11.

1896 BERNHARDT: Mitteilung eines Falles von Mitbewegung eines ptotischen Lides und Bewegungen des Unterkiefers. Zentralbl. f. prakt. Augenheilk. Januar. S. 7.

1897 BONNIER: Troubles oculomoteurs dans la paralysie faciale périphérique. Gaz. hébd. No. 91. — BORDIER et FRENKEL: Sur un nouveau phénomène observé dans la paralysie faciale périphérique et sur la valeur prognostique. Semaine méd. No. 42. — BRIXA: Mitbewegung des Oberlides bei Bewegungen des Augapfels. Deutschmanns Beitr. z. Augenheilk. Bd. 26, S. 52.

1898 CAMPOS: Interprétation d'un phénomène récemment décrit dans la paralysie faciale périphérique. Progr. méd. p. 97. — KÖSTER: Ist das sog. Bellsche Phänomen ein für die Lähmung des N. facialis pathognomonisches Symptom? Münch. med. Wochenschr. Nr. 38, S. 1203. — SCHWABE: Über die Gliederung des Oculomotoriushauptkernes und die Lage der den einzelnen Muskeln entsprechenden Gebiete in demselben. Neurol. Zentralbl. Nr. 17.

1899 Bach: Zur Lehre von den Augenmuskellähmungen und den Störungen der Pupillenbewegung. Graefes Arch. f. Ophthalmol. Bd. 47, 2, S. 339 und 3, S. 551. — Beer: Über Mitbewegungsphänomene. Wien. med. Blätter Nr. 1. — Bernhardt, M.: Das Ch. Bellsche Phänomen bei peripherischer Facialislähmung. Berl. klin. Wochenschr. Nr. 8. — Bordier et Frenkel: Sur le phénomène de Ch. Bell dans la paralysie faciale périphérique et sur sa valeur pronostique. Presse méd. No. 3. — Droogleever Fortuyn: Über krankhafte Mitbewegungen des Oberlides bei Bewegungen des Kiefers und des Augapfels. Inaug.-Diss. Freiburg i. Br. — Flatau: Über den diagnostischen Wert des Graefeschen Symptoms und seine Erklärung. Dtsch. Zeitschr. f. Nervenheilk. Bd. 17, 1 u. 2. — v. Fragstein und Kempner: Ophthalmoplegia externa completa mit Paralyse des Augenfacialis. Dtsch. med. Wochenschr. Nr. 35. — Marinesco: L'origine du facial supérieur. Rev. neurol. No. 2. — v. Michel: Über das Bellsche Phänomen. Beitr. z. Physiol. Festschrift f. Adolf Fick zum 70. Geburtstage. Braunschweig: Vieweg u. Sohn. S. 159. — Negro: Osservazioni cliniche tendenti a dimostrare l' esistenza di fibre associative tra il nervo facciale e il nervo-motore comune del medesimo lato. Boll. d. policlin. gener. di Torino T. 2. Ref. Neurol. Zentralbl. S. 1099. — Taylor: Ophthalmoplegia externa, with impairment of the orbicularis palpebrarum. (Ophthalmol. soc. of the kingdom.) Ophthalmol. Rev. p. 156. — Westphal, A.: Über ein bisher nicht beschriebenes Pupillenphänomen. Neurol. Zentralbl. S. 161.

1900 Hering: Ausfall der mit dem willkürlichen Lidschluß synergisch verbundenen Augenbewegung. Prager med. Wochenschr. Nr. 18. — Lor: Ptosis congénitale, avec mouvements associés de la paupière et de la machoire. (Cercle méd. de Bruxelles.) Rev. génér. d'ophtalmol. No. 41. — Marguliés, A.: Über das sogenannte Bellsche Phänomen bei cerebraler Facialislähmung. Wien. med. Wochenschr. Nr. 5 u. 6. — Piltz: Weitere Mitteilungen über die beim energischen Augenschluß stattfindende Pupillenverengerung. Neurol. Zentralbl. S. 837. — Wilbrand und Saenger: Die Neurologie des Auges. Bd. 1. Wiesbaden: J. F. Bergmann.

1901 Bouchard: A propos du signe de Bell dans la paralysie faciale périphérique. Journ. de neurol. p. 671. — Nagel, U. A.: Über das Bellsche Phänomen. Arch. f. Augenheilk. Bd. 43, S. 199. — Schanz: Über das Westphal-Piltzsche Phänomen. Münch. med. Wochenschr. S. 157. — Stransky: Associierter Nystagmus. Neurol. Zentralbl. S. 786. — Westphal, A.: Über das Westphal-Piltzsche Pupillenphänomen. Berl. klin. Wochenschr. Nr. 49.

1902 Coppez: Le signe de Bell. Journ. méd. de Bruxelles No. 20 und (Soc. belge d'ophtalmol.) Clin. ophtalmol. No. 14. — Hinkel: Über das Pseudo-Graefesche Symptom im Anschluß an Lähmungen der Augenmuskeln. Inaug.-Diss. Jena.

1903 Chevallereau et Chaillous: Sur la rétraction spasmodique des paupières supérieures. Ann. d'oculist. T. 129, p. 247. — Mirto: Spasmo tonico dell'elevatore dell epalpebre superiore guarito mediante le applicazioni polari anodiche. Gaz. sicil. di med. e chirurg. Marzo.

1904 Blaschek: Ein Erklärungsversuch der paradoxen Mitbewegungen zwischen Lid und Auge. Zeitschr. f. Augenheilk. Bd. 13. Ergänzungsheft. S. 750. — Fleischer: Das Bellsche Phänomen. Arch. f. Augenheilk. Bd. 52, S. 359. — Seiffer: Linksseitige Facialislähmung. (Berliner Gesellsch. f. Psych. u. Nervenkr.) Neurol. Zentralbl. S. 230.

1905 Rautenberg: Mitbewegung eines ptotischen Augenlides bei Kaubewegungen. Dtsch. med. Wochenschr. Nr. 12.

1906 Bach: Einseitiges Graefesches Symptom. (Ärztl. Verein zu Marburg.) Münch. med. Wochenschr. S. 1447. — Freytag: Zur Kenntnis der paradoxen Lidbewegungen. Deutschmanns Beitr. z. Augenheilk. H. 65, S. 1. — Lindenmeyer: Über paradoxe Lidbewegungen. Vossius: Sammlung zwangloser Abhandlungen auf dem Gebiete der Augenheilk. Bd. V. 6. — Reissert: Beitrag zur Kenntnis der Lidreflexe. Klin. Monatsbl. f. Augenheilk. Bd. 44. 2, S. 378. — Sattler: Über das sog. Pseudo-Graefesche Symptom. Rosenthalsche Festschr. 2. Teil, S. 223. Leipzig: W. Thieme.

1907 Mann: Fall von Myotonie. Allg. med. Zentralztg. Nr. 2. — Schlesinger: Horizontale Bulbusschwingungen bei Lidschluß, eine bisher nicht beschriebene Art von Mitbewegungen. Neurol. Zentralbl. S. 242. — Strasser: Das v. Graefesche Zeichen bei einer traumatischen Neurose. Wien. med. Presse Nr. 26.

1908 v. Bechterew: Die Funktionen der Nervenzentren. Bd. 1, S. 172 u. 173. Jena: G. Fischer. — Fuchs, A.: Periphere Facialislähmung. Arbeiten a. d. Neurol. Institute an der Wiener Universität. (Festschrift.) Bd. 16, S. 245. — Fumarola: Sur la signification du phénomène de Bell. L'encéphale No. 5.

1909 Sattler, H.: Die Basedowsche Krankheit. Graefe-Saemisch, Handb. d. ges. Augenheilk. 2. Aufl., Bd. 9, Abt. 2.

1911 Bumke, O.: Die Pupillenstörungen bei Geistes- und Nervenkrankheiten (Physiologie und Pathologie der Irisbewegungen). Jena: Gust. Fischer.

1913 Kraupa, E.: Zur Kenntnis der Pathologie des Bellschen Phänomens. Arch. f. Augenheilk. Bd. 75. — Lauber: Untersuchungen über das sog. Bellsche Phänomen. Wien. klin. Rundschau Nr. 38.

1917 Marguliès, A.: Periphere Facialislähmung mit fehlendem Bellschen Phänomen. Klin. Monatsbl. f. Augenheilk. Bd. 58, I, S. 99.

1921 Reitsch: Das Bellsche Phänomen und seine Bedeutung für den Lidapparat. Klin. Monatsbl. f. Augenheilk. Bd. 67, S. 53.

1922 Wilbrand und Saenger: Die Neurologie des Auges. Bd. 9. Die Störungen der Akkommodation und der Pupillen. Wiesbaden: J. F. Bergmann.

IV. Innervationsstörungen des Trigeminusgebiets der Augenlider.

§ 214. Die Darstellung der Innervationsstörungen der sensiblen Trigeminusverzweigungen der Augenlider wird sich hier nur auf einige wesentliche Punkte beschränken können. Hinsichtlich des klinischen Gesamtbildes der Innervationsstörungen des Trigeminus muß auf die einschlägigen Lehr- und Handbücher verwiesen werden.

In der Regel befallen Innervationsstörungen im Gebiete des I. und II. Astes des Trigeminus zugleich die sensiblen Äste der Lidhaut, und ihre verschiedenen klinischen Formen treten als Trophoneurose, Neuralgie, Hyperästhesie, Hypästhesie und Anästhesie in Erscheinung.

Als trophoneurotische Störungen werden die atrophischen Veränderungen der Lidhaut bei der Hemiatrophia facialis progressiva (s. S. 169), der spontane Ausfall (s. S. 364) und die spontane Entfärbung (s. S. 370) von Cilien, sowie in gewissem Sinne der Herpes (s. S. 67 u. f.) gedeutet. —

Neuralgien befallen vorzugsweise den I. Ast des Trigeminus — nach Bernhardt (1897) $2/3$ der Fälle von Trigeminusneuralgie —; sie werden gewöhnlich als Neuralgia ophthalmica oder, da vorwiegend der N. supraorbitalis erkrankt, als Supraorbitalneuralgie bezeichnet. Heftige, bohrende Schmerzen bestehen über dem Auge und strahlen in dem Verbreitungsbezirke des Nerven bis zur Kopfhaargrenze aus. Entsprechend der Spaltung des I. Astes des Trigeminus in drei Hauptverzweigungen, den N. lacrymalis, frontalis und nasociliaris, sind die Schmerzen vorzugsweise in der Stirnscheitel- und der Schläfengegend lokalisiert, ferner im Oberlid, an der äußeren Seite der Augenhöhle und in der Jochbeingegend, an der Nasenwurzel, unterhalb und medialwärts vom inneren Lidwinkel an und in der Nase, sowie im Auge selbst. Die Schmerzen werden als bohrend oder reißend geschildert. Nicht selten wird ein Verzweigungsgebiet besonders stark befallen, doch kann sich auch eine partielle Neuralgie im weiteren Verlaufe auf alle Verzweigungen des I. Astes, selbst auf den II. Ast und die sensiblen Partien des III. Astes ausdehnen. Unter allen Nerven erkrankt der Nervus trigeminus am häufigsten.

Bei der Neuralgie des I. Trigeminusastes finden sich in seinem Verbreitungsbezirke gewisse Punkte, die bei Druck besonders schmerzhaft sind. Der Hauptdruckpunkt ist am Foramen supraorbitale, sog. Supraorbitalpunkt. VALLEIX (nach BERNHARDT 1897) bezeichnet als weitere Druckpunkte den Palpebralpunkt am Oberlid, den Okularpunkt bei Druck auf das Auge entsprechend der erkrankten Seite, den Nasalpunkt unterhalb und nach innen vom inneren Augenwinkel entsprechend der Stelle, wo der N. ethmoidalis in die Haut tritt, den Parietalpunkt am Scheitelbeinhöcker und den Trochlearpunkt am inneren Augenwinkel, entsprechend dem N. supratrochlearis.

Bei der Neuralgie des II. Trigeminusastes werden Schmerzen teils in einzelnen Ästen, teils in der ganzen Ausstrahlung, in der Haut des Unterlides, in der Wange, der Nase, der Oberlippe bis in das Jochbein, im Oberkiefer und in der Schläfengegend empfunden. Als der konstanteste Druckpunkt findet sich die Austrittsstelle des Nerven am Foramen infraorbitale, von VALLEIX (nach BERNHARDT 1897) als Infraorbitalpunkt im obersten Teil der Fossa canina bezeichnet. Als weitere Druckpunkte nennt VALLEIX den Molarpunkt an der Austrittsstelle des N. subcutaneus malae, den Labialpunkt an der Oberlippe, den Alveolarpunkt am Zahnfleisch und am Alveolarfortsatze des Oberkiefers und den Gaumenpunkt am Gaumengewölbe oder am Gaumensegel.

Die Neuralgie des Trigeminus tritt fast immer nur einseitig auf und kann durch Infektionskrankheiten, wie Influenza, Typhus und besonders Malaria, wie durch toxische Einflüsse hervorgerufen werden. Auch der Erkältung wird eine gewisse Rolle zugeschrieben. Häufig liegen direkt nachweisbare Ursachen vor, wie Zerrungen und Quetschungen der Nervenäste bei Hautnarben der Stirn und der Wange, besonders wenn sie mit ihrer Unterlage verwachsen sind; ferner Verletzungen der knöchernen Teile des Gesichtes, hauptsächlich bei Beteiligung der Nervenknochenkanäle. Entzündliche Erkrankungen des Auges, vorzugsweise akute Entzündungen der Iris und des Corpus ciliare, rufen häufig eine Neuralgie im ganzen Gebiete des Trigeminus hervor, wobei die

Schmerzen vom Auge aus bis in die entsprechende Kopfhälfte ausstrahlen; sie sind wohl auf eine Fortpflanzung der Schmerzen von neuritisch gereizten Ciliarnerven auf andere Trigeminusäste zurückzuführen. Auch Anstrengungen der Augen bei längerer Nahebeschäftigung, vornehmlich bei gleichzeitigen Störungen der Refraktion und der Akkommodation oder der Konvergenz, insbesondere wenn ohne eine entsprechende Brillenkorrektion die Nahearbeit fortgesetzt wird, führen zu Schmerzen im Auge und in dessen Umgebung, die sich weiterhin zu einer klinisch echten Neuralgie im Gebiete des N. supraorbitalis steigern können. In einer Reihe von Fällen entsteht die Neuralgie durch Druck auf den Nerv innerhalb der Knochenkanäle infolge entzündlicher Schwellung des Periostes oder, wie in einer Beobachtung von Supraorbitalneuralgie, durch Druck eines Kalkkonkrements. Bei Erkrankungen der Stirnhöhle können die heftigsten Schmerzen im Trigeminusgebiete ausgelöst werden, ebenso bei solchen der Gehirnbasis, wie durch Druck eines Aneurysma der Carotis interna auf das Ganglion Gasseri, oder durch Geschwülste (Cholesteatom) am Ganglion Gasseri und dessen Umgebung. Für das Gebiet des II. Trigeminusastes kommen vorzugsweise Erkrankungen der Oberkieferhöhle, der Mundhöhle, besonders cariöse Zähne, und der Nasenhöhle, Hypertrophie der Muscheln oder polypöse Wucherungen in Betracht. Nicht selten treten ausstrahlende Schmerzen im Gebiete des II. Trigeminusastes, vor allem im Nervus dentalis superior, bei Sondierungen des Tränennasenkanals auf, pflegen aber nach Entfernung der Sonde rasch zu verschwinden.

Endlich kommt es zu einem spontanen Auftreten von Trigeminusneuralgie bei neuropathisch Belasteten, bei denen sich eine solche ganz ohne erkennbaren Grund oder schon aus geringfügiger Ursache einstellt, beispielsweise infolge der erwähnten Anomalien der Refraktion und Akkommodation.

Die Behandlung muß in erster Linie auf der Beseitigung der zugrunde liegenden Ursachen basieren, was am leichtesten und erfolgreichsten bei den Neuralgien aus mechanischer Ursache gelingt: Excision von Narben, Exstirpation von Geschwülsten, Entfernung von Fremdkörpern usw. Ferner sind beim Aufsuchen der kausalen Indikationen vor allem etwaige Affektionen der Nebenhöhle der Nase, insbesondere der Stirnhöhle zu berücksichtigen. Besteht Verdacht auf Lues, so muß eine spezifische Behandlung eingeleitet werden, bei Malaria ist Chinin zu verordnen. Bei spontaner Neuralgie empfiehlt sich die Anwendung der Elektrizität und der innerliche Gebrauch von Chinin, Arsen, Phenacetin, Pyramidon, Aspirin, Trigemin u. a. Doch ist häufig der Erfolg ein negativer oder nur vorübergehender. Bei schweren

Trigeminusneuralgien, die der medikamentösen und elektrischen Behandlung trotzen, ist ein Versuch mit der Injektionstherapie zu empfehlen. Schloesser (1903) sah von (80%igen) Alkoholinjektionen sehr gute Erfolge. Von anderen wird Osmiumsäure empfohlen. Die Wirkung auf die Nervensubstanz ist als eine degenerative anzusehen. Ostwald (1906) verwendet 80%igen Alkohol, dem etwas Cocain oder Stovain beigefügt ist, und erweitert mit einer besonders konstruierten Kanüle die Austrittsstellen der 3 Trigeminusäste an der Schädelbasis. Zur Behandlung sind 2—3 und noch mehr Sitzungen notwendig. Rückfälle kommen etwa in einem Drittel der Fälle vor (etwa 5 Monate nach der ersten Behandlung); sie sind aber meist weniger schwer als die ersten Anfälle. Hammerschlag (1907) empfiehlt die 1%ige wässerige Lösung der Perosmiumsäure, welche er in der Menge von 0,1 in das Foramen infraorbitale und mentale injiziert. In 8 von 9 Fällen waren die Anfälle 4 Monate bis 4 Jahre ausgeblieben. — Versagt auch die Injektionstherapie, so ist dem Kranken eine operative Behandlung vorzuschlagen, am besten die Neurektomie; dieselbe ist bei Supraorbital- und Infraorbitalneuralgien ein relativ leichter Eingriff, der in zahlreichen Fällen zu ausgezeichneten Heilergebnissen führt. In ganz schweren Fällen hat Krause (1896) mit befriedigendem Erfolge die Exstirpation des Ganglion Gasseri ausgeführt.

§ 215. Eine Hyperästhesie der Lidhaut ist in Fällen anzutreffen, in denen das Auge und seine Umgebung längere Zeit von entzündlichen, mit Schmerzgefühl einhergehenden Erkrankungen befallen war. Schon eine leichte Berührung der Haut oder ein sanftes Hinwegstreichen über dieselbe löst einen Schmerz aus, der so heftig sein kann, daß der Kranke im Augenblicke der Berührung mit dem Kopfe zurückprallt. Auch bei Hysterischen und Neurasthenikern, die mit Refraktionsfehlern behaftet sind, kommt eine Hyperästhesie zur Beobachtung, gewöhnlich verbunden mit einer Steigerung des Lidblinzelreflexes.

Eine Hypästhesie ist häufiger als die vollkommene Anästhesie, doch wird gewöhnlich die nicht vollständige Gefühllosigkeit schon als Anästhesie bezeichnet. Dabei können subjektive Störungen des Gefühls, Parästhesien und Schmerzen, vorhanden sein. Die Parästhesien werden als Ameisenlaufen, Kriebeln oder als Gefühl von Taub- und Abgestorbensein bezeichnet.

Zur Prüfung der Sensibilität der Haut bedient man sich einer Nadel — Verlust des Schmerzgefühls bei Nadelstich = Analgesie —, ferner eines Pinsels — Verlust der Empfindung bei Berührung = taktile Anästhesie — und eines mit mäßig heißem oder kaltem Wasser gefüllten mittelgroßen Reagenzglases — Verlust der Temperaturempfindung bei Berührung = Thermanästhesie.

Die Störungen der Sensibilität können sich auf alle Empfindungsqualitäten oder nur auf einzelne beziehen; dementsprechend unterscheidet man eine totale und eine partielle Anästhesie.

Als Ursachen für die Entstehung einer Anästhesie im Bereiche des den Ophthalmologen vorzugsweise interessierenden I. Trigeminusastes kommen in seinem peripheren Verlaufe — abgesehen von Verletzungen — Geschwülste der Augenhöhle in Betracht, besonders wenn sie in der Gegend der Fissura orbitalis superior ihren Ausgangspunkt genommen haben, und Tumoren der Keilbeinhöhle. Dabei sind häufig die Augenmuskelnerven beteiligt. Im intrakraniellen Teil des Trigeminusverlaufs spielen die basalen Gehirnerkrankungen eine große Rolle, so die verschiedenen Formen der Meningitis und die Tumoren der mittleren Schädelgrube. Auch die operative Entfernung des Ganglion Gasseri ist von einer Anästhesie gefolgt. Die Wurzelfasern des Trigeminus erkranken bei Läsionen der Brücke oder der hinteren Abschnitte der inneren Kapsel; nukleäre Lähmungen treten auf bei Tabes, Syringomyelie und Blutungen im Bereiche der Medulla. Die hauptsächlichste okulare Begleiterscheinung der Anästhesie des Trigeminus bildet die sogenannte Keratitis neuroparalytica, bei welcher der Trigeminus-Lidreflex erloschen ist und mitunter ein Versiegen der Tränenabsonderung beobachtet wird.

Von funktionellen Neurosen kommen die Hysterie und Neurasthenie in Betracht. Mit der Anästhesie der Lidhaut verbindet sich in der Regel eine solche der Bindehaut und Hornhaut. Vorzugsweise ist diese kombinierte Anästhesie bei weiblichen Hysterischen, besonders zur Zeit der Pubertät, anzutreffen (WILBRAND-SAENGER 1900).

Die Behandlung ist nach den Grundursachen einzurichten.

Literatur zu §§ 214 und 215.

1896 KRAUSE, FEDOR: Die Neuralgie des Trigeminus nebst der Anatomie und Physiologie des Nerven. Leipzig: F. C. W. Vogel.

1897 BERNHARDT, M.: Die Erkrankungen d. peripherischen Nerven. Nothnagels spez. Pathol. u. Therap. Bd. 11, 1, S. 142 u. Bd. 11, 2, S. 244.

1900 WILBRAND und SAENGER: Die Neurologie des Auges. Bd. 2, S. 33. Wiesbaden: J. F. Bergmann.

1903 SCHLOESSER: Heilung peripherer Reizzustände sensibler und motorischer Nerven. Bericht üb. d. 31. Vers. d. ophthalmol. Ges. Heidelberg. S. 84 u. f.

1906 OPPENHEIM: Lehrbuch der Nervenkrankheiten. Berlin: S. Karger. — OSTWALD, F.: On deep alcohol injections in facial and other neuralgias and in hystrionic spasm. Lancet. June 9.

1907 HAMMERSCHLAG: Behandlung der Trigeminusneuralgie mit Perosmiumsäure. Arch. f. klin. Chirurg. Bd. 99, S. 1050.

1920 STRÜMPELL: Spezielle Pathologie und Therapie der inneren Krankheiten. Bd. 2. Leipzig: F. C. W. Vogel.

D. Stellungs-, Form-, Größen- und Lage-abweichungen der Lidspalte und der Augenlider.

§ 216. Abweichungen der Lidspalte und der Augenlider von ihrem normalen Verhalten betreffen Stellung, Form, Größe, in seltenen Fällen auch Lage; dieselben sind häufig gleichzeitig in ausgesprochener Weise vorhanden und voneinander abhängig, so daß beispielsweise bestimmte Stellungs- oder Formanomalien der Lider auch Veränderungen der Konfiguration und der Dimensionen der Lidspalte zur Folge haben. Dabei sind Lage und Größe des Augapfels von bestimmendem Einflusse.

I. Stellungs-, Form-, Größen- und Lageveränderungen der Lidspalte.

§ 217. Schon unter normalen Verhältnissen ist die Stellung der Lidspalte keine vollkommen horizontale, sondern der mediale Lidwinkel steht nach den Messungen der Autoren (vgl. dieses Handbuch Aufl. II, Bd. I, Abt. I, Kap. I, S. 117) 4—6 mm tiefer als der laterale. — Eine abnorme Schiefstellung der Lidspalte kann durch narbige Verziehungen der Haut in der Nähe des äußeren oder inneren Lidwinkels hervorgerufen werden. Im ersteren Falle wird die Lidspalte schief nach außen oben oder außen unten verzogen, je nachdem die Narbenbildung nahe dem Oberlid oder Unterlid liegt. Im letzteren Falle erfolgt die Schiefstellung der Lidspalte in umgekehrter Weise. Damit verbindet sich häufig ein sogenanntes Narbenectropium.

Die Form der normalen Lidspalte ist nicht völlig symmetrisch. Die größte Höhe der Biegung liegt beim Oberlide nahe dem medialen Lidwinkel und beim Unterlide mehr dem lateralen Augenwinkel genähert. Dieses Verhalten wird durch eine anomale Stellung der Lidränder in entsprechender Weise geändert.

Die Dimensionen der Lidspalte schwanken individuell sehr beträchtlich. Durchschnittlich beträgt ihre Länge bei Messung der Entfernung der Enden beider Lidwinkel 29—30 mm, die Höhe der normal geöffneten Lidspalte, gemessen an der weitesten Stelle in der Mitte zwischen den Tränenpunkten und dem lateralen Lidwinkel, höchstens 14, doch oft nur 12—11 mm. Der Längendurchmesser ist bei Kindern meist um die Hälfte kleiner als bei Erwachsenen, während der Höhendurchmesser nur wenig von dem der Erwachsenen verschieden ist. Nicht selten sind die Durchmesser auf beiden Augen ungleich, besonders dann, wenn stärkere Asymmetrien des Gesichts vorhanden sind. Dabei entspricht der kleineren Orbita die engere Lidspalte.

Die Dimensionen der Lidspalte können — angeboren oder erworben — gleichzeitig in bezug auf Länge und Höhe eine Änderung erfahren (s. auch § 226).

Angeboren findet sich eine Verkürzung der Dimensionen der Lidspalte in der Regel gleichzeitig mit anderen angeborenen Anomalien, besonders mit angeborener Ptosis, und zwar nach v. MICHELS Beobachtungen, die ich bestätigen kann, ausschließlich bei doppelseitiger. Solche Fälle zeigen in der Regel einen platten Nasenrücken und eine flache Gesichtsbildung. Durch diese Störungen entsteht ein eigentümlicher Gesichtsausdruck, der den Eindruck einer geringen Intelligenz hervorruft. In der Tat findet sich auch eine geistige Minderwertigkeit. In einem derartigen von v. MICHEL beobachteten Falle betrug die Lidspaltenlänge 20 mm und die Lidspaltenhöhe 10 mm, wobei von okularen Störungen noch ein beiderseitiger zusammengesetzter myopischer Astigmatismus, punktförmige Linsentrübungen und in der Peripherie des Augenhintergrundes hereditär-luetische Veränderungen der Aderhautgefäße vorhanden waren. — Eine angeborene abnorme Länge beider Lidspalten fand sich in einem von WAGENMANN (1922) beschriebenen und von mir mitbeobachteten Falle von multiplen Neurofibromen am Limbus, an den Lidrändern beider Augen sowie an der Zunge (S. 217 u. 218). Hier war die abnorme Länge der Lidspalten mit einer Verkürzung ihres Höhendurchmessers verbunden. Die Beobachtung betraf einen 12jährigen Knaben mit einer doppelseitigen Achsenmyopie von 25,0 D. Die Entfernung der Enden beider Lidwinkel betrug 34 mm, also 4 mm mehr als die maximale Länge bei Erwachsenen und 5—6 mm mehr als bei 12jährigen Kindern. Die Höhe der geöffneten Lidspalte bei geradeaus gerichtetem Blicke, die — wie oben erwähnt — bei Kindern nur wenig geringer ist als bei Erwachsenen, maß an der weitesten Stelle in der Mitte zwischen den Tränenpunkten und dem temporalen Lidwinkel nur 9 mm, also 2 mm weniger als dem Minimum in der Norm entspricht. Daß im vorliegenden Falle die abnorme Länge der Lidspalte von der hochgradigen Achsenmyopie weitgehend unabhängig ist, geht vor allem aus der geringen Höhe der Lidspalte hervor, die im Verhältnis zur Länge besonders auffiel.

Erworben wird eine Vergrößerung oder Verkleinerung der Dimensionen der Lidspalte, besonders ihrer Höhe, durch Innervationsstörungen der Lidmuskulatur. Die Lidspalte wird erweitert bei einem Krampfe des M. levator und einer Lähmung des M. orbicularis, verengt oder sogar verschlossen bei einer Lähmung des M. levator und einem Krampfe des M. orbicularis. Ferner kann die orbitale Lage des Augapfels die Dimensionen der Lidspalte verändern; sie wird beim Exophthalmus durch das Vortreten des Augapfels erweitert und beim Enophthalmus durch das Zurücktreten desselben kleiner, abgesehen davon, daß in letzterem Falle die Verengerung der Lidspalte auch noch durch andere Einflüsse bewirkt wird. In gleicher Weise wie beim Exophthalmus wird die Lidspalte durch einen verlängerten oder vergrößerten Augapfel erweitert, besonders in bezug auf die Höhe, die das Doppelte der Norm und mehr betragen kann. Die Lidränder werden durch den in die Lidspalte hinein- oder sogar aus derselben noch hervorragenden Augapfel auseinandergedrängt, die Lider erscheinen stark gespannt und dem Augapfel gleichsam angepreßt. Zugleich reichen die Lider nicht mehr aus, um die vergrößerte Fläche zu bedecken, daher ist der Lidschluß gewöhnlich unvollständig oder mangelt selbst gänzlich. Derartige Verlängerungen oder Vergrößerungen des Augapfels finden sich bei hochgradiger Achsenmyopie und bei angeborenem oder erworbenem Buphthalmus. Die gleiche Wirkung auf die Lidspalte tritt ein, wenn die vordere Fläche des Augapfels von einer wuchernden Geschwulst, beispielsweise von einem episkleralen Sarkom, eingenommen wird oder eine intraokulare Geschwulst, wie ein Gliom der Netzhaut, vorn durchgebrochen ist und aus der Lidspalte wuchernd hervorragt. Das Gleiche ist der Fall bei Geschwülsten der Augenhöhle, die nach der Orbitalöffnung zu wachsen. Umgekehrt erscheint die Lidspalte bei Verkleinerung des Augapfels verengt, so beim Mikrophthalmus, bei der Atrophie oder Phthisis des Auges, wie auch dann, wenn andere Teile des Inhaltes der Augenhöhle als der Bulbus eine Größenabnahme erfahren. Die Lider sind in solchen Fällen schlaff, wie zusammengefallen.

Die Folgezustände bei Vergrößerung der Lidspalte beziehen sich auf die ungenügende Deckung und Befeuchtung der vorderen Bulbusoberfläche; es kommt daher zu den gleichen Veränderungen, wie bei einem mangelhaften oder fehlenden Lidschluß infolge einer Lähmung des M. orbicularis. Durch das starke Angepreßtsein der Lider an die Bulbusoberfläche ist der Bindehautsack sehr verschmälert, bietet der Bindehautflüssigkeit ungenügenden Raum, so daß der Kranke durch beständiges Tränen belästigt wird. Die sich ansammelnde Bindehautflüssigkeit nimmt ihren Weg über den unteren Lidrand. Auch die Aufnahmefähigkeit der Tränenpunkte dürfte vermindert sein, da wegen Dehnung der Lidränder diese, besonders der untere Tränenpunkt, in einen mehr oder weniger zusammengedrückten Spalt verwandelt werden.

Eine Behandlung wird sich bei den angeborenen Zuständen in der Regel erübrigen. Hier wie in den anderen Fällen ist die Grundursache zu berücksichtigen und — wenn möglich — zu beseitigen. Das Nähere ergibt sich aus der Besprechung in früheren Kapiteln.

§ 218. Die horizontale Verkürzung der Lidspalte kann eine scheinbare und eine wirkliche sein und wird gewöhnlich als Phimosis palpebrarum (v. Ammon) oder Blepharophimosis bezeichnet. Elschnig (1912) schlägt für die scheinbare Blepharophimosis die sehr zweckmäßige Benennung Epicanthus lateralis vor. Als wirkliche echte Blepharophimosis bezeichnet er den Zustand wirklicher Verkürzung der Lidspalte ohne normwidrige Verwachsung der Lidränder. Die wirkliche Verkürzung der Lidspalte mit normwidriger Verwachsung der Lidränder wäre als Ankyloblepharon zu bezeichnen.

Die scheinbare Verkürzung der Lidspalte, Epicanthus lateralis, wird durch das Vorschieben einer Hautfalte der Schläfenhaut am lateralen Lidwinkel hervorgerufen. Eine vertikale Falte erhebt sich aus der Haut nächst dem äußeren Augenwinkel und schiebt sich über diesen kulissenartig nach innen vor (Fuchs 1890). Dadurch, daß die vorgeschobene Falte den am weitesten nach außen gelegenen Teil der Lidspalte verdeckt, wird dieser dem Blicke entzogen. Zieht man jedoch die Falte schläfenwärts zurück, so kommt der äußere Lidwinkel zum Vorschein und erweist sich als vollständig normal; man erkennt an demselben das feine Häutchen, welches die beiden Lider im äußeren Lidwinkel miteinander verbindet, in unveränderter Beschaffenheit. Die Falte verschwindet, wenn man einen Zug an der Haut nach der Nasenseite zu ausübt, und umgekehrt kann man künstlich den beschriebenen Zustand dadurch erzeugen, daß man die Haut von der Schläfe her nach der Lidspalte zu vorschiebt.

Die Entstehung dieser scheinbaren Blepharophimosis (Epicanthus lateralis) wird von Fuchs der häufigen Benetzung der Lidhaut mit Flüssigkeit zugeschrieben, was bei Erkrankungen des Auges mit vermehrter Absonderung von Bindehaut- oder Tränenflüssigkeit stattfindet und zu ekzematöser Hautentzündung führt. Durch das Ekzem werde die Lidhaut in einen steifen Zustand versetzt, falte sich nicht so leicht und verkürze sich in ihrer Flächenausdehnung. Durch diese Verkürzung in horizontaler Richtung werde die Haut an der Schläfenseite entsprechend dem lateralen Lidwinkel herangezogen und diese Wirkung könne noch durch einen in der Regel gleichzeitig vorhandenen Blepharospasmus unterstützt werden, weil auch die Orbicularismuskulatur die Haut von außen gegen den lateralen Lidwinkel hinzieht. Die scheinbare Blepharophimosis ist somit das Produkt einer horizontalen Verkürzung der Haut. Gegen diese von Fuchs gegebene Erklärung hebt Elschnig (1912) als Hauptargument hervor, daß in solchen Fällen eine Verkürzung der Lidhaut in horizontaler Richtung niemals nachweisbar ist (außer bei ausgesprochen starken Narbenbildungen nach Verletzungen oder anders bedingten Zerstörungen der Lidhaut, bei denen aber der Epicanthus lateralis außerordentlich selten ist). Nach ELSCHNIG entsteht der Epicanthus lateralis ausschließlich durch krampfhafte Kontraktion des M. orbicularis, und zwar in den Fällen, in welchen das laterale Lidband und die darüber befindliche Haut der äußeren Commissur straff gespannt sind. Bei der FUCHSschen Annahme wäre zu erwarten, daß sich mit der Blepharophimosis häufiger ein Ectropium verbinde, was aber nur in Ausnahmefällen beobachtet wird, vielmehr findet sich nicht selten, besonders bei älteren Leuten, ein Entropium. Dadurch, daß die Hautfalte an der Schläfenseite einen Zug nach aufwärts ausübt, verhindert sie die Entstehung eines Ectropium, begünstigt aber diejenige eines Entropium. Die Bedeutung der scheinbaren Blepharophimosis (Epicanthus lateralis) für die Entstehung des Entropium ist neuerdings wieder von DIMMER (1911) und ELSCHNIG (1912) hervorgehoben worden.

Als »gleichsam akute Blepharophimosis« beschreibt DIMMER (1911) ein vorübergehendes Vorschieben der Haut der äußeren Lidcommissur medianwärts über dieselbe infolge Lidkrampfs.

Der Epicanthus lateralis findet sich im kindlichen Lebensalter bei ekzematösen mit vermehrter Tränenabsonderung und Blepharospasmus einhergehenden Erkrankungen der Hornhaut und kann nach Heilung der Lid- und Hornhautentzündung wieder verschwinden, unter der Bedingung, daß die Lidhaut wieder ihre normale Beschaffenheit gewinnt. Bei älteren Leuten spielt der chronische Bindehautkatarrh eine Rolle; aber nach der Heilung desselben pflegt der Epicanthus lateralis nicht zu verschwinden, wohl bedingt durch die geringere Elastizität der Haut im hohen Lebensalter im Vergleiche zu derjenigen kindlicher und jugendlicher Individuen.

Die Behandlung besteht in der Berücksichtigung der ekzematösen Entzündung. Eine operative Behandlung in Form der Kanthoplastik ist im kindlichen Lebensalter als durchaus wertlos zu verwerfen, und erscheint bei älteren Leuten nur dann angezeigt, wenn zugleich ein Entropium entstanden ist. Dadurch, daß die dem äußeren Lidwinkel vorgelagerte Hautfalte in horizontaler Richtung durchschnitten wird, erfährt einerseits die Lidspalte dauernd eine Verlängerung über ihr normales Maß hinaus, andererseits wird durch die Durchtrennung von Orbicularisfasern deren einstülpende Wirkung auf das Unterlid vermindert.

Eine wirkliche Verkürzung der Lidspalte in horizontaler Richtung, wirkliche Blepharophimosis, kann dadurch entstehen, daß die Haut des äußeren Lidwinkels durch einen medianwärts wirkenden stärkeren Muskelzug, also insbesondere bei Orbiculariskrampf, gedehnt und verlängert wird. Voraussetzung hierfür ist eine Erschlaffung des äußeren Lidbandes bzw. der Fascia tarsoorbitalis im Bereich des äußeren Lidwinkels (ELSCHNIG 1912). Die Entfernung zwischen äußerem Lidwinkel und äußerem Augenhöhlenrand erscheint alsdann größer und die Haut an dieser Stelle glätter und dünner als normal. Ein solches Verhalten wird im höheren Lebensalter bei gleichzeitiger schlaffer (seniler) Beschaffenheit der Haut durch Muskelzug von seiten des Orbicularis hervorgerufen, besonders wenn ein Lidkrampf längere Zeit bestanden hat. Der physiologische Zustand der Verschiebung der Lidspalte von außen nach innen bei den Orbiculariskontraktionen hat sich infolge des senilen Mangels der Widerstandsfähigkeit der Haut in einen dauernden umgewandelt und es resultiert eine pathologische Verkürzung. Damit verbindet sich eine auffällige Runzelbildung der Lidhaut, besonders am nasalen Teil des Unterlids.

Auch durch Narbenzug von seiten der Bindehaut wird eine wirkliche horizontale Verkürzung der Lidspalte, Blepharophimosis cicatricea, hervorgerufen, wenn diese in der Gegend des lateralen Lidwinkels narbig schrumpft, zumal bei größerer Ausdehnung der Narbenbildung. Fast regelmäßig ist damit ein Entropium verbunden. Diese Form der Blepharophimosis kann mit einem schürzenartigen Vorschieben der Schläfenhaut über den medianwärts gerückten Canthus externus (Epicanthus lateralis) kombiniert sein. Als nähere Ursachen solcher Vernarbungen der Bindehaut sind das Trachom, der Pemphigus, Verbrennungen und Verätzungen zu erwähnen.

Die Behandlung besteht in einer Kanthoplastik und bei ausgedehnten Vernarbungen der Bindehaut in einer Bindehautplastik.

§ 219. Die normwidrige Verwachsung der Ränder des Ober- und Unterlides miteinander wird als Ankyloblepharon bezeichnet. Dasselbe kommt angeboren und erworben vor.

Das angeborene Ankyloblepharon (Abb. 130) entsteht durch eine epitheliale Verklebung oder durch eine bindegewebige Verwachsung der Lidränder. Letztere Form der Verwachsung wird auch Ankyloblepharon filiforme adnatum genannt. Vom oberen Lidrande zieht zum unteren ein dehnbarer dünner Strang im temporalen oder nasalen Drittel oder in der Mitte der Lidspalte. Diese Veränderung ist fast immer einseitig. In einem von REIS (1907) beschriebenen Falle waren die Lidränder des linken Auges fast in ihrer Mitte durch einen dünnen weißen Faden miteinander verwachsen. Am oberen Lidrande war der Faden kegelförmig verbreitert. Die Länge desselben betrug im nicht gespannten Zustande 2 mm, im gespannten bei Hebung des Oberlides bis 5 mm.

v. Ammon (1841) bildete ein Ankyloblepharon congenitum partiale von einem Falle ab, in dem zugleich eine Verwachsung des Präputium mit der Glans penis bestand. Ein angeborenes Ankyloblepharon in Verbindung mit abnorm langen Tränenröhrchen sah van der Hoeve (1916) bei einem 7 jährigen Knaben und zwei 14 jährigen Zwillingsschwestern. Am inneren Lidwinkel bestand rechts und links eine symmetrische feste Verwachsung der Lidränder (kein Epicanthus), wodurch die Lidspalten um mehr als $^1/_5$ verkürzt waren. Die Tränenpunkte zeigten dabei den gleichen Abstand vom Lidwinkel wie in der Norm, woraus auf eine abnorme Länge der Tränenröhrchen geschlossen werden muß. Unter den verwachsenen Lidrändern erschien die Plica semilunaris normal, die Caruncula lacrimalis aber stark vergrößert und fest mit der Innen-

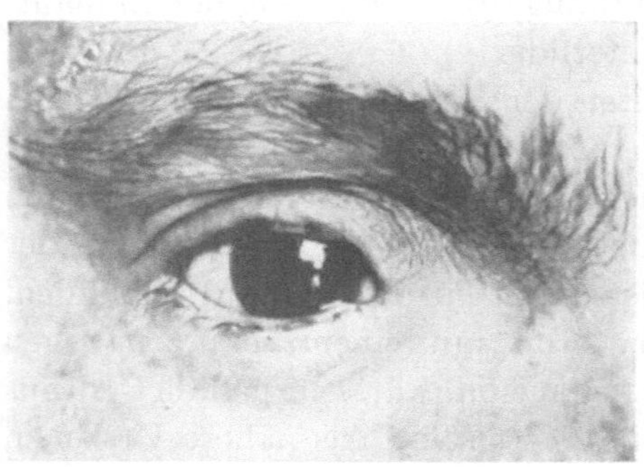

Abb. 130.   Ankyloblepharon congenitum nasale.
(17 jähriges Mädchen.)

fläche des unteren Augenlids verwachsen. — Wegen der vollkommenen Ähnlichkeit der Verhältnisse an den sechs Augen der drei Patienten erklärt van der Hoeve den Befund aus einer fehlerhaften Anlage.

Hinsichtlich der Anatomie ist zu bemerken, daß die Stränge genau im Intermarginalsaum des oberen und unteren Lidrandes mit etwas verbreiteter Basis entspringen und aus einem mit verhornenden Epithelien bedeckten, in Bindegewebe eingebetteten Blutgefäß bestehen; der bindegewebige Kern enthält elastische Fasern. Der Musculus Riolani kann teilweise fehlen; seine Bündel bieten zuweilen am Unterlid einen abnormen Verlauf dar (Wintersteiner 1908). Es ist anzunehmen, daß während des Fötallebens zur Zeit, als die Lidspalten schon oder noch verklebt waren, ein Epithelverlust an den Lidrändern stattfand und dadurch der Anstoß zu einer bindegewebigen Wucherung gegeben wurde.

Das erworbene Ankyloblepharon entsteht durch Erkrankungsprozesse an gegenüberliegenden Stellen der Lidränder, die mit Gewebsverlust, Vernarbung und Verwachsung einhergehen. Die Ausdehnung dieser Verwachsungen ist sehr verschieden. Sie kann die äußeren zwei Drittel der Lidspalte betreffen, so daß die Lidspalte nur im nasalen Drittel vorhanden ist. Die Narbenbrücken sind bald dick, bald dünn. In einer Reihe von Fällen setzt sich die Vernarbung der Lidränder auf die Lidfläche fort und gleichzeitig können hochgradige Vernarbungen der Bindehaut und narbige Verwachsungen der Tarsalbindehaut mit der Skleralbindehaut oder sogar mit der Hornhaut vorhanden sein (Symblepharon).

Im Bereich der Narben fehlen die Cilien oder sie zeigen abnorme Stellungen und Ernährungsstörungen.

Von näheren Ursachen, die eine solche Vernarbung hervorrufen, sind Lupus, Diphtherie, Verätzungen und Verbrennungen zu nennen. Die Vernarbung tritt natürlich nur unter der Voraussetzung ein, daß gegenüberliegende Stellen der Lidränder durch Geschwürsbildung oder durch Verletzung so wund geworden sind, daß sie miteinander verwachsen können.

Als Behandlung wäre zu empfehlen, in frischen Fällen die Lidränder häufig auseinanderzuziehen und durch Anlegung von Heftpflasterstreifen ihre Annäherung zu verhindern, um Verwachsungen gegenüberliegender Wundflächen zu verhüten. Ferner wäre zwischen die Lidränder eine milde Salbe (Borvaseline) reichlich und häufig einzustreichen. Allerdings wird in der Regel dadurch nicht viel erreicht, da es doch nicht gelingt, die Verwachsungen zu verhindern. Über bessere Resultate wird bei sehr frühzeitiger Deckung der Wundflächen mit THIERSCHSCHEN Hautläppchen berichtet. Diese Behandlung kommt natürlich nur bei Verbrennungen und Verätzungen in Betracht. Bei eingetretener Vernarbung ist das Ankyloblepharon auf operativem Wege zu beseitigen.

Den totalen Verschluß der Lidspalte durch Verwachsung der Lidränder in ihrer ganzen Ausdehnung, wie dies besonders bei Verätzungen möglich ist, bezeichnet man als erworbenen Kryptophthalmus. Bei diesem Zustande ist statt der Lidspalte ein horizontal verlaufender Narbenstreifen sichtbar, der meist eine Breite von 2—4 mm aufweist. Ein angeborener Kryptophthalmus entsteht durch Ausbleiben der Lidspaltenbildung. Hinsichtlich dieser und anderer hier in Frage kommenden angeborenen Verbildungen und Mißbildungen der Augenlider ist auf den Abschnitt dieses Handbuches: »Mißbildungen des Auges« zu verweisen.

§ 220. Lageveränderung der Lidspalte. Eine symmetrische mehr oder minder starke Verlagerung der Lidspalten nach oben findet man häufiger bei Kindern mit hochgradigem Hydrocephalus. Zur Deckung des stetig wachsenden Gehirnschädels reicht die Dehnung der Kopfhaut allein nicht aus, und so wird die Gesichtshaut aus der Nachbarschaft nach und nach mitverwendet. Augenbrauen und Oberlider werden stirnwärts hoch hinaufgezogen und dem Zuge folgen die ganzen Lidspalten samt den Unterlidern. Das Oberlid erfährt hierdurch eine scheinbare Verkürzung, während das Unterlid entsprechend höher erscheint. Bei 3 von LAUBER (1913) beobachteten Hydrocephalen im Alter von 6, 8 und 13 Monaten mit einem Kopfumfang von 60 bzw. 58 und 53 cm (53 cm beträgt nach meinen Messungen der normale Kopfumfang eines etwa 10jährigen Knaben) waren die Lidspalten so stark nach oben verlagert, daß bei geradeaus gerichtetem Blicke das Unterlid fast die halbe Hornhaut deckte und der Rand desselben annähernd mit der Verbindungslinie der beiden Lidwinkel zusammenfiel, welch letztere vielleicht auch um ein Geringes höher stand als in der Norm. Der Unterlidrand war nach oben zu stärker konkav als normalerweise, und es bestand ein leichter Grad von Lagophthalmus.

II. Stellungs-, Form- und Größenveränderungen der Augenlider.

§ 221. Von Änderungen der Stellung der Augenlider sind anzuführen: 1. das Herabhängen des Oberlides, die sogenannte Ptosis, die in den Abschnitten: »Lähmung des Musculus levator palpebrae superioris« S. 500 u. f. und »Funktionsstörungen der glatten Lidmuskulatur« S. 512 u. f. besprochen wurde; 2. die Ein - und Auswärtsstellung der Lidränder oder des ganzen Lides — Entropium und Ectropium.

Die Richtungsanomalien der Cilien, insbesondere der pathologische Mißwuchs derselben, die Trichiasis, sind im Abschnitt: »Krankheiten der Cilien« näher berücksichtigt.

§ 222. Die Einwärtsstellung des Augenlides, das sogenannte Entropium, betrifft in der Regel nur den Lidrand, zuweilen noch den anstoßenden Teil der Lidfläche mit dem Tarsus und kann je nach der veranlassenden Ursache bald nur auf ein Lid, bald auf beide Lider beschränkt sein; bald betrifft das Entropium den ganzen Lidrand, bald nur einzelne Abschnitte desselben.

Ihrem Wesen nach vollkommen verschieden, sind zwei Arten des Entropium zu unterscheiden, nämlich die Einwärtsrollung und die Einwärtsverziehung oder Verschiebung des Lidrandes.

Bei der typischen Einwärtsrollung ist die freie Lidrandfläche in ihrer ganzen Ausdehnung nach innen oder richtiger nach hinten umgekippt und zeigt eine walzenartige Form, wobei die Haut des Lidrandes mit der Bindehaut des Augapfels in Berührung kommt und die Cilien in den Bindehautsack so verlagert werden, daß sie bei der Betrachtung von vorn überhaupt nicht sichtbar sind. Im Beginn der Erkrankung kann nur ein Teil des Lides, z. B. die laterale Hälfte oder die mittlere Partie diese abnorme Stellung der Randfläche zeigen. Wenn der Lidrand sich nach hinten umrollt, so wird die Lidhaut nachgezogen, was jedoch eine schlaffe und faltige Beschaffenheit der Lidhaut voraussetzt, wie man sie im höheren Alter findet. Verhindert man dies durch das Anziehen des Unterlides nach unten, so tritt kein Entropium auf und es kann der Entstehung eines solchen vorgebeugt werden, wenn man das Unterlid abzieht und zugleich gegen den unteren Augenhöhlenrand drückt. Ein physiologisches Hindernis für die Einwärtsrollung bildet die Straffheit und Elastizität der Lid- und Gesichtshaut des kindlichen und jugendlichen Alters. Manchmal verschwindet das Entropium spontan, kann aber wieder dadurch hervorgerufen werden, daß man den Kranken auffordert, die Lider fest zu schließen. Die Entstehung des Entropium vollzieht sich dabei besonders rasch, wenn zugleich die Haut des Unterlides in Form einer vertikalen breiten Falte gefaßt und emporgehoben wird.

Die Einwärtsrollung befällt nahezu ausschließlich das Unterlid, bald ein-, bald doppelseitig. Als Grund dafür, daß nicht auch das Oberlid von der Einwärtsrollung betroffen wird, gibt man gewöhnlich an, daß der stärkere und breitere Tarsus des Oberlides das Entropium verhindere. Hiergegen spricht aber, daß der Tarsus in der Mehrzahl der Fälle in die Umkippung des Lidrandes gar nicht mit einbezogen ist. Verständlicher ist die von Dimmer (1911) gegebene Erklärung: Bekanntlich geht eine vordere Sehnenlamelle der Sehne des M. levator palpebrae superioris am Tarsus des Oberlides vorbei, verläuft nach unten und vorn, zieht dann zwischen den Bündeln des Orbicularis durch und inseriert an der Haut des Lides. Diese Verbindung hält die Haut des Oberlides immer gegen den Tarsus angezogen, so daß dieselbe nicht in die Deckfalte aufgeht. Am Unterlide fehlt eine derartige Einrichtung. Die von H. Virchow beschriebene accessorische Fascie des M. rectus infer., die gleichsam ein Analogon des M. levator palp. sup. am Unterlide darstellt, hat keine Verbindung mit der Lidhaut. Die weit geringere Befestigung der Haut des Unterlides ist also die Ursache dafür, daß wir die Einwärtsrollung nur am Unterlide beobachten. — In sehr seltenen Fällen tritt jedoch eine analoge Stellungsveränderung auch am Oberlid auf (Dimmer 1911), und zwar bei alten Leuten, bei denen die Haut des Oberlids sich so gelockert und von ihrer Unterlage derart abgehoben hat, daß sie als Falte über die temporale Commissur und über das äußere Drittel der Lidspalte herabhängt. Diese Hautfalte drängt dann einen Teil der Cilien des Oberlides am äußeren Lidwinkel gegen den Bulbus, so daß sie demselben vollkommen anliegen. Durch Zukneifen der Augen wird die abnorme Stellung der Cilien vermehrt, die zum Unterschiede vom Entropium spasticum (s. unten) des Unterlids auch unabhängig von einer Kontraktion des Musc. orbicularis sich entwickelt und lediglich durch das Herabhängen der Haut bewirkt wird.

Von mechanischen Einflüssen, die eine Einwärtsrollung veranlassen, sind anzuführen: 1. ein Übermaß der spannenden Muskelkräfte des Orbicularis = Entropium musculare oder spasticum, 2. die Mangelhaftigkeit der Lidunterlage des Augapfels = Entropium bulbale, und 3. die Dehnbarkeit der Lidhaut = Entropium senile. In diesen Bezeichnungen gelangt die vorwiegende Einwirkung dieses oder jenes der genannten Faktoren auf die Einwärtsrollung zum Ausdruck. In der Regel treten aber alle drei Faktoren in Wirksamkeit. -- Erwähnt sei noch, daß das Entropium in sehr seltenen Fällen kongenital und zwar bei normal entwickeltem Bulbus beobachtet wird, zuweilen in Verbindung mit sogenanntem Epiblepharon (v. HERRENSCHWAND 1916, 1917, BACHSTEZ 1916, SZIKLAI 1917, vgl. § 230). Als Ursache wurde bei der Operation eine Hypertrophie der palpebralen Portion des Musc. orbicularis gefunden.

Das Entropium spasticum entwickelt sich gewöhnlich im Verlaufe eines Lidkrampfs, der durch schmerzhafte oder mit unangenehmen Empfindungen einhergehende Augenerkrankungen reflektorisch entstanden ist. Ein solcher Krampf kann mit dem Entropium fortbestehen, ohne daß er einen besonders hohen Grad aufzuweisen braucht, da zur Entstehung der Einwärtsrollung, wie erwähnt, eine schlaffe, faltige und leicht verschiebbare Beschaffenheit der Lidhaut notwendig ist, die den gesteigerten Muskelkräften nicht den entsprechenden Widerstand zu leisten vermag. Diese Eigentümlichkeiten zeigt die Lidhaut im höheren Lebensalter, weshalb das Entropium spasticum gerade bei alten Leuten am häufigsten zur Beobachtung gelangt, daher auch die Bezeichnung: Entropium senile. Doch ist ein Entropium spasticum auch im Gefolge eines hysterischen Lidkrampfs zu beobachten.

FUCHS (1890) geht in seinem Lehrbuche bei der Erklärung der Entstehung des Entropium spasticum von der physiologischen Wirkung der Lidportion des M. orbicularis aus, deren Darstellung auf den Abhandlungen STELLWAGS (1886) basiert, die auch CZERMAK (1904) mit geringen Abweichungen in seiner Operationslehre angenommen hat. Die Orbicularisfasern der Palpebralportion bilden zwei Bögen mit doppelter Krümmung. Die eine Krümmung wird dadurch gebildet, daß die Muskelfasern die Lidspalte umkreisen. Die Konkavität dieser Bögen ist nach der Lidspalte zu am Oberlide nach abwärts und am Unterlide nach aufwärts gerichtet. Die andere Krümmung ist dadurch bedingt, daß sich die Muskelfasern mit den Lidern an die vordere konvexe Fläche des Augapfels anschmiegen. Die Konkavität dieser Bögen sieht an beiden Lidern nach hinten. Bei der Kontraktion trachten die Orbicularisfasern sich vom Bogen zur Sehne zu verkürzen, wobei eine doppelte Wirkung stattfindet. Durch Ausgleichung der ersten Krümmung werden die Lider bis zum Lidschluß über den Bulbus bewegt (tangentiale Komponente) und durch eine solche der zweiten werden die Lider an den Bulbus angedrückt (radiäre Komponente). Solange letztere Kontraktion in der ganzen Höhe des Lides in gleicher Weise erfolgt, liegt das Lid überall gleichmäßig an. Erhält aber aus mechanischen Gründen der eine oder andere Teil der Palpebralportion des Orbicularis das Übergewicht und wird das Lid an einer Stelle stärker nach hinten gedrückt als an der anderen, so erlangen die dem Lidrande zunächst gelegenen Bündel das Übergewicht über die peripheren Portionen des M. orbicularis. Alsdann wird der Lidrand nach rückwärts umgestülpt und es entsteht ein Entropium. Insbesondere wird auch beim Fehlen des Augapfels, der als Unterlage für die Augenlider dient, der freie Lidrand mangelhaft unterstützt — Entropium bulbale (Entropium organicum nach STELLWAG) —, ebenso bei einer Verkleinerung des Augapfels oder bei einem Zurückgesunkensein desselben, beispielsweise infolge senilen Schwundes des Orbitalfettes. Ein solcher Schwund bildet daher auch ein weiteres Moment für die Entstehung eines Entropium senile. Oft braucht es nur eines geringen Anstoßes, um eine Einwärtsrollung hervorzurufen, beispielsweise der Anlegung eines Schlußverbandes. Der dabei ausgeübte Druck unterstützt die Kompression, womit die Muskelbündel des Orbicularis den Lidrand zurückdrängen. Häufig begegnet man daher der Entstehung eines solchen Entropium bei Staroperierten des höheren Lebensalters, auch wenn sie nur wenige Tage einen Verband getragen haben. Begünstigt wird die Einrollung durch eine gleichzeitige Blepharophimosis. DIMMER (1911) erkennt die Darstellung von der Entstehungsweise des Entropium spasticum, wie sie STELLWAG, FUCHS und CZERMAK gegeben haben, als vollkommen richtig an, meint aber, daß hiermit noch nicht alle Momente volle Würdigung gefunden haben, und formuliert seine Ansicht wie folgt: Infolge einer aus den anatomischen Verhältnissen sich ergebenden, bei alten Leuten noch auffallenderen geringeren Fixation der Lidhaut des unteren Lides an ihre Unterlage (vgl. S. 561, H. VIRCHOW), wohl auch infolge einer ebenfalls bei alten Leuten stärkeren Verschieblichkeit des M. orbicularis über dem Tarsus wird unter Mitwirkung anderer bekannter das Entropium begünstigenden Momente durch die Aktion der Pars palpebralis des M. orbicularis die Haut des

Unterlides in einer Falte über die Lidspalte und eventuell auch über die
laterale Commissur hinübergezogen. Diese Hautfalte erhält sich infolge
seniler Beschaffenheit der Haut (mangelnde Elastizität) auch bei Öffnung der Lidspalte und bewirkt dann eine abnorme Stellung des Lidrandes mit Einwärtskehrung der Wimpern, unter Umständen auch eine
Umrollung des Tarsus. — Die Darstellung GOLDZIEHERS (1908), daß die
Einkrempelung des Lidrandes auf einem isolierten Krampf des Lidrand-
teils des M. orbicularis (sogenannter M. ciliaris Riolani oder M. subtarsalis) beruhe, lehnt DIMMER ab. Der Erklärung DIMMERS schließt sich
ELSCHNIG (1912) uneingeschränkt an und betont auch seinerseits die
Bedeutung der von DIMMER sogenannten »akuten Blepharophimosis«,
d. h. eines vorübergehenden Verschiebens der Haut der äußeren Commissur über dieselbe sowie der Verschiebung einer Hautfalte des Unterlids über die Lidspalte für die Entstehung des Entropium spasticum. —
Auf Grund einer Beobachtung einer angeborenen starken Faltenbildung (sogenanntes Epiblepharon, vgl. § 230) des Unterlids bei
einem 29jährigen Manne (v. HERRENSCHWAND 1917), der trotz des
langen Bestehens keinerlei Andeutung von Entropium zeigte, macht
MELLER (1917) darauf aufmerksam, daß man den Einfluß einer Hautfalte am Lide für die Entstehung des Entropium nicht überschätzen
dürfe. Die lose Hautfalte könne zwar die Stellung der Wimpern verändern, aber nicht einen normalen Tarsus umlegen; nur Muskelkraft
sei hierzu imstande.

Die Folgezustände des spastischen Entropium sind durch die
nach einwärts gerichteten Cilien veranlaßt, die bei den Lidbewegungen
die Oberfläche der Binde- und Hornhaut mechanisch reizen und zu
Katarrhen der Bindehaut, Epithelverlusten und Wucherungen der
Hornhaut, sowie durch sekundären Infekt des Epithelverlustes zu
Hornhautgeschwüren führen.

Die Behandlung hat zunächst die veranlassenden oder die begünstigenden Ursachen zu berücksichtigen, so sind insbesondere die
den Lidkrampf bedingenden Erkrankungen zu beseitigen. Bei fehlendem Bulbus ist eine Prothese einzulegen; ein drückender Verband ist
wegzulassen und eine vorhandene Blepharophimosis operativ zu beseitigen. Trotzdem bleibt gewöhnlich die Einwärtsrollung bestehen
und verschwindet nur in den Fällen, in denen eine Prothese getragen
wird, allerdings nur so lange, als dies geschieht. Zur vorübergehenden
Beseitigung der Einwärtsrollung genügt es manchmal, im äußeren unteren Teile des Unterlides die Haut stark nach unten außen anzuziehen
und die am stärksten gefaltete Partie mit Kollodium zu bestreichen,
nach dessen Verdunstung die betreffende Hautstelle so gespannt wird,

daß sie einen Gegenzug gegenüber dem gesteigerten Muskeltonus ausübt. Die gleiche Wirkung erzielt man durch Anlegen eines schmalen Heftpflasterstreifens von 8—10 cm Länge; derselbe liegt mit dem obern Ende am äußeren Rande des Unterlides möglichst nahe den Cilien und wird straff nach außen unten über die Fläche des Unterlides und des benachbarten Wangenteils gezogen. In der Regel aber beseitigt erst eine operative Behandlung die Einwärtsrollung. Um die Haut des Unterlides gegenüber dem erhöhten Muskeltonus widerstandsfähiger zu machen, wird eine parallel mit dem Lidrande verlaufende breite Hautfalte excidiert. Durch die darauf erfolgende Vernarbung wird die Lidhaut verkürzt und findet eine Zugwirkung auf den Lidrand statt. (Näheres in der Operationslehre dieses Handbuchs.)

Zu erwähnen ist, daß von LEBLOND (1907) als Ursache des angeborenen Entropium eine angeborene Hypertrophie der Ciliarportion des M. orbicularis und von GUIBERT (1891) eine mangelhafte Entwicklung des Tarsus (s. S. 432) bezeichnet wurde. In dem LEBLONDschen Falle ist auch die Mangelhaftigkeit der Unterlage in Betracht zu ziehen, da zugleich ein Mikrophthalmus bzw. Anophthalmus bestand.

§ 223. Die Einwärtsverziehung oder Verschiebung des Lidrandes ist die Folge einer narbigen Verkürzung oder Schrumpfung der Bindehaut und wird daher als Narbenentropium, Entropium cicatriceum, bezeichnet. Am häufigsten entsteht dieses Entropium bei vernarbendem Trachom (vgl. S. 417 u. 418), und findet sich überhaupt bei allen Bindehauterkrankungen, die mit einer Schrumpfung der Bindehaut einhergehen, so insbesondere noch beim Pemphigus, ferner bei tiefen Verbrennungen und Verätzungen. Beim Trachom und beim Pemphigus werden Ober- und Unterlid in annähernd gleicher Häufigkeit betroffen, bei letzterer Erkrankung vielleicht etwas häufiger das Unterlid.

Der Grad des Narbenentropium ist wechselnd und wird am besten nach der Stellung der Cilien zu der Bulbusvorderfläche und nach dem sogenannten Verstreichen des Intermarginalteiles bemessen. Allerdings wird die Beurteilung der Stellung der Cilien dadurch erschwert, daß dieselben besonders beim Trachom und beim Pemphigus, eine Störung des Wachstums und der Wachstumsrichtung aufweisen, so daß sich in der Regel mit dem Narbenentropium eine Polytrichie und Trichiasis verbindet (s. S. 360, 418 u. 420).

Die Cilien können derart nach hinten gerichtet sein, daß sie mehr oder weniger parallel zur Vorderfläche des Bulbus stehen und diese mit ihrer Spitze gerade berühren, oder sie sind so stark nach einwärts gekehrt, daß sie mit ihrem Schafte auf der Vorderfläche des Bulbus bei den Lidbewegungen hin und her schleifen. Die Bindehaut schließt sich dicht an die zu innerst stehenden Cilien an; wenn aber auch das ganze Lidrandgewebe vernarbt und geschrumpft ist und dadurch der Intermarginalteil verschmälert wird, bleibt immer noch ein Abstand zwischen den Mündungen der MEIBOMschen Drüsen und der Cilienreihe übrig. Das Verstreichen des Intermarginalteils beruht auch nicht auf der Vernarbung, sondern auf einer Drehung der Intermarginalfläche um 90°, wodurch diese in eine Flucht mit der Bindehautfläche kommt. Diese Drehung ist eben die Wirkung der schrumpfenden subconjunctivalen und intratarsalen Narbenmasse, die außerdem noch eine Verkrümmung des Tarsus bewirkt (CZERMAK 1905). Übrigens kann selbst bei muldenförmiger Verkrümmung des Tarsus die hintere Lidfläche dem Augapfel glatt anliegen, ohne daß die Konkavität sichtbar wird, da diese häufiger durch Narbengewebe ausgefüllt ist.

Nach SCHOENBERG (1894) ist das trachomatöse Entropium nicht durch die vernarbende Bindehaut, sondern durch den gleichzeitig vorhandenen Lidkrampf hervorgerufen. Die Innenkante des Lidrandes werde stark an den Bulbus angedrückt, atrophiere mehr und mehr und erscheine wie abgeschliffen. Der Schwund der inneren Lidkante beginne in der Mitte des Oberlides, da hier der Druck wegen der Hornhautwölbung am stärksten sei. Begünstigend wirke eine gleichzeitige Vernarbung des Lidrandes.

Die Folgezustände des Narbenentropium bestehen in bezug auf den Intermarginalteil darin, daß die der Augapfeloberfläche anliegende, durch Tränen- und Bindehautsekret stets befeuchtete Intermarginalfläche eine mehr schleimhautartige Beschaffenheit annimmt. Die nach innen gestellten Cilien rufen auf der Binde- und Hornhaut die gleichen Veränderungen hervor, wie beim Entropium spasticum oder bei der Distichiasis und Trichiasis.

Die Behandlung ist eine operative und besteht, je nach der vorhandenen Vernarbungsursache, entweder in einer Marginoplastik oder in einer Bindehautplastik. Für Entropium infolge alten Trachoms empfiehlt KUHNT (1910) die Ausschälung des Tarsus. Eine gleichzeitige Blepharophimosis ist operativ zu beseitigen.

§ 224. Die Auswärtswendung der Augenlider, das sogenannte Ectropium, besteht in einer Umkehrung oder Umstülpung des Lidrandes oder sogar der ganzen Lidfläche nach außen. Die Umkehrung des Lidrandes kann eine partielle, beispielsweise nur die laterale Hälfte eines Lidrandes betreffende, oder totale sein. Das Ectropium ergreift entweder nur ein Lid oder ein Augenlidpaar einer oder beider Seiten.

Ihrem Wesen nach grundverschiedene Ursachen können eine Auswärtswendung herbeiführen, nämlich 1. ein Krampf des Musculus orbicularis = Ectropium spasticum, 2. eine Lähmung des Musculus orbicularis = Ectropium paralyticum, 3. eine schlaffe Beschaffenheit der Lidhaut = Ectropium senile, und 4. eine narbige Schrumpfung der Lidhaut und ihrer Umgebung = Ectropium cicatriceum. Erwähnt sei noch das kongenitale symmetrische Auftreten von Ectropium aller 4 Lider ohne Beteiligung des Tarsus (v. HERRENSCHWAND 1916, vgl. § 227).

Das Ectropium spasticum findet sich bei ekzematösen Entzündungen der Binde- und Hornhaut des kindlichen Lebensalters, die mit einer mehr oder weniger hochgradigen Schwellung der Bindehaut, einer bedeutenden Erschlaffung der Lidhaut und einem starken Lidkrampfe einhergehen. Sehr häufig tritt das Ectropium spasticum in dem Augenblicke auf, in dem man versucht, durch Auseinanderziehen der Lider die Lidspalte zum Zwecke der Untersuchung der Augen zu öffnen. Sofort stülpt sich in der Regel das Oberlid so vollständig um, daß seine Innenfläche nach vorn gekehrt ist (s. Abb. 131). Eine ungewöhn-

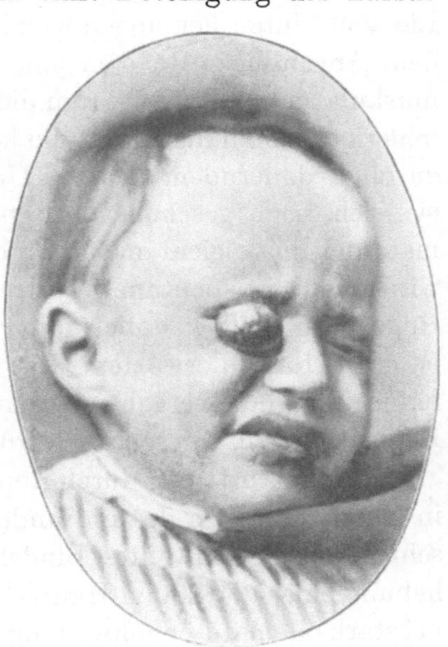

Abb. 131. Ectropium spasticum des rechten Oberlides bei einem 2jährigen Kinde.

liche Entstehung eines doppelseitigen völligen Ectropium des Oberlids beschreibt ERB (1916) bei einem Neugeborenen. Beim Fehlen entzündlicher Prozesse wird als Ursache eine abnorme Länge und Schlaffheit der Oberlider betrachtet und als auslösendes Moment die unter schwierigen Verhältnissen in Steißlage erfolgte Geburt des Kindes. Beim Durchtritt des Kopfes sollen die Oberlider nach oben gestreift und durch Lidkrampf festgehalten worden sein (die Reposition gelang in Narkose leicht; es trat kein Rezidiv auf).

Das umgestülpte Lid erscheint wie ein großer mit Schleimhaut überzogener roter Wulst. Die nach außen gewendete Bindehaut ist hyperämisch, geschwellt, bei längerer Dauer des Ectropium gewuchert und häufig mit Borken bedeckt. Bei mimischen Gesichtsbewegungen, Weinen usw. zeigt sich durch den Einfluß der stärkeren Muskelkontraktion das Ectropium gesteigert; die ödematöse Beschaffenheit der Lidhaut nimmt beim Schreien, Husten usw. zu. Die Lidspalte erscheint dabei durch das geschwellte Oberlid geschlossen.

Das spastische Ectropium tritt am häufigsten am Oberlid allein auf, etwas seltener zugleich an beiden Lidern, am seltensten wohl nur am Unterlid.

Als mechanische Momente kommen die Abdrängung des Bulbus durch die geschwellte Bindehaut und der Lidkrampf in Betracht. Ist nämlich durch eine ungleichmäßige Beschaffenheit der Unterlage das Lid von hinten her ungenügend gestützt, so erfolgt ein Umklappen in dem Augenblicke, in dem eine stärkere Kontraktion der Orbicularismuskulatur einsetzt. Ist nun die Umstülpung eingetreten, so wird diese fehlerhafte Stellung durch die krankhafte Kontraktion des Orbicularis zu einer dauernden. Da die Umstülpung sehr leicht erfolgt, so kann sie sich nach geschehener Reposition sofort wieder einstellen, wenn man nur einen leichten Zug an dem erkrankten Lide ausübt. Dadurch wird auch ein spontanes Auftreten des Ectropium vorgetäuscht. Die Reposition ist gewöhnlich nur von kurzer Dauer und nur im Anfange ist ein Erfolg zu erwarten. Das Ectropium kann daher in einen stationären Zustand übergehen, wenn nicht in anderer Weise als durch die Reposition Hilfe geschafft wird.

Die Behandlung durch Reposition des umgestülpten Lides besteht in einem Anziehen des Lidrandes nach unten und gleichzeitig Zurückschieben der geschwellten Bindehaut nach hinten. Auch durch die Aufhebung einer vertikalen Hautfalte kann die Reposition gelingen; sie ist bei stark ödematöser Schwellung der Bindehaut und Lidhaut, deren Grad durch die andauernde und gewöhnlich sich auf die ganze Orbicularismuskulatur erstreckende Kontraktion gesteigert wird, besonders erschwert. Auch wenn man, was jedesmal zu geschehen hat, unmittelbar nach der Reposition einen Schlußverband zur Fixierung der normalen Lidstellung anlegt, ist ein dauernder Erfolg fraglich und daher eine operative Behandlung notwendig, die am besten in der Anlegung einer oder mehrerer Snellenschen Nähte besteht (s. Operationslehre dieses Handbuches).

Das Ectropium paralyticum befällt ausschließlich das Unterlid. Zunächst sinkt, weil die gelähmten Orbicularisfasern das Lid nicht mehr an den Bulbus anzudrücken vermögen, das Unterlid infolge seiner Schwere allmählich herab. Hinsichtlich des weiteren Verlaufes s. S. 473.

Das Ectropium senile hat mit dem Ectropium paralyticum große Ähnlichkeit, sowohl in seinem Auftreten als auch in seinem Verlaufe, und entsteht ebenfalls ausschließlich am Unterlid älterer Leute durch den Mangel eines hinreichenden Kraftaufwandes des M. orbicularis, so daß dieser das Lid nur ungenügend an den Bulbus andrückt, und ist

verbunden mit einer senilen Erschlaffung der Lidhaut. In der Regel
sind diese Ektropien durch Erkrankungen des Tränenschlauches, der
Binde- oder Hornhaut hervorgerufen, bei denen sich in größerer Menge
Flüssigkeit im Bindehautsack ansammelt und gestaut wird, wobei die
Kranken, gerade wie beim Ectropium paralyticum, die Gewohnheit annehmen, die überschüssige Flüssigkeit in der Richtung von oben nach
unten abzuwischen; daher wird ein solches Ectropium auch als Wisch-
ectropium bezeichnet. Dabei kommt es bei der geringeren Widerstandsfähigkeit der senilen Lidhaut zur Dehnung des Lidrandes, sowie
zum Abstehen des Lides vom Augapfel, besonders wenn noch eine
Schwellung der Bindehaut besteht. Das Ectropium senile kann ein-
und doppelseitig auftreten, je nachdem die eben erwähnten Ursachen
einseitig oder doppelseitig wirken.

Das Narbenectropium ist durch eine entsprechend hochgradige
Verkürzung und einen daraus sich ergebenden geringeren oder stärkeren
Zug der gespannten oder vernarbten Lidhaut bedingt. Bald ist das Lid
entsprechend dem Sitz der Hautnarbe nur an einer Stelle, bald in der
ganzen Ausdehnung verzogen und je nach den vorliegenden Ursachen
betrifft die Veränderung nur ein Lid oder sogar alle 4 Lider. Das Unterlid ist häufiger und auch in stärkerem Grade beteiligt als das Oberlid,
was sich daraus erklärt, daß die Ursachen für ein Narbenectropium
öfters am Unter- als am Oberlid einwirken. Auch kann das Oberlid durch
seinen stärker entwickelten Tarsus einen besseren Widerstand leisten,
ferner die reichlich vorhandene Haut des Oberlides schon eine bedeutende Verkürzung erfahren, ehe dadurch ein Ectropium veranlaßt wird.

Alle Krankheiten, die mit einem ausgedehnteren Gewebsverluste der
Lidhaut und der benachbarten Gesichtshaut einhergehen, können zu
einem Narbenectropium führen, wie Anthrax, Gangrän, Lupus, Syphilis,
Verletzungen, Verbrennungen und Verätzungen. Häufig kommt bei der
Entstehung des Narbenectropium nicht der Zug von seiten des vernarbten Lides, sondern der Zug der benachbarten narbig verkürzten
Gesichtshaut in Betracht, letzteres ist um so häufiger, als die Gesichts-
haut in der Regel bei ausgedehnten Vernarbungen der Lidhaut mit-
beteiligt ist. Gerade bei lupösen und syphilitischen Zerstörungen der
Lid- und Gesichtshaut entstehen die höchsten Grade des Narbenectro-
pium (Abb. 29, S. 138), selbst beider Augenlidpaare zu gleicher Zeit.
Der Narbenzug kann unter solchen Verhältnissen ein so bedeutender
sein, daß beispielsweise der obere Lidrand an den unteren Rand der
Augenbraue herangezogen wird.

Zu einem vorübergehenden oder nur geringgradigen Ectropium des
Unterlides durch verkürzende Zugwirkung der gespannten Haut kommt

es bei Erkrankungen der Lidhaut, die mit einer stärkeren Hautspannung einhergehen, wie bei Ekzemen, bei der Ichthyosis usw. Tuberkulöse Knochenerkrankungen der Augenhöhlenränder und ihrer Umgebung, die mit Fistelbildung, Vernarbung der Haut über dem cariösen Knochen und mit Knochennarbe verlaufen, bedingen in der Regel nur ein partielles Narbenectropium, wenn nicht gerade die Ausdehnung der Vernarbung sehr hochgradig ist. Bevorzugt erscheint der untere äußere Augenhöhlenrand. Hier findet sich eine Verkürzung und tiefe Einziehung der Lidhaut; der an dem Knochen fixierte Hautteil ist stark verdünnt, gewöhnlich leicht bläulichrot verfärbt und die Epidermis maceriert. An dieser oder jener Stelle der Lidhaut kann noch ein Fistelgang vorhanden sein. Mit dem dadurch veranlaßten Ectropium des äußeren unteren Teiles des Unterlides ist gewöhnlich noch eine starke Verziehung des lateralen Lidwinkels verbunden, die auch als Ectropium anguli externi bezeichnet wird. Nicht selten erstreckt sich die Caries noch auf die benachbarten Knochenteile, so bei der Beteiligung der lateralen Hälfte des unteren Orbitalrandes auf das Os zygomaticum.

Die Folgezustände des Ectropium paralyticum in bezug auf Binde- und Hornhaut sind auf S. 473 bereits geschildeit, und in gleicher Weise äußern sich diejenigen beim Ectropium senile und cicatriceum. Trotz normaler Funktion des Orbicularis ist der Lidschluß bei höheren Graden der beiden letztgenannten Formen nur unvollständig oder sogar gänzlich mangelnd, da die narbig verkürzte Hautfläche dem normalen Muskelzuge nicht folgt. Die Folgezustände für Binde- und Hornhaut sind um so schwerer und gefährlicher, je mehr der Lidschluß behindert ist. Beim Ectropium paralyticum und senile kann der Grad des Ectropium wesentlich dadurch gesteigert werden, daß die über das Unterlid und die Wange abträufelnde Bindehautflüssigkeit zu ekzematösen Entzündungen der Lid- und Wangenhaut führt. Infolge der dadurch entstehenden Hautspannung wird noch ein weiterer Zug auf das Unterlid im Sinne einer Verstärkung des Ectropium ausgeübt.

Die nach außen gewendete Bindehaut erleidet eine Reihe von Veränderungen, indem sie der Verdunstung unmittelbar ausgesetzt ist; sie gerät in einen hyperämischen und hypertrophischen Zustand, zu dessen Kennzeichnung auch der Ausdruck: Ectropium luxurians oder sarcomatosum gebraucht wird. Die hypertrophische Bindehaut erscheint stark verdickt und mit zahlreichen, tief dunkelrot aussehenden papillenartigen Erhebungen bedeckt. Häufig sind dicke Borken aufgelagert, die manchmal so fest haften, daß es bei deren Entfernung zu oberflächlichen Blutungen kommt. Je länger dieser Zustand dauert, desto mehr verliert die Bindehaut den Charakter einer Schleimhaut. Ihre Oberfläche erscheint trocken, glanzlos, leicht weißlich und mit verhornenden Epithelien bedeckt, also Epidermis ähnlich.

Hinsichtlich der Entstehung des Ectropium senile bei chronischen Bindehautkatarrhen wird von v. WOLFRING (1895) und von RUMSCHEWITSCH (1897) ein besonderes Gewicht auf die Erweichung des Tarsus gelegt. v. WOLFRING (1895) nimmt eine primäre Schwellung der KRAUSEschen Drüsen und ihrer Umgebung und eine sekundäre Schwellung und Erweichung des Tarsus an. Nach RUMSCHEWITSCH (1897) werden bei dieser tarsalen Veränderung auch der M. levator und die glatten Muskelfasern in Mitleidenschaft gezogen. Bei den fortwährenden Versuchen, das Oberlid zu heben, würde das Bindegewebe zwischen Tarsus und sehniger Levatorschicht gelockert, die Faserbündel des M. orbicularis — da derselbe wegen mangelnder Elastizität nicht mehr in seiner früheren Lage erhalten bleibe — folgten der Zugrichtung des Levator und würden in die Höhe gezogen. Dieses andauernde Hinaufziehen führe zum Ectropium.

In bezug auf die Behandlung ist bei Ectropium paralyticum und senile der Kranke anzuweisen, das Abwischen der Flüssigkeit nicht nach unten, sondern in der Richtung von unten nach oben zu betätigen; auch bei längerem Bestande eines geringgradigen senilen Ectropium kann noch durch ein einige Zeit lang methodisch betriebenes mechanisches Streichen in der genannten Richtung eine Heilung erzielt werden. Gleichzeitig sind etwa bestehende Erkrankungen der Bindehaut und des Tränenschlauches sowie eine etwaige Orbicularislähmung (s. S. 489 u. f.) zu behandeln. Kommt man damit nicht zum Ziele, so ist eine operative Behandlung erforderlich, die beim Narbenectropium ausschließlich angezeigt ist (s. Operationslehre dieses Handbuchs).

§ 225. Eine besondere symmetrische Anomalie der Stellung des äußeren Lidwinkels in der Form eines Abstehens wurde von DENIG (1894) bei einem 7jährigen Mädchen und von HADANO (1904) in 6 Fällen beschrieben. Zweifellos die gleiche Anomalie bildet ELSCHNIG (1912) (Abb. 132) ab und beschreibt sie als »abnorme Länge der Lidspalte« (ELSCHNIG führt auch die ältere Literatur an), die er unter 50 000 Augenkranken vollentwickelt nur dreimal, und zwar bei Kindern, rudimentär dagegen häufiger gesehen hat. Diese Zahlenangaben kann ich für das Heidelberger Krankenmaterial schätzungsweise bestätigen; doch betrafen die von mir beobachteten 4 Fälle Erwachsene zwischen dem 20.—30. Lebensjahr (vgl. auch S. 553, abnorme Länge der Lidspalte).

Nach Hadano (1904) steht in solchen Fällen auf beiden Seiten der äußere Lidwinkel derart vom Augapfel ab, daß man in eine von der Bindehaut gebildete Tasche hineinsehen kann. Bei höheren Graden dieser Anomalie erscheint der Lidwinkel durch die in Form eines sich verjüngenden Stranges ausgezogene Bindehaut in eine obere und untere Hälfte geteilt. Künstlich kann man diesen Zustand dadurch erzeugen, daß man mit dem Finger die Haut über dem Jochbeine in horizontaler Richtung nach hinten verschiebt, und umgekehrt kann man bei einer derartigen Anomalie eine normale Lidwinkelstellung erreichen, wenn die Haut in horizontaler Richtung mit dem Finger nach vorn verschoben wird. In 5 der 6 mitgeteilten Fälle fand Hadano (1904) einen Strabismus convergens und war die abnorme Lidwinkelbildung bei zwei Geschwistern vorhanden. Bei den 3 von Elschnig beobachteten Kindern sowie bei den 4 Erwachsenen, die ich mit dieser Anomalie sah, war weder Strabismus convergens noch eine sonstige Abweichung an den Augen vorhanden (abgesehen davon, daß einer meiner Patienten eine Myopie von 4 D. hatte). Hadano (1904) sucht die Ursache in besonderen Spannungsverhältnissen der Gesichtshaut. —

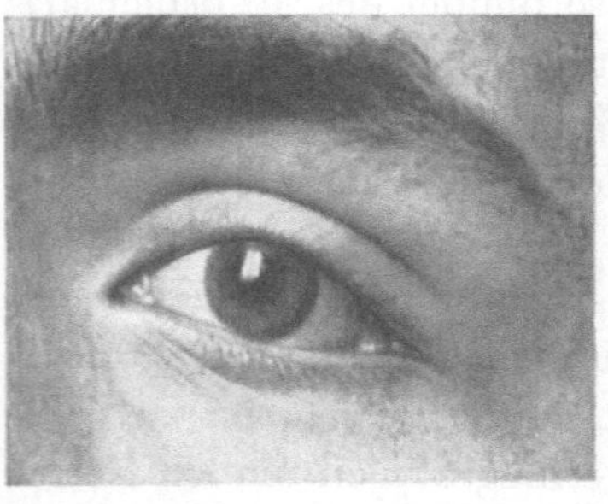

Abb. 132. Abstehen des äußeren Lidwinkels. (Fall Elschnig.)

Elschnig führt diesen Zustand darauf zurück, daß bei Eröffnung der Lidspalte im embryonalen Leben die Dehiscenz in zu großer Ausdehnung erfolgt, so daß die Lider im Verhältnis zur Bulbusgröße und zur Größe der Orbita zu weit geöffnet sind oder daß von vornherein die Anlage der Lider nicht im Verhältnis zur Größe des Bulbus steht.

In dem Denigschen (1894) Fall hatte das Gesicht ein eigentümlich geschrumpftes Aussehen, die Wangen waren abgeplattet, der Hals zeigte bandförmige Stränge, die sich zum Unterkiefer, Ohr und Processus mastoideus erstreckten. Die Fältelung der Haut war an bestimmte Bahnen gebunden, die den Insertionen des M. platysma entsprachen, daher die Diagnose auf eine Verziehung des äußeren Lidwinkels durch eine angeborene Verkürzung des Platysmas gestellt wurde. Dabei sei daran erinnert, daß die Muskeln des Gesichts in einem morphologischen Zusammenhange zueinander stehen. Als dessen Grundlage ist das bei Säugetieren auf den Hals hinabgewanderte Platysma zu betrachten, von dem die einzelnen Gesichtsmuskeln phylogenetisch abzuleiten sind.

Anlaß zu einer operativen Beseitigung gibt diese Anomalie nicht.

§ 226. **Eine abnorme Kürze des Oberlids wird angeborener-
und erworbenerweise beobachtet.** Als Lidhöhe bezeichnet Fuchs
(1885) die größte Höhe des Oberlides vom freien Lidrande bis zur Mitte,
d. h. der halben Breite der Augenbraue. Zur Ausführung dieser Messung sind die Augen ganz leicht, wie zum Schlaf zu schließen. Die
vertikale Ausdehnung der Lidhaut, d. h. die größte Entfernung zwischen dem freien Lidrande und der Mitte der Augenbraue, wird durch
Anspannung der Lidhaut mittels Zuges an den Cilien gefunden. (Diese
Messung kann nur am Oberlid vorgenommen werden, da die Haut des
Unterlides ohne scharfe Grenze in die Wangenhaut übergeht.) Die Lidhöhe ist vom vertikalen Durchmesser der Orbita abhängig. Sie ist beim
Erwachsenen ungefähr doppelt so groß wie beim Neugeborenen, die
Ausdehnung der Lidhaut sogar $2\,^1/_2$ mal so groß. Ein normaler Lidschluß ist nur dann möglich, wenn die Höhe des Oberlides in gespanntem
Zustande mindestens um die Hälfte größer ist als die Höhe desselben
in nicht gespanntem bei leicht geschlossenem Auge. Daher kommt es
bei einer abnormen Kürze des Oberlides zu einer Insufficienz des Lidschlusses (Fuchs 1890), was sich vorzugsweise im Schlafe äußert, indem
die Lidspalte mehr oder weniger weit offen steht. **Angeborenerweise**
findet sich manchmal eine abnorme Kürze der Oberlider bei angeborener
Ptosis. Einen in der Literatur wohl einzig dastehenden Fall von angeborener symmetrischer Lidverkürzung mit angeborenem symmetrischen
Ectropium der Conjunctiva der 4 Lider und Fehlen der Tränenpunkte
bei einem 48 jährigen Manne beschreibt v. Herrenschwand (1916).
Erworbenerweise beobachtet man eine Oberlidverkürzung entsprechend der Seite, auf der in frühem Lebensalter die Enucleation
eines Auges ausgeführt wurde, verbunden mit einem Zurückbleiben der
Dimensionen des Bindehautsackes und der Augenhöhle. Auch bei Vernarbungen der Lidhaut aus verschiedenen Ursachen, so nach operativen
Eingriffen, wie nach unrichtigen Ptosisoperationen oder bei ungenügen-
der blepharoplastischer Deckung kommt es zu einer unter Umständen
bedeutenden Verkürzung der Lider. — Über scheinbare Verkürzung des
Oberlids und abnorme Höhe des Unterlids bei hochgradigem Hydrocephalus vgl. § 220, S. 559 u. 560.

§ 227. **Formveränderungen.** Die Form der Augenlider wird
durch Narbenbildungen verschiedenster Ursache beeinträchtigt: durch
Verbrennungs- und Verätzungsnarben, durch Vernarbung lupöser und
syphilitischer Hauterkrankungen, durch die infolge einer trachomatös
vernarbten Bindehaut hervorgerufene Verkrümmung des Tarsus und
schließlich durch Formveränderungen der vorderen Bulbusfläche. So

bewirkt ein hochgradiges Hornhautstaphylom eine Vorwölbung der Mitte des Oberlides.

Eine eigentümliche wulstartige Formveränderung der Augenlider wird durch die sogenannte Säckchenbildung (s. auch Atrophie der Lidhaut S. 160) geschaffen. Die sachartige Vortreibung kann die Lidhaut in ihrer ganzen Ausdehnung befallen, oder* sie tritt nur umschrieben, kreisförmig auf; die Lidhaut erscheint dabei gleichmäßig etwas durchschimmernd und leicht blaßbläulich verfärbt. Drückt man auf diese Erhebungen von vorn nach hinten, so verschwinden sie, um beim Nachlassen des Druckes wieder von neuem zu erscheinen. Die Lidhaut ist an der betroffenen Stelle sehr schlaff und kann besonders am Unterlide in einer hohen Falte emporgehoben werden.

Die Säckchenbildung findet sich in diffuser Form an beiden Unterlidern, seltener umschrieben nasal, während am Oberlide, das am häufigsten befallen wird, umschriebene rundliche Schwellungen ausschließlich an der nasalen Seite vorkommen. Vorzugsweise wird das weibliche Geschlecht im höheren Lebensalter befallen. Nach MERKEL (1904) entsteht die Vorbuchtung der Lidhaut dadurch, daß bei der Atonie aller Fascien im hohen Alter auch das Septum fascio-orbitale hochgradig gedehnt wird.

In ähnlicher Weise ist auch die Formveränderung des Oberlides zu erklären, die von SCHMIDT-RIMPLER (1899) bei einem 19jährigen Mädchen beobachtet und als Fetthernie bezeichnet wurde. Oberhalb des inneren Augenwinkels fanden sich auf beiden Seiten umschriebene, annähernd querovale weiche Wülste. Zugleich waren die Oberlider in ihrer ganzen Ausdehnung etwas ödematös und die obere Deckfalte hing mehr als gewöhnlich herab. Bei der Ausführung eines Hautschnittes an der veränderten Stelle zeigte sich, daß unter der Haut in der Muskulatur eine querovale Lücke bestand, durch die ein von der Fascie bedeckter Wulst von Orbitalfett hervorquoll. Dieser Defekt, über den sich am rechten Oberlide noch ein Paar Muskelfasern hinüberzogen und der eine Ausdehnung von ca. 6 mm Breite und 5 mm Höhe hatte, dürfte als eine sekundäre Erscheinung zu betrachten sein bei primärer Lückenbildung der Fascie des M. orbicularis, die ja aus einer Verbindung von Platten und Balken, ausgehend vom Septum orbitale, gebildet wird. Dieser Defekt war wohl schon angeboren in geringem Maße entwickelt und erweiterte sich später, wobei zugleich die Fasern des M. orbicularis auseinanderwichen. — Einen analogen Fall von Fetthernien der Oberlider bei einem 15jährigen Knaben beschreibt MÜNZ (1910), nur daß hier der Durchtritt des Fettgewebes aus der Orbita in der Mitte der Lider erfolgte. Die Hernien sollen sich im

11. Lebensjahre, und zwar im Anschluß an eine Erkältung unter Rötung und Schwellung der Lider entwickelt haben, nachdem schon 4 Jahre zuvor der Lehrer des Knaben mit Bezug auf die herabhängenden Oberlider geäußert habe, er sehe so verschlafen aus. MÜNZ nimmt auch für seinen Fall die hier für SCHMIDT-RIMPLERS Beobachtung gegebene Deutung einer primären Lückenbildung des Septum orbitale, d. i. der Muskelfascie des M. orbicularis an. — (Vgl. Ptosis adiposa, S. 168, und Lipom S. 265.)

Eine unschöne Formveränderung des Oberlides wird endlich durch eine starke Entwicklung der Deckfalte verursacht; sie findet sich bei älteren Leuten mit schlaffer Beschaffenheit und hochgradiger Falten- und Runzelbildung der Gesichtshaut. Unter normalen Verhältnissen hängt die Deckfalte, d. h. die quere Hautfalte des Oberlides bei Europäern fast stets etwa an der Grenze zwischen der Pars orbitalis und der Pars tarsalis herab und bedeckt die obere Partie der letzteren. Nach den Untersuchungen von ADACHI (1907) setzt die Deckfalte bei den Japanern an einer niedrigeren Stelle an, läuft vor dem freien Lidrande und bedeckt sogar den Schaft der Cilien, so daß der eigentliche Lidrand beim japanischen Typus bei geöffnetem Auge nicht sichtbar ist, sondern erst bei geschlossener Lidspalte zum Vorschein kommt. Die Entstehung dieses verschiedenen Verhaltens der Deckfalte wird aus der Endigung der vorderen Lamelle der Levatorsehne erklärt, die sich beim europäischen Typus an einer höheren Stelle findet und die beim japanischen tiefer bis zum freien Lidrande reicht.

Auch die normale Furche des Unterlides ist im höheren Lebensalter stärker ausgeprägt; sie läuft dicht am Lidrande und entsteht durch einen an der Haut endenden Fascienzipfel, der sich orbitalwärts vom Rectus inferior absondert und der zwischen die Bündel des M. orbicularis ausstrahlt und sie durchzieht.

§ 228. Eine eigenartige symmetrische Abnormität der inneren Lidkante und des anliegenden Sulcus subtarsalis beider Oberlider (bei normalen Unterlidern) beschreibt BEGLE (1914) bei einem 5jährigen Knaben mit doppelseitigem Epicanthus und einem 19jährigen Manne. Dieselbe bestand in einer völligen Abrundung der inneren Lidkante und Umwandlung des Sulcus subtarsalis in ein fibröses Band sowie in einem abweichenden Bau der MEIBOMschen Drüsen, die schlauchförmig bis kreisrund erschienen und an der Innenfläche des Lides mündeten. BEGLE vermutet, daß es sich um eine angeborene Bildung handele, der eine Unregelmäßigkeit in der Verwachsung der beiden Lidrandflächen zugrunde liege, die um den dritten Embryonalmonat, knapp vor dem Auftreten der ersten Anlage der Meibomschen Drüsen, aufzutreten pflegt (vgl. Abb. 120, S. 390). Elschnig (1919), der diese Auffassung ursprünglich teilte, gelangte jedoch auf Grund weiterer Beobachtungen ähnlicher Fälle zu der Ansicht, daß diese Abnormität keine kongenitale sei, sondern Folge einer Narbenbildung im Anschluß an schwere rezidivierende Phlyctänen der inneren Lidkante (s. S. 390 u. 391).

§ 229. Die sogenannte Mongolenfalte ist als leichter Grad von Epicanthus anzusehen und zeigt sich als eine den inneren Augenwinkel verdeckende, lateralwärts konkave halbmondförmige Hautfalte. Da diese bogige Längsfalte sich meist in eine quere Deckfalte des Oberlides nach japanischem Typus fortsetzt, so wird diese Deckfalte von den meisten Anthropologen in die Mongolenfalte einbegriffen. — Nach Ranke (1888) kommt ein geringer Grad von Mongolenfalte bei kleinen deutschen Kindern als provisorische Bildung häufig vor; er fand sie im ersten Lebenshalbjahr bei 6% aller Kinder, angedeutet sogar bei 20%.

Der ausgebildete kongenitale Epicanthus wird in diesem Handbuch Bd. II, Kap. IX »Mißbildungen und angeborene Fehler des Auges« näher beschrieben. Es erscheint aber gerechtfertigt, den Epicanthus auch an dieser Stelle mit einigen Worten zu berücksichtigen. v. Ammon (1860) unterscheidet, je nach der Ursprungsstelle der Falte, 1. einen Epicanthus supraciliaris (bilateralis); er entspringt an den Augenbrauen und geht abwärts gegen den Tränensee hin oder noch weiter abwärts gegen die Nasenflügel zu; 2. einen Epicanthus palpebralis, die größte und breiteste Epicanthusart; er entspringt aus der Haut des Oberlides oberhalb der Tarsalfalte zwischen dieser und der konkaven Seite der Augenbraue. Diese Ursprungsstelle gibt dem Epicanthus eine außerordentliche Breite und starke sichelartige Ausschweifung, die sich bis zum unteren Augenhöhlenrande zu erstrecken pflegt; 3. einen Epicanthus tarsalis; er entspringt immer aus der Tarsalfalte des Oberlides und geht in abnormer Hautfaltenbildung entweder am unteren Augenhöhlenrande eine Strecke fort oder er endigt in kurzer Wendung gleich unter dem inneren Augenwinkel in der Haut des Unterlides, oder er verliert sich, ohne jene Umsäumung des inneren Augenwinkels zu bilden, in der Haut in einer kleinen Hauterhöhung dicht unter dem inneren Lidwinkel, der dadurch teilweise verdeckt wird. Nach v. Ammon handelt es sich um eine Hemmungsmißbildung. Für einen großen Teil der Fälle von Epicanthus dürfte aber die Ursache in einer Störung des Knorpel- bzw. Knochenwachstums an der Epicanthusstelle zu suchen sein, zumal hierbei der Nasenrücken in der Regel auffällig niedrig und breit und die Haut an demselben reichlich entwickelt erscheint. Auch die Heredität spielt beim Epicanthus eine Rolle (BRÜCKNER 1905).

Als Epicanthus inversus beschreibt BRAUN (1922) an der Hand von 14 Fällen aus der Prager Universitäts-Augenklinik eine seltenere Form dieser kongenitalen Anomalie, für welche gleichfalls die große Bedeutung der Vererbung nachgewiesen werden konnte und die BRAUN kausalgenetisch auf allgemeine Enge des Amnion und Strangbildungen desselben zurückführt. Das Beson-
dere dieser Abart des Epicanthus liegt darin, daß die Hautfalte nicht vom Oberlid, sondern vom Unter-lid ausgeht und das mediale Ende des unbeteiligten Oberlides umgreift. Der innere Lidwinkel wird von der Falte nicht bedeckt, liegt aber nicht wie bei den anderen Formen des Epicanthus an normaler Stelle, son-dern ist nach außen gerückt, so daß sein Abstand vom Nasenrücken ver-größert ist (Abb. 133). Die natürliche Folge ist eine Verkürzung der Lid-spalte, die außerdem etwas schief von innen-unten nach außen-oben ver-läuft. Gleichzeitig mit dieser Ano-malie findet sich regelmäßig eine wohl durch Aplasie des M. levator palpebrae superioris bedingte komplette kon-genitale Ptosis und eine Verkürzung

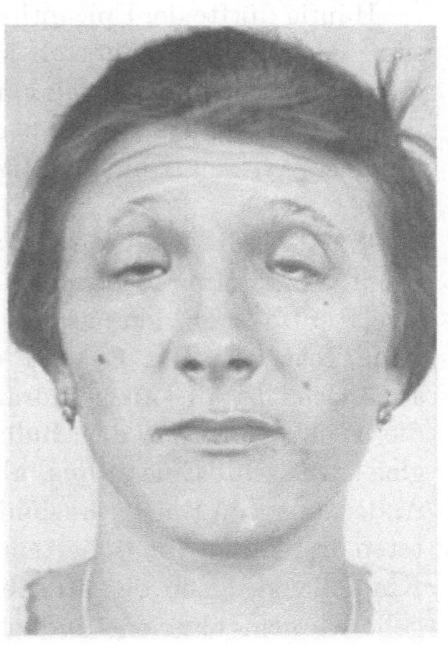

Abb. 133. Typischer Epicanthus inversus mit Ptosis congenita und verkürzter Lidspalte. 18 jähr. Mädchen. Am linken Auge schlechter Versuch einer Ptosis-Operation. (Fall von Prof. ELSCHNIG.)

des Oberlides in seiner vertikalen Ausdehnung. Auch AXENFFLD und BRONS (1912) sowie KOMOTO (1921) erwähnen diese Epicanthusform, und AXENFELD insbesondere weist auf die Schwierigkeit ihrer opera-tiven Korrektion hin.

Von allgemeinen Störungen ist vor allem die Idiotie hervor-zuheben. Wegen der entfernten Ähnlichkeit dieser Patienten mit dem Aussehen von Mongolen bezeichnet man diese Form als mongoloide Idiotie oder Mongolismus. Die wesentlichsten Zeichen der mongo-loiden Idiotie (KASSOWITZ 1902; WEYGANDT 1905; PFAUNDLER 1912) sind folgende: Brachycephalie, kleine Sattelnase, Schräglage der Lid-achse (innerer Lidwinkel tiefer als äußerer), Enge der Lidspalte, Epi-canthus, habituelle Conjunctivitis und Blepharitis, leichter Exophthalmus, Strabismus, Klaffen der Mundspalte, Salivation, clownartige umschriebene Wangen- und Kinnröte, atavistisch mißformte Ohrmuscheln; ferner Auftreibung des Unterleibs, Rektusdiastase, vermehrte Exkursibilität der Gelenke als Folge der Muskelschlaffheit oder -aplasie; schließlich Kürze und Einwärtskrümmung des 5. Fingers. — Ich sah in der Universitäts-Kinderklinik einen nahezu 3jährigen mongoloiden Idioten, der seiner körperlichen und geistigen Entwicklung nach den Eindruck eines kaum 2monatigen Säuglings machte.

Häufig dürfte der Epicanthus als Degenerationszeichen zu betrachten sein. Als lokale Begleiterscheinungen desselben werden auch bei guter geistiger Veranlagung angeborene Ptosis, angeborene Paresen der Augenmuskeln, besonders der Heber, und von Refraktionsanomalien hochgradiger Astigmatismus häufiger beobachtet (BRÜCKNER l. c.).

§ 230. Epiblepharon des Unterlides und des Oberlides. Nicht allzu selten beobachtet man eine der Epicanthusbildung analoge Hautfalte an den nasalen Zweidritteln des unteren Lides. Dieselbe geht von der Gegend des inneren Lidwinkels aus und zieht annähernd parallel dem Lidrande, diesen größtenteils verdeckend und die Wimpern gegen den Bulbus drängend. Das Epiblepharon kann gleichzeitig mit Epicanthus, aber auch ganz isoliert ohne die geringste Andeutung von Epicanthusbildung auftreten. In den von mir beobachteten drei Fällen von isoliertem Epiblepharon handelte es sich um kleine Kinder, von denen das älteste 2 Jahre alt war. Die Anomalie ist angeboren, geht ohne entzündliche Erscheinungen einher und kann sich, wie ich an meinem eigenen Jungen beobachten konnte, gegen Ende des ersten Lebensjahres spontan restlos zurückbilden. BACHSTEZ (1916) hebt gleichfalls die Rückbildungsfähigkeit des Epiblepharon hervor, das er unter 207 Säuglingen im Alter bis zu 2 Wochen 19mal doppelseitig deutlich ausgebildet fand. Wiederholt sah er das Epiblepharon durch ein Entropium kompliziert, das nur im Bereich der Hautfalte besteht. Diese Eigentümlichkeiten der Lidbildung bei neugeborenen und allerjüngsten Kindern wurden neuerdings von ELSCHNIG (1922) unter dem Namen »scheinbares Entropium der Neugeborenen« beschrieben. Er konnte ein solches in einer Findelanstalt an rund 60 Kindern feststellen. Nach ELSCHNIGS Beobachtungen haben die Augenlider beim Neugeborenen und in den ersten Lebenswochen nur in den seltensten Fällen die definitive Beschaffenheit wie beim Erwachsenen. Meist findet man vielmehr sowohl am Oberlid als ganz besonders am Unterlid die Lidhaut dicht an der Lidrandfläche wulstförmig abgehoben (Abb. 134) und gegen die Gesichtshaut durch eine in der Regel recht tiefe Orbitalfurche abgegrenzt (Abb. 135). Hierdurch stehen die Cilien schon bei geöffneter Lidspalte und ruhigem Gesichtsausdruck leicht gegen die Lidspalte zu gesenkt (Oberlid) bzw. gehoben (Unterlid) und schiebt sich beim Grimassieren (z. B. Weinen) der Lidhautwulst über die Lidrandfläche vor, so daß die Cilien dahinter vollständig oder fast vollständig verschwinden. Beim Lidschluß (Weinen) berühren sich zuerst die Lidhautwülste und dann erst die Lidrandflächen. — Mitunter sah Elschnig am Unterlid eine horizontale Teilung der Epiblepharonfalte in zwei, so daß eine dreifache Wulstung (Abb. 136) resultierte. In einem Falle war die Wulstung am Oberlid so stark ausgeprägt, daß ein vollständiges Schleifen der Cilien bei geöffneter Lidspalte stattfand. —

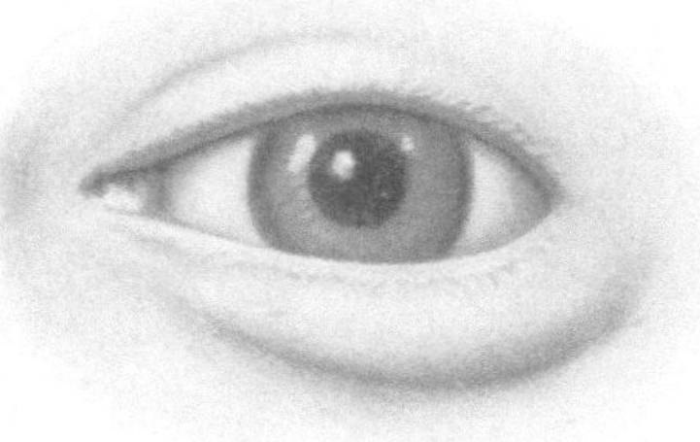

Abb. 134. (Fall von Professor Elschnig.)

Die Ursache dieser Erscheinungen beruht nach Elschnig wohl darauf, daß der relativ große Bulbus des Neugeborenen die kleine Orbita vollständig ausfüllt, aber auch wohl darauf, daß der Fascienapparat noch unvollkommen entwickelt ist. Es fehlt noch jene Fixation der Lidhaut gegen den Tarsus bzw. die Fascia tarsoorbitalis, welche beim Öffnen der Lider am normalen Auge des Erwachsenen das Hinweggleiten der Lidrandfläche unter der sich wulstenden Lidhaut verhindert.

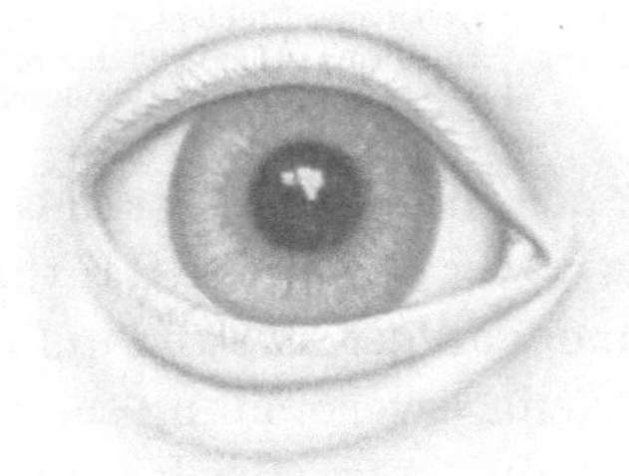

Abb. 135. (Fall von Professor Elschnig.)

Bachstez (1916) betrachtet das Epiblepharon als eine durch primären Hautüberschuß entstandene Hautfal-

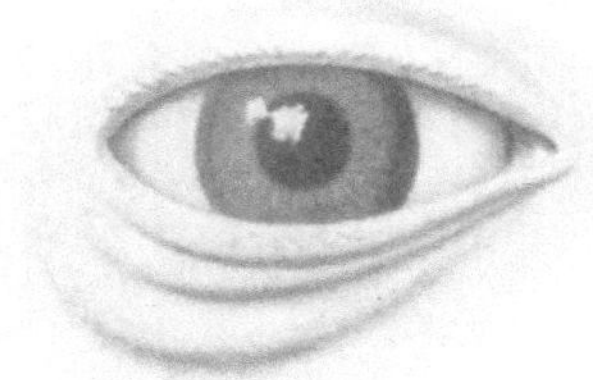

Abb. 136. (Fall von Professor Elschnig.)
Abb. 134—136. Epiblepharon des Unter- und des Oberlides.

tenbildung, die durch direkte Druck- und Zugwirkung eine Entropionierung des Lidrandes herbeiführen könne. Er ist zu der Annahme geneigt, daß diese beiden Zustände des Epiblepharon und Entropium congenitum nur verschiedene Grade desselben Leidens seien. v. Herrenschwand (1917) und Meller (1917) betonen dagegen auf Grund einer Beobachtung des Epiblepharon bei einem 29jähr. Manne — der bisher einzigen Beobachtung dieser angeborenen Veränderung bei einem Erwachsenen — daß kongenitales Epiblepharon und kongenitales Entropium nicht nur dem Grade, sondern auch dem Wesen nach verschieden sind. Nach Ansicht dieser Autoren entsteht das Epiblepharon als eine Hauteinziehung infolge abnormer Muskelfaserverbindungen des Musculus rectus inferior

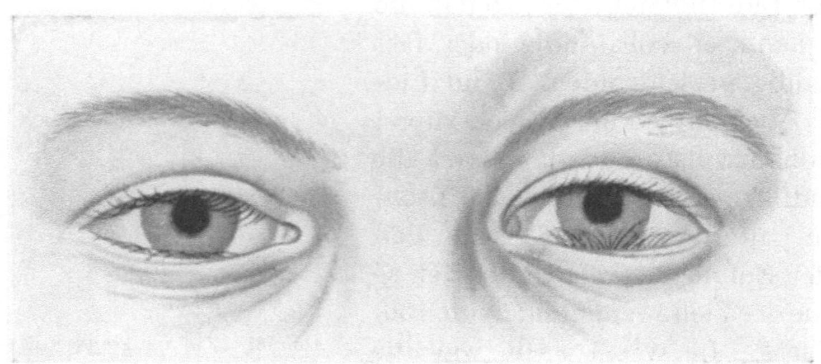

Abb. 137. Angeborenes Epiblepharon des Unterlides bei einem 4jähr. gesunden Mädchen (Fall II von BACHSTEZ). Am linken Auge geht das Epiblepharon am Canthus internus in die Deckfalte des Oberlides über, wodurch ein leichter Epicanthus entsteht.

mit der Haut des Unterlides. Hierdurch erkläre sich in einfacher Weise das Größerwerden der Hautfalte beim Blick nach unten, das soweit gehen könne, daß der Lidrand unter der Falte verschwindet. Dieser abnormen Muskelfaserverbindung sei es auch zuzuschreiben, daß es im vorliegenden Falle trotz jahrelangen Bestehens der Hautfalte nicht zum Entro-

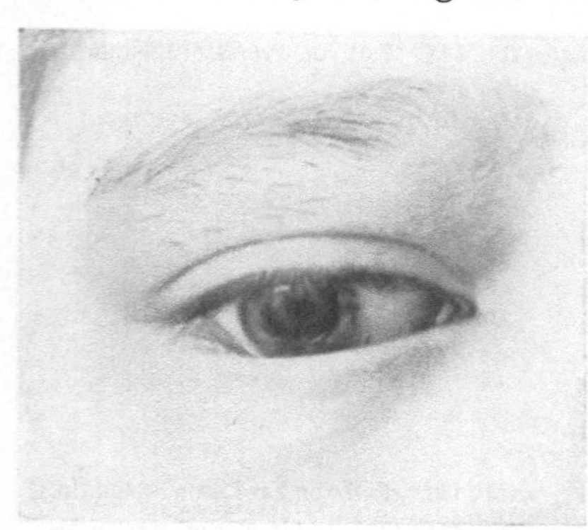

Abb. 138. Angeborenes Epiblepharon mit partiellem Entropium des Unterlides bei einem 9jähr. gesunden kräftigen Mädchen.
(Fall I von BACHSTEZ.)

pium gekommen ist, obwohl doch derartige Faltenbildungen nach der Ansicht der meisten Autoren die Entstehung des Entropium begünstigen. — Mit der Annahme einer abnormen Faserverbindung zwischen Musculus rectus inferior und Lidhaut ist jedoch schwer die Tatsache in Einklang zu bringen, daß das Epiblepharon spontan rückbildungsfähig ist und zwar nach den Angaben von BACHSTEZ (1916) und meinen eigenen Beobachtungen — anscheinend in den bei weitem

meisten Fällen, da der von v. HERRENSCHWAND und MELLER mitgeteilte Fall, wie erwähnt, bisher die einzige Beobachtung von Epiblepharon beim Erwachsenen darstellt.

In den Fällen, in welchen das Epiblepharon stark ausgebildet ist und keine Neigung zur Rückbildung zeigt, insbesondere bei Komplikation

durch Entropium ist die operative Beseitigung (GRAEFES Entropiumoperation mit möglichst breiter Basis des Dreiecks oder Hotzsche
Nähte nach ausgiebiger Resektion von Orbicularisbündeln. Die einfache
Kanthoplastik ist erfolglos) erforderlich und führt zu einem befriedigenden Resultat. Über Epiblepharon des Oberlides (v. AMMON) s. S. 168.

§ 231. Unter Symblepharon ist die narbige Verwachsung des
parietalen und visceralen Blattes des Bindehautsackes zu verstehen. Häufig ist hierbei zu gleicher Zeit eine Verwachsung der Conjunctiva palpebrarum mit der Hornhaut vorhanden.

Man unterscheidet: das Symblepharon anterius, wobei sich
Narbenstränge brückenartig zwischen Lid und Augapfel ausspannen,
so daß im Fornix conjunctivae eine Sonde unter sie hindurchgeführt
werden kann; ferner das Symblepharon posterius, wobei die Verwachsung der beiden Bindehautflächen vom Lidrande bis in den Fornix
hineinreicht; schließlich das Symblepharon totale, wobei die Lider
allseitig miteinander und mit der Bulbusoberfläche verwachsen sind.

Bei hochgradigen Verwachsungen sind die Lidbewegungen behindert
und beim Symblepharon totale werden dieselben auf den Bulbus übertragen, so daß sich beim Anziehen der verwachsenen Lider der Augapfel mit denselben in gleicher Richtung mitbewegt.

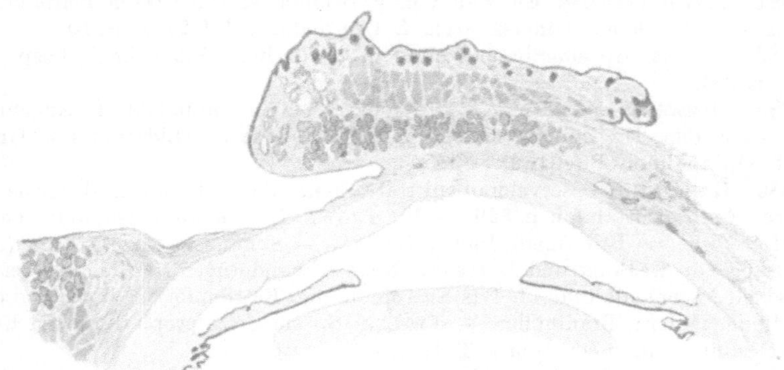

Abb. 139. Sagittalschnitt durch die Lider und die vordere Hälfte des Bulbus bei totalem
Symblepharon. Vergr. 1 : 10.

Anatomisch ist bei totalem Symblepharon die Bindehaut nicht
mehr wahrzunehmen (s. Abb. 139), vielmehr ist sie ersetzt durch einen
derben Bindegewebsstreifen, der die Innenfläche des Oberlides mit der
Oberfläche der Sklera und der Hornhaut verlötet. Dabei geht das Hornhautepithel an der Stelle, wo die Verwachsung beginnt, unmittelbar in
die Epidermis der Lidhaut über. Auch am Unterlide kann die gleiche
Art der Verwachsung vorhanden sein. In solchen Fällen findet sich

in der Regel zwischen Ober- und Unterlid nur noch eine kleine Lücke oder Nische, die durch eine schmale Schicht eines mit Epithel bekleideten Narbengewebes gebildet wird, welches die von der Verwachsung freigebliebene Stelle der Hornhaut überzieht (s. Abb. 139). Ungefähr in der Mitte ist das Gewebe auf elne einfache Epithellage reduziert. Diese Lücke ist als Rest der Lidspalte anzusehen. Die Lider selbst erscheinen nicht verändert. Die oberflächlichen Schichten der Hornhaut sind durch Narbengewebe ersetzt, die BOWMANsche Membran ist zerstört und die Hornhautgrundsubstanz von zahlreichen neugebildeten Gefäßen durchzogen.

Hinsichtlich des näheren Verhaltens des Symblepharon und der zugrunde liegenden Ursachen ist auf die »Krankheiten der Conjunctiva« in diesem Handbuch zu verweisen.

Literatur zu §§ 216—231.

1841   v. AMMON: Klinische Darstellung der Krankheiten des Auges und der Augenlider. Fig. 9 u. 10. Berlin: Th. Reimer.

1860   v. AMMON: Der Epicanthus und das Epiblepharon, zwei Bildungsfehler der menschlichen Gesichtshaut. Behrends u. Hildebrands Journ. f. Kinderkrankh. Sep.-Abdr. Erlangen: Palm u. Encke.

1873   KNAPP: Der Epicanthus und seine Behandlung. Arch. f. Augenheilk. Bd. 3.

1876   PUFAHL: Epicanthus und Blickfeldmessung. Arch. f. Augen- u. Ohrenheilk. Bd. 5, 2.

1881   MANDELSTAMM: Ein Fall von Ectropium sarcomatosum nebst einigen Notizen über Trachom. Graefes Arch. f. Ophthalmol. Bd. 27, 3, S. 101.

1882   MILLES: Spasmodic entropion of lower lid. Ophthalmol. hosp. Rep. Bd. 10, p. 387.

1885   DIMMER: Epicanthus u. Entropium. Klin. Monatsbl. f. Augenheilk. S. 308. — FUCHS, E.: Zur Physiologie und Pathologie des Lidschlusses. Graefes Arch. f. Ophthalmol. Bd. 31, 2, S. 97.

1886   GALLENGA: Osservazioni sul trattamento delle alterazioni di forma delle palpebre. Ann. di ottalmol. p. 329. — Mc KEOWN: Spasmodic entropion: new method of treatment. Brit. med. Journ. May 28. — STELLWAG VON CARION (unter Mitwirkung von E. BOCK und L. HERZ): Neue Abhandlungen aus dem Gebiete der praktischen Augenheilkunde. I. Das Entropium und Ectropium der Lider und deren Behandlung. Wien: Braumüller. — TYTLER: Spasmodic ectropion treated by the eye-speculum. Brit. med. Journ. T. 1, p. 153.

1887   CHARVOT: Entropion. Dict. encycl. de science méd. Paris. 1. série. T. 34, p. 650. — LANGDON DOWN: Mental affections of childhood.

1888   RANKE, J.: Über das Mongolenauge, eine provisorische Bildung bei deutschen Kindern. Bericht d. 19. allg. anthropol. Kongr. Ref. in v. Michels Jahresber. S. 44.

1889   v. FORSTER: Blepharoptosis congenita mit Epicanthusbildung. Münch. med. Wochenschr. S. 386. — FUCHS, E.: Lehrbuch der Augenheilkunde. Leipzig u. Wien: F. Deuticke.

1890   FUCHS, E.: Über Blepharophimosis. Wien. klin. Wochenschr. Nr. 1.

1891   GUIBERT, A.: Un cas d'entropion congenital; double guérison. Gaz. méd. de Nantes. 1890—91. T. 9, p. 412.

1892   FUKALA: The treatment of blepharitis, of ectropium after blepharitis and of ectropium senile et sarcomatosum. Americ. Journ. of ophthalmol. p. 13.

1893 SCHNABEL: Über Einwärtskehrung der Wimpern bei follikulärer Bindehautentzündung. Prager med. Wochenschr. Nr. 20 u. 21.

1894 CSAPODI: Die Blepharophimosis. Ungar. Arch. f. Med. Bd. 2, S. 239. — DENIG: Doppelseitige Verziehung der äußeren Lidcommissur infolge angeborener Verkürzung des Platysma. Arch. f. Augenheilk. Bd. 29, S. 161. — SCHOENBERG: Zur Frage über die Ätiologie des Entropium trachomatosum. Klin. Monatsbl. f. Augenheilk. S. 65.

1895 v. WOLFRING: Über den Mechanismus des Ectropion sarcomatosum. Arch. f. Augenheilk. Bd. 31, S. 319.

1897 RUMSCHEWITSCH: Zur Pathologie des Ectropion sarcomatosum. Klin. Monatsbl. f. Augenheilk. S. 1.

1899 KASSOWIZT, M.: Infantiles Myxödem, Mongolismus und Mikromelie. Wien. med. Wochenschr. u. Sep.-Abdr. Perles, Wien. — KRAL: Ein Fall von mongoloider Idiotie mit mongoloidem Typus und Schilddrüsenmangel. Prag. med. Wochenschr. Nr. 32. — MALGAT: Note sur l'entropion et le trichiasis consécutif de la paupière inférieure chez le vieillard. Recueil d'ophtalmol. p. 455. — NEUMANN, H: Über den mongoloiden Typus der Idiotie. Berl. klin. Wochenschr. S. 210. — SCHMIDT-RIMPLER: Fetthernien der oberen Augenlider. Zentralbl. f. prakt. Augenheilk. Oktober.

1904 CZERMAK: Die augenärztlichen Operationen. Teil I, S. 109 u. f. Berlin u. Wien: Urban u. Schwarzenberg. — HADANO: Das Abstehen des äußeren Lidwinkels. Ophthalmol. Klinik Nr. 3. — MERKEL: Makroskopische Anatomie. Dieses Handbuch. 2. Aufl., Bd. 1, Kap. I.

1905 BRÜCKNER: Zur Kenntnis des kongenitalen Epicanthus. Arch. f. Augenheilk. Bd. 55, S. 23. — CZERMAK: Präparate von Entropion cicatriceum. Bericht über d. 32. Vers. d. ophthalmol. Ges. zu Heidelberg. S. 336. — WEYGANDT, W.: Über Mongolismus. Jahresvers. d. Vereins bayer. Psychiater, München. Autoref. im Zentralbl. f. Nervenheilk. u. Psychiatr. S. 637.

1907 ADACHI: Mikroskopische Untersuchungen über die Augenlider der Affen und der Menschen (insbesondere der Japaner). Mitteilungen aus d. med. Fakultät d. kaiserl. japanischen Universität zu Tokio. Bd. 7, Nr. 2. — HARZAC: Contribution à l'étude des rapports de l'ectropion palpébral et de la dacryocystite aigue. Thèse de Toulouse. — LEBLOND: Étiologie de l'entropion congénitale. Arch. d'ophtalmol. T. 27, p. 782. — REIS: Ankyloplepharon filiforme adnatum. Arch. f. Augenheilk. Bd. 58, S. 283.

1908 GOLDZIEHER: Über Entropium spasticum senile und seine Heilung. Klin. Monatsbl. f. Augenheilk. Bd. 46, 2, S. 426. — KUHNT: Über die Behandlung hochgradiger Formen des Blepharitisectropium. Zeitschr. f. Augenheilk. Bd. 20, S. 143. — WINTERSTEINER: Ein neuer Fall von Ankyloblepharon filiforme adnatum. Arch. f. Augenheilk. Bd. 59, S. 196.

1909 ERB: Ein Fall von doppelseitigem Ectropium des Oberlids. Korrespbl. f. Schweizer Ärzte Bd. 39, S. 21.

1910 KUHNT: Zur Beseitigung des Entropium organicum am untern Lide. Zeitschr. f. Augenheilk. Bd. 24, S. 151. — MÜNZ: Fetthernien der oberen Augenlider. Klin. Monatsbl. f. Augenheilk. Bd. 48, 2, S. 383.

1911 DIMMER: Zur Entstehung des Entropium spasticum. Klin. Monatsbl. f. Augenheilk. Bd. 49, 2, S. 337. — PICCALUGA: Sull' entropion spasmodico della palpebra inferiore e nuovo metodo per la sua correzione. Ann. di ottalmol. Anno 40, p. 97.

1912 AXENFELD und BRONS: Kosmetik in der Augenheilkunde (aus JOSEPH: Handb. d. Kosmetik) S. 518. Leipzig: Veitt, — ELSCHNIG: Zur Kenntnis der Anomalien der Lidspaltenform. Klin. Monatsbl. f. Augenheilk. Bd. 50, 1, S. 17. — Derselbe: Zur Literatur der abnormen Weite der Lidspalte. Ebenda S. 335. — PFAUNDLER, M.: Der Mongolismus oder die mongoloide Idiotie. In E. FEER, Lehrb. der Kinderheilk. S. 203 u. f. 2. Aufl. Jena: G. Fischer.

1913 LAUBER: Untersuchungen über das sog. Bellsche Phänomen. Wien. klin. Rundschau Nr. 38.

1914 BEGLE: Bildungsanomalie der innern Lidkante. Zeitschr. f. Augenheilk. Bd. 31, S. 235.

1916 BACHSTEZ: Über angeborene Faltenbildung am Unterlid — Epiblepharon — mit und ohne Entropium. Klin. Monatsbl. f. Augenheilk. Bd. 57, S. 372. — VAN DER HOEVE: Abnorme Länge der Tränenröhrchen mit Ankyloblepharon. Klin. Monatsbl. f. Augenheilk. Bd. 56, S. 232. — v. HERRENSCHWAND: Über Ectropium conjunctivae palpebrarum congenitum. Klin. Monatsbl. f. Augenheilk. Bd. 56, S. 477. — Derselbe: Entropium palpebrarum congenitum. Klin. Monatsbl. f. Augenheilk. Bd. 56, S. 509.

1917 v. HERRENSCHWAND: Über Entropium congenitum und Epiblepharon. Klin. Monatsbl. f. Augenheilk. Bd. 58, S. 385. — MELLER, J.: Epiblepharon, Entropium und Trichiasis. Klin. Monatsbl. f. Augenheilk. Bd. 58, S. 390. — SZIKLAI: Zur Frage des Entropium congenitum. Zeitschr. f. Augenheilk. Bd. 38, S. 103.

1919 ELSCHNIG: Über Phlyctaenen an der Lidbindehaut bei Keratoconjunctivitis ekzematosa. Klin. Monatsbl. f. Augenheilk. Bd. 63, S. 273.

1920 KRÜCKMANN, E.: Bemerkungen über die Entstehung der Ptosis trachomatosa. Zeitschr. f. Augenheilk. Bd. 43, S. 305. — MERTENS, A.: Ectropium congenitum der Oberlider. Zeitschr. f. Augenheilk. Bd. 43, S. 565.

1921 KOMOTO: Über die Operation bei hereditärer Phimose mit Ptosis (Nippon Gangakai Zashi). Klin. Monatsbl. f. Augenheilk. Bd. 66, S. 952.

1922 v. BLASKOVICS: Über die Entstehung des senilen Ec- und Entropiums. Zeitschr. f. Augenheilk. Bd. 49, S. 30 u. f. Im Text nicht mehr berücksichtigt. — BRAUN: G.: Eine besondere Form des Epikanthus mit kongenitaler Ptosis. Klin. Monatsbl. f. Augenheilk. Bd. 68, S. 110 u. f. — ELSCHNIG, A.: Über scheinbares Entropium der Neugeborenen. Med. Klinik Nr. 16. — WAGENMANN, A.: Multiple Neurome des Auges und der Zunge. Ber. d. Deutsch. ophthalmol. Ges. 48, S. 282.

Namenverzeichnis.

(Es sind nur die im Text, nicht die in den Literaturverzeichnissen genannten Autoren aufgeführt.)

Abadie 76.
Abesser 198.
Adachi 575.
Adam 216.
Adamück 429.
Addario 400.
Adler 60.
Ahlström 502.
Albrand 539.
Albrecht, E., 191, 192, 212, 214.
Alessandro 402.
Alessi 502.
Alexander 130, 131, 140, 485, 489.
Alquier 482.
Alt 266, 489, 490.
Alter, W., 527.
Altounyan 304.
v. Ammon 138, 168, 260, 555, 558, 576, 581.
Andogsky 457.
Andrieux 12.
Arcoleo 357.
v. Arlt 72, 398, 458.
Armand-Delille 476.
Arning 43.
Arnold 153.
Ascher 166, 168.
Aschheim 137, 139, 400.
Askanazy 285.
Axenfeld 31, 37, 40, 42, 60, 61, 188, 250, 290, 300, 400, 401, 402, 426, 427, 496, 497, 498, 577.

Baas 261.
Bach 265, 266, 373, 502, 531.
Bachstez 562, 578, 579, 580.
Baer 361.
Baldauf 407, 409.
Ballaban 261, 262.
Ballance, Charles A., 490.
—, Hamilton A., 490.
Balzer 272.
Baudry 129.
Baquis 362.
Barlow 269.
Barth 76, 486.
Bärwinkel 523.
Baumann 107.
v. Baumgarten 399.

Beard 214.
Beaumont 543.
v. Bechterew 440, 452, 509, 512, 527.
Beck 219, 226.
v. Becker 428, 430.
Begle 390, 391, 572, 575.
Behier 326.
Bell 442, 457, 530.
Benario 127.
Benda 33, 238.
Bender 92.
Benedikt 449.
Berl 193.
Berlin 72.
Bernouilli 188.
Bernhardt 445, 457, 475, 487, 547.
Bernhardt, M., 531.
Berthold 170, 171.
Besnier 84, 104, 276.
Best 515.
Besta 29.
Bettmann 73, 166, 189, 304.
Bettrémieux 90.
Biermann 46.
Bietti 401, 402.
Billroth 212.
Birch-Hirschfeld 178, 270, 271, 273, 443.
Bitsch 238.
Blamer 507.
Blanc 301.
Blanchard 325, 326, 327.
Blaschek 540.
Block 399, 544.
Bobel 504.
Bock 120, 121, 128, 282, 284, 372, 373.
Bockhart 92.
Boerma 289.
Boerner 474, 481.
Bogrow 304.
Bollinger 235, 236, 238.
Bonhoff 50.
Bonnet 360.
Bonnier 535.
Bordier 530.
Borel 504.
Borst 192, 233, 244, 249, 285, 291.
Bosc 238.

Bouchard 533, 534.
Boucheron 401.
Bourdier 278.
Bowman 71.
Brailey 358.
Braun 429, 577.
Braunschweig 118, 166, 202.
Breda 107.
Bregmann 508.
Brixa 539, 541.
Broadbent 458.
Brons 577.
Bronner 289.
Brown 214.
Browning 541.
Brown-Séquard 518.
Bruns 212, 213, 215.
Brückner 577, 578.
Bull 108, 429, 431.
Bumke 528, 529.
Bunton 15.
Buri 399.
Buschke 133, 299, 390.
Busse 300.

Cagiati 220, 224, 226.
Caillault 234.
Calamy 8.
Campbell 75.
Campos 530.
Capauner 115.
Carl 46.
Carlotti 301.
Carra 404.
Carron du Villards 54, 55, 108.
Caspary 153.
Castelain 394.
Cassirer 476.
Castellani 107.
Cavara 410.
Ceni 29.
Chaillons 346, 536.
Charcot 504.
Chatterton 411.
Chauffard 272.
Chauvel 289.
Cherno 343, 348, 350, 381.
Chevallereau 26, 194, 536.
Chilcrist 300.
Chvostek 506.
Clairmont 246, 250.

Sachverzeichnis.

Handbuch der gesamten Augenheilkunde
Dritte neubearbeitete Auflage

Entwicklungsgeschichte des menschlichen Auges. Von Professor **M. Nußbaum** in Bonn. Mit 63 Figuren im Text. 1912.
3,50 Goldmark; gebunden 5,50 Goldmark / 0,85 Dollar; gebunden 1,35 Dollar

Organologie des Auges. Von Professor **A. Pütter** in Bonn. Mit 220 Figuren im Text und 25 auf 10 Tafeln. 1912.
15 Goldmark; gebunden 17 Goldmark / 3,60 Dollar; gebunden 4,05 Dollar

Pathologie und Therapie des Linsensystems. Von Professor **C. von Heß** in München. Mit 115 Figuren im Text und 21 Figuren auf 3 Tafeln. 1911.
13 Goldmark; gebunden 15 Goldmark / 3,10 Dollar; gebunden 3,60 Dollar

Die Refraktion und Akkommodation des menschlichen Auges und ihre Anomalien. Von Professor **C. von Heß** in München. Mit 105 Abbildungen im Text und 4 Tafeln. 1910.   Geb. 19 Goldmark / Geb. 4,55 Dollar

Verletzungen des Auges mit Berücksichtigung der Unfallversicherung. Von **A. Wagenmann,** Professor in Heidelberg.
I. Band. Mit 62 Figuren im Text. 1915.
27 Goldmark; gebunden 29 Goldmark / 6,45 Dollar; gebunden 6,95 Dollar
II. Band. Mit 79 Textfiguren und 2 Tafeln. 1921.
23 Goldmark; gebunden 25 Goldmark / 5,50 Dollar; gebunden 6 Dollar
III. Band. Mit 59 Textfiguren. 1924.
36 Goldmark; gebunden 38 Goldmark / 8,60 Dollar; gebunden 9,05 Dollar

Die sympathische Augenerkrankung. Von Professor **A. Peters** in Rostock. Mit 13 Figuren im Text und auf 1 Tafel. 1919.
11 Goldmark; gebunden 13 Goldmark / 2,65 Dollar; gebunden 3,15 Dollar

Die Untersuchungsmethoden.
Erster Band: Bearbeitet von **E. Landolt.** Unter Mitwirkung von **F. Langenhan.** Mit 205 Textfiguren und 5 Tafeln. 1920.
19 Goldmark; gebunden 21 Goldmark / 4,55 Dollar; gebunden 5 Dollar
Zweiter Band: **Die Lehre von den Pupillenbewegungen.** Von Dr. med. **Carl Behr,** o. ö. Professor der Augenheilkunde an der Hamburgischen Universität. Mit 34 Textabbildungen. 1924.   16,50 Goldmark / 3,95 Dollar
Gleichzeitig erschien von dem 2. Band unter dem gleichen Titel eine Sonderausgabe zu demselben Preise.

Beziehungen der Allgemeinleiden und Organerkrankungen zu Veränderungen und Krankheiten des Sehorganes. Von Professor **A. Groenouw** in Breslau. Abteilung I A: Erkrankungen der Atmungs-, Kreislaufs-, Verdauungs-, Harn- und Geschlechtsorgane, der Haut und der Bewegungsorgane. Abteilung I B: Konstitutionsanomalien, erbliche Augenkrankheiten und Infektionskrankheiten. Mit 93 Figuren im Text und 12 Tafeln. 1920.
44 Goldmark; gebunden 47 Goldmark / 10,50 Dollar; gebunden 11,20 Dollar

Die Brille als optisches Instrument. Von Professor Dr. phil. **M. von Rohr** in Jena, wissenschaftl. Mitarbeiter bei Carl Zeiss in Jena. Mit 112 Textabbildungen. 1921. 8 Goldmark; gebunden 10 Goldmark / 1,95 Dollar; gebunden 2,40 Dollar

Augenärztliche Operationslehre. Bearbeitet von Th. Axenfeld-Freiburg i. Br., A. Birch-Hirschfeld-Königsberg i. Pr., R. Cords-Köln, A. Elschnig-Prag, B. Fleischer-Erlangen, A. Franke-Hamburg, K. Grunert-Bremen, O. Haab-Zürich, L. Heine-Kiel, J. van der Hoeve-Leiden, J. Igersheimer-Göttingen, H. Köllner-Würzburg, H. Kuhnt-Bonn, R. Kümmell, Hamburg, G. Lenz-Breslau, A. Linck-Königsberg i. Pr., W. Löhlein, Greifswald, A. Löwenstein-Prag, A. Peters-Rostock, C. H. Sattler, Königsberg i. Pr., H. Schloffer-Prag, K. Wessely-Würzburg. Herausgegeben von **A. Elschnig.** Mit 1142 Textfiguren. Zwei Bände. 1922.
80 Goldmark; gebunden 84 Goldmark / 19,10 Dollar; gebunden 20 Dollar

Die Krankheiten des Auges im Zusammenhang mit der inneren Medizin und Kinderheilkunde. Von Professor Dr. **L. Heine,** Geh. Medizinalrat, Direktor der Universitäts-Augenklinik Kiel. Mit 219 zum größten Teil farbigen Textabbildungen. (Aus »Enzyklopädie der klinischen Medizin«. Spezieller Teil.) (X. u. 540 S.) 1921. 21 Goldmark / 5 Dollar

Grundriß der Augenheilkunde für Studierende. Von Professor Dr. **F. Schieck,** Geh. Medizinalrat, Direktor der Universitäts-Augenklinik in Halle a. S. Dritte, verbesserte und vermehrte Auflage. Mit 125 zum Teil farbigen Textabbildungen. (IV u. 174 S) 1922.
Gebunden 6,50 Goldmark / Gebunden 1,55 Dollar

Syphilis und Auge. Von Professor Dr. **Josef Igersheimer,** Oberarzt an der Universitäts-Augenklinik zu Göttingen. Mit 150 zum Teil farbigen Textabbildungen. (XVI u. 625 S.) 1919. 31 Goldmark / 7,40 Dollar

Der Augenhintergrund bei Allgemeinerkrankungen. Ein Leitfaden für Ärzte und Studierende. Von Dr. med. **H. Köllner,** a. o. Professor an der Universität Würzburg. Mit 47 großenteils farbigen Textabbildungen. (VI u. 185 S.) 1920. 11,50 Goldmark; gebunden 13,40 Goldmark / 2,75 Dollar; gebunden 3,20 Dollar

Die Mikroskopie des lebenden Auges. Von Professor Dr. **Leonhard Koeppe,** Privatdozent für Augenheilkunde an der Universität Halle, Professor h. c. für Augenheilkunde der Universität Madrid.

Erster Band: **Die Mikroskopie des lebenden vorderen Augenabschnittes im natürlichen Lichte.** Mit 62 Textabbildungen, 1 Tafel und 1 Porträt. (IX u. 310 S.) 1920. 23 Goldmark / 5,50 Dollar

Zweiter Band: **Die Mikroskopie der lebenden hinteren Augenhälfte im natürlichen Lichte** nebst Anhang: Die Spektroskopie des lebenden Auges an der Gullstrandschen Spaltlampe. Mit 42 zum Teil farbigen Textabbildungen. (VI u. 122 S.) 1922. 8,40 Goldmark / 2 Dollar

Die augenärztliche Therapie. Ein Leitfaden für Studierende und Ärzte. Von Dr. **Ernst Franke,** fr. a. o. Professor der Augenheilkunde und Leiter der 2. Augenklinik an der Universität Hamburg, Augenarzt in Kolberg. (VI u. 139 S.) 1924. 4,80 Goldmark / 1,15 Dollar

Die binokularen Instrumente. Von Professor Dr. phil. **Moritz von Rohr,** Jena. Nach Quellen und bis zum Ausgang von 1910 bearbeitet. Zweite, vermehrte und verbesserte Auflage. Mit 136 Textabbildungen. (Band II der Naturwissenschaftlichen Monographien und Lehrbücher. Herausgegeben von der Schriftleitung der »Naturwissenschaften«.) (XVII u. 303 S.) 1920. 8 Goldmark; gebunden 11 Goldmark / 1,95 Dollar; gebunden 2,65 Dollar

Die Bezieher der »Naturwissenschaften« erhalten die »Naturwissenschaftlichen Monographien« zu einem dem Ladenpreise gegenüber um 10% ermäßigten Vorzugspreise.

Grundzüge der Brillenlehre. Von Dr. **A. Brückner,** o. ö. Professor der Augenheilkunde an der Universität Basel. I. Die Brille und das ruhende Auge. Mit 85 Abbildungen. (167 S.) Erscheint im Juni 1924

Grundzüge der Lehre vom Lichtsinn. Von **Ewald Hering†**, Professor in Leipzig. 1. Lieferung. Mit Figur 1—13 und Tafel I. 1905. (Bogen 1—5.) 2. Lieferung. Mit Figur 14—33 und Tafel II und III. (Bogen 6—10.) 1907. 3. Lieferung. Mit Figur 34—65. (Bogen 11—15.) 1911. Je 2 Goldmark/0,50 Dollar 4. (Schluß-)Lieferung. (Bogen 16—19) Figur 66—77 im Text. (V und S. 241—249.) 1920. (Sonderabdruck aus »Handbuch der Augenheilkunde«, 2. Auflage. I. Teil. XII. Kapitel.) 2,30 Goldmark / 0,55 Dollar

Die Lehre vom Raumsinn des Auges. Von **Franz Bruno Hofmann**, Professor an der Universität Marburg. Erster Teil. Mit 78 Textfiguren und 1 Tafel. (III u. 213 S.) 1920. (Sonderabdruck aus »Handbuch der Augenheilkunde«, I. Teil, XIII. Kapitel.) 7,50 Goldmark / 1,80 Dollar

26 Stereoskopen - Bilder zur Prüfung auf binoculares Sehen und zu Übungen für Schielende. Von Dr. **W. Hausmanns.** Mit einführenden Bemerkungen von Professor Dr. med. A. Bielschowsky, Marburg. Dritte, verbesserte und vermehrte Auflage. 1913. 2,60 Goldmark / 0,65 Dollar

Analytische Studien an Buchstaben und Zahlen zum Zweck ihrer Verwertung für Sehschärfeprüfungen. Von San.-Rat Dr. **L. Wolffberg,** Augenarzt in Breslau. Mit 17 Figuren im Text und 7 Tafeln zur Sehschärfeprüfung. (III u. 67 S.) 1911. 4 Goldmark / 0,95 Dollar

Bilderbuch zur Sehschärfe-Prüfung von Kindern und Analphabeten. Von San.-Rat Dr. **L. Wolffberg,** Augenarzt in Breslau. Zweite, verbesserte und vermehrte Auflage. Mit 2 Tafeln. (IV S. u. 11 Bl. mit Figuren.) 1914. 3 Goldmark / 0,75 Dollar

Goethes und Schopenhauers Stellung in der Geschichte der Lehre von den Gesichtsempfindungen. Rektoratsrede anläßlich der 340. Stiftungsfeier der Universität Würzburg gehalten in der Aula am 11. Mai 1922. Von Dr. **Karl Wessely,** Professor der Augenheilkunde. (43 S.) 1922. 1 Goldmark / 0,25 Dollar

Beiträge zum Blindenbildungswesen. Von Prof. Dr. **A. Bielschowsky,** Direktor der Universitäts - Augenklinik und der Blinden-Studien-Anstalt in Marburg (Lahn). Heft 1. Zugleich erster Jahresbericht der Hochschulbücherei, Studienanstalt und Beratungsstelle für blinde Akademiker E. V. Mit einem Geleitwort Seiner Exzellenz des Herrn Ministers der geistlichen und Unterrichtsangelegenheiten in Preußen Dr. F. Schmidt. Mit 3 Textabbildungen und 8 Tafeln. (61 S.) 1918. 2,80 Goldmark / 0,70 Dollar

Blindenwesen und Kriegsblindenfürsorge. Von Prof. Dr. **A. Bielschowsky,** Direktor der Universitäts-Augenklinik zu Marburg. Ein Vortrag mit 5 Abbildungen. (31 S.) 1916. 1 Goldmark / 0,25 Dollar

Die Kriegsblindenfürsorge. Ein Ausschnitt aus der Sozialpolitik. Von Dr. **Carl Strehl,** Syndikus der Hochschulbücherei, Studienanstalt und Beratungsstelle (E. V.) in Marburg (Lahn). Mit 8 Tabellen. (IV u. 166 S.) 1922. 2,50 Goldmark / 060 Dollar